Konrad Sattler

# Lehrbuch der Statik

Theorie und ihre Anwendung

Erster Band

Grundlagen und fundamentale Berechnungsverfahren

Teil A: Theorie

Springer-Verlag Berlin Heidelberg GmbH

Dr.-Ing. Dr. techn. h. c. KONRAD SATTLER

o. Professor an der Technischen Hochschule in Graz
M. I. Struct. E., Chartered Structural Engineer, London

Teil A enthält 824 Abbildungen

ISBN 978-3-662-21973-7    ISBN 978-3-662-21972-0 (eBook)
DOI 10.1007/978-3-662-21972-0

Alle Rechte vorbehalten
Kein Teil dieses Buches darf ohne schriftliche Genehmigung des Springer-Verlages
übersetzt oder in irgendeiner Form vervielfältigt werden.
© by Springer-Verlag, Berlin/Heidelberg 1969. Library of Congress Catalog Card
Ursprünglich erschienen bei Springer-Verlag Berlin Heidelberg New York 1969.
Softcover reprint of the hardcover 1st edition 1969
Number 69-14537
Titel-Nr. 1502

Dem unbekannten schöpferischen Statiker
gewidmet
der zum Wohle seiner Mitmenschen
immer neue Werke schafft

## Vorwort

Für die Berechnung von Bauwerken aller Art werden in immer größerem Maße Rechenautomaten eingesetzt. Damit werden dem Statiker zeitraubende Rechenoperationen abgenommen. Diese Operationen werden zweckmäßig schematisch durchgeführt, z. B. unter weitgehender Verwendung der Matrizenmethode u. a. m. Die schematischen Methoden unterscheiden sich wesentlich von den bisherigen, die auf der Anschaulichkeit jedes Zwischenschrittes der Rechnung beruhen und wobei jedem ermittelten Wert eine besondere statische Bedeutung zugemessen wird.

Verfolgt man die Statik von den Uranfängen bis zur heutigen Wende der Berechnungsverfahren, so wird man auf einen unermeßlichen Reichtum von Gedanken stoßen, die es dem Statiker auch bisher erlaubten, verantwortungsvoll kühne Bauwerke zu errichten. Von einer sicheren Basis aus, der Kenntnis um die Zusammenhänge des vielverzweigten Gebietes der Statik, konnten auch die modernen Berechnungsmethoden in kürzester Zeit sinnvoll aufgenommen und entwickelt werden. Diese sind bereits heute unentbehrlich geworden.

Der Band I dieses Werkes soll verschiedene Aufgaben erfüllen:

1. Wesentliches Gedankengut für die praktische Berechnung von Bauwerken ist in seinen fundamentalen Grundlagen straff zusammengefaßt. Auch kommenden Generationen, die gewohnt sein werden, den Rechenautomaten einige wenige Berechnungsunterlagen einzugeben, um fertige Endergebnisse zu erhalten, kann die Kenntnis dieser Grundlagen von Nutzen sein.

2. Auch in Zukunft wird es notwendig sein, ohne elektronische Rechengeräte statische Berechnungen durchzuführen. Dies kann auch zur Prüfung von einzelnen Phasen oder von Zwischenergebnissen elektronischer Berechnungen dienen. Dafür werden die bisherigen Methoden wertvolle Dienste leisten, um so mehr, als sie auch das statische Gefühl stärken. Damit erhält sich der Statiker aber auch die Souveränität über die erhaltenen Maschinenergebnisse.

3. Für Studenten, die in den Bereich der Statik eindringen wollen, werden diese Grundlagen immer von besonderem Nutzen bleiben. Der Inhalt dieses Buches ist daher auch ein Teil des Stoffes, den meine Hörer beherrschen müssen.

4. Es soll das Bewußtsein geweckt werden, daß das Wesentliche für zu errichtende Bauwerke die Konstruktion ist und daß die Statik nicht Selbstzweck sein kann. Die verwendeten Methoden müssen sich daher den wirklichen Verhältnissen anpassen. Eine Berechnung nach einem bestimmten Schema durchzuführen, bedeutet keine Schwierigkeit. Es muß erkannt werden, daß es oft viel schwieriger ist, die Voraussetzungen der Berechnung — wie Belastungsart und deren Größe, Lagerung usw. — richtig einzuschätzen und zu erfassen, als eine übertriebene Rechengenauigkeit zu fordern. Daher wird auch den Näherungsverfahren in diesem Buch besondere Bedeutung zugemessen.

5. Mathematische und graphische Methoden werden in gleicher Weise behandelt. Gerade die graphischen Methoden können in hervorragender Weise dazu dienen, die Bildung eines statischen Gefühls — jenes unbestimmte Etwas, das gute Ingenieure auszeichnet — zu fördern.

6. Eine besondere Aufgabe dieses Buches soll es sein, durch das Aufdecken der vielen Zusammenhänge zwischen den einzelnen Verfahren die Freude an der Statik

zu wecken, einer Wissenschaft, bei der es nur auf Verständnis und nicht auf Merkstoff ankommt.

7. Diese fundamentalen Grundlagen sollen die Basis bilden, von der aus ohne allzu große Schwierigkeiten in die unzähligen Sondergebiete der Statik vorgedrungen werden kann.

Um die theoretischen Zusammenhänge klar erkennen zu lassen, wurde der Band I in die Teile A „Theorie" und B „Zahlenbeispiele" getrennt. Dies hat den Vorteil, daß an ein und demselben Beispiel unter Umständen die verschiedenen Berechnungsmethoden gezeigt und einander gegenübergestellt werden können und daß man sich sofort ein Urteil über die Zweckmäßigkeit der einzelnen Methoden bilden kann. Im Interesse des vollen Verständnisses der Theorie wird zu jedem Abschnitt die zweckmäßige Anwendung in Rechenbeispielen gezeigt.

Der Band I ist so gehalten, daß mit der Kenntnis der darin gebrachten Methoden ein sehr großer Teil der in der Praxis anfallenden Probleme gelöst werden kann. Im später folgenden Band II werden verschiedene Sondergebiete behandelt.

Während meiner langjährigen Tätigkeit — am Beginn als einfacher Statiker, später in leitender Stellung in der Industrie und als Hochschullehrer — habe ich die verantwortungsvolle Aufgabe der Statiker mit ihren vielfachen Aufgabengebieten kennengelernt. Sie wirken im stillen, ihre geistige Welt muß anderen verschlossen bleiben, und daher können sie auch keine Anerkennung von der Allgemeinheit erwarten. Lohn ihrer Arbeit kann nur die innere Befriedigung, die Freude am vollendeten Werk sein. Es ist mir ein besonderes Anliegen, dieses Werk in Würdigung der verdienstvollen Arbeit der Statiker — vergangener und gegenwärtiger Zeiten — dem „unbekannten Statiker" zu widmen.

Für die wertvolle Mitarbeit, die mir bei der Abfassung dieses Buches zuteil wurde, danke ich Herrn Prof. Dr. techn. WALTER MUDRAK und meinen ehemaligen und jetzigen Assistenten, den Herren Dr. techn. GERT GSELL, Dipl.-Ing. HORST PASSER, Dipl.-Ing. KLAUS MATZ, Dipl.-Ing. WOLFGANG GOBIET, Dipl.-Ing. LEO WAGNER. Besonderer Dank gebührt dem Springer-Verlag für die schöne Ausstattung dieses Werkes.

Graz, im März 1969

**Konrad Sattler**

# Inhaltsverzeichnis

Einleitung . . . . . . . . . . . . . . . . . . . . . . . . . . . . . . . . . . . . . . . XV

## I. Allgemeine Grundlagen

**A. Die Belastung** . . . . . . . . . . . . . . . . . . . . . . . . . . . . . . . . . 1

1. Kräfte im Raum . . . . . . . . . . . . . . . . . . . . . . . . . . . . . . . . 1
   - a) Komponenten und Einheitsvektoren einer Kraft . . . . . . . . . . . . 1
   - b) Komponente einer Kraft in einer beliebigen Richtung . . . . . . . . . 2
   - c) Moment einer Kraft in bezug auf einen Punkt . . . . . . . . . . . . . 2
   - d) Komponente des Momentes einer Kraft in einer beliebigen Richtung . . 3
   - e) Resultierende von Kräften des Raumes, die in einem Punkt angreifen . 3
   - f) Das Kraftpaar . . . . . . . . . . . . . . . . . . . . . . . . . . . . . . 4
   - g) Reduktion einer Kraft in bezug auf einen Punkt . . . . . . . . . . . . 4
   - h) Resultierende Wirkung von beliebigen Kräften im Raum . . . . . . . 5
   - i) Dyname oder Kraftschraube . . . . . . . . . . . . . . . . . . . . . . . 5
   - j) Das Kraftkreuz . . . . . . . . . . . . . . . . . . . . . . . . . . . . . . 6
   - k) Zerlegung einer Kraft in drei Richtungen . . . . . . . . . . . . . . . . 9
   - Literatur zum Abschnitt I A 1 . . . . . . . . . . . . . . . . . . . . . . 10

2. Kräfte in der Ebene . . . . . . . . . . . . . . . . . . . . . . . . . . . . . 10
   - a) Moment einer Kraft in bezug auf einen Punkt . . . . . . . . . . . . . 10
   - b) Resultierende von Kräften, die in einem Punkt angreifen . . . . . . . 11
   - c) Zerlegung einer Kraft in zwei Richtungen . . . . . . . . . . . . . . . 11
   - d) Momente von Kräften in bezug auf einen Punkt . . . . . . . . . . . . 12
   - e) Resultierende von Kräften. Stützlinie . . . . . . . . . . . . . . . . . 14
   - f) Lotrechte Lasten an einem starren Balken auf zwei Stützen angreifend . 15
   - g) Momente an einem starren Balken auf zwei Stützen angreifend . . . . 17
   - Literatur zum Abschnitt I A 2 . . . . . . . . . . . . . . . . . . . . . . 19

3. Größe der Belastung . . . . . . . . . . . . . . . . . . . . . . . . . . . . 19
   - a) Einheit der Belastung . . . . . . . . . . . . . . . . . . . . . . . . . . 19
     - $\alpha$) Einheit der Kraft . . . . . . . . . . . . . . . . . . . . . . . . . . 19
     - $\beta$) Einheit des Momentes . . . . . . . . . . . . . . . . . . . . . . . 19
   - b) Arten der Belastung . . . . . . . . . . . . . . . . . . . . . . . . . . . 20
     - $\alpha$) Eigengewicht . . . . . . . . . . . . . . . . . . . . . . . . . . . . 20
     - $\beta$) Ständige Auflast . . . . . . . . . . . . . . . . . . . . . . . . . . 25
     - $\gamma$) Lotrechte Verkehrsbelastung . . . . . . . . . . . . . . . . . . . 25
     - $\delta$) Schneebelastung . . . . . . . . . . . . . . . . . . . . . . . . . . 27
     - $\varepsilon$) Dynamischer Beiwert . . . . . . . . . . . . . . . . . . . . . . 27
     - $\zeta$) Windbelastung . . . . . . . . . . . . . . . . . . . . . . . . . . . 28
     - $\eta$) Bremskräfte, Anfahrwiderstände . . . . . . . . . . . . . . . . . 30
     - $\vartheta$) Seitenstöße . . . . . . . . . . . . . . . . . . . . . . . . . . . . 30
     - $\iota$) Fliehkräfte . . . . . . . . . . . . . . . . . . . . . . . . . . . . . . 31
     - $\varkappa$) Anprall von Straßenfahrzeugen . . . . . . . . . . . . . . . . 31
     - $\lambda$) Reibungswiderstände der Lager . . . . . . . . . . . . . . . . . 31
     - $\mu$) Wasserdruck . . . . . . . . . . . . . . . . . . . . . . . . . . . . . 31
     - $\nu$) Erdbebenkräfte . . . . . . . . . . . . . . . . . . . . . . . . . . . 32
     - $\xi$) Silodruck . . . . . . . . . . . . . . . . . . . . . . . . . . . . . . . 33

  *o*) Erddruck . . . . . . . . . . . . . . . . . . . . . . . . . . . . . . 33
  *π*) Zusammenfassung . . . . . . . . . . . . . . . . . . . . . . . . . 35
 Literatur zum Abschnitt I A 3 . . . . . . . . . . . . . . . . . . . . . 35

## B. Stützung und Stützbelastung . . . . . . . . . . . . . . . . . . . . . . 36

1. Bewegung eines starren Körpers . . . . . . . . . . . . . . . . . . . . 36
2. Stützung eines starren Körpers . . . . . . . . . . . . . . . . . . . . 38
3. Stützbelastung . . . . . . . . . . . . . . . . . . . . . . . . . . . . 39
 Literatur zum Abschnitt I B 1 bis I B 3 . . . . . . . . . . . . . . . . 42
4. Ausbildung der Stützung . . . . . . . . . . . . . . . . . . . . . . . 42
 Literatur zum Abschnitt I B 4 . . . . . . . . . . . . . . . . . . . . . 45

## C. Querschnittswerte . . . . . . . . . . . . . . . . . . . . . . . . . . . . 46

1. Fläche . . . . . . . . . . . . . . . . . . . . . . . . . . . . . . . . . 47
2. Schwerpunkt . . . . . . . . . . . . . . . . . . . . . . . . . . . . . 47
3. Statisches Moment . . . . . . . . . . . . . . . . . . . . . . . . . . 47
4. Flächenmomente zweiter Ordnung . . . . . . . . . . . . . . . . . . 48
 a) Numerische Verfahren . . . . . . . . . . . . . . . . . . . . . . . 48
  *α*) Trägheitsmoment um eine Achse . . . . . . . . . . . . . . . . 48
  *β*) Polares Trägheitsmoment . . . . . . . . . . . . . . . . . . . . 49
  *γ*) Zentrifugalmoment . . . . . . . . . . . . . . . . . . . . . . . 50
  *δ*) Hauptträgheitsmomente und Hauptachsen . . . . . . . . . . . 50
  *ε*) Trägheitsradien und Trägheitsellipse . . . . . . . . . . . . . . 51
 b) Graphische Verfahren . . . . . . . . . . . . . . . . . . . . . . . 52
  *α*) Trägheitsmomente nach MOHR . . . . . . . . . . . . . . . . . 52
  *β*) Trägheitsmoment und Zentrifugalmoment nach CULMANN . . . 53
  *γ*) Trägheitskreis nach MOHR . . . . . . . . . . . . . . . . . . . 55
5. Widerstandsmomente und Kern . . . . . . . . . . . . . . . . . . . . 57
 a) Widerstandsmomente . . . . . . . . . . . . . . . . . . . . . . . 57
 b) Kern des Querschnittes . . . . . . . . . . . . . . . . . . . . . . 59
 c) Kernfigur . . . . . . . . . . . . . . . . . . . . . . . . . . . . . 61
 Literatur zum Abschnitt I C 1 bis I C 5 . . . . . . . . . . . . . . . . 63
6. Schubmittelpunkt . . . . . . . . . . . . . . . . . . . . . . . . . . . 63
 a) Voll- und dickwandige Hohlquerschnitte . . . . . . . . . . . . . . 63
 b) Dünnwandige offene Querschnitte. Verfahren des Querkraftangriffspunktes . . 65
 c) Dünnwandige offene und geschlossene Querschnitte. Verfahren des Drillruhepunktes . . . . . . . . . . . . . . . . . . . . . . . . . . . . . . 66
  *α*) Verwölbungen und Schubfluß . . . . . . . . . . . . . . . . . . 67
  *β*) Lage des Schubmittelpunktes . . . . . . . . . . . . . . . . . . 69
7. Drillungswiderstand . . . . . . . . . . . . . . . . . . . . . . . . . . 76
 a) Genaue Lösungen . . . . . . . . . . . . . . . . . . . . . . . . . 76
 b) Lösungen mittels Spannungsfunktion . . . . . . . . . . . . . . . 77
 c) Näherungslösung für den Rechteckquerschnitt . . . . . . . . . . . 77
 d) Näherungslösung mittels Differenzenrechnung . . . . . . . . . . . 79
 e) Dünne Hohlquerschnitte . . . . . . . . . . . . . . . . . . . . . . 80
8. Wölbwiderstand von dünnwandigen Querschnitten . . . . . . . . . . . 81
 Literatur zum Abschnitt I C 6 bis I C 8 . . . . . . . . . . . . . . . . 82

## II. Statisch bestimmte ebene Systeme. Schnittbelastungen

## A. Bildungsgesetze für Scheibentragwerke (Vollwand- und Fachwerkscheiben) . . . . . . . 83

1. Allgemeines . . . . . . . . . . . . . . . . . . . . . . . . . . . . . . 83
2. Abzählbedingung zur Feststellung der statischen Bestimmtheit . . . . . . . . 85
3. Methode der Stabvertauschung zur Feststellung der statischen Bestimmtheit . . 90
4. Aufbau eines statisch bestimmten Fachwerks . . . . . . . . . . . . . 92
5. Statisch bestimmte Grundsysteme . . . . . . . . . . . . . . . . . . . 93
 a) Kragträger . . . . . . . . . . . . . . . . . . . . . . . . . . . . 93
 b) Einfeldträger . . . . . . . . . . . . . . . . . . . . . . . . . . . 94

      c) Gelenk- oder Gerberträger . . . . . . . . . . . . . . . . . . . . . . . 94
      d) Dreigelenkbogen . . . . . . . . . . . . . . . . . . . . . . . . . . . . 95

**B. Stützung von Scheiben und Scheibenketten** . . . . . . . . . . . . . . . . . . . . 96
   1. Stützung einer Scheibe . . . . . . . . . . . . . . . . . . . . . . . . . . . 96
   2. Stützung einer Scheibenkette . . . . . . . . . . . . . . . . . . . . . . . . 100

**C. Vollwandige Tragwerke. Grundsysteme** . . . . . . . . . . . . . . . . . . . . . . 102
   1. Kragträger . . . . . . . . . . . . . . . . . . . . . . . . . . . . . . . . . 103
      a) Ruhende Belastung . . . . . . . . . . . . . . . . . . . . . . . . . . . 103
      b) Verkehrsbelastung. Einflußlinien. . . . . . . . . . . . . . . . . . . . . 107
   2. Einfeldträger. . . . . . . . . . . . . . . . . . . . . . . . . . . . . . . . . 107
      a) Ruhende Belastung . . . . . . . . . . . . . . . . . . . . . . . . . . . 107
         $\alpha$) Einzellasten in beliebiger Richtung . . . . . . . . . . . . . . . . . 107
         $\beta$) Lotrechte Einzellasten. . . . . . . . . . . . . . . . . . . . . . . . 108
         $\gamma$) Waagerechte Einzellasten . . . . . . . . . . . . . . . . . . . . . . 109
         $\delta$) Lotrechte Streckenlasten. . . . . . . . . . . . . . . . . . . . . . . 110
      b) Verkehrsbelastung. Einflußlinien . . . . . . . . . . . . . . . . . . . . 113
         $\alpha$) Momenteneinflußlinie . . . . . . . . . . . . . . . . . . . . . . . . 114
         $\beta$) Querkrafteinflußlinie . . . . . . . . . . . . . . . . . . . . . . . . 114
         $\gamma$) Einflußlinien für mittelbare Belastung . . . . . . . . . . . . . . . 114
         $\delta$) Einflußlinien bei nicht gerader Trägerachse . . . . . . . . . . . . . 115
   3. Gelenkträger . . . . . . . . . . . . . . . . . . . . . . . . . . . . . . . . 116
      a) Ruhende Belastung . . . . . . . . . . . . . . . . . . . . . . . . . . . 116
      b) Verkehrsbelastung. Einflußlinien . . . . . . . . . . . . . . . . . . . . 119
   4. Dreigelenkbogen . . . . . . . . . . . . . . . . . . . . . . . . . . . . . . 121
      a) Ruhende Belastung . . . . . . . . . . . . . . . . . . . . . . . . . . . 121
         $\alpha$) Einzellasten in beliebiger Richtung . . . . . . . . . . . . . . . . . 121
         $\beta$) Lotrechte Belastung. . . . . . . . . . . . . . . . . . . . . . . . . 122
      b) Verkehrsbelastung. Einflußlinien . . . . . . . . . . . . . . . . . . . . 125
         $\alpha$) Horizontalschub. . . . . . . . . . . . . . . . . . . . . . . . . . . 125
         $\beta$) Momenteneinflußlinien . . . . . . . . . . . . . . . . . . . . . . . 125
         $\gamma$) Auflagerbelastungs-Einflußlinien . . . . . . . . . . . . . . . . . . 125
         $\delta$) Querkrafteinflußlinien . . . . . . . . . . . . . . . . . . . . . . . 125
         $\varepsilon$) Normalkrafteinflußlinien . . . . . . . . . . . . . . . . . . . . . . 127
         $\zeta$) Kernpunktmomenten-Einflußlinien . . . . . . . . . . . . . . . . . . 128

**D. Fachwerke. Grundsysteme** . . . . . . . . . . . . . . . . . . . . . . . . . . . . 128
   1. Beliebig gerichtete Belastung . . . . . . . . . . . . . . . . . . . . . . . . 129
      a) Graphisches Verfahren . . . . . . . . . . . . . . . . . . . . . . . . . 129
      b) Rechnerische Verfahren. . . . . . . . . . . . . . . . . . . . . . . . . 132
         $\alpha$) Knotenschnitte . . . . . . . . . . . . . . . . . . . . . . . . . . . 132
         $\beta$) Ritter-Schnitte . . . . . . . . . . . . . . . . . . . . . . . . . . . 132
   2. Lotrechte Belastung von Kragträgern, Einfeldträgern und Gelenkträgern . . . . 134
   3. Verkehrsbelastung. Einflußlinien . . . . . . . . . . . . . . . . . . . . . . 136
      a) Kragträger als Dreiecksfachwerk . . . . . . . . . . . . . . . . . . . . 136
      b) Einfeldträger als Dreiecksfachwerk . . . . . . . . . . . . . . . . . . . 137
      c) Einfeldträger als K-Fachwerk. . . . . . . . . . . . . . . . . . . . . . 147
      d) Einfeldträger als Rautenfachwerk . . . . . . . . . . . . . . . . . . . . 148
      e) Gelenkträger . . . . . . . . . . . . . . . . . . . . . . . . . . . . . . 151

**E. Sonderformen von Tragwerken. Methode der Schnittbelastungsvertauschung** . . . . . . . . 152

**F. Bewegung statisch bestimmt gelagerter starrer Scheibenketten nach Erteilung eines Freiheitsgrades** . . . . . . . . . . . . . . . . . . . . . . . . . . . . . . . . . . . . . . . 164
   1. Drehpole und Verschiebungen . . . . . . . . . . . . . . . . . . . . . . . . 164
   2. Verschiebungsfigur . . . . . . . . . . . . . . . . . . . . . . . . . . . . . 170

**G. Kinematische Methode zur Einflußlinien-Ermittlung** . . . . . . . . . . . . . . . . 171
   Literatur zum Abschnitt II . . . . . . . . . . . . . . . . . . . . . . . . . . 177

## III. Elastische Verformungen statisch bestimmter Systeme

**A. Fachwerksysteme. Verformungen infolge eines gegebenen Belastungs- bzw. eines eingeprägten Verformungszustandes** . . . . . . . . . . . . . . . . . . . . . . . . . . . 179

   1. Williot-Verschiebungsplan . . . . . . . . . . . . . . . . . . . . . . . 179
   2. Williot-Mohr-Verschiebungsplan . . . . . . . . . . . . . . . . . . . . . 181
   3. Prinzip der virtuellen Verrückungen . . . . . . . . . . . . . . . . . . . 189
   4. Verformung an einer bestimmten Stelle und in einer bestimmten Richtung . . . 192
      $\alpha$) Beliebiger Belastungszustand . . . . . . . . . . . . . . . . . . . 192
      $\beta$) Temperatureinflüsse . . . . . . . . . . . . . . . . . . . . . . . 194
      $\gamma$) Widerlagerbewegung . . . . . . . . . . . . . . . . . . . . . . . 195
   5. Linie der vertikalen Durchbiegungen des Systems (Biegelinie) . . . . . . . . 197
     a) Elastische Gewichte ($W$-Gewichte) . . . . . . . . . . . . . . . . . . 197
        $\alpha$) Beliebige Belastungen . . . . . . . . . . . . . . . . . . . . . 197
        $\beta$) Temperatur . . . . . . . . . . . . . . . . . . . . . . . . . . 198
        $\gamma$) Eingeprägte Längenänderungen . . . . . . . . . . . . . . . . . 199
     b) Stabkräfte infolge der $W$-Gewichtsbelastung für einen Punkt . . . . . . 200
        $\alpha$) $W$-Gewichtsbelastung am Untergurt angreifend . . . . . . . . . . 200
        $\beta$) $W$-Gewichtsbelastung am Obergurt angreifend . . . . . . . . . . 202
        $\gamma$) $W$-Gewichtsbelastung hälftig am Ober- und Untergurt angreifend . . 205
     c) Symbolischer Träger . . . . . . . . . . . . . . . . . . . . . . . . . 205
        $\alpha$) Einfeldträger . . . . . . . . . . . . . . . . . . . . . . . . . 205
        $\beta$) Gelenkträger . . . . . . . . . . . . . . . . . . . . . . . . . 206
        $\gamma$) Dreigelenkbogen . . . . . . . . . . . . . . . . . . . . . . . . 209
        $\delta$) Über- und unterspannte Systeme . . . . . . . . . . . . . . . . . 210
   6. Winkeländerung bei polygonaler Gurtung . . . . . . . . . . . . . . . . . 211
   7. Horizontale Verschiebungen der Knotenpunkte polygonaler Gurte bei gegebenen vertikalen Durchbiegungen . . . . . . . . . . . . . . . . . . . . . . . . 212
   8. Einflußlinien von Verformungen . . . . . . . . . . . . . . . . . . . . . 213
   9. Überhöhung von Fachwerkträgern . . . . . . . . . . . . . . . . . . . . 214
  10. Ersatz von Fachwerkträgern durch äquivalente Vollwandträger . . . . . . . . 215

**B. Vollwandtragwerke mit gerader oder polygonaler Stabachse. Verformungen infolge eines gegebenen Belastungs- bzw. eines eingeprägten Verformungszustandes** . . . . . . . . . 217

   1. Differentialgleichung der Balkenbiegung für gerade Stabachse . . . . . . . . 217
     a) Momentenanteil . . . . . . . . . . . . . . . . . . . . . . . . . . . 217
     b) Querkraftanteil . . . . . . . . . . . . . . . . . . . . . . . . . . . 220
        $\alpha$) Einfeldträger . . . . . . . . . . . . . . . . . . . . . . . . . 222
        $\beta$) Kragträger . . . . . . . . . . . . . . . . . . . . . . . . . . 223
        $\gamma$) Beliebige Kragträger . . . . . . . . . . . . . . . . . . . . . . 224
        $\delta$) Beliebige Gelenkträger . . . . . . . . . . . . . . . . . . . . . 224
     c) Temperaturdifferenz $\Delta t$ . . . . . . . . . . . . . . . . . . . . . 225
     d) Vollständige Differentialgleichung . . . . . . . . . . . . . . . . . . . 226
   2. Differentialgleichung der Balkenbiegung bei gekrümmter Stabachse . . . . . . 226
   3. Prinzip der virtuellen Verrückung . . . . . . . . . . . . . . . . . . . . 226
   4. Arbeitsintegrale . . . . . . . . . . . . . . . . . . . . . . . . . . . . 228
   5. Verformung an einer bestimmten Stelle und in einer bestimmten Richtung . . . 231
     a) Beliebiger Belastungszustand . . . . . . . . . . . . . . . . . . . . . 231
     b) Temperatureinflüsse . . . . . . . . . . . . . . . . . . . . . . . . . 234
     c) Widerlagerbewegungen . . . . . . . . . . . . . . . . . . . . . . . . 234
   6. Linie der vertikalen Durchbiegungen des Systems (Biegelinie) . . . . . . . . 236
     a) Analogie mit der Seillinie für den Einfeldbalken . . . . . . . . . . . . 236
     b) Elastische Gewichte ($W$-Gewichte) für gerade oder polygonale Stabachse ebener Systeme . . . . . . . . . . . . . . . . . . . . . . . . . . . . . . 237
        $\alpha$) Beliebige Belastung . . . . . . . . . . . . . . . . . . . . . . 237
        $\beta$) Temperatur . . . . . . . . . . . . . . . . . . . . . . . . . . 241
        $\gamma$) Eingeprägte Verformungen . . . . . . . . . . . . . . . . . . . 242

## Inhaltsverzeichnis

    c) Symbolischer Träger . . . . . . . . . . . . . . . . . . . 243
        α) Einfeldträger . . . . . . . . . . . . . . . . . . . 243
        β) Gelenkträger . . . . . . . . . . . . . . . . . . . 243
        γ) Dreigelenkbogen . . . . . . . . . . . . . . . . . . 243
        δ) Über- und unterspannte Systeme . . . . . . . . . . . . 244
7. Winkeländerung bei polygonaler Gurtung . . . . . . . . . . . . . . . 245
8. Horizontale Verschiebungen der Knotenpunkte einer polygonalen Stabachse bei gegebenen vertikalen Durchbiegungen . . . . . . . . . . . . . . . . . 245
9. Einflußlinien von Verformungen . . . . . . . . . . . . . . . . . . . 245
10. Überhöhung von Vollwandträgern . . . . . . . . . . . . . . . . . . 246
11. Ersatz von Vollwandträgern veränderlichen Querschnittes durch äquivalente Vollwandträger konstanten Querschnittes . . . . . . . . . . . . . . . . 247
Literatur zum Abschnitt III . . . . . . . . . . . . . . . . . . . . . 247

### IV. Belastung und maximale Schnittbelastungen der Tragglieder eines Bauwerks

**A. Belastungsgröße und Belastungsfolge für die einzelnen Tragglieder** . . . . . . . . . . 248
  1. Ständige Last . . . . . . . . . . . . . . . . . . . . . . . . . . 248
  2. Verkehrsbelastung. Lastgröße und Lastfolge (Belastungszug) . . . . . . . . 250
    a) Eisenbahnbrücken . . . . . . . . . . . . . . . . . . . . . . . 250
    b) Kranträger . . . . . . . . . . . . . . . . . . . . . . . . . . 251
    c) Straßenbrücken . . . . . . . . . . . . . . . . . . . . . . . . 251
  3. Windbelastung . . . . . . . . . . . . . . . . . . . . . . . . . . 255
  4. Reibungs- und Bremskräfte . . . . . . . . . . . . . . . . . . . . 260
  5. Seitenstöße von Schienenfahrzeugen . . . . . . . . . . . . . . . . . 260
  6. Sonstige Einflüsse . . . . . . . . . . . . . . . . . . . . . . . . 260

**B. Maximale Schnittbelastungen** . . . . . . . . . . . . . . . . . . . . . . 260
  1. Ständige Last . . . . . . . . . . . . . . . . . . . . . . . . . . 260
  2. Verkehrsbelastung . . . . . . . . . . . . . . . . . . . . . . . . 260
    a) Auswertung von Einflußlinien . . . . . . . . . . . . . . . . . . 261
    b) Maximale Momente . . . . . . . . . . . . . . . . . . . . . . 263
    c) Maximale Querkräfte . . . . . . . . . . . . . . . . . . . . . 265
  3. Windbelastung . . . . . . . . . . . . . . . . . . . . . . . . . . 268
  4. Sonstige Belastungen . . . . . . . . . . . . . . . . . . . . . . . 268
  5. Gesamtbelastung . . . . . . . . . . . . . . . . . . . . . . . . . 268
Literatur zum Abschnitt IV . . . . . . . . . . . . . . . . . . . . . 269

### V. Statisch unbestimmte Systeme. Schnittbelastungsmethode mit den Unbekannten als Einzelschnittbelastungen

**A. Allgemeines** . . . . . . . . . . . . . . . . . . . . . . . . . . . . 270

**B. Ebene Fachwerke** . . . . . . . . . . . . . . . . . . . . . . . . . . 278
  1. Schnittbelastungen . . . . . . . . . . . . . . . . . . . . . . . . 278
    a) Statisch bestimmte Grundsysteme . . . . . . . . . . . . . . . . 278
        α) Gegebene Belastungszustände . . . . . . . . . . . . . . . . 278
        β) Temperatureinflüsse . . . . . . . . . . . . . . . . . . . . 283
        γ) Widerlagerbewegungen . . . . . . . . . . . . . . . . . . 284
        δ) Einflußlinien . . . . . . . . . . . . . . . . . . . . . . 285
    b) Statisch unbestimmte Grundsysteme . . . . . . . . . . . . . . . 287
        α) Einfach statisch unbestimmte Grundsysteme . . . . . . . . . . 288
        β) Mehrfach statisch unbestimmte Grundsysteme . . . . . . . . . . 289
  2. Verformungen . . . . . . . . . . . . . . . . . . . . . . . . . . 291
    a) Verformung an einer bestimmten Stelle und in einer bestimmten Richtung . . 291
        α) Gegebene Belastungszustände . . . . . . . . . . . . . . . . 291

$\beta$) Temperatureinflüsse . . . . . . . . . . . . . . . . . . . 296
$\gamma$) Widerlagerbewegungen. . . . . . . . . . . . . . . . . . 297
b) Biegelinien des Gesamtsystems . . . . . . . . . . . . . . . . 298
$\alpha$) Gegebene Belastungszustände. . . . . . . . . . . . . . . 299
$\beta$) Temperatureinflüsse . . . . . . . . . . . . . . . . . . . 301
$\gamma$) Widerlagerbewegungen. . . . . . . . . . . . . . . . . . 302
c) Einflußlinien . . . . . . . . . . . . . . . . . . . . . . . 304

**C. Ebene Stabwerke** . . . . . . . . . . . . . . . . . . . . . . . 305
1. Schnittbelastungen . . . . . . . . . . . . . . . . . . . . . . 305
a) Statisch bestimmte Grundsysteme . . . . . . . . . . . . . . 305
$\alpha$) Gegebene Belastungszustände. . . . . . . . . . . . . . . 305
$\beta$) Temperatureinflüsse . . . . . . . . . . . . . . . . . . . 309
$\gamma$) Widerlagerbewegungen. . . . . . . . . . . . . . . . . . 310
$\delta$) Einflußlinien . . . . . . . . . . . . . . . . . . . . . . 310
b) Statisch unbestimmte Grundsysteme . . . . . . . . . . . . . 311
$\alpha$) Einfach statisch unbestimmte Grundsysteme. . . . . . . . . 311
$\beta$) Mehrfach statisch unbestimmte Grundsysteme . . . . . . . . 313
2. Verformungen . . . . . . . . . . . . . . . . . . . . . . . . 315
a) Verformung an einer bestimmten Stelle und in einer bestimmten Richtung . . 315
$\alpha$) Gegebene Belastungszustände. . . . . . . . . . . . . . . 315
$\beta$) Temperatureinflüsse . . . . . . . . . . . . . . . . . . . 319
$\gamma$) Widerlagerbewegungen. . . . . . . . . . . . . . . . . . 320
b) Biegelinie des Gesamtsystems . . . . . . . . . . . . . . . . 321
$\alpha$) Gegebene Belastungszustände. . . . . . . . . . . . . . . 321
$\beta$) Temperatureinflüsse . . . . . . . . . . . . . . . . . . . 323
$\gamma$) Widerlagerbewegungen. . . . . . . . . . . . . . . . . . 324
c) Einflußlinien . . . . . . . . . . . . . . . . . . . . . . . 325

**D. Minimum der Formänderungsarbeit und Abgeleitete der Formänderungsarbeit** . . . . . 327
1. Prinzip der virtuellen Verrückungen . . . . . . . . . . . . . . 327
2. Virtuelle innere Formänderungsarbeit . . . . . . . . . . . . . 329
3. Wirkliche innere Formänderungsarbeit . . . . . . . . . . . . . 330
4. Abgeleitete der Formänderungsarbeit . . . . . . . . . . . . . 331
Literatur zum Abschnitt V. . . . . . . . . . . . . . . . . . . . 335

## VI. Statisch unbestimmte Systeme mit den Unbekannten als Schnittbelastungsgruppen

**A. Allgemeine Gesetze zur Bildung von Belastungsgruppen** . . . . . . . . . . . 336
1. Vollständige Entflechtung . . . . . . . . . . . . . . . . . . 341
2. Teilweise Entflechtung . . . . . . . . . . . . . . . . . . . 346

**B. Belastungsumordnung** . . . . . . . . . . . . . . . . . . . . . . 347

**C. Idealler Schwerpunkt von eingespannten Rahmen und Bogen** . . . . . . . . . 348
1. Symmetrischer geschlossener Rahmen. . . . . . . . . . . . . . 349
2. Unsymmetrischer geschlossener Rahmen . . . . . . . . . . . . 350

**D. Der Durchlaufträger auf starren Stützen** . . . . . . . . . . . . . . . 352
Literatur zum Abschnitt VI . . . . . . . . . . . . . . . . . . . 356

## VII. Statisch unbestimmte Systeme. Festpunktmethode

**A. Durchlaufträger auf starren Stützen** . . . . . . . . . . . . . . . . 357
1. Dreimomentensatz . . . . . . . . . . . . . . . . . . . . . 357
a) Einfluß einer Temperaturänderung $\Delta t$ . . . . . . . . . . . . 360
b) Einfluß von Widerlagerbewegungen . . . . . . . . . . . . . 361
2. Festpunkte . . . . . . . . . . . . . . . . . . . . . . . . 362

3. Schnittbelastungen für vertikale Lasten. . . . . . . . . . . . . . . . . . . . 370
   a) Beliebiger Trägheitsmomentenverlauf. . . . . . . . . . . . . . . . . . . 370
   b) Feldweise konstantes Trägheitsmoment. . . . . . . . . . . . . . . . . 371
      α) Konstante gleichförmig verteilte Belastung $p$ . . . . . . . . . . 371
      β) Einzellast $P = 1\,\text{t}$ . . . . . . . . . . . . . . . . . . . . . . . . . . . 372
4. Einflußlinien der Schnittbelastungen . . . . . . . . . . . . . . . . . . . . . 373
5. Maximale Schnittbelastungen . . . . . . . . . . . . . . . . . . . . . . . . 378

B. **Rahmen** . . . . . . . . . . . . . . . . . . . . . . . . . . . . . . . . . . . . . 382
1. Festpunkte . . . . . . . . . . . . . . . . . . . . . . . . . . . . . . . . . . 382
2. Schnittbelastungen bei unverschieblichen Rahmen . . . . . . . . . . . . . 385
3. Rahmen mit verschieblichen Knotenpunkten . . . . . . . . . . . . . . . . 386
Literatur zum Abschnitt VII . . . . . . . . . . . . . . . . . . . . . . . . . . 387

## VIII. Statisch unbestimmte Systeme. Deformationsmethode

A. **Allgemeines** . . . . . . . . . . . . . . . . . . . . . . . . . . . . . . . . . . 388
1. Wesen der Deformationsmethode . . . . . . . . . . . . . . . . . . . . . . 388
2. Zahl der unbekannten Verformungsgrößen . . . . . . . . . . . . . . . . . 392
3. Vorzeichenfestlegung und Bezeichnungen . . . . . . . . . . . . . . . . . 395

B. **Grundlagen. Der längsstarre Elementarstab im ebenen Stabwerk** . . . . . . . . . 396
1. Stabendmomente . . . . . . . . . . . . . . . . . . . . . . . . . . . . . . 396
2. Fortleitungszahlen für unbelastete Stäbe . . . . . . . . . . . . . . . . . 403
3. Steifigkeiten . . . . . . . . . . . . . . . . . . . . . . . . . . . . . . . . 404
   a) Steifigkeit eines unbelasteten Stabes . . . . . . . . . . . . . . . . . 404
   b) Steifigkeiten von unbelasteten Stabgruppen . . . . . . . . . . . . . . 405
4. Momentenverteilungszahlen . . . . . . . . . . . . . . . . . . . . . . . . . 406

C. **Stabwerke mit nur unbekannten Knotendrehwinkeln** . . . . . . . . . . . . . . 407
1. Allgemeines . . . . . . . . . . . . . . . . . . . . . . . . . . . . . . . . 407
2. Bedingungsgleichungen für die Knotendrehwinkel und Schnittbelastungen . . . . 409
3. Anwendung . . . . . . . . . . . . . . . . . . . . . . . . . . . . . . . . . 412

D. **Stabwerke mit unbekannten Knotendrehwinkeln und Sehnendrehwinkeln** . . . . . . 421
1. Allgemeines . . . . . . . . . . . . . . . . . . . . . . . . . . . . . . . . 421
2. Bedingungsgleichungen für die unbekannten Knotendrehwinkel und Sehnendrehwinkel
   und die Schnittbelastungen . . . . . . . . . . . . . . . . . . . . . . . . 422
3. Anwendungen . . . . . . . . . . . . . . . . . . . . . . . . . . . . . . . . 425

E. **Stabwerke mit unbekannten Knotendrehwinkeln und Sehnendrehwinkeln und unbekannten Stabdehnungen** . . . . . . . . . . . . . . . . . . . . . . . . . . . . . . . . 426
1. Allgemeines . . . . . . . . . . . . . . . . . . . . . . . . . . . . . . . . 426
2. Bedingungsgleichungen . . . . . . . . . . . . . . . . . . . . . . . . . . . 426
Literatur zum Abschnitt VIII . . . . . . . . . . . . . . . . . . . . . . . . . 429

## IX. Statisch unbestimmte Systeme. Momentenausgleichsverfahren

A. **Allgemeines**. . . . . . . . . . . . . . . . . . . . . . . . . . . . . . . . . . 430
B. **Verfahren Kani-Engesser** . . . . . . . . . . . . . . . . . . . . . . . . . . . 431
1. Rahmentragwerke mit stabweise konstantem Trägheitsmoment . . . . . . . . . 431
   a) Unverschiebliche Knotenpunkte . . . . . . . . . . . . . . . . . . . . . 432
   b) Verschiebliche Knotenpunkte bei Stockwerkrahmen . . . . . . . . . . . . 438
2. Rahmentragwerke mit veränderlichem Trägheitsmoment innerhalb eines Stabes . . 442
   a) Unverschiebliche Knotenpunkte . . . . . . . . . . . . . . . . . . . . . 442
   b) Verschiebliche Knotenpunkte bei Stockwerkrahmen . . . . . . . . . . . . 445
3. Vergleich der entwickelten Formeln des Abschnittes 1 mit den Formeln von ENGESSER 445

**C. Verfahren Cross** . . . . . . . . . . . . . . . . . . . . . . . . . . . . . . 446
   1. Unverschiebliche Knotenpunkte . . . . . . . . . . . . . . . . . . . 446
   2. Verschiebliche Knotenpunkte bei Stockwerkrahmen . . . . . . . . . . . 449

**D. Momentenausgleichsverfahren in Kombination mit dem Verfahren Ostenfeld** . . . . . . 449
   1. System mit längsstarren Stäben . . . . . . . . . . . . . . . . . . . 449
   2. Abgespannte Systeme . . . . . . . . . . . . . . . . . . . . . . . . 453
   3. Verschiebungsgruppen . . . . . . . . . . . . . . . . . . . . . . . . 454
   4. Gekrümmte Stäbe . . . . . . . . . . . . . . . . . . . . . . . . . . 459
   Literatur zum Abschnitt IX . . . . . . . . . . . . . . . . . . . . . . . 460

**Schrifttum zum Band I** . . . . . . . . . . . . . . . . . . . . . . . . . . . . 461

**Tabellenwerke zum Band I** . . . . . . . . . . . . . . . . . . . . . . . . . . 462

**Sachverzeichnis** . . . . . . . . . . . . . . . . . . . . . . . . . . . . . . . . 463


## Erster Band, Teil B: Zahlenbeispiele

Inhaltsverzeichnis siehe dort


## Zweiter Band: Spezielle Berechnungsverfahren

In Vorbereitung

# Einleitung

Die in diesem Band gebrachten theoretischen Entwicklungen gehören zum Grundbestand des Wissens eines Bauingenieurs. Systematisch auf den Grundbegriffen aufbauend, werden die verschiedensten Verfahren für die Berechnung der Schnittbelastungen und Verformungen statisch bestimmter und statisch unbestimmter ebener Vollwand- und Fachwerkträger gezeigt. Da die Kenntnis der Querschnittswerte dafür Voraussetzung ist, wurde deren Berechnung ebenfalls aufgenommen, wobei auch hier zum Teil statische Betrachtungsweisen Beachtung fanden.

Die Auswahl des Stoffes wurde so getroffen, daß den Bedürfnissen der Praxis insofern Rechnung getragen ist, als alle gebrachten Entwicklungen immer wieder im täglichen Leben des Ingenieurs benötigt werden. Besonderer Wert wurde darauf gelegt, Zusammenhänge zwischen den einzelnen Abschnitten aufzuzeigen. Es erweisen sich beispielsweise das Seileck als wertvollstes Hilfsmittel zum Verständnis, der Satz von der virtuellen Arbeit als Schlüssel zur Lösung der verschiedensten Probleme. Die Grundlagen der Deformationsmethode sind vielseitig anwendbar.

Auf die wesentliche Bedeutung richtiger Belastungsannahmen und einer der Berechnung entsprechenden Wahl der Lagerung wird besonders hingewiesen.

Es sei besonders vermerkt, daß einfache Näherungsberechnungen, wenn sie eine Genauigkeit von etwa $1-2\%$ gewährleisten, umfangreichen mathematischen Verfahren vorzuziehen sind, bei denen Belastungs- und Querschnittswerte in mathematischen Funktionen zu entwickeln wären. Ein überzeugendes Beispiel hierfür ist die Anwendung der elastischen Gewichte zur Berechnung der Verformungen von beliebigen Systemen unter beliebigen Belastungen.

Um die theoretischen Entwicklungen so straff wie möglich zu halten, wurden auch in den Abbildungen dieses Bandes keinerlei Zahlenwerte eingetragen. Die Abbildungen wurden reichlich gewählt, um zum vollen Verständnis des Textes beizutragen. Die zweckmäßige Anwendung der Theorie und Form der Berechnung werden im Band I/B „Zahlenbeispiele" gezeigt.

Trotz der Verschiedenheit der Probleme wird eine einheitliche Bezeichnung durchgeführt. Es gelten:
deutsche Buchstaben für gerichtete Größen (Vektoren);
lateinische Buchstaben für Absolutwerte, Bezeichnungen von Punkten u. a. m.,
griechische Buchstaben für Winkel, Spannungen, Dehnungen, Einheitsverformungen, Verteilungs- und Fortleitungszahlen u. a. m.

Bei der Indizierung gibt der erste Index immer die Ursache der Entstehung des betreffenden Wertes und der zweite Index den Ort seines Auftretens an. Bezeichnungen in [...]-Klammern gelten für Belastungs- oder Verformungszustände, Einflußlinien sind durch „..." gekennzeichnet. Als Belastung wird die Gesamtheit der äußeren Kräfte und Momente bezeichnet, als Stützbelastung die Wirkung von Auflagerkräften und Momenten an den Lagerungsstellen, als Schnittbelastung die inneren Momente, Längskräfte und Querkräfte an einem bestimmten Querschnitt.

Wegen der Verschiedenheit der Lösungen werden die Wirkungen aus Belastungen, aus Temperatureinflüssen und aus Widerlagerbewegungen getrennt behandelt.

Mit Rücksicht auf Unterschiede bei Berechnungen von Fachwerkträgern und von ebenen Stabwerken werden Fachwerke und Stabwerke in getrennten Abschnitten erfaßt, wobei jedoch Wiederholungen weitgehend durch Hinweise vermieden werden.

Es werden die verschiedensten gebräuchlichen Berechnungsverfahren behandelt, deren sinnvolle Anwendung sich jeweils nach den verschiedenen Systemen richtet.

Die unmittelbar einen Abschnitt oder Unterabschnitt betreffenden Literaturangaben, z. B. [5], sind jeweils am Ende dieses Abschnittes angegeben; außerdem sind die Angaben über Schrifttum oder Tabellenwerke, auf die verschiedentlich Bezug genommen wird, z. B. [S 17] bzw. [T 12], am Ende des Bandes zusammengestellt. Wird dabei auf eine bestimmte Seite verwiesen, so lautet die Abkürzung z. B. S. 17.

# I. Allgemeine Grundlagen

## A. Die Belastung

Auf ein Tragwerk wirken als Belastung Kräfte und Momente. Alle Kräfte entsprechen in ihrer Wirkung der Schwerkraft (Eigengewicht des Tragwerks, Belastung durch Fahrzeuge u. a. m.). Sie können durch Verhinderung der freien Bewegungsmöglichkeit eines Mediums entstehen (ruhender Wasserdruck, Seitendruck von Massengütern, wie Getreide, Zement usw.); sie können aber in verschiedenster Form auch durch Bewegungsvorgänge selbst erzeugt werden (seismische Kräfte bei Erdbeben; Staubelastung aus strömendem Wasser, Luft u. dgl.; Massenkräfte bei bewegten Tragwerken; Brems- und Anfahrkräfte von Fahrzeugen; Reibungskräfte bei der Bewegung von Lagern u. v. a. m.).

Kräfte können auch entstehen durch aufgezwungene Verformungen (Vorspannung), durch Verhinderung von Verformungen (Quellen und Schwinden des Betons, verschiedene Abkühlungsgeschwindigkeiten in Stahlquerschnitten bei deren Erzeugung, beim Schweißen u. v. a. m.).

Im Gebirge unterscheiden wir den primären Belastungszustand, bedingt durch das Gewicht der Gebirgsmassen, durch Abkühlungsvorgänge in Eruptivgesteinen oder aus tektonischen Wirkungen, und den sekundären Belastungszustand, der bei der Möglichkeit von Verformungen (Tunneleinbauten) eintritt.

Je nachdem, ob sich ein Bauwerk gegen Erdreich stützt oder dieses vom Bauwerk gesichert wird, spricht man von passiver oder aktiver Erddruckbelastung. Überaus vielseitig sind die Kraftwirkungen, die bei der Bemessung von Tragwerken zu berücksichtigen sind. Im Abschn. I A 3 wird auf die Größe der wichtigsten Belastungen eingegangen.

Unter Momenten versteht man die Wirkung von Kräften um Punkte, die nicht in der Wirkungslinie der Kräfte liegen.

### 1. Kräfte im Raum

#### a) Komponenten und Einheitsvektoren einer Kraft

Die Wirkung einer Kraft $\mathfrak{P}$ im Raum ist durch den absoluten Betrag $P$, den Einheitsvektor ihrer Wirkungsrichtung $e_P$ und bei der Belastung von Tragwerken durch den Angriffspunkt $m$ gegeben (Abb. I A.1).
Im Spiel der Kräfte kann eine Kraft beliebig in ihrer Wirkungsrichtung verschoben werden. Bei der Ermittlung der Schnittbelastung des Tragwerks ist es jedoch wesentlich, in welchem Punkt des Tragwerks auf der Wirkungsrichtung $e_P$ diese Kraft angreift, da sich bei verschiedenen Angriffspunkten über Teile des Tragwerks oder über das ganze Tragwerk hinweg andere Schnittlasten ergeben (z. B. beim Angriff der Last $P$ im Punkt $m_1$ oder $m_2$ bei den Tragwerken nach Abb. I A.2 bis I A.4). Bezieht man

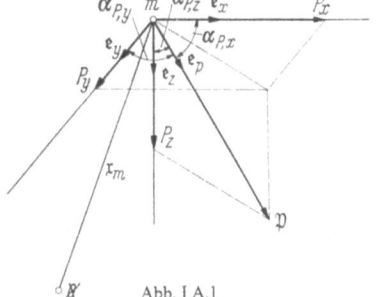

Abb. I A.1

die Kraft auf das Koordinatensystem $x, y, z$ mit den Einheitsvektoren $e_x, e_y, e_z$, so bestimmen sich ihre Komponenten nach Abb. I A.1 zu

$$\left.\begin{aligned} P_x &= \mathfrak{P} \cdot e_x = P\, e_P \cdot e_x = P \cos\alpha_{P,x} = P\, e_{P,x}; \\ P_y &= \mathfrak{P} \cdot e_y = P\, e_P \cdot e_y = P \cos\alpha_{P,y} = P\, e_{P,y}; \\ P_z &= \mathfrak{P} \cdot e_z = P\, e_P \cdot e_z = P \cos\alpha_{P,z} = P\, e_{P,z}. \end{aligned}\right\} \quad \text{(I A.1)}$$

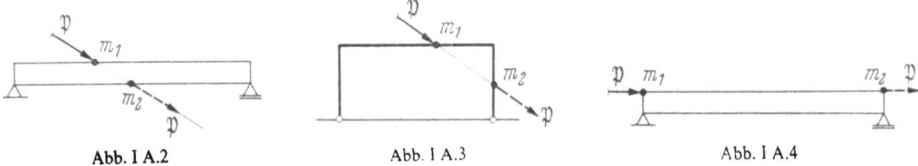

Abb. I A.2    Abb. I A.3    Abb. I A.4

Der Absolutbetrag ergibt sich aus

$$|\mathfrak{P}| = P = \sqrt{P_x^2 + P_y^2 + P_z^2} \quad \text{(I A.2)}$$

und die Komponenten des Einheitsvektors $e_P$ zu

$$e_{P,x} = \frac{P_x}{P}; \quad e_{P,y} = \frac{P_y}{P}; \quad e_{P,z} = \frac{P_z}{P}. \quad \text{(I A.3)}$$

Zur Bestimmung des Einheitsvektors $e_P$ kann das Koordinatensystem $x, y, z$ in einen beliebigen Punkt der Kraftwirkung verschoben werden.
(Siehe Beispiel 1a.)

### b) Komponente einer Kraft in einer beliebigen Richtung

Die Komponente der Kraft $\mathfrak{P}$ in einer beliebigen Richtung $u-u$ (Abb. I A.5) erhält man aus dem Skalarprodukt

$$\begin{aligned} P_u &= \mathfrak{P} \cdot e_u = P\, e_P \cdot e_u = P(e_{P,x}\, e_{u,x} + e_{P,y}\, e_{u,y} + e_{P,z}\, e_{u,z}) \\ &= P \cos\alpha_{P,u}. \end{aligned} \quad \text{(I A.4)}$$

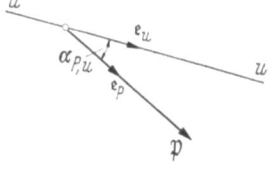

Abb. I A.5

Die Komponenten von $P_u$ in Richtung $x, y, z$ betragen nach (I A.1)

$$\begin{aligned} P_{u,x} &= P_u\, e_{u,x}; \\ P_{u,y} &= P_u\, e_{u,y}; \\ P_{u,z} &= P_u\, e_{u,z}. \end{aligned}$$

(Siehe Beispiel 1a.)

### c) Moment einer Kraft in bezug auf einen Punkt

Das Moment der Kraft $\mathfrak{P}$ in bezug auf den Punkt $m$ (Abb. I A.6) erhält man als Vektorprodukt von $\mathfrak{P}$ und $\mathfrak{r}$.

Der Vektor $\mathfrak{r}$ kann hierbei vom Punkt $m$ zu einem beliebigen Punkt $n$ auf der Wirkungslinie von $\mathfrak{P}$ führen, ohne daß sich das Vektorprodukt ändert.

$$\mathfrak{M}_{P,m} = \mathfrak{r} \times \mathfrak{P} = P(\mathfrak{r} \times e_P) = \mathfrak{r} \times P\, e_P$$

$$M_{P,m} = r\, P \sin\alpha = P\, a; \quad \text{(I A.5)}$$

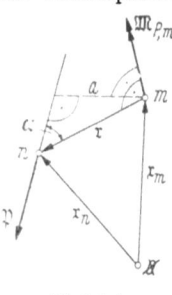

Abb. I A.6

$$\mathfrak{M}_{P,m} = \begin{vmatrix} \mathfrak{i} & \mathfrak{j} & \mathfrak{k} \\ r_x & r_y & r_z \\ P_x & P_y & P_z \end{vmatrix} = \begin{Bmatrix} r_y P_z - r_z P_y \\ r_z P_x - r_x P_z \\ r_x P_y - r_y P_x \end{Bmatrix} = \begin{Bmatrix} M_{P,m;x} \\ M_{P,m;y} \\ M_{P,m;z} \end{Bmatrix} \quad \text{(I A.6)}$$

mit

$$\mathfrak{r} = \mathfrak{x}_n - \mathfrak{x}_m = \begin{Bmatrix} x_n - x_m \\ y_n - y_m \\ z_n - z_m \end{Bmatrix} = \begin{Bmatrix} r_x \\ r_y \\ r_z \end{Bmatrix};$$

$$M_{P,m} = \sqrt{M_{P,m;x}^2 + M_{P,m;y}^2 + M_{P,m;z}^2}. \tag{I A.7}$$

(Siehe Beispiel 1b.)

### d) Komponente des Momentes einer Kraft in einer beliebigen Richtung

Die Komponente eines Momentes der Kraft $\mathfrak{P}$ in bezug auf einen Punkt $m$ in einer beliebigen Richtung $u-u$ ergibt sich aus dem Skalarprodukt

$$M_{P,m;u} = \mathfrak{M}_{P,m} \cdot \mathfrak{e}_u = M_{P,m;x} e_{u,x} + M_{P,m;y} e_{u,y} + M_{P,m;z} e_{u,z}. \tag{I A.8}$$

(Siehe Beispiel 1b.)

Liegen die Kraft $\mathfrak{P}$ und die Gerade $u-u$ in einer Ebene und wird das Moment für einen beliebigen Punkt der Geraden $u-u$ bestimmt, so wird $M_{P,m;u} = 0$, da $\mathfrak{M}_{P,m}$ und $\mathfrak{e}_u$ senkrecht aufeinanderstehen.

### e) Resultierende von Kräften des Raumes, die in einem Punkt angreifen

Greifen in einem Punkt $m$ mehrere Raumkräfte $\mathfrak{P}_1$ bis $\mathfrak{P}_n$ an (Abb. I A.7a), so erhält man die Resultierende $\mathfrak{R}_{\Sigma P}$ dieser Kräfte, indem man von einem Pol $o$ aus ein räumliches Krafteck bildet, d. h., daß man die Kräfte vektoriell aneinanderreiht (Abb. I A.7b). Die Reihenfolge der Aneinanderreihung ist dabei gleichgültig.

Es gilt die Vektorgleichung

$$\mathfrak{R}_{\Sigma P} = \sum_n \mathfrak{P}_n \tag{I A.9}$$

bzw. gelten die Koordinatengleichungen

$$R_{\Sigma P,x} = \mathfrak{R}_{\Sigma P} \cdot \mathfrak{e}_x = \sum_n P_{n,x} = P_{1,x} + P_{2,x} + \cdots + P_{n,x};$$

$$R_{\Sigma P,y} = \sum_n P_{n,y}; \quad R_{\Sigma P,z} = \sum_n P_{n,z}. \tag{I A.10}$$

Damit wird

$$R_{\Sigma P} = \sqrt{R_{\Sigma P,x}^2 + R_{\Sigma P,y}^2 + R_{\Sigma P,z}^2}. \tag{I A.11}$$

Der Einheitsvektor $\mathfrak{e}_R$ der Resultierenden ergibt sich zu

$$\mathfrak{e}_R = \frac{\mathfrak{R}_{\Sigma P}}{R_{\Sigma P}} \quad \text{bzw.} \quad e_{R,x} = \frac{R_{\Sigma P,x}}{R}; \quad e_{R,y} = \frac{R_{\Sigma P,y}}{R}; \quad e_{R,z} = \frac{R_{\Sigma P,z}}{R}. \tag{I A.12}$$

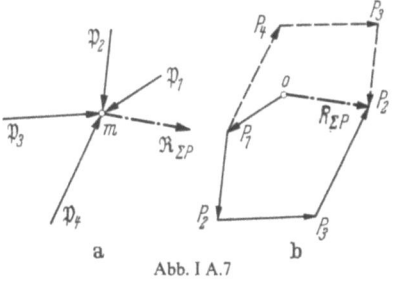

Abb. I A.7

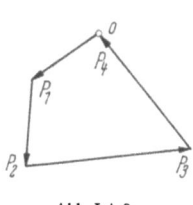

Abb. I A.8

Sind die Kräfte im Gleichgewicht, so wird $\mathfrak{R}_{\Sigma P} = \sum \mathfrak{P} = 0$, und das Krafteck schließt sich wieder im Pol $o$ (Abb. I A.8).

(Siehe Beispiel 2a.)

### f) Das Kraftpaar

Für zwei parallele Kräfte im Raum mit entgegengesetzten Wirkungsrichtungen (Abb. I A.9) ist $\mathfrak{R} = 0$.

Für einen beliebigen Punkt $m$ in der Kraftpaarebene beträgt der Absolutwert des Momentes infolge der beiden Kräfte

$$M_{PP} = P(a + b) - P b = P a. \qquad (I\ A.13)$$

Der Momentenvektor $\mathfrak{M}_{PP}$ steht senkrecht zu dieser Ebene. Da für jeden Punkt der Kraftpaarebene der Absolutbetrag des Momentes gleich groß bleibt, kann der Momentenvektor parallel zu seiner Wirkungslinie beliebig verschoben werden.

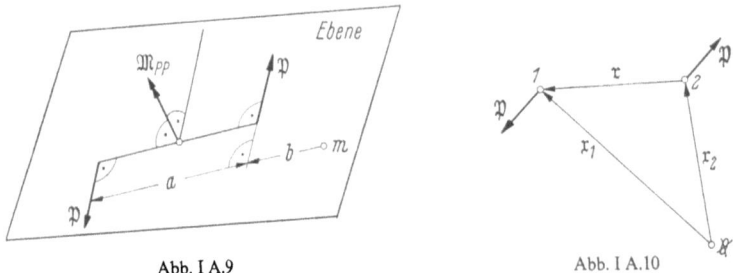

Abb. I A.9      Abb. I A.10

Betrachtet man zwei beliebige Punkte 1 und 2 auf den Wirkungslinien der beiden Kräfte $\mathfrak{P}$ (Abb. I A.10) mit den Ortsvektoren $\mathfrak{r}_1$ und $\mathfrak{r}_2$, so ergibt sich für das Moment der beiden Kräfte in bezug auf den Punkt 2

$$\mathfrak{M}_{PP} = \mathfrak{r} \times \mathfrak{P} = (\mathfrak{r}_1 - \mathfrak{r}_2) \times \mathfrak{P}. \qquad (I\ A.14)$$

Mit dem distributiven Gesetz für vektorielle Multiplikation kann man aber auch schreiben

$$\mathfrak{M}_{PP} = (\mathfrak{r}_1 \times \mathfrak{P}) - (\mathfrak{r}_2 \times \mathfrak{P}). \qquad (I\ A.15)$$

Für den beliebig gewählten Koordinatensprung $\emptyset$ im Raum sind aber $(\mathfrak{r}_1 \times \mathfrak{P})$ und $-(\mathfrak{r}_2 \times \mathfrak{P})$ die Momente der beiden Kräfte in bezug auf diesen Punkt. Man erkennt daraus, daß auch für jeden beliebigen Punkt im Raum das Kraftpaar das gleiche Moment $\mathfrak{M}_{PP}$ ergibt.

Ein Momentenvektor kann somit in seiner Richtung und parallel dazu beliebig verschoben werden.

### g) Reduktion einer Kraft in bezug auf einen Punkt

Werden parallel zu einer beliebig im Raum wirkenden Kraft $\mathfrak{P}$ in einem Punkt $m$ zwei gleich große, aber entgegengesetzt wirkende Kräfte $\mathfrak{P}$ angebracht (Abb. I A.11 a), so ändert sich am System und an der Größe der Belastung nichts. Die ursprüngliche Kraft $\mathfrak{P}$ und die am Punkt $m$ dazu entgegengesetzte Kraft bilden ein Kraftpaar und können durch den Momentenvektor $\mathfrak{M}_{P,m}$ nach Abschnitt I A 1f ersetzt werden. Die Wirkung der Kraft $\mathfrak{P}$ im Punkt $n$ in bezug auf den Punkt $m$ entspricht somit der gleichzeitigen Wirkung der Kraft $\mathfrak{P}$ und eines Momentes $\mathfrak{M}_{P,m}$ im Punkt $m$ (Abb. I A.11 b). Hierbei ist wieder

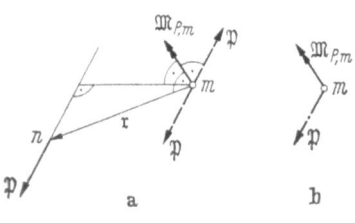

Abb. I A.11

$$\mathfrak{M}_{P,m} = \mathfrak{r} \times \mathfrak{P}. \qquad (I\ A.16)$$

## h) Resultierende Wirkung von beliebigen Kräften im Raum

Bezieht man die Wirkung von beliebig gerichteten Kräften $\mathfrak{P}_n$ auf einen Punkt $m$ im Raum (Abb. I A.12), so ist die Superposition der Reduktion der einzelnen Kräfte nach Abschn. I A 1g bzw. c durchzuführen. Sowohl die Kräfte $\mathfrak{P}_n$ als auch die zugehörigen Momente sind vektoriell zu superponieren. Als Ergebnis erhält man im Punkt $m$ eine resultierende Kraft $\mathfrak{R}_{\Sigma P}$ und ein resultierendes Moment $\mathfrak{M}_{\Sigma P, m}$.

Diese beiden Größen werden einen bestimmten Winkel $\alpha$ miteinander einschließen.

Es gelten die Vektorgleichungen

$$\mathfrak{R}_{\Sigma P} = \sum_u \mathfrak{P}_n; \qquad (\text{I A.17})$$

$$\mathfrak{M}_{\Sigma P, m} = \sum_n (\mathfrak{r}_n \times \mathfrak{P}_n). \qquad (\text{I A.18})$$

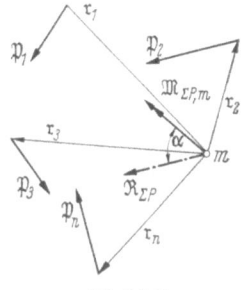

Abb. I A.12

Für $\mathfrak{R}_{\Sigma P}$ und deren Wirkungsrichtung gelten (I A.9) bis (I A.12).

Mit (I A.6) wird

$$\mathfrak{M}_{\Sigma P, m} = \begin{Bmatrix} \sum_n (r_y P_z - r_z P_y) \\ \sum_n (r_z P_x - r_x P_z) \\ \sum_n (r_x P_y - r_y P_x) \end{Bmatrix} = \begin{Bmatrix} M_{\Sigma P, m; x} \\ M_{\Sigma P, m; y} \\ M_{\Sigma P, m; z} \end{Bmatrix}; \qquad (\text{I A.19})$$

$$M_{\Sigma P, m} = \sqrt{M_{\Sigma P, m; x}^2 + M_{\Sigma P, m; y}^2 + M_{\Sigma P, m; z}^2}. \qquad (\text{I A.20})$$

(Siehe Beispiel 2b.)

Wenn sich sowohl der Kräftepolygonzug als auch der Momentenpolygonzug schließen, d. h. $\mathfrak{R}_{\Sigma P} = \mathfrak{M}_{\Sigma P, m} = 0$, so ist das Kräftesystem im Gleichgewicht.

## i) Dyname oder Kraftschraube

Gegeben sind nach Abschn. I A 1h für ein Kräftesystem im Punkt $m$ die beiden Größen $\mathfrak{M}_{\Sigma P, m}$ und $\mathfrak{R}_{\Sigma P}$. Zerlegen wir $\mathfrak{M}_{\Sigma P, m}$ vektoriell in eine Komponente $\mathfrak{M}_{R, m}$ in Richtung des Einheitsvektors $\mathfrak{e}_R$ der Resultierenden $\mathfrak{R}_{\Sigma P}$ und in eine Komponente $\mathfrak{M}_{\perp R, m}$ senkrecht dazu (Abb. I A.13), so gilt

$$\mathfrak{M}_{R, m} = (\mathfrak{M}_{\Sigma P, m} \cdot \mathfrak{e}_R) \mathfrak{e}_R = M_{R, m} \mathfrak{e}_R \qquad (\text{I A.21})$$

mit dem Absolutwert

$$M_{R, m} = M_{\Sigma P, m; x} e_{R, x} + M_{\Sigma P, m; y} e_{R, y} + M_{\Sigma P, m; z} e_{R, z}. \qquad (\text{I A.22})$$

Abb. I A.13

Die Komponenten dieses Vektors in den Koordinatenrichtungen betragen

$$\begin{aligned} M_{R, m; x} &= M_{R, m} (\mathfrak{e}_R \cdot \mathfrak{e}_x) = M_{R, m} e_{R, x} 1{,}0; \\ M_{R, m; y} &= M_{R, m} e_{R, y}; \qquad M_{R, m; z} = M_{R, m} e_{R, z}. \end{aligned} \qquad (\text{I A.23})$$

Mit der Vektorgleichung $\mathfrak{M}_{\Sigma P, m} = \mathfrak{M}_{R, m} + \mathfrak{M}_{\perp R, m}$ wird

$$\mathfrak{M}_{\perp R, m} = \mathfrak{M}_{\Sigma P, m} - \mathfrak{M}_{R, m} = \begin{Bmatrix} M_{\Sigma P, m; x} - M_{R, m; x} \\ M_{\Sigma P, m; y} - M_{R, m; y} \\ M_{\Sigma P, m; z} - M_{R, m; z} \end{Bmatrix} = \begin{Bmatrix} M_{\perp R, m; x} \\ M_{\perp R, m; y} \\ M_{\perp R, m; z} \end{Bmatrix}; \qquad (\text{I A.24})$$

$$M_{\perp R, m} = \sqrt{M_{\perp R, m; x}^2 + M_{\perp R, m; y}^2 + M_{\perp R, m; z}^2}. \qquad (\text{I A.25})$$

Nach Abschn. I A 1f kann das Moment $\mathfrak{M}_{\perp R, m}$ entsprechend Abb. I A.14 durch ein Kräftepaar $\mathfrak{r} \times \mathfrak{R}$ (strichliert eingezeichnet) ersetzt werden. Da sich die beiden

6  I. Allgemeine Grundlagen  [Lit. S. 10

entgegengesetzt gerichteten Größen $\mathfrak{R}$ im Punkt $m$ aufheben und der Momentenvektor $\mathfrak{M}_R$ nach Abschn. I A 1 f parallel verschoben werden kann, bleiben als resultierende Wirkung des gesamten Kräftesystems nur die nach $m'$ verschobenen beiden Vektoren $\mathfrak{R}$ und $\mathfrak{M}_{R,m}$ übrig, die man zusammen als Dyname oder Kraftschraube bezeichnet.

Jedes Kräftesystem kann somit im allgemeinsten Falle auf eine Dyname reduziert werden.

Für das Kraftpaar, gekennzeichnet durch den Ausdruck

$$\mathfrak{M}_{\perp R, m} = \mathfrak{r} \times \mathfrak{R}, \qquad (\text{I A.26})$$

erhält man den kleinsten Absolutwert von $r$ zu

$$r_{\min} = \frac{M_{\perp R, m}}{R} \qquad (\text{I A.27})$$

als Normalabstand der Wirkungslinie durch $m'$ von $m$.

Mit $\mathfrak{r} = r\,\mathfrak{e}_r$ ergibt sich aus

$$\mathfrak{M}_{\perp R, m} = \mathfrak{r} \times \mathfrak{R} = \begin{Bmatrix} r_y R_z - r_z R_y \\ r_z R_x - r_x R_z \\ r_x R_y - r_y R_x \end{Bmatrix} = r \begin{Bmatrix} e_{r,y} R_z - e_{r,z} R_y \\ e_{r,z} R_x - e_{r,x} R_z \\ e_{r,x} R_y - e_{r,y} R_x \end{Bmatrix} = \begin{Bmatrix} M_{\perp R, m; x} \\ M_{\perp R, m; y} \\ M_{\perp R, m; z} \end{Bmatrix} \qquad (\text{I A.28})$$

ein Gleichungssystem für die Einheitsvektoren von $\mathfrak{e}_r$.

Mit dem Absolutwert $r$ und $\mathfrak{e}_r$ ist somit ein Punkt festgelegt, durch den die Kraftschraube hindurchgeht.

Zweckmäßig wird man den Durchstoßpunkt der Kraftschraube mit der $x-y$-Ebene bestimmen. In diesem Fall ist $r_z = -z_m$, und $r_x$ und $r_y$ ergeben sich aus (I A.28).

(Siehe Beispiel 2c.)

### j) Das Kraftkreuz

Sind von einer Kraftschraube die drei Bestimmungsstücke $\mathfrak{e}_R$, $R$ und $M_R = M_{R,m}$ gegeben, so bestehen $\infty^4$ Möglichkeiten, sie in zwei zueinander windschiefe Gerade zu zerlegen. Man nennt solche einander zugeordnete windschiefe Kräftegruppen, je aus zwei Kräften bestehend, Kraftkreuze. Sie können in der Statik besondere Bedeutung erlangen, z. B. beim formtreuen Vorspannen gekrümmter Träger.

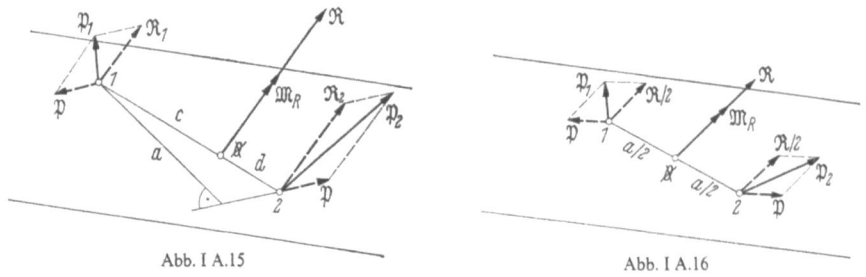

Abb. I A.15       Abb. I A.16

In Abb. I A.15 wird z. B. in der zur Kraftschraube senkrechten Ebene $E$ durch den Durchstoßpunkt $\mathfrak{D}$ eine beliebige Gerade gelegt, darauf zwei Punkte 1 und 2 gewählt und an diesen in beliebiger Richtung in der Ebene $E$ ein Kraftpaar $\mathfrak{M}_R = \mathfrak{a} \times \mathfrak{P}$ vom Betrag $M_R = a P$ angenommen, das dem Moment $\mathfrak{M}_R$ der Dyname entspricht.

Zerlegt man $\Re$ nach dem Hebelgesetz in $\Re_1$ und $\Re_2$,

$$R_1 = R\frac{d}{c+d}; \quad R_2 = R\frac{c}{c+d}, \tag{I A.29}$$

und setzt $\Re_1$ und $\Re_2$ mit den beiden Kräften $\mathfrak{P}$ zusammen, so erhält man statt der Dyname das Kraftkreuz $\mathfrak{P}_1$ und $\mathfrak{P}_2$. In Abb. I A.16 bis I A.19 sind einige andere Möglichkeiten gezeigt, wobei die Kräfte $\mathfrak{P}_1$ und $\mathfrak{P}_2$ in parallelen Ebenen liegen müssen, in die bei Parallelverschiebung auch $\Re$ zu liegen kommt.

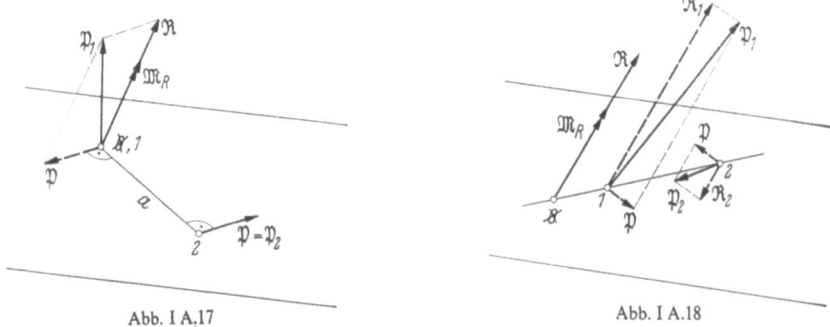

Abb. I A.17          Abb. I A.18

Die Fälle nach Abb. I A.15 bis I A.18 unterscheiden sich nur dadurch vom Fall nach Abb. I A.19, daß bei ersteren der Schnittpunkt von $\Re_1$ und $\Re_2$ — bei der Zerlegung von $\Re$ — im Unendlichen liegt.

Beim Fall nach Abb. A I.16 sind außerdem $\mathfrak{P}_1$ und $\mathfrak{P}_2$ gleich groß. Er tritt beim Vorspannen eines gekrümmten Trägers mit symmetrischem Hohlkastenquerschnitt auf (Abb. A I.20), wenn die Vorspannung in den Stegen wirkt. Durch

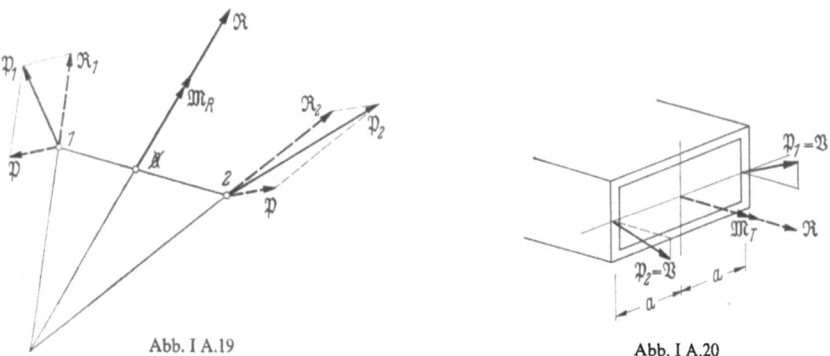

Abb. I A.19          Abb. I A.20

die geneigten Spannstähle entsteht ein bestimmtes Torsionsmoment, das dem Torsionsmoment aus ständiger Last entgegenwirkt. Bei entsprechender Höhenlage der Spannstähle können auch Biegemomente erzeugt werden.

Wenn z. B. für eine Kraft $\mathfrak{P}_1$ Richtung und Angriffspunkt festgelegt sind, gibt es bei einer vorgegebenen Dyname nur eine Möglichkeit der Kräftegruppe $\mathfrak{P}_1$ und $\mathfrak{P}_2$ des Kraftkreuzes. Da bei der Verschiebung einer Dyname von einem Punkt $m'$ in einen Punkt $m$ außerhalb ihrer Wirkungsrichtung (Abb. I A.21) mit $|\mathfrak{M}_{\perp R}| = Ra$ der allgemeine Fall einer Resultierenden $\Re$ und eines Momentes $\mathfrak{M}$ — der einem allgemeinen räumlichen Kräftesystem entspricht — entsteht, ist somit jedes räumliche Kräftesystem auf ein Kraftkreuz zurückführbar.

Sind in einem Punkt $m$ (Abb. I A.22) $\mathfrak{M}$ und $\mathfrak{R}$ als Resultierende eines Kräftesystems gegeben, so ist ein entsprechendes Kraftkreuz durch die beiden Vektorgleichungen

$$\mathfrak{P}_1 + \mathfrak{P}_2 = \mathfrak{R}; \tag{I A.30}$$

$$(\mathfrak{r}_1 \times \mathfrak{P}_1) + (\mathfrak{r}_2 \times \mathfrak{P}_2) = \mathfrak{M} \tag{I A.31}$$

festgelegt.

Im Cartesischen Koordinatensystem lauten die Gleichungen

$$P_{1,x} + P_{2,x} = R_x; \quad P_{1,y} + P_{2,y} = R_y; \quad P_{1,z} + P_{2,z} = R_z \tag{I A.32}$$

und mit (I A.6)

$$\left.\begin{array}{l} r_{1,y} P_{1,z} - r_{1,z} P_{1,y} + r_{2,y} P_{2,z} - r_{2,z} P_{2,y} = M_x; \\ r_{1,z} P_{1,x} - r_{1,x} P_{1,z} + r_{2,z} P_{2,x} - r_{2,x} P_{2,z} = M_y; \\ r_{1,x} P_{1,y} - r_{1,y} P_{1,x} + r_{2,x} P_{2,y} - r_{2,y} P_{2,x} = M_z. \end{array}\right\} \tag{I A.33}$$

Wie man aus Abb. I A.22 erkennt, ändert sich das Moment $(\mathfrak{r}_1 \times \mathfrak{P}_1)$ nicht, gleichgültig in welchem Punkt $n_1$ oder $n_1'$ der Ortsvektor $\mathfrak{r}_1$ bzw. $\mathfrak{r}_1'$ angreift. Es gibt

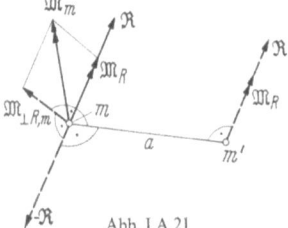

Abb. I A.21

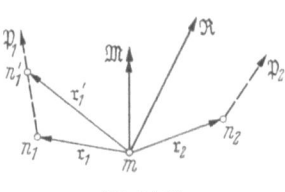

Abb. I A.22

somit zu einer Kraft unendlich viele Ortsvektoren $\mathfrak{r}_1$. Wenn davon eine Koordinate festgelegt ist, sind es auch die beiden anderen, wenn die Wirkungslinie der Kraft gegeben ist. Um eine mögliche Lösung des Gleichungssystems (I A.32) und (I A.33) zu erhalten, muß von jedem Ortsvektor $\mathfrak{r}_1$ und $\mathfrak{r}_2$ mindestens eine Koordinate angenommen werden. Unter Beachtung, daß die Vektoren $\mathfrak{P}_1$, $\mathfrak{P}_2$, $\mathfrak{r}_1$ und $\mathfrak{r}_2$ je drei Komponenten haben, sind von insgesamt zwölf Größen in den sechs Gln. (I A.32) und (I A.33) somit sechs frei wählbar. Da von $\mathfrak{r}_1$ und $\mathfrak{r}_2$ jeweils mindestens eine Koordinate angenommen werden muß, bleiben noch vier frei wählbare Größen übrig, um zu einem bestimmten Kraftkreuz zu kommen. Aus dem Gleichungssystem (I A.32) und (I A.33) sowie aus den Abb. I A.17 bis I A.19 erkennt man weiter, daß von den noch frei wählbaren vier Größen nur höchstens drei von der gleichen Art sein können. Es können z. B. höchstens drei Komponenten $P_{n,m}$ oder höchstens drei Koordinaten $x_i$ bzw. $y_i$ gewählt werden. Im Beispiel 2d sind eine Reihe von Möglichkeiten behandelt.

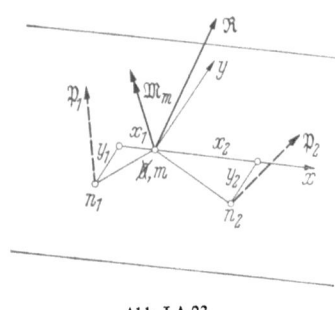

Abb. I A.23

Am einfachsten wird die Berechnung, wenn man nach Abb. I A.23 den Punkt $m$ mit dem Koordinatenursprung $\mathfrak{g}$ zusammenfallen läßt und für $n_1$ und $n_2$ die Durchstoßpunkte der Geraden $\mathfrak{P}_1$ und $\mathfrak{P}_2$ mit der $x-y$-Ebene wählt ($z_1 = z_2 = 0$).

Mit

$$\mathfrak{r}_1 = \left\{\begin{array}{c} x_1 \\ y_1 \\ 0 \end{array}\right\}; \quad \mathfrak{r}_2 = \left\{\begin{array}{c} x_2 \\ y_2 \\ 0 \end{array}\right\}$$

erhält man außer (I A.32) aus (I A.33) die Gleichungen

$$\left.\begin{aligned} y_1 P_{1,z} + y_2 P_{2,z} &= M_x; \\ -x_1 P_{1,z} - x_2 P_{2,z} &= M_y; \\ x_1 P_{1,y} - y_1 P_{1,x} + x_2 P_{2,y} - y_2 P_{2,x} &= M_z. \end{aligned}\right\} \quad \text{(I A.34)}$$

(Siehe Beispiel 2d.)

### k) Zerlegung einer Kraft in drei Richtungen

Aus Abschn. I A 1e erkennt man, daß die Vektorgleichung (I A.9) in drei Komponentengleichungen (I A.10) aufgespalten werden kann. Sind drei unbekannte Kräfte $\mathfrak{P}_1$, $\mathfrak{P}_2$ und $\mathfrak{P}_3$ gesucht, in die eine Resultierende $\mathfrak{R}$ zerlegt werden soll, wobei ihre Wirkungsrichtungen gegeben sind und die drei Kräfte nicht in einer Ebene liegen dürfen, so können auf Grund der drei vorhandenen Bestimmungsgleichungen die Kräfte $\mathfrak{P}_1$, $\mathfrak{P}_2$ und $\mathfrak{P}_3$ eindeutig bestimmt werden (Abb. I A.24). Eine Raumkraft kann somit unter den obigen Bedingungen eindeutig in drei beliebige Richtungen, die durch einen Punkt dieser Kraft $\mathfrak{R}$ gehen, zerlegt werden.

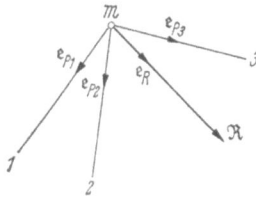

Abb. I A.24

Von der Vektorgleichung

$$\mathfrak{P}_1 + \mathfrak{P}_2 + \mathfrak{P}_3 = \mathfrak{R} \quad \text{(I A.35)}$$

sind der Absolutwert $R$ und die Einheitsvektoren $e_R$, $e_1$, $e_2$, $e_3$ (Abb. I A.24) gegeben, und es gilt $\mathfrak{R} = R\,e_R$; $\mathfrak{P}_1 = P_1\,e_1$ usw.

Nach (I A.10) wird $\mathfrak{R} \cdot e_x = \left(\sum_1^3 \mathfrak{P}_n\right) \cdot e_x$ usw. bzw. $R\,e_R \cdot e_x = \sum_1^3 P(e_P \cdot e_x)$ usw.

Mit

$$e_R = \begin{Bmatrix} e_{R,x} \\ e_{R,y} \\ e_{R,z} \end{Bmatrix}; \quad e_x = \begin{Bmatrix} 1 \\ 0 \\ 0 \end{Bmatrix}; \quad e_R \cdot e_x = e_{R,x} \cdot 1$$

ergibt sich

$$\left.\begin{aligned} P_1 e_{1,x} + P_2 e_{2,x} + P_3 e_{3,x} &= R\,e_{R,x}; \\ P_1 e_{1,y} + P_2 e_{2,y} + P_3 e_{3,y} &= R\,e_{R,y}; \\ P_1 e_{1,z} + P_2 e_{2,z} + P_3 e_{3,z} &= R\,e_{R,z}. \end{aligned}\right\} \quad \text{(I A.36)}$$

Mit

$$\left.\begin{aligned} D &= \begin{vmatrix} e_{1,x} & e_{2,x} & e_{3,x} \\ e_{1,y} & e_{2,y} & e_{3,y} \\ e_{1,z} & e_{2,z} & e_{3,z} \end{vmatrix}; \quad D_1 = \begin{vmatrix} e_{R,x} & e_{2,x} & e_{3,x} \\ e_{R,y} & e_{2,y} & e_{3,y} \\ e_{R,z} & e_{2,z} & e_{3,z} \end{vmatrix}; \\ D_2 &= \begin{vmatrix} e_{1,x} & e_{R,x} & e_{3,x} \\ e_{1,y} & e_{R,y} & e_{3,y} \\ e_{1,z} & e_{R,z} & e_{3,z} \end{vmatrix}; \quad D_3 = \begin{vmatrix} e_{1,x} & e_{2,x} & e_{R,x} \\ e_{1,y} & e_{2,y} & e_{R,y} \\ e_{1,z} & e_{2,z} & e_{R,z} \end{vmatrix} \end{aligned}\right\} \quad \text{(I A.37)}$$

wird

$$P_1 = \frac{D_1}{D} R; \quad P_2 = \frac{D_2}{D} R; \quad P_3 = \frac{D_3}{D} R. \quad \text{(I A.38)}$$

Damit ist die Zerlegung der Kraft $\mathfrak{R}$ in drei Richtungen $e_1$, $e_2$ und $e_3$ eindeutig durchgeführt.

(Siehe Beispiel 2e.)

Für Fälle, bei denen alle drei Kräfte in einer Ebene liegen würden, würde $D = 0$ und somit eine eindeutige Zerlegung in drei Richtungen nicht möglich sein.

**Literatur zum Abschnitt I A 1**

[1] BAULE, B.: Die Mathematik des Naturforschers und Ingenieurs, Bd. III, Analytische Geometrie, Leipzig: Hirzel 1943.
[2] LAGALLY, M.: Vorlesungen über Vektorrechnung, 6. Aufl., Leipzig: Geest & Portig 1959.

Siehe auch:
[S 9] FÖPPL, Bd. I, S. 128;   [S 42] SZABÓ;   [S 44] TEICHMANN, Bd. 119.

## 2. Kräfte in der Ebene

Kräfte in der Ebene stellen Sonderfälle räumlicher Kraftsysteme dar. Mit Rücksicht auf ihre besondere Bedeutung bei der Berechnung von Tragwerken werden sie aber getrennt behandelt. Außergewöhnlich interessant sind hierbei die Beziehungen zwischen Krafteck und Seileck, da mit deren Hilfe oft — wie später gezeigt werden wird — ein unmittelbarer Einblick in das Verhalten eines Tragwerks gewonnen werden kann, ohne daß umfangreiche Berechnungen erforderlich sind.

### a) Moment einer Kraft in bezug auf einen Punkt

Ist eine Kraft $\mathfrak{P}_1$ durch ihre Lage und Größe $P_1$ gegeben, so erkennt man aus Abb. I A.25a, daß das Moment um den Punkt $m$ die Größe

$$M_{P_1, m} = P_1 \, p_{1, m} \tag{I A.39}$$

aufweist. Trägt man entsprechend Abb. I A.25b die Kraft $P_1$ in ihrer Größe und Richtung in beliebiger Lage auf, wählt einen Pol $o$, zieht zwei Polstrahlen 0 und 1

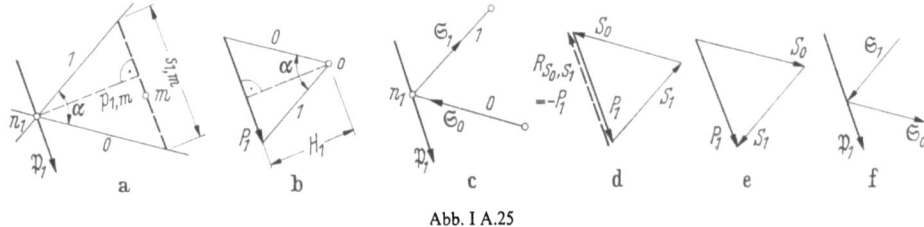

Abb. I A.25

jeweils vom Pol zu den Endpunkten der Kraft und zieht durch einen Punkt $n_1$ auf der Kraftrichtung $\mathfrak{P}_1$ dazu parallele Linien, so kann man Abb. I A.25b als Krafteck und Abb. I A.25a als Seileck betrachten.

Denkt man sich $\mathfrak{P}_1$ nach Abb. I A.25c auf zwei miteinander gelenkig verbundene Stäbe 0 und 1 in deren Verbindungspunkt $n_1$ wirkend, schreitet im Uhrzeigersinn $\mathfrak{P}_1$, $\mathfrak{S}_1$, $\mathfrak{S}_0$ weiter und zeichnet nach Abb. I A.25d in gleicher Reihenfolge ein Krafteck, so erkennt man, daß die Resultierende $R_{S_0, S_1} = -P_1$ ist und die Seilstrahlenkräfte mit $P_1$ ein Gleichgewichtssystem bilden, da die Gesamtresultierende verschwindet.

Abb. I A.25d ist aber identisch mit Abb. I A.25b. Die dort gezeichneten Polstrahlen 0 und 1 entsprechen somit Seilstrahlkräften, die mit $P_1$ im Gleichgewicht sind und in ihrer Wirkungsrichtung und Lage nach Abb. I A.25a festgelegt sind. Seilstrahlkräfte $S_0$ und $S_1$ nach Abb. I A.25e mit entgegengesetzten Wirkungsrichtungen als nach Abb. I A.25d entsprechen aber der Kraft $\mathfrak{P}_1$; man kann somit die Kraft $\mathfrak{P}_1$ im Lageplan auch durch die beiden Seilstrahlkräfte $\mathfrak{S}_0$ und $\mathfrak{S}_1$ ersetzen (Abb. I A.25f).

Nach Abb. I A.25a u. b gilt

$$\frac{s_{1, m}}{p_{1, m}} = \frac{P_1}{H_1}.$$

Daraus ergibt sich
$$M_{P_1,m} = P_1 \, p_{1,m} = H_1 \, s_{1,m}. \tag{I A.40}$$

Für $P_1$ und $H_1$ gilt der Kraftmaßstab, für $p_{1,m}$ und $s_{1,m}$ der Längenmaßstab.

Zeichnet man zu einem Krafteck, das durch den Pol $o$ festgelegt ist (Abb. I A.25b), das Seileck (Abb. I A.25a) und zieht durch einen Punkt $m$ eine Parallele zu $\mathfrak{P}_1$, so entspricht die von den Seilstrahlen abgeschnittene Strecke $s_{1,m}$ dem Moment der Kraft $\mathfrak{P}_1$ um $m$, wenn man den Absolutwert $s_{1,m}$ mit dem senkrecht zu $P_1$ liegenden Polabstand $H_1$ multipliziert.

Wählt man $H_1 = 1$, so ist die Strecke $s_{1,m} = M_{P_1,m}$ und somit direkt gleich dem Moment. Die Bestimmung des Momentes $M_{P_1,m}$ mit Hilfe von $s_{1,m}$ kann vorerst als Umweg angesehen werden; man wird später erkennen, daß dieser Weg große Vorteile in sich birgt.
(Siehe Beispiel 4a.)

### b) Resultierende von Kräften, die in einem Punkt angreifen

Greifen in einem Punkt $m$ mehrere Kräfte $\mathfrak{P}_n$ an (Abb. I A.26a), so ergeben sich aus einem Krafteck (Abb. I A.26b) Größe und Richtung der Resultierenden $R$.

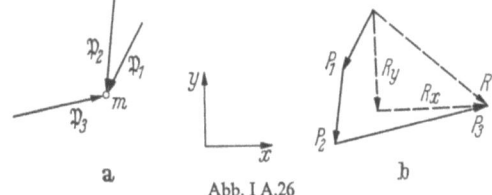

Abb. I A.26

Die Parallele zu $R$ durch den Punkt $m$ ergibt die Lage der Resultierenden $\mathfrak{R}$. Die Vektorgleichung, die der zeichnerischen Superposition der Kräfte nach Abb. I A.26b entspricht,
$$\sum_n \mathfrak{P}_n = \mathfrak{R}, \tag{I A.41}$$
lautet in Komponentengleichungen
$$\sum_n P_{n,x} = R_x; \quad \sum_n P_{n,y} = R_y. \tag{I A.42}$$
Weiter ist
$$R = \sqrt{R_x^2 + R_y^2}. \tag{I A.43}$$

### c) Zerlegung einer Kraft in zwei Richtungen

Da die Reihenfolge bei der Superposition von zwei Kräften $\mathfrak{P}_1$ und $\mathfrak{P}_2$ gleichgültig ist, kommt man nach Abb. I A.27 mit $\mathfrak{P}_1 + (\mathfrak{P}_2)$ oder $\mathfrak{P}_2 + (\mathfrak{P}_1)$ zur gleichen Resultierenden $\mathfrak{R}$.

Zeichnet man durch die Endpunkte von $\mathfrak{P}_1$ und $\mathfrak{P}_2$ Parallele zu $\mathfrak{P}_2$ und $\mathfrak{P}_1$, so erhält man mit deren Schnittpunkt Lage und Größe von $\mathfrak{R}$. Will man umgekehrt eine Kraft $\mathfrak{R}$ in einem Punkt $n$ in zwei gegebenen Richtungen 1 und 2 zerlegen, so erhält man durch Ziehen der Parallelen zu 1 und 2 durch die Spitze von $\mathfrak{R}$ die beiden Kräfte $\mathfrak{P}_1$ und $\mathfrak{P}_2$ nach Größe, Richtung und Lage.

Sind von $\mathfrak{P}_1$ und $\mathfrak{P}_2$ die Komponenten $P_{1,x}$, $P_{1,y}$, $P_{2,x}$, $P_{2,y}$ gegeben, so gilt
$$R_x = P_{1,x} + P_{2,x}; \quad R_y = P_{1,y} + P_{2,y};$$
$$R = \sqrt{R_x^2 + R_y^2}. \tag{I A.44}$$

Sind die Größen $P_1$, $P_2$ und der eingeschlossene Winkel $\alpha$ gegeben, so gilt
$$R = \sqrt{P_1^2 + 2 P_1 P_2 \cos\alpha + P_2^2}. \tag{I A.45}$$

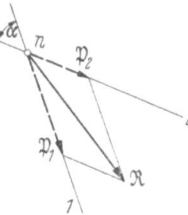

Abb. I A.27

Will man $\Re$ in zwei Richtungen zerlegen, wobei der Absolutwert $R$ sowie die Einheitsvektoren $\mathfrak{e}_R$, $\mathfrak{e}_1$ und $\mathfrak{e}_2$ in der Kraftebene gegeben sind, so erhält man aus der Vektorgleichung

$$\Re = \mathfrak{P}_1 + \mathfrak{P}_2$$

die Komponentengleichung

$$(\mathfrak{P}_1 + \mathfrak{P}_2) \cdot \mathfrak{e}_x = \Re \cdot \mathfrak{e}_x; \quad (\mathfrak{P}_1 + \mathfrak{P}_2) \cdot \mathfrak{e}_y = \Re \cdot \mathfrak{e}_y \quad \text{(I A.46)}$$

bzw.

$$P_1 e_{1,x} + P_2 e_{2,x} = R e_{R,x};$$
$$P_1 e_{1,y} + P_2 e_{2,y} = R e_{R,y}.$$

Mit

$$D = \begin{vmatrix} e_{1,x} & e_{2,x} \\ e_{1,y} & e_{2,y} \end{vmatrix}; \quad D_1 = \begin{vmatrix} e_{R,x} & e_{2,x} \\ e_{R,y} & e_{2,y} \end{vmatrix}; \quad D_2 = \begin{vmatrix} e_{1,x} & e_{R,x} \\ e_{1,y} & e_{R,y} \end{vmatrix} \quad \text{(I A.47)}$$

ergibt sich

$$P_1 = \frac{D_1}{D} R; \quad P_2 = \frac{D_2}{D} R. \quad \text{(I A.48)}$$

(Siehe Beispiel 3a.)

### d) Momente von Kräften in bezug auf einen Punkt

Wirken mehrere Kräfte in der Ebene, z. B. $\mathfrak{P}_1$ und $\mathfrak{P}_2$ in Abb. I A.28a, so kann man entsprechend Abschn. I A 2a Krafteck und Seileck zeichnen. Die Größe der Resultierenden $R_{\Sigma P}$ ergibt sich durch vektorielle Superposition und kann unmittelbar aus Abb. I A.28b abgelesen werden.

Aus Abb. I A.28b erkennt man, daß die Seilstrahlkräfte $S_0$ und $S_2$ im Krafteck der Resultierenden $R$ entsprechen. Im Seileck der Abb. I A.28a ist somit durch

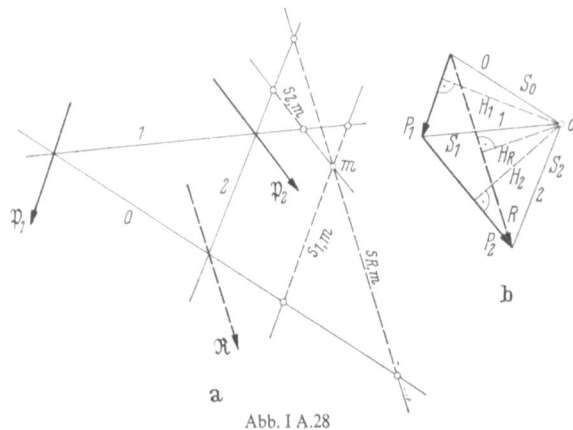

Abb. I A.28

den Schnittpunkt der Seilstrahlen 0 und 2 die Lage der Resultierenden $\Re$, parallel zu $R$ im Krafteck, festgelegt.

Nach Abschn. I A 2a ergibt sich das Moment einer Kraft in bezug auf den Punkt $m$ aus dem Abschnitt der Parallelen zur Kraft durch $m$ zwischen den entsprechenden Seilstrahlen, multipliziert mit dem entsprechenden Polabstand $H$, z. B.

$$M_{P_1,m} = s_{1,m} H_1;$$
$$M_{P_2,m} = s_{2,m} H_2.$$

Somit muß auch für die Resultierende $\Re$, und damit für die Wirkung aller Kräfte, gelten

$$M_{R,m} = s_{R,m} H_R. \quad \text{(I A.49)}$$

(Siehe Beispiel 3c.)

Schließt sich das Krafteck von mehreren Kräften (z. B. $\mathfrak{P}_1$, $\mathfrak{P}_2$, $\mathfrak{P}_3$ in Abb. I A.29b) und fällt im Seileck der letzte Seilstrahl mit dem ersten zusammen (z. B. 0 und 3 in Abb. I A.29a), so handelt es sich um eine im Gleichgewicht befindliche Kräftegruppe mit der Resultierenden $R = 0$.

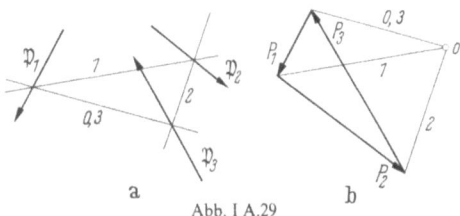

Abb. I A.29

Es verschwindet somit auch das Moment der Kräftegruppe um jeden beliebigen Punkt $m$ der Ebene. Ein anderer Fall liegt vor, wenn sich zwar das Krafteck schließt (z. B. Abb. I A.30b), aber im Seileck der erste und letzte Polstrahl (z. B. Abb. I A.30a) nicht zusammenfallen.

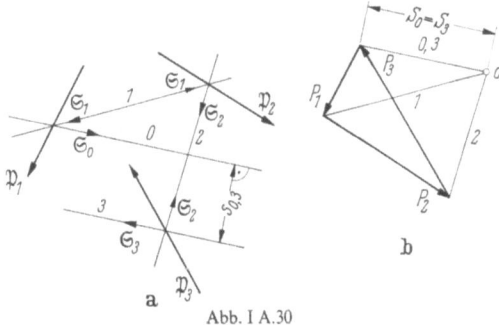

Abb. I A.30

Ersetzt man jede Kraft durch ihre Seilstrahlkräfte in den Angriffspunkten der Seilstrahlen, so heben sich alle diese Kräfte bis auf die erste und letzte Seilstrahlkraft auf (z. B. $\mathfrak{S}_0$ und $\mathfrak{S}_3$ in Abb. I A.30a). Die erste und letzte Seilstrahlkraft, die zueinander parallel sind, bilden ein Kraftpaar vom Betrag

$$M_{\Sigma P} = S_0 \, s_{0,3}, \qquad (\text{I A.50})$$

der für alle Punkte der Ebene gleich groß bleibt.

Handelt es sich um ein Kräftepaar mit $P_1 = P_2 = P$, so erhält man entsprechend Abb. I A.31a u. b Krafteck und Seileck.

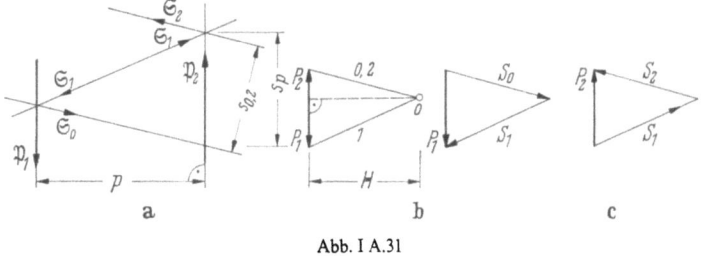

Abb. I A.31

Ersetzt man $P_1$ und $P_2$ nach Abb. I A.31c durch die Seilstrahlkräfte und trägt diese im Lageplan (Abb. I A.31a) ein, so bleibt als Ergebnis ein Kraftpaar mit den Seilstrahlkräften $\mathfrak{S}_0$ und $\mathfrak{S}_2$ übrig, da sich die Seilstrahlkräfte $\mathfrak{S}_1$ gegenseitig aufheben.

Es gilt
$$M_{P,P} = P\,p = S\,s_{0,2} \quad \text{mit} \quad S_0 = S_1 = S. \tag{I A.51}$$

Für einen Punkt auf $\mathfrak{P}_2$ erhält man für das Moment aus $\mathfrak{P}_1$ nach Abschn. I A 2a den Wert $H\,s_p$, während $\mathfrak{P}_2$ keinen Einfluß ergibt.

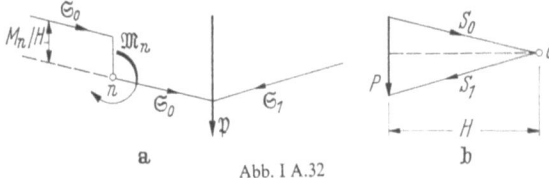

Abb. I A.32

Das Moment des Kräftepaares entspricht somit auch einer Parallelverschiebung in Kraftrichtung des ersten und letzten Seilstrahles im Lageplan um $s_p$.

$$M_{P,P} = P\,p = H\,s_p \quad \text{und} \quad s_p = \frac{M_{P,P}}{H}. \tag{I A.52}$$

Daraus ergibt sich zwangsläufig, daß ein Seilstrahl im Seileck bei parallelen Kräften durch ein örtlich auftretendes Moment $M$ um den Betrag $s = M/H$ parallel zur Kraftrichtung verschoben wird. Zum Beispiel wird in Abb. I A.32a der Seilstrahl 0 durch das Moment $M_n$ im Punkt $n$ entsprechend parallel verschoben.

### e) Resultierende von Kräften. Stützlinie

Wirken mehrere Kräfte, so können entsprechend Abschn. I A 2d Krafteck und Seileck gezeichnet werden, woraus Größe, Richtung und Lage der Resultierenden eindeutig festgelegt sind.

Schneiden sich jedoch der erste und der letzte Seilstrahl nicht mehr auf der Zeichenebene (z. B. Abb. I A.33a u. b), so führen Überlegungen mit Hilfe der Seilstrahlkräfte zum Ziel. Man erkennt aus Abb. I A.33b, daß die beiden Seilstrahlkräfte $S_0$ und $S_n$, vom ersten und letzten Seilstrahl, der Resultierenden $\mathfrak{R}_{\Sigma P}$ entsprechen, wobei die Lage durch Abb. I A.33a gegeben ist. Zeichnet man für einen neuen Pol $o'$ zu den Kräften $S_0$ und $S_n$ ein Seileck in Abb. I A.33a, so muß durch den Schnittpunkt von $0'$ und $2'$ die Resultierende von $S_0$ und $S_n$ gehen. Dies ist aber auch die Resultierende $\mathfrak{R}_{\Sigma P}$ des gesamten Kräftesystems.

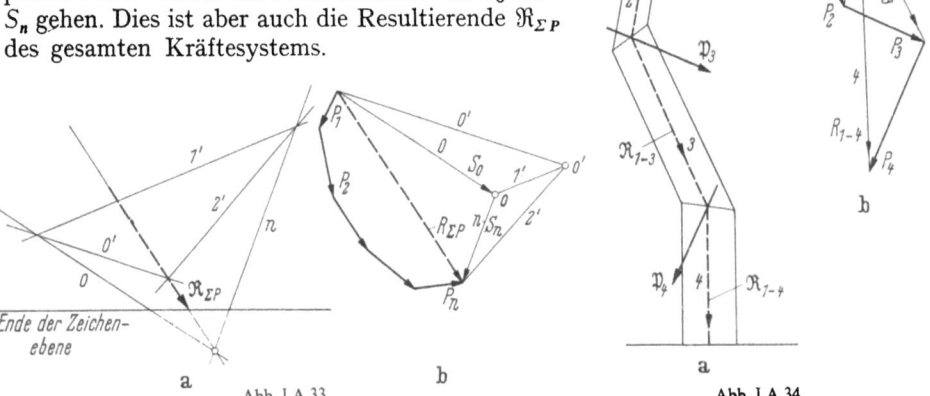

Abb. I A.33   Abb. I A.34

Wirken mehrere Kräfte und wählt man den Beginn der ersten Kraft $P_1$ als Pol des Kraftecks (Abb. I A.34b), so fällt der Seilstrahl 1 mit $\mathfrak{P}_1$ zusammen. Seilstrahl 1 und 2 schneiden sich aber auf $\mathfrak{P}_2$, wobei der Seilstrahl 2 bereits die Lage der Resultierenden der Kräfte $\mathfrak{P}_1$ und $\mathfrak{P}_2$ angibt (Abb. I A.34a). Führt man die Konstruktion in gleicher Weise weiter, so erhält man fortlaufend die Lage der Resultierenden nach dem Hinzufügen einer neuen Kraft. Den Linienzug der Resultierenden nennt man Stützlinie. (Siehe Beispiel 3c u. d.) Wenn man den Querschnitt eines Stützkörpers, der die gegebenen Kräfte auf die Erdscheibe übertragen soll, symmetrisch zur Stützlinie annimmt bzw. den Schwerpunkt des Querschnittes mit der Stützlinie zusammenfallen läßt, so entstehen nur zentrische Druckkräfte im Stützkörper und keinerlei Momente. Die Anwendung dieses Gedankens findet man häufig, vor allem bei der Ausbildung von Gewölben. Wenn diese Bedingung, daß der Schwerpunkt der Querschnitte einer gewölbten Konstruktion mit der Stützlinie zusammenfallen soll, nicht immer erfüllt werden kann, so wird man doch in vielen Fällen versuchen, die Abweichung von Schwerlinie und Stützlinie der verschiedenen Belastungsfälle so gering wie möglich zu halten.

### f) Lotrechte Lasten an einem starren Balken auf zwei Stützen angreifend

Der Balken nach Abb. I A.35a wird durch eine Belastung mit Einzellasten $\mathfrak{P}_n$ ($\mathfrak{P}_1$, $\mathfrak{P}_2$) an seinen Lagerpunkten 0 und 3 Lagerdrücke auf die Erdscheibe ausüben bzw. umgekehrt die Erdscheibe eine Reaktionsbelastung in den Lagerpunkten auf den Balken ($\mathfrak{A}_0$, $\mathfrak{A}_3$) verursachen. Da der Balken in Ruhe bleibt, müssen die Belastung durch die Lasten $\mathfrak{P}_n$ und die Reaktionsbelastung durch die Auflagedrücke $\mathfrak{A}_l$ zusammen ein im Gleichgewicht befindliches Kräftesystem bilden.

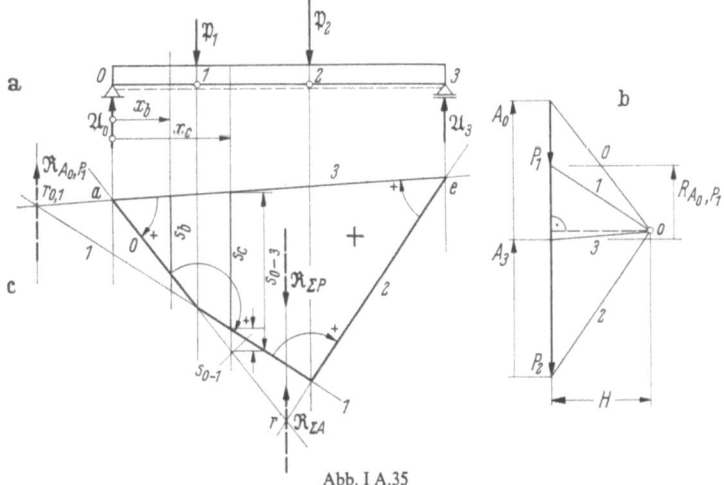

Abb. I A.35

Zeichnet man zum Krafteck (Abb. I A.35b) das Seileck (Abb. I A.35c) und bringt den ersten und letzten Seilstrahl (0, 2) mit den Loten durch die Lagerpunkte zum Schnitt und zieht zur Verbindungslinie 3 eine Parallele im Krafteck durch den Pol, so schneidet diese die Größen der Auflagedrücke im Krafteck ab. Dies erkennt man aus folgender Tatsache: Die Resultierende von $\mathfrak{P}_1$ und $\mathfrak{P}_2$ muß durch den Schnittpunkt $r$ des ersten und letzten Seilstrahles gehen (0, 2); außerdem muß die Resultierende von $\mathfrak{A}_0$ und $\mathfrak{A}_3$ aus Gleichgewichtsgründen ebenfalls durch den Punkt $r$ gehen und entgegengesetzt gerichtet sein. Mit 0 und 2 als Seilstrahlen kann der dritte Seilstrahl nur durch die Schnittpunkte $a$ und $e$ mit den Lagerlotrechten gehen. Damit sind aber im Krafteck die Größen $A_0$ und $A_3$ festgelegt. Für alle auf den Balken wirkenden äußeren Kräfte ($\mathfrak{A}_0$, $\mathfrak{P}_1$, $\mathfrak{P}_2$, $\mathfrak{A}_3$) schließen sich Krafteck und Seileck, nach Abschn. I A 2d ein weiterer Beweis, daß es sich dabei um ein Gleichgewichtssystem handelt.

Nach Abschn. I A 2a ergibt sich, daß die von den Seilstrahlen 0, 1, 2 und 3 eingeschlossene Fläche der Momentenfläche aus den Kräften entspricht. Dies erkennt man aus folgendem: Im Bereich 0—1 wirkt, wenn man die Schnittstelle $x_b$ betrachtet, links davon nur die Kraft $\mathfrak{A}_0$ in senkrechter Richtung. Der zugehörige Polabstand $H$ im Krafteck ist damit waagerecht. Das Moment ist für jeden Punkt des Querschnittes des Trägers auf der Lotrechten durch $x_b$ gleich groß und entspricht dem Abstand $s_b$ zwischen den Seilstrahlen 0 und 3, die die Auflagerkraft $A_0$ im Krafteck begrenzen. Das Moment beträgt

$$M_b = s_b H \qquad (\text{I A.53})$$

und wird positiv angenommen, wenn im Untergurt des Balkens (strichlierte Linie in Abb. I A.35a) Zugspannungen auftreten. Für den Bereich 1—2 ist die Resultierende aus $\mathfrak{A}_0$ und $\mathfrak{P}_1$ ebenfalls lotrecht, d. h., es muß derselbe waagerechte Polabstand $H$ gelten. Infolge $\mathfrak{A}_0$ ergibt sich die zugehörige Momentenfläche durch die beiden Seilstrahlen 0 und 3 begrenzt und positiv; infolge $\mathfrak{P}_1$ durch die Seilstrahlen 0 und 1 begrenzt und negativ. Die Größe $s_c$ erhält man somit, wenn man von dem Wert $s_{0-3}$ den Wert $s_{0-1}$ abzieht. Der Wert $s_c$ liegt somit zwischen den Seilstrahlen 1 und 3. Statt der Einzellasten kann man auch deren Resultierende betrachten. Wenn man für die Kräfte $\mathfrak{A}_0$ und $\mathfrak{P}_1$ das Seileck in Abb. I A.35c mit den Seilstrahlen 3, 0 und 1 zeichnet, geht durch die Lotrechte im Schnittpunkt $r_{0,1}$ der Seilstrahlen 3 und 1 die Resultierende $\mathfrak{R}_{A_0+P_1}$ von $\mathfrak{A}_0$ und $\mathfrak{P}_1$. Im Bereich zwischen Punkt 1 und 2 besteht die Wirkung der links von der Schnittstelle vorhandenen Kräfte einzig und allein aus der Resultierenden $\mathfrak{R}_{A_0+P_1}$. Die Momentenfläche muß daher nach Abschn. I A 2a in diesem Bereich durch die Seilstrahlen 3 und 1 begrenzt werden.

Fortlaufend kann dies für jeden Trägerpunkt nachgewiesen werden. Wird $H$ im Kraftmaßstab mit der Größe „1" eingeführt, so gilt für jeden Trägerpunkt

$$M = s H = s. \qquad (\text{I A.54})$$

Man erkennt nun den Vorteil, der sich aus der Entwicklung des Abschn. I A 2a ergibt.

Für einen Balken, bei dem die Enden über die Lager auskragen (Abb. I A.36) — einen Kragträger — können die Momente in gleicher Weise bestimmt werden.

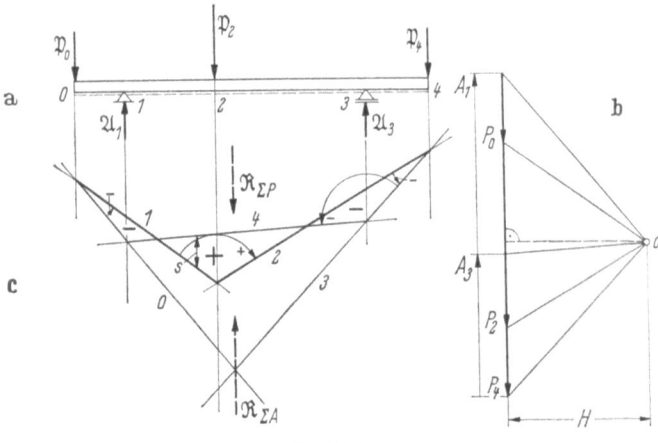

Abb. I A.36

Es ist wieder der erste und letzte Seilstrahl (0, 3) mit den Lagerlotrechten zum Schnitt zu bringen (Abb. I A.36c) und zur Verbindungslinie 4 die Parallele im Krafteck zu zeichnen (Abb. I A.36b), um die Auflagerdrücke zu erhalten. Es ergeben sich z. T. negative, z. T. positive Momente.

(Siehe Beispiel 4a α.)

Für die Vorzeichenfestlegung gilt unter der gewählten Annahme für ein positives Moment folgende Regel: Wenn die Seilstrahlen des Kraftecks im Sinne der Kraftrichtung sich im Seileck im Uhrzeigersinn drehen, so erhält man positive Momente. (Siehe Abb. I A.35c und I A.36c.)

Beispielsweise ergibt sich an der Wirkungsstelle von $\mathfrak{A}_0$ in Abb. I A.35c, wenn man die Reihenfolge der Seilstrahlen 3 und 0 im Krafteck (Abb. I A.35b) befolgt, im Seileck eine Drehung von 3 nach 0 im Uhrzeigersinn; das Moment ist positiv. In Abb. I A.36c ergibt sich für $P_0$ aus dem Krafteck (Abb. I A.36b) eine Drehung der Seilstrahlen von 0 nach 1 entgegengesetzt dem Uhrzeigersinn und damit an dieser Stelle ein negatives Moment.
(Siehe Beispiel 15.)

### g) Momente an einem starren Balken auf zwei Stützen angreifend

Wirken auf einen Balken auf zwei Stützen in bestimmten Punkten eingeprägte äußere Momente (Abb. I A.37), so ergeben sich aus Gleichgewichtsbetrachtungen die Auflagerkräfte zu

$$\mathfrak{A}_0 = -\mathfrak{A}_k = -\frac{\sum \mathfrak{M}_i}{l}. \tag{I A.55}$$

Auch in diesem Falle kann man die Momentenfläche und die Auflagerkräfte graphisch aus Seileck und Krafteck bestimmen.

Wirkt auf den Balken nach Abb. I A.38a im Punkt 1 das äußere Moment $+\mathfrak{M}_1$ mit $M_1 = +P_1 p_1$, so gilt:

$$A_0 = -A_2 = -\frac{M_1}{l}.$$

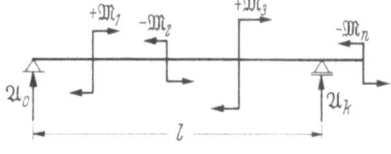

Abb. I A.37

Nach Abschn. I A 2d wird gemäß (I A.52) durch ein Moment $\mathfrak{M}$ — das einem Kräftepaar entspricht — ein Seilstrahl im Seileck um den Betrag $M/H$ parallel verschoben. Wenn man zum Krafteck (Abb. I A.38c) mit den Kräften $A_0$ und $A_2$ und dem Polabstand $H$ das Seileck zeichnet, so beginnt man mit dem Seilstrahl 0.

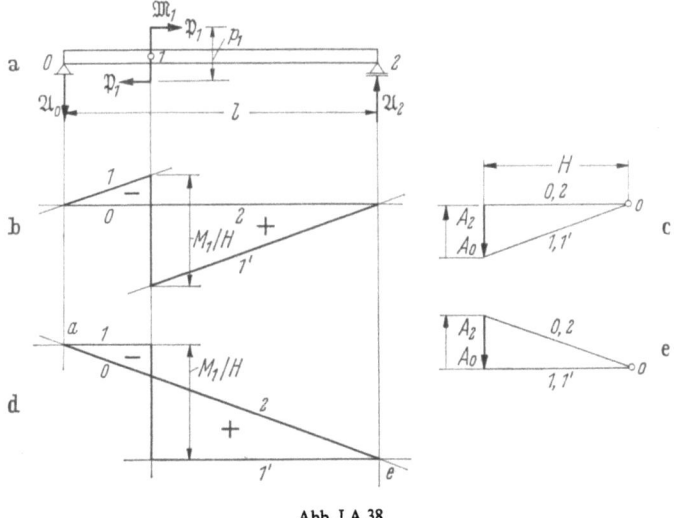

Abb. I A.38

Der Seilstrahl 1 wird in Punkt 1 in Kraftrichtung $A$ um den Betrag $M_1/H$ parallel nach 1' verschoben. An der Wirkungsstelle von $\mathfrak{A}_2$ erhält man den Seilstrahl 2. Dieser muß, da das Moment mit den Auflagerkräften ein Gleichgewicht bildet, mit dem Anfangsstrahl 0 zusammenfallen. Umgekehrt gilt folgende Konstruktion: Zieht man einen Seilstrahl 1 (Abb. I A.38d) und verschiebt diesen an der Wirkungsstelle des Momentes $\mathfrak{M}_1$ um den Betrag $M_1/H$ in die parallele Lage 1', so ist die Verbindungslinie $a-e$ die Schlußlinie für die affine Momentenlinie, deren Ordinaten nur mit dem Multiplikator $H$ zu verzerren sind. Zieht man im Krafteck (Abb. I A.38e) mit der gewählten Poldistanz $H$ die Parallele zum Seilstrahl 2, so erhält man aus dem Schnittpunkt mit der Lotrechten des Ausgangspunktes die Größe der Auflagerdrücke.

Sinngemäß kann bei jedem Balken, der gleichzeitig durch Momente und Kräfte belastet ist, vorgegangen werden. Es ist jeweils der an der Stelle eines äußeren Momentes ankommende Seilstrahl um den Betrag $M/H$ parallel zu verschieben.

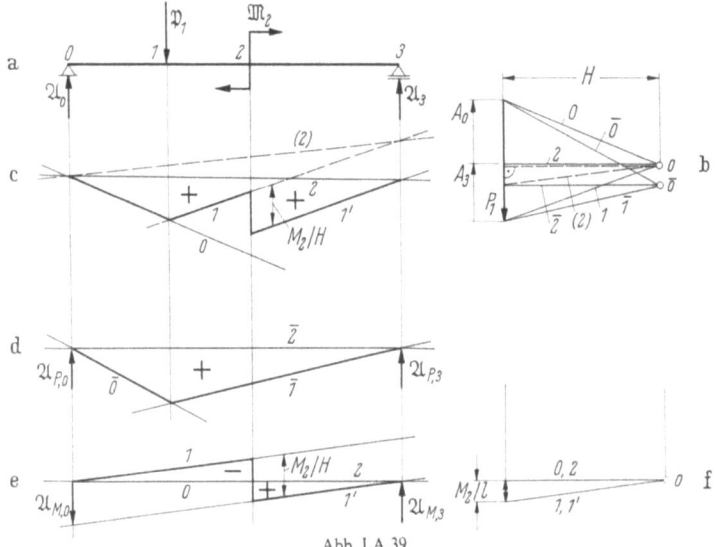

Abb. I A.39

Die Schnittpunkte vom ersten und letzten Seilstrahl mit den Auflagerlotrechten geben dann die Lage der Momentenschlußlinie an. Die Parallele dazu im Krafteck ergibt die Größen der Auflagerdrücke. Würde der Balken nach Abb. I A.39a nur mit $\mathfrak{P}_1$ belastet sein, so ergäbe sich das strichlierte Seileck (Abb. I A.39c) mit der Momentenschlußlinie (2). Durch das Moment $\mathfrak{M}_2$ wird der Seilstrahl 1 nach 1' verschoben, man erhält die Momentenschlußlinie 2 und parallel dazu aus dem Krafteck (Abb. I A.39b) die Größe von $A_0$ und $A_3$.

Selbstverständlich könnte man Kraft und Moment getrennt behandeln und die erhaltenen Momentenflächen superponieren (Abb. I A.39d bis f).

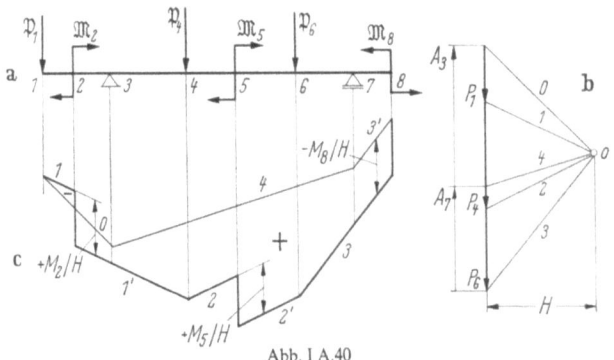

Abb. I A.40

In Abb. I A.40 ist sinngemäß ein Balken, belastet durch mehrere Kräfte und Momente, dargestellt, der außerdem über die Auflager auskragt. Es ist jeweils der betreffende Seilstrahl an den Wirkungsstellen der Momente — bei positiven Momenten nach unten, bei negativen nach oben — parallel zu verschieben. Aus dem Schnittpunkt von Seilstrahl 0 und 3' ergibt sich wieder die Momentenschlußlinie 4, und aus dem Krafteck erhält man die Auflagerdrücke.

### Literatur zum Abschnitt I A 2

Siehe auch:
[S 7] CULMANN; [S 27] MOHR, S. 42, 54, 294;
[S 24] MEHRTENS, Bd. I, S. 89, 118, 137, 147; [S 29] MÜLLER-BRESLAU, Bd. I, S. 16.

### 3. Größe der Belastung

#### a) Einheit der Belastung

Die Belastung einer Konstruktion kann durch Kräfte und Momente erfolgen.

**α) Einheit der Kraft.** Als Sinnbild einer Kraft kann man das Gewicht eines Körpers — seinen Druck auf die Unterlage — festlegen. Eine Kraft ist bestimmt durch Größe, Richtung und Angriffspunkt. Wenn man ein Gewicht auf eine Federwaage legt und den Ruhezustand abwartet, so ist der Federweg ein Maß für die in der Feder entstandene Kraft, die Federkraft. Diese Federkraft ist ein Vektor, der mit der auf den Körper wirkenden Schwerkraft im Gleichgewicht ist.

Zum Vergleich von Kräften müssen wir sie messen, d. h. auf eine Maßeinheit beziehen können [S 5, S 42].

Im physikalischen „Zentimeter-Gramm-Sekunden"-System ist die Maßeinheit für die Kraft 1 Dyn; dies ist jene Kraft, die der Gramm-Masse die Beschleunigung 1 cm/sec² erteilt. 1 Newton (1 N) ist die Kraft, die 1 kg Masse die Beschleunigung von 1 m/sec² erteilt. Bezieht man die Einheit der Kraft auf die Schwerkraft, die der Masse von 1 kg (1000 g) die Beschleunigung von 980,665 cm/sec² erteilt, so folgt als Krafteinheit ein Kilopond

$$1 \text{ kp} = 9{,}80665 \cdot 10^5 \text{ Dyn} = 9{,}80665 \text{ Newton}.$$

In der Statik wird vielfach ein Kilopond auch mit ein Kilogramm bezeichnet: 1 kp ≈ 1 kg.

Man findet dementsprechend auch die Bezeichnungen „Gewichts-Kilogramm" und „Kraft-Kilogramm".

Die 1000fachen Werte sind

1 Tonne = 1 Megapond

bzw.

1 t = 1 Mp.

Mit Rücksicht auf die einfachere Bezeichnung werden nachfolgend die Kräfte in kg und t angegeben, schon mit Rücksicht darauf, daß Momente mit $M$ bezeichnet werden und $p$ die Kennzeichnung für eine veränderliche Belastung ist.

**β) Einheit des Momentes.** Wirkt eine Kraft $\mathfrak{P}$ an einem Hebelarm $p$ (z. B. nach Abb. I A.41 auf einem Kragträger), so wird das Produkt $Pp$ als Moment $M$ bezeichnet. Ein Moment wird auch als Vektor $\mathfrak{M}$ dargestellt, der senkrecht zur Ebene steht, in der die Kraft $\mathfrak{P}$ und der Momentenbezugspunkt liegen, und zwar im Sinne der Korkzieherregel (in Abb. I A.41 in die Zeichenebene hineingerichtet). Ein Momentenvektor wird nachfolgend entsprechend Abb. I A.42 mit zwei Pfeilspitzen gekennzeichnet. Entsprechend Abschn. α werden die Einheiten des Momentes wie folgt festgelegt:

1 kp cm, 1 kp m, 1 Mp cm, 1 Mp m

bzw.

1 kg cm, 1 kg m, 1 t cm, 1 t m.

Letztere werden der einfachen Bezeichnung wegen nachfolgend verwendet.

Abb. I A.41    Abb. I A.42

### b) Arten der Belastung

Der statische Zweck eines Baugliedes, eines Trägers, eines Tragwerkes ist es, eine auftretende Belastung aufzunehmen und auf irgendwelche Unterstützungen abzugeben. Es kann sich dabei um „ständig wirkende Belastungen" oder „vorübergehende, zeitweise wirkende Belastungen" handeln.

Die Feststellung der Größe einer Belastung, die Art ihres Angriffs am Bauwerk und andere damit zusammenhängende Bedingungen, wie zeitliche Reihenfolge, Dauer, periodisches Auftreten, ob es sich um Regel- oder Sonderfälle handelt usw., ist die erste und nicht immer einfache, oft schwierigste Aufgabe, die der Statiker bei der Berechnung und Konstruktion eines neuen Bauwerks zu lösen hat. Er muß sich darüber klar sein, daß eine Berechnung statischer Werte auf viele Dezimalstellen sinnlos ist, wenn die auftretende Belastung oft nur annähernd erfaßt werden kann. Der fähige Ingenieur wird die Genauigkeit der Erfassung der Belastung mit der Genauigkeit seiner statischen Berechnung in Einklang bringen. Immer wieder wird er vor die schwierige Frage gestellt, „welche Belastung" ist anzunehmen. Als Beispiel sei dazu auf die Annahme des Gebirgsdruckes bei der Bemessung einer Tunnelauskleidung hingewiesen. Nachfolgend sei auf verschiedene Arten der Belastung grundsätzlich eingegangen.

α) **Eigengewicht.** Unter Eigengewicht versteht man das Gewicht des zu berechnenden Bauteils selbst. Es kann aus Einzellasten, Linienbelastung oder Flächenbelastung bestehend aufgefaßt werden.

Ist $F$ die Querschnittsfläche des Traggliedes in m² und $\gamma$ das spezifische Gewicht in t/m³, so wird die Streckenbelastung je lfd. m

$$g = \gamma\,[\text{t/m}^3]\,F\,[\text{m}^2] = \gamma\,F\,[\text{t/m}]. \tag{I A.56}$$

Bei Stahlkonstruktionen wird die Fläche meist in cm² angegeben.

Mit $F$ in cm² und $\gamma$ in t/m³ wird

$$g = \gamma\,[\text{t/m}^3]\,\frac{F\,[\text{cm}^2]}{10^4} = \frac{\gamma\,F}{10^4}\,[\text{t/m}]; \tag{I A.57}$$

$$g = \frac{\gamma\,F}{10}\,[\text{kg/m}]. \tag{I A.58}$$

Ein plattenförmiger Körper mit der Dicke $d$ in m ergibt eine Flächenbelastung je m²

$$g = \gamma\,[\text{t/m}^3]\,d\,[\text{m}] = \gamma\,d\,[\text{t/m}^2]. \tag{I A.59}$$

Für ein Volumen $V$ beträgt die Einzellast
$$G = \gamma\,[\text{t/m}^3]\,V\,[\text{m}^3] = \gamma V\,[\text{t}]. \qquad (\text{I A.60})$$

Da die Querschnitte in der Regel veränderlich sind (z. B. Kragträger nach Abb. I A.43a), wird auch die Streckenbelastung verschieden sein (z. B. Abb. I A.43b). Sie wird in der Regel komplizierten mathematischen Funktionen entsprechen. Zur Berechnung der Schnittbelastungen könnte man diese Belastung z. B. in Fourier-Reihen entwickeln. Bei der statischen Berechnung vereinfacht man eine solche Belastung mit Recht. Außer im Fall einer konstanten Streckenbelastung führt man in der Regel statt einer ungleichförmigen Streckenbelastung Einzellasten ein (z. B. Abb. I A.43c), wobei die Abstände derselben dem Tragwerk entsprechend gewählt werden. Wählt man z. B. bei einem Träger auf zwei Stützen eine Feldteilung von $c = l/10$ für die Lasteinleitungsknotenpunkte, so ergibt sich bei Ersatz einer konstanten Streckenbelastung durch Einzellasten in diesen Knotenpunkten zwischen den Knotenpunkten eine Abweichung von den genauen Momentenwerten von 1%, während in den Knotenpunkten die Momente genau erhalten werden. Es ist nicht sinnvoll, eine genauere Berechnung anzustreben, da die spezifischen Gewichte und auch die Abmessungen des Bauwerks mindestens in der gleichen Größenordnung variieren.

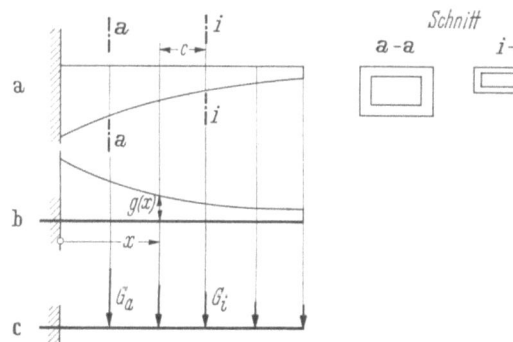

Abb. I A.43

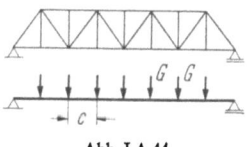

Abb. I A.44

Auch bei Fachwerktragwerken wird man zweckmäßig das Eigengewicht in den Knotenpunkten als Einzellasten einführen (z. B. Abb. I A.44).

Unter Beachtung des Obigen wird man die Bestimmung der Ersatzknotenlasten für eine ungleichförmige Streckenbelastung $q(x)$ auf die möglichst einfache Berech-

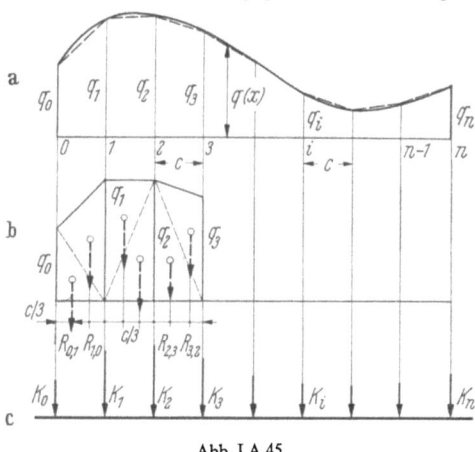

Abb. I A.45

nung zurückführen. Dies erfolgt derart, daß man die Belastungsfunktion zwischen den Knotenpunkten bei kleiner Feldteilung $c$ geradlinig annimmt (Abb. I A.45a, strichliert eingezeichnet), die Trapezbelastung in zwei Dreiecksbelastungen aufteilt (Abb. I A.45b) und die jeweils im Schwerpunkt wirkende Dreieckslast nach dem Hebelgesetz auf die benachbarten Knoten verteilt (Abb. I A.45c).

Nach Abb. I A.45 ergibt sich bei konstanter Feldteilung $c$:

$$\left.\begin{aligned} R_{0,1} &= \frac{q_0 c}{2}; \quad R_{1,0} = \frac{q_1 c}{2} \quad \text{usw.}; \\ K_0 &= \frac{q_0 c}{2} \frac{2c}{3c} + \frac{q_1 c}{2} \frac{c}{3c} = \frac{c}{6}(2q_0 + q_1); \\ K_1 &= \frac{c}{6}(q_0 + 4q_1 + q_2); \\ K_i &= \frac{c}{6}(q_{i-1} + 4q_i + q_{i+1}); \\ K_n &= \frac{c}{6}(q_{n-1} + 2q_n). \end{aligned}\right\} \quad \text{(I A.61)}$$

Für eine Streckenbelastung mit Unstetigkeitsstellen nach Abb. I A.46 erhält man sinngemäß bei konstanter Feldteilung (Abb. I A.46a)

$$K_i = \frac{c}{6}(q_{i-1} + 2q_{i,l} + 2q_{i,r} + q_{i+1}) \qquad \text{(I A.62)}$$

bzw. bei verschiedener Feldteilung (Abb. I A.46b)

$$K_i = \frac{c_{i-1,i}}{6}(q_{i-1} + 2q_{i,l}) + \frac{c_{i,i+1}}{6}(2q_{i,r} + q_{i+1}) \qquad \text{(I A.63)}$$

usw.

(Siehe auch Beispiel 5b.)

Der Verfasser gibt diesen einfachen Formeln vor vielen anderen im Schrifttum bekannten den Vorzug, gleichgültig ob es sich dabei um Balken, Bogen, Rahmen usw. handelt.

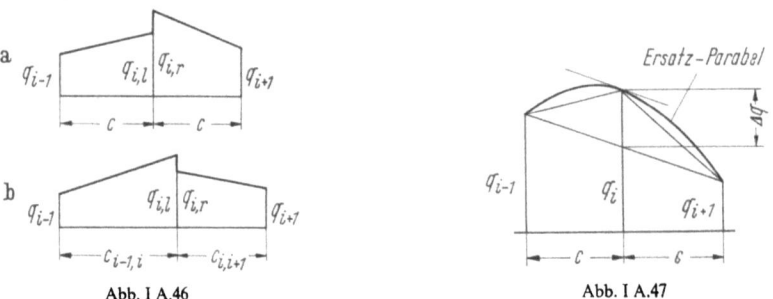

Abb. I A.46    Abb. I A.47

Nur der Vollständigkeit halber sei auf die Formel von SIMPSON (THOMAS SIMPSON, 1710–1761), die verschiedentlich Anwendung findet, hingewiesen [S 3, S 26]. Voraussetzung ist dabei eine gerade Anzahl von Zwischenfeldern. Weiter wird durch je ein Felderpaar eine Parabel für die Belastung $q$ angenommen (Abb. I A.47).

Die gesamte Belastungsfläche über zwei Felder setzt sich aus dem Anteil des Trapezes und dem der Parabel zusammen.

Mit

$$\Delta q = q_i - \frac{q_{i-1} + q_{i+1}}{2};$$

$$F_{\text{Trapez}} = 2c \frac{q_{i-1} + q_{i+1}}{2};$$

$$F_{\text{Parabel}} = \frac{2}{3}(2c)\, \Delta q = \frac{4c}{3} \frac{(2q_i - q_{i-1} - q_{i+1})}{2}$$

wird

$$F = F_T + F_P = \frac{c}{3}(q_{i-1} + 4q_i + q_{i+1}).$$

Für die gesamte Trägerbelastung ergibt sich somit

$$F = \sum K = \frac{c}{3}(q_0 + 4q_1 + 2q_2 + 4q_3 + 2q_4 + \cdots + 4q_{n-1} + q_n). \tag{I A.64}$$

Man erkennt aus Abb. I A.48, daß die Annahme, über je zwei Felder durch drei Punkte eine quadratische Parabel einzuschalten, u. U. bei konkaven und konvexen Belastungsflächen gegenüber der Trapezannahme keine größere Genauigkeit in sich birgt.

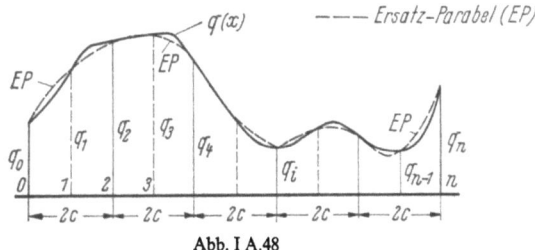

Abb. I A.48

Aus Abb. I A.49 ergeben sich die Knotenlasten, wenn man die Belastungsfläche eines Feldes in ein Trapez und in eine Parabel aufgliedert, unter Beachtung von (I A.61) und der hälftigen Verteilung der Parabelfläche $F_P = \frac{2}{3}\frac{\Delta q}{4}c$ auf die benachbarten Knoten zu

$$K_i = \frac{c}{6}(q_{i-1} + 4q_i + q_{i+1}) + \frac{c}{6}\left(\frac{2q_i - q_{i-1} - q_{i+1}}{2}\right)$$

$$= \frac{c}{12}(q_{i-1} + 10q_i + q_{i+1}). \tag{I A.65}$$

Für einen Endpunkt $(i-1)$ ergibt sich

$$K_{i-1} = \frac{c}{6}(2q_{i-1} + q_i) + \frac{c}{12}\left(\frac{2q_i - q_{i-1} - q_{i+1}}{2}\right)$$

$$= \frac{c}{24}(7q_{i-1} + 6q_i - q_{i+1}). \tag{I A.66}$$

Für einen Endpunkt $(i+1)$ wird

$$K_{i+1} = \frac{c}{24}(-q_{i-1} + 6q_i + 7q_{i+1}). \tag{I A.67}$$

Diese Formeln sind von WANKE [20] angegeben worden. Ähnliche Entwicklungen finden sich bei KRIWOSCHEIN [9], CHMELKA [3] u. a. m. Stoßen im Punkt $i-1$ nun zwei Parabeln zusammen, so würde sich die Knotenlast aus den beiden Anteilen $K_{i-1,r}$ und $K_{i-1,l}$ ergeben, d. h., es würden die fünf Ordinaten der Belastung von $q_{i-3}$ bis $q_{i+1}$ in die Formel für die Knotenlast $K_{i-1}$ eingehen.

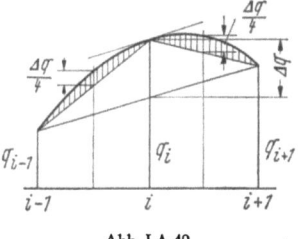
Abb. I A.49

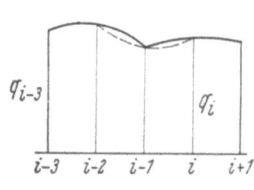
Abb. I A.50

Zur Vereinfachung ist es üblich, für die Punkte, an denen die Parabeln zusammenstoßen (0, 2, 4 usw.), auch (I A.65) zu verwenden, d. h. aber, es wird für die Knotenlast eine neue Parabel — strichliert in Abb. I A.50 eingezeichnet — verwendet.

Es gilt damit für jeden Knoten praktisch eine andere Lastfunktion. Unter diesen Umständen ist nach Ansicht des Verfassers den einfacheren Formeln (I A.61) bis (I A.63) der Vorzug zu geben.

Liegen die Abmessungen eines Tragwerks fest, so ist bei gegebenem Material der einzig offene Wert zur Gewichtsbestimmung das spezifische Gewicht $\gamma$, und es ist vor Aufstellung einer statischen Berechnung der Mühe wert, sich jeweils Rechenschaft über dessen Größe zu geben. In vielen Fällen sind die spezifischen Gewichte in Normen festgelegt, die für das gleiche Material in den verschiedenen Ländern durchaus nicht gleich sind.

Als Beispiel sei Beton angeführt. In DIN 1055 Bl. 1 (1955) ist das spezifische Gewicht $\gamma$ angegeben für Beton aus:

| | |
|---|---|
| Kies, Sand, Splitt oder Steinschlag, Hochofenschlacke | 2,20 t/m³, |
| dgl. mit Härtestoffen | 2,40 t/m³, |
| dgl. mit Stahleinlagen | 2,40 t/m³. |

In den Berechnungsgrundlagen für stählerne Eisenbahnbrücken (BE 1951) sind folgende $\gamma$-Werte angegeben:

| | |
|---|---|
| Stampfbeton | 2,2 t/m³, |
| Stahlbeton | 2,4 t/m³, |
| Rüttelbeton | |
| unbewehrt | 2,4 t/m³, |
| bewehrt | 2,5 t/m³. |

In der ÖNORM B 4000 2. Teil (1958) findet man:

| | |
|---|---|
| Magerbeton | 2,20 t/m³, |
| Beton dicht | 2,40 t/m³, |
| Stahlbeton | 2,50 t/m³. |

Der Unterschied im Stahlbeton beträgt hier allein 4%.

Bei Stahlkonstruktionen ist z. B. für Grobbleche mit Rücksicht auf die Stärkentoleranzen $\gamma = 8{,}0$ t/m³ einzuführen, während für Profile $\gamma = 7{,}85$ t/m³ gilt.

Bei Holz ist es wesentlich, ob es trocken oder feucht gehalten wird. Besondere Beachtung ist den Sonderbaustoffen, Belägen, Verkleidungen usw. zu schenken, um die richtigen spezifischen Gewichte zu erhalten. In wichtigen Sonderfällen kann es zweckmäßig werden, das spezifische Gewicht direkt im Versuchswege zu bestimmen.

Man erkennt daraus außerdem, daß eine Rechengenauigkeit von 2% für statische Berechnungen ausreichend ist.

In den meisten Fällen liegen die Abmessungen des betreffenden Baugliedes bei Beginn der Berechnung nicht fest. Hier bedarf es des besonderen Geschicks des Statikers, möglichst nahe an die endgültigen Abmessungen bzw. Gewichte und deren Verteilung heranzukommen. Formeln zur Bestimmung des Eigengewichts eines Tragwerks vor dessen Dimensionierung sind nur dann sinnvoll, wenn sowohl die konstruktiven Bedingungen als auch die des Materials in Form der zulässigen Beanspruchungen Berücksichtigung finden. Als Beispiel hierfür sei auf die Bestimmung des Eigengewichts von stählernen Brücken hingewiesen [16], wobei ersichtlich ist, daß die verschiedenen Bauglieder (Fahrbahn, Verbände, Hauptträger usw.) zweckmäßig getrennt erfaßt werden sollen.

Was Erfahrungswerte der Gewichte von Baukonstruktionen betrifft, so heißt es bei der raschen Entwicklung des Bauwesens vorsichtig zu sein. Der umsichtige Statiker wird sich Erfahrungswerte selbst erarbeiten. Wenn er laufend, getrennt für einzelne Bauglieder (z. B. Decken, Träger, Fahrbahnen, Schalen, Stützen usw.), aus der endgültigen Abrechnung des Bauwerks Zusammenstellungen macht, so wird er in wenigen Jahren — wenn er die zugehörigen Bedingungen, wie Belastung, Bauhöhe usw., gewissenhaft vermerkt — einen reichen Schatz von Erfahrungswerten zur Verfügung haben. Es bedarf daher oft nur der Anweisung an Hilfskräfte, nach welchen Gesichtspunkten eine systematische Materialabrechnung durchzuführen ist. Als einfachstes Beispiel sei auf Betondecken in Gebäuden hingewiesen. Wenn z. B. systematisch die Betonmengen je m² Decke und der Stahlaufwand je m³ Beton registriert werden — unter Beachtung der Belastung, der Bauhöhe, der zulässigen Beanspruchung und der Konstruktionsart —, so wird der Statiker bald in der Lage sein, aus den von ihm selbst erarbeiteten Grundlagen auf neue Fälle zu schließen. Er wird auf diese Weise mit einem Minimum an Arbeit die Gewichte ganzer Bauwerke ohne statische Berechnung von vornherein ungefähr angeben können, was vor allem bei Angeboten von großem Wert sein kann.

*β*) **Ständige Auflast.** Neben dem Eigengewicht des Traggliedes gibt es die ständige Auflast, die als unveränderliche, dauernd wirkende Belastung zu berücksichtigen ist. Sie wird in der Berechnung gemeinsam mit dem Eigengewicht des Tragwerks erfaßt. Zum Unterschied vom Eigengewicht liegen diese Belastungen von Anfang an fest (z. B. Deckenbeläge, Fahrbahnabdeckungen, Leitungen u. a. m.). Für die Ermittlung dieser Belastung gilt das für Eigengewicht Gesagte.

*γ*) **Lotrechte Verkehrsbelastung.** Unter Verkehrsbelastung werden vorübergehend auftretende Nutzbelastungen verstanden, die in der Regel nicht ortsgebunden sind.

Am einfachsten liegen die Verhältnisse bei den *Eisenbahnbrücken*, bei denen durch die Schienenlage der Ort des Lastangriffs eindeutig festgelegt ist und außerdem die Größe der Achslasten der Lokomotiven, gleichförmige Streckenbelastung für die Wagen, Reihenfolge der Belastung und die maximalen Belastungslängen angegeben sind. Abb. I A.51 zeigt z. B. den schweren Lastenzug (1957) der Deutschen

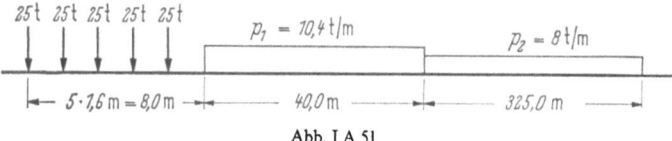

Abb. I A.51

Bundesbahn (nach DV 804, BE) je Gleis. Es sei darauf hingewiesen, daß nach Abb. I A.52 bei negativen Einflußstrecken im Bereich eines Lastenzugs für diesen Bereich eine Abminderung der Belastung auf 1 t/m — leere Güterwagen — zu berücksichtigen ist. Nach der gleichen Vorschrift ist bei der Berechnung der Erdlast

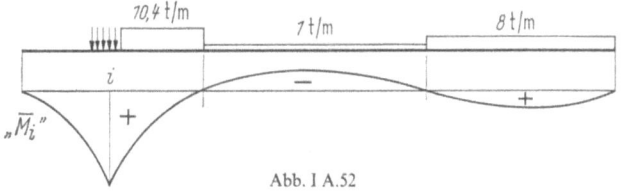

Abb. I A.52

auf die Widerlager der Lastenzug durch eine Erdschicht von der Höhe $h$ über Schwellenoberkante und dem Raumgewicht $\gamma = 1,8$ t/m³ zu ersetzen. Die Höhe $h$ ist durch gleichmäßige Verteilung der Regelzuglast auf eine der Widerlagerausbildung angemessene Breite zu errechnen. Für innen liegende Gleise mehrgleisiger Brücken darf die Verteilungsbreite höchstens gleich dem Gleisabstand sein.

Bei *Straßenbrücken* wird, je nach der Rangordnung der Straße, die Belastung nach Klassen eingeteilt. Nach DIN 1072 (1952) werden z. B. sechs Klassen unterschieden. Klasse 60 gilt z. B. für Autobahnen, Bundes- und Reichsstraßen und besteht aus einem Schwerlastwagen (SLW) von 60 t (Abb. I A.53) in der für das zu untersuchende Bauglied ungünstigsten Hauptspur. Vor und hinter dem SLW ist eine gleichmäßig verteilte Regelbelastung von 0,500 t/m² zu berücksichtigen; neben der Hauptspur auf Fahrwegen, Schrammborden, Mittelstreifen eine solche von nur 0,300 t/m². Die Einflüsse aus der Regelbelastung sind nur soweit zu berücksichtigen, als sie mit dem SLW gleichgerichtete Beanspruchungen hervorrufen. Für örtliche Beanspruchung durch Radlasten ist die Aufstandfläche (Abb. I A.54)

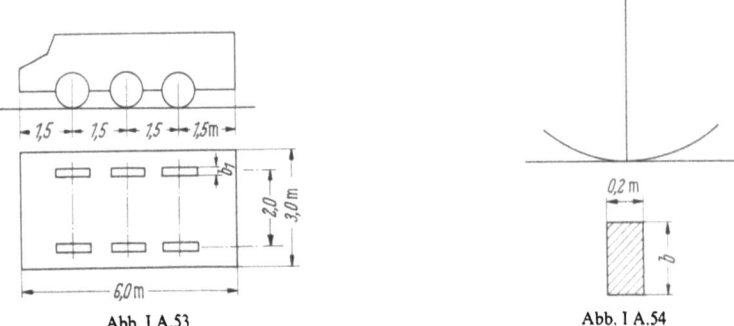

Abb. I A.53  Abb. I A.54

von wesentlicher Bedeutung; so kann für alle Klassen nach DIN 1072 für die Aufstandsfläche in Fahrtrichtung eine Länge von 0,2 m angenommen werden, während die Breite $b$ nach der Klasse sich ändert (z. B. $b = 0,6$ m bei Klasse 60). Meist sind bei Straßenbrücken noch besondere Raupen- und Schwerstfahrzeuge, einzeln und in Zügen (MEXE) zu berücksichtigen, die wieder in Klassen aufgeteilt sind.

Im Vergleich zu Klasse 60 nach DIN 1072 sind nach ÖNORM B 4002 (1964) für die Klasse I zwei Fahrstreifen mit je einem SLW 25 t, die weiteren Streifen mit einem LW 16 t und alle übrigen frei bleibenden Teile einschließlich Gehwegen usw. mit 0,5 t/m² zu belasten; außerdem getrennt davon im Alleingang ein Raupenfahrzeug von 60 t.

Man erkennt aus diesen Beispielen, daß für die gleiche Straßengattung in den einzelnen Ländern ganz verschiedene Belastungen für die Berechnung der sie überführenden Bauwerke zugrunde zu legen sind; ein Grund mehr, sich über die Genauigkeit der durchzuführenden statischen Berechnung Gedanken zu machen. Es empfiehlt sich überhaupt für den Statiker, Normen verschiedener Länder auf den verschiedensten Gebieten miteinander zu vergleichen. Das wird ihn zu manchen Überlegungen anregen und des öfteren von Nutzen sein können. Auf jeden Fall heißt es vor Beginn einer Berechnung die Vorschriften genau zu studieren.

Was nun die Straßenbrücken betrifft, so wird es bei großen Brückenzügen nicht möglich sein, die normgerechten Belastungen überhaupt aufzubringen. Meist werden durch Sonderregelung bei weitgespannten Brücken Belastungsermäßigungen zugelassen. Bei dem 1965 begonnenen Bau der Hängebrücke Göteborg wurden z. B. die Verkehrslasten für große Einflußbereiche beträchtlich ermäßigt. So wurden von je 3 Fahrbahnstreifen von 3,5 m Breite in jeder Richtung bei der Berechnung der Kabel und Versteifungsträger ein Fahrbahnstreifen mit 320 kg/m² und die beiden anderen nur mit 160 kg/m² belastet [1].

Während die Verkehrsbelastungen für Eisenbahn- und Straßenbrücken in der Regel durch Normen festgelegt sind und es nur notwendig ist, die Belastungsklasse zu klären, liegen die Verhältnisse bei den unzähligen *Baubrücken* schon viel schwieriger.

Es müssen genaue Angaben über die zur Verwendung kommenden Transportfahrzeuge (Großkipper usw.), ihren Fahrabstand, über einspurigen oder mehrspurigen Verkehr, über die Art der Turmdrehkrane mit ihren ungünstigsten Raddrücken in Fahrt- und Ruhestellung u. a. m. eingeholt und gemeinsam mit dem Auftraggeber festgelegt werden. Es ist dies nicht immer einfach, wenn man für den Auftraggeber vernünftige und wirtschaftliche Bedingungen erzielen will, die später beim Betrieb auch eingehalten werden können.

Bei *Hochbauten* kann die Verkehrsbelastung durch Menschengedränge, Mobiliar, Güter u. a. m. erfolgen. Sie ist weitgehend in Normen festgelegt (siehe z. B. DIN 1055 Bl. 3, 1951) und am gleichen Bauwerk u. a. für verschiedene Bauglieder und Bauausführungen unterschiedlich. Zum Beispiel sind für Decken von Wohngebäuden ohne und mit Querverteilung 0,20 t/m² bzw. 0,15 t/m² vorgeschrieben, für Scheiben und tragende Wände ebenfalls nur 0,15 t/m². Diese Belastungen reduzieren sich weitgehend, wenn es sich um Bauglieder handelt, die die Belastung von mehr als drei Stockwerken aufnehmen müssen.

Bei Industrieanlagen wird es zweckmäßig sein, die wirklich zu erwartenden Belastungen gewissenhaft festzulegen. Es können dabei Flächenbelastungen von 1 t/m² und mehr auftreten [21].

Bei *Kranbahnen* sind die maximalen Raddrücke und ihr Abstand nicht nur von der Nutzlast und dem Eigengewicht des Kranes, sondern wesentlich von der konstruktiven Ausbildung, ob feste Räder oder Drehgestelle vorhanden sind, abhängig.

**δ) Schneebelastung.** Die Schneebelastung bei Hochbauten wird wie eine Verkehrslast behandelt, d. h., sie kann auf Dächern voll oder einseitig wirkend angenommen werden. Nach DIN 1055 Bl. 5 (1956) nimmt die Regellast, bezogen auf m² Horizontalprojektion der Dachfläche, von 75 kg/m² auf 0 kg/m² bei $\alpha = 20°$ bis $\alpha = 60°$ ab. Sonderfälle müssen gesondert erfaßt werden (Gebirge, Schneesäcke usw.). Bei Brücken wird im allgemeinen, außer bei Klappbrücken, keine Schneelast Berücksichtigung finden.

**ε) Dynamischer Beiwert.** Durch die verschiedenartigsten Ursachen bedingt, kann ein Träger oder ein Tragwerk in Schwingungen kommen. Diese können entstehen durch Unebenheiten der Fahrbahn, nicht ausgeglichene rotierende Massen von Fahrzeugen (Radeffekt), das plötzliche Auffahren auf ein elastisches Bauglied (Timoshenko-Effekt), durch Fliehkräfte aus der Krümmung der Fahrbahn infolge der Durchbiegungen (Zimmermann-Effekt) u. a. m.

Betrachtet man z. B. Dehnungen $\varepsilon = \Delta a/a$ einer Strecke $a$ im Untergurt eines Trägers an der Stelle $m$ (Abb. I A.55) beim Überfahren einer Einzellast $P$, so würde sich theoretisch die geradlinige Einflußlinie „$\varepsilon_m$" mit der Spitze unter $m$ ergeben (Nullinie).

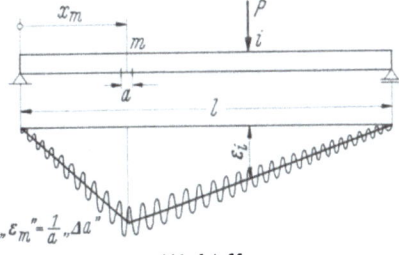

Abb. I A.55

Bei der Messung mittels eines Dehnungsschreibers erhält man aber eine Wellenlinie, die um die „ε"-Linie pendelt. Man erkennt, daß die Dehnungen periodisch über die Nullinie hinauspendeln. Damit werden aber auch die Beanspruchungen gegenüber den statischen Werten größer. Die Wellenlinie stellt bereits die Integration über alle möglichen Einflüsse dar. In theoretischen Arbeiten und auch in meßtechnischen Untersuchungen [2, 8] versuchte man die verschiedenen Einflüsse zu erforschen. Als Ergebnis werden Schwingbeiwerte $\varphi$ angegeben, mit denen die ruhenden Verkehrslasten zu multiplizieren sind, um den Einfluß beweglicher Lasten zu berücksichtigen. In den BE der Deutschen Bundesbahn für Eisenbahnbrücken nehmen diese Schwingbeiwerte $\varphi$ bei Geschwindigkeiten $V \geqq 50$ km/h bei Stützweiten des Tragwerks von 0,5 bis 150 m von 1,6 auf 1,2 ab. Für Langsamfahrt mit $V = 10$ km/h gilt für alle Stützweiten $\varphi = 1,1$.

Die Abminderung des Schwingbeiwertes $\varphi$ mit Anwachsen der Stützweite ist erklärlich, denn je größer das Bauwerk, desto mehr dämpfende Glieder sind vorhanden, um Stöße elastisch abzufangen. Aus dem gleichen Grund kann bei doppelgleisigen Brücken die doppelte Stützweite des Tragwerks der Ermittlung von $\varphi$ zugrunde gelegt werden. Für Kragträger, Gelenkträger, Durchlaufträger und Trägerrostkonstruktionen sind sinngemäße Angaben gemacht.

Nicht zu berücksichtigen sind Schwingbeiwerte bei der Berechnung von Widerlagern, massiven Pfeilern, Grundbauten, bei Bodenpressungen, bei der Standsicherheit und bei der Berechnung von Formänderungen (Durchbiegungen u. a. m.). Man kann annehmen, daß in diesen Fällen die Dämpfung fast vollständig ist bzw. die Einflüsse aus den Schwingungen bedeutungslos werden.

Bei *Straßenbrücken* sind nach DIN 1072 (1952) Schwingbeiwerte nur für die Regelbelastungen der Hauptspur anzunehmen. Sie sind unterschiedlich für Bauteile aus Stahl, Beton oder Holz und nehmen mit zunehmender Stützweite rasch ab, so daß ihr Einfluß bei etwa 50 m bedeutungslos wird.

Bei *Kranbahnen* wird die Stoßwirkung für die verschiedenen Kranarten nach DIN 120/1 (1942) in der Ausgleichszahl $\psi$ mit berücksichtigt.

Bei *Hochbauten* wird bei Verkehrslasten in der Regel kein Schwingbeiwert berücksichtigt.

$\zeta$) **Windbelastung.** Die Festlegung der auf ein Bauwerk wirkenden Windbelastung ist mit einer Reihe von Unsicherheiten verbunden, da Form, Ausdehnung, Höhe, Lage u. a. m. von Einfluß sind. Der Winddruck wird in der Regel als Vielfaches des Staudrucks $q$ angegeben:

Tabelle I A.1

| $h$ [m] | $v$ [m/sec] | $q$ [kg/m²] |
|---|---|---|
| 0— 8 | 28,3 | 50 |
| 8— 20 | 35,8 | 80 |
| 20—100 | 42,0 | 110 |
| >100 | 45,6 | 130 |

mit
$$w = c\,q\,[\text{kg/m}^2] \tag{I A.68}$$

$$q = \frac{\varrho\,v^2}{2} = \frac{v^2}{16}\,[\text{kg/m}^2], \tag{I A.69}$$

wobei die Dichte $\varrho = \frac{1}{8}$ gewählt wird. Es handelt sich nun darum, einmal die Geschwindigkeit $v$, zum anderen den Beiwert $c$ anzunehmen. Nach DIN 1055 Bl. 4 (1938) hängen Höhe $h$ über Gelände, $v$ und $q$ gemäß Tab. I A.1 zusammen.

Nach den geplanten neuen französischen Vorschriften soll zwischen normalen Windlasten und Ausnahmewindlasten unterschieden werden [11], wobei für letztere niedrigere Sicherheitszahlen gelten sollen. Mit $q_{10} = 50$ kg/m² bzw. 75 kg/m² gilt für eine Höhe $h$

$$q_h = 2,5\,\frac{h+18}{h+60}\,q_{10}. \tag{I A.70}$$

Die Beiwerte $c$ hängen wesentlich von der Form des Bauwerks ab. Nach DIN 1055 schwanken sie zwischen 0,35 und 2,8. Zum Beispiel gilt bei geschlossenen Baukörpern und zur Windrichtung rechtwinkligen Flächen im allgemeinen $c = 1,2$, bei turmartigen Gebäuden $c = 1,6$, während im Vergleich hierzu die neuen französischen Vorschriften davon abweichen. Mit der Tiefe $t$, der Breite $b$ und der Höhe $h$ gilt z. B. für $t/b = 1$, $h/b = 0$ bis $2,5$: $c = 1,3$; $t/b = 1$, $h/b = 20$: $c = 1,9$. Diese Beiwerte ändern sich bei anderen Verhältnissen $t/b$.

Für unter dem Winkel $\alpha$ zur Windrichtung geneigte Flächen gilt im allgemeinen nach DIN 1055 der Beiwert $c_\alpha = c \sin\alpha$.

Bei Fachwerken ist für die Fläche der vorderen Tragwand $c = 1,6$, für die zweite Tragwand bei größerem Hauptträgerabstand $c = 1,2$ einzuführen. Unter

Umständen ist zwischen Druck- und Sogwirkung zu unterscheiden (s. Abb. I A.56). Jedenfalls ist immer zu überlegen, ob nicht Sogwirkungen auftreten können bzw. ob bei offenen Baukörpern nicht Windbelastungen von innen möglich sind.

Nach den Berechnungsgrundlagen für stählerne Eisenbahnbrücken (BE 1951) ist der Wind waagerecht und im allgemeinen rechtwinklig zur Brückenachse anzunehmen. Unabhängig von der Höhe und Ausdehnung des Bauwerks ist bei belasteter Brücke mit 125 kg/m² und bei unbelasteter Brücke mit 250 kg/m² zu rechnen, und zwar ohne Berücksichtigung eines Beiwertes $c$. Bei Fach-

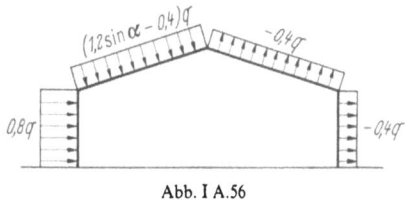

Abb. I A.56

werkbrücken ist die Fläche des Fahrbahnbandes und das 1,75fache der darüber und darunter liegenden Flächen eines Hauptträgers als Windangriffsfläche anzusehen. Bei belasteten Brücken ist außerdem ein 3,5 m hohes Verkehrsband mit zu erfassen, wobei jedoch die auf das Verkehrsband entfallenden Flächen des Hauptträgers abzusetzen sind. Für verschiedene Tragsysteme sind besondere Hinweise in den Vorschriften enthalten, u. a. auch für bewegliche Brücken. Bei Pfeilern und Hubtürmen aus Stahl sind auch Windkräfte in der Brückenachse zu berücksichtigen. Windverbände für Montagezwecke sind für 125 kg/m² zu bemessen. Besonders zu beachten ist, daß die Windbelastung auch bei unbelasteten Brücken wie eine Verkehrslast zu erfassen ist, d. h., daß für ein bestimmtes Bauglied nur jeweils die ungünstigen Einflußstrecken zu belasten sind.

Bei parallelgurtigen, trapezförmigen bzw. Halbparabel-Fachwerkbrücken wird man der Einfachheit halber die gesamte Windangriffsfläche der Fahrbahn und aller Stäbe angenähert bestimmen und die so erhaltene Fläche durch die Gesamtlänge teilen, um eine konstante Windfläche in m² je lfd. m zu erhalten, und zwar für belastete und unbelastete Brücke.

Vergleicht man mit den BE die ÖNORM B 4003 1. Teil (1956) für Eisenbahnbrücken, so sind für letztere wesentlich geringere Windbelastungen zu berücksichtigen. Es wird wieder mit dem Staudruck $q$ und den Beiwerten $c$ gerechnet, mit $w = c\,q$.

Als Vergleich dienen die Werte für direkt getroffene Windflächen der Tab. I A.2.

Tabelle I A.2. *Wind auf Eisenbahnbrücken*

| | Vorschrift | BE | ÖNORM |
|---|---|---|---|
| Wind auf Konstruktion | belastete Brücke | 125 kg/m² | 1,6 · 55 = 88 kg/m² |
| | unbelastete Brücke | 250 kg/m² | 1,6 · 110 = 176 kg/m² |
| Wind auf Verkehrsband | 3,5 m bzw. 4,0 m hoch | 3,5 · 0,125 = 0,437 t/m | 4,0 · 0,088 = 0,352 t/m |

Diese Unterschiede in der Auffassung geben bei der Aufstellung einer statischen Berechnung zu denken, denn sie betragen z. T. über 40% und können sich vor allem bei der Dimensionierung der Windverbandstäbe stark auswirken. Ähnlich liegen die Verhältnisse beim Vergleich der entsprechenden Vorschriften für Straßenbrücken nach DIN 1072 (1952) und ÖNORM B 4002 (1964).

Zum Vergleich sei wieder darauf hingewiesen, daß bei der Hängebrücke Göteborg [1], bei der die Fahrbahn 45 m über dem Wasser liegt, eine Windlast von 175 kg/m² anzunehmen war. Für den Wind in Brückenlängsrichtung waren in diesem Fall 50% der vollen Windlasten auf alle Querfachwerkträger zu berücksichtigen. Völlig anders liegen die Verhältnisse bei Brücken mit tragflügelähnlichen geschlossenen Querschnitten. Hier können die Windbelastungen auf einen Bruchteil von den bei normalen Brücken üblichen Werten absinken. Bei modernen Hängebrücken bewirkt dies wesentliche Ersparnisse, die vor allem auf wesentlich geringeren Abmessungen der Pylonen beruhen [19]. Auch bei großen Talübergängen kann es notwendig werden — vor allem auch bei der Montage —, den Wind in Brückenlängsrichtung nicht außer acht zu lassen.

An dieser Stelle sei auch darauf hingewiesen, daß es bei der Erstellung von Hochbauten besonders wichtig ist, die einzelnen Bauphasen auf ihre Sicherheit gegen Windbelastung zu prüfen; dies betrifft u. U. auch Gerüsttürme, stehende Schalungen u. a. m.

Die Bauwerke werden immer größer und kühner, was mit neuen Problemen, auch in bezug auf die Windbelastung, verbunden ist. Bei den oft über hundert Meter hohen Fernsehtürmen und -masten, bei hohen dünnen Stielen usw. kommt auch der Böenwirkung und der damit gegebenen Möglichkeit des Auftretens von Schwingungen besondere Beachtung zu. Hierbei sind jeweils vor Beginn der Berechnung und Festlegung der Konstruktion eingehende Untersuchungen erforderlich [10, 11], z. T. theoretischer, z. T. versuchstechnischer Art, um Größe und Art der Windbelastung annehmen zu können. Nach [17] kann der Einfluß von Böen wieder in Form eines statischen Ersatzdruckes

$$q_W = q_s + \varphi' q_d \qquad (\text{I A.71})$$

bestimmt werden. Hierbei ist $q = v^2/16$ [kg/m²] und teilt sich in einen statischen Anteil $q_s = 0{,}4q$ und einen dynamischen Anteil $q_d = 0{,}6q$ auf. Die Geschwindigkeit $v$ in m/sec wird im Einvernehmen mit dem örtlichen Wetterdienst als Mittelwert einer über die Bauwerkshöhe anzusetzenden Höchstgeschwindigkeit festgelegt. Weiter wird es notwendig, die Eigenschwingzeit des Bauwerks zu bestimmen, das logarithmische Dekrement der Dämpfung $\vartheta$ zu wählen, womit $\varphi'$ aus Tabellen gegeben ist.

Aus dem in diesem Abschnitt Gesagten erkennt man die Problematik einer richtigen Wahl der Windbelastung und die damit zusammenhängende Verantwortung, sowohl was die Sicherheit als auch was die Wirtschaftlichkeit betrifft, denn auf beide hat der Ingenieur zu achten. Vor allem bei nicht alltäglichen Bauten wird eine rechtzeitige Klärung mit dem Auftraggeber bzw. der Baubehörde notwendig.

$\eta$) **Bremskräfte, Anfahrwiderstände.** Nach den BE sind die Brems- und Anfahrkräfte in Höhe Schienenoberkante anzunehmen, und zwar die Bremskraft zu $1/8$ der maßgebenden Belastung durch den ruhenden Lastenzug, während für die Anfahrkräfte nur $1/8$ der maßgebenden Belastung aus den Einzellasten und der Meterlast $p_1$ (Abb. I A.51) zu berücksichtigen ist. Bei Straßenbrücken, z. B. Autobahnbrücken, ist nach DIN 1072 die Bremslast von Kraftfahrzeugen in Höhe Straßenoberkante zu $1/20$ der Vollbelastung der Fahrbahn mit 300 kg/m² für Klasse 12 bis 60 einzuführen. Demgegenüber ergibt sich nach ÖNORM B 4002 für Straßenbrücken Klasse I $1/20$ der Vollbelastung der Fahrbahn mit 500 kg/m², d. h. die ÖNORM ist um 67% ungünstiger!

Bei Kranbahnen ist nach DIN 120/1 die Bremskraft in Schienenoberkante zu $1/7$ der Belastung aller gebremsten Räder anzunehmen. Bremskräfte der Katze sind im Seitenstoß enthalten.

$\vartheta$) **Seitenstöße.** Bei Schienenfahrzeugen, auch bei Kranen, sind Seitenstöße zu berücksichtigen. Nach BE ist je Gleis eine waagerechte Last von 6 t in ungünstigster Stellung anzunehmen. Bei Laufkranen ist nach DIN 170/1 jede der beiden Fahrbahnseiten für waagerecht zur Schiene wirkende Seitenkräfte von je $^1/_{10}$ der Radlasten zu bemessen.

ι) **Fliehkräfte.** Nach BE beträgt die Fliehkraft für Brücken in Gleisbogen

$$H_f = \frac{P}{9{,}81} \frac{V^2}{3{,}6^2 r} = P \frac{V^2}{127 r} \,[\text{t}].\qquad(\text{I A.72})$$

Hierbei sind die Geschwindigkeit $V$ in km/h, der Radius $r$ in m und die Belastung $P$ in t einzuführen und der Belastungsschwerpunkt in 2 m über Schienenoberkante anzunehmen.

ϰ) **Anprall von Straßenfahrzeugen.** Nach DIN 1072 ist bei Stützen, Stielen usw., die nicht durch besondere Vorkehrungen gegen den Anprall von Fahrzeugen gesichert sind, eine in 1,2 m über der Fahrbahn wirkende Ersatzkraft von 100 t in Längsachse des Verkehrswegs bzw. 50 t senkrecht dazu anzunehmen. Nach der ÖNORM B 4001 ist auch für Stützen im Hochbau eine Horizontalkraft von 50 t zu berücksichtigen.

λ) **Reibungswiderstände der Lager.** Hierbei muß unterschieden werden, ob es sich um eine Belastung oder Entlastung des zu untersuchenden Bauteils (z. B. des Pfeilers) handelt, um jeweils den ungünstigsten Fall zu erfassen. Bei belastender Wirkung sind die Reibungswiderstände von Lagern nach BE bei gleitender Reibung zu 0,2, bei rollender zu 0,03 der Lagerdrücke aus ständiger Last und ruhender Verkehrslast anzunehmen. Ebenfalls ist der entlastende Einfluß der Reibungskräfte beweglicher Lager bei den festen Lagern nicht zu berücksichtigen. Berücksichtigt man in Sonderfällen eine Entlastung durch bewegliche Lager, so empfiehlt es sich, nur den halben Wert $0{,}03/2 = 0{,}015$ der rollenden Reibung in Rechnung zu stellen. In der ÖNORM B 4002 für Straßenbrücken ist dies zur Entlastung fester Lager zugelassen. Nach neueren Vorschriften dürfen für Sonderlager, z. B. Kreuzlager, um 25% geringere Reibungswerte angenommen werden. Außerdem wurden bei Versuchen mit solchen Lagern wirkliche Reibungswerte von 0,01 festgestellt. Selbstverständlich muß bei den obigen Werten sichergestellt sein, daß die Lager nicht verschmutzen.

Verschiedentlich wird bei vorübergehenden Bauzuständen die ruhende Reibung zwischen den Bauteilen aus Stahl, Beton und Holz oder zwischen solchen aus gleichem Material (Stahl-, Beton-, Holzstapeln) dazu verwendet, Horizontalkräfte zu übertragen. Verschiedene schwere Bauunfälle sprechen dafür, nicht der ruhenden Reibung allein zu vertrauen, sondern durch Anschläge oder anderweitige einwandfreie Übertragungskonstruktionen die Horizontalkräfte aufzunehmen. Vor allem beim Rütteln von Betonteilen kann der Fall auftreten, daß bei durch Horizontalkräfte beanspruchten Lagerungen die Reibungszahl der Ruhe plötzlich in die viel kleinere der Bewegung wechselt und die Aufnahme der Horizontalkräfte dann nicht mehr gegeben ist.

μ) **Wasserdruck.** Der ruhende Wasserdruck

$$w = \gamma\, h = h\,[\text{t/m}^2] \qquad (\text{I A.73})$$

ist einer der sichersten Belastungswerte für den Statiker. Er muß nur darauf achten — wenn er an Sicherheitszahlen denkt —, daß diese Belastung, zum Unterschied von vielen Verkehrsbelastungen, tatsächlich in voller Größe auftritt (z. B. bei Wehren, Talsperren).

Bei bewegtem Wasser, z. B. bei Druckrohrleitungen, kommen noch dynamische Beiwerte mit Rücksicht auf Wasserschwingungen usw. dazu.

Der Druck strömenden Wassers auf einen Pfeiler kann in grober Näherung mit $v^2/2g$ angenommen werden.

Von besonderer Bedeutung kann bei der Berechnung manches Bauwerks der Auftrieb werden. Er ist gleich dem Volumen der verdrängten Flüssigkeit,

$$A = \gamma V = V[\text{t}], \tag{I A.74}$$

wenn der Baukörper z. T. im Wasser steht. Wesentlich schwieriger werden die Annahmen, wenn z. B. eine Seite des Baukörpers dem Wasserdruck ausgesetzt ist und die andere der Luft, und ein Unterströmen durch eine gute Abdichtung nach Möglichkeit verhindert wird. Mit Rücksicht auf geringe Undichtigkeiten im Baugrund und Baukörper nimmt man z. B. bei Talsperren auf der Wasserseite einen Auftrieb $0{,}25 h$ an, der bis zur Luftseite auf Null abfällt.

*ν*) **Erdbebenkräfte.** Die ungünstige Wirkung aus Erdbeben auf Bauwerke besteht vor allem im Auftreten großer horizontaler Belastungen aus waagerechten Beschleunigungen. Sie ist in der DIN 4149 durch die Erschütterungszahl

$$\varepsilon = \frac{p}{g} \tag{I A.75}$$

festgelegt, die angibt, welcher Teil der vertikalen Belastung zusätzlich als horizontale Belastung in beliebiger Richtung angenommen werden muß. In der Erdbebenzone 1 liegt $\varepsilon$ je nach der Bodenart zwischen 5 und 10%. Hierbei ist Eigengewicht mit voller Größe, Verkehrslast nur anteilmäßig zu erfassen. Auch hier liegt der Fall vor, daß die Horizontalkräfte nicht durch Reibung, sondern durch einwandfreie konstruktive Maßnahmen abgeleitet werden müssen. Dem Einfluß von Schwingungen soll bei Gebäuden mit sechs und mehr Vollgeschossen und bei turmartigen Bauwerken durch eine Verdoppelung der Erschütterungszahl Rechnung getragen werden.

In den USA sind neue Vorschriften in der Ausgabe des „Uniform Building Code" 1961 erschienen [12]. Für ein gesamtes Gebäude ist eine horizontale Kraft von

$$H = z k c G \tag{I A.76}$$

zu berücksichtigen. Für die Erdbebenzone 3, 2 und 1 ist $z$ mit 1,0, 0,5 und 0,25 anzunehmen. $k$ ist ein Koeffizient, der der Konstruktion gerecht wird; er beträgt z. B. bei Rahmen 1,0, bei Gebäuden mit Mauern für die Aufnahme der Horizontalkräfte 1,33 usw.

In

$$c = \frac{0{,}05}{\sqrt[3]{T}} \tag{I A.77}$$

geht die Bauwerksgrundperiode in sec erstmals in die Berechnung der Erdbebenkräfte ein; sie braucht aber nicht kleiner als 0,1 sec angenommen zu werden. $G$ ist die gesamte Last aus Eigengewicht.

Die gesamte Horizontalkraft $H$ ist nach der Formel

$$H_x = H \frac{G_x h_x}{\sum G_i h_i} \tag{I A.78}$$

über die Höhe des Bauwerks zu verteilen, mit $G_x$ Eigengewicht in Höhe $h_x$. Unabhängig davon sind Einzelelemente bzw. einzelne Bauteile nach

$$H_e = z c_e G_e \tag{I A.79}$$

zu berechnen und zu verankern, wobei $c_e$ je nach Konstruktionsglied zwischen 0,1 und 0,2 schwankt und $G_e$ das Einzelgewicht bedeutet.

Bei Talsperren wird bei der Ermittlung der Horizontalbelastungen aus Erdbebenwirkung unterschieden zwischen den Belastungen aus der Staumauer selbst und der Wirkung der aufgestauten Wassermassen.

Die Bebenbeschleunigung wird mit $\xi = \alpha g$ eingeführt. $\alpha$ kann dabei entsprechend dem Grad der Mercalli-Sieberg-Skala (12 Grade) zwischen 0 und 0,1 schwanken. Zum Beispiel ist für den 8. Grad $\xi_8 \approx 0{,}05 g$. Für die Staumauer selbst ergibt sich hierfür unabhängig von der Höhe bei der Mauerdicke $d$ die Horizontalbelastung je m² Wandfläche

$$p_G = \xi_8 \varrho V = 0{,}05 g \varrho d \cdot 1{,}0 \cdot 1{,}0 = 0{,}05 \gamma \; [\text{t/m}^3]\, d\,[\text{m}]. \tag{I A.80}$$

Zum Beispiel ergibt sich für $d = 20{,}0$ m und $\gamma = 2{,}2$ der Wert $p_G = 2{,}2$ t/m². Beim aufgestauten Wasser wird nach [22] die sogenannte dynamische Wasserlast ermittelt:

$$p_W = c \, \xi \sqrt{H z} \cos \varphi. \tag{I A.81}$$

Hierbei sind

$H$ Mauerhöhe;
$z$ Wassertiefe;
$\varphi$ Neigung der Wasserseite der Mauer gegen die Vertikale;
$n$ Frequenz der Bebenschwingungen;
$$c = \frac{0{,}82}{1 - 7{,}75 \left(\dfrac{H}{1000 n}\right)^2}.$$

Mit $n = 1$, $H = 150$ m, $\cos \varphi \approx 1{,}0$ wird z. B. für $z = 10$ m bzw. 100 m und $c = 0{,}992$:

$z = 10$ m: $p_W = 0{,}992 \cdot 0{,}05 g \varrho \cdot 1{,}0 \cdot 1{,}0 \sqrt{150 \cdot 10} = 1{,}92$ t/m²;

$z = 100$ m: $p_W = 0{,}992 \cdot 0{,}05 \sqrt{150 \cdot 100} = 6{,}08$ t/m².

$\xi$) **Silodruck.** Silos für die verschiedensten Schüttgüter nehmen eine Sonderstellung unter den Bauwerken ein, da ihr Belastungszustand schwer genau erfaßbar ist. Die Belastung ist nicht nur von der Art des Füllgutes, seinem Feuchtigkeitsgehalt u. a. m., sondern auch von dessen Bewegung und Durchlüftung abhängig; vor allem können bei der Entleerung maßgebliche Belastungen auftreten.

Eine Reihe von Schadensfällen hat zu einer Abkehr von der klassischen Silotheorie [5, 7] geführt. Wesentlich sicherer sind die Angaben nach [14]. Auf Grund dieser theoretischen Unterlagen und umfangreicher Messungen wurde 1962 ein Entwurf „DIN 1055 Bl. 6: Lastannahmen für Bauten, Druckverhältnisse in Silozellen" veröffentlicht. Er ist in [14], einschließlich umfangreicher Erläuterungen, aufgenommen.

o) **Erddruck.** Beim *aktiven* Erddruck muß das Bauwerk den Erdkörper stützen, beim *passiven* ist es umgekehrt.

Im Werk TERZAGHI/JELINEK [18] und im Grundbautaschenbuch Bd. 1 [4] sind die verschiedenen Verfahren zur Bestimmung des Erddruckes, seines Angriffspunktes und seiner Richtung gezeigt. Es sind Formeln angegeben, wobei z. T. mit Tafeln und Nomogrammen eine schnelle Ermittlung der gewünschten Größen möglich wird.

Für Reibungsböden mit dem Reibungswinkel $\varrho$ gilt unter Anwendung des Coulombschen Prinzips bei ebener Wand (Wandneigung $\alpha$), ebenem Gelände (Geländeneigung $\beta$) und dem Wandreibungswinkel $\delta$ (Abb. I A.57):

$$E_a = \frac{\gamma h^2}{2} \frac{\cos^2(\varrho + \alpha)}{\cos^2 \alpha \left[1 + \sqrt{\dfrac{\sin(\varrho + \delta) \sin(\varrho - \beta)}{\cos(\alpha - \delta) \cos(\alpha + \beta)}}\right]^2} \frac{1}{\cos(\alpha - \delta)}$$

$$= \frac{\gamma h^2}{2} \lambda_a = \frac{\gamma h^2}{2} \frac{\lambda_{ah}}{\cos(\alpha - \delta)}. \tag{I A.82}$$

Die waagerechte Komponente beträgt

$$E_{ah} = E_a \cos(\alpha - \delta) = \frac{\gamma h^2}{2} \lambda_{ah} \tag{I A.83}$$

und die senkrechte

$$E_{av} = E_a \sin(\alpha - \delta) = \frac{\gamma h^2}{2} \lambda_{av}. \qquad \text{(I A.84)}$$

Die Werte $\lambda_{ah}$ sind tabuliert.

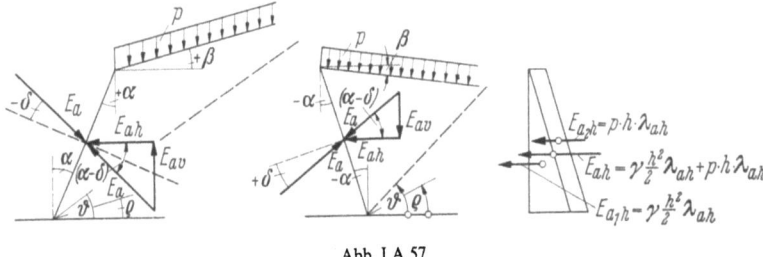

Abb. I A.57

Ist eine gleichmäßige Auflast $p$ vorhanden, so gilt mit $\gamma' = \gamma + \frac{2p}{h}$

$$E_a = \frac{\gamma h^2}{2} \lambda_a + p h \lambda_a. \qquad \text{(I A.85)}$$

Der Erddruck aus Eigengewicht ist ein Dreieck, der Erddruck aus gleichmäßiger Auflast ein Rechteck (Abb. I A.57), so daß die Angriffspunkte festgelegt sind.

Für $\alpha = 0$, $\beta = 0$, $\delta = 0$ wird

$$E_a = \frac{\gamma h^2}{2} \tan^2\left(45° - \frac{\varrho}{2}\right) + p h \tan^2\left(45° - \frac{\varrho}{2}\right). \qquad \text{(I A.86)}$$

Da sich der Erddruckwert unter dem Einfluß von $\delta$ wenig ändert, empfiehlt MÜLLER-BRESLAU [23, S. 15], den Erddruck nach (I A.86) unter dem Winkel $\delta$ wirken zu lassen.

$$E_a = \left[\frac{\gamma h^2}{2} \tan^2\left(45° - \frac{\varrho}{2}\right) + p h \tan^2\left(45° - \frac{\varrho}{2}\right)\right] \frac{1}{\cos \delta}. \qquad \text{(I A.87)}$$

Die Werte $\gamma$, $\varrho$ und die Steifezahl $E$ sind für verschiedene Materialien in den Handbüchern angegeben, z. B.:

| | $\gamma$ erdfeucht [t/m³] | $\gamma$ sehr naß [t/m³] | $\gamma$ unter Wasser [t/m³] | $\varrho$ [—] | $E$ [kg/m²] |
|---|---|---|---|---|---|
| Sand locker, rund | 1,6 | 1,8 | 1,0 | 30 | 400—800 |
| Grobkies | 1,6 | | 1,0 | 37,5 | 2000 |
| | | über Wasser | unter Wasser | | |
| Lehm, Geschiebemergel | | 2,2 | 1,2 | 27,5 | 60—500 |

Beim *passiven* Erddruck ändert sich in den Lösungen, die für den aktiven Erddruck aufgestellt wurden, nur die Richtung des Kraftangriffs in der Gleitfläche. Man erhält dementsprechend (Abb. I A.58)

$$E_{ph} = \frac{\gamma h^2}{2} \frac{\cos^2(\varrho - \alpha)}{\cos^2\alpha \left[1 - \sqrt{\frac{\sin(\varrho - \delta)\sin(\varrho + \beta)}{\cos(\alpha - \delta)\cos(\alpha + \beta)}}\right]^2} = \frac{\gamma h^2}{2} \lambda_{ph}. \qquad \text{(I A.88)}$$

$E_p$ wirkt unter dem Winkel $\delta$ zur Wand.

$$E_p = \frac{E_{ph}}{\cos(\alpha - \delta)}. \qquad \text{(I A.89)}$$

Für $\alpha = 0$, $\beta = 0$ und $\delta = 0$ erhält man

$$E_p = E_{ph} = \frac{\gamma h^2}{2} \tan^2\left(45° + \frac{\varrho}{2}\right). \quad (\text{I A.90})$$

Bei Auflast $p$ gilt sinngemäß

$$E_p = \frac{\gamma h^2}{2} \lambda_p + p\, h\, \lambda_p \quad (\text{I A.91})$$

mit dreiecksförmiger Verteilung für Eigengewicht und rechteckiger für die Auflast.

$\lambda_{ph}$ ist wieder tabuliert.

In der Regel wird der Erddruck nach COULOMB zeichnerisch ermittelt; dies gilt vor allem für die vielen möglichen Sonderfälle [4, 18]. Was den Gebirgsdruck für Tunnelbauten usw. betrifft, so liegen dort wesentlich andere Bedingungen vor, und es

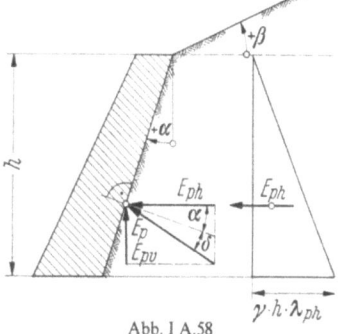

Abb. I A.58

wird zweckmäßig sein, durch Messungen die Annahmen laufend zu überprüfen, um sich vor Überraschungen zu schützen [6, 13, 15].

$\pi$) **Zusammenfassung.** Die obigen Zusammenstellungen sollen nur schematisch und nicht systematisch auf die Probleme hinweisen, die bei der Festlegung der äußeren Belastung, die auf ein Bauwerk wirken kann, auftreten können. Bei nicht normgebundener, sondern freier Wahl der Belastung durch den Statiker wird dieser hierbei besonders gewissenhaft vorgehen müssen, um sowohl sichere als auch wirtschaftliche Konstruktionen zu erzielen. Ein Vergleich zwischen Normen verschiedener Länder läßt oft erkennen, welche Probleme besonderer Beachtung Wert sind. Auf Grund der obigen Überlegungen sind Rechenverfahren, die eine Genauigkeit der Endwerte in der Größenordnung von wenigen Prozent gewährleisten, in jedem Fall geeignet.

### Literatur zum Abschnitt I A 3

[1] ASPLUND, S. O.: Die Älsborg-Hängebrücke. Bauing. 40 (1965) 341.
[2] BRÜCKMANN: Durch periodische Änderungen der Triebradlasten erregte erzwungene lotrechte Schwingungen von Eisenbahnbrücken. Deutscher Stahlbauverband, Köln 1952 (mit weiteren Schrifttumsangaben).
[3] CHMELKA, F.: Näherungsformeln zur Berechnung der Winkelgewichte für biegesteife Träger sowie die Bestimmung ihrer Fehler. Stahlbau 13 (1940) 131.
[4] Grundbau-Taschenbuch, Berlin: Ernst & Sohn 1955.
[5] JANSSEN: Versuche über Getreidedruck in Silozellen. Z. VDI (1895) 1045.
[6] KASTNER, H.: Statik des Tunnel- und Stollenbaues, Berlin/Göttingen/Heidelberg: Springer 1962.
[7] KOENEN: Berechnung des Seiten- und Bodendruckes in Silozellen. Centralbl. d. Bauverw. (1896) 446.
[8] KRABBE: Neuere Ergebnisse der Versuchsforschung auf dem Gebiete der Schwingungsmeßtechnik bei Eisenbahnbrücken. Stahlbau 10 (1937) 201.
[9] KRIWOSCHEIN, G.: Anwendung der Simpsonschen Regel zur Ermittlung der Biege- und Einflußlinien. Stahlbau 13 (1940) 21.
[10] KUNERT, K.: Schwingungen schlanker Stützen in konstantem Luftstrom. Bauing. 37 (1962) 168.
[11] LEONHARDT, F.: Bericht über die Internationale Konferenz über Windwirkungen auf Bauwerke. Bauing. 38 (1963) 368 (mit weiteren Schrifttumsangaben).
[12] LUDWIG, K.: Neue amerikanische Vorschriften für den Entwurf von Bauwerken im Erdbebengebiet. Bauing. 38 (1963) 245.
[13] MÜLLER, L.: Der Felsbau, Stuttgart: Enke 1963.
[14] PIEPER, K., u. F. WENZEL: Druckverhältnisse in Silozellen, Berlin: Ernst & Sohn 1964.

[15] RABCEWICZ, L., u. K. SATTLER: Die neue österreichische Tunnelbauweise. Bauing. 40 (1965) 289.
[16] SATTLER, K.: Ermittlung der Eigengewichte stählerner Brücken. Bautechnik 1948, H. 8.
[17] SCHLAICH, J.: Beitrag zur Frage der Wirkung von Windstößen auf Bauwerke. Bauing. 41 (1966) 102.
[18] TERZAGHI/JELINEK: Theoretische Bodenmechanik, Berlin/Göttingen/Heidelberg: Springer 1954.
[19] TSCHEMMERNEGG, F.: Beitrag zur praktischen Abschätzung der aerodynamischen Stabilität von Hängebrücken unter besonderer Berücksichtigung flacher torsionssteifer Versteifungsträger. Diss. TH Graz 1967 (mit weiteren Schrifttumsangaben).
[20] WANKE, J.: Die günstigste Form des eingespannten Gewölbes und die Bestimmung seiner Eigengewichtsspannungen. Techn. Blätter 1920, Nr. 42/43, 44/45.
[21] WEDLER, B.: Berechnungsgrundlagen für Bauten, Berlin: Ernst & Sohn 1957.
[22] WESTERGAARD, H. M.: Water Pressure on Dams during Earth Quakes. Trans. Amer. Soc. civ. Engrs. 1933.
[23] MÜLLER-BRESLAU, H.: Erddruck auf Stützmauern, Stuttgart: Kröner 1906.

Siehe auch:
[S 5] CHWALLA, S. 7;     [S 26] MOHR, S. 337;
[S 3] BEYER, S. 2, 95;     [S 42] SZABÓ, S. 26, 234.

## B. Stützung und Stützbelastung

Die Stützung eines Bauwerks bzw. Bauteils hat zur Folge, daß der gestützte Körper unter dem Einfluß einer beliebig auftretenden Belastung in Ruhe bleibt. Um dies zu erreichen, ist eine Mindestanzahl von Stützungen erforderlich. Reichen zur Bestimmung der Stützbelastung (Stützkräfte bzw. Stützmomente) Gleichgewichtsbedingungen aus, so hat man es mit einer statisch bestimmten Stützung des Körpers zu tun. Wird die Mindestanzahl der Stützungen überschritten, so müssen zur Bestimmung der Stützbelastung auch Formänderungsbedingungen mit herangezogen werden. Im letzteren Fall spricht man von einer statisch unbestimmten Stützung bzw. von einem äußerlich statisch unbestimmten System.

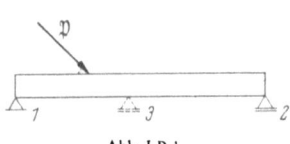

Abb. I B.1

Zum Beispiel ist das ebene System, der Träger nach Abb. I B.1, mit einem festen Lager in Punkt 1 und einem beweglichen Lager in Punkt 2 äußerlich statisch bestimmt, während die Stützung bei einem zusätzlich beweglichen Lager in Punkt 3 statisch unbestimmt wird.

### 1. Bewegung eines starren Körpers

Die Bewegung eines starren Körpers ist eindeutig durch einen Vektor der Verschiebung $\mathfrak{v}_m^*$ und einen Vektor der Drehung $\mathfrak{d}_m^*$, bezogen auf einen bestimmten Punkt $m$, festgelegt (Abb. I B.2). Bezugnehmend auf die Koordinaten $x, y, z$ ergibt sich

$$\mathfrak{v}_m^* = v_m^* e_v = \begin{cases} u_m = \mathfrak{v}_m^* \cdot e_x = v_m^* \cos\alpha_{v,x}; \\ v_m = \mathfrak{v}_m^* \cdot e_y = v_m^* \cos\alpha_{v,y}; \\ w_m = \mathfrak{v}_m^* \cdot e_z = v_m^* \cos\alpha_{v,z}; \end{cases} \qquad \text{(I B.1a)}$$

$$|v_m| = \sqrt{u_m^2 + v_m^2 + w_m^2}; \qquad \text{(I B.1b)}$$

$$\mathfrak{d}_m^* = d_m^* e_d = \begin{cases} \varkappa_m = \varphi_{m,x} = \mathfrak{d}_m^* \cdot e_x = d_m^* \cos\alpha_{d,x}; \\ \varphi_m = \varphi_{m,y} = \mathfrak{d}_m^* \cdot e_y = d_m^* \cos\alpha_{d,y}; \\ \psi_m = \varphi_{m,z} = \mathfrak{d}_m^* \cdot e_z = d_m^* \cos\alpha_{d,z}; \end{cases} \qquad \text{(I B.2a)}$$

$$|d_m^*| = \sqrt{\varphi_{m,x}^2 + \varphi_{m,y}^2 + \varphi_{m,z}^2}. \qquad \text{(I B.2b)}$$

Damit ist auch die Verschiebung eines Punktes $a$ des starren Körpers durch die beiden Vektoren $\mathfrak{v}_m^*$ und $\mathfrak{d}_m^*$ eindeutig bestimmt. Mit den Bezeichnungen nach

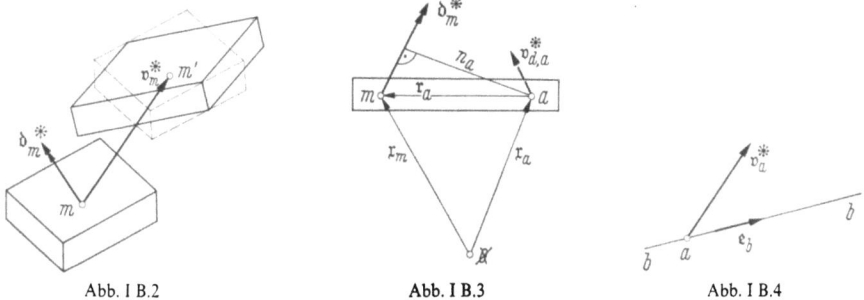

Abb. I B.2          Abb. I B.3          Abb. I B.4

Abb. I B.3 erhält man für die Verschiebung des Punktes $a$ infolge der Drehung $\mathfrak{d}_m^*$ und mit $\mathfrak{r}_a = \mathfrak{r}_m - \mathfrak{x}_a$

$$\mathfrak{v}_{d,a}^* = \mathfrak{r}_a \times \mathfrak{d}_m^* = n_a\, d_m^* = \begin{vmatrix} r_{a,x} & r_{a,y} & r_{a,z} \\ \varphi_{m,x} & \varphi_{m,y} & \varphi_{m,z} \end{vmatrix};$$

$$\mathfrak{v}_{d,a}^* = \begin{cases} u_{d,a} = r_{a,y}\,\varphi_{m,z} - r_{a,z}\,\varphi_{m,y}; \\ v_{d,a} = r_{a,z}\,\varphi_{m,x} - r_{a,x}\,\varphi_{m,z}; \\ w_{d,a} = r_{a,x}\,\varphi_{m,y} - r_{a,y}\,\varphi_{m,x}. \end{cases} \tag{I B.3}$$

Fällt der Koordinatenursprung $\emptyset$ mit Punkt $m$ zusammen, so wird mit $\mathfrak{r}_a = -\mathfrak{x}_a$

$$\mathfrak{v}_{d,a}^* = \begin{cases} u_{d,a} = z_a\,\varphi_{m,y} - y_a\,\varphi_{m,z}; \\ v_{d,a} = x_u\,\varphi_{m,z} - z_a\,\varphi_{m,x}; \\ w_{d,a} = y_a\,\varphi_{m,x} - x_a\,\varphi_{m,y}. \end{cases} \tag{I B.4}$$

Die endgültige Verschiebung des Punktes $a$ beträgt

$$\mathfrak{v}_a^* = \mathfrak{v}_m^* + \mathfrak{v}_{d,a}^*. \tag{I B.5}$$

Die Komponente der Verschiebung $\mathfrak{v}_a^*$ in Richtung der Geraden $b-b$ mit dem Einheitsvektor $e_b$ ergibt sich zu (Abb. I B.4)

$$v_{a,b-b} = \mathfrak{v}_a^* \cdot e_b = \mathfrak{v}_m^* \cdot e_b + \mathfrak{v}_{d,a}^* \cdot e_b =$$
$$= u_m\,e_{b,x} + v_m\,e_{b,y} + w_m\,e_{b,z} +$$
$$+ u_{d,a}\,e_{b,x} + v_{d,a}\,e_{b,y} + w_{d,a}\,e_{b,z}. \tag{I B.6}$$

Für den Fall, daß der Koordinatenursprung $\emptyset$ mit dem Punkt $m$ zusammenfällt, wird

$$v_{a,b-b} = u_m\,e_{b,x} + v_m\,e_{b,y} + w_m\,e_{b,z} +$$
$$+ \varphi_{m,x}(y_a\,e_{b,z} - z_a\,e_{b,y}) +$$
$$+ \varphi_{m,y}(z_a\,e_{b,x} - x_a\,e_{b,z}) +$$
$$+ \varphi_{m,z}(x_a\,e_{b,y} - y_a\,e_{b,x}). \tag{I B.7}$$

Die Drehung des Körpers um eine beliebige Gerade $b-b$ infolge $\mathfrak{d}_m^*$ ergibt sich zu

$$\varphi_{m,b-b} = \mathfrak{d}_m^* \cdot e_b = \varphi_{m,x}\,e_{b,x} + \varphi_{m,y}\,e_{b,y} + \varphi_{m,z}\,e_{b,z}. \tag{I B.8}$$

(Siehe Beispiel 6.)

Aus Obigem ist ersichtlich, daß durch sechs eingeprägte Bewegungsgrößen (Verschiebungen $u_m, v_m, w_m$, Drehungen $\varphi_x, \varphi_y, \varphi_z$) die Verschiebungen aller Punkte des Körpers bzw. die Drehungen um gegebene Drehachsen bestimmt sind [S 44].

Es kann nun die Frage gestellt werden [S 44], wie groß $\mathfrak{v}_m^*$ und $\mathfrak{d}_m^*$ sind, wenn sechs Bewegungsgrößen an bestimmten Orten des Körpers eingeprägt werden, z. B. drei Drehungen $\varphi_{a-a}$, $\varphi_{b-b}$, $\varphi_{c-c}$ um Gerade $a-a$, $b-b$, $c-c$ und drei Verschiebungen in Punkten $d, e, f$ und in Richtung der Geraden $d-d$, $e-e$, $f-f$.

Fällt Punkt $m$ mit dem Koordinatenursprung $\mathfrak{0}$ zusammen, so ergibt sich nach (I B.7) und (I B.8) das Gleichungssystem (I B.9).

Gleichungssystem (I B.9)

| | $\varphi_{m,x}$ | $\varphi_{m,y}$ | $\varphi_{m,z}$ | $u_m$ | $v_m$ | $w_m$ | = | Belastungsglied |
|---|---|---|---|---|---|---|---|---|
| 1 | $e_{a,x}$ | $e_{a,y}$ | $e_{a,z}$ | | | | = | $\varphi_{a-a}$ |
| 2 | $e_{b,x}$ | $e_{b,y}$ | $e_{b,z}$ | | | | = | $\varphi_{b-b}$ |
| 3 | $e_{c,x}$ | $e_{c,y}$ | $e_{c,z}$ | | | | = | $\varphi_{c-c}$ |
| 4 | $y_d\,e_{d,z}$ $-z_d\,e_{d,y}$ | $z_d\,e_{d,x}$ $-x_d\,e_{d,z}$ | $x_d\,e_{d,y}$ $-y_d\,e_{d,x}$ | $e_{d,x}$ | $e_{d,y}$ | $e_{d,z}$ | = | $v_{d-d}$ |
| 5 | $y_e\,e_{e,z}$ $-z_e\,e_{e,y}$ | $z_e\,e_{e,x}$ $-x_e\,e_{e,z}$ | $x_e\,e_{e,y}$ $-y_e\,e_{e,x}$ | $e_{e,x}$ | $e_{e,y}$ | $e_{e,z}$ | = | $v_{e-e}$ |
| 6 | $y_f\,e_{f,z}$ $-z_f\,e_{f,y}$ | $z_f\,e_{f,x}$ $-x_f\,e_{f,z}$ | $x_f\,e_{f,y}$ $-y_f\,e_{f,x}$ | $e_{f,x}$ | $e_{f,y}$ | $e_{f,z}$ | = | $v_{f-f}$ |

Statt der Gln. 1 bis 3 kann jeweils auch eine den Gln. 4 bis 6 entsprechende Gleichung angeschrieben werden.

Das Gleichungssystem ist immer eindeutig lösbar, wenn die Nennerdeterminante

$$D \gtreqless 0 \qquad (\text{I B.10})$$

ist.

## 2. Stützung eines starren Körpers

Aus (I B.9) erkennt man, daß durch sechs geeignete Stützungen (Verschiebungs- oder Drehungsbehinderungen) ein starrer Körper unter einer beliebigen Belastung in Ruhe gehalten werden kann.

Die Koordinaten der Stützpunkte $\mathfrak{x}_n$ und die Einheitsvektoren $e_{n-n}$ der Richtungen der Verschiebungsbehinderungen (Stützkraftlinien) bzw. die Einheitsvektoren $e_{i-i}$ der Geraden, um die Drehungen verhindert werden sollen (Stützmomentenlinien), sind durch die Nennerdeterminante $D$ von (I B.9) miteinander gekoppelt. Nur wenn (I B.10) erfüllt ist, kann der Körper durch die geplante Stützung (Stützkräfte und Stützmomente) in Ruhe gehalten werden, während bei $D = 0$ trotz sechs Stützungen Bewegungsmöglichkeiten bestehen. Wie nachfolgend aus (I B.17) ersichtlich ist, stimmt die Nennerdeterminante von (I B.9) mit der von (I B.17), des Gleichungssystems zur Bestimmung der Größen der Stützbelastung (Stützkräfte und Stützmomente), überein. Aus der Bedingung $D = 0$ erkennt man [S 44], daß folgende Stützungen unzulässig sind:

Mehr als drei Stützmomentenlinien. Die Komponenten des Einheitsvektors einer vierten Stützmomentenlinie ergäben sich als Linearkombination der Einheitsvektoren der übrigen drei Stützmomentenlinien, was $D = 0$ bedeutet.

Zwei Stützmomentenlinien fallen zusammen oder sind zueinander parallel.

Zwei Stützkraftlinien fallen zusammen.

Mehr als drei Stützkraftlinien gehen durch einen Punkt oder sind zueinander parallel.

Mehr als drei Stützkraftlinien liegen in einer Ebene.

Sechs Stützkraftlinien schneiden eine Gerade oder sind zu einer Ebene parallel (Drehmöglichkeit um die Gerade, Verschiebungsmöglichkeit senkrecht zur Ebene).

Eine Stützmomentenlinie steht zu zwei zueinander parallelen Stützkraftlinien senkrecht.

Eine Stützmomentenlinie steht zu drei in einer Ebene liegenden Stützkraftlinien senkrecht.

Drei in einer Ebene liegende Stützkraftlinien schneiden sich in einem Punkt oder sind zueinander parallel.

Bei einem ebenen Problem (z. B. Abb. I B.5) mit den Koordinaten $x$ und $z$ verschwinden die Größen $\varphi_{m,x}$, $\varphi_{m,z}$ und $v_m$ in (I B.9). Man benötigt somit nur drei

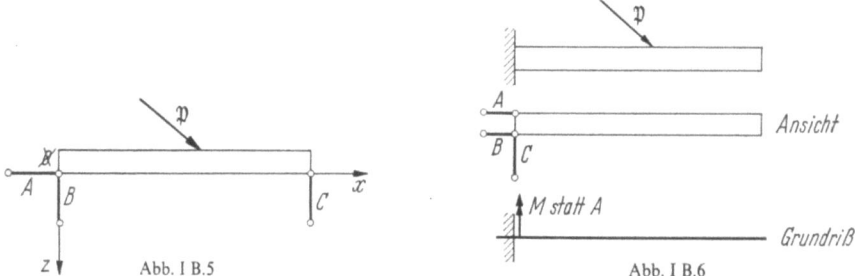

Abb. I B.5   Abb. I B.6

Stützungen, um ein belastetes ebenes Tragsystem in Ruhe zu halten. Dies kann durch drei Stützstäbe (z. B. Abb. I B.5) oder durch ein Stützmoment und zwei Stützstäbe erfolgen (z. B. Abb. I B.6). Nachfolgend werden Stützstäbe mit einer vollen Linie, Stützmomentenlinien mit einer strichlierten Linie gekennzeichnet.

### 3. Stützbelastung

Wirken auf einen starren Körper beliebige äußere Kräfte $\mathfrak{P}_1$ bis $\mathfrak{P}_n$ (z. B. Abb. I B.7), so kann deren Wirkung nach (I A.17) bis (I A.20) durch die Wirkungen der Resultierenden $\mathfrak{R}_{\Sigma P}$ und des resultierenden Momentes $\mathfrak{M}_{\Sigma P, m}$, bezogen auf einen beliebigen Punkt $m$, ersetzt werden. Ist der Körper entsprechend Abschn. I B 2

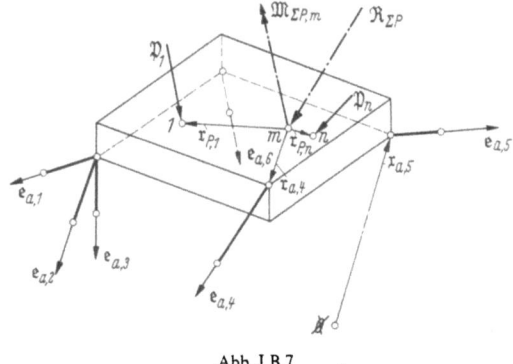

Abb. I B.7

so gestützt, daß er unter der gegebenen Belastung in Ruhe bleibt (z. B. in Abb. I B.7 durch sechs Stützstäbe), so muß die Stützbelastung mit der äußeren Belastung zusammen ein Gleichgewichtssystem darstellen, d. h., die Gesamtresultierende aus äußerer Belastung und Stützbelastung und die entsprechenden Gesamtmomente, bezogen auf einen beliebigen Punkt, müssen verschwinden.

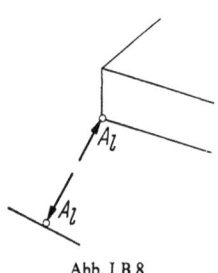

Die Einheitsvektoren $e_A$ der Stützkraftlinien bzw. $e_M$ der Stützmomentenlinien (z. B. Abb. I B.7) werden in Richtung vom Körper weg positiv gewählt. Schneidet man einen Stützstab $l$ (z. B. Abb. I B.8) durch und nimmt eine Druckkraft im Stützstab als positive Größe an, so ergibt sich mit dem Absolutbetrag $A_l$ die Wirkung auf die stützende Erdscheibe zu $\mathfrak{A}_l = A_l e_{Al}$, während auf den Körper selbst die Reaktionskraft $-\mathfrak{A}_l = -A_l e_{Al}$ wirkt.

Abb. I B.8

Die Gleichgewichtsbedingung für die Kräfte lautet somit

$$\sum \mathfrak{P}_n - \sum \mathfrak{A}_l = 0. \qquad (I\ B.11)$$

Nach (I A.18) ergibt sich für den Bezugspunkt $m$ (s. Abb. I B.7) die Gleichgewichtsbedingung für die Momente zu

$$\sum_n (\mathfrak{r}_{Pn} \times \mathfrak{P}_n) + \sum_n {}^a\mathfrak{M}_n - \sum_l (\mathfrak{r}_{Al} \times \mathfrak{A}_l) - \sum_l \mathfrak{D}_l = 0. \qquad (I\ B.12)$$

Hierbei sind:

${}^a\mathfrak{M}_n$ gegebene äußere Momente;

$\mathfrak{A}_l$ bzw. $\mathfrak{D}_l$ Stützkräfte bzw. Stützmomente;

$\mathfrak{r}_{Pn} = \mathfrak{x}_{Pn} - \mathfrak{x}_m$ der Radiusvektor vom Bezugspunkt $m$ zum Angriffspunkt $n$ der Kraft $\mathfrak{P}_n$;

$\mathfrak{r}_{Al} = \mathfrak{x}_{Al} - \mathfrak{x}_m$ der Radiusvektor vom Bezugspunkt $m$ zum Angriffspunkt $l$ der Stützkraft $\mathfrak{A}_l$.

Mit den Absolutwerten von $P_n$, ${}^aM_n$, $A_l$ und $D_l$ lauten die Gleichgewichtsgleichungen in Vektorform

$$\sum P_n e_{Pn} - \sum A_l e_{Al} = 0; \qquad (I\ B.13)$$

$$\sum_n P_n (\mathfrak{r}_{Pn} \times e_{Pn}) + \sum_n {}^aM_n e_{Mn} - \sum_l A_l (\mathfrak{r}_{Al} \times e_{Al}) - \sum_l D_l e_{Dl} = 0. \qquad (I\ B.14)$$

Die Komponentengleichungen in den Richtungen $x, y, z$ ergeben sich als Skalarprodukte von (I B.13) und (I B.14) mit den Einheitsvektoren $e_x$, $e_y$ und $e_z$. Zum Beispiel ergeben sich die Komponentengleichungen in $x$-Richtung zu

$$\sum_l P_n e_{Pn} \cdot e_x - \sum_l A_l e_{Al} \cdot e_x = 0; \qquad (I\ B.15)$$

$$\sum_n P_n (\mathfrak{r}_{Pn} \times e_{Pn}) \cdot e_x + \sum_n {}^aM_n e_{Mn} \cdot e_x - \sum_l A_l (\mathfrak{r}_{Al} \times e_{Al}) \cdot e_x - \sum_l D_l e_{Dl} \cdot e_x = 0.$$

$$(I\ B.16)$$

Allgemein gilt

$$(\mathfrak{r}_n \times e_n) \cdot e_x = \begin{vmatrix} i & j & k \\ r_{n,x} & r_{n,y} & r_{n,z} \\ e_{n,x} & e_{n,y} & e_{n,z} \end{vmatrix} \cdot \begin{Bmatrix} 1 \\ 0 \\ 0 \end{Bmatrix} = r_{n,y} e_{n,z} - r_{n,z} e_{n,y}$$

usw.

Für den Fall, daß der Koordinatenursprung $\mathfrak{O}$ mit dem Bezugspunkt $m$ zusammenfällt, wird $\mathfrak{r}_n = \mathfrak{x}_n$ und $(\mathfrak{x}_n \times e_n) \cdot e_x = y_n e_{n,z} - z_n e_{n,y}$ usw.

Mit den Koordinaten der Kraftangriffspunkte $x_{Pn}, y_{Pn}, z_{Pn}$ und denen der Stützkraftangriffspunkte $x_{Al}, y_{Al}, z_{Al}$ ergibt sich — wenn äußere eingeprägte Momentenbelastungen ${}^a\mathfrak{M}_n$ nicht vorhanden sind — das Gleichungssystem (I B.17) zur Bestimmung der Absolutgrößen der Stützbelastung. Hierbei sind drei Stützkräfte $A_l$ und drei Stützmomente $D_l$ zugrunde gelegt.

Gleichungssystem (I B.17)

| | 1<br>$A_1$ | 2<br>$A_2$ | 3<br>$A_3$ | 4<br>$D_1$ | 5<br>$D_2$ | 6<br>$D_3$ | 7<br>Belastungs-<br>glied | 8<br>$= 0$ |
|---|---|---|---|---|---|---|---|---|
| 1 | $-e_{A1,x}$ | $-e_{A2,x}$ | $-e_{A3,x}$ | 0 | 0 | 0 | $\sum_n P_n e_{Pn,x}$ | $= 0$ |
| 2 | $-e_{A1,y}$ | $-e_{A2,y}$ | $-e_{A3,y}$ | 0 | 0 | 0 | $\sum_n P_n e_{Pn,y}$ | $= 0$ |
| 3 | $-e_{A1,z}$ | $-e_{A2,z}$ | $-e_{A3,z}$ | 0 | 0 | 0 | $\sum_n P_n e_{Pn,z}$ | $= 0$ |
| 4 | $z_{A1} e_{A1,y}$<br>$-y_{A1} e_{A1,z}$ | $z_{A2} e_{A2,y}$<br>$-y_{A2} e_{A2,z}$ | $z_{A3} e_{A3,y}$<br>$-y_{A3} e_{A3,z}$ | $-e_{D1,x}$ | $-e_{D2,x}$ | $-e_{D3,x}$ | $\sum_n P_n (y_{Pn} e_{Pn,z}$<br>$- z_{Pn} e_{Pn,y})$ | $= 0$ |
| 5 | $x_{A1} e_{A1,z}$<br>$-z_{A1} e_{A1,x}$ | $x_{A2} e_{A2,z}$<br>$-z_{A2} e_{A2,x}$ | $x_{A3} e_{A3,z}$<br>$-z_{A3} e_{A3,x}$ | $-e_{D1,y}$ | $-e_{D2,y}$ | $-e_{D3,y}$ | $\sum_n P_n (z_{Pn} e_{Pn,x}$<br>$- x_{Pn} e_{Pn,z})$ | $= 0$ |
| 6 | $y_{A1} e_{A1,x}$<br>$-x_{A1} e_{A1,y}$ | $y_{A2} e_{A2,x}$<br>$-x_{A2} e_{A2,y}$ | $y_{A3} e_{A3,x}$<br>$-x_{A3} e_{A3,y}$ | $-e_{D1,z}$ | $-e_{D2,z}$ | $-e_{D3,z}$ | $\sum_n P_n (x_{Pn} e_{Pn,y}$<br>$- y_{Pn} e_{Pn,x})$ | $= 0$ |

Sind statt der Stützmomente weitere Stützkräfte vorhanden, so sind in den Spalten 4 bis 6 den Spalten 1 bis 3 entsprechende Werte einzuführen; z. B. für $A_4$ statt $D_1$ die Werte $-e_{A4,x}$ usw.

Die Lösung erfolgt in der Regel mittels des Gaußschen Algorithmus. Bezüglich Lösung mittels Matrizenmultiplikation s. [1]. Die Durchführung der Rechnung ist in den Beispielen 7 und 8 gezeigt. Aus den beiden Varianten a) und b) des Beispiels 7 ist zu erkennen, daß eine günstige Wahl der Stützkraftangriffspunkte und der Wirkungslinien auch wesentlich geringere Stützdrücke zur Folge haben kann.

Die Berechnung vereinfacht sich sehr, wenn die Stützbelastungswirkungsrichtungen parallel zu den Koordinatenachsen $x, y, z$ gewählt werden können.

Das Gleichungssystem (I B.17) nimmt dann die Form (I B.18) an.

$$\left.\begin{aligned}
& -\sum_l A_{l,x} + \sum_n P_{n,x} = 0; \\
& -\sum_l A_{l,y} + \sum_n P_{n,y} = 0; \\
& -\sum_l A_{l,z} + \sum_n P_{n,z} = 0; \\
& -\sum_l (A_{l,z} y_{Al} - A_{l,y} z_{Al}) - \sum_l D_{l,x} + \sum_n (P_{n,z} y_{Pn} - P_{n,y} z_{Pn}) = 0; \\
& -\sum_l (A_{l,x} z_{Al} - A_{l,z} x_{Al}) - \sum_l D_{l,y} + \sum_n (P_{n,x} z_{Pn} - P_{n,z} x_{Pn}) = 0; \\
& -\sum_l (A_{l,y} x_{Al} - A_{l,x} y_{Al}) - \sum_l D_{l,z} + \sum_n (P_{n,y} x_{Pn} - P_{n,x} y_{Pn}) = 0.
\end{aligned}\right\} \quad \text{(I B.18)}$$

$P_{n,x}$ usw. sind dabei die Komponenten der gegebenen äußeren Belastung in Richtung der Koordinaten $x, y, z$.

Sind bei einem räumlichen bzw. ebenen System mehr als sechs bzw. mehr als drei Stützbedingungen vorhanden, so reichen die obigen Gleichgewichtsgleichungen nicht mehr zur Bestimmung der Absolutwerte der Stützbelastung aus. In solchen Fällen müssen Formänderungsbedingungen zur Lösung mit herangezogen werden.

Die Berechnung erfolgt dann nach den Lösungsmethoden für statisch unbestimmte Systeme, die später gesondert behandelt werden.

### Literatur zum Abschnitt I B 1 bis I B 3

[1] SATTLER, K.: Die Berechnung räumlicher Stabwerke. Abhandl. IVBH 26 (1966).

Siehe auch:
[S 44] TEICHMANN, Bd. 119.

## 4. Ausbildung der Stützung

Von wesentlicher Bedeutung ist es, daß die der statischen Berechnung zugrunde gelegte Stützungsart auch konstruktiv ausgeführt wird.

Am klarsten ist die einseitige volle Einspannung. Hierbei treten an einer Stelle alle drei Stützmomente und alle drei Stützkräfte auf, und alle Stützbedingungen können einfach erfüllt werden (z. B. durch vollständiges Einbetonieren eines Kragträgers).

Eine räumlich unverschiebliche Lagerung, aber ohne Drehbehinderung (z. B. Abb. I B.9), kann durch ein Punktlager (Abb. I B.10) erreicht werden.

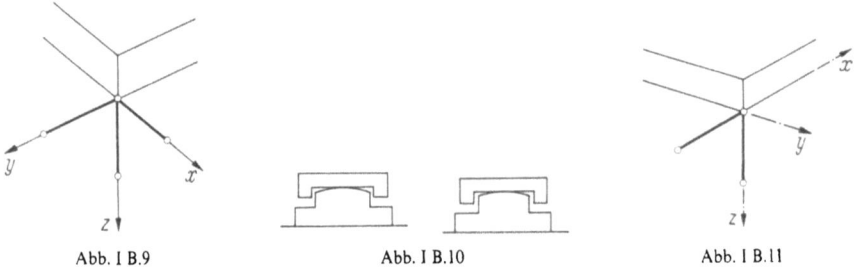

Abb. I B.9    Abb. I B.10    Abb. I B.11

Soll ein Punkt eines Körpers in einer Ebene festgehalten werden, senkrecht dazu aber beweglich sein (Abb. I B.11), so kann dies durch ein Linienkipplager erreicht werden, bei dem der Zwischenraum $\varDelta$ (Abb. I B.12) so groß ist, daß die auftretende seitliche Verschiebung möglich ist, nachdem die Reibung überwunden wird. Praktisch ist bei diesem Lager wohl eine Drehmöglichkeit des Körpers um die $y$-Achse, nicht aber um die $z$- und $x$-Achse gegeben. Es ist zu untersuchen, ob diese Drehbehinderungen zu beachten sind oder nicht. Mit sehr kleinen Werten $\varDelta$ eines Lagers nach Abb. I B.12 kann auch eine räumlich unverschiebliche Lagerung eines Punktes erzielt werden; bezüglich der Drehbehinderungen gilt aber dasselbe wie oben.

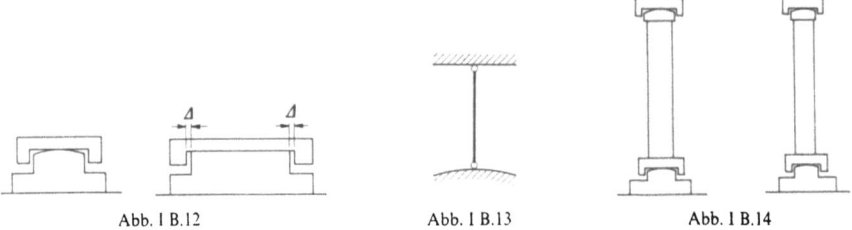

Abb. I B.12    Abb. I B.13    Abb. I B.14

Für eine Stützung nur in einer Richtung, ohne jede Drehbehinderung (Abb. I B.13), muß der Stützstab sowohl beim Anschluß an den Körper als auch bei dem an die Erdscheibe ein Punktlager (z. B. Abb. I B.14) erhalten. Handelt es sich jedoch um eine sich in einer Ebene bewegende Pendelstütze, so können die Lager wieder als

Linienkipplager ausgeführt werden. Pendelunterstützungen wird man z. B. bei durchlaufenden Baubrücken verwenden, wenn die Stützen nicht sehr hoch sind (z. B. Abb. I B.15, Bereich a). Bei hohen Stützen (z. B. Abb. I B.15, Bereich b), die sowohl am Träger als auch in der Erdscheibe eingespannt sind, haben Verschiebungen $\varDelta$ (Abb. I B.16) keine sehr großen Momente in den Stützen zur Folge. Der geringe Mehraufwand im Stützenquerschnitt, unter Beachtung der Momente in den Stützen, ist dann in der Regel wirtschaftlicher als die Anordnung von zwei Lagern; die Konstruktion ist auch einfacher.

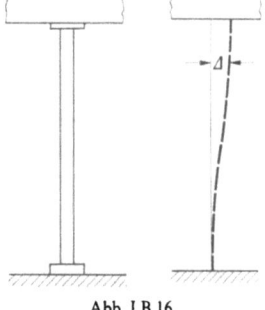

Abb. I B.16

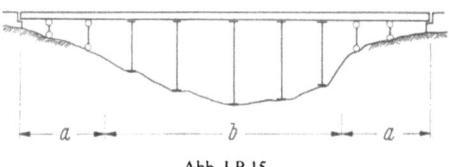

Abb. I B.15

Bewegliche Lager werden je nach Größe des Stützdruckes als einfache Rollen- oder Pendellager (Abb. I B.17) oder als Mehrrollenlager (Abb. I B.18) ausgeführt. Bei letzteren muß auf jeden Fall eine obere Kippplatte angeordnet werden, die je nach den Anforderungen als Linien- oder Punktkippplatte ausgeführt wird.

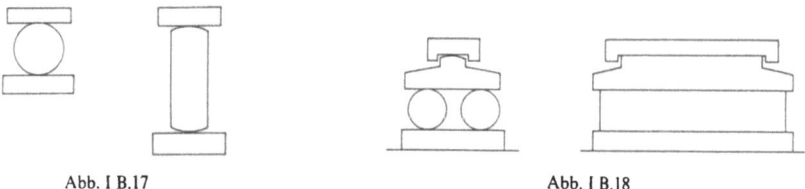

Abb. I B.17          Abb. I B.18

Bei Bauwerken mit geringen Breitenabmessungen werden feste und bewegliche Lager in der Regel als Linienkipplager ausgeführt. Die Drehungsbehinderung um die $x$-Achse (Längsrichtung) wird dabei in Kauf genommen, ohne daß dies in der Rechnung berücksichtigt wird. Werden aber die Bauwerke breiter, so wird eine solche Vernachlässigung nicht mehr zulässig, und es müssen allseits drehbare Lager ausgeführt werden. Dies kann am einfachsten durch Gummilager erfolgen, die als feste (z. B. Abb. I B.19) und bewegliche Lager (z. B. Abb. I B.20) seit langem Verwendung finden.

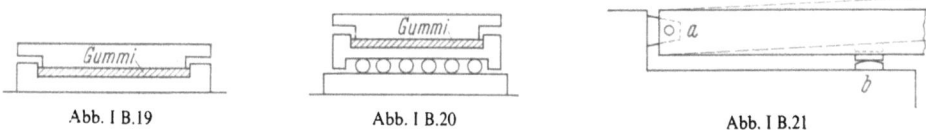

Abb. I B.19      Abb. I B.20      Abb. I B.21

Unter Umständen kann es zweckmäßig sein, Lager vorzusehen, die nur zeitweilig zur Wirkung kommen. Der Träger der Endöffnung eines durchlaufenden Systems nach Abb. I B.21 ist z. B. im Punkt $a$ durch einen Gelenkbolzen um die $y$-Achse drehbeweglich gelagert. Bei unbelasteter Endöffnung und belasteter Mittelöffnung kann er sich von Lager $b$ abheben, so daß die Lagerung nur in Punkt $a$ stattfindet. Bei belasteter Endöffnung wird jedoch auch das Lager im Punkt $b$ in Tätigkeit treten. Lager $a$ und $b$ zusammen bewirken aber eine Einspannung am Trägerende; damit wird erreicht, daß die Gradiente der Fahrbahn tangential an das Widerlager anschließt. Dies kann bei Eisenbahnbrücken mit großen Stützweiten (Hängebrücken) und großen Fahrtgeschwindigkeiten u. U. von Wichtigkeit werden.

Als erstes wird man bei der Annahme der Lagerausbildung stets die möglichen Verformungen des Bauwerks oder Bauwerkteils betrachten. Es ist z. B. völlig abwegig, den Querträger nach Abb. I B.22, der biegesteif an torsionssteife Hauptträger angeschlossen ist, als frei aufliegenden Träger mit der Stützweite $c$ zu berechnen. Es muß hier die Einspannwirkung an den Schnitten $a-a$ auf jeden Fall berücksichtigt werden, will man schwere Schäden vermeiden. Immer wieder findet man — vor allem auch im Hochbau —, daß Träger als frei aufliegende Träger gerechnet werden und die Anschlüsse ohne Rechnung biegesteif ausgeführt werden. Diese Anschlüsse entsprechen dann meist den wirklich auftretenden Einspannmomenten nicht, so daß Schäden auftreten. Besonderes Augenmerk ist auch den Stützungen bogenförmiger Träger (z. B. Druckrohrleitung nach Abb. I B.23) zu widmen, da hier aus der Bogenverformung (z. B. aus Temperatur) große seitliche Bewegungen auftreten können. Bei zu geringer Länge der Pendelstützen der Abb. I B.23 können diese u. U. zum Umfallen kommen.

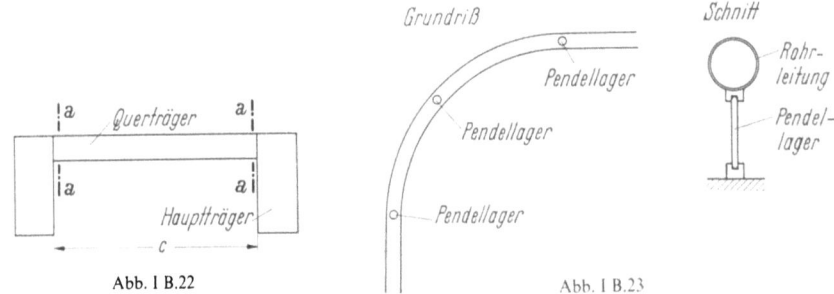

Abb. I B.22    Abb. I B.23

Besonderes Augenmerk verlangen auch Montagezustände. Wird z. B. ein Bauwerk mittels Zugbändern gehoben (z. B. Abb. I B.24), so dürfen in letzteren keinerlei Biegebeanspruchungen auftreten. Dies kann nur erreicht werden, wenn der Anschluß der Zugstangen durch ein Kreuzkopflager erfolgt.

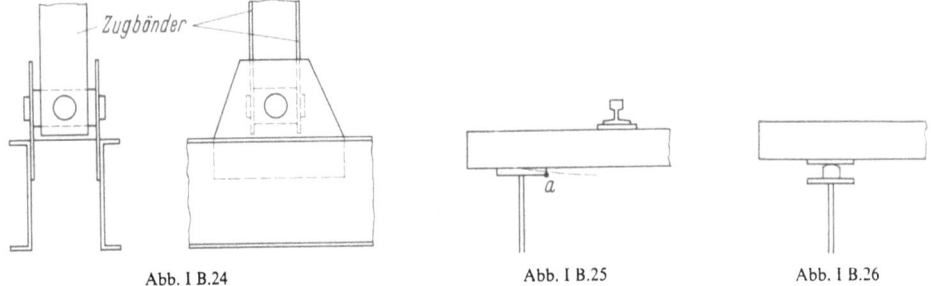

Abb. I B.24    Abb. I B.25    Abb. I B.26

Provisorische Lager müssen immer daraufhin untersucht werden, ob sie neben den senkrechten Drücken auch die anfallenden Seitenkräfte einwandfrei auf die Erdscheibe (Widerlager) übertragen können. Eine Aufnahme der letzteren nur durch Reibungskräfte kann zu Unfällen führen, da bei gleichzeitigem Auftreten von Erschütterungen (z. B. durch Rütteln beim Betonieren) die Reibungszahl der ruhenden Reibung in die wesentlich geringere der Bewegungsreibung umschlagen kann.

Bei der Lagerung einzelner Bauteile muß auch darauf geachtet werden, daß nicht unzulässige Beanspruchungen in der Unterstützung auftreten. Werden z. B. Schwellen größerer Stützweite, als es die Spurweite der Gleise ist, auf einen Brückenträger gelegt (z. B. Abb. I B.25), so würde der Flansch des Trägers infolge der Schwellendurchbiegung unzulässige Beanspruchung bekommen und abgebogen werden. Bei einer Anordnung nach Abb. I B.26 wird dies vermieden. Das gleiche gilt für alle Querträger von Brücken mit „Fahrbahn oben" (Dauerbrücken und Baubrücken), wo durch besondere Lagerplatten, die eine zwängungslose Durchbiegung der Querträger ermöglichen, die zentrische Belastung der Gurte der Hauptträger — ohne Nebenspannungen — gewährleistet wird (Abb. I B.27).

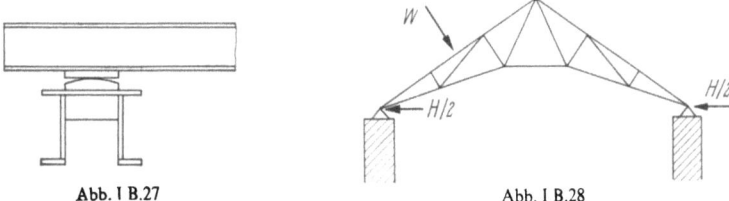

Abb. I B.27       Abb. I B.28

Verschiedentlich ist der Statiker aus konstruktiven Gründen zu Annahmen gezwungen. So wird z. B. bei kleineren Dächern (z. B. Abb. I B.28), wenn kein bewegliches Lager auf einer Seite vorgesehen ist, die Horizontalkraft aus Wind hälftig auf beide Lager verteilt. Auch wird bei Brücken mit zwei Hauptträgern (z. B. Abb. I B.29) in der Regel die auf ein Widerlager bzw. einen Pfeiler entfallende Windbelastung auf beide Lager gleichmäßig verteilt.

Die flächenhafte Stützung von Bauteilen (Fundamente usw.) wird nicht im Rahmen dieses Abschnittes behandelt.

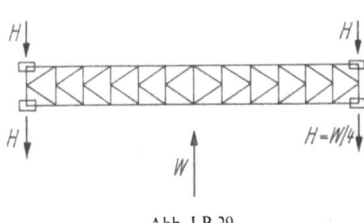
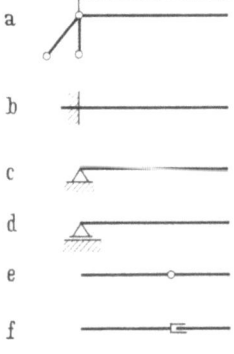

Abb. I B.29       Abb. I B.30

Zusammenfassend sei darauf hingewiesen, daß vor Beginn einer Berechnung für ein Bauwerk eingehende Überlegungen bezüglich der günstigsten Lagerbedingungen angestellt werden müssen. Werden Bewegungsmöglichkeiten an den Lagerstellen der Berechnung zugrunde gelegt, so muß auch darauf geachtet werden, daß diese konstruktiv zur Ausführung kommen. Sind Behinderungen von Bewegungen durch die Lagerung gegeben, so müssen die diesen Behinderungen entsprechenden Stützbelastungen (Stützkräfte und Stützmomente) ermittelt und bei der Querschnittsbemessung berücksichtigt werden.

Bei den schematischen Systemdarstellungen der nachfolgenden Kapitel werden die Symbole für die Lager nach Abb. I B.30 gewählt, und zwar:

a) Stützstäbe, b) Einspannung, c) festes Lager, d) bewegliches Lager, e) festes Gelenk, f) bewegliches Gelenk.

### Literatur zum Abschnitt I B 4

[1] BEYER, E., u. L. WINTERGERST: Neue Brückenlager, neue Pfeilerform. Bauing. 35 (1960) 227.
[2] ERNST, H. J., u. D. FEDER: Ein ungewöhnlicher Spannbetonquerschnitt. Bauing. 37 (1962) 401.
[3] LEONHARDT, F.: Betongelenke. Bauing. 41 (1966) 49.

[4] PUCHER, A.: Lehrbuch des Stahlbetonbaues, 3. Aufl., Wien: Springer 1961.
[5] SCHAPER, G.: Feste stählerne Brücken, 6. Aufl., Berlin: Ernst & Sohn 1934, S. 429.
[6] Stahlbau-Handbuch, Bd. II, Köln: Stahlbau-Verlag 1957, S. 571 ff. (mit weiteren Schrifttumsangaben).
[7] Zulassung für bewährte Gummilager. Bauing. 38 (1963) 120.
[8] Zulassung von Corroweld- und Neotopflager. Bauing. 37 (1962) 236.

## C. Querschnittswerte

Für die in späteren Abschnitten angegebenen Wege zur Ermittlung der Verformungen und Spannungen in Bauteilen sind eine Reihe von Querschnittswerten erforderlich. Als Querschnitt wird die Fläche des Bauteils senkrecht zur Stabachse bezeichnet. Die Verbindungslinie der Schwerpunkte der Querschnitte ist die Stabachse. Die Ermittlung der Querschnittswerte wird nachfolgend angegeben; deren Bedeutung bzw. Entwicklung wird jeweils bei den entsprechenden Abschnitten behandelt. Es wird ein rechtssinniges Koordinatensystem zugrunde gelegt (Abb. I C.1),

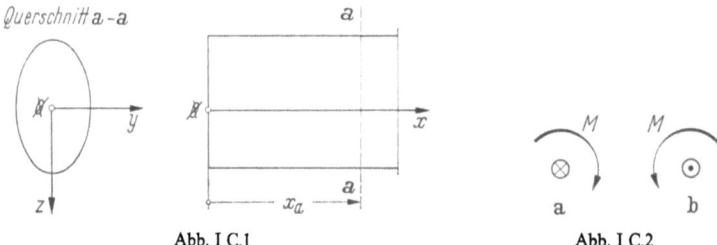

Abb. I C.1                   Abb. I C.2

wobei $x$ in die Stablängsachse fällt. Der Querschnitt $a-a$ in der Entfernung $x_a$ vom Koordinatenursprung wird zur Festlegung der positiven $y$-Achse immer in Richtung der positiven $x$-Achse betrachtet, gleichgültig ob es sich an der Schnittstelle um den rechten oder linken Stabteil handelt.

Bei einem in der Ebene wirkenden Moment $M$ (Abb. I C.2) wirkt der Momentenvektor senkrecht zu dieser Ebene und ist im Falle Abb. I C.2a vom Beschauer weg, im Fall Abb. I C.2b zum Beschauer hin gerichtet.

Für ein ebenes System werden für das linke und rechte Stabende die positiven Richtungen der Schnittbelastung (Momente, Längskräfte und Querkräfte) nach Abb. I C.3 angenommen. Für räumliche Systeme werden besondere Festlegungen, die mit Rücksicht auf schematische Rechenverfahren zweckmäßig werden, getroffen. Die positiven Richtungen der Spannungen eines Volumelementes sind in Abb. I C.4 angegeben.

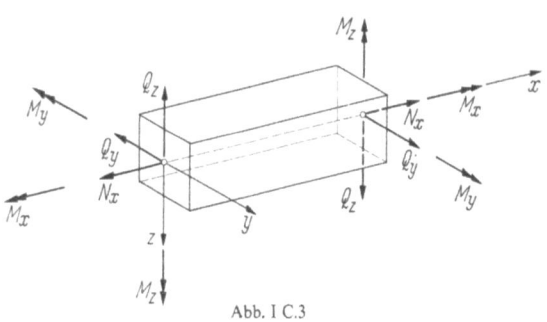

Abb. I C.3

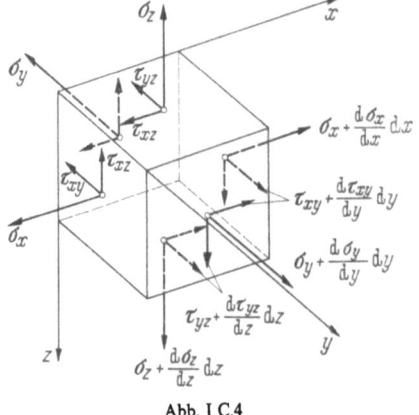

Abb. I C.4

## 1. Fläche

Die Fläche $F$ (Abb. I C.5) ist durch die Berandung festgelegt:

$$F = \int dF. \tag{I C.1}$$

Sie kann mathematisch oder mittels Planimeter bestimmt werden. Meistens wird ein gegebener Querschnitt in bekannte Flächen (Dreieck-, Rechteck-, Kreis-, Parabelflächen usw.) aufgeteilt (s. z. B. Abb. I C.6 bis I C.8), so daß nur die Summation derselben durchzuführen ist, um die Gesamtfläche zu erhalten.

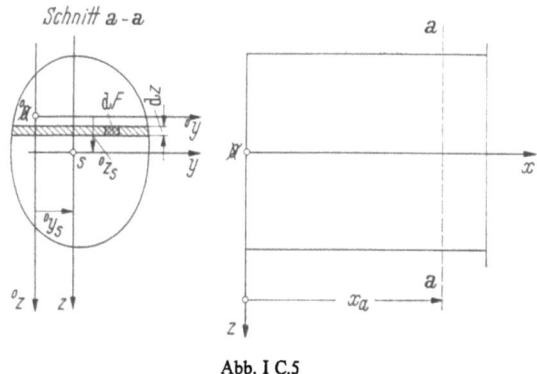

Abb. I C.5

## 2. Schwerpunkt

Zur Bestimmung des Schwerpunktes wird ein beliebiges rechtwinkliges Koordinatensystem $^0y, ^0z$ angenommen (Abb. I C.5). Die Schwerpunktlage ergibt sich damit zu

$$^0y_s = \frac{\int {^0y}\, dF}{\int dF}; \quad ^0z_s = \frac{\int {^0z}\, dF}{\int dF}. \tag{I C.2}$$

Durch diesen Schwerpunkt wird dann das endgültige Koordinatensystem $y, z$ gelegt.

Für Querschnitte, bestehend aus bekannten Einzelflächen $F_n$, mit deren Schwerpunktabständen $^0y_n, ^0z_n$ (Abb. I C.6 bis I C.8), gilt

$$^0y_s = \frac{\sum_n F_n\, ^0y_n}{\sum_n F_n}; \quad ^0z_s = \frac{\sum_n F_n\, ^0z_n}{\sum_n F_n}. \tag{I C.3}$$

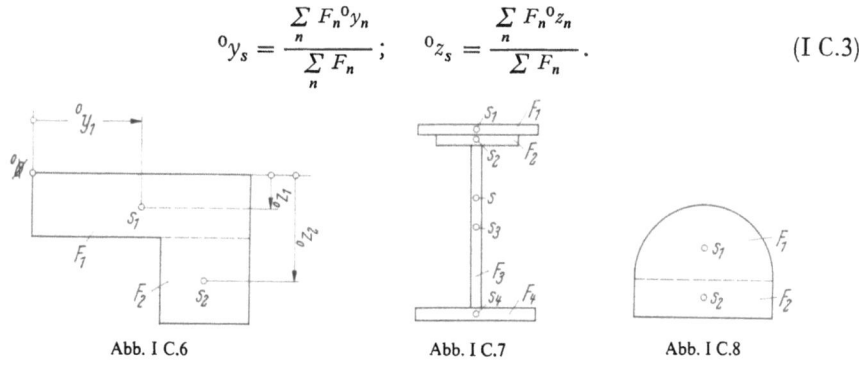

Abb. I C.6      Abb. I C.7      Abb. I C.8

(Siehe Beispiele 9a, 10a und 11a.)

## 3. Statisches Moment

Unter „Statisches Moment" versteht man das Moment der Fläche eines Querschnittsteils um eine Achse, wobei der Querschnittsteil durch eine Parallele zu dieser Achse vom übrigen Querschnitt abgetrennt wird. Zum Beispiel gilt (Abb. I C.9) für statische Momente um die y-Achse

$$S_y = \int_{z_a}^{z_b} z \, dF \qquad (\text{I C.4})$$

bzw. für bekannte Teilflächen (z. B. Abb. I C.10)

$$S_y = \sum F_n z_n. \qquad (\text{I C.5})$$

$z_n$ sind hierbei die Abstände der Schwerpunkte der Einzelflächen von der y-Achse. Das statische Moment kann positives oder negatives Vorzeichen haben.

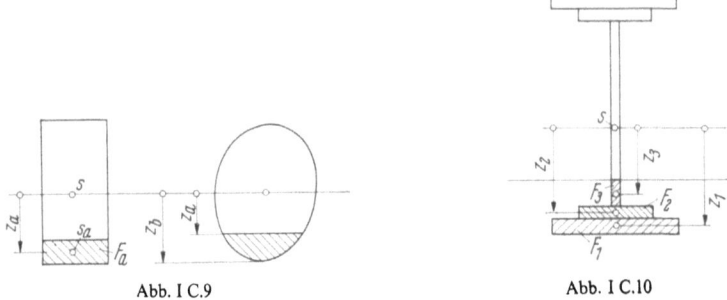

Abb. I C.9      Abb. I C.10

### 4. Flächenmomente zweiter Ordnung

#### a) Numerische Verfahren

**α) Trägheitsmoment um eine Achse.** Unter dem Trägheitsmoment einer Fläche um eine Achse $m-m$ versteht man das Produkt aller Flächenelemente $dF$ mit dem Quadrat ihrer Normalabstände $n$ von dieser Achse (Abb. I C.11).

$$J_m = \int n^2 \, dF. \qquad (\text{I C.6})$$

Für den Schwerpunkt $s$ und die Achsen $y, z$ gilt (Abb. I C.12)

$$J_y = \int z^2 \, dF; \quad J_z = \int y^2 \, dF. \qquad (\text{I C.7})$$

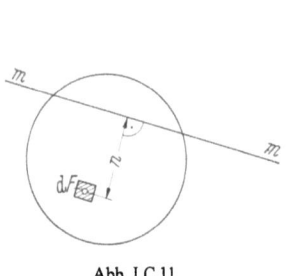

Abb. I C.11      Abb. I C.12

Die Trägheitsmomente sind für Regelquerschnitte, Walzprofile usw. tabuliert. Zum Beispiel gilt für den Rechteckquerschnitt und die Achse $y-y$ (Abb. I C.13a) durch den Schwerpunkt $s$

$$J_y = \frac{1}{12} b h^3.$$

Für die Dreiecksquerschnitte nach Abb. I C.13b u. c gilt

$$J_y = \frac{b h^3}{36}.$$

Für eine Achse $a-a$ parallel zu einer Achse $m-m$ (Abb. I C.14) durch den Schwerpunkt des Querschnittes, mit dem Normalabstand $a$ der beiden Achsen, ergibt sich das Trägheitsmoment

$$J_a = \int (a + n)^2 \, dF = a^2 \int dF + 2a \int n \, dF + \int n^2 \, dF.$$

Für den Schwerpunkt ist $\int n \, dF = 0$. Somit gilt

$$J_a = J_n + a^2 F. \tag{I C.8}$$

Die Formel (I C.8) wird als „Satz von STEINER" bezeichnet. Nach ihr werden in der Regel die Trägheitsmomente aller Flächen, die aus Regelquerschnitten zusammengesetzt sind, berechnet. Soll das Trägheitsmoment der Fläche eines zusammen-

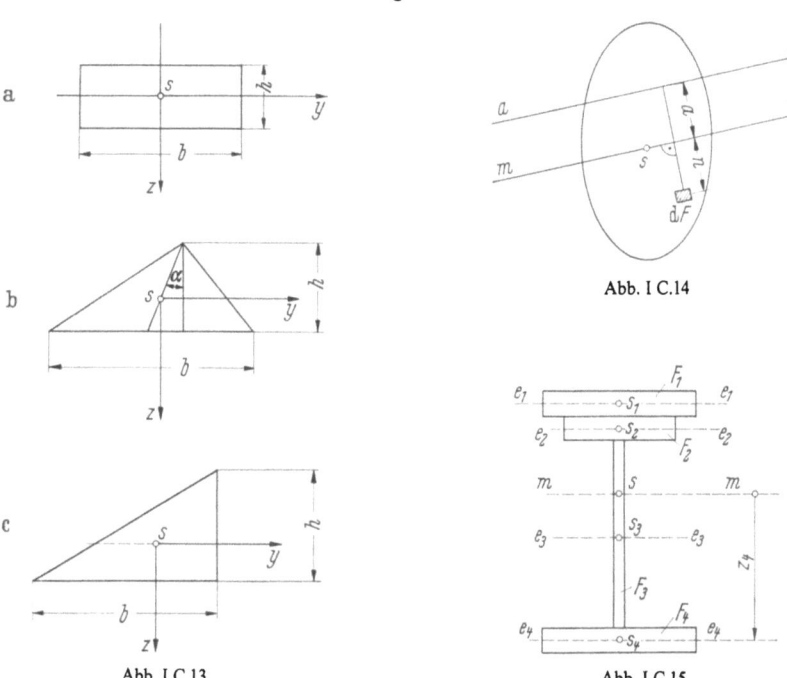

Abb. I C.13

Abb. I C.14

Abb. I C.15

gesetzten Querschnittes um eine Achse durch deren Schwerpunkt bestimmt werden (Abb. I C.15), so werden zuerst die Trägheitsmomente $J_{i,e}$ der Flächen $F_i$ der Teilquerschnitte um parallele Achsen $e-e$ zu $m-m$ durch deren Schwerpunkte bestimmt. Mit den Normalabständen $n_i$ der Schwerpunkte der Teilflächen von der Achse $m-m$ ergibt sich

$$J_m = \sum_i J_{i,e} + \sum_i F_i n_i^2. \tag{I C.9}$$

Für den Querschnitt nach Abb. I C.15 erhält man

$$J_y = \sum_i J_{i,y} + \sum_i F_i z_i^2. \tag{I C.10}$$

Trägheitsmomente sind stets positiv.
(Siehe Beispiele 9b, 10b, 11b und 12a.)

**β) Polares Trägheitsmoment.** Als polares Trägheitsmoment der Fläche eines Querschnittes in bezug auf einen Punkt (z. B. in bezug auf den Schwerpunkt $s$ nach Abb. I C.16) gilt

$$J_p = \int r^2 \, dF. \tag{I C.11}$$

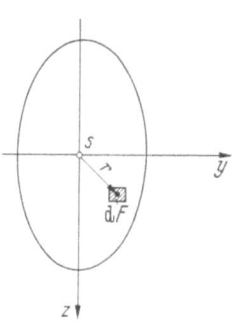

Abb. I C.16

Mit $r^2 = y^2 + z^2$ wird

$$J_p = \int y^2 \, dF + \int z^2 \, dF = J_z + J_y. \qquad (\text{I C.12})$$

**γ) Zentrifugalmoment.** Unter dem Zentrifugalmoment einer Fläche in bezug auf ein Achsenkreuz $y, z$ versteht man den Ausdruck

$$J_{yz} = \int y \, z \, dF = \iint y \, z \, dy \, dz. \qquad (\text{I C.13})$$

Je nach der Querschnittsgestaltung kann der Ausdruck positiv, negativ oder Null werden. Letzteres ist der Fall, wenn eine oder beide Bezugsachsen Symmetrieachsen des Querschnittes sind.

Ist $J_{yz,s}$ das auf den Schwerpunkt bezogene Zentrifugalmoment, so gilt für das Zentrifugalmoment in bezug auf einen Punkt $m$ (Abb. I C.17)

$$J_{yz,m} = \int (y + a)(z + b) \, dF = \int y \, z \, dF + a \int z \, dF + b \int y \, dF + a \, b \int dF.$$

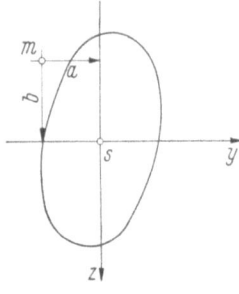

Abb. I C.17

Da für den Schwerpunkt $s$ die Ausdrücke $\int z \, dF$ und $\int y \, dF$ zu Null werden, erhält man

$$J_{yz,m} = J_{yz,s} + a \, b \, F. \qquad (\text{I C.14})$$

Da die Werte $J_{yz,s}$ für Regelquerschnitte, Walzprofile usw. tabuliert sind, können die Zentrifugalmomente dieser Querschnitte in bezug auf beliebige Punkte $m$ nach (I C.14) bestimmt werden.

Für Querschnitte, die aus Regelflächen zusammengesetzt sind, kann (I C.14) zur Bestimmung des gesamten Zentrifugalmomentes um den Gesamtschwerpunkt $s$ in bezug auf die Achsen $y, z$ verwendet werden. Sind $J_{yz;i,e}$ die Zentrifugalmomente der Einzelflächen um deren Schwerpunkte und $y_i, z_i$ die Abstände der Einzelschwerpunkte vom gesamten Schwerpunkt, so gilt

$$J_{yz,s} = \sum J_{yz;i,e} + \sum F_i \, y_i \, z_i. \qquad (\text{I C.15})$$

Die Zentrifugalmomente der Einzelflächen sind z. B. für alle Rechtecke Null und für Dreiecke nach Abb. I C.13b u. c

$$J_{yz,\Delta} = -\frac{b \, h^3}{36} \tan \alpha, \quad \text{bzw. für} \quad \tan \alpha = \frac{b}{2h} \quad \text{ist} \quad J_{yz,\Delta} = \frac{b^2 \, h^2}{72}.$$

(Siehe Beispiele 9b und 10b.)

**δ) Hauptträgheitsmomente und Hauptachsen.** Sind die Trägheitsmomente $J_y$ und $J_z$ und das Zentrifugalmoment $J_{yz}$ für ein rechtwinkliges Koordinatensystem $y, z$ bestimmt, so können mit diesen Werten die Flächenmomente zweiter Ordnung um ein um den Winkel $\alpha$ gedrehtes Achsenkreuz $\eta, \zeta$ angegeben werden (Abb. I C.18).

Mit
$$\zeta = z \cos \alpha - y \sin \alpha;$$
$$\eta = z \sin \alpha + y \cos \alpha$$

wird
$$\left. \begin{array}{l} J_\eta = \int \zeta^2 \, dF = J_y \cos^2 \alpha + J_z \sin^2 \alpha - 2 J_{yz} \sin \alpha \cos \alpha; \\ J_\zeta = \int \eta^2 \, dF = J_y \sin^2 \alpha + J_z \cos^2 \alpha + 2 J_{yz} \sin \alpha \cos \alpha; \\ J_{\eta\zeta} = \int \eta \, \zeta \, dF = J_{yz} \cos 2\alpha + \tfrac{1}{2}(J_y - J_z) \sin 2\alpha \end{array} \right\} \qquad (\text{I C.16})$$

bzw.
$$\left. \begin{array}{l} J_\eta = \tfrac{1}{2}(J_y + J_z) + \tfrac{1}{2}(J_y - J_z) \cos 2\alpha - J_{yz} \sin 2\alpha; \\ J_\zeta = \tfrac{1}{2}(J_y + J_z) - \tfrac{1}{2}(J_y - J_z) \cos 2\alpha + J_{yz} \sin 2\alpha; \\ J_{\eta\zeta} = \tfrac{1}{2}(J_y - J_z) \sin 2\alpha + J_{yz} \cos 2\alpha. \end{array} \right\} \qquad (\text{I C.17})$$

Aus (I C.17) erhält man die Invarianten der Flächenmomente zweiter Ordnung
$$J_\eta + J_\zeta = J_y + J_z; \quad J_\eta J_\zeta - J_{\eta\zeta}^2 = J_y J_z - J_{yz}^2. \tag{I C.18}$$
Das Koordinatenkreuz kann nun so lange gedreht werden, bis $J_{\eta\zeta} = 0$ wird. Dies ist der Fall für

und
$$\tan 2\alpha = \frac{2J_{yz}}{(J_z - J_y)} \tag{I C.19}$$
$$\alpha_1 = \frac{1}{2} \arctan \frac{2J_{yz}}{(J_z - J_y)}; \quad \alpha_2 = \alpha_1 + \frac{\pi}{2}.$$

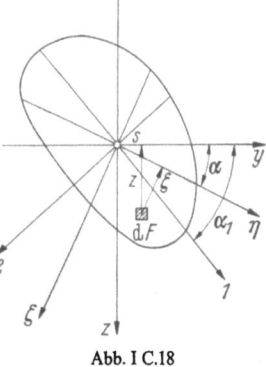

Abb. I C.18

Damit ist die Lage der Hauptachsen festgelegt, und man erhält mit (I C.19) die Hauptträgheitsmomente

$$J_1 = \frac{1}{2}(J_y + J_z) + \sqrt{\frac{(J_y - J_z)^2}{4} + J_{yz}^2} = J_{max};$$
$$J_2 = \frac{1}{2}(J_y + J_z) - \sqrt{\frac{(J_y - J_z)^2}{4} + J_{yz}^2} = J_{min}. \tag{I C.20}$$

Eine einfache Kontrolle der Berechnung von $J_1$ und $J_2$ und des Winkels $\alpha_1$ ergibt sich nach Abschn. b mit Hilfe des Mohr-Land-Kreises.
(Siehe Beispiele 9b und 10b.)

**ε) Trägheitsradien und Trägheitsellipse.** Sind $J_1$ und $J_2$ gegeben, so erhält man das Trägheitsmoment um eine mit $\alpha$ gegen die Achse 1 geneigte neue Achse (Abb. I C.19) nach (I C.16) zu

$$\left. \begin{array}{l} J_\alpha = J_1 \cos^2\alpha + J_2 \sin^2\alpha; \\ J_\beta = J_1 \sin^2\alpha + J_2 \cos^2\alpha; \\ J_{\alpha\beta} = \frac{1}{2}(J_1 - J_2) \sin 2\alpha. \end{array} \right\} \tag{I C.16a}$$

(Siehe Beispiel 10b.)

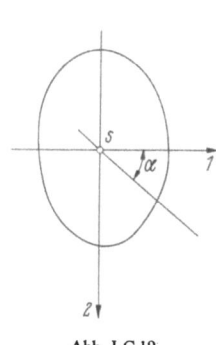

Abb. I C.19

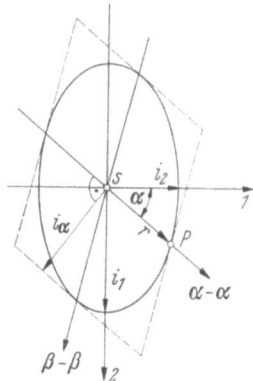

Abb. I C.20

Setzt man $J_\alpha = c^2/r^2$ und $c^2 = J_1 J_2/F$, $r \cos\alpha = \eta$, $r \sin\alpha = \zeta$, so ergibt sich $J_1 J_2/F = J_1 \eta^2 + J_2 \zeta^2$ und mit

$$i_1^2 = \frac{J_1}{F}; \quad i_2^2 = \frac{J_2}{F}; \quad i = \sqrt{\frac{J}{F}} \tag{I C.21}$$

$$\frac{\eta^2}{i_2^2} + \frac{\zeta^2}{i_1^2} = 1. \tag{I C.22}$$

$i = \sqrt{J/F}$ nach (I C.21) bezeichnet man als Trägheitsradius.
Durch (I C.22) ist eine Ellipse mit den Halbachsenabschnitten $i_2$ und $i_1$ festgelegt (Abb. I C.20). Sind die Trägheitsmomente auf den Schwerpunkt $s$ bezogen,

so nennt man die sich nach (I C.22) ergebende Kurve Zentralellipse. Mit

$$i_\alpha = \sqrt{\frac{J_\alpha}{F}} = \sqrt{\frac{J_1 J_2}{r^2 F^2}} = \frac{i_1 i_2}{r} \qquad \text{(I C.23)}$$

wird
$$i_\alpha r = i_1 i_2,$$

d. h., der Inhalt der Parallelogramme ist konstant.

$i_\alpha$ ist somit der senkrechte Abstand der zu $\alpha-\alpha$ parallelen Tangente vom Schwerpunkt $s$ (Abb. I C.20).

Die Achse $\beta-\beta$ ist die konjugierte Gerade zur Achse $\alpha-\alpha$. Man gewinnt somit auch das Trägheitsmoment für eine Achse $\alpha-\alpha$ aus dem Schnittpunkt $p$ von Achse und Zentralellipse zu

$$J_\alpha = \frac{i_1^2 i_2^2 F}{r^2}. \qquad \text{(I C.24)}$$

### b) Graphische Verfahren

**α) Trägheitsmomente nach Mohr.** Wird die Gesamtfläche in Teilflächen $F_i$ zerlegt (Abb. I C.21a), werden dann die Größen dieser Flächen als Kräfte $P_i$ — in

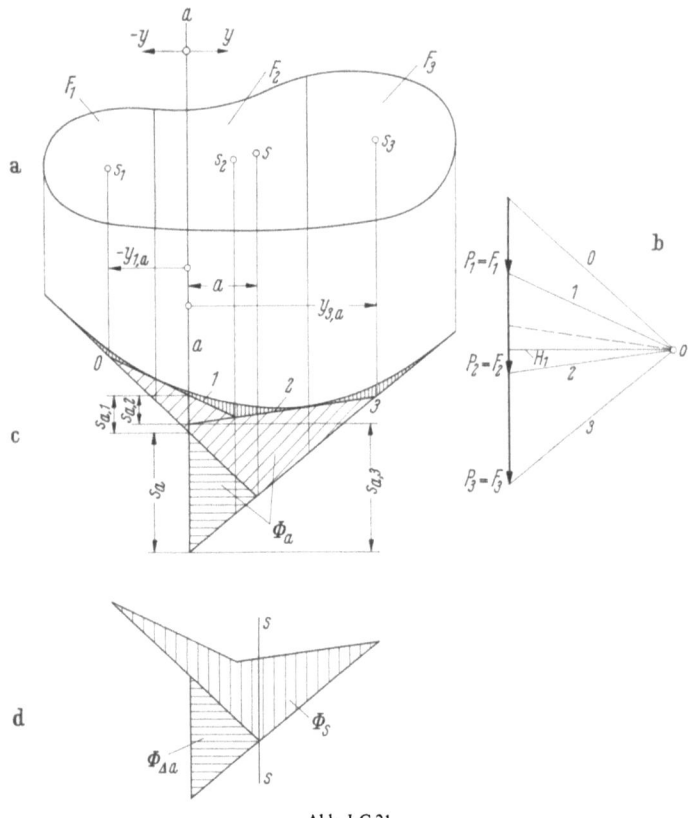

Abb. I C.21

den Schwerpunkten dieser Flächen wirkend — betrachtet und werden dazu Krafteck (Abb. I C.21b) und Seileck (Abb. I C.21c) gezeichnet, so erhält man nach (I A.53) mit dem Abschnitt $s_a$ auf der Geraden $a-a$ bereits das Moment der Kräfte $P_i$ um die Achse $a-a$ zu

$$M_{\Sigma P, a} = \sum P_i y_{i,a} = +s_a H_1. \qquad \text{(I C.25)}$$

Dieser Ausdruck ist aber identisch mit dem statischen Moment der Flächen $F_i$ um die Achse $a-a$,

$$S_a = \sum_i F_i y_{i,a} = F a = s_a H_1. \qquad (\text{I C.26})$$

Hierbei sind $H_1$ im Maßstab der Flächen und $s_a$ im Längenmaßstab zu messen. Da sich der erste Seilstrahl 0 und der letzte Seilstrahl $n$ (3 in Abb. I C.21c) auf der Lotrechten durch den Schwerpunkt $s$ schneiden müssen, wird für den Schwerpunkt $s_a = s_s = 0$ und $S_{y,s} = 0$.

Betrachtet man die Fläche im Seileck, die von dem Abschnitt $s_{a,i}$ — der von den beiden Seilstrahlen, die den die Fläche $F_i$ im Krafteck begrenzenden Polstrahlen entsprechen, auf $a-a$ abgeschnitten wird — und den beiden dazugehörigen Seilstrahlen gebildet wird, so gilt mit $s_{a,i} = \dfrac{F_i y_{i,a}}{H_1}$

$$\Phi_i = \frac{1}{2} s_{a,i} y_i = \frac{1}{2H_1} F_i y_i^2.$$

Summiert man über alle Flächen $F_i$, so ergibt sich die Gesamtfläche, die von den Seilstrahlen 0 bis $n$ und der Strecke $s_a$ eingeschlossen wird (Abb. I C.21c), zu

$$\Phi_a = \frac{1}{2H_1} \sum F_i y_i^2.$$

Unter Vernachlässigung der Eigenträgheitsmomente der Einzelflächen um die $z$-Achse durch deren Einzelschwerpunkte ergibt sich das Trägheitsmoment um die Achse $a-a$ zu

$$J_a = 2H_1 \Phi_a. \qquad (\text{I C.27})$$

Dies wird der Fall sein, wenn der Querschnitt in schmale Rechtecke nach Abb. I C.22 zerlegt wird. In Abb. I C.21c gibt die eng schraffierte Fläche die Abweichungen von der genauen Fläche $\Phi$ an, die durch eine tangential an die Seilstrahlen anschließende Kurve gegeben ist.

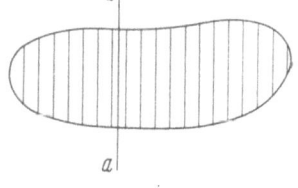

Abb. I C.22

Aus Abb. I C.21d erkennt man, daß für eine Achse durch den Schwerpunkt $s$ der Wert $s_a = 0$ wird und somit hierfür die kleinste Fläche $\Phi_s$ und damit das kleinste Trägheitsmoment auftritt.

Mit $\Phi_{,a} = \dfrac{1}{2} s_a a$ und $s_a = \dfrac{F a}{H_1}$ nach (I C.26) wird

$$\Phi_{,a} = \frac{1}{2} \frac{F a^2}{H_1}.$$

Mit $\Phi_a = \Phi_s + \Phi_{,a}$ wird

$$J_a = 2H_1 \left[ \Phi_s + \frac{1}{2} \frac{F a^2}{H_1} \right] = 2H_1 \Phi_s + F a^2 = J_{a,s} + F a^2,$$

was Gl. (I C.9) entspricht.
(Siehe Beispiel 9b $\beta$.)

$\beta$) **Trägheitsmoment und Zentrifugalmoment nach Culmann.** Für einen beliebigen Querschnitt (Abb. I C.23) wird entsprechend dem Verfahren von MOHR mit dem Krafteck zur Polweite $H_1$ (Abb. I C.23b) das Seileck gezeichnet (Abb. I C.23c u. e). Werden die Abschnitte $s_i$ für die Teilflächen $F_i$ neuerdings als Belastung angesehen, die in den Schwerpunkten $s_i$ wirken, und wird zum Krafteck mit der Polweite $H_2$ (Abb. I C.23d) ein Seileck gezeichnet (Abb. I C.23f), so ergibt sich aus den Schnittpunkten von erstem und letztem Seilstrahl — die wegen $\sum s_i = 0$ parallel sind — mit der Lotrechten durch $s$ der Abschnitt $t$ im Längenmaßstab.

Es gilt

$$s_i H_1 = F_i y_i;$$
$$t_i H_2 = s_i y_i$$

und somit
$$t_i H_2 = \frac{F_i y_i^2}{H_1}; \quad F_i y_i^2 = t_i H_1 H_2.$$

Über alle Teilflächen summiert, erhält man das Trägheitsmoment
$$J_z = \sum F_i y_i^2 = H_1 H_2 t. \tag{I C.28}$$

$H_2$ ist dabei im Maßstab von $s$, d. h. im Längenmaßstab, $H_1$ im Flächenmaßstab einzuführen.

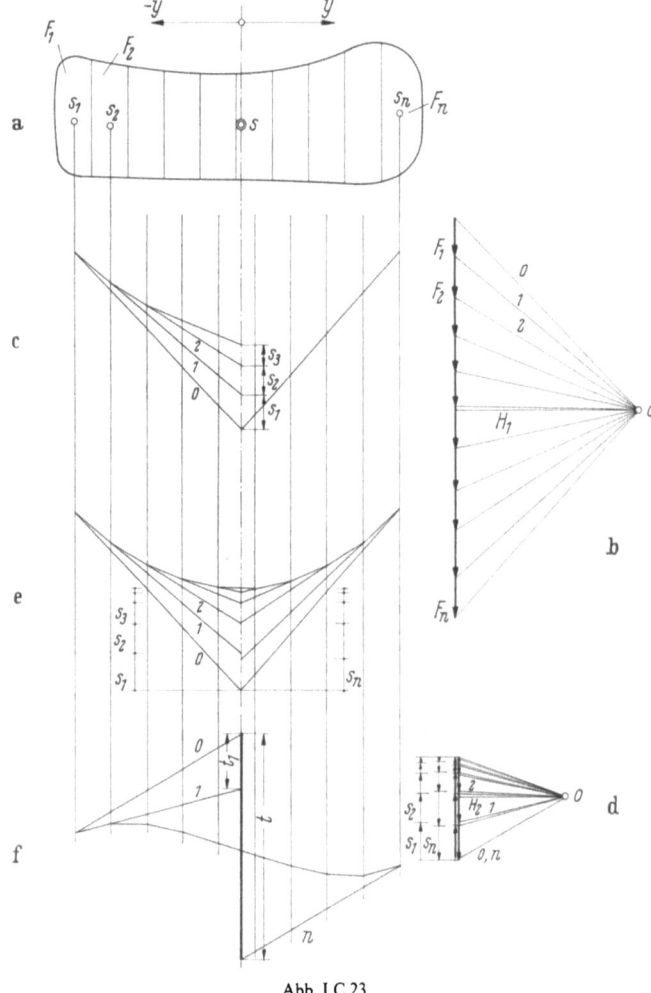

Abb. I C.23

Das Zentrifugalmoment erhält man aus ähnlichen Betrachtungen. Zum Querschnitt (Abb. I C.24a) ergibt sich aus dem Krafteck (Abb. I C.24b) das Seileck (Abb. I C.24c) mit den Abschnitten $s_i$ zu den einzelnen Flächen $F_i$. Letztere werden in $y$-Richtung als Belastung aufgebracht. Mit dem Krafteck nach Abb. I C.24d erhält man aus dem Seileck den Abschnitt $h$, den erster und letzter Seilstrahl auf der $y$-Achse abschneiden (Abb. I C.24e).

Es gilt
$$s_i H_1 = F_i y_i;$$
$$h_i H_2 = s_i z_i$$

und somit
$$h_i H_2 = \frac{F_i y_i z_i}{H_1}.$$

Über alle Teilflächen summiert, ergibt sich

$$J_{yz} = \sum F_i y_i z_i = H_1 H_2 h. \tag{I C.29}$$

$H_1$ ist hierbei im Flächenmaßstab, $H_2$ im Längenmaßstab einzuführen.
(Siehe Beispiel 9b β.)

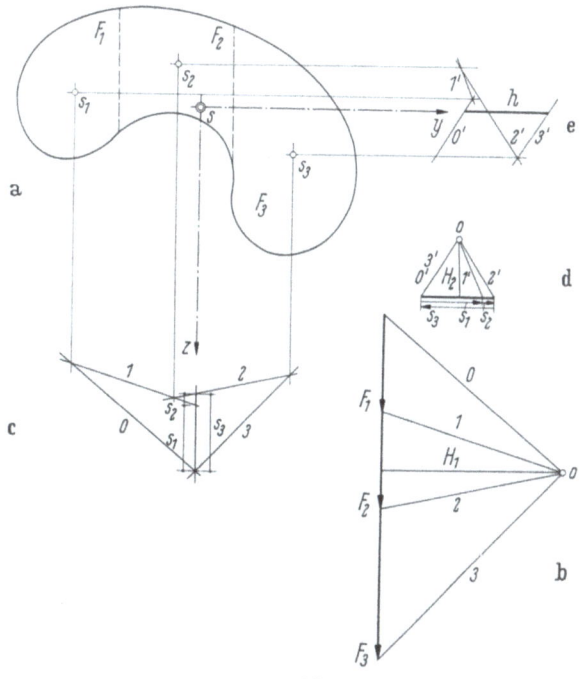

Abb. I C.24

**γ) Trägheitskreis nach Mohr.** Die Verwendung des Trägheitskreises nach MOHR ist eines der einfachsten und anschaulichsten Verfahren, um für beliebige Achsen, die durch den Schwerpunkt einer Fläche gehen, die Trägheitsmomente und Zentrifugalmomente zu ermitteln. Auch die Lagen der Hauptachsen mit $J_{max}$ und $J_{min}$ sowie die von konjugierten Achsen mit den zugehörigen Flächenmomenten zweiter Ordnung sind in einfachster Weise zu bestimmen. Mit Rücksicht auf eine Arbeit von LAND, die aber im wesentlichen auf den Entwicklungen MOHRS beruht, spricht man vom Mohr-Land-Kreis.

Die geometrischen Beziehungen, die zur Konstruktion dieses Kreises und zur Lösung aller damit zusammenhängenden Probleme geführt haben, sind im angegebenen Schrifttum eingehend beschrieben. Es soll anschließend nur die Konstruktion für die verschiedenen wichtigen Fälle gezeigt werden, und für einen einzigen Fall nachgewiesen werden, daß die erhaltenen Werte mit den in Abschn. a entwickelten Formeln übereinstimmen.

*Konstruktion des Trägheitskreises.* Sind $J_y$, $J_z$ und $J_{yz}$ für den Schwerpunkt $s$ des Querschnittes gegeben, so sind nach Abb. I C.25 der Kreis mit $r = \dfrac{J_y + J_z}{2}$ und auch der Trägheitspunkt $t$ festgelegt.

*Flächenmomente zweiter Ordnung, bezogen auf ein beliebiges, schiefwinkliges Achsenkreuz.* $J_\eta$, $J_\zeta$ und $J_{\eta\zeta}$ sind nach Abb. I C.26 zu bestimmen.

*Flächenmomente zweiter Ordnung, bezogen auf ein konjugiertes Achsenkreuz $\eta, \zeta$.*
Für ein konjugiertes Achsenkreuz $\eta, \zeta$ wird $J_{\eta\zeta} = 0$. Wird $\eta$ angenommen, so muß

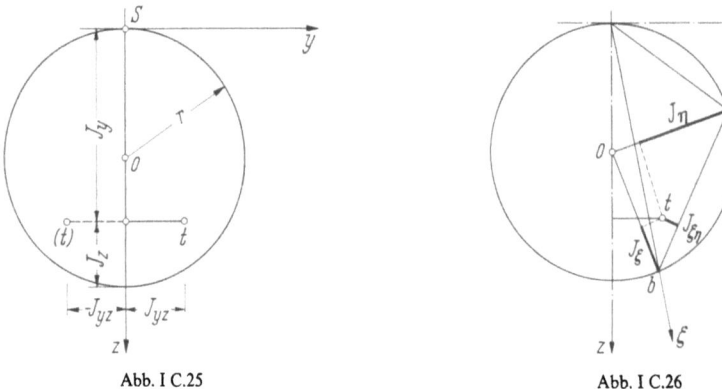

Abb. I C.25          Abb. I C.26

bei folgerichtiger Anwendung der Konstruktionen nach Abb. I C.26 die Verbindungslinie der Schnittpunkte $a$ und $b$ der Achsen $\eta$ und $\zeta$ mit dem Trägheitskreis durch den Trägheitspunkt $t$ gehen (Abb. I C.27). $J_\eta$ und $J_\zeta$ können wieder aus der Zeichnung abgelesen werden.

*Flächenmomente zweiter Ordnung, bezogen auf ein beliebiges, rechtwinkliges Achsenkreuz $\eta, \zeta$.* Für ein rechtwinkliges Achsenkreuz $\eta, \zeta$ muß die Verbindungslinie $a-b$ durch den Kreismittelpunkt 0 gehen (Abb. I C.28). Die Bestimmung von $J_\eta$, $J_\zeta$ und $J_{\eta\zeta}$ ist in diesem Falle besonders einfach.

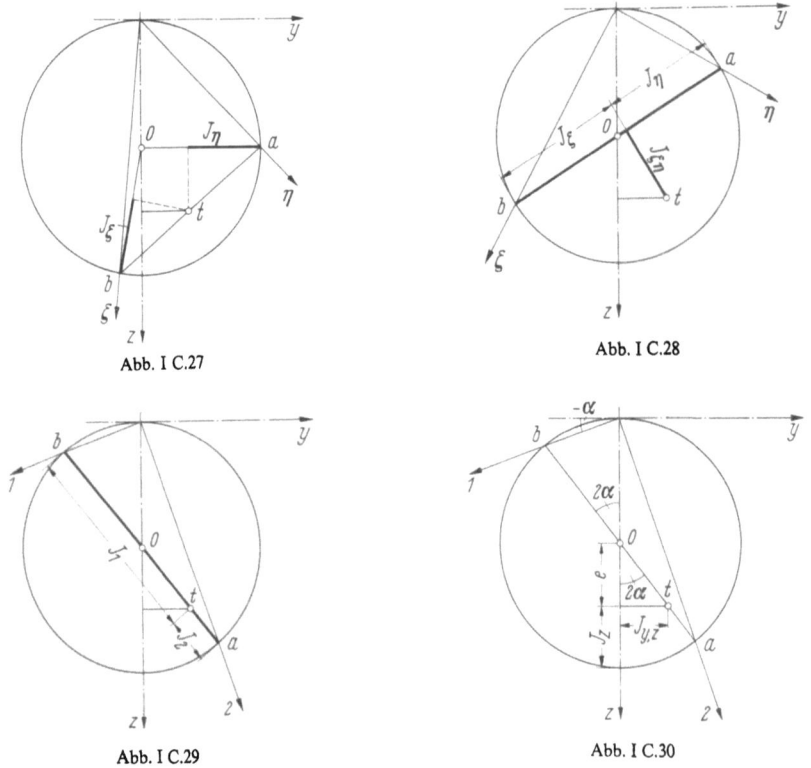

Abb. I C.27          Abb. I C.28

Abb. I C.29          Abb. I C.30

*Flächenmomente zweiter Ordnung, bezogen auf die Hauptachsen 1 und 2.* In diesem Falle muß die Verbindungslinie $a-b$ sowohl durch den Trägheitspunkt $t$ als auch durch den Kreismittelpunkt gehen (Abb. I C.29). Die Strecken $b-t$ bzw. $a-t$ stellen bereits $J_1$ und $J_2$ dar.

Die Konstruktion mittels des Trägheitskreises ist so einfach und mühelos, daß sie als ein wertvolles Hilfsmittel zur Ermittlung der Flächenmomente und der Hauptachsen bzw. der konjugierten Achsen angesehen werden kann. Sie ist u. a. auch für die Kontrolle von Rechenwerten bestens geeignet. Auf weitere Verfahren wird daher nicht weiter eingegangen.

Betrachtet man Abb. I C.30, so ergibt sich:

$$e = \frac{J_y + J_z}{2} - J_z = \frac{J_y - J_z}{2};$$

$$\tan(-2\alpha) = \frac{J_{yz}}{e} \quad \text{bzw.} \quad \tan 2\alpha = \frac{2 J_{yz}}{J_z - J_y}.$$

Dieser Wert stimmt mit (I C.19) überein.

Mit $J_y + J_z = J_1 + J_2$ läßt sich für alle anderen Gleichungen zur Bestimmung der Flächenmomente zweiter Ordnung die Übereinstimmung mit den oben angegebenen Konstruktionen nachweisen.
(Siehe Beispiel 9 b $\beta$.)

## 5. Widerstandsmomente und Kern

Zur Berechnung der Spannungen, die in einem Querschnitt infolge der Schnittbelastung (Momente, Längskräfte und Querkräfte) auftreten, können sowohl die Widerstandsmomente als auch der Kern des Querschnittes mit Vorteil Verwendung finden. Bezüglich der Grundlagen der Spannungsberechnung sei auf Band II verwiesen, so daß nachfolgend nur die entsprechenden Ergebnisse angeführt werden.

Aus einer in Richtung der Stabachse im Schwerpunkt wirkenden Längskraft $N$ ergibt sich eine konstante Spannung

$$\sigma = + \frac{N}{F}. \tag{I C.30}$$

Für eine Zugkraft ist $N$ positiv, für eine Druckkraft negativ in (I C.30) einzuführen.

### a) Widerstandsmomente

Bei der Wirkung von Biegemomenten allein liegt der Momentenvektor $\mathfrak{M}$ in der Querschnittsebene (Abb. I C.31). Es wird hierbei die rechte Seite einer Schnittstelle betrachtet (Abb. I C.3). Die Momentenspur steht senkrecht auf $\mathfrak{M}$ und geht

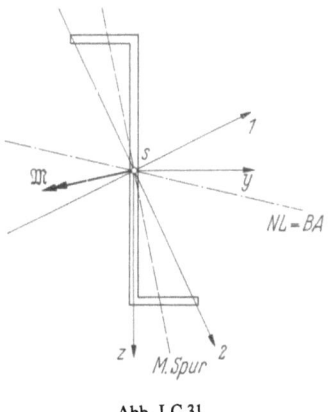

Abb. I C.31

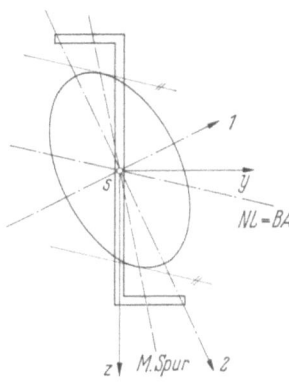

Abb. I C.32

durch den Schwerpunkt $s$. Entsprechend der Theorie der Biegung gibt es hierfür eine ebenfalls durch den Schwerpunkt verlaufende Linie, die Nullinie (NL), in der aus dem gegebenen Biegemoment $\mathfrak{M}$ keine Spannungen auftreten. Sie ist identisch mit der Biegeachse (BA), um die sich der Querschnitt bei der Biegung dreht. Die Nullinie ist die konjugierte Achse zur Momentenspur.

Aus Abschn. 4 ist demnach die Lage der Nullinie in bezug zur Momentenspur gegeben. Sie kann z. B. mit Hilfe der Zentralellipse (Abb. I C.32) oder einfacher mittels des Trägheitskreises (Abb. I C.33) bestimmt werden. Wenn die Momentenspur mit einer Hauptachse zusammenfällt (Abb. I C.34), spricht man von gerader Biegung, sonst von schiefer Biegung (Abb. I C.31).

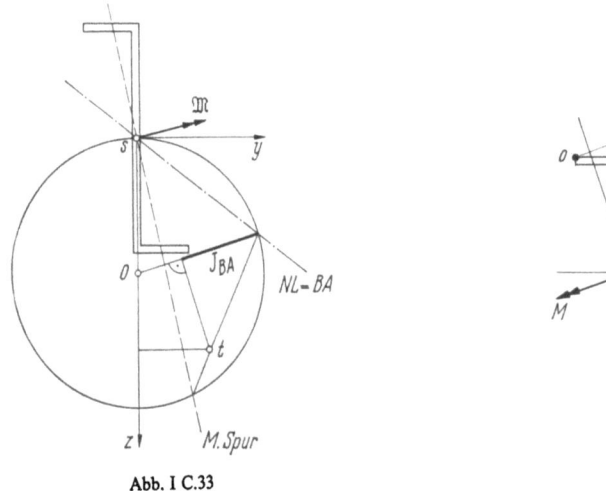

Abb. I C.33  Abb. I C.34

Fällt der Momentenvektor $\mathfrak{M}$ mit einer Hauptachse zusammen (z. B. mit der Achse 1 in Abb. I C.34) und sind $e_u$ und $e_o$ die Normalabstände der am weitesten von dieser Hauptachse entfernten Randpunkte des Querschnittes, so beträgt die Spannung infolge eines positiven Momentes im Punkt $u$ — die gleichzeitig die maximale positive Spannung ist —

$$\sigma_u = \frac{M}{J_1} e_u = + \frac{M}{W_u}, \qquad \text{(I C.31a)}$$

wobei

$$W_u = \frac{J_1}{e_u} \qquad \text{(I C.32a)}$$

als Widerstandsmoment in bezug auf den Randpunkt $u$ bezeichnet wird. Für den oberen Randpunkt $o$ gilt sinngemäß $W_o = J_1/e_o$, wobei $e_o$ vorzeichengerecht, somit negativ, einzuführen ist.

$$\sigma_o = \frac{M}{W_o} \qquad \text{(I C.31b)}$$

mit

$$W_o = \frac{J_1}{e_o}. \qquad \text{(I C.32b)}$$

$W_o$ bzw. $\sigma_o$ werden im vorliegenden Fall negativ.

Als Widerstandsmoment bezeichnet man somit bei gerader Biegung ganz allgemein den Ausdruck

$$W = \frac{J}{e}, \qquad \text{(I C.33)}$$

wobei $J$ das Trägheitsmoment um die Biegeachse und $e$ den maximalen Randpunktabstand davon bedeuten.

Für den Fall der schiefen Biegung (Abb. I C.35) ergibt sich der Momentenvektor in Richtung der Biegeachse BA zu

$$\mathfrak{M}_{BA} = \mathfrak{M} \cos\beta$$

und damit die Randspannung für den am weitesten von der Biegeachse entfernten Punkt $u$, mit dem Trägheitsmoment $J_{BA}$ um die Biegeachse, zu

$$\sigma_u = \frac{M_{BA}}{J_{BA}} e_u = \frac{M \cos\beta}{J_{BA}} e_u.$$

Mit

$$\frac{J_{BA}}{\cos\beta} = J^* \quad \text{und} \quad W_u = \frac{J^*}{e_u} = \frac{J_{BA}}{e_u \cos\beta} \quad \text{(I C.34)}$$

wird

$$\sigma_u = \frac{M}{W_u}. \quad \text{(I C.35)}$$

(Siehe Beispiele 9c, 10c und 11c.)

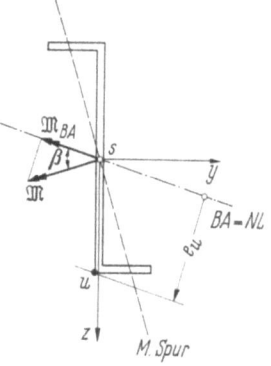

Abb. I C.35

### b) Kern des Querschnittes

Wirkt auf einen Querschnitt eine Längskraft $N$ (Abb. I C.36), die außerhalb des Schwerpunktes $s$ im Punkt $a$ angreift, und reduziert man diese in den Schwer-

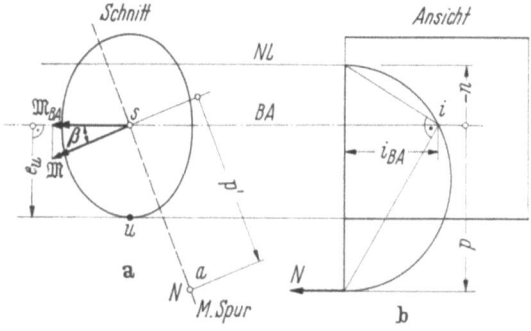

Abb. I C.36

punkt, so erhält man in diesem eine Längskraft $N$ und ein Moment $M$. Die Momentenspur ist durch die Verbindungsgerade $a-s$ festgelegt. Damit sind auch die Biegeachse BA als dazu konjugierte Gerade und das Moment $\mathfrak{M}_{BA}$ um die Biegeachse gegeben:

$$M_{BA} = M \cos\beta = N p.$$

Mit (I C.30), (I C.34) und (I C.35) ergibt sich die Spannung für den Randpunkt $u$:

$$\sigma_u = \frac{N}{F} + \frac{M_{BA}}{W_u} = \frac{N}{F} + \frac{M \cos\beta}{J_{BA}} e_u$$

$$= N\left(\frac{1}{F} + \frac{p' \cos\beta}{J_{BA}} e_u\right) = N\left(\frac{1}{F} + \frac{p e_u}{J_{BA}}\right). \quad \text{(I C.36)}$$

Für die Nullinie, mit $e_{NL} = -n$, muß die Spannung zu Null werden. Somit gilt $\frac{1}{F} = \frac{p n}{J_{BA}}$.

Mit

$$\frac{J_{BA}}{F} = i_{BA}^2 \quad \text{(I C.37)}$$

erhält man

$$i_{BA}^2 = p n. \quad \text{(I C.38)}$$

Trägt man $i_{BA}$ in Richtung der Biegeachse entsprechend Abb. I C.36b auf, so ist die Nullinie auf Grund des Thales-Kreises konstruktiv festgelegt, da nur die Normale auf $a-i$ mit der Querschnittsebene zum Durchstoß zu bringen ist.

Liegt der Angriffspunkt $a$ auf einer zur Biegeachse parallelen Tangente mit dem Berührungspunkt $u$, so erhält man mit den Bezeichnungen nach Abb. I C.37

$$n = k_o \cos\beta$$

und mit (I C.37) und (I C.38)

$$e_u k_o \cos\beta = \frac{J_{BA}}{F}.$$

Mit (I C.34) ergibt sich

$$F k_o = \frac{J_{BA}}{e_u \cos\beta} = W_u$$

und damit der Kernpunktabstand

$$|k_o| = \frac{W_u}{F}. \tag{I C.39a}$$

Als Kernpunkt wird ein solcher Lastangriffspunkt bezeichnet, dessen zugehörige Nullinie eine Tangente an den gegebenen Querschnitt ist. Jeder Querschnittstangente ist dementsprechend ein Kernpunkt zugeordnet. Da der Kernpunkt auf der Nullinie liegt, kann infolge $N$ keine Spannung in diesem Punkt auftreten.

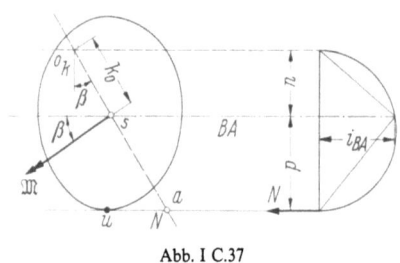

Abb. I C.37

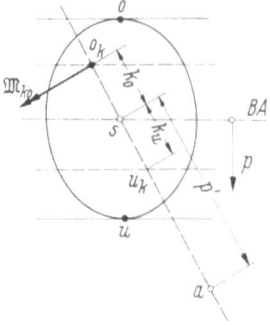

Abb. I C.38

Umgekehrt kann keine Spannung im Punkt $u$ auftreten, wenn die Last $N$ im oberen Kernpunkt $o_k$ angreift, denn es gilt nach (I C.36) mit $p = -k_o \cos\beta$

$$\sigma_u = N\left(\frac{1}{F} + \frac{-k_o e_u \cos\beta}{J_{BA}}\right) = N\left(\frac{1}{F} - \frac{J_{BA}}{F J_{BA}}\right) = 0.$$

Diese Tatsache wird bei der Berechnung der Spannungen mit Hilfe der Kernpunktmomente mit Vorteil verwendet.

Reduziert man eine im Punkt $a$ angreifende Längskraft (Abb. I C.38) in den oberen Kernpunkt, so wirkt dort dann die Längskraft $N$ und das Kernpunktmoment

$$M_{ko} = N(p' + k_o). \tag{I C.40a}$$

Für die Spannung im Punkt $u$ erhält man aus $N$, im Punkt $o_k$ wirkend, keinen Anteil, so daß nur die Spannung aus dem Moment $M_{ko}$ übrigbleibt. Es gilt somit:

$$\sigma_u = \frac{M_{ko}}{W_u}, \tag{I C.41a}$$

wobei $W_u$ nach (I C.34) einzuführen ist.

Entsprechend gilt für die Bestimmung der Spannung am oberen Querschnittsrand mit $W_o$ (Abb. I C.38)

$$k_u = \frac{W_o}{F};\qquad\text{(I C.39b)}$$

$$M_{ku} = N(p' - k_u);\qquad\text{(I C.40b)}$$

$$\sigma_o = \frac{M_{ku}}{W_o}.\qquad\text{(I C.41b)}$$

$W_o$ ist in dieser Gleichung negativ einzuführen, für $k_u$ ist der Absolutwert zu nehmen.

Fällt die Momentenspur mit einer Hauptträgheitsachse zusammen, so ist $\cos\beta = 1$.

### c) Kernfigur

Zeichnet man zu jeder Tangente an den Querschnitt den Kernpunkt ein, so nennt man die so erhaltene Figur die Kernfigur. Für eine Belastung in einem Kernpunkt durch eine Last $N$ ist die dazugehörige Querschnittstangente Nullinie. Umgekehrt müssen, bei Wirkung der Last in einem Punkt der Tangente, alle Nullinien durch den zugehörigen Kernpunkt gehen. Einer geraden Begrenzungslinie entspricht somit ein Eckpunkt des Kernes (z. B. Kernpunkt 4 zur Geraden IV in Abb. I C.39), und somit besteht die Kernbegrenzung eines Querschnittes mit lauter geraden Begrenzungslinien aus der geradlinigen Verbindung dieser Kerneckpunkte.

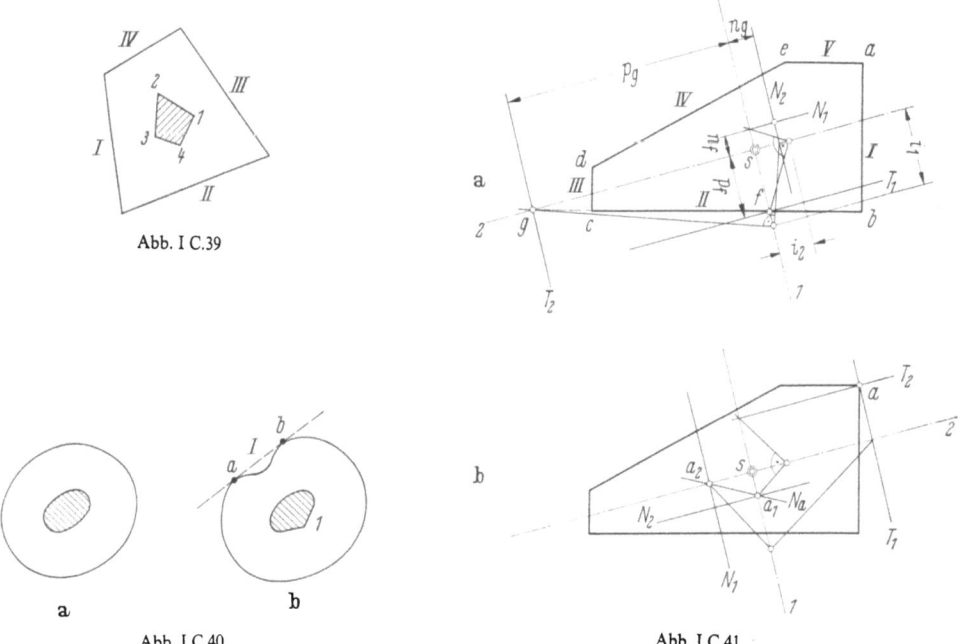

Abb. I C.39

Abb. I C.40

Abb. I C.41

Weiter muß einer konvex gekrümmten Querschnittsbegrenzung auch eine konvex gekrümmte Kernbegrenzung entsprechen (Abb. I C.40a). Bei einer gekrümmten Querschnittsbegrenzung mit konkaven Bereichen entspricht dem durch die einhüllenden Tangenten bestimmten Bereich wieder ein Eckpunkt des Kernes (z. B. Bereich $a-b$ der Tangente I in Abb. I C.40b entspricht Kerneckpunkt 1).

Unter Beachtung von (I C.38) ergibt sich nach Abb. I C.41a u. b eine einfache Konstruktion für die Kernfigur.

In Abb. I C.41a sind die Punkte $f$ und $g$ die Schnittpunkte der Querschnittstangente II mit den Hauptträgheitsachsen 1 und 2. Würde die Tangente die Lage $T_1$ parallel zur Hauptachse 2 haben, so ergibt sich die zugehörige Nullinie $N_1$ aus der Bedingung nach (I C.38),

$$p_f \, n_f = i_2^2.$$

Für eine gedachte Tangente $T_2$ parallel zur Hauptachse 1 erhält man die zugehörige Nullinie $N_2$ aus

$$p_g \, n_g = i_1^2.$$

Da der tatsächlichen Tangente II nur ein Kernpunkt 2 zugeordnet sein kann und die Punkte $g$ und $f$ auf dieser Tangente II liegen, kann der Kernpunkt 2 nur der Schnittpunkt der Geraden $N_1$ und $N_2$ sein.

Weiter kann einem Randpunkt $a$ nur eine Nullinie $N_a$ entsprechen (Abb. I C.41b). Den Geraden $T_1$ bzw. $T_2$ entsprechen nach obigen Überlegungen die Nullinien $N_1$ bzw. $N_2$. Die Schnittpunkte $a_1$ und $a_2$ müssen somit Punkte der dem Punkt $a$ zugeordneten Nullinie $N_a$ sein. Damit ist die Lage von $N_a$ als Verbindungslinie von $a_1$ und $a_2$ gegeben.

Für viele symmetrische Querschnitte wird die Bestimmung des Kernes sehr einfach. Für die Hauptträgheitsachsen gilt mit $\cos\beta = 1$ auch (I C.39)

$$|k_o| = \frac{J}{e_u F} = \frac{W_u}{F}; \qquad |k_u| = \frac{J}{e_o F} = \frac{W_o}{F}. \tag{I C.42}$$

Für einen Vollkreis, einen Hohlkreis und ein dünnwandiges Rohr ist die Kernfigur wieder ein Kreis mit dem Radius

$$\left.\begin{array}{ll} k = \dfrac{d}{8} & \text{für den Vollkreis;} \\[6pt] k = \dfrac{d_a^2 + d_i^2}{8 d_a} & \text{für den Hohlkreis mit den Durchmessern } d_a \text{ und } d_i; \\[6pt] k = \dfrac{d}{4} & \text{für das dünnwandige Kreisrohr.} \end{array}\right\} \tag{I C.43}$$

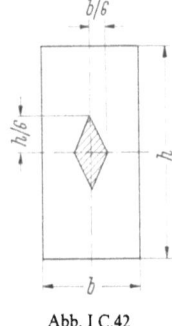

Abb. I C.42

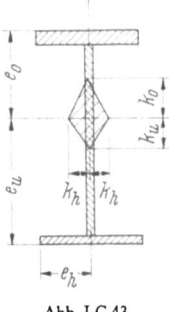

Abb. I C.43

Für ein Rechteck mit den Seiten $b$ und $h$ ergibt sich (Abb. I C.42)

$$k = \frac{W}{F} = \frac{h}{6} \quad \text{bzw.} \quad \frac{b}{6}. \tag{I C.44}$$

Für den zusammengesetzten Querschnitt nach Abb. I C.43 ergibt sich die Kernfigur aus den Kernweiten der Hauptachse mit

$$|k_o| = \frac{J_1}{e_u F}; \qquad |k_u| = \frac{J_1}{e_o F}; \qquad |k_h| = \frac{J_2}{e_h F}.$$

(Siehe Beispiel 9d.)

**Literatur zum Abschnitt I C 1 bis I C 5**

[1] LAND: Kinematische Ermittlung der statischen Momente und des Schwerpunktes von Flächen und Linien. Civiling. 35 (1889) 6.
[2] MOHR, O.: Über die Bestimmung und die graphische Darstellung von Trägheitsmomenten ebener Flächen. Civiling. 33 (1887) 43.

Siehe auch:
[S 5] CHWALLA;           [S 24] MEHRTENS, Bd. I;       [S 40] STÜSSI;
[S 7] CULMANN;           [S 26, S 27] MOHR;            [S 42] SZABÓ.
[S 20] KIRCHHOFF;        [S 28] MÜLLER-BRESLAU;

## 6. Schubmittelpunkt

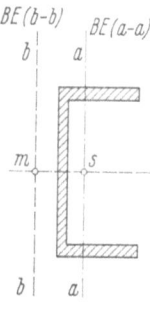

Abb. I C.44

Als Schubmittelpunkt eines Querschnittes gilt jener Punkt $m$, durch den eine Belastungsebene (Kraftebene) gehen kann, ohne daß neben Biegemomenten auch Torsionsmomente entstehen. Geht z. B. bei einem frei aufliegenden Träger aus einem ⌶-Profil (Abb. I C.44) die Belastungsebene $a-a$ durch den Schwerpunkt $s$, so treten auch Torsionsmomente auf. Schon BACH hat darauf hingewiesen. Bei einer Belastungsebene $b-b$ durch den Schubmittelpunkt $m$ entstehen hingegen nur Biegemomente. Außerdem hat der Schubmittelpunkt besondere Bedeutung bei Problemen der Zwängungsdrillung, des Biegedrillknickens u. a. m. Über die Theorie der Torsion s. Band II.

### a) Voll- und dickwandige Hohlquerschnitte

Der Schubmittelpunkt kann als Querkraftmittelpunkt gefunden werden. Sind die Belastungsebene BE und die Belastung parallel zu einer Hauptachse bekannt, so können aus Richtung und Größe der Querkraft die zugehörigen Schubspannungen bestimmt werden. Das Integral $\int \tau \, dF$ entspricht der Querkraft, und auch deren Wirkungslinie kann ermittelt werden. Auf dieser Wirkungslinie (Abb. I C.45a) muß der Schubmittelpunkt liegen, denn nur wenn die Spur der Belastungsebene BE mit dieser Linie zusammenfällt, gibt es keine Torsionsmomente. Im anderen Falle treten Torsionsmomente von der Größe $Q a$ auf. Nimmt man die $z$-Richtung (Hauptachse) als Belastungsebene an (Abb. I C.45a), so gilt angenähert für die Schubspannung in der Höhe $z_i$ (Abb. I C.45b) die Formel

$$\tau_{zx,i} = + \frac{Q S_i}{J b}, \tag{I C.45a}$$

wenn man die positive Querkraft nach Abb. I C.3 und die positiven Richtungen der Schubspannung nach Abb. I C.4 einführt (rechte Seite des Schnittes).

Wird $z_i$ negativ (Abb. I C.45e), so gilt die Formel (I C.45a), wenn das statische Moment der Fläche $F_{i,u}$ um die Achse $y-y$ durch den Schwerpunkt $s$ bestimmt wird, oder es gilt

$$\tau_{zx,i} = - \frac{Q S_i}{J b} [t], \tag{I C.45b}$$

wenn das statische Moment der Fläche $F_{i,o}$, das sich negativ ergibt, eingeführt wird. $\tau_{zx,i}$ ergibt sich damit wieder positiv. Die zugehörige Schubkraft beträgt

$$t_i = \tau_{zx,i} b_i. \tag{I C.46a}$$

Wählt man ein sehr kleines Intervall $\Delta z$, so ergibt sich mit der Mittelspannung $\tau_{z,i}$

der Gesamtschubkraftanteil eines Flächenstücks

$$T_{z,i} = \tau\, b_i\, \Delta z,\tag{I C.46b}$$

der in $b/2$ angreift (Abb. I C.45c). Zeichnet man für alle Größen $T_i$ nach Abschn. I A 2 Kraftek und Seileck (Abb. I C.45c u. d), so erhält man aus dem Schnittpunkt

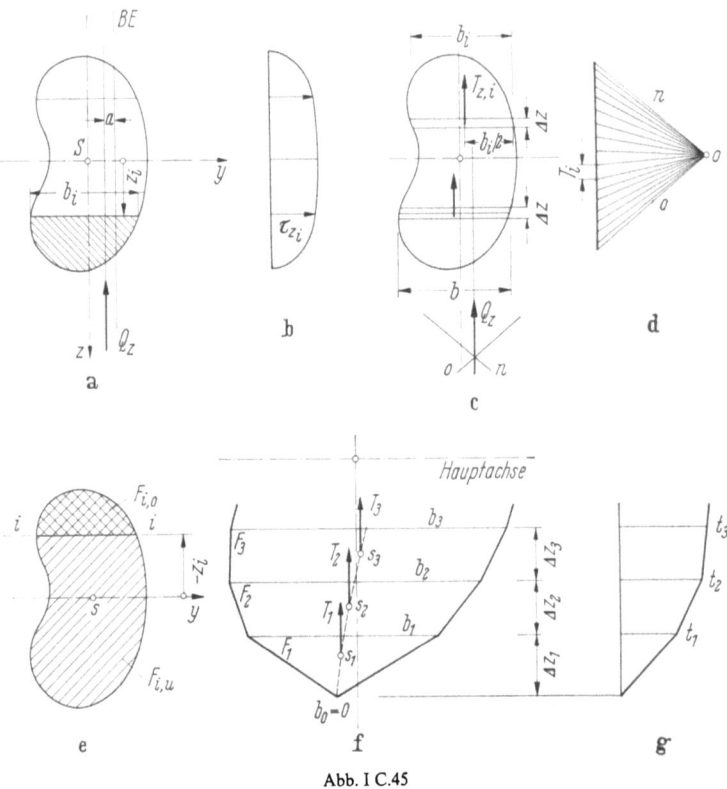

Abb. I C.45

vom ersten und letzten Seilstrahl die Lage von $\mathfrak{Q}_z$. Nimmt man darauf die Spur der Belastungsebene in der $y$-Richtung an und führt die Rechnung und Konstruktion in gleicher Weise für die Schubspannung $\tau_{yx}$ durch, so ergibt sich die entsprechende Wirkungslinie der Querkraft $\mathfrak{Q}_y$. Als Schnittpunkt der beiden Wirkungslinien von $\mathfrak{Q}_z$ und $\mathfrak{Q}_y$ erhält man den Schubmittelpunkt $m$ (Abb. I C.46).

Bei größeren Intervallen $\Delta z$ — welche man öfter wählen wird — empfiehlt sich folgender Weg. Man bestimmt zuerst von den einzelnen Flächen $F_1$, $F_2$, $F_3$ usw. die Schwerpunkte $s_1$, $s_2$, $s_3$ usw. (Abb. I C.45f) und mit den zugehörigen statischen Momenten die Schubkräfte $t_1$, $t_2$, $t_3$ usw. an den Begrenzungslinien der Einzelquerschnitte. Der Gesamtschubkraftanteil eines Flächenstücks beträgt dann (Abb. I C.45g)

Abb. I C.46

$$T_1 = t_1 \frac{\Delta z_1}{2}; \quad T_2 = \frac{t_1 + t_2}{2}\Delta z_2 \quad \text{usw.} \tag{I C.46c}$$

Diese Kräfte werden wieder wie früher in den Schwerpunkten der Einzelflächen senkrecht zu den Begrenzungslinien wirkend angenommen und mit Kraft- und Seileck die Lage der Resultierenden gesucht.

(Siehe Beispiel 9c.)

## b) Dünnwandige offene Querschnitte. Verfahren des Querkraftangriffspunktes

Für einen dünnwandigen Querschnitt (z. B. Abb. I C.47) mit der Belastungsebene in Richtung der Hauptachse $z$ beträgt die mittlere Schubspannung im Schnitt $a-a$ — in der Entfernung $u_a$ vom Querschnittsende — entsprechend (I C.45)

$$\tau_a = +\frac{Q\,S_a}{J_y\,s_a}. \tag{I C.47}$$

$S_a$ ist das statische Moment des abgeschnittenen Querschnittsteils von der Länge $u_a$:

$$+S_a = +\int z\,dF = +\int z\,s_u\,du = \int g\,du. \tag{I C.48}$$

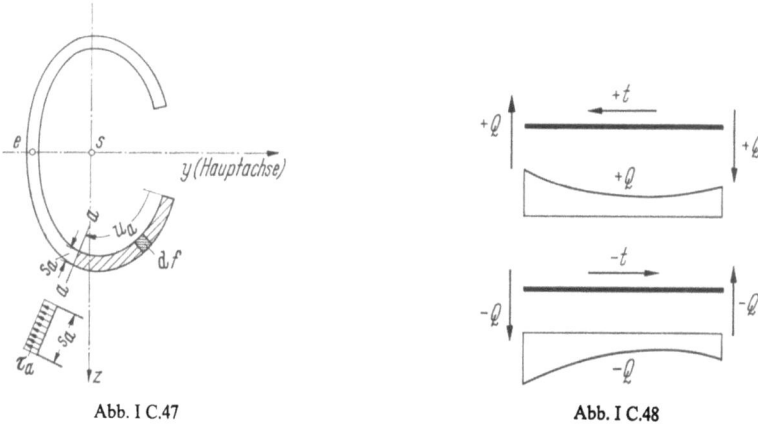

Abb. I C.47          Abb. I C.48

Denkt man sich $g = +z\,s_a$ nach PFLÜGER [10, S 5] als Belastung aufgebracht, so ist $+S_a$ die Querkraft $Q_a$ aus dieser Belastung in einem Träger, bestehend aus der Systemlinie des Querschnittes, und die Schubkraft

$$t = \tau_a\,s_a = +\frac{Q}{J_y}\,S_a \tag{I C.49}$$

ist dieser Querkraft proportional, da $Q/J_y$ für einen bestimmten Querschnitt ein konstanter Wert ist. Man denkt sich dabei die Systemlinie am Schnittpunkt $e$ mit der Biegungsachse (Abb. I C.47) eingespannt. Ein Auflagerdruck aus der Belastung $g$ wird in $e$ nicht übertragen, da das Integral $\left(\int z\,s_a\,du\right)$ für die Hauptachse $y$

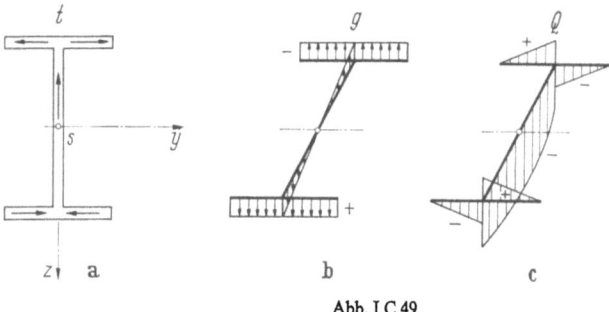

Abb. I C.49

verschwindet. Mit der gedachten Querkraft liegt nach Abb. I C.48 auch die Wirkungsrichtung der Schubkraft $t$ fest. Bestimmt man die Resultierende aller Schubkräfte, so erhält man die Lage des Schubmittelpunktes auf einer Parallelen zur $z$-Achse.

Die gedachte Belastung $g$, die dazugehörige Querkraft $Q_a$ und die Richtung der Schubkräfte sind in Abb. I C.49, I C.50 und I C.51 schematisch angegeben.

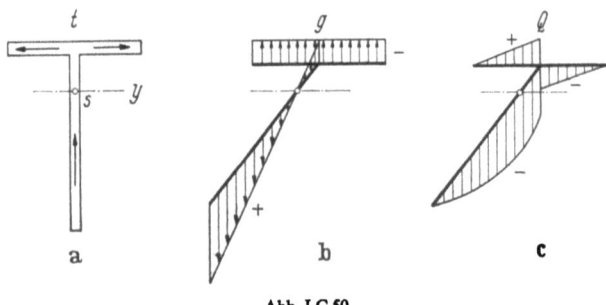

Abb. I C.50

In Abb. I C.51 sind unter Beachtung von Abb. I C.48 alle Einzelträgerstücke vom Schwerpunkt $s$ aus betrachtet. Es können aber auch alle Trägerstücke von außen her betrachtet werden. Diese Methode von PFLÜGER eignet sich besonders dazu, die Richtung der Schubspannungen an jeder Querschnittsstelle festzustellen, die infolge einer gegebenen Querkraft auftreten.
(Siehe Beispiel 10e.)

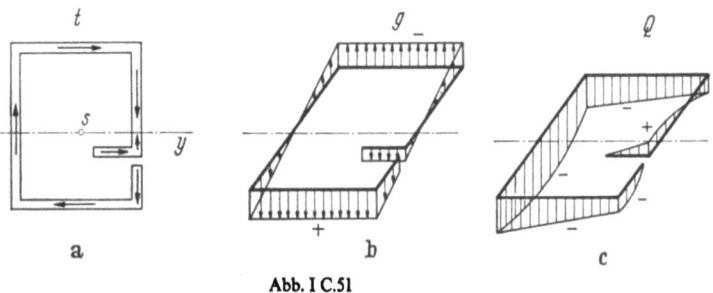

Abb. I C.51

### c) Dünnwandige offene und geschlossene Querschnitte. Verfahren des Drillruhepunktes

Bei der Torsion eines Querschnittes wird der Endpunkt einer parallel zur $x$-Achse liegenden Faser von der Länge $dx$ vom Punkt $a$ nach $a'$ gedreht werden (Abb. IC.52). Der Drehwinkel wird beim Fortschreiten in der $x$-Richtung im Uhrzeigersinn positiv

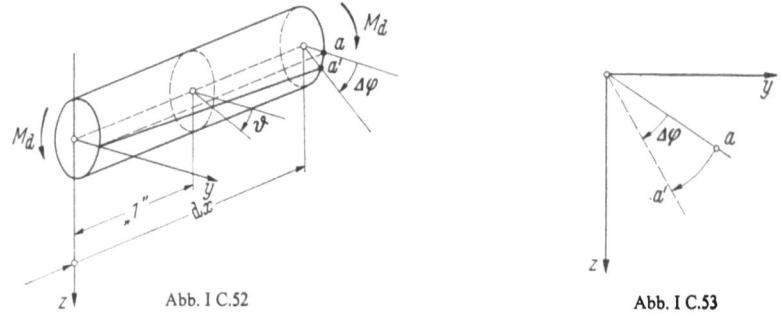

Abb. I C.52  Abb. I C.53

gerechnet (Abb. I C.52 und I C.53). Bei der Festlegung der positiven Momentenrichtung nach Abb. I C.52 erfolgt eine positive Verdrehung bei einem positiven Moment. Die Wirkungsrichtung positiver und negativer Momente zeigt auch Abb. I C.54.

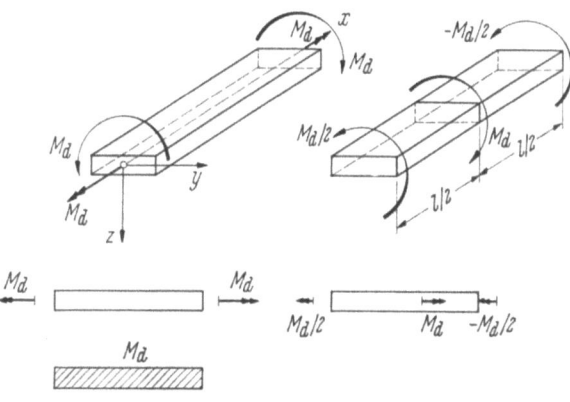

Abb. I C.54

**α) Verwölbungen und Schubfluß.** Ein offener Querschnitt — z. B. nach Abb. I C.55, wenn die einzelnen Hohlzellen aufgeschnitten gedacht sind — wird sich bei einer reinen Verdrehung (wölbunbehinderte Endlagerung, keine Querschnittsänderung auf die Länge des Stabes, keine Änderung des Torsionsmomentes) im allgemeinen verwölben. Ausnahmen hiervon bilden die sogenannten wölbfreien Querschnitte.

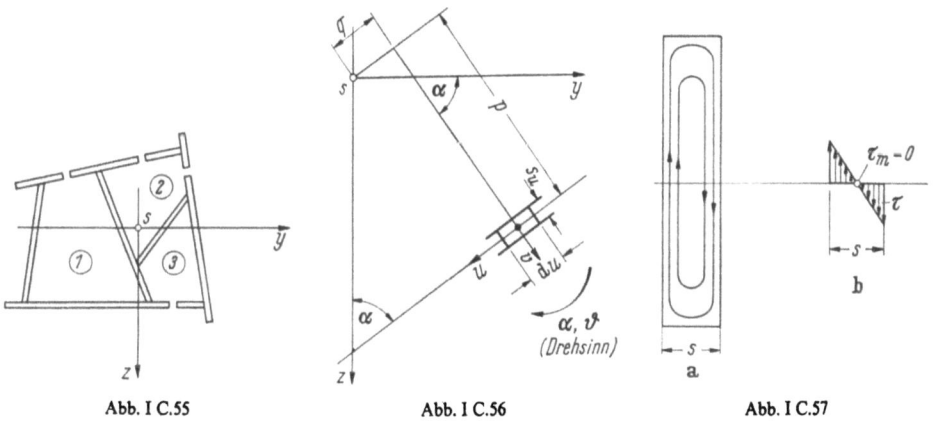

Abb. I C.55     Abb. I C.56     Abb. I C.57

Ist $^0\omega$ die Einheitsverwölbung eines Querschnittspunktes eines offenen Querschnittes bei der Verdrehung $\vartheta = 1$, so ergibt sich für die Verwölbung bei einem Verdrehungswinkel $\vartheta$:

$$^0w = {^0\omega}\,\vartheta. \tag{I C.50}$$

Für ein bewegliches Koordinatensystem „$u$" (in Richtung der Tangente) und „$v$" (in Richtung der Normalen) (Abb. I C.56) eines Querschnittselementes „$du\,s_u$" hat die Verschiebung in $u$-Richtung bei einer Verdrehung um den Winkel $\vartheta$ die Größe $p\,\vartheta$. Es wird vorerst angenommen, daß sich der Stab um eine Drehachse dreht, die parallel zu den Erzeugenden ist und durch den Schwerpunkt $s$ geht. Eine Längsfaser von der Länge „1" wird dabei schraubenförmig verwunden (Abb. I C.52). In einem schmalen Rechteck verlaufen die Schubspannungen entsprechend Abb. I C.57a und deren Verteilung über die Dicke $s$ nach Abb. I C.57b, d. h., die Schubspannung ist für die Wandmitte Null. Wenn $^0\tau_m = 0$ ist, muß für Wandmitte auch die Winkeländerung $\gamma$ aus Schub Null sein, und das Element von der Länge d$u$ steht nach der Verdrehung senkrecht zur verwundenen Erzeugenden. Es gilt somit für Wandmitte nach Abb. I C.58

$$\tan\beta = \frac{\mathrm{d}^0 w}{\mathrm{d}u} = -\frac{p\,\vartheta}{1} \tag{I C.51}$$

bzw.

$$^0 w = \vartheta\left(^0\omega_a - \int p\,\mathrm{d}u\right). \tag{I C.52}$$

$^0\omega_a$ ist dabei eine Integrationskonstante und die Einheitsverwölbung an der Stelle des Ausgangspunktes der Integration.

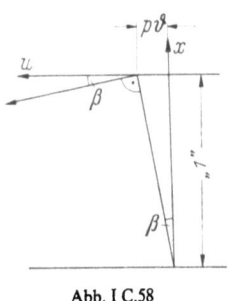
Abb. I C.58

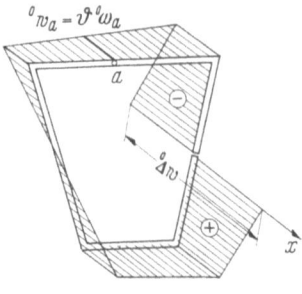
Abb. I C.59

Für ein aufgeschnittenes Hohlprofil beträgt der Verwölbungssprung an der Schnittstelle nach (I C.52) (s. Abb. I C.59)

$$\Delta^0 w = -\vartheta \oint p\,\mathrm{d}u = -\vartheta\,2F. \tag{I C.53}$$

Aus Abb. I C.60 erkennt man, daß $\oint p\,\mathrm{d}u = 2F$ ist, wobei $F$ die von den Wandmittellinien eingeschlossene Fläche ist.

Bei einem geschlossenen Profil kann an der Schnittstelle des vorübergehend aufgeschnitten gedachten Profils kein Verwölbungssprung entstehen. Der Verwölbungssprung des offenen Profils kann durch eine gedachte Schubkraft $t$ wieder abgebaut werden, wobei die Größe der Schubkraft $t$ durch $\Delta^0 w$ bedingt ist (Abb. I C.61).

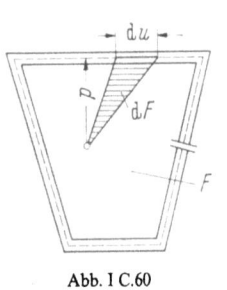
Abb. I C.60

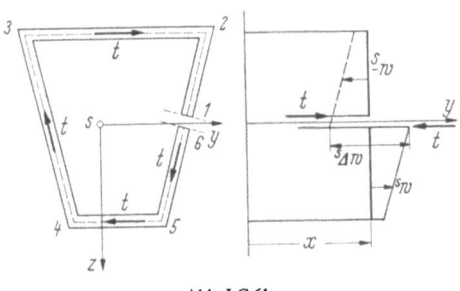
Abb. I C.61

Durch die Dualität der Schubspannungen bedingt, tritt im Querschnitt an jeder Stelle die gleiche Schubkraft $t$ und damit die gleiche Schubspannung aus dem Schließen des Querschnittes auf:

$$^s\tau = \frac{t}{s}. \tag{I C.54}$$

Der entsprechende Winkel der Schiebung beträgt

$$^s\gamma = \frac{t}{sG}$$

und die sich daraus ergebende Verwölbung

$$^s w = {^s w_a} + \frac{1}{G} \int \frac{t}{s} \, du.$$

Der Verwölbungssprung an der Schnittstelle aus $t$ wird

$$\varDelta^s w = \frac{1}{G} \oint \frac{t}{s} \, du. \tag{I C.55}$$

Aus der Bedingung $\varDelta^0 w + \varDelta^s w = 0$ ergibt sich mit (I C.53) und (I C.55)

$$\oint \frac{t}{s} \, du = G \vartheta \, 2 F. \tag{I C.56}$$

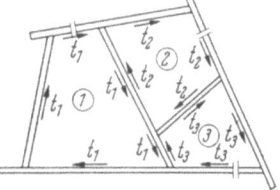

Abb. I C.62

Diese Formel ist als Satz von BREDT (1896) [1, 14] bekannt.

Da $t$ ein konstanter Wert ist, erhält man aus (I C.56)

$$t = \mu G \vartheta, \tag{I C.57}$$

wobei $\mu$ durch die Querschnittswerte bestimmt ist.

Sind mehrere Hohlzellen zu einem Stab vereinigt (z. B. Abb. I C.62), so muß (I C.56) sinngemäß für die einzelnen Hohlräume Geltung haben. Es ist dabei nur zu beachten, daß an einer Trennwand zwischen zwei Zellen die Differenz der Schubkräfte $\varDelta t$ wirkt. Die unbekannten Schubkräfte $t_1$, $t_2$ usw. ergeben sich dann aus einem linearen Gleichungssystem. Zum Beispiel ergibt sich für Abb. I C.62

$$+ t_1 \oint_1 \frac{du}{s} - t_2 \int_{1-2} \frac{du}{s} - t_3 \int_{1-3} \frac{du}{s} = G \vartheta \, 2 F_1;$$

$$- t_1 \int_{1-2} \frac{du}{s} + t_2 \oint_2 \frac{du}{s} - t_3 \int_{2-3} \frac{du}{s} = G \vartheta \, 2 F_2 \quad \text{usw.} \tag{I C.58}$$

mit den Lösungen

$$t_1 = \mu_1 G \vartheta; \quad t_2 = \mu_2 G \vartheta \quad \text{usw.} \tag{I C.59}$$

Die Schubkraft $t$ einer Hohlzelle entspricht einem Torsionsmoment

$$^s M_x = + \oint t \, p \, du = G \vartheta \, 2 \mu F = G \vartheta \, {^s J_d}. \tag{I C.60}$$

Bei mehreren Hohlzellen gilt entsprechend

$$^s M_x = G \vartheta \sum_n 2 \mu_n F_n = G \vartheta \, {^s J_d}. \tag{I C.61}$$

(Siehe Beispiele 11d und 12b.)

**β) Lage des Schubmittelpunktes.** Unter Beachtung von (I C.50) bis (I C.59) ergibt sich bei einer Verdrehung um eine Längsachse durch den Schwerpunkt $s$ für den allgemeinen Fall eines Hohlquerschnittes die Verwölbung eines Querschnittspunktes zu

$$w = \vartheta \left( \omega_a - \int_0^u p \, du + \frac{1}{G} \int_0^u \frac{t}{s} \, du \right)$$

bzw.

$$w = \vartheta \left[ \omega_a + \int_0^u \left( \frac{\mu}{s} - p \right) du \right]. \tag{I C.62}$$

Wenn die Enden des Stabes durch Einspannung u. dgl. an der freien Verwölbung verhindert sind oder wenn das Drehmoment nicht über die Stablänge konstant ist, wird sich ein sich selbst überlassener Stab in der Regel nicht um die Stabschwerachse, sondern um die sogenannte „natürliche Drehachse" drehen. In Sonderfällen fallen Schwerachse und natürliche Drehachse zusammen. Während bei der reinen Verdrehung die Verwölbungen unabhängig von $x$ sind, ändern sich bei der „behinderten oder Zwängungsdrillung" die Verwölbungen auch mit $x$.

Entsprechend Abb. I C.63 erhält man für einen Punkt $P_{u,v}$ bei einer Verdrehung um eine Drehachse durch $s$ auch eine Änderung der Verwölbung über die Wandstärke $s$.

Entsprechend (I C.51) gilt

$$\frac{d^0 w}{d v} = -q\,\vartheta. \tag{I C.63}$$

Allgemein ergibt sich für die Verwölbung eines Punktes $P_{u,v}$ der Ausdruck

$$w_{u,v} = \vartheta\left[\omega_a - q v + \underbrace{\int_0^u \left(\frac{\mu}{s} - p\right) du}_{\omega^*}\right] = \vartheta(\omega_a + \omega^*). \tag{I C.64}$$

Handelt es sich um die Trennwand zweier benachbarter Zellen und gilt $\mu_i$ für den Innenraum und $\mu_a$ für den Außenraum, so ist in (I C.64a) $\mu = \mu_i - \mu_a$ einzuführen.

$$\omega^* = -q v + \int_0^u \left(\frac{\mu}{s} - p\right) du \tag{I C.64a}$$

ist die Einheitsverwölbung für eine Drehachse durch den Schwerpunkt $s$. Verdreht sich ein Stab um eine Achse durch den Schubmittelpunkt $m$, mit den Koordinaten $e_y$

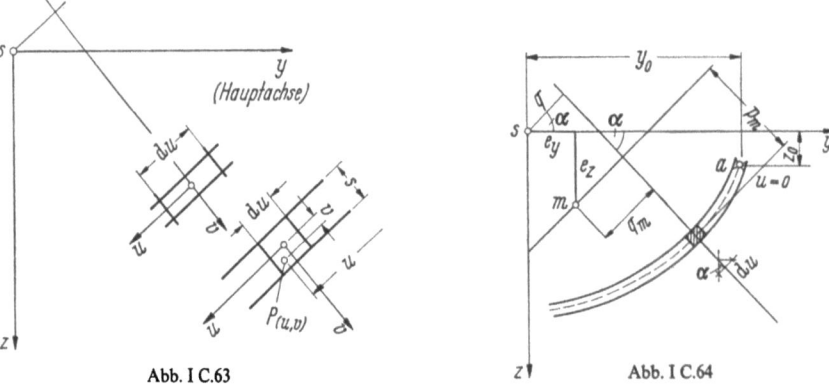

Abb. I C.63    Abb. I C.64

und $e_z$, so können die obigen Entwicklungen Verwendung finden, wenn man statt der Abstände $p$ und $q$ die Abstände $p_m$ und $q_m$ einführt (Abb. I C.64). Entsprechend (I C.51) und (I C.63) gilt

$$\frac{dw}{du} = -p_m\,\vartheta; \quad \frac{dw}{dv} = -q_m\,\vartheta. \tag{I C.65}$$

Mit

$$p_m = p - e_y \cos\alpha - e_z \sin\alpha;$$
$$q_m = q - e_y \sin\alpha + e_z \cos\alpha$$

erhält man aus (I C.64), wenn man $p_m$, $q_m$ statt $p$, $q$ einführt,

$$w_{u,v} = \vartheta\left[\omega_a - q v + e_y v \sin\alpha - e_z v \cos\alpha + \right.$$
$$\left. + \int_0^u \left(\frac{\mu}{s} - p\right) du + e_y \int_0^u \cos\alpha\,du + e_z \int_0^u \sin\alpha\,du\right].$$

Nach Abb. I C.64 ergibt sich für einen Punkt $(y_l, z_l)$ auf der Systemlinie $(v = 0)$

$$\int_0^u \cos\alpha\, du = \int_0^u dz = z_l - z_0;\qquad \int_0^u \sin\alpha\, du = -\int_0^u dy = +\int_u^{u=0} dy = y_0 - y_l.$$

$y_0$, $z_0$ sind die Koordinaten des Punktes $a\,(u=0)$, von dem aus die Integration beginnt.

Für einen beliebigen Punkt des Querschnittes $(v \neq 0)$ ist

$$e_y\left(v\sin\alpha + \int_0^u dz\right) = e_y(z - z_0);$$

$$-e_z\left(v\cos\alpha + \int_0^u dy\right) = -e_z(y - y_0)$$

und

$$w = \vartheta\left[\omega_a - qv + e_y(z - z_0) - e_z(y - y_0) + \int_0^u \left(\frac{\mu}{s} - p\right)du\right]$$

$$= \vartheta\left[\underbrace{\omega_a - e_y z_0 + e_z y_0}_{\omega_a^*} - qv + \underbrace{\int_0^u \left(\frac{\mu}{s} - p\right)du}_{\omega^*} + e_y z - e_z y\right].$$

Somit ist endgültig

$$w = \vartheta\omega = \vartheta(\omega_a^* + \omega^* + e_y z - e_z y). \qquad \text{(I C.66)}$$

Ändert sich $w$ mit $x$, so beträgt die Dehnung in $x$-Richtung

$$\varepsilon_x = \frac{dw}{dx} = \vartheta'\omega.$$

$\omega$ als Einheitsverwölbung ist nur querschnittsbedingt und daher unabhängig von $x$.
Die entsprechenden Längsspannungen betragen

$$\sigma_x = E\varepsilon_x = E\vartheta'\omega. \qquad \text{(I C.67)}$$

Da nur eine Torsionsmomentenbelastung untersucht wird, müssen die drei folgenden Gleichgewichtsbedingungen gelten (Abb. I C.65):

$$N_x = \int\sigma_x\, dF = 0;\qquad M_y = \int\sigma_x z\, dF = 0;$$
$$M_z = \int\sigma_x y\, dF = 0$$

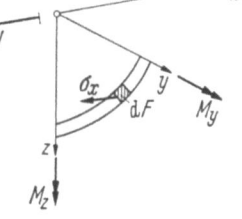

Abb. I C.65

bzw. nach Einführung von (I C.67)

$$\int\omega\, dF = 0;\qquad \int z\omega\, dF = 0;\qquad \int y\omega\, dF = 0. \qquad \text{(I C.68)}$$

Mit (I C.66) erhält man daraus

$$\left.\begin{array}{l}\omega_a^*\int dF + \int\omega^*\, dF + e_y\int z\, dF - e_z\int y\, dF = 0;\\ \omega_a^*\int z\, dF + \int\omega^* z\, dF + e_y\int z^2\, dF - e_z\int yz\, dF = 0;\\ \omega_a^*\int y\, dF + \int\omega^* y\, dF + e_y\int yz\, dF - e_z\int y^2\, dF = 0.\end{array}\right\} \qquad \text{(I C.69)}$$

Mit dem Schwerpunkt $s$ als Koordinatenursprung und mit $y$, $z$ als Hauptträgheitsachsen gilt

$$\int dF = F;\qquad \int y\, dF = \int z\, dF = \int yz\, dF = 0;\qquad \int y^2\, dF = J_z;\qquad \int z^2\, dF = J_y.$$

Man erhält damit aus (I C.69) die Bedingungsgleichungen für die Koordinaten $e_y$ und $e_z$ des Drillruhepunktes $m$ (Schubmittelpunkt) und für die Verwölbung $\omega_a^*$ des Ausgangspunktes der Integration (Punkt $a$ mit $u = 0$)

$$\omega_a^* F + \int \omega^* \, dF = 0;$$

$$e_y J_y + \int z \omega^* \, dF = 0;$$

$$e_z J_z - \int y \omega^* \, dF = 0.$$

Mit den Abkürzungen

$$\Omega = \int \omega^* \, dF; \quad K_y = \int z \omega^* \, dF; \quad K_z = \int y \omega^* \, dF \qquad \text{(I C.70)}$$

ergibt sich

$$\left. \begin{array}{l} \omega_a^* = -\dfrac{\Omega}{F}; \\[6pt] e_y = -\dfrac{K_y}{J_y}; \\[6pt] e_z = +\dfrac{K_z}{J_z}. \end{array} \right\} \qquad \text{(I C.71)}$$

Es sei vermerkt, daß in $\Omega$, $K_y$ und $K_z$ nur die Einheitsverwölbungen $\omega^*$, die auf den Schwerpunkt $s$ bezogen sind, eingehen.

Für offene Querschnitte gelten die gleichen Formeln, wobei in (I C.64) $\mu = 0$ wird. Berücksichtigt man bei dünnen Querschnitten nur die mittlere Verwölbung der Systemlinie — da sich die Verwölbungen über die Querschnittsdicke hinweg nur wenig ändern — so ist $v = 0$ und

$$\omega^* = -\int p \, du. \qquad \text{(I C.72)}$$

Wählt man für einen zur $z$-Achse symmetrischen Querschnitt als Ausgangspunkt $a$ ($u = 0$) einen Punkt auf der Symmetrieachse, so wird

$$\Omega = \int \omega^* \, dF = 0.$$

Nach (I C.64) gilt

$$\omega^* = -qv + \int_0^u \left(\frac{\mu}{s} - p\right) du.$$

Damit wird für ein Längenelement, für das $q$ konstant ist,

$$-q \int_{-s/2}^{+s/2} v \, dv = 0.$$

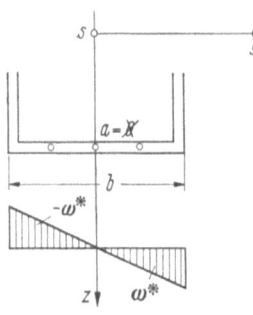

Abb. I C.66

Für einen symmetrisch angeordneten Rechteckstreifen (Abb. I C.66) ist $\left(\dfrac{\mu}{s} - p\right) = c$ eine Konstante, und damit gilt für die Einheitsverwölbung $\omega^* = cu$, d. h., die Verwölbungen sind für $u = \pm e$ gleich groß und entgegengesetzt gerichtet. Damit gilt für den Streifen von der Breite $b$ nach Abb. I C.66

$$\int_{-b/2}^{+b/2} cu \, dF = 0.$$

Das gleiche gilt für alle symmetrisch zur $z$-Achse liegenden Querschnittsteilchen.

Entsprechend ergibt sich $K_y = \int z \omega^* \, dF = 0$.

Aus (I C.71) erkennt man folgendes:

Hat ein Querschnitt eine Symmetrieachse, dann ist diese eine Antimetrieachse der Verwölbung und schneidet die Drehachse.

Bei Querschnitten mit mehrfacher oder polarer Symmetrie geht die Drehachse durch den Schwerpunkt $s$ ($e_y = e_z = 0$).

Liegt der Ausgangspunkt $a$ der Integration ($u = 0$) auf einer Symmetrieachse, dann wird $\omega_a^* = 0$. Beachtet man letzteres, so vereinfacht sich die Rechnung wesentlich.

*Geradlinig begrenzte dünne Querschnitte.* Für das in Abb. I C.67 dargestellte Teilstück des Querschnittes, mit konstanter Dicke $s_n$, den Koordinaten $y_n$ und $z_n$ seines Schwerpunktes $n$, den auf diesen Schwerpunkt bezogenen Koordinaten $\bar{u}$ und $v$ und der Fläche $F_n = b_n s_n$, betragen die Koordinaten eines Punktes $p$

$$y = y_n - \bar{u} \sin\alpha_n + v \cos\alpha_n;$$
$$z = z_n + \bar{u} \cos\alpha_n + v \sin\alpha_n.$$

Ist $\omega_n^*$ die Einheitsverwölbung für den Schwerpunkt $n$, so gilt für Punkt $p$ nach (I C.64)

$$\omega_p^* = \omega_n^* - q_p v + \int_n^p \left(\frac{\mu_n}{s_n} - p_n\right) d\bar{u} = \omega_n^* - (q_n - \bar{u}) v + \left(\frac{\mu_n}{s_n} - p_n\right) \bar{u}. \quad \text{(I C.73)}$$

Für die Systemlinie ergibt sich mit $v = 0$ die Änderung der Verwölbung auf die Teillänge $b_n$

$$\Delta\omega_n^* = \left(\frac{\mu_n}{s_n} - p_n\right) b_n; \quad \text{(I C.74)}$$

die Verwölbung verläuft auf dieser Teillänge geradlinig.

Es ist zu beachten, daß für eine Trennwand der Wert $\mu_n = \mu_i - \mu_a$ einzuführen ist, wobei $\mu_i$ für die Innenzelle, $\mu_a$ für die Außenzelle gilt.

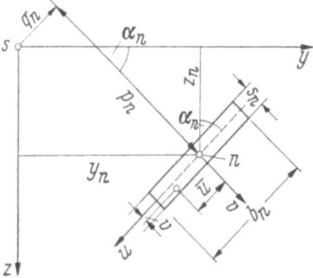

Abb. I C.67

Mit (I C.74) ist somit eine einfache Formel gegeben, von einem Ausgangspunkt $a$ aus fortschreitend die Verwölbung $\omega^*$ der gesamten Systemlinie zu bestimmen. Die Teilwerte $\Delta\Omega_n$, $\Delta K_{y,n}$, $\Delta K_{z,n}$ nach (I C.70) für das Teilstück „$b_n s_n$" ergeben sich zu

$$\Delta\Omega_n = \int \omega^* dF = \omega^* b_n s_n; \quad \text{(I C.75)}$$

$$\Delta K_{y,n} = \int_n z \omega^* dF = \int_n (z_n + \bar{u} \cos\alpha_n + v \sin\alpha_n) \left[\omega_n^* - q_n v + \bar{u} v + \left(\frac{\mu_n}{s_n} - p_n\right)\bar{u}\right] dF$$

$$= \omega_n^* z_n \int_n dF + \left(\frac{\mu_n}{s_n} - p_n\right) \cos\alpha_n \int_n \bar{u}^2 dF - q_n \sin\alpha \int v^2 dF$$

bzw.

$$\Delta K_{y,n} = b_n s_n \left[\omega_n^* z_n + \frac{\left(\frac{\mu_n}{s_n} - p_n\right) \cos\alpha_n b_n^2 - q_n \sin\alpha_n s_n^2}{12}\right]; \quad \text{(I C.76)}$$

$$\Delta K_{z,n} = \int_n y \omega^* dF = b_n s_n \left[\omega_n^* y - \frac{\left(\frac{\mu_n}{s_n} - p_n\right) \sin\alpha_n b_n^2 + q_n \cos\alpha s_n^2}{12}\right]. \quad \text{(I C.77)}$$

Die Trägheitsmomente der Teilfläche betragen

$$\Delta J_{y,n} = \int_n z^2 dF = \int (z_n + \bar{u} \cos\alpha_n + v \sin\alpha_n)^2 dF$$

$$= b_n s_n \left[z_n^2 + \frac{b_n^2 \cos^2\alpha_n + s_n^2 \sin^2\alpha_n}{12}\right]; \quad \text{(I C.78)}$$

$$\Delta J_{z,n} = \int_n y^2 dF = b_n s_n \left[y_n^2 + \frac{b_n^2 \sin^2\alpha_n + s_n^2 \cos^2\alpha_n}{12}\right]. \quad \text{(I C.79)}$$

In den Beispielen 10, 11 und 12 wird die Berechnung des Schubmittelpunktes gezeigt.

Es ist bei der Zahlenrechnung besonders darauf zu achten, daß für jeden Einzelteil (z. B. Teile 1 bis 6 von Abb. I C.68) jeweils im positiven Drehsinn für $\vartheta$ die

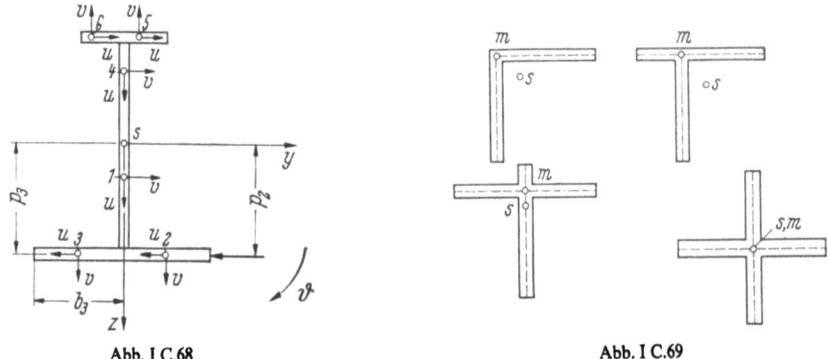

Abb. I C.68            Abb. I C.69

Koordinaten $+u$ und $+v$ einzutragen sind. Auch bei der Integration für die Bestimmung von $\omega^*$ ist immer in diesem Sinne fortzuschreiten. Zum Beispiel gilt mit (I C.74) für die Punkte $b, a, c$ mit $y_b = -b_3$, $y_a = 0$ und $y_c = b_2$

$$\omega_b^* = \omega_a^* + \Delta\omega_3^* \quad \text{mit} \quad \Delta\omega_3^* = -p_3 b_3;$$
$$\omega_a^* = \omega_c^* + \Delta\omega_2^* \quad \text{mit} \quad \Delta\omega_2^* = -p_2 b_2$$

und somit

$$\omega_c^* = \omega_a^* - \Delta\omega_2^*.$$

Die Vorzeichen von $p_n$ und $q_n$ sind entsprechend Abb. I C.64 zu beachten. So gelten z. B. für Abb. I C.68 folgende Vorzeichen:

Punkt 2:   $p_2(+)$; $q_2(+)$; $\cos\alpha_2 = 0$; $\sin\alpha_2 = +1,0$;

Punkt 3:   $p_3(+)$; $q_3(-)$; $\cos\alpha_3 = 0$; $\sin\alpha_3 = +1,0$;

Punkt 5:   $p_5(+)$; $q_5(-)$; $\cos\alpha_5 = 0$; $\sin\alpha_5 = -1,0$.

Für einige Profile kann der Schubmittelpunkt $m$ sofort angegeben werden. Für zwei sich schneidende schmale Rechtecke liegt $m$ immer im Schnittpunkt der Systemlinie (Abb. I C.69).

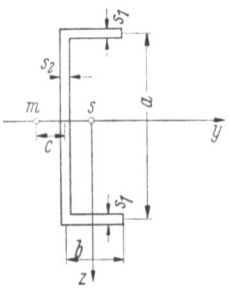

Abb. I C.70

Für ein $\sqsubset$-Profil (Abb. I C.70) gilt [S 5]

$$c = -\frac{a^2 b^2 s_1}{4 J_y}. \quad \text{(I C.80)}$$

Bei einigen besonderen Hohlquerschnitten lassen sich die Schubmittelpunkte z. B. nach NEUBER [9, S 5] ebenfalls sofort angeben.

Denkt man sich für einen geschlossenen Polygonquerschnitt die Wandstärken $s$ als Zugkräfte ($Z_1 = s_1$, $Z_2 = s_2$ usw.), die Schnittpunkte der Systemlinie der einzelnen Streifen als Gelenke und bildet man die Resultierende je zweier benachbarter Kräfte $Z_n$ und $Z_{n+1}$, so ist für den Fall, daß sich alle Resultierenden in einem gemeinsamen Punkt schneiden, dies der Schubmittelpunkt für diesen Querschnitt.

Bei einem Dreieck (Abb. I.C.71a) ist dies auch bei verschiedenen Wandstärken $s_1$, $s_2$ und $s_3$ immer der Fall. Bei einem Viereck mit Symmetrie zu einer Diagonale gilt dies ebenfalls (Abb. I C.71b u. c), während im anderen Fall drei Stärken $s_1$,

$s_2$ und $s_3$ frei wählbar sind und die vierte $s_4$ aus der obigen Konstruktionsbedingung festgelegt ist (Abb. I C.71 d).

Der Schubmittelpunkt eines Vielecks nach Abb. I C.71 e mit konstanter Dicke $s$ liegt im Mittelpunkt des eingeschriebenen Kreises.

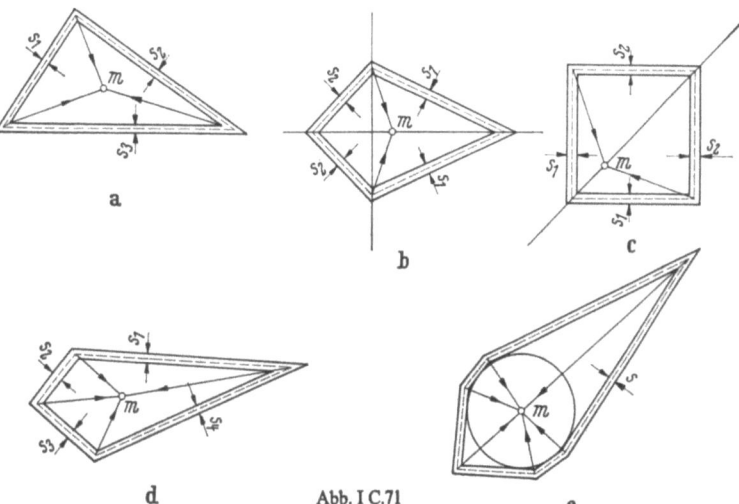

Abb. I C.71

Für ein Rechteck mit den Wandstärkenverhältnissen nach Abb. I C.72 fällt Schubmittelpunkt $m$ und Schwerpunkt $s$ zusammen. Für jeden Wandteil verschwindet der Ausdruck $(\mu_n/s_n - p_n)$.

Das obige Verfahren, die Wandstärken als Zugkräfte aufzufassen, läßt sich auch auf mehrzellige Hohlquerschnitte anwenden. Bei dem Querschnitt nach Abb. I C.73 können die Wandstärken $s_1$ bis $s_6$ beliebig gewählt werden, während

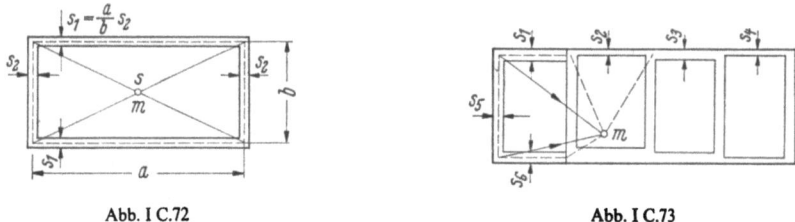

Abb. I C.72  Abb. I C.73

die übrigen Stärken dadurch festgelegt sind, daß sich alle Resultierenden im Schubmittelpunkt $m$ schneiden müssen.

Das Wesentliche der Querschnitte nach Abb. I C.69 und Abb. I C.71 bis I C.73 ist, daß es wölbfreie Querschnitte sind, d. h., daß bei einer reinen Verdrehung die Systemlinien gerade bleiben und somit der Querschnitt bei der Verdrehung eben bleibt.

(Siehe Beispiele 10d u. e, 11d u. e, 12b.)

*Gekrümmte Querschnitte.* Sind die Form der Systemlinie sowie die Wandstärke als Funktionen der Koordinaten gegeben, so kann man unter Zugrundelegung von (I C.62) bis (I C.71) geschlossene Ausdrücke für $\omega_a^*$, $e_y$ und $e_z$ erhalten. Zum Beispiel ergibt sich der Schubmittelpunkt für den Halbkreis und offenen Vollkreisring mit konstanter Wandstärke nach Abb. I C.74a u. b. Bei gekrümmten Querschnitten — geschlossenen oder offenen — mit beliebiger Systemlinie und beliebig veränderlicher Wandstärke besteht die einfachste Methode darin, den Querschnitt entsprechend Abb. I C.75 in einzelne Rechtecke konstanter Wandstärke zu zerlegen und dann nach den obigen Entwicklungen die weitere Rechnung durchzuführen. Diese Rechnung wird der Ingenieur in der Regel wählen.

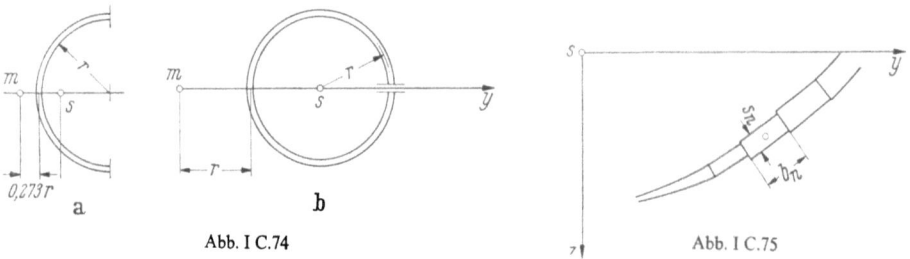

Abb. I C.74    Abb. I C.75

## 7. Drillungswiderstand

Bei der reinen Torsion ergibt sich der Verdrehungswinkel je Längeneinheit zu

$$\vartheta = + \frac{M_d}{G J_d}. \tag{I C.81}$$

$J_d$ wird hierbei als Drillungs- oder Drehwiderstand bezeichnet.

### a) Genaue Lösungen

Aus der Theorie der Torsion ergibt sich, daß man diesen Wert $J_d$ nur für einige ausgewählte Querschnitte mathematisch genau berechnen kann.

Abb. I C.76    Abb. I C.77

Man kennt z. B. für folgende Querschnitte die genauen Werte:

Ellipse (Abb. I C.76): $\quad J_d = \frac{\pi a^3 b^3}{a^2 + b^2};$

Elliptischer Hohlring (Abb. I C.77) mit $a_1 = \alpha a,\ b_1 = \alpha b$:

$$J_d = (1 - \alpha^4) \frac{\pi a^3 b^3}{a^2 + b^2};$$

Vollkreis: $\quad J_d = \frac{\pi r^4}{2};$

Kreisring mit $r_1 = \alpha r$: $\quad J_d = (1 - \alpha^4) \frac{\pi r^4}{2};$

Gleichseitiges Dreieck: $\quad J_d = \frac{a^4}{46{,}19}.$

(I C.82)

### b) Lösungen mittels Spannungsfunktion

Die Schubspannungen beim Torsionsproblem können auch aus der Spannungsfunktion $F$ bestimmt werden. Es gilt (s. Band II)

$$\tau_{xy} = \frac{dF}{dz}; \quad \tau_{xz} = -\frac{dF}{dy}; \tag{I C.83}$$

$$\frac{d^2 F}{dy^2} + \frac{d^2 F}{dz^2} = -2G\vartheta \tag{I C.84}$$

und die Randbedingung

$$\frac{dF}{dy} dy + \frac{dF}{dz} dz = 0. \tag{I C.85}$$

Letztere Bedingung bedeutet, daß am Rande $F_R$ einen konstanten Wert haben muß. Bei Vollquerschnitten kann dieser beliebig angenommen werden; er wird daher zu $F_R = 0$ gewählt.

Mit der Festlegung der positiven Vorzeichen des Torsionsmomentes und der Schubspannungen nach Abb. I C.3 und I C.4 ergibt sich für einen Schnitt am rechten Stabende (Abb. I C.78)

$$+M_d = \iint (-\tau_{xy} z + \tau_{xz} y) \, dy \, dz = -\iint \left( \frac{dF}{dz} z \, dy \, dz + \frac{dF}{dy} y \, dy \, dz \right). \tag{I C.86}$$

Mit der Randbedingung $F_R = 0$ erhält man daraus

$$M_d = +2 \iint F_{(y,z)} \, dy \, dz = +G\vartheta J_d \tag{I C.87}$$

und

$$J_d = \frac{2}{G\vartheta} \iint F_{(y,z)} \, dy \, dz. \tag{I C.88}$$

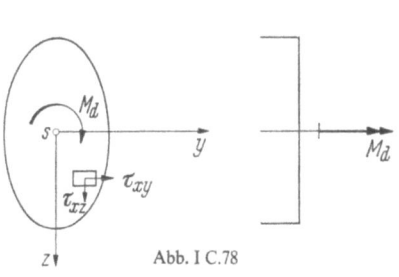

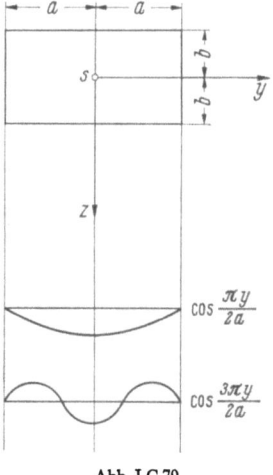

Abb. I C.78  Abb. I C.79

### c) Näherungslösung für den Rechteckquerschnitt

Da sich die Spannungsfunktion für diesen Fall nicht genau angeben läßt, wählt man eine Spannungsfunktion als Polynom oder als Summe trigonometrischer Funktionen mit vorerst freien Parametern $c_n$, z. B. (s. Abb. I C.79)

$$\left. \begin{aligned} F &= (y^2 - a^2)(z^2 - b^2) c_0; \\ F &= (y^2 - a^2)(z^2 - b^2)[c_0 + c_1 y^2 + c_2 z^2 + c_3 y^4 + c_4 z^4 + \cdots]; \\ F &= c_0 \cos \frac{\pi y}{2a} \cos \frac{\pi z}{2b}; \\ F &= c_1 \cos \frac{\pi y}{2a} \cos \frac{\pi z}{2b} + c_2 \cos \frac{3\pi y}{2a} \cos \frac{3\pi z}{2b} + \cdots. \end{aligned} \right\} \tag{I C.89}$$

Zur Bestimmung der Konstanten $c_n$ wird der Satz vom Minimum der Formänderungsarbeit verwendet.

Für reine Verdrehung beträgt die Formänderungsarbeit

$$A_i = \frac{1}{2G} \iint (\tau_{xy}^2 + \tau_{xz}^2)\, dy\, dz = \frac{1}{2G} \iint \left[\left(\frac{dF}{dz}\right)^2 + \left(\frac{dF}{dy}\right)^2\right] dy\, dz = \text{Min.} \quad \text{(I C.90)}$$

Nach dem Verfahren von RITZ erhält man aus der Bedingung

$$\frac{\partial A_i}{\partial c_i} = 0 \quad \text{(I C.91)}$$

ein lineares Gleichungssystem für die Konstanten $c_i$.

Legt man z. B. den letzten Ansatz von (I C.89) zugrunde, so ergibt sich

$$-\tau_{xz} = \frac{dF}{dy} = c_1\left(-\frac{\pi}{2a}\sin\frac{\pi y}{2a}\cos\frac{\pi z}{2b}\right) + c_2\left(-\frac{3\pi}{2a}\sin\frac{3\pi y}{2a}\cos\frac{3\pi z}{2b}\right);$$

$$\tau_{xy} = \frac{dF}{dz} = c_1\left(-\frac{\pi}{2b}\cos\frac{\pi y}{2a}\sin\frac{\pi z}{2b}\right) + c_2\left(-\frac{3\pi}{2b}\cos\frac{3\pi y}{2a}\sin\frac{3\pi z}{2b}\right).$$

Die erste Bedingungsgleichung erhält man aus (I C.86):

$$M_d = + \iint \left[\left(c_1 \frac{\pi}{2a}\sin\frac{\pi y}{2a}\cos\frac{\pi z}{2b}\right) y + c_2\left(\frac{3\pi}{2a}\sin\frac{3\pi y}{2a}\cos\frac{3\pi z}{2b}\right) y + \right.$$
$$\left. + \left(c_1 \frac{\pi}{2b}\cos\frac{\pi y}{2a}\sin\frac{\pi z}{2b}\right) z + c_2\left(\frac{3\pi}{2b}\cos\frac{3\pi y}{2a}\sin\frac{3\pi z}{2b}\right) z\right] dy\, dz.$$

Mit

$$\int_{-a}^{+a} y \sin\frac{\pi y}{2a}\, dy = \frac{8a^2}{\pi^2}; \quad \int_{-a}^{+a} y \sin\frac{3\pi y}{2a}\, dy = -\frac{8a^2}{9\pi^2};$$

$$\int_{-b}^{+b} \cos\frac{\pi z}{2b}\, dz = \frac{4b}{\pi}; \quad \int_{-b}^{+b} \cos\frac{3\pi z}{2b}\, dz = -\frac{4b}{3\pi};$$

$$\int_{-a}^{+a} \sin^2\frac{\pi y}{2a}\, dy = a; \quad \int_{-a}^{+a} \sin^2\frac{3\pi y}{2a}\, dy = a; \quad \int_{-a}^{+a} \sin\frac{\pi y}{2a}\sin\frac{3\pi y}{2a}\, dy = 0$$

usw. wird

$$M_d = + \frac{32ab}{\pi^2}\left(c_1 + \frac{c_2}{9}\right) \quad \text{oder} \quad c_2 = +\left(\frac{9\pi^2}{32ab} M_d - 9c_1\right).$$

Aus (I C.90) erhält man unter Beachtung der obigen Ausdrücke für die innere Formänderungsarbeit den Wert

$$A_i = \frac{1}{2G}\left[\frac{\pi^2}{4}\frac{(a^2+b^2)}{ab}(c_1^2 + 9c_2^2)\right].$$

Setzt man den obigen Wert von $c_2$ ein, so ist $A_i$ nur mehr eine Funktion von $c_1$. Es ergibt sich die zweite Bedingungsgleichung aus $(c_1^2 + 9c_2^2) = \text{Min}$ zu

$$730 c_1^2 - \frac{1458\pi^2}{32ab} M_d c_1 + \frac{729\pi^4}{1024 a^2 b^2} M_d^2 = \text{Min}$$

bzw.

$$2 \cdot 730 c_1 - \frac{1458\pi^2}{32ab} M_d = 0.$$

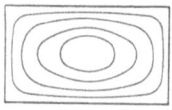

Abb. I C.80

Damit wird

$$c_1 = +\frac{1458\pi^2}{1460(32ab)} M_d; \quad c_2 = +\frac{9\pi^2}{32ab} M_d\left(1 - \frac{1458}{1460}\right),$$

und es läßt sich die Spannungsfunktion an jeder Stelle berechnen (Schichtlinie s. Abb. I C.80). Mit $c_1$ und $c_2$ ist die innere Arbeit bekannt.

$$A_i = \frac{1}{2G}\frac{\pi^6}{4100}\frac{(a^2+b^2)}{a^3 b^3} M_d^2.$$

Beachtet man, daß für die äußere Arbeit gilt

$$A_a = +\tfrac{1}{2} M_d \vartheta,$$ (I C.92)

so erhält man aus $A_i = A_a$

$$M_d = +G\vartheta \left[\frac{4100}{\pi^6} \frac{a^3 b^3}{(a^2+b^2)}\right] = +G\vartheta J_d.$$

Damit beträgt der Drillungswiderstand in erster Annäherung

$$J_d = \frac{4100}{\pi^6} \frac{a^3 b^3}{(a^2+b^2)}.$$

Je mehr Glieder man im Ansatz von $F$ berücksichtigt, desto genauer wird das Ergebnis. In Näherung gilt für ein Rechteck (Abb. I C.81) [S 5]

$$J_d = \alpha\, g^3\, h.$$ (I C.93)

Der Wert $\alpha$ kann aus der Tab. I C.1 entnommen werden.

Tabelle I C.1

| $h/g$ | $\alpha$ |
|---|---|
| 1,0 | 0,141 |
| 1,5 | 0,196 |
| 2,0 | 0,229 |
| 2,5 | 0,249 |
| 3,0 | 0,263 |
| 5,0 | 0,291 |
| 10,0 | 0,312 |
| $\infty$ | 0,333 |

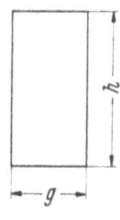

Abb. I C.81

### d) Näherungslösung mittels Differenzenrechnung

Führt man in (I C.88) nach HOFFERBERTH [4] die bezogene Spannungsfunktion

$$f = \frac{F}{G\vartheta}$$ (I C.94)

ein, so erhält man für den Drillungswiderstand den Ausdruck

$$J_d = 2 \iint f\, dy\, dz$$ (I C.95)

und aus (I C.84) mit der Randbedingung $f = 0$

$$\frac{d^2 f}{dy^2} + \frac{d^2 f}{dz^2} = -2.$$ (I C.96)

Der Drillungswiderstand ist somit proportional dem Volumen, das zwischen der Querschnittsfläche und der bezogenen Spannungsfläche entsteht.

Unter Beachtung der Regeln der Differenzenrechnung erhält man in Näherung für einen Punkt eines Netzes mit den Intervallen $\Delta y$ und $\Delta z$ (Abb. I C.82)

$$\left(\frac{d^2 f}{dy^2}\right)_k = \frac{f_l - 2f_k + f_i}{\Delta y^2}; \quad \left(\frac{d^2 f}{dz^2}\right)_k = \frac{f_m - 2f_k + f_n}{\Delta z^2}.$$ (I C.97)

Schreibt man (I C.96) für alle inneren Netzpunkte auf und beachtet, daß für die Randpunkte $f = 0$ ist, so erhält man so viele Gleichungen wie unbekannte Ordinaten $f_i$ der bezogenen Spannungsfunktion vorhanden sind. Nach Lösung des Gleichungssystems ergibt sich aus (I C.95) der Drillungswiderstand $J_d$.
(Siehe Beispiel 9 d.)

Den Verlauf der bezogenen Spannungsfunktion, die auf diese Weise für ein Winkelprofil von HOFFERBERTH berechnet wurde, zeigt in axonometrischer Darstellung Abb. I C.83.

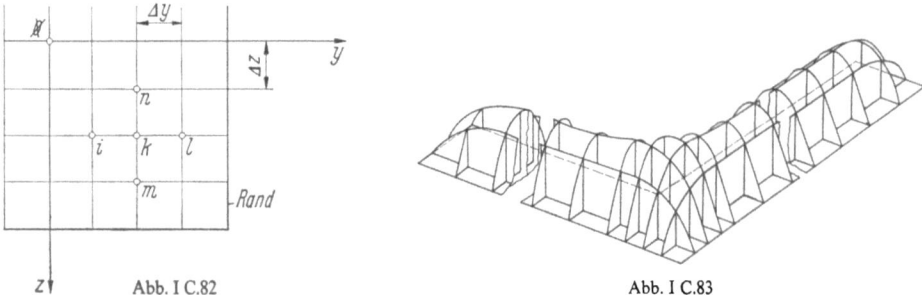

Abb. I C.82    Abb. I C.83

Wenn man für dünnwandige, aus Rechtecken zusammengesetzte Querschnitte nur die bezogene Spannungsfunktionsfläche der einzelnen Rechtecke für sich betrachtet und erfaßt, so vernachlässigt man, wie Abb. I C.83 zeigt, nur ein geringes Volumen an der Ecke des gesamten Profils.

Man kann somit für offene Profile, die aus dünnen Rechteckquerschnitten (z. B. Abb. I C.84) zusammengesetzt sind, den Drillungswiderstand unter Beachtung von (I C.93) mit $\alpha \approx \frac{1}{3}$ nach Tab. I C.1 wie folgt annehmen:

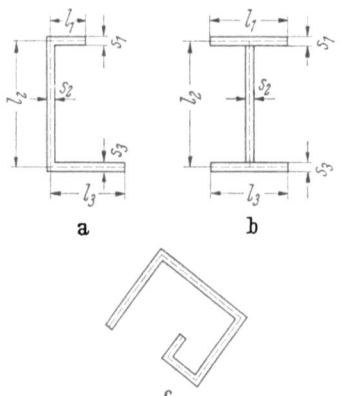

$$J_d \approx \tfrac{1}{3} \sum s_n^3 l_n. \tag{I C.98}$$

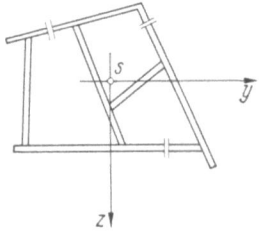

Abb. I C.84    Abb. I C.85

### e) Dünne Hohlquerschnitte

Schneidet man bei Hohlprofilen jede Zelle einmal auf (z. B. Abb. I C.85), so entsteht ein offenes Profil. Für dieses beträgt der Drillungswiderstand

$$^0J_d \approx \tfrac{1}{3} \sum s_n^3 l_n. \tag{I C.99}$$

Zum Schließen der Schnittstellen sind nach (I C.54) bis (I C.58) Schubkräfte $t_n$ erforderlich. Diese bedingen nach (I C.60) bzw. (I C.61) Torsionsmomente

$$^sM_x = G \vartheta \, ^sJ_d,$$

wobei $^sJ_d$ die diesen Schubkräften entsprechenden Drillungswiderstände sind. Für den einzelligen Querschnitt ist nach (I C.60)

$$^sJ_d = 2\mu F. \tag{I C.100}$$

Für den mehrzelligen Querschnitt ergibt sich nach (I C.61)

$$^sJ_d = \sum 2\mu_n F_n. \tag{I C.101}$$

Somit beträgt der gesamte Drillungswiderstand von Hohlprofilen

$$J_d = {}^0J_d + {}^sJ_d.$$ (I C.102)

(Siehe Beispiele 10f, 11f und 12c.)

## 8. Wölbwiderstand von dünnwandigen Querschnitten

Bei der Zwängungsdrillung dünnwandiger Querschnitte mit fester Querschnittsform (Drillung mit behinderter Axialverschiebung $w$) tritt der Querschnittswert

$$C_m = \int \omega^2 \, dF$$ (I C.103)

auf. Dieser wird als Wölbwiderstand bezeichnet. Da die Verwölbungen nach Abschn. 6 sowohl für offene als auch für geschlossene Hohlprofile berechnet werden können, ist auch der Wert $C_m$ damit bekannt.

Nach (I C.66) ist

$$\omega = \omega_a^* + \omega^* + e_y z - e_z y$$

und

$$\omega^2 = \omega_a^{*2} + 2\omega_a^* \omega^* + \omega^{*2} + 2(\omega_a^* e_y z - \omega_a^* e_z y + \omega^* e_y z - \omega^* e_z y) + \\ + e_y^2 z^2 - 2e_y e_z y z + e_z^2 y^2.$$

Da es sich bei dem Integral nach (I C.103) bei $y, z$ um Hauptachsen in bezug auf den Schwerpunkt $s$ handelt, verschwinden die Ausdrücke

$$\omega_a^* e_y \int z \, dF = \omega_a^* e_z \int y \, dF = 2 e_y e_z \int y z \, dF = 0.$$

Weiter ist mit (I C.71) und (I C.70)

$$2\omega_a^* \int \omega^* \, dF = -2\omega_a^{*2} F; \quad 2e_y \int \omega^* z \, dF = -2e_y^2 J_y; \quad -2e_z \int \omega^* y \, dF = -2e_z^2 J_z;$$

$$e_y^2 \int z^2 \, dF = e_y^2 J_y; \quad e_z^2 \int y^2 \, dF = e_z^2 J_z;$$

$$C_m = \int \omega^{*2} \, dF - \omega_a^{*2} F - \frac{K_y^2}{J_y} - \frac{K_z^2}{J_z}$$

bzw. mit

$$C^* = \int \omega^{*2} \, dF$$ (I C.104)

$$C_m = C^* - \omega_a^{*2} F - \frac{K_y^2}{J_y} - \frac{K_z^2}{J_z} = C^* - \omega_a^{*2} F - e_y^2 J_y - e_z^2 J_z.$$ (I C.105)

Bei geradlinig begrenzten Profilen gilt (I C.73)

$$\omega_p^* = \omega_n^* - (q_n - \bar{u}) v + \left(\frac{\mu_n}{s_n} - p_n\right) \bar{u}$$

und für ein Teilrechteck mit dem Schwerpunkt $n$ (Abb. I C.67)

$$\Delta C_n^* = \int \omega_p^{*2} \, dF = \omega_n^{*2} \int dF + \left(\frac{\mu_n}{s_n} - p_n\right)^2 \int \bar{u}^2 \, dF + q_n^2 \int v^2 \, dF + \int \bar{u}^2 v^2 \, dF.$$ (I C.106)

Die anderen Integrale werden Null.
Somit ist

$$\Delta C_n^* = b_n s_n \left[\omega_n^{*2} + \frac{\left(\frac{\mu_n}{s_n} - p_n\right)^2 b_n^2 + q_n^2 s_n^2}{12} + \frac{b_n^2 s_n^2}{144}\right],$$ (I C.107)

und es kann für jeden Hohlquerschnitt und offenen Querschnitt der Wölbwiderstand in einfacher Weise berechnet werden. Bei offenen Querschnitten ist in (I C.107)

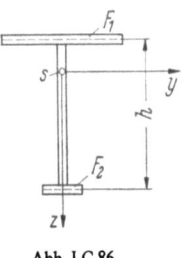

Abb. I C.86

$\mu_n = 0$ zu setzen. Für eine Trennwand ist $\mu_n = \mu_i - \mu_a$ einzuführen, wobei $\mu_i$ für die innere Zelle, $\mu_a$ für die äußere Zelle gilt. Für einige wenige Querschnitte ist $C_m$ in DIN 4114 angegeben; z. B. beträgt der Wölbwiderstand eines Querschnittes nach Abb. I C.86

$$C_m = \frac{J_1 J_2}{J_1 + J_2} h^2, \qquad \text{(I C.108)}$$

wobei $J_1$ und $J_2$ die Trägheitsmomente der Gurtflächen $F_1$ und $F_2$ um die $z$-Achse sind.

(Siehe Beispiele 10g, 11g und 12d.)

### Literatur zum Abschnitt I C 6 bis I C 8

[1] BREDT, R.: Studien zur Drehelastizität. Z. VDI 40 (1896) 785, 813.
[2] BÜRGERMEISTER, G., u. H. STEUP: Stabilitätstheorie. Berlin: Akademie-Verlag 1957.
[3] EBNER, H.: Die Beanspruchung dünnwandiger Kastenträger auf Drillung bei behinderter Querschnittswölbung. Z. Flugtechnik u. Motorluftschiffahrt (1933) 645; Luftfahrtforschung 5 (1929) 31.
[4] HOFFERBERTH, W.: Zur Torsion von Walzstahlprofilen. Stahlbau 17 (1944) 58.
[5] KAPPUS, R.: Drillknicken zentrisch gedrückter Stäbe mit offenem Profil. Luftfahrtforschung 14 (1937) 444; Stahlbau 22 (1953) 6.
[6] KOLLBRUNNER/MEISTER: Knicken — Biegedrillknicken — Kippen, 2. Aufl., Berlin/Göttingen/Heidelberg: Springer 1961.
[7] MAILLART, R.: Zur Frage der Biegung. Schwz. Bauztg. 77 (1921) 111.
[8] MARGUERRE, K.: Torsion von Voll- und Hohlquerschnitten. Bauing. 21 (1940) 317.
[9] NEUBER, M.: Schubmittelpunkt und Querschnittsverwölbung dünnwandiger Träger unterhalb der Beulgrenze. Z. ang. Math. Mech. 21 (1941) 91.
[10] PFLÜGER, A.: Spannungsverteilung in stabförmigen Membran-Kegelschalen. Z. ang. Math. Mech. 22 (1942) 99.
[11] PÖSCHL, TH.: Bisherige Lösungen des Torsionsproblems. Z. ang. Math. Mech. 1 (1921) 312.
[12] DE SAINT-VENANT, B.: Abhandlungen über die Drillung. Mém. des savants étrangers 14 (1855) 233.
[13] STÜSSI, F.: Zur Biegung und Verdrehung des dünnwandigen schlanken Stahlstabes. Abhandl. IVBH 6 (1940/41) 277.
[14] WANSLEBEN, F.: Die Theorie der Drillfestigkeit von Stahlbauteilen, Köln: Stahlbau-Verlag 1956.
[15] WEBER, C.: Bisherige Lösungen des Torsionsproblems. Z. ang. Math. Mech. 2 (1922) 299.
[16] WEBER, C.: Biegung und Schub in geraden Balken. Z. ang. Math. Mech. 4 (1924) 334; Übertragung des Drehmomentes in Balken mit doppelflanschigem Querschnitt. Z. ang. Math. Mech. 6 (1926) 85.

Siehe auch:

[S 5] CHWALLA, S. 183, 202, 204 (mit vielen Schrifttumsangaben);

[S 10] FÖPPL, Bd. II, S. 121.

# II. Statisch bestimmte ebene Systeme. Schnittbelastungen

*Voraussetzungen.* Den Untersuchungen dieses Kapitels wird das Hookesche Gesetz von der Proportionalität zwischen Spannung und Dehnung zugrunde gelegt. Damit gilt das Superpositionsgesetz für die Überlagerung verschiedener Belastungsfälle, was einen außergewöhnlichen Vorteil gegenüber allen Verfahren, die auf der Plastizitätstheorie basieren, zur Folge hat. Weiter werden Verformungen aus einer gegebenen Belastung bei der Berechnung der Stütz- und Schnittbelastungen nicht berücksichtigt. Die hier behandelten Berechnungsverfahren werden daher als „Theorie erster Ordnung" bezeichnet.

Bei einer großen Zahl von Systemen ist diese voll berechtigt. Der Einfeldträger nach Abb. II A.1 wird sich z. B. unter der Belastung $P$ verformen (übertrieben strichliert eingezeichnet), die einzelnen Stäbe erfahren Längenänderungen, das bewegliche Lager verschiebt sich, und es müßten bei einer vollkommen genauen

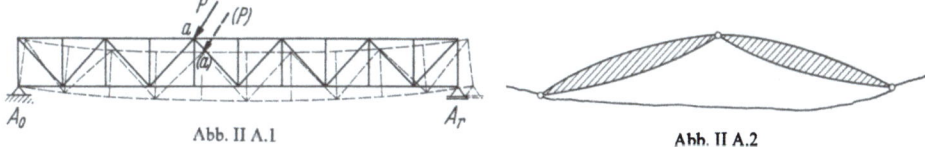

Abb. II A.1    Abb. II A.2

Rechnung das neue System, der neue Angriffspunkt von $P$ usw. berücksichtigt werden, um die genauen Stützbelastungen und Stabkräfte zu erhalten. Es läßt sich jeweils feststellen, daß in solchen und ähnlichen Fällen die Theorie erster Ordnung nur unbedeutende Abweichungen von den genauen Werten ergibt, die Berechnung aber um vieles einfacher als bei der „Theorie zweiter Ordnung" ist, bei der auch

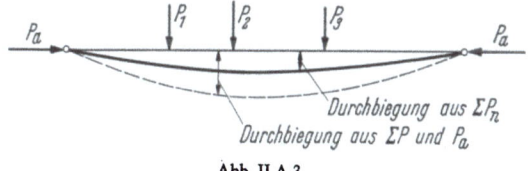

Abb. II A.3

die Verformungen bei der Berechnung der Stütz- und Schnittlasten berücksichtigt werden. Bei sehr flachen Bögen (z. B. Abb. II A.2), auf Druck und Biegung beanspruchten Stäben (z. B. Abb. II A.3), Hängebrücken u. a. m. wird man jedoch auf die „Theorie zweiter Ordnung" nicht verzichten können.

## A. Bildungsgesetze für Scheibentragwerke
## (Vollwand- und Fachwerkscheiben)

### 1. Allgemeines

Unter Scheibe versteht man einen zusammenhängenden Körper mit großer Flächenausdehnung seiner Mittelebene und im Verhältnis dazu geringer Dicke, der nur in dieser Mittelebene eine Belastung erfährt. Ein solche Scheibe kann vollwandig sein (Abb. II A.4a), aus einem Fachwerk bestehen (Abb. II A.4b) oder eine Kombination beider Ausbildungsarten sein (Abb. II A.4c).

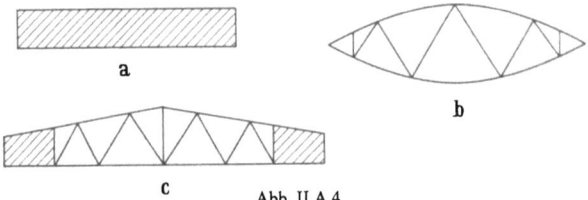

Abb. II A.4

Nach Abschn. I B sind zur Stützung einer Scheibe drei Stützstäbe erforderlich (z. B. nach Abb. II A.5a, b u. c). Ein festes Lager kann durch zwei in einem Punkt angreifend gedachte starre Stäbe, ein bewegliches Lager durch einen ge-

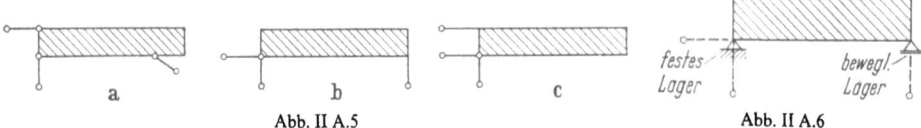

Abb. II A.5  Abb. II A.6

dachten starren Stab ersetzt werden (z. B. Abb. II A.6). Bezüglich der Anordnung der Stäbe zur Verminderung einer Beweglichkeit gilt Abschn. I B.

Wird ein Punkt $p$ außerhalb einer Scheibe mittels zweier Stäbe mit dieser Scheibe verbunden (Abb. II A.7), so ist er — von elastischen Verformungen abgesehen — starr mit der Scheibe verbunden und somit ein Teil der Scheibe.

Ein Punkt $p$, der mit zwei gegenseitig beweglichen Scheiben je mittels eines Stabes verbunden ist, wird „freier Knoten" genannt. Bei gegenseitiger Bewegung der beiden Scheiben führt auch er Bewegungen aus (Abb. II A.8), die von den Bewegungen beider Scheiben abhängen.

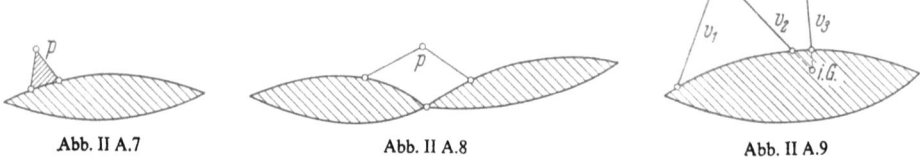

Abb. II A.7  Abb. II A.8  Abb. II A.9

Jede Scheibe kann mit einer anderen Scheibe mit drei Stäben $v_1$, $v_2$ und $v_3$ fest verbunden werden, für deren Anordnung wieder die Gesetze der Lagerbedingungen des Abschn. I B gelten. Der allgemeinste Fall ist in Abb. II A.9 dargestellt, wobei jeder Stab der drei Verbindungsstäbe an von den anderen beiden Stäben getrennten Punkten der Scheiben angreift. Entfernt man einen der drei Stäbe, so bildet der Schnittpunkt der beiden anderen Stäbe ein Momentanzentrum für die gegenseitige Bewegung der beiden Scheiben. Da dieser im Laufe der Bewegungen der Scheiben seinen Ort ändert, spricht man von einem imaginären Gelenk (i.G. in Abb. II A.9 bei Fortfall von $v_3$). Fällt der Angriffspunkt zweier Verbindungsstäbe an einer Scheibe zusammen, so erfolgt die gegenseitige Drehung der Scheiben beim Wegfall des dritten Stabes immer um diesen Punkt, er wird daher als „reelles Gelenk" (r.G. in Abb. II A.10) bezeichnet. Schrumpft die Länge zweier Verbindungsstäbe auf Null zusammen, so entsteht ebenfalls ein reelles Gelenk, und es ist nur mehr ein zusätzlicher Verbindungsstab $v_1$ zur festen Verbindung der beiden Scheiben erforderlich (Abb. II A.11).

In gleicher Weise kann man sich jedes Dreiecksfachwerk aus zwei Scheiben entstanden denken, die in einem beliebigen Knoten $i$ durch ein reelles Gelenk und den gegenüberliegenden Gurt als Verbindungsstab miteinander verbunden sind (Abb. II A.12, Scheibe I und II, Gelenk $i$, Verbindungsstab $v_k$).

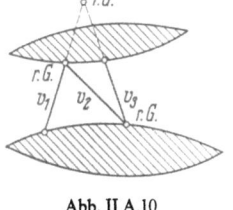
Abb. II A.10

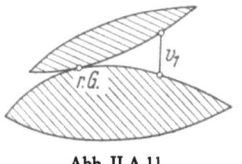
Abb. II A.11

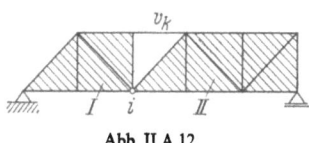
Abb. II A.12

Bilden mehrere Scheiben und freie Knoten zusammen ein Tragwerk mit vorgegebenen Lagerbedingungen, so können die Stützbelastungen, solange es sich um statisch bestimmte Systeme handelt, mit Hilfe der Hebelgesetze ermittelt werden. Zur Feststellung, ob es sich um ein statisch bestimmtes System handelt, gibt es verschiedene Möglichkeiten, von denen die Abzählbedingung und die Methode der Stabvertauschung nachfolgend behandelt werden.

## 2. Abzählbedingung zur Feststellung der statischen Bestimmtheit

Sind $s$ Scheiben vorhanden, so ergeben sich mit Rücksicht auf drei Gleichgewichtsbedingungen je Scheibe $3s$ Scheiben-Gleichgewichtsgleichungen. Sind $k$ freie Knoten vorhanden, so erhält man unter Beachtung der zwei Gleichgewichtsbedingungen je Knoten $2k$ Knoten-Gleichgewichtsgleichungen. Für ein Gelenk $g_2$ zwischen zwei Scheiben sind zwei unbekannte Gelenkbelastungsgrößen erforderlich (z. B. Horizontalkomponente $H$ und Vertikalkomponente $V$ oder Größe und Richtung der Gelenkbelastung), während für einen Verbindungsstab $v$ nur jeweils eine Größe – die Stabkraft – als unbekannte Größe auftritt. Bei den Lagern an der Erdscheibe treten bei festen Lagern zwei und bei beweglichen Lagern eine unbekannte Stützbelastungsgröße auf. Ihre Anzahl wird mit $a$ bezeichnet.

Die Gleichung
$$3s + 2k \gtreqless 2g_2 + v + a \qquad \text{(II A.1)}$$
besagt, daß für den Fall der Gleichheit des linken und rechten Ausdrucks die vorhandenen Gleichgewichtsbedingungen ausreichen, um die unbekannten Gelenkbelastungen, Stabkräfte der Verbindungsstäbe und Lagerbelastungen zu berechnen. Man hat es somit in diesem Fall mit einem statisch bestimmten System zu tun.

Ist $3s + 2k > 2g_2 + v + a$, so sind mehr Gleichungen als unbekannte Stützbelastungsgrößen vorhanden; das System ist daher beweglich und unbrauchbar.

Ist $3s + 2k < 2g_2 + v + a$, so reichen die Gleichgewichtsbedingungen nicht zur Bestimmung der unbekannten Stützbelastungsgrößen aus. Es müssen zusätzlich Verformungsbedingungen zur Lösung der Aufgabe herangezogen werden, und man hat es mit einem statisch unbestimmten System zu tun.

In Abb. II A.13a ist z. B. ein System mit drei Scheiben, einem freien Knoten, zwei Gelenken $g_2$, zwei Verbindungsstäben, einem festen und drei beweglichen Lagern dargestellt. Trägt man die Lagerbedingungen schematisch nach Abb. II A.13b ein, so erhält man mit $s = 3$, $k = 1$, $g_2 = 2$, $v = 2$, $a = 5$ nach (II A.1)
$$3 \cdot 3 + 2 \cdot 1 = 2 \cdot 2 + 2 + 5;$$
$$11 = 11;$$
das System ist somit statisch bestimmt.

Wenn ein freier Knoten gleichzeitig ein Lager ist (in Abb. II A.13a das feste Lager), so kann man auch die Verbindungsstäbe zwischen Scheiben und Lager als Lagerbedingungen ansehen und daher das Lager in der Abzählbedingung entfallen lassen.

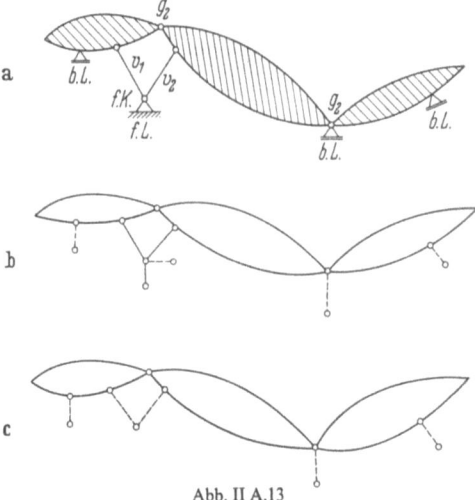

Abb. II A.13

Zum Beispiel ergibt sich nach Abb. II A.13c mit $s = 3$, $k = 0$, $g_2 = 2$, $v = 0$, $a = 5$ nach (II A.1)

$$3 \cdot 3 + 0 = 2 \cdot 2 + 0 + 5;$$
$$9 = 9,$$

womit auch auf diese Weise die statische Bestimmtheit nachgewiesen werden kann.

Bei einem Dreigelenkbogen ergibt sich (Abb. II A.14a u. b) mit $s = 2$, $k = 0$, $g_2 = 1$, $v = 0$, $a = 4$ nach (II A.1)

$$3 \cdot 2 + 0 = 2 \cdot 1 + 0 + 4;$$
$$6 = 6.$$

Bei Scheibengruppen können auch andere Gelenkarten, als in den Abb. II A.10 bis II A.14 dargestellt, auftreten.

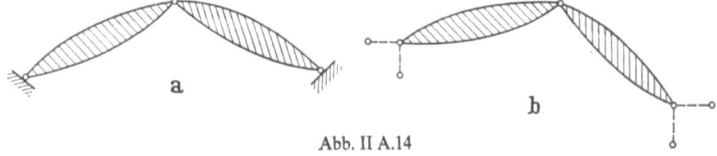

Abb. II A.14

Bei einem beweglichen Gelenk $g_1$, wie es bei Bauwerken öfters vorkommt, ist nur eine unbekannte Gelenkbelastung vorhanden, da deren Wirkungsrichtung

Abb. II A.15        Abb. II A.16

senkrecht zur Bewegungsrichtung festliegt. Bei einer Ausbildung mit einem beweglichen drehbaren Lager nach Abb. II A.15 handelt es sich wieder um ein reelles bewegliches Gelenk, während man bei einer Ausbildung nach Abb. II A.16 von einem imaginären beweglichen Gelenk spricht.

Beim festen Gelenk zur Verbindung zweier Scheiben kann die Wirkung jeder der beiden Scheiben auf die andere, die Gelenkbelastung, in zwei beliebige Richtungen (z. B. $H$ und $V$ in Abb. II A.17) zerlegt werden. Das feste Gelenk kann wieder als reelles (Abb. II A.18) oder als imaginäres Gelenk (Abb. II A.19) ausgebildet

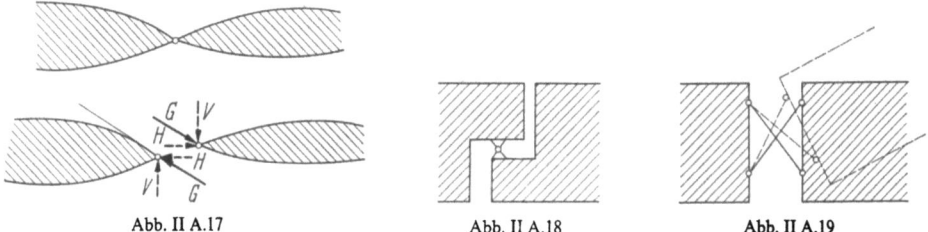

Abb. II A.17  Abb. II A.18  Abb. II A.19

werden. Letzteres erkennt man daran, daß bei einer gegenseitigen Drehung der beiden Scheiben sich der Ort des Gelenkes (Schnittpunkt der beiden Stützstäbe) ändert.

Stoßen drei Scheiben in einem festen Gelenk $g_3$ zusammen (Abb. II A.20), so erkennt man, daß die drei auf das Gelenk von den einzelnen Scheiben ausgeübten

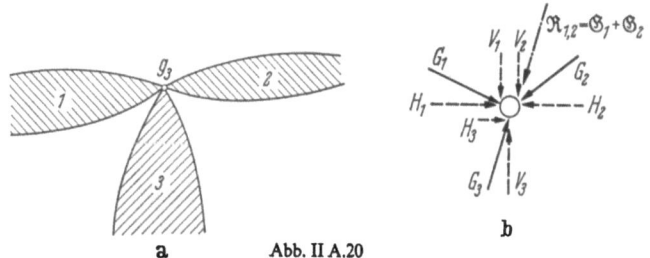

Abb. II A.20

Gelenkbelastungen $\mathfrak{G}_1$, $\mathfrak{G}_2$ und $\mathfrak{G}_3$ im Gleichgewicht sein müssen. $\mathfrak{G}_3$ ist somit z. B. durch die Bedingung (Abb. II A.20b)

$$\mathfrak{G}_1 + \mathfrak{G}_2 + \mathfrak{G}_3 = 0$$

eindeutig aus $\mathfrak{G}_1$ und $\mathfrak{G}_2$ festgelegt. Sind $\mathfrak{G}_1$ und $\mathfrak{G}_2$ jeweils durch zwei unbekannte Komponenten (z. B. $V_1$, $H_1$ und $V_2$, $H_2$) ausgedrückt, so ist $\mathfrak{G}_3$ eine Linearkombination derselben. Bei einem Gelenk $g_3$ sind somit vier unbekannte Gelenkbelastungsgrößen vorhanden.

Die Gesamtzahl der unbekannten Gelenkbelastungsgrößen ist damit durch die Gleichung

$$g = (g_1 + 2g_2 + 4g_3 + 6g_4 + \cdots) \qquad \text{(II A.2)}$$

bestimmt. Der Index 2, 3, 4 usw. gibt dabei die Anzahl der an demselben Gelenk angeschlossenen Scheiben an.

Die Abzählbedingung zur Festlegung der Systemeigenschaften lautet daher in allgemeiner Form

$$3s + 2k \gtreqless g + v + a. \qquad \text{(II A.3)}$$

Bei Fachwerken kann man sich nun jeden Stab zwischen zwei Knotenpunkten als Scheibe vorstellen und das gesamte Fachwerk als System von vielen Scheiben (Abb. II A.21) betrachten. Die Feststellung, ob es sich um ein statisch bestimmtes System handelt, könnte somit nach (II A.2) und (II A.3) erfolgen. Für das Fachwerk nach Abb. II A.21 würde sich z. B. ergeben: $s = 7$, $g_2 = 2$, $g_3 = 2$, $g_4 = 1$, $a = 3$ und somit

$$3 \cdot 7 + 0 = (0 + 2 \cdot 2 + 4 \cdot 2 + 6 \cdot 1) + 3;$$
$$21 = 21.$$

Diese Methode ist jedoch umständlich, und man wählt den Weg der Gleichgewichtsbedingungen für jeden Knoten.

Betrachtet man einen Knoten $i$ eines Fachwerkes, so müssen die in diesem Knoten angreifenden Stabkräfte mit der in diesem Punkte angreifenden äußeren Belastung im Gleichgewicht sein. Dieses Gleichgewicht muß für zwei beliebige Richtungen der Ebene gelten (z. B. Richtungen $x$ und $z$ in Abb. II A.22). Man erhält somit für jeden Knoten zwei unabhängige Gleichgewichtsbedingungen. Würde man

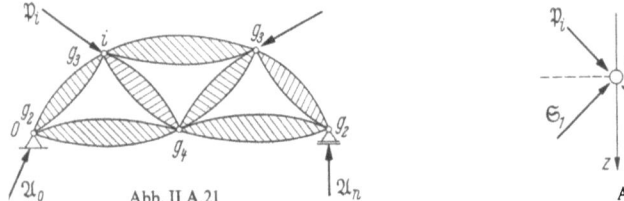

Abb. II A.21      Abb. II A.22

die Gleichgewichtsbedingung für eine dritte Richtung aufstellen, so würde sich eine Linearkombination der beiden anderen Gleichungen ergeben, d. h., daß diese Gleichung überzählig und somit unbrauchbar wäre. Ist $s$ die Zahl der unbekannten Stabkräfte, $a$ die der unbekannten Lagerbelastungen und $k$ die der vorhandenen Knoten, so gilt für ein statisch bestimmtes Fachwerksystem

$$s + a = 2k. \tag{II A.4}$$

Bei $s + a < 2k$ ist ein bewegliches, bei $s + a > 2k$ ein statisch unbestimmtes System vorhanden.

Für das Beispiel nach Abb. II A.21 ist: $s = 7$, $a = 3$, $k = 5$ und nach (II A.4)

$$7 + 3 = 2 \cdot 5;$$
$$10 = 10.$$

Gl. (II A.4) gilt für beliebige Fachwerksysteme.

Bei dem Fachwerk nach Abb. II A.23 sind z. B. an den Kreuzungspunkten der inneren Diagonalen ($i$) keine Knotenpunkte vorhanden, d. h., die Diagonalen sind an diesen Stellen nicht miteinander verbunden. Es ist: $s = 11$, $a = 3$, $k = 7$ und somit

$$11 + 3 = 2 \cdot 7,$$

d. h., das Fachwerk ist statisch bestimmt.

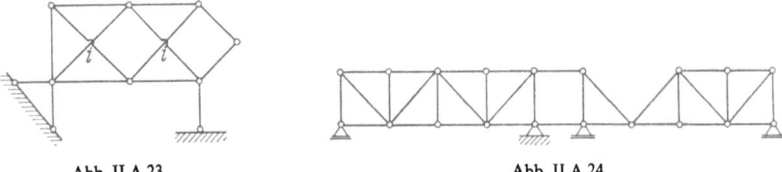

Abb. II A.23      Abb. II A.24

Für den Gelenkträger nach Abb. II A.24 ergibt sich: $s = 33$, $a = 5$, $k = 19$. Aus $33 + 5 = 2 \cdot 19$ erkennt man, daß es sich wieder um ein statisch bestimmtes System handelt.

Das System nach Abb. II A.25 ist hingegen mit

$$s = 4, \quad a = 3 \quad \text{und} \quad k = 4,$$
$$4 + 3 < 2 \cdot 4,$$

beweglich.

Aus (II A.4) ergibt sich, daß K-Fachwerke entsprechend Abb. II A.26 ($s = 25$, $a = 3$, $k = 14$) und Abb. II A.27 ($s = 25$, $a = 3$, $k = 14$) statisch bestimmt sind,

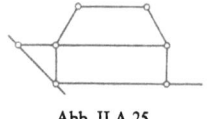 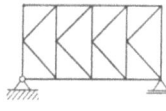 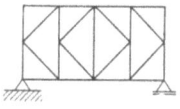 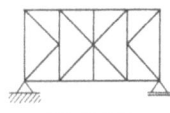

Abb. II A.25   Abb. II A.26   Abb. II A.27   Abb. II A.28

während K-Fachwerke entsprechend Abb. II A.28 ($s = 24$, $a = 3$, $k = 13$) statisch unbestimmt sind.

Auch Rautenfachwerke sind je nach der Art der Ausführung beweglich, statisch bestimmt oder unbestimmt. Zum Beispiel sind Fachwerke nach der Bauart Abb. II A.29 ($s = 18$, $a = 3$, $k = 11$) beweglich, solche nach Abb. II A.30 ($s = 19$,

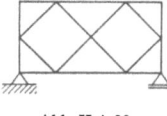  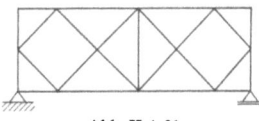

Abb. II A.29   Abb. II A.30   Abb. II A.31

$a = 3$, $k = 11$), Abb. II A.31 ($s = 25$, $a = 3$, $k = 14$) und Abb. II A.32 ($s = 25$, $a = 3$, $k = 14$) statisch bestimmt und Fachwerke der Bauart nach Abb. II A.33 ($s = 20$, $a = 3$, $k = 11$) statisch unbestimmt.

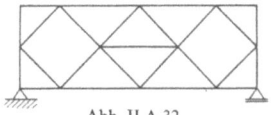 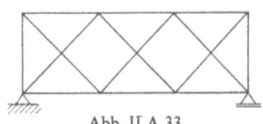

Abb. II A.32   Abb. II A.33

Handelt es sich um eine einzige Fachwerkscheibe, so kann die Abzählbedingung vereinfacht werden.

Mit der Anzahl $s_u$ der Umfangsstäbe, $s_i$ der inneren Stäbe, $k_u$ der Umfangsknoten und $k_i$ der inneren Knoten erhält man mit $a = 3$ und $s_u = k_u$ für eine geschlossene Scheibe aus (II A.4)

$$s_i + s_u = 2k_i + 2k_u - 3; \quad s_i = (2k_i - 3) + k_u. \qquad \text{(II A.5)}$$

Für Fachwerke mit $k_i = 0$ gilt

$$s_i = k_u - 3. \qquad \text{(II A.6)}$$

Danach ergibt sich z. B. für das Fachwerk nach Abb. II A.21 mit $s_i = 2$, $k_u = 5$ nach (II A.6)

$$2 = 5 - 3.$$

Nach (II A.5) erhält man z. B. für das Fachwerk nach Abb. II A.26 mit $s_i = 14$, $k_i = 3$, $k_u = 11$ die Bedingung

$$14 = (2 \cdot 3 - 3) + 11$$

und für das Fachwerk nach Abb. II A.30 mit $s_i = 10$, $k_i = 2$, $k_u = 9$ die Bedingung

$$10 = (2 \cdot 2 - 3) + 9.$$

Somit ergibt sich auch danach die statische Bestimmtheit dieser Systeme.

### 3. Methode der Stabvertauschung zur Feststellung der statischen Bestimmtheit

Ein einfaches und anschauliches Mittel zur Feststellung, ob ein System statisch bestimmt, beweglich oder statisch unbestimmt ist, besteht darin, so viele Fachwerkstäbe oder Stützstäbe wegzunehmen und an anderen Stellen einzubauen, bis man ein bekanntes System erreicht. Die einfachsten solcher Systeme sind Balken, Balkenketten, Dreigelenkbogen, Gerberträger usw.

Bezüglich der Ausfachung von Fachwerken ist das Dreiecksfachwerk das einfachste. An den folgenden Beispielen sei das Verfahren gezeigt.

Die Scheibenkette nach Abb. II A.34a besteht aus drei Scheiben I, II und III, zwei freien Knoten (f.K.) 5 und 8 und aus fünf Verbindungsstäben $v$. Sie ist an den Punkten 1 und 10 an der Erdscheibe mit festen Gelenken gelagert. Ersetzt man das feste Gelenk im Punkt 10 durch zwei Stützstäbe $T_1$ und $T_2$ (Abb. II A.34b)

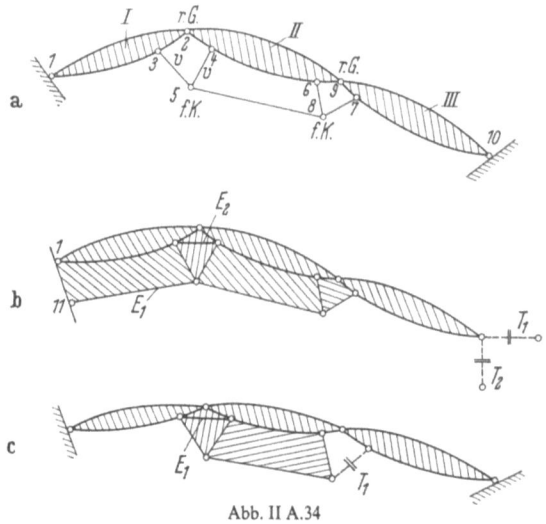

Abb. II A.34

und tauscht diese gegen die beiden Ersatzstäbe $E_1$ und $E_2$ aus, so erhält man einen statisch bestimmten Kragträger, der durch das Gelenk 1 und den Stützstab $E_1$ an der Erdscheibe gelagert ist. Durch den Ersatzstab $E_2$ wird das Viergelenk 3-2-4-5 geschlossen, so daß die Scheiben I und II zusammen mit dem Punkt 5 eine starre Scheibe bilden. Der Punkt 8 ist durch die beiden Verbindungsstäbe 5-8 und 6-8 ebenfalls starr mit dieser einen Scheibe verbunden, ist somit ein Teil derselben. Durch das Gelenk im Punkt 9 und den Verbindungsstab 7-8 ist auch die Scheibe III starr mit der obigen Scheibe verbunden. Das gesamte in Abb. II A.34b schraffierte Gebilde ist somit in seiner neuen Form ein Kragträger, somit statisch bestimmt, und damit ist auch das ursprüngliche System nach Abb. II A.34a statisch bestimmt.

Würde man nach Abb. II A.34c den Verbindungsstab 7-8 als Tauschstab $T_1$ einführen, ihn also entfernen und dafür den Ersatzstab $E_1$ zwischen Punkt 3 und 4 einführen, so erkennt man sofort, daß man auf diese Weise einen statisch bestimmten Dreigelenkbogen mit dem Gelenk im Punkt 9 erhält. Auf diese Weise gibt es viele Möglichkeiten, das gegebene System auf ein bekanntes zurückzuführen. Wäre z. B. im System nach Abb. II A.34a der Verbindungsstab 5-8 nicht vorhanden, so würde nach der Stabvertauschung das neue System ganz oder teilweise beweglich bleiben.

Die Stabvertauschung kann man aber auch so durchführen, daß aus einem zusammenhängenden System neue, voneinander getrennte Systeme entstehen. Zum Beispiel entstehen aus dem gegebenen System nach Abb. II A.35a durch Entfernen der gedachten Stützstäbe in den Lagerpunkten 1 und 4 (Tauschstäbe $T_1$ und $T_2$) und des Verbindungsstabs 7—8 (Tauschstab $T_3$) und Einführung der Ersatzstäbe $E_1$, $E_2$ und $E_3$ zwei voneinander getrennte, statisch bestimmte Balken (Abb. II A.35b).

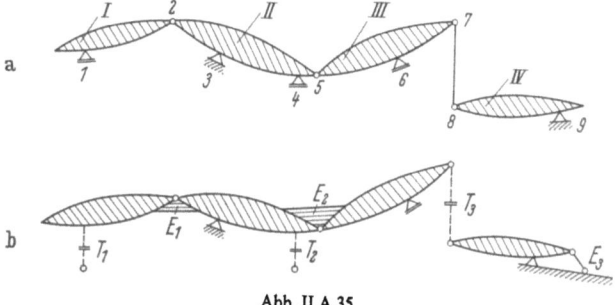

Abb. II A.35

Aus dem System nach Abb. II A.36a entstehen nach Durchschneiden der Tauschstäbe $T_1$, $T_2$ und $T_3$ und Einführung der Ersatzstäbe $E_1$, $E_2$ und $E_3$ der Balken 1—3, der durch den Stab 3—4 in Längsrichtung gehalten ist, der Kragträger 4—7 und der Kragträger 8—9 (Abb. II A.36b). Führt man für die überspannte Scheibenkette

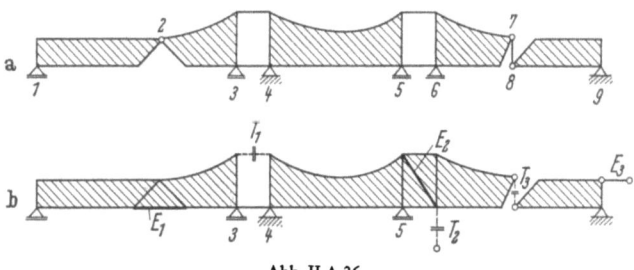

Abb. II A.36

nach Abb. II A.37a den Tauschstab $T_1$ ein, schneidet ihn durch und ändert dafür das bewegliche Gelenk in Punkt 4 in ein festes Gelenk, so erhält man (Abb. II A.37b) einen statisch bestimmten Gerberträger; das ursprüngliche System ist somit ebenfalls statisch bestimmt.

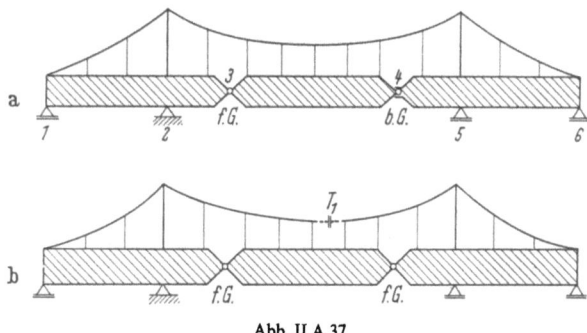

Abb. II A.37

Erkennt man bei einem statisch bestimmt gelagerten Fachwerk nicht gleich, ob es innerlich statisch bestimmt ist, so führt die Methode der Stabvertauschung durch Zurückführung auf Dreiecksfachwerke schnell zum Ziel.

Schneidet man z. B. beim Fachwerk nach Abb. II A.29 bzw. nach Abb. II A.38 den Tauschstab $T_1$ durch und führt dafür den Ersatzstab $E_1$ ein, so sieht man, daß ein bewegliches Viergelenk 3—6—7—9 entsteht. Das ursprüngliche System ist somit beweglich. Das System nach Abb. II A.39a wird hingegen nach Ersatz der Tauschstäbe $T_1$, $T_2$ und $T_3$ durch die Ersatzstäbe $E_1$, $E_2$ und $E_3$ ein statisch bestimmtes Dreiecksfachwerk (Abb. II A.39b).

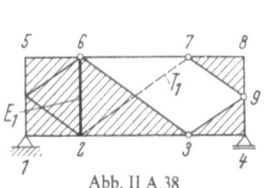
Abb. II A.38

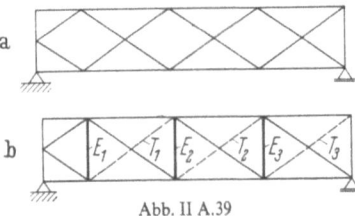
Abb. II A.39

Zusammenfassend kann zur Methode der Stabvertauschung gesagt werden, daß man ohne jedes rechnerische Kriterium, bereits aus der Anschauung heraus, feststellen kann, ob ein beliebig gelagertes und ausgebildetes System statisch bestimmt oder unbestimmt ist bzw. ob es eine Beweglichkeit aufweist.

## 4. Aufbau eines statisch bestimmten Fachwerks

Die Bildung eines Fachwerks aus den einzelnen Stäben kann, von einer unbeweglichen, statisch bestimmten Grundscheibe ausgehend, nach verschiedenen Gesetzen erfolgen, und zwar:

$\alpha$) Es wird ein neuer Knoten $k_n$ an eine vorhandene Scheibe mit zwei Stäben angeschlossen, die nicht in eine Gerade fallen dürfen. Abb. II A.40 zeigt einen solchen allgemeinen Fall, während bei Abb. II A.41 eine Beweglichkeit des Knotens $k_n$ vorhanden wäre.

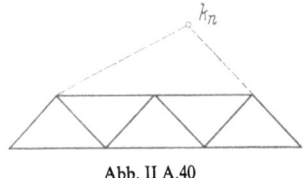
Abb. II A.40

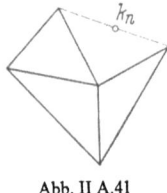
Abb. II A.41

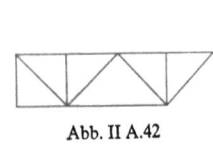
Abb. II A.42

Der einfachste Sonderfall für dieses Bildungsgesetz ist das Dreiecksfachwerk. Bei diesem wird, von einem Ausgangsdreieck ausgehend, jeder neue Knoten derart

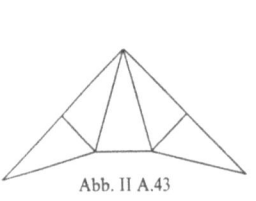
Abb. II A.43

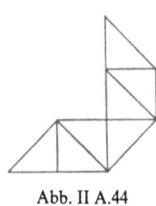
Abb. II A.44

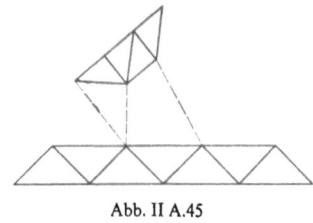
Abb. II A.45

mit zwei Stäben angeschlossen, daß ein neues Dreieck gebildet wird, von dem ein Stab mit einem Stab der bereits vorhandenen Fachwerkscheibe zusammenfällt (z. B. Abb. II A.42 bis II A.44).

$\beta$) Eine neue Scheibe wird an die vorhandene mit drei Stäben angeschlossen, die nicht durch einen Punkt gehen (z. B. Abb. II A.45). Als Sonderfall können zwei Stäbe zu einem Gelenk zusammenschrumpfen (z. B. Abb. II A.46 und II A.47).

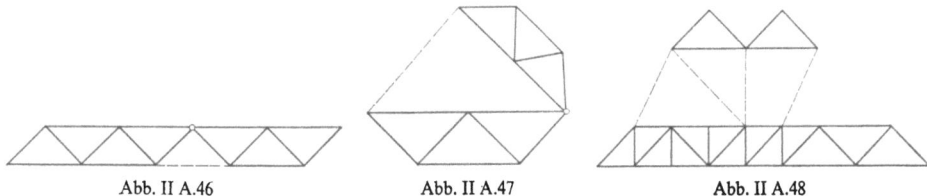

Abb. II A.46     Abb. II A.47     Abb. II A.48

$\gamma$) Ein Gelenksystem mit endlicher Beweglichkeit beliebigen Grades wird mit so vielen Stäben an eine Scheibe angeschlossen, daß das Gesamtsystem wieder steif wird (z. B. Abb. II A.48 bis II A.50).

Abb. II A.49     Abb. II A.50

Für alle drei Bildungsgesetze gilt als Bedingung für die notwendige Anzahl $s_a$ der Anschlußstäbe, wenn $k_n$ neue Knoten und $s_n$ neue Stäbe anzuschließen sind,

$$s_a + s_n = 2 k_n$$

bzw.

$$s_a = 2 k_n - s_n. \tag{II A.7}$$

Diese Bedingung ergibt sich daraus, daß für jeden neuen Knoten zwei Gleichgewichtsgleichungen aufgestellt werden können.

Für das Beispiel nach Abb. II A.49 ergibt sich mit $k_n = 3$ und $s_n = 2$ die erforderliche Anzahl der Anschlußstäbe zu

$$s_a = 2 \cdot 3 - 2 = 4$$

und für das Beispiel nach Abb. II A.50 mit $k_n = 5$ und $s_n = 6$ zu

$$s_a = 2 \cdot 5 - 6 = 4.$$

## 5. Statisch bestimmte Grundsysteme

Die Berechnung beliebiger, statisch bestimmter oder statisch unbestimmter Systeme kann immer auf die Berechnung eines von vier statisch bestimmten Grundsystemen, die durch die Art der Stützung gekennzeichnet sind, zurückgeführt werden. Diese Grundsysteme sind: der Kragträger, der Einfeldträger, der Gelenkträger oder Gerberträger und der Dreigelenkbogen.

### a) Kragträger

Der einfachste Fall des Kragträgers ist der einseitig eingespannte Träger. Die Stabachse kann dabei gerade (Abb. II A.51), beliebig gekrümmt (Abb. II A.52) oder abgeknickt (Abb. II A.53) sein. Auch ein einseitig oder beidseitig über zwei unterstützende Lager auskragender Träger wird im ganzen als Kragträger (Abb. II A.54 und II A.55) bezeichnet. Dieser Träger wird bei den Gelenkträgern mitbehandelt, da er einen wesentlichen Bestandteil derselben darstellt.

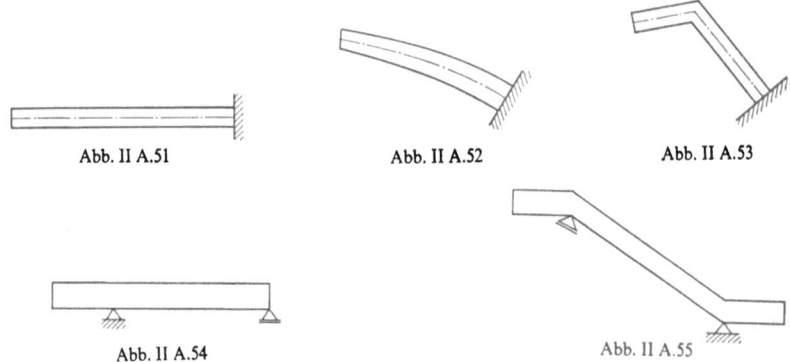

Abb. II A.51    Abb. II A.52    Abb. II A.53

Abb. II A.54    Abb. II A.55

Der Kragträger wird hauptsächlich im Hochbau bei auskragenden **Dächern**, Plattformen usw. verwendet, aber auch bei Brückenträgern.

### b) Einfeldträger

Unter einem Einfeldträger wird ein Träger verstanden, der an seinen **beiden Enden** gelagert ist, und zwar auf einem festen und einem beweglichen Lager. Die Stabachse kann gerade (Abb. II A.56), abgeknickt (Abb. II A.57) oder gekrümmt sein (Abb. II A.58). Wesentlich ist, daß am beweglichen Lager eine zwängungsfreie

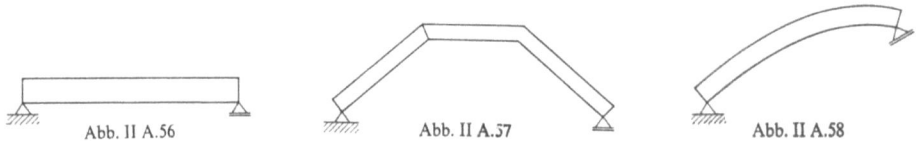

Abb. II A.56    Abb. II A.57    Abb. II A.58

Verschiebung senkrecht zur Aufstandsfläche möglich ist. Dies bedeutet, daß eine Bogenwirkung nicht auftreten kann. Der Einfeldträger wird wegen seiner klaren Lagerbedingungen (keine horizontalen Stützbelastungen bei lotrechter Belastung und einem horizontal verschieblichen Lager) und seiner einfachen Berechnung sowohl im Hochbau (Deckenträger, Unterzüge, Dachträger usw.) als auch im Brückenbau und Wasserbau (Dammbalken, Wehrverschlüsse usw.) häufig verwendet.

### c) Gelenk- oder Gerberträger

Eine Aufeinanderfolge von Kragträgern und Einfeldträgern, die mit Gelenken miteinander verbunden sind, bei statisch bestimmter Lagerung des Gesamtsystems, wird als Gelenkträger bezeichnet. Die Einfeldträger werden auf den Kragträger bzw. am Widerlager abgestützt; man nennt sie auch Einhängeträger.

In Abb. II A.59a bis e sind schematisch einige Arten von Gelenkträgern dargestellt. Sind nur feste Gelenke vorhanden (Abb. II A.59a, b u. d), so ist bei statisch bestimmter Lagerung nur ein festes Lager möglich. Bei mehreren festen Lagern (z. B. Abb. II A.59c u. e) sind entsprechend deren Anzahl auch längsbewegliche Gelenke erforderlich, soll eine statisch bestimmte Lagerung erhalten bleiben. Bei Gelenkträgern kann die Stabachse auch gekrümmt oder abgeknickt sein (z. B. Abb. II A.60); bei der Lagerung ist nur darauf zu achten, daß keine Bogenwirkung entstehen kann.

Die Gelenkträger werden in ihren unzähligen Abarten aus statischen und konstruktiven Gründen im Hochbau und Brückenbau häufig verwendet. Ihre Berechnung ist einfach, außerdem kann ihre Bauhöhe — mit Rücksicht der Verteilung der Momente auf Feld- und Stützmomente — kleiner als bei Einfeldträgern gehalten werden. Ihre Höhe kann nach wirtschaftlichen Gründen

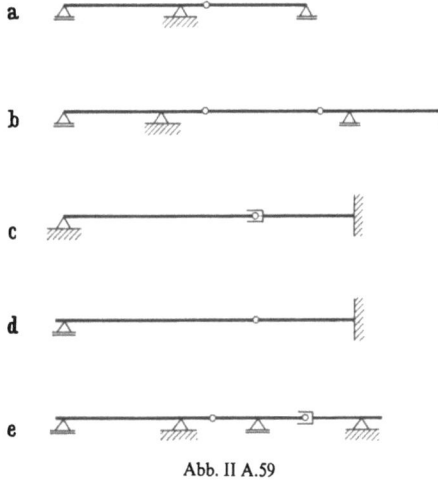

Abb. II A.59

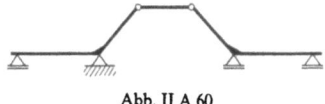

Abb. II A.60

im Feld und über den Stützen den gegebenen Bedingungen angepaßt werden. Im Hochbau werden Gelenkträger sowohl für Pfetten (Gelenkpfetten) zum Tragen der Dachhaut als auch für Haupttragkonstruktionen gewählt. Im Brückenbau findet man Gelenkträger vor allem dann, wenn durch Bodensenkungen (Bergsenkungsgebiet oder ungünstige Gründungsverhältnisse) starke Stützenbewegungen zu erwarten sind, da sich bei diesen Systemen — im Gegensatz zu den statisch unbestimmten Durchlaufträgern usw. — bei Stützenbewegungen keine Änderungen der Schnittbelastungen ergeben.

#### d) Dreigelenkbogen

Beim Dreigelenkbogen werden einerseits zwei Scheiben mit einem festen Gelenk miteinander verbunden, andererseits wird jede dieser Scheiben mit einem festen Gelenk auf der Erdscheibe gestützt, und es dürfen außerdem die drei Gelenke nicht in einer Linie liegen. Bei diesem System entstehen auch bei lotrechter Belastung horizontale Stützbelastungen; somit entsteht eine Bogenwirkung. Je geringer der

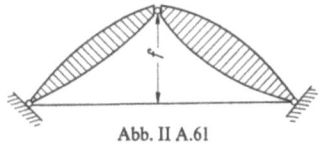

Abb. II A.61

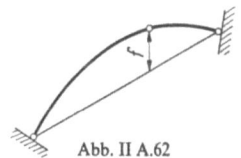

Abb. II A.62

Stich $f$ (z. B. Abb. II A.61) ist, desto größer werden für eine gegebene Belastung die horizontalen Stützbelastungen auf die Gelenke. Die Fußgelenke können gleich hoch liegen (Abb. II A.61) oder in verschiedener Höhe angeordnet werden

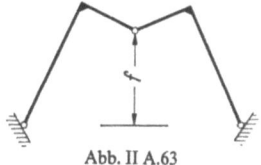

Abb. II A.63

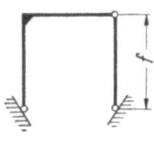

Abb. II A.64

Abb. II A.65

(Abb. II A.62). Die einzelnen Scheibenachsen können gerade (z. B. Abb. II A.64 und II A.65, rechte Scheibe), gekrümmt (z. B. Abb. II A.62) oder abgeknickt (z. B. Abb. II A.63 und II A.64) sein. Dreigelenkbogen der Form Abb. II A.61 werden für Brücken und Hallen, Schleusentore u. a. m., solche der Form Abb. II A.64 und II A.65 (Shedhallen) hauptsächlich für Hallen verwendet. Der Vorteil dieses Systems liegt neben der günstigen statischen Wirkungsweise in der Montage begründet, da die Gelenkanordnung eine schnelle Errichtung solcher Konstruktionen ermöglicht.

## B. Stützung von Scheiben und Scheibenketten

### 1. Stützung einer Scheibe

Der einfachste Fall der Stützung einer Scheibe ist der durch ein festes und ein bewegliches Lager (z. B. Abb. II B.1 und II B.2).

Greift die Belastung dabei in beliebiger Richtung an, so empfiehlt es sich, die Stützbelastung graphisch zu ermitteln. Entsprechend Abschn. I A 2e sind mit Krafteck und Seileck die Größe und Lage der Resultierenden $\Re_{\Sigma P}$ aller angreifenden Belastungen zu bestimmen (Abb. II B.1a u. b).

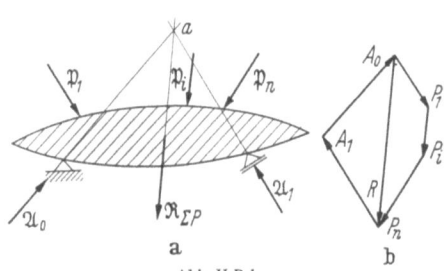
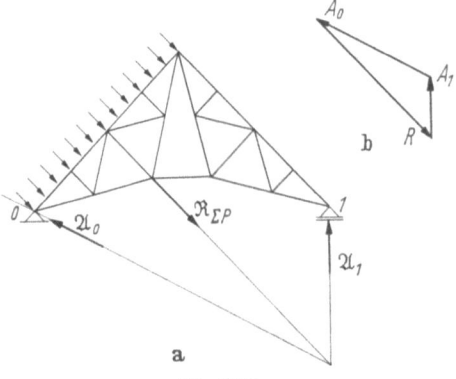

Abb. II B.1    Abb. II B.2

Für das bewegliche Lager liegt die Richtung des Stützdruckes normal zur Bewegungsrichtung fest. Bringt man diese Richtung mit der Resultierenden zum Schnitt, so muß aus Gleichgewichtsgründen die Richtung des Stützdruckes des festen Lagers durch diesen Schnittpunkt $a$ gehen (z. B. Abb. II B.1a und II B.2a). Mit den beiden Stützdruckrichtungen sind aus dem Kraftplan (z. B. Abb. II B.1b und II B.2b) die Größen der Stützdrücke gegeben.

Die rechnerische Bestimmung mit Hilfe der drei Gleichgewichtsbedingungen (zweckmäßig eine Momenten- und zwei Kraftkomponentengleichungen) ist für den Fall beliebig gerichteter Kräfte umständlicher. Hierbei werden zweckmäßig die Kräfte $P_i$ in ihre Komponenten $P_{i,x}$ und $P_{i,z}$ zerlegt. Für das Lager $n$ erhält man die Komponenten der Stützbelastung — auf die Tragscheibe wirkend — zu $A_{n,x} = A_n \sin\beta_n$ und $A_{n,z} = A_n \cos\beta_n$ (Abb. II B.3). Legt man den Koordinatenursprung in das feste Lager und bildet in bezug darauf die Momentengleichung (positive Momente im Uhrzeigersinn), so gewinnt man damit die Bestimmungsgleichung für $A_n$. Es gilt

$$\sum_i P_{i,z} x_i - \sum_i P_{i,x} z_i + A_n(\sin\beta_n z_n - \cos\beta_n x_n) = 0. \qquad \text{(II B.1)}$$

Mit $A_n$ gewinnt man $A_{0,x}$ und $A_{0,z}$ aus den Kräfte-Gleichgewichtsgleichungen in $x$- und $z$-Richtung zu

$$\sum P_{i,z} - A_n \cos\beta_n - A_{0,z} = 0;$$
$$\sum P_{i,x} - A_n \sin\beta_n - A_{0,x} = 0. \qquad \text{(II B.2)}$$

Ergeben sich positive Werte $A_n$, $A_{0,x}$ und $A_{0,z}$, so stimmen die Wirkungsrichtungen der Stützbelastungen mit den angenommenen Richtungen überein, bei negativen Werten wirken sie der Annahme entgegengesetzt.

Völlig der gleiche Fall liegt vor, wenn eine Scheibe (I) mit einer anderen Scheibe (II) mittels eines reellen Gelenkes und eines Verbindungsstabs $v$ verbunden ist (z. B. Abb. II B.4). Die Stabkraft $S_v$ im Verbindungsstab entspricht hierbei der früheren

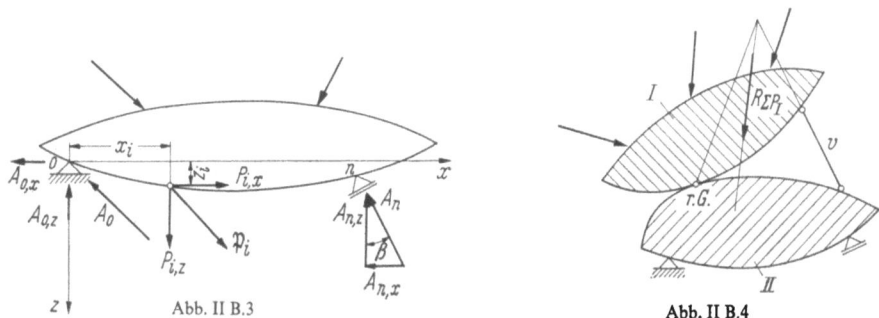

Abb. II B.3  Abb. II B.4

Stützbelastung $A_n$, der Gelenkdruck im reellen Gelenk dem Stützdruck $A_0$. Die Größen dieser Werte können in gleicher Weise wie früher graphisch oder rechnerisch ermittelt werden.

Statt (II B.1) gilt auch bei Verwendung der Normalabstände $r$ und $p_v$ (Abb. II B.5)

$$R\,r + S_v\,p_v = 0; \quad S_v = -\frac{R\,r}{p_v}. \tag{II B.3}$$

Betrachtet man ein statisch bestimmt gelagertes Dreiecksfachwerk (z. B. Abb. II B.6), für das die Stützbelastung bekannt ist, so kann die Stabkraft in einem beliebigen Gurtstab $S_{i-k}$ entsprechend (II B.1) und (II B.3) bestimmt werden, wenn das

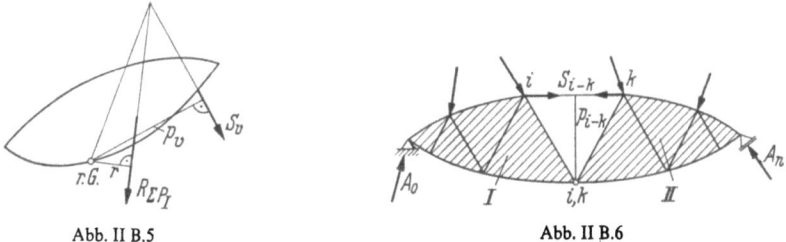

Abb. II B.5  Abb. II B.6

Moment für den Drehpol $i, k$ bekannt ist. Der Gurtstab ist in diesem Falle der Stützstab zwischen den beiden Scheiben I und II. Für ein positives Moment und einen Obergurt gilt (z. B. Abb. II B.6)

$$M_{i,k} + S_{i-k}\,p_{i-k} = 0; \quad S_{i-k} = -\frac{M_{i,k}}{p_{i-k}}; \tag{II B.4}$$

für einen Untergurt (z. B. Abb. II B.7)

$$M_{i,k} - S_{i-k}\,p_{i-k} = 0; \quad S_{i-k} = +\frac{M_{i,k}}{p_{i-k}}. \tag{II B.5}$$

Bei der Berechnung des Momentes $M_{i,k}$ sind alle auf die betrachtete Scheibe (in Abb. II B.6 entweder Scheibe I oder II) wirkenden Belastungen (gegebene äußere Belastung und Stützbelastung) zu berücksichtigen.

Die Stabkräfte $S_{i-k}$ sind in (II B.4) und (II B.5) als Zugkräfte positiv eingeführt. Ergeben sich negative Werte, so dreht sich ihre Wirkungsrichtung um, d. h., es sind dann Druckkräfte vorhanden.

Wird eine Scheibe durch drei Stäbe derart gestützt, daß nicht alle drei Stäbe zueinander parallel sind, so können die in ihnen entstehenden Stützkräfte, in ähnlicher Weise wie vorher gezeigt, zeichnerisch oder rechnerisch bestimmt werden.

Die zeichnerische Bestimmung nach CULMANN ist aus Abb. II B.8 ersichtlich. Wird die Resultierende $\Re_I$ aller auf die Scheibe I angreifenden Belastungen (Scheibe I in Abb. II B.8a) — diese können sowohl von gegebenen Belastungen als auch von Stützbelastungen herrühren — mit der Wirkungsrichtung eines Stabes (z. B. Stab $c$) zum Schnitt gebracht und zwischen diesem Schnittpunkt und dem Schnittpunkt der

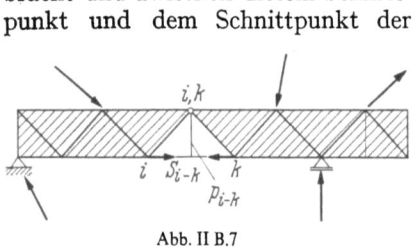

Abb. II B.7

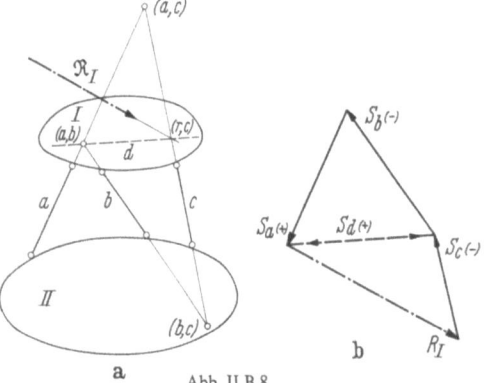

Abb. II B.8

Wirkungsrichtungen der beiden übrigen Stäbe ($r$, $c$ und $a$, $b$ in Abb. II B.8a) ein gedachter Stab $d$ eingeführt, so kann die Resultierende $R_I$ nach Abb. II B.8b in die Stabkräfte $S_c$ und $S_d$ zerlegt werden und die Stabkraft $S_d$ in die Stabkräfte $S_a$ und $S_b$. Man erkennt aus dem Kraftplan (Abb. II B.8b), daß die Stabkräfte $S_c$, $S_b$ und $S_a$ eine Resultierende „$-R_I$" ergeben, es sich somit um ein Gleichgewichtssystem handelt.

Diese Konstruktion gilt unverändert, wenn die Schnittpunkte der Richtungen der Stäbe $a$ und $b$ bzw. $b$ und $c$ mit den Anschlußpunkten der Stäbe an die Scheiben zusammenfallen (s. z. B. Abb. II B.9a u. b).

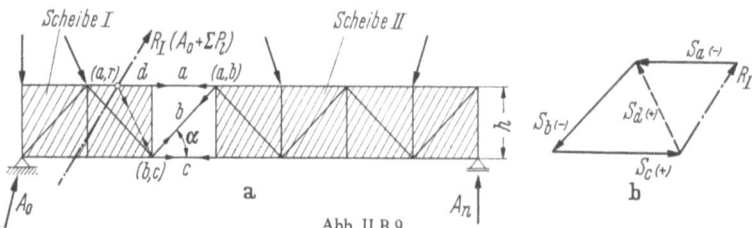

Abb. II B.9

Die rechnerische Ermittlung ist unter dem Namen „Ritter-Schnitt" bekannt. Liegt der Schnittpunkt je zweier Stäbe günstig in der Zeichenebene, so kann die Stabkraft im dritten Stützstab der untersuchten Scheibe aus der Momentengleichgewichtsbedingung um diesen Schnittpunkt bestimmt werden.

Für Abb. II B.10 gilt zur Bestimmung von $S_c$, unter Beachtung, daß $R_I$ die Resultierende aller an der Scheibe I angreifenden Belastungen ohne die Stützstäbe $S_a$, $S_b$ und $S_c$ darstellt, beispielsweise

$$R_I r_{R;a,b} + S_c r_{c;a,b} = 0; \quad S_c = -R_I \frac{r_{R;a,b}}{r_{c;a,b}}.$$

In ähnlicher Weise gilt zur Bestimmung von $S_a$:

$$R_I r_{R;c,d} - S_a r_{a;c,d} = 0; \quad S_a = +R_I \frac{r_{R;c,d}}{r_{a;c,d}}.$$

(II B.6)

Würde der Schnittpunkt ($a$, $c$) ebenfalls im Zeichenbereich liegen, so könnte $S_b$ entsprechend bestimmt werden. Ist dies nicht der Fall, so muß eine Kräftekomponenten-Gleichgewichtsbedingung herangezogen werden. Meist wird letztere entweder in der $x$- oder $z$-Richtung aufgestellt. Fallen zwei Schnittpunkte außerhalb

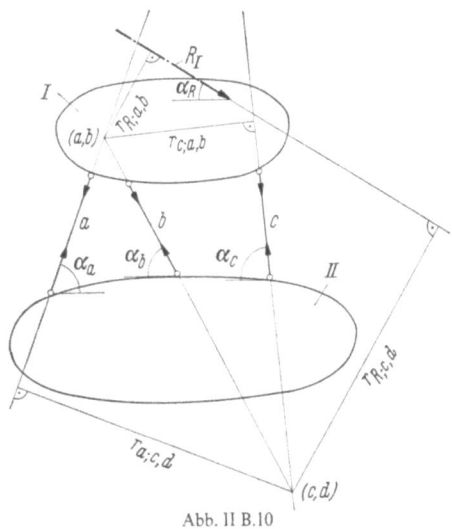

Abb. II B.10

des Zeichenbereichs, so müssen zwei Gleichgewichtsbedingungen aufgestellt werden. Zum Beispiel gilt für Abb. II B.10, wenn $S_a$ und $S_c$ nach (II B.6) bereits bekannt sind, mit $R_{I,x} = R_I \cos\alpha_R$:

$$R_{I,x} - S_a \cos\alpha_a + S_b \cos\alpha_b + S_c \cos\alpha_c = 0, \quad \text{(II B.7)}$$

woraus $S_c$ bestimmt ist.

Würde auch der Schnittpunkt $(c, d)$ außerhalb des Zeichenbereichs liegen, so erhält man mit dem bekannten Wert $S_c$ nach (II B.6) zwei Gleichungen für die beiden noch unbekannten Stabkräfte $S_a$ und $S_b$:

$$\begin{aligned} R_{I,x} - S_a \cos\alpha_a + S_b \cos\alpha_b + S_c \cos\alpha_c &= 0; \\ R_{I,z} + S_a \sin\alpha_a + S_b \sin\alpha_b + S_c \sin\alpha_c &= 0. \end{aligned} \quad \text{(II B.8)}$$

Für ein Parallelfachwerk vereinfachen sich die Gleichungen.

Zum Beispiel gilt für Abb. II B.9a

$$S_a = -\frac{M_{b,c}}{h}; \quad S_c = +\frac{M_{a,b}}{h}; \quad \text{(II B.9)}$$

$$-R_{I,z} - S_b \sin\alpha = 0; \quad S_b = -\frac{R_{I,z}}{\sin\alpha}. \quad \text{(II B.10)}$$

Die Konstruktion nach CULMANN bzw. die Berechnung nach RITTER gilt für Sonderfälle auch beim Anschluß einer Scheibe durch vier Stäbe.

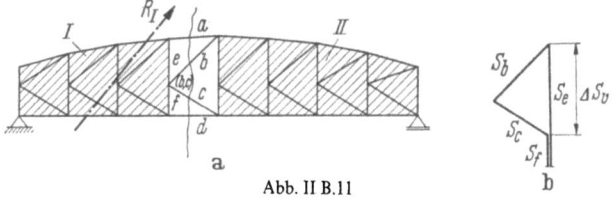

Abb. II B.11

Wird z. B. beim K-Fachwerk nach Abb. II B.11a die Scheibe I mit den vier Stäben $a$, $b$, $c$ und $d$ an die Scheibe II angeschlossen gedacht, so müßte die Resultierende $R_I$ in vier Richtungen zerlegt werden. Eine Zerlegung einer Kraft in der

Ebene kann jedoch eindeutig nur in drei Richtungen erfolgen. Aus dem Gleichgewicht im Knoten $(b, c)$ (Abb. II B.11b) erkennt man jedoch, daß die beiden Diagonalkräfte $S_b$ und $S_c$ eine Resultierende von der Größe $\Delta S_v$ in Richtung der Pfostenkräfte $S_e$ und $S_f$ haben müssen. Die Resultierende $R_I$ kann somit in die drei Richtungen $a$, $d$ und $e$ zerlegt werden, wodurch $S_a$, $S_d$ und $\Delta S_v$ eindeutig bestimmt sind. Mit $\Delta S_v$ sind aber auch $S_b$ und $S_c$ gegeben (Abb. II B.11b).

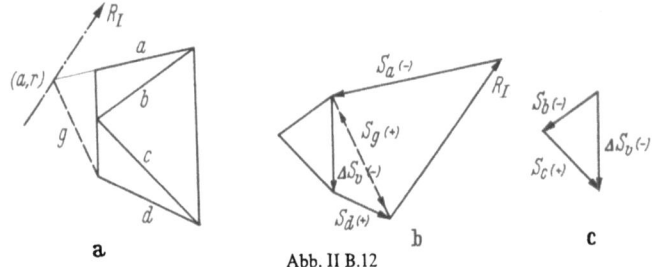

Abb. II B.12

Die zeichnerische Bestimmung dieser Stabkräfte ist z. B. in Abb. II B.12a, b u. c gezeigt.
(Siehe Beispiele 13 und 19.)

## 2. Stützung einer Scheibenkette

Für den allgemeinen Fall einer statisch bestimmten, beliebigen Scheibenkette unter einer beliebig gerichteten, äußeren Belastung führt die graphische Ermittlung der Stützbelastung am schnellsten zum Ziel. Betrachtet man eine Scheiben-

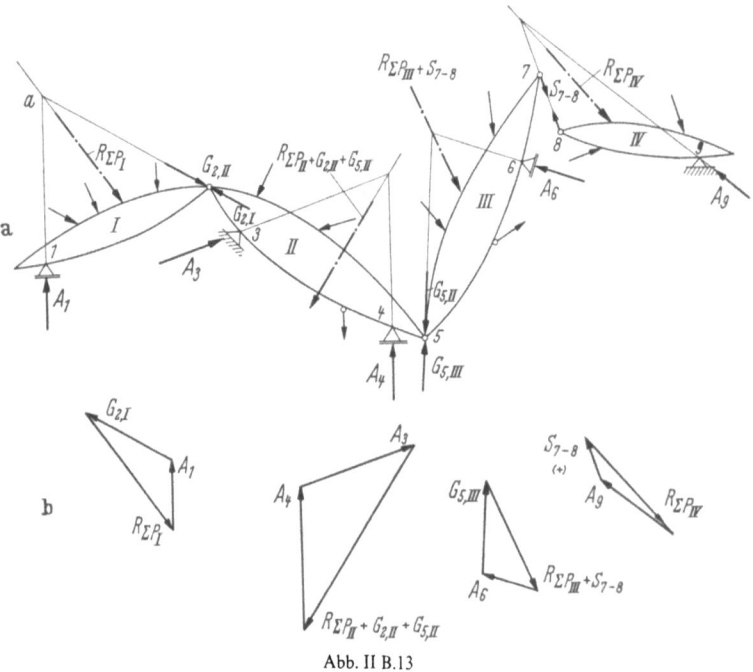

Abb. II B.13

kette (z. B. Abb. II B.13), so wird man mit den Scheiben beginnen, die Auflagerbelastung und Gelenkbelastungen zu bestimmen, bei denen dies aus der gegebenen Belastung und den Richtungen der Stützbelastung möglich ist. Für die daran anschließenden Scheiben sind dann die Gelenkbelastungen der zuerst betrachteten Scheiben als bekannte, äußere Belastung aufzufassen, womit fortlaufend Scheibe für Scheibe behandelt werden kann.

Der einzuschlagende Weg ist aus Abb. II B.13 ersichtlich. Für Scheibe I wird zuerst die Resultierende $R_{\Sigma P_I}$ aller auf sie wirkenden äußeren Lasten $P_i$ bestimmt. Da die Richtung von $A_1$ festliegt, muß durch deren Schnittpunkt $a$ mit $R_{\Sigma P_I}$ auch die Gelenkbelastung $G_2$ gehen. Die Größen von $A_1$ und $G_2$ sind dann durch das Krafteck (Abb. II B.13b) festgelegt. In gleicher Weise werden für Scheibe IV die Stützbelastung $A_9$ und die Gelenkstabkraft $S_{7-8}$ bestimmt. Als nächstes kann Scheibe III behandelt werden. Mit der Resultierenden aus allen auf die Scheibe III angreifenden Lasten $P_i$ und der Gelenkstabkraft $S_{7-8}$ sind wieder $A_6$ und $G_5$ bestimmt. Als letztes wird für Scheibe II die Resultierende $R_{\Sigma P_{II}} + G_{2,II} + G_{5,II}$ aus allen an dieser Scheibe angreifenden Lasten und den Gelenkbelastungen $G_{2,II}$ und $G_{5,II}$ ermittelt, woraufhin die letzten Stützbelastungen $A_3$ und $A_4$ bestimmt werden können.

Die rechnerische Bestimmung der Stützbelastung einer Scheibenkette unter beliebiger Belastung ohne Berücksichtigung der Gelenkbelastungen wird man selten ausführen, da sie zeitraubend ist. Man benötigt in einem solchen Falle so viele Gleichungen, wie unbestimmte Stützbelastungen vorhanden sind, wobei bei einem festen Gelenklager zwei unbekannte Stützbelastungen auftreten. Die drei Gleichgewichtsbedingungen für das Gesamtsystem — am zweckmäßigsten die Momentensumme für einen beliebigen Punkt $k$ und die Summe der Kraftkomponenten in zwei gewählten Richtungen — reichen zur Bestimmung der gesamten Stützbelastung nicht aus. Da in den Gelenken keine Momente auftreten können, werden $(n-3)$ Momentenbedingungen zusätzlich aufgestellt, wenn $n$ unbekannte Stützbelastungen vorhanden sind. Zu beachten ist dabei, daß für letztere Bedingungen nur die Belastungen links oder rechts vom betrachteten Gelenk zu berücksichtigen sind, während in die Momentengleichung des Gesamtsystems sämtliche Belastungen und Stützbelastungen einzubeziehen sind.

Die ersten drei Gleichungen für das Gesamtsystem (Momentengleichung um einen Punkt $k$, Summe der Kräfte in $x$- und $z$-Richtung) lauten

$$\left.\begin{array}{l} \sum P_i\, r_{i,k} + \sum A_n\, r_{n,k} = 0; \\ \sum P_{i,x} + \sum A_{n,x} = 0; \\ \sum P_{i,z} + \sum A_{n,z} = 0. \end{array}\right\} \quad \text{(II B.11)}$$

$r$ sind dabei die Lote vom Punkt $k$ auf die einzelnen Kraftrichtungen. Im Uhrzeigersinn wirkende Momente werden dabei positiv gezählt.

Die weiteren Momentengleichungen für einen beliebigen Gelenkpunkt $g_m$ lauten:

bzw.
$$\begin{array}{l} [\sum P_i\, r_{i,m} + \sum A_n\, r_{n,m}]_l = 0 \\ [\sum P_i\, r_{i,m} + \sum A_n\, r_{n,m}]_r = 0. \end{array} \quad \text{(II B.12)}$$

$l$ und $r$ bedeuten, daß die Summationen über das System links bzw. rechts vom Gelenk $m$ zu erstrecken sind. Für das Beispiel nach Abb. II B.13 ergeben sich sieben unbekannte Stützbelastungen: $A_1$, $A_{3,x}$, $A_{3,z}$, $A_4$, $A_6$, $A_{9,x}$ und $A_{9,z}$.

Als Gleichgewichtsbedingungen können z. B. verwendet werden:

für das Gesamtsystem: $\sum M_3 = 0$; $\sum X = 0$; $\sum Z = 0$;

für Teilsysteme: $\sum M_{2,l} = 0$; $\sum M_{8,r} = 0$; $\sum M_{7,r} = 0$; $\sum M_{5,r} = 0$.

Zweckmäßig wird man aber nicht ein Gleichungssystem mit vielen Unbekannten lösen, sondern auch rechnerisch den Weg gehen, der bei der graphischen Ermittlung der Stützbelastungen und Gelenkbelastungen beschritten wird. Man wird fortlaufend, entsprechend den Entwicklungen für eine Scheibe, jede Scheibe für sich betrachten und Stützbelastung und Gelenkbelastung bestimmen.

## C. Vollwandige Tragwerke. Grundsysteme

Bei vollwandigen Tragwerken wird die Schnittbelastung — von Ausnahmen abgesehen — auf die durch die Querschnittsschwerpunkte festgelegte Systemachse bezogen. Schneidet man einen Stab im Punkt $i$ durch (Abb. II C.1a) und betrachtet die im Sinne der fortschreitenden Punktbezeichnung rechte Schnittfläche, so üben alle auf den linken, abgeschnittenen Systemteil wirkenden Belastungen und Stützbelastungen eine resultierende Wirkung auf den rechten Systemteil aus, die nach Abb. II C.1b durch die Kräfte $\sum X$, $\sum Z$ und ein Moment $M$ (zusammen die Schnittbelastung) dargestellt werden kann. Wählt man eine „Randfaser" des Querschnittes als Bezugslinie (strichliert in Abb. II C.1b eingetragen), so wird ein Moment als positiv bezeichnet, wenn es in dieser Faser Zugspannungen verursacht. Die Belastungen $\sum X$ und $\sum Z$ können ersetzt werden durch eine Längskraft $N$ senkrecht zur Querschnittsfläche und eine Querkraft $Q$ in derselben (Abb. II C.2). $M$, $N$ und $Q$ bilden zusammen wieder die Schnittbelastung in einem Punkt eines ebenen Tragwerks, das nur eine Belastung in dieser Ebene erfährt.

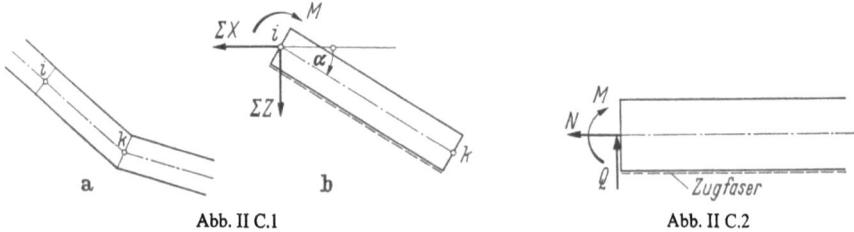

Abb. II C.1      Abb. II C.2

Wirken auf einen vollwandigen Träger Kräfte, die auch Komponenten parallel zur Trägerachse haben, so ist der Angriffspunkt derselben bei der Ermittlung der Schnittlasten wesentlich. Eine Kraft darf hier auf keinen Fall in ihrer Wirkungsrichtung an einen anderen Punkt verschoben werden, sondern ist an den wirklichen Angriffspunkt gebunden (Abb. II C.3). Für den Bereich $\varDelta$ in Abb. II C.3 ergeben sich z. B. andere Schnittlasten, wenn die Kraft $P_1$ im Punkt $a$ oder $b$ angreift.

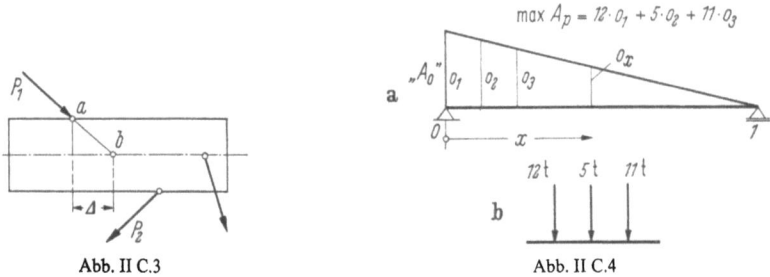

Abb. II C.3      Abb. II C.4

Um die maximalen Werte von Stütz- oder Schnittbelastungen aus Verkehrslasten zu erhalten, wird in der Regel der Weg über die Einflußlinien gegangen. Für eine Wanderlast „1" wird für jede Stellung der Last die Größe der gesuchten Stütz- und Schnittbelastung unter diesem Lastort aufgetragen. Die Auswertung mit einem vorgegebenen Belastungszug ergibt den gesuchten maximalen Wert aus dieser Belastung.

In Abb. II C.4 ist z. B. die Einflußlinie für den Stützdruck $A_0$ eines Einfeldträgers dargestellt. Steht die Last „1" direkt über dem Punkt 0, so muß das Lager die gesamte Last „1" aufnehmen, steht sie jedoch im Punkt 1, so kommt auf das

Lager 0 überhaupt keine Belastung. Im Punkt 1 ist somit bei der Einflußlinie für „$A_0$" der Wert 0 vorhanden. Da für Zwischenstellungen das Hebelgesetz gilt, muß die Einflußlinie für „$A_0$" zwischen den beiden bekannten Werten über den Lagern geradlinig verlaufen. Die Ordinaten sind im vorliegenden Fall dimensionslos. Ist ein bestimmter Lastenzug (z. B. Abb. II C.4b) gegeben, so ist dieser so auf den Träger aufzubringen, daß sich der größte Wert der Summe $\sum P_i o_i$ ergibt (z. B. Stellung in Abb. II C.4a).

## 1. Kragträger

### a) Ruhende Belastung

Eine beliebig gerichtete Last $G$ wird zweckmäßig in ihre beiden Komponenten $G_x$ und $G_z$ zerlegt (Abb. II C.5a u. b).

Für eine horizontale Trägerachse gilt dann allgemein (z. B. Abb. II C.5a) für die Schnittlasten in einem Punkt $m$ unter Berücksichtigung aller Lasten links vom Schnitt durch den Punkt $m$

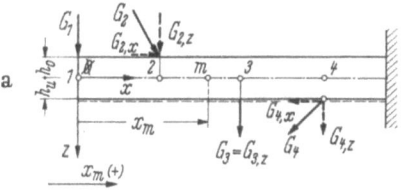

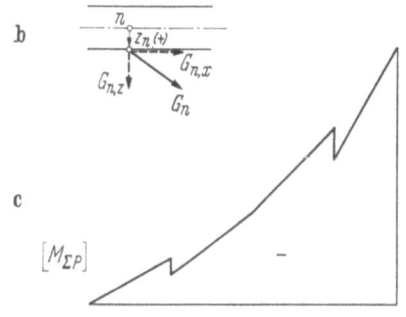

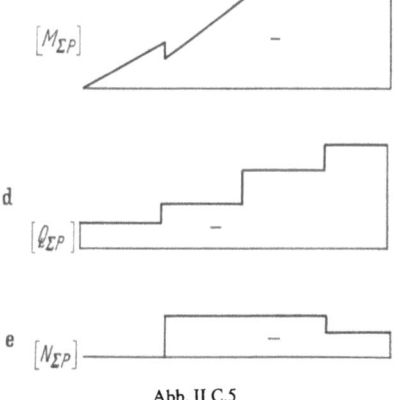

$$\left.\begin{array}{l} M_{G;m} = \sum_l G_{n,z}(x_m - x_n) - \sum_l G_{n,x} z_n; \\ Q_{G;m} = -\sum_l G_{n,z}; \\ N_{G;m} = -\sum_l G_{n,x}. \end{array}\right\} \quad \text{(II C.1)}$$

$G_{n,z}$, $G_{n,x}$, $x$ und $z$ sind dabei vorzeichengerecht in bezug auf das Koordinatensystem durch Punkt 0 einzuführen. Tritt in einem Querschnitt eine Horizontalkraft neu auf, so unterscheiden sich die Schnittlasten links und rechts des betreffenden Querschnittes (z. B. Abb. II C.5c).

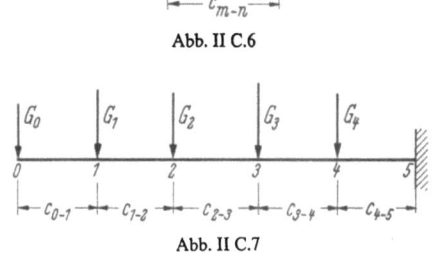

Abb. II C.6

Abb. II C.5    Abb. II C.7

Zum Beispiel gilt für Punkt $2l$

$$M_{G;2,l} = -G_1 x_2; \quad Q_{G;2,l} = -G_1; \quad N_{G;2,l} = 0$$

und für Punkt $2r$

$$M_{G;2,r} = -G_1 x_2 + G_{2,x} h_0; \quad Q_{G;2,r} = -G_1 - G_{2,z}; \quad N_{G;2,r} = -G_{2,x}.$$

Sind nur vertikale Einzellasten vorhanden (z. B. Abb. II C.7), so kann die Berechnung nach dem Zimmermann-Schema [4] erfolgen. Für ein Element mit der Länge $c_{m-n}$ (Abb. II C.6), innerhalb dessen die Querkraft konstant bleibt, gilt

$$M_n = M_m + Q_{m-n} c_{m-n}. \quad \text{(II C.2)}$$

Damit erhält man nach Tab. II C.1 die Querkräfte und Momente über die gesamte Trägerlänge.

Tabelle II C.1

| 1 | 2 | 3 | 4 | 5 | 6 |
|---|---|---|---|---|---|
| Punkt | $G_n$ [t] | $Q_{i-k} = -\sum\limits_{0-k} G_n$ [t] | $c_{i-k}$ [m] | $Q_{i-k}\, c_{i-k}$ [tm] | $M_n = \Sigma Q_{i-k}\, c_{i-k}$ [tm] |
| 0 | $G_0$ | | | | 0 |
| 1 | $G_1$ | $-G_0$ | $c_{0-1}$ | $-G_0\, c_{0-1}$ | $-G_0\, c_{0-1}$ |
| 2 | $G_2$ | $-G_0 - G_1$ | $c_{1-2}$ | $(-G_0 - G_1)\, c_{1-2}$ | $-G_0\, c_{0-1} +$ $(-G_0 - G_1)\, c_{1-2}$ |
|  |  | $-G_0 - G_1 - G_2$ | $c_{2-3}$ |  |  |
| ⋮ | ⋮ | ⋮ | ⋮ | ⋮ | ⋮ |

Dieses Schema kann auch für gekrümmte Träger — deren Achse man für die Berechnung der Schnittlasten zweckmäßig in einen Polygonzug abwandelt — und parallel gerichtete Belastung (Abb. II C.8) Verwendung finden. Für einen Punkt $i$ ist bei vertikaler Belastung $^0Q_{i-k} = \sum G$ dann nur in die beiden Komponenten $Q_{i-k}$ und $N_{i-k}$ zu zerlegen (Abb. II C.8b):

$$Q_{G;i-k} = -\left(\sum_0^i G\right)\cos\alpha_{i-k}; \qquad N_{G;i-k} = -\left(\sum_0^i G\right)\sin\alpha_{i-k}. \qquad \text{(II C.3)}$$

Wirken auf einen Kragträger Lasten in beliebiger Richtung, so empfiehlt es sich, die Schnittbelastungen für die vertikalen und horizontalen Komponenten dieser Lasten $(G_{n,z}, G_{n,x})$ getrennt zu berechnen und zum Schluß die Superposition durchzuführen. Für die ersteren kann dabei das Schema nach Tab. II C.1 mit Vorteil Verwendung finden.

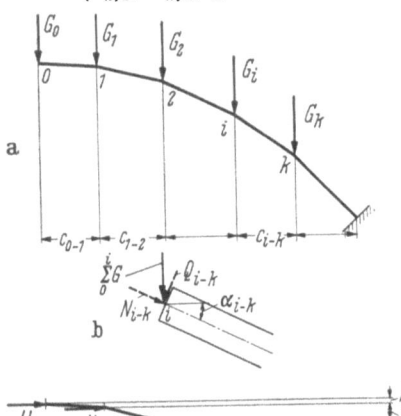

Für die horizontalen Lasten (Abbildung II C.8c) können die Schnittlasten entsprechend berechnet werden.

Für eine lotrechte Streckenbelastung (Abb. II C.9) gilt allgemein

$$Q_{q;m} = -\int_0^{x_m} q(x)\, dx;$$
$$M_{q;m} = -\int_0^{x_m} q(x)(x_m - x)\, dx. \qquad \text{(II C.4)}$$

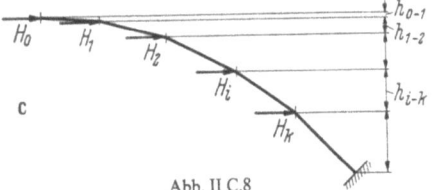

Abb. II C.8                                   Abb. II C.9

Für eine gleichförmige Belastung $q$ (Abb. II C.10) erhält man damit

$$Q_{q;x} = -q\,x;$$
$$M_{q;x} = -\frac{q\,x^2}{2}. \qquad \text{(II C.5)}$$

Für eine Momentenbelastung $^aM$ — gleichgültig, ob es sich um einen geraden, geknickten oder gekrümmten Träger handelt (Abb. II C.11 a u. b) — sind die Momente zwischen Wirkungsstelle und Einspannstelle konstant, während keine Querkräfte und Längskräfte aus dieser Belastung auftreten.

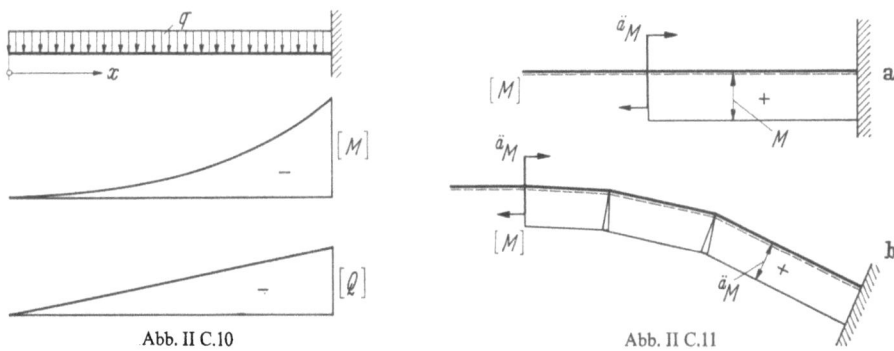

Abb. II C.10    Abb. II C.11

Verschiedentlich kann die Berechnung eines Konstruktionsgliedes auf die Berechnung eines Kragträgers zurückgeführt werden. Als einfaches Beispiel sei auf die Berechnung von Lagerplatten hingewiesen. Die Annahmen über die Belastungsaufnahme sind hierbei das Wesentliche.

Für eine Pendelstütze mit Linienkipplager (Abb. II C.12) ergibt sich z. B. bei Annahme einer gleichmäßigen Bodenpressung für den Schnitt 3—3 mit $q_0 = N/c$ ein Moment

$$M = \frac{q_0}{2} \frac{c^2}{4} = N \frac{c}{8}.$$

Hierbei kann man sich das Lager als einen im Schnitt 3—3 eingespannten Kragträger vorstellen (Abb. II C.12a).

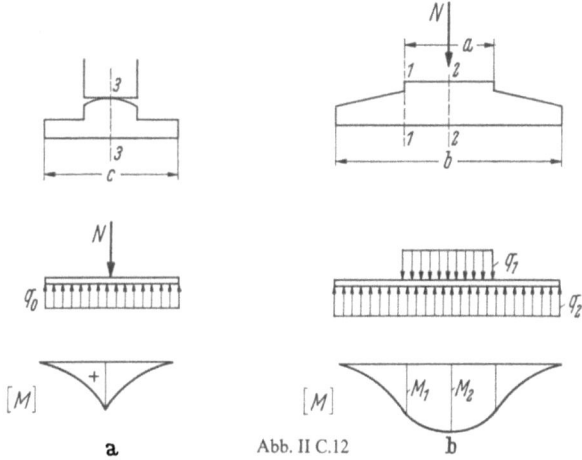

a    Abb. II C.12    b

Für die Momente im Schnitt 1—1 und 2—2 kann die Lagerplatte als ein im Schnitt 2—2 eingespannter Kragträger angesehen werden, auf den die Belastungen $q_1 = N/a$ in positiver $z$-Richtung und die von $q_2 = N/b$ entgegengesetzt dazu wirken, wenn für beide Belastungen gleichförmige Verteilung vorausgesetzt wird.

Damit ergibt sich (Abb. II C.12b)

$$M_1 = \frac{q_2}{2} \left(\frac{b-a}{2}\right)^2 = \frac{N}{8b} (b-a)^2;$$

$$M_2 = \frac{q_2}{2} \left(\frac{b}{2}\right)^2 - \frac{q_1}{2} \left(\frac{a}{2}\right)^2 = \frac{N}{8} (b-a).$$

Bei einer Stahlkonstruktion, bei der der Lagerdruck in der Regel auf den Querschnitt der über dem Lagerteil vorhandenen senkrechten Flächen (Stehblech und Aussteifungen) gleichmäßig verteilt wird (z. B. Abb. II C.13), werden die Momente in der oberen Lagerplatte in ähnlicher Weise berechnet. Für das Linienkipplager

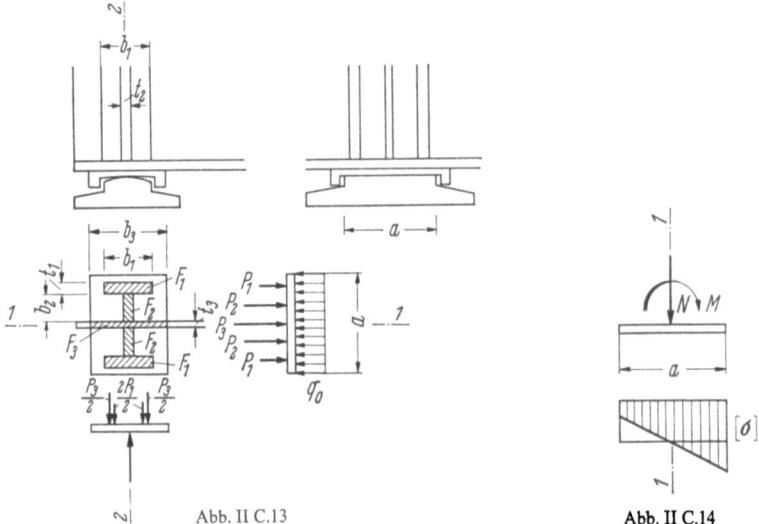

Abb. II C.13    Abb. II C.14

nach Abb. II C.13 mit nur senkrechter Belastung $N$ wird der Berührungsdruck zwischen den beiden Lagerkörpern auf die Länge $a$ gleichmäßig verteilt angenommen:

$$q_0 = \frac{N}{a}.$$

Mit $F = 2F_1 + 2F_2 + F_3$ wird $\sigma = N/F$ und $P_1 = F_1 \sigma$; $P_2 = F_2 \sigma$; $P_3 = F_3 \sigma$.
Für den Schnitt 1—1 ergibt sich damit

$$M_{1-1} = \frac{N}{2}\frac{a}{4} - P_1\left(\frac{t_3}{2} + b_2 + \frac{t_1}{2}\right) - P_2\left(\frac{t_3}{2} + \frac{b_2}{2}\right) - \frac{P_3}{2}\frac{t_3}{4}$$

und für den Schnitt 2—2

$$M_{2-2} = -2\frac{P_1}{2}\frac{b_1}{4} - 2\frac{P_2}{2}\frac{t_2}{4} - \frac{P_3}{2}\frac{b_3}{4}.$$

Wenn auf die Berührungslinie eine Kraft $N$ und ein Moment $M$ wirken (Abb. II C.14), so ergibt sich unter der Annahme einer geradlinigen Druckverteilung der Berührungsdruck am Rand

$$\sigma = \frac{N}{a} + \frac{M}{W} = \frac{N}{a} + \frac{6M}{a^2}.$$

Für den Aufstandsquerschnitt (schraffiert in Abb. II C.13) werden ebenfalls das Trägheitsmoment um die Achse 1—1 und die Aufstandspressungen $\sigma$ berechnet:

$$\sigma = \frac{N}{F} \pm \frac{M}{J}y.$$

Mit den Kräften $P_n = \sigma_n F_n$ ($\sigma_n$ = Spannung im Schwerpunkt der Teilflächen $F_n$) kann dann wieder für jeden beliebigen Schnitt das Moment in der Lagerplatte berechnet werden, indem man für den betrachteten Kragträger das Moment der oberen Belastung vom Moment der unteren Belastung abzieht.

### b) Verkehrsbelastung. Einflußlinien

Die Momenteneinflußlinie „$M_m$" für das Moment im Punkt $m$ aus einer unmittelbar am Träger wandernden Last $P = 1$ ist in Abb. II C.15 dargestellt. Für $P = 1$ im Punkt $m$ (Abb. II C.15b) ist $M_{P=1,m;m} = 0$, für $P = 1$ im Punkt $0$ (Abb. II C.15c) ist $M_{P=1,0;m} = -x_m$. Diese Werte sind als Einflußlinienordinaten (Dimension [m]) jeweils an der Laststelle aufzutragen. Mit Rücksicht auf das Hebelgesetz muß die Einflußlinie zwischen diesen Punkten geradlinig verlaufen.

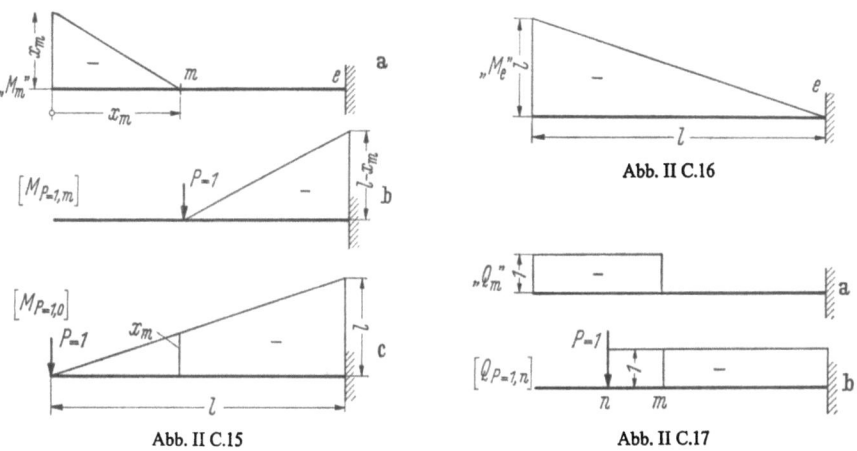

Abb. II C.15

Abb. II C.16

Abb. II C.17

Die Einflußlinie für das Stützmoment „$M_e$" zeigt Abb. II C.16. Die Einflußlinie der Querkraft im Punkt $m$ „$Q_m$" ergibt sich nach Abb. II C.17a, wie man aus der Querkraftzustandslinie der Abb. II C.17b für $P = 1$, im Punkt $n$ wirkend, erkennen kann; die Einflußlinie für den Auflagerdruck „$A_e$" an der Einspannstelle ist in Abb. II C.18 dargestellt.

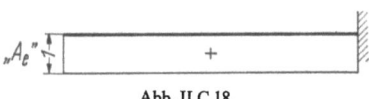

Abb. II C.18

Wird die Wanderlast $P = 1$ mittelbar — über Längs- und Querträger — in das Tragwerk eingeleitet (Abb. II C.19a) und nimmt man vereinfachend an, daß die Längsträger jeweils gelenkig auf den Querträgern gelagert sind (Abb. II C.19b), so gelten für die Einflußlinien „$M_m$" und „$Q_m$", für Punkt $m$ zwischen den Querträgern, die Abb. II C.19c u. d. Die

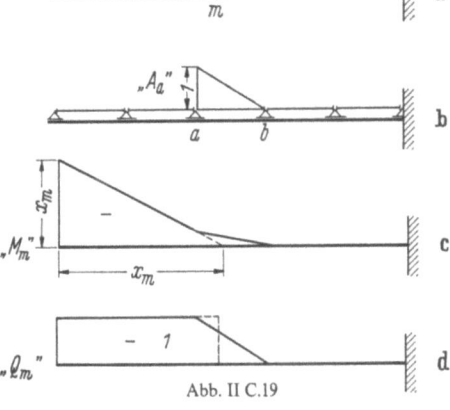

Abb. II C.19

Auflagerdruckeinflußlinie für den Längsträger $a$–$b$ im Punkt $a$ zeigt Abb. II C.19b; die Ordinaten der Einflußlinien „$M_m$" und „$Q_m$" müssen daher bei Wanderung der Last $P = 1$ von $a$ nach $b$ ebenfalls auf Null im Punkt $b$ abnehmen.

## 2. Einfeldträger

### a) Ruhende Belastung

α) **Einzellasten in beliebiger Richtung.** Wirken in beliebigen Punkten $n$ die Einzellasten $G_n$ bzw. $G_{n,x}$ und $G_{n,z}$ und befindet sich im Punkt $0$ das feste und im Punkt $r$

das bewegliche Lager (Abb. II C.20), so können die drei unbekannten Stützbelastungen $A_{0,x}$, $A_{0,z}$ und $A_{r,z}$ z. B. durch die drei Gleichgewichtsbetrachtungen

$$\left.\begin{aligned}\sum_n G_{n,x} - A_{0,x} &= 0;\\ \sum_n G_{n,z} - A_{0,z} - A_{r,z} &= 0;\\ \sum_n G_{n,z} x_n - \sum_n G_{n,x} z_n - A_{r,z} l &= 0\end{aligned}\right\} \quad \text{(II C.6)}$$

bestimmt werden. Die Größen $G_n$ und $z_n$ sind vorzeichengerecht einzuführen. Damit liegen auch die Schnittbelastungen für jeden Punkt $m$ fest, indem entweder die

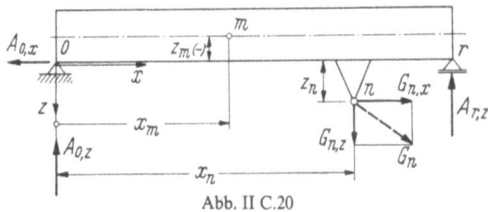

Abb. II C.20

Belastungen und Stützbelastungen links oder rechts vom betrachteten Querschnitt berücksichtigt werden.

Zum Beispiel ergibt sich

$$\left.\begin{aligned}M_m &= -\sum_0^{x_m} G_{n,z}(x_m - x_n) - \sum_0^{x_m} G_{n,x}(z_n - z_m) + A_{0,z} x_m + A_{0,x}(-z_m);\\ Q_m &= A_{0,z} - \sum_0^{x_m} G_{n,z};\\ N_m &= A_{0,x} - \sum_0^{x_m} G_{n,x}.\end{aligned}\right\} \quad \text{(II C.7)}$$

Zweckmäßig wird man lotrechte und waagerechte Belastungen trennen und getrennt berücksichtigen.

**β) Lotrechte Einzellasten.** Entsprechend Abb. II C.21 wird

$$A_{0,z} = \frac{\sum\limits_n G_{n,z} x'_n}{l} = \sum_n \left(G_{n,z} \frac{x'_n}{l}\right);$$

$$A_{0,x} = 0; \quad A_{r,z} = \sum_n G_n - A_{0,z}. \quad \text{(II C.8)}$$

Abb. II C.21

Die Querkraft ergibt sich an jeder Stelle $m$ zu

$$Q_m = A_{0,z} - \sum_0^{x_m} G_{n,z}.$$

Mit (II C.2) können alle Schnittlasten ($Q_m$ und $M_m$) nach dem Zimmermann-Schema [4] berechnet werden (Tab. II C.2) (Abb. II C.21 b u. c).

Tabelle II C.2

| 1 | 2 | 3 | 4 | 5 | 6 | 7 | 8 |
|---|---|---|---|---|---|---|---|
| Punkt | $G_{n,z}$ | $\dfrac{x'_n}{l}$ | $G_{n,z}\dfrac{x'_n}{l}$ = Sp.2·Sp.3 | $Q_{i-k}$ | $c_{i-k}$ | $Q_{i-k}\, c_{i-k}$ | $M_i$ |
|   | [t] | [—] | [t] | [t] | [m] | [tm] |   |
| 0 | $G_{0,z}$ | 1 | $G_{0,z}\cdot 1 = a$ | $A_{0,z}$ |   |   | 0 |
| 1 | $G_{1,z}$ | $\dfrac{x'_1}{l}$ | $G_{1,z}\dfrac{x'_1}{l} = b$ | $A_{0,z} - a = Q_{0-1}$ | $c_{0-1}$ | $Q_{0-1}\, c_{0-1} = \bar{a}$ | $\bar{a} = M_1$ |
| 2 | $G_{2,z}$ | $\dfrac{x'_2}{l}$ | ⋮ | $Q_{0-1} - b = Q_{1-2}$ | $c_{1-2}$ | $Q_{1-2}\, c_{1-2} = \bar{b}$ | $\bar{a} + \bar{b} = M_2$ |
| ⋮ | ⋮ | ⋮ | ⋮ | ⋮ | ⋮ | ⋮ | ⋮ |
| $n$ | $G_{n,z}$ | $\dfrac{x'_n}{l}$ | $G_{n,z}\dfrac{x'_n}{l}$ | $Q_{n-r}$ | $c_{n-r}$ | $\bar{n}$ | $M_n$ |
| $r$ | $G_{r,z}$ | 0 | 0 | $A_{r,z}$ |   |   | 0 |
| $\Sigma$ |   |   | $A_{0,z}$ |   |   |   |   |

Als Kontrolle muß sich im Punkt $r$ das Moment $M_r$ zu Null ergeben.

Für einen gekrümmten Träger (z. B. Abb. II C.22) — für die Berechnung der Schnittbelastungen wird zweckmäßig ein Polygonzug zugrunde gelegt — kann für lotrechte Lasten das Schema nach Tab. II C.2 ohne Einschränkung verwendet

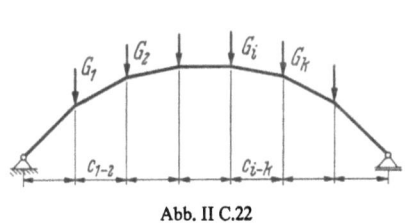

Abb. II C.22

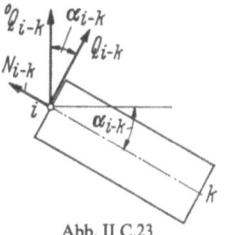

Abb. II C.23

werden. Die Querkräfte nach Spalte 5 in $z$-Richtung werden jedoch mit $^0Q_{i-k}$ bezeichnet. Nach Abb. II C.23 ergeben sich daraus

$$Q_{i-k} = {}^0Q_{i-k} \cos\alpha_{i-k}; \quad N_{i-k} = +{}^0Q_{i-k} \sin\alpha_{i-k}. \tag{II C.9}$$

(Siehe Beispiel 14.)

**$\gamma$) Waagerechte Einzellasten.** Ist das feste Lager im Punkt 0 (z. B. Abb. II C.24 bis II C.26), so gilt

$$\left.\begin{array}{l} A_{0,x} = \sum\limits_n G_{n,x}; \\[4pt] \sum\limits_n G_{n,x} z_n + A_{r,z} l = 0; \\[4pt] A_{0,z} = -A_{r,z}. \end{array}\right\} \tag{II C.10}$$

Die Größen $G_{n,x}$ und $z_n$ sind vorzeichengerecht einzuführen. Bei negativen Werten von $A$ drehen sich die Wirkungsrichtungen der Stützbelastungen gegenüber den Annahmen um.
(Siehe Beispiel 14.)

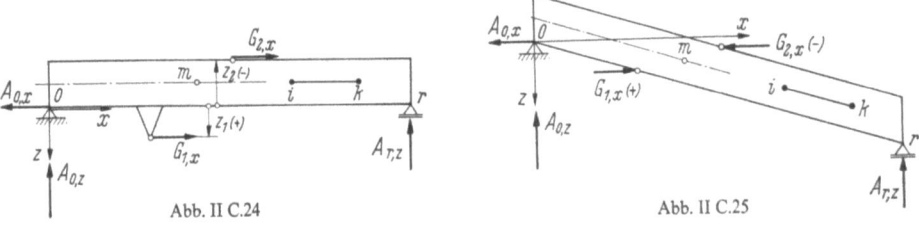

Abb. II C.24    Abb. II C.25

Mit ${}^0Q_{i-k} = A_{0,z}$ und $H_{i-k} = A_{0,x} - \sum\limits_{n} G_{n,x}$ wird nach Abb. II C.27

$$Q_{i-k} = {}^0Q_{i-k} \cos\alpha_{i-k} - H_{i-k} \sin\alpha_{i-k};$$
$$N_{i-k} = {}^0Q_{i-k} \sin\alpha_{i-k} + H_{i-k} \cos\alpha_{i-k}.$$
(II C.11)

Die Momente werden zweckmäßig punktweise bestimmt. Zum Beispiel ergibt sich für Punkt $m$ (Abb. II C.24 bis II C.26)

$$M_m = A_{0,z} x_m - A_{0,x} z_m + \sum\limits_{0}^{x_m} G_{n,x}(z_n - z_m).$$
(II C.12)

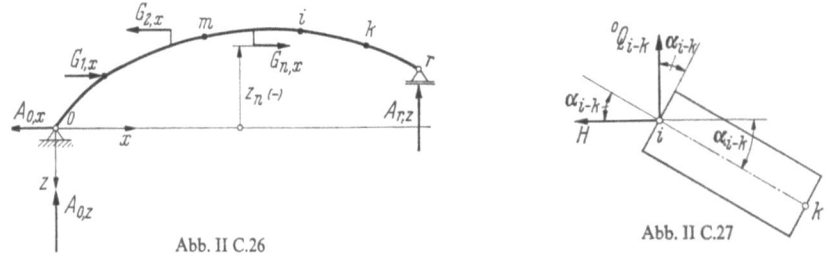

Abb. II C.26    Abb. II C.27

**δ) Lotrechte Streckenlasten.** Wirkt auf einen Träger nach Abb. II C.28a eine beliebige Streckenbelastung $q(x)$, so ergeben sich die Zusammenhänge zwischen Belastung, Momenten und Querkräften aus den Gleichgewichtsbetrachtungen an einem Trägerelement von der Länge $dx$ (Abb. II C.29). Aus der Summe der lotrechten Belastungen ergibt sich

$$q\,dx + dQ = 0; \quad q = -\frac{dQ}{dx}$$
(II C.13)

und aus der Summe der Momente um den Punkt $m$

$$Q\frac{dx}{2} + M + (Q + dQ)\frac{dx}{2} - M - dM = 0.$$

Vernachlässigt man $dQ\,dx/2$ als kleine Größe zweiter Ordnung, so wird

$$Q\,dx - dM = 0; \quad Q = +\frac{dM}{dx}$$
(II C.14)

und

$$q = -\frac{dQ}{dx} = -\frac{d^2M}{dx^2};$$
(II C.15)

$$\frac{dq}{dx} = -\frac{d^2Q}{dx^2}.$$
(II C.16)

Aus (II C.13) bis (II C.16) erkennt man (s. auch Abb. II C.28a bis c):

Für $dq/dx = 0$ muß die $Q$-Linie Wendepunkte haben;
für $q = 0$ muß die $M$-Linie einen Wendepunkt haben und die $Q$-Linie ein Maximum aufweisen;
für $Q = 0$ muß die Momentenlinie ein Maximum haben.

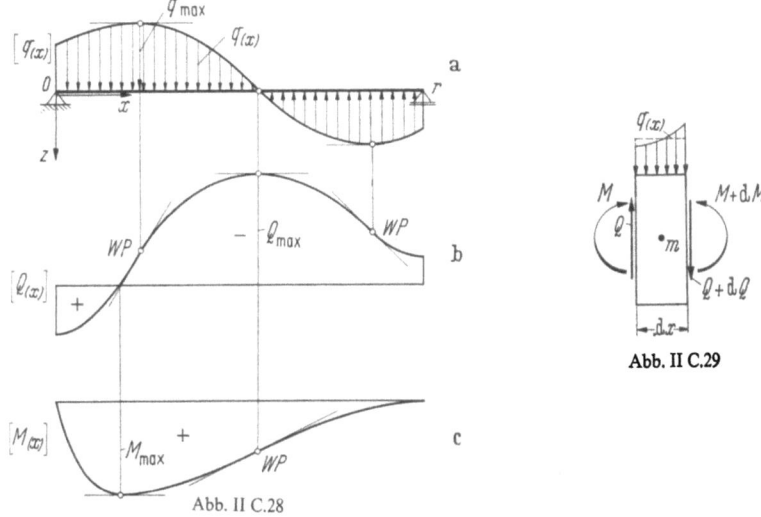

Abb. II C.28

Abb. II C.29

Die Stützbelastungen $A_{0,z}$ und $A_{r,z}$ für eine gegebene **Strecken**belastung (z. B. Abb. II C.30a und II C.31) ergeben sich aus

$$A_{0,z}\, l = \int_a^{a+b} q(x)\,(l - x)\,dx; \qquad A_{0,z} = \frac{1}{l}\int_a^{a+b} q(x)\,(l - x)\,dx; \qquad \text{(II C.17)}$$

$$A_{r,z} = \int_a^{a+b} q(x)\,dx - A_{0,z}.$$

Damit erhält man die Momente

$$M_m = A_{0,z}\, x_m - \int_a^{x_m} q(x)\,(x_m - x)\,dx. \qquad \text{(II C.18)}$$

Abb. II C.30

Ist dieser Wert allgemein berechnet, so ergibt sich der Ort $x_i$ des maximalen Momentes $M_{max}$ aus der Bedingung

$$\frac{dM}{dx} = 0.$$

Als Probe muß sich dann für diese Stelle $Q_i = 0$ ergeben. Weiter ist

$$Q_m = A_{0,z} - \int_a^{x_m} q(x)\,dx. \tag{II C.19}$$

In Bereichen ohne Streckenbelastung müssen die $M$- und $Q$-Zustandslinien geradlinig verlaufen (Abb. II C.30b u. c).

Für den Träger mit konstanter Belastung $q$ nach Abb. II C.31 ergibt sich z. B.

$$A_{0,z} = \frac{1}{l} q b \left(l - a - \frac{b}{2}\right); \tag{II C.20a}$$

$$M_x = A_{0,z} x - \frac{q(x-a)^2}{2} = \left[\frac{1}{l} b \left(l - a - \frac{b}{2}\right) x - \frac{(x-a)^2}{2}\right] q;$$

$$\frac{dM}{dx} = 0 = q \left[\frac{b}{l}\left(l - a - \frac{b}{2}\right) - (x - a)\right];$$

$$x = a + \frac{b}{l}\left(l - a - \frac{b}{2}\right);$$

$$M_{max} = \frac{qb}{2l}\left(l - a - \frac{b}{2}\right)\left[\frac{b}{l}\left(l - a - \frac{b}{2}\right) + 2a\right]. \tag{II C.20b}$$

Für $a = 0$, $b = l$ wird

$$M_{max} = \frac{q l^2}{8}. \tag{II C.21}$$

Für $a = (l - b)/2$ wird

$$M_{max} = \frac{qb}{4}\left(l - \frac{b}{2}\right). \tag{II C.22}$$

Für Träger mit gekrümmter oder geknickter Achse (z. B. Abb. II C.32) gelten für $M$ und $^0Q$ dieselben Gleichungen. Für die Schnittlasten $Q_{i-k}$ und $N_{i-k}$ gelten die Formeln (II C.9).

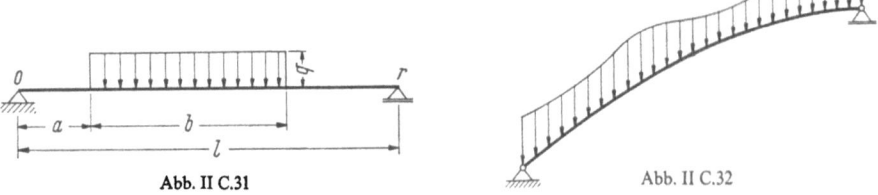

Abb. II C.31    Abb. II C.32

Für eine Reihe von Sonderbelastungen sind die Momente für beliebige Werte von $x$ in Tabellen angegeben, und zwar in der Form

$$M_x = \frac{q_0 l^2}{c_1} \omega. \tag{II C.23}$$

Mit $\xi = x/l$ ist $\omega$ nur eine Funktion von $\xi$. Solche $\omega$-Werte — auch als Dreieckszahlen bekannt — wurden erstmals von MÜLLER-BRESLAU 1897 veröffentlicht. Sie finden sich heute in einer Reihe von Büchern und Tabellenwerken [z. B. HIRSCHFELD, S. 768; Betonkalender 1960, S. 215—219]; hierbei ist auch der Ort des maximalen Momentes durch $\xi_{max}$ angegeben.

Belastung nach Abb. II C.33:

$$M_\xi = \frac{q_0 l^2}{6} \omega_D; \quad \omega_D = \xi - \xi^3; \quad \xi_{max} = 0{,}5775\, l. \qquad \text{(II C.24)}$$

Belastung nach Abb. II C.34:

$$M_\xi = \frac{q_0 l^2}{6} \omega'_D; \quad \omega'_D = \xi' - \xi'^3 \quad \text{mit} \quad \xi' = \frac{l - x}{l}. \qquad \text{(II C.25)}$$

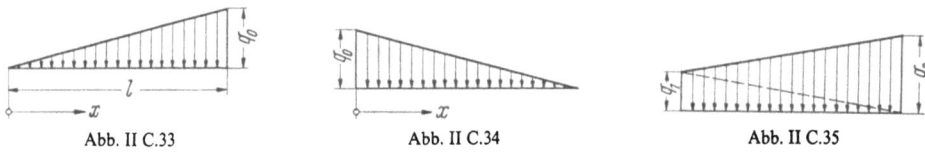

Abb. II C.33     Abb. II C.34     Abb. II C.35

Belastung nach Abb. II C.35:

$$M_\xi = \frac{q_1 l^2}{6} \omega'_D + \frac{q_2 l^2}{6} \omega_D; \quad \xi_{max} = \frac{1}{q_1 - q_2}\left[q_1 - \sqrt{\frac{q_1^2 + q_1 q_2 + q_2^2}{3}}\right]. \qquad \text{(II C.26)}$$

Belastung nach Abb. II C.36:

$$M_\xi = \frac{q_0 l^2}{2} \omega_R; \quad \omega_R = \xi - \xi^2. \qquad \text{(II C.27)}$$

Abb. II C.36     Abb. II C.37

Belastung nach Abb. II C.37:

$$M_\xi = \frac{q_0 l^2}{12} \omega_P; \quad \omega_P = \xi - \xi^4; \quad \xi_{max} = 0{,}631\, l. \qquad \text{(II C.28)}$$

Belastung nach Abb. II C.38:

$$M_\xi = \frac{q_0 l^2}{3} \omega'_P; \quad \omega'_P = \xi^4 - 2\xi^3 + \xi. \qquad \text{(II C.29)}$$

Abb. II C.38     Abb. II C.39

Belastung nach Abb. II C.39:

$$M_\xi = \frac{q_0 l^2}{12} \omega_G; \quad \omega_G = 3\xi - 4\xi^3. \qquad \text{(II C.30)}$$

### b) Verkehrsbelastung. Einflußlinien

Eine einfache Methode, die Einflußlinien der Schnittbelastungen eines Einfeldträgers zu bestimmen, ist die, sie auf Einflußlinien des Kragträgers aufzubauen. Das Verfahren geht auf CECERLE und POSTUVANSCHITZ [3] zurück.

Die Einflußlinien der Stützbelastungen $A_0$ und $A_r$ sind nach Abb. II C.40 b u. c gegeben.

Für eine Belastung mit $P = 1$ in $x$ (Abb. II C.41 a) beträgt die Stützbelastung $A_0 = x'/l$. Denkt man sich den Träger als einen im Endpunkt $e$ eingespannten Kragträger, einmal durch $P = 1$ belastet (Abb. II C.41 b) mit dem Einspannmoment $M_e = -1x'$ und einmal durch $A_{P=1,0}$ (Abb. II C.41c) mit dem Moment $M_e = A_{P=1,0} l = (x'/l) l = +x'$, so erhält man durch Superposition dieser beiden Fälle $M_e = 0$, d. h. im Punkt $e$ das Moment Null, wie es dem frei aufliegenden Träger entspricht. Aus der Superposition der beiden Momentenzustände (Abb. II C.41b u. c) ergibt sich der Momentenzustand des Einfeldträgers für $P = 1$ (Abb. II C.41d).

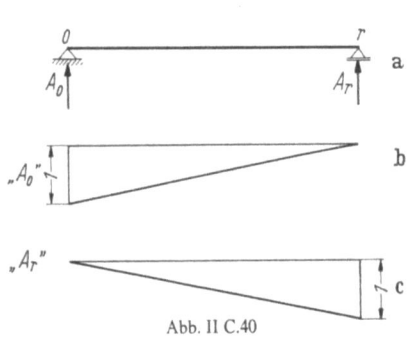

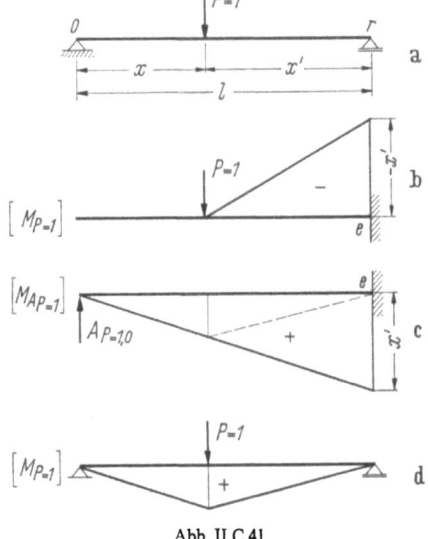

Abb. II C.40   Abb. II C.41

Die Einflußlinien der Schnittbelastungen können daher ebenfalls über den jeweils einseitig eingespannt gedachten Kragträger ermittelt werden, wenn man den Einfluß von $P = 1$ und den von $A_{P=1,0}$ getrennt betrachtet und die Ergebnisse superponiert.

α) **Momenteneinflußlinie.** Aus der Stützbelastung $A_0$ ergibt sich am Kragträger, der in $r$ eingespannt ist, im Punkt $n$ das Moment $A_0 x_n$. Da die Einflußlinie „$A_0$" nach Abb. II C.42b bekannt ist, ist der Momenteneinflußlinienwert, der von $A_0$ herrührt, $o_{A_0} x_n$. Die Momenteneinflußlinie im Punkt $n$ am Kragarm ist nach Abb. II C.42d gegeben. Aus der Superposition beider Einflußlinien ergibt sich die Momenteneinflußlinie „$M_n$" des Einfeldträgers (Abb. II C.42e).

Man erkennt aber auch, daß, solange $P = 1$ sich im Bereich „$n-r$" befindet, die Momenteneinflußlinie „$M_n$" unmittelbar der mit $x_n$ verzerrten Auflagereinflußlinie „$A_0$" entspricht. Bei einer gedachten Einspannung im Punkt 0 ist für eine Laststellung $P = 1$ im Bereich „$0-n$" die „$A_r$"-Einflußlinie mit $x'_n$ zu multiplizieren, um in diesem Bereich die Einflußlinie „$M_n$" zu erhalten.

Die überaus einfache Konstruktion der „$M_n$"-Einflußlinie ist somit nach Abb. II C.42f festgelegt.

β) **Querkrafteinflußlinie.** Die Querkraft im Punkt $n$ aus $A_0$ (infolge einer Wanderlast $P = 1$) am Kragträger (Abb. II C.43b) muß gleich $A_0$ sein. Der entsprechende Einflußlinienanteil muß somit der „$A_0$"-Einflußlinie entsprechen (Abb. II C.43d). Die Querkrafteinflußlinie „$Q_n$" des Kragträgers zeigt Abb. II C.43e. Die endgültige Querkrafteinflußlinie „$Q_n$" des Einfeldträgers ergibt sich aus der Superposition von Abb. II C.43d u. e und ist in Abb. II C.43f dargestellt. Man ersieht daraus auch die einfache Konstruktion der gesamten „$Q_n$"-Linie.

γ) **Einflußlinien für mittelbare Belastung.** Die obigen Einflußlinien wurden vorstehend für unmittelbare Belastung angegeben. Für mittelbare Belastung — durch Längs- und Querträger — sind die Einflußlinien nur entsprechend Abb. II C.44b u.c abzuschrägen. Die schraffiert gezeichneten, in Wegfall kommenden Flächen ent-

**δ) Einflußlinien bei nicht gerader Trägerachse.** Für Einfeldträger mit abgeknickter bzw. gekrümmter Systemachse sind die Momenteneinflußlinien mit denen eines Trägers mit gerader Stabachse identisch (Abb. II C.45b u. c), bei den Querkrafteinflußlinien sind die „$^0Q_{i-k}$"-Einflußlinien mit den „$Q_{i-k}$"-Einflußlinien des geraden Trägers gleich. Für die „$Q_{i-k}$"-Linien bzw. „$N_{i-k}$"-Linien sind die Multiplikatoren $\cos\alpha_{i-k}$ bzw. $\sin\alpha_{i-k}$ nach (II C.9) zu berücksichtigen.
(Siehe Beispiel 14.)

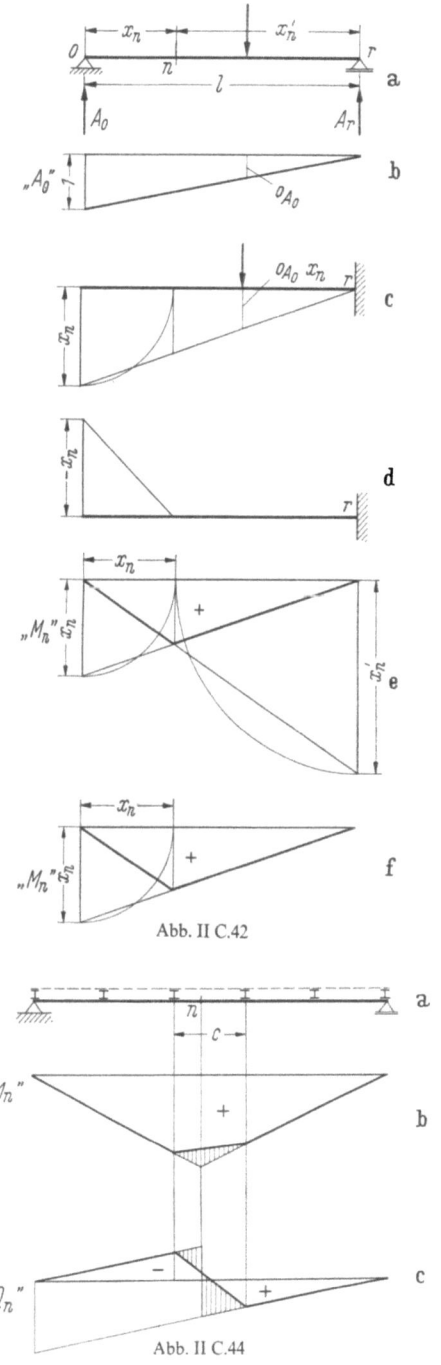

Abb. II C.42

Abb. II C.44

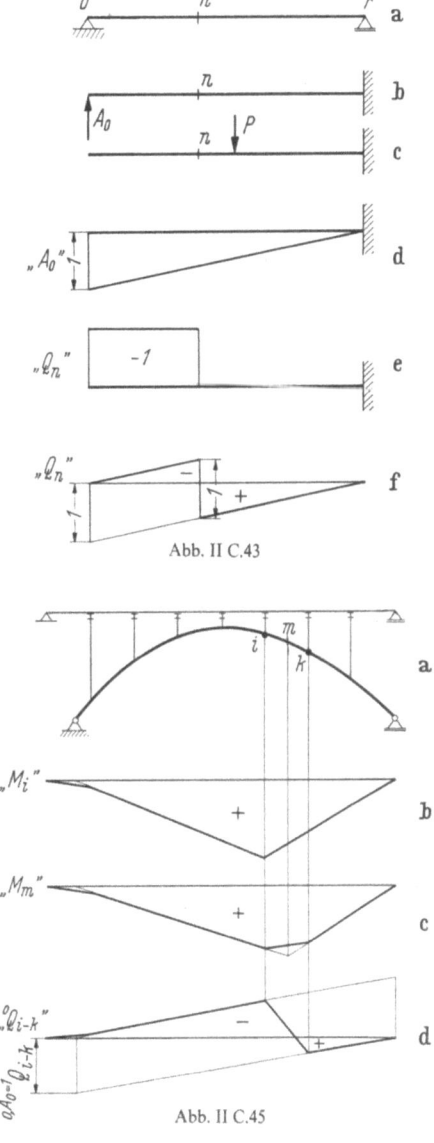

Abb. II C.43

Abb. II C.45

### 3. Gelenkträger

Beim Gelenkträger, der aus einer Kombination von Einhängeträgern und Kragträgern besteht (z. B. Abb. II A.59), erkennt man die Wirkungsweise am besten, wenn man die Lagerung der einzelnen Träger schematisch darstellt. In Abb. II C.46 stützt sich z. B. der Träger IV auf Träger III und V ab, Träger III auf Träger II, Träger II

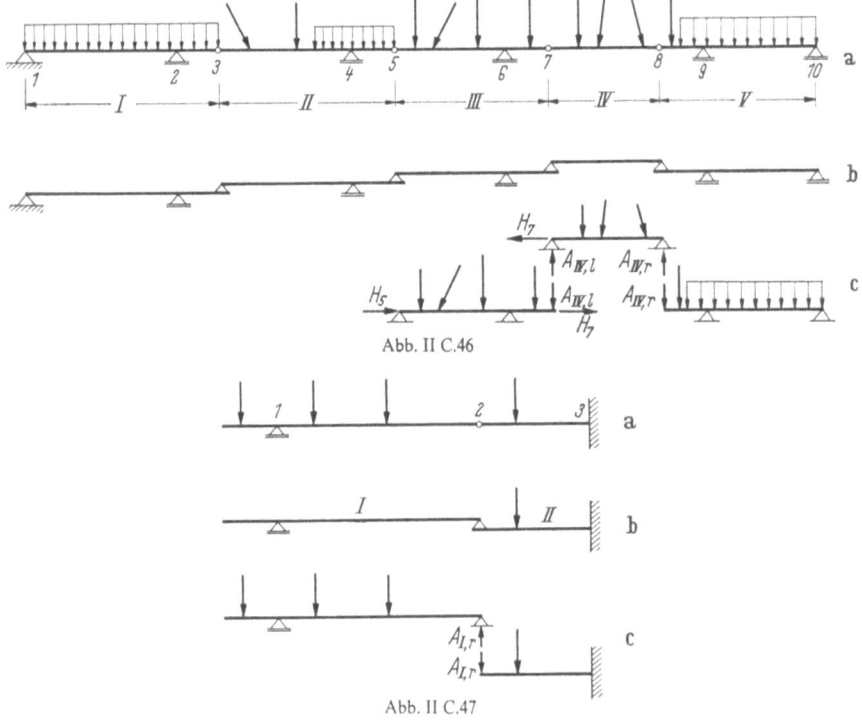

auf Träger I. Von Träger IV beginnend, erfolgt dementsprechend auch die Berechnung der einzelnen Träger. In Abb. II C.47 stützt sich Träger I auf Träger II, somit erfolgt zuerst die Berechnung des Trägers I und anschließend unter Verwendung der Lagerbelastung $A_{I,r}$ die des Trägers II.

#### a) Ruhende Belastung

Für den Einhängeträger gelten die Entwicklungen des Einfeldträgers. Horizontale Lasten müssen dabei an dem Gelenk übertragen werden, das am Kragträger mit festem Lager anschließt (in Abb. II C.46c z. B. Gelenk 7).

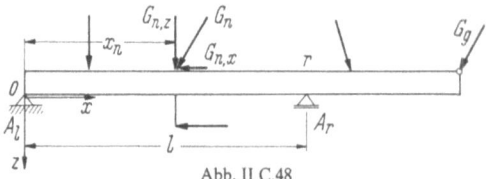

Abb. II C.48

Für Kragträger können die Entwicklungen des Einfeldträgers sinngemäß angewendet werden. Der Gelenkdruck des anschließenden Einhänge- oder Kragträgers wird dabei als bekannte äußere Belastung $G_g$ (Abb. II C.48) im Gelenk eingeführt.

Bildet man die Momente aller äußeren Belastungen um das feste Lager (z. B. Punkt 0 in Abb. II C.48), so erhält man die Stützbelastung am beweglichen Lager

$$A_r = \frac{\sum G_{n,z} x_n + \sum G_{n,x} z_n}{l}$$

und aus $\sum Z$ und $\sum X$ die Lagerbelastungen $A_{0,z}$ und $A_{0,x}$. Damit können für den Kragarm die Schnittlasten entsprechend Abschn. II C 1 und für den Bereich zwischen den Stützungen nach Abschn. II C 2 berechnet werden.

Für lotrechte Belastungen wird zweckmäßig das Zimmermann-Schema zur Berechnung der Schnittbelastungen angewendet. Bei einem Träger nach Abb. II C.49

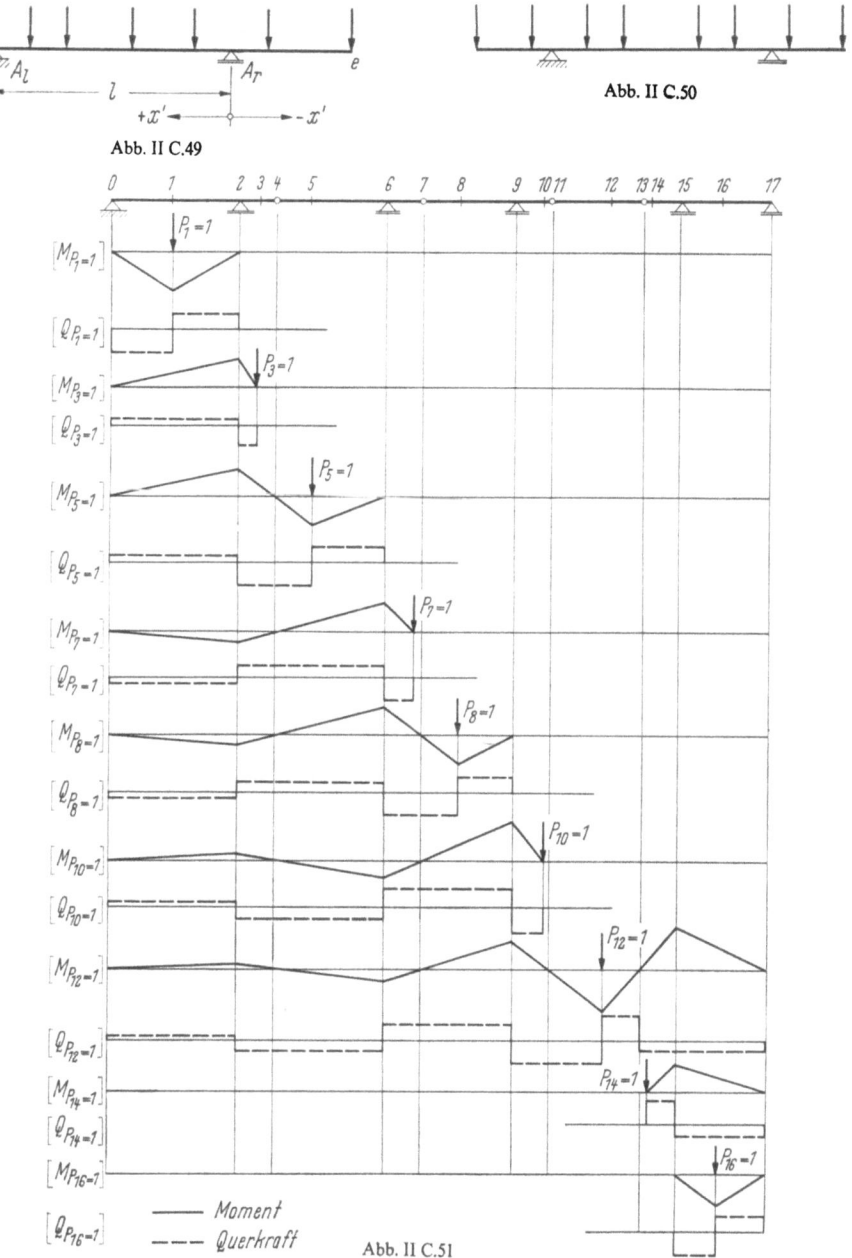

Abb. II C.49

Abb. II C.50

Abb. II C.51

ist $x'/l$ positiv bzw. negativ — je nach Laststellung links oder rechts von Lager $A_r$ — in Tab. II C.2 einzuführen. Zur Kontrolle ergibt sich, bei Beginn der Rechnung im Punkt 0, als Endergebnis $M_e = 0$ im Punkt $e$. Über der Zwischenstütze tritt — im Gegensatz zum Einfeldträger — ein Moment auf. Für einen beiderseits auskragenden Träger (z. B. Abb. II C.50) erfolgt die Berechnung sinngemäß.

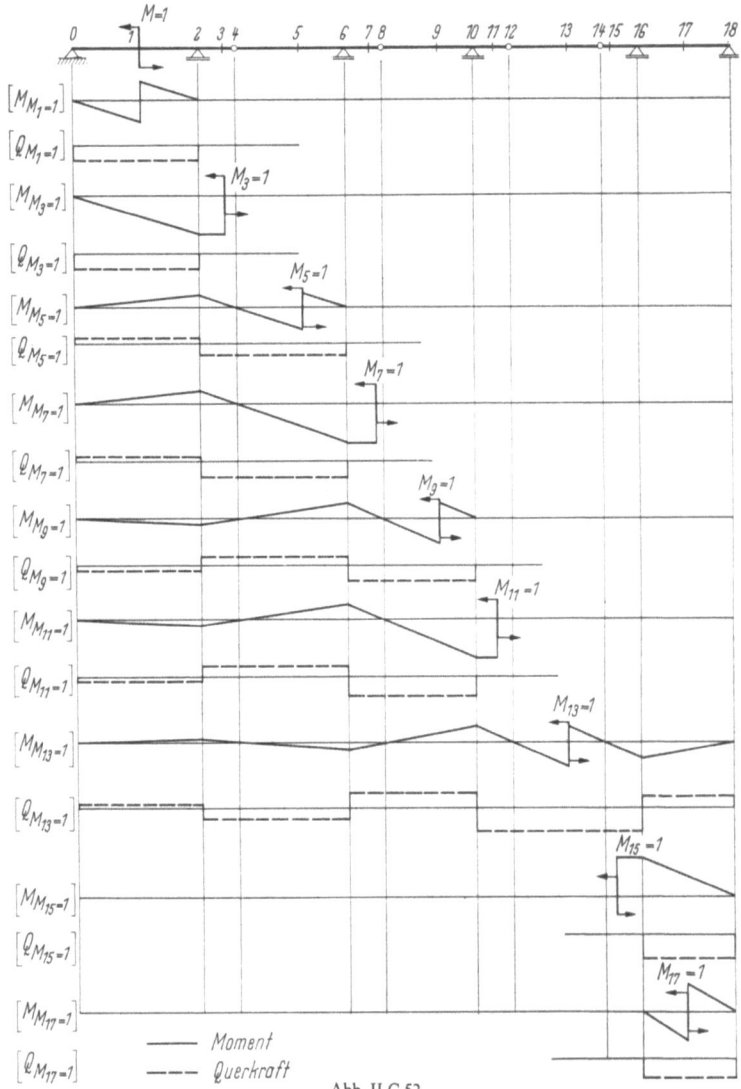

Abb. II C.52

Ist nur eine einzige Last $P = 1$ vorhanden, so treten, je nach Laststellung, in einem Teil oder im ganzen Bereich des Trägersystems Schnittbelastungen auf. In Abb. II C.51 sind z. B. einzelne Momentenzustandslinien dargestellt. Da an den Gelenken die Gelenkbelastungen $G_g$ auf den einen Träger nach oben, auf den anderen nach unten wirken und die Momente beim Weiterschreiten vom Gelenk weg in der Entfernung $e$ den Wert $M = G_g e$ haben, müssen die Momentenzustandslinien über das Gelenk hinweg geradlinig verlaufen. Mit der Bestimmung eines einzigen Momentenwertes ist somit der gesamte Momentenverlauf über das ganze Trägersystem hinweg festgelegt.

Das gleiche gilt auch, wenn ein Moment $M = 1$ in einem Punkt des Trägersystems angreift (z. B. Abb. II C.52) oder ein Doppelmoment in den Gelenkpunkten (z. B. Abb. II C.53). Da die Momentenlinien geradlinig über die Gelenkpunkte hinweg verlaufen, müssen die Querkraftlinien beim Überschreiten der Gelenke konstante Werte beibehalten (Abb. II C.51 bis II C.53). Die Schnittbelastungszustände für

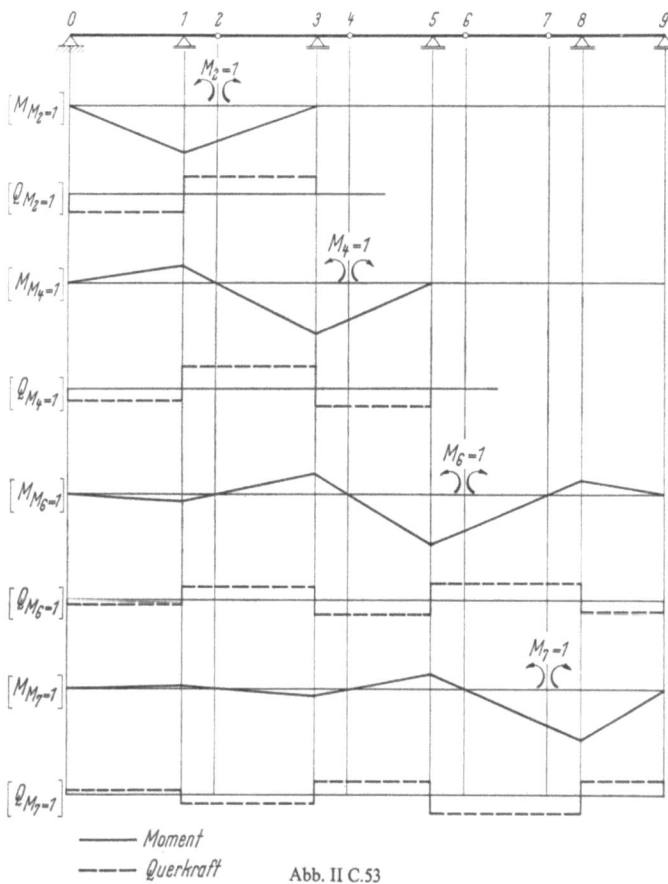

Abb. II C.53

eine Einzellast $P = 1$ bzw. Einheitsmomente $M = 1$ werden später bei der Ermittlung von Durchbiegungen und Drehungen benötigt.

Bei Systemen mit abgeknickter bzw. gekrümmter Stabachse gilt sinngemäß die Entwicklung für Kragträger bzw. Einfeldträger.

(Siehe Beispiel 15.)

### b) Verkehrsbelastung. Einflußlinien

Unter Beachtung des für den Einfeldträger entwickelten Freiträgerverfahrens können die Einflußlinien des Gelenkträgers in ähnlicher Weise bestimmt werden.

Mit Rücksicht auf das Hebelgesetz, das bei statisch bestimmten Systemen maßgebend ist, müssen Auflagerbelastungs-Einflußlinien über Zwischenunterstützungen hinweg bis zum Gelenkpunkt geradlinig verlaufen. Von dieser bis zur nächsten Abstützung (Gelenk oder Lager) muß die betrachtete Auflagerbelastungs-Einflußlinie auf Null geradlinig abnehmen, da bei einer Last $P = 1$ über der nächsten Abstützung die untersuchte Auflagerbelastung Null sein muß. In Abb. II C.54b bis e sind Auflagerbelastungs-Einflußlinien für den Kragträger und Einhängeträger dargestellt. Betrachtet man nun das Moment im Punkt $n$, so weist dieses für jede Laststellung $P = 1$ vom Punkt $n$ bis 3 den Betrag $A_{P=1,0} x_n$ auf. Die mit $x_n$ verzerrte „$A_0$"-Einflußlinie stellt somit in diesem ganzen Bereich bereits die „$M_n$"-Einflußlinie dar (Abb. II C.54f). Für eine Laststellung zwischen Punkt 0 und 1 muß die Momenteneinflußlinie in diesem Bereich aber der Momenteneinflußlinie

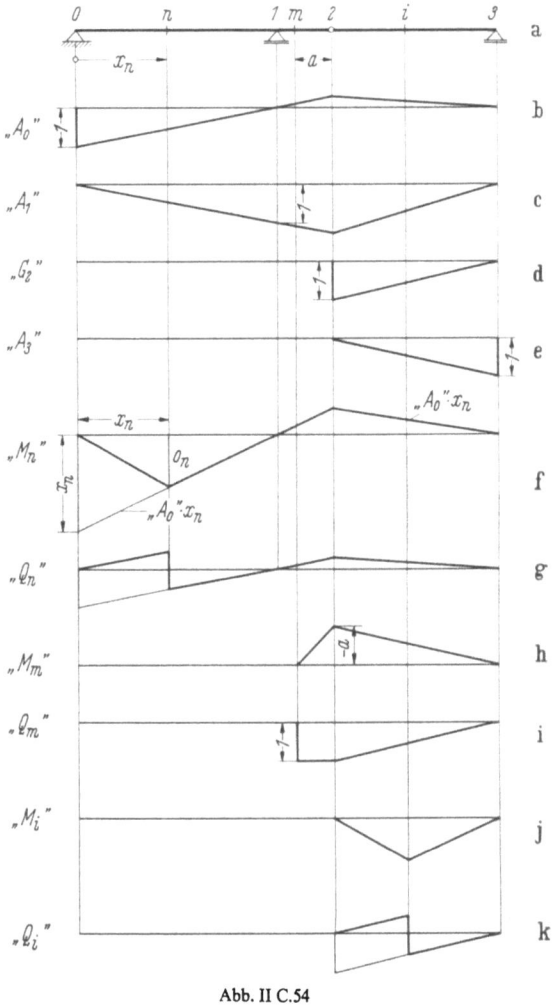

Abb. II C.54

des Einfeldträgers 0—1 entsprechen, d. h., es verläuft die Einflußlinie vom Wert $o_n$ bis zum Punkt 0 geradlinig auf Null absinkend. Man erkennt daraus aber weiter, daß für den Kragträger alle Einflußlinien des Bereichs 0—1 über die Zwischenstütze hinweg bis zum Gelenk geradlinig zu verlängern sind und daß sie dann bis zur nächsten Stützung auf Null absinken (Abb. II C.54f u. g). Für den Kragarm stimmen die Einflußlinien im Kragarmbereich mit denen eines Kragarms (Abschnitt II C 1) überein; sie fallen vom Gelenk bis zur nächsten Stützung wieder auf Null ab (Abb. II C.54h u. i). Die Einflußlinien des Einhängeträgers sind identisch mit den in Abschn. II C 2 entwickelten (Abb. II C.54j u. k). Für ein System von Kragträgern und Einhängeträgern ist sinngemäß vorzugehen (Abb. II C.55a bis e).

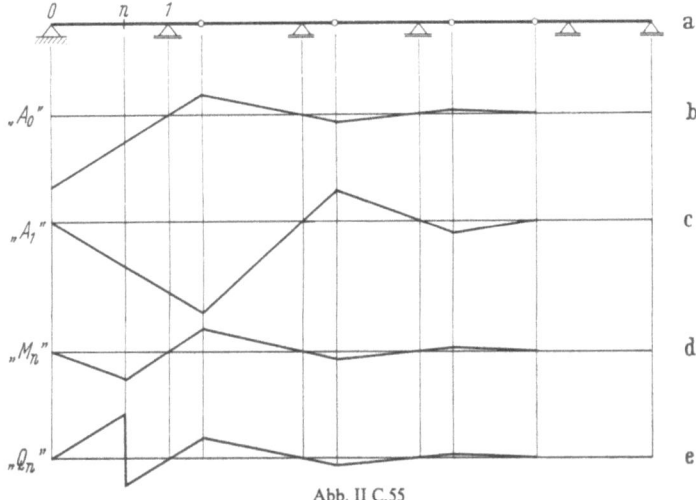

Abb. II C.55

## 4. Dreigelenkbogen

### a) Ruhende Belastung

**α) Einzellasten in beliebiger Richtung.** Ist ein Dreigelenkbogen durch beliebig gerichtete Lasten belastet (z. B. Abb. II C.56), so können nach (II B.11) und (II B.12) die vier unbekannten Auflagerbelastungen $A_{0,x}$, $A_{0,z}$, $A_{l,x}$ und $A_{l,z}$ berechnet werden. Gl. (II B.12) sagt hierbei aus, daß das Moment infolge aller links oder rechts vom Gelenk 1 wirkenden Lasten und Lagerbelastungen Null sein muß. Sind die Auflagerbelastungen bekannt, so können die Schnittbelastungen in jedem Punkt des Tragwerks berechnet werden.

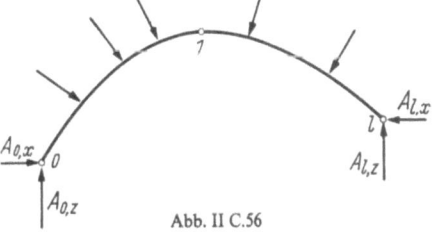

Abb. II C.56

Zweckmäßig wird in diesem Falle ein zeichnerischer Weg eingeschlagen (s. Abb. II C.57a u. b). Mit Rücksicht auf das Superpositionsgesetz werden die beiden Fälle a (Scheibe I belastet, Scheibe II unbelastet) und b (Scheibe I unbelastet, Scheibe II belastet) getrennt untersucht und die sich daraus ergebenden Lager- und

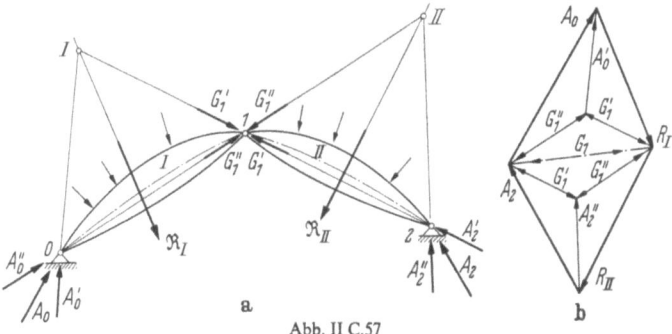

Abb. II C.57

Gelenkbelastungen zu den Gesamtwerten überlagert. Für den Fall *a* muß der Gelenkdruck $G'_1 = A'_2$ in die Richtung 1—2 und die Stützbelastung $A'_0$ in die Richtung 0—I fallen. Aus dem Krafteck (Abb. II C.57b) ergeben sich die Größen von $G_1'$ und $A_0'$. Für den Fall b fallen $G_1'' = A_0''$ in die Richtung 0—1 und $A_2''$ in die Richtung 2—II. $A_2''$ und $G_1''$ werden aus dem Krafteck bestimmt. Durch Superposition der Fälle a und b im Krafteck ergeben sich die Stützbelastungen $A_0$, $A_2$ und die Gelenkbelastung $G_1$.

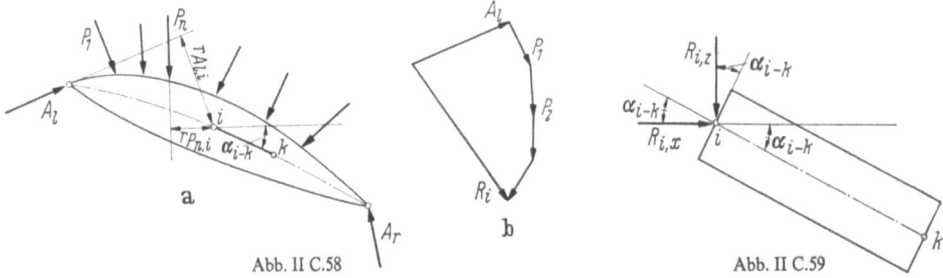

Abb. II C.58    Abb. II C.59

Sind für eine bestimmte Scheibe die Stütz- bzw. Gelenkbelastungen bestimmt, so erhält man für einen Punkt $i$ das Moment $M_i$ (Abb. II C.58a):

$$M_i = A_l r_{A_l,i} - \sum P_n r_{P_n,i} \tag{II C.31}$$

und die Kraft $\mathfrak{R}_i$ (Abb. II C.58b):

$$\left. \begin{array}{l} \mathfrak{R}_i = \mathfrak{A}_i + \sum_l \mathfrak{P}_n \\ \text{bzw. in Koordinatengleichungen} \\ R_{i,x} = A_{l,x} + \sum_l P_{n,x}; \\ R_{i,z} = A_{l,z} + \sum_l P_{n,z}. \end{array} \right\} \tag{II C.32}$$

Nach Abb. II C.59 erhält man damit die Längskraft $N_{i-k}$ und die Querkraft $Q_{i-k}$ zu

$$\begin{array}{l} N_{i-k} = -R_{i,x} \cos\alpha_{i-k} - R_{i,z} \sin\alpha_{i-k}; \\ Q_{i-k} = R_{i,x} \sin\alpha_{i-k} - R_{i,z} \cos\alpha_{i-k}. \end{array} \tag{II C.33}$$

(Siehe Beispiele 16 und 27.)

**β) Lotrechte Belastung.**

*Einzellast $G_n$.* Wirkt eine lotrechte Einzellast $G_n$ im Punkt $n$ der Scheibe I, so ergibt sich aus der Gleichgewichtsbetrachtung $\sum X$ die Beziehung

$$A_{0,x} = A_{r,x} = H. \tag{II C.34}$$

Zur rechnerischen Bestimmung der Lagerbelastung $A_{0,z}$, $A_{r,z}$ und $H$ sind somit nur drei Gleichungen erforderlich:

$$\left. \begin{array}{l} G_n - A_{0,z} - A_{r,z} = 0; \\ A_{0,z}(a+b) + Hh - G_n x_n' = 0; \\ A_{r,z} b - H r_{H,c} = 0. \end{array} \right\} \tag{II C.35}$$

Für einen Punkt $i$ nach Abb. II C.60 beträgt das Moment

$$M_i = A_0 r_{A_0,i}.$$

Verschiebt man $A_0$ in den Punkt $i'$ und zerlegt $A_0$ wieder in die beiden Komponenten $H$ und $A_{0,z}$, so gibt nur $H$ einen Anteil zum Moment:

$$M_i = H o_i. \tag{II C.36}$$

Diese Überlegung gilt auch für die Scheibe II und Punkte rechts von $n$ der Scheibe I. Die in Abb. II C.61 dargestellte Fläche mit den Ordinaten $o$ ist somit bereits eine verzerrte Momentenzustandslinie für den gesamten Dreigelenksbogen. Der Multiplikator ist $H$.

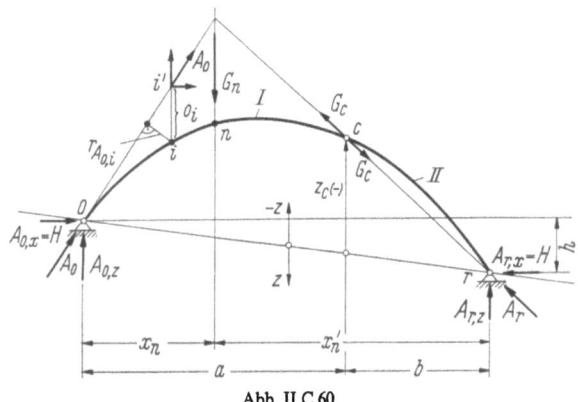

Abb. II C.60

Bei einer konstanten Streckenlast $q = G_n/a$ (Abb. II C.62) mit $G_n$ an der gleichen Stelle $n$ wie in Abb. II C.61 müssen die gleichen Stützbelastungen auftreten, und die Momente für Punkte der Stabachse müssen bis auf den Bereich von $n-1$ bis $n+1$ gleich sein.

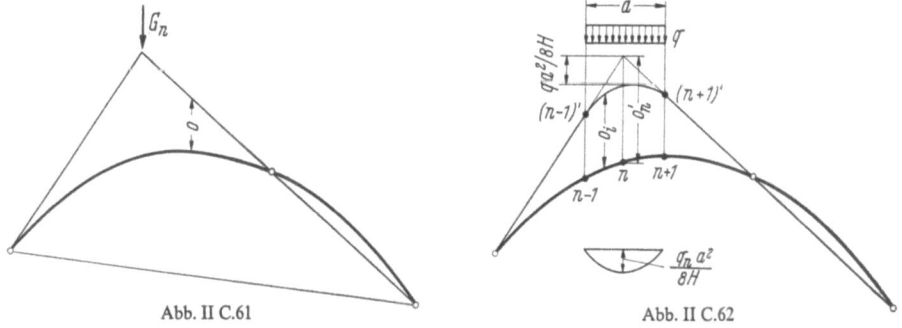

Abb. II C.61    Abb. II C.62

Im Punkt $n$ beträgt das Moment

$$M_n = H\,o'_n - q\frac{a}{2}\frac{a}{4} = H\left(o'_n - \frac{q\,a^2}{8H}\right).$$

Man kommt zum gleichen Wert, wenn man die Parabel mit dem Stich $q\,a^2/8H$ von der Verbindungslinie $(n-1)'-(n+1)'$ aufträgt. Es gilt somit wieder $M = H\,o_i$, wobei $o_i$ im Bereich von $(n-1)$ bis $(n+1)$ bis zur Parabel $(n-1)'-(n+1)'$ geht (Abb. II C.62).

*Einzellasten $G_n$.* Bei lotrechter Belastung (Einzellast oder Einzellasten) empfiehlt es sich, die Lagerbelastungen $A_0$ bzw. $A_r$ in die $z$-Richtung ($^0A_{0,z}$, $^0A_{r,z}$) und die Richtung $0-r$ zu zerlegen (Abb. II C.63a). Der Schub $H'$ muß im Punkt 0 und $r$ gleich groß sein.

Wird die Momentengleichung für den gesamten Dreigelenkbogen um den Punkt $r$ aufgestellt, so ergibt $H'$ keinen Anteil.

Aus

$$^0A_{0,z}\,l - \sum_n G_n\,x'_n = 0$$

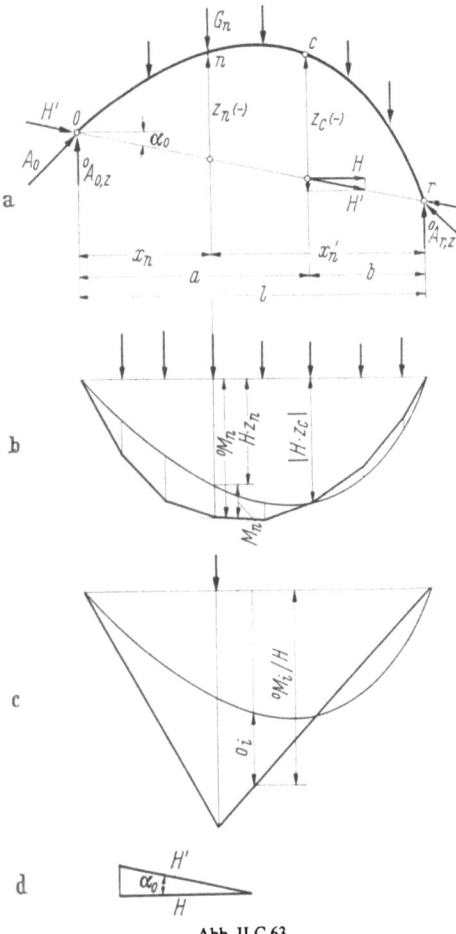

wird
$$^0A_{0,z} = \sum_n G_n \frac{x'_n}{l} = \sum G_n \xi'_n. \quad \text{(II C.37)}$$

Dies ist aber der Auflagerdruck eines Einfeldträgers mit der Stützweite $l$ und der Belastung $\sum G_n$.

Für den Gelenkpunkt $c$ ergibt sich das Moment (einseitig berechnet)

$$M_c = {}^0A_{0,z}\,a - \sum_0^c G_n(x'_n - b) + H\,z_c$$
$$= 0 = {}^0M_{G,c} + H\,z_c$$

und
$$H = -\frac{{}^0M_{G,c}}{z_c}. \quad \text{(II C.38)}$$

In (II C.38) ist $z_c$ vorzeichengerecht (somit negativ) einzuführen, womit $H$ ein positiver Wert, bei positivem ${}^0M_{G,c}$, wird.

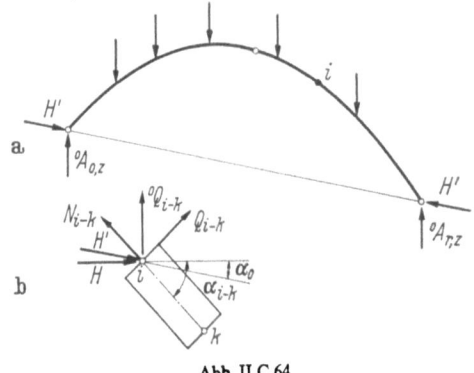

Abb. II C.63          Abb. II C.64

${}^0M_{G,c}$ ist aber das Moment am Einfeldträger aus der Belastung $\sum G_n$ im Punkt $c$. Für einen beliebigen Punkt $n$ gilt entsprechend

$$M_n = {}^0M_{G,n} + H\,z_n, \quad \text{(II C.39)}$$

wobei $z_n$ negativ einzuführen ist.

${}^0M_{G,n}$ ist das Moment im Punkt $n$ des Einfeldträgers unter der Belastung $\sum G_n$.

Gl. (II C.39) sagt aus, daß man die Momentenzustandslinie für eine bestimmte Belastung erhält, indem man von der Momentenzustandslinie des Einfeldträgers die mit $H$ verzerrte $z$-Fläche der Bogenordinaten abzieht. Als Kontrolle muß sich im Gelenk der Wert Null ergeben (Abb. II C.63b).

Bei einer Einzellast (oder wenigen Lasten) empfiehlt es sich, die ${}^0M$-Linie durch $H$ zu teilen und die $z$-Fläche abzuziehen (Abb. II C.63c).

$$M_i = H\left(\frac{{}^0M_i}{H} + z_i\right) = H\,o_i. \quad \text{(II C.40)}$$

Hier stellt wieder $o_i$ die verzerrte Momentenzustandslinie dar (Abb. II C.63c entspricht Abb. II C.61).

Nach Abb. II C.63d gilt

$$H' = \frac{H}{\cos\alpha_0}. \quad \text{(II C.41)}$$

Nachdem bei der Momentenbestimmung $M_i$ (Abb. II C.64a) alle links vom Punkt $i$ vorhandenen Belastungen und Stützbelastungen in dem Punkt $i$ reduziert wurden, wirken im Punkt $i$ die lotrechte Kraft $^0Q_{i-k} = {}^0A_{0,z} - \sum_0^i G_n$, die die Querkraft des Einfeldträgers darstellt, und die Schrägkraft $H'$. Zur Bestimmung der Querkraft $Q_{i-k}$ und der Längskraft $N_{i-k}$ sind die beiden obigen Kräfte in die Richtungen senkrecht zur Stabachse und in diese zu zerlegen (Abb. II C.64a u. b).
Es gilt

$$Q_{i-k} = {}^0Q_{i-k} \cos\alpha_{i-k} + H' \sin(\alpha_{i-k} - \alpha_0)$$
$$= {}^0Q_{i-k} \cos\alpha_{i-k} + H \frac{\sin(\alpha_{i-k} - \alpha_0)}{\cos\alpha_0}; \quad \text{(II C.42)}$$

$$N_{i-k} = {}^0Q_{i-k} \sin\alpha_{i-k} - H' \cos(\alpha_{i-k} - \alpha_0)$$
$$= {}^0Q_{i-k} \sin\alpha_{i-k} - H \frac{\cos(\alpha_{i-k} - \alpha_0)}{\cos\alpha_0}. \quad \text{(II C.43)}$$

(Siehe Beispiel 17.)

### b) Verkehrsbelastung. Einflußlinien

Mit (II C.38) bis (II C.43) können die Einflußlinien für einen Dreigelenkbogen aus denen des Einfeldbalkens gewonnen werden. ($z$ vorzeichengerecht einführen!)

**α) Horizontalschub.** Nach (II C.38) erhält man die Einflußlinie des Horizontalschubs $H$ zu

$$\text{„}H\text{"} = -\frac{1}{z_c} \text{„}{}^0M_c\text{"}. \quad \text{(II C.44)}$$

Da $z_c$ ein konstanter Wert ist, kann $H$ für eine Wanderlast $P = 1$ nur proportional dem Moment aus $P = 1$ im Punkt $c$ des Einfeldträgers sein; $^0M_c$ ist aber die Einflußlinie des Momentes im Punkt $c$ des Einfeldträgers.
Die „$^0M_c$"-Einflußlinie ist in Abb. II C.65b dargestellt, die „$H$"-Einflußlinie in Abb. II C.65c.

**β) Momenteneinflußlinien.** Die Momenteneinflußlinie „$M_n$" ist nach (II C.39)

$$\text{„}M_n\text{"} = \text{„}{}^0M_n\text{"} + z_n \text{„}H\text{"}. \quad \text{(II C.45)}$$

Zur Einflußlinie des Momentes „$^0M_n$" des Einfeldbalkens ist die mit $z_n$ verzerrte „$H$"-Einflußlinie zu superponieren (Abb. II C.65d). Für die Laststellung $P = 1$ im Punkt $i$ (Abb. II C.65a) muß der Gelenkdruck in Richtung $c-r$ liegen; außerdem geht die Stützbelastung $A_0$ durch den Systempunkt $n$. Es kann somit im Punkt $n$ kein Moment vorhanden sein, und Punkt $i$ ist somit ein Nullpunkt der „$M_n$"-Einflußlinie. Zur Ermittlung der „$M_n$"-Linie ist somit nur die „$^0M_n$"-Linie zu zeichnen und in Abb. II C.65d die Linie $0-i'$ zu ziehen und bis zum Punkt $c'$ zu verlängern.

**γ) Auflagerbelastungs-Einflußlinien.** Aus Abb. II C.65a erkennt man, daß für die lotrechten Auflagerbelastungs-Einflußlinien gelten muß (Abb. II C.65e u. f)

$$\text{„}A_{0,z}\text{"} = \text{„}{}^0A_{0,z}\text{"} - \text{„}H\text{"} \tan\alpha_0;$$
$$\text{„}A_{r,z}\text{"} = \text{„}{}^0A_{r,z}\text{"} + \text{„}H\text{"} \tan\alpha_0. \quad \text{(II C.46)}$$

**δ) Querkrafteinflußlinien.** Für die Querkrafteinflußlinien gilt mit (II C.42)

$$\text{„}Q_n\text{"} = \text{„}{}^0Q_n\text{"} \cos\alpha_{i-k} + \text{„}H\text{"} \frac{\sin(\alpha_{i-k} - \alpha_0)}{\cos\alpha_0} = \text{„}{}^0Q_n\text{"} c_1 - \text{„}H\text{"} c_2. \quad \text{(II C.47)}$$

Für den Punkt $n$ in Abb. II C.66a sind $\alpha_{i-k}$ negativ und $\alpha_0$ positiv einzuführen. $c_1$ und $c_2$ sind somit gegebene Zahlenwerte.

Steht die Last $P = 1$ im Punkt $i$, für welche Laststellung die Gerade $0-i''$ — das ist die Richtung von $A_0$ — parallel zur Tangente im Punkt $n$ ist, so kann im Punkt $n$ nur eine Normalkraft $N$ und keine Querkraft vorhanden sein; die „$Q_n$"-Linie muß somit in $i$ eine Nullstelle haben.

Die „$Q_n$"-Linie (Abb. II C.66c) kann somit gefunden werden, wenn man die Linie $0-i'$ in die $c_1$ „$Q_n$"-Linie einzeichnet. Noch einfacher kann sie nach Abb. II C.66d gezeichnet werden.

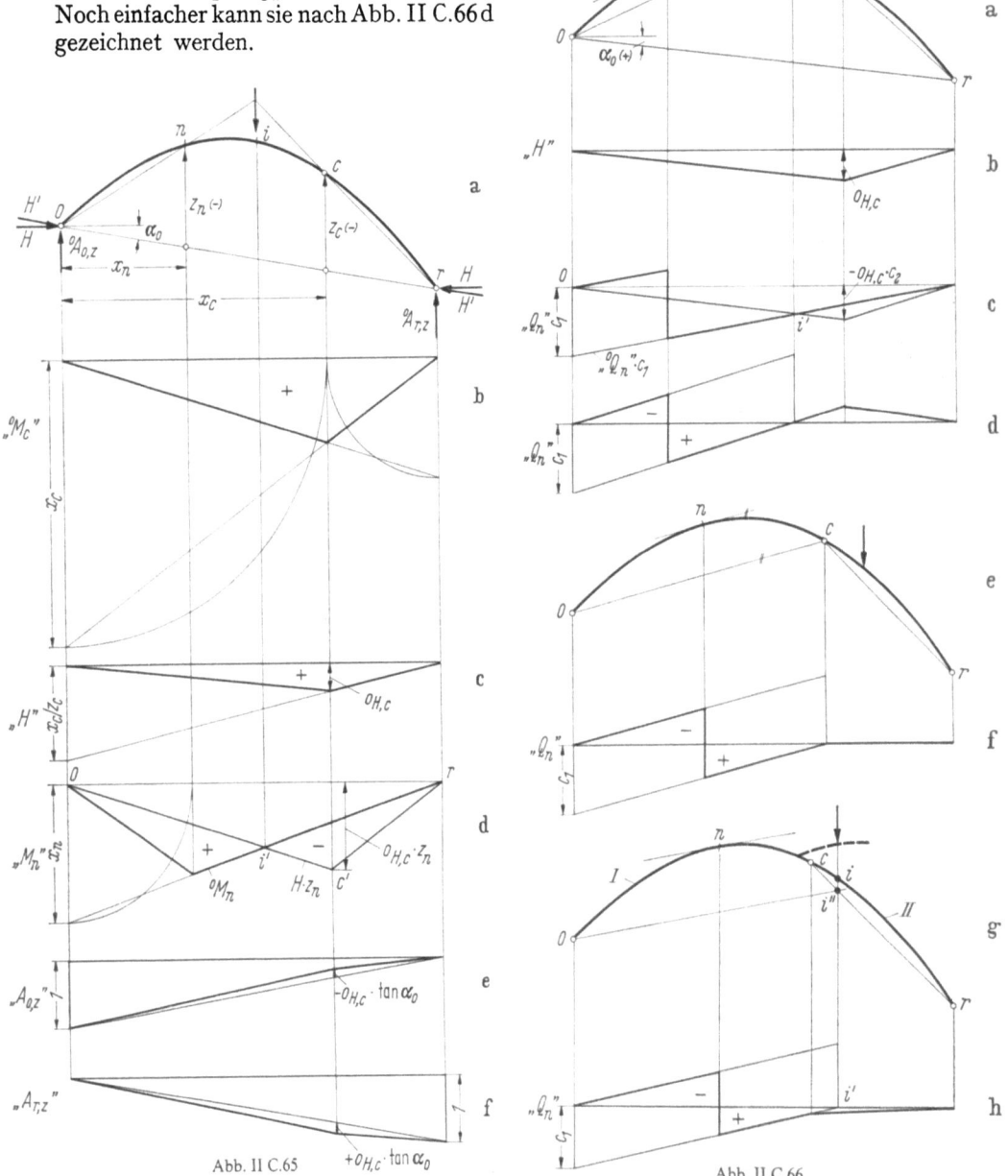

Abb. II C.65

Abb. II C.66

Für einen Punkt $n$, in dem die Tangente an die Systemlinie parallel zur Sehne $0-c$ verläuft (Abb. II C.66e), muß für jede Laststellung zwischen Punkt $c$ und $r$ der Auflagerdruck $A_0$ in der Richtung $0-c$ liegen; es entsteht somit immer nur eine Längskraft im Punkt $n$ und keine Querkraft. Die „$Q_n$"-Linie weist somit im ganzen Bereich $c-r$ eine Nullstrecke auf (Abb. II C.66f). Liegt die Parallele $0-i'''$ zur Tangente im Punkt $n$ unterhalb der Sehne $0-c$ und denkt man sich an der Scheibe I einen Kragarm (Abb. II C.66g) angebracht (strichliert dargestellt), auf

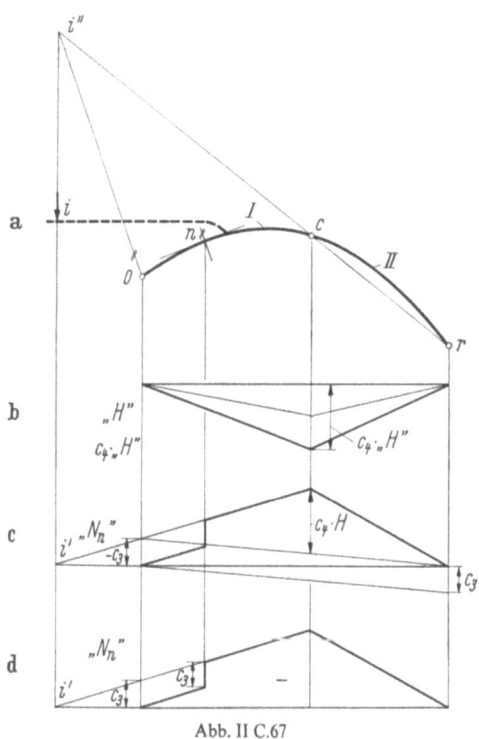

Abb. II C.67

dem die Last weiterwandern kann, so würde bei einer Laststellung am Kragarm im Punkt $i$ der Auflagerdruck $A_r$ in die Richtung $c-r$ fallen und der Auflagerdruck $A_0$ in die Richtung $0-i'''$, d. h., es müßte die Querkraft zu Null werden. Der Punkt $i'$ der „$Q_n$"-Linie (Abb. II C.66h) ist hier aber nur ein imaginärer Nullpunkt, da die Last $P = 1$ auf der Scheibe II weiterwandert und nicht auf dem gedachten Kragarm der Scheibe I.

ε) **Normalkrafteinflußlinien.** Für die Normalkrafteinflußlinie „$N_n$" gilt mit (II C.43)

$$\text{„}N_n\text{"} = \text{„}^0Q_n\text{"} \sin\alpha_{l-k} - \text{„}H\text{"} \frac{\cos(\alpha_{l-k} - \alpha_0)}{\cos\alpha_0}. \tag{II C.48}$$

Für den Punkt $n$ in Abb. II C.67a wird

$$\text{„}N_n\text{"} = -[\text{„}^0Q_n\text{"} c_3 + \text{„}H\text{"} c_4].$$

$c_3$ und $c_4$ sind hierbei gegebene Zahlenwerte.

Durch Superposition der beiden verzerrten „$Q_n$"- und „$H$"-Linien ergibt sich (Abb. II C.67b u. c) die endgültige „$N_n$"-Linie.

Denkt man sich wieder an der Scheibe I einen Kragarm rechts vom Punkt $n$ angebracht (Abb. II C.67a, strichliert) und läßt die Last $P = 1$ weiter nach links fahren, so würde im Punkt $i$ der Auflagerdruck $A_r$ in die Richtung $c-r$ fallen und

**ζ) Kernpunktmomenten-Einfluß-
linien.** Unter Beachtung von Abbildung II C.68 ergeben sich die Kernpunktmomenten-Einflußlinien mit (I C.31) bis (I C.41) zu

$$„M_{n,k_o}" = „M_n" + „N_n" k_o;$$
$$„M_{n,k_u}" = „M_n" - „N_n" k_u. \quad \text{(II C.49)}$$

Überlagert man der bereits bekannten „$M_n$"-Linie (Abb. II C.69 b)

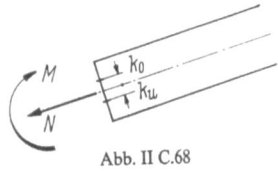

Abb. II C.68

die mit $k$ verzerrte ebenfalls bekannte „$N_n$"-Linie (Abb. II C.69 c), so erhält man die „$M_{n,k_o}$"- bzw. „$M_{n,k_u}$"-Linien (Abb. II C.69 d u. e). Aus Abb. II C.69 erkennt man, daß durch $i_o''$ und $i_u''$ die Nullpunkte $i_o'$ und $i_u'$ der Kernpunktmomenten-Einflußlinien festgelegt sind.

Vernachlässigt man die kleinen Dreiecke im Bereich des Punktes $n$ in Abb. II C.69 d u. e der Einflußflächen (ihr Betrag ist verschwindend klein), so können die Kernpunktmomenten-Einflußlinien genauso wie normale Momenteneinflußlinien bestimmt werden, wenn

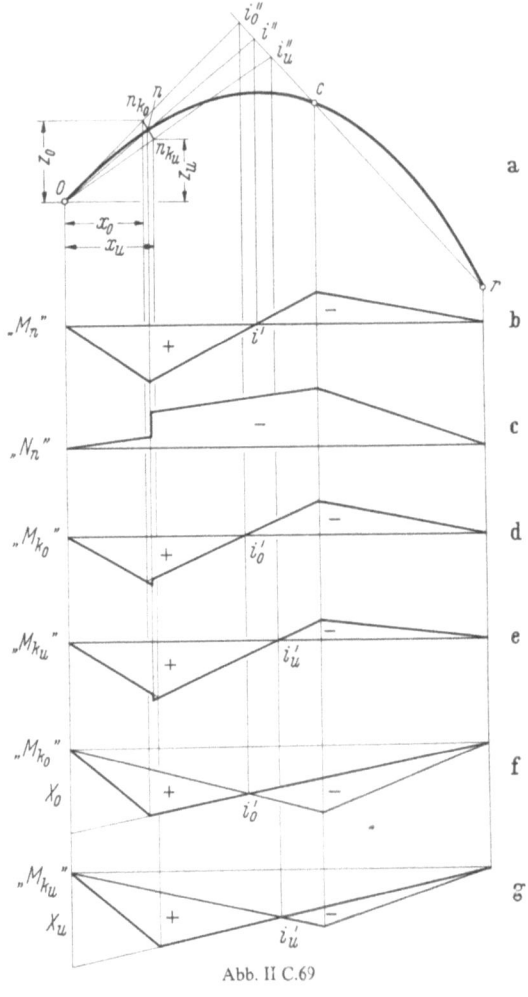

Abb. II C.69

man nach (II C.45) die „$^0M_n$"-Linie für die Punkte $x_{n,o}$ bzw. $x_{n,u}$ bestimmt und die „$H$"-Linie mit $z_{n,o}$ bzw. $z_{n,u}$ verzerrt oder die Nullpunkte $i_o'$ bzw. $i_u'$ der Einflußlinien mit Hilfe der Punkte $i_o''$ bzw. $i_u''$ ermittelt (Abb. II C.69 f u. g).

(Siehe Beispiele 17 und 27.)

## D. Fachwerke. Grundsysteme

In diesem Abschnitt werden einfache Fachwerksysteme behandelt, die in der Regel aus zwei Gurten und einer einfachen Ausfachung (Diagonalen und Pfosten) bestehen. Die Belastung wird in den Knotenpunkten wirkend angenommen.

## 1. Beliebig gerichtete Belastung

### a) Graphisches Verfahren

Für Fachwerke nach dem Bildungsgesetz $\alpha$ (Abschn. II A 4), nach welchem ein neuer Knoten mit zwei Stäben derart an bestehende Fachwerkteile angeschlossen wird, daß eine Seite des neugebildeten Dreiecks mit einer Seite des bestehenden Fachwerkteiles zusammenfällt, ist der Cremona-Plan ein wertvolles Verfahren zur Bestimmung der Stabkräfte. Bereits 1864 wurde von MAXWELL auf die reziproken Beziehungen zwischen dem Fachwerk und dem dazugehörigen Kraftplan hingewiesen. CREMONA [1] hat 1872 Regeln für die systematische Durchführung dieses Verfahrens angegeben.

Als *erste* Bedingung müssen alle Belastungen und Stützbelastungen außerhalb des Fachwerks angreifen (Abb. II D.1). Greift eine Belastung innerhalb des Fachwerks, aber an einem Außenknoten an, so braucht diese nur nach außen verschoben zu werden (strichliert in Abb. II D.2). Man erkennt, daß eine solche Verschiebung bei gleichem Angriffspunkt auf die Größe der Stabkräfte ohne Einfluß ist.

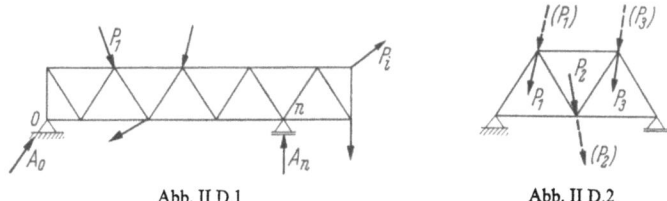

Abb. II D.1  Abb. II D.2

Wenn die Last an einem Innenknoten angreift (Abb. II D.3a), kann sie durch Anordnung eines gedachten Hilfsstabs, der im Kraftplan als Stab mitberücksichtigt wird, auf die Außenseite des Fachwerks verschoben werden, ohne daß dies einen Einfluß auf die wirklichen Stabkräfte hat (Abb. II D.3b).

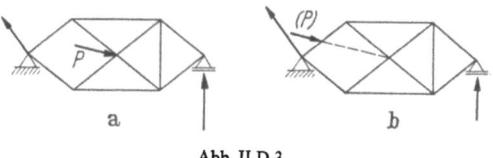

Abb. II D.3

Als *zweite* Bedingung müssen alle äußeren Belastungen und Stützbelastungen in der Reihenfolge, wie sie beim Umfahren des Fachwerks im Uhrzeigersinn aufeinanderfolgen, im Kraftplan aneinandergereiht werden. Die Stützbelastung, die vorher graphisch oder rechnerisch bestimmt wird, ist hierbei in ihrer Wirkung auf das Fachwerk einzutragen (Abb. II D.4b).

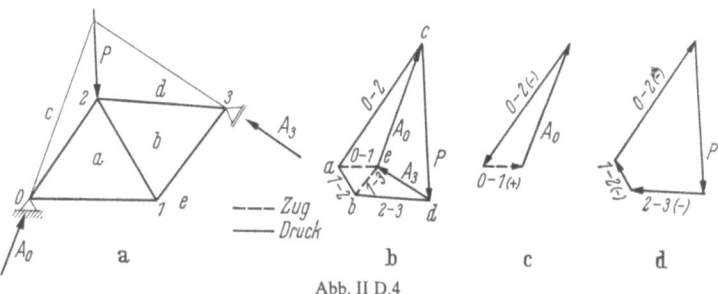

Abb. II D.4

Als *dritte* Bedingung werden für jeden Knoten äußere Belastung bzw. Stützbelastung und Stabkräfte im Kraftplan so aneinandergereiht, wie sie im Knoten im Uhrzeigersinn aufeinanderfolgen (Abb. II D.4b). Wenn hierbei der fortschreitende Richtungssinn im Lageplan zum Knoten zeigt, handelt es sich um eine Druckkraft, im anderen Falle um eine Zugkraft. In Abb. II D.4c ist der Teil des Kraftplans, der zum Punkt 0 gehört, gesondert mit Pfeilrichtungen dargestellt. Wenn nun der nächste Knoten betrachtet wird, müssen sich automatisch die Richtungssinne der Stabkräfte umdrehen. Der Teil des Kraftplans, der zu Punkt 2 gehört, ist wieder getrennt in Abb. II D.4d gezeigt. Die gesamte Konstruktion erfolgt jedoch nur in einem einzigen Kraftplan (Abb. II D.4b).

Geht man Punkt für Punkt folgerichtig vor, so muß sich zum Schluß der gesamte Kraftplan schließen (s. z. B. Knoten 3).

Die reziproken Beziehungen zwischen Fachwerk (z. B. Abb. II D.4a) und Kraftplan (z. B. Abb. II D.4b) erkennt man aus folgenden Tatsachen:

Ein Punkt des Fachwerks (z. B. Punkt 2) entspricht einem Vieleck im Kraftplan mit so vielen Seiten, wie Kräfte und Stäbe im Knoten angreifen (z. B. Vieleck $P$, $2-3$, $1-2$, $0-2$). Ein Punkt des Kraftplans (z. B. $a$ bzw. $e$) entspricht einer Fläche im Fachwerk, die von den Stäben oder Belastungsrichtungen begrenzt wird, deren entsprechende Stabkräfte oder Kräfte von dem betreffenden Punkt des Kraftplans ausgehen (z. B. $0-1$, $1-2$, $2-0$ bzw. $A_3$, $1-3$, $1-0$, $A_0$).

Die Konstruktion des Kraftplans für einen bestimmten Knotenpunkt ist nur möglich, wenn jeweils nur zwei unbekannte Stabkräfte neu auftreten — das trifft z. B. bei Abb. II D.4 zu.

Ist dies nicht der Fall, muß man nach einem Ausweg suchen, indem man auf graphische oder rechnerische Weise eine der drei noch unbekannten Stabkräfte in einem Knoten ermittelt, sobald man auf ein solches Hindernis gestoßen ist.

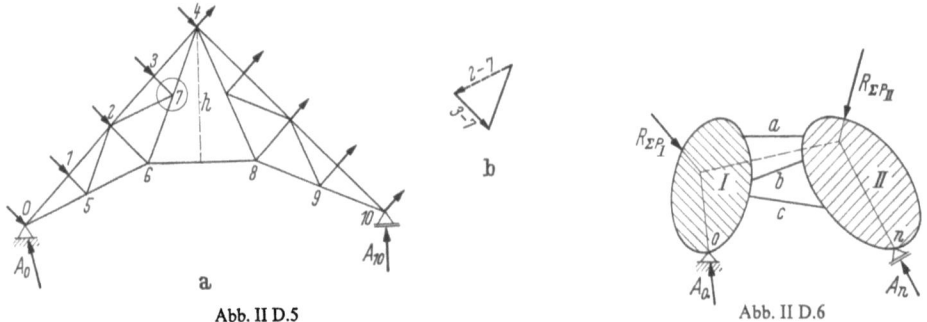

Abb. II D.5  Abb. II D.6

In Abb. II D.5a kann man, wenn man in Punkt 0 beginnt, bei Punkt 2 und 6 nicht weiterkommen, da dort dann jeweils noch drei unbekannte neue Stabkräfte vorhanden sind.

Bestimmt man z. B. rechnerisch die Stabkraft im Stab $6-8$ ($S_{6-8} = +M_4/h$) oder auch graphisch ($S_{6-8}$ muß mit allen auf der Scheibe $0-4-6$ angreifenden Belastungen und Stützbelastungen im Gleichgewicht sein), so kann man den Kraftplan im Punkt 6 weiterzeichnen, und es tritt dann bis zum Punkt 10 kein Hindernis mehr auf.

Da $S_{3-7} = -P_3$ ist, kann man auch aus einem Kraftplan für Punkt 7, ohne die Stabkräfte $6-7$ und $7-4$ ihrer Größe nach zu kennen, entsprechend Abb. II D.5b die Stabkraft $S_{2-7}$ bestimmen. Damit könnte man aber den Kraftplan für Punkt 2 zeichnen, dann für Punkt 6 usw.

Sind zwei beliebige Fachwerkscheiben I und II (Abb. II D.6) durch drei Stäbe $a$, $b$, $c$ miteinander verbunden, so wird man für eine der Scheiben die Resultierende aus allen auf diese Scheibe angreifenden Belastungen und Stützbelastungen suchen und mittels der Culmann-Konstruktion (Abb. II B.8) [S 7, S 24, S 28] zeichnerisch oder mittels eines Ritter-Schnittes rechnerisch die drei Stabkräfte $S_a$, $S_b$ und $S_c$ ermitteln. Faßt man diese Stabkräfte nun als äußere Belastung der beiden Scheiben auf, so kann für jede Scheibe für sich wieder der Cremona-Plan gezeichnet werden. Hierbei spielt es dann auch keine Rolle, ob Belastungen innerhalb des Gesamtfachwerks angreifen.

Bei dem Beispiel in Abb. II D.7 würde man, wenn man in Punkt 0 beginnt, für Punkt 2 und 4 schon keinen Kraftplan mehr zeichnen können; außerdem greifen die Kräfte $P_3$ und $P_8$ innerhalb des Fachwerks an. Bestimmt man aber mit der Culmann-Geraden die Stabkräfte $S_{5-10}$, $S_{2-8}$ und $S_{2-6}$, so kann sowohl für die Scheibe I wie für die Scheibe II je ein Cremona-Plan gezeichnet werden.

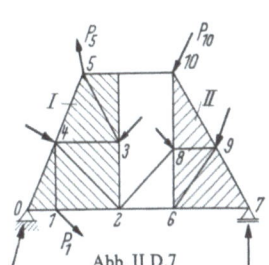

Abb. II D.7

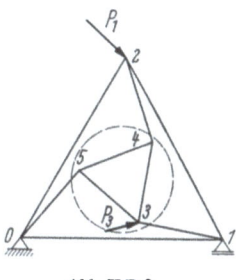

Abb. II D.8

Wenn eine der beiden Scheiben innerhalb der anderen liegt und diese beiden Scheiben mittels dreier Stäbe verbunden sind, so führt der gleiche Vorgang zum Ziel.

Führt man z. B. in Abb. II D.8 einen Rundschnitt um die innere Scheibe 3–4–5, so braucht nur die Last $P_3$, die auf die innere Scheibe wirkt, nach CULMANN in die drei Richtungen 0–5, 2–4, 3–1 zerlegt zu werden. Für die Scheibe 0–1–2 werden die entsprechenden Stabkräfte als äußere Belastung auf die Außenseite des Fachwerks verschoben und dann der Cremona-Plan gezeichnet. Für die innere Scheibe wirken die Stabkräfte bereits auf deren Außenseite.

Für Sonderfälle können bei Verbindung zweier Scheiben durch vier Stäbe die Stabkräfte in diesen ebenfalls nach dem Culmann-Verfahren zeichnerisch oder nach dem Ritter-Verfahren rechnerisch bestimmt werden. Betrachtet man Abb. II D.9,

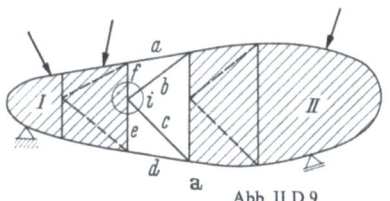 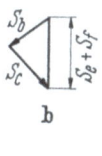

Abb. II D.9

so erkennt man aus Abb. II D.9b, daß für den inneren Knoten $i$ die beiden Stabkräfte der Diagonalen eine Resultierende $S_{e+f}$ in Richtung der beiden Pfosten $e$ und $f$ haben müssen. Die gesamte Resultierende aller auf die Scheibe I wirkenden Belastungen und Stützbelastungen kann somit wieder in die drei Stabkräfte $S_a$, $S_d$ und $S_{e+f}$ mittels des Culmann-Verfahrens zerlegt werden. Sind aber $S_a$, $S_d$ und $S_{e+f}$ bekannt, so können aus Knotenschnitten anschließend $S_b$, $S_c$, $S_e$ und $S_f$ bestimmt werden.

Die angeführten einfachsten Beispiele sollen grundsätzlich zeigen, wie man auf den ersten Blick scheinbar vorhandene Schwierigkeiten verhältnismäßig einfach umgehen kann.
(Siehe Beispiel 19.)

### b) Rechnerische Verfahren

**α) Knotenschnitte.** Für den Fall von Fachwerken, bei denen für eine beliebige Belastung ein Cremona-Plan gezeichnet werden kann, könnten entsprechend dem Fortschreiten beim Cremona-Plan — bei dem in jedem neuen Knoten zwei unbekannte Stabkräfte vorhanden sind — aus Gleichgewichtsbetrachtungen in $x$- und $z$-Richtung jeweils diese beiden unbekannten Stabkräfte berechnet werden. Diese beiden Gleichungen lauten für den Knoten $n$

$$\mathfrak{P}_n \cdot e_x + \sum \mathfrak{S}_n \cdot e_x = 0;$$
$$\mathfrak{P}_n \cdot e_z + \sum \mathfrak{S}_n \cdot e_z = 0. \tag{II D.1}$$

Zum Beispiel ergibt sich für Punkt 2 der Abb. II D.10

$$P_2 \cos\alpha_2 + S_{2-3} \cos\alpha_{2-3} + S_{2-1} \cos\alpha_{2-1} - S_{2-0} \cos\alpha_{0-2} = 0;$$
$$P_2 \sin\alpha_2 + S_{2-3} \sin\alpha_{2-3} + S_{2-1} \sin\alpha_{2-1} + S_{2-0} \sin\alpha_{0-2} = 0.$$

Ist die Stabkraft $S_{0-2}$ z. B. aus der ähnlichen Behandlung des Knotens 0 bereits bekannt, so können die beiden unbekannten Stabkräfte $S_{2-1}$ und $S_{2-3}$ aus (II D.1) berechnet werden.

Diese Berechnung der Stabkräfte von Knoten zu Knoten aus Gleichungen ist mühsam und wird daher selten angewendet.

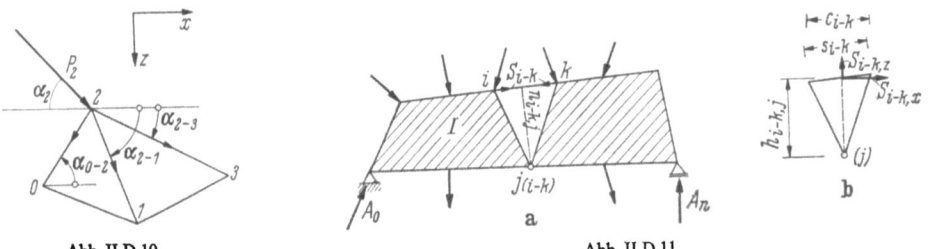

Abb. II D.10        Abb. II D.11

**β) Ritter-Schnitte.** Betrachtet man den Obergurt $i-k$ eines Dreieckfachwerks (z. B. Abb. II D.11a) [S 9, S 35], legt einen Schnitt durch den Schnittpunkt $j$ der beiden Diagonalen $(i-j)$ und $(j-k)$ und bildet das Moment aller auf einer Seite des Schnittes wirkenden Belastungen und Stützbelastungen, so muß das gesamte Moment von der Gurtkraft $S_{i-k}$ allein aufgenommen werden können. Es gilt, wenn ein positives Moment im Uhrzeigersinn angenommen wird,

$$M_j + S_{i-k}\, n_{i-k,j} = 0;$$
$$S_{i-k} = -\frac{M_j}{n_{i-k,j}}. \tag{II D.2}$$

Zweckmäßig wird nicht mit den Normalabständen gearbeitet, sondern mit den in $z$-Richtung liegenden Abständen $h_{i-k,j}$ (Abb. II D.11b). Es muß gelten

$$S_{i-k}\, n_{i-k,j} = S_{i-k,x}\, h_{i-k,j}$$

und mit (II D.2)

$$S_{i-k,x} = -\frac{M_j}{h_{i-k,j}}. \tag{II D.3}$$

Damit ergibt sich

$$S_{i-k} = S_{i-k,x}\, \frac{s_{i-k}}{c_{i-k}}. \tag{II D.4}$$

Haben zwei Fachwerkdreiecke denselben Pol $j$ für die Gurtstäbe $(i-k)$ und $(k-l)$ (Abb. II D.12), so sind hierfür zwei verschiedene Schnitte „1—1" und „2—2" zu berücksichtigen und bei der Berechnung der Momente im Punkt $j$ einmal die

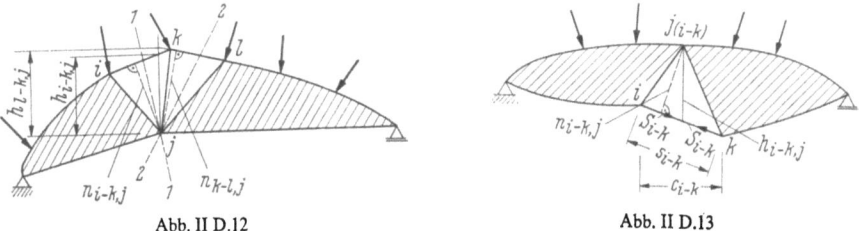

Abb. II D.12          Abb. II D.13

Scheibe I bis zum Punkt $i$, das zweite Mal bis zum Punkt $k$ mit den entsprechenden Belastungen zu erfassen.

Für einen Untergurt gilt sinngemäß (Abb. II D.13)

$$S_{i-k} = +\frac{M_j}{n_{i-k,j}};\qquad \text{(II D.5)}$$

$$S_{i-k,x} = +\frac{M_j}{h_{i-k,j}};\qquad \text{(II D.6)}$$

$$S_{i-k} = S_{i-k,x}\frac{s_{i-k}}{c_{i-k}}.\qquad \text{(II D.4)}$$

Während man bei einem Gurt das Moment um den Schnittpunkt der beiden Begrenzungsdiagonalen bestimmt, kann man bei der Berechnung einer Diagonale (Abb. II D.14) vom Schnittpunkt der beiden Begrenzungsgurte des betreffenden

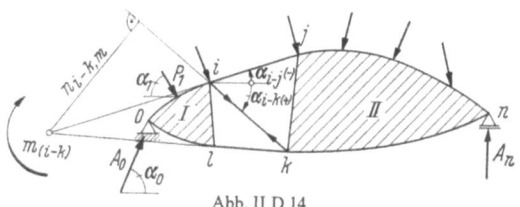

Abb. II D.14

Feldes ausgehen. Bildet man bei einem Ritter-Schnitt durch diese beiden Gurte und die betrachtete Diagonale das Moment für die abgetrennte Scheibe I oder II um den Gurtschnittpunkt $m_{(i-k)}$, so muß allein die Diagonale dem gesamten Moment das Gleichgewicht halten. Es gilt — wenn der Punkt $m$ links außerhalb des Fachwerks liegt — die Bedingung

$$M_m + S_{i-k,x}\, n_{i-k,m} = 0;$$

$$S_{i-k} = -\frac{M_m}{n_{i-k,m}}.\qquad \text{(II D.7)}$$

Oft liegt der Schnittpunkt außerhalb der Zeichenebene oder wird nur durch schleifende Geraden erhalten. In diesem Fall empfiehlt es sich, die Diagonalkraft aus dem Gleichgewicht aller an der Scheibe I wirkenden Belastungen, Stützbelastungen und geschnittenen Stabkräfte zu bestimmen. Die Gurtkräfte werden dabei zuerst nach (II D.2) und (II D.5) ermittelt. Es gilt (Abb. II D.14)

$$\mathfrak{A}_0 \cdot e_z + \sum_{I} \mathfrak{P}_n \cdot e_z + \mathfrak{S}_{i-j} \cdot e_z + \mathfrak{S}_{i-k} \cdot e_z + \mathfrak{S}_{l-k} \cdot e_z = 0 \qquad \text{(II D.8)}$$

bzw.

$$-A_0 \sin\alpha_0 + \sum_{I} P_n \sin\alpha_n + S_{i-j}\sin\alpha_{i-j} + S_{i-k}\sin\alpha_{i-k} + S_{l-k}\sin\alpha_{l-k} = 0. \qquad \text{(II D.9)}$$

Für ein K-Fachwerk nach Abb. II D.15 muß die Resultierende der beiden durch einen Ritter-Schnitt geschnittenen Diagonalen $(i-l)$ und $(m-l)$ in Richtung des

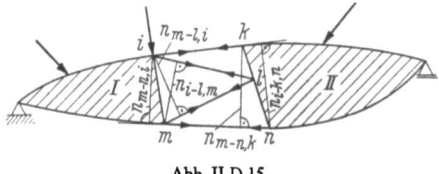

Abb. II D.15

Pfostens $(k-n)$ liegen. Somit sind Punkt $n$ und Punkt $k$ die Momentenpole für die Stabkräfte $S_{l-k}$ und $S_{m-n}$, und man erhält

$$S_{l-k} = -\frac{M_n}{n_{l-k,n}} \quad \text{und} \quad S_{m-n} = +\frac{M_k}{n_{m-n,k}}. \qquad \text{(II D.10)}$$

Ist die Stabkraft $S_{l-k}$ nach (II D.10) bekannt, und bildet man das Moment der Belastungen und Stützbelastungen der Scheibe I einschließlich der geschnittenen Stabkräfte um den Punkt $m$, so erkennt man, daß die Stabkräfte $S_{m-l}$ und $S_{m-n}$ keine Anteile zum Moment geben.

Man erhält die Diagonalkraft $S_{i-l}$ aus

$$M_m + S_{l-k}\, n_{l-k,m} + S_{i-l}\, n_{i-l,m} = 0$$

und entsprechend

$$M_l + S_{m-n}\, n_{m-n,i} + S_{m-l}\, n_{m-l,i} = 0. \qquad \text{(II D.11)}$$

## 2. Lotrechte Belastung von Kragträgern, Einfeldträgern und Gelenkträgern

Für aus Dreiecken aufgebaute Fachwerke unter lotrechter Belastung ist die Berechnung der Stabkräfte mittels des Zimmermann-Schemas jedem zeichnerischen Verfahren vorzuziehen.

Für alle Knotenpunkte können entsprechend den für vollwandige Grundsysteme in Abschn. II C angegebenen Entwicklungen unter Zugrundelegung der horizon-

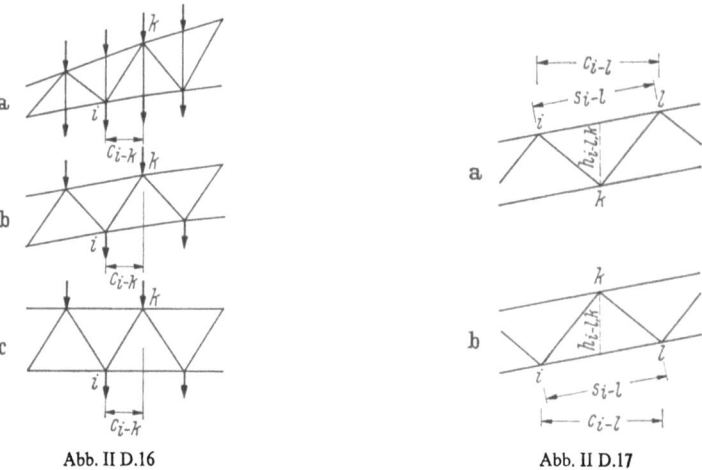

Abb. II D.16  Abb. II D.17

talen Knotenpunktabstände $c_{i-k}$ (s. z. B. Abb. II D.16a bis c) mittels des Zimmermann-Schemas die Momente für jeden Knotenpunkt und die Querkräfte für jedes Feld angegeben werden (s. Tab. II C.1 und II C.2).

Für die Gurte gilt mit den Bezeichnungen von Abb. II D.17a u. b für

Obergurte: $\quad S_{i-l,x} = -\dfrac{M_k}{h_{i-l,k}}; \quad S_{i-l} = S_{i-l,x}\dfrac{s_{i-l}}{c_{i-l}};$

Untergurte: $\quad S_{i-l,x} = +\dfrac{M_k}{h_{i-l,k}}; \quad S_{i-l} = S_{i-l,x}\dfrac{s_{i-l}}{c_{i-l}}.$
(II D.12)

Zur Bestimmung der Diagonalstabkräfte bei geneigten Gurten empfiehlt es sich, die Summe der horizontalen Komponenten aller durch einen Ritter-Schnitt getroffenen Stabkräfte zu benützen, da diese Summe Null sein muß und die Horizontalkräfte der Gurte durch (II D.12) bereits bekannt sind. Mit den Bezeichnungen nach Abb. II D.18a wird

$$-\frac{M_k}{h_{i-l,k}} + \frac{M_l}{h_{k-m,l}} + S_{k-l,x} = 0;$$

$$S_{k-l,x} = \frac{M_k}{h_{i-l,k}} - \frac{M_l}{h_{k-m,l}}.$$

Einfacher lautet diese Formel — und sie gilt allgemein, gleichgültig ob die Diagonale steigend oder fallend ist —, wenn nach Abb. II D.18b der untere bzw. obere End-

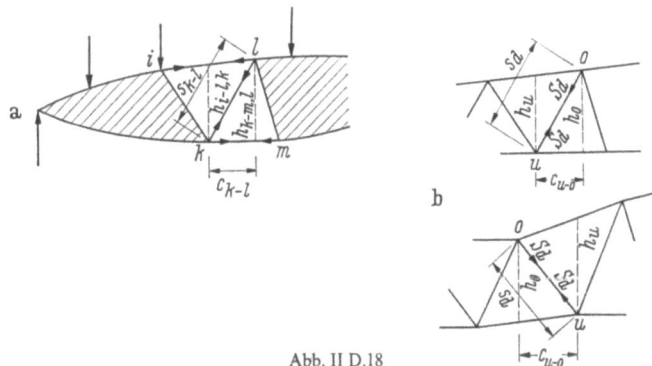

Abb. II D.18

punkt der Diagonale mit „$u$" bzw. „$o$" bezeichnet wird und die in $z$-Richtung liegenden Abstände bis zu den gegenüberliegenden Gurten mit $h_u$ bzw. $h_o$,

$$S_{d,x} = \frac{M_u}{h_u} - \frac{M_o}{h_o}; \quad S_d = S_{d,x}\frac{s_d}{c_{u-o}}. \qquad (II\ D.13)$$

Bei nur horizontalen Gurten wird man die Diagonalstabkräfte über die bereits bekannten Querkräfte berechnen, während für die Gurte nach (II D.12) gilt (s. Abb. II D.19):

$$S_o = -\frac{M_u}{h}; \quad S_u = +\frac{M_o}{h}. \qquad (II\ D.14)$$

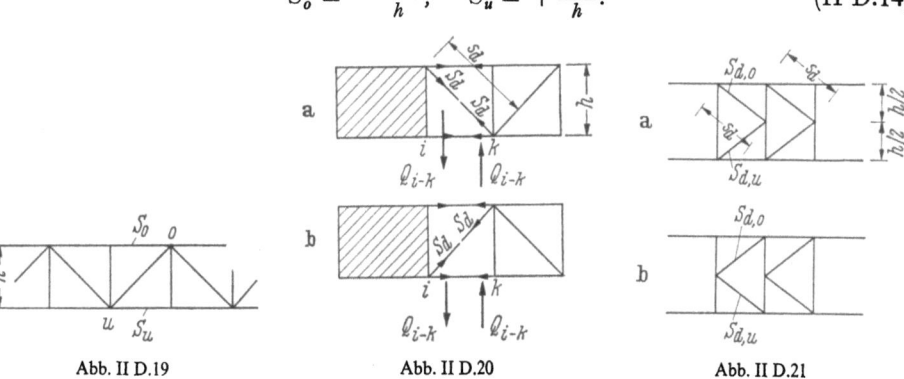

Abb. II D.19 \qquad Abb. II D.20 \qquad Abb. II D.21

Nach Abb. II D.20a u. b erhält man für

fallende Diagonalen: $\quad S_{d,z} = +Q_{i-k}; \quad S_d = S_{d,z} \dfrac{s_d}{h};$

steigende Diagonalen: $\quad S_{d,z} = -Q_{i-k}; \quad S_d = S_{d,z} \dfrac{s_d}{h}.$

(II D.15)

Für die Stabkräfte eines K-Fachwerks mit horizontalen Gurten und gleich langen Diagonalen erhält man dementsprechend, mit dem Momentenpol unter der K-Spitze (Abb. II D.21a u. b), für

Gurte: $\quad S_o = -\dfrac{M}{h}; \quad S_u = +\dfrac{M}{h};$

Diagonale mit K rechts:

$$S_{d,o;z} = +\dfrac{Q_{i-k}}{2}; \quad S_{d,u;z} = -\dfrac{Q_{i-k}}{2}; \quad S_d = S_{d,z} \dfrac{2 s_d}{h};$$

Diagonale mit K links:

$$S_{d,o;z} = -\dfrac{Q_{i-k}}{2}; \quad S_{d,u;z} = +\dfrac{Q_{i-k}}{2}; \quad S_d = S_{d,z} \dfrac{2 s_d}{h}.$$

(II D.16)

(Siehe Beispiel 21).

### 3. Verkehrsbelastung. Einflußlinien

Bei der Ermittlung der Einflußlinien von Fachwerkträgern wird das für vollwandige Systeme in Abschn. II C entwickelte Freiträgerverfahren nachfolgend sinngemäß angewendet. Da sich jeweils nur eine einzige Last $P = 1$ am untersuchten Träger befindet, können Stabkräfte nur aus dieser Einzellast und den dazugehörigen Stützbelastungen auftreten. Die Größen dieser Stabkräfte können nach den in den Abschn. II D 1 und II D 2 entwickelten Methoden bestimmt werden. Nach dem Freiträgerverfahren wird der Einfluß der Einzellast und der aus Stützbelastungen getrennt erfaßt, wobei Einzellast und Stützbelastung jeweils auf einen gedachten Kragträger wirken. An einem einfachen Träger wird der Grundgedanke erläutert, und anschließend werden nur die Besonderheiten für die verschiedenen Grundsysteme aufgezeigt.

#### a) Kragträger als Dreiecksfachwerk

Der in Abb. II D.22 dargestellte Kragträger ist im Punkt $r$ fest gelagert und durch den Stab $(\bar{r}-\bar{s})$ rückverankert. Die Lasteinleitung erfolgt über Längsträger und Querträger in den Knotenpunkten des Obergurtes (Fahrbahn oben = FO). Steht die Last $P = 1$ im Punkt $\bar{0}$ (Abb. II D.22b), so können rechnerisch oder zeichnerisch die Stabkräfte in allen Stäben eindeutig bestimmt werden. Trägt man die ermittelten Werte für die einzelnen Stabkräfte im Punkt 0 auf (Abb. II D.22e bis i), so sind dies bereits Punkte der Einflußlinien. Für die Gurte sind dies die Momente infolge $P = 1$ um deren Drehpole, geteilt durch den Normalabstand $n_u$ bzw. $n_o = h_o$ des Gurtes von diesen Drehpolen. Für den Untergurt $i-l$ ist für $P = 1$ im Punkt $\bar{k}$, für den Obergurt $i-k$ für $P = 1$ im Punkt $i$ (Abb. II D.22c u. d) das Moment Null; somit sind dies Nullstellen der Einflußlinien. Bei einem Weiterrücken der Last von den Drehpolen zur Einspannstelle bleiben die Momente und somit die Gurtstabkräfte Null. Da die Momente vom Punkt 0 bis zu den Drehpolen geradlinig abnehmen, gilt dies auch für die Gurtstabkraft-Einflußlinien (Abb. II D.22e u. f).

Denkt man sich das Tragwerk nach links über sein Ende $(\bar{0}-0)$ hinaus verlängert (Abb. II D.22a) bis zum Gurtschnittpunkt $d$ und denkt man sich in diesem Punkt die Last $P_d = 1$ wirkend, so geben bei einem Ritter-Schnitt durch die Stäbe $S_o$, $S_u$ und $S_d$ die Stabkräfte $S_o$, $S_u$ und die Kraft $P_d = 1$ keinen Momentenanteil, und die einzig übrigbleibende Stabkraft $S_d$ muß daher für diese Laststellung ebenfalls Null sein.

(Die Kraft $P_d = 1$ zerlegt sich nur in die Stabkräfte $S_o$ und $S_u$.) Da beim Weiterrücken der Kraft von Punkt $d$ nach rechts das Moment der Last für die Scheibe I linear zunimmt und $S_d = + M_d/n_d$ ist, muß die Diagonaleinflußlinie von Null im Punkt $d$ über den Wert $S_{P_0=1,\,d}$ im Punkt 0 linear ansteigen bis zur Laststellung $P_i = 1$. Für $P_k = 1$ (Abb. II D.22c) ist $S_d = 0$ und bleibt es über den ganzen weiteren

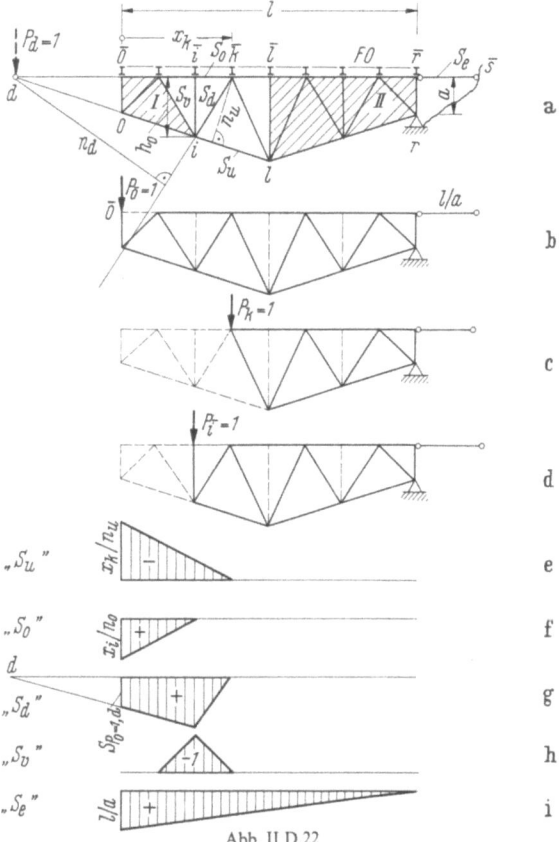

Abb. II D.22

rechten Trägerteil (Abb. II D.22g). Die Pfostenstabkraft $S_v$ (Abb. II D.22h) hat im Punkt $i$ die Ordinate „$-1$" und sinkt bis zu den Punkten $\bar{h}$ und $\bar{k}$ auf Null ab (Lastübertragung durch Längsträger!). Man erkennt somit, daß für die Ermittlung von Stabkraft-Einflußlinien eines Kragträgers bei Kenntnis des Drehpols des betrachteten Stabes nur jeweils der Wert $S_{P_0=1}$ an der Stelle 0 zu berechnen ist. Die Einflußlinie der Stabkraft des Rückhaltstabs ist in Abb. II D.22i dargestellt; sie entspricht der durch $a$ geteilten Momenteneinflußlinie für den Punkt $r$.

### b) Einfeldträger als Dreiecksfachwerk

Wenn das gleiche Fachwerk, das in Abb. II D.22 ein Kragträger ist, nun in dem Punkt 0 und $r$ (Abb. II D.23a) gestützt wird, so stellt es einen Einfeldträger dar. Für eine beliebige Stellung $P_n = 1$ ist der Auflagerdruck $A_{P_n=1,0} = x'_n/l$ gegeben und damit auch die „$A_0$"-Einflußlinie (Abb. II D.23c). Denkt man sich das Fachwerk durch einen virtuellen Stab ($\bar{r}-\bar{s}$) wieder rückverankert und $A_0 = 1$ als einzige äußere Belastung, so ergeben sich hierfür Stabkräfte $S_{A_0=1}$ in allen Stäben. Diese Stabkräfte sind gleich groß und entgegengesetzt gerichtet wie die Stabkraft $S_{P_0=1}$

am Kragträger nach Abb. II D.22b. Dies gilt auch für die virtuelle Stabkraft $S_e$. Superponiert man somit die beiden Zustände, so wird $S_e = 0$. Auch für jede andere Laststellung wird bei Superposition des Zustandes $P_n = 1$ am Kragarm und des Zustandes $A_{P_n=1,0}$ am gleichen Kragträger $S_e = 0$. Zum Beispiel ist für die Laststellung $P_n = 1$ im Punkt $n$

$$S_{P_n=1,e} + S_{A(P_n=1),0;e} = +\frac{x'}{a} - A_{P_n=1,0}\frac{l}{a} = \frac{x'}{a} - \frac{x'}{l}\frac{l}{a} = 0.$$

Man erhält somit eine endgültige Stabkraft-Einflußlinie eines Einfeldträgers, wenn man zur Einflußlinie eines Kragarms die mit $S_{A_0=1}$ verzerrte Auflagereinflußlinie $A_0$ (Abb. II D.23d) superponiert.

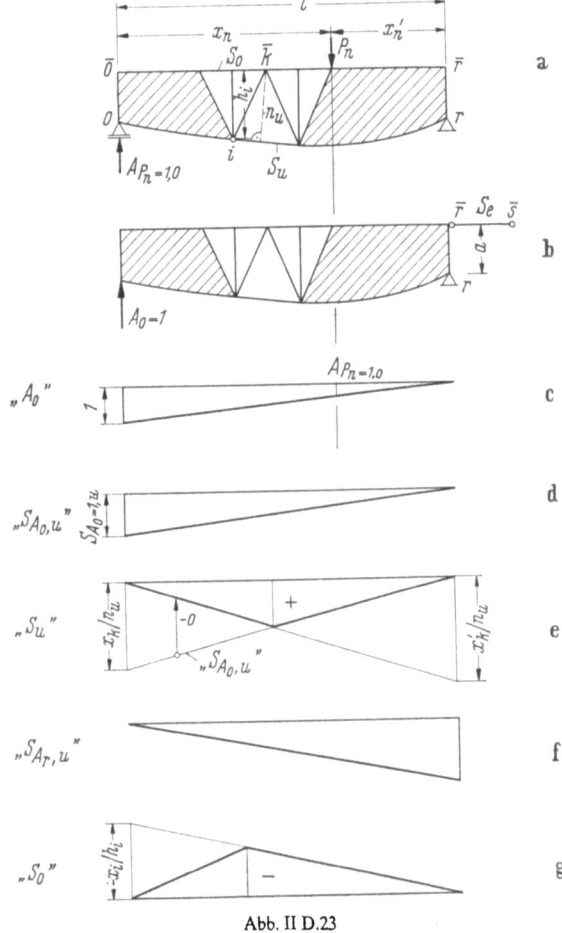

Abb. II D.23

Für den Untergurtstab $S_u$ ist $S_{A_0=1} = x_k/n_u$ (Abb. II D.23e). Solange $P = 1$ am Kragträger rechts vom Knoten $\bar{k}$ steht, ist $S_{P_n=1,u} = 0$; somit ist die „$S_{A_0,u}$"-Linie im Bereich $\bar{k}$ bis $\bar{r}$ bereits die endgültige Einflußlinie „$S_u$". Im Bereich $\bar{0}$–$\bar{k}$ ist von der „$S_{A_0,u}$"-Linie die Kragträger-Einflußlinie „$S_u$" (Ordinate $-o$) nach Abb. II D.23e abzuziehen. Die endgültige Einflußlinie hat somit im Punkt $\bar{0}$ die Ordinate 0. Würde man sich den Träger im Punkt $\bar{0}$ eingespannt denken, so muß die „$S_{A_r,u}$"-Linie (Abb. II D.23f) von Punkt $\bar{0}$ bis Punkt $\bar{k}$ bereits die endgültige Einflußlinie von „$S_u$" sein.

Zur Bestimmung einer Gurtkraft-Einflußlinie ist somit überhaupt nur einer der beiden Werte $S_{A_0=1,u}$ oder $S_{A_r=1,u}$ erforderlich, um die ganze Einflußlinie zu erhalten. Es ist dies weiter die durch $n_u$ geteilte Momenteneinflußlinie eines Einfeldträgers. In gleicher Weise ist die Obergurt-Einflußlinie „$S_o$" (Abb. II D.23g) zu bestimmen.

Der allgemeine Fall einer Diagonalstabkraft-Einflußlinie für ein Fachwerk mit geneigten Gurten und Fahrbahn oben (FO) ist in Abb. II D.24 dargestellt.

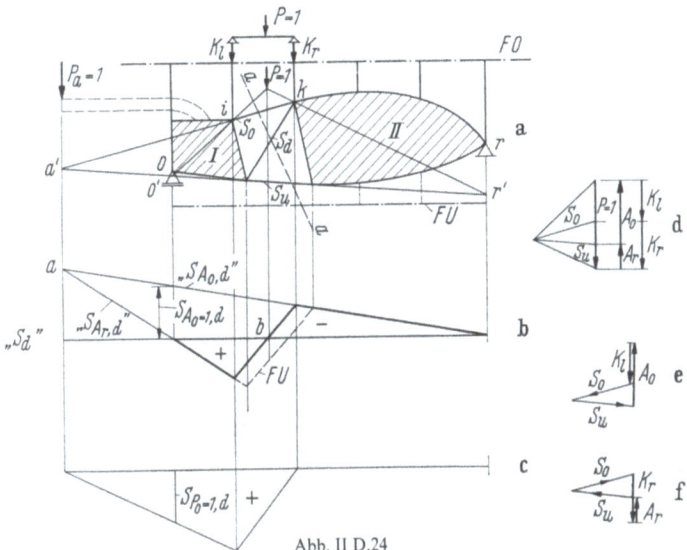

Abb. II D.24

Bestimmt man die Stabkraft $S_{A_0=1,d}$ für den rechts, $S_{A_r=1,d}$ für den links eingespannt gedachten Träger, so kann mit diesen beiden Werten die Einflußlinie gezeichnet werden (Abb. II D.24b). Die „$S_{A_0,d}$"-Linie ist im Bereich $k-r$ bereits die Einflußlinie, weil bei einem rechts eingespannt gedachten Kragträger bei Belastung infolge $P = 1$ in diesem Bereich keine Stabkraft $S_{P_n=1,d}$ auftreten kann. In gleicher Weise kann beim links eingespannt gedachten Träger vom Punkt 0 bis zum Punkt $i$ mit der Last $P = 1$ vorgefahren werden, ohne daß eine Stabkraft $S_{P_n=1,d}$ auftritt. Die „$S_{A_r,d}$"-Linie ist somit bis zum Punkt $i$ bereits die Einflußlinie. Zwischen den Punkten $i$ und $k$ muß die Einflußlinie geradlinig verlaufen, da die Last über den Zwischenlängsträger eingeleitet wird. Die Punkte $a$ und $b$ der Einflußlinie können entweder zu Kontrollzwecken verwendet werden, oder es kann mit ihnen die Einflußlinie konstruiert werden; in letzterem Fall ist nur einer der Werte $S_{A_0=1,d}$ oder $S_{A_r=1,d}$ erforderlich.

Betrachtet man Abb. II D.24a und stellt die Last $P = 1$ in den Schnittpunkt der Geraden $(0'-i)$ und $(r'-k)$, so ergeben sich aus dem Kraftplan Abb. II D.24d mit der Schlußlinie $(0'-r')$ die Auflagerdrücke $A_0$ und $A_r$ für diese Laststellung und mit der Schlußlinie $(i-k)$ die Aufteilung der Last in die Knotenlasten $K_l$ und $K_r$. $S_o$ und $S_u$ stellen die Stabkräfte für diese Laststellung dar. Der Kraftplan für alle an der Scheibe I angreifenden Kräfte (Abb. II D.24e) zeigt, daß die Kräfte $A_0$, $K_l$, $S_o$ und $S_u$ bereits im Gleichgewicht sind, d. h. daß $S_d$ für diese Laststellung Null sein muß. Das gleiche ergibt sich aus dem Kraftplan für die Scheibe II (Abb. II D.24f). Der Punkt $b$ muß bei „FO" daher ein Nullpunkt der Einflußlinie sein.

Denkt man sich an der Scheibe I einen Konsolträger (strichliert in Abb. II D.24a) befestigt und läßt die Last bis zum Punkt $a$ wandern, so ist einerseits die „$S_{A_0,d}$"-Linie geradlinig zu verlängern, anderseits gilt für die Last $P_a = 1$ am rechts eingespannten Träger, daß sich diese in die beiden Richtungen $S_o$ und $S_u$ zerlegt und

$S_{P_a=1,d}$ zu Null wird. Für die durch den Schnitt $a-a$ abgetrennte Scheibe I ergeben im Punkt $a$ sowohl die Stabkräfte $S_o$ und $S_u$ als auch die Kraft $P_a = 1$ kein Moment um den Punkt $a$; daher wird $S_{P_a=1,d} = 0$. Wandert die Last vom Punkt $a$ nach rechts, so nimmt das Moment infolge $P = 1$ um den Punkt $a$ bis $i$ linear zu. Da lediglich $S_{P_n=1,d}$ einen Momentenanteil um den Punkt $a$ ergibt, nimmt auch $S_{P_n=1,d}$ linear zu. Der Wert $S_{P_0=1,d}$ ist aber gleich groß mit entgegengesetztem Vorzeichen zu $S_{A_0=1,d}$. Erreicht die Last den Punkt $k$, so tritt am rechts eingespannten Freiträger keine Stabkraft $S_{P_k=1,d}$ mehr auf. Der Einfluß infolge $P = 1$ am rechts eingespannten Freiträger ist durch Abb. II D.24c gegeben. Die Ordinaten dieser Linie sind aber von den Ordinaten der Linie „$S_{A_0,d}$" abzuziehen. Damit ergibt sich die in Abb. II D.24b gezeigte Konstruktion der Einflußlinie unter Benutzung des Punktes $a$.

Für das gleiche Fachwerk mit Fahrbahn unten (FU) ist die Einflußlinie „$S_d$" und deren Konstruktion in Abb. II D.25a u. b dargestellt.

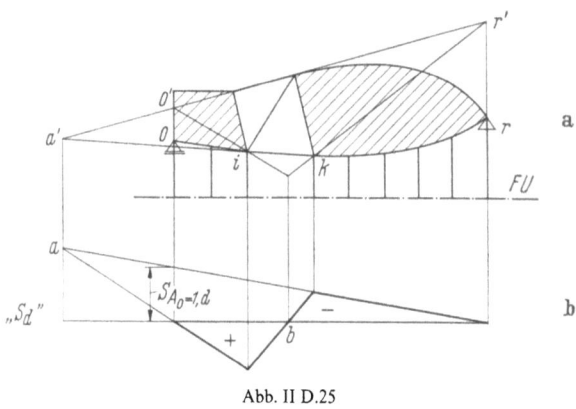

Abb. II D.25

Liegt der Schnittpunkt der zu einer Diagonale zugeordneten Gurte im Bereich des Trägers, so führen ähnliche Überlegungen wie oben zur Bestimmung von Hilfspunkten $a$ und $b$ für die Konstruktion der Einflußlinien. Mit den Werten $S_{A_0=1,d}$

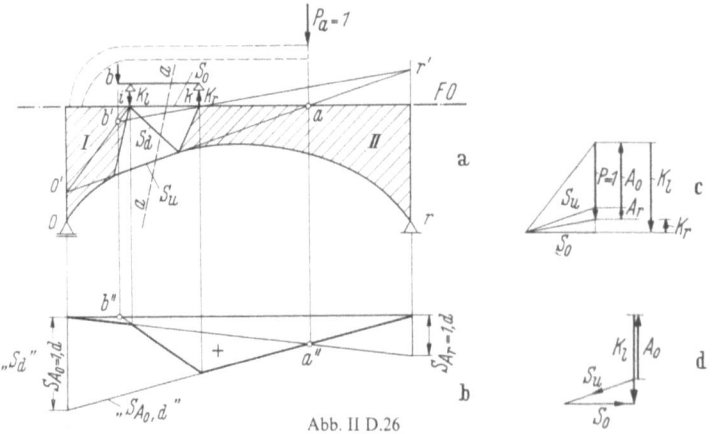

Abb. II D.26

und $S_{A_r=1,d}$ (s. Abb. II D.26a u. b) ist die Einflußlinie vollständig festgelegt, da man auf dem gedachten Freiträger einmal bis $k$ und einmal bis $i$ vorfahren kann, ohne daß infolge $P = 1$ am Freiträger eine Stabkraft in der Diagonale $S_d$ entsteht.

Für eine Laststellung $P_b = 1$ an einem auskragend gedachten Zwischenlängsträger ergeben sich mit Hilfe der Geraden $(0'-i)$ und $(k-r')$ sowie $(0'-r')$ die Auflagerdrücke $A_0$ und $A_r$ und die Knotenpunktbelastungen $K_l$ und $K_r$.

Aus den Kraftplänen in Abb. II D.26c u. d erkennt man, daß für diese Stellung die Stabkraft $S_{P_b=1,d} = 0$ ist, da alle an der Scheibe I, die durch den Schnitt $a-a$ gebildet wird, wirkenden Kräfte $A_0$, $K_l$, $S_o$ und $S_u$ bereits im Gleichgewicht sind. Da die Last nicht auf einen auskragenden Längsträger, sondern auf Längsträgern wandert, die von Knoten zu Knoten als frei aufliegende Träger gedacht sind, ist der Punkt $b''$ der Einflußlinie nur ein imaginärer Nullpunkt.

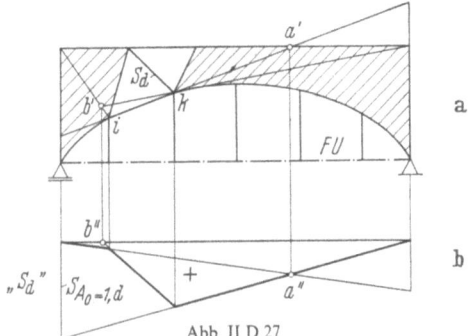

Abb. II D.27

Wird auf der Scheibe I wieder eine Konsole befestigt gedacht (strichliert in Abb. II D.26a) und wandert die Last $P = 1$ bis zum Punkt $a$, so zerlegt sich die Last $P_a = 1$ in die beiden Richtungen $S_o$ und $S_u$, und $S_{P_a=1,d}$ wird Null. Es tritt somit kein Einfluß infolge $P_a = 1$ am rechten Freiträger auf und nur ein Wert $S_{A_0,d}$; von der „$S_{A_0,d}$"-Linie ist somit nichts abzuziehen (Punkt $a''$). Auch dieser Punkt ist nur ein imaginärer Punkt, da die oben angeführte, gedachte Konsole nicht vorhanden ist.

Die Konstruktion der Diagonalstabkraft-Einflußlinie für „FU" ist in Abb. II D.27a u. b dargestellt.

Die Konstruktionen für Diagonalstabkraft-Einflußlinien von Halbparabelträgern sind aus Abb. II D.28a u. b und aus Abb. II D.29a u. b ersichtlich. Statt der Konstruktion der Nullpunkte mit Hilfe der Geraden $(0'-r')$, $(0'-b')$ und $(b'-r')$ kann

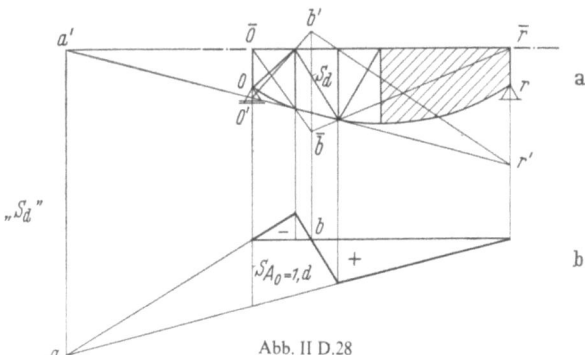

Abb. II D.28

einfacher, mit Rücksicht auf die Ähnlichkeiten der Dreiecke, mit den Geraden $(\bar{0}-\bar{b})$ und $(\bar{r}-\bar{b})$ bzw. $(0-\bar{b})$ und $(r-\bar{b})$ gearbeitet werden.

Die gleiche Konstruktion kann auch für die Pfostenstabkraft-Einflußlinie „$S_v$" nach Abb. II D.30a u. b verwendet werden.

Bei einem Parallelfachwerk (z. B. Abb. II D.31a) ist der Schnittpunkt der Gurte im Unendlichen; daher sind die „$S_{A_0,d}$"-Linie und die „$S_{A_r,d}$"-Linie zueinander parallel. Zweckmäßig zeichnet man die $S_{d,z}$-Linie und verwendet den Multiplikator

$$\mu_d = \frac{S_d}{S_{d,z}} = \frac{d}{h}.$$

Bei der „$S_{d,z}$"-Linie kann man am rechten Freiträger bis zum Punkt $k$, am linken bis zum Punkt $i$ vorfahren, ohne daß ein Einfluß infolge $P_n = 1$ entsteht, so daß

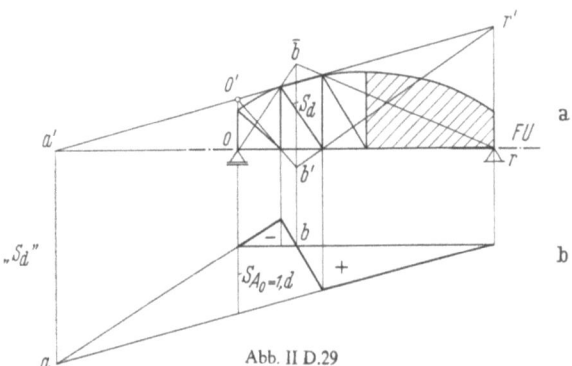

Abb. II D.29

bis zu diesen Punkten die „$S_{A_0;d,z}$"- bzw. „$S_{A_r;d,z}$"-Linien bereits die Einflußlinienäste von „$S_{d,z}$" darstellen (Abb. II D.31b).

Die Pfosteneinflußlinie „$S_v$" wird in ähnlicher Weise erhalten (Abb. II D.31c).

Für ein Fachwerk mit einem unbelasteten Dreistab-Obergurtknoten nach Abb. II D.32a mit „FU" müssen die drei Stabkräfte $S_{o,1}$, $S_{o,2}$ und $S_d$ immer im

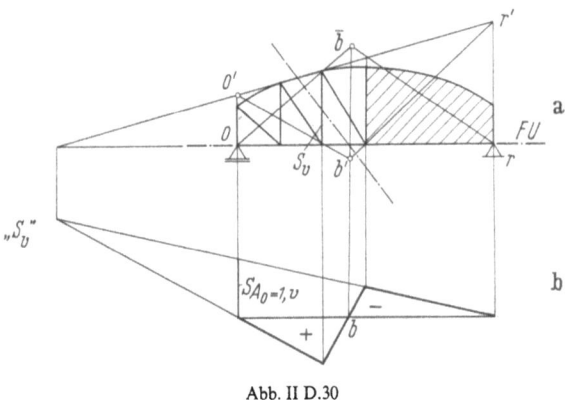

Abb. II D.30

Gleichgewicht sein. Zeichnet man mit $S_{o,1} = 1$ nach Abb. II D.32b einen Kraftplan, so sind die damit erhaltenen Stabkräfte für den Gurt $S_{o,2}$ und die Diagonale $S_d$ die Multiplikatoren $\mu_{o,2}$ und $\mu_d$, mit denen die Werte der „$S_{o,1}$"-Einflußlinie bzw. deren Auswertung zu multiplizieren sind. Es genügt somit, nur die „$S_{o,1}$"-Einflußlinie aufzuzeichnen (Abb. II D.32c).

Etwas anders liegt der Fall für „FO" (Abb. II D.33a).

Wenn die Last $P = 1$ außerhalb des Bereichs „$i-k-l$" steht, ist der Knoten $k$ unbelastet, somit muß wieder für den Bereich $(0-i)$ und $(l-r)$ folgende Beziehung gelten:

$$S_{o,2} = \mu_{o,2} S_{o,1}; \quad S_d = \mu_d S_{o,1}.$$

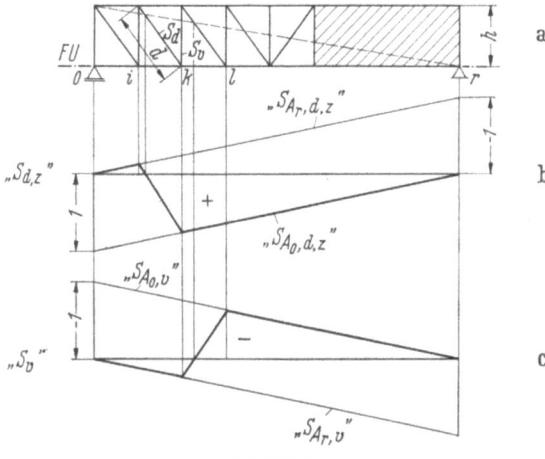

Abb. II D.31

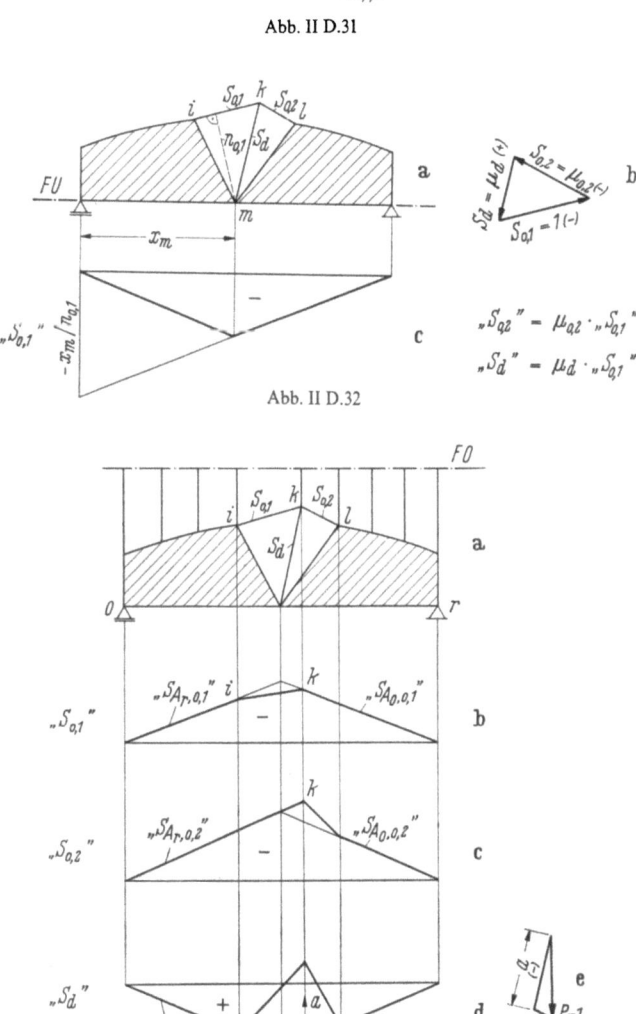

Abb. II D.32

Abb. II D.33

144　II. Statisch bestimmte ebene Systeme. Schnittbelastungen　[Lit. S. 177

Die „$S_{A_0;o,1}$-, $S_{Ar;o,1}$-, $S_{A_0;o,2}$-, $S_{Ar;o,2}$-, $S_{A_0,d}$-, $S_{Ar,d}$"-Linien werden in gleicher Weise wie in Abb. II D.32 erhalten. Nun ist nur mehr der Einfluß einer an dem Freiträger vorfahrenden Einzellast $P = 1$ zu untersuchen.

Bei der „$S_{o,1}$"-Linie ist nur die Abschrägung $(i-k)$ vorzunehmen (Abb. II D.33b). Bei der Einflußlinie „$S_{o,2}$" kann man am linken Freiträger bis zum Punkt $k$ vorfahren, ohne einen Einfluß aus $P = 1$ zu erhalten (Abb. II D.33c); bei der „$S_d$"-Einflußlinie ist im Punkt $k$ entsprechend dem Kraftplan nach Abb. II D.33e von der „$S_{A_0,d}$"-Linie der Wert $a$ abzutragen (Abb. II D.33d).

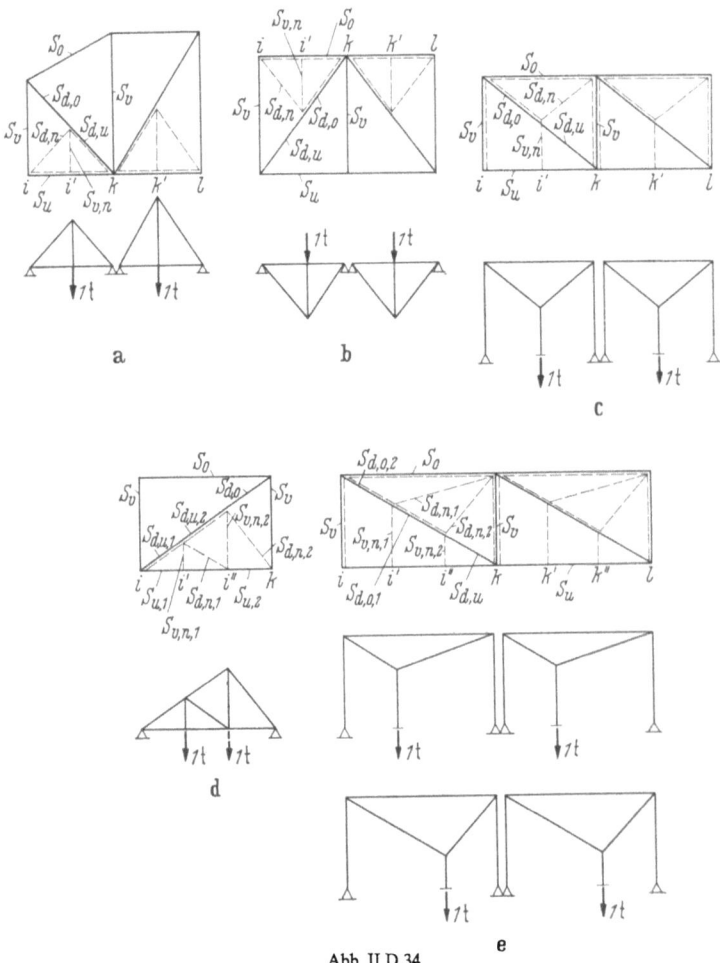

Abb. II D.34

Bei großen Stützweiten ergeben sich große Systemhöhen und, um nicht zu steile Diagonalen zu erhalten, auch große Feldweiten. Um Längs- und Querträger — vor allem bei Eisenbahnbrücken — wirtschaftlich zu gestalten, verwendet man mit Vorteil oft Nebenfachwerke. Die Ermittlung der Einflußlinien der Stabkräfte von *Fachwerken mit Nebenfachwerken* wird zweckmäßig unter Verwendung der Einflußlinien des Haupttragsystems durchgeführt. In Abb. II D.34 sind einige Nebenfachwerke für „Fahrbahn oben" und „Fahrbahn unten" dargestellt. Die strichlierten Linien sollen die Wirkungsweise des Nebenfachwerks erläutern, wobei zusammenfallende Teile von Haupt- und Nebenfachwerken selbstverständlich nur jeweils aus einem Einzelstab bestehen. Man erkennt, daß die Nebenfachwerke spannungslos sind, wenn sich die Last $P = 1$ jeweils in einem Hauptknoten $i$, $k$, $l$ befindet; somit gelten für die Hauptknotenpunkte die Einflußlinien des Hauptsystems. Greift aber die Last $P = 1$ in einem Nebenknotenpunkt an ($i'$, $k'$, $i''$, $k''$), so kommt jeweils zusätzlich zum Hauptsystem das Nebenfachwerk des betrachteten Feldes in Spannung. Berechnet man für das Nebenfachwerk für die Laststellungen im Punkt $i'$ bzw. $i''$ die Stabkräfte, so besteht ein Weg der Ermittlung der Gesamteinflußlinien darin, daß man für Stäbe, bei denen sich Hauptfachwerk und Nebenfachwerk decken, in den Punkten $i'$ bzw. $i''$ zu den Werten der Haupteinflußlinien die Werte der Stabkräfte des Nebenfachwerks superponiert. Einflußlinien für Stäbe des Hauptsystems, die sich nicht mit Stäben des Nebenfachwerks decken, werden durch das Nebenfachwerk nicht geändert. Einflußlinien von Stäben des Nebenfachwerks, die sich nicht mit dem Hauptsystem decken, erstrecken sich jeweils nur auf den kleinen Bereich des Nebenfachwerks.

Somit bleiben in Abb. II D.34 folgende Einflußlinien unberührt vom Nebenfachwerk:

in Abb. II D.34a:     $S_o$, $S_{d,o}$, $S_v$;

in Abb. II D.34b:     $S_u$, $S_{d,u}$, $S_v$;

in Abb. II D.34c:     $S_u$, $S_{d,u}$;

in Abb. II D.34d:     $S_o$, $S_{d,o}$, $S_v$;

in Abb. II D.34e:     $S_u$, $S_{d,u}$.

Weiter haben alle Einflußlinien „$S_{d,n}$" und „$S_{v,n}$" von Systemen nach Abb. II D.34a bis c die Form der Abb. II D.35. Die Einflußlinien „$S_{v,n}$" und „$S_{d,n}$" des Systems nach Abb. II D.34d sind in Abb. II D.36a u. b dargestellt, die des Systems nach Abb. II D.34c in Abb. II D.37a u. b.

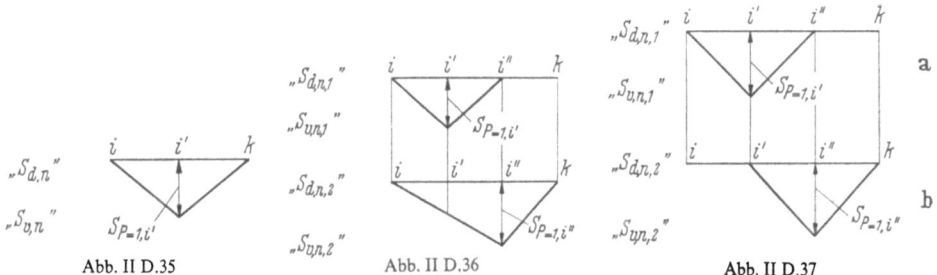

Abb. II D.35      Abb. II D.36      Abb. II D.37

Die Einflußlinien von Stäben, bei denen sich Hauptfachwerk und Nebenfachwerk decken, erhält man mit dem Freiträgerverfahren unmittelbar aus der Konstruktion der Einflußlinien des Gesamtsystems, wenn man beachtet, wie weit man am Freiträger vorfahren kann, ohne daß der untersuchte Stab durch die Einzellast $P = 1$ in Spannung kommt.

Beim Fachwerk nach Abb. II D.38 erkennt man, daß man am rechten Freiträger bis zum Punkt $k$, am linken Freiträger bis zum Punkt $i'$ vorfahren kann (Abb. II D.38b), ohne daß infolge $P = 1$ in $S_u$ bzw. $S_{d,u}$ Stabkräfte auftreten, d. h. daß bis zu diesen Punkten die „$S_{A_0,u}$-, $S_{A_0,d}$"-Linien bzw. die „$S_{Ar,u}$-, $S_{Ar,d}$"-Linien gelten müssen.

Beim Fachwerk nach Abb. II D.39a mit „FU", für das die schematische Wirkung des Nebenfachwerks in Abb. II D.39b eingezeichnet ist, muß folgendes beachtet werden, wenn man die Einflußlinien des Hauptsystems als bekannt voraussetzt. Bei der Einflußlinie „$S_o$" kann man am rechts eingespannt gedachten System vom Punkt $r$ bis zum Punkt $i'$ vorfahren, ohne daß ein sekundärer Einfluß infolge

$P = 1$ (am Kragträger) eintritt; es gilt somit die „$S_{A_0,0}$"-Linie bis zum Punkt $i'$; bei der „$S_{d,0}$"-Linie kann entsprechend ebenfalls bis Punkt $i'$ vorgefahren werden; bei der „$S_v$"-Linie tritt sowohl, wenn die Last $P = 1$ im Punkt $i'$, als auch, wenn sie in

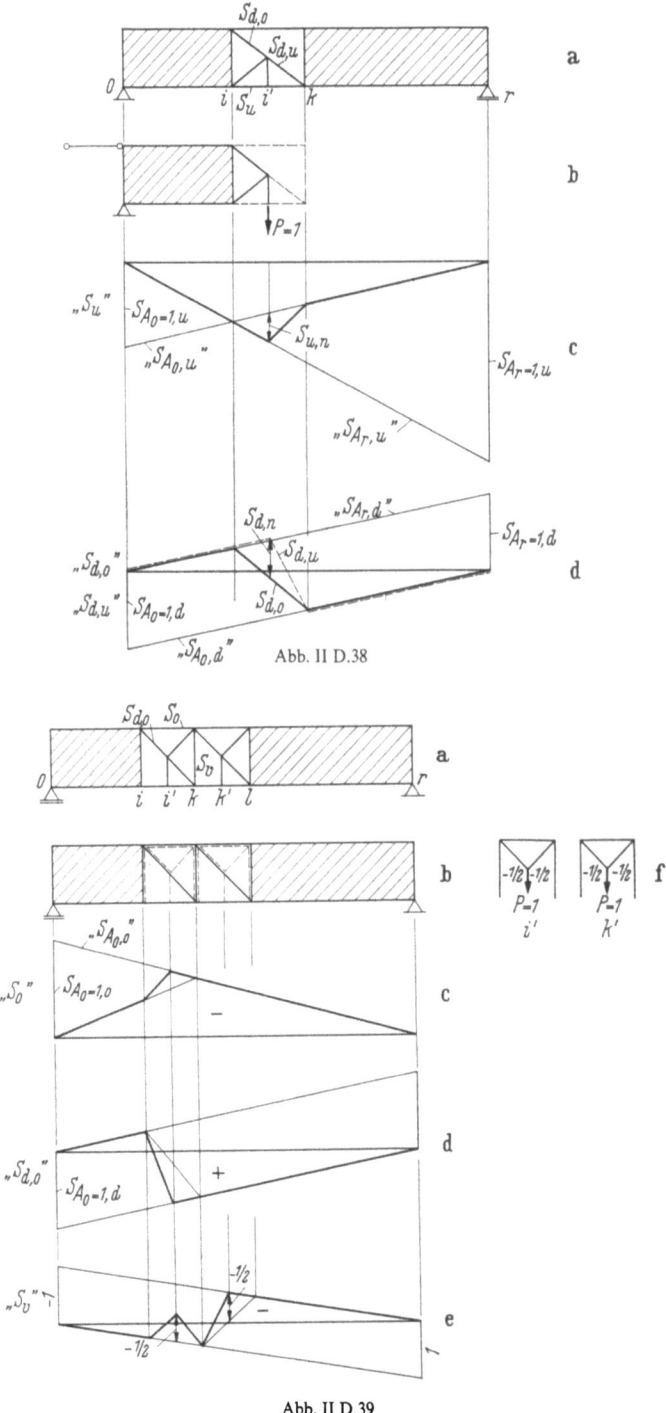

Abb. II D.38

Abb. II D.39

$k'$ steht, jeweils im Pfosten $S_v$ des Hilfssystems (Abb. II D.39f) die Stabkraft „$-1/2$" auf, d. h. es ist dieser Wert zu den Einflußlinienordinaten des Hauptsystems im Punkt $i'$ und $k'$ vorzeichengerecht zu superponieren.

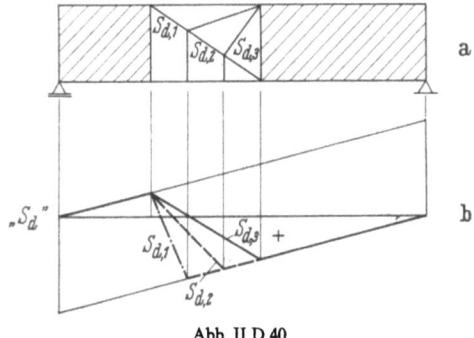

Abb. II D.40

Die Einflußlinien für ein Fachwerk mit Nebenausfachung nach Abb. II D.40a sind in gleicher Weise durch Vorfahren am eingespannt gedachten Kragträger zu finden, wie dies z. B. die Einflußlinien für die Diagonalen $S_{d,1}$, $S_{d,2}$ und $S_{d,3}$ zeigen. (Siehe Beispiele 21, 25 und 28.)

### c) Einfeldträger als K-Fachwerk

Bei K-Fachwerken ist zu beachten, daß nur Formen nach Abb. II D.41a bis d statisch bestimmte Systeme darstellen. Die Einflußlinien der Stabkräfte dieser Systeme werden zweckmäßig sinngemäß wie die von Dreiecksfachwerken mittels

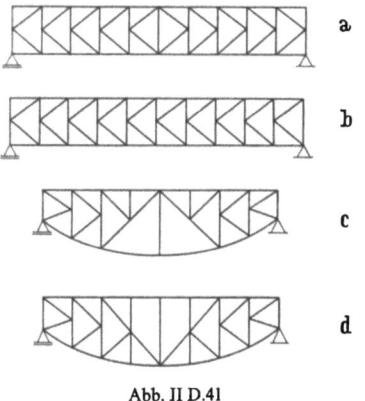

Abb. II D.41

des Freiträgerverfahrens ermittelt. Als Beispiel wird die Bestimmung dieser Einflußlinien für das K-Fachwerk nach Abb. II D.42a für einige Stäbe gezeigt. Für die Einflußlinie „$S_u$" ist zu beachten, daß die Diagonalen $S_{d,o}$ und $S_{d,u}$ für jede Laststellung eine Resultierende in Richtung des Pfostens $(i-i)$ ergeben; Punkt $i$ ist somit der Drehpol des Stabes $S_u$ und die durch $h$ geteilte Momenteneinflußlinie „$M_i$" die Einflußlinie „$S_u$" (Abb. II D.42b). Da der Punkt $i$ der Drehpol des Stabes $S_o$ ist, gilt „$S_o$" = $(-1)$ „$S_u$". Aus dem Kraftplan für den Anschlußpunkt der Diagonalen erkennt man, daß $S_{d,u} = -S_{d,o}$ sein muß und daß für den am Ende $r$ eingespannten Freiträger infolge $A_0 = 1$ die vertikalen Komponenten der Stabkräfte $S_{d,o,z} = -1/2$ und $S_{d,u,z} = +1/2$ betragen. Abb. II D.42c stellt die Einflußlinie für „$S_{d,o,z}$" dar. Damit wird „$S_{d,o}$" $= \mu$ „$S_{d,o,z}$" $= (2d/h)$ „$S_{d,o,z}$" und „$S_{d,u}$" $= (-2d/h)$ „$S_{d,o:z}$". Während die Einflußlinien der Gurtstabkräfte und der Diagonalstabkräfte unabhängig davon sind, ob „FO" oder „FU" vorhanden ist, ergeben sich für die Pfostenstabkräfte, je nach der Fahrbahnanordnung, verschiedene Einflußlinien.

Bei der Einflußlinie „$S_{v,o}$" des oberen Pfostens (Abb. II D.42d) erkennt man aus Abb. II D.42g, daß bei „FU" die Last $P = 1$ vom Punkt $r$ bis zum Punkt $i$ am rechten Kragträger vorfahren kann, ohne daß eine Stabkraft in diesem Pfosten auftritt, während für „FO" für $P = 1$ im Punkt $\bar{i}$ die Stabkraft „$-1$" entsteht, welcher Wert von der „$S_{A_0,v}$"-Linie abzutragen ist. Bei der Einflußlinie „$S_{v,u}$" (Abb. II D.42e) beträgt der Zusatzwert am Kragträger (Abb. II D.42g) bei „FO" und $P = 1$ im Punkt $\bar{i}$ Null, bei „FU" und $P = 1$ im Punkt $i$ „$+1$".

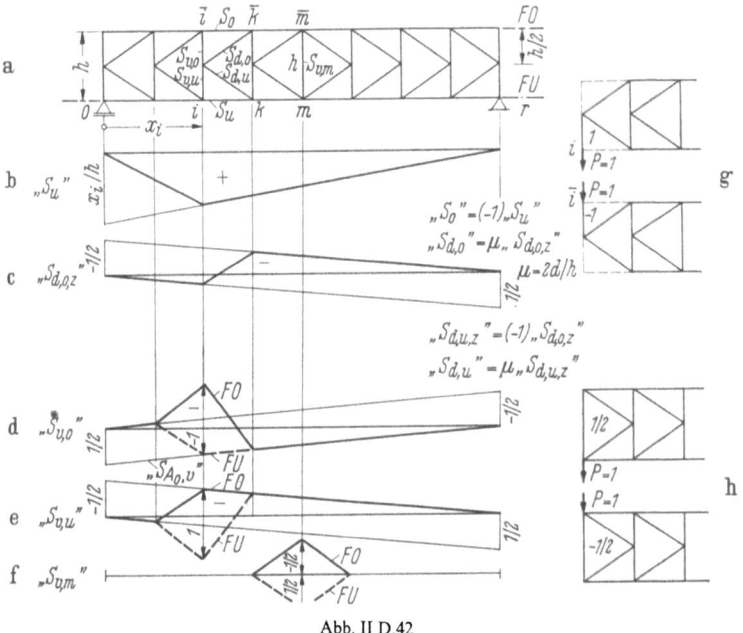

Abb. II D.42

Beim Mittelpfosten $S_{v,m}$ ist zu beachten, daß die Stabkraft $S_{A_0=1,v_m} = 0$ ist und bei „FU" der Zusatzwert am Kragträger (Abb. II D.42h) „$+1/2$" beträgt, bei „FO" „$-1/2$". Damit ist die gesamte Einflußlinie nach Abb. II D.42f festgelegt.

(Siehe Beispiel 20.)

#### d) Einfeldträger als Rautenfachwerk

Für das Rautensystem nach Abb. II D.43a, bei dem die Lasteintragung in die Raute nur in den Diagonalkreuzungspunkten und nicht in den Anschlußpunkten der Diagonalen an die Gurte erfolgt, liegen mit Rücksicht darauf, daß zwei übereinanderliegende Diagonalen eine resultierende Stabkraft in $z$-Richtung ergeben, die Drehpole der Gurtungen $S_u$ in den Punkten $\bar{i}$, $\bar{k}$ und die der Gurtungen $S_o$ in den Punkten $i$, $k$. Damit sind die Einflußlinien „$S_u$" bzw. „$S_o$" (Abb. II D.34b) mit dem Multiplikator $(\pm 1/h)$ verzerrte Momenteneinflußlinien.

Bei den Diagonalen bestimmt man zweckmäßig die Einflußlinien für die Vertikalkomponenten (Abb. II D.43c), wobei bis auf das Vorzeichen die Einflußlinien für die Diagonalen eines Feldes $i$, $k$, $\bar{k}$, $\bar{i}$ gleich sind. Die Einflußlinien für die Zwischenpfosten (Abb. II D.43d u. e für „FO" und „FU") erstrecken sich nur jeweils über zwei Felder.

Beim Rautensystem nach Abb. II D.44a mit der Lasteintragung in den Anschlußpunkten der Diagonalen an die Gurte liegen andere Verhältnisse vor. Infolge des Stabilisierungspfostens (5−5) − im Gegensatz zum Pfosten (0−0̄) − läßt sich auch hier, unter der Annahme gelenkiger Stabanschlüsse, für jede Laststellung ein Cremona-Plan zeichnen, d. h., das System ist unverschieblich und statisch bestimmt.

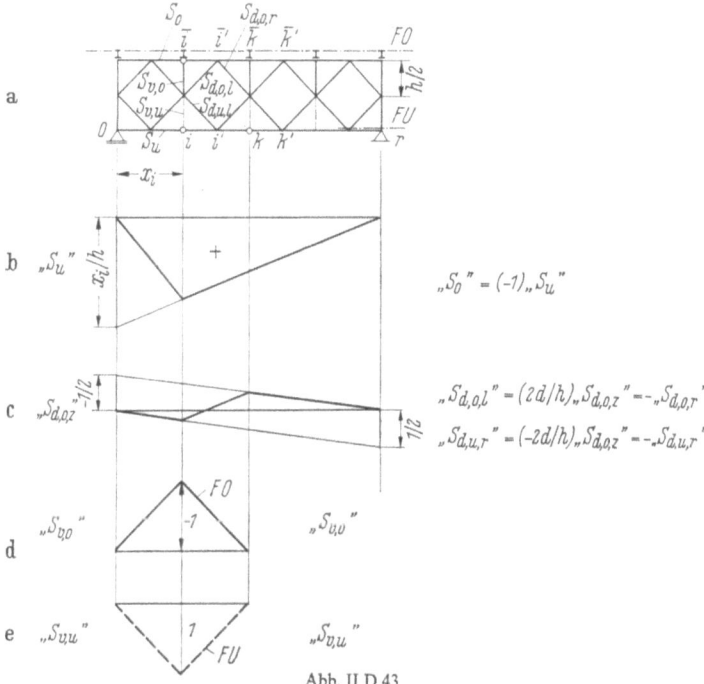

Abb. II D.43

Die Einflußlinien der Stabkräfte werden zweckmäßig unter Berücksichtigung des Freiträgerverfahrens, bei Einspannung am Ende (5−5), ermittelt. Für den am rechten Ende eingespannten Freiträger (Abb. II D.44b) werden alle Stabkräfte $S_{A_0=1}$ bestimmt. Es sind dies die Endordinaten im Punkt 0 der „$S_{A_0}$"-Linien. Von diesen Linien sind für jede Laststellung die Werte infolge $P = 1$, am Kragträger wirkend, abzutragen. Aus den Abb. II D.44c bis f ist zu ersehen, daß für jede Laststellung nur ein bestimmter Stabzug in Spannung gesetzt wird und die restlichen Stäbe Nullstäbe sind. Die Stabkräfte der Zustände nach Abb. II D.44b u. g sind nur dem Vorzeichen nach verschieden. Die Durchführung dieses Vorgangs ist in Abb. II D.44h bis k gezeigt, womit sämtliche Einflußlinien auf gleiche Weise mit Hilfe der „$S_{A_0}$"-Linien gewonnen werden. Die Einflußlinien sind für „FO" gezeichnet, für „FU" ist sinngemäß zu verfahren.

Weist das Fachwerk einen mittleren Stabilisierungspfosten $S_{v_m}$ auf (Abb. II D.45a), so ist in gleicher Weise vorzugehen. Als Unterschied gegenüber dem vorherigen System ist dabei zu vermerken, daß für alle Laststellungen $P = 1$ am Kragträger (Abb. II D.45b u. c) im Bereich 4−8 nun alle Stäbe bis zum Pfosten $S_{v_m}$ in Spannung kommen, während alle Stäbe links von $S_{v_m}$ spannungslos bleiben. Daher verlaufen alle Einflußlinien für Stäbe des Bereichs 0−4 im Bereich 4−8 geradlinig. Abb. II D.45d u. e zeigen die Konstruktion der Einflußlinien „$S_o$" und „$S_{v_m}$", die in gleicher

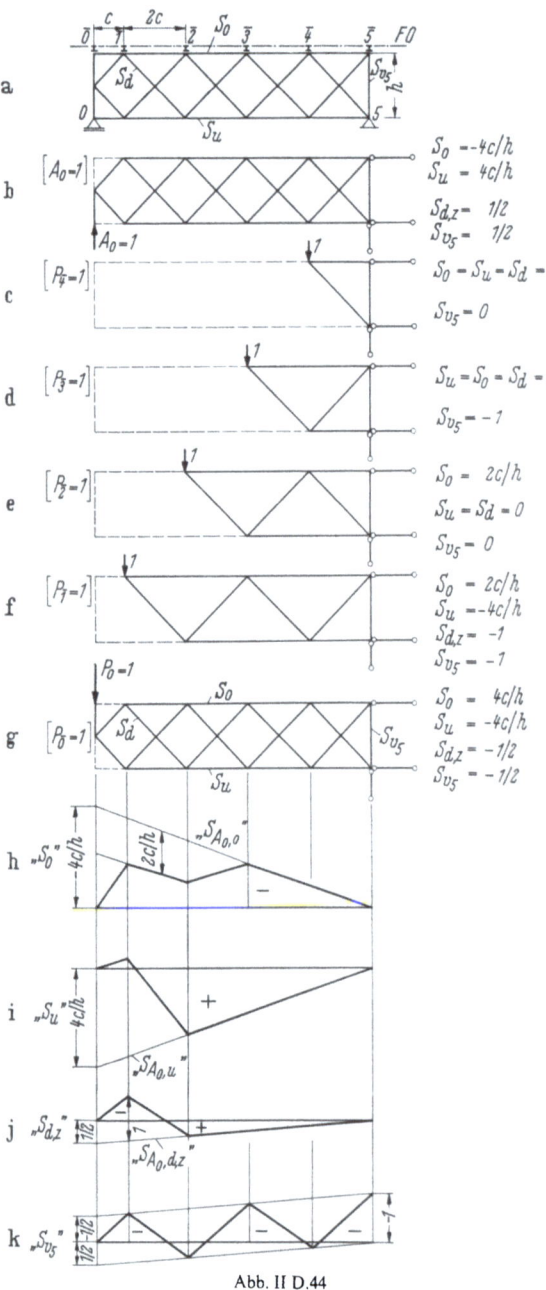

Abb. II D.44

Weise wie früher erfolgt. Ist der Stabilisierungsstab $S_H$ horizontal angeordnet (Abb. II D.46), so kann die Ermittlung der Einflußlinien nach dem Tauschstabverfahren (Abschn. II E) erfolgen. Meist werden die Rautenfachwerke ohne Stabilisierungsstab ausgeführt (Abb. II D.47). In diesen Fällen muß die tatsächlich vorhandene Biegesteifigkeit der Anschlüsse — vor allem die Biegesteifigkeit der Gurte — die Stabilisierung des Gesamtsystems gewährleisten. Die Berechnung solcher hochgradig statisch unbestimmten Systeme wird im Band II behandelt.

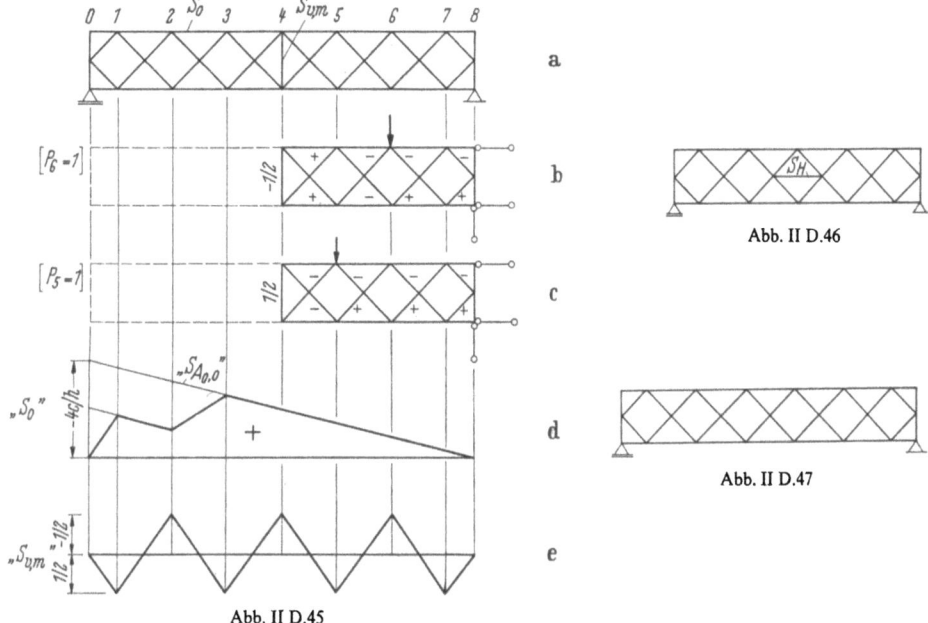

Abb. II D.45

Abb. II D.46

Abb. II D.47

### e) Gelenkträger

Für die Fachwerk-Gelenkträger gelten die gleichen Überlegungen wie für die Vollwand-Gelenkträger (Abschn. II C 3), da aus Momenten- und Querkrafteinflußlinien die Stabkraft-Einflußlinien erhalten werden können. Entsprechend den Einflußlinien der Abb. II C.54 und II C.55 sind die Einflußlinien der Stabkräfte für Stäbe des Kragträgers über die Auflager hinweg geradlinig zu verlängern, wie es z. B. in Abb. II D.48 b u. c dargestellt ist, während die Einflußlinien für Stäbe des Ein-

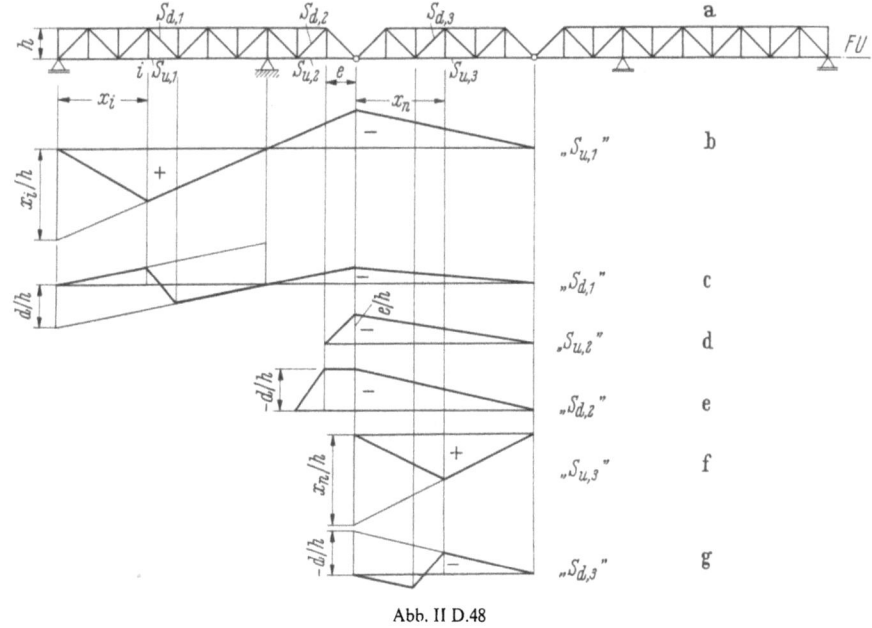

Abb. II D.48

hängeträgers identisch mit denen eines Einfeldträgers sind (Abb. II D.48f u. g). Die Einflußlinien für Stäbe des Kragarms (Abb. II D.48d u. e) sind im Bereich des Kragarms mit denen eines einseitig eingespannten Kragarms identisch und fallen im Bereich des anschließenden Einhängeträgers auf Null ab.

## E. Sonderformen von Tragwerken. Methode der Schnittbelastungsvertauschung

Es gibt Tragwerke, die statisch bestimmt sind und für die die in den Abschn. C und D entwickelten Methoden nicht oder nur mit Umwegen Verwendung finden können. Dies gilt sowohl für Fachwerke als auch für Vollwandsysteme und Kombinationen beider. Daher werden diese Sonderformen gemeinsam behandelt.

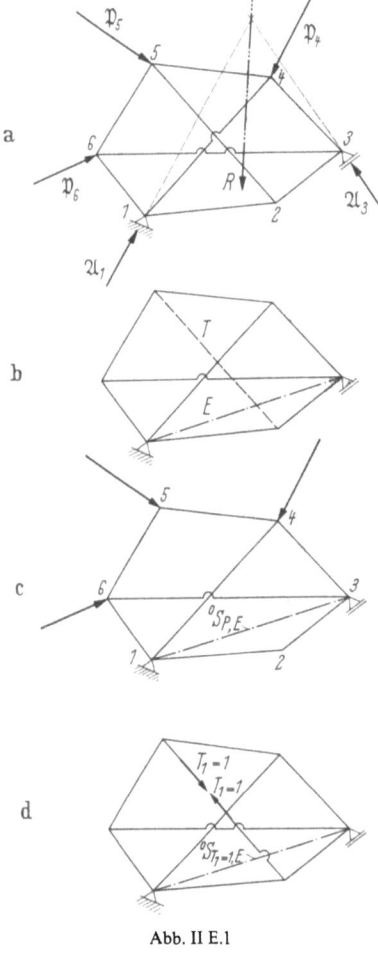

Abb. II E.1

Mit der Methode der Stabvertauschung von HENNEBERG [2, S 16, S 19] bzw. der Schnittbelastungsvertauschung können beliebige Fachwerke auf solche zurückgeführt werden, für die ein Cremona-Plan gezeichnet werden kann, bzw. können bei Sonderformen von Tragwerken die in den Abschn. C und D behandelten Grundsysteme mit Vorteil zur Bestimmung der gesuchten Schnittbelastungen bzw. Einflußlinien Verwendung finden.

Das in Abb. II E.1a dargestellte System ist statisch bestimmt. Es wird zuerst die Resultierende der drei Lasten $\mathfrak{P}_4$, $\mathfrak{P}_5$ und $\mathfrak{P}_6$ bestimmt, womit auch die Auflagerbelastungen $\mathfrak{A}_1$ und $\mathfrak{A}_3$ gegeben sind.

Der Versuch, einen Cremona-Plan zu zeichnen, scheitert jedoch daran, daß an jedem Knoten drei unbekannte Stabkräfte vorhanden sind, eine angreifende Last jedoch bei einem ebenen System nur in zwei Richtungen zerlegt werden kann.

Entfernt man den Stab $T$ (Tauschstab) und setzt dafür den Stab $E$ (Ersatzstab) nach Abb. II E.1b ein, so läßt sich — beginnend am Knoten 5 — für die gegebene Belastung (Abb. II E.1c) ein Cremona-Plan zeichnen. Die Stabkraft $^0S_{P,i-k}$ für jeden Stab $i-k$ aus der gegebenen Belastung des Nullsystems (Ersatzsystem) ist damit bekannt und ebenso die Stabkraft $^0S_{P,E}$ im Ersatzstab $E$.

Als nächster Schritt erfolgt die Ermittlung der Stabkräfte $^0S_{T=1,i-k}$ und $^0S_{T=1,E}$ am Nullsystem infolge einer gedachten Belastung $T = 1$ (Abb. II E.1d). Im vorliegenden Fall entstehen hierbei keine Auflagerbelastungen, da es sich dabei um einen Selbstspannungszustand des Systems handelt. Letzteres muß jedoch nicht immer der Fall sein.

In Wirklichkeit ist im Tauschstab nicht die Kraft $T = 1$, sondern eine bestimmte Kraft $T_P$ vorhanden.

Mit Rücksicht auf das Superpositionsgesetz erhält man die endgültige Stabkraft im Ersatzstab $E$ aus der gegebenen Belastung, einschließlich derjenigen infolge der noch unbekannten Tauschstabkraft $T_P$, zu

$$S_{P,E} = {}^0S_{P,E} + T_P \, {}^0S_{T-1,E} = 0.$$

Diese Stabkraft muß aber den Wert Null haben, da in Wirklichkeit kein Stab $E$ vorhanden ist. Damit ergibt sich die Größe von $T_P$ zu

$$T_P = -\frac{{}^0S_{P,E}}{{}^0S_{T-1,E}}. \tag{II E.1}$$

Damit ergibt sich die Stabkraft im Tauschstab zu

$$S_{P,T} = {}^0S_{T-1,T} \, T_P \tag{II E.2}$$

und die Stabkraft in einem beliebigen Stab $i-k$ zu

$$S_{P,i-k} = {}^0S_{P,i-k} + T_P \, {}^0S_{T-1,i-k}. \tag{II E.3}$$

Bei mehrfacher Stabvertauschung sind statt der Tauschstäbe $T_1$, $T_2$ usw. die Ersatzstäbe $E_1$, $E_2$ usw. einzuführen.

Zum Beispiel erhält man bei zweifacher Stabvertauschung aus der Bedingung, daß in beiden Ersatzstäben die endgültige Stabkraft für eine beliebige Belastung Null sein muß, die Bedingungsgleichungen

$$S_{P,E_1} = {}^0S_{P,E_1} + {}^0S_{T_1-1,E_1} T_{P,1} + {}^0S_{T_2-1,E_1} T_{P,2} = 0;$$
$$S_{P,E_2} = {}^0S_{P,E_2} + {}^0S_{T_1-1,E_2} T_{P,1} + {}^0S_{T_2-1,E_2} T_{P,2} = 0. \tag{II E.4}$$

Mit der Nennerdeterminante

$$\Delta_N = \begin{vmatrix} {}^0S_{T_1-1,E_1} & {}^0S_{T_2-1,E_1} \\ {}^0S_{T_1-1,E_2} & {}^0S_{T_2-1,E_2} \end{vmatrix}$$

wird

$$T_{P,1} = \frac{\begin{vmatrix} -{}^0S_{P,E_1} & {}^0S_{T_2-1,E_1} \\ -{}^0S_{P,E_2} & {}^0S_{T_2-1,E_2} \end{vmatrix}}{\Delta_N}; \quad T_{P,2} = \frac{\begin{vmatrix} {}^0S_{T_1-1,E_1} & -{}^0S_{P,E_1} \\ {}^0S_{T_1-1,E_2} & -{}^0S_{P,E_2} \end{vmatrix}}{\Delta_N} \tag{II E.5a}$$

bzw.

$$T_{P,1} = -\frac{{}^0S_{T_2-1,E_2}}{\Delta_N} {}^0S_{P,E_1} + \frac{{}^0S_{T_2-1,E_1}}{\Delta_N} {}^0S_{P,E_2};$$
$$T_{P,2} = +\frac{{}^0S_{T_1-1,E_2}}{\Delta_N} {}^0S_{P,E_1} - \frac{{}^0S_{T_1-1,E_1}}{\Delta_N} {}^0S_{P,E_2}. \tag{II E.5b}$$

Die endgültigen Stabkräfte betragen

$$S_{P,T_1} = {}^0S_{T_1-1,T_1} T_{P,1}; \quad S_{P,T_2} = {}^0S_{T_2-1,T_2} T_{P,2};$$
$$S_{P,i-k} = {}^0S_{P,i-k} + T_{P,1} \, {}^0S_{T_1-1,i-k} + T_{P,2} \, {}^0S_{T_2-1,i-k}. \tag{II E.6}$$

Bei mehrfacher Stabvertauschung sind die Unterdeterminanten bzw. die Nennerdeterminante (II E.5a) entsprechend zu erweitern.

$$\Delta_N = \begin{vmatrix} {}^0S_{T_1-1,E_1} & {}^0S_{T_2-1,E_1} & \cdots & {}^0S_{T_n-1,E_1} \\ {}^0S_{T_1-1,E_2} & {}^0S_{T_2-1,E_2} & \cdots & {}^0S_{T_n-1,E_2} \\ \vdots & \vdots & & \vdots \\ {}^0S_{T_1-1,E_n} & {}^0S_{T_2-1,E_n} & \cdots & {}^0S_{T_n-1,E_n} \end{vmatrix};$$

$$\Delta_i = \begin{vmatrix} {}^0S_{T_1-1,E_1} & {}^0S_{T_2-1,E_1} & \cdots & \overset{\text{Spalte } i}{-{}^0S_{P,E_1}} & \cdots & +{}^0S_{T_n-1,E_1} \\ {}^0S_{T_1-1,E_2} & {}^0S_{T_2-1,E_2} & \cdots & -{}^0S_{P,E_2} & \cdots & +{}^0S_{T_n-1,E_2} \\ \vdots & \vdots & & \vdots & & \vdots \\ {}^0S_{T_1-1,E_n} & {}^0S_{T_2-1,E_n} & \cdots & -{}^0S_{P,E_n} & \cdots & +{}^0S_{T_n-1,E_n} \end{vmatrix};$$

$$T_{P,i} = \frac{\Delta_i}{\Delta_N}. \tag{II E.7}$$

Statt eines Ersatzstabs bzw. eines Tauschstabs kann auch eine andere Schnittlast, z. B. ein Moment, eine Längskraft oder Querkraft als Ersatzschnittlast bzw. Tauschschnittlast herangezogen werden. Es gelten sinngemäß die obigen Ableitungen. Die Anwendung soll an zwei einfachen Beispielen erläutert werden.

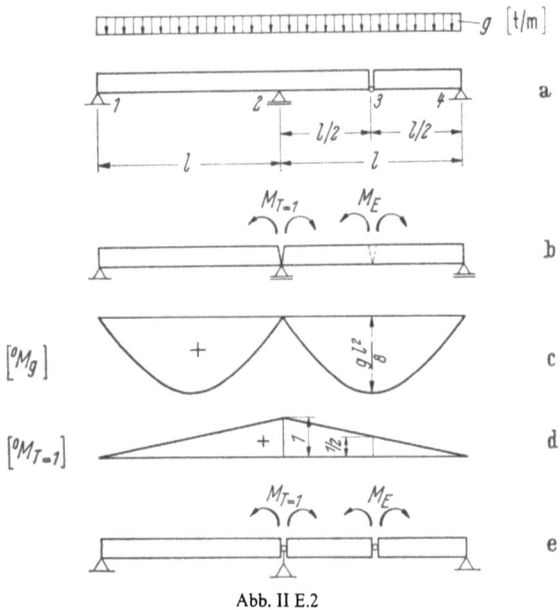

Abb. II E.2

Für das Beispiel nach Abb. II E.2a beträgt das Moment über der Mittelstütze infolge gleichförmiger Belastung $g$

$$M_{g,2} = -g\left(\frac{l}{4}\frac{l}{2} + \frac{l^2}{8}\right) = -g\frac{l^2}{4}.$$

Würde man den Träger über der Mittelstütze öffnen und dafür das Gelenk 3 durch ein Moment $M_E$ schließen (Abb. II E.2b), so ergeben sich als Grundsysteme zwei Einfeldbalken.

Entsprechend (II E.1) gilt

$$M_{T,g} = -\frac{^0M_{g,E}}{^0M_{T-1,E}}.$$

Nach Abb. II E.2c u. d wird

$$^0M_{g,E} = +\frac{gl^2}{8}; \quad ^0M_{T-1,E} = +\frac{1}{2}$$

und

$$M_{T,g} = -g\frac{l^2}{4},$$

wie oben.

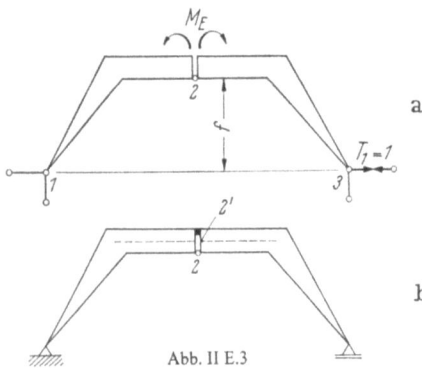

Abb. II E.3

Bei diesem Beispiel mit lotrechter Belastung ist es gleichgültig, in welcher Höhenlage (z. B. Abb. II E.2a oder e) man die Gelenke wählt. Anders ist es, wenn auch horizontale Belastungen wirken. Hier muß das Ersatzmoment immer auf die wirkliche Gelenklage bezogen werden, wie dies z. B. bei dem vollwandigen Dreigelenkbogen nach Abb. II E.3a der Fall ist.

Für eine beliebige Belastung beträgt das Moment am Einfeldträger nach Abb. II E.3b, bezogen auf den Gelenkpunkt 2 — nicht etwa auf den Querschnittsschwerpunkt $2'$ —, $^0M_{P,E}$ und das Moment infolge $T = 1$ am Einfeldträger an dieser gleichen Stelle 2

$$^0M_{T=1,E} = +1f.$$

Somit gilt entsprechend (II E.1)

$$T_P = -\frac{^0M_{P,E}}{^0M_{T=1,E}} = -\frac{^0M_{P,E}}{f} \qquad (\text{II E.8})$$

und für die Stabkraft im Tauschstab

$$S_T = {}^0S_{T_1=1,T}\, T_P = (+1)\left(-\frac{^0M_{P,E}}{f}\right) = -\frac{^0M_{P,E}}{f}. \qquad (\text{II E.9})$$

Für einen beliebigen Punkt $i$ ergeben sich die endgültigen Schnittbelastungen:

$$\left. \begin{aligned} M_{P,i} &= {}^0M_{P,i} + T_P\, {}^0M_{T=1,i};\\ N_{P,i} &= {}^0N_{P,i} + T_P\, {}^0N_{T=1,i};\\ Q_{P,i} &= {}^0Q_{P,i} + T_P\, {}^0Q_{T=1,i}. \end{aligned} \right\} \qquad (\text{II E.10})$$

Zur Bestimmung der Einflußlinien von Systemen, die nach den Schnittbelastungs-Tauschverfahren behandelt werden, können die obigen Gleichungen sinngemäß verwendet werden.

Betrachtet man (II E.1), so ist $^0S_{T=1,E}$ ein konstanter Wert, während $^0S_{P,E}$ von der gegebenen Belastung abhängt. Läßt man die Last $P = 1$ über den Träger wandern, so hat man für jede Laststellung $P_i = 1$ im Punkt $i$ den Wert $^0S_{P_i=1,E}$ zu bestimmen; die erhaltenen Werte entsprechen aber der Einflußlinie der Stabkraft im Ersatzstab „$^0S_E$" am Nullsystem. Damit ergibt sich die Einflußlinie für die Größe „$T$"

$$\text{„}T\text{"} = -\frac{1}{^0S_{T_1=1,E}} \text{„}^0S_E\text{"}, \qquad (\text{II E.11})$$

und die Einflußlinien für die Stabkräfte erhält man entsprechend (II E.2) und (II E.3) zu

$$\text{„}S_T\text{"} = {}^0S_{T=1,T}\, \text{„}T\text{"}; \qquad (\text{II E.12})$$

$$\text{„}S_{i-k}\text{"} = \text{„}^0S_{i-k}\text{"} + {}^0S_{T=1,i-k}\, \text{„}T\text{"}. \qquad (\text{II E.13})$$

Der Tauschstab, wie auch der Ersatzstab, kann auch von unendlich kleiner Länge sein, wie Abb. II E.4a u. b zeigen.

Die Einflußlinie „$^0S_E$" des Einfeldträgers — eine durch $h$ geteilte Momenteneinflußlinie für den Gelenkpunkt $m$ — hat die Mittelordinate $(-l/4h)$. Mit $^0S_{T=1,E} = -f/h$ wird nach (II E.11)

$$\text{„}T\text{"} = +\frac{h}{f}\, \text{„}^0S_E\text{"}$$

mit der Mittelordinate $\left(+\dfrac{h}{f}\right)\left(-\dfrac{l}{4h}\right) = -\dfrac{l}{4f}$ (Abb. II E.4c).

Mit $^0S_{T=1,T} = +1$ ist

$$\text{„}S_T\text{"} = (+1)\, \text{„}T\text{"},$$

d. h., es tritt endgültig immer Druck im Tauschstab auf.

Weiter gilt

$$\text{„}S_{i-k}\text{"} = \text{„}^0S_{i-k}\text{"} + {}^0S_{T=1,i-k}\, \text{„}T\text{"}.$$

Für den Obergurtstab $S_o$ erhält man mit $^0S_{T=1,o} = -f/h$

$$\text{„}S_o\text{"} = \text{„}^0S_o\text{"} - \frac{h}{f}\, \text{„}T\text{"}.$$

Die Superposition ist vorzeichengerecht in Abb. II E.4e durchgeführt; die Mittelordinate hat den Wert $-\dfrac{x_0}{2h} - \dfrac{f}{h}\left(-\dfrac{l}{4f}\right) = -\dfrac{x_0}{2h} + \dfrac{l}{4h}$.

Als Kontrolle muß sich für die Laststellung $P_i = 1$ im Punkt $i$, bei der der Auflagerdruck $A_0$ durch den Drehpol von $S_0$ geht (Abb. II E.4a), der Wert Null ergeben. Die Abschrägung der $^0S_o$-Linie, infolge der Lasteintragung nur in den Knotenpunkten, ist zusätzlich zu beachten.

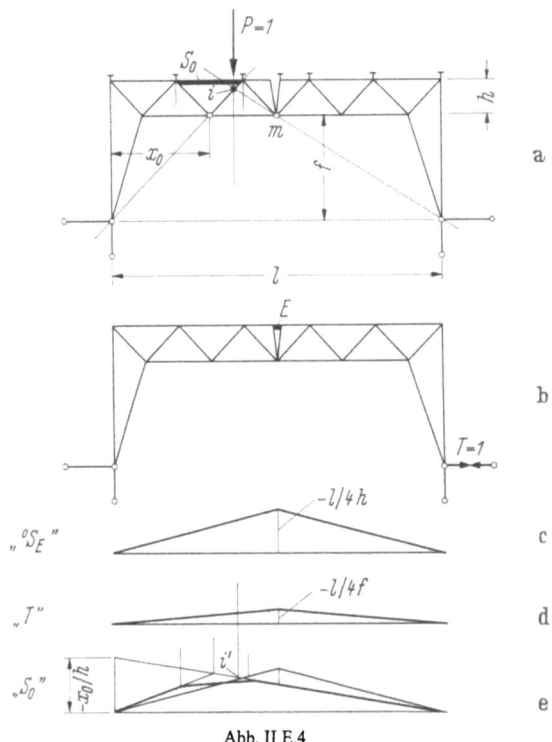

Abb. II E.4

Von besonderem Vorteil ist die Anwendung des Schnittbelastungs-Tauschverfahrens bei allen über- und unterspannten Systemen. Hierbei bieten die Betrachtungen über Kraft- und Seileck Vorteile, da sie meist ohne Rechnung ein anschauliches Bild über den Schnittbelastungszustand aus dem Zustand $T = 1$ geben.

Bei dem überspannten Fachwerk nach Abb. II E.5a wird nach Aufschneiden des Tauschstabs $T$ und Anbringen des Ersatzstabs $E$ als Nullsystem ein Einfeldträger (Abb. II E.5b) erhalten. Hierfür erhält man aus der gegebenen Belastung die Stabkräfte $^0S_{P,i-k}$ und im Ersatzstab die Stabkraft $^0S_{P,E} = -^0M_{P,5}/h$.

Zeichnet man für den Belastungszustand $T = 1$ zuerst für den Knoten II den Kraftplan (Abb. II E.5c), so erhält man damit die Belastung des Nullsystems (Abb. II E.5d). Diese Belastung wird zweckmäßig in die lotrechten Belastungsanteile (Abb. II E.5e) und die horizontale Belastung (Abb. II E.5g) aufgeteilt. Auflagerdrücke entstehen aus dem Selbstspannungszustand $T = 1$ nicht.

Zeichnet man für die lotrechte Belastung das Krafteck und mit der Polweite $T = H = 1$ das Seileck (Abb. II E.5e u. f), so erkennt man, daß die Momentenfläche identisch mit der Systemfigur $\bar{0}$, II, II', $\bar{0}'$ ist. Aus der horizontalen Belastung entstehen nur im Obergurt die Stabkräfte $(-1)$. Die Momente in den Obergurt-Knotenpunkten sind Null, die für die Untergurt-Knotenpunkte $(+h)$. Die endgültige Momentenfläche aus $T = 1$ für die Obergurtknotenpunkte (Abb. II E.5j) ist somit mit der Systemfläche $\bar{0}-\text{II}-\text{II}'-\bar{0}'$ identisch, die für die Untergurt-

Knotenpunkte mit der Systemfläche $0-\bar{0}-II-II'-\bar{0}'-0'$ (Abb. II E.5i). Damit sind alle Gurtstabkräfte infolge $T = 1$ aus der Beziehung $\pm {}^0M_{T=1}/h$ gegeben.

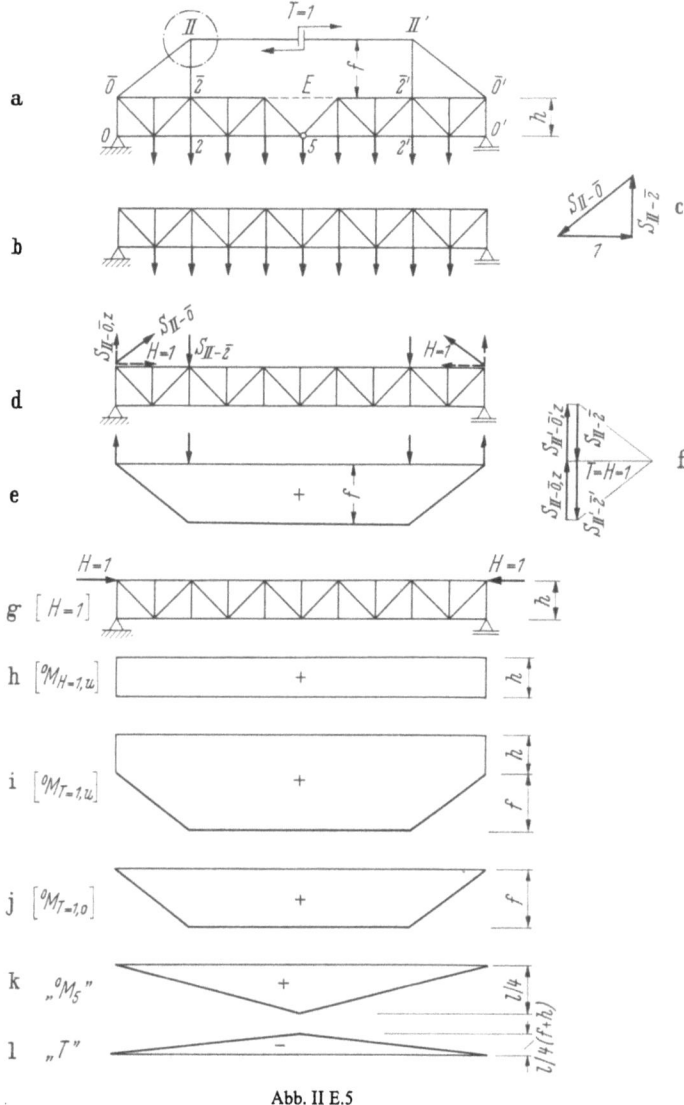

Abb. II E.5

Für den Ersatzstab erhält man ${}^0S_{T=1, E} = -(f + h)/h$. In den Diagonalen ergeben sich nur aus den lotrechten Belastungsanteilen für $T = 1$ Stabkräfte und nur in den Bereichen $0-2$ und $2'-0'$.

Mit (II E.1) wird für die gegebene Belastung

$$T_P = -\frac{{}^0S_{P,E}}{{}^0S_{T=1,E}} = -\frac{{}^0M_{P,5}}{f+h},$$

bzw. es ergibt sich die Einflußlinie (Abb. II E.5k u. 1) des Tauschstabes zu

$$\text{,,}T\text{``} = -\frac{\text{,,}{}^0M_5\text{``}}{f+h}.$$

Für alle Stabkräfte gelten (II E.3) und (II E.13).

Die Wahl von $T = 1$ als Zugkraft (Abb. II E.5a) wurde getroffen, um positive Momente infolge des Zustandes $T = 1$ am Nullsystem zu erhalten.

Die Vorteile dieser Betrachtungsweise treten sinnfällig bei überspannten Systemen mit vielen Hängestangen zu Tage. Voraussetzung ist, daß man immer die Horizontalkomponente der Überspannung zu $T = H = 1$ wählt. Bei dem Beispiel nach Abb. II E.6a, mit im Punkt V schräg anlaufenden Stäben, denkt man sich den

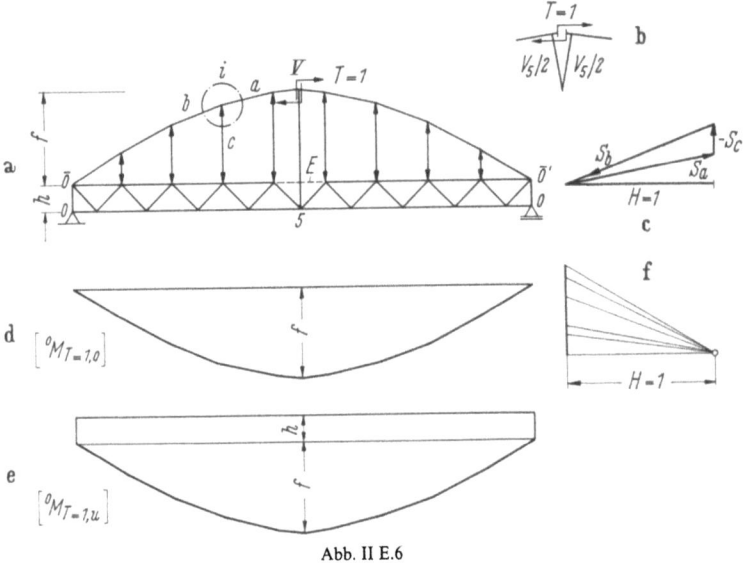

Abb. II E.6

Mittelpfosten (V–5) geteilt und den gedachten horizontalen Verbindungsstab $T$ durchgeschnitten (Abb. II E.6b). Für $T = 1$ können wieder die einzelnen Knotenkraftpläne in den Punkten $i$ gezeichnet werden (Abb. II E.6c), woraus sich die Belastung des Nullsystems ergibt. Die Systemfläche $\bar{0}-V-\bar{0}'$ ist bereits mit der $^0M_{T=1,o}$-Fläche (Abb. II E.6d), die Systemfläche $0-\bar{0}-V-\bar{0}'-0'$ mit der $^0M_{T=1,u}$-Fläche identisch (Abb. II E.6e). Die $^0M_{T=1,o}$-Fläche würde man auch erhalten, wenn man zu der lotrechten Belastung aus den Hängern (Abb. II E.6f) das Seileck mit der Polweite $H = 1$ zeichnet.

Es gilt wieder

$$T_P = -\frac{^0M_{P,5}}{f+h}.$$

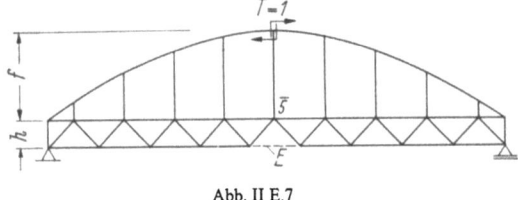

Abb. II E.7

Wäre das Gelenk im Punkt 5 vorhanden (Abb. II E.7), so wäre

$$T_P = -\frac{^0M_{P,\bar{5}}}{f}.$$

Bei einem vollwandigen Versteifungsträger (Abb. II E.8a) denkt man sich den unendlich kurzen Ersatzstab $E$ eingeführt. Damit gilt wieder

$$T_P = -\frac{^0M_{P,m}}{f}.$$

Die Momente infolge $T = 1$ für die Punkte der Systemachse sind durch Abb. II E.8b gegeben.

Bestimmt man die Momente für die Kernpunkte, so sind die Momente infolge $T = 1$ durch die Ordinaten $h_o$ bzw. $h_u$ gegeben (Abb. II E.8c). Ist der Versteifungsträger nicht an den Enden gelagert (Abb. II E.9a), sondern mit Kragarmen versehen,

Lit. S. 177]  E. Sonderformen von Tragwerken. Methode der Schnittbelastungsvertauschung  159

so sind die Schnittbelastungen aus der gegebenen Belastung bzw. die Einflußlinien am Nullsystem für den Kragträger zu bestimmen. Am Zustand $T = 1$ ändert sich

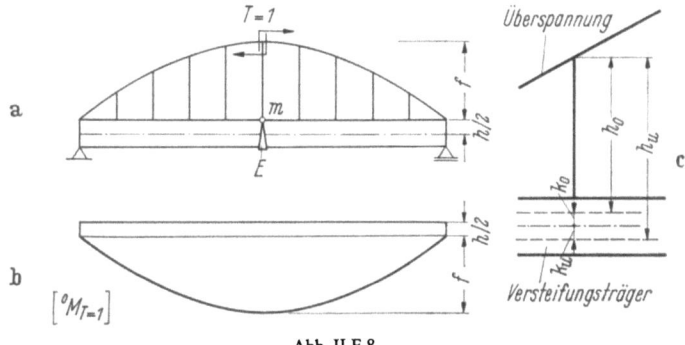

Abb. II E.8

gegenüber dem an den Enden gelagerten Träger jedoch nichts, da es sich dabei um einen Selbstspannungszustand handelt, bei dem keine Auflagerdrücke entstehen. Die Einflußlinien „$^0M_m$" und „$T$" sind in Abb. II E.9b u. c dargestellt.

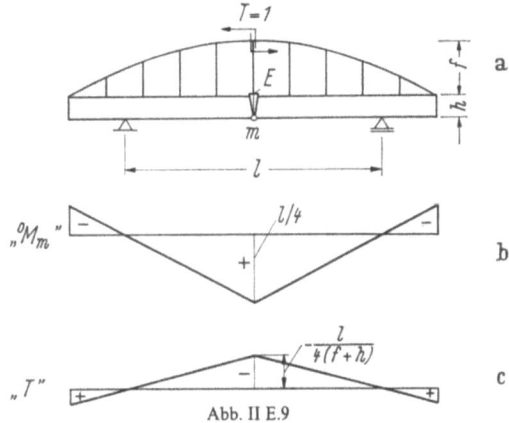

Abb. II E.9

Bei dem unterspannten Träger nach Abb. II E.10a gelten die gleichen Überlegungen. Die Momente $^0M_{T=1,u}$ bzw. $^0M_{T=1,o}$ sind in Abb. II E.10b u. c dargestellt. $T = 1$ wurde als Druckkraft gewählt, um wieder positive Momente infolge $T = 1$ zu erhalten.

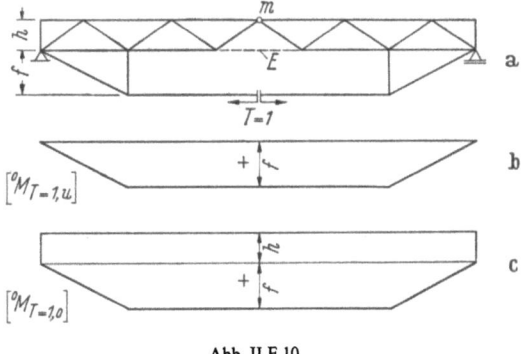

Abb. II E.10

Es gilt wieder
$$T_P = -\frac{{}^0M_{P,m}}{f+h}; \quad S_{P,T} = -(1)\left(-\frac{{}^0M_{P,m}}{f+h}\right) = +\frac{{}^0M_{P,m}}{f+h}.$$

Bei dem unterspannten Träger nach Abb. II E.11a wird die Horizontalkomponente der Unterspannung (Abb. II E.11b) als Tauschstab gewählt, womit die Momente ${}^0M_{T=1,o}$ bzw. ${}^0M_{T=1,u}$ nach Abb. II E.11c u. d festgelegt sind.

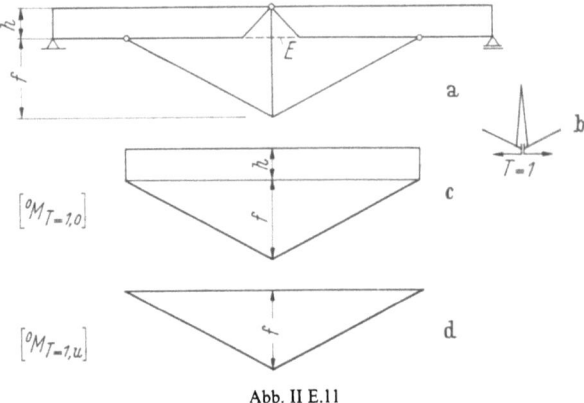

Abb. II E.11

Ist der Versteifungsträger gegen einen Bogen abgestützt, der an der Erdscheibe gelagert ist (Abb. II E.12a), so erkennt man, daß bei der Wahl von $T = 1$ nach Abb. II E.12b auf den Versteifungsträger nur lotrechte Ständerbelastungen aus

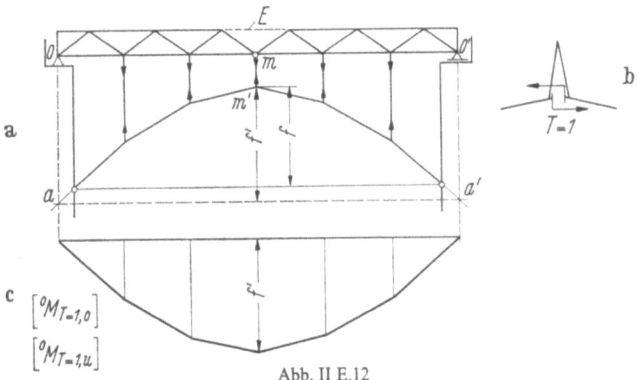

Abb. II E.12

der Belastung $T = 1$ wirken. Zeichnet man zu diesen Belastungen das Seileck und bringt den ersten und letzten Seilstrahl mit der Lotrechten durch die Lager in den Punkten 0 und 0' zum Schnitt, so ist die Momentenfläche ${}^0M_{T=1,o} = {}^0M_{T=1,u}$ identisch mit der Systemfläche $a-m'-a'$ mit dem Pfeil $f'$.

Es gilt
$$T_P = -\frac{{}^0M_{P,m}}{f'}.$$

Sinngemäß erhält man die Momentenfläche ${}^0M_{T=1,o} = {}^0M_{T=1,u}$ aus der Belastung $T = 1$ für einen Versteifungsträger, der an einem erdverankerten Kabel nach Abb. II E.13 aufgehängt ist.

Bei dem System nach Abb. II E.14a ist das nach Einführung des Ersatzstabes entstehende Nullsystem ein Gelenkträger. Hier ist der Zustand $T = 1$ am Nullsystem nicht mehr ein Selbstspannungszustand, sondern es entstehen aus den lotrechten Belastungen infolge $T = 1$ auch Lagerbelastungen. Wie man erkennt, ist

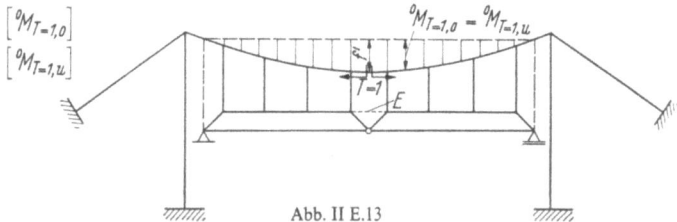

Abb. II E.13

die Momentenfläche infolge dieser lotrechten Belastung durch die schraffiert gezeichnete Fläche in Abb. II E.14a gegeben.

Aus der horizontalen Belastung $H = 1$ (Abb. II E.14b) ergeben sich keine Lagerbelastungen, ebenfalls keine Momente ($^0M_{H=1,o} = 0$) für die Obergurtknoten, während die Momente $^0M_{H=1,u} = +h$ für die Untergurtknoten des Bereichs $1-1'$ betragen (Abb. II E.14c). Die Momente aus dem gesamten Zustand $T = 1$ sind somit für die Obergurtknotenpunkte mit der schraffierten Fläche der Abb. II E.14a

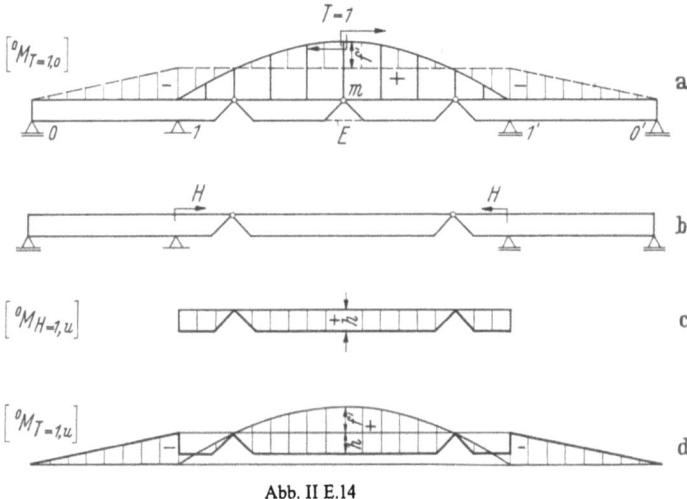

Abb. II E.14

identisch, während sich die Momentenfläche $^0M_{T=1,u}$ für die Untergurtknotenpunkte nach Abb. II E.14d ergibt. Die Momentenflächen $^0M_{T=1}$ können somit ohne jede Rechnung sofort gezeichnet werden.

Es gilt

$$T_P = -\frac{^0M_{P,m}}{f'}.$$

Liegen bei dem System nach Abb. II E.15a die Gelenkpunkte im Untergurt, so erhält man auch für den Zustand $H = 1$ (Abb. II E.15b) Lagerbelastungen. Die Momente $^0M_{H=1,o}$ und $^0M_{H=1,u}$ sind in Abb. II E.15c u. d dargestellt. Die gesamten Momentenflächen $^0M_{T=1,o}$ und $^0M_{T=1,u}$ ersieht man aus Abb. II E.15e u. f, sie werden durch Superposition der schraffierten Momentenfläche der Abb. II E.15a (nur lotrechte Belastung des Nullsystems durch Zustand $T = 1$) und der Momentenfläche nach Abb. II E.15e bzw. f erhalten.

Es gilt wieder
$$T_P = -\frac{{}^0M_{P,m}}{f'}.$$

Bei getrennten Versteifungsträgern und erdverankerten Kabeln (Abb. II E.16a) ist die Momentenfläche ${}^0M_{T=1,o} = {}^0M_{T=1,u}$ durch die schraffierte Fläche gegeben. Es gilt

$$T_P = -\frac{{}^0M_{P,m}}{f'} \quad \text{bzw.} \quad ,,T'' = -\frac{,,{}^0M_m''}{f'}.$$

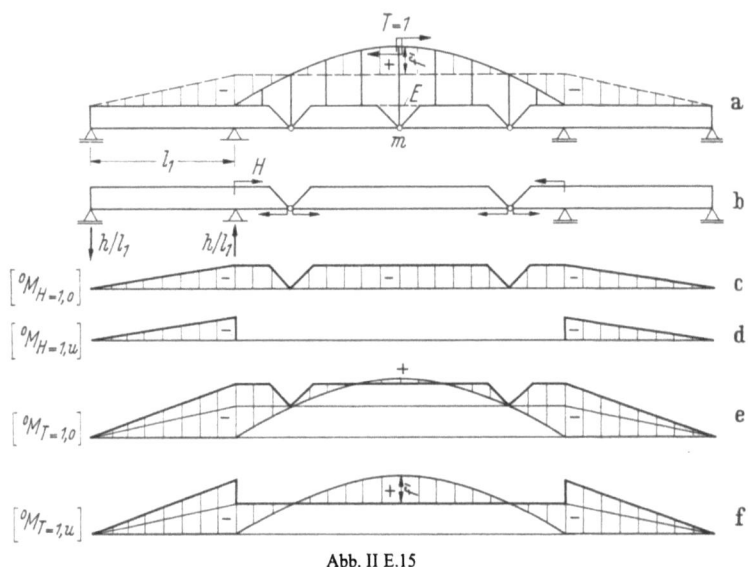

Abb. II E.15

Die Einflußlinie „$T$" hat nur im Bereich $(2-2')$ Ordinaten. Dies ist verständlich, da bei Belastung der Seitenöffnungen das Kabel keine Beanspruchung erhält (Abb. II E.16b).

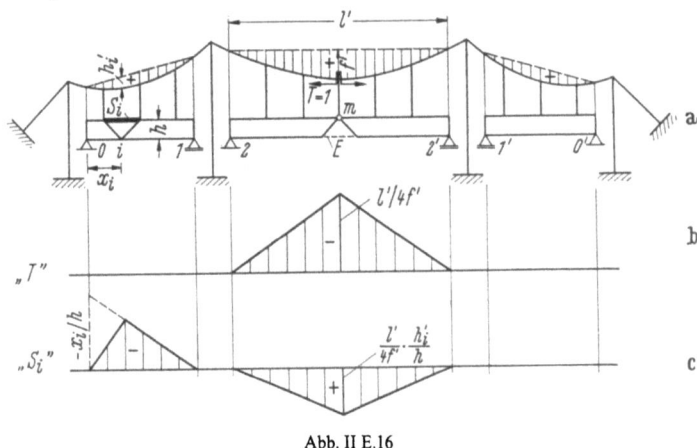

Abb. II E.16

Die Einflußlinie des Obergurtes „$S_i$" (Abb. II E.16c) ergibt sich aus der Bedingung

$$,,S_i'' = ,,{}^0S_i'' + {}^0S_{T_1=1,i} \,,T''.$$

Mit „$^0S_i$" $= -\frac{1}{h}$„$^0M_i$" und $^0S_{T_1=1,i} = -\frac{h'_i}{h}$ wird

$$\text{„}S_i\text{"} = -\frac{1}{h}\text{„}^0M_i\text{"} - \frac{h'_i}{h}\text{„}T\text{"}.$$

Bei dem in sich verankerten Hängebrückensystem der Abb. II E.17a müssen wieder die lotrechten Belastungsanteile infolge $T = 1$ getrennt von der Belastung $H = 1$ betrachtet werden. Die Momentenfläche aus den lotrechten Belastungsanteilen infolge $T_1 = 1$ zeigt die schraffierte Fläche der Abb. II E.17a. Die Momentenflächen für den Zustand $H = 1$ (Abb. II E.17b) zeigen Abb. II E.17c u. d.

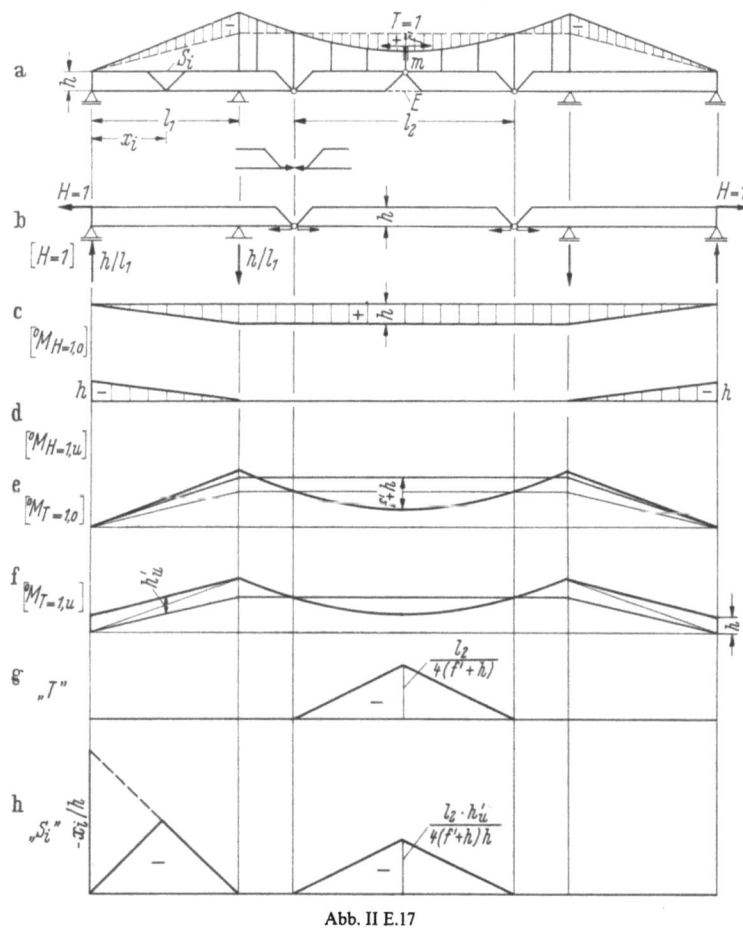

Abb. II E.17

Die endgültigen Momentenflächen für den Zustand $T = 1$ für die Obergurtknotenpunkte $^0M_{T_1=1,o}$ bzw. für die Untergurtknotenpunkte $^0M_{T_1=1,u}$ sind in Abb. II E.17e u. f dargestellt.

Es gilt

$$\text{„}T\text{"} = -\frac{1}{f'+h}\text{„}^0M_m\text{"} \quad \text{(Abb. II E.17g)}$$

und

$$\text{„}S_i\text{"} = \text{„}^0S_i\text{"} + {}^0S_{T_1=1,i}\text{„}T\text{"}.$$

Mit $^0S_{T_1=1,i} = +\frac{h'_u}{h}$ wird

$$\text{„}S_i\text{"} = \text{„}^0S_i\text{"} + \frac{h'_u}{h}\text{„}T\text{"} \quad \text{(Abb. II E.17h).}$$

11*

Die Beispiele der Abb. II E.5 bis II E.17 zeigen für die verschiedensten über- und unterspannten Systeme — unter immer anderen Bedingungen —, daß man bei richtiger Wahl von $T = 1$ die Momentenzustandslinie infolge $T = 1$ unmittelbar ohne Rechnung angeben kann, was eine erhebliche Zeitersparnis bedingt. (Siehe Beispiele 25 bis 28.)

## F. Bewegung statisch bestimmt gelagerter starrer Scheibenketten nach Erteilung eines Freiheitsgrades

### 1. Drehpole und Verschiebungen

Bei den nachfolgend betrachteten Bewegungen von starren Scheibenketten mit einem Freiheitsgrad soll es sich um unendlich kleine Bewegungen handeln. Damit bleiben die Lagerbedingungen (Richtung und Größe von Lagerbelastungen) von belasteten Scheiben während einer solchen unendlich kleinen Bewegung unveränderlich [S 16, S 26, S 28, S 32].

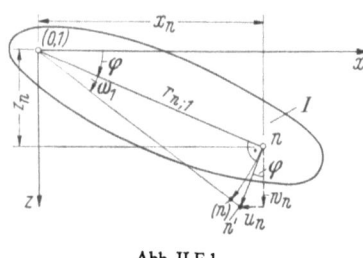

Abb. II F.1

Die weitere wesentliche Voraussetzung ist die, daß man die Bewegungsrichtung eines Punktes $n$ bei der Drehung einer Scheibe I um einen Drehpol $(0, 1)$ entsprechend Abb. II F.1 senkrecht zum Polstrahl $r_{n;1}$ annimmt. In Wirklichkeit müßte sich der Punkt $n$ um den Wert $r\omega_1$ (im Bogenmaß) nach $(n)$ bewegen. Auf Grund der getroffenen Annahmen bewegt er sich um das gleiche Maß senkrecht zum Polstrahl zum Punkt $n'$. Die Verschiebung des Punktes $n$ beträgt somit

$$v_n^* = r_{n;1}\omega_1, \qquad \text{(II F.1)}$$

und man erhält die beiden Komponenten

$$w_n = v_n^* \cos\varphi = r_{n;1}\omega_1 \cos\varphi = x_n\omega_1;$$
$$u_n = -v_n^* \sin\varphi = -r_{n;1}\omega_1 \sin\varphi = -z_n\omega_1. \qquad \text{(II F.2)}$$

Wird eine Scheibenkette in Bewegung gesetzt, so wird sich jede einzelne Scheibe im Augenblick des Einsetzens dieser Bewegung um einen bestimmten Punkt, das Momentanzentrum bzw. den Momentanpol, drehen. Ist dieser Pol bekannt, dann ist die Verschiebung jedes Punktes dieser Scheibe eindeutig festgelegt.

Bei der Scheibenkette nach Abb. II F.2 ist die Scheibe I mit der Erdscheibe durch ein Gelenk $(0, 1)$ verbunden. Da sich die Scheibe I nur um diesen Punkt drehen kann, ist $(0, 1)$ bereits der Drehpol der Scheibe I. Die Scheiben I und II sind durch ein Gelenk miteinander verbunden. Dieser Gelenkpunkt $(1, 2)$ ist der Relativdrehpol der beiden Scheiben, da sie sich relativ zueinander nur um diesen Punkt drehen können.

Wird der Scheibe I eine Drehung um den Winkel $\omega_1$ erteilt, so bewegt sich der Relativdrehpol $(1, 2)$ senkrecht zum Polstrahl $r_{1,2;1}$ um den Betrag der Verschiebung $v_{1,2}^* = r_{1,2;1}\omega_1$. Diese Verschiebung ist aber gleichzeitig die Verschiebung der Scheibe II; daher muß der Drehpol der Scheibe II senkrecht zur Verschiebungsrichtung $v_{(1,2)}^*$ sein und auf dem Polstrahl $(0, 1)-(1, 2)$ liegen. Damit ist eine Bedingung für den geometrischen Ort des Momentandrehpols der Scheibe II festgelegt. Hat die Scheibe II im Punkt $a$ ein bewegliches Lager, so kann die Verschiebung $v_a^*$ nur in Richtung der Bewegungsmöglichkeit liegen. Die zweite

Bedingung für den geometrischen Ort des Drehpols (0, 2) ist die, daß er auf der Normalen zur Bewegungsrichtung des Lagers durch den Punkt $a$ liegen muß. Als

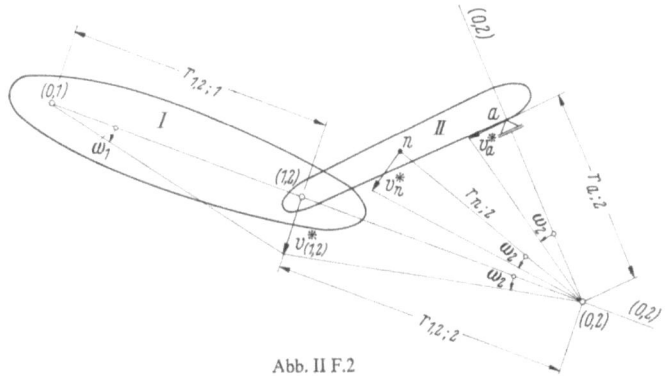

Abb. II F.2

Schnittpunkt der beiden Geraden ergibt sich das Momentanzentrum (0, 2) der Scheibe II. Damit ergibt sich

$$v^*_{(1,2)} = r_{1,2;1}\,\omega_1 = r_{1,2;2}\,\omega_2; \qquad \omega_2 = \omega_1 \frac{r_{1,2;1}}{r_{1,2;2}};$$
$$v^*_a = r_{a;2}\,\omega_2; \qquad v^*_n = r_{n;2}\,\omega_2, \tag{II F.3}$$

d. h., es sind die Verschiebungen aller Punkte beider Scheiben nach (II F.1) und (II F.2) festgelegt.

Als schematische Regel ist zu vermerken:
Verbindet man den Pol (0, 1) mit Pol (1, 2), so muß der Pol (0, 2) auf der Verbindungsgeraden liegen:

$$(0,\,\cancel{1}) \to (\cancel{1},\,2) = \to (0,\,2).$$

Entsprechend gilt allgemein

$$(\cancel{3},\,4) \to (2,\,\cancel{3}) = \to (2,\,4);$$
$$(0,\,\cancel{\varkappa}) \to (i,\,\cancel{\varkappa}) = \to (0,\,i). \tag{II F.4}$$

Wird einer Scheibenkette in einem bestimmten Punkt $a$ in einer bestimmten Richtung eine Verschiebung $\varDelta$ aufgezwungen, so hat man darauf zu achten, daß es sich nur für den Fall, bei dem die Verschiebungsrichtung von $\varDelta$ senkrecht zum Polstrahl dieser Scheibe ist, um die tatsächliche Verschiebung handeln kann. In jedem anderen Fall kann es sich bei $\varDelta$ nur um die Komponente der tatsächlichen Verschiebung $v^*_a$ in der aufgezwungenen Verschiebungsrichtung handeln, wobei $v^*_a$ in Richtung von $\varDelta$ und normal dazu zerlegt wird.

Zum Beispiel ist für die Scheibenkette der Abb. II F.3 dem Punkt $a$ der Scheibe I die Verschiebung $\varDelta$ aufgezwungen. Nach der Regel (II F.4) ergibt sich der Drehpol (0, 2), während die Pole (0, 1) und (0, 3) durch die Lagerbedingungen vorgegeben sind.

Es gilt

$$v^*_a = \frac{\varDelta}{\cos\varphi};$$
$$v^*_a = r_{a;2}\,\omega_2 \quad \text{und} \quad \omega_2 = \frac{\varDelta}{r_{a;2}\cos\varphi};$$
$$v^*_{(1,2)} = r_{1,2;2}\,\omega_2 = r_{1,2;1}\,\omega_1; \qquad \omega_1 = \frac{r_{1,2;2}}{r_{1,2;1}}\,\omega_2;$$
$$v^*_{(2,3)} = r_{2,3;2}\,\omega_2 = r_{2,3;3}\,\omega_3; \qquad \omega_3 = \frac{r_{2,3;2}}{r_{2,3;3}}\,\omega_2.$$

Mit $\omega_1$, $\omega_2$ und $\omega_3$ sind die Verschiebungen aller Punkte der drei Scheiben bei der aufgezwungenen Bewegung $\varDelta$ des Punktes $a$ festgelegt.

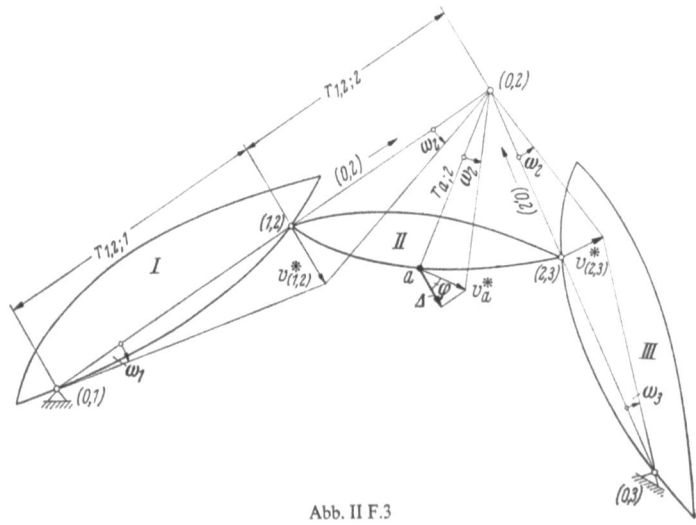

Abb. II F.3

Die Scheibenkette der Abb. II F.4a hat bei zwei beweglichen Lagern in den Punkten $a$ und $b$ einen Freiheitsgrad; die Drehpole $(0, 2)$ und $(0, 3)$ müssen auf Normalen auf den Geraden $a-a'$ und $b-b'$ durch die Punkte $a$ und $b$ liegen. Erteilt man dem Punkt $a$ eine Verschiebung $\varDelta$ in Richtung $a-a'$, so ist dies bereits die endgültige Verschiebung.

Es gilt

$$r_{a;2}\,\omega_2 = \varDelta; \quad \omega_2 = \frac{\varDelta}{r_{a;2}};$$

$$v^*_{(1,2)} = \omega_2\,r_{1,2;2} = \omega_1\,r_{1,2;1};$$

$$v^*_{(1,3)} = \omega_1\,r_{1,3;1} = \omega_3\,r_{1,3;3};$$

$$v^*_{b-b'} = \omega_3\,r_{b;3}.$$

Aus diesen Gleichungen können bei gegebenem Wert $\varDelta$ der Reihe nach die Größen $\omega_2$, $\omega_1$ und $\omega_3$ bestimmt werden. Damit sind alle Verschiebungen aller Scheibenpunkte eindeutig festgelegt.

Der Relativdrehpol $(2, 3)$ liegt weder auf der Scheibe II noch auf der Scheibe III. Da er das augenblickliche Relativmomentanzentrum der beiden Scheiben II und III darstellt, kann man sich die beiden Scheiben mit ideellen Kragarmen (strichliert in Abb. II F.4c dargestellt) starr mit diesem Punkt verbunden denken. Betrachtet man die vertikalen Verschiebungen von beliebigen Punkten der drei Scheiben, so müssen sie jeweils die Größen $w_n = c_{n,i}\,\omega_i$ aufweisen, wobei $c_{n,i}$ der horizontale Abstand des Punktes $n$ der Scheibe $i$ vom Drehpol $(0, i)$ ist. Zum Beispiel ist

$$w_n = c_{n,3}\,\omega_3; \quad w_d = c_{d,3}\,\omega_3 = c_{d,1}\,\omega_1; \quad w_c = c_{c,1}\,\omega_1 = c_{c,2}\,\omega_2;$$
$$w_a = c_{a,2}\,\omega_2.$$
(II F.5)

Für Punkte in den Lotrechten durch die Drehpole müssen die vertikalen Verschiebungen der betreffenden Scheiben Null sein ($\bar{1}$, $\bar{2}$, $\bar{3}$ in Abb. II F.4b).

In Abb. II F.4b sind auch die vertikalen Verschiebungen der Achsen der einzelnen Scheiben ($e-d$, $d-b$, $c-a$) eingetragen. Nach obigem müssen die **gedrehten Achsen** in den Punkten $\bar{1}$, $\bar{2}$ und $\bar{3}$ Nullpunkte der vertikalen Verschiebung haben, weiter müssen sich die gedrehten Achsen zweier beliebiger Scheiben in den Lotrechten unter den Relativdrehpolen schneiden. Bei reellen Relativdrehpolen $c$ und $d$ sind auch $\bar{c}$ und $\bar{d}$ reelle Gelenke der gedrehten Scheibenachsen, während der außerhalb der Scheiben II und III liegende Relativdrehpol $(2, 3)$ in der Verschiebungsfigur ein imaginäres Gelenk für die gedrehten Achsen $\bar{c}-\bar{a}$ und $\bar{d}-\bar{3}$ darstellt. Diese

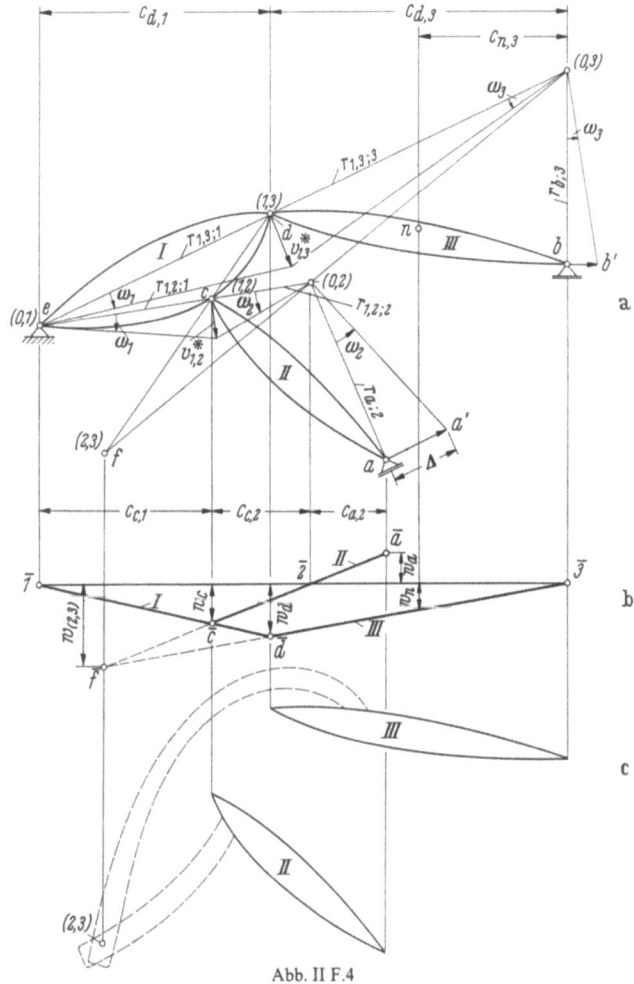

Abb. II F.4

Feststellungen sind von Wert für die im nächsten Abschnitt behandelte kinematische Ermittlung von Einflußlinien.

Sind von einer Scheibenkette (Abb. II F.5) von zwei Scheiben $A$ und $B$ die Drehpole $(0, a)$ und $(0, b)$ gegeben, so liegen für eine aufgezwängte Verschiebung die einzelnen Drehwinkel $\omega_1$ und $\omega_2$ der beiden Scheiben fest. Entsprechend (II F.2) ergeben sich die Verschiebungen der Scheibe $A$ senkrecht zur Scheibenachse $i-k$ (Abb. II F.5b) zu $v_{k:\perp(i-k)} = e_k \omega_a$ und $v_{i:\perp(i-k)} = e_i \omega_a$. Damit ergibt sich auch die Drehung der Stabachse zu

$$\alpha_{i-k} = \frac{\omega_a(e_k + e_i)}{e_i + e_k} = \omega_a,$$

und die relative Winkeländerung des Systemwinkels $\alpha_k$ ändert sich um den Wert $\omega_a + \omega_b$ (Abb. II F.5c).

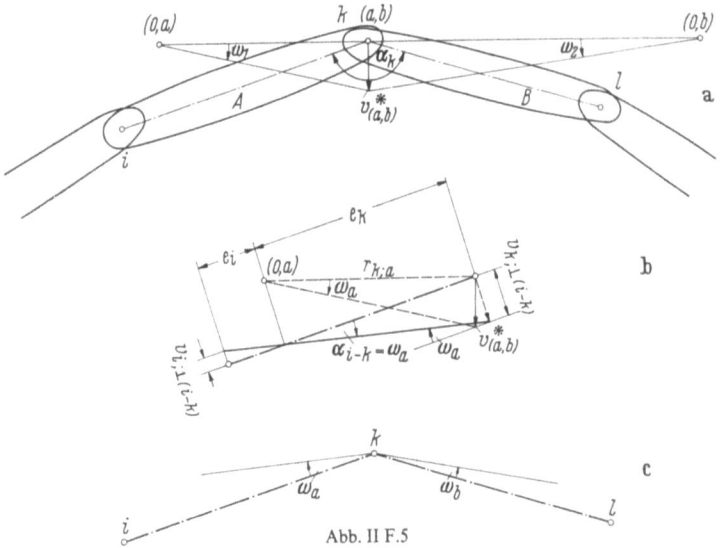

Abb. II F.5

Es gilt somit allgemein für die Winkeländerung zweier Scheiben

$$\omega_{a,b} = \omega_a + \omega_b. \tag{II F.6}$$

Schneidet man einen Träger nach Abb. II F.6a derart auf, daß ein Querkraft und Längskraft übertragendes Gelenk entsteht, das Drehungen zuläßt, so entsteht eine

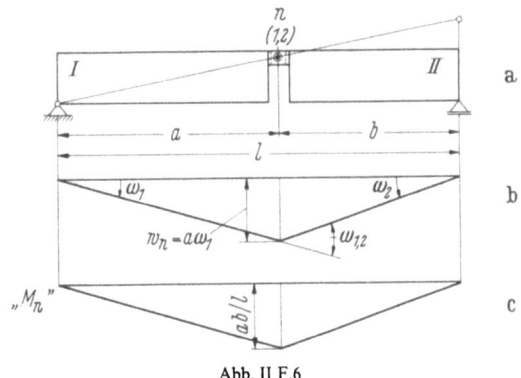

Abb. II F.6

Scheibenkette mit einem Freiheitsgrad. Die vertikalen Verschiebungen der beiden Scheiben I und II sind in Abb. II F.6b dargestellt.

Es ist

$$w_n = a\,\omega_1 = b\,\omega_2$$

und

$$\omega_{1,2} = \omega_1 + \omega_2 = \omega_1\left(1 + \frac{a}{b}\right) = \omega_1 \frac{l}{b}.$$

Erteilt man der Scheibenkette eine Verschiebung, derart, daß $\omega_{1,2} = 1$ wird (Abb. II F.6c), so ergibt sich

$$\omega_1 = \frac{b}{l} \quad \text{und} \quad w_n = \frac{a\,b}{l}.$$

Die Linie der vertikalen Verschiebungen der beiden Scheiben für eine relative Winkeldrehung $\omega_{1,2} = 1$ ergibt somit die Momenteneinflußlinie eines Einfeldträgers im Punkt $n$, wenn der Träger an dieser Stelle so aufgeschnitten wird, daß ein Gelenk entsteht.

Vom Fachwerk-Einfeldträger der Abb. II F.7a wird die Diagonale des Feldes 1—3 durchgeschnitten und ihr eine Klaffung $\varDelta = 1$ eingeprägt. Damit erhält das aus den vier Scheiben I, II, III und IV bestehende Scheibenkettensystem mit einem Freiheitsgrad einen eindeutigen Verschiebungszustand. Es werden zuerst die Drehpole $(0, 1)$, $(0, 2)$, $(0, 3)$ und $(0, 4)$ bestimmt. Der Relativdrehpol $(1, 2)$ liegt als Schnittpunkt der Geraden $(0, 1) - (0, 2)$ und $(1, 4) - (2, 4)$ in horizontaler Richtung im Unendlichen. In Abb. II F.7b ist die Biegelinie des Untergurtes gezeichnet.

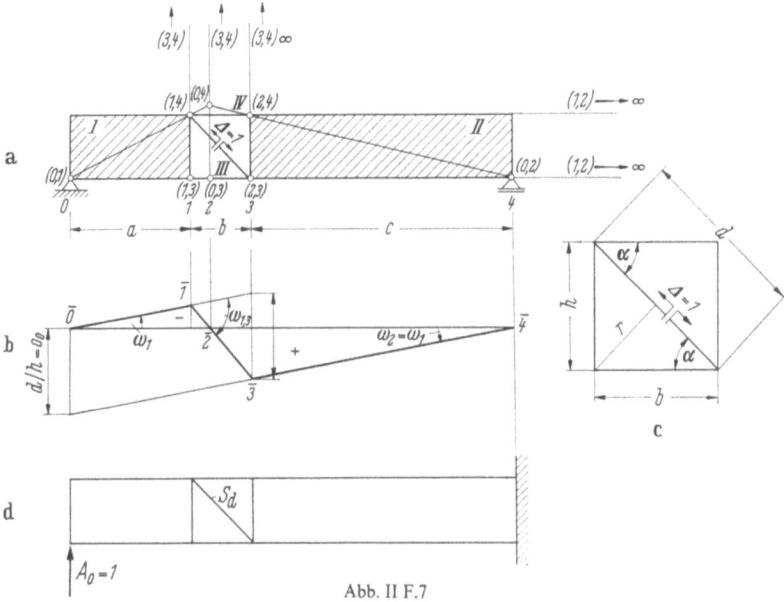

Abb. II F.7

Unter den Drehpolen $(0, 1)$, $(0, 3)$ und $(0, 2)$ liegen die Nullpunkte $\bar{0}$, $\bar{2}$ und $\bar{4}$ der Biegelinie des Untergurtes. Wählt man einen Wert $\omega_1$, so ergeben sich zwangsläufig — mit Rücksicht auf die Relativdrehpole und Nullstellen — als Biegelinie die Geraden $\bar{0} - \bar{1}$, $\bar{1} - \bar{2} - \bar{3}$, $\bar{3} - \bar{4}$. Da der Relativdrehpol $(1, 2)$ der Scheiben I und II im Unendlichen liegt, müssen sich die Biegelinien der Scheiben I und II im Unendlichen schneiden, d. h., die Geraden $\bar{0} - \bar{1}$ und $\bar{3} - \bar{4}$ müssen als Kontrolle parallel sein.

Wählt man (Abb. II F.7c) annahmegemäß $\varDelta = 1$, so ergibt sich

$$r\,\omega_{1,3} = 1; \qquad \omega_{1,3} = \frac{1}{r};$$

$$o_0 = l\,\omega_1 = b\,\omega_{1,3}; \qquad \omega_1 = \frac{b}{l}\frac{1}{r}.$$

Weiter ist $b/r = d/h$ und somit

$$o_0 = l\,\omega_1 = \frac{b}{r} = \frac{d}{h}.$$

Betrachtet man (Abb. II F.7d) den Freiträger unter der Belastung $A_0 = 1$, so ergibt sich

$$S_d = +1\frac{d}{h}.$$

Dies ist aber der Randwert $o_0$ zur Bestimmung der Einflußlinie. Die Biegelinie des Untergurtes der Scheibenkette ist somit bei Fahrbahn unten (FU) bei einer Klaffung $\varDelta = 1$ der Diagonale bereits die Einflußlinie der Diagonalstabkraft.
(Siehe Beispiel 22.)

## 2. Verschiebungsfigur

Für eine Scheibe I mit dem Drehpol $(0, 1)$ ergeben sich nach Abb. II F.8 bei einer Winkeldrehung $\omega_1$ die Verschiebungen der Endpunkte einer Geraden $(a-b)$ zu

$$v_a^* = r_{a;1}\,\omega_1; \qquad v_b^* = r_{b;1}\,\omega_1.$$

Damit ist

$$\frac{v_a^*}{r_{a;1}} = \frac{v_b^*}{r_{b;1}}. \tag{II F.7}$$

Dreht man die Verschiebungen $v_a^*$ und $v_b^*$ um 90° auf die Polstrahlen zurück, so gewinnt man die Punkte $\dot a$ und $\dot b$. Zieht man die Linie $\dot a-\dot b$, so erkennt man aus (II F.7), daß die Dreiecke „$(0, 1)\,\dot a\,\dot b$" und „$(0, 1)\,a\,b$" ähnlich sein müssen und somit $(\dot a-\dot b)$ parallel zu $(a-b)$ sein muß. Mit dieser Erkenntnis kann für jede Scheibe die Verschiebung jedes beliebigen Punktes konstruiert werden, wenn die Verschiebung eines Punktes festliegt.

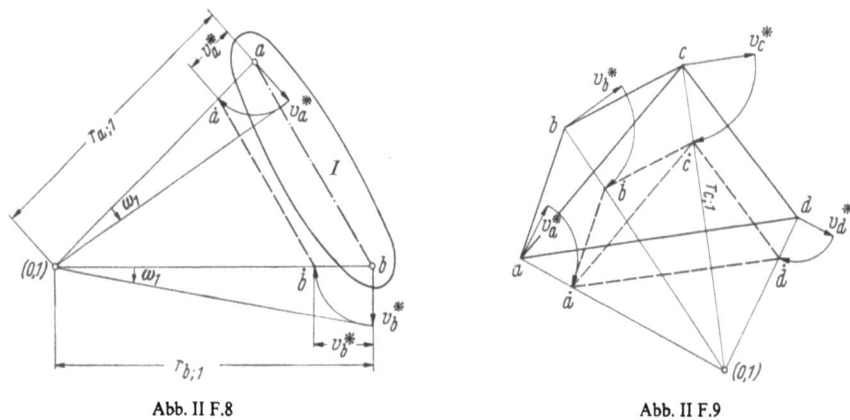

Abb. II F.8          Abb. II F.9

Bei der Fachwerkscheibe nach Abb. II F.9 ist der Pol $(0, 1)$ und die Größe der Verschiebung $v_c^*$ — senkrecht zum Polstrahl $r_{c;1}$ — gegeben. Zieht man von allen Punkten $a$ bis $d$ die Polstrahlen, dreht $v_c^*$ um 90° auf den Polstrahl zurück und zeichnet von Punkt $\dot c$ beginnend die Parallelen zu den einzelnen Verbindungsgeraden der Knotenpunkte, so erhält man die zu $a, b, c, d$ ähnliche Verschiebungsfigur $\dot a, \dot b, \dot c, \dot d$. Klappt man die Größen $a-\dot a$, $b-\dot b$, $d-\dot d$ auf die Senkrechten zu den Polstrahlen zurück, so erhält man die endgültigen Verschiebungen aller Punkte der Größe und Richtung nach.

Die Verschiebungsfigur für eine ganze Scheibengruppe kann in gleicher Weise gefunden werden, wenn die Drehpole der einzelnen Scheiben und die Verschiebung eines einzigen Punktes bekannt sind.

In Abb. II F.10 ist die Verschiebung $v_c^*$ gegeben. Mit der oben beschriebenen Konstruktion gewinnt man durch Zeichnen der zur Scheibe $a, b, c, d$ ähnlichen Figur $\dot a, \dot b, \dot c, \dot d$ den Punkt $\dot d$ der Scheibe II. Dann zeichnet man mit Beginn in $\dot d$ die zur Scheibe $d, e, f, g$ ähnliche Figur $\dot d, \dot e, \dot f, \dot g$. Durch Rückklappen der Werte $b-\dot b$ bis $g-\dot g$ auf die Normalen zu den Polstrahlen sind die Verschiebungen aller Punkte der Größe und Richtung nach gegeben.

Wenn von zwei Scheiben I und II, die durch ein Gelenk miteinander verbunden sind, die Verschiebungen je eines Scheibenpunktes der Größe und Richtung nach bekannt sind, kann die Verschiebungsfigur dazu benützt werden, die Drehpole der beiden Scheiben zu ermitteln.

In Abb. II F.11 sind von den beiden Scheiben I und II die Verschiebungen $v_a^*$ und $v_c^*$ gegeben. Bekannt ist nur der Relativdrehpol $(1, 2)$.

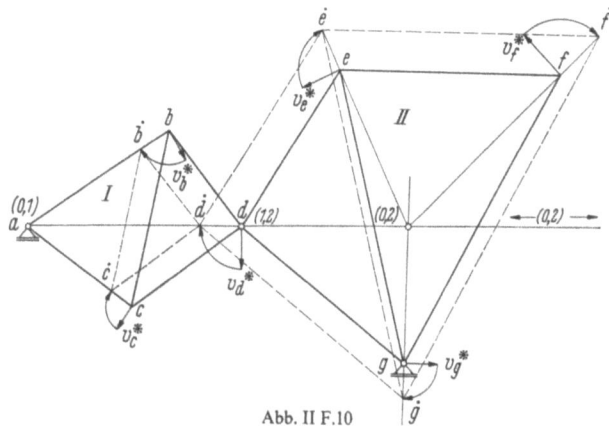

Abb. II F.10

Der Polstrahl durch $a$ muß senkrecht zur Verschiebungsrichtung $v_a^*$ sein; damit ist eine Bestimmungsgerade für den geometrischen Ort von $(0, 1)$ bekannt; desgleichen ergibt die Normale zur Verschiebung $v_c^*$ eine Bestimmungsgerade für den geometrischen Ort von $(0, 2)$.

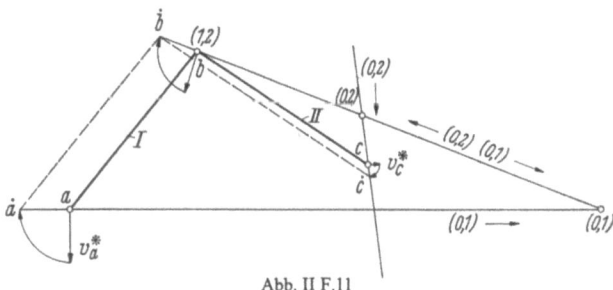

Abb. II F.11

Klappt man $v_a^*$ und $v_c^*$ auf die Polstrahlen um, so gewinnt man die Punkte $\dot{a}$ und $\dot{c}$ der Verschiebungsfigur. Nach Zeichnen der Parallelen zu den Scheibenachsen gewinnt man Punkt $\dot{b}$.

Da Punkt $b$ sowohl der Scheibe I als auch der Scheibe II angehört, muß auf der Geraden $b-\dot{b}$ sowohl der Pol $(0, 1)$ als auch $(0, 2)$ liegen. Als Schnittpunkte dieser Geraden mit den Geraden $a-\dot{a}$ und $b-\dot{b}$ gewinnt man die Drehpole $(0, 1)$ und $(0, 2)$.

## G. Kinematische Methode zur Einflußlinien-Ermittlung

Ist ein starrer Körper im Gleichgewicht, so muß die Resultierende $\mathfrak{R}_{\Sigma P}$ aus der Belastung $\mathfrak{P}_1$ bis $\mathfrak{P}_r$ in die gleiche Richtung fallen und entgegengesetzt gleich groß sein wie die Resultierende $\mathfrak{R}_{\Sigma A}$ aus der Lagerbelastung (Abb. II G.1). Erteilt man dem starren Körper eine gedachte virtuelle Verrückung — sie wird unendlich klein gedacht, damit die Lagerbelastungen sich nicht ändern —, so erleiden die einzelnen Punkte der Scheibe Verschiebungen. Ein Punkt $m$ auf der Resultierenden erleidet die Verschiebung $\mathfrak{v}_m^*$. Wenn aber im Punkt $m$ die Belastung und Lagerbelastung die Gesamtresultierende Null ergeben, kann bei einer Verschiebung dieses Punktes keine Arbeit geleistet werden.

Aus dem Superpositionsgesetz folgt damit, daß auch die Arbeit aller einzelnen Belastungen und Lagerbelastungen unter Beachtung der an den Lastangriffspunkten auftretenden Verschiebungen Null sein muß. Es gilt somit (z. B. Abb. II G.2)

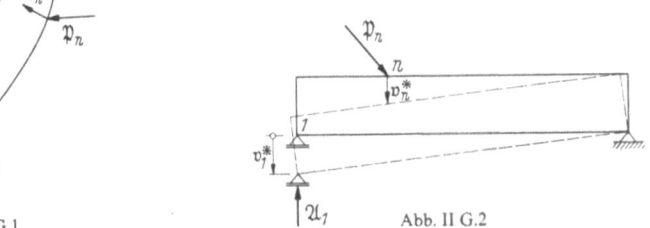

$$\sum \mathfrak{P}_n \cdot v_n^* + \sum \mathfrak{A}_i \cdot v_i^* = 0. \quad \text{(II G.1)}$$

Wirken auch äußere Momente $^a\mathfrak{M}_n$ (z. B. Abb. II G.3) an bestimmten Angriffspunkten und betragen die entsprechenden virtuellen Drehungen $\varphi_n^*$, so erhält man die Bedingung

$$\sum \mathfrak{P}_n \cdot v_n^* + \sum {}^a\mathfrak{M}_n \cdot \varphi_n^* + \sum \mathfrak{A}_i \cdot v_i^* = 0. \quad \text{(II G.2)}$$

Betrachtet man den Kragträger nach Abb. II G.4a, der unter der Last $P_3$ im Punkt 2 einen nach oben gerichteten Lagerdruck $\mathfrak{A}_2$ aufweist, und senkt man das Lager 2 entgegengesetzt zum Lagerdruck um den Wert „1" ab, so wird sich auch die Last $P_3$

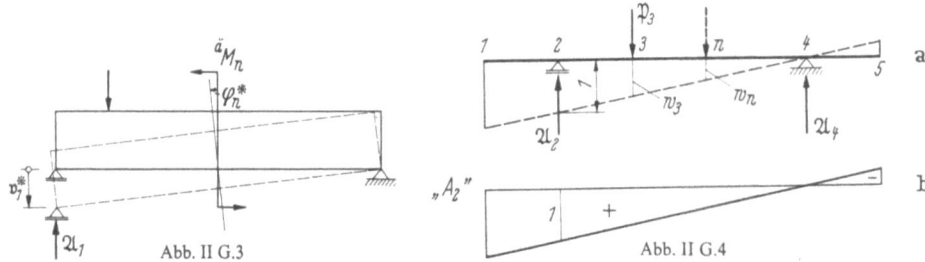

um $w_3$ senken. Der Punkt 4 bleibt in Ruhe. Wendet man (II G.1) an, so leisten nur die Last $P_3$ und der Lagerdruck $A_2$ eine Arbeit, und zwar erhält man

$$A_2(-1) + P_3 w_3 = 0 \quad \text{bzw.} \quad A_2 = P_3 w_3.$$

Wählt man $P_3 = 1$, so ist $A_2 = w_3$.

Stellt man die Last $P = 1$ in den Punkt $n$, so ist $A_2 = w_n$.

Man erhält somit für eine Wanderlast $P = 1$ den Auflagerdruck $A_2$ jeweils als Ordinate der Biegelinie des starren Körpers für die Stützensenkung „$w_2 = 1$". Diese Biegelinie ist somit die Auflagerkraft-Einflußlinie „$A_2$" (Abb. II G.4b). Schneidet man den Träger nach Abb. II G.5a in der Mitte $m$ derart auf, daß ein Gelenk entsteht, denkt sich das Moment $M_m$ als äußeres Moment angebracht und öffnet das Gelenk entgegengesetzt der Momentenwirkung um den Wert $\varDelta\varphi^* = 1$ (Abb. II G.5b), so entsteht die in Abb. II G.5c gezeichnete Biegelinie des starren Trägers. Nach (II G.2) gilt

$$M_m(-1) + 1 w_n = 0; \quad M_m = w_n.$$

Die Biegelinie für „$\varDelta\varphi^* = 1$" ist somit die Einflußlinie des Momentes im Punkt $m$.

Schneidet man vom Einfeldträger der Abb. II G.6a den Untergurt $S_u$ durch und öffnet die Schnittstelle entgegengesetzt der Stabkraftrichtung um „$\varDelta = 1$",

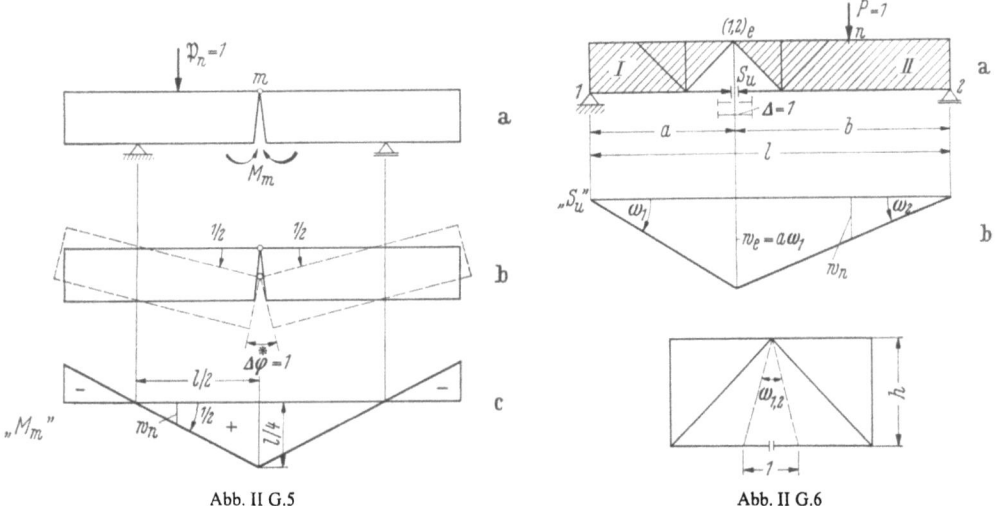

Abb. II G.5  Abb. II G.6

so kann man entsprechend Abschn. II F die Biegelinie der Scheibenkette zeichnen. Es gilt (Abb. II G.6b u. c)

$$h\,\omega_{1,2} = 1; \quad \omega_{1,2} = \omega_1 + \omega_2;$$
$$w_e = \omega_1\,a = \omega_2\,b; \quad \omega_{1,2} = \frac{1}{h} = \omega_1\left(1 + \frac{a}{b}\right) = \omega_1\frac{l}{b};$$
$$\omega_1 = \frac{b}{h\,l} \quad \text{und} \quad w_e = \frac{a\,b}{h\,l}.$$

Diese Biegelinie ist aber die Einflußlinie des Untergurtes, denn es gilt — wenn $S_u$ und $P_n = 1$ als äußere Belastungen gedacht sind —

$$S_u(-1) + 1\,w_n = 0 \quad \text{und} \quad S_u = w_n.$$

Schneidet man beim Fachwerkträger nach Abb. II G.7a die Diagonale $S_d$ durch, öffnet den Schnitt um „$\varDelta = 1$" entgegengesetzt der positiven Wirkung von $S_d$ und

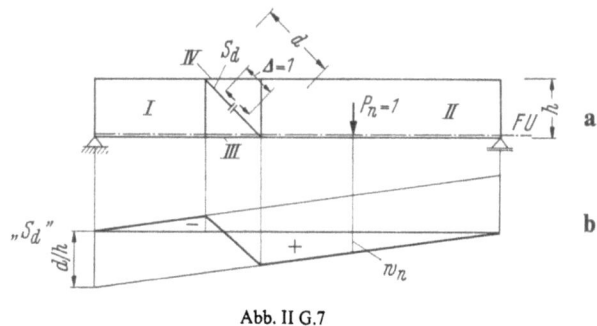

Abb. II G.7

zeichnet entsprechend Abb. II G.7b die Biegelinie des Untergurtes, so erhält man den in Abb. II G.7b gezeichneten Linienzug.

Es gilt wieder

$$S_d(-1) + 1\,w_n = 0; \quad S_d = w_n.$$

Abb. II G.7b ist somit die Einflußlinie der Diagonalstabkraft $S_d$, wenn die Fahrbahn in Höhe des Untergurtes liegt (FU). Bei „FO" müßte man die Biegelinie des Obergurtes zeichnen. Im vorliegenden Fall ergeben sich für „FO" dieselben Einflußlinien, da $(0, 3)$ und $(0, 4)$ lotrecht übereinander liegen.

Was für den Einfeldträger gilt, gilt sinngemäß für alle anderen statischen Systeme.

Will man für einen Kragträger die Momenteneinflußlinie $M_m$ im Punkt $m$ bestimmen (Abb. II G.8a), so hat man die Schnittstelle um $\Delta\varphi = 1$ entgegengesetzt der positiven Momentenrichtung zu drehen. Da der linke Teil des Trägers sich mit Rücksicht auf die Lagerbedingung nicht bewegen kann, ist nur der rechte Teil um „$\Delta\varphi = 1$" zu drehen (Abb. II G.8b). Die Biegelinie (Abb. II G.8c) ist wieder die Momenteneinflußlinie; es gilt

$$M_m(-1) + 1 w_n = 0;$$
$$„M_m" = w_n.$$

Bei der Drehung nach oben ergibt sich $w_n$ negativ. Im Bereich $0-m$ ergibt sich keine Durchbiegung, und somit treten in diesem Bereich auch keine Einflußordinaten für „$M_m$" auf.

Bei der Ermittlung der Querkrafteinflußlinie $Q_m$ eines Kragträgers ist keine Drehung des Querschnittes, wohl aber eine gegenseitige Verschiebung entgegengesetzt der positiven Querkraftrichtung anzunehmen (Abb. II G.9a). Dies kann man sich durch eine Schwalbenschwanzverbindung ermöglicht denken (Abb. II G.9b).

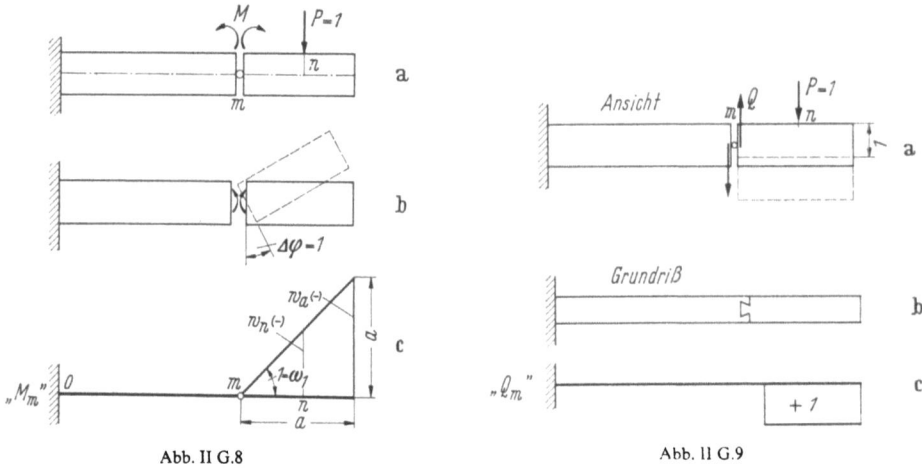

Abb. II G.8    Abb. II G.9

Da der linke Teil mit Rücksicht auf die Lagerbedingungen nicht verschoben werden kann, ist nur der rechte Teil um „1" nach unten zu verschieben. Abb. II G.9c ist die Querkrafteinflußlinie; es gilt

$$Q_m(-1) + 1 w_n = 0; \quad „Q_m" = w_n.$$

Bei einem Gelenkträger ist bei der Ermittlung einer Einflußlinie die Biegelinie für die angenommene Drehung oder Verschiebung für den gesamten Scheibenkettenzug zu zeichnen. Zum Beispiel ist für den Träger nach Abb. II G.10 zur Ermittlung der Einflußlinie des Auflagerdruckes $A_2$ das Lager 2 um „1" zu senken. Die Biegelinie

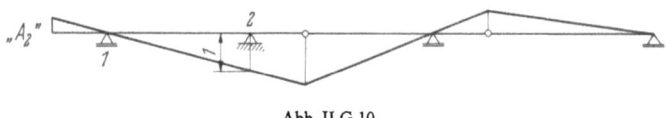

Abb. II G.10

(Abb. II G.10) stellt dann bereits die Einflußlinie „$A_2$" dar. In ähnlicher Weise können alle Schnittbelastungs-Einflußlinien für Gelenkträger gefunden werden.

Bei der Ermittlung von Einflußlinien für Dreigelenkbogen wird die in Abschn. II F gezeigte Bestimmung der Drehpole und Relativdrehpole verwendet.

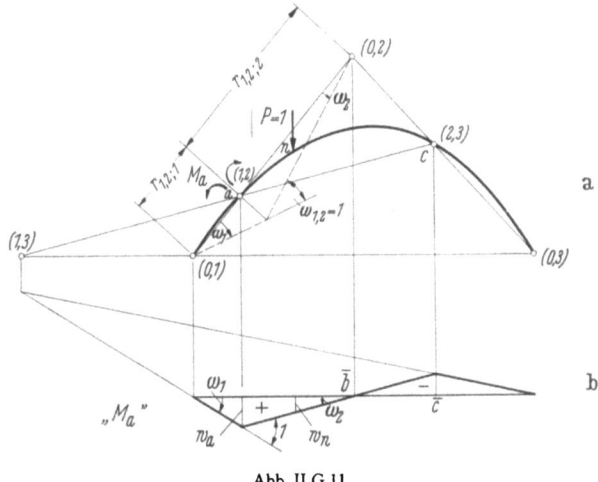

Abb. II G.11

Will man z. B. im Punkt $a$ der Abb. II G.11a die Momenteneinflußlinie „$M_a$" ermitteln, so bringt man an dieser Stelle ein Gelenk an. Damit wird die Scheibenkette beweglich. Es werden die Drehpole und Relativdrehpole bestimmt. Weiter erfolgt für eine Drehung „$\Delta \varphi = 1$" — entgegengesetzt der positiven Wirkung von $M_a$ — die Bestimmung der Biegelinie (Abb. II G.11b), wobei die gegenseitige Drehung der Schnittflächen an der Stelle $a$, d. h. die Relativdrehung $\omega_{1,2} = \omega_1 + \omega_2 = 1$ sein muß.

Es gilt
$$r_{1,2;1}\,\omega_1 = r_{1,2;2}\,\omega_2 ; \quad \omega_2 = \frac{r_{1,2;1}}{r_{1,2;2}}\,\omega_1 ;$$
$$\omega_1 \left(1 + \frac{r_{1,2;1}}{r_{1,2;2}}\right) = 1 ; \quad \omega_1 = \frac{1}{\left(1 + \frac{r_{1,2;1}}{r_{1,2;2}}\right)} ; \quad w_a = a\,\omega_1.$$

Ist $w_a$ bestimmt, so liegt der weitere Verlauf der Biegelinie fest (Abb. II G.11b), da sie unter dem Pol $(0, 2)$, also im Punkt $\bar{b}$, den Wert Null haben muß. Damit liegt für die Scheibenkette auch der Punkt $\bar{c}$ fest. Nach früheren Feststellungen müssen sich die Biegelinien der Scheiben I und II im Punkt $(1, 3)$ schneiden. Damit ist eine Kontrolle der Konstruktion gegeben.

Bei der Ermittlung der Querkraft im Punkt $a$ eines Dreigelenkbogens (Abb. II G.12a) ist im Punkt $a$ eine gegenseitige Verschiebung der Querschnittsenden um den Wert „1" durchzuführen, ohne die Richtung der Enden zu ändern. Wenn sich die Endquerschnitte der beiden Scheiben I und II parallel verschieben, kann der Relativdrehpol $(1, 2)$ nur in Richtung der Tangente im Punkt $c$ im Unendlichen liegen. Damit können alle Drehpole gefunden werden. Aus Abb. II G.12b ersieht man, daß die Größe der gegenseitigen Verschiebung in $z$-Richtung — nur diese ist interessant bei einer vertikalen Last $P = 1$ — den Wert „$1 \cos \varphi$" haben muß. Mit Rücksicht darauf, daß die Biegelinie in den Punkten $\bar{0}$, $\bar{b}$ und $\bar{d}$ den Wert Null haben muß und an der Stelle $\bar{a}$ den Sprung „$1 \cos \varphi$", kann die Einflußlinie „$Q_a$" = $w_n$ gezeichnet werden (Abb. II G.12c). Da der Relativdrehpol $(1, 2)$ im Unendlichen liegt, müssen die Biegelinien der Scheiben I und II zueinander parallel sein.

Bei der Längskrafteinflußlinie im Punkt *a* eines Dreigelenkbogens (Abb. II G.13a) ist zu beachten, daß die aufgeschnittenen Enden — entgegengesetzt der Richtung der Zugkräfte — um den Wert „$\Delta = 1$" voneinander entfernt werden müssen. Wieder muß der Pol (1, 2) im Unendlichen liegen, nunmehr aber in Richtung normal

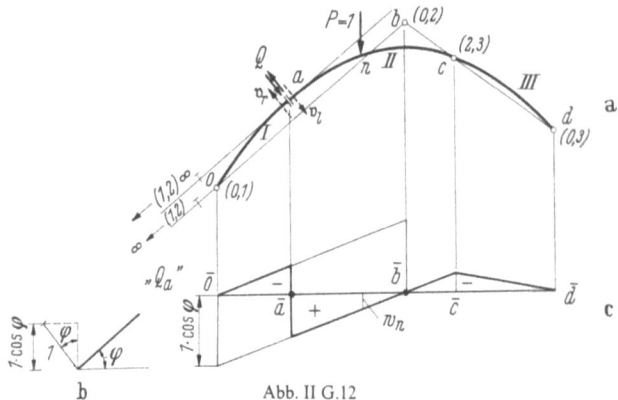

Abb. II G.12

zur Tangente. Sind die Drehpole und Relativdrehpole bestimmt und beachtet man, daß die vertikale Komponente der Verschiebung im Punkt *a* nach Abb. II G.13b den Wert „$1 \sin \varphi$" haben muß, so kann die Biegelinie der Scheibenkette gezeichnet werden (Abb. II G.13c). Zuerst wird die Linie $\bar{e} - \bar{b}$ gezeichnet. Da sich

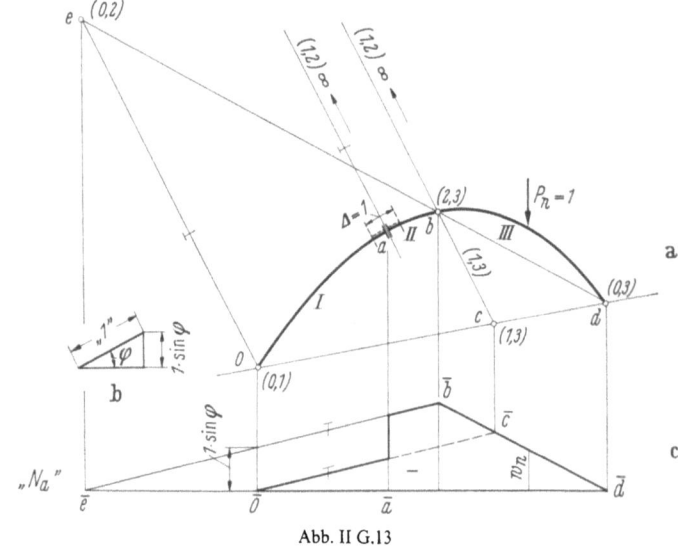

Abb. II G.13

die Biegelinien der Scheiben I und III in $\bar{c}$ schneiden müssen, ist auch $\bar{0} - \bar{c}$ gegeben. Als Kontrolle müssen $\bar{e} - \bar{b}$ und $\bar{0} - \bar{c}$ parallel sein, da der Drehpol (1, 2) der Scheiben I und II im Unendlichen liegt.

Zur Bestimmung der Einflußlinien des Horizontalschubs eines Dreigelenkbogens (Abb. II G.14a) braucht nur das Bogenende horizontal — entgegengesetzt dem angenommenen Horizontalschub $H$ — um „$\Delta = 1$" verschoben zu werden. Der Drehpol (0, 1) muß auf einer Geraden senkrecht zur horizontalen Lagerverschiebung

liegen. Es ergibt sich (Abb. II G.14a u. b)
$$r\omega_1 = 1; \quad o_b = a\omega_1 = \frac{a}{r};$$
$$\frac{z_g}{r} = \frac{b}{l}; \quad o_b = \frac{ab}{z_g l}.$$

Dies ist aber der Wert nach (II C.44).
Die Einflußlinie „$H$" ist in Abb. II G.14b dargestellt.

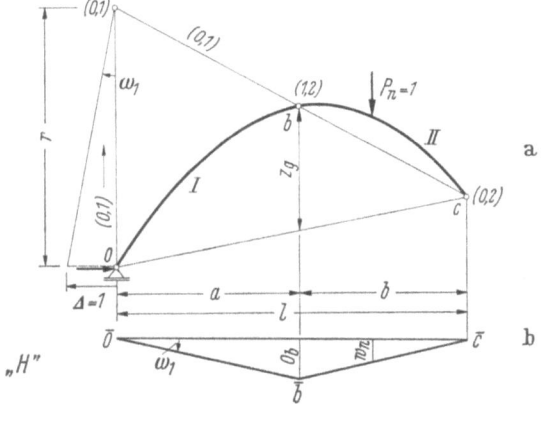

Abb. II G.14

Die Methode der Bestimmung der Biegelinie einer Scheibe oder einer Scheibenkette ermöglicht in übersichtlicher Weise die Bestimmung jeder Einflußlinie eines statisch bestimmten Tragwerks. In der Regel wird man das früher geschilderte Freiträgerverfahren verwenden. Die dort gezeigten und auf statische Weise erläuterten Konstruktionen der Nullpunkte und Schnittpunkte — die zu Kontrollzwecken immer Verwendung finden — haben nunmehr durch die kinematische Methode eine andere und einfachere Deutung erfahren.
(Siehe Beispiel 22.)

## Literatur zum Abschnitt II

[1] CREMONA, L.: Le Figure Reciproche nella Statica Grafica, Milano: Guigno 1872.
[2] HENNEBERG, L.: Die graphische Statik. Enzykl. d. math. Wiss., Abt. IV/1, 1903, H. 3.
[3] POSTUVANSCHITZ, F.: Vorlesungen über Baustatik an der TH Graz 1925.
[4] ZIMMERMANN, H.: Das Momentenschema. Z. d. Arch.- u. Ing.-Vereines Hannover (1877) **61.**

Siehe auch:
| | | |
|---|---|---|
| [S 3] BEYER; | [S 19] KAUFMANN; | [S 28, S 29, S 30] MÜLLER-BRESLAU; |
| [S 7] CULMANN; | [S 20] KIRCHHOFF; | [S 32] OSTENFELD; |
| [S 9] FÖPPL; | [S 23] MELAN; | [S 35] RITTER; |
| [S 16] HENNEBERG; | [S 24] MEHRTENS; | [S 44] TEICHMANN; |
| [S 17] HIRSCHFELD; | [S 26, S 27] MOHR; | [S 45] ZSCHETZKE. |

## III. Elastische Verformungen statisch bestimmter Systeme

Die Kenntnis der Verformungen (Durchbiegungen, Verschiebungen, Drehungen, Verdrehungen) einzelner Punkte oder Querschnitte oder des gesamten Systems infolge einer gegebenen Belastung oder eines Verformungszustandes (z. B. auch aus Temperatur) sind für den Ingenieur von mehrfacher Bedeutung. Er kann damit feststellen, ob einschließlich der Durchbiegungen das Lichtraumprofil unter Brücken eingehalten wird und ob das Bauwerk unter der gegebenen Gebrauchsbelastung nicht zu große Verformungen aufweist, die den Wert des Bauwerks dann mindern. Verschiedentlich sind in Vorschriften Begrenzungen der maximalen Durchbiegungen angegeben. Zum Beispiel gilt in Deutschland nach DIN 1050 für Deckenträger und Unterzüge des Hochbaus, daß bei Stützweiten von mehr als 5 m die Durchbiegung nicht größer als $l/300$ sein darf.

Besonders wichtig sind Festlegungen bezüglich Hängebrücken, da dies weiche Systeme mit großen Verformungen sind und hierbei auf das Befahren mit großen Geschwindigkeiten Rücksicht genommen werden muß. Bei der Älsborg-Brücke in Schweden wurde z. B. als wesentliche Begrenzung der Verformungen festgelegt, daß die Winkeländerung der Fahrbahn nicht mehr als 0,022 Radian betragen darf (1 Radian = 57,3°).

Wenn trotz Einhaltung der zulässigen Spannungen größere Verformungen, als es dem Bauzweck entspricht, zu erwarten sind, wird es sich empfehlen, den Auftraggeber rechtzeitig davon in Kenntnis zu setzen. Zum Beispiel kann es bei viel und schnell befahrenen Kranbahnen auf längere Zeit wirtschaftlich werden, diese mit Rücksicht auf geringe vertikale und horizontale Verformungen etwas stärker auszuführen, als sich aus der reinen Spannungsberechnung ergeben würde, um die dauernden Betriebskosten zu senken.

Die Kenntnis der Verformung ermöglicht aber auch die baustatische Ermittlung der Eigenfrequenzen eines Bauwerks (s. Band II). Die Kenntnis der Eigenfrequenzen ist notwendig bei der Bemessung von Fundamentrahmen für Maschinen, bei Glockentürmen, bei Maschinensälen u. a. m. Sie bietet auch ein wertvolles Hilfsmittel, die dynamischen Beiwerte (Schwingbeiwerte) bei dynamisch beanspruchten Brücken und anderen Bauwerken festzulegen. Unumgänglich notwendig ist die Kenntnis der Verformungen bei der Festlegung der Montagevorgänge von Brücken und anderen größeren Bauwerken. Neben den Verformungen aus den verschiedenen Belastungen sind vor allem auch die Temperatureinflüsse genauestens zu verfolgen. Bei Beton-, Spannbeton- und Verbundkonstruktionen sind außerdem die Einflüsse aus Kriechen und Schwinden von besonderer Bedeutung.

Viele Systeme werden in einem überhöhten Zustand eingebaut, damit sie nach Auftreten der Verformungen aus der Gebrauchsbelastung möglichst horizontale Verkehrsebenen erhalten. So werden z. B. Eisenbahnbrücken in Deutschland und Österreich für die ständige Last und ein Viertel der maximalen Verkehrsbelastung überhöht.

Bei den großen Geschwindigkeiten, mit denen Brücken befahren werden, hat dies verbesserte Fahreigenschaften zur Folge. Aber auch in Lagerhäusern, bei denen große dauernde Nutzlasten vorhanden sind, wird man Stahlbetondecken und Unterzüge überhöhen, damit man — einschließlich Kriechen — nicht nach unten durchgebogene Decken erhält, die in mehrfacher Hinsicht unangenehm sein können.

Bei genauer Einstellung von Bauwerken für Sonderzwecke — Führungen bei Schiffshebewerken u. a. m. — ist die Kenntnis der Verformungen für jedes mögliche Stadium der Belastung wesentlich. Die Einstell- und Ausrichtvorrichtungen hängen ja einzig und allein von den Größen und Richtungen der möglichen Verformungen ab. Das gleiche gilt auch für alle Übergangskonstruktionen von Brücken.

Neben diesen konstruktiven Belangen, für die die Kenntnis der Verformungen eines Systems notwendig ist, liegt ein besonderes Schwergewicht auf der statischen Seite. Die Ermittlung der Verformung statisch bestimmter Systeme ist nämlich der Schlüssel zur Berechnung des überaus vielseitigen Gebietes der statisch unbestimmten Konstruktionen. Die Berechnung der Schnittlasten und Verformungen statisch unbestimmter Systeme kann immer auf die Berechnung von Schnittlasten und Verformungen von zugehörigen statisch bestimmten Grundsystemen zurückgeführt werden. Es liegt daher auch auf der Hand, möglichst einfache — aber den vielseitigen Anforderungen der Praxis entsprechende — Methoden zur Berechnung der Verformungen zur Verfügung zu haben.

Die nachfolgend gezeigten Verfahren gewähren Genauigkeiten unter 1%, d. h., daß die Rechengenauigkeit viel höher ist als die größte Abweichung bei den der Rechnung zugrunde gelegten Voraussetzungen (bezüglich Belastung, Querschnittswerten usw.).

Für maximale Verformungen aus Verkehrslasten werden zweckmäßig Einflußlinien der gesuchten Verformungsgrößen — entsprechend den Einflußlinien für Schnittbelastungen — ermittelt.

Bei allen Untersuchungen dieses Abschnittes wird vorausgesetzt, daß die Verformungen des Systems klein gegenüber den geometrischen Abmessungen des Systems sind, so daß die Lagerbelastungen und Schnittbelastungen durch die eintretenden Verformungen praktisch keine Änderungen erfahren. Andere Verhältnisse liegen bei erdverankerten Hängebrücken, flachen Bogen usw. vor, wo die Theorie zweiter Ordnung, d. h. die Berücksichtigung der Verformung bei der Berechnung der Schnittlasten von wesentlicher Bedeutung werden kann.

## A. Fachwerksysteme. Verformungen infolge eines gegebenen Belastungs- bzw. eines eingeprägten Verformungszustandes

### 1. Williot-Verschiebungsplan

In Fachwerkstäben, die mittels reibungsfreier Gelenke miteinander verbunden sind, treten infolge der Stabkräfte elastische Längenänderungen der Stäbe von der Größe

$$\Delta s = \frac{S\,s}{E\,F} = \frac{\sigma}{E}\,s$$

auf. Je nachdem, ob $S$ positiv (Zugkraft) oder negativ (Druckkraft) ist, tritt eine Verlängerung oder Verkürzung des Stabes ein.

Sind die Stäbe 2—3 und 1—3 der Abb. III A.1a in den Punkten 1 und 2 fest, aber gelenkig gelagert, so wird sich der Zugstab 2—3 um $\Delta_{2-3}$ verlängern, der Druckstab 1—3 um $\Delta_{1-3}$ verkürzen. Aus geometrischen Gründen muß die Lage des neuen Punktes (3) auf dem Schnittpunkt der Kreise mit den Radien

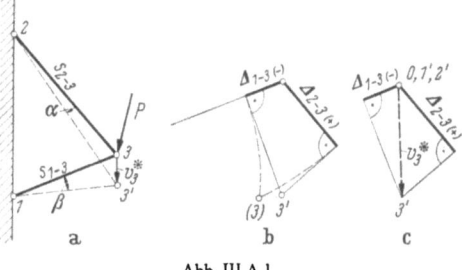

Abb. III A.1

$s_{2-3} + \varDelta_{2-3}$ und $s_{1-3} - \varDelta_{1-3}$ und den Zentren 2 und 1 sein (Abb. III A.1b). Da es sich bei den Verformungen um sehr kleine Größen gegenüber den Systemlängen handelt, kann man in ausgezeichneter Näherung statt der Kreise die Normalen auf die Radien für die Verschiebungsrichtungen aus der Drehbewegung wählen, und man erhält aus dem Schnittpunkt der beiden Normalen den Punkt 3′ (Abb. III A.1b).

Die Konstruktion des Verschiebungsplans ist somit durch Abb. III A.1c festgelegt; der Punkt 0 ist der Pol des Verschiebungsplans, von dem aus alle Verschiebungen zu zählen sind. Da die Punkte 1 und 2 sich nicht verschieben können, müssen die Punkte 1′ und 2′ mit 0 zusammenfallen. Der Punkt 3′ wird erhalten, indem man von 2′ aus die Verlängerung $\varDelta_{2-3}$ in Richtung des Stabes 2—3 aufträgt, die Normale dazu fällt, dann von Punkt 1′ aus die Verkürzung $\varDelta_{1-3}$, entgegengesetzt der Richtung 1—3, aufträgt und wieder die Normale im Endpunkt fällt. Damit ist Punkt 3′ eindeutig festgelegt. Der Pfeil 0—3′ gibt Richtung und Größe der Verschiebung $v_3^*$ des Punktes 3 nach 3′ an.

Betrachtet man einen Stahlstab von der Länge 1,0 m und ist dieser Stab mit einer Spannung von 2,1 t/cm² voll ausgenützt, so ergibt sich mit $E = 2100$ t/cm² die Längenänderung

$$\varDelta s = \varepsilon s = \frac{\sigma}{E} s = \frac{2,1}{2100} \cdot 1000 = 1,0 \text{ mm}.$$

Die Längenänderung beträgt somit nur $1^0/_{00}$. Die Annahme, statt der Kreise die Normalen auf die Stablängen als Radien zur Konstruktion der Lage der verschobenen Systempunkte zu verwenden, ist somit voll gerechtfertigt. Die Größe des dabei gemachten Fehlers ist so gering, daß er praktisch überhaupt nicht erfaßbar ist.

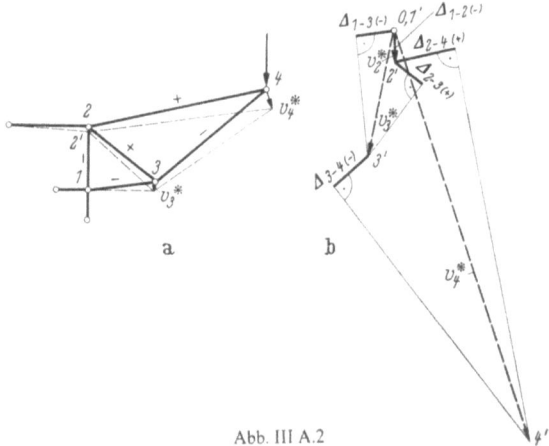

Abb. III A.2

Bei dem Fachwerk nach Abb. III A.2a ist der Punkt 1 festgehalten, während der Punkt 2 nur seitlich unverschieblich geführt ist. Im Verschiebungsplan (Abb. III A.2b) fällt der Punkt 1′ mit dem Pol 0 zusammen. Den Punkt 2′ erhält man, indem man von 1′ die Verkürzung $\varDelta_{1-2}$, entgegengesetzt der Richtung von 1 nach 2, aufträgt. Da 2′ sich seitlich nicht verschieben kann, ist damit bereits der Punkt 2′ eindeutig festgelegt. Sind 1′ und 2′ aber gegeben, so kann der Punkt 3′ in gleicher Weise wie oben — nun aber von 1′ und 2′ ausgehend — bestimmt werden und von 2′ und 3′ anschließend Punkt 4′. Die endgültigen Verschiebungen $v_2^*$, $v_3^*$ und $v_4^*$ sind dann dem Verschiebungsplan als Gerade 0—2′, 0—3′ und 0—4′ zu entnehmen. Trägt man diese Werte in Größe und Richtung in Abb. III A.2a ein, so erhält man die genaue Lage des deformierten Systems.

Ganz allgemein gilt die in Abb. III A.3 gezeigte Konstruktion, wobei die endgültigen Verschiebungen der Punkte $a$ nach $a'$ und $c$ nach $c'$ gegeben sind und ebenso die Verlängerungen bzw. Verkürzungen $\varDelta$ der beiden Stäbe, mit denen der weitere Knoten $b$ an die Knotenpunkte $a$ und $c$ angeschlossen ist.

Voraussetzung bei diesem von WILLIOT (1872) [6] entwickelten Verfahren ist jedoch, daß jeder neue Knoten durch zwei Stäbe an das bereits bestehende System angeschlossen ist und daß auch die Lagerbedingungen die fortlaufende Konstruktion zulassen, wie dies z. B. bei Abb. III A.1 und III A.2 möglich ist. (Siehe Beispiel 48.)

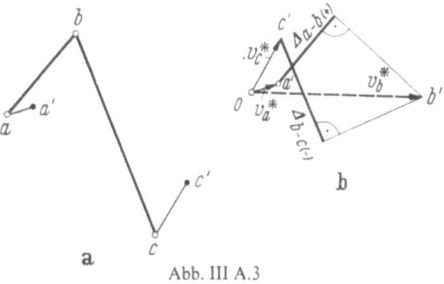

Abb. III A.3

## 2. Williot-Mohr-Verschiebungsplan

Die in Abschn. III A 1 entwickelte Konstruktion zur Bestimmung der Verschiebung der Systempunkte eines Fachwerks genügt im allgemeinen allein nicht, um den Verschiebungsplan für bestimmte Systeme unter den verschiedensten Lagerbedingungen eindeutig zeichnen zu können. Erst durch die von MOHR (1887) [S 26, S 27] stammende Erweiterung — bestehend aus zusätzlichen Verschiebungen bzw. Drehungen von starren Scheibensystemen — steht ein allgemein anwendbares Verfahren zur zeichnerischen Bestimmung der Verformungen von Fachwerken zur Verfügung [S 28, S 29, S 32, S 35, S 40].

Betrachtet man Abb. III A.4a und dreht entsprechend Abschn. II F die aus den Stäben $a-c-b-a$ bestehende Scheibe I um den Winkel $\omega_1$, so erhält man aus

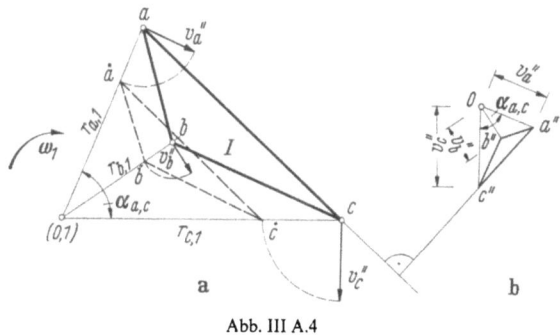

Abb. III A.4

der Verschiebungsfigur $\dot{a}-\dot{c}-\dot{b}-\dot{a}$ durch Rückklappen senkrecht zum Radiusvektor Richtung und Größe der Verschiebungen $v''_a$, $v''_b$ und $v''_c$ der einzelnen Scheibenpunkte. Trägt man die Verschiebungen $v''_a$ und $v''_c$ wieder von einem Pol 0 auf (Abb. III A.4b), so steht $0-a''$ senkrecht zu $r_{a,1}$ und $0-c''$ senkrecht zu $r_{c,1}$. Da der Winkel $\alpha_{a,c}$ im Pol 0 gleich groß ist wie der Winkel $\alpha_{a,c}$ im Drehpol (0, 1) und die Strecken $0-a''$ und $0-c''$ proportional den Strecken $r_{a,1}$ und $r_{c,1}$ sind, ist das Dreieck $0-a''-c''-0$ ähnlich dem Dreieck $(0,1)-a-c-(0,1)$, und die Seite $a''-c''$ steht somit senkrecht zur Seite $(a-c)$. Wird die Verschiebung $v''_b$ ebenfalls in Abb. III A.4b eingetragen, so erhält man die um 90° gegenüber der Figur $a-c-b-a$ gedrehte Figur $a''-c''-b''-a''$. Als Ergebnis ist zu vermerken, daß von einer bestimmten starren Scheibe bei einer Drehung die sich ergebenden Verschiebungen aus einem Verschiebungsplan abgelesen werden können, der gewonnen wird, indem nur für zwei Punkte der Scheibe die Verschiebungen von einem Pol 0 aufgetragen werden und dann die zur ursprünglichen Scheibe ähnliche Figur — um 90° gedreht — gezeichnet wird.

Wird z. B. die Figur nach Abb. III A.5a um den Punkt $a$ gedreht, so muß die Verschiebung des Punktes $e$ senkrecht zur Geraden $(a-e)$ erfolgen, und es ist $v''_e = r_{e,a}\, \omega_1$. Zeichnet man den Verschiebungsplan (Abb. III A.5b), so ist zu beachten, daß $a''$ mit dem Pol 0 zusammenfällt und $v''_e$ nach Größe und Richtung gegeben ist. Damit liegt Punkt $e''$ ebenfalls fest. Alle anderen Punkte im Verschiebungsplan ergeben sich durch Zeichnen der um 90° gedrehten, zur ursprünglichen Systemfigur ähnlichen Figur. Die Verbindung vom Pol zu einem beliebigen Punkt der gedrehten Figur gibt Größe und Richtung der Verschiebung des betreffenden Systempunktes bei der durchgeführten Drehung an (z. B. ist $v''_g$ die Verschiebung des Punktes $g$ bei einer Drehung um $\omega_1$ der Scheibe I um den Punkt $a$).

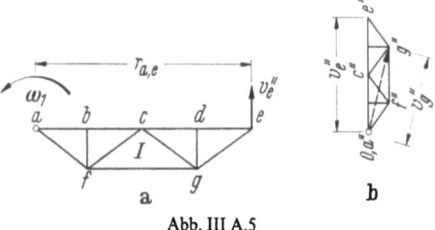

Abb. III A.5

Es ist dabei zu beachten, daß es sich um die Drehung einer starren Scheibe handelt, d. h., daß keine Längenänderungen der einzelnen Stäbe vorhanden sind $(\varDelta_{i-k} = 0)$.

Will man für das in Abb. III A.6a dargestellte System den Williot-Verschiebungsplan zeichnen, so weiß man wohl, daß der Punkt $a$ unverschieblich ist und somit im Verschiebungsplan mit dem Pol 0 zusammenfallen muß, aber es sind — von Punkt $a$ beginnend — weder die endgültigen Verschiebungen der Punkte $b$ oder $d$ bekannt, noch die endgültigen Lagen der Stäbe $a-b$ bzw. $a-d$ des deformierten Systems. Der Williot-Plan kann somit nach der eben beschriebenen Konstruktion nicht gezeichnet werden. Die Kombination des Williot-Planes mit dem Mohrschen Verschiebungsplan führt hingegen zum Ziel.

Denkt man sich den Stab $a-b$ in $a$ gelenkig gelagert und durch eine gedachte Fessel $F$ in der Richtung $a-b$ geführt, so kann man nach Abb. III A.6b den Williot-Verschiebungsplan zeichnen. Punkt $a$ fällt mit dem Pol 0 zusammen. Es ergeben sich fortlaufend die Punkte $b'$, $d'$ und $c'$ des Verschiebungsplans. Trägt man die erhaltenen Verschiebungen $v'_b = |0-b'|$, $v'_d = |0-d'|$ und $v'_c = |0-c'|$ im System (Abb. III A.6a) ein, so erhält man das deformierte System. Das Festhalten des Stabes $a-b$ durch die Fessel $F$ ist in Wirklichkeit nicht vorhanden, auch kann sich das bewegliche Lager im Punkt $c$ nicht von der Gleitlinie $i-i$ abheben. Man wird das nunmehr starr gedachte System so lange im Uhrzeigersinn drehen, bis der Punkt $c'$ im Punkt $c^*$ auf der Gleitlinie $i-i$ zu liegen kommt. Dann sind die Lagerbedingungen des Lagers $c$ eingehalten. Zerlegt man die Verschiebung $c'-c$ in eine Komponente $c-c^*$ in Richtung $i-i$ und in eine Komponente $\varDelta_c$ senkrecht zur Verschiebungslinie $a-c$, so gibt $\varDelta_c$ das Maß an, um welches der Punkt $c'$ zurückgedreht werden muß, und der Drehwinkel beträgt $\omega_1 = \varDelta_c / r_{a,c}$. Damit sind der Drehwinkel und die Verschiebungen aller Punkte infolge der Drehung gegeben. Abb. III A.6c zeigt die um 90° gedrehte, zum System ähnliche Verschiebungsfigur infolge der Drehung. Trägt man im Verschiebungsplan der Abb. III A.6b die zusätzliche Verschiebung $0-b''$, $0-d''$, $0-c'' = \varDelta_c$ jeweils von den Punkten $b'$, $d'$ und $c'$ auf, so erhält man die Punkte $b^*$, $d^*$ und $c^*$ und als Verbindungslinie des Poles 0 mit diesen Punkten die endgültigen Verschiebungen $v^*_a = 0$, $v^*_b$, $v^*_d$ und $v^*_c$ nach Größe und Richtung.

Die endgültige Lage des Systems zeigt Abb. III A.6d. Die Konstruktion des endgültigen Verschiebungsplans kann bei Berücksichtigung der nachfolgenden Überlegungen wesentlich vereinfacht werden. Anstatt das ganze System um $\omega_1$ zu drehen, bis $c'$ nach $c^*$ auf der Linie $i-i$ zu liegen kommt, kann man das System um „$-\omega_1$"

entgegengesetzt dem Uhrzeigersinn drehen (Abb. III A.6e) und das gedrehte System als neues Bezugssystem auffassen, von dem aus die Verformungen zu zählen sind. Bei der Rückdrehung muß $c''$ (s. Abb. III A.6f) auf einer Senkrechten zu $r_{c,a}$ durch den Pol 0 liegen. Außerdem muß mit Rücksicht auf die geometrischen Lagerbedingungen $c''$ auf einer Parallelen zur Geraden $i-i$ durch den Punkt $c'$ liegen.

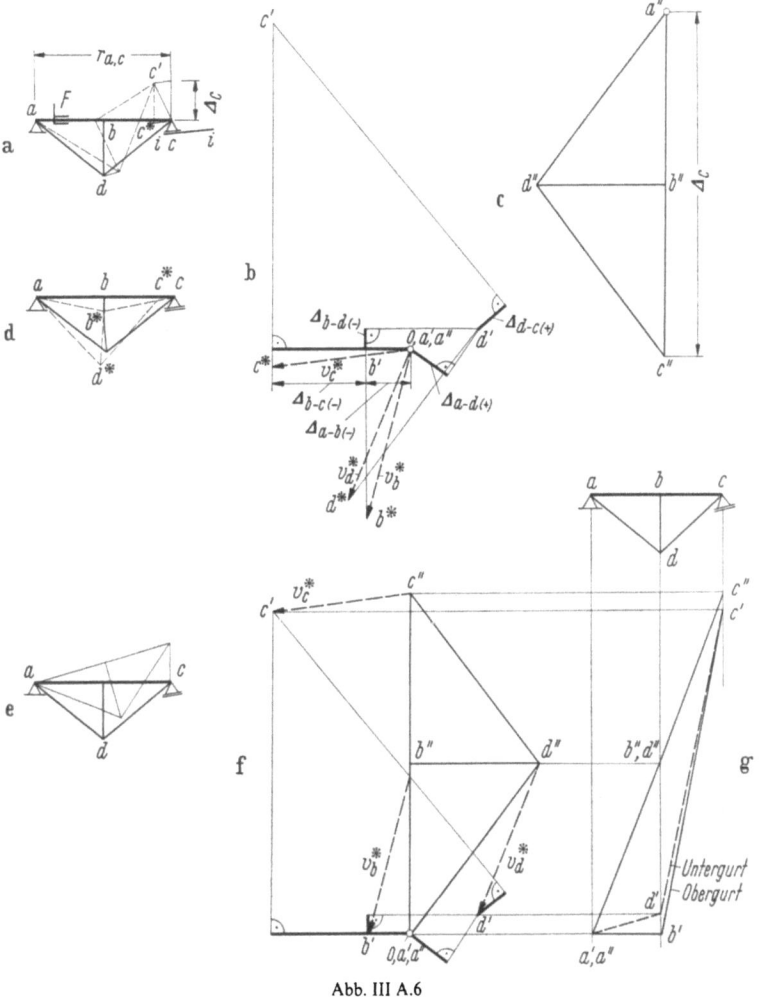

Abb. III A.6

Zeichnet man nun die entgegen dem Uhrzeigersinn gedrehte, zum System ähnliche Figur in Abb. III A.6f ein, so sind alle Punkte $a''$, $b''$, $c''$ und $d''$ festgelegt. Die endgültigen Verschiebungen ergeben sich der Größe und der Richtung nach bereits als Strecken $v_a^* = 0$, $v_b^* = |b''-b'|$, $v_c^* = |c''-c'|$, $v_d^* = |d''-d'|$. Gegenüber der Konstruktion nach Abb. III A.6b u. c ist nunmehr nur die Konstruktion nach Abb. III A.6f erforderlich. In Abb. III A.6g sind die Biegelinien des Ober- und Untergurtes unter Verwendung von Abb. III A.6f dargestellt. Die Gerade $a''-c''$ ist hierbei Bezugslinie.

Wenn man bei einem System mit vielen Stäben einen Endstab in seiner Richtung festhält, so kann die Konstruktion des Williotschen Verschiebungsplans zu Schwierigkeiten aus Platzgründen führen. Es wird in solchen Fällen oft zweckmäßig sein, einen Stab in der Mitte des Systems durch eine Fessel in einem Punkt und in seiner

Richtung festzuhalten. Die in einem solchen Fall durchzuführenden Maßnahmen werden schematisch bei dem System der Abb. III A.7a gezeigt, das im Punkt $a$ gelenkig und im Punkt $c$ horizontal verschieblich gelagert ist. Es wird als erstes der Stab $d-e$ in seiner Mitte festgehalten gedacht, wobei die Fessel $F$ den Stab in seiner Richtung $d-e$ ebenfalls festhält.

Der Williotsche Verschiebungsplan ergibt sich damit nach Abb. III A.7b mit dem Pol 0 und den Punkten $a'$, $b'$, $c'$, $d'$ und $e'$.

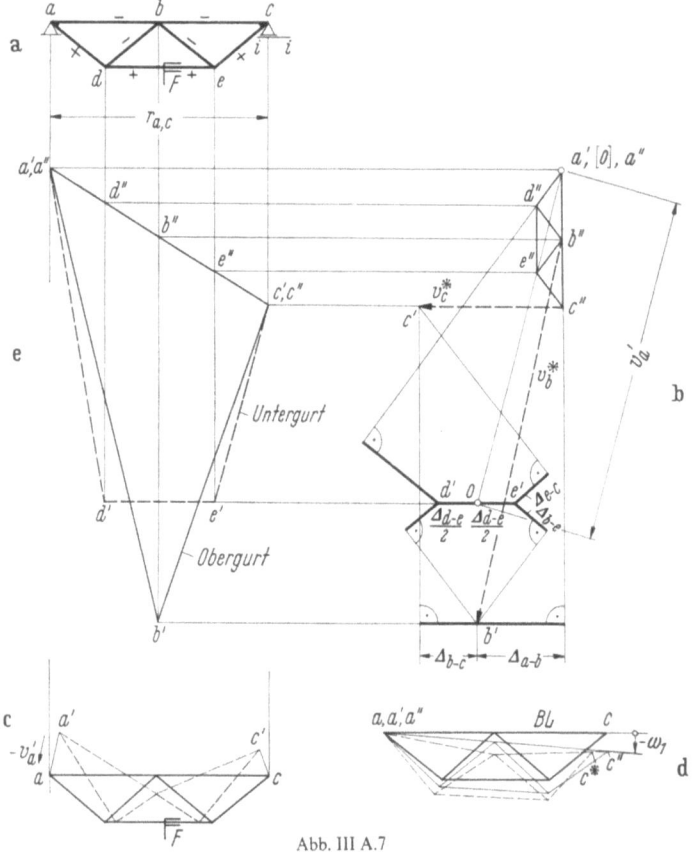

Abb. III A.7

Trägt man diese Verschiebungen $v'_a = |0-a'|$, $v'_b = |0-b'|$ usw. in das System der Abb. III A.7c ein, so können die Auflagerbedingungen in den Punkten $a$ und $c$ nicht eingehalten sein. Es muß das starr gedachte System nunmehr so verschoben und gedreht werden, daß der Punkt $a'$ nach $a$ und der Punkt $c'$ auf der Geraden $i-i$ zu liegen kommt. Verschiebt man zuerst das ganze System um $-\mathfrak{v}'_a$, so müßten alle Punkte $a'$, $b'$, $c'$, $d'$, $e'$ um den Wert $-\mathfrak{v}'_a$ im Verschiebungsplan Abb. III A.7b verschoben werden. Man erreicht aber genau dasselbe, wenn der Pol 0 nach $a'$ als neuer Pol [0] verschoben wird und alle Verschiebungen nunmehr vom Pol [0] aus gezählt werden. Trägt man die diesbezüglichen Verschiebungen wieder im ursprünglichen System ein (Abb. III A.7d), so ist nur mehr die Lagerbedingung des Punktes $c$ zu erfüllen. Statt das gesamte System entgegengesetzt dem Uhrzeigersinn um $\omega_1$ zu drehen, bis $c'$ auf der Geraden $a-c$ zu liegen kommt, ist es wieder zweckmäßiger, die Bezugslinie $a-c$ im Uhrzeigersinn um den Winkel $-\omega_1$ zu drehen und auf diese alle Verformungen zu beziehen. Bei der Drehung um $a''$ des starren Systems muß

$c''$ auf einer Senkrechten zum Radiusvektor $r_{a,c}$ liegen. Da außerdem die endgültige Verschiebung $|c''-c'|$ auf einer Horizontalen — parallel $i-i$ — vor sich gehen muß, ist der Punkt $c''$ im Verschiebungsplan Abb. III A.7b eindeutig festgelegt. Bei der Drehung der Bezugslinie um $-\omega_1$ ist auch die zur Systemfigur ähnliche Figur $a''$, $b''$, $c''$, $e''$, $d''$ im gleichen Sinn zu drehen. Die endgültigen Verschiebungen der einzelnen Punkte können aus Abb. III A.7b abgelesen werden und betragen

$$v_c^* = |c''-c'|; \quad v_b^* = |b''-b'|; \quad v_a^* = 0; \quad v_d^* = |d''-d'|; \quad v_e^* = |e''-e'|.$$

Mit Hilfe des Verschiebungsplans können die Biegelinien für Ober- und Untergurt entsprechend Abb. III A.7e gezeichnet werden. Besonders empfehlenswert ist die zuletzt erläuterte Methode bei symmetrischen Systemen mit symmetrischer Belastung. Bei dem System nach Abb. III A.8a muß der Pfosten $c-h$ auf jeden Fall senkrecht bleiben. Man wird daher den Stab $c-h$ mit der Fessel $F$ festhalten, und den Williotschen Verschiebungsplan zeichnen, welcher symmetrisch zur Achse $c-h$ wird. In Abb. III A.8b sind im Verschiebungsplan nur die Punkte $a'$ und $e'$ eingezeichnet, die symmetrisch zur Vertikalen durch den Pol 0 liegen, in Abb. III A.8c

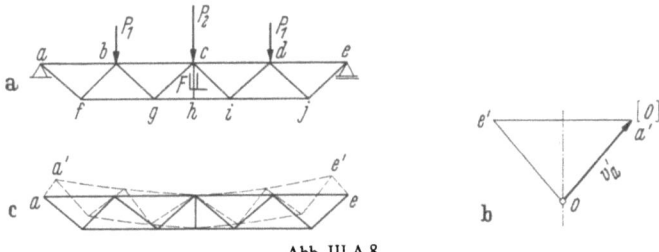

Abb. III A.8

das dazugehörige deformierte System. Man erkennt, daß im vorliegenden Fall nur noch eine Translationsbewegung mit dem Vektor $-v_a'$ durchzuführen ist, um die Auflagerbedingungen sowohl im Punkt $a$ wie im Punkt $e$ einzuhalten. Im Verschiebungsplan der Abb. III A.8b entspricht dies aber einer Verlagerung des Poles 0 nach [0], von dem aus dann alle Verformungen zu zählen sind.

Das Verfahren von WILLIOT-MOHR empfiehlt sich besonders für ein Dreiecksfachwerk, das aus einer geschlossenen Scheibe besteht. Handelt es sich jedoch um Scheibensysteme, so kann die Anwendung des Verfahrens in seiner ursprünglichen Art oft mühsam werden. Dies zeigt sich bereits bei der Bestimmung der Verformungen eines Dreigelenkbogens. Der Dreigelenkbogen der Abb. III A.9a ist wohl in den Punkten $a$ und $g$ fest gelagert, aber es liegt von keinem Stab die endgültige Lage im verformten System fest. Es kann nun zunächst der Stab $a-c$ durch eine Fessel $F_1$ in seiner Richtung festgehalten werden. Der zugehörige Williotsche Verschiebungsplan kann damit nach Abb. III A.9b gezeichnet werden, und man erhält auf diese Weise den Punkt $d'_l$ der Scheibe I. In gleicher Weise erhält man den Verschiebungsplan nach Abb. III A.9c für die Scheibe II, wenn man die Fessel $F_2$ für den Stab $f-g$ anbringt, und den Punkt $d'_r$.

Die Verschiebung $v'_{d,l}$ kann zerlegt werden in eine Längsänderung $\varDelta_{\mathrm{I}}$ der Sehne $a-d$ und in eine Drehung normal zu dieser Sehne. In gleicher Weise ergibt sich die Sehnenänderung $\varDelta_{\mathrm{II}}$ der Sehne $g-d$ und die Drehung normal dazu. Für das vereinfachte System nach Abb. III A.9d mit den Stablängenänderungen $\varDelta_{\mathrm{I}}$ und $\varDelta_{\mathrm{II}}$ kann wieder nach Abb. III A.9e der Williot-Verschiebungsplan gezeichnet werden, womit die endgültige Verschiebung $v_d^* = |0-d'|$ gewonnen wird. Für die Scheibe I ergibt sich damit die Größe der Drehung $\omega_1 = n_1/r_{a,d}$ im Uhrzeigersinn. Zweckmäßig wird aber wieder die Bezugslinie um die Größe $-\omega_1$ zurückgedreht. Da die endgültige Verschiebung $v_d$ des Punktes $d$ nach Abb. III A.9e gegeben ist, muß der

Punkt $d''$ auf einer Parallelen zu $v_d^* = |0-d'|$ durch den Punkt $d_l'$ liegen und $|d_l''-d_l'| = v_d^*$ sein. Damit liegt $d''$ in Abb. III A.9b fest. Da die Bezugslinie entgegen dem Uhrzeigersinn zu drehen ist und $a''$ mit $a'$ und 0 zusammenfällt, ist die zur Systemfigur ähnliche Figur $a'', c'', d'', b'', a''$ entsprechend dieser Drehrichtung einzutragen. Damit sind die Verschiebungen aller Punkte der Scheibe I

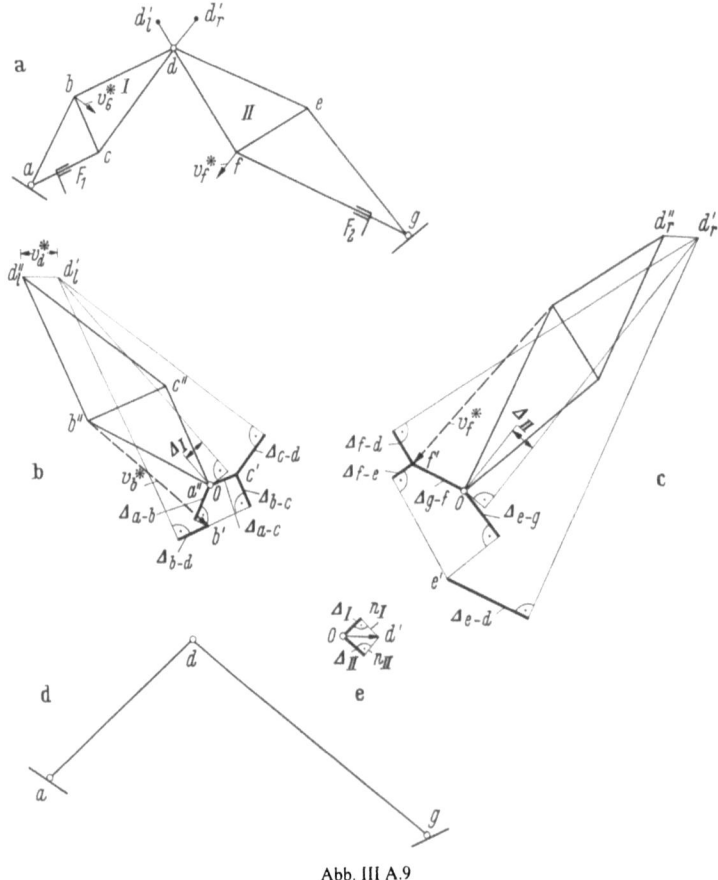

Abb. III A.9

$v_c^* = |c''-c'|$; $v_b^* = |b''-b'|$; $v_d^* = |d''-d'|$ nach Größe und Richtung festgelegt. Bei der Scheibe II muß im vorliegenden Fall die Bezugslinie im Uhrzeigersinn gedreht werden.

Im Gegensatz zu dieser Vorgangsweise wird vom Verfasser ein kombiniertes graphisch-rechnerisches Verfahren empfohlen, mit dem beliebige Scheibensysteme wie Einzelscheiben behandelt werden können.

Betrachtet man den aus den beiden Scheiben I und II bestehenden Dreigelenkbogen der Abb. III A.10a und hält vorerst den Stab $a-b$ mit der Fessel $F_1$ in seiner Richtung fest, so kann man mit $a' = 0$ den Williotschen Verschiebungsplan bis zum Punkt $i'$ und $g'$ zeichnen (Abb. III A.10b). Bestimmt man nach Abschn. III A 4 rechnerisch die gegenseitige Entfernung $\Delta_{i-k}$ der beiden Punkte $i$ und $k$, so kann man das Dreieck $i-g-k$ wie ein gedachtes Fachwerk auffassen, von dem die Längenänderungen des Stabes $g-k$ und des gedachten Stabes $i-k$ bekannt sind. Damit kann aber auch von $i'$ und $g'$ aus der Punkt $k'$ im Verschiebungsplan (Abb. III A.10b) gezeichnet werden. Ist aber $k'$ gegeben, so kann der Verschiebungsplan bis zum Endpunkt $r'$ in bekannter Weise zu Ende gezeichnet werden. Da die gedachte

Stablängenänderung $\Delta_{i-k}$ berechnet wurde, ist damit aber auch schon eine Kontrolle eingebaut. Der rechte Gelenkpunkt $r$ kann keine horizontale Verschiebung aufweisen, d. h., der Punkt $r'$ muß auf einer Senkrechten durch $0, a'$ liegen. Es braucht somit nur mehr das starr gedachte System — einschließlich des gedachten Stabes $i-k$ — im Uhrzeigersinn um den Winkel $\omega_1 = |0-r''|/r_{a,r}$ gedreht zu werden oder zweckmäßiger die Bezugslinie um den Winkel $-\omega_1$ entgegengesetzt dem Uhrzeigersinn gedreht zu werden und dann alle Verformungen auf sie bezogen zu werden. Im letzteren Fall fällt $r'$ mit $r''$ zusammen, und es kann die zur Systemfigur ähnliche, entgegengesetzt dem Uhrzeigersinn um 90° gedrehte Figur $a'', g'', r'', k'', i'', a''$ gezeichnet werden. Für einen beliebigen Punkt $n$ ist dann Richtung und Größe der Verschiebung durch die Strecke $v_n^* = |n''-n'|$ gegeben (z. B. $v_i^* = |i''-i'|$ von Abb. III A.10b).

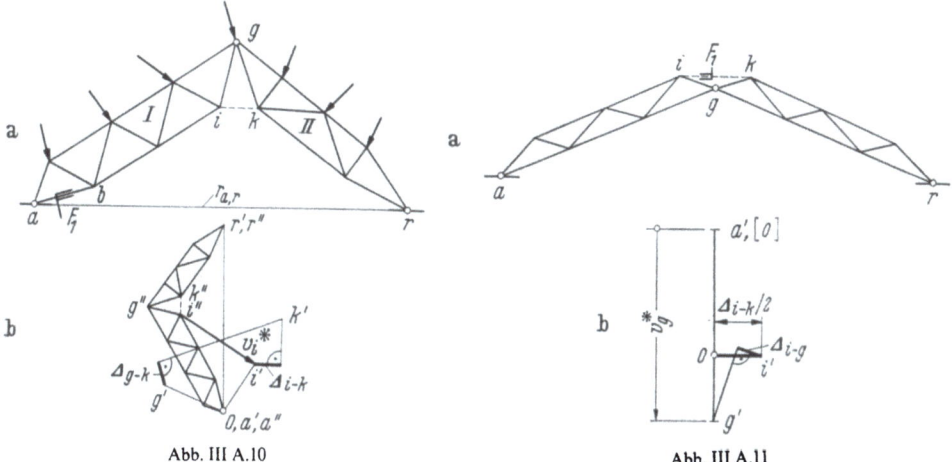

Abb. III A.10   Abb. III A.11

Selbstverständlich kann man jeden beliebigen Stab des Systems durch eine Fessel festhalten, man hat nur zum Schluß die Lagerbedingungen zu beachten. Bei dem System nach Abb. III A.11a, das symmetrisch ausgeführt und belastet ist, wird man zweckmäßig den gedachten Stab $i-k$ in seiner Mitte durch eine Fessel $F_1$ festhalten und den Williot-Verschiebungsplan über $i', g'$ und $a'$ zeichnen (Abb. III A.11b). Da sich sowohl der Punkt $g$ als auch der Punkt $a$ nicht seitlich verschieben kann, müssen $g'$ und $a'$ auf einer Senkrechten durch 0 liegen.

Nun sind nur mehr die Lagerbedingungen zu beachten. Da der Gelenkpunkt $a$ keine vertikale Verschiebung erleiden kann, ist das gesamte starr gedachte System um den Betrag $v_a' = |a' - 0|$ in lotrechter Richtung zu verschieben. Man kommt jedoch zu demselben Ergebnis, wenn man den Pol 0 nach [0] verschiebt und alle Verformungen vom neuen Pol [0] aus rechnet. Zum Beispiel ist $v_g^* = |g'-[0]|$ (Abb. III A.11b).

Bei dem System mit Zugband der Abb. III A.12a kann man in gleicher Weise vorgehen, indem wieder die Längenänderung $\Delta_{i-k}$ des gedachten Stabes $i-k$ berechnet wird. Zeichnet man den Williotschen Verschiebungsplan, mit einem beliebig mittels einer Fessel festgehaltenen Stab, über $i', g', k'$ bis $m'$, so erhält man wieder eine Rechen- bzw. Zeichenkontrolle, da mit der bekannten Längenänderung $\Delta_{b-m}$ des Zugbandes der Punkt $m'$ auf einer Normalen durch den Endpunkt der von $b'$ ausgehenden Geraden $\Delta_{b-m}$ liegen muß (Abb. III A.12b).

Die Vorteile dieses graphisch-rechnerischen Verfahrens zeigen sich besonders bei allen unter- und überspannten Systemen.

Bei dem System nach Abb. III A.13 ist nur die Längenänderung $\Delta_{i-k}$ des gedachten Stabes $i-k$ zu berechnen, und man erhält — in den Punkten 8 und 9 beginnend — über die Punkte 12′, $k'$, 13′, $i'$, 14′ alle endgültigen Verschiebungen allein aus dem Williotschen Verschiebungsplan. Die Punkte 8′, 9′, 7′ und 1′ fallen mit dem Pol 0 zusammen. Mit 11′ und 7′ = 0 liegt auch 6′ fest, und man erhält

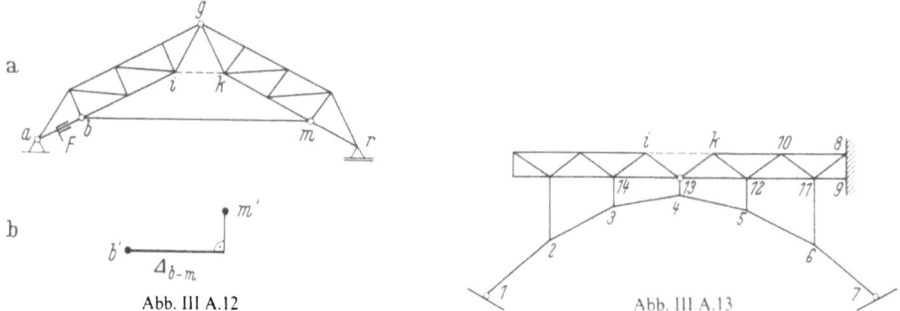

Abb. III A.12  Abb. III A.13

somit aus dem gleichen Verschiebungsplan auch alle Verschiebungen der Bogenpunkte. Bei dem System nach Abb. III A.14 wird man wieder $\varDelta_{i-k}$ berechnen und dann bei Festhaltung eines Stabes durch eine Fessel $F$ den Williot-Mohrschen Verschiebungsplan für den gedachten Träger $a$, $g$, $i$, $k$, $r$ zeichnen, wobei die Lagerbedingungen im Punkt $a$ und $r$ zu beachten sind. Sind die endgültigen Verschiebungen aller Untergurtpunkte bekannt, so kann auch für alle Bogenpunkte der Williotsche Verschiebungsplan gezeichnet werden.

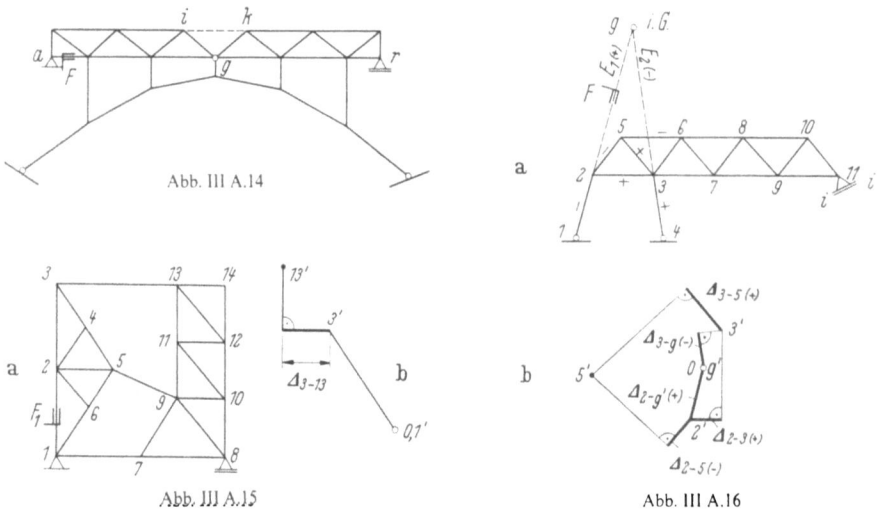

Abb. III A.14

Abb. III A.15  Abb. III A.16

Will man z. B. bei dem System nach Abb. III A.15a den Verschiebungsplan zeichnen, so könnte man z. B. den Stab 1—2 mit einer Fessel $F_1$ festhalten und bei 1′ = 0 beginnend, die Punkte 2′, 6′, 5′, 4,′ 3′ bestimmen. Wenn man die Längenänderung $\varDelta_{5-7}$ des gedachten Stabes 5—7 rechnerisch bestimmt, kann der gesamte Verschiebungsplan über 7′, 9′, 8′ bis 13′ und 14′ gezeichnet werden. Man erhält bereits eine Kontrolle der Rechnung und Zeichnung, da Punkt 13′ auf der Senkrechten durch den Endpunkt der von 3′ ausgehenden Geraden $\varDelta_{3-13}$ liegen muß. Durch Beachtung der Lagerbedingungen im Punkt 8 ergibt sich das Maß der Drehung des starren Systems nach MOHR bzw. der gegenläufigen Drehung der Bezugslinie.

Die Methode, die Längenänderungen gedachter Stäbe zum Zeichnen des Williotschen Verschiebungsplans vorteilhaft zu verwenden, zeigt auch Abb. III A.16a.

Für eine bestimmte Belastung treten in den Stützstäben $1-2$ und $3-4$ die Stabkräfte $S_{1-2}$ und $S_{3-4}$ und die zugehörigen Längenänderungen $\varDelta_{1-2}$ und $\varDelta_{3-4}$ auf. Da es sich bei dem Stabzug $1-2-3-4$ um ein Gelenkviereck handelt, sind Schwierigkeiten beim Zeichnen des Williotschen Verschiebungsplans gegeben. Denkt man sich aber die Stäbe $1-2$ und $3-4$ durch Ersatzstäbe $E_1$ und $E_2$ geradlinig bis zum imaginären Gelenk $g$ verlängert und weist die Verkürzungen bzw. Verlängerungen $\varDelta_{1-2}$ und $\varDelta_{3-4}$ der Stäbe $1-2$ und $3-4$ als gedachte Verlängerungen bzw. Verkürzungen $\varDelta_{1-2}$ und $\varDelta_{3-4}$ den Stäben $E_1$ und $E_2$ zu, so kann man vom Punkt $g$ aus beginnend einen Williotschen Verschiebungsplan (Abb. III A.16b) zeichnen (2', 3', 5' usw.). Zum Schluß ist wieder das starre System nach MOHR um den Punkt $g$ so zu drehen, daß die Lagerbedingung im Punkt 11 — die Verschiebung kann nur in Richtung der Geraden $i-i$ erfolgen — eingehalten wird. (Siehe Beispiele 23 und 26.)

### 3. Prinzip der virtuellen Verrückungen

Ist ein System (z. B. Abb. III A.17) durch äußere Kräfte $P_i$ belastet (Belastungszustand $B$) und wird diesem System ein gedachter Verformungszustand aufgezwungen — der den geometrischen Bedingungen entsprechen muß —, so leisten sowohl die äußere Belastung eine Arbeit ${}^vA_a$ als auch die inneren Stabkräfte eine Arbeit ${}^vA_i$, wenn der gedachte Verformungszustand mit elastischen Längenänderungen der Stäbe verbunden ist.

Es war der Gedanke MOHRS [S 26, S 27], dem virtuellen Verschiebungszustand einen zweiten gedachten Belastungszustand bzw. Temperatureinflüsse zugrunde zu legen.

Der Index $v$ bei der Bezeichnung der Arbeit ${}^vA$ soll zum Ausdruck bringen, daß es sich um eine virtuelle Arbeit handelt. Wird z. B. die Kraft $P_i$ in ihrer Richtung um den gedachten, plötzlich auftretenden Weg $v_i$ verschoben, so beträgt die virtuelle Arbeit ${}^vA_a = P_i v_i$ und ist durch die Rechteckfläche der Abb. III A.18 gekennzeichnet.

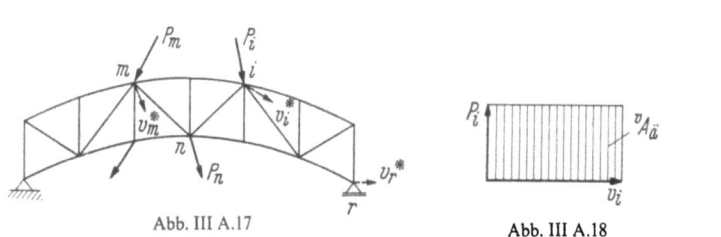

Abb. III A.17      Abb. III A.18      Abb. III A.19

Für einen Knoten $m$ des Fachwerks (Abb. III A.19) muß die gegebene äußere Belastung $P_m$ mit allen an diesem Knoten angreifenden Stabkräften $S_{m-i}$ im Gleichgewicht stehen. Es gilt

$$\mathfrak{R}_m = \mathfrak{P}_m + \sum \mathfrak{S}_{m-i} = 0.$$

Erleidet nun der Knoten $m$ eine virtuelle Verschiebung ${}^vv_m^*$, so muß die gesamte Arbeit der an diesem Knoten angreifenden Belastungen und Stabkräfte Null sein, da deren Gesamtresultierende $\mathfrak{R}_m = 0$ ist. Es gilt somit

$$\mathfrak{P}_m \cdot {}^vv_m^* + \sum_k \mathfrak{S}_{m-i} \cdot {}^vv_m^* = 0. \qquad \text{(III A.1)}$$

Für alle Knoten zusammen erhält man die Beziehung

$$\sum \mathfrak{P}_m \cdot {}^vv_m^* + \sum_n \sum_k \mathfrak{S}_{m-i} \cdot {}^vv_m^* = 0. \qquad \text{(III A.2)}$$

In der Summe über das gesamte Fachwerk erscheint jede Stabkraft $S_{m-n}$ zweimal, und zwar für Punkt $m$ und Punkt $n$.

Betrachtet man die Wirkung der Stabkraft $S_{m-n}$ auf die Knotenpunkte $m$ und $n$, so erhält man die Arbeitsbeiträge (Abb. III A.20a)

$$S_{m-n} v_{m,m-n} - S_{m-n} v_{n,m-n} = -S_{m-n}(v_{n,m-n} - v_{m,m-n}) = -S_{m-n} \Delta s_{m-n},$$

wobei $v_{n,m-n} - v_{m,m-n} = \Delta s_{m-n}$ die Längenänderung des Stabes $m-n$ sein muß.

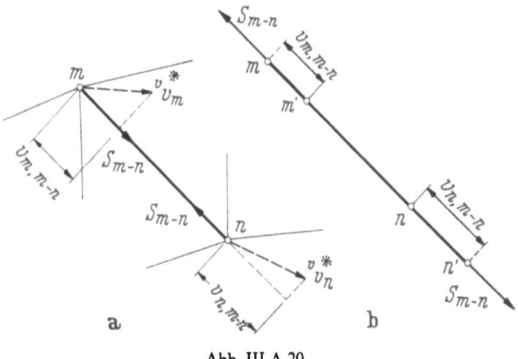

Abb. III A.20

In Abb. III A.20b ist demgegenüber die Wirkung der Stabkräfte $S_{m-n}$ auf den Stab $m-n$ dargestellt, wobei für die innere Arbeit folgendes gilt:

$$S_{m-n}(-v_{m,m-n}) + S_{m-n} v_{n,m-n} = S_{m-n} \Delta s_{m-n} = {}^v A_{i,m-n}. \tag{III A.3}$$

Da $\sum_i \mathfrak{P}_m \cdot \mathfrak{v}_m^*$ die gesamte virtuelle Arbeit der äußeren Belastung und $\sum S_{m-n} \Delta s_{m-n}$ die gesamte innere virtuelle Arbeit darstellen, erhält man aus (III A.2) die Bedingungsgleichung

$$ {}^v A_a - {}^v A_i = 0 $$

bzw.

$$ {}^v A_a = {}^v A_i, \tag{III A.4}$$

d. h., die äußere virtuelle Arbeit muß gleich der inneren virtuellen Arbeit sein.

Ist ein realer Belastungszustand $B_a$, gekennzeichnet durch die Belastungen $\mathfrak{P}_a$, Stabkräfte $S_a$, Stablängenänderungen $\Delta s_a$ und Verschiebungen $v_a^*$, und ein zweiter virtueller Belastungszustand $B_b$ durch die entsprechenden Größen $\mathfrak{P}_b$, $S_b$, $\Delta s_b$ und $v_b^*$ festgelegt, so gilt nach (III A.4) und mit $\Delta s_{b,m-n} = S_{b,m-n} \dfrac{s_{m-n}}{E F_{m,n}}$

$$\sum \mathfrak{P}_{a,m} \cdot \mathfrak{v}_{b,m}^* = \sum S_{a,m-n} \Delta s_{b,m-n} = \sum S_{a,m-n} S_{b,m-n} \frac{s_{m-n}}{E F_{m,n}}. \tag{III A.5a}$$

Nimmt man den Belastungszustand $B_b$ als realen und $B_a$ als virtuellen an, so gilt entsprechend

$$\sum \mathfrak{P}_{b,m} \cdot \mathfrak{v}_{a,m}^* = \sum S_{b,m-n} \Delta s_{a,m-n} = \sum S_{b,m-n} S_{a,m-n} \frac{s_{m-n}}{E F_{m,n}}. \tag{III A.5b}$$

Damit ergibt sich der Satz von BETTI (1872) [2]

$$\sum \mathfrak{P}_a \cdot \mathfrak{v}_b^* = \sum \mathfrak{P}_b \cdot \mathfrak{v}_a^*. \tag{III A.6}$$

Dieser besagt, daß die Arbeit der Belastungen eines Belastungszustandes $B_a$ unter Zugrundelegung der Verformungen eines anderen Belastungszustandes $B_b$ gleich groß ist wie die Arbeit der Belastungen eines Belastungszustandes $B_b$ unter Zugrundelegung der Verformungen des Belastungszustandes $B_a$.

Wirkt auf ein System nach Abb. III A.21a nur eine einzige Last $P_a = 1$ in Richtung $a-a$, so wird sich in einem bestimmten Punkt $b$ in einer bestimmten Richtung $b-b$ daraus eine bestimmte Verschiebung $v_{a,b-b}$ ergeben. Für die Belastung $P_b = 1$ in Richtung $b-b$ nach Abb. III A.21b ergibt sich in Richtung $a-a$ die Verschiebung $v_{b,a-a}$.

Unter Beachtung von (III A.6) ergibt sich daraus

bzw.
$$1\,v_{b,a-a} = 1\,v_{a,b-b}$$

$$v_{b,a-a} = v_{a,b-b}. \tag{III A.7}$$

Diese Beziehung ist als Satz von MAXWELL (1864) [4] bekannt, und besagt, daß die Verschiebung im Punkt $b$ in Richtung $b-b$ aus einer Belastung $P_a = 1$ im Punkt $a$, in Richtung $a-a$ wirkend, gleich groß ist wie die Verschiebung im Punkt $a$ in Richtung $a-a$ aus einer Belastung $P_b = 1$ im Punkt $b$, in Richtung $b-b$ wirkend.

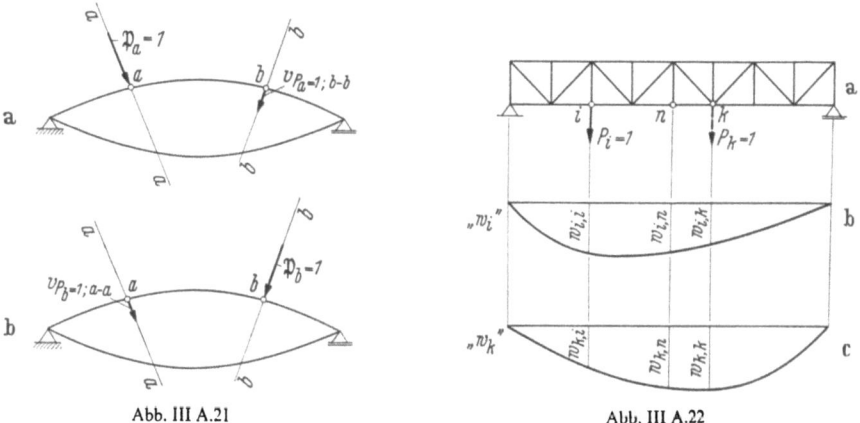

Abb. III A.21    Abb. III A.22

Sieht man die Ausdrücke von (III A.6) als Arbeiten an, so kann man auch schreiben

mit
$$^vA_{ab} = {}^vA_{ba} \tag{III A.8}$$

$$^vA_{ab} = \sum_n S_a S_b \frac{s}{EF}, \tag{III A.9}$$

wobei sich die Summe über alle Stäbe zu erstrecken hat.

Aus Rechengründen berechnet man zweckmäßig die $EF_c$-fache Arbeit und erhält

$$EF_c\,A_{ab} = a_{ab} = \sum_n S_a S_b s \frac{F_c}{F}. \tag{III A.10}$$

Dies empfiehlt sich vor allem bei der Berechnung von Verformungen bei statisch unbestimmten Systemen, wo man bei Beginn der Rechnung wohl die Verhältnisse $F_c/F$ gut schätzen kann, aber nicht die endgültigen Werte von $F$. Haben z. B. alle Stäbe gleiche Flächen, so wird $F_c/F = 1$.

Wirkt eine vertikale Last $P_i = 1$ im Punkt $i$ eines Fachwerks (Abb. III A.22a), so wird sich das Fachwerk durchbiegen. Die zugehörige Biegelinie ist in Abb. III A.22b dargestellt. Im Punkt $k$ erhält man z. B. die Durchbiegung $w_{i,k}$. Würde man die Last $P_k = 1$ im Punkt $k$ anbringen, so erhält man die zugehörige Biegelinie nach Abb. III A.22c mit der Durchbiegung $w_{k,i}$ im Punkt $i$. Nach dem Satz von MAXWELL gilt

$$1\,w_{i,k} = 1\,w_{k,i}$$

bzw. mit (III A.10)
$$a_{ik} = a_{ki}.$$

Mit $w_{i,k} = w_{k,i}$ ist $w_{i,k}$ auch die Durchbiegung im Punkt $i$, wenn die Last im Punkt $k$ steht. $w_{n,i}$ (Abb. III A.22 b) ist dementsprechend auch die Durchbiegung im Punkt $i$, wenn die Last $P_n = 1$ im Punkt $n$ steht. Damit ist aber die Biegelinie infolge $P_i = 1$ im Punkt $i$ gleichzeitig die Einflußlinie „$w_i$" der Durchbiegung im Punkt $i$ für eine Wanderlast $P = 1$.

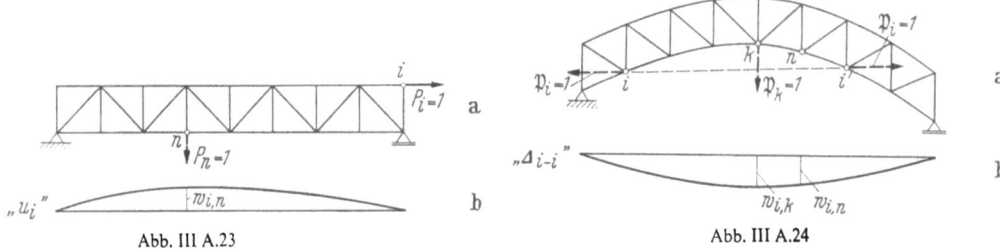

Abb. III A.23   Abb. III A.24

Bringt man am System der Abb. III A 23a im Punkt $i$ eine Horizontalkraft $P_i = 1$ an und ermittelt dazu die Biegelinie $w_{i,n}$ (Abb. III A.23 b), so gilt nach MAXWELL, wenn man sich einen zweiten Belastungszustand $P_n = 1$ denkt,

$$1 w_{i,n} = 1 u_{n,i}$$

bzw.

$$w_{i,n} = u_{n,i} = \text{„}u_i\text{"}.$$

Die Biegelinie $w_{i,n}$ infolge der Belastung $P_i = 1$ ist somit die Einflußlinie für die horizontale Verschiebung „$u_i$" im Punkt $i$.

Wirken im System der Abb. III A.24a in der Verbindungslinie der beiden Punkte $(i-i')$ zwei entgegengesetzte Kräfte $\mathfrak{P}_i = 1$ und wird die zugehörige Biegelinie $w_{i,n}$ bestimmt (Abb. III A.24b), so ist diese nach MAXWELL bereits die Einflußlinie der gegenseitigen Verschiebung „$\Delta_{i-i'}$" der beiden Punkte $i$ und $i'$. Denkt man sich zum Belastungszustand $P_i = 1$ einen zweiten Belastungszustand $P_k = 1$, so gilt

$$1 \Delta_{k,i-i} = 1 w_{i,k}$$

bzw.

$$\text{„}\Delta_{i-i'}\text{"} = w_{i,n}.$$

## 4. Verformung an einer bestimmten Stelle und in einer bestimmten Richtung

**α) Beliebiger Belastungszustand.** Für ein bestimmtes System (z. B. Abb. III A.25a) ist der Belastungszustand $B$ durch beliebige angreifende äußere Lasten $\mathfrak{P}_m$ gegeben. Diesem entsprechen Stabkräfte $S_B$ und elastische Verformungen. Es wird eine Verschiebung $v^*_{B,i;a-a}$ des Punktes $i$ in einer vorgegebenen Richtung $a-a$ auftreten. Bringt man am System im Punkt $i$ einen zweiten virtuellen Belastungszustand $^v\mathfrak{P}_i = 1$ in Richtung $a-a$ an (Abb. III A.25b), so ergeben sich dazugehörige Stabkräfte $^vS_i$. Nach (III A.5) und (III A.6) erhält man

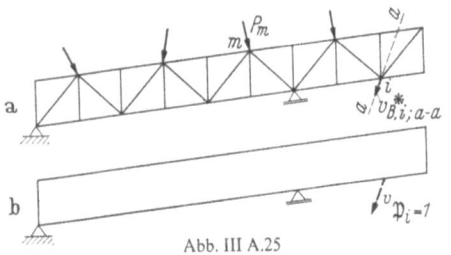

Abb. III A.25

$$1 v^*_{B,i;a-a} = \sum {}^vS_i \Delta s_B$$

$$= \sum_n {}^vS_i S_B \frac{s}{EF}, \qquad \text{(III A.11)}$$

wobei sich die Summe über alle Stäbe des Systems erstreckt, sofern nicht einzelne Stabkräfte aus dem Belastungszustand $B$ oder dem Belastungszustand $^v\mathfrak{P}_i = 1$ zu Null werden.

Aus Rechengründen empfiehlt es sich nicht, die Verformung $v^*_{B,i;a-a}$, sondern den $EF_c$-fachen Wert zu berechnen:

$$EF_c v^*_{B,i;a-a} = \sum {}^vS_i S_B s \frac{F_c}{F}. \qquad \text{(III A.12)}$$

Ist die gegenseitige Verschiebung zweier Punkte $i$ und $i'$ für einen gegebenen Belastungszustand $B$ zu ermitteln, so sind als virtuelle Belastung zwei entgegengesetzt gerichtete Kräfte ${}^v\mathfrak{P}_i = 1$ in den Punkten $i$ und $i'$ in Richtung $i-i'$ anzubringen (Abb. III A.26) und hierfür die Stabkräfte ${}^vS_i$ zu berechnen, womit sich ergibt:

$$EF_c \Delta s_{B,i-i'} = \sum {}^vS_i S_B s \frac{F_c}{F}. \qquad \text{(III A.13)}$$

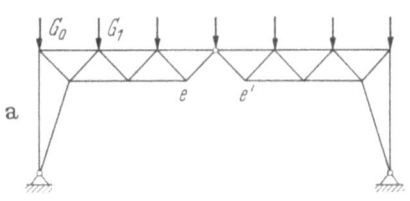

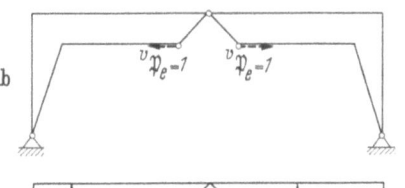

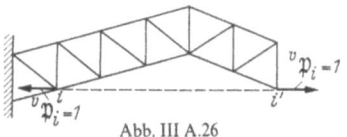

Abb. III A.26

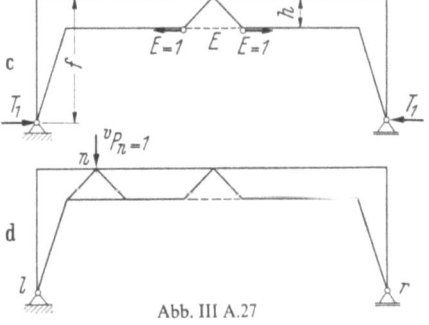

Abb. III A.27

Will man z. B. für den Dreigelenkbogen der Abb. III A.27a für den Belastungszustand $B$ ($G_0, G_1 \ldots$ usw.) mit den zugehörigen Stabkräften $S_B$ die gegenseitige Verschiebung der beiden Punkte $e$ und $e'$ ermitteln, so sind nach Abb. III A.27b zwei entgegengesetzt wirkende virtuelle Kräfte ${}^v\mathfrak{P}_e = 1$ anzubringen und die zugehörigen Stabkräfte ${}^vS_e$ zu bestimmen.

Werden die Stabkräfte für den Belastungszustand $B$ mit der Methode der Schnittbelastungsvertauschung berechnet, so empfiehlt es sich, diese Methode auch der Berechnung der Stabkräfte des virtuellen Belastungszustandes zugrunde zu legen.

Wirken nach Anbringung des Ersatzstabs $E$ (Abb. III A.27c) die beiden entgegengesetzt gerichteten Kräfte $E = 1$ auf das Ersatzsystem, so ergeben sich nach (II E.1) und (II E.2) die Stabkräfte

$$^vS_{e,i-k} = {}^0S_{e,i-k} + T_{E=1} {}^0S_{T_1=1,i-k}$$

mit

$$T_{E=1} = -\frac{{}^0S_{e,E}}{{}^0S_{T_1=1,E}} = -\frac{1}{{}^0S_{T_1=1,E}}$$

und

$$^0S_{T_1=1,E} = -\frac{f}{h}; \qquad T_{E=1} = \frac{h}{f}.$$

Für alle Stäbe, mit Ausnahme des Ersatzstabs, ist ${}^0S_e = 0$; im Ersatzstab ist jedoch die endgültige Stabkraft ${}^vS_{e,E} = 0$. Somit erhält man nach (III A.13)

$$EF_c \Delta s_{B,e-e'} = \sum S_B {}^vS_e s \frac{F_c}{F} = T_{E=1} \sum S_B {}^0S_{T_1=1} s \frac{F_c}{F}. \qquad \text{(III A.14)}$$

Ist die Entfernungsänderung $\Delta_{B,e-e'}$ zweier Punkte $e$ und $e'$ (Abb. III A.27a) eines Dreigelenkbogens, der durch Einziehen eines gedachten Stabes $e-e'$ zu einem gewöhnlichen Dreiecksfachwerk wird, für eine gegebene Belastung $B$ bekannt, so kann die Durchbiegung aus der Belastung $B$ in einem Punkt $n$ an dem gedachten gewöhnlichen Dreiecksfachwerk berechnet werden, das wie ein Einfeldbalken ohne Horizontalschub angenommen wird (Abb. III A.27d). Es ist dies das Ersatzsystem beim Schnittbelastungs-Tauschverfahren.

Mit den Stabkräften $^0S_{P_n=1}$ infolge der virtuellen Belastung $^vP_n = 1$ am Ersatzsystem erhält man die Durchbiegung aus der Belastung $B$ im Punkt $n$ zu

$$EF_c w_{B,n} = \sum S_B \, ^0S_{P_n=1} \, s \frac{F_c}{F} + EF_c \, \Delta_{B,e-e'} \, ^0S_{P_n=1,E}. \qquad \text{(III A.15)}$$

Der erste Ausdruck umfaßt dabei alle Stäbe des Dreigelenkbogens, der zweite Ausdruck stellt den Einfluß eines gedachten Stabes $e-e'$ mit der Längenänderung $\Delta_{B,e-e'}$ dar.

Als Beweis für diese Art der Berechnung von Durchbiegungen sei die Horizontalverschiebung des Gleitlagers $r$ des Ersatzsystems betrachtet, die sich zu Null ergeben muß, da der Gelenkpunkt $r$ in Wirklichkeit unverschieblich ist. Bringt man die virtuelle Kraft $T_1 = 1$ im Punkt $r$ (Abb. III A.27c) am Ersatzsystem an, so ergibt sich mit den Stabkräften $^0S_{T_1=1}$

$$EF_c u_{B,r} = \sum S_B \, ^0S_{T_1=1} \, s \frac{F_c}{F} + EF_c \, \Delta_{B,e-e'} \, ^0S_{T_1=1,E}$$

und mit (III A.14)

$$EF_c u_{B,r} = \sum S_B \, ^0S_{T_1=1} \, s \frac{F_c}{F} + \, ^0S_{T_1=1,E} \, T_{E=1} \sum S_B \, ^0S_{T_1=1} \, s \frac{F_c}{F}$$

$$= \sum S_B \, ^0S_{T_1=1} \, s \frac{F_c}{F} + \, ^0S_{T_1=1} \left(-\frac{1}{^0S_{T_1=1}}\right) \sum S_B \, ^0S_{T_1=1} \, s \frac{F_c}{F} = 0.$$

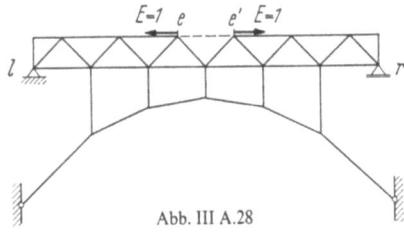

Abb. III A.28

Diese Methode, über ein Ersatzsystem nach dem Schnittbelastungs-Tauschverfahren gewünschte Verformungen für eine gegebene Belastung zu ermitteln, kann bei Systemen, die durch Bogen oder Hängewerke unterstützt werden, besonders zweckmäßig sein. Beim System nach Abb. III A.28 besteht das Ersatzsystem aus dem Einfeldbalken $l-r$ mit dem Ersatzstab $e-e'$. Mit $\Delta s_{B,e-e'}$ nach (III A.14) können die Verformungen des Versteifungsträgers nach (III A.15) berechnet werden. Bei dem System nach Abb. III A.29a können die Verformungen entsprechend am Ersatzsystem nach Abb. III A.29b, also an einem Gerberträger ermittelt werden.

(Siehe Beispiele 24 und 26.)

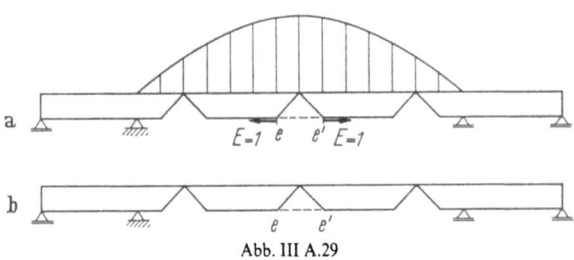

Abb. III A.29

β) **Temperatureinflüsse.** Treten in einem System gegenüber dem Aufstellungszustand Temperaturänderungen auf, so ergibt sich für einen bestimmten Stab bei einer Zunahme der Temperatur um $t$ Grade und der Ausdehnungszahl $\alpha_t$ eine Längenänderung

$$\Delta s_T = \alpha_t \, t \, s. \qquad \text{(III A.16)}$$

Soll die Verschiebung im Punkt $i$ in einer gegebenen Richtung $a-a$ (Abb. III A.25) bestimmt werden, so ist zu beachten, daß der Verformungszustand durch die Temperatur-Längen-Änderungen gekennzeichnet ist und der virtuelle Belastungszustand durch den Zustand $^v\mathfrak{P}_i = 1$ gegeben ist.

Entsprechend (III A.11) erhält man

$$v^*_{T,i;a-a} = \sum {}^vS_i \, \Delta s_T = \alpha_t \sum_n {}^vS_i \, t \, s. \qquad \text{(III A.17)}$$

Die Summe ist über alle Stäbe zu erstrecken, die Temperaturänderungen erfahren. $t$ bedeutet jeweils die Temperaturänderung des betreffenden Stabes. Werden im Rahmen einer Gesamtuntersuchung die $EF_c$-fachen Verformungen bestimmt, so gilt

$$EF_c \, v^*_{T,i;a-a} = EF_c \, \alpha_t \sum_n {}^vS_i \, t \, s. \qquad \text{(III A.18)}$$

Alle im Abschn. $\alpha$ gezeigten Entwicklungen gelten sinngemäß auch für diesen Abschnitt. Es sind nur statt der Längenänderungen der Einzelstäbe aus der Belastung die aus Temperaturänderungen zu beachten.

$\gamma$) **Widerlagerbewegung.** Bewegen sich die Lager eines statisch bestimmten Systems, so treten keinerlei Stabkräfte infolge dieser Bewegung auf, somit keine elastischen Stablängenänderungen, und man hat es mit der Bewegung eines starren Systems zu tun. Die entsprechenden Knotenpunktbewegungen wurden bereits im Abschn. III A 2 behandelt, und zwar mittels graphischer Methoden. Die dort gemachten Voraussetzungen bezüglich der Kleinheit der Bewegungen gegenüber den Systemabmessungen sollen auch für diesen Abschnitt gelten.

*Bewegungen von Knotenpunkten.* Für das System nach Abb. III A.30a können z. B. die Verschiebungen aller Knotenpunkte nach Abb. III A.30b aus der Anschauung angegeben werden. Es gilt für die Senkung des Lagers $r$ um $w_r$

$$w_i = w_i' = w_r \frac{x}{l} \qquad \text{(Abb. III A.30c)};$$

$$u_i = u_r = 0;$$

$$u_i' = u_r' = +w_r \frac{h}{l} \qquad \text{(Abb. III A.30b)}.$$

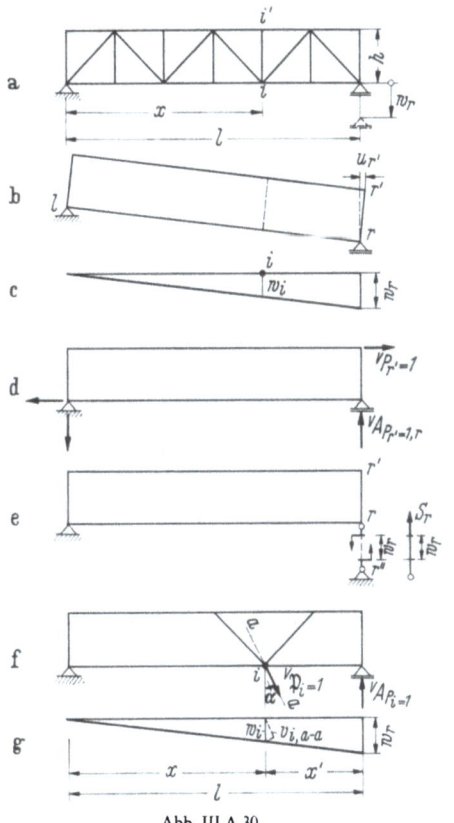

Abb. III A.30

Bei komplizierteren Systemen wird es nicht immer möglich sein, gewünschte Bewegungen von Knotenpunkten — oder gegenseitige Bewegungen von solchen — aus der Anschauung zu bestimmen, bzw. es können geometrische Überlegungen mühsam werden. In allen diesen Fällen kann man mit dem Satz von den virtuellen Arbeiten schnell zum Ziel kommen. Dieses Verfahren soll an dem System nach Abb. III A.30a erläutert werden. Es wird die seitliche Verschiebung $u_i'$ gesucht. Zum tatsächlichen Verschiebungszustand gehören die Knotenpunktbewegungen $w_r$ und $u_r'$. Bringt man die virtuelle Kraft $^vP_{r'} = 1$ im Punkt $r'$ auf (Abb. III A.30d), so ergibt sich der Lagerdruck $^vA_{P_{r'}=1,r} = h/l$.

Nach (III A.4) ist
$$^vA_{\bar{a}} = {^vA_i},$$
und da alle Stäbe starr sind, wird $^vA_i = 0$, und es gilt
$$^vA_{\bar{a}} = 0. \qquad \text{(III A.19)}$$
An äußeren virtuellen Kräften, die infolge der eingeprägten Bewegungen Arbeit leisten, kommen nur $^vP_{r'} = 1$ und $^vA_{P_{r'}=1}$ in Frage. Es gilt somit
$$1u'_r + \frac{h}{l}(-w_r) = 0 \quad \text{und} \quad u'_r = w_r \frac{h}{l}.$$

Würde man sich das Lager als Stützstab ($r-r''$) denken (Abb. III A.30e), so ergäbe sich aus $^vP_{r'} = 1$ die Stabkraft $^vS_{r-r''} = -h/l$. Bei einer zwangsweisen Verkürzung des Stabes $r-r''$ um $w_r$ wird die innere virtuelle Arbeit
$$^vA_i = -{^vS_{r-r''}}w_r.$$

Die äußere Arbeit beträgt dann aber nur mehr $^vA_{\bar{a}} = 1u'_r$, da sich das Lager in $r''$ nicht bewegt.

Mit $^vA_i = {^vA_{\bar{a}}}$ wird
$$1u'_r = -\left(-\frac{h}{l}\right)w_r = w_r\frac{h}{l}.$$

Es wird empfohlen, (III A.19) zu verwenden, da man damit schnell zum Ziele kommt. Dies soll weiter an dem einfachen Beispiel nach Abb. III A.31a gezeigt

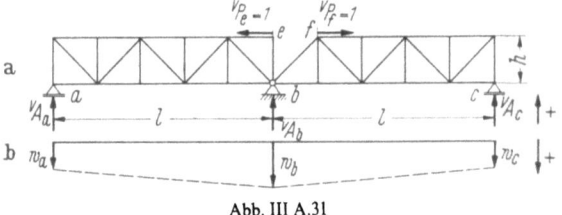

Abb. III A.31

werden, bei dem bei beliebigen Stützensenkungen der Lager $a$, $b$ und $c$ die gegenseitige Verschiebung der Punkte $e$ und $f$ gesucht wird. Bringt man in Punkt $e$ und $f$ die virtuelle Kraft $^vP_e = 1$ und $^vP_f = 1$ (Abb. III A.31a) an, so erhält man damit die Auflagerbelastungen $^vA_a$, $^vA_b$ und $^vA_c$.

Mit (III A.19) wird
$$1\varDelta_{w,e-f} + \sum {^v\mathfrak{A}_n} \cdot \mathfrak{w}_n = 0$$
bzw.
$$\varDelta_{w,e-f} = -\sum {^v\mathfrak{A}_n} \cdot \mathfrak{w}_n \qquad \text{(Skalarprodukt!)}. \qquad \text{(III A.20)}$$

Mit der Vorzeichenfestlegung nach Abb. III A.31a u. b für positive Lagerdrücke und positive Durchbiegungen wird
$$\varDelta_{w,e-f} = +\sum {^vA_n}w_n \qquad \text{(normales Produkt)}.$$

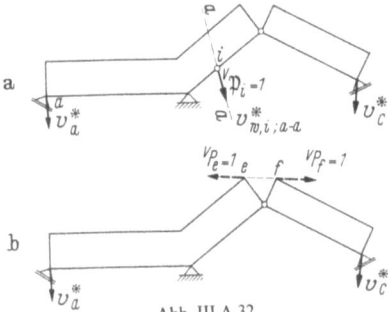

Abb. III A.32

Mit
$$^vA_a = {^vA_c} = +\frac{h}{l}; \quad {^vA_b} = -\frac{2h}{l}$$
wird
$$\varDelta_{w,e-f} = \frac{h}{l}[+w_a + w_c - 2w_b].$$

Allgemein gilt für die Verschiebung eines Knotenpunktes $i$ in der Richtung $a-a$ bzw.

für die gegenseitige Verschiebung zweier Knotenpunkte eines beliebigen Systems infolge Widerlagerbewegungen $\mathfrak{v}_n^*$ (z. B. Abb. III A.30f u. g und Abb. III A.32a u. b)

bzw.
$$v_{W,i;a-a}^* = -\sum {}^v\mathfrak{A}_{Pi=1,n} \cdot \mathfrak{v}_n^* \quad \text{(Skalarprodukt)} \quad \text{(III A.21 a)}$$

$$\varDelta_{W,e-f} = -\sum {}^v\mathfrak{A}_{Pe=Pf=1,n} \cdot \mathfrak{v}_n^* \quad \text{(Skalarprodukt)}. \quad \text{(III A.21 b)}$$

### 5. Linie der vertikalen Durchbiegungen des Systems (Biegelinie)

#### a) Elastische Gewichte ($W$-Gewichte)

**α) Beliebige Belastungen.** Das System nach Abb. III A.33a wird durch die Lasten $P_m$ (Belastungszustand $B$) belastet. Den Stabkräften $S_B$ entsprechen Längenänderungen der Einzelstäbe von $\varDelta_B = S_B s/(E F)$, und das System wird sich durchbiegen. Die Biegelinie für den Untergurt ist in Abb. III A.33b dargestellt. In

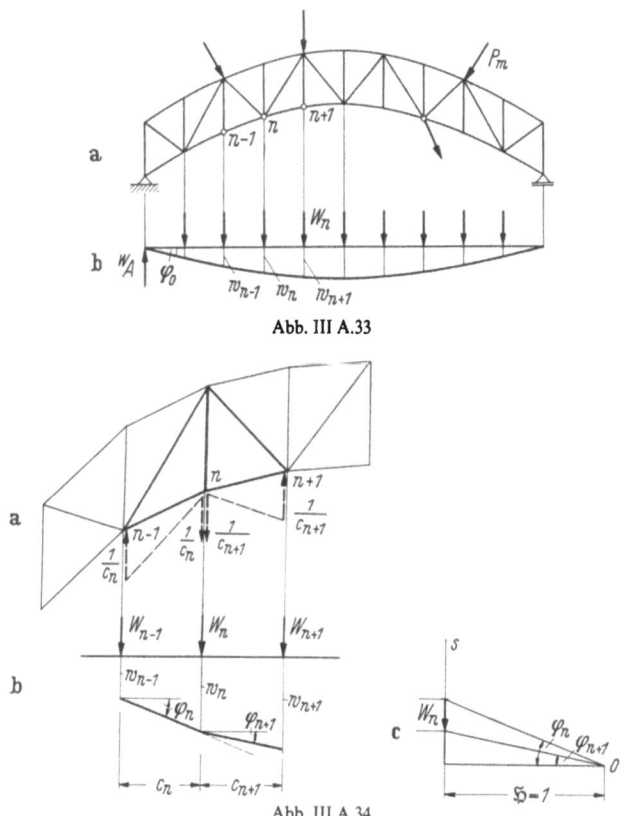

Abb. III A.33

Abb. III A.34

Abb. III A.34b ist ein Teil der Biegelinie des Untergurtes $n-1$ bis $n+1$ gezeichnet. Zeichnet man in Abb. III A.34c Parallele zu der Biegelinie in den einzelnen Feldern von einem Pol 0 mit der Polweite $\mathfrak{H} = 1$, so werden in der Senkrechten $s$ Abschnitte $W_n$ erhalten. Denkt man sich die Größen $W_n$ als Belastung aufgebracht, so erhält man die Biegelinie als Seileck dieser Lasten mit der Polweite $\mathfrak{H} = 1$ (s. Abschn. I A 2).

Nach Abb. III A.34c ist

$$W_n = \tan\varphi_n - \tan\varphi_{n+1} = \frac{w_n - w_{n-1}}{c_n} - \frac{w_{n+1} - w_n}{c_{n+1}}. \quad \text{(III A.22 a)}$$

Bringt man einen virtuellen Belastungszustand, bestehend aus zwei Kraftpaaren $1/c_n$ bzw. $1/c_{n+1}$, nach Abb. III A.34a auf und berechnet die äußere virtuelle Arbeit $^vA_ä$ unter Beachtung des Verformungszustandes aus dem Belastungszustand $B$, so ergibt sich

$$^vA_ä = \frac{1}{c_n}(w_n - w_{n-1}) + \frac{1}{c_{n+1}}(w_n - w_{n+1}). \qquad \text{(III A.22b)}$$

Aus (III A.22a) wird

$$W_n = {}^vA_ä. \qquad \text{(III A.23)}$$

Nach (III A.4) ist aber $^vA_ä = {}^vA_i$ und somit

$$W_n = {}^vA_i$$

bzw.

$$W_{B,n} = \sum {}^wS_n \, \Delta s_B = \sum {}^wS_n \, S_B \, \frac{s}{EF} \qquad \text{(III A.24a)}$$

bzw.

$$EF_c \, W_{B,n} = \sum {}^wS_n \, S_B \, s \, \frac{F_c}{F}. \qquad \text{(III A.24b)}$$

$^wS_n$ sind hierbei die Stabkräfte aus der virtuellen Belastung $1/c_n$ bzw. $1/c_{n+1}$ ($W$-Gewichtsbelastung). In Abb. III A.34a entstehen z. B. für die $W$-Gewichtsbelastung im Punkt $n$ nur in den stark gezeichneten Stäben Stabkräfte.

Aus der Theorie des Seilecks ergibt sich für den Einfeldbalken die Tatsache, daß die Biegelinie aus einer gegebenen Belastung der Momentenlinie aus der Belastung durch die $W$-Gewichte entspricht [S 28, S 29]. Die Biegelinie kann somit nach dem Zimmermann-Schema (Tab. II C.2) berechnet werden.

Jedem $W$-Gewicht entspricht die Winkeländerung der Biegelinie. Dem Auflagerdruck $^WA$ der $W$-Gewichte (Abb. III A.33b) entspricht demgemäß (s. Seileck!) die Neigung der Biegelinie $\varphi_0$ am Auflager.

Wird die Biegelinie des Obergurtes ermittelt, so ist die $W$-Gewichtsbelastung am Obergurt anzubringen (Abb. III A.35) und mit den erhaltenen $W$-Gewichten die Momentenlinie des Einfeldbalkens zu berechnen. Es ist aber noch zu beachten, daß die Endpunkte $l'$ und $r'$ ebenfalls Durchbiegungen $w'_l$ und $w'_r$ aufweisen können.

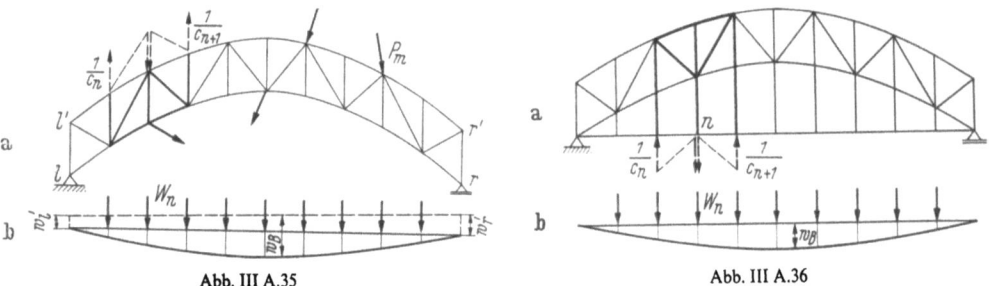

Abb. III A.35      Abb. III A.36

Diese Durchbiegungen können in üblicher Weise berechnet werden. In Abb. III A.35b ist die endgültige Biegelinie $w_B$ unter der Annahme positiver Werte von $w'_l$ und $w'_r$ und unter Beachtung der neuen Schlußlinie dargestellt.

Soll die Biegelinie der Fahrbahn eines Bogens (z. B. mit Zugband) bestimmt werden, so ist die $W$-Gewichtsbelastung in Höhe der Fahrbahn aufzubringen (Abb. III A.36).

(Siehe Beispiele 21 und 26.)

**$\beta$) Temperatur.** Soll die Biegelinie eines Gurtes (oder der Fahrbahn) eines Systems bestimmt werden, dessen Stäbe durch Temperatureinflüsse gegenüber dem Aufstellungszustand Längenänderungen erfahren, so kann diese in gleicher Weise wie

A. Fachwerksysteme. Verformungen infolge eines Belastungszustandes

in Abschn. α mittels der $W$-Gewichte berechnet werden. Statt der Werte $\Delta s_B$ sind nur die Werte $\Delta s_T = \alpha\, t\, s$ einzuführen.

Für das $W_n$-Gewicht gilt

$$W_{T,n} = \alpha_t \sum {}^W S_n\, t\, s \qquad \text{(III A.25a)}$$

bzw.

$$E F_c\, W_{T,n} = \alpha_t\, E F_c \sum {}^W S_n\, t\, s. \qquad \text{(III A.25b)}$$

**γ) Eingeprägte Längenänderungen.** Werden Einzelstäben Längenänderungen $\Delta_e$ eingeprägt, so kann die zugehörige Biegelinie in gleicher Weise wie in Abschn. α mittels der $W$-Gewichte berechnet werden. Es gilt

$$W_{e,n} = \sum {}^W S_n\, \Delta_e. \qquad \text{(III A.26)}$$

Im System nach Abb. III A.37 wird z. B. dem Stab $3'-4$ die Längenänderung $\Delta_{e,3'-4} = +1$ eingeprägt; alle anderen Stäbe erhalten keine Längenänderung.

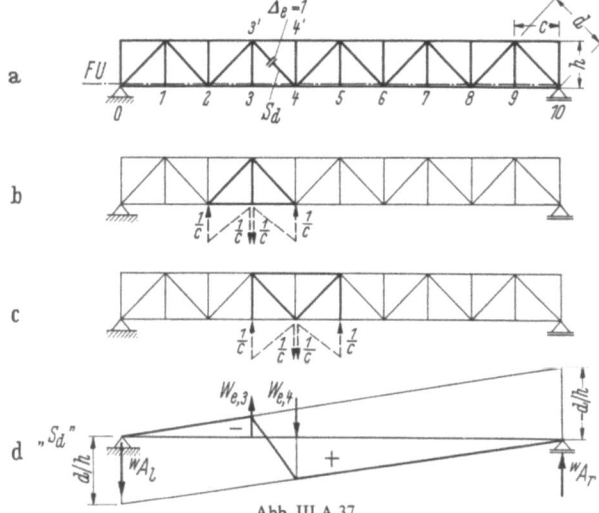

Abb. III A.37

Für die Biegelinie des Untergurtes wird die $W$-Gewichtsbelastung am Untergurt aufgebracht. Nach (III A.26) können nur in den Punkten 3 und 4 $W$-Gewichte auftreten. Für das $W$-Gewicht im Punkt 3 (Abb. III A.37b) gilt

und

$$^W S_{3,3'-4} = -\frac{1}{c}\frac{d}{h}$$

$$W_{e,3} = -\frac{d}{c\, h}.$$

Für das $W$-Gewicht im Punkt 4 (Abb. III A.37c) wird

und

$$^W S_{4,3'-4} = +\frac{1}{c}\frac{d}{h}$$

$$W_{e,4} = +\frac{d}{c\, h}.$$

Damit wird

$$^W A_l = \left(-\frac{d}{c\, h}\right)\frac{c}{l} = -\frac{d}{h\, l} = -{}^W A_r.$$

Berechnet man die zugehörige Momentenlinie (Abb. III A.37d), so erkennt man, daß diese die Einflußlinie der Diagonale $3'-4$ ist, und zwar für „Fahrbahn unten" (FU). Dies ist auf andere Weise im Abschn. II G nachgewiesen worden (s. Abb. II G.7).

### b) Stabkräfte infolge der $W$-Gewichtsbelastung für einen Punkt

Für häufig vorkommende Systeme werden die Stabkräfte $^{W}S_n$ infolge der $W$-Gewichtsbelastung für den Punkt $n$ nachfolgend angegeben. Für beliebige andere Systeme sind sie entsprechend graphisch oder rechnerisch zu ermitteln. Die Indizes $W$ und $n$ werden in der nachfolgenden Zusammenstellung der Stabkräfte $S_{l-k}$ weggelassen. Bei Symmetrie werden nur die Stabkräfte der linken Hälfte angegeben.

### α) $W$-Gewichtsbelastung am Untergurt angreifend. (III A.27)

Abb. III A.38a: $S_{m'-n'} = -\dfrac{1}{h}; \quad S_{m'-n} = +\dfrac{1}{c}\dfrac{d}{h} = +\dfrac{1}{h\cos\alpha};$

$S_{m-m'} = -\dfrac{1}{c}.$

Abb. III A.38b: $S_{m-n} = +\dfrac{1}{h}; \quad S_{m-n'} = -\dfrac{1}{h\cos\alpha}; \quad S_{n-n'} = +\dfrac{2}{c}.$

Abb. III A.38c: $S_{n-o} = -S_{m'-n'} = +\dfrac{1}{h}; \quad S_{m'-n} = -S_{n'-o} = +\dfrac{1}{h\cos\alpha};$

$S_{m-m'} = -\dfrac{1}{c}; \quad S_{n-n'} = +\dfrac{1}{c}.$

Abb. III A.38d: $S_{l-n} = +\dfrac{1}{2h}; \quad S_{m'-o'} = -\dfrac{1}{h};$

$S_{m'-n} = -S_{l-m'} = \dfrac{1}{c}\dfrac{d}{h} = \dfrac{1}{2h\cos\alpha}.$

Abb. III A.38e: $S_{\bar{m}-n} = -S_{\bar{m}-n'} = +\dfrac{1}{h\cos\alpha}; \quad S_{m-\bar{m}} = -\dfrac{1}{c}; \quad S_{n-n'} = +\dfrac{1}{c}.$

Abb. III A.38f: $S_{m-n} = +\dfrac{2}{h}; \quad S_{m-\bar{n}} = -\dfrac{2}{h\cos\alpha}; \quad S_{n-\bar{n}} = +\dfrac{2}{c}.$

Abb. III A.38g: $S_{l'-n'} = -\dfrac{1}{h}; \quad S_{l'-\bar{m}} = S_{l-\bar{m}} = +\dfrac{1}{h\cos\alpha};$

$S_{l-l'} = -\dfrac{\tan\alpha}{h} = -\dfrac{1}{2c}; \quad S_{\bar{m}-n} = +\dfrac{2}{h\cos\alpha};$

$S_{l-m} = S_{m-n} = -\dfrac{1}{h}; \quad S_{m-\bar{m}} = -\dfrac{1}{c}.$

Abb. III A.38h: $S_{m'-n'} = -\dfrac{1}{h_n \cos\alpha_{m'-n'}}; \quad S_{n'-o'} = -\dfrac{1}{h_n \cos\alpha_{n'-o'}};$

$S_{n-n'} = \dfrac{1}{h_n}(\tan\alpha_{m'-n'} - \tan\alpha_{n'-o'}); \quad S_{m'-n} = +\dfrac{1}{h_n \cos\alpha_{n-m'}};$

$S_{n-o'} = +\dfrac{1}{h_n \cos\alpha_{n-o'}}; \quad S_{m-m'} = S_{o-o'} = -\dfrac{1}{c}.$

Abb. III A.38i: $S_{l'-n'} = -\dfrac{1}{h_n \cos\alpha_{l'-n'}}; \quad S_{n'-p'} = -\dfrac{1}{h_n \cos\alpha_{n'-p'}};$

$S_{n-n'} = \dfrac{1}{h_n}(\tan\alpha_{l'-n'} - \tan\alpha_{n'-p'});$

$S_{l'-m'} = +\dfrac{1}{h_n \cos\alpha_{n-l'}}; \quad S_{p'-\bar{o}} = +\dfrac{1}{h_n \cos\alpha_{n-p'}};$

$S_{l-l'} = -\dfrac{1}{h_n}(\tan\alpha_{l'-n'} + \tan\alpha_{n-l'}) = -\dfrac{1}{2c}; \quad S_{p-p'} = -\dfrac{1}{2c};$

$S_{l-\bar{m}} = +\dfrac{1}{h_l \cos\alpha_{n-l'}}; \quad S_{p-\bar{o}} = +\dfrac{1}{h_p \cos\alpha_{n-p'}};$

$S_{l-n} = S_{m-n} = -\dfrac{1}{h_l}; \quad S_{n-o} = S_{o-p} = -\dfrac{1}{h_p};$

$$S_{m-\bar{m}} = S_{o-\bar{o}} = -\frac{1}{c}; \quad S_{n-\bar{m}} = \left(\frac{1}{h_n} - \frac{1}{h_l}\right)\frac{1}{\cos\alpha_{n-l'}};$$

$$S_{n-\bar{o}} = \left(\frac{1}{h_n} + \frac{1}{h_p}\right)\frac{1}{\cos\alpha_{n-p'}}.$$

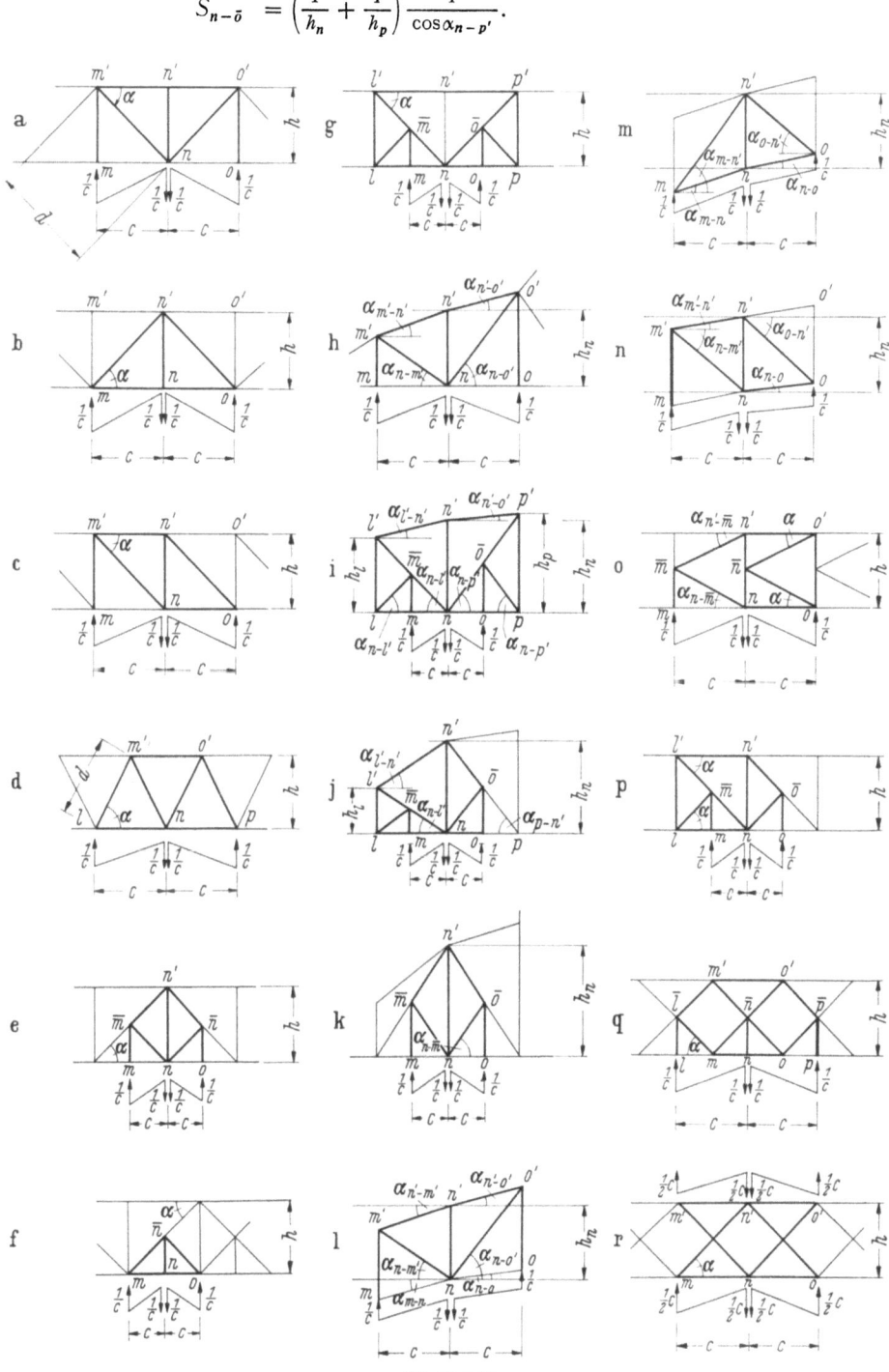

Abb. III A.38

Abb. III A.38j: $S_{l'-n'} = -\dfrac{1}{h_n \cos\alpha_{l'-n'}};\quad S_{l-l'} = -\dfrac{1}{2c};$

$$S_{l'-\bar{m}} = \dfrac{1}{h_n \cos\alpha_{n-l'}};\quad S_{l-\bar{m}} = +\dfrac{1}{h_l \cos\alpha_{n-l'}};$$

$$S_{l-m} = S_{m-n} = -\dfrac{1}{h_l};\quad S_{\bar{m}-n} = \left(\dfrac{1}{h_n} - \dfrac{1}{h_l}\right)\dfrac{1}{\cos\alpha_{n-l'}};$$

$$S_{m-\bar{m}} = S_{o-\bar{o}} = -\dfrac{1}{c};\quad S_{n-\bar{o}} = -S_{n'-\bar{o}} = \dfrac{1}{h_n \cos\alpha_{p-n'}};$$

$$S_{n-n'} = \dfrac{1}{h_n}\left(\dfrac{1}{\tan\alpha_{l'-n'}} + \dfrac{1}{\tan\alpha_{p-n'}}\right).$$

Abb. III A.38k: wie Abb. III A.38e, nur ist $h_n$ statt $h$ einzuführen.

Abb. III A.38l: wie Abb. III A.38h.

Abb. III A.38m: $S_{n-n} = \dfrac{1}{h_n \cos\alpha_{m-n}};\quad S_{n-o} = +\dfrac{1}{h_n \cos\alpha_{n-o}};$

$$S_{n-n'} = \dfrac{1}{h_n}(\tan\alpha_{m-n'} + \tan\alpha_{o-n'});\quad S_{m-n'} = -\dfrac{1}{h_n \cos\alpha_{m-n'}};$$

$$S_{n'-o} = -\dfrac{1}{h_n \cos\alpha_{o-n'}}.$$

Abb. III A.38n: $S_{m'-n'} = -\dfrac{1}{h_n \cos\alpha_{m'-n'}};\quad S_{n-o} = +\dfrac{1}{h_n \cos\alpha_{n-o}};$

$$S_{m-m'} = -\dfrac{1}{c};\quad S_{m'-n} = +\dfrac{1}{h_n \cos\alpha_{n-m'}};$$

$$S_{n'-o} = -\dfrac{1}{h_n \cos\alpha_{o-n'}};\quad S_{n-n'} = \dfrac{1}{h_n}(\tan\alpha_{m'-n'} + \tan\alpha_{o-n'}).$$

Abb. III A.38o: $S_{n-o} = -S_{n'-o'} = +\dfrac{1}{h};\quad S_{n-\bar{m}} = -S_{\bar{m}-n'} = \dfrac{1}{h \cos\alpha};$

$$S_{o-o'} = -\dfrac{1}{2c};\quad S_{\bar{n}-o'} = -S_{o-\bar{n}} = +\dfrac{1}{h \cos\alpha};$$

$$S_{\bar{n}-n'} = +\dfrac{1}{2c};\quad S_{n-\bar{n}} = +\dfrac{3}{2c}.$$

Abb. III A.38p: $S_{l'-n'} = -\dfrac{1}{h};\quad S_{l'-\bar{m}} = S_{l-\bar{m}} = +\dfrac{1}{h \cos\alpha};\quad S_{l-l'} = -\dfrac{1}{2c};$

$$S_{\bar{m}-n} = +\dfrac{2}{h \cos\alpha};\quad S_{l-m} = S_{m-n} = -\dfrac{1}{h};$$

$$S_{m-\bar{m}} = S_{o-\bar{o}} = -\dfrac{1}{c};\quad S_{n-\bar{o}} = -S_{n'-\bar{o}} = \dfrac{1}{h \cos\alpha};$$

$$S_{n-n'} = +\dfrac{1}{2c}.$$

Abb. III A.38q: $S_{m-n} = -S_{m'-o'} = \dfrac{1}{h};\quad S_{l-\bar{l}} = -\dfrac{1}{c};\quad S_{n-\bar{n}} = +\dfrac{2}{c};$

$$S_{m-\bar{l}} = S_{m'-\bar{n}} = -S_{\bar{l}-m'} = -S_{m-\bar{n}} = \dfrac{1}{2h \cos\alpha}.$$

### β) W-Gewichtsbelastung am Obergurt angreifend. (III A.28)

Abb. III A.39a: $S_{n-n'} = -\dfrac{2}{c};\quad S_{n-m'} = 0;$ sonst wie Abb. III A.38a.

Abb. III A.39b: $S_{n-n'} = 0;\quad S_{m'-m} = +\dfrac{1}{c};$ sonst wie Abb. III A.38b.

Abb. III A.39 c: $S_{m-m'} = 0$; $\quad S_{o-o'} = +\dfrac{1}{c}$; $\quad S_{n-n'} = -\dfrac{1}{c}$;

sonst wie Abb. III A.38 c.

Abb. III A.39 d: $S_{m-o} = +\dfrac{1}{h}$; $\quad S_{l'-n'} = -\dfrac{1}{2h}$; $\quad S_{l'-m} = -S_{m-m'} = \dfrac{1}{2h\cos\alpha}$.

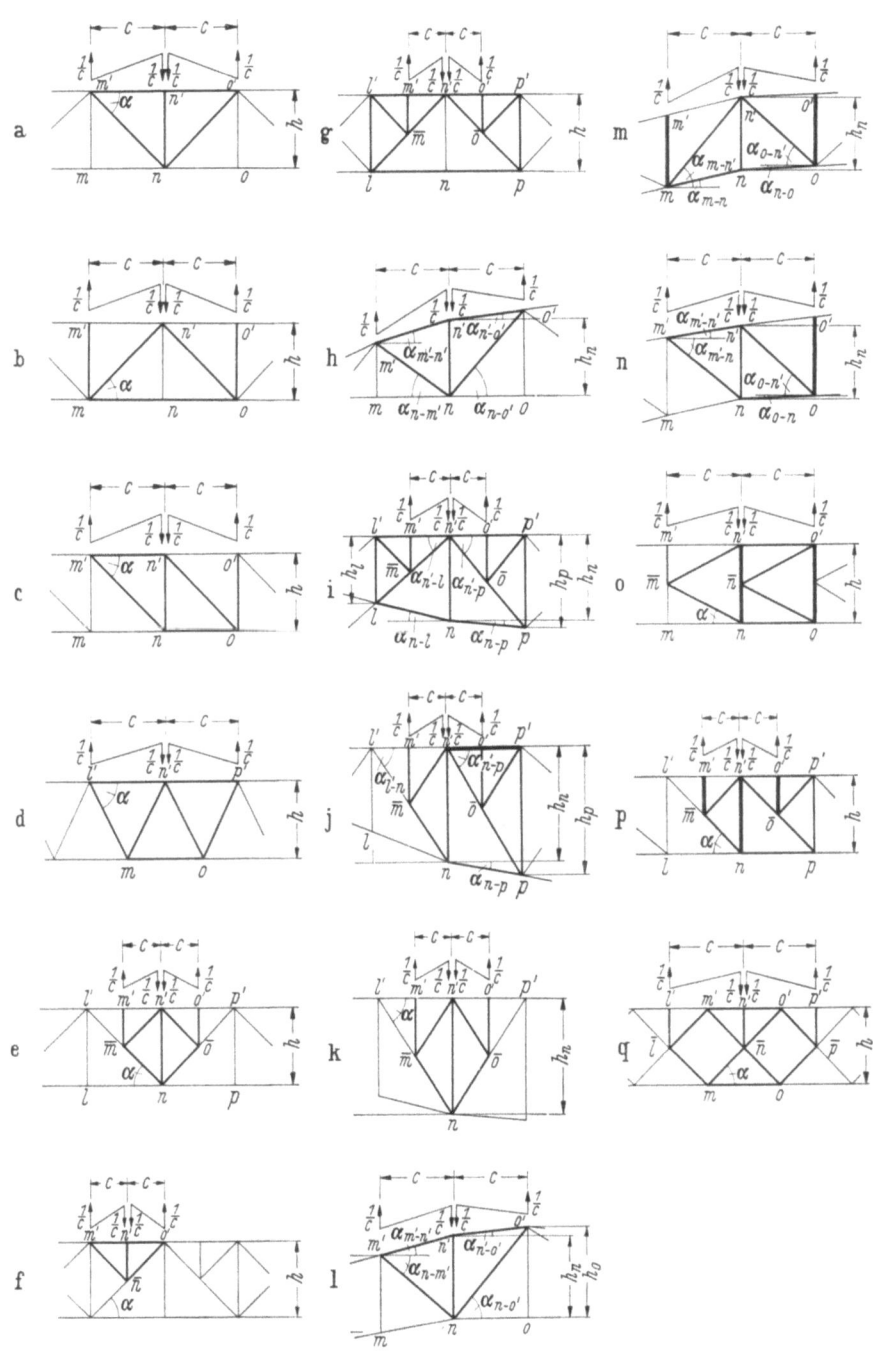

Abb. III A.39

Abb. III A.39e: $S_{\bar{m}-m'} = S_{\bar{o}-o'} = +\dfrac{1}{c}$; $\quad S_{n-n'} = -\dfrac{1}{c}$;

$\qquad\qquad\qquad\qquad\qquad\qquad\qquad\qquad$ sonst wie Abb. III A.38e.

Abb. III A.39f: $S_{m'-n'} = -\dfrac{2}{h}$; $\quad S_{m'-\bar{n}} = +\dfrac{2}{h\cos\alpha}$; $\quad S_{\bar{n}-n'} = -\dfrac{2}{c}$.

Abb. III A.39g: $S_{l-n} = +\dfrac{1}{h}$; $\quad S_{l-\bar{m}} = S_{l'-\bar{n}} = -\dfrac{1}{h\cos\alpha}$; $\quad S_{l-l'} = +\dfrac{1}{2c}$;

$\qquad\qquad\quad S_{\bar{m}-n'} = -\dfrac{2}{h\cos\alpha}$; $\quad S_{l'-m'} = S_{m'-n'} = +\dfrac{1}{h}$; $\quad S_{\bar{m}-m'} = +\dfrac{1}{c}$.

Abb. III A.39h: $S_{m-m'} = S_{o-o'} = 0$; $\quad S_{n-n'} = -\dfrac{1}{h_n}(\tan\alpha_{n-m'} + \tan\alpha_{n-o'})$;

$\qquad\qquad\qquad\qquad\qquad\qquad\qquad\qquad$ sonst wie Abb. III A.38h.

Abb. III A.39i: $S_{l-n} = +\dfrac{1}{h_n \cos\alpha_{l-n}}$; $\quad S_{n-p} = +\dfrac{1}{h_n \cos\alpha_{n-p}}$;

$\qquad\qquad\quad S_{n-n'} = -\dfrac{1}{h_n}(\tan\alpha_{l-n} - \tan\alpha_{n-p})$; $\quad S_{l-\bar{m}} = -\dfrac{1}{h_n \cos\alpha_{l-n'}}$;

$\qquad\qquad\quad S_{p-\bar{o}} = -\dfrac{1}{h_n \cos\alpha_{p-n'}}$; $\quad S_{l-l'} = +\dfrac{1}{2c}$;

$\qquad\qquad\quad S_{m'-\bar{m}} = S_{\bar{o}-o'} = +\dfrac{1}{c}$; $\quad S_{p-p'} = +\dfrac{2}{c}$;

$\qquad\qquad\quad S_{l'-\bar{m}} = -\dfrac{1}{h_l \cos\alpha_{l-m'}}$; $\quad S_{p'-\bar{o}} = -\dfrac{1}{h_p \cos\alpha_{n'-p}}$;

$\qquad\qquad\quad S_{\bar{m}-n'} = -\left(\dfrac{1}{h_n} + \dfrac{1}{h_l}\right)\dfrac{1}{\cos\alpha_{l-n'}}$; $\quad S_{\bar{o}-n'} = -\left(\dfrac{1}{h_n} + \dfrac{1}{h_p}\right)\dfrac{1}{\cos\alpha_{n'-p}}$.

Abb. III A.39j: $S_{l'-m'} = S_{m'-n'} = S_{l'-\bar{m}} = S_{l-l'} = S_{l-n} = 0$;

$\qquad\qquad\quad S_{\bar{m}-n} = -S_{\bar{m}-n'} = +\dfrac{1}{h_n \cos\alpha_{n-l'}}$;

$\qquad\qquad\quad S_{n-n'} = -\dfrac{1}{h_n}(\tan\alpha_{n-l'} - \tan\alpha_{n-o})$;  sonst wie Abb. III A.38j.

Abb. III A.39k: wie Abb. III A.39e, nur ist $h_n$ statt $h$ einzuführen.

Abb. III A.39l: wie Abb. III A.39h.

Abb. III A.39m: $S_{m-m'} = 0$; $\quad S_{o-o'} = +\dfrac{1}{c}$;

$\qquad\qquad\quad S_{n-n'} = +\dfrac{1}{h_n}(\tan\alpha_{n'-o} + \tan\alpha_{m'-n'})$;

$\qquad\qquad\qquad\qquad\qquad\qquad\qquad\qquad$ sonst wie Abb. III A.38m.

Abb. III A.39n: $S_{m-m'} = 0$; $\quad S_{o-o'} = +\dfrac{1}{c}$;

$\qquad\qquad\quad S_{n-n'} = +\dfrac{1}{h_n}(\tan\alpha_{n'-o} + \tan\alpha_{m'-n'})$;

$\qquad\qquad\qquad\qquad\qquad\qquad\qquad\qquad$ sonst wie Abb. III A.38n.

Abb. III A.39o: $S_{m-\bar{m}} = 0$; $\quad S_{\bar{m}-m'} = +\dfrac{1}{c}$; $\quad S_{n-\bar{n}} = -\dfrac{1}{2c}$;

$\qquad\qquad\quad S_{\bar{n}-n'} = -\dfrac{3}{2c}$; $\quad S_{o-o'} = +\dfrac{1}{2c}$; $\quad$ sonst wie Abb. III A.38o.

Abb. III A.39 p:  $S_{l'-l} = S_{l'-m'} = S_{m'-n'} = S_{l-n} = 0;$

$$S_{\bar{m}-n} = -S_{\bar{m}-n'} = \frac{1}{h\cos\alpha}; \quad S_{n-n'} = -\frac{1}{2c};$$

sonst wie Abb. III A.39 g.

Abb. III A.39 q:  $S_{\bar{l}-l} = S_{n-\bar{n}} = S_{p-\bar{p}} = 0; \quad S_{\bar{l}-l'} = S_{\bar{p}-p'} = +\frac{1}{c};$

$$S_{\bar{n}-n'} = -\frac{2}{c};$$

sonst wie Abb. III A.38 q.

**γ) W-Gewichtsbelastung hälftig am Ober- und Untergurt angreifend.** (III A.29)
Diese Art der Belastungsaufteilung kann für die Näherungsberechnung von normalen Rautenfachwerken mit Vorteil verwendet werden [SATTLER, K.: Allgemeine Theorie der Rautenfachwerke. Bauing. 29 (1952) 152]. Man erhält damit den Mittelwert der Durchbiegungen von Ober- und Untergurt.

Abb. III A.38 r:  $S_{m-n} = -S_{m'-n'} = +\frac{1}{2h};$

$$S_{m'-n} = -S_{m-n'} = +\frac{1}{2h\cos\alpha}.$$

### c) Symbolischer Träger

Nach Abschn. III A 5a gibt das W-Gewicht die Winkeländerung der polygonal vorausgesetzten Biegelinie der vertikalen Durchbiegungen eines Fachwerkträgers an. Die Einzelstäbe sind dabei gelenkig in den Knotenpunkten angeschlossen gedacht. Die Berücksichtigung der biegesteifen Knotenanschlüsse wird im Abschn. IX behandelt. In der Regel kann bei der Berechnung der Durchbiegungen von Fachwerkträgern der Einfluß der biegesteifen Knotenanschlüsse vernachlässigt werden.

Sind die W-Gewichte für ein bestimmtes System und eine gegebene Belastung bekannt, so kann man dazu das Seileck zeichnen. Berücksichtigt man die Randbedingungen, so erhält man die endgültige Biegelinie. Zweckmäßig wird die Biegelinie rechnerisch ermittelt, indem man die Momente infolge der W-Gewichte am sogenannten „symbolischen Balken" berechnet. Die systematische Verwendung des symbolischen Balkens für verschiedene Systeme wird POSTUVANSCHITZ [5] zugeschrieben, doch soll dieser Gedanke bereits von CECERLE, dem Vorgänger von Prof. POSTUVANSCHITZ an der Technischen Hochschule in Graz, verwendet worden sein.

**α) Einfeldträger.** Für einen Einfeldträger mit Fahrbahn unten (Abb. III A.40 a) gibt das W-Gewicht am Untergurt in jedem Punkt die Winkeländerung der Biege-

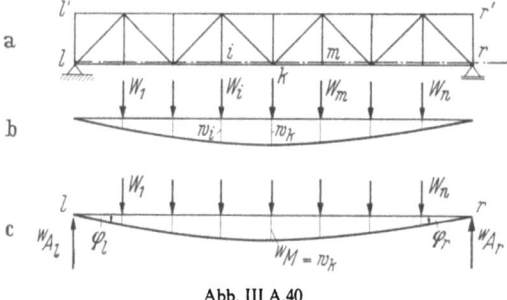

Abb. III A.40

linie des Untergurtes an. Da außerdem in den Auflagerpunkten $l$ und $r$ die Biegelinie die Ordinaten Null haben muß, ist der Einfeldbalken gleichzeitig der symbolische Träger solcher Systeme.

Ist die Biegelinie des Obergurtes gesucht, so gibt das $W$-Gewicht wieder die Winkeländerung der Biegelinie an, es sind aber noch (s. Abb. III A.35b) die Randordinaten $w'_l$ und $w'_r$ zu berechnen. Zur Momentenlinie aus den $W$-Gewichten sind die Durchbiegungen aus der neuen Schlußlinie zu superponieren. Wie bereits in Abschn. III A 5a ermittelt wurde, gibt der Auflagerdruck aus den $W$-Gewichten des Feldes ($W_1$ bis $W_n$ in Abb. III A.40c) bereits die Neigung der Biegelinie des betrachteten Gurtes an.

$$^W A_l = \varphi_l; \quad ^W A_r = \varphi_r. \tag{III A.30}$$

Die $W$-Gewichte in den Randpunkten sind somit nicht zur Bestimmung der Biegelinie des Trägers erforderlich. Voraussetzung ist hierbei, daß der Endvertikalstab spannungslos ist.

Will man die Neigung der Endvertikale bestimmen — was verschiedentlich zu Kontrollzwecken bei der Berechnung statisch unbestimmter Systeme zweckmäßig ist —, so wird man auch das $W$-Gewicht in den Randpunkten ermitteln.

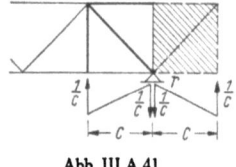

Abb. III A.41

Denkt man sich entsprechend Abb. III A.41 den Träger um starre Stäbe über das Ende hinaus verlängert und bringt die $W$-Gewichtsbelastung im Endpunkt auf, so gibt das $W$-Gewicht die Winkeländerung der starren Scheibe gegenüber dem letzten Trägerstück an. Die starre Scheibe gibt dabei keine Anteile im $W$-Gewicht und wurde nur als Gedankenmodell verwendet, um die in Abschn. III A 5b angegebenen Stabkräfte $^W S_n$ aus der $W$-Gewichtsbelastung in gleicher Weise für das Rand-$W$-Gewicht verwenden zu können.

Die endgültigen Neigungen der Endvertikalen des Fachwerks betragen somit

mit
$$\varphi_{l-l'} = {}^W A_l + W_l; \quad \varphi_{r-r'} = {}^W A_r + W_r$$
$$E F_c W_l = \sum S_B \, {}^W S \, s \, \frac{F_c}{F} \quad \text{usw.} \tag{III A.31}$$

Bestimmt man für die $W$-Gewichte $W_1$ bis $W_n$ nach dem Zimmermann-Schema die Momente $^W M$ am symbolischen Balken $l-r$ (Abb. III A.40c), so ist die Momentenlinie bereits die Biegelinie des Untergurtes:

$$^W M_k = w_k. \tag{III A.32}$$

(Siehe Beispiel 21.)

**β) Gelenkträger.** Für einen Gelenkträger sind entsprechend Abschn. III A 5a in allen Punkten bei einem gegebenen Belastungszustand $B$ und zugehörigen Stabkräften $S_B$ mit $^W S$ die $W$-Gewichte zu bestimmen.

Zeichnet man zum Krafteck mit den $W$-Gewichten (Abb. III A.42g) das Seileck und beachtet man die Stützbedingungen, so erhält man die zugehörige Biegelinie (Abb. III A.42f).

Beim Beispiel nach Abb. III A.42a erkennt man, daß bei der **Bestimmung der** $W$-Gewichte für alle Punkte des Kragträgers und Einhängeträgers (Feldpunkte und Punkte über den Stützen, z. B. für $W_5$, $W_8$, $W_{13}$) mit Ausnahme des Gelenkpunktes 11 aus der $W$-Gewichtsbelastung (Momentenpaar!) keine Auflagerdrücke entstehen und nur jeweils wenige Stäbe nach Abschn. III A 5b in Spannung kommen (Abb. III A.42b, c u. d, stark ausgezogene Linien). Anders liegen die Verhältnisse beim $W$-Gewicht im Gelenkpunkt 11. Hier entstehen durch die zugehörige $W$-Gewichtsbelastung Auflagerdrücke im Einhänge- und Kragträger und dementsprechend in einem Großteil des Systems Stabkräfte (Abb. III A.42e). Zeichnet man zu den gesamten $W$-Gewichten das Seileck (Abb. III A.42f u. g), so müssen in den Punkten $a$, $b$ und $d$ die Durchbiegungen Null sein, die Schlußgerade muß

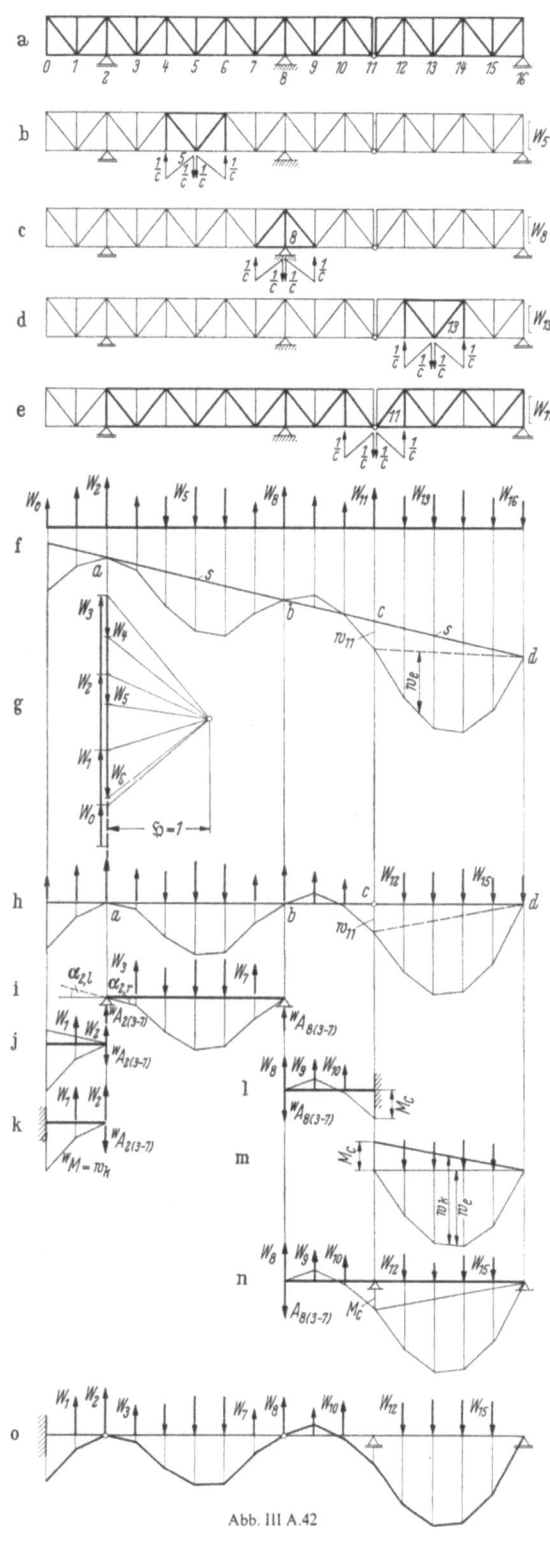

Abb. III A.42

somit durch diese Punkte gehen. Man erkennt aber auch, daß für den Bereich des Einhängeträgers zur Biegelinie $w_e$ des Balkens 11—16 aus den $W$-Gewichten $W_{12}$ bis $W_{15}$ nur das Dreieck „$w_{11}-c-d$" zu superponieren ist. Damit wird aber das einzige $W$-Gewicht $W_{11}$, für dessen $W$-Gewichtsbelastung sich Stabkräfte über große Teile des Gesamtsystems ergeben, nicht benötigt. Nach Abb. III A.42h braucht nur die Biegelinie des Kragträgers von Punkt 0 bis 11 gezeichnet zu werden, dann die von Punkt 11 bis 16 und der Schnittpunkt des letzten Seilstrahls mit der Auflagerlotrechten im Punkt 16 mit dem Punkt $c$ verbunden zu werden. Man erkennt, daß man außer dem $W$-Gewicht $W_{11}$ auch die $W$-Gewichte am freien Ende $W_0$ und am gelenkig gelagerten Ende $W_{16}$ nicht benötigt.

Betrachtet man die Biegelinie für die einzelnen Trägerstücke getrennt, so kann man folgendes feststellen:

Mittelöffnung des Kragträgers zwischen den Lagerpunkten 2 und 8: Aus Abb. III A.42h u. i erkennt man, daß man die Biegelinie als Momentenlinie eines Einfeldträgers erhält, der durch die $W$-Gewichte $W_3$ bis $W_7$ belastet ist. Der Auflagerdruck ${}^W\!A_{2(3-7)}$ stellt gleichzeitig die Neigung $\alpha_{2,r}$ der Biegelinie dar.

Kragarm 0—2: Bei starrem Kragarm und $W_2 = 0$ würde sich die Biegelinie der Mittelöffnung geradlinig über den Lagerpunkt 2 fortsetzen, und es würde $\alpha_{2,l} = \alpha_{2,r}$ sein (Abb. III A.42i u. j). Denkt man sich den Kragträger im Punkt 0 fest eingespannt und im Punkt 2 den Auflagerdruck ${}^W\!A_{2(3-7)}$ als Belastung aufgebracht (Abb. III A.42j u. k), so entspricht die Momentenlinie der Biegelinie mit dem Winkel $\alpha_{2,l}$. $W_2$ und $W_1$ ergeben aber zusätzlich Winkeländerungen der Biegelinie in den Punkten 2 und 1. Bringt man sowohl den Auflagerdruck ${}^W\!A_{2(3-7)}$ als auch die $W$-Gewichte $W_2$ und $W_1$ am im Punkt 0 starr eingespannten Kragträger auf (Abb. III A.42k), so ist die Momentenlinie ${}^W\!M$ gleich der Biegelinie $w_k$ des Kragarms. $W_0$ wird daher nicht benötigt.

Kragarm 8—11: Entsprechend Kragarm 0—2 wird nun der im Punkt $c$ starr eingespannte Träger 8—11 betrachtet (Abb. III A.42l). Die Momentenlinie ist wieder die Biegelinie mit dem Einspannmoment $M_c = w_{11}$.

Einhängeträger 11—16: Gibt man zur Momentenlinie $M_e$ des Einfeldbalkens 11—16 aus der Belastung $W_{12}$ bis $W_{15}$ noch das vom Punkt 11 bis auf den Punkt 16 auf Null verlaufende Moment $M_c$ dazu, so ist die Superposition der beiden Momentenlinien gleichzeitig die Biegelinie $w_k$ des Einhängeträgers (Abb. III A.42m).

Bereich 8—16: Aus Abb. III A.42l, m u. n erkennt man aber auch, daß man die gleiche Momentenlinie für den gesamten Bereich 8 bis 16 erhält, wenn man die $W$-Gewichte — ohne das Gelenk-$W$-Gewicht $W_{11}$ — auf den Kragträger 8—16 aufbringt (Abb. III A.42n), der im Gelenkpunkt 11 und am Endpunkt 16 durch feste Lager unterstützt ist und auf den außer den $W$-Gewichten $W_8$ bis $W_{10}$ und $W_{12}$ bis $W_{15}$ noch der Auflagerdruck ${}^W\!A_{8(3-7)}$ des gedachten Einfeldträgers 2—8 als Belastung wirkt.

Gesamtes System: Nach obigen Ausführungen erhält man die gesamte Biegelinie des Systems als Momentenlinie auf einem symbolischen Träger, nach Abb. III A.42o. Hierbei sind Zwischenlager des Systems durch Gelenke im symbolischen Träger, Gelenke durch Lager und freie Enden durch starre Einspannungen ersetzt worden. Nur Endlager bleiben auch im symbolischen Träger Endlager. Als Belastungen brauchen nur die $W$-Gewichte im Feldbereich und über den festen Stützen des Systems eingeführt zu werden. $W$-Gewichte an Gelenken und an freien oder gestützten Enden des Systems brauchen nicht berücksichtigt zu werden, sie würden auch keine Momente am symbolischen Träger ergeben.

Im Schema nach Abb. III A.43 sind den Lagerungen des Trägers T (Gesamtsystem) die reziproken Lagerungen des „symbolischen Trägers" ST gegenübergestellt. In Abb. III A.44a bis c sind für einige Trägerformen die zugehörigen symbolischen Träger angegeben. Es wird darauf hingewiesen, daß an Lagern (Zwi-

A. Fachwerksysteme. Verformungen infolge eines Belastungszustandes

schen- oder Endlager) und Einspannstellen des symbolischen Trägers keine $W$-Gewichte benötigt werden, wohl aber an Gelenken und freien Enden des symbolischen Balkens.

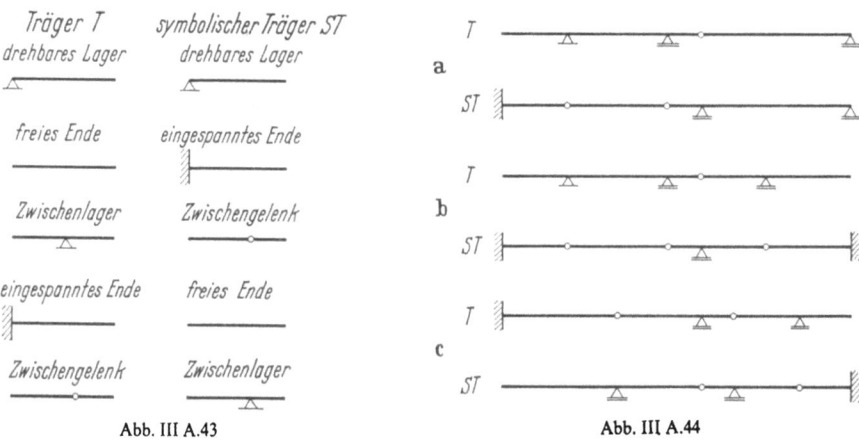

Abb. III A.43    Abb. III A.44

(Siehe Beispiel 24.)

$\gamma$) **Dreigelenkbogen.** Für die Berechnung der Biegelinie eines Dreigelenkbogens (Abb. III A.45) aus einer beliebigen Belastung kann wieder der Einfeldbalken $l-r$

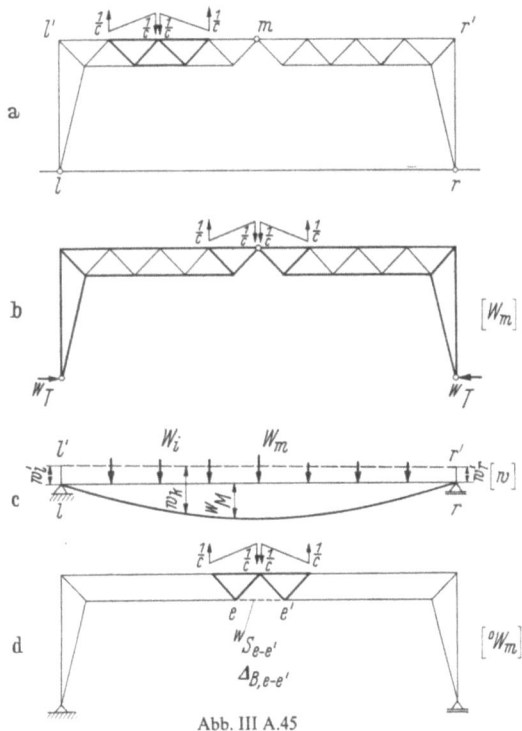

Abb. III A.45

(Abb. III A.45c) Verwendung finden. Aus der $W$-Gewichtsbelastung für einen Punkt $i$ (Abb. III A.45a), der nicht der Gelenkpunkt ist, treten keine Auflagerkräfte und Gelenkdrücke auf, und es kommt nur ein kleiner Bereich des Systems in Spannung. Die

Stabkräfte $^W S_n$ für die $W$-Gewichtsbelastung im Punkt $n$ können nach Abschn. III A 5b ermittelt werden.

Für das $W$-Gewicht $W_m$ im Gelenkpunkt $m$ treten Lager- und Gelenkdrücke auf, und es kommt ein Großteil der Stäbe (Abb. III A.45b) in Spannung.
Es gilt

$$EF_c W_{B,m} = \sum S_B {}^W S_m s \frac{F_c}{F}. \qquad \text{(III A.33)}$$

$S_B$ ist die Stabkraft aus dem Belastungszustand $B$ am Dreigelenkbogen. $^W S_m$ ist die Stabkraft aus der $W$-Gewichtsbelastung im Gelenkpunkt $m$ am Dreigelenkbogen. Die Stabkräfte am Dreigelenkbogen können nach Abschn. II E mit Hilfe des Schnittbelastungs-Tauschverfahrens ermittelt werden. Sind alle $W$-Gewichte $W_i$ und das $W$-Gewicht im Gelenk $W_m$ bestimmt, so geben diese wieder an allen Stellen die Winkeländerung der Biegelinie an. $^W M$ am Einfeldträger $l-r$ (Abb. III A.45c) ist wieder der entsprechende Anteil der Biegelinie. Es sind noch als Randbedingungen die Durchbiegungen $w'_l$ und $w'_r$ (bei Berechnung der Biegelinie des Obergurtes) zu bestimmen, um nach Abb. III A.45c die Schlußlinie $l'-r'$ und die endgültigen Durchbiegungen $w_k$ zu erhalten.

Statt das $W$-Gewicht im Gelenk nach Abb. III A.45b zu bestimmen, kann man nach (III A.14) auch den Wert der gegenseitigen Verschiebung $\Delta_{B,e-e'}$ ermitteln und den Stab $(e-e')$ (Abb. III A.45d) als gedachten Stab mit der Längenänderung $\Delta_{B,e-e'}$ aus dem gegebenen Belastungszustand in die Rechnung einführen. Man kann nun nach Abschn. III A 4a die Durchbiegung am Einfeldbalken berechnen. Aus der $W$-Gewichtsbelastung für den Punkt $m$ — unter Beachtung des gedachten Stabes $(e-e')$ — treten keine Auflagerdrücke auf, und es kommt nur der örtliche Bereich nach Abb. III A.45d in Spannung. Die Werte $^W S_m$ sind nach Abschn. III A 5b zu ermitteln. Es gilt

$$EF_c W_m = \sum S_B {}^W S_m s \frac{F_c}{F} + EF_c {}^W S_{e-e'} \Delta_{B,e-e'}. \qquad \text{(III A.34)}$$

$S_B$ sind die Stabkräfte am Dreigelenkbogen. $^W S_m$ und $^W S_{e-e'}$ sind die Stabkräfte am gedachten Einfeldträger nach Abb. III A.45d aus der $W$-Gewichtsbelastung im Punkt $m$.

Selbstverständlich sind die Werte nach (III A.33) und (III A.34) gleich groß.

**δ) Über- und unterspannte Systeme.** Bei statisch bestimmten über- und unterspannten Systemen kann man bei der Berechnung der Biegelinie infolge eines gegebenen Belastungszustandes $B$ zweckmäßig in gleicher Weise vorgehen wie in

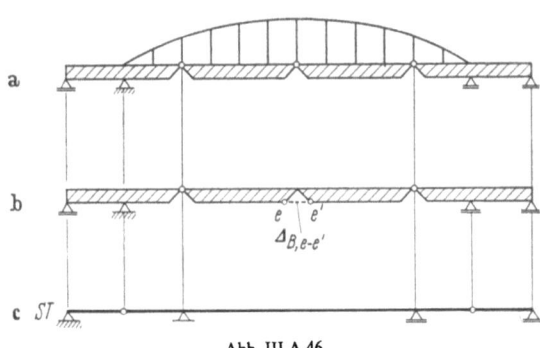

Abb. III A.46

Abschn. III A 5c γ. Beim System nach Abb. III A.46a wird man zuerst die Längenänderung $\Delta_{B,e-e'}$ des gedachten Stabes $(e-e')$ bestimmen. Anschließend ist die Biegelinie des Gelenkträgers der Abb. III A.46b nach Abschn. III A 5c β zu berechnen, wobei der symbolische Balken ST nach Abb. III A.46c zu wählen ist.

In gleicher Weise können für beliebige statisch bestimmte, über- oder unterspannte Systeme die Biegelinien für gegebene Belastungszustände $B$ unter Rückführung auf die Berechnung eines Einfeldträgers oder Gelenkträgers bestimmt werden, wie z. B. Systeme nach Abb. III A.13, III A.14 u. a. m.

## 6. Winkeländerung bei polygonaler Gurtung

Bei polygonaler Gurtung (z. B. Abb. III A.47a) ist die Winkeländerung aus einem gegebenen Belastungszustand $B$ zwischen zwei benachbarten Gurtstäben $\Delta \beta_n$ nicht gleich der Winkeländerung $\Delta \varphi_n$ bzw. dem $W$-Gewicht der Biegelinie dieses Gelenks im betrachteten Knotenpunkt (Abb. III A.47c).

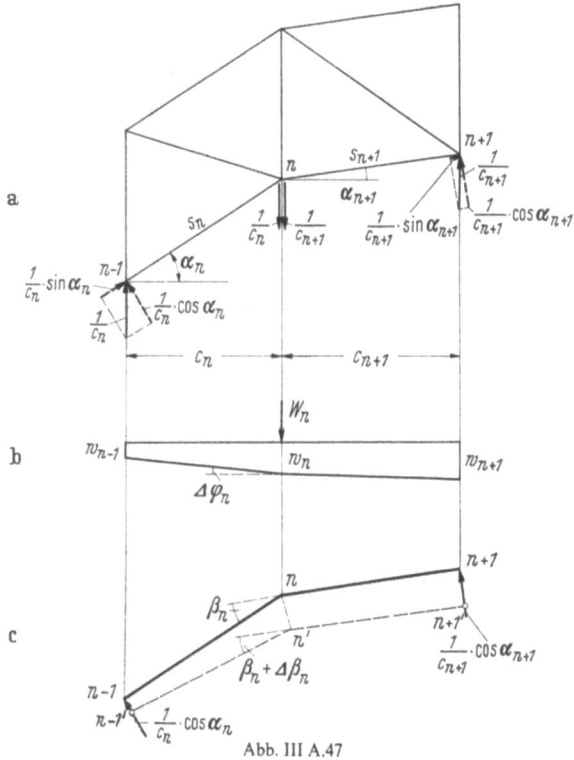

Abb. III A.47

Bringt man nach Abschn. III A 5a die $W$-Gewichtsbelastung im Punkt $n$ auf, so gilt nach (III A.24a)

$$W_{B,n} = \sum {}^W S_n S_B \frac{s}{EF} = \Delta \varphi_n.$$

$\Delta \varphi_n$ ist nach Abb. III A.47b die Winkeländerung der Biegelinie des betrachteten Gurtes im Punkt $n$.

Zerlegt man die $W$-Gewichtsbelastung (Abb. III A.47a) in Komponenten in Gurtrichtung und senkrecht dazu, so erkennt man, daß die senkrechten Komponenten $(1/c) \cos\alpha$ um den Punkt $n$ das Moment „1" ergeben und die äußere Arbeit $1 \Delta \beta_{B,n}$ leisten. Die Komponenten in Gurtrichtung leisten die Arbeit

$$-\frac{1}{c_n} \sin\alpha_n \Delta s_{B,n} + \frac{1}{c_{n+1}} \sin\alpha_{n+1} \Delta s_{B,n+1} = -\frac{\Delta s_{B,n}}{s_n} \tan\alpha_n + \frac{\Delta s_{B,n+1}}{s_{n+1}} \tan\alpha_{n+1}.$$

14*

Mit (III A.23) und (III A.24a) wird

$$^{v}A_{\ddot{a}} = {}^{v}A_{i} = W_{n}$$

bzw.

$$1 \Delta \beta_{B,n} - \frac{\Delta S_{B,n}}{s_{n}} \tan\alpha_{n} + \frac{\Delta S_{B,n+1}}{s_{n+1}} \tan\alpha_{n+1} = W_{n}$$

und

$$\Delta \beta_{B,n} = W_{n} + \frac{\Delta S_{B,n}}{s_{n}} \tan\alpha_{n} - \frac{\Delta S_{B,n+1}}{s_{n+1}} \tan\alpha_{n+1}. \tag{III A.35}$$

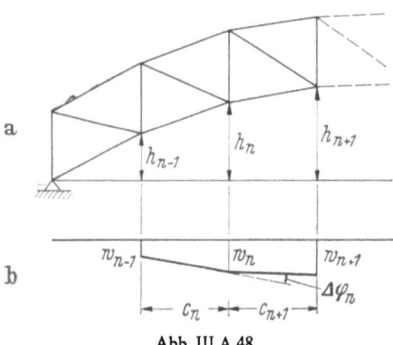

Abb. III A.48

Für horizontale Gurte wird mit $\alpha = \tan\alpha = 0$

$$\Delta \beta_{B,n} = \Delta \varphi_{B,n} = W_{n}.$$

Wird das gesamte System einer gleichmäßigen Temperaturänderung unterworfen, so erhält man für den betrachteten polygonalen Gurt wohl eine Biegelinie und damit Werte $\Delta \varphi_{T}$, aber keine Winkeländerungen $\Delta \beta_{T}$.

Bei einer gleichmäßigen Abkühlung des Systems nach Abb. III A.48a ergeben sich die Durchbiegungen des Untergurtes (Abbildung III A.48b) zu

$$w_{i} = \alpha\, t\, h_{i}.$$

Somit wird

$$\Delta \varphi_{T,n} = \tan\varphi_{n} - \tan\varphi_{n+1} = \frac{w_{n} - w_{n-1}}{c_{n}} - \frac{w_{n+1} - w_{n}}{c_{n+1}}$$

$$= W_{n} = \alpha\, t \left( \frac{h_{n} - h_{n-1}}{c_{n}} - \frac{h_{n+1} - h_{n}}{c_{n+1}} \right) = \alpha\, t(\tan\alpha_{n} - \tan\alpha_{n+1}).$$

Weiter ist bei Abkühlung $\Delta s_{T} = -\alpha\, t\, s$ und somit nach (III A.35)

$$\Delta \beta_{T,n} = \alpha\, t(\tan\alpha_{n} - \tan\alpha_{n+1}) - \alpha\, t \left( \frac{s_{n}}{s_{n}} \tan\alpha_{n} - \frac{s_{n+1}}{s_{n+1}} \tan\alpha_{n+1} \right) = 0. \tag{III A.36}$$

### 7. Horizontale Verschiebungen der Knotenpunkte polygonaler Gurte bei gegebenen vertikalen Durchbiegungen

Die zeichnerische Methode der Verschiebungen von Knotenpunkten eines Fachwerks mittels des Williot-Mohr-Verschiebungsplans nach Abschn. III A 2 ist meist umständlich. Hat man mittels der $W$-Gewichte unter Beachtung des symbolischen Trägers aber bereits rechnerisch die vertikalen Durchbiegungen für einen gegebenen Belastungszustand $B$ ermittelt, so lassen sich daraus auch die horizontalen Verschiebungen der Knotenpunkte verhältnismäßig rasch rechnerisch bestimmen.

Der Gurtstab mit den Knotenpunkten $n$ und $n + 1$ wird nach der Verformung durch den Belastungszustand $B$ (Abb. III A.49) die Knotenpunktlagen $n'$ und $(n + 1)'$ aufweisen, mit den Knotenpunktverschiebungen $w_{n}$, $u_{n}$ und $w_{n+1}$, $u_{n+1}$.

Bringt man in Richtung des Gurtes die beiden virtuellen Kräfte „1" an und zerlegt diese in ihre Komponenten $\sin\alpha_{n+1}$ und $\cos\alpha_{n+1}$ (Abb. III A.49), so kann die virtuelle Arbeit aus virtueller Belastung $^{v}\mathfrak{P} = 1$ und Verformung aus dem Belastungszustand $B$ ermittelt werden zu

$$1 \Delta s_{B,n+1} = \sin\alpha_{n+1}(w_{B,n} - w_{B,n+1}) + \cos\alpha_{n+1}(-u_{B,n} + u_{B,n+1}).$$

Damit ergibt sich

$$u_{B,n+1} = u_{B,n} + (w_{B,n+1} - w_{B,n}) \tan\alpha_{n+1} + \frac{\Delta s_{B,n+1}}{\cos\alpha_{n+1}}. \tag{III A.37}$$

Ist somit die horizontale Verschiebung *eines* Knotenpunktes bekannt, so können alle horizontalen Verschiebungen des gesamten Gurtes mit Hilfe der vertikalen Durchbiegungen dieses Gurtes bestimmt werden. Bei dem System nach Abb. III A.50

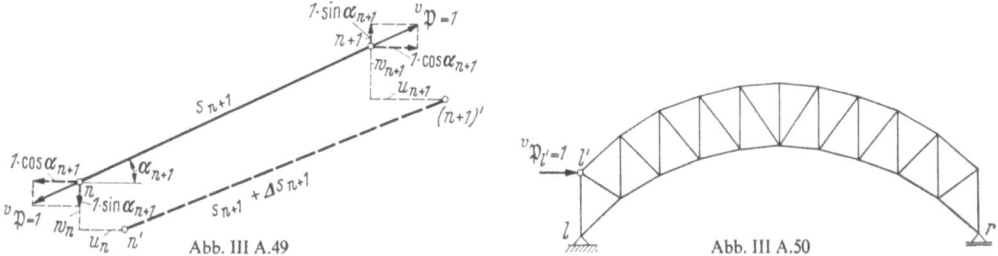

Abb. III A.49    Abb. III A.50

wird man z. B. für den Untergurt vom festen Lagerpunkt $l$ ausgehen, für den $u_{B,l} = 0$ ist. Beim Obergurt wird man z. B. für den Knotenpunkt $l'$ die horizontale Verschiebung $u_{B,l'}$ nach Abschn. III A 4 bestimmen, indem man im Punkt $l'$ die virtuelle Belastung $^v\mathfrak{P}_{l'} = 1$ anbringt und (III A.11) verwendet.
(Siehe Beispiel 26.)

### 8. Einflußlinien von Verformungen

Wie im Abschn. III A 3 mit Hilfe des Satzes von MAXWELL nachgewiesen wurde, ist mit $w_{i,k} = w_{k,i}$ (z. B. Abb. III A.23 und III A.24) die Biegelinie aus einer Einheitsbelastung $\mathfrak{P} = 1$ gleich der Einflußlinie für die zugehörige Verformung, der Verschiebung in Richtung der Einheitsbelastung. Soll z. B. die Einflußlinie der Durchbiegung „$w_n$" im Punkt $n$ des Systems nach Abb. III A.51a bei „Fahrbahn unten" berechnet werden, so werden zum Belastungszustand [$\mathfrak{P}_n = 1$] die Stabkräfte ermittelt, mit diesen entsprechend Abschn. III A 5 die $W$-Gewichte $W_{P_n=1,i}$ und mittels des symbolischen Trägers die Biegelinie als zugehörige Momentenlinie (Abb. III A.51b), die gleich der Einflußlinie „$w_n$" ist.

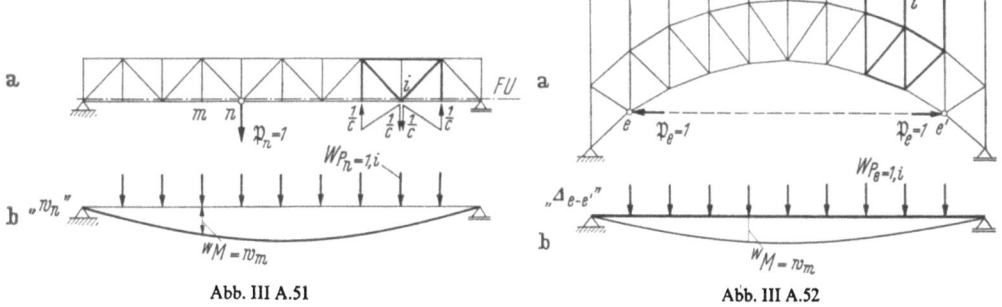

Abb. III A.51    Abb. III A.52

Will man z. B. beim Fachwerkbogen mit aufgeständerter Fahrbahn (Abb. III A.52a) die Einflußlinie der gegenseitigen Verschiebung „$\varDelta_{e-e'}$" der Punkte $e$ und $e'$ bestimmen, so hat man als Belastung die beiden Kräfte $\mathfrak{P}_e = 1$ anzubringen und für diesen Belastungszustand die $W$-Gewichte und die zugehörigen Momente $^WM = w$ zu ermitteln. Die Biegelinie ist damit die Einflußlinie der gegenseitigen Verschiebung „$\varDelta_{e-e'}$" (Abb. III A.52b).

Bei der Einflußlinie der Durchbiegung im Punkt $n$ eines Dreigelenkbogens (z. B. Abb. III A.53a) können die in Abschn. III A 5c$\gamma$ angeführten Bemerkungen mit Vorteil angewendet werden. Für die Belastung $\mathfrak{P}_n = 1$ sind zuerst die Stabkräfte des Dreigelenkbogens zu ermitteln, und dazu sind die $W$-Gewichte zu berechnen. Die zugehörige Momentenlinie unter Beachtung der Randbedingungen $w'_l$ und $w'_r$ stellt die Einflußlinie der Durchbiegung „$w_n$" dar (Abb. III A.53b). Statt des $W$-Gewichtes im Gelenk des Dreigelenkbogens kann wieder das $W$-Gewicht eines Einfeldbalkens zugrunde gelegt werden, wenn man nach Abschn. III A 5c $\gamma$ einen gedachten Stab $e-e'$ einführt (Abb. III A.53c), dem die Längenänderung $\varDelta_{P_n=1, E}$ zugeschrieben wird.

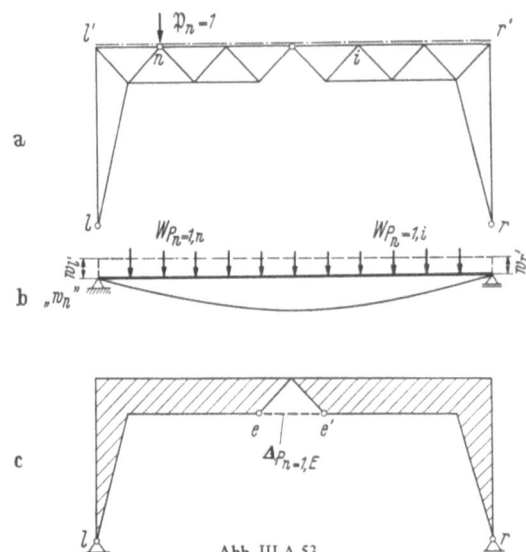

Abb. III A.53

Für alle im Abschn. III A 5 behandelten Systeme können die Einflußlinien von Verformungen entsprechend den dort gemachten Ausführungen ermittelt werden, wobei nur der Belastungszustand $\mathfrak{P} = 1$ zugrunde zu legen ist.
(Siehe Beispiel 24.)

## 9. Überhöhung von Fachwerkträgern

Soll ein Fachwerkträger für eine bestimmte Belastung (z. B. ständige Last oder ständige Last + halbe Verkehrslast oder ständige Last + ganze Verkehrslast) überhöht werden, damit er für den zu betrachtenden Belastungsfall nicht durchhängt, so müßten die Verformungen jedes Knotenpunktes bestimmt werden.

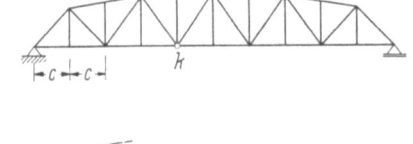

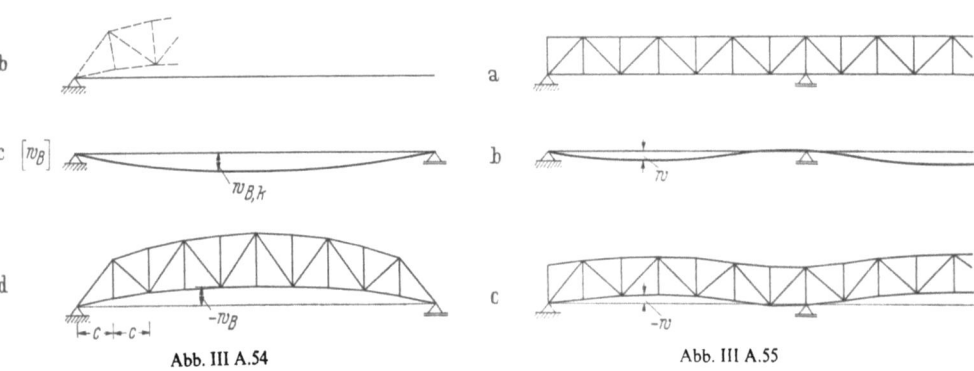

Abb. III A.54   Abb. III A.55

Dies könnte z. B. mit dem Williot-Mohr-Verschiebungsplan erfolgen (z. B. Abb. III A.54a). Es müßte dann ein neuer Verformungsplan gezeichnet werden, bei dem die Verschiebungen in entgegengesetztem Sinn aufgetragen werden (Abb. III A.54b). Mit den so erhaltenen Knotenpunkten wäre das Systemnetz zu rechnen, das der Werkstattarbeit zugrunde zu legen wäre.

Der Einfachheit halber schlägt man in der Regel oft folgenden Weg ein: Es wird die Biegelinie $w_B$ für den betreffenden Belastungsfall gerechnet, in Sonderfällen bei einfachen Balken auch nur die Mittendurchbiegung, die man dann nach einer Parabel zu den Enden abnehmen läßt (Abb. III A.54c). Mit der entgegengesetzt angenommenen Überhöhung ($-w_B$), den unveränderten Querträgerabständen $c$ und lotrecht angenommenen Vertikalen wird ein neues System (Abb. III A.54d) gezeichnet und dieses der Werkstattarbeit zugrunde gelegt. Bei anderen Systemen (z. B. Abb. III A.55a bis c) ist entsprechend vorzugehen.

## 10. Ersatz von Fachwerkträgern durch äquivalente Vollwandträger

In manchen Fällen, wie bei Trägerrostberechnungen, Stabilitätsuntersuchungen u. a. m., kann es zu wesentlichen Berechnungsvereinfachungen führen, wenn man vorübergehend den Fachwerkträger durch einen ideellen Vollwandträger ersetzt.

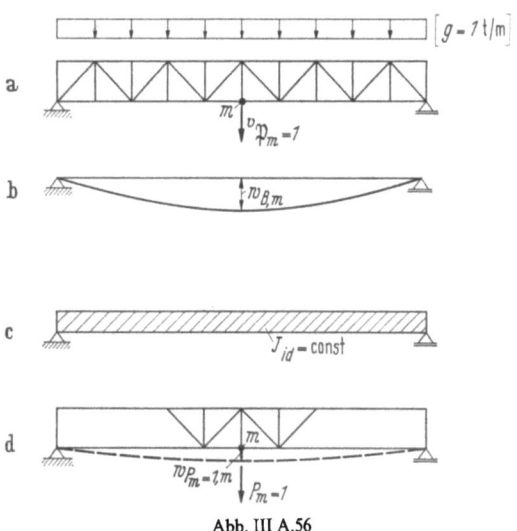

Abb. III A.56

Ist z. B. der Fachwerkträger nach Abb. III A.56a durch ständige Last $g = 1$ t/m belastet, so ergibt sich die Durchbiegung in Feldmitte mit der virtuellen Belastung $^v\mathfrak{P}_m = 1$ nach (III A.11) zu

$$w_{g,m} = \sum S_g \, ^vS_{P_m=1} \frac{s}{EF}.$$

Für einen ideellen Vollwandträger mit dem konstanten ideellen Trägheitsmoment $J_{id}$ (Abb. III A.56c) erhält man für die gleiche Belastung (Abschn. III B 5) die Durchbiegung

$$w_{g,m;id} = \frac{5}{384} \frac{g l^4}{E J_{id}} = \frac{5}{384} \frac{l^4}{E J_{id}}.$$

Aus der Gleichsetzung der beiden Werte ergibt sich

$$J_{id} = \frac{5}{384} \frac{l^4}{E w_{g,m}}. \qquad \text{(III A.38)}$$

Legt man — zweckmäßig bei Trägerrostkonstruktionen — die Durchbiegung aus einer Einzellast $P_m = 1$ in Feldmitte zugrunde (Abb. III A.56d), so ergibt sich mit

$$w_{P_m=1;id} = \frac{l^3}{48 E J_{id}} \quad \text{und} \quad w_{P_m=1,m} = \sum S_{P_m=1} \, {}^v S_{P_m=1} \frac{s}{EF},$$

$$J_{id} = \frac{1}{48} \frac{l^3}{E w_{P_m=1,m}}. \tag{III A.39}$$

Auch einen Durchlaufträger (Abb. III A.57) kann man auf diese Weise durch einen ideellen Einfeld-Vollwandträger ersetzen, oder einen Träger, der z. T. ein Vollwand-, z. T. ein Fachwerkträger ist (Abb. III A.58).

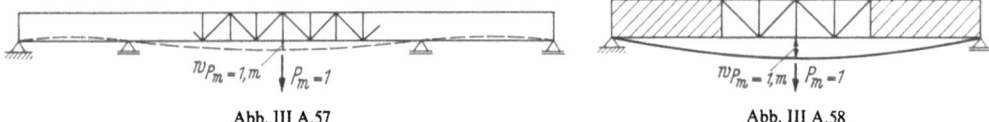

Abb. III A.57    Abb. III A.58

Bei der Berechnung auf Torsion geschlossener Querschnitte, bei denen eine Wand oder mehrere Wände Fachwerkvergitterungen aufweisen, kann das Fachwerk näherungsweise durch ein ideelles volles Blech mit der Blechstärke $s_{id}$ ersetzt werden, das dieselben Schubverformungen ergibt wie das Fachwerk.

Bei dem Querschnitt nach Abb. III A.59a ist z. B. die untere Wand nach Abb. III A.59b als Rautenfachwerk ausgeführt. Setzt man den Winkel $\gamma$, der sich

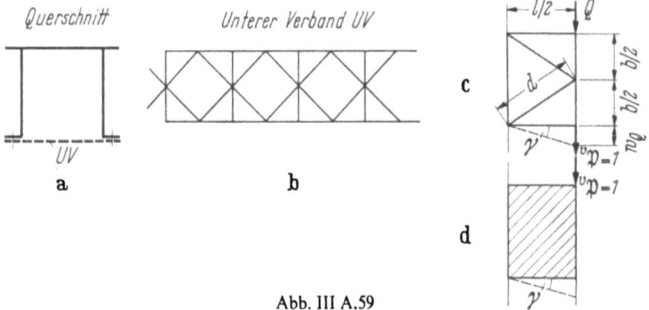

Abb. III A.59

aus den Verformungen des Fachwerks ergibt (Abb. III A.59c) gleich dem Winkel $\gamma_{id}$ der Stabverformung eines ideellen Vollbleches (Abb. III A.59d), so erhält man damit den ideellen Wert $s_{id}$ der Blechstärke.

Für das Fachwerk ergibt sich für eine Querkraft $Q = t\,b$ ($t$ = Schubkraft)

$$S_{Q,d} = \frac{Q}{2} \frac{d}{b/2} = \frac{t\,b\,d}{b} = t\,d$$

und für die virtuelle Last ${}^v \mathfrak{P} = 1$

$${}^v S_{P=1,d} = \frac{1}{2} \frac{d}{b/2} = \frac{d}{b}.$$

Nach (III A.11) wird

$$w_Q = 2 \frac{S_{Q,d} \, {}^v S_{P=1,d} \, d}{E F_d} = \frac{2 t\,d^3}{b\,E F_d} \quad \text{und} \quad \gamma = \frac{w_Q}{c/2} = \frac{4 t\,d^3}{b\,c\,E F_d}.$$

Für das ideelle Vollblech ergibt sich der Schubwinkel $\gamma_{id}$ zu

$$\gamma_{id} = \frac{\tau}{G} = \frac{t}{s_{id} G},$$

und damit erhält man die ideelle Blechstärke aus $\gamma = \gamma_{id}$ zu

$$s_{id} = \frac{E}{G} \frac{b\,c\,F_d}{4 d^3}. \tag{III A.40}$$

Für andere Fachwerke ergeben sich entsprechende Ausdrücke.

# B. Vollwandtragwerke mit gerader oder polygonaler Stabachse. Verformungen infolge eines gegebenen Belastungs- bzw. eines eingeprägten Verformungszustandes

Bei der Berechnung der Verformungen vollwandiger Träger sind im allgemeinen alle Schnittbelastungen, somit Momente, Querkräfte und Längskräfte, zu berücksichtigen. Die Zahlenrechnung ergibt jedoch, daß in vielen Fällen, bei Einhaltung der geforderten Rechengenauigkeit, nur die Momente erfaßt zu werden brauchen.

## 1. Differentialgleichung der Balkenbiegung für gerade Stabachse

### a) Momentenanteil

In Abb. III B.1 ist ein Stück einer gebogenen Stabachse mit dem Krümmungsradius $r$ dargestellt. Es gilt

$$r\,d\alpha = ds;$$

$$\frac{d\alpha}{ds} = \frac{1}{r} = \frac{d\alpha/dx}{ds/dx}.$$

Mit

$$y' = \tan\alpha; \quad \alpha = \arctan y';$$

$$\frac{d\alpha}{dx} = \frac{y''}{1+y'^2}; \quad \frac{ds}{dx} = \sqrt{1+y'^2}$$

wird

$$\frac{1}{r} = \frac{y''}{(1+y'^2)^{3/2}}.$$

Mit der Vorzeichenfestlegung und Bezeichnung nach Abb. III B.2 ergibt sich

$$\frac{1}{r} = -\frac{w''}{(1+w'^2)^{3/2}}. \tag{III B.1}$$

In der Regel sind bei Bauwerken — von Sonderfällen, wie Hängebrücken, flache Bogen und Schalen u. a., abgesehen — die Verformungen aus den Belastungen und

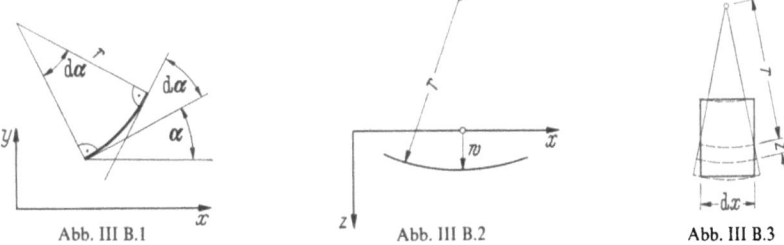

Abb. III B.1     Abb. III B.2     Abb. III B.3

aus Temperatur sehr klein gegenüber den Abmessungen des Bauwerks. In diesen Fällen kann man in (III B.1) den Wert $w'^2$ gegenüber 1 vernachlässigen, und man erhält in sehr guter Näherung

$$\frac{1}{r} = -w''. \tag{III B.2}$$

Dies ist die linearisierte Formulierung des Durchbiegungs-Krümmungsgesetzes. Unter der Voraussetzung des Ebenbleibens des Querschnittes (JAKOB BERNOULLI, 1694) [1] wird nach Abb. III B.3 und mit

$$\varepsilon = \frac{\Delta dx}{dx}$$

$$\frac{\Delta dx}{z} = \frac{dx}{r} \quad \text{und} \quad \varepsilon = \frac{z}{r}.$$

Mit dem Linearitätsgesetz nach HOOKE (1678) zwischen Dehnungen und Spannungen

$$\varepsilon = \frac{\sigma}{E} = \frac{z}{r} \qquad \text{(III B.3)}$$

und dem Gesetz für die Biegespannungen nach NAVIER (1820) [S 31]

$$\sigma = \frac{M}{J} z \qquad \text{(III B.4)}$$

erhält man

$$\frac{Mz}{EJ} = \frac{z}{r} \quad \text{bzw.} \quad \frac{1}{r_M} = \frac{M}{EJ}. \qquad \text{(III B.5)}$$

Dieses Gesetz wird als „Euler-Bernoulli-Biegungstheorem" (1744) [3] bezeichnet. Mit (III B.2) und (III B.5) wird

$$\frac{d^2 w}{dx^2} = -\frac{M}{EJ}. \qquad \text{(III B.6)}$$

Entsprechend Abb. III B.4 ergibt sich unter Vernachlässigung von Größen zweiter Ordnung

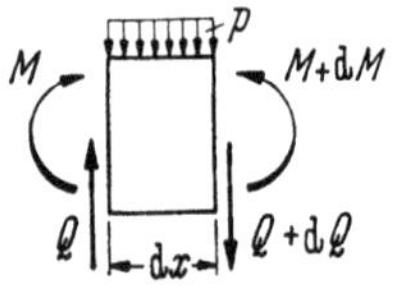

$$dM - Q\, dx = 0;$$
$$p\, dx + dQ = 0 \qquad \text{(III B.7)}$$

und daraus

$$\frac{dM}{dx} = Q; \quad \frac{d^2 M}{dx^2} = \frac{dQ}{dx} = -p. \qquad \text{(III B.8)}$$

Abb. III B.4

Für ein Element $dx$ eines Trägers mit veränderlichem Trägheitsmoment $J(x)$ erhält man aus (III B.6) bis (III B.8)

$$EJ_{(x)} \frac{d^2 w}{dx^2} + M_{(x)} = 0;$$

$$\frac{d}{dx}\left(EJ_{(x)} \frac{d^2 w}{dx^2}\right) + Q_{(x)} = 0;$$

$$\frac{d^2}{dx^2}\left(EJ_{(x)} \frac{d^2 w}{dx^2}\right) - p = 0.$$

Führt man die vollständigen Differentiationen durch, so ergibt sich

$$\frac{d(EJ_{(x)})}{dx} \frac{d^2 w}{dx^2} + EJ_{(x)} \frac{d^3 w}{dx^3} + Q_{(x)} = 0;$$

$$\frac{d^2(EJ_{(x)})}{dx^2} \frac{d^2 w}{dx^2} + \frac{d(EJ_{(x)})}{dx} \frac{d^3 w}{dx^3} + \frac{d(EJ_{(x)})}{dx} \frac{d^3 w}{dx^3} + EJ_{(x)} \frac{d^4 w}{dx^4} - p = 0$$

bzw.

$$EJ_{(x)} \frac{d^4 w}{dx^4} + 2\frac{d(EJ_{(x)})}{dx} \frac{d^3 w}{dx^3} + \frac{d^2(EJ_{(x)})}{dx^2} \frac{d^2 w}{dx^2} - p = 0. \qquad \text{(III B.9)}$$

Für konstantes Trägheitsmoment vereinfacht sich (III B.9) zu

$$EJ \frac{d^4 w}{dx^4} - p = 0. \qquad \text{(III B.10)}$$

Der größte Teil von Brücken und anderen Tragwerken weist aus wirtschaftlichen Gründen veränderliches Trägheitsmoment auf. Da die Berechnung der Durchbiegungen nach (III B.9) viel zu umständlich und zeitraubend würde, werden andere, einfach zu handhabende Verfahren entwickelt (s. die nachfolgenden Abschnitte). Dies gilt selbst für die Lösungen der vereinfachten Gl. (III B.10), statt der das Prinzip der virtuellen Verrückung und das Verfahren der $W$-Gewichte mit Vorteil zur Anwendung kommen.

Nur an zwei einfachen Fällen soll die Lösung von (III B.10) beispielshalber gezeigt werden.

Für den eingespannten und mit einer Einzellast $P$ belasteten Träger nach Abb. III B.5 und konstantes Trägheitsmoment $J$ erhält man mit (III B.6) und $M = -P(l - x)$

$$\frac{d^2 w}{dx^2} = \frac{P}{EJ}(l - x).$$

Damit wird nach zweimaliger Integration

$$\frac{dw}{dx} = \frac{P}{EJ}\left(lx - \frac{x^2}{2}\right) + C_1;$$

$$w = \frac{P}{EJ}\left(l\frac{x^2}{2} - \frac{x^3}{6}\right) + C_1 x + C_2.$$

Mit den Randbedingungen

$$x = 0, \quad w = 0; \quad x = 0, \quad \frac{dw}{dx} = 0$$

werden $C_1 = 0$ und $C_2 = 0$, und man erhält

$$w_x = \frac{P}{EJ}\left(\frac{lx^2}{2} - \frac{x^3}{3}\right).$$

Für $x = l$ wird

$$w_l = \frac{Pl^3}{3EJ}. \quad \text{(III B.11)}$$

Beim Ausknicken eines beiderseits gelenkig gelagerten Stabes mit konstantem Trägheitsmoment $J$ infolge einer Belastung $P$ in Achsrichtung ist die beim Erreichen der Knicklast auftretende unendlich benachbarte Biegelinie in Abb. III B.6 dargestellt. Mit $M = Pw$, (III B.6) und (III B.2), wird

$$\frac{d^2 w}{dx^2} = -\frac{P}{EJ}w; \quad \text{(III B.12)}$$

$$\frac{d^4 w}{dx^4} = -\frac{P}{EJ}w'' = \frac{P}{EJ}\frac{1}{r}.$$

Nach (III B.10) kann man das Knickproblem als Biegeproblem an einem Balken auffassen, der mit der Querbelastung

$$p = \frac{P}{r} \quad \text{(III B.13)}$$

belastet ist.

Betrachtet man ein ausgebogenes Element von der Länge $ds = 1$ nach Abb. III B.7, so erhält man die Ablenkkraft $H$ zu

$$H = p = 2P \sin\alpha \approx 2P\frac{1}{2r} = \frac{P}{r},$$

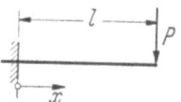

Abb. III B.5    Abb. III B.6

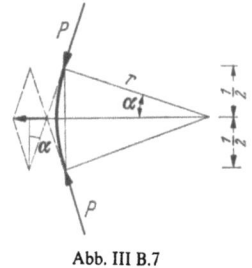

Abb. III B.7

also denselben Ausdruck wie nach (III B.13). Dies ist eine Betrachtung, die an anderer Stelle von Vorteil sein kann. Als Lösung von (III B.12) erhält man mit dem Ansatz

$$w = c \sin\frac{\pi x}{l};$$

$$w'' = -c\frac{\pi^2}{l^2}\sin\frac{\pi x}{l};$$

$$-c\frac{\pi^2}{l^2}\sin\frac{\pi x}{l} = -\frac{P}{EJ}c\sin\frac{\pi x}{l}$$

$$P_{\text{krit}} = \frac{\pi^2 EJ}{l^2}. \quad \text{(III B.14)}$$

Mit dem Trägheitsradius $i$

$$i^2 = \frac{J}{F}$$

und der Schlankheit $\lambda$

$$\lambda = \frac{l}{i}$$

ergibt sich die Knickspannung

$$\sigma_{\text{krit}} = \frac{P_{\text{krit}}}{F} = \frac{\pi^2 E J}{l^2 F} = \frac{\pi^2 E}{\lambda^2}. \qquad \text{(III B.15)}$$

### b) Querkraftanteil

Für ein durch eine Schubspannung $\tau$ beanspruchtes Flächenelement (Abb. III B.8) beträgt der Schubwinkel

$$\gamma = \frac{\tau}{G} \qquad \text{(III B.16)}$$

mit

$$G = \frac{E}{2(1+\mu)}. \qquad \text{(III B.17)}$$

Abb. III B.8

Für Stahl ist mit $E = 2100$ t/cm² und $\mu = 0{,}3$

$$G = \frac{E}{2{,}6} = 810 \text{ t/cm}^2. \qquad \text{(III B.18a)}$$

Für Beton wird mit $\mu \approx 0{,}2$

$$G = \frac{E}{2{,}4}. \qquad \text{(III B.18b)}$$

Für einen gegebenen Querschnitt (z. B. Rechteckquerschnitt in Abb. III B.9a) kann die Schubspannung nach der Formel

$$\tau = \frac{Q\,S}{J\,b} \qquad \text{(III B.19)}$$

eingeführt werden.

$S$ ist dabei das statische Moment der abgetrennten Querschnittsfläche um die Schwerachse $y-y$, $J$ das Trägheitsmoment des Gesamtquerschnittes um die Schwerachse $y-y$ und $b$ die Querschnittsbreite an der untersuchten Höhenlage $z$. Wie aus

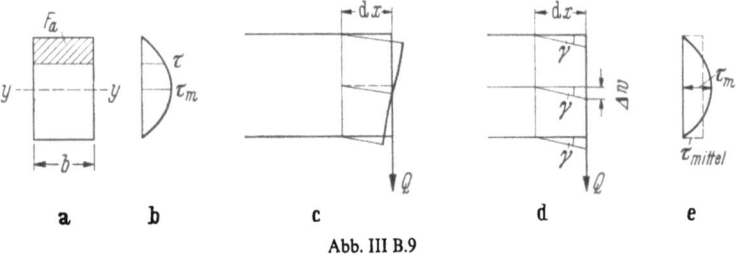

Abb. III B.9

Abb. III B.9b ersichtlich ist, nimmt die Schubspannung vom Rand bis zur Schwerachse von Null auf den maximalen Wert $\tau_m$ zu. Daher kann aber der Schubwinkel $\gamma$ nicht über die ganze Höhe für alle Längsfasern gleich sein (Abb. III B.9d), sondern es wird sich eine verschiedene Neigung der einzelnen Fasern ergeben (Abb. III B.9c). Außerdem wird der Querschnitt nicht eben bleiben, sondern sich verwölben (Abb. III B.9c).

Für eine angenommene mittlere Schubspannung nach Abb. III B.9e

$$\tau_{\text{mittel}} = \frac{Q}{F} \qquad \text{(III B.20)}$$

würde sich ein gleichmäßiger Schubwinkel $\gamma$ für alle Fasern ergeben:

$$\gamma_{\text{mittel}} = \frac{Q}{GF}.$$

Aus Abb. III B.9b u. c erkennt man, daß für die Stabachse ein größerer Wert als $\gamma_{\text{mittel}}$ auftreten wird.

Für die praktische Rechnung der Durchbiegungen aus der Querkraft wird die Verformung der Stabachse zugrunde gelegt und der Schubwinkel nach der Formel

$$\gamma = \frac{kQ}{GF} \qquad \text{(III B.21)}$$

eingeführt. Der Faktor $k$ ist dabei immer größer als 1.

Die Verformung wird daher näherungsweise mit (III B.21) nach Abb. III B.9d angenommen, wobei auch die Verwölbung des Querschnittes vernachlässigt wird, so daß näherungsweise der Querschnitt wieder eben bleibt.

Die gewählten Annahmen liegen innerhalb der Rechnungsgenauigkeit, wobei außerdem zu beachten ist, daß der Einfluß aus der Querkraft im allgemeinen wesentlich geringer als der aus den Momenten ist. Betrachtet man die innere Arbeit der einzelnen Schubspannungen und setzt diese der äußeren Arbeit der Querkraft $Q$ unter Zugrundelegung der Achsendurchbiegung $\Delta w$ (Abb. III B.9d) gleich, so erhält man eine Beziehung für die Schubkonstante $k$ eines bestimmten Querschnittes. Es gilt mit $\gamma = \tau/G$ für die innere Arbeit

$$A_i = \frac{1}{2} \int^F (\tau\, dF)\, \gamma\, dx = \frac{1}{2G}\left[\int^F (\tau^2\, dF)\right] dx$$

und mit (III B.21) für die äußere Arbeit unter Zugrundelegung der Stabachse

$$A_a = \frac{1}{2} Q\, \Delta w = \frac{1}{2} Q \gamma\, dx = \frac{1}{2} k \frac{Q^2}{GF}\, dx.$$

Aus $A_a = A_i$ wird

$$k = \frac{F}{Q^2} \int^F \tau^2\, dF. \qquad \text{(III B.22)}$$

Bestimmt man nach (III B.19) für verschiedene Querschnittsformen die Schubspannungen, so erhält man nach (III B.22) die zugehörige Schubkonstante $k$ [S 35]. Diese Berechnung ergibt z. B. folgende Werte:

$$\left.\begin{array}{ll} \text{voller Rechteckquerschnitt} & k \approx \dfrac{6}{5}; \\[6pt] \text{Vollkreis} & k \approx \dfrac{10}{9}; \\[6pt] \text{Stahlträger} & k \approx \dfrac{F}{F_{\text{st}}}. \end{array}\right\} \qquad \text{(III B.22a)}$$

Hierbei ist $F$ die gesamte Querschnittsfläche und $F_{\text{st}}$ die Fläche des Steges. Zum Beispiel erhält man für Profile

$$\text{I 40} \qquad k = \frac{118}{40 \cdot 1{,}44} = 2{,}05;$$

$$\text{I P 40} \qquad k = \frac{209}{40 \cdot 1{,}4} = 3{,}73;$$

$$\text{I DiE 40} \qquad k = \frac{161}{38{,}8 \cdot 1{,}1} = 3{,}77.$$

Mit (III B.21) erhält man für die Durchbiegung aus der Querkraft

$$\frac{dw}{dx} = \frac{kQ}{GF}$$

und

$$\frac{d^2w}{dx^2} = \frac{d}{dx}\left(\frac{kQ}{GF}\right).$$

(III B.23)

$k$, $Q$ und $F$ können Funktionen von $x$ sein.

Mit (III B.1) wird

$$\frac{1}{r_Q} = -\frac{d^2w}{dx^2} = -\frac{d}{dx}\left(\frac{kQ}{GF}\right).$$

(III B.24)

Aus (III B.23) erhält man nach zweimaliger Integration

$$\frac{dw}{dx} = \frac{1}{G}\int \frac{d}{dx}\left(\frac{k_{(x)} Q_{(x)}}{F_{(x)}}\right) dx + C_1$$

und

$$w = \frac{1}{G}\int \left[\int \frac{d}{dx}\left(\frac{k_{(x)} Q_{(x)}}{F_{(x)}}\right) dx\right] dx + C_1 x + C_2.$$

(III B.25)

Die Lösung dieser Gleichung für die Durchbiegungen aus der Querkraft ist wieder umständlich — vor allem wenn es sich um beliebige Belastungen und veränderliche Querschnitte handelt —, und es wird auf die wesentlich einfacheren Verfahren der nachfolgenden Abschnitte verwiesen.

Wie später gezeigt wird, ist der Einfluß der Querkräfte bei der Berechnung der Durchbiegungen klein gegenüber dem Einfluß aus den Momenten. Die Berechnung wird nun wesentlich einfacher, wenn man für ein bestimmtes Tragwerk einen mittleren Querschnitt $F$ und einen Mittelwert $k$ zugrunde legt.

Mit $F_c$ und $k_c$ als konstanten Werten ergibt sich aus (III B.23)

$$w_{(x)} = \frac{k_c}{GF_c}\int Q\, dx = \frac{k_c}{GF_c}\int dM = \frac{k_c}{GF_c} M_{(x)} + C.$$

**α) Einfeldträger.** Für einen Einfeldträger (z. B. nach Abb. III B.10a) erhält man mit der Randbedingung $x = 0$, $w_0 = 0$, $M_0 = 0$ die Konstante $C = 0$ und somit

$$w_{(x)} = \frac{k_c}{GF_c} M_{(x)}.$$

(III B.26)

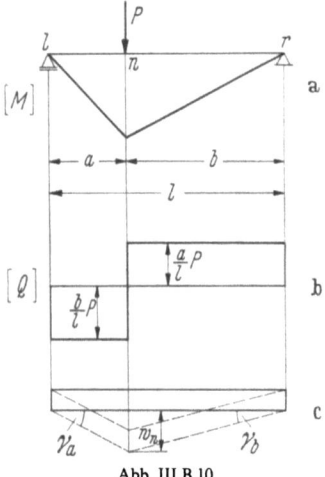

Abb. III B.10

Mit einer Einzellast $P$ im Punkt $n$ ergeben sich die Querkräfte nach Abb. III B.10b und die beiden Schubwinkel nach (III B.21) zu

$$\gamma_a = +\frac{k_c}{GF_c}\frac{b}{l} P$$

und

$$\gamma_b = -\frac{k_c}{GF_c}\frac{a}{l} P.$$

Damit wird

$$w_n = \gamma_a a = \frac{k_c}{GF_c}\frac{ab}{l} P = \frac{k_c}{GF_c} M_n.$$

Da $\gamma_b b$ denselben Ausdruck liefert, erkennt man, daß beim Festhalten der Lotrechten am Lager $l$ und mit $w_l = 0$ beim Lager $r$ wieder $w_r = 0$ erreicht wird. Auch in $r$ bleibt die Querschnittsebene ungedreht. Abb. III B.10c gibt somit bereits die Verformung des gesamten Trägers infolge der Querkräfte an. Es gilt somit die Feststellung: Bei Einfeldbalken mit beliebiger Belastung und mit konstantem Querschnitt ist die mit $k/(GF)$ verzerrte Momentenlinie bereits die Biegelinie aus den Querkräften, wobei an den Auflagerpunkten keine Querschnittsdrehung erfolgt.

Ein einfaches Beispiel nach Abb. III B.11 soll den verhältnismäßig geringen Einfluß der Querkräfte gegenüber den Momenten zeigen. Der Träger besteht aus einem IPE 400 mit

$$F = 84.5 \text{ cm}^2; \quad F_{st} = 0.86 \cdot 40 = 34.4 \text{ cm}^2; \quad k_c = \frac{84.5}{34.4} = 2.47;$$
$$J = 23130 \text{ cm}^4; \quad W = 1160 \text{ cm}^3.$$

Damit wird

$$\sigma = \frac{M}{W} = \frac{6.0 \cdot 1000}{4 \cdot 1160} = 1.29 \text{ t/cm}^2$$

und die Durchbiegung in Feldmitte aus dem Momenteneinfluß

$$w_M = \frac{P l^3}{48 E J} = \frac{6.0 \cdot 1000^3}{48 \cdot 2100 \cdot 23130} = 2.58 \text{ cm}.$$

Die Durchbiegung in Feldmitte aus dem Querkrafteinfluß ergibt sich nach (III B.26) zu

$$w_Q = \frac{k}{GF} M = \frac{2.47}{810 \cdot 84.5} \cdot \frac{6 \cdot 1000}{4} = 0.055 \text{ cm}.$$

Die Durchbiegung aus den Querkräften beträgt somit in diesem Fall nur 2,1 % der Durchbiegung aus den Momenten, könnte also ganz vernachlässigt werden. Um so mehr ist es bei Trägern

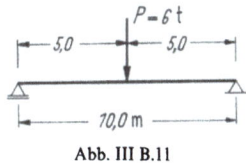

Abb. III B.11

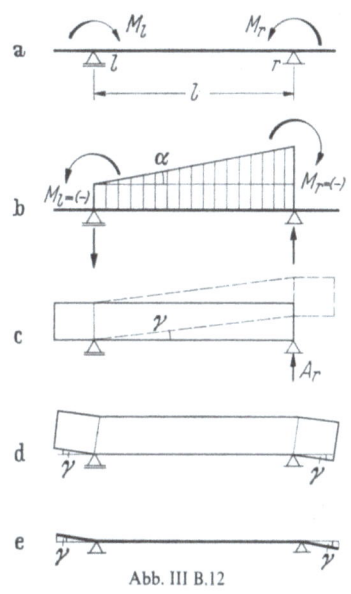

Abb. III B.12

mit veränderlichen Querschnitten gerechtfertigt, zur raschen Ermittlung des Einflusses aus den Querkräften bei der Durchbiegungsberechnung einen Mittelwert für $k_c$ und $F_c$ zugrunde zu legen. Sollte sich in besonderen Fällen ein größerer Einflußbetrag aus den Querkräften ergeben, so kann man dann immer noch ein genaueres Verfahren durchführen.

β) **Kragträger.** Auch bei Kragträgern kann bei konstanten Werten $k_c$ und $F_c$ sofort die Biegelinie aus den Querkräften von der Momentenzustandslinie abgeleitet werden. Für den Kragträger nach Abb. III B.12a, bei dem in den Lagerpunkten $r$ und $l$ die Stützenmomente $M_r$ und $M_l$ eingeleitet werden, ergibt sich in $r$ der Auflagerdruck

$$A_r = \frac{M_l - M_r}{l}.$$

Für negative Stützmomente $M_r$ und $M_l$ (Abb. III B.12b) wird

$$A_r = \frac{|M_r| - |M_l|}{l},$$

wobei $|M|$ die Absolutwerte angibt.

Mit $A_r = Q$ ergibt sich, bei festgehaltener Lotrechten des Querschnittes im Punkt $l$, eine Schiebung des Trägers um den Winkel $\gamma$ nach (III B.21) zu

$$\gamma = \frac{k_c}{GF_c} A_r = \frac{k_c}{GF_c} \frac{|M_r| - |M_l|}{l} = C \frac{|M_r| - |M_l|}{l} = C \tan\alpha, \quad \text{(III B.27)}$$

und es entsteht die gestrichelte Verformungsfigur nach Abb. III B.12c. In den Kragarmteilen ist $Q = 0$ und daher auch $\gamma = 0$.

Unterwirft man den verformten Träger nach Abb. III B.12c wieder den Auflagerbedingungen — auch im Punkt $r$ muß $w = 0$ sein —, so muß man den ganzen Träger um $\gamma$ drehen, und man erhält die tatsächliche Verformungsfigur des Trägers nach Abb. III B.12d und die zugehörige Biegelinie der Stabachse nach Abb. III B.12e.

Für den Kragträger nach Abb. III B.13a sind Belastung und Momente aus der Abbildung ersichtlich.

Nach dem Superpositionsgesetz kann der Einfluß der drei Einzellasten bei der Berechnung der Durchbiegungen aus den Querkräften getrennt erfaßt werden.

Für den Träger nur mit $P_2$ belastet, ist die durch $C$ geteilte Durchbiegung nach (III B.26) gleich der $M_0$-Linie. Die Kragarme bleiben gerade (Abb. III B.13b). Für die starr in den Punkten $l$ und $r$ eingespannt gedachten Kragarme (Abb. III B.13c) ist $\gamma_1 = CP_1$ bzw. $w_1/C = xP_1$; $\gamma_3 = CP_3$ bzw. $w_3/C = xP_3$.

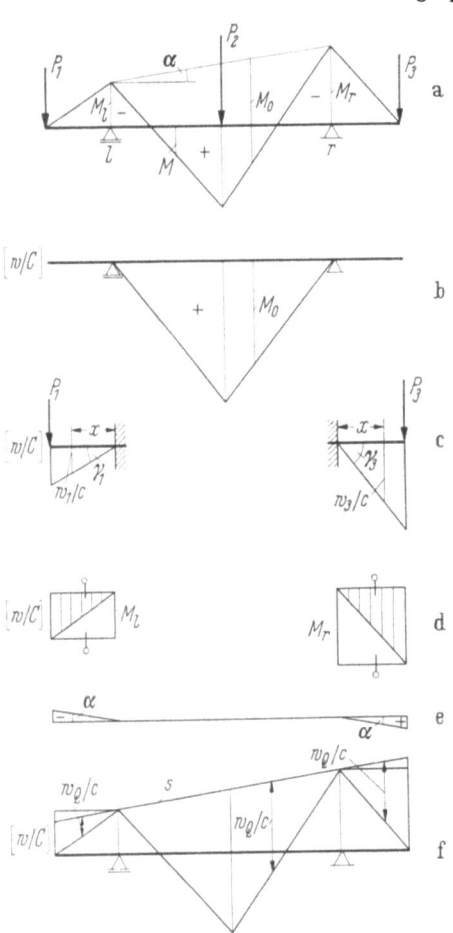

Dies bedeutet aber, daß nur die Schlußlinie für die Momente des Kragträgers in die Scheitelpunkte der Einspannmomente zu verlegen ist, um die Werte $w/C$ zu erhalten (Abb. III B.13d). Aus den Stützmomenten $M_l$ und $M_r$ ergibt sich aus den Querkräften im Bereich $l$ bis $r$ eine Verformung entsprechend Abb. III B.12d nach Abb. III B.13e mit (III B.27) zu

$$\frac{w}{C} = x \tan\alpha.$$

Trägt man die Einzelverformungen der Abb. III B.13b, c u. d von der Verbindungslinie $s$ der Stützmomente ab, so erhält man die Gesamtdurchbiegungen aus den Querkräften nach Abb. III B.13f (Multiplikator $1/C$).

**$\gamma$) Beliebige Kragträger.** Für einen beliebigen Kragträger (z. B. Abb. III B.14) mit beliebiger Belastung braucht man unter Annahme konstanter Werte $k_c$ und $F_c$ nur die Spitzen der Stützmomente

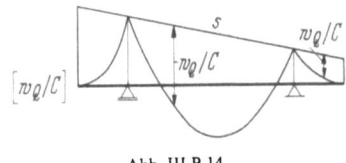

Abb. III B.13  Abb. III B.14

durch eine Linie $s$ zu verbinden, um die Werte $w_Q/C$ als Abstände zwischen dieser Verbindungslinie und der Momentenlinie zu erhalten.

**$\delta$) Beliebige Gelenkträger.** Bei einem beliebigen Gelenkträger mit beliebiger Belastung ist entsprechend vorzugehen.

Zum Beispiel ist bei dem Gelenkträger nach Abb. III B.15a die Momentenlinie nach Abb. III B.15b zu zeichnen und dann die Parallele zur Bezugsachse durch den Punkt $a$ zu ziehen, womit Punkt $b$ festgelegt ist. Zeichnet man die Verbindungslinie $d-e$, so sind $c$ und $f$ festgelegt und auch die Linie $b-c$; somit die ganze Schlußlinie. Die Abstände zwischen der Schlußlinie $s$ und der Momentenlinie $M$ geben dann die Werte $w_Q/C$ an.

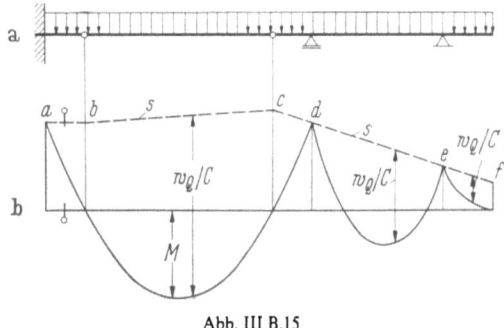

Abb. III B.15

Auch für einen statisch unbestimmten Durchlaufträger können auf diese Weise (s. Abb. III B.16) die Durchbiegungen aus den Querkräften sofort angegeben werden, wobei die Schlußlinien $s$ über den Zwischenstützen Knicke aufweisen können.

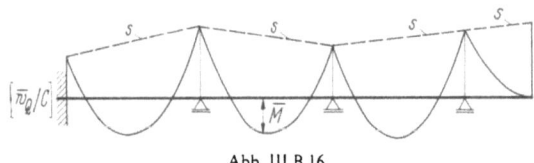

Abb. III B.16

Unter Verwendung eines Mittelwertes von $k_c$ und $F_c$ für einen beliebigen Träger und einer beliebigen Belastung kann man aus den Momentenwerten sofort die maximalen Durchbiegungen aus den Querkräften angeben. Man hat damit einen Anhaltspunkt, ob diese Durchbiegungen überhaupt miterfaßt werden müssen. Nur in seltenen Sonderfällen wird man zu einer genaueren Berechnung übergehen.

### c) Temperaturdifferenz $\Delta t$

Wird ein Träger gleichmäßig erwärmt, so tritt keine Krümmungsänderung der Schwerpunktachse auf (Abb. III B.17). Tritt am oberen Rand eines Trägers eine Temperaturerhöhung von $t_o$ Grad, am unteren Rand von $t_u$ Grad auf — im Schwerpunkt beträgt die Temperaturerhöhung $t_s$ Grad —, so wird allgemein eine lineare Verteilung der Temperatur zwischen den Randwerten angenommen (Abb. III B.18a). Mit den Längenänderungen der entsprechenden Fasern $\alpha_t t_o \, dx$ und $\alpha_t t_u \, dx$ ergibt sich eine Drehung des Querschnittes (Abb. III B.18b) um

$$\tan d\varphi = \frac{\alpha_t (t_u - t_o) \, dx}{h}.$$

Aus $\tan d\varphi \approx d\varphi = dx/r_t$ wird

$$\frac{1}{r_t} = \frac{\alpha_t (t_u - t_o)}{h} = \frac{\alpha_t \Delta t}{h}.$$

(III B.28)   Abb. III B.17   Abb. III B.18

### d) Vollständige Differentialgleichung

Mit (III B.2), (III B.5), (III B.24) und (III B.28) wird

$$\frac{1}{r} = \left(\frac{1}{r_M} + \frac{1}{r_Q} + \frac{1}{r_t}\right) = \left[\frac{M}{EJ} - \frac{d}{dx}\left(\frac{kQ}{GF}\right) + \frac{\alpha_t(t_u - t_o)}{h}\right] = -w''$$

und

$$\frac{d^2 w}{dx^2} + \frac{M_{(x)}}{E J_{(x)}} - \frac{d}{dx}\left(\frac{k_{(x)} Q_{(x)}}{G F_{(x)}}\right) + \frac{\alpha_t(t_u - t_o)}{h} = 0. \qquad \text{(III B.29)}$$

## 2. Differentialgleichung der Balkenbiegung bei gekrümmter Stabachse

STÜSSI [S 40] hat die Differentialgleichung für die Biegelinie von Trägern mit gekrümmter Stabachse aus Differenzengleichungen abgeleitet und erhält die (III B.29) entsprechende Gleichung (Abb. III B.19) zu

$$\frac{d^2 w}{dx^2} + \frac{M_{(x)}}{E J_{(x)} \cos\alpha_{(x)}} - \frac{d}{dx}\left(\frac{k_{(x)} Q_{(x)}}{G F_{(x)}}\right) + \frac{\alpha_t(t_u - t_o)}{h \cos\alpha_{(x)}} +$$

$$+ \frac{d}{dx}\left(\frac{N_x}{E F_{(x)}} \tan\alpha_{(x)} + \alpha_t\, t_s \tan\alpha_{(x)}\right) = 0. \qquad \text{(III B.30)}$$

Abb. III B.19

Führt man in (III A.37)

$$\Delta s_{B, n+1} = \frac{N_{B, n+1}}{E F_{n+1}} + \alpha_t\, t_s\, s$$

ein, $dx = ds\cos\alpha$, und geht von der Differenzengleichung für ein Element $ds$ zur Differentialgleichung über, so ergibt sich die Differentialgleichung für die horizontalen Verschiebungen zu

$$\frac{du}{dx} = \frac{dw}{dx}\tan\alpha + \frac{1}{\cos^2\alpha}\left(\frac{N}{EF} + \alpha_t\, t_s\right). \qquad \text{(III B.31)}$$

Es werden in den nachfolgenden Abschnitten Verfahren gezeigt, die auf wesentlich einfachere Weise zur Lösung führen.

## 3. Prinzip der virtuellen Verrückung

Es gelten entsprechende Überlegungen, wie sie in Abschn. III A 3 bereits behandelt wurden, daß virtuelle äußere und innere Arbeiten berechnet werden, die aus einem gegebenen Belastungszustand und einem virtuellen Verformungszustand herrühren oder aus einem virtuellen Belastungszustand und einem gegebenen Verformungszustand. Letzterer muß den Lagerbedingungen des Systems gerecht werden.

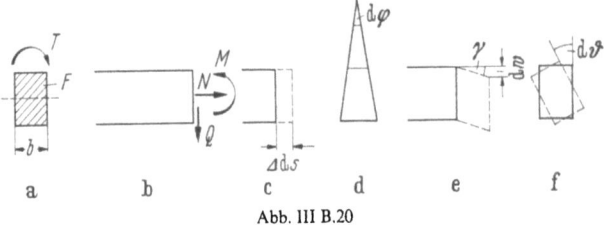

Abb. III B.20

Nach den Gedanken von MAXWELL (1864) [4] und MOHR (1874) [S 26, S 27] werden bei den Verformungen aus einem virtuellen Belastungszustand bzw. bei Temperaturverformungen des Systems diese Randbedingungen automatisch erfüllt. Für einen Querschnitt mit der Fläche $F$, dem Trägheitsmoment $J$ und dem Drillungswiderstand $J_d$, der nach Abb. III B.20a u. b mit dem Moment $M$, der Längskraft $N$, der Querkraft $Q$ und dem Torsionsmoment $T$ belastet ist und Temperatureinflüssen unterworfen ist, ergeben sich folgende Verformungen je Längenelement $\mathrm{d}s$:

$$\left.\begin{aligned} \varDelta \mathrm{d}s &= \frac{N}{EF}\mathrm{d}s \quad \text{bzw.} \quad \varDelta \mathrm{d}s = \alpha_t\, t_s\, \mathrm{d}s \\ &\quad (t_s \text{ Temperatur in der Schwerachse}) \quad (\text{Abb. III B.20c}); \\ \mathrm{d}\varphi &= \frac{M}{EJ}\mathrm{d}s \quad \text{bzw.} \quad \mathrm{d}\varphi = \frac{\alpha_t(t_u - t_o)}{h}\mathrm{d}s = \frac{\alpha_t\,\varDelta t}{h}\mathrm{d}s \quad (\text{Abb. III B.20d}); \\ \mathrm{d}w_Q &= \gamma\,\mathrm{d}s = \frac{k\,Q}{GF}\mathrm{d}s \quad (\text{Abb. III B.20e}); \\ \mathrm{d}\vartheta &= \frac{T}{GJ_d}\mathrm{d}s \quad (\text{Abb. III B.20f}). \end{aligned}\right\} \quad (\text{III B.32})$$

Äußere Arbeit $^v A_a$ wird von den virtuellen Belastungen (Kräfte $^v\mathfrak{P}$ und eingeprägte Momente $^{v,\,d}\mathfrak{M}$) an den entsprechenden Verformungen $v_B^*$ und $\varphi_B^*$ geleistet; innere Arbeit $^v A_i$ von den virtuellen Belastungen an den entsprechenden Verformungen der Stabelemente.

Mit $^v A_a = {}^v A_i$ wird

$$\sum {}^v\mathfrak{P}_i \cdot \mathfrak{v}_{B,\,i}^* + \sum {}^{v,\,\bar{a}}\mathfrak{M}_i \cdot \varphi_{B,\,i}^* =$$
$$= \int \frac{{}^v N\, N_B}{EF}\mathrm{d}s + \int \frac{{}^v M\, M_B}{EJ}\mathrm{d}s + \int \frac{k\,{}^v Q\, Q_B}{GF}\mathrm{d}s + \int \frac{{}^v T\, T_B}{GJ_d}\mathrm{d}s +$$
$$+ \int {}^v M\, \frac{\alpha_t(t_u - t_o)}{h}\mathrm{d}s + \int {}^v N\, \alpha_t\, t_s\, \mathrm{d}s + \sum \frac{{}^v S\, S_B}{EF}\,s. \quad (\text{III B.33})$$

Der letzte Ausdruck ist zu berücksichtigen, wenn auch Gelenkstäbe vorhanden sind.

Betrachtet man einen der obigen Ausdrücke, z. B.

$$\int \frac{{}^v N\, N_B}{EF}\mathrm{d}s = \int {}^v N\, \frac{N_B}{EF}\mathrm{d}s = \int {}^v N\, \varDelta\mathrm{d}s_B = \int N_B\, \frac{{}^v N}{EF}\mathrm{d}s = \int N_B\, {}^v\!\varDelta\mathrm{d}s, \quad (\text{III B.34})$$

so erkennt man, daß beim Vertauschen von Belastungs- und Verformungszustand in Verformungs- und Belastungszustand nach (III B.34) die in Abschn. III A 3 abgeleiteten Sätze von BETTI und MAXWELL und alle Folgerungen daraus sinnentsprechend gelten.

Satz von BETTI [s. (III A.6)]:

$$\sum \mathfrak{P}_{B,\,a} \cdot {}^v\mathfrak{v}_{B,\,b}^* + \sum \mathfrak{M}_{B,\,a} \cdot {}^v\varphi_{B,\,b}^* =$$
$$= \sum \mathfrak{P}_{B,\,b} \cdot {}^v\mathfrak{v}_{B,\,a}^* + \sum \mathfrak{M}_{B,\,b} \cdot {}^v\varphi_{B,\,b}^*. \quad (\text{III B.35})$$

Satz von MAXWELL [s. (III A.7)]:

$$v_{b,\,a-a} = v_{a,\,b-b}; \quad (\text{III B.36a})$$
$$v_{b,\,a-a} = \varphi_{a,\,b} \quad (\text{z. B. Abb. III B.21}). \quad (\text{III B.36b})$$

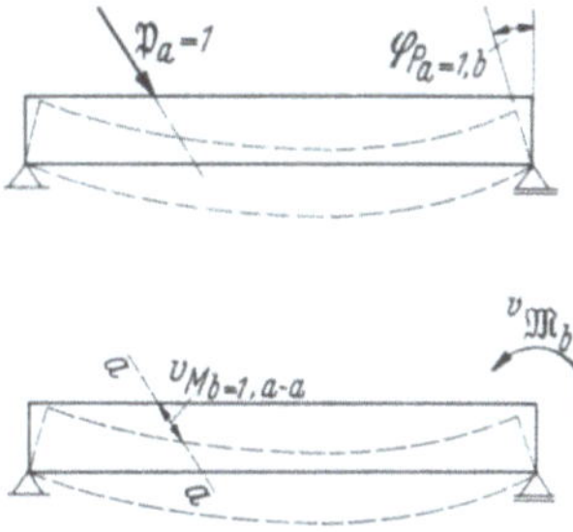

Während (III B.36a) wieder auf zwei Einzellasten Bezug nimmt, gilt nach (III B.36b) folgendes:

Abb. III B.21

Ist im allgemeinen ein Zustand durch den Index $a$, der zweite durch den Index $b$ gekennzeichnet und wird die innere Arbeit entsprechend (III B.33) mit $A_{a,\,b}$ bezeichnet, so gilt

$$A_{a,\,b} = \int \frac{N_a\, N_b}{EF}\mathrm{d}s + \int \frac{M_a\, M_b}{EJ}\mathrm{d}s + \int \frac{k\, Q_a\, Q_b}{GF}\mathrm{d}s + \int \frac{T_a\, T_b}{GJ_d}\mathrm{d}s. \quad (\text{III B.37})$$

Aus Rechengründen wird zweckmäßig die $EJ_c$-fache Arbeit ermittelt, und man erhält

$$EJ_c\, A_{a,\,b} = a_{a,\,b} = \int N_a\, N_b\, \frac{J_c}{F}\mathrm{d}s + \int M_a\, M_b\, \frac{J_c}{J}\mathrm{d}s +$$
$$+ \frac{E}{G}\int k\, Q_a\, Q_b\, \frac{J_c}{F}\mathrm{d}s + \frac{E}{G}\int T_a\, T_b\, \frac{J_c}{J_d}\mathrm{d}s. \quad (\text{III B.38})$$

Es sei darauf hingewiesen, daß bei der Berechnung der Werte $J_c/F$ in (III B.38) die gleiche Dimension verwendet werden muß, wie sie der Ermittlung der Momente zugrunde gelegt ist; z. B.

$$M \text{ in tm}; \quad J_i \text{ in m}^4; \quad F \text{ in m}^2 \text{ und } s \text{ in m}.$$

## 4. Arbeitsintegrale

Sind die Schnittbelastungen aus den einzelnen Zuständen $a$ und $b$ durch Funktionen $F_a$ und $F_b$ gegeben und die Querschnittswerte $J_c/F$, $J_c/J$, $J_c/J_d$ bzw. $k$ durch Funktionen $F_c$ bzw. $F_d$, so gilt für die einzelnen Ausdrücke von (III B.38):

bzw.
$$a_{N;a,b} \text{ bzw. } a_{M;a,b} \text{ bzw. } a_{T;a,b} = a_{a,b} = \int F_a F_b F_c \, ds \quad \text{(III B.39)}$$

$$a_{Q;a,b} = \int F_a F_b F_c F_d \, ds. \quad \text{(III B.40)}$$

Für die Sonderfälle konstanten Querschnitts vereinfachen sich diese Ausdrücke mit $F_c = C_1$ bzw. $F_c F_d = C_2$ zu

$$a_{a,b} = C_1 \int F_a F_b \, ds \quad \text{bzw.} \quad a_{a,b} = C_2 \int F_a F_b \, ds. \quad \text{(III B.41)}$$

Folgen die Funktionen $F_a$ und $F_b$ einfachen Gesetzen, wie Geraden oder quadratischen oder kubischen Parabeln u. a., wie sie z. B. in Abb. III B.22 dargestellt

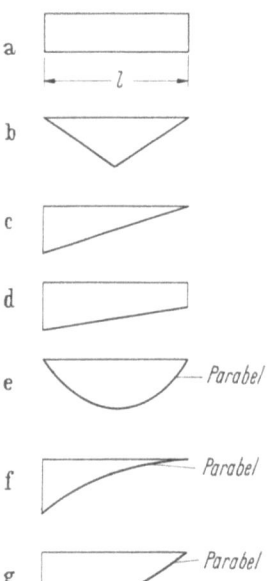

Abb. III B.22

sind, so können für die Arbeitsintegrale nach (III B.41) geschlossene Formeln ermittelt werden. Sie sind für viele Fälle in Tafelzusammenstellungen bereits angegeben [z. B. T 3, T 4, T 9, T 10, T 12].

Die Tab. III B.1 gibt einige wenige Sonderfälle an.

Auch für die Arbeitsintegrale bei veränderlichen Querschnitten sind für besondere Gesetze des Querschnittsverlaufs Tafelzusammenstellungen vorhanden. So findet man sowohl ausführliche Zusammenstellungen für (III B.39) (HIRSCHFELD [S 17]) als auch für (III B.40) (SCHRADER [T 11]).

Meist folgen bei größeren Stützweiten der Bauwerke weder die Schnittbelastungen noch die Querschnittswerte einfachen Gesetzen. Es waren daher vielfache Bestrebungen vorhanden, um einfache Rechenregeln für diese immer wieder auftretenden Arbeitsintegrale zu schaffen.

Verschiedentlich wird die Simpsonsche Formel, die im Abschn. I A 3 als Gl. (I A.64) angegeben wird, verwendet. Wird die betrachtete Trägerlänge in eine gerade Anzahl gleicher Strecken mit der Länge $c$ unterteilt und an jedem Knotenpunkt mit den dort vorhandenen Werten der Funktionen $F$ nach (III B.39) der Wert $p_i = (F_a F_b F_c)_i$ berechnet bzw. nach (III B.40) der Wert $p_i = (F_a F_b F_c F_d)_i$, so erhält man entsprechend (I A.64) und Abb. III B.23 und III B.24

$$a_{ab} = \frac{c}{3}(p_0 + 4p_1 + 2p_2 + 4p_3 + \cdots + 4p_{n-1} + p_n).$$

Vorausgesetzt wird dabei, daß über je zwei Abschnitte $c$ nach Abb. III B.24 durch die Punkte $p_i$ eine quadratische Parabel gelegt wird. So gern diese Formel verschiedentlich verwendet wird, hat sie bei der Berechnung von Verformungen von

Tabelle III B.1. *Sonderfälle für Arbeitsintegrale. Werte der Integrale* $\dfrac{1}{s}\displaystyle\int F_a F_b \, ds$

| $F_a \backslash F_b$ | ▭ | ◣ | ◢ | trapez | △ | △* | △ α,β |
|---|---|---|---|---|---|---|---|
| ▭ | $AC$ | $\tfrac{1}{2}BC$ | $\tfrac{1}{2}(A+B)C$ | $\tfrac{2}{3}AC$ | $\tfrac{2}{3}BC$ | $\tfrac{1}{3}BC$ | $\tfrac{1}{2}AC$ |
| ◣ | $\tfrac{1}{2}AD$ | $\tfrac{1}{3}BD$ | $\tfrac{1}{6}(A+2B)D$ | $\tfrac{1}{3}AD$ | $\tfrac{5}{12}BD$ | $\tfrac{1}{4}BD$ | $\tfrac{1}{6}AD(1+\alpha)$ |
| ◢ | $\tfrac{1}{2}AC$ | $\tfrac{1}{6}BC$ | $\tfrac{1}{6}(2A+B)C$ | $\tfrac{1}{3}AC$ | $\tfrac{1}{4}BC$ | $\tfrac{1}{12}BC$ | $\tfrac{1}{6}AC(1+\beta)$ |
| trapez | $\tfrac{1}{2}A(C+D)$ | $\tfrac{1}{6}B(C+2D)$ | $\tfrac{1}{6}[A(2C+D)+B(2D+C)]$ | $\tfrac{1}{3}A(C+D)$ | $\tfrac{1}{12}B(3C+5D)$ | $\tfrac{1}{12}B(C+3D)$ | $\tfrac{1}{6}A[C(1+\beta)+D(1+\alpha)]$ |
| △ * | $\tfrac{2}{3}AC$ | $\tfrac{1}{3}BC$ | $\tfrac{1}{3}(A+B)C$ | $\tfrac{8}{15}AC$ | $\tfrac{7}{15}BC$ | $\tfrac{1}{5}BC$ | $\tfrac{1}{3}AC(1+\alpha\beta)$ |
| △* | $\tfrac{2}{3}AD$ | $\tfrac{5}{12}BD$ | $\tfrac{1}{12}(3A+5B)D$ | $\tfrac{7}{15}AD$ | $\tfrac{8}{15}BD$ | $\tfrac{3}{10}BD$ | $\tfrac{1}{12}AD(5-\beta-\beta^2)$ |
| ◣* | $\tfrac{2}{3}AC$ | $\tfrac{1}{4}BC$ | $\tfrac{1}{12}(5A+3B)C$ | $\tfrac{7}{15}AC$ | $\tfrac{11}{30}BC$ | $\tfrac{2}{15}BC$ | $\tfrac{1}{12}AC(5-\alpha-\alpha^2)$ |
| ◢* | $\tfrac{1}{3}AD$ | $\tfrac{1}{4}BD$ | $\tfrac{1}{12}(A+3B)D$ | $\tfrac{1}{5}AD$ | $\tfrac{3}{10}BD$ | $\tfrac{1}{5}BD$ | $\tfrac{1}{12}AD(1+\alpha+\alpha^2)$ |
| △* | $\tfrac{1}{3}AC$ | $\tfrac{1}{12}BC$ | $\tfrac{1}{12}(3A+B)C$ | $\tfrac{1}{5}AC$ | $\tfrac{2}{15}BC$ | $\tfrac{1}{30}BC$ | $\tfrac{1}{12}AC(1+\beta+\beta^2)$ |
| parabola | $\tfrac{1}{2}AC$ | $\tfrac{1}{4}BC$ | $\tfrac{1}{4}(A+B)C$ | $\tfrac{5}{12}AC$ | $\tfrac{17}{48}BC$ | $\tfrac{7}{48}BC$ | $\tfrac{1}{12}AC\left(\dfrac{3-4\alpha^2}{\beta}\right)$ |

\* Quadratische Parabel.

statisch bestimmten Grundsystemen, die zur Berechnung der statisch unbestimmten Größen erforderlich sind, den Nachteil, daß die Rechenkontrollen nie genau stimmen können.

Wenn z. B. in (III B.39) die Schnittbelastungen $F_a$ und $F_b$ für zwei bestimmte Belastungszustände gegeben sind, so sind durch die Festlegung der quadratischen Parabel durch die Punkte $p_{i-1}$, $p_i$ und $p_{i+1}$ auch die Querschnittswerte $F_c$ im Bereich $i-1$ bis $i+1$ festgelegt. Bei anderen Belastungszuständen $F_a$ und $F_b$ gilt dementsprechend, da wieder willkürlich eine Parabel als Verbindungslinie angenommen wird, im Bereich $i-1$ bis $i+1$ ein anderes Gesetz für die Funktion $F_c$. Es liegen also für die verschiedenen Arbeitsintegrale zwischen den Knotenpunkten verschiedene Funktionen $F_c$ vor, die zu kleinen Abweichungen in den genauen Werten führen und so die Rechengenauigkeit in Frage stellen.

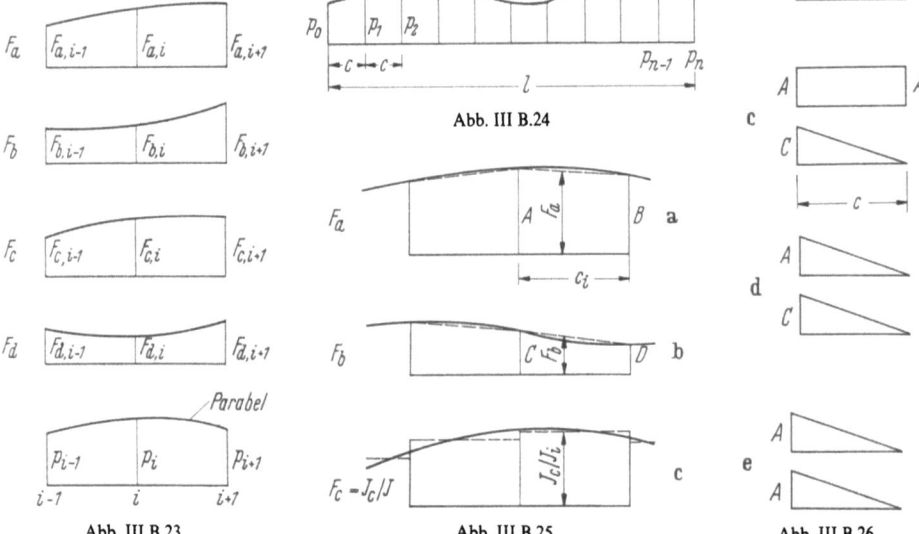

Abb. III B.23  Abb. III B.24  Abb. III B.25  Abb. III B.26

Wie bereits im Abschn. I A bei der Berechnung der Knotenlasten erwähnt wurde (Abb. I A.45), empfiehlt es sich, die Feldlänge in genügend kleine Teilintervalle $c$ aufzuteilen. Es genügt der üblichen Rechengenauigkeit, wenn man die Funktionen $F_a$ und $F_b$ zwischen den Knotenpunkten geradlinig verlaufend annimmt (Abb. III B.25a u. b) und für ein Teilintervall von der Länge $c$ die Funktionen $F_c$ bzw. $F_d$ (z. B. $J_c/J_i$ in Abb. III B.25c) konstant annimmt.

Damit ergibt sich als Trapezregel sowohl für (III B.39) als auch für (III B.40), da $F_c F_d$ ebenfalls ein konstanter Wert ist, z. B.

$$a_{a,b} = \int F_a F_b \frac{J_c}{J} ds = \sum \frac{c_i}{6} \frac{J_c}{J_i} [A(2C+D) + B(2D+C)], \quad \text{(III B.42)}$$

wobei die $\sum$ über alle Teilfelder zu erstrecken ist.

Da die $J_c/J_i$-Werte für alle Belastungsfälle in den einzelnen Feldbereichen unverändert bleiben, hat diese Formel den Vorteil, daß alle Rechenkontrollen ganz genau stimmen. Treten Unstimmigkeiten auf, so kann es sich in diesem Fall nur um einen Rechenfehler handeln und um keinen systematischen Fehler.

Mit dieser Formel können in einfachster Weise alle Verformungen — bei beliebiger Belastung und beliebigen Querschnittswerten — von vollwandigen Tragwerken berechnet werden, bei Einhaltung der geforderten Rechengenauigkeit.

Mit Rücksicht auf die Häufigkeit der Anwendung werden einige Sonderfälle nach Abb. III B.26 des Integrals $\int F_a F_b \, ds$ für ein Intervall $c$ angegeben.

$$\text{Abb. III B.26a:} \quad \int F_a F_b \, ds = \frac{c}{3}(A^2 + AB + B^2); \tag{III B.43a}$$

$$\text{Abb. III B.26b:} \quad = \frac{c}{2} A (C + D); \tag{III B.43b}$$

$$\text{Abb. III B.26c:} \quad = \frac{c}{2} A C; \tag{III B.43c}$$

$$\text{Abb. III B.26d:} \quad = \frac{c}{3} A C; \tag{III B.43d}$$

$$\text{Abb. III B.26e:} \quad = \frac{c}{3} A^2. \tag{III B.43e}$$

## 5. Verformung an einer bestimmten Stelle und in einer bestimmten Richtung

### a) Beliebiger Belastungszustand

Für ein gegebenes System (z. B. Abb. III B.27) ist der Belastungsfall $B$ durch beliebig angreifende äußere Lasten $\mathfrak{P}$ und äußere Momente $^a\mathfrak{M}$ gegeben. Diesem entsprechen Schnittbelastungen $M_B, N_B, Q_B, T_B$ und elastische Verformungen. Es wird eine Verschiebung $v^*_{B,i;a-a}$ des Punktes $i$ in einer vorgegebenen Richtung $a-a$ auftreten. ($a-a$ kann eine beliebige Richtung im Raum sein.) Bringt man am System im Punkt $i$ einen zweiten virtuellen Belastungszustand $^v\mathfrak{P}_i = 1$ in Richtung $a-a$ an (Abb. III B.27), so ergeben sich dazugehörige Schnittlasten $^vM_i, ^vN_i, ^vQ_i$ und $^vT_i$.

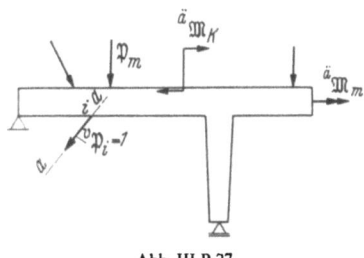

Abb. III B.27

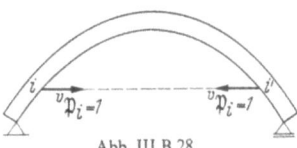

Abb. III B.28

Nach (III B.33) ist $1 v^*_{B,i;a-a} = {}^vA_i$ bzw. nach (III B.38)

$$E J_c v^*_{B,i;a-a} = \int {}^vN_i N_B \frac{J_c}{F} ds + \int {}^vM_i M_B \frac{J_c}{J} ds + \frac{E}{G} \int k \, {}^vQ_i Q_B \frac{J_c}{F} ds +$$
$$+ \frac{E}{G} \int {}^vT_i T_B \frac{J_c}{J_d} ds. \tag{III B.44}$$

Diese Integrale erstrecken sich über alle Teile des Systems, soweit nicht aus dem Belastungszustand $B$ oder dem virtuellen Belastungszustand $^v\mathfrak{P}_i = 1$ für einzelne Bereiche Schnittbelastungen verschwinden.

Ist die gegenseitige Verschiebung zweier Punkte $i-i'$ für einen gegebenen Belastungszustand $B$ zu ermitteln, so sind als virtuelle Belastung zwei entgegengesetzt gerichtete Kräfte $^v\mathfrak{P}_i = 1$ in den Punkten $i$ und $i'$ und in Richtung $i-i'$ anzubringen (Abb. III B.28) und hierfür die Schnittbelastungen zu berechnen ($^vM_i, ^vN_i, ^vQ_i$ usw.). Damit ergibt sich entsprechend (III B.44)

$$E J_c \Delta s_{B,i-i'} = {}^vA_i E J_c. \tag{III B.45}$$

In Sonderfällen mit konstanten Querschnittswerten kann man die Integration geschlossen durchführen, bei veränderlichen Querschnittswerten wird man zweckmäßig (III B.42) anwenden. Zum Beispiel ergibt sich für den Einfeldträger mit der gleichförmigen Belastung $g$ aus ständiger Last und konstantem Querschnitt (Abb. III B.29a) für die Durchbiegung in Feldmitte mit $J_c/J = 1$, mit

$$M_g = \frac{x}{2}(l - x) g$$

und

$$M_i = \frac{x}{2}$$

aus der virtuellen Belastung $^v\mathfrak{P}_m = 1$ (Abb. III B.29b), wenn nur die Momenteneinflüsse berücksichtigt werden:

$$E J_c w_{g,m} = 2 \int_0^{l/2} M_g \, ^vM_i \cdot 1 \cdot \mathrm{d}x = \frac{g}{2} \int_0^{l/2} x^2 (l-x) \, \mathrm{d}x = \frac{g}{2} \left| \frac{x^3}{3} l - \frac{x^4}{4} \right|_0^{l/2} = \frac{5}{384} g l^4.$$

Für den Kragträger, der am Ende $e$ durch eine Einzellast $P_e$ belastet ist (Abb. III B.30a) und konstanten Querschnitt hat, ergibt sich die Durchbiegung am Kragende aus dem Einfluß der Momente mit

$$M_P = P x$$

und

$$^vM_{P_e = 1} = x$$

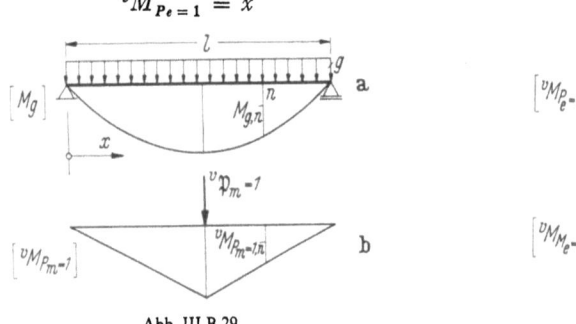

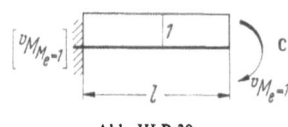

Abb. III B.29  Abb. III B.30

aus der virtuellen Belastung $^v\mathfrak{P}_e = 1$ (Abb. III B.30b) zu

$$E J_c w_{P,e} = \int M_P \, ^vM_{P_e=1} \cdot 1 \cdot \mathrm{d}x = P \int x^2 \, \mathrm{d}x = P \left| \frac{x^3}{3} \right|_0^l = \frac{P l^3}{3}.$$

Nach (III B.43d) ergibt sich ebenfalls mit $A = Pl$; $C = l$, $c = l$

$$E J_c w_{P,e} = \frac{c}{3} \frac{J_c}{J} A C = \frac{P l^3}{3}.$$

Für veränderliche Querschnitte ist die Berechnung von Verformungen mit der Summenformel (III B.42) im Beispiel 15 gezeigt.

Soll die Drehung eines Querschnittes im Punkt $i$ infolge eines Belastungszustandes $B$ ermittelt werden, so wird an dieser Stelle ein virtuelles Moment $^v\mathfrak{M}_i = 1$ angebracht, für das sich die Schnittbelastungen $^vM_i$, $^vQ_i$ usw. ergeben.

Damit ergibt sich mit $^vA_i$ nach (III B.44)

$$E J_c \varphi_{B,i} = {}^vA_i. \qquad \text{(III B.46)}$$

Da $\varphi_{B,i}$ im Bogenmaß erhalten wird, gilt für die Umrechnung in Grade

$$\varphi^0_{B,i} = \varphi_{B,i} \frac{180}{\pi}. \qquad \text{(III B.47)}$$

Für das Beispiel des Kragarms nach Abb. III B.30a beträgt die Drehung des Endquerschnittes mit der virtuellen Belastung $^v\mathfrak{M}_e = 1$ (Abb. III B.30c) nach (III B.46)

$$EJ_c\varphi_{B,e} = \int M_P{}^vM_{M_e=1} \cdot 1 \cdot dx \text{ und mit (III B.43c) und } C = Pl; A = 1{,}0; l = c$$

$$EJ_c\varphi_{B,e} = \frac{c}{2}\frac{J_c}{J}AC = P\frac{l^2}{2}.$$

Ist die gegenseitige Drehung zweier Querschnitte (z. B. die gegenseitige Drehung der beiden Trägerenden am Gelenk $e$ des Gelenkträgers nach Abb. III B.31 a) zu ermitteln, so wird ein virtuelles Momentenpaar ${}^v\mathfrak{M}_e = 1$ in diesem Punkt aufgebracht (z. B. ${}^vM_e = 1$ in Abb. III B.31 b), und man erhält damit die Schnittbelastungen ${}^vM_{M_e=1}, {}^vQ_{M_e=1}$ usw.

Damit ergibt sich entsprechend (III B.44)

$$EJ_c\Delta\varphi_{B,e} = {}^vA_i. \quad \text{(III B.48)}$$

In gleicher Weise wie $w_i, \varphi_i, \Delta\varphi_i$ können alle beliebigen Verformungen berechnet werden.

Bei einem Dreigelenkbogen (z. B. Abb. III B.32 a) sind sowohl für den gegebenen Belastungszustand $B$ als auch für den virtuellen Belastungszustand (z. B. ${}^v\mathfrak{P}_i = 1$ in Richtung

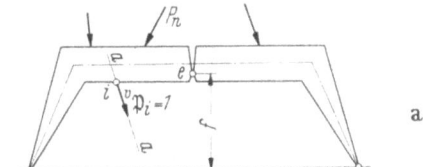

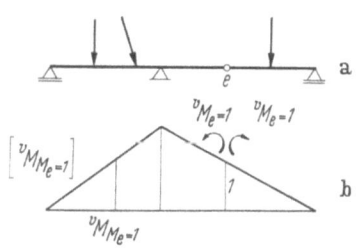

Abb. III B.31

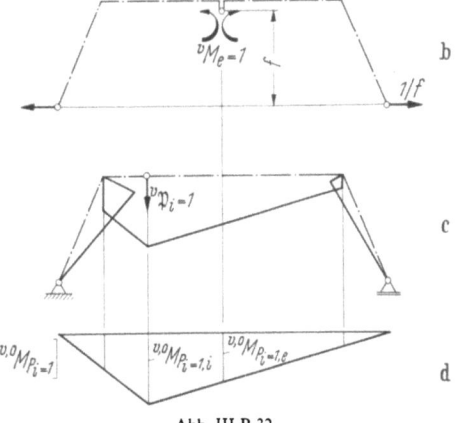

Abb. III B.32

$a-a$, wenn die Verschiebung in Richtung $a-a$ ermittelt werden soll) die Schnittbelastungen $M_B, Q_B, N_B$; ${}^vM_{P_i=1}, {}^vN_{P_i=1}, {}^vQ_{P_i=1}$ am Dreigelenkbogen zu berechnen und die Gl. (III B.44) zugrunde zu legen.

Um die gegenseitige Drehung der Gelenkquerschnitte für den Belastungszustand $B$ in $e$ (Abb. III B.32b) zu ermitteln, ist das Momentenpaar ${}^v\mathfrak{M}_e = 1$ im Gelenkpunkt $e$ anzubringen, und es sind dafür die Lagerkräfte und Schnittbelastungen ${}^vM_{M_e=1}, {}^vQ_{M_e=1}, {}^vN_{M_e=1}$ am Dreigelenkbogen zu bestimmen.

Nach (III B.44) erhält man damit $EJ_c\Delta\varphi_{B,e} = {}^vA_i$.

Ist aber der Wert $\Delta\varphi_{B,e}$ im Gelenkpunkt bekannt, so kann — entsprechend den Überlegungen beim Fachwerk-Dreigelenkbogen des Abschn. III A 4 — die virtuelle Belastung bei der Ermittlung einer Verformung auch auf den Einfeldbalken aufgebracht werden (Abb. III B.32c). Die virtuellen Schnittlasten ergeben sich dann am Einfeldbalken (z. B. Werte ${}^{v,0}M_{P_i=1}$ der Abb. III B.32d und ${}^{v,0}M_{P_i=1,e}$ am Gelenkpunkt). Bei der Berechnung der Verformung ist neben (III B.44) in diesem Fall noch die Arbeit des Momentes ${}^{v,0}M_{P_i=1,e}$ infolge der gegenseitigen Drehung $\Delta\varphi_{B,e}$ zu berücksichtigen. Es gilt in diesem Fall mit (III B.44):

$$EJ_c v^*_{B,i;a-a} = \int {}^{v,0}N_{P_i=1} N_B \frac{J_c}{J} ds + \int {}^{v,0}M_{P_i=1} M_B \frac{J_c}{J} ds +$$

$$+ \frac{E}{G}\int k\, {}^{v,0}Q_{P_i=1} Q_B \frac{J_c}{F} ds + {}^{v,0}M_{P_i=1,e} EJ_c \Delta\varphi_{B,e}. \quad \text{(III B.49)}$$

$M_B, N_B$ usw. sind dabei am Dreigelenkbogen, $^{v,0}M_{P_i=1}$, $^{v,0}N_{P_i=1}$ usw. sind am Einfeldträger ohne Gelenk zu berechnen.

Ähnliche Überlegungen gelten für alle über- und unterspannten Systeme, wie dies bereits bei der Berechnung der Verformungen von über- und unterspannten Fachwerksystemen des Abschn. III A 4 gezeigt wurde. Die Schnittbelastungen werden dabei zweckmäßig mit der Methode der Schnittbelastungsvertauschung berechnet.

(Siehe Beispiele 15 und 18.)

### b) Temperatureinflüsse

Tritt in einem System gegenüber dem Aufstellungszustand eine gleichmäßige Temperaturänderung $t_s$ auf, so ergibt sich in einem Stabelement ds bei einer Temperaturerhöhung die Längenänderung

$$\Delta\,ds = \alpha_t\, t_s\, ds.$$

Soll die Verschiebung $v^*_{T,i;a-a}$ entsprechend Abschn. a bestimmt werden, so erhält man entsprechend (III B.33) und (III B.44) den Ausdruck

$$EJ_c\, v^*_{T,i;a-a} = EJ_c\, \alpha_t \int {}^vN_{P_i=1}\, t_s\, ds. \qquad \text{(III B.50)}$$

Ist außer der Temperaturänderung $t_s$ der Schwerachse noch eine Temperaturdifferenz $\Delta t = t_u - t_o$ zwischen Unter- und Oberkante des Querschnittes vorhanden, so ergeben sich gemäß (III B.33) und (III B.44) für Verschiebungen bzw. Drehungen folgende Ausdrücke:

$$EJ_c\, v^*_{\Delta T,i;a-a} = EJ_c\, \alpha_t \int {}^vM_{P_i=1}\left(\frac{t_u - t_o}{h}\right) ds \qquad \text{(III B.51)}$$

bzw.

$$EJ_c\, \varphi^*_{\Delta T,i} = EJ_c\, \alpha_t \int {}^vM_{P_i=1}\,\frac{(t_u - t_o)}{h}\, ds. \qquad \text{(III B.52)}$$

Alle in Abschn. a gemachten Entwicklungen gelten sinngemäß auch für diesen Abschnitt, es sind nur statt der Längenänderungen und Drehungen aus dem Belastungszustand $B$ die Längenänderung der Stabachse infolge Temperaturänderung $t_s$ und die Drehung des Querschnittes infolge eines Temperaturunterschiedes $\Delta t$ zwischen Unterkante und Oberkante des Querschnittes einzuführen.

### c) Widerlagerbewegungen

Bewegen sich die Lager statisch bestimmter Systeme, so treten infolge dieser Bewegungen keine elastischen Formänderungen auf. Die diesbezüglichen Überlegungen zur Ermittlung der Verschiebungen bzw. gegenseitigen Verschiebungen von Punkten des starren Systems, unter Voraussetzung geringer Lagerbewegungen, sind im Abschn. III A 4 für Fachwerksysteme behandelt und können sinngemäß für Vollwandsysteme übernommen werden.

Bei einfachen Systemen können Verschiebungen und Drehungen bereits aus der Anschauung — aus geometrischen Überlegungen — bestimmt werden.

Zum Beispiel gilt für den Kragträger nach Abb. III B.33a bei einer Senkung des Lagers $r$ um $w_r$ mit der Biegelinie nach Abb. III B.33b:

$$\tan\varphi \approx \varphi = \frac{w_r}{l};\quad w_i = w'_i = x_i\frac{w_r}{l};\quad w_e = w'_e = x_e\frac{w_r}{l};$$

$$u_l = u_r = u_i = 0;\quad u'_l = u'_r = u'_i = u'_e = +\frac{w_r}{l}h.$$

Bei komplizierteren Systemen wird man wieder den Satz von den virtuellen Arbeiten anwenden. Mit $^vA_i = 0$ bei starren Systemen gilt nach (III A.19)

$$^vA_{\ddot{a}} = 0. \qquad \text{(III B.53)}$$

Erläutert sei dieses Verfahren am System Abb. III B.33a bei einer Lagersenkung $w_r$. Will man die Durchbiegung $w_{W,e}$ bestimmen, so bringt man in Punkt $e$ die virtuelle Last ${}^v\mathfrak{P}_e = 1$ an (Abb. III B.33c). Damit wird der Lagerdruck ${}^vA_{P_e=1,r} = x_e/l$.

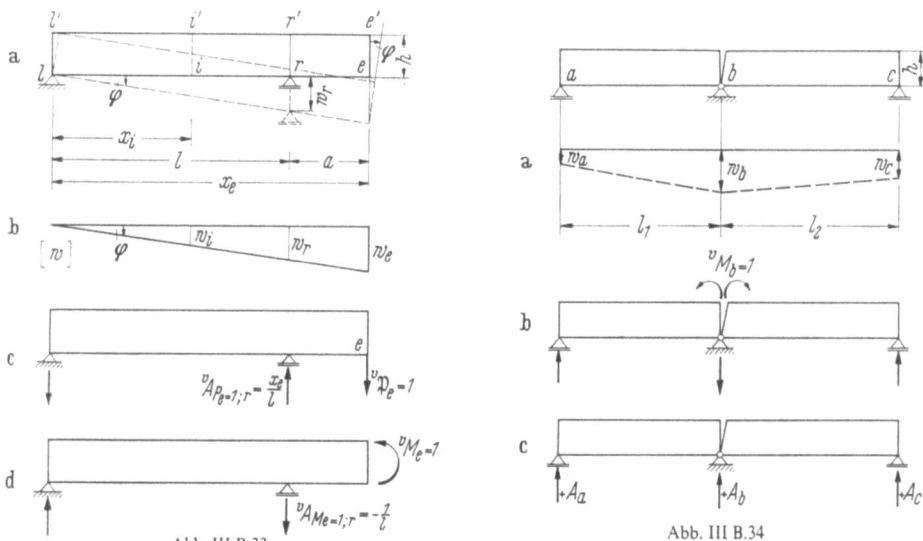

Abb. III B.33            Abb. III B.34

Da der Lagerpunkt $l$ in Ruhe bleibt, leisten von den äußeren virtuellen Kräften nur ${}^v\mathfrak{P}_e = 1$ und ${}^vA_{P_e=1,r}$ eine Arbeit.

$${}^vA_a = 1 w_e - \frac{x_e}{l} w_r = 0 \quad \text{und} \quad w_e = \frac{x_e}{l} w_r.$$

Will man die Drehung des Endquerschnittes $e$ ermitteln, so ist das virtuelle Moment ${}^v\mathfrak{M}_e = 1$ anzubringen (Abb. III B.33d).

$${}^vA_a = 1 \varphi_e + \frac{1}{l} w_r = 0; \quad \varphi_e = -\frac{w_r}{l}.$$

Für die beiden Einfeldträger nach Abb. III B.34a soll die gegenseitige Drehung $\varphi_W$ der Endquerschnitte am Lager $b$ infolge der Lagersenkungen $w_a$, $w_b$ und $w_c$ ermittelt werden.

Mit (III B.53) ergibt sich mit dem virtuellen Momentenpaar ${}^vM_b = 1$ (Abb. III B.34b)

$${}^vA_a = 1 \varphi_W + \sum {}^v\mathfrak{A}_{M_b=1} \cdot \mathfrak{v}_W = 0$$

bzw.

$$\varphi_W = -\sum {}^v\mathfrak{A}_{M_b=1} \cdot \mathfrak{v}_W.$$

Mit der Vorzeichenfestlegung für $A$ nach Abb. III B.34c wird

$$\varphi_W = +\sum {}^vA_{M_b=1,n} w_n; \quad \text{(III B.54)}$$

$${}^vA_{M_b=1,a} = \frac{+1}{l_1}; \quad {}^vA_{M_b=1,b} = -\left(\frac{1}{l_1} + \frac{1}{l_2}\right); \quad {}^vA_{M_b=1,c} = +\frac{1}{l_2};$$

$$\varphi_W = \frac{1}{l_1} w_a - \left(\frac{1}{l_1} + \frac{1}{l_2}\right) w_b + \frac{1}{l_2} w_c = -\left(\frac{w_b - w_a}{l_1} + \frac{w_b - w_c}{l_2}\right).$$

Mit (III B.53) ist jede beliebige Verschiebung oder Drehung eines beliebigen Systems zu bestimmen.

Will man z. B. für das System nach Abb. III B.35 für eine gegebene Lagerverschiebung $\mathfrak{v}^*_{W,a}$ und $\mathfrak{v}^*_{W,d}$ Bewegungen des starren Systems ermitteln, so gilt folgendes: Für die Bestimmung der Verschiebung des Punktes $i$ in lotrechter Richtung ist die virtuelle Last $^v\mathfrak{P}_i = 1$ aufzubringen. Es ist

$$1\,w_{W,i} + {^v\mathfrak{A}}_{Pi=1,\,a} \cdot \mathfrak{v}^*_{W,a} = 0; \qquad w_{W,i} = -{^v\mathfrak{A}}_{Pi=1,\,a} \cdot \mathfrak{v}^*_{W,a}.$$

Für die Bestimmung der horizontalen Verschiebung $u_{W,j}$ des Punktes $j$ ist die virtuelle Last $^v\mathfrak{P}_j = 1$ anzubringen. Es ist

$$1\,u_{W,j} + {^v\mathfrak{A}}_{Pj=1,\,a} \cdot \mathfrak{v}^*_{W,a} + {^v\mathfrak{A}}_{Pj=1,\,d} \cdot \mathfrak{v}^*_{W,d} = 0.$$

Für die Bestimmung der gegenseitigen Verschiebung $\varDelta_{e-e'}$ der Punkte $e$ und $e'$ sind die beiden virtuellen Lasten $^v\mathfrak{P}_e = 1$ und $^v\mathfrak{P}_{e'} = 1$ in Richtung $e-e'$ anzubringen. Es ist

$$1\,\varDelta_{W,e-e'} + {^v\mathfrak{A}}_{Pe=1+Pe'=1,\,a} \cdot \mathfrak{v}^*_{W,a} + {^v\mathfrak{A}}_{Pe=1+Pe'=1,\,d} \cdot \mathfrak{v}^*_{W,d} = 0.$$

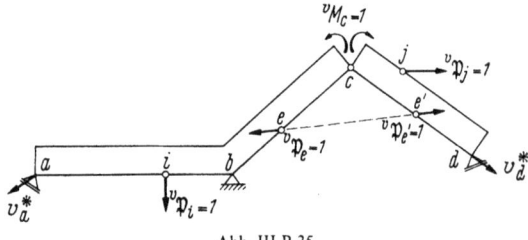

Abb. III B.35

Für die Bestimmung der gegenseitigen Drehung $\varphi_{W,c}$ der Querschnitte im Gelenkpunkt $c$ sind die beiden virtuellen Momente $^v\mathfrak{M}_c = 1$ anzubringen. Es ist

$$1\,\varphi_{W,c} = {^v\mathfrak{A}}_{Mc=1,\,a} \cdot \mathfrak{v}^*_{W,a} + {^v\mathfrak{A}}_{Mc=1,\,d} \cdot \mathfrak{v}^*_{W,d} = 0.$$

(Siehe Beispiel 15.)

## 6. Linie der vertikalen Durchbiegungen des Systems (Biegelinie)

### a) Analogie mit der Seillinie für den Einfeldbalken

Für eine Seillinie gilt für die Belastung $q$ (Abb. III B.36a)

$$M = H\,s$$

bzw.

$$\frac{d^2 s}{d x^2} = -\frac{q}{H}. \tag{III B.55}$$

Denkt man sich $q$ auf einen Einfeldbalken mit der Stützweite $l$ wirkend, so gilt (Abb. III B.36b)

$$\frac{dM}{dx} = Q = H\,\frac{ds}{dx};$$

$$\frac{d^2 M}{dx^2} = -q = H\,\frac{d^2 s}{dx^2} \quad \text{bzw.} \quad \frac{d^2 s}{dx^2} = -\frac{q}{H}.$$

Vergleicht man mit (III B.55) die Gl. (III B.6)

$$\frac{d^2 w}{dx^2} = -\frac{M}{EJ}$$

für die Biegelinie eines Trägers infolge des Einflusses von Momenten, so erkennt man eine völlige Analogie zwischen diesen beiden Formeln, da auch die Randbedingungen übereinstimmen. Für $x = 0$ und $x = l$ sind sowohl $s$ wie $w$ gleich Null.
    Schreibt man (III B.6) in der Form

$$\frac{d^2 w}{dx^2} = -\frac{M\left(\dfrac{J_c}{J}\right)}{E J_c} \tag{III B.56}$$

und faßt man $M(J_c/J)$ als Belastung $q_{id}$ auf und $EJ_c$ als Horizontalkraft $H_{id}$ (Polweite im Seileck), so ist die Ordinate des Seilecks in bezug auf die Verbindungslinie der Lagerpunkte identisch mit der Durchbiegung $w$. Mit $M_{q_{id}} = H_{id} w$ ist aber die Biegelinie $w$ proportional dem Moment aus der ideellen Belastung $q_{id}$.

Dieses Ergebnis ist als Mohrscher Satz (1868) [S 25, S 26, S 27] bekannt. Er lautet: „Bringt man auf einem Einfeldträger die Momente aus der gegebenen Belastung als eine ideelle Belastung auf, so ist die sich daraus ergebende Momentenlinie proportional der Biegelinie aus der gegebenen Belastung."

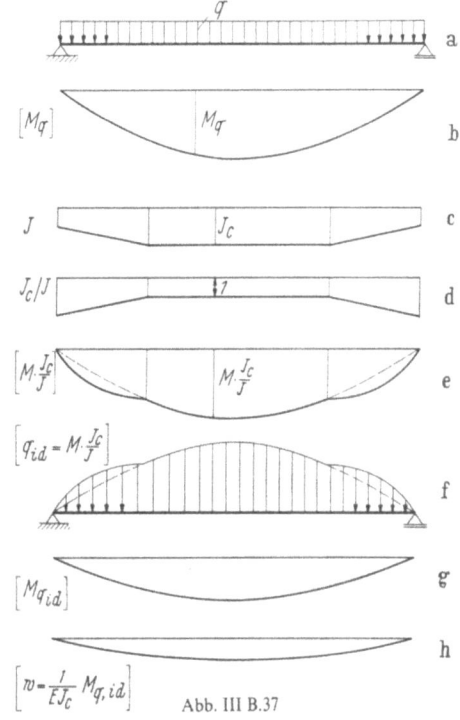

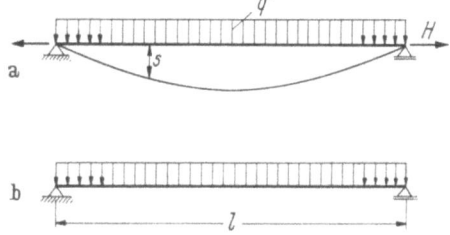

Abb. III B.36

Bringt man die $(J_c/J)$-fachen Momente als ideelle Belastung $q_{id}$ auf und bestimmt dazu die Momente $M_{q_{id}}$, so ist die Biegelinie $w$ die $1/(EJ_c)$-fache Linie von $M_{q_{id}}$ (Abb. III B.37a bis h).

Abb. III B.37

Bringt man die $(M/[EJ])$-fachen Momente als ideelle Belastung $q_{id}$ auf, so kann man (III B.6) in der Form

$$\frac{d^2 w}{dx^2} = -\frac{\dfrac{M}{EJ}}{1} \qquad (III\ B.57)$$

schreiben, d. h., mit $H = 1$ erhält man in diesem Fall direkt die Biegelinie. Gl. (III B.56) ist aber rechentechnisch der Gl. (III B.57) vorzuziehen.

Hat man nicht einen Einfeldbalken vorliegen, sondern einen Kragträger oder Gelenkträger, so sind die Momente als Belastung $q_{id}$ am symbolischen Balken (s. Abschn. III A 5c) anzubringen.

Der in diesem Abschnitt beschriebene Weg mit der Momentenlinie als ideeller Belastung wird in der Regel nur für Sonderfälle und selten verwendet. Wegen seiner Universalität wird der im nachfolgenden Abschnitt mittels $W$-Gewichten eingeschlagene Weg bevorzugt.

### b) Elastische Gewichte ($W$-Gewichte) für gerade oder polygonale Stabachse ebener Systeme

**$\alpha$) Beliebige Belastung.** Es gelten grundsätzlich die gleichen Überlegungen, wie sie in Abschn. III A 5a für die Fachwerkträger angestellt wurden.

Wenn ein System mit beliebig gekrümmter Systemachse gegeben ist, so wird diese zweckmäßig in entsprechend kleine gerade Teilstrecken $s_n$ aufgeteilt und die Belastung in den Knotenpunkten angreifend gedacht. Die Rechengenauigkeit leidet dadurch in keiner Weise, die Berechnung selbst wird aber wesentlich einfacher als bei beliebig gekrümmter Systemachse zwischen den Knotenpunkten. Diese Voraussetzung wird allen Untersuchungen dieses Abschnittes zugrunde gelegt.

Ist das System (z. B. Abb. III B.38a) beliebig durch Lasten $\mathfrak{P}_i$ bzw. Momente $^a\mathfrak{M}_i$ belastet, so entsprechen diesem Belastungszustand $B$ Schnittbelastungen $M_B$, $N_B$, $Q_B$ und zugehörige Verformungen der Stabelemente $ds$. Es wird sich daraus eine Biegelinie für die vertikalen Durchbiegungen mit den Ordinaten $w_{B,n}$ ergeben. Wie in Abschn. III A 5a ausgeführt ist, kann man sich die Biegelinie aus dem Belastungszustand $B$ als Seileck einer Belastung von $W$-Gewichten entstanden denken (Abb. III B.38b). Da das Seileck bei einem Einfeldbalken aber der Momentenlinie aus dieser Belastung durch $W$-Gewichte entspricht (Abschn. III A 5), ist die Momentenlinie, die sich aus den $W$-Gewichten ergibt, bereits die Biegelinie.

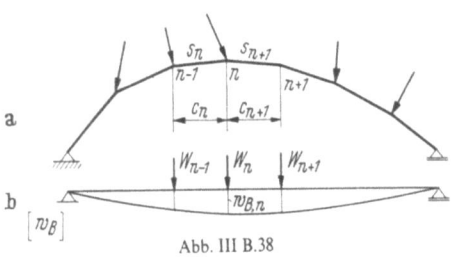

Abb. III B.38

Bringt man entsprechend Abschn. III A 5a im Punkt $n$ ein virtuelles Momentengegenpaar $^W\mathfrak{M}_n = 1\left(\dfrac{1}{c_n}c_n \text{ bzw. } \dfrac{1}{c_{n+1}}c_{n+1}\right)$ als $W$-Gewichtsbelastung $\dfrac{1}{c}$ (Abb. III B.39a) auf, so entspricht nach (III A.23) das $W$-Gewicht im Punkte $n$ der äußeren virtuellen Arbeit $^vA_{\ddot{a}}$, die die $W$-Gewichtsbelastung an den Verformungen aus dem gegebenen Belastungszustand leistet.

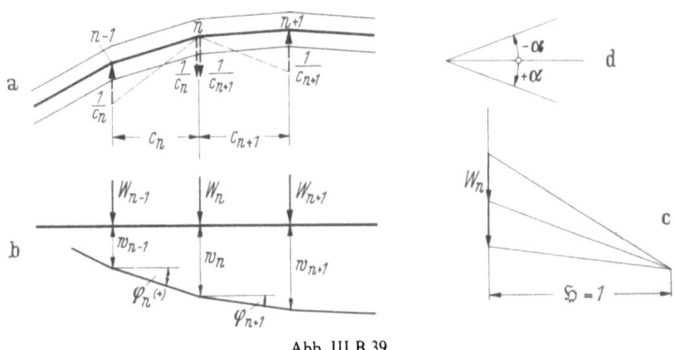

Abb. III B.39

Mit $^vA_{\ddot{a}} = {}^vA_i$ ergibt sich somit für das $W$-Gewicht nach (III B.33) die Bestimmungsgleichung

$$EJ_c W_{B,n} = \int {}^W M M_B \frac{J_c}{J} ds + \int {}^W N N_B \frac{J_c}{F} ds + \frac{E}{G}\int k \, {}^W Q Q_B \frac{J_c}{F} ds. \qquad \text{(III B.58)}$$

$^W M$, $^W N$ und $^W Q$ sind hierin die Schnittbelastungen aus der $W$-Gewichtsbelastung $1/c_n$ bzw. $1/c_{n+1}$ am gegebenen System.

Für die Ermittlung der Arbeitsintegrale wird es entsprechend obigen Ausführungen als zweckmäßig angesehen, die Schnittbelastungswerte von Knotenpunkt zu Knotenpunkt geradlinig verlaufend anzunehmen und die Querschnittswerte $F_n$, $J_n$, $k_n$ für das Stabteilstück $s_n$ als konstante Mittelwerte einzuführen. Damit erhalten alle Arbeitsintegrale die Form „$C \int F_a F_b \, ds$".

Deren Berechnung ist unter den gemachten Voraussetzungen nach (III B.43a bis e) in einfachster Weise durchzuführen.

Mit der Polweite $\mathfrak{H} = 1$ ist nach Abb. III B.39b u. c das Seileck aus der Belastung durch die $W$-Gewichte — gleichzeitig die oMmentenlinie aus dieser Belastung —

bereits die Biegelinie des Systems, wenn es sich um einen Einfeldbalken handelt. Bei anderen Systemen ist die Belastung aus den $W$-Gewichten am symbolischen Träger aufzubringen und dazu die Momente zu ermitteln (s. Abschn. III B 6c).

Entsprechend (III B.58) setzt sich das $W$-Gewicht aus drei Anteilen zusammen. Die $W$-Gewichtsbelastung $1/c$ für die Bestimmung des $W$-Gewichtes vom Punkt $n$ ist in Abb. III B.40a eingetragen, die zugehörigen Schnittbelastungen $^W M$, $^W N$ und $^W Q$ ergeben sich nach Zerlegung der Kräfte $1/c$ in Längskräfte und Querkräfte nach Abb. III B.40b bis d.

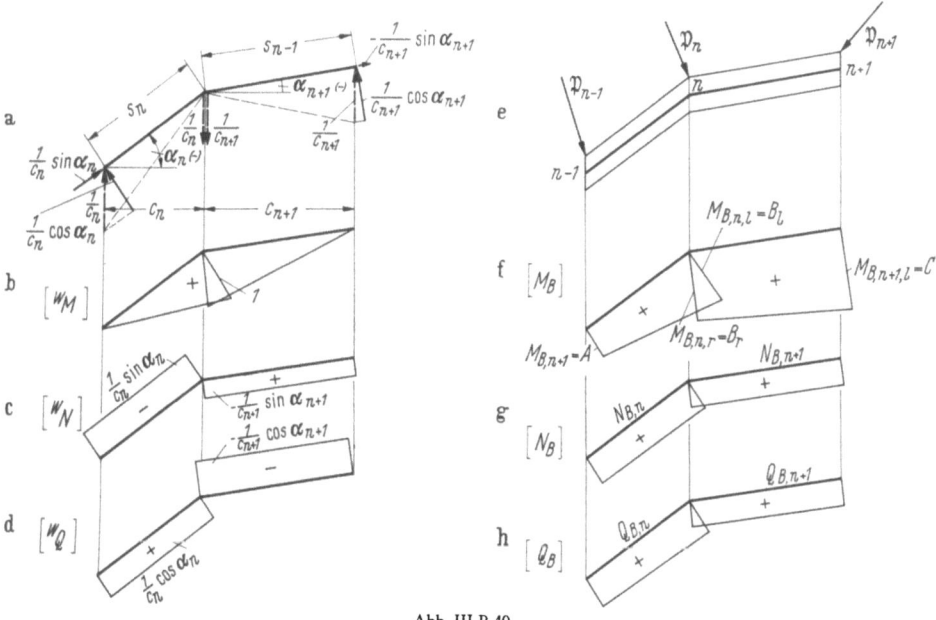

Abb. III B.40

Für eine beliebige in den Knotenpunkten angreifende Belastung (Belastungszustand $B$, Abb. III B.40e), ergeben sich die Schnittbelastungen $M_B$, $N_B$ und $Q_B$ nach Abb. III B.40f bis h. Hierbei können die Momente unmittelbar rechts und links der Knotenpunkte verschiedene Werte haben (z. B. $M_{B;n,l}$ und $M_{B;n,r}$). Nach (III B.58) und (III B.43a bis e) erhält man folgende Ausdrücke für die verschiedenen Anteile der $W$-Gewichte.

*W-Gewichtsanteil aus Momenten.* Nach Abb. III B.40b u. f wird

$$EJ_c{}^M W_{B,n} = \int {}^W M\, M_B \frac{J_c}{J} ds$$

$$= \frac{s_n}{6} \frac{J_c}{J_n}(M_{B;n-1,r} + 2M_{B;n,l}) + \frac{s_{n+1}}{6} \frac{J_c}{J_{n+1}}(2M_{B;n,r} + M_{B;n+1,l})$$

$$= \frac{s_n}{6} \frac{J_c}{J_n}(A + 2B_l) + \frac{s_{n+1}}{6} \frac{J_c}{J_{n+1}}(2B_r + C). \tag{III B.59}$$

Für den Sonderfall eines geraden Trägers (Abb. III B.41a) mit konstantem Wert $J_c/J = 1$ und konstanter Feldweite $c$ wird mit $M_B$ nach Abb. III B.41a und $^W M$ nach Abb. III B.41b aus (III.B.59)

$$EJ_c{}^M W_{B,n} = \frac{c}{6}(M_{B,n-1} + 4M_{B,n} + M_{B,n+1}). \tag{III B.60}$$

Verläuft $M_B$ nach Abb. III B.42 zwischen den Punkten $n-1$ und $n+1$ geradlinig, so ergibt sich mit $M_{B,n-1} = M_{B,n} - \Delta M_B$ und $M_{B,n+1} = M_{B,n} + \Delta M_B$ aus (III B.60)

$$E J_c {}^M W_{B,n} = c\, M_{B,n}. \qquad (\text{III B.61})$$

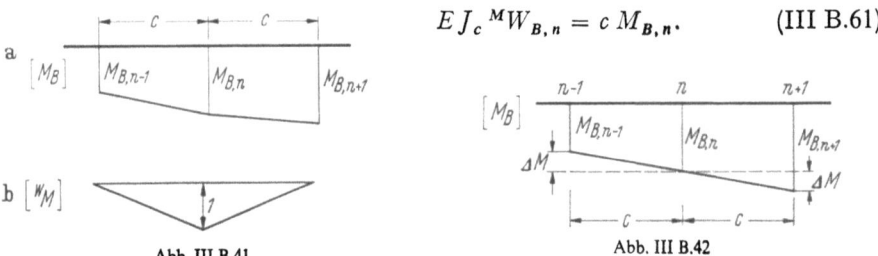

Abb. III B.41   Abb. III B.42

*W-Gewichtsanteil aus Längskräften.* Nach Abb. III B.40c u. g wird mit $c = s\cos\alpha$ und mit Rücksicht darauf, daß die Momentenanteile der $W$-Gewichte mit $EJ_c$ multipliziert sind,

$$E J_c {}^N W_{B,n} = \int {}^W N\, N_B \frac{J_c}{F}\, ds$$

$$= s_n \frac{J_c}{F_n}\left(+\frac{1}{c_n}\sin\alpha_n\right) N_{B,n} + s_{n+1}\frac{J_c}{F_{n+1}}\left(-\frac{1}{c_{n+1}}\sin\alpha_{n+1}\right) N_{B,n+1}$$

$$= +\frac{J_c}{F_n} N_{B,n}\tan\alpha_n - \frac{J_c}{F_{n+1}} N_{B,n+1}\tan\alpha_{n+1}. \qquad (\text{III B.62a})$$

In dieser Formel ist der Winkel $\alpha$ nach rechts unten fallend positiv eingeführt (Abb. III B.39d). Wird $\alpha$ nach rechts oben steigend positiv gezählt, so lautet das $W$-Gewicht

$$E J_c {}^N W_{B,n} = -\frac{J_c}{F_n} N_{B,n}\tan\alpha_n + \frac{J_c}{F_{n+1}} N_{B,n+1}\tan\alpha_{n+1}. \qquad (\text{III B.62b})$$

Der $W$-Gewichtsanteil aus den Längskräften kann in den meisten Fällen wegen seiner Kleinheit gegenüber dem Momentenanteil vernachlässigt werden.

Für einen horizontalen Träger tritt mit Rücksicht auf ${}^W N = 0$ kein Wert ${}^N W_{B,n}$ auf.

*W-Gewichtsanteil aus Querkräften.* Nach Abb. III B.40d u. h wird mit $s = c/\cos\alpha$ und mit Rücksicht darauf, daß die Momentenanteile der $W$-Gewichte mit $EJ_c$ multipliziert sind,

$$E J_c {}^Q W_{B,n} = \frac{E}{G}\int k\, {}^W Q\, Q_B \frac{J_c}{F}\, ds$$

$$= \frac{E}{G}\left(k_n \frac{J_c}{F_n} \frac{s_n \cos\alpha_n}{c_n} Q_{B,n} - k_{n+1}\frac{J_c}{F_{n+1}}\frac{s_{n+1}\cos\alpha_{n+1}}{c_{n+1}} Q_{B,n+1}\right)$$

$$= \frac{E}{G}\left(k_n \frac{J_c}{F_n} Q_{B,n} - k_{n+1}\frac{J_c}{F_{n+1}} Q_{B,n+1}\right). \qquad (\text{III B.63})$$

Hat der Träger konstanten Querschnitt, d. h. ist $k J_c/F$ in allen Feldern gleich, so lautet (III B.63)

$$E J_c {}^Q W_{B,n} = \frac{E}{G} k \frac{J_c}{F}(Q_{B,n} - Q_{B,n+1}). \qquad (\text{III B.64})$$

Handelt es sich um einen horizontalen Träger mit nur vertikaler Belastung (Abb. III B.43a u. b) und konstantem Querschnitt, so wird mit $P_n = Q_{B,n} - Q_{B,n+1}$

$$E J_c {}^Q W_{B,n} = \frac{E}{G} k \frac{J_c}{F} P_n. \qquad (\text{III B.65})$$

Der $W$-Gewichtsanteil ${}^Q W_{B,n}$ ist somit direkt proportional der Belastung $P_n$ und die Biegelinie für einen Einfeldträger direkt proportional dem Moment $M_{B,n}$. Für einen Stahlträger wird mit $E/G = 2{,}6$ und $k = F/F_{st}$ aus (III B.63)

$$EJ_c {}^Q W_{B,n} = 2{,}6 \left( \frac{J_c}{F_{st,n}} Q_{B,n} - \frac{J_c}{F_{st,n+1}} Q_{B,n+1} \right).$$
(III B.66)

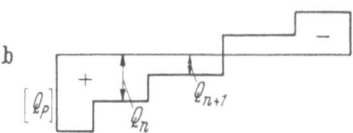

Abb. III B.43

$F_{st}$ ist nach (III B.22a) die Fläche des Steges des Stahlträgers. Der $W$-Gewichtsanteil aus den Querkräften kann in den meisten Fällen wegen seiner Kleinheit gegenüber dem Momentenanteil vernachlässigt werden.

*Gesamtes W-Gewicht.* Nach (III B.58) gilt

$$EJ_c W_{B,n} = EJ_c {}^M W_{B,n} + EJ_c {}^Q W_{B,n} + EJ_c {}^N W_{B,n}. \quad \text{(III B.67)}$$

(Siehe Beispiele 14, 15 und 32.)

β) **Temperatur.** Soll die Biegelinie einer Systemachse unter dem Einfluß von Temperaturänderungen gegenüber dem Aufstellungszustand bestimmt werden, so kann diese in gleicher Weise wie in Abschn. α mittels $W$-Gewichten berechnet werden.

*Gleichmäßige Temperaturänderung $t_s$ des Systems.* Bei einer Temperaturänderung entstehen bei einem statisch bestimmten System keine Schnittbelastungen.

Es tritt bei einer Temperaturerhöhung $(+t_s)$ nur eine Längung des Stabelements um

$$\Delta ds = \alpha_t t_s ds \quad \text{(III B.68)}$$

auf. Bei Temperaturabnahme ist $t_s$ negativ einzuführen.

Mit $M_T = N_T = Q_T = 0$ erhält man nach (III B.33) nur einen $W$-Gewichtsanteil aus den virtuellen Längskräften unter Beachtung von Abb. III B.40c und $c = s \cos \alpha$:

$$EJ_c W_{T,n} = EJ_c {}^N W_{T,n} = EJ_c \int {}^W N \alpha_t t_s ds$$
$$= EJ_c \alpha_t t_s \int {}^W N ds = EJ_c \alpha_t t_s \left( +\frac{1}{c_n} \sin\alpha_n s_n - \frac{1}{c_{n+1}} \sin\alpha_{n+1} s_{n+1} \right)$$
$$= EJ_c \alpha_t t_s (-\tan\alpha_{n+1} + \tan\alpha_n). \quad \text{(III B.69)}$$

Hierbei wird $\alpha$ nach rechts unten fallend positiv gezählt. Aus Abb. III B.44a erkennt man, daß bei einer gleichmäßigen Erwärmung des Systems — und zwar nur bei polygonaler Stabachse — $W$-Gewichte und damit Durchbiegungen (Abb. III B.44b) aus einer gleichförmigen Temperaturänderung des Systems auftreten.

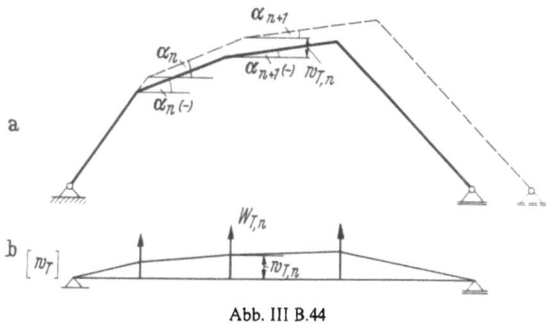

Abb. III B.44

*Temperaturdifferenz $\Delta t$ zwischen Ober- und Unterkante des Trägers.* Bei einer Erwärmung der Unterkante gegenüber der Oberkante (positiver Wert $\Delta t$) und geradlinigem Temperaturgefälle über die Querschnittshöhe $h$ erhält man nach (III B.28) nur eine Winkeldrehung

$$d\varphi = \alpha_t \left(\frac{t_u - t_o}{h}\right) ds = \frac{\alpha_t \Delta t}{h} ds.$$

Für ein statisch bestimmtes System gilt

$$M_{\Delta T} = N_{\Delta T} = Q_{\Delta T} = 0.$$

Nach (III B.33) ergibt sich somit nur ein $W$-Gewichtsanteil aus den virtuellen Momenten. Nach (III B.33) und Abb. III B.40b wird mit dem Mittelwert $h_n$ der Querschnittshöhe für die Länge $s_n$

$$EJ_c W_{\Delta T} = EJ_c {}^M W_{\Delta T} = EJ_c \int {}^W M\, d\varphi = EJ_c \int {}^W M \frac{\alpha_t \Delta t}{h} ds$$

$$= EJ_c \frac{\alpha_t \Delta t}{2} \left(\frac{s_n}{h_n} + \frac{s_{n+1}}{h_{n+1}}\right); \qquad \text{(III B.70)}$$

$$^Q W_{\Delta T} = {}^N W_{\Delta T} = 0.$$

Für einen horizontalen Träger mit konstanter Höhe $h$ und konstanter Feldteilung $c$ wird aus (III B.70)

$$EJ_c W_{\Delta T} = EJ_c \alpha_t \frac{\Delta t}{h} c. \qquad \text{(III B.71)}$$

Läßt man $c$ auf die Längeneinheit „1" abnehmen, so wird $W_{\Delta T} = \alpha_t \Delta t/h$ die Belastung aus den $W$-Gewichten je lfd. m. Für einen Träger mit der Stützweite $l$ (Abb. III B.45 a u. b) ist die Momentenlinie aus dieser Belastung $W_{\Delta T}$ bereits die Biegelinie dazu. In Feldmitte wird

$$w_{\Delta T,m} = \frac{W_{\Delta T} l^2}{8} = \frac{\alpha_t \Delta t\, l^2}{8h}.$$

Nach (III B.51) ergibt sich für die gleiche Durchbiegung und mit Abb. III B.45c

$$w_{\Delta T,m} = \alpha_t \int {}^v M_{P_m=1} \frac{\Delta t}{h} ds = \alpha_t \frac{\Delta t}{h} \frac{l}{4} \frac{l}{2} = \frac{\alpha_t \Delta t\, l^2}{8h}.$$

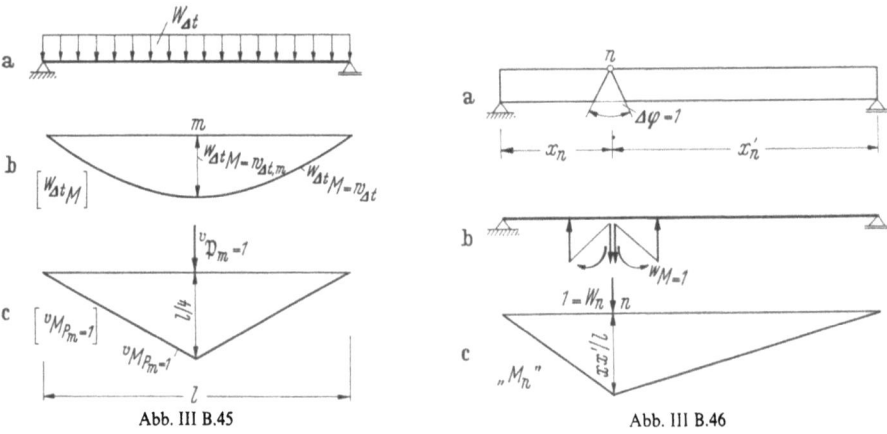

Abb. III B.45  Abb. III B.46

**γ) Eingeprägte Verformungen.** Werden an einzelnen Stellen Verformungen eingeprägt, so kann die zugehörige Biegelinie in gleicher Weise wie im Abschn. $\varkappa$ mittels $W$-Gewichten berechnet werden.

Wird z. B. der Träger nach Abb. III B.46a an der Stelle $x_n$ so aufgeschnitten, daß im Punkt $n$ ein Gelenk entsteht und wird der Schnittstelle eine Verformung „$+\Delta\varphi = 1$" eingeprägt, so leistet nur das Moment aus der $W$-Gewichtsbelastung $^W M = 1$ eine Arbeit auf Grund dieser Verformung, und zwar nur an dieser Stelle.

Es gilt
$$W_{\varDelta\varphi=1, n} = 1 \varDelta\varphi = 1.$$
Die $W$-Gewichte an den übrigen Stellen werden Null, da es sich in diesem Fall — mit Ausnahme der Schnittstelle $n$ — um einen starren Träger handelt.

Die Momentenlinie aus dieser Belastung (Abb. III B.46c) ist bereits die Biegelinie für diese eingeprägte Verformung und gleichzeitig die Momenteneinflußlinie für den Punkt $n$. Dies ist auf andere Weise im Abschn. II G nachgewiesen worden (s. Abb. II G.5).

### c) Symbolischer Träger

Sind die $W$-Gewichte nach Abschn. b für ein bestimmtes System und eine gegebene Belastung bekannt, so kann man dazu das Seileck zeichnen. Berücksichtigt man die Randbedingungen, so erhält man die Biegelinie. Zweckmäßig wird die Biegelinie rechnerisch ermittelt, indem man die Momente infolge der $W$-Gewichte am sogenannten „symbolischen Balken" berechnet.

α) **Einfeldträger.** Für Einfeldträger gelten uneingeschränkt alle Betrachtungen des Abschn. III A 5c. Es sind lediglich die $W$-Gewichte nach Abschn. III B 6b einzuführen und auf die Systemachse zu beziehen.

β) **Gelenkträger.** Für Gelenkträger gilt sinngemäß Abschn. III A 5c.
(Siehe Beispiele 15 und 18.)

γ) **Dreigelenkbogen.** Für die Berechnung der Biegelinie eines Dreigelenkbogens für einen Belastungszustand $B$ gelten sinngemäß die Überlegungen des Abschn. III A 5c.

Berechnet man die Biegelinie der Systemachse (Abb. III B.47a), so erkennt man, daß sich die Schnittbelastung für einen beliebigen Punkt aus der $W$-Gewichtsbelastung $1/c$ nur auf den Bereich von Punkt $n-1$ bis $n+1$ erstreckt. Für die $W$-Gewichte gelten somit die Formeln nach Abschn. III B 6b uneingeschränkt. Die Schnittbelastungswerte $M_B$, $N_B$ und $Q_B$ sind dabei am Dreigelenkbogen zu bestimmen, für die Schnittbelastungswerte $^{w}M$, $^{w}N$ und $^{w}Q$ gelten die Abb. III B.40b u. c. Bei der $W$-Gewichtsbelastung $1/c$ für die Bestimmung des Scheitel-$W$-Gewichtes $W_{B,e}$ (Abb. III B.47b) kommt jedoch das gesamte System in Spannung, und es sind hierfür die Schnittbelastungen $^{w}M$, $^{w}N$ und $^{w}Q$ ebenfalls am Dreigelenkbogen zu ermitteln. Für dieses $W$-Gewicht ist somit die Summierung über das gesamte System durchzuführen.

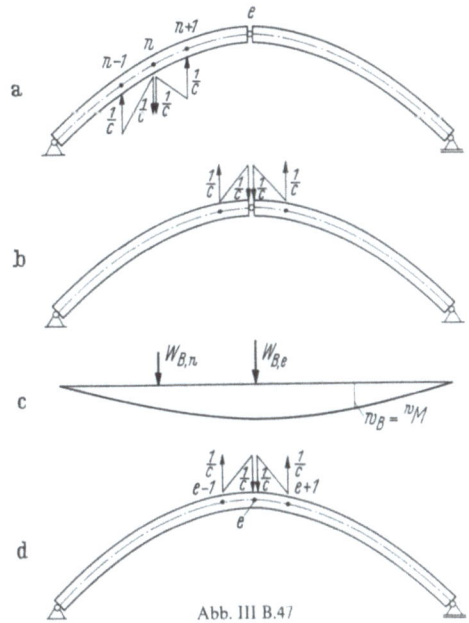

Abb. III B.47

Ist jedoch die Verformung $\varDelta\varphi_{B,e}$ für die gegebene Belastung $B$ an der Gelenkstelle bereits nach (III B.48) berechnet (s. Abschn. III B 5a), so kann die $W$-Gewichtsbelastung $1/c$ an der Gelenkstelle am Einfeldbalken aufgebracht werden (Abb. III B.47d), für welche sich die virtuellen Schnittlasten wieder nur auf den Bereich $e-1$ bis $e+1$ erstrecken.

In dem Scheitel-$W$-Gewicht ist dann jedoch der zusätzliche Wert
$$\varDelta W_{B,e} = 1 \varDelta\varphi_{B,e} \tag{III B.72}$$
zu berücksichtigen.

$^0W_{B,e}$ am Einfeldbalken ist dabei nach den Formeln des Abschn. III B.6b zu berechnen. Insgesamt ergibt sich für das $W$-Gewicht an der Gelenkstelle:

$$W_{B,e} = {}^0W_{B,e} + \Delta W_{B,e}. \qquad \text{(III B.73)}$$

Verschiedentlich kann diese Art der Berechnung von Vorteil sein. Die Momente aus den $W$-Gewichten für den Einfeldträger (Abb. III B.47c) ergibt die Biegelinie.

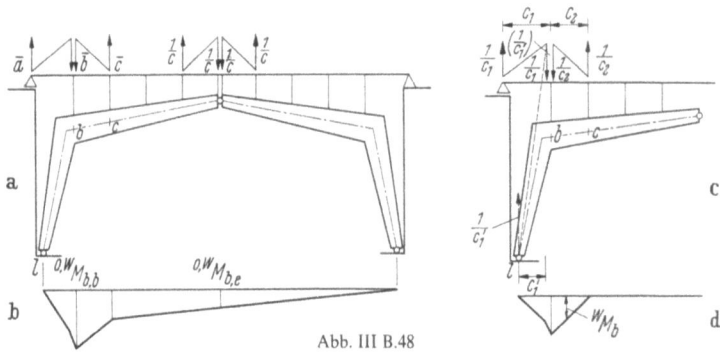

Abb. III B.48

Will man die Biegelinie der Fahrbahn eines Dreigelenkbogens nach Abb. III B.48a bestimmen, so ist zu beachten, daß sich auch für die $W$-Gewichtsbelastung $1/c$ im Punkt $b$ der Einfluß der virtuellen Belastung über den ganzen Dreigelenkbogen erstreckt. Legt man wieder den Einfeldbalken für die $W$-Gewichtsbelastung zugrunde, was rechentechnisch von Vorteil sein kann, so gilt entsprechend (III B.73)

$$W_{B,b} = {}^0W_{B,b} + \Delta W_{B,b;e}. \qquad \text{(III B.74a)}$$

Für den ersten Anteil $^0W_{B,b}$ sind für die Belastung $B$ die Schnittbelastungen $M_B$ usw. am Dreigelenkbogen, die virtuellen Schnittbelastungen $^{0,W}M_b$ usw. am Einfeldträger (Abb. III B.48b) zu berücksichtigen und die Integration über den gesamten Träger durchzuführen.

Für den zweiten Anteil gilt mit Abb. III B.48b

$$\Delta W_{B,b;e} = {}^{0,W}M_{b,e}\,\Delta\varphi_{B,e}. \qquad \text{(III B.74b)}$$

In der Regel ist bei „Fahrbahn oben" das erste $W$-Gewicht der Fahrbahn (Punkt $b$ in Abb. III B.48a) nicht von maßgebender Bedeutung bei der Berechnung der Biegelinie. Läßt man die im Punkt $a$ angreifende $W$-Gewichtsbelastung $1/c_1$ statt im Punkt $\bar{a}$ im Lagerpunkt $l$ mit der Größe $1/c_1'$ angreifen (Abb. III B.48c), so treten infolge der $W$-Gewichtsbelastung $1/c$ nur im Bereich $l-b-c$ des Dreigelenkbogens Schnittbelastungen $^WM_b$ usw. auf (Abb. III B.48d). Der Umfang der Rechnung wird dadurch wesentlich verringert, ohne daß die Gesamtbiegelinie maßgeblich beeinflußt wird.

(Siehe Beispiel 18.)

**δ) Über- und unterspannte Systeme.** Für die Berechnung der Biegelinie solcher Systeme kann man entsprechend Abschn. III B 6c vorgehen. Man wird z. B. bei

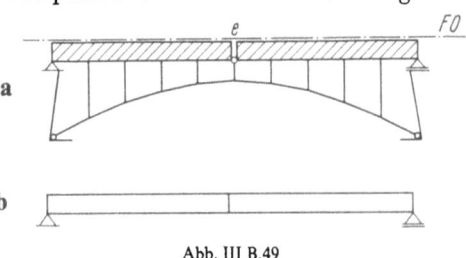

Abb. III B.49

einem System entsprechend Abb. III B.49a zuerst für den gegebenen Belastungszustand $B$ die Gelenkdrehung $\Delta \varphi_{B,e}$ nach (III B.48) berechnen und dann die Durchbiegung am Einfeldbalken (Abb. III B.49b) unter Verwendung von (III B.72) und (III B.73). Systeme entsprechend Abb. III A.46 werden auf ähnliche Weise auf Gelenkträger zurückgeführt. (Siehe auch Abschn. III A 5c.)

### 7. Winkeländerung bei polygonaler Gurtung

Bei polygonaler Gurtung (z. B. Abb. III B.38a) ist die Winkeländerung aus einem gegebenen Belastungszustand $B$ zwischen zwei benachbarten Bereichen der Systemachse $\Delta \beta_{B,n}$ nicht gleich der Winkeländerung $\Delta \varphi_{B,n}$ bzw. dem $W$-Gewicht der Biegelinie für die Systemachse im betrachteten Knotenpunkt.

Wie bereits im Abschn. III A 6 nachgewiesen wurde, können die Komponenten in Stabachse der virtuellen Belastung $1/c$ keine Arbeit an der Winkeländerung $\Delta \beta_{B,n}$ im Punkt $n$ leisten (s. Abb. III B.50 und III A.47). Die Arbeit dieser Längskräfte entspricht aber dem $W$-Gewicht aus den Längskräften. Die Winkeländerung der Biegelinie entspricht dem Gesamt-$W$-Gewicht:

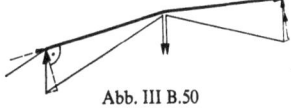

Abb. III B.50

$$W_{B,n} = {}^M W_{B,n} + {}^N W_{B,n} + {}^Q W_{B,n}.$$

Wenn bei der Berechnung der Stabachsenwinkeländerung $\Delta \beta_{B,n}$ die Längskräfte keine Anteile geben können, muß gelten

$$\Delta \beta_{B,n} = W_{B,n} - {}^N W_{B,n} = {}^M W_{B,n} + {}^Q W_{B,n}. \tag{III B.75}$$

Für das Beispiel nach Abb. III B.44a, bei einer gleichmäßigen Temperaturerhöhung des gesamten Trägers, ergibt sich nach (III B.69) nur ein $W$-Gewicht aus Längskraftanteilen ${}^N W_{T,n}$.

Mit ${}^M W_{B,n} = {}^Q W_{B,n} = 0$ ist somit auch $\Delta \beta_{T,n} = 0$, d. h., bei einer gleichmäßigen Temperaturänderung treten wohl Durchbiegungen der Systemachse, aber keine Winkeländerungen $\Delta \beta_{T,n}$ der Systemachse auf (Abb. III B.44a u. b).

### 8. Horizontale Verschiebungen der Knotenpunkte einer polygonalen Stabachse bei gegebenen vertikalen Durchbiegungen

Es gelten uneingeschränkt die Betrachtungen für den Gurt eines Fachwerks nach Abschn. III A 7 und Abb. III A.49 nunmehr für die polygonale Systemachse und somit auch (III A.37).

### 9. Einflußlinien von Verformungen

Es gelten sinngemäß die Betrachtungen des Abschn. III A 8.

Um die Einflußlinie der Verschiebungen „$v^*_{m,a-a}$" eines Systems (z. B. Abb. III B.51a) in Richtung $a-a$ zu bestimmen, ist in Richtung dieser Verschiebung die Belastung $\mathfrak{P}_m = 1$ aufzubringen, und es sind hierfür die Schnittbelastungen $M_{P_m=1,n}$, $N_{P_m=1,n}$ und $Q_{P_m=1,n}$ zu ermitteln. Bestimmt man für diesen Belastungszustand die zugehörigen $W$-Gewichte $W_{P_m=1,n}$, so ist die Momentenlinie am zugehörigen symbolischen Balken die Einflußlinie der Verschiebung „$v^*_{m,a-a}$" (Abb. III B.51b). Will man die Einflußlinie einer Querschnittsdrehung „$\Delta \varphi_r$" (z. B. $\varphi_r$ in Abb. III B.51 c) bzw. einer Entfernung $\Delta s_{i-i}$ zweier Punkte (z. B. Abb. III B.51 d) bestimmen, so hat man für den Belastungszustand $M_n = 1$ ($M_r = 1$ in Abb. III B.51 c) bzw. für den Belastungszustand $P_i = 1$ ($P_i = 1$ in Abb. III B.51 d) die Schnittbelastungen zu bestimmen und damit die zugehörigen $W$-Gewichte zu berechnen.

Auf ähnliche Weise können für jedes beliebige System und jede beliebige Verformung die Einflußlinien ermittelt werden. Bei der Berechnung von Einflußlinien von Dreigelenkbogen, über- und unterspannten Systemen sind die in Abschn. III B 6c durchgeführten Betrachtungen zu beachten.

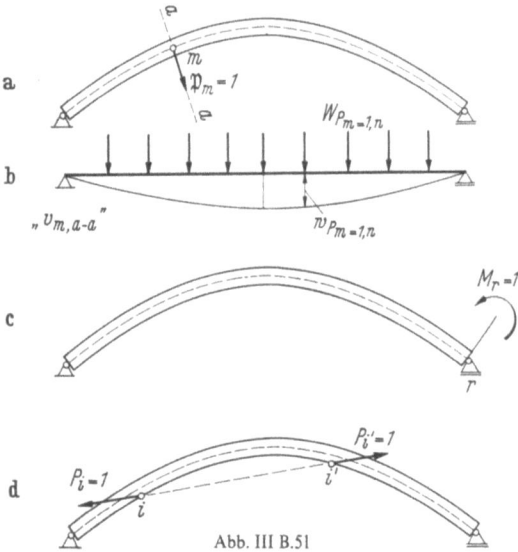

Abb. III B.51

In der Regel wird man bei der Ermittlung von Einflußlinien bei den zugehörigen $W$-Gewichten die Anteile aus Längskräften und Querkräften wegen ihrer Kleinheit vernachlässigen.

(Siehe Beispiele 18 und 24.)

## 10. Überhöhung von Vollwandträgern

Entsprechend den Ausführungen für Fachwerkträger (Abschn. III A 9) wird man auch Vollwandsysteme für bestimmte Belastungsfälle überhöhen.

Ist die Biegelinie $w_B$ für den zugrunde zu legenden Belastungsfall $B$ gegeben (z. B. Abb. III B.52b), so werden der Berechnung der Systemabmessungen des

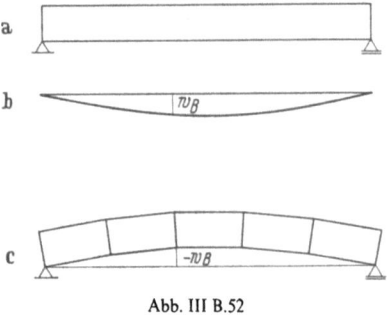

Abb. III B.52

überhöhten Systems die Durchbiegungen mit entgegengesetzten Werten „$-w_B$" zugrunde gelegt (z. B. Abb. III B.52c). Zum Beispiel ist statt des geraden Trägers nach Abb. III B.52a der gekrümmte Träger nach Abb. III B.52c mit den entsprechenden Stößen der Werkstattanfertigung zugrunde zu legen.

## 11. Ersatz von Vollwandträgern veränderlichen Querschnittes durch äquivalente Vollwandträger konstanten Querschnittes

Entsprechend Abschn. III A 10 kann ein Vollwandträger mit veränderlichem Querschnitt (z. B. Abb. III B.53a) oder ein über- oder unterspanntes System oder ein beliebiges anderes System durch einen ideellen Vollwandbalken (Einfeldbalken) mit konstantem Querschnitt für vereinfachende Berechnungen ersetzt werden (Abb. III B.53b).

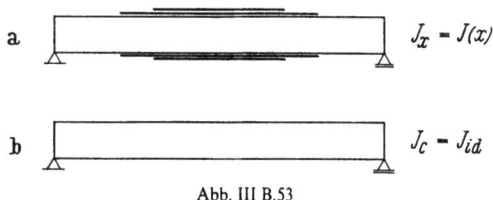

Abb. III B.53

Wird die Durchbiegung $w_{B,m}$ für den betreffenden Belastungszustand $B$ nach Abschn. III B 5 in Feldmitte des Systems berechnet, so gilt entsprechend (III A.38) und (III A.39) bei gleichförmiger Last $g$

$$J_{id} = \frac{5}{384} \frac{g\, l^4}{E\, w_{g,m}} \qquad \text{(III B.76)}$$

bzw. bei einer Einzellast $P_m = 1$

$$J_{id} = \frac{1}{48} \frac{l^3}{E\, w_{P_m=1,\,m}}. \qquad \text{(III B.77)}$$

### Literatur zum Abschnitt III

[1] BERNOULLI, J.: Acta eruditorium, Leipzig 1694, S. 263; Gesammelte Werke, Genf 1744.
[2] BETTI, E.: Teoria della Elastica. Il nuovo cimento, Serre II, Bd. VII/VIII (1872), Bd. IX/X (1873).
[3] EULER, L.: Methodus inveniendi lineas curvas, Lausanne/Genf 1741/44.
[4] MAXWELL, J. C.: On the calculation of the equilibrium and stiffness of frames. Phil. Mag. 27 (1864) 294.
[5] POSTUVANSCHITZ, F.: Vorlesungen über Baustatik an der TH Graz 1925.
[6] WILLIOT: Notions prâtiques sur la statique graphique. Bibliothèque des sciences industrielles et agricoles. 2. Serie: Art et Métiers (1872) und Génie Civil (Oktober 1877).

Siehe auch:
[S 3] BEYER;            [S 23] MELAN;           [S 35] RITTER;
[S 9] FÖPPL;            [S 26, S 27] MOHR;      [S 40] STÜSSI.
[S 17] HIRSCHFELD;      [S 28] MÜLLER-BRESLAU;
[S 20] KIRCHHOFF;       [S 32] OSTENFELD;

# IV. Belastung und maximale Schnittbelastungen der Tragglieder eines Bauwerks

## A. Belastungsgröße und Belastungsfolge für die einzelnen Tragglieder

Vor der Feststellung, welcher Anteil einer gegebenen Belastung auf das einzelne Tragglied entfällt, muß zuerst über die statische Wirksamkeit des Gesamtbauwerks Klarheit vorhanden sein. Man wird hierbei z. B. vereinfachende Annahmen treffen, um den Berechnungsumfang nicht zu umfangreich werden zu lassen. Nach Möglichkeit wird für die Lastaufteilung das Hebelgesetz zugrunde gelegt, wenn nicht aus konstruktiven und wirtschaftlichen Gründen genaue Berechnungsverfahren verwendet werden müssen (z. B. Trägerrostbrücken, orthotrope Platten u. a. m.), um zur richtigen Lastaufteilung auf die einzelnen Tragglieder zu kommen.

Bei der Ermittlung der Belastung eines Traggliedes aus Verkehrslast wird man in der Regel zweckmäßig mit Einflußlinien arbeiten, um die ungünstigste Belastungsgröße und -folge zu erhalten.

### 1. Ständige Last

Bei der Belastungsgröße aus ständiger Last ist zu unterscheiden zwischen den Bauteilen, die das Tragglied zu tragen hat, und dem Eigengewicht des Traggliedes selbst. Auch ist die Art der Unterstützung zu beachten.

Bei *Längsträgern* von Brücken nimmt man in der Regel die Verteilung der Belastung auf die einzelnen Träger nach dem Hebelgesetz an. Damit würde sich z. B. für die Fahrbahnausbildung nach Abb. IV A.1a das statische System nach Abb. IV A.1b ergeben. Die auf die einzelnen Träger entfallende Belastung aus ständiger Last wird zweckmäßig auch mit Auflagerdruck-Einflußlinien (s. Abb. IV A.1c bis e) ermittelt. Der Querschnitt wird in einfache Flächen aufgeteilt (Abb. IV A.1a), für die Schwerpunkt und Gewicht festgelegt werden. Für die Belastungen $G_i$ und $G_n$ ergibt sich z. B. für den äußeren Träger $a$

$$A_{g,a} = + G_i\, o_{i,a} + G_n\, o_{n,a} + \cdots$$

und für den inneren Träger $b$

$$A_{g,b} = - G_i\, o_{i,b} + G_n\, o_{n,b} + \cdots$$

Die Methode der Einflußlinien hat den Vorteil, daß die berechneten Einflußordinaten $o$ in der Zeichnung zu überprüfen sind bzw. aus der Zeichnung entnommen werden können.

Bei durchlaufenden Fahrbahnplatten, deren System Abb. IV A.1f entspricht, könnte man auch die Einflußlinien der Lagerdrücke für Durchlaufträger auf starren Stützen verwenden (Abb. IV A.1g u. h), man müßte jedoch dann nachträglich den Einfluß elastischer Stützensenkungen (die Längsträger sind auf den Querträgern elastisch gelagert) erfassen. Aus diesem Grunde wird dem System nach Abb. IV A.1b wegen der einfachen Berechnungsweise in der Regel der Vorzug gegeben.

Bei *Querträgern* von Brücken nimmt man die Verteilung der Belastung in der Regel wieder nach dem Hebelgesetz an, und zwar zweckmäßig mit Einflußlinien

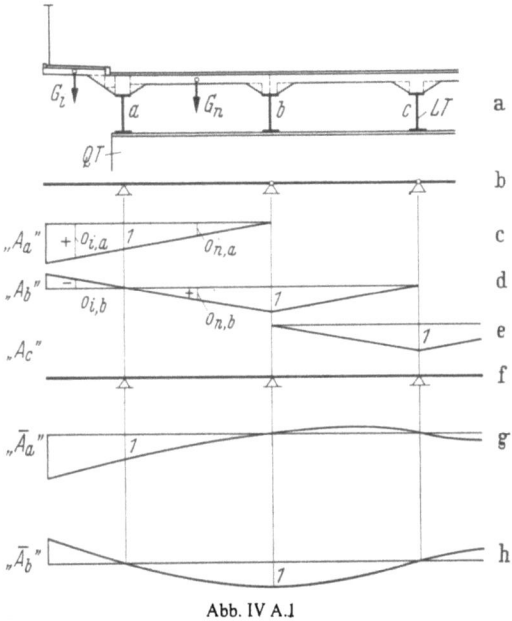

Abb. IV A.1

(Abb. IV A.2a bis c). Auch hier könnte man die Einflußlinien von Durchlaufträgern auf starren Stützen verwenden, müßte aber nachträglich die elastischen Stützensenkungen der Querträger berücksichtigen. Die von den Längsträgern übertragenen Belastungen werden als Einzellasten in die Querträgerberechnung eingeführt (Abb. IV A.3b). Querträger von orthotropen Platten müssen hinsichtlich der Verkehrsbelastung nach genauen Berechnungsverfahren untersucht werden; für die ständige Last kann eine gleichmäßige Verteilung auf die einzelnen Querträger angenommen werden.

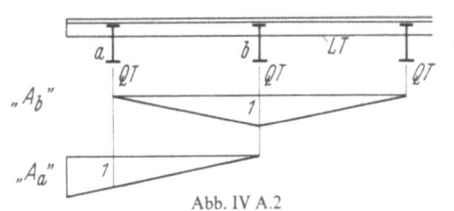

Abb. IV A.2

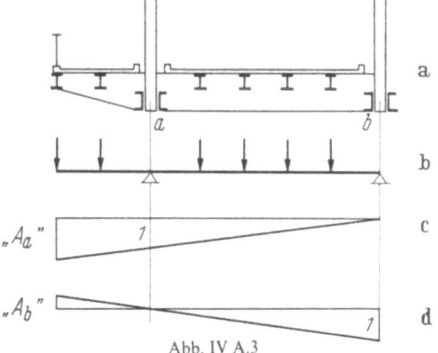

Abb. IV A.3

Bei *Hauptträgern* von Brücken hängt die Verteilung der ständigen Last ganz vom System und der Montage ab.

Bei Brücken mit zwei Hauptträgern (z. B. Abb. IV A.3a), die nicht als torsionssteife Kästen ausgeführt sind, wird die Lastverteilung für ständige Last nach dem Hebelgesetz auf die einzelnen Hauptträger vorgenommen.

Die Belastung des Hauptträgers wird zweckmäßig als gleichmäßig verteilte Belastung je lfd. m Träger mittels Einflußlinien (Abb. IV A.3c u. d) ermittelt.

Bei Trägerrostbrücken (z. B. Abb. IV A.4) werden die Lastquerverteilungslinien (z. B. „$A_a$", „$A_c$" in Abb. IV A.4b u. c) ermittelt und diese dann für die gegebene Belastung ausgewertet.

Während die Belastung aus ständiger Last für alle Bauteile, die das Tragglied zu tragen hat, bereits vor der Berechnung des betreffenden Traggliedes genau erfaßt werden kann, muß das Eigengewicht des Trägers zuerst geschätzt werden. Nach der Dimensionierung ist dasselbe zu überprüfen und gegebenenfalls zu berichtigen. Für Hochbauten sind vielfach in Handbüchern Angaben über die Gewichte von Stahlkonstruktionen (Einzelglieder wie Gesamtgewichte) angegeben. Für Stahlbetonkonstruktionen kann man meist die mittlere Plattenstärke (einschließlich Rippen) schätzen und so die ständige Last festlegen.

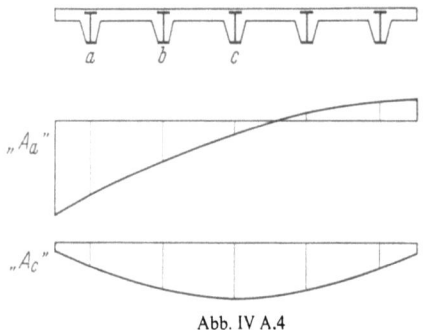

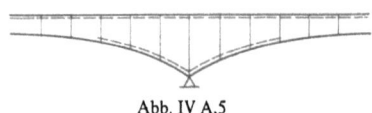

Abb. IV A.4  Abb. IV A.5

Bei den Hauptträgern von Brücken und weitgespannten anderen Konstruktionen wird es notwendig werden, Vorberechnungen vorzunehmen und die endgültigen Gewichte anschließend zu verbessern. Bezüglich der zweckmäßigen Berechnung der ständigen Last von Stahlkonstruktionen sei z. B. auf eine diesbezügliche Arbeit des Verfassers ([16] in Abschn. I A 3) verwiesen.

Da sich die ständige Last der Hauptträger (z. B. Abb. IV A.5) mit den Querschnittsabmessungen laufend ändert, wird man diese punktweise ermitteln und dann die Knotenlasten entsprechend Abschn. I A 3 berechnen.

Sinngemäß kann man bei allen Konstruktionen und bei den verschiedenen Werkstoffen vorgehen.

Bei Gebäuden wird man zweckmäßig die Gewichte einzelner Bauelemente, die immer wieder vorkommen, genau berechnen, wie z. B. von Wänden mit Putz und Sonderausführungen, einschließlich Öffnungen, von Decken usw., um richtige Grundlagen für die statische Berechnung zu haben.

## 2. Verkehrsbelastung. Lastgröße und Lastfolge (Belastungszug)

### a) Eisenbahnbrücken

Bei Eisenbahnbrücken sind Lastgröße, Lastfolge und Laststellung meist genau festgelegt. Bei der Ausführung nach Abb. IV A.6 verteilen sich die Achslasten hälftig sowohl auf die beiden Längsträger als auch auf die beiden Hauptträger.

Der Belastungszug für Längs- und Hauptträger entspricht bei eingleisigen Brücken z. B. den halben Werten für ein Gleis (z. B. Lastenzug S nach DV 804, BE).

Für die Querträgerbelastung ist das Hebelgesetz für die Lastverteilung zugrunde gelegt (Einflußlinien des Auflagerdrucks $A_a$ nach Abb. IV A.6b u. c). Meist sind die Querträger-

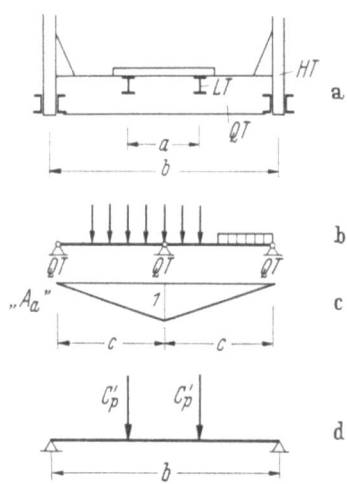

Abb. IV A.6

belastungen $C_p'$ für einen Längsträgerstrang (Abb. IV A.6d) schon für die verschiedenen Querträgerabstände in Tabellen angegeben (z. B. Tafel 6.4d, DV 804 für Lastenzug S).

### b) Kranträger

Bei Kranträgern liegen maximale Raddrücke und die Lastfolge ebenfalls fest.

### c) Straßenbrücken

Handelt es sich nicht um orthotrope Platten oder lastverteilende Querträger von Trägerrostbrücken, so wird für die Lastverteilung auf die einzelnen Fahrbahnträger das Hebelgesetz zugrunde gelegt.

Für die Tragbohlen einer Holzfahrbahn kann die Einzelradlast $R$ bei der Ausführung nach Abb. IV A.7 in Querrichtung unter 45° bis Mitte Bohle verteilt werden (Abb. IV A.7a), während die Verteilung in Längsrichtung auf 20 cm bzw. Bohlenbreite erfolgen kann. Für die Bohlenbreite $\geq$ 20 cm ergibt sich der Lastenzug nach Abb. IV A.7c mit

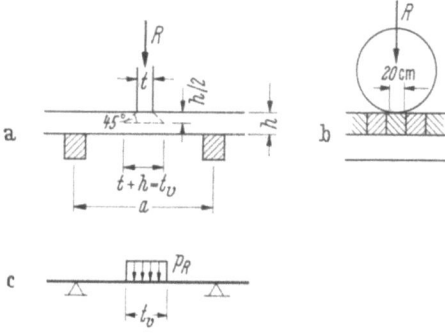

Abb. IV A.7

$$p_R = \frac{R}{t+h} \quad [\text{t/cm}].$$

Ist auf dem Bohlenbelag ein Schotterbett vorhanden oder sind Verschleißbohlen angeordnet, so kann die Radlast nach Abb. IV A.8a u. b in Quer- und Längsrichtung verteilt werden. Für den Lastenzug der Tragbohle gilt Abb. IV A.8c mit

$$p_R = \frac{R\, b_o}{(20 + 2s + h)\, t_v} \quad [\text{t/cm}].$$

Werden die Schnittbelastungen einer Stahlbetonplatte für Einzellasten mittels Einflußflächen ermittelt, so kann in der Regel die Verteilungshöhe $h_1$ nach

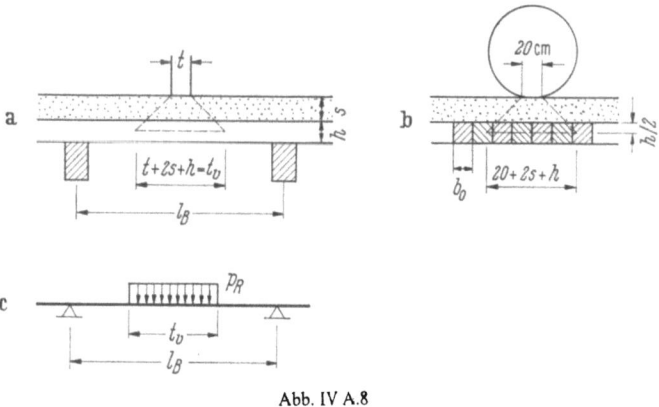

Abb. IV A.8

Abb. IV A.9a u. b in beiden Richtungen bis zu den unteren Bewehrungsstählen gerechnet werden (nach DIN 1075 nur bis Mitte Platte). Damit wird die Flächenbelastung

$$p_R = \frac{R}{t_v(20 + 2h_1)} \quad [\text{t/cm}^2].$$

Zur Feststellung des Lastenzugs für die Längsträger wird die Verteilungsbreite $t_v$ berücksichtigt. Bei engem Längsträgerabstand (Abb. IV A.10a) wird nur

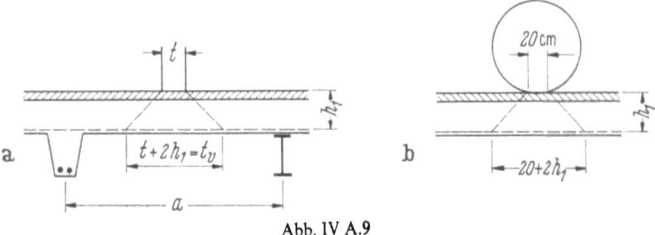

Abb. IV A.9

eine Radfolge in den Wirkungsbereich der Auflagereinflußlinie „$A_L$" kommen. Für eine Radlast $R$ ergibt sich nach Abb. IV A.10b

$$R' = R\left(\frac{1 + o_1}{2}\right).$$

Ist neben dem Fahrzeuglichtraum noch eine Breite $b_p$ für gleichförmige Belastung durch Menschengedränge $p_2$ vorhanden, so ergibt sich als Längsträgerbelastung

$$p'_2 = p_2\, b_p \frac{o_2}{2}.$$

Vor und hinter dem Fahrzeug ergibt sich die Belastung aus Menschengedränge $p_1$

$$p'_1 = p_1\left(a - b_p \frac{o_2}{2}\right).$$

Für ein dreiachsiges Fahrzeug mit den Radlasten $R$ der Länge $l_F$ und für Menschenbelastung $p$ vor, hinter und neben dem Fahrzeug ergibt sich der Lastzug nach Abb. IV A.11.

Für große Längsträgerabstände kann die Laststellung nach Abb. IV A.10c in Frage kommen. Hierfür gilt unter den obigen Voraussetzungen

$$R' = 2R\, o_1; \qquad p'_2 = p_2\, b_p\, o_2; \qquad p'_1 = p_1(a - b_p)(1 + o_2).$$

Mit diesen Werten ergibt sich der Lastzug für den Längsträger nach Abb. IV A.11.

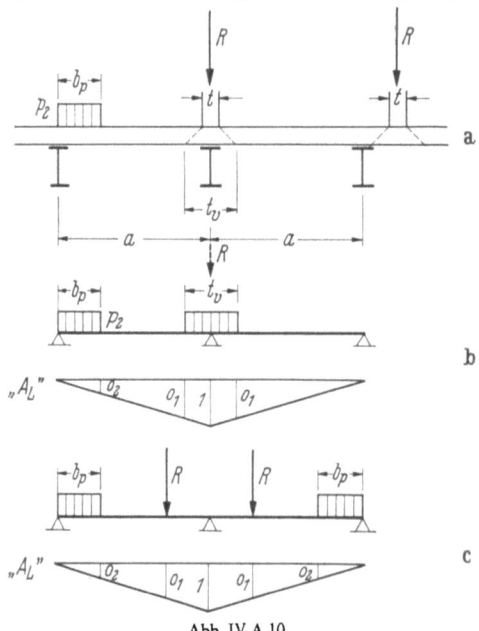

Abb. IV A.10

Meist ist die Belastung für den Fahrbahnstreifen mit dem Schwerstfahrzeug noch mit dem Schwingbeiwert $\varphi$ zu vervielfachen ($\varphi R'$ und $\varphi p'_1$). In Längsträgerrichtung werden die Einzellasten $R'$ in der Regel nicht verteilt.

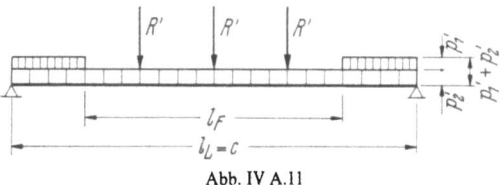

Abb. IV A.11

Zur Feststellung des Lastenzugs für die Querträger werden die Auflagereinflußlinie „$A_L$" der Längsträger auf den Querträgern verwendet und ausgewertet. Abb. IV A.12 zeigt ein Beispiel mit einem Schwerstfahrzeug und den Belastungen $p_1$ und $p_2$ vor und neben demselben.

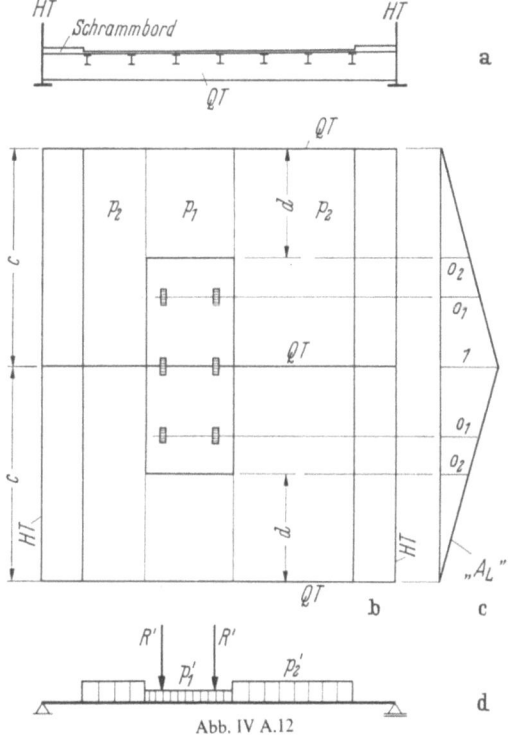

Abb. IV A.12

Für eine beliebige Laststellung nach Abb. IV A.12b ergibt sich mit der Auflagereinflußlinie „$A_L$" nach Abb. IV A.12c der Lastenzug nach Abb. IV A.12d, bei Beachtung eines Stoßbeiwertes $\varphi$ für die Schwerstfahrzeugspur, zu

$$R' = R(1 + 2o_1)\varphi;$$
$$p'_1 = p_1 \, d \, o_2 \, \varphi \quad \text{und} \quad p'_2 = p_2 \, c.$$

Sind zwei Hauptträger vorhanden — und nicht eine Ausführung als torsionssteifer Kasten — so wird der Lastenzug wieder durch Auswertung der Auflagereinflußlinie, diesmal des Querträgers, gewonnen. Die Durchführung wird am Brückenquerschnitt nach Abb. IV A.13a mit einem dreiachsigen Schwerstfahrzeug und den Menschenbelastungen $p_1$, $p_2$ und $p_3$ vor, neben dem Fahrzeug und am Fußweg gezeigt. Für die Spur mit einem Schwerstfahrzeug ist wieder der Schwingbeiwert $\varphi$ zu beachten.

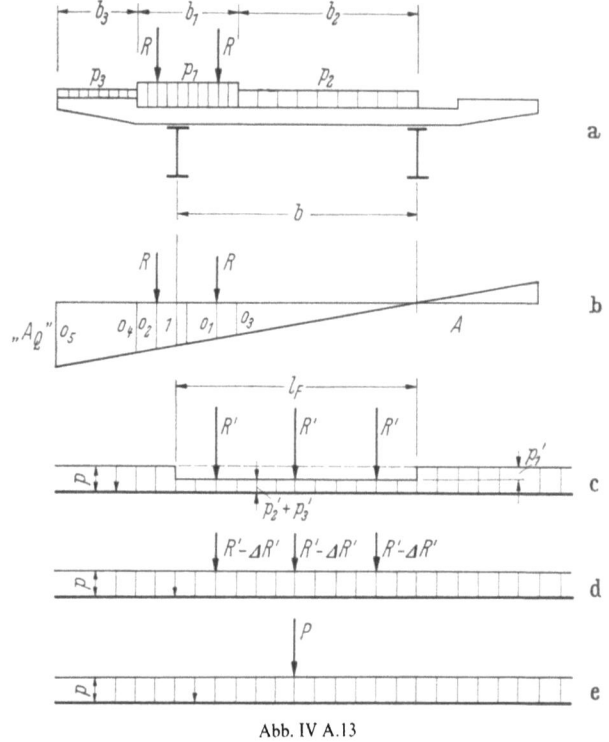

Abb. IV A.13

Mit der Auflagereinflußlinie nach Abb. IV A.13b ergibt sich der Lastenzug des Hauptträgers nach Abb. IV A.13c. Es ist

$$R' = R(o_1 + o_2)\varphi;$$

$$p'_1 = p_1 \left(\frac{o_3 + o_4}{2}\right) b_1 \varphi;$$

$$p'_2 = p_2 b_2 \frac{o_3}{2};$$

$$p'_3 = p_3 b_3 \frac{(o_4 + o_5)}{2}.$$

Mit $\Delta R' = p'_1 l_F / 3$ und $p = p'_1 + p'_2 + p'_3$ gewinnt man den vereinfachten Lastenzug nach Abb. IV A.13d. Bei größeren Stützweiten können — ohne Einbuße der Rechengenauigkeit — die drei Lasten $(R' - \Delta R')$ zu einer Einzellast $P$ zusammengezogen werden. Der Lastenzug besteht dann nur mehr aus einer Einzellast $P$ und einer gleichförmigen Belastung $p$ (Abb. IV A.13e). Diese Vereinfachung wird oft mit Vorteil angewendet.

Ist ein Trägerrost vorhanden, so sind zur Bestimmung des Lastenzugs die Quereinflußlinien (s. Abb. IV A.4a bis c) sinngemäß zu verwenden, um die Lastenzüge für die einzelnen Hauptträger zu gewinnen.

## 3. Windbelastung

Die maßgebenden Gesichtspunkte bezüglich der Annahmen über die Windbelastung sind in Abschn. I A 3b niedergelegt. Wesentlich ist jedoch, von welchen Baugliedern und in welcher Weise diese Belastung aufgenommen werden soll. Hierbei muß zu Beginn der Berechnung festgelegt werden, wie die Windkräfte aus den verschiedenen Richtungen in die Erdscheibe abgeleitet werden sollen, d. h. welche Belastungen auf die einzelnen Tragglieder kommen. Bei Hochbauten sind die Verhältnisse meist einfacher als bei Brückenbauten.

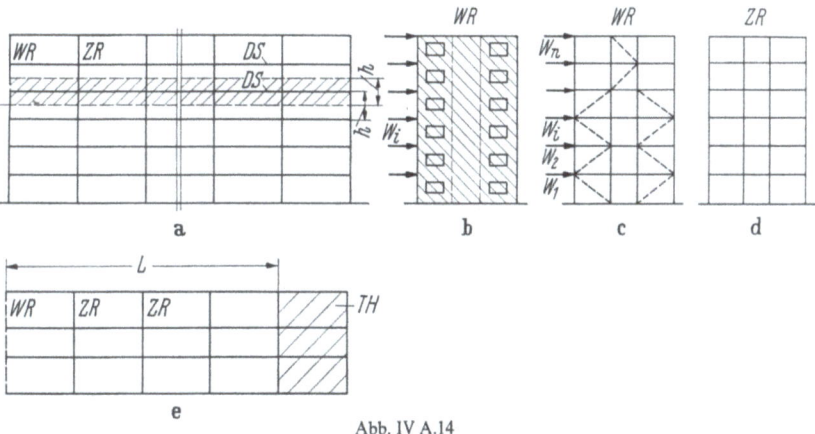

Abb. IV A.14

Bei Skelettbauten für mehrgeschossige Häuser werden die Windkräfte meist durch besondere Windscheiben (WR in Abb. IV A.14), in Fachwerk- oder Vollwandkonstruktion (Abb. IV A.14b u. c), aufgenommen oder durch massive Treppenhäuser (TH in Abb. IV A.14e). Die Deckenscheiben DS erhalten in diesem Fall mit (I A.68) die Belastung

$$w_d = c\,q\,h,$$

während von den Windscheiben die von den Deckenscheiben abgegebenen Einzellasten $W_i$ aufzunehmen sind (in Abb. IV A.14; $W_i = w_d\,L/2$). Die Zwischenrahmen (ZR in Abb. IV A.14a, d u. e) erhalten außer örtlichen Belastungen der Außenstiele, die sofort an die Deckenscheiben abgegeben werden, keine Windbelastungen und dienen dann nicht zur Ableitung der Windkräfte in die Erdscheibe.

Zur Aufnahme der Windkräfte auf die Giebelwände von Hallen wird in der Dachebene zwischen zwei Bindern (B) ein Windverband (WV in Abb. IV A.15a u. c) vorgesehen, der als Fachwerk oder als Vollwandscheibe (je nach Dachabdeckung) ausgeführt wird. Die Belastung desselben richtet sich nach der Giebelwandausbildung.

Bei einer Giebelwandausbildung nach Abb. IV A.15a kommt auf die vertikalen Wandpfosten $T_i$ die Windbelastung

$$w_i = c\,q\,b_i.$$

Der Träger $T_i$ gibt als Einfeldträger seine Auflagerkraft $W_i$ an den Windverband WV ab. Der Windverband WV (Abb. IV A.15c) wirkt als Einfeldträger mit der Lagerung in den Punkten $A$ und $B$. Die dort übertragene Windkraft $H_W$ (Abb. IV A.15e). ist durch eine Windscheibe WS (Fachwerk- oder Vollwandscheibe) in die Erdscheibe zu übertragen. Ist die Giebelwand durch Toreinfahrten (Abb. IV A.15d) aufgelöst, so ist meist ein besonderer horizontaler Windträger WT mit der Lagerung in $A$ und $B$ angeordnet. Zum Beispiel kann der Wind auf das Tor nach Abb. IV A.15g auf den Windriegel R abgegeben werden. Der Träger $T_i$ muß in diesem Fall die auf ihn entfallende Einzellast $R_i$ und die gleichförmig verteilte Last $w_i$ (Abb. IV A.15f) an den Windträger WT und den Windverband WV als Einzellasten abgeben. Damit sind sowohl für den Windträger als auch für den Windverband die Belastungen aus Wind festgelegt. Es gibt die verschiedensten Möglichkeiten

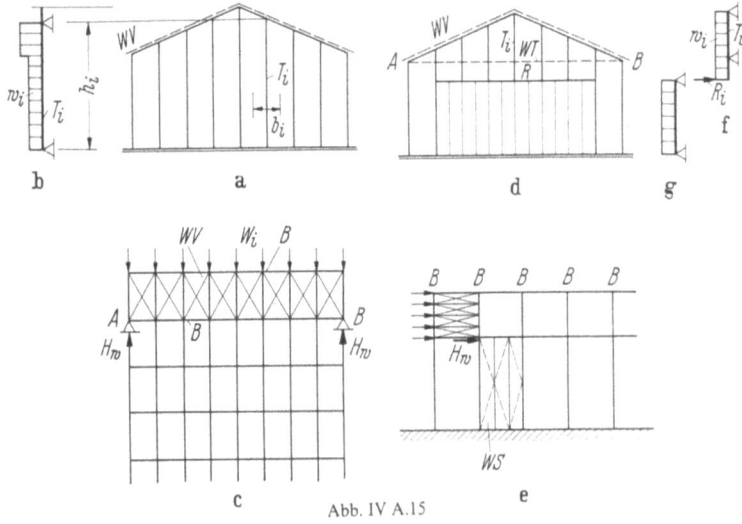

Abb. IV A.15

der Aufnahme der Windkräfte bei Hallen, es muß nur von vornherein das System für die Weiterleitung der Belastung festgelegt werden. Bei der Ausbildung der Tragkonstruktion ist auch zu beachten, daß u. a. der Wind auch aus einer anderen Richtung kommen kann bzw. als Sog wirken kann.

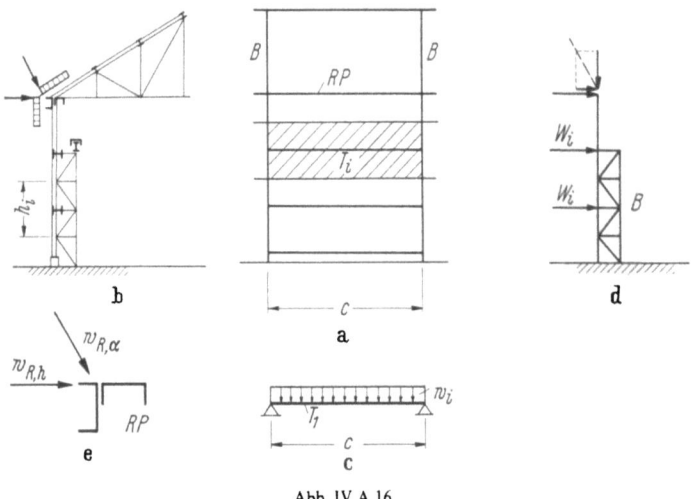

Abb. IV A.16

Wind auf die Längswand (Abb. IV A.16) wird häufig über horizontale Träger — meist als Einfeldträger berechnet — auf die Binderstützen B (Abb. IV A.16a bis d) übertragen mit $w_i = c\,q\,h_i$.

Bei der Randpfette RP (Abb. IV A.16b, c u. e) ist zu beachten, daß auf diese sowohl eine schräge Windbelastung $w_{R,\alpha}$ als auch eine horizontale Belastung $w_{R,h}$ wirkt. Die auf der Binderstütze ankommenden Einzellasten $W_i$ (Abb. IV A.16d) werden jeweils nach dem System des Hallenbinders in die Erdscheibe übergeleitet (eingespannte Stütze, Gelenkrahmen usw.).

Bei der Windbelastung auf Brücken sind die Untersuchungen getrennt für unbelastete und belastete Brücken durchzuführen. Bezüglich der Belastungen und Windangriffsflächen sei auf Abschn. I A 3b verwiesen. Die Belastung der einzelnen Tragglieder hängt von der Anordnung der Windverbände ab. Es können aus der horizontalen Windbelastung sowohl horizontale als auch vertikale Belastungen auftreten. An einigen schematischen Beispielen sei dies erläutert.

Bei der Eisenbahn-Fachwerkbrücke nach Abb. IV A.17a u. b sind ein oberer und ein unterer Windverband vorgesehen. Da die Annahmen über die Ermittlung der Windbelastung je m² Unsicherheiten in sich haben, genügt es für die Ermittlung der Windbelastungen der einzelnen Tragglieder, möglichst einfache Verteilungsgesetze zugrunde zu legen.

Es werden alle vom Wind getroffenen Flächen der Konstruktion, je nachdem, ob sie ober- oder unterhalb der Halbierungslinie $h/2$ der Systemhöhe $h$ liegen, dem oberen bzw. unteren Windverband zugewiesen.

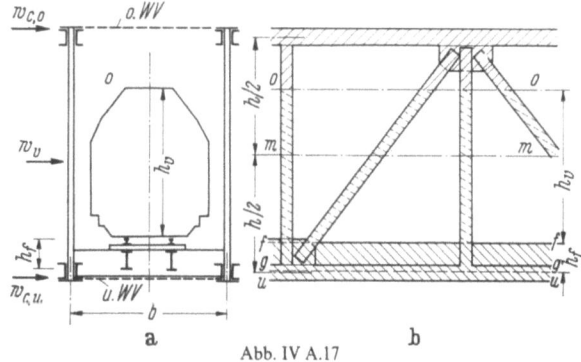

Abb. IV A.17

Für den oberen Verband werden die in Abb. IV A.17b oberhalb der Linie $m-m$ liegenden Flächen $\sum F_{o;u}$ eines Hauptträgers der gesamten Brücke ermittelt. Bei gleichmäßiger Aufteilung der Windangriffsfläche auf die ganze Brücke ergibt sich z. B. nach DV 804 (BE) für die unbelastete Brücke für den oberen Windverband mit $F_{m,o;u} = \sum F_{o;u}/l$ die gleichförmige Windbelastung bei unbelasteten Brücken

$$w_{o,u} = 0{,}25 \cdot 1{,}75 F_{m,o;u} \quad [\text{t/m}].$$

Durch den Faktor 1,75 ist hierbei der zweite Hauptträger berücksichtigt. Bei belasteter Brücke sind in $\sum F_{o;b}$ die strichlierten Flächen zwischen der Linie $m-m$ und der oberen Begrenzungslinie des Verkehrsbandes $o-o$ von $\sum F_{o;u}$ abzuziehen. Mit $F_{m,o;b} = \sum F_{o;b}/l$ wird

$$w_{o;b} = 0{,}125 \cdot 1{,}75 F_{m,o;b}.$$

Für den unteren Verband und unbelastete Brücke werden alle zwischen den Linien $m-m$ und $u-u$ (Abb. IV A.17b) liegenden Flächen ermittelt, die Fläche des Fahrbahnbandes $h_f l$ abgezogen und damit der Wert $\sum F_{u;u}$ erhalten. Mit $F_{m,u;u} = \sum F_{u;u}/l$ ergibt sich die gleichförmige Windbelastung bei unbelasteter Brücke

$$w_{u;u} = 0{,}25 (1{,}75 F_{m,u;u} + 1{,}0 h_f).$$

Bei belasteter Brücke sind in $\sum F_{u;b}$ die strichlierten Flächen zwischen den Linien $m-m$ und $f-f$ des Verkehrsbandes von $\sum F_{u;u}$ abzuziehen. Mit $F_{m,u;b} = \sum F_{u;b}/l$ wird

$$w_{u;b} = 0{,}125 (1{,}75 F_{m,u;b} + 1{,}0 h_f).$$

Die Wirkung von $w_o$ bzw. $w_u$ kann näherungsweise in Ebene des oberen bzw. unteren Windverbandes angenommen werden. Bei belasteter Brücke wirkt außerdem noch in Mitte des Verkehrsbandes die Windbelastung

$$w_v = 0{,}125\,h_v.$$

Für die Diagonalen und Pfosten des oberen Windverbandes (Abb. IV A.18e), der durch die Portale in den Punkten $B$ (Abb. IV A.18b, c u. e) gestützt ist, kommt unbelastete Brücke mit den Windknotenpunktlasten $W_{o;u} = \pm w_{o;u}\,c$ in Frage.

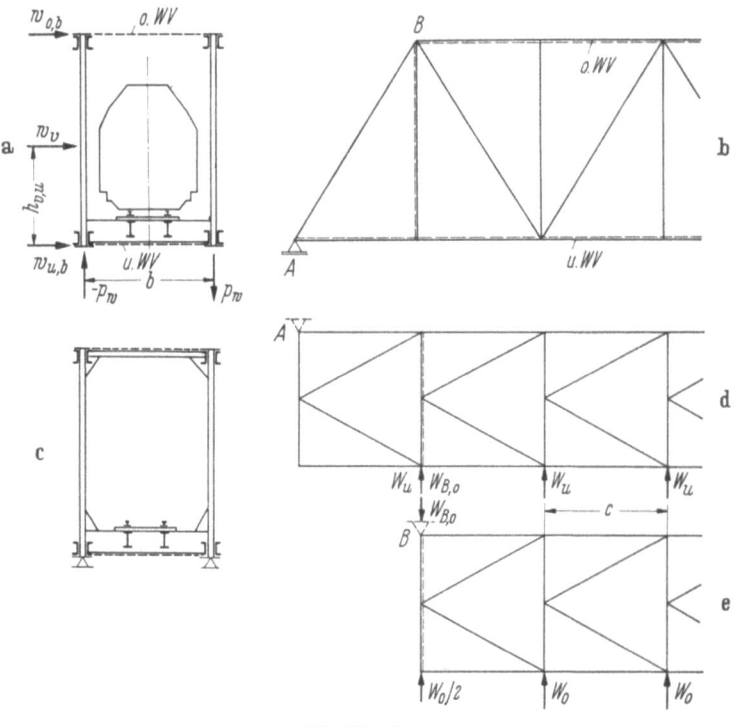

Abb. IV A.18

Für die Diagonalen und Pfosten des unteren Windverbandes (Abb. IV A.18d) kommt in der Regel belastete Brücke mit den Knotenpunktlasten $W_u = \pm w\,c$ in Frage, wobei noch die im Portal zu übertragende horizontale Kraft $W_{B;o}$ mit zu berücksichtigen ist.

Für alle Stäbe des Hauptträgers (Gurte und Füllglieder) ist belastete Brücke maßgebend.

Die Gurtkräfte aus Wind werden einerseits als Gurtkräfte der Horizontalträger nach Abb. IV A.18d oder e berechnet, wobei gegenüber unbelasteter Brücke nur die Knotenpunktlasten

$$W_{o;b} = \pm w_{o;b}\,c \quad \text{und} \quad W_{u;b} = \pm (w_{u;b} + w_v)\,c$$

zu berücksichtigen sind.

Für alle Schnittbelastungen sind die Windbelastungen, auch die auf die Konstruktion, als variable Belastung einzuführen, d. h., die einzelnen Stabkräfte werden durch Auswerten der entsprechenden Einflußlinien gewonnen, wobei nur die maximalen positiven und negativen Einflußbereiche zu berücksichtigen sind.

Da die Windbelastung $w_v$ auf das Verkehrsband über Längs- und Querträger in den unteren Verband übertragen werden muß, ergeben sich aus dieser horizontalen Belastung noch vertikale gleichmäßig verteilte Belastungen (Abb. IV A.18a):

$$p_W = \pm \frac{w_v h_{v,u}}{b}.$$

Mit dieser Belastung sind die Einflußlinien des Hauptträgers für die ungünstigsten Lastbereiche auszuwerten. Es treten daraus zusätzliche Stabkräfte in den Gurtungen und außerdem Stabkräfte in den Diagonalen und Pfosten der Hauptträger auf.

In Abb. IV A.19 ist z. B. für die Gurte einer Einfeldbrücke angegeben, welche Vorzeichen die Gurtkräfte aus den einzelnen Windbelastungen und aus ständiger Last und Verkehr haben. Die ungünstigsten Werte müssen danach kombiniert werden.

Bei der vollwandigen Eisenbahnbrücke mit zwei Windverbänden (Abb. IV A.20a bis e) kann sinngemäß vorgegangen werden. Für unbelastete Brücke ist die gleichförmige horizontale Windbelastung für den oberen Windverband

$$w_{o;u} \approx 0{,}25 \left(\frac{h_c}{2} + h_f\right);$$

für den unteren Windverband

$$w_{u;u} \approx 0{,}25 \frac{h_c}{2}.$$

Für belastete Brücke ergibt sich entsprechend

$$w_{o;b} \approx 0{,}125 \left(\frac{h_c}{2} + h_f + h_v\right);$$

$$w_{u;b} \approx 0{,}125 \frac{h_c}{2}.$$

Außerdem ergibt sich noch eine vertikale Zusatzbelastung

$$p_W = \pm \frac{w_v h_{v,o}}{b}.$$

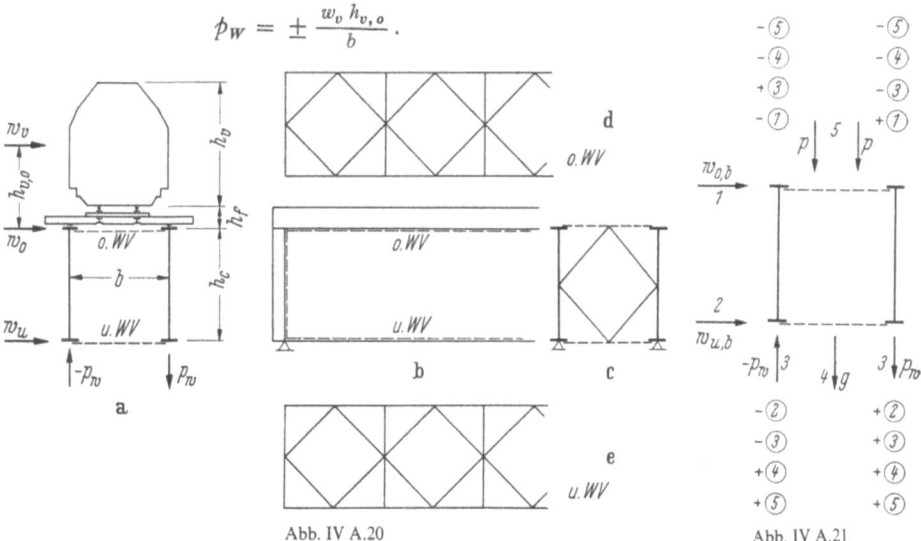

Abb. IV A.19

Abb. IV A.20

Abb. IV A.21

Die Windverbandsfüllstäbe und Endportale sind in der Regel für unbelastete Brücke, die zusätzlichen Stabkräfte in den Gurten für belastete Brücke zu untersuchen.

260 IV. Belastung und maximale Schnittbelastungen der Tragglieder eines Bauwerks [Lit. S. 269

Wie sich die einzelnen Einflüsse in den Gurtspannungen auswirken, kann aus Abb. IV A.21 ersehen werden.

Bei anderen Anordnungen der Windverbände muß ähnlich vorgegangen werden, um die zusätzlichen Schnittbelastungen aus Wind der einzelnen Tragglieder zu bestimmen.

### 4. Reibungs- und Bremskräfte

Auf die Größe dieser Belastung wurde bereits in Abschn. I A 3b hingewiesen.

Brems- und Anfahrkräfte wirken bei Eisenbahnbrücken in Höhe der Schienenoberkante. Werden sie auf die Schienenlänge gleichmäßig verteilt angenommen und an bestimmten Stellen durch Bremsverbände abgeleitet, so treten in den Längsträgern Längskräfte und Versetzungsmomente auf, die beachtet werden müssen (Abb. IV A.22a bis c).

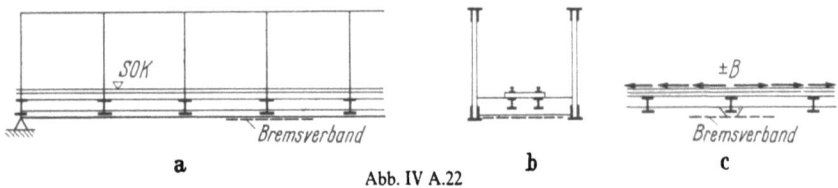

Abb. IV A.22

Außerdem treten infolge der Weiterleitung bis zum festen Lager noch Gurtkräfte in den Hauptträgern auf. Die vertikale Belastung aus den Versetzungsmomenten kann in der Regel vernachlässigt werden. Ähnliche Betrachtungen gelten für Reibungskräfte.

### 5. Seitenstöße von Schienenfahrzeugen

Die horizontalen Seitenstöße (s. Abschn. I A 3b) sind bei der Längsträgerberechnung — wenn große Knotenpunktentfernungen des Schlingerverbandes vorhanden sind — und bei der Berechnung der Schlinger- und Windverbände zu beachten.

### 6. Sonstige Einflüsse

Bei sonstigen Einflüssen ist Angriffsart und Größe festzulegen und die Ableitung der Kraft bis in die Erdscheibe zu verfolgen. Damit ergeben sich folgerichtig Größe und Richtung der Belastung für alle Tragglieder.

## B. Maximale Schnittbelastungen

### 1. Ständige Last

Sind die gleichförmige Belastung oder die Knotenlasten für einen Träger bestimmt (s. Abschn. IV A 1), so können an jeder Stelle des Trägers oder für jedes Tragglied desselben Moment $M_g$, Längskraft $N_g$, Querkraft $Q_g$ oder Stabkraft $S_g$ bestimmt werden, wie dies in Abschn. II für die verschiedensten Systeme gezeigt ist.

### 2. Verkehrsbelastung

Ist der Belastungszug nach Abschn. IV A 2 für ein bestimmtes Tragglied festgelegt, so werden die maximalen Schnittbelastungen dazu oder Verformungen zweckmäßig mittels Einflußlinien bestimmt, wobei jeweils die ungünstigsten Laststellungen zu berücksichtigen sind.

### a) Auswertung von Einflußlinien

Die Schnittbelastungs-Einflußlinien für statisch bestimmte Systeme bestehen aus geraden Linienzügen (z. B. Abb. IV B.1a u. b), die für Verformungen weisen krummlinige Linienzüge auf (z. B. Abb. IV B.1c). Einflußlinien von Schnitt-

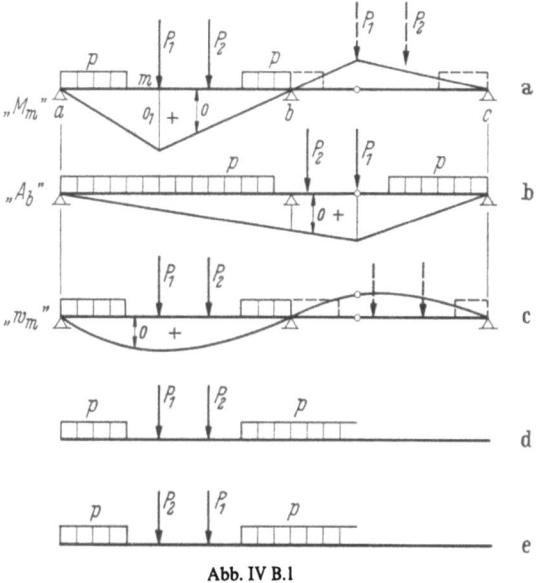

Abb. IV B.1

belastungen und Verformungen statisch unbestimmter Systeme verlaufen krummlinig (Abb. IV B.2a bis c). Hierbei ergibt sich — mit Rücksicht darauf, daß entsprechend den gemachten Voraussetzungen Biegelinien mittels $W$-Gewichten in den Knotenpunkten $n$ berechnet werden — für die praktische Rechnung ein in

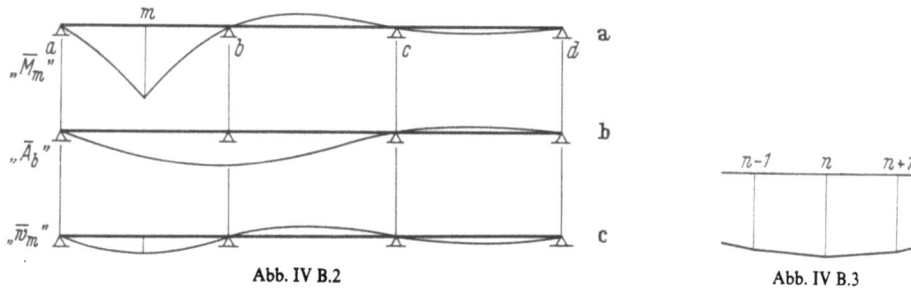

Abb. IV B.2  Abb. IV B.3

den Knotenpunkten abgeknickter Polygonzug (Abb. IV B.3). Die Abweichungen von der tatsächlich gekrümmten Linie sind bedeutungslos, wenn die Abstände der Knotenpunkte klein gehalten werden.

Ist ein Lastenzug gegeben (z. B. Abb. IV B.1d u. e, wobei bei e die beiden Lasten $P_1$ und $P_2$ auch in umgekehrter Reihenfolge als bei d stehen können), so ist die ungünstigste Laststellung zu suchen. Bei einer überwiegenden Einzellast wird diese meist über der größten Ordinate der Einflußlinie zu stehen kommen. Es sind sowohl die positiven als auch die negativen Bereiche der Einflußlinie auszuwerten.

In Abb. IV B.1a bis c sind beispielsweise ungünstige Laststellungen für die einzelnen Einflußlinien angegeben (strichliert für negative Einflüsse). Allgemein gilt für irgendeinen zu suchenden Wert $\max E_v$

$$\max(+E_v) = \sum P_i o_i + \int p_x o_x \, dx; \qquad \text{(IV B.1a)}$$

$$\max(-E_v) = -\sum P_i o_i - \int p_x o_x \, dx. \qquad \text{(IV B.1b)}$$

Die Integrale werden dabei nach der **Trapezregel** ermittelt.

Hat man Zweifel, ob man die ungünstigste Stellung zugrunde gelegt hat, so ist der Lastenzug zu verschieben und die Auswertung zu wiederholen.

Dies kann vor allem bei gekrümmten Einflußlinien und vielen Einzellasten, wie z. B. bei Lastenzügen der Eisenbahn, notwendig werden.

Bei den Schnittbelastungs-Einflußlinien statisch bestimmter Systeme, die dreieckförmig verlaufen, gibt der Satz von STEINMANN (New York 1915) eine eindeutige Aussage über die ungünstigste Laststellung.

Für einen gegebenen Lastenzug und eine angenommene Laststellung (z. B. Abb. IV B.4a) werden die Lasten $P_i$ links von der Spitze der Einflußlinie im Punkt $n$ stehen, die Lasten $P_k$ rechts davon. Nach (IV B.1) ist für diese Laststellung

$$E_v = \sum_l P_i o_i + \sum_r P_k o_k.$$

Bei einer Verschiebung des Lastenzugs um $(+dx)$ ergibt sich

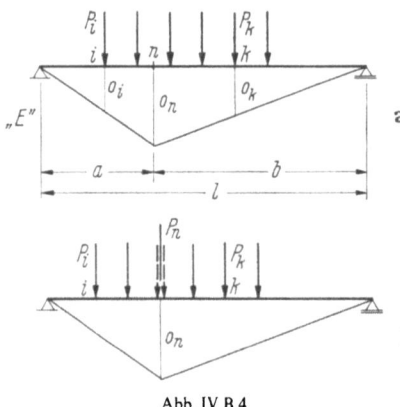

Abb. IV B.4

$$\frac{dE_v}{dx} = \sum_l P_i \frac{do_i}{dx} + \sum_r P_k \frac{do_k}{dx},$$

und mit $do_i/dx = o_n/a$ und $do_k/dx = -o_n/b$ wird

$$\frac{dE_v}{dx} = \sum_l P_i \frac{o_n}{a} - \sum_r P_k \frac{o_n}{b}.$$

Für den maximalen Wert $E_v$ gilt

$$\frac{dE_v}{dx} = 0 = o_n \left( \frac{\sum_l P_i}{a} - \frac{\sum_r P_k}{b} \right) = 0$$

oder

$$\frac{\sum_l P_i}{a} = \frac{\sum_r P_k}{b} = \frac{\sum P}{a+b} = \frac{\sum P}{l}. \qquad \text{(IV B.2)}$$

Formel (IV B.2) besagt, daß der Belastungsgleichwert links und rechts der Spitze der Einflußlinie gleich groß sein muß, um den ungünstigsten Wert der betreffenden Schnittbelastung zu erhalten.

Es ist aber auch klar, daß eine Last unmittelbar über der Spitze der Einflußlinie stehen muß, um den ungünstigsten Wert der Schnittbelastung zu erhalten (Abb. IV B.4b).

Bei der Berechnung des Belastungsgleichwertes nach (IV B.2) mit $P_n$ an der Spitzenordinate müßte ein Teil $P'_n$ der Last $P_n$ der linken und der Restteil $P''_n$ der rechten Belastungslänge $a$ bzw. $b$ zugerechnet werden. Wenn man die gesamte Last $P_n$ entweder der rechten oder der linken Belastungslänge zuschreibt, so kann (IV B.2) nicht gelten, sondern es bestehen die Beziehungen

$$\frac{\sum_l P_i}{a} < \frac{\sum P}{l} \quad \text{und} \quad \frac{\sum P_i + P_n}{a} > \frac{\sum P}{l}. \qquad \text{(IV B.3)}$$

Dies stellt die praktische Anwendung des Satzes von STEINMANN dar.

Am Beispiel eines Längsträgers einer Eisenbahnbrücke von 12 m Stützweite und einem Lastenzug, bestehend aus 5 Radlasten von je 12,5 t sei (IV B.3) erläutert.

Die Einflußlinie des Momentes „$M_n$" für den Punkt $n$ ist in Abb. IV B.5a dargestellt. Für die Laststellung 1 (Abb. IV B.5b) ergibt sich nach (IV B.3)

$$\frac{12{,}5}{3{,}0} < \frac{5 \cdot 12{,}5}{12{,}0}; \quad 4{,}7 < 5{,}2;$$

$$\frac{2 \cdot 12{,}5}{3{,}0} > \frac{5 \cdot 12{,}5}{12{,}0}; \quad 9{,}4 > 5{,}2.$$

Damit ist (IV B.3) erfüllt und die ungünstigste Laststellung gefunden. Für die Laststellung 2 (Abb. IV B.5c) würde sich ergeben

$$\frac{0}{3{,}0} < \frac{5 \cdot 12{,}5}{12{,}0}; \quad 0 < 5{,}2;$$

$$\frac{12{,}5}{3{,}0} > \frac{5 \cdot 12{,}5}{12{,}0}; \quad 4{,}7 > 5{,}2 \quad \text{(stimmt nicht!)}.$$

(IV B.3) ist somit nicht erfüllt, und es ist dies somit auch nicht die ungünstigste Laststellung.

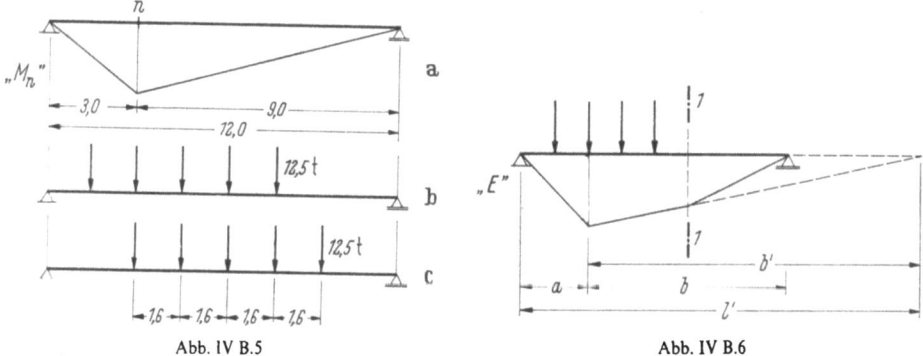

Abb. IV B.5                Abb. IV B.6

Bei einer geknickten Einflußlinie nach Abb. IV B.6 kann das gleiche Kriterium verwendet werden wie bei Abb. IV B.4, solange keine Last rechts der Linie 1−1 zu stehen kommt. Es ist nur statt $l$ in (IV B.3) der ideelle Wert $l'$ nach Abb. IV B.6 einzuführen.

### b) Maximale Momente

Bei Einfeldträgern sind die maximalen Momente von Eisenbahnbrücken für einen großen Bereich der Stützweiten bereits in Tafeln für die einzelnen Lastenzüge angegeben [z. B. nach Tafel 6.4a DV 804 (BE) der Deutschen Bundesbahn für den Lastzug S und Stützweiten von 1,0 m bis 200 m, jeweils für ein Gleis; für Längsträger und Hauptträger eingleisiger Brücken gelten die halben Werte].

Bei Hauptträgern von Straßenbrücken sind mit dem gegebenen Lastenzug die Momenteneinflußlinien für die einzelnen Knotenpunkte auszuwerten (bei Stahlbrücken für die Querträgeranschlußpunkte).

Bei Querträgern von Straßenbrücken mit zwei Hauptträgern wird man in der Regel nur die Einflußlinie für das Moment in Querträgermitte mit dem für den Querträger maßgeblichen Lastenzug (z. B. nach Abb. IV A.12d) bestimmen. Für den Querträger nach Abb. IV B.7a würde sich z. B. ergeben

$$\max M_p = 2R'o_1 + p'_1 b_1 \frac{o_2 + o_m}{2} + p'_2 b_2 (o_2 + o_3).$$

Um die maximalen positiven Momente aus Verkehrslast des gesamten Querträgers zu erhalten, genügt es meistens, das maximale Moment auf einen Mittelbereich von 0,10*l* bis 0,12*l* konstant verlaufen und dann nach einer Parabel bis zum Lager auf Null abnehmen zu lassen (Abb. IV B.7b).

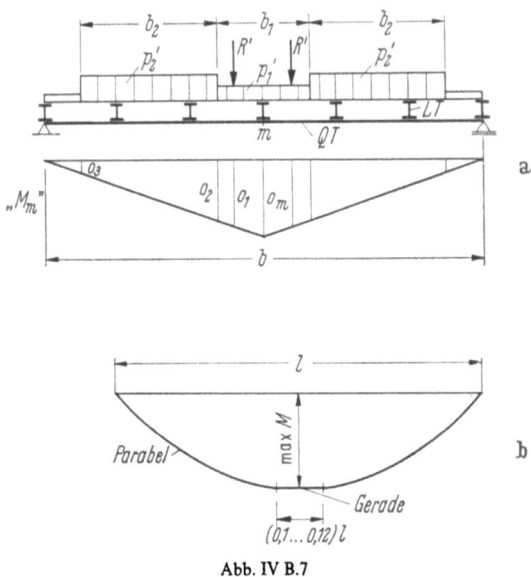

Abb. IV B.7

Liegt kein Längsträger in Querträgermitte (Abb. IV B.8a), so ist zu prüfen, ob sich für die Einflußlinie „$M_m$" (Abb. IV B.8b) oder die von „$M_n$" (Abb. IV B.8c) ungünstigere Werte ergeben. Der größere Wert ist der maximalen Momentenlinie nach Abb. IV B.7b zugrunde zu legen.

Bei unmittelbarer Krafteinleitung benötigt man bei einem Lastenzug, bestehend aus zwei Einzellasten, keine Einflußlinien, sondern kann die ungünstigste Last-

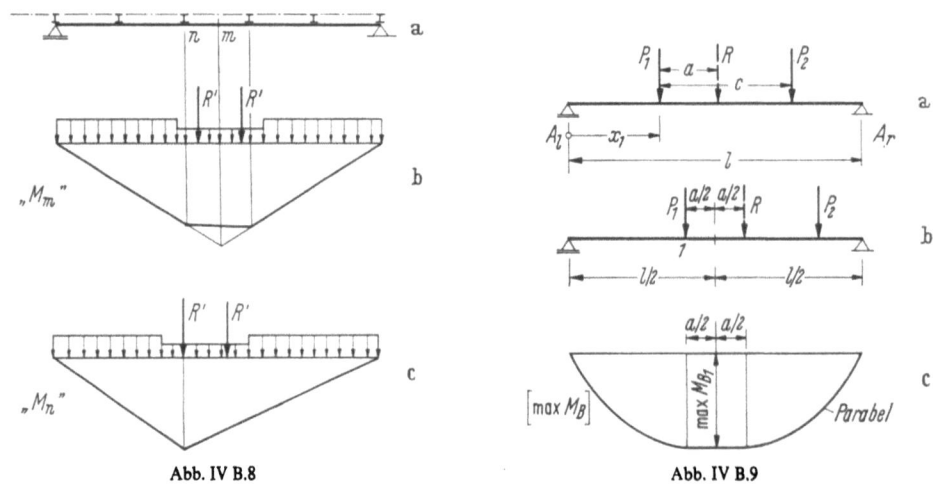

Abb. IV B.8        Abb. IV B.9

stellung und das maximale Moment direkt angeben. Das größte Moment wird unter der größeren Last $P_1$ auftreten. Nach Abb. IV B.9 gilt

$$R = P_1 + P_2; \quad a = P_2 \frac{c}{P_1 + P_2}$$

und
$$M_1 = \frac{R(l-a-x)}{l} x = \frac{R}{l}(lx - ax - x^2).$$

Mit
$$\frac{dM_1}{dx} = 0 = \frac{R}{l}(l - a - 2x)$$

ergibt sich für
$$x = \frac{l-a}{2} \tag{IV B.4a}$$

das größte Moment zu
$$\max M = \frac{(l-a)^2}{4l} R. \tag{IV B.4b}$$

Die ungünstigste Laststellung (Culmann-Stellung) [S 24] ergibt sich somit, wenn die größte Last $P_1$ und die Resultierende $R = P_1 + P_2$ gleich weit von Trägermitte entfernt sind (Abb. IV B.9b). Die maximale Momentenlinie für den ganzen Träger kann näherungsweise nach Abb. IV B.9c angenommen werden. Ist nur eine einzige Einzellast $P$ vorhanden, so gilt
$$M_x = P \frac{x(l-x)}{l}. \tag{IV B.5}$$

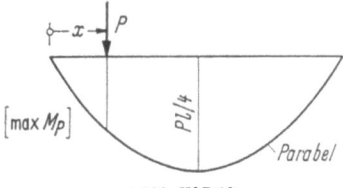

Abb. IV B.10

Die maximale Momentenlinie ist somit eine Parabel nach Abb. IV B.10.

Bei Kranbahnen mit mehreren Kranen wird man die Momenteneinflußlinie auswerten.

### c) Maximale Querkräfte

Für Einfeldträger sind die maximalen Auflagerdrücke $\max A_p$ von Eisenbahnbrücken für einen großen Bereich der Stützweiten bereits in Tabellen für die einzelnen Lastzüge für ein Gleis angegeben (z. B. in DV 804 (BE) Tafel 6.4c für den Lastenzug S, Abb. IV B.11a). Man erhält sie durch Auswerten der Einflußlinie „A"

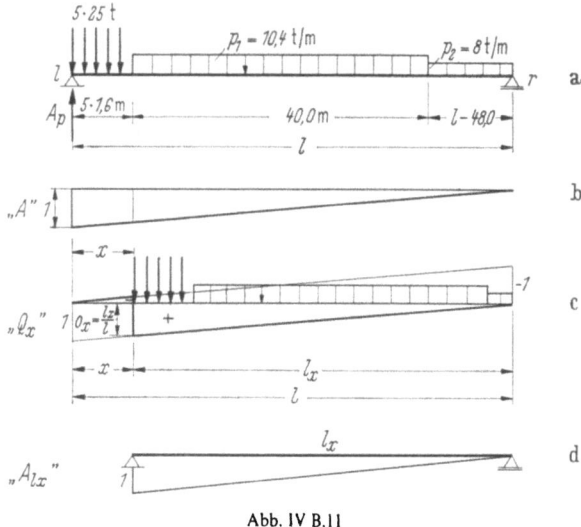

Abb. IV B.11

(Abb. IV B.11b). Aus diesen Tabellenwerten kann man unmittelbar auch die maximalen Querkräfte an einer Stelle $x$ des Trägers ableiten.

Für unmittelbare Lasteinleitung ist die „A"-Einflußlinie identisch mit der Querkrafteinflußlinie $Q_l$, somit $\max Q_l = \max A_p$ (für ein Gleis). Die Querkrafteinflußlinie $Q_x$ ist in Abb. IV B.11c dargestellt. Der positive Anteil hat die maximale Ordinate

$$+ o_x = \frac{l_x}{l}.$$

Für die ungünstigste Laststellung erkennt man aus Abb. IV B.11c u. d, daß der Wert von $\max Q_p$ dem **Auflagerdruck** eines Trägers mit der Stützweite $l_x$ entspricht, wenn man statt „1" die Endordinate $o_x$ zugrunde legt. Es gilt somit

$$\max Q_{p,x} = \max A_{p(l_x)} \frac{l_x}{l} \quad \text{(für ein Gleis).} \tag{IV B.6}$$

Bei mittelbarer Lasteinleitung (durch Querträger) ist die entsprechende Einflußlinie (z. B. Abb. IV B.12a) der Querkraft $Q_{m-n}$ für das betreffende Teilfeld auszuwerten.

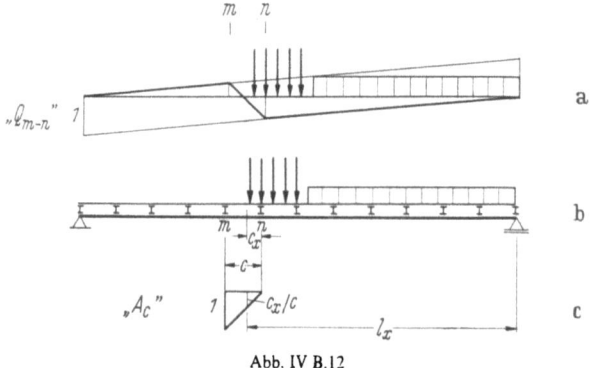

Abb. IV B.12

Auch hier kann man von der Tafel der maximalen Auflagerdrücke Gebrauch machen. Wie man aus Abb. IV B.12b erkennt, ist die Querkraft $Q_{m-n}$ für eine bestimmte Laststellung gleich der Differenz der Auflagerkraft $A$ des Gesamtträgers, verringert um den Auflagerdruck des Längsträgers mit der Stützweite $c$. Nach (IV B.6) gilt somit für eine gegebene Laststellung

$$Q_{p,m-n} = A_{p(l_x)} \frac{l_x}{l} - A_{p(c_x)} \frac{c_x}{c}. \tag{IV B.7}$$

Es sind einzelne Laststellungen zu untersuchen, um den Wert

$$\max Q_{p,m-n}$$

festzustellen.

Eine interessante Methode, die maximale Querkraft für einen unmittelbar belasteten Träger infolge eines gegebenen Lastenzugs aus beliebig vielen Einzellasten zu bestimmen, ist die mit Hilfe des sogenannten „$A$-Polygons".

Entsprechend der Querkrafteinflußlinie „$Q_n$" für einen Punkt $n$ des Trägers (Abb. IV B.13a) ist für den positiven maximalen Wert die erste Last $P_1$ bis zum Punkt $n$ vorzurücken (Abb. IV B.13b). Damit sind alle Abstände $x_i'$ der einzelnen Lasten $P_i$ vom rechten Lager festgelegt. Da links von Punkt $n$ keine Last stehen kann, gilt

$$\max Q_{p,n} = A_{p,l} = \frac{\sum P_i x_i'}{l} = \frac{M_{\Sigma P, r}}{l}.$$

Zeichnet man das Seileck nach Abb. IV B.13c mit der Polweite $H = l$ (Abb. IV B.13d), so gilt nach (I A.49)

$$M_{\Sigma P, r} = s_{r, x_n} H = s_{r, x_n} l.$$

Damit wird aber

$$\max Q_{p,n} = s_{r, x_n}. \tag{IV B.8}$$

Bringt man die Lasten $P_i$, von Punkt $r$ mit $P_1$ beginnend, in umgekehrter Reihenfolge auf und zeichnet mit dem Pol $H = l$ nach Abb. IV B.13f das Seileck, so erhält man im Punkt $x_n$ wieder den Wert $s_{r,x_n}$ (Abb. IV B.13e). Das Seileck ist somit gleichzeitig die $\max Q_p$-Linie [S 26, S 28].

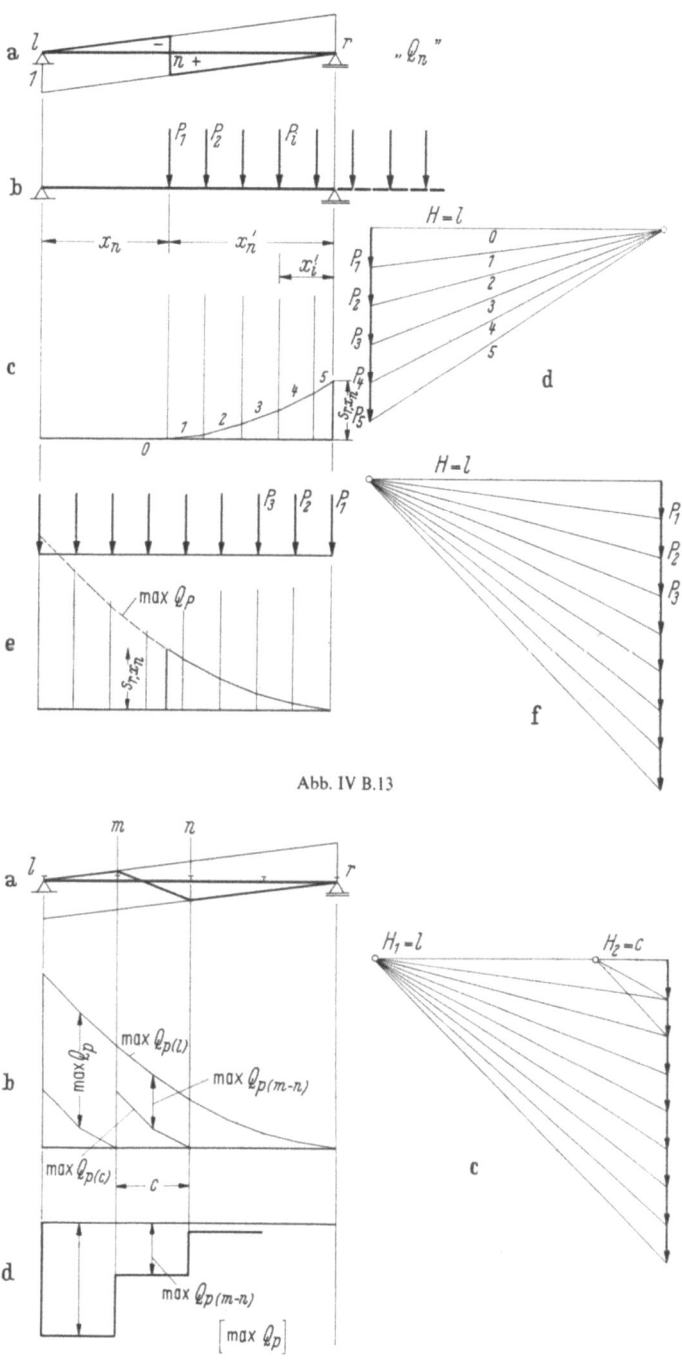

Abb. IV B.13

Abb. IV B.14

Bei mittelbarer Lasteintragung (Abb. IV B.14a) kann das $A$-Polygon ebenfalls Verwendung finden. Für eine bestimmte Laststellung ergibt sich die Querkraft eines Feldes aus der Differenz der Querkraft des Trägers mit der Stützweite $l$ und der des Trägers mit der Stützweite $c$. $Q_{p(l)}$ entspricht dem Seileck mit der Polweite $l$ in $r$ beginnend, $Q_{p(c)}$ dem mit der Polweite $c$ in $n$ beginnend. Zeichnet man in jedem Feld (Abb. IV B.14b) die $Q_{p(c)}$-Linie, so ergibt jeweils der größte Abstand zwischen $Q_{p(l)}$- und $Q_{p(c)}$-Linie die maximale Querkraft für dieses Feld (Abb. IV B.14d).

Bei statisch unbestimmten Systemen und bei Trägern von Straßenbrücken wird man die Einflußlinie für die Querkräfte auswerten, um die maximalen Werte max$Q_p$ zu erhalten.

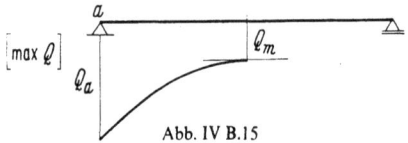

Abb. IV B.15

Bei Querträgern von Straßenbrücken wird es meist genügen, die maximale Querkraft $Q_a$ am Lager und $Q_m$ in Brückenmitte zu berechnen und dazwischen eine Parabel (Abb. IV B.15) einzuschalten. Bei Kranbahnträgern wird man die Einflußlinie auswerten.

## 3. Windbelastung

Da bei Brücken der Wind sowohl auf die Konstruktion als auch auf das Verkehrsband als ungünstigste Brückenlast (je nach Einflußbereich) zu berücksichtigen ist, sind für die Belastungen aus Wind (s. Abschn. IV A 3) die entsprechenden Einflußlinien für die horizontalen Windverbände und vertikalen Hauptträger wie für Verkehrslasten (Abschn. IV B 2) auszuwerten und die maximalen Momente, Querkräfte und Stabkräfte zu bestimmen.

Für Konstruktionen des Hochbaus werden meist einzelne Lastfälle untersucht.

## 4. Sonstige Belastungen

Für sonstige Belastungen wird die maximale Schnittbelastung, je nach ihrer Art, entweder für bestimmte Lastfälle oder mittels Einflußlinien ermittelt.

## 5. Gesamtbelastung

In den Vorschriften für die Berechnung von Bauteilen wird oft zwischen ,,Hauptlasten" und ,,Haupt- und Zusatzlasten" unterschieden. Es sind hierfür dann auch verschiedene zulässige Spannungen festgelegt, z. B. gehören nach DV 804 (BE) der Deutschen Bundesbahn nur ,,Ständige Last", ,,Lastenzüge" und ,,Fliehkraft" zu den Hauptlasten.

Unter Beachtung aller möglichen Belastungszustände sind für jeden Querschnitt die ungünstigsten Kombinationen zugrunde zu legen. Günstig wirkende Einflüsse sind dabei wegzulassen. Selbstverständlich müssen die Schnittbelastungen aus ständiger Last immer Berücksichtigung finden, gleichgültig ob sie im günstigen oder ungünstigen Sinne wirken. Unter Umständen können auch Reduzierungen einzelner Belastungszustände bei verschiedenen Kombinationen vorgenommen werden. Dies trifft z. B. bei Hochhäusern bei gleichzeitiger Belastung mehrerer Geschosse, z. T. bei der Miterfassung von Temperatureinflüssen u. a. m., zu.

Zweckmäßig werden alle Einflüsse getrennt tabellarisch erfaßt, um dann die ungünstigsten Kombinationen für jeden Querschnitt zu finden. Als einfaches Beispiel für Hauptlasten seien nur die maximalen Momentenwerte aus ständiger Last und Verkehr für den Gelenkträger nach Abb. IV B.16 angeführt.

Die Momentenlinie aus ständiger Last zeigt Abb. IV B.16d. Aus der Einflußlinie für ein Moment „$M_i$" im Punkt $i$ (Abb. IV B.16a) zwischen den Lagern $l$ und $e$ erkennt man, daß für max $+ M_p$ nur der Bereich $l$ bis $e$ mit dem Lastenzug nach Abb. IV B.16e, jeweils in ungünstigster Stellung, zu belasten ist. Damit entspricht max $+ M_p$ dem maximalen Moment eines Einfeldträgers. Um die maximalen negativen Momente im Bereich $l-e$ aus Verkehrslast zu erhalten, muß der negative Bereich der Einflußlinie, somit von $e-r$, belastet werden. Da alle Einflußlinien für Punkte zwischen $l$ und $r$ in $g$ eine Spitze haben, ist für alle die gleiche ungünstigste Laststellung maßgebend. Dies gilt auch für die Einflußlinie des Stützmomentes „$M_e$" (Abb. IV B.16b). Die max$(-M_p)$-Linie verläuft somit von $e$ nach $l$ in einer Geraden auf Null zu. Für die Momente im Bereich $e$ bis $r$ kommen nur Belastungen in diesem Bereich in Frage. Die Werte max$(-M_p)$ und max$(+M_p)$ werden durch Auswerten der Einflußlinien gewonnen.

Superponiert man (Abb. IV B.16g) die Werte $M_g$ nach Abbildung IV B.16d mit den Werten für die Verkehrsmomente nach Abb. IV B.16f, so erhält man einerseits die maximalen Momentenwerte max$(+M)$ und max$(-M)$, aber auch die Werte min$(+M)$ und min$(-M)$.

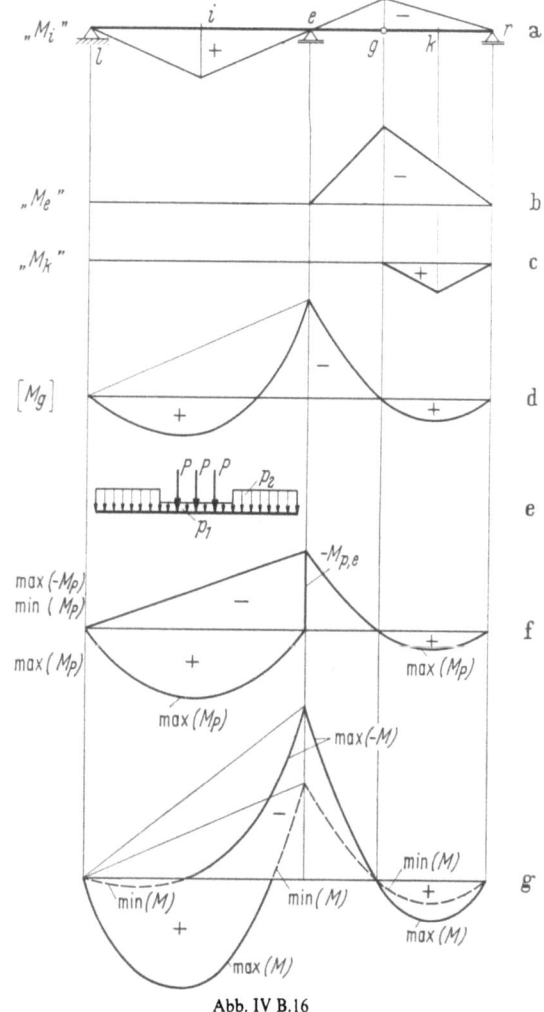

Abb. IV B.16

Neben den maximalen Werten der Momente bzw. der Stabkräfte $S$ bzw. Spannungen $\sigma$ werden u. U. für den Dauerfestigkeitsnachweis (z. B. bei Stahlkonstruktionen) auch die Werte

$$\frac{\min M}{\max M} \quad \text{bzw.} \quad \frac{\min S}{\max S} \quad \text{bzw.} \quad \frac{\min \sigma}{\max \sigma}$$

benötigt.

### Literatur zum Abschnitt IV

Siehe auch:
[S 20] KIRCHHOFF;   [S 24] MEHRTENS;   [S 26] MOHR;   [S 28] MÜLLER-BRESLAU.

# V. Statisch unbestimmte Systeme. Schnittbelastungsmethode mit den Unbekannten als Einzelschnittbelastungen

## A. Allgemeines

In Abschn. II A wurde die Stützung einer Scheibe bzw. von Scheibenketten behandelt und auch die Kriterien, die erkennen lassen, ob das betrachtete System statisch bestimmt gelagert ist. Bei allen statisch bestimmten Systemen reichen die Gleichgewichtsbedingungen (Hebelgesetze) allein aus, um alle Lagerbelastungen zu berechnen. Eine ebene Scheibe kann durch drei Stützstäbe eindeutig gestützt werden. Ist z. B. ein vierter Stützstab (Abb. V A.1) vorhanden, so können die Lagerbelastungen nicht mehr durch Gleichgewichtsbetrachtungen ermittelt werden, das System ist äußerlich statisch unbestimmt. Schneidet man z. B. das System nach Abb. V A.1a u. b im Punkt $b$ auf, so daß an der Lagerstelle $b$ ein Gelenk vorhanden ist, dann ist die Scheibenkette, bestehend aus den Scheiben I und II wieder statisch bestimmt gelagert. Die Schnittbelastungen für diese gegebene Scheibenkette können für jede beliebige Belastung wieder nach dem Hebelgesetz berechnet werden. Schließt man jedoch das Gelenk in Punkt $b$ — dies entspricht der Anbringung eines inneren Momentes —, so reichen die Gleichgewichtsbedingungen nicht mehr aus, und man hat es mit einem statisch unbestimmten System zu tun. Das System ist innerlich statisch unbestimmt. Man erkennt daraus, daß man ein System (z. B. Abb. V A.1) je nach der Betrachtungsweise als äußerlich oder innerlich statisch unbestimmtes System auffassen kann.

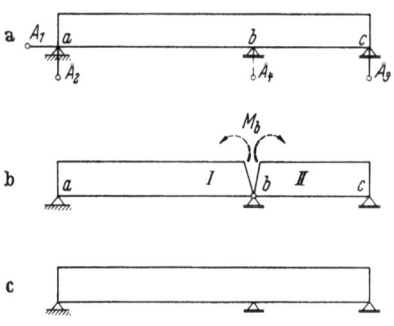

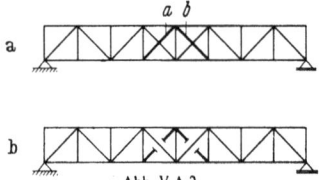

Abb. V A.1    Abb. V A.2

Die Bildungsgesetze für den Aufbau statisch bestimmter Fachwerkträger sind in Abschn. II A behandelt. Auch hier genügen zur Bestimmung der Stabkräfte die Gleichgewichtsbedingungen. Sind aber mehr Stäbe, als nach diesen Gesetzen zulässig sind, vorhanden, so ist das System statisch unbestimmt. Zum Beispiel wird das System nach Abb. V A.2a, das äußerlich statisch bestimmt ist (drei Lagerstäbe der Scheibe) erst nach Durchschneiden der Stäbe $a$ und $b$ (Abb. V A.2b) zu einem statisch bestimmten Dreiecksfachwerk. Das System ist somit 2fach innerlich statisch unbestimmt.

Ein statisch unbestimmtes System mit mehr als den für die betreffende Scheibe oder Scheibenkette erforderlichen Lagerstützungen kann somit sowohl als innerlich als auch als äußerlich statisch unbestimmtes System betrachtet werden. Zum

Beispiel wird das System nach Abb. V A.3 bei Wegnahme zweier Lagerstützungen (Abb. V A.3b) als äußerlich statisch unbestimmt, beim Durchschneiden der beiden Stäbe 1 und 2 (Abb. V A.3c) als innerlich statisch unbestimmtes System behandelt.

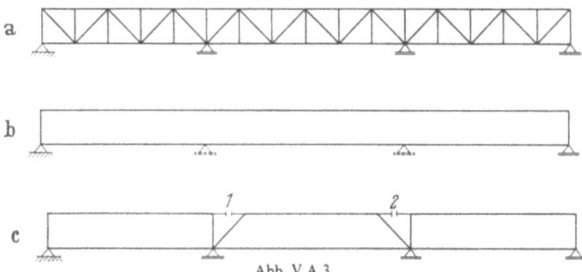

Abb. V A.3

Das Wesen der Schnittbelastungsmethode besteht nun darin, bei Fachwerkträgern so viele Stützstäbe bzw. Systemstäbe durchzuschneiden, bis ein statisch bestimmtes Grundsystem entsteht. Bei Vollwandträgern können ebenfalls Stützstäbe durchgeschnitten werden, bzw. es kann auch eine Stelle des Trägers vollständig oder teilweise aufgeschnitten werden, um zu einem statisch bestimmten Grundsystem zu kommen. Je nachdem, ob von den Momenten-, Querkraft- und Längskraftverbindungen eine, zwei oder alle drei getrennt werden, sind eine, zwei oder drei statisch unbestimmte Größen dafür in Rechnung zu stellen.

Die richtige Wahl des statisch bestimmten Grundsystems ist in doppelter Hinsicht von Bedeutung, einmal in bezug auf die Rechengenauigkeit und zum anderen in bezug auf den Umfang bzw. die Einfachheit der Rechnung. Je besser sich die Schnittbelastungen für einen gegebenen Belastungszustand am statisch bestimmten Grundsystem dem tatsächlichen Schnittbelastungszustand des vorhandenen statisch unbestimmten Systems anpassen, desto kleiner werden die absoluten Werte der statisch unbestimmten Größen werden und desto mehr kann die Rechengenauigkeit gesteigert werden.

Am Beispiel eines Durchlaufträgers (Abb. V A.4a) werden verschiedene Möglichkeiten der Wahl der Unbekannten gezeigt. Die endgültigen Momente $\bar{M}_g$ aus ständiger Last am statisch unbestimmten System sind in Abb. V A.4b dargestellt. Schneidet man das System im Mittelfeld auf, so daß zwei feste Gelenke entstehen (Abb. V A.4c) und führt die Momente $X_1$ und $X_2$ als statisch unbestimmte Größen ein, so erkennt man, daß die Momente $M_g$ am statisch bestimmten Grundsystem fast den endgültigen Momenten $\bar{M}_g$ entsprechen, wenn die Gelenke in der Nähe der Momentennullpunkte angeordnet werden. Die Werte $X_1$ und $X_2$ werden verhältnismäßig klein werden. Auch beim Fall nach Abb. V A.4d, mit den Stützkräften in Punkt $a$ und $d$ als Unbekannte $X_1$ und $X_2$, besteht zwischen den Momenten $\bar{M}_g$ und $M_g$ noch Ähnlichkeit. Dieser Zustand entspricht fast dem Fall nach Abb. V A.4i u. j, wo in Brückenmitte ein Gelenk (frei von Momenten und Querkräften) angenommen wird. Völlig anders ergeben sich die Momente $M_g$ als die von $\bar{M}_g$, wenn die Stützstäbe in den Punkten $b$ und $c$ als Unbekannte eingeführt werden (Abb. V A.4e). Dieser Fall kann hinsichtlich der Rechengenauigkeit als ungünstigster von allen gezeichneten Fällen angesehen werden, da die Abweichung der Momente $M_g$ von den Momenten $\bar{M}_g$ am größten ist. Schneidet man nach Abb. V A.4f den Träger über den Stützen $b$ und $c$ auf, so daß dort Gelenke entstehen, und führt die Stützmomente $X_1$ und $X_2$ als Unbekannte ein, so ist die Momentenfigur $M_g$ wohl auch noch weit von der endgültigen Momentenverteilung $\bar{M}_g$ entfernt, es tritt aber ein anderer Vorteil auf. Es wird einerseits ein statisch bestimmtes Grundsystem von Einfeldbalken — das einfachste Grundsystem — erhalten, und andererseits erstreckt sich der Einfluß von $X_1$ und $X_2$ jeweils nicht über den ganzen Träger (s. $M_1$ nach Abb. V A.4g). Damit wird aber der Umfang der Berechnung geringer. Die Rechengenauigkeit kann man durch Mitnahme genügender Stellen in den Zahlenwerten den erforderlichen Bedingungen anpassen. Vor allem bei vielfach statisch unbestimmten Systemen (z. B. von Durchlaufträgern auf vielen Stützen) ist die Rückführung auf Einfeldbalken als Grundsystem zu empfehlen.

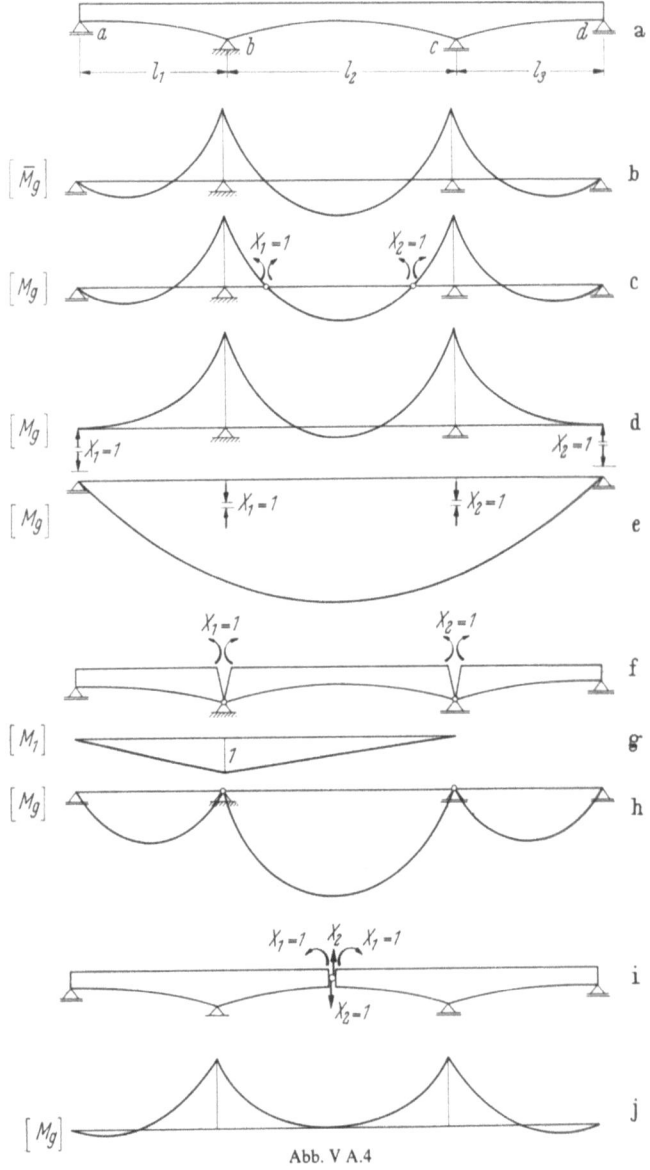

Abb. V A.4

Bei einem überspannten Balken (Abb. V A.5a) treten im Bogen große Druckkräfte auf. Bei dem statisch bestimmten Grundsystem nach Abb. V A.5b werden bereits die Stabkräfte $S_g$ im Bogen weitgehend den Werten $\bar{S}_g$ entsprechen, also wird eine verhältnismäßig große Rechengenauigkeit erzielt werden. Trotzdem empfiehlt es sich, den Bogen durchzuschneiden (Abb. V A.5c), wobei $S_g$ im Bogen Null wird. Man erhält damit einen Einfeldträger als statisch bestimmtes Grundsystem, was zu einer wesentlichen Vereinfachung der Berechnung führt.

Bei der Wahl der Unbekannten wird man somit bestrebt sein, einmal einfache statisch bestimmte Grundsysteme zu schaffen und zum anderen den Rechenumfang so gering wie möglich zu halten.

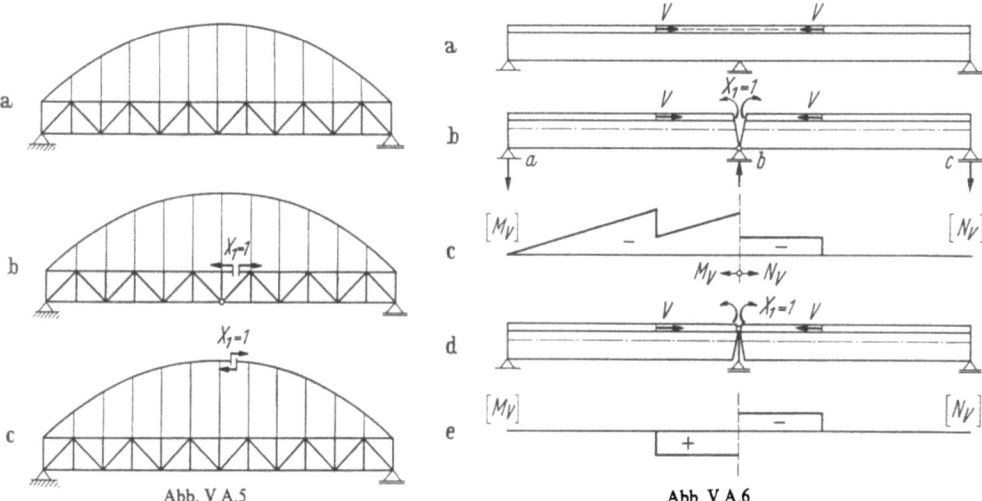

Abb. V A.5     Abb. V A.6

Als Beispiel sei auf den Vorspannungszustand bei einem durchlaufenden Verbundträger (Abb. V A.6a) hingewiesen. Durch die Vorspannung der Spannstähle werden die beiden Kräfte $V$ eingeleitet. Während es bei lotrechter Belastung gleichgültig ist, wo beim Aufschneiden des Trägers das Gelenk angenommen wird (z. B. am Lagerpunkt nach Abb. V A.4f), kann in diesem Fall durch richtige Wahl der Höhe des Gelenkpunktes viel an Rechenumfang gespart werden. Wählt man das Gelenk in Höhe des Lagerpunktes $b$ nach Abb. V A.6b, so erstrecken sich die Momente $M_V$ des statisch bestimmten Grundsystems über die gesamte Träger-

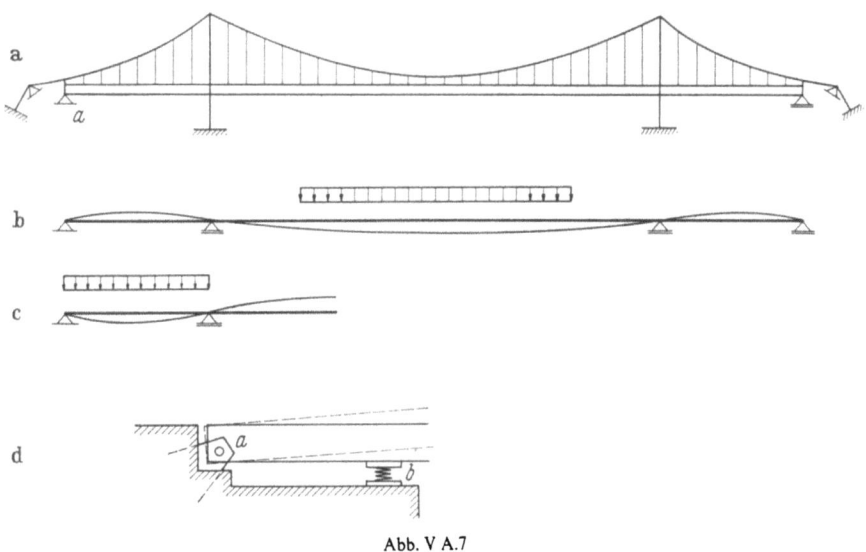

Abb. V A.7

länge (Abb. V A.6c). Bei Wahl des Gelenks in Höhe der Vorspannkraft (Abb. V A.6d) wird aber nur ein wesentlich geringerer Teil des Grundsystems in Spannung gesetzt (Abb. V A.6e), so daß der Rechenaufwand geringer wird.

Ein System kann aber auch für verschiedene Belastungszustände und zu verschiedenen Zeiten eine andere statische Unbestimmtheit aufweisen.

Bei der Hängebrücke nach Abb. V A.7a für Eisenbahnverkehr sollen z. B. bei der Belastung der Mittelöffnung keine großen Einspannmomente im Versteifungsträger am Lager $a$ auftreten; es ist somit für diesen Zustand eine gelenkige Lagerung (Abb. V A.7d, strichliert) vorgesehen. Für die Belastung des Endfeldes soll jedoch ein tangentialer Gleisübergang vorhanden sein, der Träger wird sich in diesem Fall — elastisch oder starr — zusätzlich auf das Lager $b$ (Abb. V A.7d) abstützen, wodurch eine Einspannung, also eine zusätzliche statisch unbestimmte Größe auftritt.

Bei dem System nach Abb. V A.8 ist z. B. für die Lastfälle ständige Last und Vorspannung ($V_1$ und $V_2$ gleichzeitig aufgebracht) ein statisch bestimmtes System — ein Kragträger — vorhanden; für die Lastfälle Verkehr, Kriechen und Schwinden wirkt es jedoch als statisch unbestimmtes System. Schon beim Entwurf sind — vor Beginn jedweder Berechnung — eingehende Überlegungen bezüglich der Wahl des Systems anzustellen, wobei auf mögliche Verformungsbehinderungen zu achten ist, vor allem bezüglich Temperaturänderungen.

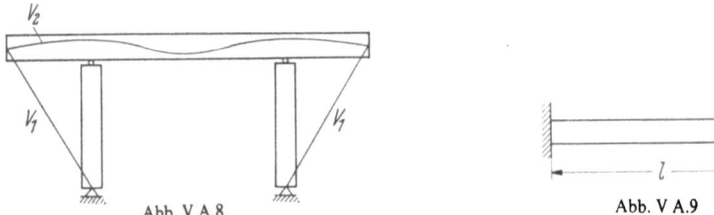

Abb. V A.8    Abb. V A.9

Wird z. B. ein Träger beiderseits starr in unnachgiebigen Beton oder Mauerwerk eingespannt (Abb. V A.9), so können infolge Temperaturänderungen große Schnittlasten auftreten, die zur Zerstörung des Widerlagers führen können.

Bei freier Ausdehnung eines Stahlträgers entspricht der Ausdehnungsfaktor $\alpha_t$ der Dehnung $\varepsilon$. Für 1° Temperaturerhöhung tritt bei vollständiger Verhinderung der Längenänderung die Spannung

$$\sigma_t = \alpha_t E = \frac{12}{10^6} 2{,}1 \cdot 10^3 = 0{,}025 \text{ t/cm}^2$$

auf. Für 30° entsteht eine Spannung von $\sigma = 0{,}025 \cdot 30 = 0{,}75$ t/cm². Bei einem Träger IPB 1000 mit $F = 400$ cm² entspräche dies einer Kraft von

$$P = \sigma F = 0{,}75 \cdot 400 = 300 \text{ t}.$$

Dies ist mit ein Grund, daß man bei den in Querrichtung festen Lagern einer Brücke zwischen Lageroberteil und -unterteil ein Spiel $\Delta$ läßt (Abb. V A.10a u. b).

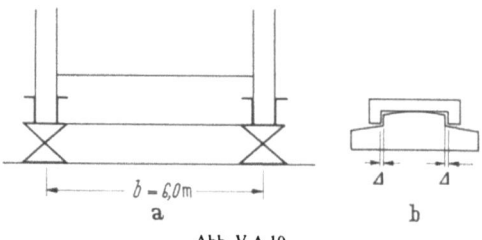

Abb. V A.10

Bei 6 m und 30° ergibt sich z. B. eine Längenänderung von

$$\Delta s = \frac{12}{10^6} \cdot 30 \cdot 6000 = 2{,}2 \text{ mm},$$

die möglich sein muß, um große Zwängungsspannungen zu vermeiden.

Hat man z. B. eine durchlaufende Baubrücke (Abb. V A.11a u. b) auf vielen Stützen, die verschieden hoch sind, so wird man aus wirtschaftlichen Gründen nach Möglichkeit die Stützen fest eingespannt mit Brücke und Fundament verbinden.

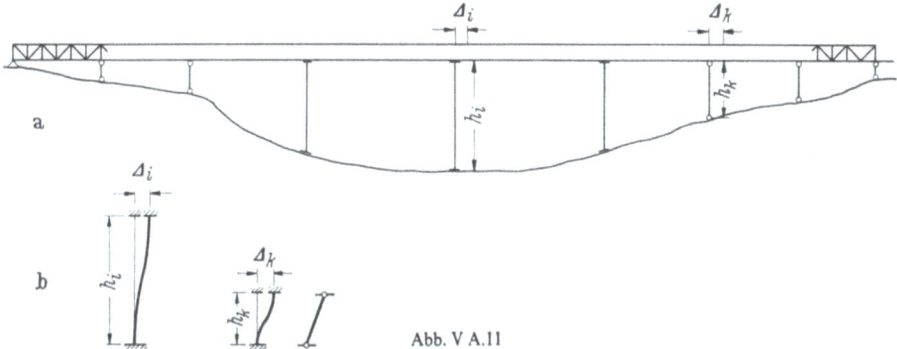

Abb. V A.11

Infolge Temperaturänderungen werden sich Längenänderungen $\Delta$ der Brücke — vom festen Lager an gerechnet — an den einzelnen Stützen ergeben. Ist für eine gegebene Stütze die Höhe $h_i$ genügend groß, so daß die Momente für einen beiderseits eingespannten Stab infolge der Verschiebung $\Delta_i$ so klein bleiben, daß die entsprechenden Spannungen aufgenommen werden können, so kann die Einspannung vorgesehen werden. Bei niedrigen Höhen $h_k$ und großen Verschiebungen $\Delta_k$ ergeben sich in der Regel so große Momente bei Volleinspannung, daß es wirtschaftlicher wird, Pendelstützen mit beiderseitigen Gelenken vorzusehen, bei denen keine Momente auftreten.

Grundsätzlich ist bei irgendeiner Verformungsbehinderung diese durch die Einführung entsprechender statisch unbestimmter Größen in der Rechnung zu berücksichtigen.

In der Regel darf ein statisch bestimmtes System nicht beweglich sein. Für den Fall, daß aber alle Schnittbelastungen eines beweglichen Systems für einen bestimmten Belastungsfall eindeutig bestimmbar sind, kann ein solches System auch als statisch bestimmtes Grundsystem in der Rechnung Verwendung finden. Als Beispiele seien die Abb. V A.12a u. b mit $P_1 = P_2$ angeführt oder das Rautenfachwerk nach Abb. V A.13 mit einer Belastung, die hälftig auf die Obergurt- und Untergurtknotenpunkte aufgeteilt ist. Alle drei Systeme sind als statisch bestimmte Grundsysteme für die angegebene Belastung möglich, obwohl sie beweglich sind.

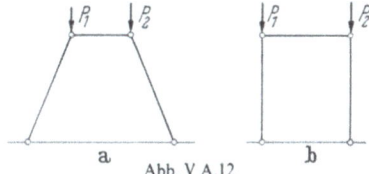

Abb. V A.12

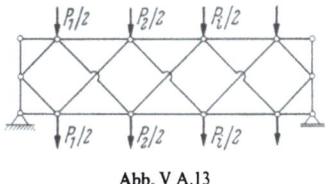

Abb. V A.13

Da die statisch unbestimmten Größen die Schnittbelastung an vorübergehend getrennt gedachten Schnittstellen des Systems ersetzen sollen, treten sie immer paarweise auf. In Abb. V A.14a u. b ersetzt $X_i$ die Stabkraft im getrennten Stützstab oder Fachwerkstab. Bei jedem Lager kann man sich dieses durch Stützstäbe ersetzt denken. Zum Beispiel sei beim Zweigelenkbogen nach Abb. V A.15a der horizontale Stützstab im Lager $r$ durchgeschnitten gedacht ($X_1$ in Abb. V A.15b), wodurch ein Einfeldträger als statisch bestimmtes Grundsystem entsteht.

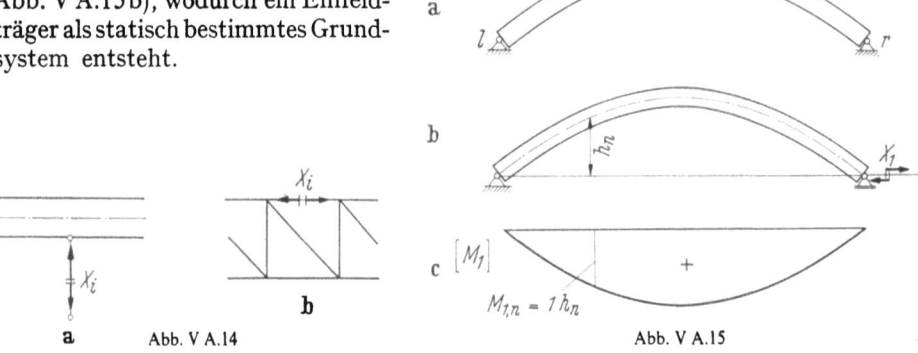

Abb. V A.14    Abb. V A.15

In Abb. V A.16 sind die drei Paare von Unbekannten für Moment, Querkraft und Längskraft eingetragen, die beim vollständigen Aufschneiden eines Vollwandquerschnittes einzuführen sind.

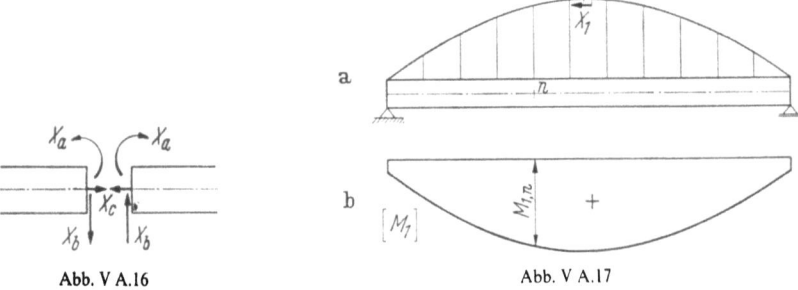

Abb. V A.16    Abb. V A.17

In welchem Richtungssinn man die Unbekannten einführt, ist für das Endergebnis gleichgültig. Bei den nachfolgenden Abschnitten werden die Wirkungsrichtungen der Unbekannten in der Regel so eingeführt (z. B. Abb. V A.15b, V A.17a und V A.18b), daß sich bei Einfeldbalken als statisch bestimmte Grundsysteme im wesentlichen positive Momente infolge der Belastung durch die Unbekannten ergeben (z. B. Abb. V A.15c, V A.17b und V A.18c bis e).

Unter Umständen kann es zweckmäßig sein, der Rechnung ein statisch unbestimmtes Grundsystem zugrunde zu legen. Wenn man z. B. beim überspannten Durchlaufträger nach Abb. V A.19 die Überspannung durchschneidet, so erhält man einen dreifach statisch unbestimmten Durchlaufträger. Sind für eine gegebene Belastung die Schnittbelastungen des Durchlaufträgers bekannt, so kann man diesen als Grundsystem wählen, und die vierte Unbekannte $\bar{X}_4$ des Gesamtsystems kann dann aus einer einzigen Bedingungsgleichung berechnet werden. Besonders anschaulich ist die zweckmäßige Anwendung eines statisch unbestimmten Grundsystems aus Abb. V A.20 erkennbar. Ohne die beiden gelenkig angeschlossenen Eckriegel ist der Rahmen 24fach statisch unbestimmt. Für Stockwerkrahmen sind besonders einfache Methoden vorhanden, um für einen bestimmten Belastungsfall — ohne Auflösung von Gleichungssystemen — die Schnittbelastungen zu bestimmen. Man wird daher den Stockwerkrahmen als statisch unbestimmtes Grundsystem auffassen und die unbekannten Riegelkräfte $\bar{X}_{25}$ und $\bar{X}_{26}$ aus zwei Gleichungen bestimmen.

Die Schnittbelastungen aus den Unbekannten am Grundsystem werden zuerst für die Einheit derselben ermittelt, z. B. für $X_i = 1$ t bei Stabkräften, Querkräften und Längskräften und für $X_i = 1$ tm bei Momenten und dann mit dem durch die Rechnung erhaltenen Wert von $|X_i|$ multipliziert.

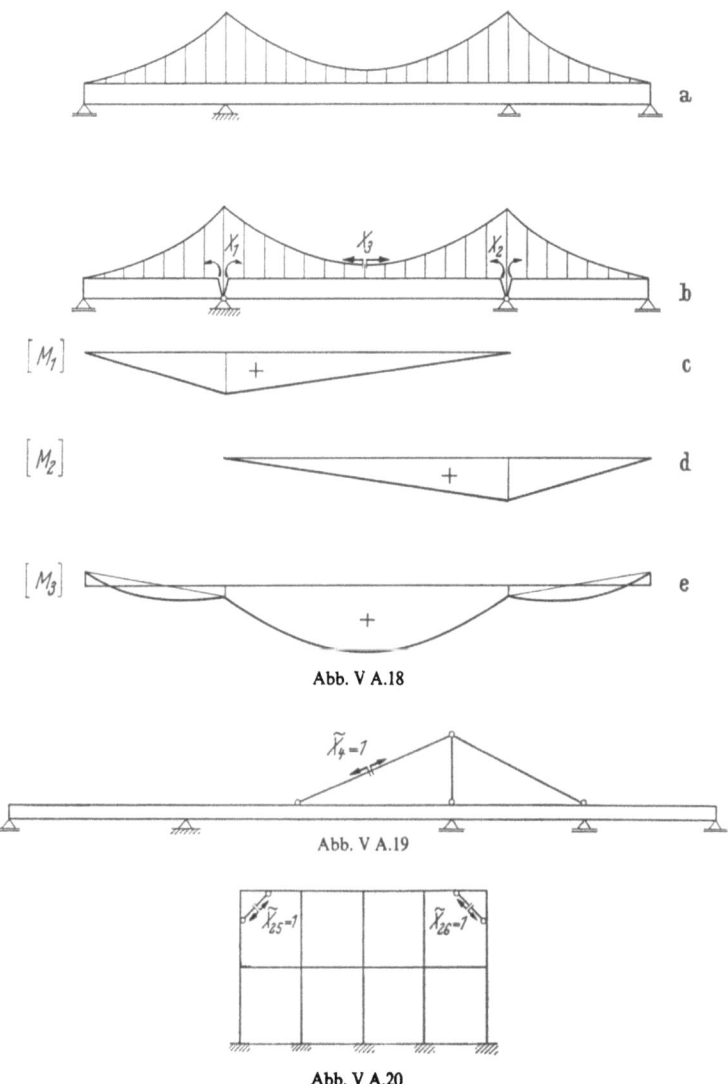

Abb. V A.18

Abb. V A.19

Abb. V A.20

Folgende Bezeichnungen werden für die Schnittbelastungen eingeführt:

$M_n, Q_n, N_n, S_n$    Schnittbelastungen am statisch bestimmten Grundsystem,

$^a\tilde{M}_n, {}^a\tilde{Q}_n, {}^a\tilde{N}_n, {}^a\tilde{S}_n$    Schnittbelastungen am $a$-fach statisch unbestimmten Grundsystem,

$\bar{M}_n, \bar{Q}_n, \bar{N}_n, \bar{S}_n$    Schnittbelastungen am endgültigen statisch unbestimmten System.

Entsprechend sind $v_n, {}^a\tilde{v}_n, \bar{v}_n, \varphi_n, {}^a\tilde{\varphi}_n, \bar{\varphi}_n$ usw. Verformungen, zugehörig zu den betreffenden Systemen.

## B. Ebene Fachwerke

### 1. Schnittbelastungen

#### a) Statisch bestimmte Grundsysteme

**α) Gegebene Belastungszustände.**
*Einfach statisch unbestimmte Systeme.* Schneidet man bei einem einfach statisch unbestimmten System einen Stab an der Stelle $s_1$ durch, so daß ein statisch bestimmtes Grundsystem entsteht (z. B. Stab $k'-l'$ in Abb. V B.1a), so können für einen gegebenen Belastungszustand $B$ (z. B. Lasten $P_i$ in Abb. V B.1b) die Stabkräfte $S_B$ für dieses System einfach berechnet werden. Bringt man an der Schnittstelle die Doppelkraft $X_1 = 1$ t an, so können auch für diesen Belastungszustand die Stabkräfte $S_1$ am Grundsystem berechnet werden (Abb. V B.1c). Infolge einer Belastung des Grundsystems wird sich dieses verformen, und es wird daher eine Klaffung $\Delta_1$ an der Schnittstelle $s_1$ des getrennten Stabes (Abb. V B.1e) auftreten.

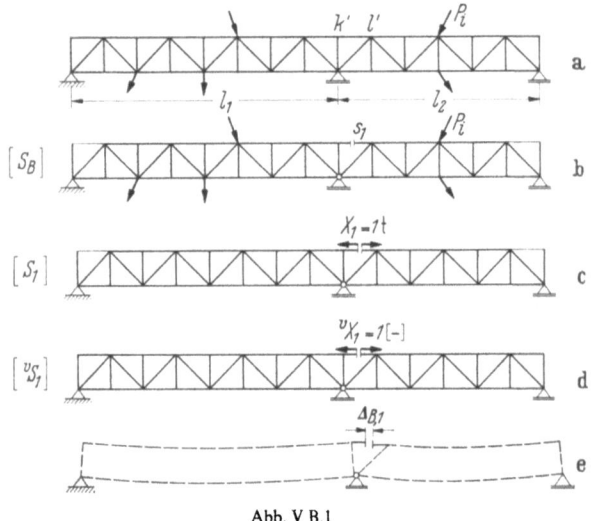

Abb. V B.1

Diese wird unter der Wirkung der Stabkräfte $S_B$ bzw. $S_1$ an der Wirkungsstelle der Unbekannten $X_1$ den Wert $\Delta_{B,1}$ bzw. $\Delta_{1,1}$ annehmen. Will man für einen gegebenen Belastungszustand die Klaffung an der Stelle $s_1$ ermitteln, so hat man entsprechend Abschn. III A 4 eine virtuelle Doppelkraft $^vX_1 = 1$ anzubringen. Die zugehörigen virtuellen Stabkräfte $^vS_1$ sind gleich groß wie die Stabkräfte $S_1$, nur dimensionslos (Abb. V B.1d).

Nach (III A.13) ergibt sich

$$\Delta_{B,1} = \sum S_B \, ^vS_1 \, \frac{s}{EF}$$

bzw.

$$E F_c \Delta_{B,1} = a_{B,1} = \sum S_B \, ^vS_1 \, s \, \frac{F_c}{F} \qquad \text{(V B.1)}$$

und

$$\Delta_{1,1} = \sum S_1 \, ^vS_1 \, \frac{s}{EF}$$

bzw.

$$E F_c \Delta_{1,1} = a_{1,1} = \sum S_1 \, ^vS_1 \, s \, \frac{F_c}{F}. \qquad \text{(V B.2)}$$

Tatsächlich wirkt nun nicht die Kraft $X_1 = 1$ t an der Schnittstelle $s_1$, sondern der $X_{B,1}$-fache Wert. Da der Stab $k'-l'$ nicht durchgeschnitten ist, kann in Wirklichkeit keine Klaffung $\bar{a}_{B,1}$ — an statisch unbestimmten Systemen — auftreten. Mit dem Superpositionsgesetz ergibt sich

$$\bar{a}_{B,1} = X_{B,1}\, a_{1,1} + a_{B,1} = 0$$

bzw.
$$X_{B,1}\, a_{1,1} + a_{B,1} = 0 \qquad \text{(V B.3a)}$$

und
$$X_{B,1} = -\frac{a_{B,1}}{a_{1,1}} \quad [-]\ \text{(dimensionslos)}. \qquad \text{(V B.3b)}$$

Man erkennt daraus, daß die Werte $X_{B,1}$ nur vom Verhältnis der Flächen der einzelnen Stäbe untereinander und nicht von deren absoluten Größen abhängen und auch nicht von der Größe des $E$-Moduls, wenn dieser für alle Stäbe gleich ist. Ist dies nicht der Fall, so daß z. B. Stäbe aus Beton und solche aus Stahl im gleichen Tragwerk zusammenwirken (z. B. bei Verbundbrücken, Pfeilern von Brücken usw.), so wird man, mit Rücksicht auf den konstanten Wert des Moduls $E_e$ für Stahl, zweckmäßig alle Werte darauf beziehen [S 37]. Bezeichnet man mit

$$n_b = \frac{E_e}{E_b} \qquad \text{(V B.4)}$$

das Verhältnis der Moduli von Stahl und Beton und als reduzierte Betonfläche den Wert

$$F_{b,r} = \frac{F_b}{n_b}, \qquad \text{(V B.5)}$$

so erhält man aus (V B.1) und (V B.2) bei gleichzeitigem Vorhandensein von Stäben aus Beton und Stahl

$$a_{B,1} = E_e F_c\, \Delta_{B,1} = \sum_b S_B\, {}^vS_1 \frac{F_c}{F_{b,r}} s + \sum_{st} S_B\, {}^vS_1 \frac{F_c}{F} s; \qquad \text{(V B.1a)}$$

$$a_{1,1} = \sum_b S_1\, {}^vS_1 \frac{F_c}{F_{b,r}} s + \sum_{st} S_1\, {}^vS_1 \frac{F_c}{F} s. \qquad \text{(V B.2a)}$$

Bei einem mit der Stahlfläche $F_e$ bewehrten Stahlbetonstab ist in (V B.1a) und (V B.2a) statt $F_{b,r}$ der Wert

$$F_i = F_{b,r} + F_e \qquad \text{(V B.6)}$$

einzuführen.

Ist der Stahlbetonstab außerdem noch mit der Vorspannfläche $F_z$ vorgespannt, so ist mit

$$n_z = \frac{E_e}{E_z} \qquad \text{(V B.7)}$$

und der reduzierten Vorspannfläche

$$F_{z,r} = \frac{F_z}{n_z} \qquad \text{(V B.8)}$$

in (V B.1a) und (V B.2a) statt $F_{b,r}$ der Wert

$$F_i' = F_{b,r} + F_e + F_{z,r} \qquad \text{(V B.9)}$$

zu berücksichtigen.

Sind Stäbe mit anderen Materialien ebenfalls vorhanden (wie z. B. aus Aluminium, Holz usw.), so brauchen nur die entsprechend (V B.4) und (V B.5) reduzierten Flächen in die Rechnung eingeführt zu werden.

Die ersten Annahmen für die $F_c/F$-Werte wird man schätzen bzw. Vorberechnungen entnehmen. Für Vorberechnungen genügt es meist, in den Summenausdrücken für $a_{B,1}$ und $a_{1,1}$ nur die Gurtstäbe zu berücksichtigen. Der endgültigen Berechnung müssen die endgültigen Werte $F_c/F$ und alle Stäbe zugrunde gelegt werden, da Abweichungen davon zu größeren Fehlern Anlaß sein können.

Während $a_{B,1}$ je nach dem Belastungszustand sein Vorzeichen wechseln kann, ist $a_{1,1}$ immer positiv. Wird $X_1 = 1$ als Druckkraft bzw. Zugkraft eingeführt, so stellt $a_{1,1}$ eine Klaffung (Abb. V B.2a) bzw. eine Übergreifung (Abb. V B.2b) dar.

Abb. V B.2

In $a_{1,1}$ muß selbstverständlich der getrennte Stab mit voller Länge mitberücksichtigt werden.

Nach dem Superpositionsgesetz ergeben sich die endgültigen Stabkräfte bzw. Lagerstützkräfte für den Belastungsfall $B$ zu

$$\bar{S}_{B,i-k} = S_{B,i-k} + X_{B,1} S_{1,i-k};$$
$$\bar{A}_{B,i} = A_{B,i} + X_{B,1} A_1. \quad\text{(V B.10)}$$

Für den getrennten Stab $k'-l'$ in Abb. V B.1a gilt

$$\bar{S}_{B,k'-l'} = 0 + X_{B,1}(-1) = -X_{B,1}.$$

Wird eine Lagerbedingung entfernt (z. B. das mittlere Lager in Abb. V B.3a), um zum statisch bestimmten Grundsystem zu kommen, so denkt man sich zweckmäßig einen starren Stützstab (Abb. V B.3b) durchgeschnitten. Mit $F = \infty$ und $F_c/F = 0$ gibt dieser Stab keinen Beitrag zum Wert $a_{1,1}$. Es gelten die oben angegebenen Formeln ohne jede Änderung.

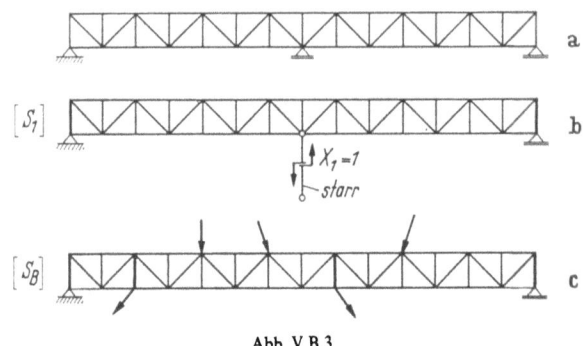

Abb. V B.3

*Mehrfach statisch unbestimmte Systeme.* Bei mehrfach statisch unbestimmten Systemen gelten die gleichen Überlegungen wie beim einfach statisch unbestimmten System. Das System wird an so vielen Stellen $s_i$ (Abb. V B.4a) aufgeschnitten, daß ein statisch bestimmtes Grundsystem (z. B. Balkenkette in Abb. V B.4a) übrig bleibt, für das infolge des Belastungszustandes $B$ die Stabkräfte $S_B$ ermittelt werden. Für jede Doppelkraft $X_i = 1$ t werden dann die Stabkräfte $S_i$ am statisch bestimmten Grundsystem ermittelt (z. B. für $X_1 = 1$ t in Abb. V B.4d). Am Grundsystem werden sich aus dem Belastungszustand $B$ Schnittflächenöffnungen $a_{B,i}$ ergeben (Abb. V B.4b). Für diese gilt entsprechend (V B.1)

$$a_{B,i} = \sum S_B{}^v S_i s \frac{F_c}{F}. \quad\text{(V B.11)}$$

Aus dem Zustand $X_i = 1$ t werden sich ebenfalls Schnittflächenöffnungen $\varDelta_{i,k}$ ergeben; für diese gilt

$$a_{i,k} = a_{k,i} = \sum S_i{}^v S_k\, s\, \frac{F_c}{F} \qquad \text{(V B.12)}$$

bzw.

$$a_{i,i} = \sum S_i{}^v S_i\, s\, \frac{F_c}{F}. \qquad \text{(V B.13)}$$

Man wird bestrebt sein, solche Grundsysteme zu wählen, bei denen möglichst viele Werte $a_{i,k}$ zu Null werden. Bei der Balkenkette nach Abb. V B.4a mit starren Stützen werden z. B. infolge des Zustandes $X_1 = 1$ t nur in den Feldern $l_1$ und $l_2$ Stabkräfte und damit Verformungen auftreten (Abb. V B.4c u. d), und es werden

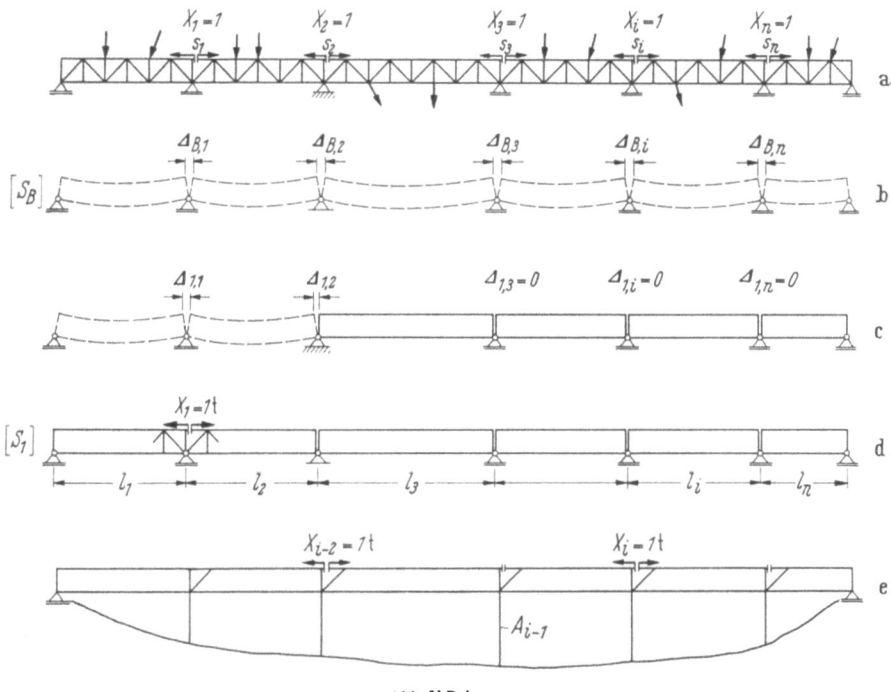

Abb. V B.4

damit nur Werte $\varDelta_{1,1}$ und $\varDelta_{1,2}$ bzw. $a_{1,1}$ und $a_{1,2}$ auftreten, während alle übrigen Werte $\varDelta_{1,i}$ zu Null werden. Infolge der Unbekannten $X_i = 1$ t treten nur die Werte $a_{i,i-1}$, $a_{i,i}$ und $a_{i,i+1}$ auf. Man erhält damit für die Balkenkette auf starren Stützen ein dreigliedriges Gleichungssystem.

Allgemein muß für ein beliebiges statisch unbestimmtes System an jeder Schnittstelle $s_i$ diese im endgültigen Zustand geschlossen bleiben. Man erhält daher entsprechend (V B.3a) das Gleichungssystem:

$$\left.\begin{aligned} X_{B,1}\,a_{1,1} + X_{B,2}\,a_{2,1} + X_{B,3}\,a_{3,1} + \cdots + X_{B,n}\,a_{n,1} + a_{B,1} &= 0; \\ X_{B,1}\,a_{1,2} + X_{B,2}\,a_{2,2} + X_{B,3}\,a_{3,2} + \cdots + X_{B,n}\,a_{n,2} + a_{B,2} &= 0; \\ \vdots\qquad\qquad\qquad\qquad\qquad\qquad\qquad\qquad & \\ X_{B,1}\,a_{1,n} + X_{B,2}\,a_{2,n} + X_{B,3}\,a_{3,n} + \cdots + X_{B,n}\,a_{n,n} + a_{B,n} &= 0. \end{aligned}\right\} \quad \text{(V B.14a)}$$

In den Ausdrücken $a_{i,k}$ bzw. $a_{B,k}$ gibt der erste Index die Ursache (den Belastungszustand) und der zweite den Ort an. $a_{i,k}$ entspricht somit der Klaffung aus dem Zustand $X_i = 1$ t an der Schnittstelle $s_k$, an der die virtuelle Belastung ${}^v X_k = 1$ angebracht wird.

Für den Durchlaufträger auf starren Stützen erhält man das dreigliedrige Gleichungssystem

$$X_{B,1}\, a_{1,1} + X_{B,2}\, a_{2,1} \qquad\qquad\qquad + a_{B,1} = 0;$$
$$X_{B,1}\, a_{1,2} + X_{B,2}\, a_{2,2} + X_{B,3}\, a_{3,2} \qquad + a_{B,2} = 0;$$
$$X_{B,2}\, a_{2,3} + X_{B,3}\, a_{3,3} + X_{B,4}\, a_{4,3} + a_{B,3} = 0;$$

usw.

(V B.14b)

Beim Durchlaufträger auf elastischen Stützen (z. B. Abb. V B.4e) erhält man z. B. in dem Stützstab $A_{i-1}$ sowohl aus dem Zustand $X_i = 1$ t als auch aus dem für $X_{i-2} = 1$ t Stabkräfte; somit ergibt sich auch ein Wert $a_{i-2,i}$ bzw. $a_{i+2,i}$. Man erhält in diesem Fall statt des dreigliedrigen Gleichungssystems (V B.14b) ein fünfgliedriges.

Für die Lösung des Gleichungssystems (V B.14) sind verschiedene Verfahren entwickelt worden (s. z. B. [S 3, S 17, S 40]), ebenso besondere Verfahren für die Lösung dreigliedriger und fünfgliedriger Systeme [S 3].

Mit den Determinanten

$$D = \begin{vmatrix} a_{1,1} & a_{2,1} & a_{3,1} & \cdots & a_{u,1} & \cdots & a_{n,1} \\ a_{1,2} & a_{2,2} & a_{3,2} & \cdots & a_{u,2} & \cdots & a_{n,2} \\ \vdots & & & & & & \vdots \\ a_{1,n} & a_{2,n} & a_{3,n} & \cdots & a_{u,n} & \cdots & a_{n,n} \end{vmatrix};$$

(V B.15a)

$$D_{B,u} = \begin{vmatrix} a_{1,1} & a_{2,1} & a_{3,1} & \cdots & -a_{B,1} & \cdots & a_{n,1} \\ a_{1,2} & a_{2,2} & a_{3,2} & \cdots & -a_{B,2} & \cdots & a_{n,2} \\ \vdots & & & & & & \vdots \\ a_{1,n} & a_{2,n} & a_{3,n} & \cdots & -a_{B,n} & \cdots & a_{n,n} \end{vmatrix}$$

wird

$$X_{B,u} = \frac{D_{B,u}}{D}.$$

(V B.15b)

Löst man das Gleichungssystem (V B.14), statt gleichzeitig für alle Belastungsglieder $a_{B,i}$, der Reihe nach für die Belastungsglieder

$$\begin{aligned} a_{B,1} &= |1 \ 0 \ 0 \ldots 0| \\ a_{B,2} &= |0 \ 1 \ 0 \ldots 0| \\ a_{B,3} &= |0 \ 0 \ 1 \ldots 0| \\ &\vdots \\ a_{B,n} &= |0 \ 0 \ 0 \ldots 1| \end{aligned}$$

(V B.16)

so erhält man für die Werte von $X_i$ die inverse Matrix

|       | $a_{B,1}$      | $a_{B,2}$      | $\cdots$ | $a_{B,n}$      |
|-------|----------------|----------------|----------|----------------|
| $X_1$ | $\alpha_{1,1}$ | $\alpha_{2,1}$ | $\cdots$ | $\alpha_{n,1}$ |
| $X_2$ | $\alpha_{1,2}$ | $\alpha_{2,2}$ | $\cdots$ | $\alpha_{n,2}$ |
| $X_3$ | $\alpha_{1,3}$ | $\alpha_{2,3}$ | $\cdots$ | $\alpha_{n,3}$ |
| $\vdots$ | $\vdots$    | $\vdots$       |          | $\vdots$       |
| $X_n$ | $\alpha_{1,n}$ | $\alpha_{2,n}$ | $\cdots$ | $\alpha_{n,n}$ |

(V B.17)

Man kann damit für jeden beliebigen Belastungszustand, gekennzeichnet durch die Belastungswerte $a_{B,i}$, die Lösung in folgender Form aufschreiben:

$$\left.\begin{aligned} X_{B,1} &= \alpha_{1,1} a_{B,1} + \alpha_{2,1} a_{B,2} + \cdots + \alpha_{n,1} a_{B,n}; \\ X_{B,2} &= \alpha_{1,2} a_{B,1} + \alpha_{2,2} a_{B,2} + \cdots + \alpha_{n,2} a_{B,n}; \\ &\vdots \qquad\qquad \vdots \qquad\qquad \vdots \\ X_{B,n} &= \alpha_{1,n} a_{B,1} + \alpha_{2,n} a_{B,2} + \cdots + \alpha_{n,n} a_{B,n}. \end{aligned}\right\} \quad \text{(V B.18)}$$

Mit den Werten $X_{B,i}$ erhält man entsprechend (V B.10) die endgültigen Stabkräfte

$$\left.\begin{aligned} \bar{S}_{B,i-k} &= S_{B,i-k} + X_{B,1} S_{1,i-k} + X_{B,2} S_{2,i-k} + \cdots + X_{B,n} S_{n,i-k} \\ &\text{und die endgültigen Lagerstützkräfte} \\ \bar{A}_{B,i} &= A_{B,i} + X_{B,1} A_{1,i} + X_{B,2} A_{2,i} + \cdots + X_{B,n} A_{n,i}. \end{aligned}\right\} \quad \text{(V B.19)}$$

(Siehe Beispiele 29 und 30.)

**β) Temperatureinflüsse.** Wenn man z. B. einen Einfeld-Fachwerkträger gleichmäßig erwärmt, so wird er seine Form nicht ändern. Bei der Balkenkette nach Abb. V B.1b bzw. Abb. V B.4a können somit auch keine Öffnungen der Schnittstellen auftreten. Für diese Fälle ist

$$\Delta_{T,i} = 0. \quad \text{(V B.20a)}$$

Anders liegen die Verhältnisse bei Bogenkonstruktionen, wie z. B. bei Abb. V B.5. Hier wird sich bei einer gleichmäßigen Erwärmung des Grundsystems dessen Form nicht ändern, wohl aber wird im durchgeschnittenen horizontalen Stützstab eine gegenseitige Verschiebung der Schnittstellen um den Wert $\Delta_{T,1}$ auftreten. Bei einer gleichmäßigen Erwärmung würde sich beim System nach Abb. V B.5 der Wert

$$\Delta_{T,1} = \alpha_t\, t\, l \quad \text{(V B.20b)}$$

ergeben.

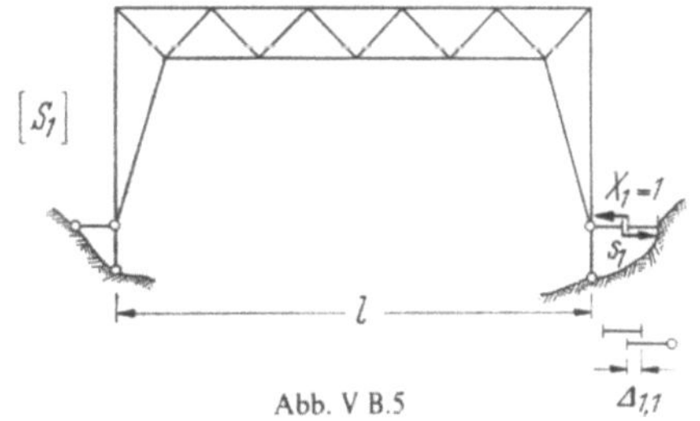

Ist $\alpha_t$ die Ausdehnungszahl für ein bestimmtes Material und 1°, und gibt $t$ die Temperaturänderung für einen Stab gegenüber seiner Aufstellungstemperatur an, so gilt allgemein

$$\Delta_{T,i} = \sum \Delta s_T \,{}^v S_i = \sum \alpha_t\, t\, s\, {}^v S_i. \quad \text{(V B.21)}$$

Abb. V B.5

Diese Gleichung gilt sowohl für eine ungleichmäßige Temperaturänderung der einzelnen Stäbe (z. B. Erwärmung nur der Obergurte) als auch für eine gleichmäßige Temperaturänderung für das gesamte System. Sie entspricht somit auch (V B.20a) und (V B.20b). Für eine Erwärmung wird $t$ positiv, für eine Abkühlung negativ eingeführt. Die $\Delta_{i,k}$-Werte sind gleich wie im Abschn. α. Um das gleiche Gleichungssystem bzw. die gleiche Nennerdeterminante verwenden zu können, werden die $\Delta_{T,i}$-Werte ebenfalls mit $E F_c$ multipliziert. Man erhält somit

$$a_{T,i} = E F_c\, \Delta_{T,i} = E F_c \sum \alpha_t\, t\, s\, {}^v S_i. \quad \text{(V B.22)}$$

Ist $\alpha_t$ und $t$ für alle betrachteten Stäbe konstant, so gilt

$$a_{T,i} = E F_c\, \alpha_t\, t \sum {}^v S_i\, s. \quad \text{(V B.23)}$$

Wenn $E$ in t/cm² eingeführt wird (z. B. $E_e = 2100$ t/cm²), so ist $F_c$ ebenfalls in cm² einzusetzen.

Entsprechend (V B.3b) gilt mit $X_{T,1}\, a_{1,1} + a_{T,1} = 0$

$$X_{T,1} = -\frac{a_{T,1}}{a_{1,1}}. \quad \text{(V B.24)}$$

Bei mehrfach statisch unbestimmten Systemen sind in (V B.14) bis (V B.18) statt der Werte $a_{B,i}$ die Werte $a_{T,i}$ einzusetzen, um die Größen $X_{T,i}$ zu erhalten.

Da bei statisch bestimmten Grundsystemen infolge Temperaturänderungen nur Verformungen, aber keine Stabkräfte ($S_{T,i-k}=0$) und Stützenbelastungen ($A_{T,i}=0$) auftreten können, gilt nach (V B.10) bzw. (V B.19) für die endgültigen Stabkräfte bzw. Lagerstützkräfte bei einfach statisch unbestimmten Systemen

$$\bar{S}_{T,i-k} = X_{T,1}\,S_{1,i-k};$$
$$\bar{A}_{T,i} = X_{T,1}\,A_{1,i} \qquad\qquad\text{(V B.25)}$$

bzw. bei mehrfach statisch unbestimmten Systemen

$$\bar{S}_{T,i-k} = X_{T,1}\,S_{1,i-k} + X_{T,2}\,S_{2,i-k} + \cdots;$$
$$\bar{A}_{T,i} = X_{T,1}\,A_{1,i} + X_{T,2}\,A_{2,i} + \cdots. \qquad\text{(V B.26)}$$

Betrachtet man z. B. im Beispiel Abb. V B.1 nur eine Erwärmung der Obergurte, für die $^v S_1$ nach Abb. V B.1c negativ wird, so ergibt sich $a_{T,1}$ nach (V B.21) ebenfalls negativ. Damit wird nach (V B.24) $X_{T,1}$ positiv und nach (V B.25) die endgültige Stabkraft im Stab $k'-l'$

$$\bar{S}_{T,k'-l'} = X_{T,1}(-1)$$

negativ. Dies entspricht auch der Anschauung.
(Siehe Beispiel 29.)

**γ) Widerlagerbewegungen.** Sind irgendwelche eingeprägten Lagerbewegungen $\mathfrak{v}_m^*$ vorgegeben, so können in einfachen Fällen die Verschiebungen $\Delta_{W,i}$ an den Schnittstellen $s_i$ der Unbekannten für das statisch bestimmte System aus der Anschauung ermittelt werden (s. Abschn. III A 4). In der Regel wird es aber zweckmäßig sein, diese Verschiebungen mit Hilfe der virtuellen Arbeit nach (III A.20) zu berechnen. Es gilt

$$\Delta_{W,i} = -\sum {}^v\mathfrak{A}_{i,m}\cdot\mathfrak{v}_m^* \quad\text{(Skalarprodukt).} \qquad\text{(V B.27)}$$

Sind nur vertikale Lagerbewegungen vorhanden, so gilt mit der Vorzeichenfestlegung nach Abb. III A.31a u. b (positiver Auflagerdruck hinauf wirkend und Durchbiegung nach unten positiv)

$$\Delta_{W,i} = +\sum {}^v A_{i,m}\,w_m \quad\text{(normales Produkt).} \qquad\text{(V B.28)}$$

Mit Rücksicht auf die $a_{i,k}$-Werte werden diese Öffnungswerte der Schnittstellen der Unbekannten wieder mit $E F_c$ multipliziert.

Entsprechend (V B.1a) ergibt sich

$$a_{W,i} = E F_c\,\Delta_{W,i} \qquad\text{(V B.29)}$$

und damit nach (V B.3b) für einfach statisch unbestimmte Systeme

$$X_{W,1} = -\frac{a_{W,1}}{a_{1,1}}. \qquad\text{(V B.30)}$$

Bei mehrfach statisch unbestimmten Systemen sind in (V B.14) bis (V B.18) statt der Werte $a_{B,i}$ die Werte $a_{W,i}$ einzuführen, um die Größen $X_{W,i}$ zu erhalten. Da am statisch bestimmten Grundsystem keine Stabkräfte und Stützenbelastungen aus Widerlagerbewegungen auftreten, gilt

$$\bar{S}_{W,i-k} = X_{W,1}\,S_{1,i-k};$$
$$\bar{A}_{W,i} = X_{W,1}\,A_{1,i} \qquad\qquad\text{(V B.31a)}$$

bzw.

$$\bar{S}_{W,i-k} = X_{W,1}\,S_{1,i-k} + X_{W,2}\,S_{2,i-k} + \cdots;$$
$$\bar{A}_{W,i} = X_{W,1}\,A_{1,i} + X_{W,2}\,A_{2,i} + \cdots. \qquad\text{(V B.31b)}$$

Ist eine Brücke auf stählernen Stützen gelagert (Pendelstütze in Abb. V B.6a), so wird man diese in der Regel als Stäbe des Systems — wie jeden anderen Stab des Fachwerks — miterfassen. Es besteht aber auch die Möglichkeit, die elastische Längenänderung der Stütze aus dem betrachteten Belastungsfall — bzw. ungünstige Werte — in Näherung als eingeprägte Stützensenkung zu berücksichtigen, wobei u. U. an Rechenumfang eingespart werden kann. Letzterer Weg wird — wenn überhaupt erforderlich — bei massiven Pfeilern zweckmäßig (Abb. V B.6b). Auf diese Weise können auch plastische Verformungen der Pfeiler berücksichtigt werden.

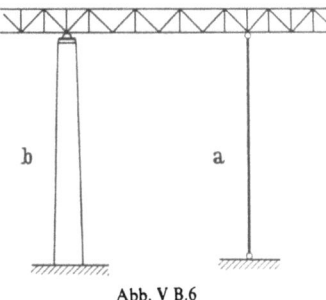

Abb. V B.6

Bei Schwimmbrücken kann nicht mit eingeprägten Stützensenkungen gearbeitet werden, sondern es müssen die vom Lagerdruck abhängigen elastischen Stützensenkungen in den allgemeinen Elastizitätsgleichungen mitberücksichtigt werden.
(Siehe Beispiel 29.)

**δ) Einflußlinien.** Bestimmt man für den Belastungszustand $X_1 = 1$ t mit den Stabkräften $S_1$ am statisch bestimmten Grundsystem nach Abschn. III A 5 die $W$-Gewichte, so erhält man die zugehörige Biegelinie $w_{1,m}$ als Momentenlinie am symbolischen Balken (Abb. V B.7a u. b). Die Ordinate der Biegelinie $w_{1,m}$ an einer

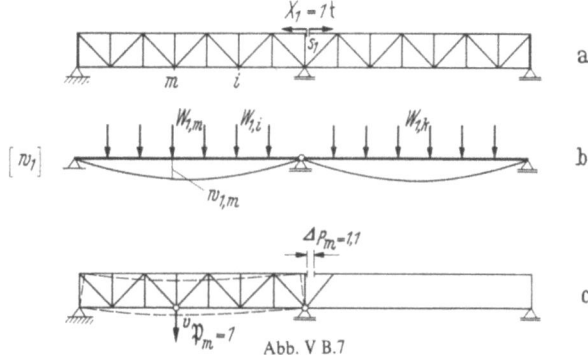

Abb. V B.7

bestimmten Stelle $m$ kann man aber auch nach (III A.12) ermitteln, indem man im Punkt $m$ die virtuelle Kraft $^v\mathfrak{P}_m = 1$ anbringt (Abb. V B.7c) und für diesen Zustand die virtuellen Stabkräfte $^vS_m$ berechnet. Es gilt

$$E F_c w_{1,m} = \sum S_1 \, ^vS_m \, s \, \frac{F_c}{F}.$$

Für einen Zustand $P_m = 1$ nach Abb. V B.7c ergeben sich aus den Stabkräften $S_m$ Verformungen und eine Klaffung $\Delta_{m,1}$ an der Schnittstelle $s_1$. Diese Klaffung kann man berechnen, indem man die virtuelle Doppelkraft $^vX_1 = 1$ an der Schnittstelle $s_1$ anbringt und wieder (III A.12) anwendet. Es gilt

$$E F_c \Delta_{m,1} = \sum S_m \, ^vS_1 \, s \, \frac{F_c}{F}.$$

Somit ist

$$E F_c w_{1,m} = E F_c \Delta_{m,1}.$$

Für eine Einzellast $P_m = 1$ t ist nach (V B.1)

$$E F_c \Delta_{m,1} = a_{B,1}$$

und nach (V B.3b)
$$X_{m,1} = -\frac{a_{B,1}}{a_{1,1}}.$$

Da
$$E F_c w_{1,m} = a_{1,m} \qquad (V\ B.32)$$
aber gleich dem Wert $a_{B,1}$ ist, ergibt sich
$$X_{m,1} = -\frac{a_{1,m}}{a_{1,1}}.$$

Da $a_{1,m}$ aber der Biegelinie für den Zustand „$X_1 = 1$" entspricht, gilt diese Gleichung für jede Laststellung $P_i = 1$. Somit ist die Einflußlinie von $X_1$ durch die Biegelinie infolge $X_1 = 1$ festgelegt:

$$„X_1" = -\frac{a_{1,m}}{a_{1,1}} = \alpha_{1,1}\, a_{1,m} \qquad (V\ B.33a)$$
mit $\alpha_{1,1} = -1/a_{1,1}$.

Bei mehrfach statisch unbestimmten Systemen sind in (V B.18) sinngemäß die Werte $a_{B,i}$ durch die Werte $a_{i,m}$ zu ersetzen. Man erhält damit die Einflußlinien der Unbekannten zu

$$\left.\begin{aligned}
„X_1" &= \alpha_{1,1}\, a_{1,m} + \alpha_{2,1}\, a_{2,m} + \cdots + \alpha_{n,1}\, a_{n,m}; \\
„X_2" &= \alpha_{1,2}\, a_{1,m} + \alpha_{2,2}\, a_{2,m} + \cdots + \alpha_{n,2}\, a_{n,m}; \\
&\vdots \\
„X_n" &= \alpha_{1,n}\, a_{1,m} + \alpha_{2,n}\, a_{2,m} + \cdots + \alpha_{n,n}\, a_{n,m}.
\end{aligned}\right\} \qquad (V\ B.33b)$$

$a_{i,m}$ ist jeweils die Biegelinie am statisch bestimmten Grundsystem infolge des Belastungszustandes $X_i = 1$.

Jede Einflußlinie einer Unbekannten ist somit eine Superposition der verzerrten Biegelinien infolge der Belastungszustände $X_i = 1$. Für den Fall des Durchlaufträgers nach Abb. V B.8a erstrecken sich die einzelnen Biegelinien $a_{i,m}$ jeweils nur über zwei Felder (Abb. V B.8b bis d). Mit Ausnahme der Endfelder, für die nur

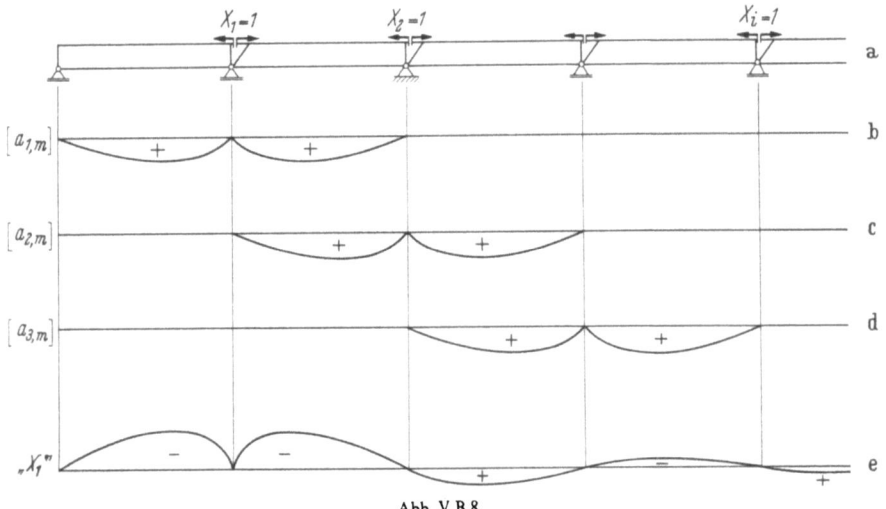

Abb. V B.8

$a_{1,m}$ bzw. $a_{n,m}$ maßgebend sind, setzen sich in diesem Fall alle Einflußlinien für $X_i$ (z. B. $X_1$ in Abb. V B.8e) im Bereich eines Feldes aus zwei Biegelinienästen zusammen.

Sind die Einflußlinien für die Unbekannte $X_1$ bzw. $X_i$ bekannt, so können entsprechend (V B.10) bzw. (V B.19) die Einflußlinien aller Stabkräfte und Lagerstützbelastungen ermittelt werden.

Für einfach statisch unbestimmte Systeme gilt somit für die Einflußlinien

bzw.
$$\begin{aligned}„\bar S_{i-k}\text{''} &= „S_{i-k}\text{''} + „X_1\text{''}\, S_{1,i-k} \\ „\bar A_i\text{''} &= „A_i\text{''} + „X_1\text{''}\, A_{1,i}.\end{aligned} \qquad \text{(V B.34)}$$

Statt die $X_1$-Linie in jedem Punkt mit dem Wert $S_{1,i-k}$ bzw. $A_{1,i}$ zu verzerren, kann man (V B.34) auch in der Form

bzw.
$$\begin{aligned}„\bar S_{i-k}\text{''} &= S_{1,i-k}\left(\frac{1}{S_{1,i-k}}\, „S_{i-k}\text{''} + „X_1\text{''}\right) \\ „\bar A_i\text{''} &= A_{1,i}\left(\frac{1}{A_{1,i}}\, „A_i\text{''} + „X_1\text{''}\right)\end{aligned} \qquad \text{(V B.35)}$$

schreiben. Werden die Einflußlinien graphisch dargestellt und verwendet man die Klammerwerte von (V B.35), so braucht nunmehr nur ein Wert der „$S_{i-k}$''- bzw. „$A_i$''-Linie verzerrt zu werden, da die Einflußlinien des statisch bestimmten Systems aus geraden Linienzügen bestehen. Wertet man diese Einflußlinien aus, so ist das Ergebnis mit dem Multiplikator $\mu_{i-k} = S_{1,i-k}$ bzw. $\mu_i = A_{1,i}$ zu multiplizieren. Zum Beispiel erhält man die verzerrten Einflußlinien für den Gurtstab $\bar S_{i-k}$ und den Stützdruck $\bar A_a$ des Systems nach Abb. V B.9a, indem die „$X_1$''-Linie (Abb. V B.9b) zu den verzerrten Einflußlinien „$S_{i-k}$'' bzw. „$A_a$'' des statisch bestimmten Systems (Abb. V B.9c bis e) vorzeichengerecht superponiert wird.

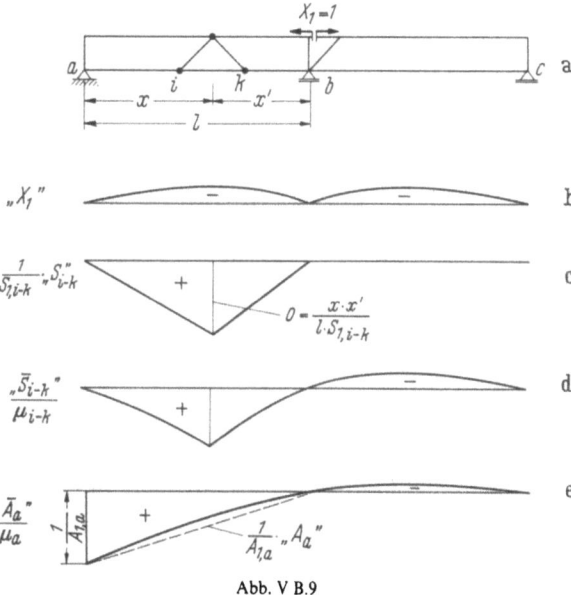

Abb. V B.9

Für mehrfach statisch unbestimmte Systeme gilt entsprechend (V B.19)
$$\begin{aligned}„\bar S_{i-k}\text{''} &= „S_{i-k}\text{''} + „X_1\text{''}\, S_{1,i-k} + „X_2\text{''}\, S_{2,i-k} + \cdots; \\ „\bar A_i\text{''} &= „A_i\text{''} + „X_1\text{''}\, A_{1,i} + „X_2\text{''}\, A_{2,i} + \cdots.\end{aligned} \qquad \text{(V B.36)}$$

(Siehe Beispiele 29 und 30.)

### b) Statisch unbestimmte Grundsysteme

Wie in Abschn. V A beschrieben wurde, kann es in Sonderfällen vorteilhaft werden, mit statisch unbestimmten Grundsystemen zu arbeiten.

**α) Einfach statisch unbestimmte Grundsysteme.** Läßt man in einem zweifach statisch unbestimmten System (z. B. Abb. V B.10a) den an der Schnittstelle $s_2$ getrennten Stab weg, so erhält man ein einfach statisch unbestimmtes Grundsystem. Die Stabkräfte $^1\tilde{S}_B$ dieses Systems für den gegebenen Belastungszustand $B$ (Lasten $\mathfrak{P}_i$) werden nach Abschn. V B 1 a berechnet (Abb. V B.10b). Man bestimmt der Reihe nach die Werte $S_B$, $a_{B,1}$, $a_{1,1}$, $X_{B,1}$ und schließlich

$$^1\tilde{S}_{B,i-k} = S_{B,i-k} + X_{B,1}\, S_{1,i-k}. \tag{V B.37}$$

Bringt man am statisch unbestimmten Grundsystem (Abb. V B.10c) den Belastungszustand $\tilde{X}_2 = 1$ t auf, so muß man hierfür wieder die Stabkräfte $^1\tilde{S}_2$ am statisch

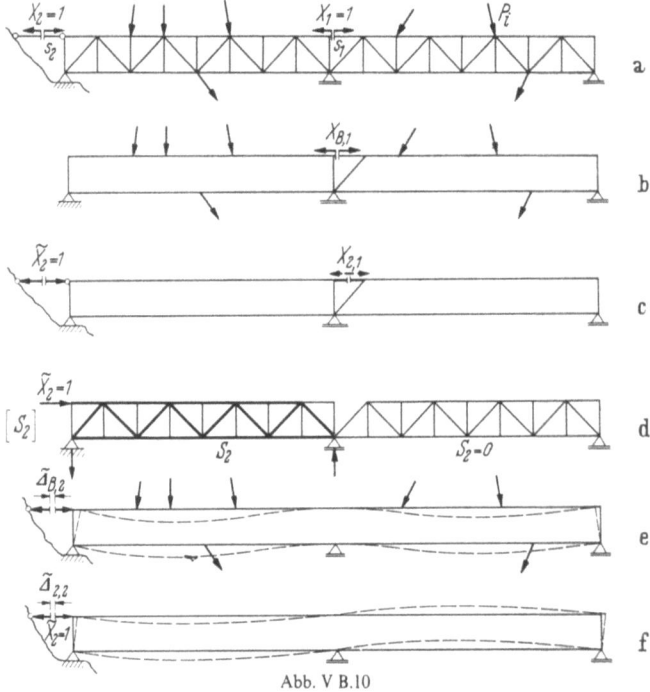

Abb. V B.10

unbestimmten Grundsystem berechnen. Nach Abschn. V B 1 a werden zuerst die Stabkräfte $S_2$ am statisch bestimmten Grundsystem infolge $\tilde{X}_2 = 1$ t ermittelt (Abb. V B.10d). Mit den Stabkräften $S_1$ am statisch bestimmten Grundsystem infolge $X_1 = 1$ t werden die Werte

$$a_{2,1} = E F_c \sum S_2\, {}^v S_1\, s\, \frac{F_c}{F}$$

(als Belastungsglied entsprechend $a_{B,1}$), $a_{1,1}$ und damit

$$X_{2,1} = -\frac{a_{2,1}}{a_{1,1}} \tag{V B.38}$$

berechnet.

Damit erhält man

$$^1\tilde{S}_{2,i-k} = S_{2,i-k} + X_{2,1}\, S_{1,i-k}. \tag{V B.39}$$

Infolge der Verformung des statisch unbestimmten Grundsystems aus dem Belastungszustand $B$ (Abb. V B.10e) wird sich die Schnittstelle $s_2$ öffnen und eine Klaffung $^1\tilde{\Delta}_{B,2}$ auftreten.

Nach (III A.13) kann diese Klaffung so berechnet werden, daß am statisch unbestimmten Grundsystem die virtuelle Doppelkraft $^v\tilde{X}_2 = 1$ angebracht wird, für die

die Stabkräfte $^1\tilde{S}_2$ bereits nach (V B.39) bekannt sind, und der Summenausdruck

$$E F_c {}^1\tilde{a}_{B,2} = \tilde{a}_{B,2} = \sum {}^1\tilde{S}_B {}^{v,1}\tilde{S}_2 \, s \, \frac{F_c}{F} \qquad \text{(V B.40)}$$

ermittelt wird.

In gleicher Weise ergibt sich aus dem Belastungszustand $\tilde{X}_2 = 1$ eine Klaffung an der Schnittstelle $s_2$ (Abb. V B.10f) zu

$$E F_c {}^1\tilde{a}_{2,2} = \tilde{a}_{2,2} = \sum {}^1\tilde{S}_2 {}^{v,1}\tilde{S}_2 \, s \, \frac{F_c}{F} . \qquad \text{(V B.41)}$$

Die Gesamtklaffung an der Schnittstelle $s_2$ infolge des Belastungszustandes $B$ und der wirklichen Belastung $\tilde{X}_{B,2}$ an der Schnittstelle $s_2$ — statt des Zustandes $\tilde{X}_2 = 1$ — muß Null sein, da der Stab in Wirklichkeit nicht getrennt ist. Es gilt somit

$$\tilde{a}_{B,2} + \tilde{X}_{B,2} \, \tilde{a}_{2,2} = 0 \qquad \text{(V B.42 a)}$$

und

$$\tilde{X}_{B,2} = -\frac{\tilde{a}_{B,2}}{\tilde{a}_{2,2}} . \qquad \text{(V B.42 b)}$$

Die endgültigen Schnittlasten ergeben sich entsprechend (V B.10) zu

$$S_{B,i-k} = {}^1\tilde{S}_{B,i-k} + \tilde{X}_{B,2} \, {}^1\tilde{S}_{2,i-k} . \qquad \text{(V B.43)}$$

Führt man in (V B.40) die Gl. (V B.39) ein, so erhält man

$$\sum {}^1\tilde{S}_B {}^{v,1}\tilde{S}_2 \, s \, \frac{F_c}{F} = \sum {}^1\tilde{S}_B ({}^v S_2 + X_{2,1} {}^v S_1) \, s \, \frac{F_c}{F}$$

$$= \sum {}^1\tilde{S}_B {}^v S_2 \, s \, \frac{F_c}{F} + X_{2,1} \sum {}^1\tilde{S}_B {}^v S_1 \, s \, \frac{F_c}{F} .$$

$\sum {}^1\tilde{S}_B {}^v S_1 \, s (F_c/F)$ ist dabei die Klaffung aus dem Belastungszustand $B$ am einfach statisch unbestimmten Grundsystem, einschließlich der wirklichen Schnittlast $X_{B,1}$ an der Schnittstelle $s_1$. Diese muß aber Null sein. Somit kann man auch schreiben

$$\tilde{a}_{B,2} = \sum {}^1\tilde{S}_B {}^v S_2 \, s \, \frac{F_c}{F} . \qquad \text{(V B.44)}$$

(V B.44) sagt aber aus, daß man bei der Berechnung der Verformung des einfach statisch unbestimmten Grundsystems die Stabkräfte $^1\tilde{S}_B$ aus dem Belastungszustand $B$ am statisch unbestimmten System, die des Zustandes $\tilde{X}_2 = 1$ am statisch bestimmten Grundsystem nehmen kann. In gleicher Weise gewinnt man

$$\tilde{a}_{2,2} = \sum {}^1\tilde{S}_2 {}^v S_2 \, s \, \frac{F_c}{F} . \qquad \text{(V B.45)}$$

Damit ergibt sich der überaus wichtige Reduktionssatz der Statik: „Bei der Berechnung der Verformungen eines statisch unbestimmten Systems auf Grund der Schnittlasten aus einem gegebenen und einem virtuellen Belastungszustand können für einen Zustand die Schnittbelastungen am statisch unbestimmten und für den anderen die am statisch bestimmten System eingeführt werden." Damit kann bei günstiger Wahl des statisch bestimmten Grundsystems meist eine wesentliche Reduzierung des Rechenaufwandes erreicht werden. Bei dem Beispiel Abb. V B.10 treten die Stabkräfte $^1\tilde{S}_B$ im gesamten, die Stabkräfte $S_2$ (Abb. V B.10d) nur im halben Bereich des Systems auf. Nach (V B.44) und (V B.45) ergibt sich somit nur der halbe Rechenaufwand gegenüber (V B.40) und (V B.41).

(Siehe Beispiel 30.)

**β) Mehrfach statisch unbestimmte Grundsysteme.** Die Berechnung solcher Systeme erfolgt in ähnlicher Weise wie bei einfach statisch unbestimmten Grundsystemen. Der Rechnungsgang soll an einem zweifach statisch unbestimmten Grundsystem bei insgesamt vier Unbekannten erläutert werden (Abb. V B.11a) [S 3, S 17, S 40].

Nach Durchschneiden zweier Stäbe (Schnittstellen $s_3$ und $s_4$ in Abb. V B.11b) bleibt ein zweifach statisch unbestimmtes Grundsystem übrig, an dem außer dem Belastungszustand $B$ (Lasten $\mathfrak{P}_i$) noch die beiden Doppelschnittkräfte $\tilde{X}_{B,3}$ und $\tilde{X}_{B,4}$ wirken.

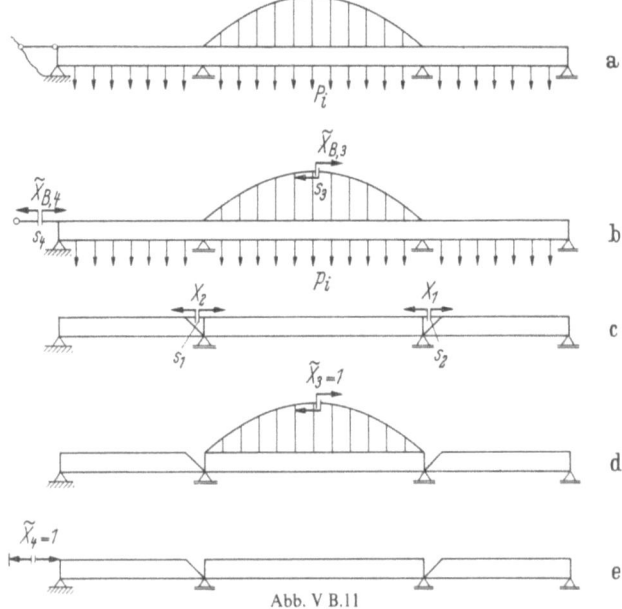

Abb. V B.11

Aus dem zweifach statisch unbestimmten Grundsystem erhält man nach Trennen an den Schnittstellen $s_1$ und $s_2$ (Abb. V B.11 c) das statisch bestimmte Grundsystem.

Für die drei Belastungszustände $B$, $\tilde{X}_3 = 1$ und $\tilde{X}_4 = 1$ müssen jeweils am zweifach statisch unbestimmten System die Schnittbelastungen $^2\tilde{S}$ berechnet werden. Dazu müssen zuerst für jeden dieser Zustände die Stabkräfte $S_B$, $S_3$ (Abb.V B.11d) und $S_4$ (Abb. V B.11e) am statisch bestimmten Grundsystem ermittelt werden. Man erhält die Unbekannten $X_1$ und $X_2$ sowie die Stabkräfte $^2\tilde{S}$

$$\left.\begin{array}{ll}\text{für den Zustand } B: & X_{B,1};\ X_{B,2};\ ^2\tilde{S}_B = S_B + X_{B,1}S_1 + X_{B,2}S_2;\\ \text{für den Zustand } \tilde{X}_3 = 1: & X_{3,1};\ X_{3,2};\ ^2\tilde{S}_3 = S_3 + X_{3,1}S_1 + X_{3,2}S_2;\\ \text{für den Zustand } \tilde{X}_4 = 1: & X_{4,1};\ X_{4,2};\ ^2\tilde{S}_4 = S_4 + X_{4,1}S_1 + X_{4,2}S_2.\end{array}\right\} \quad \text{(V B.46)}$$

$S_1, S_2, S_3, S_4, S_B$ sind Stabkräfte am statisch bestimmten Grundsystem. Entsprechend (V B.42a) erhält man die Bedingungsgleichungen, die sich aus den endgültigen Klaffungen Null an den Schnittstellen $s_3$ und $s_4$ ergeben, zu

$$\tilde{X}_{B,3}\tilde{a}_{3,3} + \tilde{X}_{B,4}\tilde{a}_{4,3} + \tilde{a}_{B,3} = 0;$$
$$\tilde{X}_{B,3}\tilde{a}_{3,4} + \tilde{X}_{B,4}\tilde{a}_{4,4} + \tilde{a}_{B,4} = 0 \quad \text{(V B.47)}$$

mit den Lösungen für $\tilde{X}_{B,3}$ und $\tilde{X}_{B,4}$.

Damit erhält man die endgültigen Stabkräfte

$$\bar{S}_{B,i-k} = {}^2\tilde{S}_{B,i-k} + \tilde{X}_{B,3}\,{}^2\tilde{S}_{3,i-k} + \tilde{X}_{B,4}\,{}^2\tilde{S}_{4,i-k}. \quad \text{(V B.48)}$$

In diesen Gleichungen sind

$$\left.\begin{aligned}
\tilde{a}_{B,3} &= \sum {}^2\tilde{S}_B \, {}^2\tilde{S}_3 \, s \frac{F_c}{F} = \sum {}^2\tilde{S}_B \, S_3 \, s \frac{F_c}{F} = \sum S_B \, {}^2\tilde{S}_3 \, s \frac{F_c}{F}; \\
\tilde{a}_{B,4} &= \sum {}^2\tilde{S}_B \, {}^2\tilde{S}_4 \, s \frac{F_c}{F} = \sum {}^2\tilde{S}_B \, S_4 \, s \frac{F_c}{F} = \sum S_B \, {}^2\tilde{S}_4 \, s \frac{F_c}{F}; \\
\tilde{a}_{3,3} &= \sum {}^2\tilde{S}_3 \, {}^2\tilde{S}_3 \, s \frac{F_c}{F} = \sum {}^2\tilde{S}_3 \, S_3 \, s \frac{F_c}{F}; \\
\tilde{a}_{4,4} &= \sum {}^2\tilde{S}_4 \, {}^2\tilde{S}_4 \, s \frac{F_c}{F} = \sum {}^2\tilde{S}_4 \, S_4 \, s \frac{F_c}{F}; \\
\tilde{a}_{3,4} &= \sum {}^2\tilde{S}_3 \, {}^2\tilde{S}_4 \, s \frac{F_c}{F} = \sum {}^2\tilde{S}_3 \, S_4 \, s \frac{F_c}{F} = \sum S_3 \, {}^2\tilde{S}_4 \, s \frac{F_c}{F}.
\end{aligned}\right\} \quad \text{(V B.49)}$$

Setzt man in die erste Summe von $\tilde{a}_{B,3}$ die Werte ${}^2\tilde{S}_3$ aus (V B.46) ein, so ergibt sich

$$\tilde{a}_{B,3} = \sum {}^2\tilde{S}_B \, S_3 \, s \frac{F_c}{F} + X_{3,1} \sum {}^2\tilde{S}_B \, S_1 \, s \frac{F_c}{F} + X_{3,2} \sum {}^2\tilde{S}_B \, S_2 \, s \frac{F_c}{F}. \quad \text{(V B.50)}$$

Die Summen des zweiten und dritten Gliedes stellen Klaffungen aus den Stabkräften des statisch unbestimmten Grundsystems an den Schnittstellen $s_1$ und $s_2$ dar, welche aber Null sein müssen.

Damit kann auch in (V B.49) der Reduktionssatz in allen möglichen Kombinationen angewendet werden. Man wird sich jeweils die Kombination wählen, welche den geringsten Rechenaufwand bringt [S 19, S 32].

Für die Erfassung von Temperatureinflüssen und Widerlagerbewegungen ist sinngemäß vorzugehen.

Für die Berechnung von Einflußlinien gilt z. B. für das Beispiel nach Abb. V B.11

$$\left.\begin{aligned}
\text{,,}\tilde{X}_3\text{''} &= \tilde{\alpha}_{3,3} \, \tilde{a}_{3,m} + \tilde{a}_{4,3} \, \tilde{a}_{4,m}; \\
\text{,,}\tilde{X}_4\text{''} &= \tilde{a}_{3,4} \, \tilde{a}_{3,m} + \tilde{a}_{4,4} \, \tilde{a}_{4,m}; \\
\text{,,}\tilde{S}_{i-k}\text{''} &= \text{,,}{}^2\tilde{S}_{i-k}\text{''} + \text{,,}\tilde{X}_3\text{''} \, {}^2\tilde{S}_{3,i-k} + \text{,,}\tilde{X}_4\text{''} \, {}^2\tilde{S}_{4,i-k}.
\end{aligned}\right\} \quad \text{(V B.51)}$$

$\tilde{a}_{3,m}$ und $\tilde{a}_{4,m}$ sind die Biegelinien am statisch unbestimmten Grundsystem infolge $\tilde{X}_3 = 1$ bzw. $\tilde{X}_4 = 1$. Bezüglich der Berechnung dieser Werte wird auf Abschn. V B 2 verwiesen.

## 2. Verformungen

### a) Verformung an einer bestimmten Stelle und in einer bestimmten Richtung

Die in Abschn. III A 4 angeführten Überlegungen bezüglich der Anwendung des Prinzips der virtuellen Arbeit gelten uneingeschränkt. Es müssen lediglich die Stabkräfte für Belastung und virtuelle Belastung am statisch unbestimmten System berechnet werden, wobei sich unter Benützung des Reduktionssatzes wesentliche Vereinfachungen ergeben.

#### α) Gegebene Belastungszustände.

*Einfach statisch unbestimmte Systeme.* Will man bei einem einfach statisch unbestimmten System für einen gegebenen Belastungszustand $B$ die Verschiebung $\bar{v}^*_{B,i;a-a}$ im Punkt $i$ und in Richtung $a-a$ berechnen (z. B. Abb. V B.12a), so hat man dort und in der vorgegebenen Richtung die virtuelle Kraft ${}^v\mathfrak{P}_i = 1$ anzubringen (Abb. V B.12b). Mit den Unbekannten $X_i$ und Stabkräften $\bar{S}$ des statisch unbestimmten Systems

$$\left.\begin{aligned}
X_{B,1} \quad &\text{und} \quad \bar{S}_B = S_B + X_{B,1} \, S_1; \\
X_{i,1} \quad &\text{und} \quad {}^v\bar{S}_i = {}^vS_i + X_{i,1} \, {}^vS_1
\end{aligned}\right\} \quad \text{(V B.52)}$$

erhält man nach (III A.12)

$$E F_c \bar{v}^*_{B,i;a-a} = \sum \bar{S}_B {}^v\bar{S}_i s \frac{F_c}{F}.$$ (V B.53)

Führt man ${}^v\bar{S}_i$ nach (V B.52) in (V B.53) ein, so ergibt sich

$$E F_c \bar{v}^*_{B,i;a-a} = \sum \bar{S}_B {}^vS_i s \frac{F_c}{F} + X_{i,1} \sum \bar{S}_B {}^vS_1 s \frac{F_c}{F}.$$

$\sum \bar{S}_B {}^vS_1 s (F_c/F)$ ist die Klaffung aus den Schnittbelastungen am endgültigen, statisch unbestimmten System, einschließlich der wirklichen Schnittbelastung $X_{B,1}$, an der Schnittstelle $s_1$; diese muß aber Null sein. Somit gilt allgemein

$$E F_c \bar{v}^*_{B,i;a-a} = \sum \bar{S}_B {}^vS_i s \frac{F_c}{F} = \sum S_B {}^v\bar{S}_i s \frac{F_c}{F}.$$ (V B.54)

Es gilt somit der Reduktionssatz, daß die Stabkräfte von einem der Zustände aus der Belastung $B$ oder virtuellen Belastung ${}^v\mathfrak{P}_i = 1$ am statisch bestimmten Grundsystem genommen werden können (Abb. V B.12c).

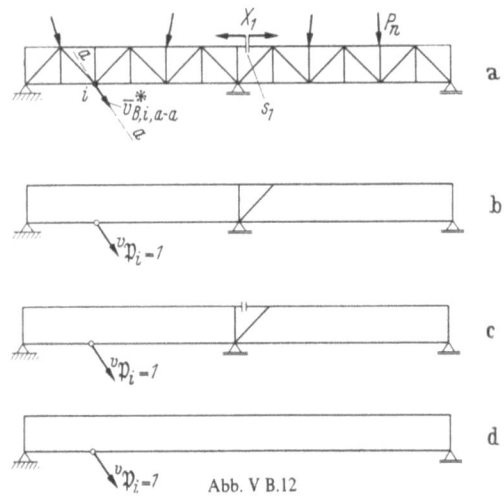

Abb. V B.12

Da (V B.54) ganz allgemein gilt und darin keine Aussage gemacht wird, welches statisch bestimmte Grundsystem gewählt werden muß, kann jedes beliebige statische Grundsystem, das den Lagerbedingungen entspricht, verwendet werden. Zum Beispiel könnte statt der statisch bestimmten Balkenkette nach Abb. V B.12c auch der Einfeldbalken nach Abb. V B.12d verwendet werden. Man wird immer ein solches System wählen, das den geringsten Rechenaufwand bringt.

Die obigen Überlegungen können auch zu Rechenkontrollen für statisch unbestimmte Systeme verwendet werden.

Sind die endgültigen Stabkräfte $\bar{S}_B = S_B + X_{B,1} S_1$ eines einfach statisch unbestimmten Systems gegeben, schneidet man an der Wirkungsstelle $s_1$ der Unbekannten (Abb. V B.13a) auf, bringt dafür die dort wirkende Schnittlast $\bar{S}_B = X_{B,1} S_1$ an und will dort die sich ergebende Klaffung berechnen, so ist die Doppelkraft ${}^vX_1 = 1$ an der Schnittstelle anzubringen (Abb. V B.13b), und es sind die zugehörigen Stabkräfte zu bestimmen. Da das System für diesen Belastungsfall aufgeschnitten ist, ist es hierfür ein statisch bestimmtes System mit den Stabkräften $S_1$. Nach (III A.13) ist

$$E F_c \bar{a}_{B,1} = \sum \bar{S}_B {}^vS_1 s \frac{F_c}{F} = \sum S_B {}^vS_1 s \frac{F_c}{F} + X_{B,1} \sum S_1 {}^vS_1 s \frac{F_c}{F}.$$

Nach (V B.1) bis (V B.3) kann man hierfür schreiben

$$a_{B,1} + X_{B,1}\, a_{1,1} = 0.$$

Somit gilt als Probe

$$\sum S_B\, {}^vS_1\, s\, \frac{F_c}{F} = 0, \qquad (\text{V B.55})$$

wobei der getrennte Stab in der Summe mit zu berücksichtigen ist.

Da einerseits jeder beliebige Stab $m-n$ als Wirkungsstab der Unbekannten angesehen werden kann und andererseits in keinem Stab für den endgültigen Zustand an einer gedachten Schnittstelle eine Klaffung auftreten kann, wenn man dort auch die endgültige Schnittlast $\bar S_{B,m-n}$ anbringt, muß die obige Probe für jede gedachte Schnittstelle gelten.

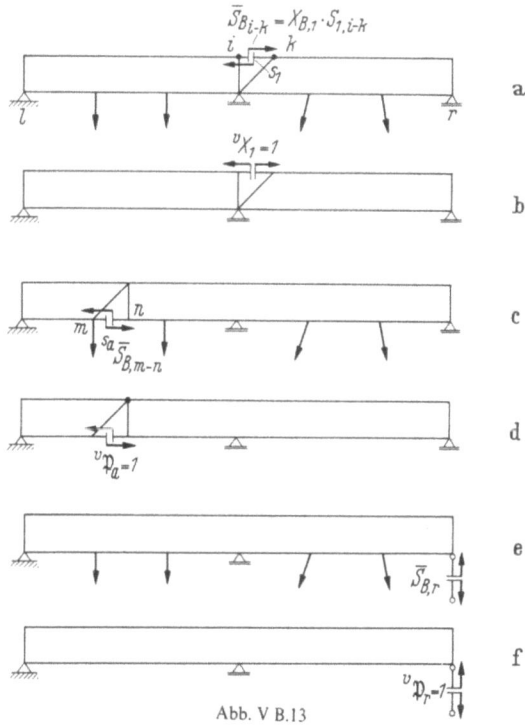

Abb. V B.13

Wird z. B. das System nach Abb. V B.13c in Punkt $s_a$ aufgeschnitten, dafür aber die Schnittkraft $\bar S_{B,m-n}$ an der Schnittstelle angebracht, so kann keine Klaffung an der Schnittstelle unter der Wirkung der Stabkräfte des statisch unbestimmten Systems auftreten.

Will man die Klaffung berechnen, so ist der virtuelle Belastungszustand ${}^v\mathfrak{P}_a = 1$ (Abb. V B.13d) am statisch bestimmten Gelenkträger anzubringen, für den sich die Stabkräfte $S_a$ ergeben.

Damit ergibt sich nach (III A.13)

$$E\, F_c\, \bar a_{B,a} = \sum \bar S_B\, {}^vS_a\, s\, \frac{F_c}{F} = 0 \qquad (\text{V B.56})$$

als Probe für eine richtige Berechnung.

Wird statt des Lagers im Punkt $r$ ein gedachter Stützstab $r$ durchgeschnitten (Abb. V B.13e) und die dem Belastungszustand am statisch unbestimmten System entsprechende Stabkraft $\bar S_{B,r} = \bar A_{B,r}$ eingeführt, so kann keine Klaffung an der

Schnittstelle auftreten. Mit dem virtuellen Belastungszustand $^v\mathfrak{P}_r = 1$, am statisch bestimmten Kragträger (Abb. V B.13f) wirkend, und den Stabkräften $^vS'_r$ ergibt sich entsprechend (V B.56) als Probe

$$E\,F_c\,\bar{a}_{B,r} = \sum \bar{S}_B\,{}^vS_r\,s\,\frac{F_c}{F}.$$

Da der Stützstab als gedachter starrer Stab eingeführt wurde, gibt er in obiger Summe keinen Anteil.

*Mehrfach statisch unbestimmte Systeme.* Bei der Berechnung der Verformungen mehrfach statisch unbestimmter Systeme gelten ähnliche Betrachtungen wie bei einfach statisch unbestimmten Systemen.

Um die Verschiebung $\bar{v}^*_{B,i;a-a}$ für einen gegebenen Belastungszustand $B$ (Abb. V B.14a) zu bestimmen, ist am statisch unbestimmten System der virtuelle Belastungszustand $^v\mathfrak{P}_i = 1$ anzubringen (Abb. V B.14b), und es sind die Stabkräfte $\bar{S}_i$ zu bestimmen.

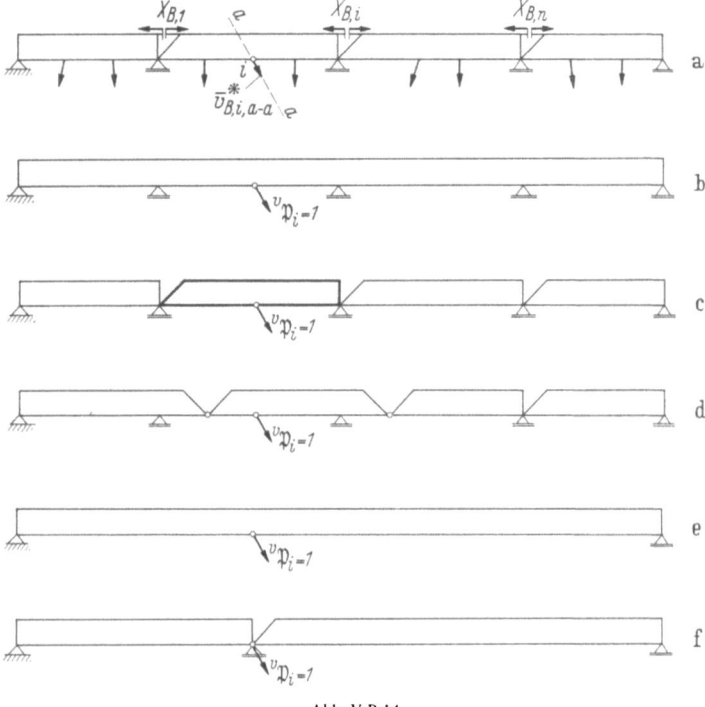

Abb. V B.14

Mit den Unbekannten $X_i$ und Stabkräften $\bar{S}$ des statisch unbestimmten Systems

$$\begin{aligned} X_{B,1};\ X_{B,n};\ \bar{S}_B &= S_B + X_{B,1}\,S_1 + X_{B,2}\,S_2 + \cdots; \\ X_{i,1};\ X_{i,n};\ \bar{S}_i &= S_i + X_{i,1}\,S_1 + X_{i,2}\,S_2 + \cdots \end{aligned} \qquad \text{(V B.57)}$$

erhält man nach (III A.12)

$$E\,F_c\,\bar{v}^*_{B,i;a-a} = \sum \bar{S}_B\,{}^v\bar{S}_i\,s\,\frac{F_c}{F}. \qquad \text{(V B.58)}$$

Führt man $^v\bar{S}_i$ nach (V B.57) in (V B.58) ein, so ergibt sich

$$E\,F_c\,\bar{v}^*_{B,i;a-a} = \sum \bar{S}_B\,{}^vS_i\,s\,\frac{F_c}{F} + X_{i,1}\sum \bar{S}_B\,S_1\,s\,\frac{F_c}{F} + X_{i,2}\sum \bar{S}_B\,S_2\,s\,\frac{F_c}{F} + \cdots.$$

Da außer dem ersten Glied alle Glieder Null werden müssen, gilt [s. z. B. (V B.55)]

$$E F_c \bar{v}^*_{B,l;a-a} = \sum \bar{S}_B {}^v S_l \, s \, \frac{F_c}{F} = \sum S_B {}^v \bar{S}_l \, s \, \frac{F_c}{F}. \qquad (\text{V B.59})$$

Man kann somit den virtuellen Belastungszustand statt am mehrfach statisch unbestimmten System an einem beliebigen statisch bestimmten Grundsystem anbringen (z. B. Abb. V B.14c bis e), wobei den Lagerbedingungen Rechnung zu tragen ist. Es können wohl Lagerbedingungen aufgehoben werden (z. B. Abb. V B.14e), aber es dürfen nicht neue Lagerbedingungen an irgendwelchen Stellen geschaffen werden. Zum Beispiel wäre das statisch bestimmte System nach Abb. V B.14f mit dem neuen Lager in Punkt $i$ unmöglich, wie schon die Anschauung zeigt.

Die Berechnung der Klaffungen an einem aufgeschnitten gedachten Stab eines mehrfach statisch unbestimmten Systems kann wieder als Rechenkontrolle Verwendung finden. Betrachtet man das zweifach statisch unbestimmte System nach Abb. V B.15a für den Belastungsfall $B$, so kann man an der Stelle $s_2$ den Stab $m-n$ aufschneiden und dafür die endgültige Stabkraft $\bar{S}_{B,m-n}$ einführen, ohne das Gleichgewicht zu stören. Die Klaffung aus den Stabkräften des statisch unbestimmten Systems muß an der Schnittstelle $s_2$ selbstverständlich Null sein, da ja in Wirklichkeit keine Trennung an dieser Stelle vorhanden ist.

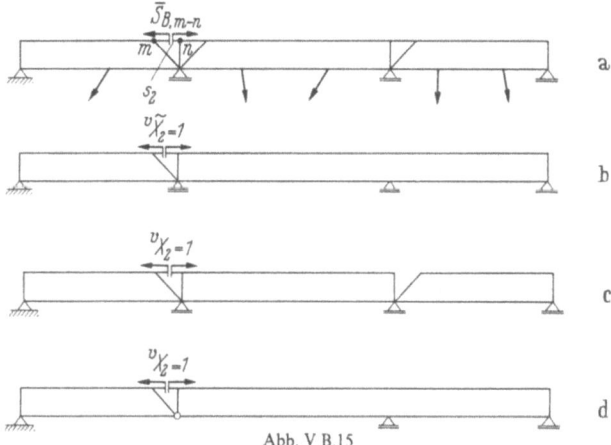

Abb. V B.15

Will man jedoch die Klaffung berechnen, so ist am aufgeschnittenen System — nunmehr ein einfach statisch unbestimmtes Grundsystem — an der Schnittstelle $s_2$ (Abb. V B.15b) die Doppelkraft ${}^v \tilde{X}_2 = 1$ anzubringen, und es sind dafür die Stabkräfte nach (V B.39)

$$^1\tilde{S}_2 = S_2 + X_{2,1} S_1$$

als virtuelle Stabkräfte in (III A.13) einzuführen. Es ergibt sich

$$E F_c \bar{a}_{B,2} = \sum \bar{S}_B {}^{v,1}\tilde{S}_2 \, s \, \frac{F_c}{F} = 0. \qquad (\text{V B.60})$$

Mit (V B.39) erhält man nämlich

$$E F_c \bar{a}_{B,2} = \sum \bar{S}_B S_2 \, s \, \frac{F_c}{F} + X_{2,1} \sum \bar{S}_B S_1 \, s \, \frac{F_c}{F} = 0.$$

Beide Summenausdrücke werden Null, da sich mit (V B.57) ergibt

$$\sum \bar{S}_B {}^v S_1 \, s \, \frac{F_c}{F} = \sum S_B {}^v S_1 \, s \, \frac{F_c}{F} + X_{B,1} \sum S_1 {}^v S_1 \, s \, \frac{F_c}{F} + X_{B,2} \sum S_2 {}^v S_1 \, s \, \frac{F_c}{F}.$$

Dies ist aber die Bedingungsgleichung (V B.14) zur Berechnung der Unbekannten, die lautet
$$a_{B,1} + X_{B,1} a_{1,1} + X_{B,2} a_{2,1} = 0.$$

Statt (V B.60) kann man somit für Kontrollberechnungen allgemein die Gleichungen

bzw.
$$\sum \bar{S}_B S_1 s \frac{F_c}{F} = 0$$
$$\sum \bar{S}_B S_i s \frac{F_c}{F} = 0 \qquad \text{(V B.61)}$$

verwenden. Es kann wieder ein beliebiges statisch bestimmtes Grundsystem, das den Lagerbedingungen gerecht wird (z. B. Zustand $^vX_i = 1$ an den Systemen nach Abb. V B.15c oder d), Verwendung finden.
(Siehe Beispiel 29.)

**β) Temperatureinflüsse.** Treten gegenüber der Aufstellungstemperatur eines statisch unbestimmten Systems Temperaturänderungen in den einzelnen Stäben auf, so gelten bezüglich der Verformungen grundsätzlich dieselben Betrachtungen wie in Abschn. α. Es müssen hierbei nur die Längenänderungen der einzelnen Stäbe aus dem Belastungsfall „Temperatur" am statisch unbestimmten System beachtet werden. Die virtuellen Zustände sind gleich wie früher.

Nach (V B.25) gilt für die Stabkräfte des statisch unbestimmten Systems infolge Temperatur
$$\bar{S}_T = X_{T,1} S_1.$$

Damit ergeben sich Längenänderungen der einzelnen Stäbe

bzw.
$$\Delta \bar{s}_T = \frac{\bar{S}_T}{EF} s + \alpha_t t s$$
$$E F_c \Delta \bar{s}_T = \bar{S}_T s \frac{F_c}{F} + E F_c \alpha_t t s. \qquad \text{(V B.62)}$$

Das Glied mit „$\alpha_t t s$" darf auf keinen Fall vergessen werden. Entsprechend (V B.53) ergibt sich für eine bestimmte Verschiebung eines Punktes $i$ in Richtung $a-a$ aus einem Temperaturzustand:
$$E F_c \bar{v}^*_{T,i;a-a} = \sum E F_c \Delta \bar{s}_T \, ^v \bar{S}_i = \sum \bar{S}_T \, ^v \bar{S}_i s \frac{F_c}{F} + E F_c \alpha_t \sum t s \, ^v \bar{S}_i. \qquad \text{(V B.63)}$$

Führt man
$$^v \bar{S}_i = {}^v S_i + X_{i,1} \, ^v S_1$$

ein, so ergibt sich
$$E F_c \bar{v}^*_{T,i;a-a} = \sum \bar{S}_T \, ^v S_i s \frac{F_c}{F} + E F_c \alpha_t \sum t s \, ^v S_i +$$
$$+ X_{i,1} \left( \sum \bar{S}_T \, ^v S_1 s \frac{F_c}{F} + E F_c \alpha_t \sum t s \, ^v S_1 \right).$$

Für den Klammerausdruck ergibt sich mit $\bar{S}_T = X_{T,1} S_1$ nach (V B.25) und mit (V B.21) bis (V B.24)
$$X_{T,1} \sum S_1 \, ^v S_1 s \frac{F_c}{F} + E F_c \alpha_t \sum t s \, ^v S_1 = X_{T,1} a_{1,1} + a_{T,1} = 0.$$

Es gilt somit für ein einfach statisch unbestimmtes System
$$E F_c \bar{v}^*_{T,i;a-a} = \sum \bar{S}_T \, ^v S_i s \frac{F_c}{F} + E F_c \alpha_t \sum t s \, ^v S_i. \qquad \text{(V B.64)}$$

Es kann somit auch bei der Berechnung der Verformungen infolge Temperaturzuständen eines statisch unbestimmten Systems der Reduktionssatz mit Vorteil Verwendung finden. Für den virtuellen Belastungszustand können die Schnittbelastungen des jeweils beliebig gewählten statisch bestimmten Systems zugrunde gelegt werden, wobei nur den Lagerbedingungen Beachtung geschenkt werden muß.

Für mehrfach statisch unbestimmte Systeme gilt die Formel (V B.64) ebenfalls. $\bar{S}_T$ ist hierbei nach (V B.26) einzuführen, $^vS_i$ sind die Stabkräfte an einem beliebigen statisch bestimmten Grundsystem, unter Beachtung der Lagerbedingungen.

Als Rechenprobe für die Schnittbelastungen eines statisch unbestimmten Systems kann man entsprechend (V B.55), (V B.56) und (V B.61) die Bedingungsgleichungen

$$\left. \begin{aligned} \sum \bar{S}_T \, {}^vS_1 \, s \, \frac{F_c}{F} + E\,F_c\,\alpha_t \sum t\,s\,{}^vS_1 = 0; \\ \sum \bar{S}_T \, {}^vS_a \, s \, \frac{F_c}{F} + E\,F_c\,\alpha_t \sum t\,s\,{}^vS_a = 0; \\ \sum \bar{S}_T \, {}^vS_i \, s \, \frac{F_c}{F} + E\,F_c\,\alpha_t \sum t\,s\,{}^vS_i = 0 \end{aligned} \right\} \quad \text{(V B.65)}$$

verwenden. $^vS_i$ usw. sind hierbei die Stabkräfte für die virtuelle Doppelstabkraft $^v\mathfrak{P}_i = 1$, wirkend am durchgeschnittenen Stab und auf ein beliebiges statisch bestimmtes Grundsystem.

**γ) Widerlagerbewegungen.** Aus Widerlagerbewegungen treten bei statisch unbestimmten Systemen Stabkräfte $\bar{S}_W$ nach (V B.31) auf. Damit ergeben sich für die einzelnen Stäbe Längenänderungen

$$\varDelta \bar{s}_W = \frac{\bar{S}_W}{EF} s. \qquad \text{(V B.66)}$$

Bei der Berechnung der Verformungen solcher Systeme müssen neben den Längenänderungen der Stäbe des statisch unbestimmten Systems auch noch die eingeprägten Verformungen berücksichtigt werden.

Betrachtet man Abb. V B.16a und bringt man die virtuelle Belastung $^v\mathfrak{P}_i = 1$ im Punkt $i$ am statisch unbestimmten System an, so gilt

$$\bar{S}_i = S_i + X_{i,1} S_1.$$

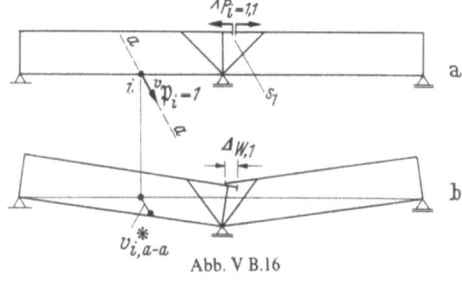

Abb. V B.16

Wenn man sich im Punkt $s_1$ — der Wirkungsstelle der Unbekannten $X_1$ — den Stab getrennt denkt und dafür die Unbekannte $X_{i,1}$ als Doppelkraft wirkend denkt, so ist für alle Knoten für den Belastungszustand $^vP_i = 1$ des statisch unbestimmten Systems Gleichgewicht vorhanden.

Wenn nun eine eingeprägte Widerlagerbewegung am statisch bestimmten Grundsystem (Abb. V B.16b) vorgesehen ist, so erkennt man, daß aus diesem Verformungszustand nicht nur die virtuelle Last $^v\mathfrak{P}_i = 1$ im Punkt $i$ in der Richtung $a-a$ eine Arbeit leistet, sondern auch die Unbekannte $X_{i,1}$ längs der Klaffung $\varDelta_{W,1}$. Es muß somit entsprechend (V B.53) mit (V B.29) gelten

$$E\,F_c\,\bar{v}^*_{W,i;a-a} = \sum E\,F_c\,\varDelta\bar{s}_W \, {}^v\bar{S}_i + E\,F_c\,v^*_{W,i;a-a} + E\,F_c\,X_{i,1}\,\varDelta_{W,1}$$
$$= \sum \bar{S}_W \, {}^v\bar{S}_i \, s\,\frac{F_c}{F} + E\,F_c\,v^*_{W,i;a-a} + X_{i,1}\,a_{W,1}. \qquad \text{(V B.67)}$$

Führt man $^v\bar{S}_i = {}^vS_i + X_{i,1}\,{}^vS_1$ ein, so ergibt sich

$$E\,F_c\,\bar{v}^*_{W,i;a-a} = \sum \bar{S}_W \, {}^vS_i \, s\,\frac{F_c}{F} + X_{i,1}\left(\sum \bar{S}_W \, {}^vS_1 \, s\,\frac{F_c}{F} + a_{W,1}\right) + E\,F_c\,v^*_{W,i;a-a}.$$

Mit $\bar{S}_W$ nach (V B.31a) wird

$$E\,F_c\,\bar{v}^*_{W,i;a-a} = \sum \bar{S}_W \, {}^vS_i \, s\,\frac{F_c}{F} + X_{i,1}\left(X_{W,1}\sum S_1\,{}^vS_1\,s\,\frac{F_c}{F} + a_{W,1}\right) + E\,F_c\,v^*_{W,i;a-a}$$
$$= \sum \bar{S}_W \, {}^vS_i \, s\,\frac{F_c}{F} + X_{i,1}(X_{W,1}\,a_{1,1} + a_{W,1}) + E\,F_c\,v^*_{W,i;a-a}.$$

Nach (V B.30) wird der Klammerausdruck Null, und man erhält

$$E F_c \bar{v}^*_{W,l;a-a} = \sum \bar{S}_W \, {}^v S_i \, s \frac{F_c}{F} + E F_c \, v^*_{W,l;a-a}. \tag{V B.68}$$

Man kann somit auch für die Verformung aus Widerlagerbewegungen den virtuellen Belastungszustand $\,{}^v\mathfrak{P}_l = 1$ am beliebigen, statisch bestimmten Grundsystem wählen und zusätzlich die eingeprägten Verformungen des gewählten statisch bestimmten Grundsystems berücksichtigen.

Der Wert $v^*_{W,l;a-a}$ am statisch bestimmten Grundsystem wird zweckmäßig mit (III A.21a) bestimmt.

Bei mehrfach statisch unbestimmten Systemen gilt die gleiche Formel (V B.68), wobei nur für $\bar{S}_W$ die Gl. (V B.31b) zu berücksichtigen ist.

Als Rechenprobe für die Schnittbelastungen eines statisch unbestimmten Systems kann man entsprechend (V B.55), (V B.56) und (V B.61) die Bedingungsgleichungen

$$\left.\begin{aligned}\sum \bar{S}_W \, {}^v S_1 \, s \frac{F_c}{F} + E F_c \, \varDelta_{W,1} &= 0; \\ \sum \bar{S}_W \, {}^v S_a \, s \frac{F_c}{F} + E F_c \, \varDelta_{W,a} &= 0; \\ \sum \bar{S}_W \, {}^v S_i \, s \frac{F_c}{F} + E F_c \, \varDelta_{W,i} &= 0 \end{aligned}\right\} \tag{V B.69}$$

verwenden. ${}^v S_i$ usw. sind hierbei die Stabkräfte für die virtuelle Doppelstabkraft $\,{}^v\mathfrak{P}_i = 1$, wirkend am durchgeschnittenen Stab und auf ein beliebiges statisch bestimmtes Grundsystem.

Die erste Gleichung von (V B.69) kann geschrieben werden

$$X_{W,1} \, a_{1,1} + a_{W,1} = 0;$$

die letzte mit $\bar{S}_W = X_{W,1} S_1 + X_{W,2} S_2 + \cdots$

$$X_{W,1} \, a_{1,i} + X_{W,2} \, a_{2,i} + \cdots + X_{W,i} \, a_{i,i} + \cdots + a_{W,i} = 0.$$

Man erkennt daraus, daß (V B.69) zu Recht besteht. Mit Abb. V B.17 wird die zweite Gleichung erläutert. Schneidet man z. B. den Stab $m-n$ an der Stelle $s_a$ auf (Abb. V B.17a), so wird an der Schnittstelle die virtuelle Doppelkraft $\,{}^v\mathfrak{P}_a = 1$ angebracht, und es werden am statisch bestimmten Gelenkträger die virtuellen Stabkräfte ${}^v S_a$ berechnet. Wird als eingeprägte Widerlagerbewegung das mittlere Lager $b$ um $w_b$ gesenkt (Abb. V B.17b), so erhält man mit (III A.21b) den Wert $\varDelta w_a$.
(Siehe Beispiel 29.)

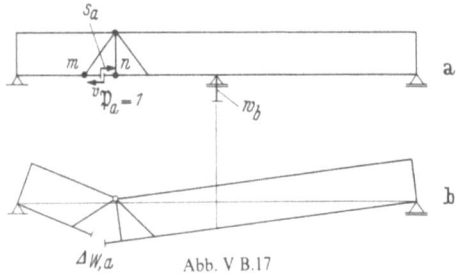

Abb. V B.17

### b) Biegelinien des Gesamtsystems

Die Biegelinien statisch unbestimmter Systeme werden zweckmäßig mit den „elastischen Gewichten" ($W$-Gewichten) berechnet. Es gelten die grundsätzlichen Betrachtungen über die $W$-Gewichte, über die Stabkräfte infolge der $W$-Gewichtsbelastung und über den „symbolischen Balken" der Abschn. III A 5a bis c.

Die $W$-Gewichte sind jeweils in Höhe des Gurtes anzubringen, für den die Biegelinie gesucht wird. Werden die $W$-Gewichte für einen Gurt bestimmt, der nicht unmittelbar durch Lager gestützt ist, so sind die Durchbiegungen über den Lagern als zusätzliche Randbedingung zu berücksichtigen. Diese können nach Abschn. V B 2a bestimmt werden.

### α) Gegebene Belastungszustände.

*Einfach statisch unbestimmte Systeme.* Für einen bestimmten Belastungszustand $B$ sind die Stabkräfte $\bar{S}_B$ des statisch unbestimmten Systems nach (V B.10) gegeben.

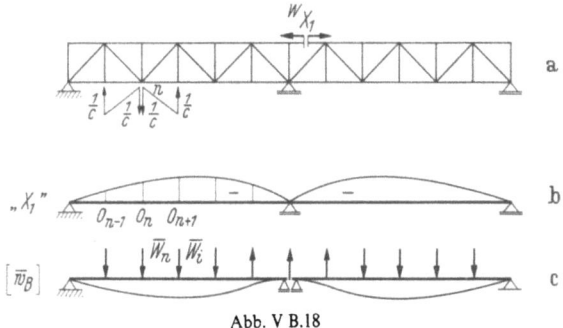

Abb. V B.18

Bringt man zur Bestimmung des $W$-Gewichtes im Punkt $n$ die $W$-Gewichtsbelastung $\pm 1/c$ an (z. B. Abb. V B.18a), so sind für diesen Belastungsfall die Stabkräfte am statisch unbestimmten System durch

$$^W\bar{S}_n = {^WS_n} + {^WX_1}\,S_1 \tag{V B.70}$$

gegeben.

Betrachtet man die Einflußlinie „$X_1$" der Unbekannten (z. B. Abb. V B.18b), so erkennt man, daß sich durch Auswertung derselben mit der $W$-Gewichtsbelastung

$$^WX_1 = \frac{1}{c}(-o_{n-1} + 2o_n - o_{n+1})$$

als bestimmter Gesamtwert ergibt, da die Einflußlinie krummlinig ist. Entsprechend (III A.24b) ergibt sich das $W$-Gewicht im Punkt $n$ für den Belastungszustand $B$ zu

$$E F_c \overline{W}_{B,n} = \sum \bar{S}_B\,{^W\bar{S}}\,s\,\frac{F_c}{F}. \tag{V B.71}$$

Der Reduktionssatz entsprechend (V B.59) und (V B.54) muß aber uneingeschränkt auch für die Belastungszustände aus der Belastung $B$ und der $W$-Gewichtsbelastung gelten. Es kann somit ein Zustand — man wird selbstverständlich den $W$-Gewichtszustand wählen — am statisch bestimmten Grundsystem genommen werden. Nimmt man hierfür den $W$-Gewichtszustand an, so gelten für alle Stabkräfte $^WS$ die Entwicklungen von Abschn. III A 5b. Bei günstiger Wahl des statisch bestimmten Grundsystems werden hiervon nur wenige Stäbe betroffen, d. h., es ist kein größerer Rechenaufwand für die Bestimmung der $W$-Gewichte erforderlich als bei statisch bestimmten Systemen.

Statt (V B.71) gilt somit die Gleichung

$$E F_c \overline{W}_{B,n} = \sum \bar{S}_B\,{^WS_n}\,s\,\frac{F_c}{F}. \tag{V B.72}$$

Die Momentenlinie der $E F_c$-fachen $W$-Gewichte am symbolischen Balken ergibt wieder die $E F_c$-fache Biegelinie für den betreffenden Belastungszustand $B$. Da die $W$-Gewichte die Winkeländerung der Biegelinie in jedem Knotenpunkt angeben, außerdem bei Einfeldbalken als statisch bestimmtes Grundsystem die Durchbiegungen über den Lagern Null sein müssen, ist die Biegelinie bei solchen Systemen (z. B. Abb. V B.18c) gleich der Momentenlinie von Einfeldbalken aus der Belastung durch die $\overline{W}$-Gewichte.

Führt man nach (V B.10)

$$\bar{S}_B = S_B + X_{B,1}\,S_1$$

in (V B.72) ein, so erhält man

$$E F_c \overline{W}_{B,n} = \sum S_B {}^W S_n s \frac{F_c}{F} + X_{B,1} \sum S_1 {}^W S_n s \frac{F_c}{F}$$
$$= E F_c (W_{B,n} + X_{B,1} W_{X_1=1,n}). \qquad \text{(V B.73)}$$

Nach dem Superpositionsgesetz kann man die Biegelinie $\overline{w}_{B,n}$ aus der Biegelinie für den ersten Teil $W_{B,n}$ der $W$-Gewichte — dies ist aber die Biegelinie aus dem gegebenen Belastungszustand des statisch bestimmten Grundsystems — und der Biegelinie aus dem zweiten Teil $X_{B,1} W_{X_1=1,n}$ der $W$-Gewichte zusammensetzen.

$W_{X_1=1,n}$ sind die $W$-Gewichte aus dem Zustand $X_1 = 1$, und es ist somit die zugehörige Biegelinie $w_{1,n}$ die Biegelinie des statisch bestimmten Grundsystems infolge $X_1 = 1$. Die $E F_c$-fachen Werte von $w_{1,n}$ stellen nach (V B.32) die $a_{1,m}$-Linie dar.

Es gilt somit für die Biegelinie eines Belastungszustandes $B$ auch

$$\overline{w}_{B,m} = w_{B,m} + X_{B,1} w_{1,m}$$
bzw. $\qquad \qquad \qquad \qquad \qquad \qquad \qquad \qquad \qquad \qquad \qquad \text{(V B.74)}$
$$E F_c \overline{w}_{B,m} = E F_c w_{B,m} + X_{B,1} a_{1,m}.$$

Ist die Einflußlinie von „$X_1$" nicht bekannt, so wird man zweckmäßig (V B.72), ist sie bekannt, (V B.74) verwenden.

*Mehrfach statisch unbestimmte Systeme.* Für die Bestimmung der $\overline{W}_{B,n}$-Gewichte gilt auf Grund des Reduktionssatzes uneingeschränkt (V B.72). Es ist hierbei nur $\overline{S}_B$ nach (V B.36) einzuführen. Für ${}^W S$ können die Stabkräfte für ein beliebig gewähltes statisch bestimmtes Grundsystem eingesetzt werden. Zum Beispiel kann bei dem 4fach statisch unbestimmten System nach Abb. V B.19a für einen beliebigen Belastungszustand $B$ (Lasten $\mathfrak{P}_i$) die $W$-Gewichtsbelastung $1/c$ an der statisch bestimmten Balkenkette nach Abb. V B.19b aufgebracht werden, wobei

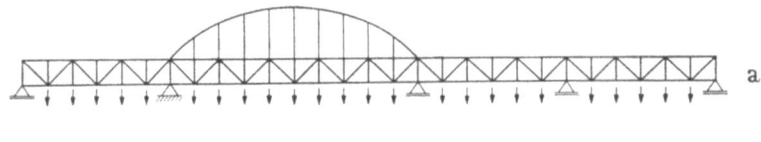

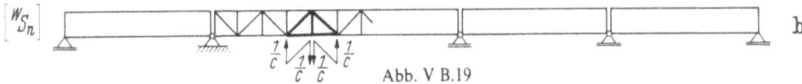

Abb. V B.19

nur immer in wenigen Stäben Stabkräfte ${}^W S$ auftreten. Verwendet man die Biegelinie aus den Zuständen $X_i = 1$ des statisch bestimmten Grundsystems, so gilt entsprechend (V B.74)

$$\overline{w}_{B,m} = w_{B,m} + X_{B,1} w_{1,m} + X_{B,2} w_{2,m} + \cdots$$
bzw. $\qquad \qquad \qquad \qquad \qquad \qquad \qquad \qquad \qquad \qquad \qquad \text{(V B.75)}$
$$E F_c \overline{w}_{B,m} = E F_c w_{B,m} + X_{B,1} a_{1,m} + X_{B,2} a_{2,m} + \cdots.$$

Bei dem System nach Abb. V B.20a wäre zuerst die Biegelinie $w_{B,m}$ des statisch bestimmten Systems zu berechnen (Abb. V B.20b), dann wären die Biegelinien $a_{1,m}$ und $a_{2,m}$ für die Zustände $X_1 = 1$ und $X_2 = 1$ (Abb. V B.20c u. d) mit $X_{B,1}$ bzw. $X_{B,2}$ zu verzerren und schließlich alle drei Linien zu superponieren (Abb. V B.20e).
(Siehe Beispiel 29.)

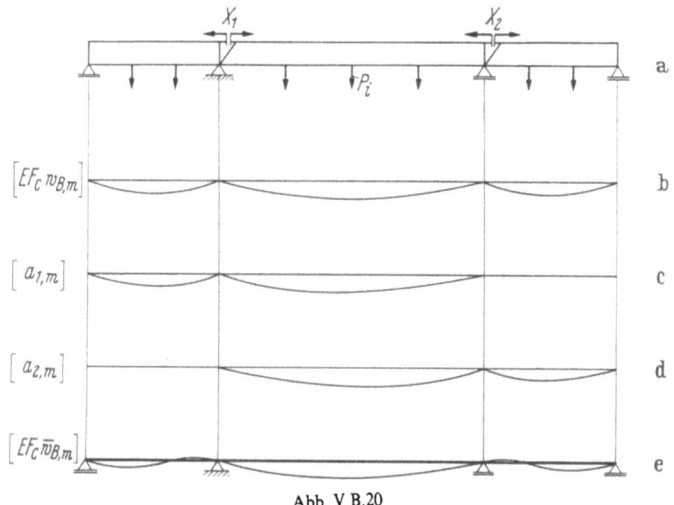

Abb. V B.20

**β) Temperatureinflüsse.**

*Einfach statisch unbestimmte Systeme.* Infolge von Temperaturänderungen in Fachwerkstäben gegenüber der Aufstellungstemperatur können nach (V B.25) Stabkräfte $\bar{S}_T$ auftreten. Damit ergeben sich Längenänderungen der einzelnen Stäbe

$$\Delta \bar{s}_T = \frac{\bar{S}_T}{EF}s + \alpha_t\, t\, s.$$

Das $\overline{W}$-Gewicht $\overline{W}_{T,n}$ im Punkt $n$ für den Zustand „Temperatur" ergibt sich allgemein zu

$$E F_c \overline{W}_{T,n} = \sum \bar{S}_T {}^W S_n s \frac{F_c}{F} + E F_c \alpha_t \sum t\, s\, {}^W S_n. \qquad \text{(V B.76)}$$

Mit (V B.70) wird

$$E F_c \overline{W}_{T,n} = \sum \bar{S}_T {}^W S_n s \frac{F_c}{F} + E F_c \alpha_t \sum t\, s\, {}^W S_n +$$
$$+ {}^W X_1 \left( \sum \bar{S}_T {}^v S_1 s \frac{F_c}{F} + E F_c \alpha_t \sum t\, s\, {}^v S_1 \right).$$

Da mit $\bar{S}_T = X_{T,1} S_1$ der Klammerausdruck $X_{T,1} a_{1,1} + a_{T,1} = 0$ ist, gilt der Reduktionssatz auch für die W-Gewichte aus Temperatur

$$E F_c \overline{W}_{T,n} = \sum \bar{S}_T {}^W S_n s \frac{F_c}{F} + E F_c \alpha_t \sum t\, s\, {}^W S_n. \qquad \text{(V B.77)}$$

Der zweite Ausdruck ist aber nach (III A.25b) das $W$-Gewicht am statisch bestimmten System. Der erste Ausdruck ergibt mit $\bar{S}_T = X_{T,1} S_1$

$$\sum \bar{S}_T {}^W S_n s \frac{F_c}{F} = X_{T,1} \sum S_1 {}^W S_n s \frac{F_c}{F} = X_{T,1} E F_c W_{X_1=1,n}.$$

Somit erhält man

$$E F_c \overline{W}_{T,n} = E F_c (X_{T,1} W_{X_1=1,n} + W_{T,n}). \qquad \text{(V B.78)}$$

Damit ergibt sich die Biegelinie des statisch unbestimmten Systems als Superposition der Biegelinie $w_{T,m}$ infolge Temperatur am statisch bestimmten System und der mit $X_{T,1}$ verzerrten Biegelinie $w_{1,m}$ infolge $X_1 = 1$ am statisch bestimmten System

$$\overline{w}_{T,m} = w_{T,m} + X_{T,1}\, w_{1,m}$$

bzw.

$$E F_c \overline{w}_{T,m} = E F_c w_{T,m} + X_{T,1}\, a_{1,m}. \qquad \text{(V B.79)}$$

Für die Erwärmung des Obergurtes des Systems nach Abb. V B.21a sind z. B. die Biegelinien $E F_c w_{T,m}$ (Abb. V B.21b), $a_{1,m}$ (Abb. V B.21c) und $E F_c \bar{w}_{T,m}$ (Abb. V B.21d) dargestellt.

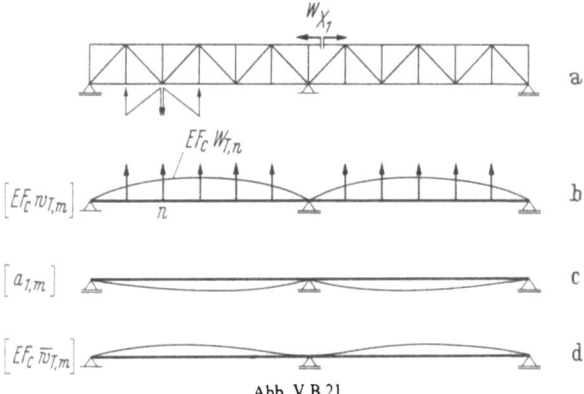

Abb. V B.21

*Mehrfach statisch unbestimmte Systeme.* Unter Anwendung des Reduktionssatzes gilt (V B.77) uneingeschränkt, wobei $\bar{S}_T$ nach (V B.26) einzuführen ist.

Entsprechend (V B.79) gilt

$$E F_c \bar{w}_{T,m} = E F_c w_{T,m} + X_{T,1} a_{1,m} + X_{T,2} a_{2,m} + \cdots . \qquad \text{(V B.80)}$$

### $\gamma$) Widerlagerbewegungen.

*Einfach statisch unbestimmte Systeme.* Infolge von Widerlagerbewegungen können nach (V B.31a) Stabkräfte $\bar{S}_W$ auftreten, die in den einzelnen Stäben Längenänderungen $\varDelta \bar{s}_W = \bar{S}_W s / E F$ zur Folge haben. Die Winkeländerungen der Biegelinie können wieder entsprechend (III A.25b) berechnet werden. Es ist dabei aber zusätzlich folgendes zu beachten: Im statisch unbestimmten System treten infolge der $W$-Gewichtsbelastung $1/c$ (z. B. Abb. V B.22a) die Stabkräfte $^W S_n$ auf. An

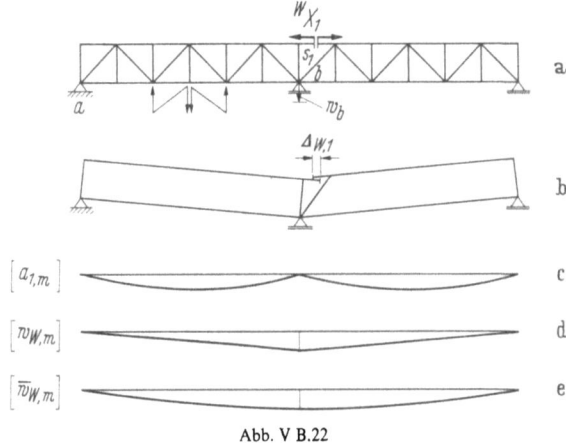

Abb. V B.22

der Schnittstelle $s_1$ der Unbekannten entsteht aus dieser Belastung dabei die wirkliche Schnittkraft $^W X_1$. Bei der virtuellen inneren Arbeit, die die Schnittbelastung aus dem virtuellen Zustand der $W$-Gewichtsbelastung an den Verformungen aus dem Zustand infolge „Widerlagerbewegung" leistet, muß daher neben den Längenänderungen $\varDelta \bar{s}_W$ der einzelnen Stäbe auch noch die eingeprägte Klaffung $\varDelta_{W,1}$ an der Schnittstelle $s_1$ mitberücksichtigt werden (Abb. V B.22b).

Es gilt somit

$$E F_c \overline{W}_{w,n} = \sum \bar{S}_W \,{}^W\!\bar{S}\, s\, \frac{F_c}{F} + E F_c \,{}^W\!X_1 \Delta_{w,1}.$$

Mit ${}^W\!\bar{S}_n = {}^W\!S_n + {}^W\!X_1 S_1$; $X_{w,1} a_{1,1} + a_{w,1} = 0$ nach (V B.30) und $\bar{S}_W = X_{W,1} S_1$ wird

$$E F_c \overline{W}_{w,n} = \sum \bar{S}_W \,{}^W\!S\, s\, \frac{F_c}{F} + {}^W\!X_1 \sum \bar{S}_W S_1 s\, \frac{F_c}{F} + E F_c \,{}^W\!X_1 \Delta_{w,1}$$

$$= \sum \bar{S}_W \,{}^W\!S\, s\, \frac{F_c}{F} + {}^W\!X_1 (X_{W,1} a_{1,1} + a_{w,1})$$

und somit

$$E F_c \overline{W}_{w,n} = \sum \bar{S}_W \,{}^W\!S\, s\, \frac{F_c}{F}. \qquad (\text{V B.81 a})$$

Mit $\bar{S}_W = X_{W,1} S_1$ erhält man weiter

$$E F_c \overline{W}_{w,n} = X_{W,1} \sum S_1 \,{}^W\!S\, s\, \frac{F_c}{F} = X_{W,1} E F_c W_{X_1=1,\,n}. \qquad (\text{V B.81 b})$$

Die Biegelinie aus den $\overline{W}$-Gewichten ist somit eine mit $X_{W,1}$ verzerrte Biegelinie infolge der Unbekannten $X_1 = 1$ am statisch bestimmten Grundsystem. Dieser Biegelinie sind die Durchbiegungen aus den eingeprägten Widerlagerbewegungen des statisch bestimmten Grundsystems zu überlagern. Somit erhält man für die Biegelinie die Gleichung

$$E F_c \overline{w}_{w,m} = E F_c w_{w,m} + X_{W,1} a_{1,m}. \qquad (\text{V B.82})$$

Erleidet z. B. das System nach Abb. V B.22a eine Senkung der Mittelstütze um $w_b$, so erhält man die Biegelinie $\overline{w}_{w,m}$ des statisch unbestimmten Systems (Abb. V B.22e) durch Superposition der mit $X_{W,1}$ verzerrten $a_{1,m}$-Linie (Abb. V B.22c) und der eingeprägten Durchbiegung des statisch bestimmten Systems (Abb. V B.22d).

*Mehrfach statisch unbestimmte Systeme.* Unter Anwendung des Reduktionssatzes gilt (V B.81) uneingeschränkt, wobei $\bar{S}_W$ nach (V B.31b) einzuführen ist. Entsprechend (V B.82) gilt

$$E F_c \overline{w}_{w,m} = E F_c w_{w,m} + X_{W,1} a_{1,m} + X_{W,2} a_{2,m} + \cdots. \qquad (\text{V B.83})$$

$w_{w,m}$ ist die Biegelinie aus den eingeprägten Widerlagerbewegungen des statisch bestimmten Systems. Zum Beispiel ist für das System nach Abb. V B.23a mit dem

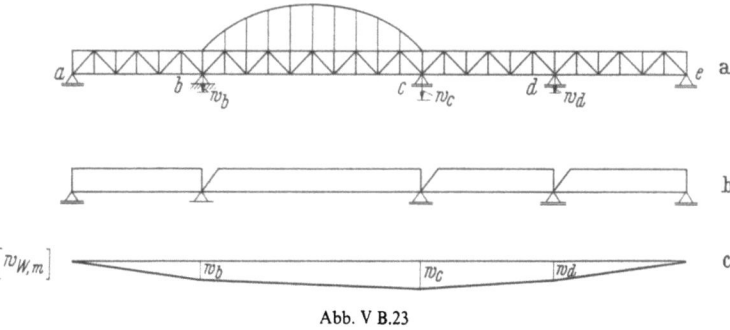

Abb. V B.23

statisch bestimmten System nach Abb. V B.23b die Biegelinie infolge der eingeprägten Stützensenkungen $w_b$, $w_c$ und $w_d$ in Abb. V B.23c dargestellt.

### c) Einflußlinien

Die Angaben über die Berechnung von Einflußlinien von Verformungen statisch bestimmter Systeme nach Abschn. III A 8 gelten sinngemäß auch für statisch unbestimmte Systeme. Will man z. B. die Einflußlinie „$\bar{w}_n$" der Durchbiegung im Punkt $n$ bestimmen, so ist in diesem Punkt die Last $P_n = 1$ anzubringen (z. B. Abb. V B.24a). Für diesen Belastungszustand sind die Stabkräfte $\bar{S}_n$ nach

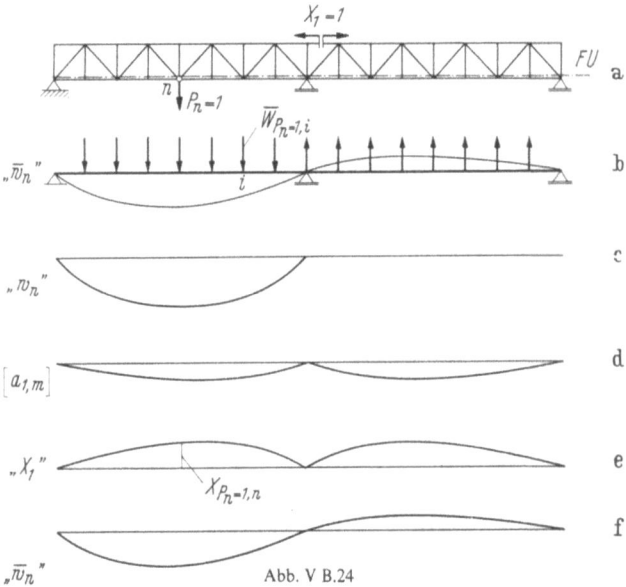

Abb. V B.24

(V B.10) bzw. (V B.19) zu bestimmen. Die zugehörige Biegelinie – die mit den $\overline{W}_{P_n=1,n}$-Gewichten nach Abschn. V B 2b α berechnet wird – ist bereits die Einflußlinie der Durchbiegung im Punkt $n$ (Abb. V B.24b). Nach (V B.72) ergibt sich

$$E F_c \overline{W}_{P_n=1,n} = \sum \bar{S}_n {}^w S_n s \frac{F_c}{F}. \quad \text{(V B.84)}$$

Entsprechend (V B.74) und (V B.75) gilt aber auch

$$E F_c \,„\bar{w}_n" = E F_c \,„w_n" + X_{P_n=1,1}\, a_{1,m} + X_{P_n=1,2}\, a_{2,m} + \cdots. \quad \text{(V B.85)}$$

Diese Gleichung besagt, daß die Einflußlinie der Durchbiegung in einem Punkt eines statisch unbestimmten Systems sich aus der Einflußlinie am statisch bestimmten System (z. B. Abb. V B.24c) und den mit $X_{P_n=1,i}$ verzerrten Biegelinien $a_{i,m}$ (z. B. Abb. V B.24d) der Unbekannten $X_i = 1$ zusammensetzt (z. B. Abb. V B.24f).

Sind die $a_{i,m}$-Linien und damit auch die Einflußlinien „$X_i$" bekannt (z. B. Abb. V B.24e), so ist der Weg unter Verwendung von (V B.85) von Vorteil. Es ist in diesem Fall nur die Einflußlinie der Durchbiegung „$w_n$" des statisch bestimmten Systems neu zu berechnen. Die Werte $X_{P_n=1,i}$ können durch Auswerten der Einflußlinien sofort angegeben werden (z. B. Abb. V B.24e). Im anderen Fall empfiehlt es sich, die $\overline{W}$-Werte nach (V B.84) zu bestimmen und die zugehörige Momentenlinie am symbolischen Balken zu berechnen.

Will man die Einflußlinie der horizontalen Verschiebung $\bar{u}_n$ eines Punktes $n$ bestimmen, so ist in diesem Punkt die horizontale Kraft $P_n = 1$ anzubringen. Mit den Stabkräften $\bar{S}_n$ erfolgt die Berechnung in gleicher Weise wie bei den Einflußlinien von Durchbiegungen. Zum Beispiel ergibt sich bei der Berechnung der Einflußlinie der horizontalen Verschiebung „$\bar{u}_r$" des Systems nach Abb. V B.25a folgender

Weg: Mit den Stabkräften infolge $P_{r'} = 1$ am statisch bestimmten System (Abb. V B.25b) wird die Biegelinie „$u_{r'}$" des statisch bestimmten Systems berechnet (Abb. V B.25c). Mit der $a_{1,m}$-Linie (Abb. V B.25d) ergibt sich nach (V B.85) die Einflußlinie der horizontalen Verschiebung „$\bar{u}_{r'}$" zu

$$E F_c \, „\bar{u}_{r'}" = E F_c \, „u_{r'}" + X_{P_{r'}=1,1} \, a_{1,m}.$$

Da „Fahrbahn oben" vorliegt, sind noch allfällige Randbedingungen über den Lagern zu beachten. Unter der Annahme, daß sich die Stabkräfte $\bar{S}_{P_{r'}=1,\,l-l'}$ und $\bar{S}_{P_{r'}=1,\,r-r'}$ in den Stützstäben $l-l'$ und $r-r'$ negativ ergeben, erhält man mit den

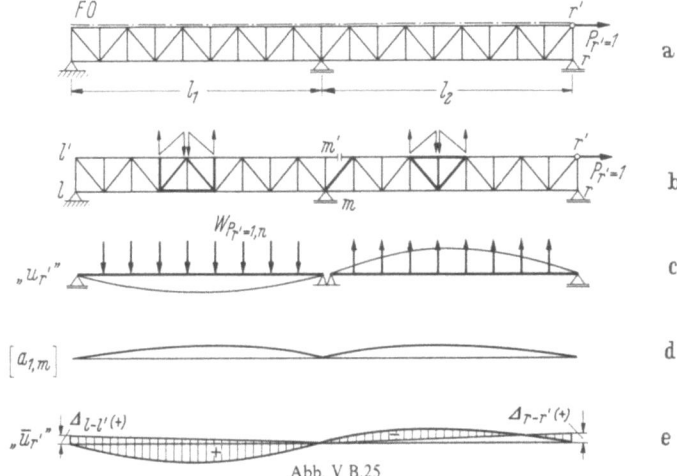

Abb. V B.25

Längenänderungen $\varDelta \bar{s}_{P_{r'}=1,\,l-l'}$ und $\varDelta \bar{s}_{P_{r'}=1,\,r-r'}$ entsprechende zusätzliche Durchbiegungen (positive Werte $\bar{w}$). Im vorliegenden Fall würde sich für den Mittelpfosten $m-m'$ keine Längenänderung ergeben. Unter Beachtung dieser Stützensenkungen ergibt sich die Schlußlinie, auf die die gesamten Durchbiegungen zu beziehen sind (Abb. V B.25e), und damit die endgültige Einflußlinie „$\bar{u}_{r'}$".
(Siehe Beispiel 30.)

## C. Ebene Stabwerke

Bei den nachfolgenden Entwicklungen können viele Betrachtungen, die für ebene Fachwerke in Abschn. V B angestellt wurden, sinngemäß übernommen werden. Dies gilt auch für Endergebnisse und Formeln, ohne daß die diesbezüglichen Entwicklungen neu angestellt zu werden brauchen. Es sei besonders darauf hingewiesen — dies gilt vor allem beim Vorhandensein von Längskräften —, daß alle Schnittbelastungen (Momente, Längskräfte und Querkräfte) immer auf die Systemachse, die durch die Verbindungslinie der Querschnittsschwerpunkte gegeben ist, zu beziehen sind (z. B. Abb. V C.1).

### 1. Schnittbelastungen

#### a) Statisch bestimmte Grundsysteme

#### α) Gegebene Belastungszustände.
*Einfach statisch unbestimmte Systeme.* Wird ein einfach statisch unbestimmtes System durch Trennung der Wirkungsstelle einer Schnittbelastung (z. B. durch Schaffung eines Gelenks im Lager $b$ des Systems nach Abb. V C.1a) in ein statisch

bestimmtes System verwandelt (z. B. Balkenkette in Abb. V C.1b), so können für einen gegebenen Belastungszustand $B$ (Lasten $\mathfrak{P}_i$) alle Schnittbelastungen (Momente $M_B$, Querkräfte $Q_B$, Längskräfte $N_B$) am statisch bestimmten System berechnet werden (z. B. Abb. V C.1c bis e). Bringt man die der Trennfuge entsprechende Doppelschnittbelastung $X_1 = 1$ an ($X_1 = 1$ tm als Doppelmoment in Abb. V C.1f),

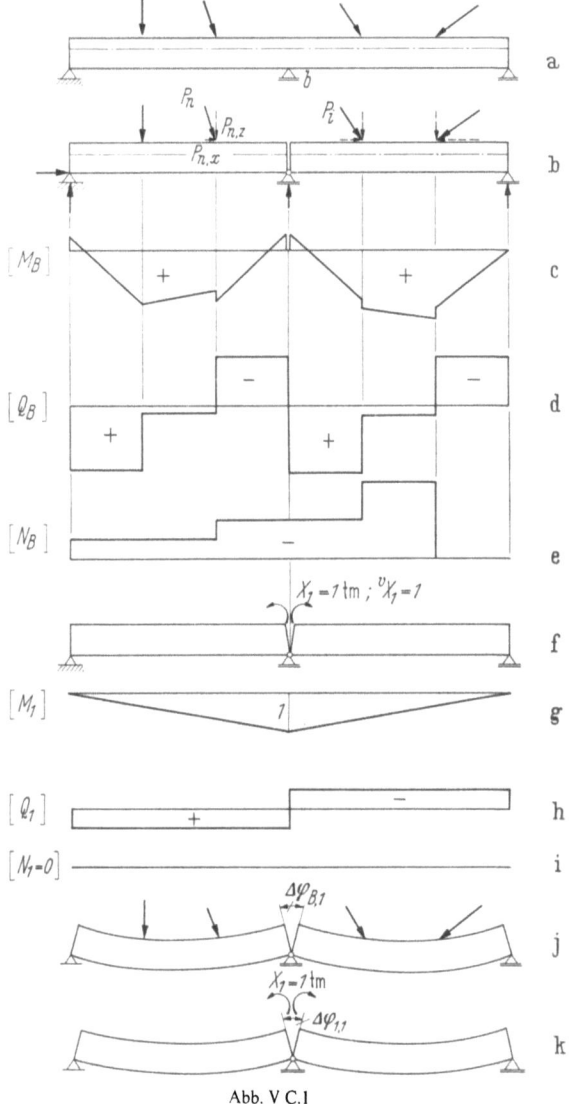

Abb. V C.1

so können auch für den Belastungszustand $X_1 = 1$ die Schnittbelastungen $M_1$, $Q_1$ und $N_1$ am statisch bestimmten Grundsystem bestimmt werden (z. B. Abb. V C.1g bis i).

Ist die Unbekannte ein Moment $X_1 = 1$ tm, so wird sich an deren Wirkungsstelle infolge der Verformung des statisch bestimmten Systems beim Belastungszustand $B$ (Abb. V C.1j) eine Klaffung $\varDelta\varphi_{B,1}$ ergeben, beim Belastungszustand $X_1 = 1$ tm (Abb. V C.1k) eine solche von $\varDelta\varphi_{1,1}$.

Nach Abschn. III B 5 kann entsprechend (III B.44) und (III B.48) diese Klaffung $\Delta\varphi_1$ derart bestimmt werden, daß eine virtuelle Schnittbelastung $^vX_1 = 1$ aufgebracht wird (Abb. V C.1f). Die virtuelle innere Arbeit aus den Verformungen des gegebenen Belastungszustandes und den virtuellen Schnittbelastungen aus dem Zustand $^vX_1 = 1$ gibt dann die gesuchte Klaffung $\Delta\varphi_{B,1}$ an.

Es gilt

$$EJ_c \Delta\varphi_{B,1} = a_{B,1} =$$
$$= \int M_B \, ^vM_1 \frac{J_c}{J} ds + \int N_B \, ^vN_1 \frac{J_c}{F} ds + \frac{E}{G} \int k Q_B \, ^vQ_1 \frac{J_c}{F} ds \quad (\text{V C.1})$$

bzw.

$$EJ_c \Delta\varphi_{1,1} = a_{1,1} =$$
$$= \int M_1 \, ^vM_1 \frac{J_c}{J} ds + \int N_1 \, ^vN_1 \frac{J_c}{F} ds + \frac{E}{G} \int k Q_1 \, ^vQ_1 \frac{J_c}{F} ds. \quad (\text{V C.2})$$

Tatsächlich wirkt an der Schnittstelle nicht das Moment $X_1 = 1$ tm, sondern der $X_{B,1}$-fache Wert.

Da die Trennfuge in Wirklichkeit nicht vorhanden ist, muß die Bedingung bestehen

$$a_{B,1} + X_{B,1} a_{1,1} = 0. \quad (\text{V C.3})$$

Damit erhält man

$$X_{B,1} = -\frac{a_{B,1}}{a_{1,1}}. \quad (\text{V C.4})$$

Entsteht bei einer Querschnittstrennung eine Längsverschiebung $\Delta_l$ der Fugen (Abb. V C.2), so wird das Längskraftpaar $X_1 = 1$ t als Unbekannte eingeführt; bei einer Querverschiebung $\Delta_v$ der Trennfuge (Abb. V C.3) dementsprechend ein Querkraftpaar $X_1 = 1$ t.

Abb. V C.2          Abb. V C.3

Die Schnittbelastungen $M_1$, $N_1$ und $Q_1$ sind dann für diese Belastungszustände $X_1 = 1$ zu bestimmen. Die Gln. (V C.1) bis (V C.4) gelten dabei unverändert. $a_{B,1}$ und $a_{1,1}$ stellen in diesen Fällen dann Längsklaffungen bzw. Querverschiebungen an der Wirkungsstelle von $X_1 = 1$ dar.

Bei Systemen, die z. T. aus Stahl- und z. T. aus Betonquerschnitten bestehen, sind unter Zugrundelegung des Moduls $E_e$ für Stahl nach (V B.4) und (V B.5) für die Betonquerschnitte die reduzierten Werte

$$F_{b,r} = \frac{F_b}{n_b} \quad \text{bzw.} \quad J_{b,r} = \frac{J_b}{n_b} \quad (\text{V C.5})$$

einzuführen.

Bei bewehrten und vorgespannten Betonträgern sind die Werte $F_i$, $J_i$ bzw. $F_i'$ und $J_i'$ zu verwenden. Ähnliches gilt für Verbundquerschnitte (s. [S 37]).

Sind Querschnitte aus anderen Materialien ebenfalls vorhanden, so sind sinngemäß die entsprechend reduzierten Querschnittswerte zu verwenden.

Die ersten Annahmen der $J_c/J$-, $J_c/F$- und $k$-Werte wird man schätzen und erst nach einer Vorberechnung die genaue Berechnung durchführen. Bei nicht der Wirklichkeit entsprechenden Annahmen von $J_c/J$ und $J_c/F$ können Fehler im Rechnungsergebnis auftreten, die der zugelassenen Rechengenauigkeit nicht entsprechen.

Bei ebenen Stabwerken wird es meist genügen, nur den Momenteneinfluß in $a_{B,1}$ und $a_{1,1}$ zu berücksichtigen; somit braucht in diesem Fall in der Regel nur jeweils das erste Glied in (V C.1) und (V C.2) berechnet zu werden, was eine wesentliche Reduzierung des Rechenumfangs darstellt. Wesentlich ist aber, daß die Vernachlässigung in beiden Gliedern $a_{B,1}$ und $a_{1,1}$ erfolgt oder gar nicht.

Meist kann man für Sonderfälle den Einfluß des zweiten und dritten Gliedes in (V C.1) und (V C.2) überschläglich abschätzen und dann entscheiden, ob diese Glieder mitgenommen werden sollen oder nicht.

Nach dem Superpositionsgesetz ergeben sich die endgültigen Schnittbelastungen bzw. Lagerstützkräfte für den Belastungsfall $B$ zu

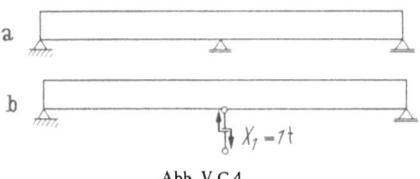

$$\left.\begin{aligned}\bar{M}_{B,i} &= M_{B,i} + X_{B,1}\,M_{1,i};\\ \bar{Q}_{B,i} &= Q_{B,i} + X_{B,1}\,Q_{1,i};\\ \bar{N}_{B,i} &= N_{B,i} + X_{B,1}\,N_{1,i};\\ \bar{A}_{B,i} &= A_{B,i} + X_{B,1}\,A_{1,i}.\end{aligned}\right\} \quad \text{(V C.6)}$$

Abb. V C.4

Wird eine Lagerbedingung entfernt (z. B. das mittlere Lager in Abb. V C.4a), um zu einem statisch bestimmten System zu kommen, so denkt man sich zweckmäßig einen starren Stützstab (Abb. V C.4b) durchgeschnitten. Als Unbekannte wird dann die Stabkraft $X_1 = 1$ t an der Schnittstelle eingeführt. $a_{B,1}$ und $a_{1,1}$ sind dann die Klaffungen an dieser Stelle. Es gelten hierbei die Gln. (V C.1) und (V C.2) uneingeschränkt.

*Mehrfach statisch unbestimmte Systeme.* Es gelten die gleichen Überlegungen wie bei einfach statisch unbestimmten Systemen. Die Wahl der Trennschnitte — denen die zugehörigen Schnittbelastungen als Unbekannte entsprechen — wird nach Möglichkeit so getroffen, daß ein möglichst einfaches statisch bestimmtes Grundsystem entsteht. So wird man beim System nach Abb. V C.5a nicht etwa die Wahl der Unbekannten $X_1$ bis $X_3$ nach Abb. V C.5b, sondern zweckmäßig nach Abb. V C.5c

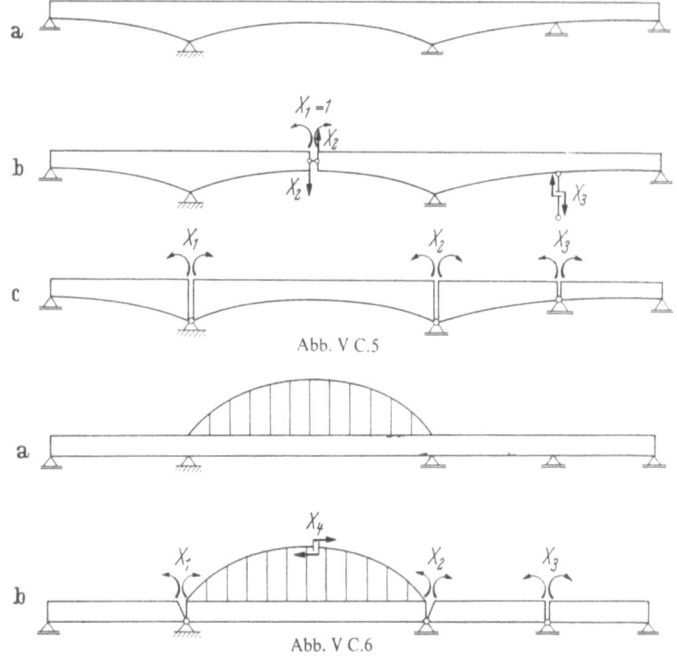

Abb. V C.5

Abb. V C.6

treffen. Wenn irgend möglich, ist der Balken bzw. die Balkenkette als statisch bestimmtes Grundsystem anzustreben. Als weiteres Beispiel ist das System nach Abb. V C.6a u. b angeführt, wobei die Stützmomente und die Stabkraft im Bogen als Unbekannte angenommen sind.

Entsprechend (V C.1) und (V C.2) gelten die Beziehungen

$$\left.\begin{aligned}
a_{B,i} &= \int M_B{}^v M_i \frac{J_c}{J}\,ds + \int N_B{}^v N_i \frac{J_c}{F}\,ds + \frac{E}{G}\int k\,Q_B{}^v Q_i \frac{J_c}{F}\,ds;\\
a_{i,i} &= \int M_i{}^v M_i \frac{J_c}{J}\,ds + \int N_i{}^v N_i \frac{J_c}{F}\,ds + \frac{E}{G}\int k\,Q_i{}^v Q_i \frac{J_c}{F}\,ds;\\
a_{i,k} &= \int M_i{}^v M_k \frac{J_c}{J}\,ds + \int N_i{}^v N_k \frac{J_c}{F}\,ds + \frac{E}{G}\int k\,Q_i{}^v Q_k \frac{J_c}{F}\,ds.
\end{aligned}\right\} \quad (\text{V C.7})$$

Man wird bestrebt sein, statisch bestimmte Grundsysteme zu wählen, bei denen sich die Berechnung der $a_{i,i}$-Werte auf einen möglichst geringen Bereich des Systems erstreckt und nach Möglichkeit $a_{i,k}$-Werte zu Null werden.

Die in Abschn. V B 1 a $\alpha$ angegebenen Gleichungen für Fachwerksysteme — für allgemeine Systeme (V B.14a), für Durchlaufträger auf starren Stützen (V B.14b) — und die Betrachtungen für Durchlaufträger auf elastischen Stützen gelten uneingeschränkt auch für ebene Stabwerke.

Auch die die Auflösung der Elastizitätsgleichungen betreffenden Gln. (V B.15) bis (V B.18) gelten vollinhaltlich. Mit den Werten $X_{B,i}$ erhält man entsprechend (V C.6)

$$\left.\begin{aligned}
\bar{M}_{B,i} &= M_{B,i} + X_{B,1} M_{1,i} + X_{B,2} M_{2,i} + \cdots;\\
\bar{Q}_{B,i} &= Q_{B,i} + X_{B,1} Q_{1,i} + X_{B,2} Q_{2,i} + \cdots;\\
\bar{N}_{B,i} &= N_{B,i} + X_{B,1} N_{1,i} + X_{B,2} N_{2,i} + \cdots;\\
\bar{A}_{B,i} &= A_{B,i} + X_{B,1} A_{1,i} + X_{B,2} A_{2,i} + \cdots.
\end{aligned}\right\} \quad (\text{V C.8})$$

(Siehe Beispiele 31, 32, 34 und 47.)

$\beta$) **Temperatureinflüsse.** Es gelten ähnliche Betrachtungen, wie sie in Abschn. V B 1 a $\beta$ für Temperatureinflüsse bei statisch unbestimmten Fachwerkträgern angestellt wurden. Bei ebenen Stabwerken müssen jedoch entsprechend Abschn. III B 5b zwei Einflüsse beachtet werden: die Temperaturänderung $t_s$ der Systemachse und die Temperaturdifferenz $\Delta t = t_u - t_o$ zwischen Ober- und Unterfaser des Querschnittes. Ein positiver Wert von $t_s$ bzw. $\Delta t$ entspricht einer Erwärmung der Stabachse bzw. einer Erwärmung des Untergurtes gegenüber dem Obergurt.

Mit (III B.50) bis (III B.52) ergibt sich entsprechend (V B.22)

$$a_{T,i} = E J_c \alpha_t \int {}^v N_i\, t_s\, ds + E J_c \alpha_t \int {}^v M_i \frac{\Delta t}{h}\, ds. \qquad (\text{V C.9})$$

Für die $a_{i,i}$- und $a_{i,k}$-Werte gilt (V C.7).

Bei einfach statisch unbestimmten Systemen erhält man

$$X_{T,1} = -\frac{a_{T,1}}{a_{1,1}}. \qquad (\text{V C.10})$$

Bei mehrfach statisch unbestimmten Systemen sind die $X_{T,i}$-Werte aus (V B.14) bis (V B.18) zu berechnen, wobei die $a_{T,i}$-Werte statt der Werte $a_{B,i}$ einzuführen sind. Für die Schnittbelastungen gilt

$$\left.\begin{aligned}
\bar{M}_{T,i} &= X_{T,1} M_{1,i} + X_{T,2} M_{2,i} + \cdots;\\
\bar{Q}_{T,i} &= X_{T,1} Q_{1,i} + X_{T,2} Q_{2,i} + \cdots;\\
\bar{N}_{T,i} &= X_{T,1} N_{1,i} + X_{T,2} N_{2,i} + \cdots.
\end{aligned}\right\} \quad (\text{V C.11})$$

(Siehe Beispiel 31.)

γ) **Widerlagerbewegungen.** Es gelten die Entwicklungen der Abschn. III B 5c und V B 1a γ in gleicher Weise.

Je nachdem, ob man die Klaffung an einer Trennstelle eines Stabes (z. B. Stab einer Über- oder Unterspannung) oder an den Wirkungsstellen von Momenten, Querkräften oder Längskräften berechnet, hat man die Längsklaffung $\varDelta w_{,i}$, die Drehklaffungen $\varDelta\varphi_{W,i}$, die Verschiebungsklaffungen $\varDelta v_{W,i}$ senkrecht zur Stabachse und die Längsklaffungen $\varDelta w_{,i}$ zu ermitteln.

Für alle diese Klaffungen an den Wirkungsstellen der Unbekannten $X_i$ gilt allgemein nach (V B.27) und (V B.29)

$$a_{W,i} = EJ_c\varDelta w_{,i} \quad \text{bzw.} \quad EJ_c\varDelta\varphi_{W,i} \quad \text{bzw.} \quad EJ_c\varDelta v_{W,i} = -EJ_c\sum {}^v\mathfrak{A}_{i,m}\cdot\mathfrak{v}_m^*$$
$$\text{(Skalarprodukt).} \qquad (\text{V C.12a})$$

${}^v\mathfrak{A}_{i,m}$ ist hierbei die Lagerstützbelastung im Punkt $m$ infolge der Unbekannten $X_i = 1$ und $\mathfrak{v}_m^*$ die eingeprägte Lagerverschiebung im gleichen Punkt.

Für einen Durchlaufträger auf starren Stützen mit eingeprägten Stützensenkungen $w_n$ kann man statt des Skalarproduktes nach (V B.28) schreiben

$$a_{W,i} = EJ_c\sum {}^vA_{i,m} w_m. \qquad (\text{V C.12b})$$

$A_{i,m}$ zählt dabei positiv nach oben wirkend, $w_m$ zählt positiv als Lagersenkung.

Bei einfach statisch unbestimmten Systemen gilt

$$X_{W,1} = -\frac{a_{W,1}}{a_{1,1}}. \qquad (\text{V C.13})$$

Bei mehrfach statisch unbestimmten Systemen erhält man $X_{W,i}$ aus (V B.14) bis (V B.18) mit $a_{W,i}$ statt $a_{B,i}$.

Für die Schnittbelastungen ergibt sich

$$\left.\begin{array}{l} \bar{M}_{W,i} = X_{W,1} M_{1,i} + X_{W,2} M_{2,i} + \cdots; \\ \bar{Q}_{W,i} = X_{W,1} Q_{1,i} + X_{W,2} Q_{2,i} + \cdots; \\ \bar{N}_{W,i} = X_{W,1} N_{1,i} + X_{W,2} N_{2,i} + \cdots; \\ \bar{A}_{W,i} = X_{W,1} A_{1,i} + X_{W,2} A_{2,i} + \cdots. \end{array}\right\} \qquad (\text{V C.14})$$

Bezüglich der näherungsweisen Erfassung von elastischen und plastischen Stützensenkungen von Bauwerken sei auf Abschn. V B 1a γ verwiesen.

Die Anwendung von (V C.12) sei an dem einfachen Beispiel des Durchlaufträgers über zwei Felder nach Abb. V C.7 gezeigt, der einer eingeprägten Stützensenkung $w_b$ des Lagers $b$ unterworfen ist.

Infolge $X_1 = 1$ tm am statisch bestimmten System nach Abb. V C.7b ergibt sich in Punkt $b$ ein negativer Auflagerdruck $(1/l_1 + 1/l_2)$.

Damit bekommt das Skalarprodukt $\mathfrak{A}_{1,b}\cdot\mathfrak{v}_b^*$ einen positiven Wert $(1/l_1 + 1/l_2)w_b$, und es wird nach (V C.12a)

$$a_{W,1} = EJ_c\varDelta\varphi_{W,1} =$$
$$= -EJ_c\left(\frac{1}{l_1}+\frac{1}{l_2}\right)w_b.$$

Nach (V C.12b) mit dem negativen $A_{1,b}$-Wert und dem positiven Wert $w_b$ wird ebenfalls

$$a_{W,1} = -EJ_c\left(\frac{1}{l_1}+\frac{1}{l_2}\right)w_b.$$

(Siehe Beispiel 31.)

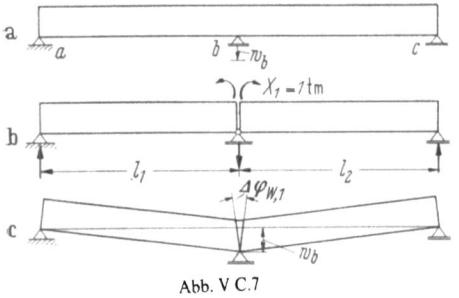

Abb. V C.7

δ) **Einflußlinien.** Die Betrachtungen des Abschn. V B 1a δ für Fachwerksysteme sind sinngemäß anzuwenden. Bestimmt man nach Abschn. III B 6bα für den Belastungszustand $X_1 = 1$ die $W$-Gewichte am statisch bestimmten Grundsystem und am zugehörigen symbolischen Balken die Momente daraus, so erhält man als Ergebnis die Biegelinie für den Belastungszustand $X_1 = 1$. Da $EJ_c w_{1,m} = a_{1,m}$ der Klaffung an der Wirkungsstelle der Unbekannten $X_1 = 1$ entspricht, entspricht die Biegelinie auch der Einflußlinie der Klaffung für eine wandernde Last $P_m = 1$.

Nach (V B.33a) gilt für einfach statisch unbestimmte Systeme

$$\text{„}X_1\text{"} = -\frac{a_{1,m}}{a_{1,1}}. \tag{V C.15}$$

Für mehrfach statisch unbestimmte Systeme gilt (V B.33b).

Entsprechend (V B.34) bis (V B.36) ergibt sich

$$\left.\begin{aligned}
\text{„}\bar{M}_i\text{"} &= \text{„}M_i\text{"} + \text{„}X_1\text{"} M_{1,i} + \text{„}X_2\text{"} M_{2,i} + \cdots; \\
\text{„}\bar{Q}_i\text{"} &= \text{„}Q_i\text{"} + \text{„}X_1\text{"} Q_{1,i} + \text{„}X_2\text{"} Q_{2,i} + \cdots; \\
\text{„}\bar{N}_i\text{"} &= \text{„}N_i\text{"} + \text{„}X_1\text{"} N_{1,i} + \text{„}X_2\text{"} N_{2,i} + \cdots; \\
\text{„}\bar{A}_i\text{"} &= \text{„}A_i\text{"} + \text{„}X_1\text{"} A_{1,i} + \text{„}X_2\text{"} A_{2,i} + \cdots.
\end{aligned}\right\} \tag{V C.16}$$

(Siehe Beispiele 31, 32 und 34.)

### b) Statisch unbestimmte Grundsysteme

Bei Stabwerken kann es von besonderem Vorteil sein, mit statisch unbestimmten Grundsystemen zu arbeiten (s. z. B. Abb. V A.19 und V A.20).

**α) Einfach statisch unbestimmte Grundsysteme.** Beim Trennen einer Stelle $s_2$ eines zweifach statisch unbestimmten Systems ergibt sich ein einfach statisch unbestimmtes Grundsystem (z. B. Abb. V C.8a u. b). Für einen bestimmten Be-

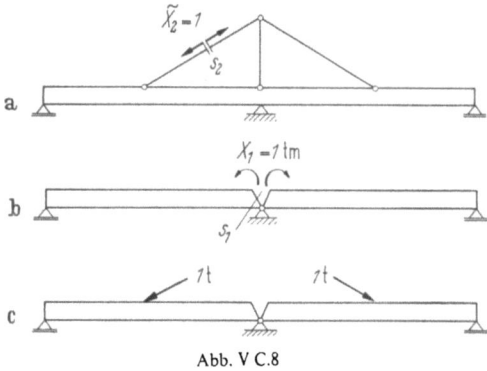

Abb. V C.8

lastungsfall $B$ ergeben sich nach Abschn. V C 1 a α für dieses Grundsystem die Schnittbelastungen

$$\left.\begin{aligned}
{}^1\tilde{M}_{B,i} &= M_{B,i} + X_{B,1} M_{1,i}; \quad {}^1\tilde{Q}_{B,i} = Q_{B,i} + X_{B,1} Q_{1,i}; \\
{}^1\tilde{N}_{B,i} &= N_{B,i} + X_{B,1} N_{1,i}; \quad {}^1\tilde{S}_{B,i-k} = S_{B,i-k} + X_{B,1} S_{1,i-k}; \\
{}^1\tilde{A}_{B,i} &= A_{B,i} + X_{B,1} A_{1,i}.
\end{aligned}\right\} \tag{V C.17}$$

$X_1$ ist die Unbekannte für das einfach statisch unbestimmte Grundsystem (z. B. $X_1 = 1$ tm in Abb. V C.8b).

Wirkt die Unbekannte $\tilde{X}_2 = 1$ (Abb. V C.8a) auf das einfach statisch unbestimmte Grundsystem, so ist diese Wirkung wie ein gesonderter Belastungsfall zu betrachten, für den nach Abschn. V C 1 a α die Unbekannte $X_{2,1}$ und damit die Schnittbelastungen des statisch unbestimmten Grundsystems berechnet werden. Es gilt nach (V C.1) bis (V C.4)

$$a_{2,1} = \int M_2 \, ^v M_1 \frac{J_c}{J} ds + \int N_2 \, ^v N_1 \frac{J_c}{F} ds + \frac{E}{G} \int k Q_2 \, ^v Q_1 \frac{J_c}{F} ds + \sum S_2 \, ^v S_1 \frac{J_c}{F} s;$$

$$a_{1,1} = \int M_1 \, ^v M_1 \frac{J_c}{J} ds + \cdots.$$

$M_2, N_2$ und $Q_2$ sind die Schnittbelastungen infolge $X_2 = 1$ am statisch bestimmten Grundsystem (z. B. Abb. V C.8c).

Damit wird

$$\left. \begin{array}{ll} ^1\tilde{M}_{2,i} = M_{2,i} + X_{2,1} M_{1,i}; & ^1\tilde{Q}_{2,i} = Q_{2,i} + X_{2,1} Q_{1,i}; \\ ^1\tilde{N}_{2,i} = N_{2,i} + X_{2,1} N_{1,i}; & ^1\tilde{S}_{2,i-k} = S_{2,i-k} + X_{2,1} S_{1,i-k}; \\ ^1\tilde{A}_{2,i} = A_{2,i} + X_{2,1} A_{1,i}. & \end{array} \right\} \quad \text{(V C.18)}$$

Entsprechend (V B.42a) und (V B.42b) ergibt sich die Unbekannte $\tilde{X}_{B,2}$ nunmehr aus einer einzigen Gleichung

$$\tilde{X}_{B,2} = -\frac{\tilde{a}_{B,2}}{\tilde{a}_{2,2}} \quad \text{(V C.19)}$$

mit

$$\left. \begin{array}{l} \tilde{a}_{B,2} = \int {}^1\tilde{M}_B \, {}^1\tilde{M}_2 \frac{J_c}{J} ds + \int {}^1\tilde{N}_B \, {}^1\tilde{N}_2 \frac{J_c}{F} ds + \\ \qquad + \frac{E}{G} \int k \, {}^1\tilde{Q}_B \, {}^1\tilde{Q}_2 \frac{J_c}{F} ds + \sum {}^1\tilde{S}_B \, {}^1\tilde{S}_2 \frac{J_c}{F} s; \\ \tilde{a}_{2,2} = \int {}^1\tilde{M}_2 \, {}^1\tilde{M}_2 \frac{J_c}{J} ds + \int {}^1\tilde{N}_2 \, {}^1\tilde{N}_2 \frac{J_c}{F} ds + \\ \qquad + \frac{E}{G} \int k \, {}^1\tilde{Q}_2 \, {}^1\tilde{Q}_2 \frac{J_c}{F} ds + \sum {}^1\tilde{S}_2 \, {}^1\tilde{S}_2 \frac{J_c}{F} s. \end{array} \right\} \quad \text{(V C.20)}$$

Entsprechend (V B.44) ergibt sich aus (V C.20) unter Anwendung des Reduktionssatzes

$$\left. \begin{array}{l} \tilde{a}_{B,2} = \int {}^1\tilde{M}_B \, ^v M_2 \frac{J_c}{J} ds + \int {}^1\tilde{N}_B \, ^v N_2 \frac{J_c}{F} ds + \\ \qquad + \frac{E}{G} \int k \, {}^1\tilde{Q}_B \, ^v Q_2 \frac{J_c}{F} ds + \sum {}^1\tilde{S}_B \, ^v S_2 \frac{J_c}{F} s; \\ \tilde{a}_{2,2} = \int {}^1\tilde{M}_2 \, ^v M_2 \frac{J_c}{J} ds + \int {}^1\tilde{N}_2 \, ^v N_2 \frac{J_c}{F} ds + \\ \qquad + \frac{E}{G} \int k \, {}^1\tilde{Q}_2 \, ^v Q_2 \frac{J_c}{F} ds + \sum {}^1\tilde{S}_2 \, ^v S_2 \frac{J_c}{F} s. \end{array} \right\} \quad \text{(V C.21)}$$

Bei den Integralen kann somit immer eine Schnittbelastung vom statisch unbestimmten und eine vom statisch bestimmten Grundsystem eingeführt werden.

Die endgültigen Schnittlasten ergeben sich damit zu

$$\left. \begin{array}{l} \bar{M}_{B,i} = {}^1\tilde{M}_{B,i} + \tilde{X}_{B,2} \, {}^1\tilde{M}_{2,i}; \\ \bar{Q}_{B,i} = {}^1\tilde{Q}_{B,i} + \tilde{X}_{B,2} \, {}^1\tilde{Q}_{2,i}; \end{array} \right\} \quad \text{(V C.22)}$$

usw.

Bei mehrfach statisch unbestimmten Systemen, aber einfach statisch unbestimmtem Grundsystem (z. B. Abbildung V C.9a u. b) erfolgt die Rechnung sinngemäß mittels der $^1\tilde{M}$-, $^1\tilde{N}$-,

a
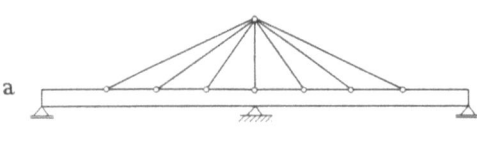

b
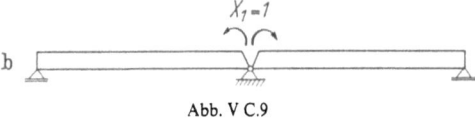

Abb. V C.9

$^1\tilde{Q}$- und $^1\tilde{A}$-Werte. Die $\tilde{X}_{B,i}$-Werte sind dann nach (V B.14) bis (V B.18) zu berechnen, wobei statt der $a_{i,i}$-, $a_{i,k}$- und $a_{B,i}$-Werte die $\tilde{a}_{i,i}$-, $\tilde{a}_{i,k}$- und $\tilde{a}_{B,i}$-Werte einzuführen sind.

Die endgültigen Schnittbelastungen ergeben sich hierfür zu

$$\bar{M}_{B,i} = {}^1\tilde{M}_{B,i} + \tilde{X}_{B,2} {}^1\tilde{M}_{2,i} + \tilde{X}_{B,3} {}^1\tilde{M}_{3,i} + \cdots \qquad (V\ C.23)$$

usw.
(Siehe Beispiel 33.)

**β) Mehrfach statisch unbestimmte Grundsysteme.** Die Berechnung solcher Systeme erfolgt sinngemäß wie die von einfach statisch unbestimmten Grundsystemen.

Für ein vierfach statisch unbestimmtes System mit zweifach statisch unbestimmtem Grundsystem (z. B. Abb. V C.10a u. b) sei der Gang der Berechnung beispielsweise für den Belastungsfall $B$ angeführt. Es sind zuerst die Schnittbelastungen infolge der Zustände $B$, $X_1 = 1$ tm, $X_2 = 1$ tm, $\tilde{X}_3 = 1$ t (z. B. Abb. V C.10c), $\tilde{X}_4 = 1$ t am statisch bestimmten Grundsystem zu berechnen.

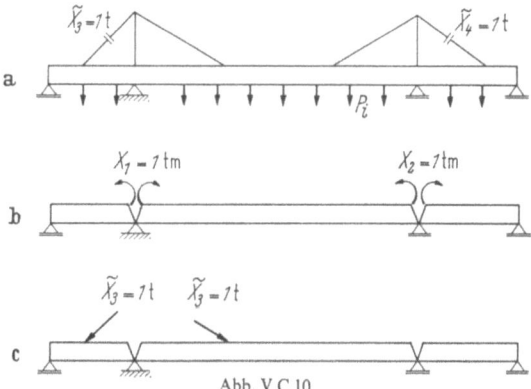

Abb. V C.10

Entsprechend (V B.47) werden die Unbekannten $X_1$ und $X_2$ sowie die Schnittbelastungen für das zweifach statisch unbestimmte Grundsystem berechnet, und zwar

für den Zustand $B$:
$$X_{B,1};\ X_{B,2};\ {}^2\tilde{M}_{B,i} = M_{B,i} + X_{B,1} M_{1,i} + X_{B,2} M_{2,i}\ \text{usw.};$$
für den Zustand $\tilde{X}_3 = 1$ t:
$$X_{3,1};\ X_{3,2};\ {}^2\tilde{M}_{3,i} = M_{3,i} + X_{3,1} M_{1,i} + X_{3,2} M_{2,i}\ \text{usw.}; \qquad (V\ C.24)$$
für den Zustand $\tilde{X}_4 = 1$ t:
$$X_{4,1};\ X_{4,2};\ {}^2\tilde{M}_{4,i} = M_{4,i} + X_{4,1} M_{1,i} + X_{4,2} M_{2,i}\ \text{usw.}$$

$M_i$, $N_i$, $Q_i$, $S_i$ sind Schnittbelastungen am statisch bestimmten Grundsystem. Entsprechend (V B.50) ergeben sich mittels des Reduktionssatzes die Werte

$$\tilde{a}_{B,3} = \int {}^2\tilde{M}_B\, {}^v M_3 \frac{J_c}{J}\, ds + \int {}^2\tilde{N}_B\, {}^v N_3 \frac{J_c}{F}\, ds +$$
$$+ \frac{E}{G} \int k\, {}^2\tilde{Q}_B\, {}^v Q_3 \frac{J_c}{F}\, ds + \sum {}^2\tilde{S}_B\, {}^v S_3 \frac{J_c}{F}\, s; \qquad (V\ C.25)$$
$$\tilde{a}_{B,4} = \int {}^2\tilde{M}_B\, {}^v M_4 \frac{J_c}{J}\, ds + \cdots;\quad \tilde{a}_{3,3} = \int {}^2\tilde{M}_3\, {}^v M_3 \frac{J_c}{J}\, ds + \cdots;$$
$$\tilde{a}_{3,4} = \int {}^2\tilde{M}_3\, {}^v M_4 \frac{J_c}{J}\, ds + \cdots;\quad \tilde{a}_{4,4} = \int {}^2\tilde{M}_4\, {}^v M_4 \frac{J_c}{J}\, ds + \cdots.$$

Entsprechend (V C.19) gewinnt man die Unbekannten $\tilde{X}_{B,3}$ und $\tilde{X}_{B,4}$ aus den Gleichungen

$$\tilde{X}_{B,3}\,\tilde{a}_{3,3} + \tilde{X}_{B,4}\,\tilde{a}_{4,3} + \tilde{a}_{B,3} = 0;$$
$$\tilde{X}_{B,3}\,\tilde{a}_{3,4} + \tilde{X}_{B,4}\,\tilde{a}_{4,4} + \tilde{a}_{B,4} = 0.$$
(V C.26)

Damit ergeben sich die endgültigen Schnittbelastungen

$$\bar{M}_{B,i} = {}^2\tilde{M}_{B,i} + \tilde{X}_{B,3}\,{}^2\tilde{M}_{3,i} + \tilde{X}_{B,4}\,{}^2\tilde{M}_{4,i};$$
$$\bar{Q}_{B,i} = \cdots.$$
(V C.27)

Bei mehr als zweifach statisch unbestimmten Grundsystemen ist entsprechend vorzugehen.

Die Vorteile der Verwendung statisch unbestimmter Grundsysteme sind anschaulich aus Abb. V C.11 für einen Stockwerkrahmen zu ersehen. Er ist 38 fach statisch unbestimmt. Ohne die oberen Riegel $R_1$ und $R_2$ (Abb. V C.11b) kann der Rahmen z. B. nach der Methode Kani (s. Abschn. IX B) ohne Lösung von Gleichungen schnell und einfach berechnet werden. Man wird somit den 36fach statisch unbestimmten Rahmen als statisch unbestimmtes Grundsystem anwenden. Auch der Zustand

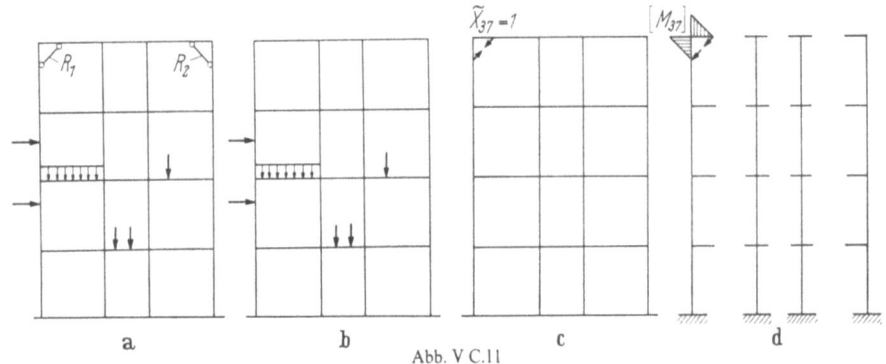

Abb. V C.11

$\tilde{X}_{37} = 1$ t (Abb. V C.11c) kann in gleicher Weise berechnet werden usw. Bei Anwendung des Reduktionssatzes entsprechend (V C.25) wird man als statisch bestimmtes Grundsystem die einseitig eingespannten Stiele verwenden. Die Schnittbelastungen infolge $X_{37} = 1$ t (z. B. $M_{37,i}$) in Abb. V C.11d am statisch bestimmten Grundsystem erstrecken sich somit nur auf einen kleinen Bereich des Rahmens. Das gleiche gilt für $\tilde{X}_{38} = 1$ t.

Die Ausdrücke $\tilde{a}_{B,37}$, $\tilde{a}_{37,37}$ usw. erfordern daher nur eine Integration über einen ganz kleinen Bereich.

Entsprechend (V C.26) erhält man nunmehr das Gleichungssystem

$$\tilde{X}_{B,37}\,\tilde{a}_{37,37} + \tilde{X}_{B,38}\,\tilde{a}_{38,37} + \tilde{a}_{B,37} = 0;$$
$$\tilde{X}_{B,37}\,\tilde{a}_{37,38} + \tilde{X}_{B,38}\,\tilde{a}_{38,38} + \tilde{a}_{B,38} = 0.$$
(V C.28)

Für die Berechnung des hochgradig statisch unbestimmten Systems ist somit nur ein System von zwei Gleichungen zu lösen. Damit wird

$$\bar{M}_{B,i} = {}^{36}\tilde{M}_{B,i} + \tilde{X}_{B,37}\,{}^{36}\tilde{M}_{37,i} + \tilde{X}_{B,38}\,{}^{36}\tilde{M}_{38,i} \quad \text{usw.} \qquad \text{(V C.29)}$$

Bei der Erfassung von Temperatureinflüssen und Widerlagerbewegungen ist sinngemäß vorzugehen.

Für die Berechnung von Einflußlinien (z. B. für Abb. V B.11) gelten die Gln. (V B.51) vollinhaltlich, bzw. sie sind sinngemäß anzuwenden.
(Siehe Beispiel 51.)

## 2. Verformungen

### a) Verformung an einer bestimmten Stelle und in einer bestimmten Richtung

Die in Abschn. III B 5 angeführten Überlegungen bezüglich der Anwendung des Prinzips der virtuellen Arbeit gelten uneingeschränkt. Es müssen hierbei nur die Schnittbelastungen am statisch unbestimmten System aus einer gegebenen Belastung und einer virtuellen Belastung beachtet werden, wobei sich unter Benützung des Reduktionssatzes wesentliche Vereinfachungen ergeben. Da sich gegenüber den Verformungen bei Fachwerken keine grundsätzlichen Unterschiede ergeben, kann vielfach auf die Entwicklungen des Abschn. V B 2a verwiesen werden.

### α) Gegebene Belastungszustände.

*Einfach statisch unbestimmte Systeme.* Um die Verschiebung $\bar{v}^*_{B,m;a-a}$ für einen gegebenen Belastungszustand $B$ im Punkt $m$ in Richtung $a-a$ zu erhalten (Abb. V C.12a), wird in diesem Punkt und in dieser Richtung (z. B. Abb. V C.12b) eine virtuelle Kraft $^v\mathfrak{P}_m = 1$ angebracht.

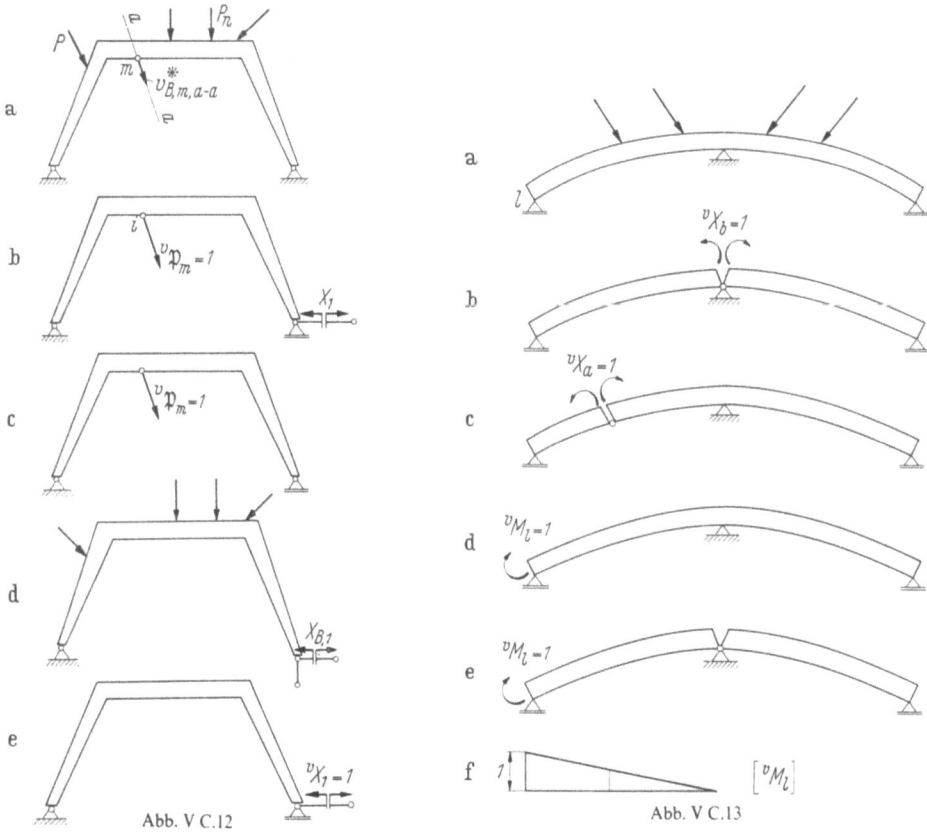

Abb. V C.12    Abb. V C.13

Am statisch unbestimmten System ergeben sich aus den einzelnen Belastungen für Zustand $B$ (Abb. V C.12d):

$$X_{B,1}; \quad \bar{M}_{B,i} = M_{B,i} + X_{B,1} M_{1,i}; \quad \bar{Q}_{B,i} = \cdots \text{ usw.};$$

für Zustand $^v P_m = 1$ (Abb. V C.12b):

$$\bar{M}_{m,i} = M_{m,i} + X_{m,1} M_{1,i}; \quad \bar{Q}_{m,i} = \cdots \text{ usw.} \quad (V\ C.30)$$

Nach (III B.44) erhält man damit

$$EJ_c \bar{v}^*_{B,m;a-a} = \int \bar{M}_B \,{}^vM_m \frac{J_c}{J}\,ds + \int \bar{N}_B \,{}^vN_m \frac{J_c}{F}\,ds + \frac{E}{G}\int k \bar{Q}_B \,{}^vQ_m \frac{J_c}{F}\,ds. \quad (V\,C.31)$$

Mit dem Reduktionssatz entsprechend (V B.44) kann man für einen der beiden Zustände die Schnittbelastungen von statisch bestimmten Grundsystemen einführen (Abb. V C.12c). Damit ergibt sich

$$EJ_c \bar{v}^*_{B,m;a-a} = \int \bar{M}_B \,{}^vM_m \frac{J_c}{J}\,ds + \int \bar{N}_B \,{}^vN_m \frac{J_c}{F}\,ds + \frac{E}{G}\int k \bar{Q}_B \,{}^vQ_m \frac{J_c}{F}\,ds. \quad (V\,C.32a)$$

Ist eine Drehung eines Querschnittes (z. B. die Drehung des Endquerschnittes im Punkt $l$ von Abb. V C.13a) zu berechnen, so wird statt einer virtuellen Kraft ein virtuelles Moment ${}^v\mathfrak{M}_l = 1$ eingeführt (Abb. V C.13d).

Es gilt dann die Beziehung

$$EJ_c \bar{\varphi}_{B,l} = \int \bar{M}_B \,{}^vM_l \frac{J_c}{J}\,ds + \cdots \quad \text{usw.} \quad (V\,C.32b)$$

${}^vM_l$ kann nach dem Reduktionssatz wieder an einem beliebigen statisch bestimmten Grundsystem, das der Lagerung gerecht wird, bestimmt werden (Abb. V C.13e u. f).

Ist eine gegenseitige Drehung zweier Querschnitte an einer Stelle $k$ zu berechnen, so ist dort ein virtuelles Doppelmoment ${}^v\mathfrak{M}_k = 1$ anzubringen. Es gilt dann, unter Beachtung des Reduktionssatzes (z. B. Abb. V C.14a bis c),

$$EJ_c \Delta\bar{\varphi}_{B,k} = \int \bar{M}_B \,{}^vM_k \frac{J_c}{J}\,ds + \cdots \quad \text{usw.} \quad (V\,C.32c)$$

Gl. (V C.32) kann auch zur Rechenkontrolle bei statisch unbestimmten Systemen verwendet werden. Bringt man für einen Belastungszustand $B$ an einem statisch unbestimmten System an der Schnittstelle $s_1$ (z. B. Abb. V C.12d oder Abb. V C.15a) die tatsächlich vorhandenen Schnittbelastungen $X_{B,1}$ an, so ist diese mit dem Schnittbelastungszustand des statisch unbestimmten Systems im Gleich-

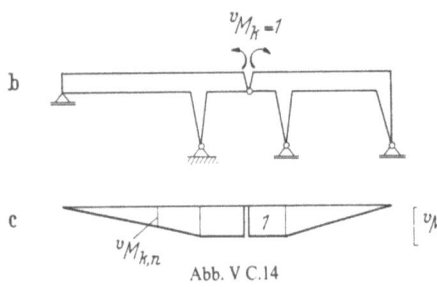

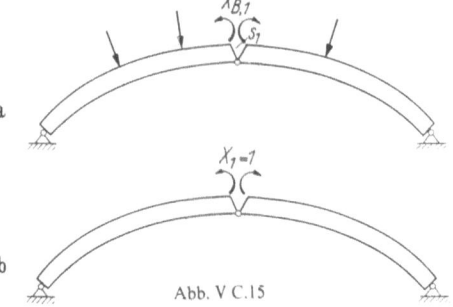

Abb. V C.14                Abb. V C.15

gewicht. Es kann somit auch keine Klaffung auftreten. Diese gedachte Klaffung kann man berechnen, indem man an der Schnittstelle die virtuelle Schnittbelastung ${}^vX_1 = 1$ anbringt, die am statisch bestimmten System wirkt (Abb. V C.12e und V C.15b). Es muß sich hierfür Null ergeben.

Entsprechend (V C.32) erhält man die Kontrollbedingung

$$\int \bar{M}_B \,{}^vM_1 \frac{J_c}{J}\,ds + \int \bar{N}_B \,{}^vN_1 \frac{J_c}{F}\,ds + \frac{E}{G}\int k \bar{Q}_B \,{}^vQ_1 \frac{J_c}{F}\,ds = 0. \quad (V\,C.33)$$

Da die endgültigen Schnittbelastungen $\bar{M}_B$ usw. unabhängig von der Wahl der Unbekannten und deren Wirkungsstelle bzw. dem gewählten statisch bestimmten

Grundsystem sind, kann man sich auch den Träger an beliebiger Stelle getrennt vorstellen.

Führt man am gegebenen System (z. B. Abb. V C.13a) an einer beliebigen Trennstelle die virtuelle Schnittbelastung $^vX_b = 1$ bzw. $^vX_a = 1$ ein (z. B. Abb. V C.13b oder c), so gilt allgemein für einen beliebigen virtuellen Schnittbelastungszustand $X_b = 1$ bzw. $X_a = 1$ am statisch bestimmten Grundsystem mit den Schnittbelastungen $M_b$ bzw. $M_a$ usw.:

$$\int \bar{M}_B\, ^vM_b \frac{J_c}{J}\, ds + \int \bar{N}_B\, ^vN_b \frac{J_c}{F}\, ds + \frac{E}{G} \int k \bar{Q}_B\, ^vQ_b \frac{J_c}{F}\, ds = 0$$

bzw. (V C.34)

$$\int \bar{M}_B\, ^vM_a \frac{J_c}{J}\, ds + \cdots \text{ usw.} \qquad = 0.$$

Der Zustand $X_b = 1$ bzw. $X_a = 1$ besteht hierbei aus einem Doppelmoment; er kann in einem anderen Fall aus einer Doppellängskraft usw. bestehen.

Werden bei der Berechnung der Unbekannten in den $a_{B,i}$-, $a_{i,k}$- und $a_{i,i}$-Werten die Längskräfte und Querkräfte vernachlässigt, so müssen diese selbstverständlich auch bei der Kontrollrechnung außer acht gelassen werden, d. h. daß dann das zweite und dritte Glied in (V C.33) und (V C.34) entfällt.

*Mehrfach statisch unbestimmte Systeme.* Sind für einen gegebenen Belastungszustand die Schnittbelastungen $\bar{M}_B, \bar{Q}_B$ usw. nach (V C.8) bestimmt, so kann auf Grund des Reduktionssatzes (s. Abschn. V B 2aα) der virtuelle Belastungszustand wieder auf einem beliebigen statisch bestimmten Grundsystem aufgebracht werden.

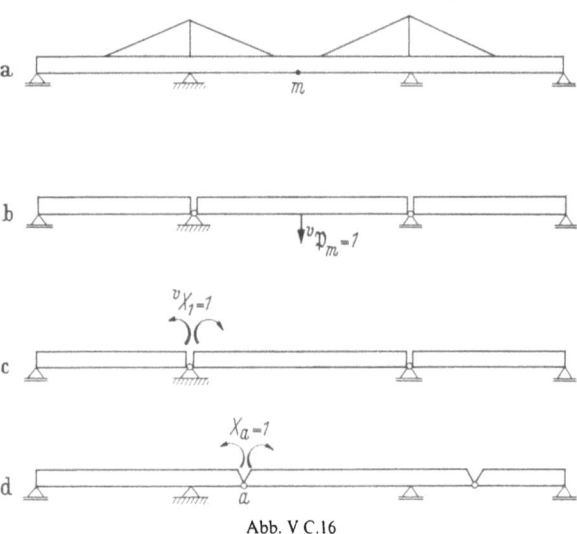

Abb. V C.16

Es gelten (V C.31) und (V C.32) uneingeschränkt, wobei lediglich die Schnittbelastungen $\bar{M}_B$ usw. nach (V C.8) einzuführen sind.

Um z. B. die Durchbiegung im Punkt $m$ des 4fach statisch unbestimmten Systems nach Abb. V C.16a aus einer Belastung $B$ zu bestimmen, empfiehlt es sich, als statisch bestimmtes Grundsystem die Balkenkette nach Abb. V C.16b zu wählen. Durch die virtuelle Belastung $^v\mathfrak{P}_m = 1$ erhält man somit nur im mittleren Einfeldbalken Schnittbelastungen, die in (V C.32) einzuführen sind.

Um Rechenkontrollen durchzuführen, kann (V C.33) uneingeschränkt angewendet werden. Es sind nur die Schnittbelastungen $\bar{M}_B$ usw. nach (V C.8) einzuführen. Zum Beispiel könnten beim System nach Abb. V C.16a die Schnittbelastungen infolge $^vX_1 = 1$ am statisch bestimmten System nach Abb. V C.16c Verwendung finden.

Allgemein kann die virtuelle Schnittbelastung $^vX = 1$ an einer beliebigen Stelle eines Systems zu dieser Kontrolle benützt werden, wenn nur noch ein statisch bestimmtes System übrig bleibt, an dem die Schnittbelastungen $^vM_{X=1}$ usw. bestimmt werden können. Grundsätzlich wäre für das System nach Abb. V C.16a auch das statisch bestimmte System nach Abb. V C.16d mit der virtuellen Belastung $^vX_a = 1$ möglich. Man wird ein solches jedoch nicht anwenden, da ein größerer Rechenumfang damit verbunden wäre als z. B. nach Abb. V C.16c.

Die vorhergehenden Überlegungen basieren darauf, daß unter der Schnittbelastung am statisch unbestimmten System $\bar M_B, \bar Q_B$ usw. für einen bestimmten Belastungsfall $B$ keine Klaffungen an einer Schnittstelle $s_a$ auftreten können, wenn man sich dafür die an dieser Stelle vorhandenen Schnittbelastungen als äußere Belastung denkt. Durch Anbringung einer virtuellen Schnittbelastung $^vX_a = 1$ an dieser Stelle kann die Bedingung aufgestellt werden, daß die Klaffung gleich Null sein muß, was als Rechenkontrolle Verwendung finden kann.

Schneidet man nun an mehreren Stellen auf und bringt dort die vorhandenen Schnittbelastungen auf, so können an keiner dieser Stellen Klaffungen auftreten. Bringt man an diesen gedachten Schnittstellen virtuelle Schnittbelastungen $^vX_a = 1$, $^vX_b = 1$ usw. an, so muß sich die gesamte virtuelle Arbeit aus allen diesen Schnittbelastungen zu Null ergeben, da an keiner Stelle Klaffungen möglich sind. Bezeichnet man die Schnittbelastungen aus der Summe der virtuellen Belastungszustände an einem gewählten beliebigen statisch bestimmten Grundsystem mit $^vM_{\Sigma X}$ usw., so gilt allgemein entsprechend (V C.34)

$$\int \bar M_B \,^vM_{\Sigma X}\frac{J_c}{J}\,ds + \int \bar N_B \,^vN_{\Sigma X}\frac{J_c}{F}\,ds + \frac{E}{G}\int k\,\bar Q_B \,^vQ_{\Sigma X}\frac{J_c}{F}\,ds = 0. \qquad (V C.35)$$

Die vorteilhafte Anwendung dieser Formel wird am Beispiel Abb. V C.17 gezeigt. Werden Längskräfte und Querkräfte bei der Bestimmung der Unbekannten vernachlässigt, so ist nur das erste Glied von (V C.35) zu berücksichtigen.

Der Momentenzustand $\bar M_B$ für einen gegebenen Belastungszustand ist in Abb. V C.17a dargestellt. Schneidet man den Rahmen an allen vier Ecken auf

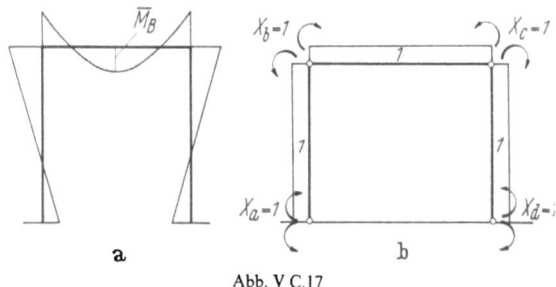

Abb. V C.17

(Abb. V C.17b) und bringt die virtuellen Momente $^vX_a = 1$, $^vX_b = 1$, $^vX_c = 1$ und $^vX_d = 1$ an, so erhält man ein bewegliches Grundsystem, das aber für diesen Sonderfall im labilen Gleichgewicht ist. Die Momente $^vM_{\Sigma X}$ haben überall den gleichen Wert 1.

Damit lautet die Rechenkontrolle unter dieser Annahme nach (V C.35)

$$\int \bar M_B \frac{J_c}{J}\,ds = 0.$$

Längskräfte und Querkräfte wurden bei der Berechnung der $a_{B,i}$- und $a_{i,k}$-Werte usw. nicht berücksichtigt.

(Siehe Beispiel 32.)

$\beta$) **Temperatureinflüsse.** Treten gegenüber der Aufstellungstemperatur eine Temperaturänderung der Systemachse $t_s$ und eine Temperaturdifferenz $\Delta t = t_u - t_o$ zwischen Ober- und Unterfaser des Querschnittes auf, so entstehen nach (V C.11) Schnittbelastungen $\bar{M}_{T,i}, \bar{Q}_{T,i}, \bar{N}_{T,i}$.

Für ein Längenelement ergeben sich mit (III B.32)

Längenänderungen $\qquad \bar{a}\, ds_T = \alpha_t\, t_s\, ds + \dfrac{\bar{N}_T}{EF} ds$

bzw. Drehungen $\qquad \bar{a}\, d\varphi_T = \dfrac{\bar{M}_T}{EJ} ds + \alpha_t \dfrac{\Delta t}{h} ds \qquad$ (V C.36)

bzw. Schiebungen $\qquad \bar{\gamma} = k \dfrac{\bar{Q}_T}{GF} ds.$

Unter Beachtung der Entwicklungen am Fachwerk (Abschn. V B 2a $\beta$) kann der Reduktionssatz sinngemäß Anwendung finden. Sind Verschiebungen eines Punktes $m$, Drehung oder gegenseitige Drehung eines Querschnittes $m$ gesucht, so können die Belastungen aus den virtuellen Belastungszuständen $^v\mathfrak{P}_m = 1$, $^v\mathfrak{M}_m = 1$ oder dem Doppelmoment $^v\mathfrak{M}_m$ am beliebigen statisch bestimmten Grundsystem, das den Lagerbedingungen gerecht wird, Verwendung finden.

Man erhält entsprechend (III B.50) bis (III B.52) sowie (V B.64)

$$EJ_c \bar{v}^*_{T,m;a-a} = \int \bar{M}_T\, {}^vM_m \frac{J_c}{J} ds + \int \bar{N}_T\, {}^vN_m \frac{J_c}{F} ds + \frac{E}{G} \int k \bar{Q}_T\, {}^vQ_m \frac{J_c}{F} ds +$$
$$+ EJ_c \alpha_t \int t_s\, {}^vN_m\, ds + EJ_c \alpha_t \int \frac{\Delta t}{h}\, {}^vM_m\, ds \qquad \text{(V C.37a)}$$

bzw.

$$EJ_c \bar{\varphi}_{T,m} \quad \text{bzw.} \quad EJ_c \Delta \bar{\varphi}_{T,m} = \int \bar{M}_{T,m}\, {}^vM_m \frac{J_c}{J} ds + \cdots \quad \text{usw.} \qquad \text{(V C.37b)}$$

Den Vorteil des Reduktionssatzes erkennt man z. B. aus der Berechnung für das System nach Abb. V C.18a, das dreifach statisch unbestimmt ist. Für die Ermitt-

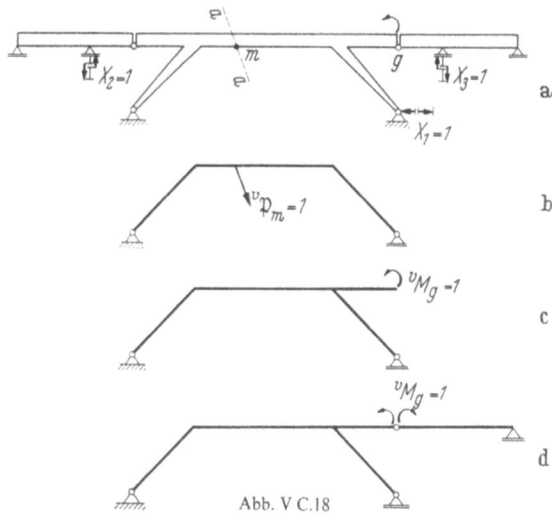

Abb. V C.18

lung der Verschiebung $\bar{v}^*_{T,m;a-a}$ kann die virtuelle Belastung $^vP_m = 1$ am Einfeldträger nach Abb. V C.18b angebracht werden. Für die Ermittlung der Drehung bzw. gegenseitigen Drehung des Gelenkpunktes $g$ ist die Wirkung des Momentes bzw. Doppelmomentes $^vM_g$ in Abb. V C.18c u. d auf das gewählte statisch bestimmte Grundsystem dargestellt. In jedem Fall sind größere Teile des Gesamtsystems hierbei spannungslos, was den Rechenumfang wesentlich vermindert. Außerdem brauchen für die virtuellen Belastungszustände die Schnittbelastungen nur am statisch bestimmten Grundsystem berechnet zu werden.

Als Rechenkontrolle für die Schnittbelastung eines statisch unbestimmten Systems kann man entsprechend (V C.34) und (V C.35) die nachfolgenden Bedingungsgleichungen verwenden

$$\int \bar{M}_T \, ^vM_a \frac{J_c}{J} \, ds + \int \bar{N}_T \, ^vN_a \frac{J_c}{F} \, ds + \frac{E}{G} \int k \bar{Q}_T \, ^vQ_a \frac{J_c}{F} \, ds +$$
$$+ EJ_c \alpha_t \int t_s \, ^vN_a \, ds + EJ_c \alpha_t \int \frac{\Delta t}{h} \, ^vM_a \, ds = 0. \qquad (V\,C.38)$$

$^vM_a, \, ^vN_a, \, ^vQ_a$ sind hierbei die Schnittbelastungen aus einer beliebig angenommenen Unbekannten $^vX_a = 1$ am entsprechenden statisch bestimmten Grundsystem, gleichgültig, ob die $\bar{M}_T$-Werte usw. unter Zugrundelegung dieses Grundsystems berechnet werden. Hierbei sind die Unbekannten $^vX_a = 1$ immer Doppelmomente, Doppelquerkräfte oder Doppellängskräfte. Zum Beispiel könnte für die Kontrollrechnung der Schnittbelastung infolge Temperaturänderungen des Rahmens nach Abb. V C.19a der virtuelle Zustand $^vX_a = 1$ z. B. nach Abb. V C.19b oder c oder d o. a. m. gewählt werden.

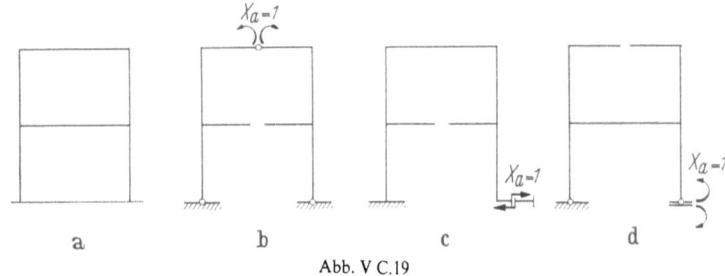

Abb. V C.19

Entsprechend (V C.35) könnte auch eine Gruppe von Unbekannten $X_i$ gleichzeitig auf ein mögliches statisch bestimmtes Grundsystem wirken. In (V C.38) wären dann statt $^vM_a$ usw. die Werte $^vM_{\Sigma X}$ usw. einzuführen.

**γ) Widerlagerbewegungen.** Treten in einem statisch unbestimmten System eingeprägte Widerlagerbewegungen auf, so entstehen nach (V C.14) Schnittbelastungen $\bar{M}_W, \bar{N}_W, \bar{Q}_W$. Nach den Entwicklungen beim Fachwerkträger im Abschn. V B 2a γ kann entsprechend (V B.68) bei der Berechnung der Verformungen aus Widerlagerbewegungen der Reduktionssatz sinngemäß angewendet werden.

Man erhält für die Verschiebung eines Punktes $m$ in Richtung $a-a$

$$EJ_c \bar{v}^*_{W,m;a-a} = \int \bar{M}_W \, ^vM_m \frac{J_c}{J} \, ds + \int \bar{N}_W \, ^vN_m \frac{J_c}{F} \, ds +$$
$$+ \frac{E}{G} \int k \bar{Q}_W \, ^vQ_m \frac{J_c}{F} \, ds + EJ_c \, v^*_{W,m;a-a} \qquad (V\,C.39a)$$

und für die Drehung bzw. gegenseitige Drehung eines Querschnittes $m$

$$EJ_c \bar{\varphi}_{W,m} \text{ bzw. } EJ_c \Delta \bar{\varphi}_{W,m} = \int \bar{M}_W \, ^vM_m \frac{J_c}{J} \, ds + \cdots + EJ_c \varphi_{W,m}$$
$$\text{bzw. } + EJ_c \Delta \varphi_{W,m}. \qquad (V\,C.39b)$$

Bezüglich der Schnittbelastung aus den virtuellen Zuständen $^v\mathfrak{P}_m = 1$, $^v\mathfrak{M}_m = 1$ gelten die Betrachtungen des Abschn. V C 2a β.

$v^*_{W,m;a-a}$ und $\varphi_{W,m}$ bzw. $\Delta\varphi_{W,m}$ sind die Verformungen des starren statisch bestimmten Systems infolge Widerlagerbewegungen und können mit Hilfe der virtuellen Arbeit nach Abschn. III B 5c bestimmt werden.

Für Rechenkontrollen bezüglich der Schnittbelastung eines statisch unbestimmten Systems gelten grundsätzlich die Überlegungen des Abschn. V C 2a$\beta$ sinngemäß. Unter diesen Voraussetzungen und Beziehungen gilt allgemein entsprechend (V B.69)

$$\int \bar{M}_W{}^v M_a \frac{J_c}{J} ds + \int \bar{N}_W{}^v N_a \frac{J_c}{F} ds + \frac{E}{G} \int k \bar{Q}_W{}^v Q_a \frac{J_c}{F} ds +$$
$$+ E J_c \Delta_{W,a} \quad (\text{bzw.} + E J_c \Delta\varphi_{W,a}) = 0. \qquad (\text{V C.40})$$

Hierbei wirkt die Unbekannte $^v X_a = 1$ entweder als Doppellängskraft, Doppelquerkraft oder Doppelmoment am zugehörigen statisch bestimmten Grundsystem.

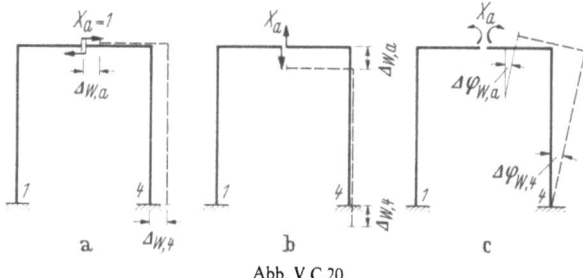

Abb. V C.20

Die Werte $\Delta_{W,a}$ bzw. $\Delta\varphi_{W,a}$ ergeben sich am statisch bestimmten Grundsystem aus den eingeprägten Widerlagerbewegungen als Klaffungen in Längsrichtung oder in Querrichtung oder als gegenseitige Drehung (s. z. B. Abb. V C.20a bis c).

### b) Biegelinie des Gesamtsystems

Bei der Berechnung der Biegelinie statisch unbestimmter Systeme werden einerseits die Entwicklungen für statisch bestimmte Systeme nach Abschn. III B 6b u. c verwendet und andererseits die Entwicklungen für Fachwerkträger nach Abschnitt V B 2b sinngemäß angewendet. Die Biegelinien werden — von Sonderfällen abgesehen — zweckmäßig mit $W$-Gewichten mit Hilfe des symbolischen Trägers ermittelt. Sind Randbedingungen an den Lagern vorhanden, so müssen sie zusätzlich berücksichtigt werden.

**α) Gegebene Belastungszustände.** Sind für einen gegebenen Belastungszustand $B$ die Schnittbelastungen $\bar{M}_B$ usw. nach (V C.6) bzw. (V C.8) bekannt, so können die $\overline{W}$-Gewichte des statisch unbestimmten Systems unter Berücksichtigung des Reduktionssatzes entsprechend (V B.72) berechnet werden. Die $W$-Gewichtsbelastung $1/c$ kann dabei am statisch bestimmten System aufgebracht werden und die Schnittbelastung daraus $^W M$, $^W N$, $^W Q$ an diesem System ermittelt werden. Für einen Trägerbereich $n-1$ bis $n+1$ — ohne Gelenk o. ä. — sind sie bereits in Abb. III B.39 angegeben.

Damit ergibt sich unter Beachtung von (III B.33) und (V B.72)

$$E J_c \overline{W}_{B,n} = \int \bar{M}_B{}^W M_n \frac{J_c}{J} ds + \int \bar{N}_B{}^W N_n \frac{J_c}{F} ds + \frac{E}{G} \int k \bar{Q}_B{}^W Q_n \frac{J_c}{F} ds. \qquad (\text{V C.41})$$

Die Momentenlinie infolge der Belastung durch die $\overline{W}$-Gewichte am entsprechenden symbolischen Balken ergibt bereits die Biegelinie des statisch unbestimmten Systems für den gegebenen Belastungszustand. In der Regel können die Anteile aus den Längskräften und Querkräften gegenüber den Momentenanteilen vernachlässigt werden.

In Sonderfällen wird man zuerst mit einer Näherungsberechnung mit konstanten Mittelwerten von $J_c/J$ und $J_c/F$ und einem einfachen Belastungsfall die Anteile aus Querkräften und Längskräften abschätzen. Nur wenn diese Werte das Ergebnis so beeinträchtigen, daß die gewünschte Rechengenauigkeit von etwa 1 bis 2% nicht

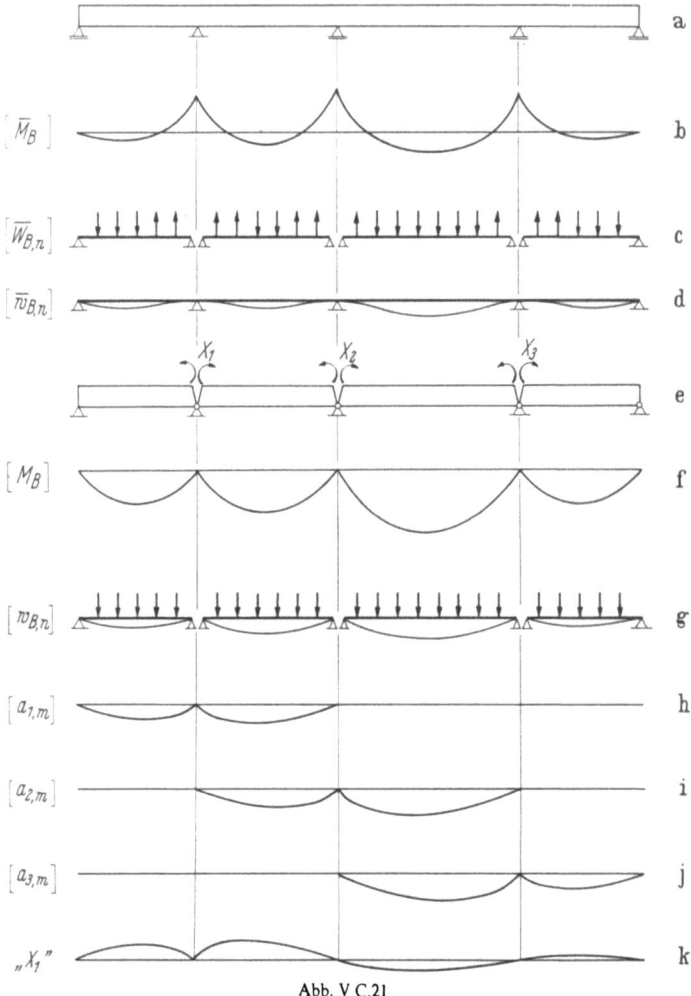

Abb. V C.21

gewährleistet ist, wird man diese Einflüsse in der genauen Berechnung berücksichtigen. Entsprechend (V B.73) kann das $\overline{W}$-Gewicht bei einem einfach statisch unbestimmten System in zwei Teile aufgespalten werden:

$$EJ_c \overline{W}_{B,n} = EJ_c(W_{B,n} + X_{B,1} W_{X_1 = 1, n}). \qquad \text{(V C.42)}$$

Damit ergibt sich die Biegelinie entsprechend (V B.74) zu

bzw.
$$\overline{w}_{B,m} = w_{B,m} + X_{B,1} w_{1,m}$$
$$EJ_c \overline{w}_{B,m} = EJ_c w_{B,m} + X_{B,1} a_{1,m}. \qquad \text{(V C.43)}$$

$w_{B,m}$ und $w_{1,m}$ sind die Biegelinien am statisch bestimmten System infolge des Belastungszustandes $B$ bzw. $X_1 = 1$. Für mehrfach statisch unbestimmte Systeme gilt entsprechend (V B.75)

$$EJ_c \overline{w}_{B,m} = EJ_c w_{B,m} + X_{B,1} a_{1,m} + X_{B,2} a_{2,m} + \cdots. \qquad \text{(V C.44)}$$

Für das System nach Abb. V C.21a ist z. B. die Ermittlung der Biegelinie schematisch dargestellt. Es sind dabei nur die Momente berücksichtigt. $\bar{M}_B$ sei z. B. die Momentenlinie des statisch unbestimmten Systems infolge ständiger Last.

Sind die Einflußlinien der Unbekannten (z. B. „$X_1$" nach Abb. V C.21k) und damit auch die Biegelinien $a_{1,m}$, $a_{2,m}$ und $a_{3,m}$ (Abb. V C.21h bis j) nicht bekannt, so wird man die $\overline{W}$-Gewichte nach (V C.41) bestimmen (Abb. V C.21c). Die Momentenlinien dazu, mit den Einfeldbalken als symbolische Träger, sind bereits die endgültigen Biegelinien (Abb. V C.21d). Sind die Einflußlinien der Unbekannten „$X_1$" bis „$X_3$" bekannt, zu deren Ermittlung die $a_{i,m}$-Linien berechnet wurden, so wird man zuerst die Biegelinien der einzelnen statisch bestimmten Balken für die gegebene Belastung mittels W-Gewichten bestimmen (Abb. V C.21g) und dann die „$X_i$"-Linien für die ständige Last auswerten, womit man die $X_{B,i}$-Werte erhält. Die Überlagerung nach (V B.44) gibt wieder die endgültige Biegelinie nach Abb. V C.21d.

Im übrigen wird auf Abschn. V B 2b $\alpha$ verwiesen.
(Siehe Beispiel 32.)

**β) Temperatureinflüsse.** Infolge von Temperaturänderungen $t_s$ der Systemachse oder Temperaturdifferenzen $\Delta t$ zwischen Ober- und Unterfaser der Querschnitte ergeben sich bei statisch unbestimmten Systemen Schnittbelastungen $\bar{M}_T, \bar{N}_T, \bar{Q}_T$ nach (V C.11).

Entsprechend (V B.77) und (V C.41) kann zur Berechnung der $\overline{W}$-Gewichte wieder der Reduktionssatz Anwendung finden, d. h., man wird die W-Gewichtsbelastung $1/c$ am statisch bestimmten System anbringen und die Schnittbelastungen $^WM, ^WN, ^WQ$ des statisch bestimmten Systems verwenden.

Damit ergibt sich

$$EJ_c \overline{W}_{T,n} = \int \bar{M}_T \, ^WM \frac{J_c}{J} \, ds + \int \bar{N}_T \, ^WN \frac{J_c}{F} \, ds + \frac{E}{G} \int k \bar{Q}_T \, ^WQ \frac{J_c}{F} \, ds +$$
$$+ EJ_c \alpha_t \int t_s \, ^WN \, ds + EJ_c \alpha_t \int \frac{\Delta t}{h} \, ^WM \, ds. \qquad (V C.45)$$

Entsprechend (V C.42) gilt aber auch

$$EJ_c \overline{W}_{T,n} = EJ_c(W_{T,n} + X_{T,1} W_{X_1=1,n} + X_{T,2} W_{X_2=1,n} + \cdots). \qquad (V C.46)$$

Damit ergibt sich die Biegelinie entsprechend (V C.44)

$$EJ_c \overline{w}_{T,m} = EJ_c w_{T,m} + X_{T,1} a_{1,m} + X_{T,2} a_{2,m} + \cdots. \qquad (V C.47)$$

Erleidet z. B. der Durchlaufträger nach Abb. V C.22a eine Erwärmung des Obergurtes gegenüber dem Untergurt, so daß $\Delta t$ negativ wird, so kann man zuerst nach

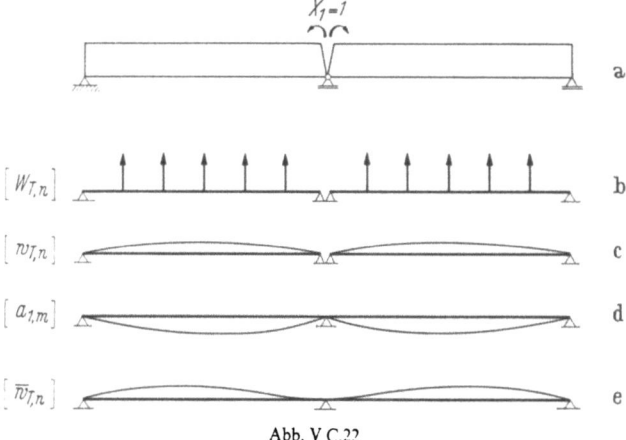

Abb. V C.22

(III B.70) die $W_{T,n}$-Werte des statisch bestimmten Systems berechnen (Abb. V C.22 b) und damit die Biegelinie des statisch bestimmten Systems ermitteln (Abb. V C.22 c). Mit dem Wert $X_{T,1}$ nach (V C.10) und der Biegelinie $a_{1,m}$, dem Zustand $X_1 = 1$ entsprechend, kann man dann nach (V C.47) die endgültige Biegelinie $\bar{w}_{T,m}$ berechnen (Abb. V C.22 c bis e).

γ) **Widerlagerbewegungen.** Infolge von Widerlagerbewegungen ergeben sich bei statisch unbestimmten Systemen Schnittbelastungen $\bar{M}_W, \bar{N}_W, \bar{Q}_W$ nach (V C.14). Entsprechend (V B.81) und (V C.41) kann zur Berechnung der $\bar{W}$-Gewichte ebenfalls der Reduktionssatz Anwendung finden. Auch hierbei wird man die $W$-Gewichtsbelastung $1/c$ am statisch bestimmten Grundsystem anbringen und die zugehörige Schnittbelastung ${}^W M, {}^W N, {}^W Q$ bestimmen. Damit ergibt sich

$$EJ_c \bar{W}_n = \int \bar{M}_W {}^W M \frac{J_c}{J} ds + \int \bar{N}_W {}^W N \frac{J_c}{F} ds + \frac{E}{G} \int k \bar{Q}_W {}^W Q \frac{J_c}{F} ds. \quad \text{(V C.48)}$$

Bringt man diese am zugehörigen symbolischen Balken auf, so erhält man die $EJ_c$-fache Biegelinie (Anteil der $\bar{W}$-Gewichte). Zu dieser Biegelinie sind aber noch die Durchbiegungen des statisch bestimmten Grundsystems aus den eingeprägten Stützensenkungen zu superponieren. Entsprechend (V B.81 b), (V B.82) und (V B.83) ist der Biegelinienanteil aus den $\bar{W}$-Gewichten aber auch durch Superposition der $a_{i,m}$-Linien darstellbar. Es gilt

$$EJ_c \bar{w}_{W,m} = EJ_c w_{W,m} + X_{W,1} a_{1,m} + X_{W,2} a_{2,m} + \cdots. \quad \text{(V C.49)}$$

$w_{W,m}$ ist die Biegelinie des statisch bestimmten Systems infolge der eingeprägten Widerlagerbewegungen.

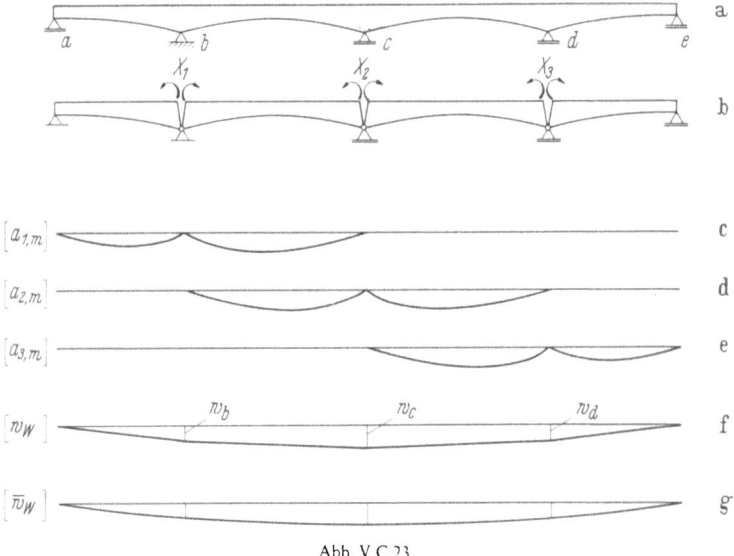

Abb. V C.23

Für den Durchlaufträger nach Abb. V C.23a sind für das statisch bestimmte System nach Abb. V C.23b die den Unbekannten $X_1$, $X_2$ und $X_3$ entsprechenden Biegelinien $a_{1,m}$, $a_{2,m}$ und $a_{3,m}$ in Abb. V C.23c bis e dargestellt und in Abb. V C.23f die Biegelinien infolge eingeprägter Stützensenkungen $w_b$, $w_c$ und $w_d$ dargestellt. Die endgültige Biegelinie entsprechend (V C.49) zeigt Abb. V C.23g.

### c) Einflußlinien

Entsprechend Abschn. V B 2c, der sinngemäß für Stabwerke angewendet werden kann, erhält man die Einflußlinie für eine Verformung derart, daß man die Biegelinie nach dem Satz von MAXWELL für einen entsprechenden Belastungszustand am

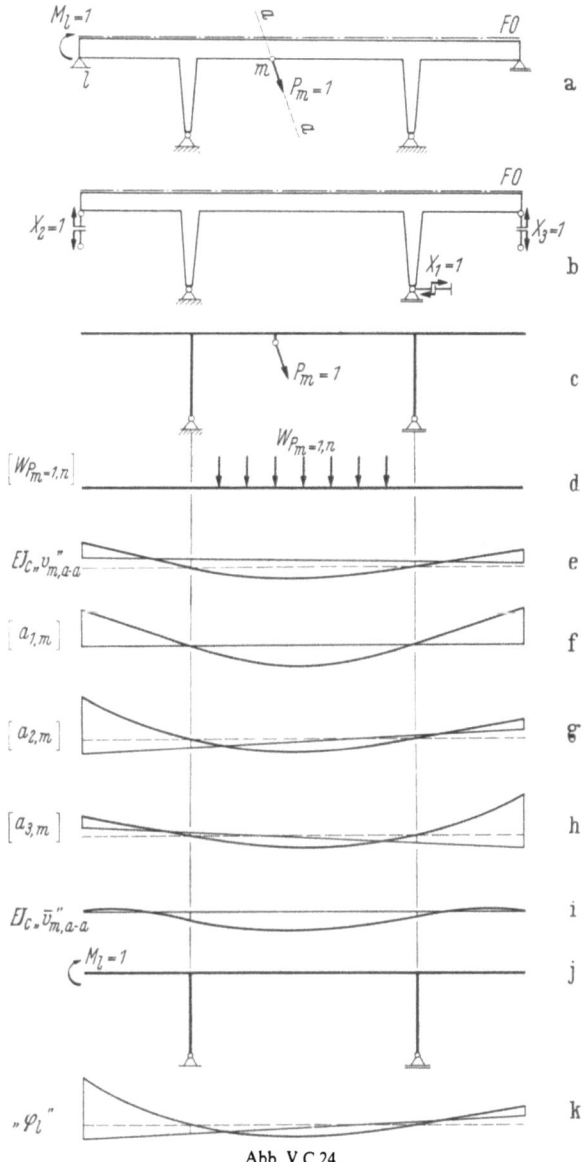

Abb. V C.24

statisch unbestimmten System berechnet. Will man die Einflußlinie der Verschiebung „$\bar{v}^*_{m;a-a}$" eines Punktes $m$ in Richtung $a-a$ ermitteln, so hat man die Last $P_m = 1$ (z. B. Abb. V C.24a) in diesem Punkt und in dieser Richtung aufzubringen. Für diesen Belastungszustand hat man nach Abschn. V C 1a α die Schnittbelastungen $\bar{M}_m, \bar{N}_m, \bar{Q}_m$ des statisch unbestimmten Systems nach (V C.8) zu bestimmen.

Die zugehörige Biegelinie, die mit den $\overline{W}_{P_m=1,n}$-Gewichten nach Abschn. V C 2b α berechnet wird, ist bereits die Einflußlinie „$\bar{v}^*_{m;a-a}$". Es ist nach (V C.41)

$$EJ_c \, \overline{W}_{P_m=1,n} = \int \overline{M}_m {}^w\!M_n \frac{J_c}{J} ds + \int \overline{N}_m {}^w\!N_n \frac{J_c}{F} ds + \frac{E}{G}\int k\,\overline{Q}_m {}^w\!Q_n \frac{J_c}{F} ds. \tag{V C.50}$$

Entsprechend (V C.44) gilt aber auch für die Einflußlinie

$$EJ_c \, „\bar{v}^*_{m;a-a}" = EJ_c \, „v^*_{m;a-a}" + X_{P_m=1,1}\, a_{1,m} + X_{P_m=1,2}\, a_{2,m} + \cdots \tag{V C.51}$$

„$v^*_{m;a-a}$" ist hierbei die Einflußlinie der Verschiebung des Punktes $m$ des statisch bestimmten Grundsystems.

Gl. (V C.51) wird man verwenden, wenn die Biegelinien $a_{i,m}$ infolge der Unbekannten $X_i = 1$ am statisch bestimmten System bereits bekannt sind.

Die Anwendung von (V C.51) ist am System nach Abb. V C.24a ersichtlich, wobei das statisch bestimmte Grundsystem nach Abb. V C.24b angenommen wurde. Für den Zustand $P_m = 1$ (Abb. V C.24c) wird mit Hilfe der $W$-Gewichte am statisch bestimmten System (Abb. V C.24d) die Biegelinie „$v^*_{m;a-a}$" berechnet, wobei die Randbedingungen über den Mittelstützen beachtet werden müssen. Auch bei den $a_{i,m}$-Linien (Abb. V C.24f bis h) müssen die Randbedingungen über den Stützen berücksichtigt werden. In Abb. V C.24i ist die Superposition der vier Biegelinien (Abb. V C.24d bis h) durchgeführt.

Will man für die Querschnittsdrehung in einem Punkt $l$ die Einflußlinie „$\bar{\varphi}_l$" bestimmen, so hat man in diesem Punkt das Moment $M_l = 1$ aufzubringen (z. B. Abb. V C.24a) und für diesen Belastungszustand die Schnittbelastungen $\overline{M}_l$ usw. nach (V C.8) zu bestimmen. Die Biegelinie des statisch unbestimmten Systems für diesen Belastungszustand ist bereits die Einflußlinie „$\bar{\varphi}_l$".

Es gilt entsprechend (V C.50)

$$EJ_c \, \overline{W}_{M_l=1} = \int \overline{M}_l {}^w\!M_n \frac{J_c}{J} ds + \cdots \tag{V C.52}$$

und entsprechend (V C.51)

$$EJ_c \, „\bar{\varphi}_l" = EJ_c \, „\varphi_l" + X_{M_l=1,1}\, a_{1,m} + X_{M_l=1,2}\, a_{2,m} + \cdots. \tag{V C.53}$$

„$\varphi_l$" ist dabei die Einflußlinie der Drehung am statisch bestimmten System, die man als Biegelinie der Belastung $M_l = 1$ am statisch bestimmten System erhält (z. B. Abb. V C.24j u. k).

Will man die Einflußlinie „$\Delta\varphi_k$" der gegenseitigen Drehung zweier Querschnitte im Punkt $k$ bestimmen, so wird man in diesem Punkt das Doppelmomentenpaar $M_k = 1$ anbringen und nach (V C.8) die Schnittbelastungen $\overline{M}_k$ usw. bestimmen. Die Biegelinie zu diesem Belastungszustand ist die Einflußlinie „$\Delta\bar{\varphi}_k$".

Es gilt entsprechend (V C.50)

$$EJ_c \, \overline{W}_{M_k=1} = \int \overline{M}_k {}^w\!M_n \frac{J_c}{J} ds + \cdots \tag{V C.54}$$

und entsprechend (V C.51)

$$EJ_c \, „\Delta\bar{\varphi}_k" = EJ_c \, „\Delta\varphi_k" + X_{M_k=1,1}\, a_{1,m} + X_{M_k=1,2}\, a_{2,m} + \cdots. \tag{V C.55}$$

In der Regel wird es für die Rechengenauigkeit genügen, nur die Momentenanteile bei den Integralen zu berücksichtigen. Selbstverständlich muß man dann auch bei der Berechnung der Unbekannten $X_i$ für die betreffenden Belastungszustände ($M_m = 1$ bzw. $M_l = 1$ bzw. $M_k = 1$) nur die Momentenanteile berücksichtigen. Im anderen Falle würden die Rechenkontrollen nicht stimmen. Grundsätzlich sind alle die Einflüsse, die bei der Berechnung der Unbekannten berücksichtigt werden, auch bei der Berechnung der Verformung zu beachten.

(Siehe Beispiel 32.)

# D. Minimum der Formänderungsarbeit und Abgeleitete der Formänderungsarbeit

## 1. Prinzip der virtuellen Verrückungen

Wirkt auf ein statisch bestimmtes Fachwerksystem (z. B. Abb. V D.1a) ein Belastungszustand $B$ (Lasten $\mathfrak{P}_i$), so entstehen dadurch Stabkräfte $S_B$ und Längenänderungen $\Delta s_B$ der einzelnen Stäbe. Wird diesem Fachwerk ein virtueller Verschiebungszustand – der den Lagerbedingungen gerecht wird – eingeprägt, so wird sowohl eine äußere virtuelle Arbeit $^v A_a$ infolge der gegebenen äußeren Belastung als auch eine innere virtuelle Arbeit $^v A_i$ infolge der Stabkräfte geleistet.

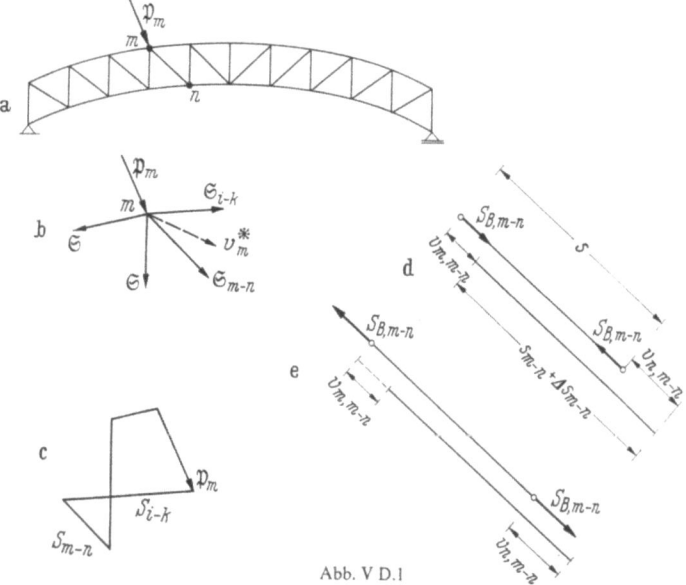

Abb. V D.1

Betrachtet man einen Knoten $m$ (Abb. V D.1b), so sind entsprechend dem Kraftplan die äußere Last $P_m$ und die Stabkräfte $S_{i-k}$ im Gleichgewicht (Abb. V D.1c), d. h., die Gesamtresultierende $R_m$ von Belastung und Stabkräften ist Null. Wenn dem Punkt $m$ im Rahmen der virtuellen Verrückung des Gesamtsystems die virtuelle Verschiebung $\mathfrak{v}_m^*$ zukommt, so muß die Gesamtarbeit aller am Knotenpunkt $m$ angreifenden Kräfte und Stabkräfte Null sein. Es gilt somit

$$\mathfrak{R}_B \cdot \mathfrak{v}_m^* = \mathfrak{P}_m \cdot \mathfrak{v}_m^* + \sum \mathfrak{S}_{i-k} \cdot \mathfrak{v}_m^* = 0 \quad \text{(Skalarprodukt)}. \quad \text{(V D.1)}$$

Die Summation über alle Knotenpunkte ergibt

$$\sum_m \mathfrak{P}_m \cdot \mathfrak{v}_m^* + \sum_m \sum_{i-k} \mathfrak{S}_{i-k} \cdot \mathfrak{v}_m^* = 0. \quad \text{(V D.2)}$$

Ist $^v v_{m, m-n}$ die Komponente von $\mathfrak{v}_m^*$ in Richtung des Stabes $m-n$, und wird

$$^v \Delta s_{m-n} = {}^v v_{n, m-n} - {}^v v_{m, m-n}$$

positiv als virtuelle Verlängerung des Stabes $m-n$ eingeführt (Abb. V D.1d), so ergibt sich für den Anteil des zweiten Gliedes von (V D.2), wenn nur die auf die beiden Knoten $m$ und $n$ wirkende Stabkraft $S_{m-n}$ berücksichtigt wird,

$$\sum \mathfrak{S}_{i-k} \cdot \mathfrak{v}_m^* = +S_{B, m-n} {}^v v_{m, m-n} - S_{B, m-n} {}^v v_{n, m-n} = -S_{B, m-n} {}^v \Delta s_{m-n}.$$

Betrachtet man die innere Arbeit der Stabkraft $S_{B,m-n}$ (Abb. V D.1e), so ergibt sich

$$\Delta^v A_{i,m-n} = +S_{B,m-n}(-{}^v v_{m,m-n}) + S_{B,m-n}(+{}^v v_{n,m-n}) = +S_{B,m-n}\,{}^v\Delta s_{m-n}.$$

Somit wird

$$\sum_m \sum_{i-k} \mathfrak{S}_{i-k} \cdot \mathfrak{v}_m^* = -{}^v A_i = -\sum S_{B,m-n}\,{}^v\Delta s_{m-n}$$

bzw.

$${}^v A_i = \sum S_{B,m-n}\,{}^v\Delta s_{m-n}. \qquad \text{(V D.3)}$$

Mit

$$\sum \mathfrak{P}_m \cdot \mathfrak{v}_m^* = {}^v A_{\ddot{a}} \qquad \text{(V D.4)}$$

wird

$${}^v A_{\ddot{a}} = {}^v A_i. \qquad \text{(V D.5)}$$

Wenn man sich nach MOHR [S 26] den virtuellen Verschiebungszustand aus einem virtuellen Belastungszustand eines Fachwerks entstanden denkt — der z. B. nach Abschn. III A 5 berechnet werden kann —, so erfüllt ersterer auch die Lagerbedingungen für das betreffende System. Betrachtet man zwei Belastungszustände mit den betreffenden Lasten, Stabkräften, Stablängenänderungen und Verschiebungen, so erhält man für

1. Zustand $B_a$: $\mathfrak{P}_{a,m}$; $S_{Ba,i-k}$; $\Delta s_{Ba,i-k} = \dfrac{S_{Ba,i-k}}{EF} s_{i-k}$; $\mathfrak{v}_{a,m}^*$;

2. Zustand $B_b$: $\mathfrak{P}_{b,m}$; $S_{Bb,i-k}$; $\Delta s_{Bb,i-k} = \dfrac{S_{Bb,i-k}}{EF} s_{i-k}$; $\mathfrak{v}_{b,m}^*$.

Legt man den ersten Zustand als Belastungszustand und den zweiten als virtuellen Verformungszustand zugrunde, so erhält man nach (V D.3) und (V D.4)

$$\sum \mathfrak{P}_{a,m} \cdot \mathfrak{v}_{b,m}^* = \sum S_{Ba}\,{}^v S_{Bb}\,\frac{s}{EF}. \qquad \text{(V D.6a)}$$

Nimmt man umgekehrt den zweiten Zustand als Belastungszustand und den ersten als virtuellen Verschiebungszustand, so gilt

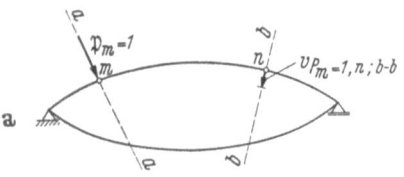

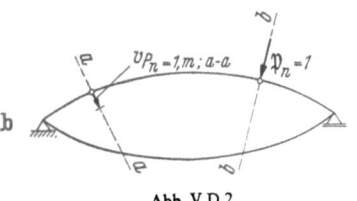

Abb. V D.2

$$\sum \mathfrak{P}_{b,m} \cdot \mathfrak{v}_{a,m}^* = \sum S_{Bb}\,{}^v S_{Ba}\,\frac{s}{EF}. \qquad \text{(V D.6b)}$$

Damit ergibt sich der Satz von BETTI (1872)

$$\sum \mathfrak{P}_{b,m} \cdot \mathfrak{v}_{a,m}^* = \sum \mathfrak{P}_{a,m} \cdot \mathfrak{v}_{b,m}^*. \qquad \text{(V D.7)}$$

Dieser besagt: „Die virtuelle Arbeit der Belastung eines Zustandes infolge der Verformungen eines anderen Zustandes ist ebenso groß wie die Arbeit der Belastung des zweiten Zustandes infolge der Verformungen des ersten Zustandes."

Besteht der erste Zustand nur aus einer Last $\mathfrak{P}_m = 1$ (Abb. V D.2a) im Punkt $m$, die in Richtung $a-a$ wirkt, und tritt aus dieser Belastung im Punkt $n$ in Richtung $b-b$ die Verschiebung $v_{m;n,b-b}$ auf und besteht der zweite Zustand aus einer Last $\mathfrak{P}_n = 1$, die in Richtung $b-b$ wirkt (Abb. V D.2b), die eine Verschiebung $v_{n;m,a-a}$ im Punkt $m$ in Richtung $a-a$ zur Folge hat, so ergibt sich nach (V D.7) der Satz von MAXWELL (1864):

$$1\,v_{n;m,a-a} = 1\,v_{m;n,b-b}. \qquad \text{(V D.8a)}$$

Dieser Satz besagt: „Die Verschiebung in einem Punkt $n$ in Richtung $b-b$ infolge einer Belastung $P_m = 1$ im Punkt $m$ in Richtung $a-a$ ist ebenso groß wie die Verschiebung im Punkt $m$ in Richtung $a-a$ infolge einer Last $P_n = 1$ im Punkt $n$ in Richtung $b-b$."

Dieser Satz gilt sowohl für Fachwerke als auch für vollwandige Systeme.

Die Formel (V D.8) gilt in gleicher Weise für die Beziehung zwischen Kraft und Moment, Moment und Moment, Kraft und Doppelmoment u. a. m.

Zum Beispiel gilt für die Beziehung zwischen einer Kraft $P_m = 1$ im Punkt $m$ in Richtung $a-a$ mit einer Querschnittsdrehung im Punkt $n$ und der Wirkung eines Momentes $M_n = 1$ im Punkt $n$ mit der Verschiebung in Richtung $a-a$ des Punktes $m$

$$v_{n;m,a-a} = \varphi_{m,n}. \qquad (V\,D.8b)$$

Für statisch unbestimmte Systeme gilt in gleicher Weise

$$\bar{v}_{n;m,a-a} = \bar{v}_{m;n,b-b};$$
$$\bar{v}_{n;m,a-a} = \bar{\varphi}_{m,n}. \qquad (V\,D.8c)$$

## 2. Virtuelle innere Formänderungsarbeit

Nach (V D.6a) und (V D.6b) gilt für Fachwerke

$$E F_c {}^v\!A_i = \sum S_{Ba}\, {}^v\!S_{Bb}\, s\, \frac{F_c}{F} = \sum S_{Bb}\, {}^v\!S_{Ba}\, s\, \frac{F_c}{F}. \qquad (V\,D.9)$$

Für statisch unbestimmte Systeme gilt entsprechend

$$E F_c {}^v\!\bar{A}_i = \sum \bar{S}_{Ba}\, {}^v\!\bar{S}_{Bb}\, s\, \frac{F_c}{F}. \qquad (V\,D.10)$$

Unter Beachtung von Abschn. V ergibt sich unter Anwendung des Reduktionssatzes [z. B. (V B.44)] auch

$$E F_c {}^v\!\bar{A}_i = \sum{}' S_{Ba}\, {}^v\!S_{Bb}\, s\, \frac{F_c}{F} = \sum{}'\, {}^v\!S_{Ba}\, S_{Bb}\, s\, \frac{F_c}{F}. \qquad (V\,D.11)$$

Dies bedeutet, daß die Stabkräfte für einen der beiden Zustände an einem beliebigen, statisch bestimmten Grundsystem, das nur den Lagerbedingungen gerecht wird, berechnet werden und dann in (V D.11) eingeführt werden können.

Für Stabwerke erhält man entsprechend Abschn. V und (V D.9) bis (V D.11) für die virtuelle innere Arbeit die Ausdrücke

für statisch bestimmte Systeme

$$E J_c {}^v\!A_i = \int M_{Ba}\, {}^v\!M_{Bb}\, \frac{J_c}{J}\, \mathrm{d}s + \int N_{Ba}\, {}^v\!N_{Bb}\, \frac{J_c}{F}\, \mathrm{d}s + \frac{E}{G} \int k\, Q_{Ba}\, {}^v\!Q_{Bb}\, \frac{J_c}{F}\, \mathrm{d}s; \qquad (V\,D.12)$$

für statisch unbestimmte Systeme

$$E J_c {}^v\!\bar{A}_i = \int \bar{M}_{Ba}\, {}^v\!\bar{M}_{Bb}\, \frac{J_c}{J}\, \mathrm{d}s + \cdots \qquad (V\,D.13)$$

bzw. unter Anwendung des Reduktionssatzes

$$E J_c {}^v\!\bar{A}_i = \int \bar{M}_{Ba}\, {}^v\!M_{Bb}\, \frac{J_c}{J}\, \mathrm{d}s + \cdots$$

bzw.
$$= \int {}^v\!M_{Ba}\, \bar{M}_{Bb}\, \frac{J_c}{J}\, \mathrm{d}s + \cdots. \qquad (V\,D.14)$$

Handelt es sich um starre Systeme, die virtuellen Verrückungen unterworfen werden, so werden die Werte $F_c/F$, $J_c/J$, $J_c/F$ gleich Null, und damit wird ${}^v\!A_i = 0$. Nach (V D.5) wird damit

$${}^v\!A_ä = 0. \qquad (V\,D.15)$$

Bezüglich der Anwendung von (V D.15) sei beispielsweise auf Abschn. III B 5c verwiesen, wo Verschiebungen, Klaffungen und Drehungen aus Widerlagerbewegung starrer Systeme berechnet werden.

### 3. Wirkliche innere Formänderungsarbeit

Wird eine Stabkraft $S_{Ba}$ plötzlich einer virtuellen Verschiebung $\Delta s_{Bb}$ unterworfen, so beträgt die virtuelle Arbeit $^vA_i = S_{Ba} \Delta s_{Bb}$; sie wird in Abb. V D.3a durch ein Rechteck dargestellt.

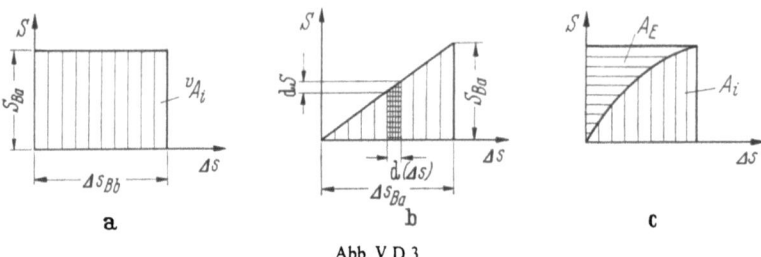

Abb. V D.3

Anders liegen die Verhältnisse, wenn die Stabkraft von Null allmählich auf ihren Endwert anwächst und die Verschiebungen aus der gleichen Belastung ebenfalls von Null bis zu ihrem Endwert anwachsen. Legt man das Hookesche Gesetz der Linearität von Belastung und Verformung zugrunde, so gilt

$$\Delta s = \frac{S}{EF} s; \quad d(\Delta s) = \frac{dS}{EF} s.$$

Für die Arbeit der Stabkraft an der von ihr selbst hervorgerufenen Längenänderung ergibt sich somit

$$A_i = \int_0^s S \, d(\Delta s) = \int_0^s S \frac{dS}{EF} s = \frac{1}{2} \frac{S^2}{EF} s. \tag{V D.16}$$

Die Arbeit $A_i$ ist durch ein Dreieck in Abb. V D.3b dargestellt. Für die äußere Arbeit von Kräften $P_i$ eines Belastungszustandes $B$ infolge der von ihnen selbst erzeugten Verschiebungen gilt in gleicher Weise

$$A_a = \tfrac{1}{2} \sum P_i v_{B,i} \tag{V D.17}$$

und entsprechend (V D.5)

$$A_a = A_i. \tag{V D.18}$$

Danach ist die tatsächliche äußere Arbeit gleich der tatsächlichen inneren Arbeit eines Belastungszustandes an den von ihm selbst erzeugten Verformungen.

Folgen die Beziehungen zwischen Belastung und Verformung aus dieser Belastung nicht dem Linearitätsgesetz, sondern bestimmten, versuchsmäßig festgelegten Kurven, so gibt die Fläche zwischen der Belastungsverformungskurve (Abb. V D.3c) und der Achse für die Verformung den Wert $A_i$ an.

Die Restfläche zwischen dem Rechteck $S_{Ba}$ und $\Delta s_{Ba}$ — der virtuellen Arbeit — und der inneren Arbeit $A_i$ bezeichnet man als Ergänzungsarbeit $A_E$ (Abb. V D.3c). Unter Zugrundelegung des Linearitätsgesetzes ist nach Abb. V D.3b

$$^vA_i = 2 A_i \tag{V D.19}$$

und

$$A_E = A_i. \tag{V D.20}$$

Diese Zusammenhänge wurden zuerst von CLAPEYRON [2] anläßlich der Berechnung von Federn verwendet. Sie gelten bei konstanter Temperatur. Für veränderliche Temperatur sind besondere Überlegungen erforderlich.

Unter Zugrundelegung des Linearitätsgesetzes gelten weiter sinngemäß folgende Gleichungen für Belastungen und zugehörige Verformungen bei konstanter Temperatur:

für Längsspannungen:

$$A_i = \int_0^\sigma \sigma \, d\varepsilon_\sigma \, dx = \int_0^\sigma \sigma \frac{d\sigma}{E} \, dx = \frac{1}{2} \frac{\sigma^2}{E} \, dx; \qquad (\text{V D.21 a})$$

für Schubspannungen:

$$A_i = \int_0^\tau \tau \, d\gamma_\tau \, dx = \int_0^\tau \tau \frac{\tau}{G} \, dx = \frac{1}{2} \frac{\tau^2}{G} \, dx; \qquad (\text{V D.21 b})$$

für Stabwerke:

$$E J_c A_i = \frac{1}{2} \int M_B^2 \frac{J_c}{J} \, ds + \frac{1}{2} \int N_B^2 \frac{J_c}{F} \, ds + \frac{1}{2} \frac{E}{G} \int k Q_B^2 \frac{J_c}{F} \, ds; \qquad (\text{V D.22 a})$$

für Fachwerke:

$$E F_c A_i = \frac{1}{2} \sum S_B^2 s \frac{F_c}{F}. \qquad (\text{V D.22 b})$$

## 4. Abgeleitete der Formänderungsarbeit

Den nachfolgenden Überlegungen wird das Linearitäts- und Superpositionsgesetz zugrunde gelegt.

Nach (V D.5) gilt für die virtuellen Arbeiten

$${}^v A_a = {}^v A_i.$$

Wird die Größe einer Stabkraft $S$ etwas variiert, so tritt auch eine Variation der virtuellen Arbeit auf. Auch für die Variation dieser Arbeiten infolge der Stabkraftänderung gilt

$$\delta_S {}^v A_a = \delta_S {}^v A_i. \qquad (\text{V D.23})$$

Wenn es sich um unnachgiebige Lager handelt, so kann bei einer Variation des Auflagerdruckes infolge einer Variation der Stabkraft $\delta S$ keine virtuelle Arbeit entstehen; auch kann aus einer gegebenen äußeren Belastung keine Variation der äußeren virtuellen Arbeit eintreten, weil die Belastung unabhängig von $\delta S$ ist. Somit erhält man unter dieser Voraussetzung mit $\delta_S {}^v A_a = 0$ auch

$$\delta_S {}^v A_i = 0. \qquad (\text{V D.24})$$

Aus (V D.24) lassen sich wichtige Erkenntnisse ableiten.

Für ein statisch unbestimmtes Fachwerksystem gilt für die Stabkräfte für einen bestimmten Belastungsfall nach (V B.19)

$$\bar{S}_B = S_B + X_{B,1} S_1 + X_{B,2} S_2 + \cdots,$$

und es wird

$$\Delta \bar{s}_B = \frac{s}{EF} (S_B + X_{B,1} S_1 + X_{B,2} S_2 + \cdots).$$

Variiert man z. B. die Unbekannte $X_{B,1}$ um $\partial X_{B,1}$, so erhält man

$$\frac{\partial \bar{S}_B}{\partial X_{B,1}} = 0 + 1 S_1 + 0 + \cdots = S_1; \qquad \frac{\partial^2 \bar{S}_B}{\partial^2 X_{B,1}^2} = 0.$$

Aus (V D.24) erhält man

$$\sum \Delta \bar{s}_B \frac{\partial \bar{S}_B}{\partial X_{B,1}} = 0 \quad \text{bzw.} \quad E F_c \sum \Delta \bar{s}_B S_1 = 0$$

und

$$\sum S_B S_1 \frac{F_c}{F} s + X_{B,1} \sum S_1^2 \frac{F_c}{F} s + X_{B,2} \sum S_1 S_2 \frac{F_c}{F} s + \cdots = 0.$$

Diese Gleichung ist aber identisch mit (V B.14a)

$$a_{B,1} + X_{B,1} a_{1,1} + X_{B,2} a_{2,2} + \cdots = 0,$$

so daß auf diese Weise die Elastizitätsgleichungen nachgewiesen wurden. Man kann aber auch schreiben

$$\sum \varDelta \bar{s}_B \frac{\partial \bar{S}_B}{\partial X_{B,1}} = \sum \frac{\bar{S}_B}{EF} \frac{\partial \bar{S}_B}{\partial X_{B,1}} s = \delta \sum \frac{\frac{1}{2} \frac{\bar{S}_B^2 s}{EF}}{\partial X_{B,1}} = \frac{\partial A_i}{\partial X_{B,1}} = 0; \quad \text{(V D.25)}$$

die nochmalige Variation nach $\partial X_{B,1}$ ergibt

$$\frac{\partial^2 A_i}{\partial X_{B,1}^2} = \sum \frac{\bar{S}_B}{EF} \frac{\partial^2 \bar{S}_B}{\partial X_{B,1}^2} s + \sum \left(\frac{\partial \bar{S}_B}{\partial X_{B,1}}\right)^2 \frac{s}{EF} = 0 + \sum S_1^2 \frac{s}{EF}. \quad \text{(V D.26)}$$

Da $\sum S_1^2 s/EF$ positiv ist, muß $A_i$ ein Minimum sein.

Nach CASTIGLIANO (1875) [1] „wird sich bei einer gegebenen Belastung derjenige Beanspruchungszustand einstellen, bei dem die Formänderungsarbeit $A_i$ zum Minimum wird". Diese Tatsache wurde bereits 1857 von MENABREA [3] als Vermutung ausgesprochen. Sie gilt in gleicher Weise für Stabwerke.

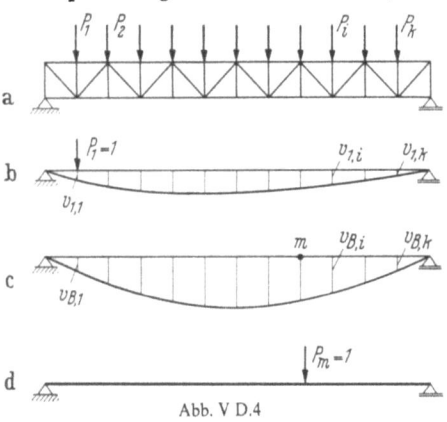

Abb. V D.4

Mit den Erkenntnissen über die „Abgeleitete der Formänderungsarbeit" können auch Verformungen von Systemen berechnet werden.

Wirkt auf ein System ein Belastungszustand $B$, bestehend aus Lasten $\mathfrak{P}_i$ (z. B. Abb. V D.4a), so werden in den einzelnen Punkten Durchbiegungen $v_{B,i}$ entstehen. Diese Durchbiegungen kann man sich nach dem Superpositionsgesetz als Summation der Durchbiegung aus den Einzelzuständen $P_i = 1$ vorstellen. Es gilt somit (z. B. Abb. V D.4b für $P_1 = 1$)

$$\begin{aligned}v_{B,1} &= P_1 v_{1,1} + P_2 v_{2,1} + \cdots + P_i v_{i,1} \cdots + P_k v_{k,1}\\ &\;\vdots \qquad\qquad \vdots \qquad\qquad\qquad\qquad\qquad\qquad\qquad \vdots\\ v_{B,i} &= P_1 v_{1,i} + P_2 v_{2,i} + \cdots + P_i v_{i,i} \cdots + P_k v_{k,i}\end{aligned}$$

usw.

$v_{i,k}$ ist dabei die Durchbiegung an der Stelle $k$ infolge $P_i = 1$ t. Wird nur eine Variation der Last $P_i$ um $\delta P_i$ vorgenommen und werden alle anderen Lasten unverändert beibehalten, so ergeben sich daraus zusätzliche Durchbiegungen

$$\delta v_1 = v_{i,1} \delta P_i, \quad \delta v_2 = v_{i,2} \delta P_i, \quad \ldots, \quad \delta v_k = \delta v_{i,k} \delta P_i.$$

Mit (V D.18) wird mit $A_{\ddot{a}} = A_i$ und $v_{i,k} = v_{k,i}$

$$\begin{aligned}A_{\ddot{a}} &= \tfrac{1}{2}(P_1 v_{B,1} + P_2 v_{B,2} + \cdots + P_i v_{B,i} + \cdots) =\\ &= \tfrac{1}{2}(P_1^2 v_{1,1} + 2 P_1 P_2 v_{1,2} + \cdots + 2 P_1 P_i v_{1,i} + \cdots\\ &\qquad + P_2^2 v_{2,2} + 2 P_2 P_3 v_{2,3} + \cdots + P_i^2 v_{i,i} + \cdots).\end{aligned}$$

Bei einer Variation des Verschiebungszustandes infolge $\delta P_i$ leisten die bereits vorhandenen Kräfte Arbeiten $P \delta v$ und nur $\delta P_i$ die Arbeit $\tfrac{1}{2} \delta P_i \delta v_i$. Letzterer Betrag ist aber klein von zweiter Ordnung, so daß er vernachlässigt werden kann.

## D. Minimum der Formänderungsarbeit

Es gilt somit

$$\delta_{P_i} A_a = P_1 \delta v_1 + P_2 \delta v_2 + \cdots =$$
$$= \delta P_i (P_1 v_{1,i} + P_2 v_{2,i} + \cdots + P_i v_{i,i} + \cdots) = \delta P_i v_{B,i}$$

bzw.

$$\frac{\partial A_a}{\partial P_i} = v_{B,i}$$

und mit (V D.18)

$$v_{B,i} = \frac{\partial A_i}{\partial P_i}. \tag{V D.27a}$$

Man erhält somit die Verschiebung für einen gegebenen Belastungszustand in Richtung einer Kraft $P_i$ durch Variation der inneren Formänderungsarbeit $A_i$ nach der Kraft $P_i$. In gleicher Weise gilt

$$\varphi_{B,i} = \frac{\partial A_i}{\partial M_i}; \quad \Delta\varphi_{B,i} = \frac{\partial A_i}{\partial M_i}. \tag{V D.27b}$$

$M_i$ sind hierbei Momente oder Doppelmomente, die an der Stelle $i$ wirken [S 10, S 19, S 20, S 26, S 27, S 38, S 40]. Für ein statisch bestimmtes Fachwerk erhält man nach dem Superpositionsgesetz für den Belastungszustand $B$ (Lasten $P_i$) die Stabkräfte auch wie folgt:

$$S_{B,i-k} = P_1 S_{P_1=1,i-k} + P_2 S_{P_2=1,i-k} + \cdots + P_m S_{P_m=1,i-k} + \cdots.$$

Damit wird

$$\frac{\partial S_{B,i-k}}{\partial P_m} = S_{P_m=1,i-k}.$$

Die Verschiebung $v_{B,m}$ für den Belastungszustand $B$ in Richtung der Kraft $P_m$ ergibt sich nach (V D.27a) zu

$$v_{B,m} = \frac{\partial A_i}{\partial P_m} = \frac{\partial \sum \frac{1}{2} \frac{S_B^2 s}{EF}}{\partial P_m} = \sum \frac{S_B s}{EF} \frac{\partial S_B}{\partial P_m} = \sum S_B S_{P_m=1} \frac{s}{EF}. \tag{V D.28}$$

Diese Gleichung ist aber identisch mit (III A.11), welche auf anderem Wege gefunden wurde. Man erhält die Durchbiegung für einen Belastungszustand $B$ in Richtung der Kraft $P_m$ derart, daß man auf das sonst unbelastete System die Kraft $P_m = 1$ anbringt (Abb. V D.4d), die zugehörigen Stabkräfte $S_{P_m=1}$ ermittelt und nach (V D.28) $v_{B,m}$ berechnet.

Diese Gleichung gilt auch für Stabwerke mit $A_i$ nach (V D.22).
Mit

$$M_{B,i} = P_1 M_{P_1=1,i} + P_2 M_{P_2=1,i} + \cdots; \frac{\partial M_{B,i}}{\partial P_m} = M_{P_m=1,i};$$

$$Q_{B,i} = P_1 Q_{P_1=1,i} + P_2 Q_{P_2=1,i} + \cdots; \frac{\partial Q_{B,i}}{\partial P_m} = Q_{P_m=1,i} \quad \text{usw.}$$

wird

$$EJ_c v_{B,m} = \frac{\partial A_i}{\partial P_m} = \int M_B M_{P_m=1} \frac{J_c}{J} ds + k \frac{E}{G} \int Q_B Q_{P_m=1} \frac{J_c}{F} ds +$$
$$+ \int N_B N_{P_m=1} \frac{J_c}{F} ds, \tag{V D.29}$$

welche Gleichung mit (III B.44) identisch ist.

Die grundsätzliche Anwendung von (V D.27) sei an einigen einfachen Beispielen erläutert.

Für den in der Mitte belasteten Träger nach Abb. V D.5a u. b ergeben sich an der Stelle $x$ das Moment $M_P = Px/2$ und die Querkraft $Q_P = P/2$. Nach (V D.22) und (V D.27a) erhält man mit Abb. V D.5c u. d für die Durchbiegung unter der Last $P$

$$EJ_c v_{P,m} = \int M_B \frac{J_c}{J} \frac{dM_P}{dP} ds + k\frac{E}{G} \int Q_B \frac{J_c}{F} \frac{dQ_P}{dP} ds$$

$$= \int M_B \frac{J_c}{J} \frac{x}{2} ds + k\frac{E}{G} \int Q_B \frac{J_c}{F} \frac{1}{2} ds$$

$$= \int M_B M_{P=1} \frac{J_c}{J} ds + k\frac{E}{G} \int Q_B Q_{P=1} \frac{J_c}{F} ds.$$

In der Regel sind die Momente aus einem bestimmten Belastungszustand $(P_1, P_2, \ldots, P_i, \ldots)$ an jeder Stelle als Zahlenwerte angegeben und nicht als Superposition der Momente aus jeweils einer Einzellast (z. B. Abb. V D.6a). Will man z. B. unter der Last $P_3$ die Durchbiegung berechnen, so kann man sich eine zusätzliche virtuelle Last $^vP_3$ denken, die man nach Durchführung der Rechnung wieder Null setzt. Aus dieser zusätzlichen Last ergeben sich die Momente $^vP_3 M_{P_3=1}$ und die Querkraft $^vP_3 Q_{P_3=1}$ (Abb. V D.6b).

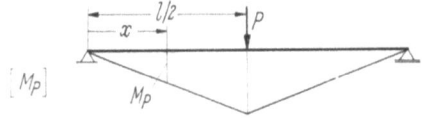

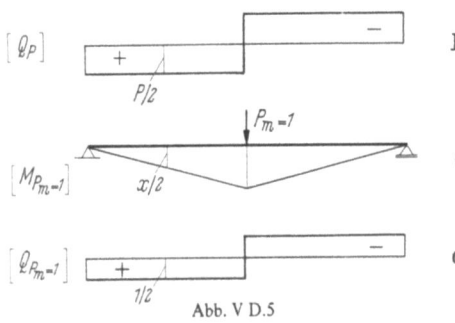

Abb. V D.5

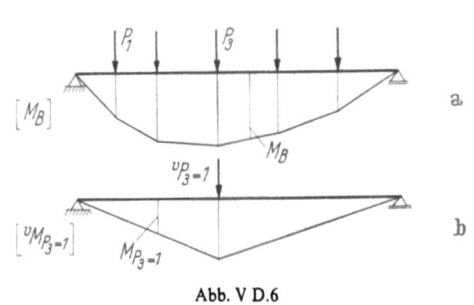

Abb. V D.6

Das endgültige Moment beträgt einschließlich der virtuellen Last $^vP_3$

$$M_{B+^vP_3} = M_B + M_{P_3=1} {}^vP_3;$$

$$Q_{B+^vP_3} = Q_B + Q_{P_3=1} {}^vP_3.$$

Führt man die Variation nach $^vP_3$ durch, so sind aus dieser Last in $M_B$ und $Q_B$ keine Anteile vorhanden, und es ist:

$$\frac{\partial M_B}{\partial {}^vP_3} = 0 \quad \text{und} \quad \frac{\partial Q_B}{\partial {}^vP_3} = 0$$

bzw.

$$\frac{\partial M_{B+^vP_3}}{\partial {}^vP_3} = M_{P_3=1}; \quad \frac{\partial Q_{B+^vP_3}}{\partial {}^vP_3} = Q_{P_3=1}$$

und

$$EJ_c w_{B,3} = \int M_B M_{P_3=1} \frac{J_c}{J} ds + k\frac{E}{G} \int Q_B Q_{P_3=1} \frac{J_c}{F} ds.$$

Diese Art der Betrachtung kann man auch anwenden, wenn an der Stelle, an der die Verformung gesucht wird, keine Kraft oder kein Moment angreift.

Für den Kragträger nach Abb. V D.7a soll z. B. für die Belastung $P$ die Drehung des Endquerschnittes $e$ berechnet werden. Es wird ein virtuelles Moment $^vM_e$ zusätzlich aufgebracht. Damit erhält man mit Abb. V D.7b insgesamt die Schnittbelastungen und deren Ableitungen nach $^vM_e$ zu:

Bereich $a$ bis $b$: $M = M_B + {}^vM_e \dfrac{x}{l_1}$; $\quad \dfrac{\partial M}{\partial {}^vM_e} = \dfrac{x}{l_1}$;

$$Q = Q_B + \dfrac{{}^vM_e}{l_1}; \quad \dfrac{\partial Q}{\partial {}^vM_e} = \dfrac{1}{l_1}.$$

Bereich $b$ bis $e$: $M = {}^vM_e$; $\quad \dfrac{\partial M}{\partial {}^vM_e} = 1$;

$$Q = 0; \quad \dfrac{\partial Q}{\partial {}^vM_e} = 0.$$

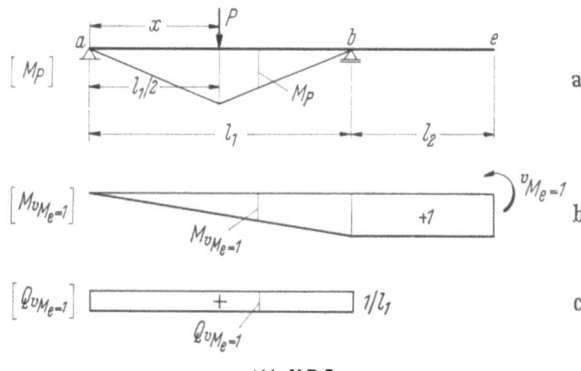

Abb. V D.7

Damit ergibt sich nach (V D.27b)

$$EJ_c\,\varphi_{B,e} = \int_a^b M\,\dfrac{x}{l_1}\,\dfrac{J_c}{J}\,\mathrm{d}s + \int_b^e M\cdot 1\,\dfrac{J_c}{J}\,\mathrm{d}s + k\,\dfrac{E}{G}\left[\int_a^b Q\,\dfrac{1}{l_1}\,\dfrac{J_c}{F}\,\mathrm{d}s + \int_b^e Q\cdot 0\,\dfrac{J_c}{F}\right].$$

Nach Durchführung der Variation wird nun wieder $^vM_e = 0$ eingeführt; somit ist bei der Integration einzuführen:

Bereich $a$ bis $b$: $M = M_B$; $\quad Q = Q_B$;

Bereich $b$ bis $e$: $M = 0$; $\quad Q = 0$.

Damit wird:

$$EJ_c\,\varphi_{B,e} = \int_a^b M_B\,{}^vM_{M_e=1}\,\dfrac{J_c}{J}\,\mathrm{d}s + k\,\dfrac{E}{G}\int_a^b Q_B\,{}^vQ_{M_e=1}\,\dfrac{J_c}{F}\,\mathrm{d}s.$$

## Literatur zum Abschnitt V

[1] CASTIGLIANO, C. A.: Théorie de l'équilibre des systèmes élastiques, Turin: Negro 1879.
[2] CLAPEYRON, B. P. E.: Sur l'équilibre intérieur des corps solides homogènes. Mém. des savants étrangers 4 (1833).
[3] MENABREA, L. F.: Nouveau principe sur la distribution des tensions dans les systèmes élastiques. Comptes rendus (1858) I.

Siehe auch:
[S 3] BEYER;   [S 20] KIRCHHOFF;   [S 32] OSTENFELD;
[S 4] BLEICH;  [S 24] MEHRTENS;   [S 37] SATTLER;
[S 10] FÖPPL;  [S 26, S 27] MOHR;  [S 38] STABILINI;
[S 17] HIRSCHFELD;  [S 28, S 29, S 30] MÜLLER-  [S 40] STÜSSI;
[S 19] KAUFMANN;   BRESLAU;   [S 44] TEICHMANN.

# VI. Statisch unbestimmte Systeme mit den Unbekannten als Schnittbelastungsgruppen

## A. Allgemeine Gesetze zur Bildung von Belastungsgruppen

Es kann von besonderem Vorteil sein — vor allem bei symmetrisch zu einer Mittelachse ausgebildeten Tragwerken —, mehrere Schnittbelastungen gleichzeitig als einen unbekannten Schnittbelastungszustand $Y_i$ in die Berechnung statisch unbestimmter Systeme einzuführen. Aus Abb. VI A.1 erkennt man z. B., daß für ein symmetrisches System und eine symmetrische Belastung (Abb. VI A.1a) — z.B. für Eigengewicht — die Momente $\bar{M}_B$ ebenfalls symmetrisch zur Symmetrieachse sind und somit auch das Stützmoment $\bar{M}_{B,b} = \bar{M}_{B,c}$ ist (Abb. VI A.1b). Wenn

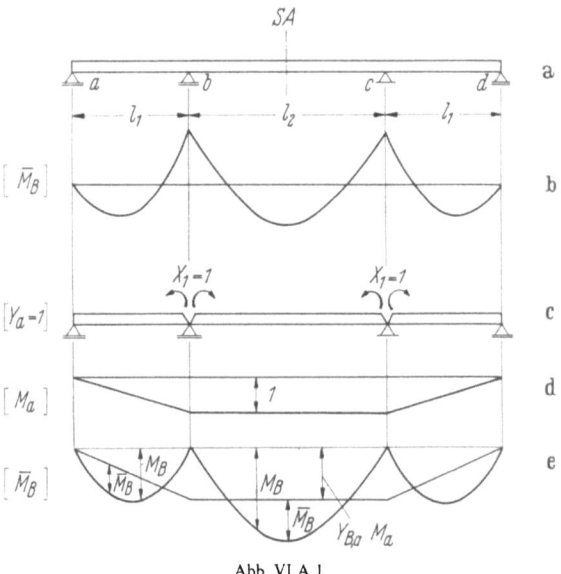

Abb. VI A.1

man die beiden Unbekannten $X_1 = 1$ über den Stützen $b$ und $c$ gleichzeitig als einen unbekannten Belastungszustand $Y_a = 1$ auffaßt (Abb. VI A.1c), für den die Momente $M_a$ in Abb. VI A.1d dargestellt sind, so ist nur die Größe von $Y_{B,a}$ erforderlich, um den endgültigen Schnittbelastungszustand $\bar{M}_B$ zu erhalten. Der Momentenlinie $M_B$ am statisch bestimmten System ist lediglich die mit $Y_{B,a}$ verzerrte Momentenlinie $M_a$ zu überlagern (Abb. VI A.1e). Das zweifach statisch unbestimmte System kann somit in diesem Sonderfall mit einer einzigen Unbekannten $Y_{B,a}$ berechnet werden.

Bei der Berechnung statisch unbestimmter Systeme ist es auch gleichgültig, welche absoluten Werte die Schnittbelastungen für die Zustände aus den einzelnen Unbekannten haben. Nur aus Gründen der einfacheren Rechnung werden die Schnittbelastungen für die Unbekannten $X_i$ nach Abschn. V an den Schnittstellen,

A. Allgemeine Gesetze zur Bildung von Belastungsgruppen

die das statisch unbestimmte in ein statisch bestimmtes System verwandeln, mit den absoluten Werten 1 eingeführt.

Zum Beispiel ergeben sich für den Durchlaufträger nach Abb. VI A.2a, der über der Stütze so getrennt wird, daß zwei Einfeldträger als statisch bestimmtes

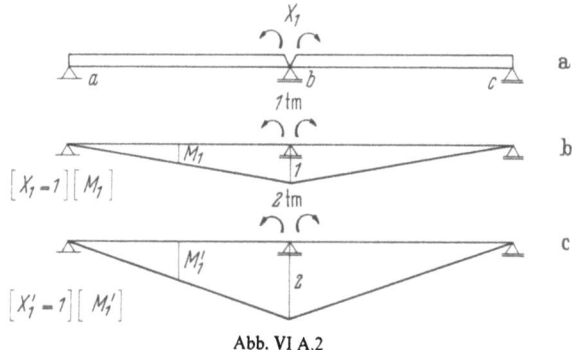

Abb. VI A.2

Grundsystem entstehen und bei dem das Stützmoment als Unbekannte gewählt wird, folgende Unterschiede je nach Wahl des Absolutwertes des Zustandes $[X_1 = 1]$ über der Stütze:

*Wahl Zustand* $[X_1 = 1]$: Der Absolutwert über der Stütze $b$ wird mit 1 tm angenommen (Abb. VI A.2b). Es gilt

$$a_{B,1} = \int M_B \, ^vM_1 \frac{J_c}{J} ds; \quad a_{1,1} = \int M_1 \, ^vM_1 \frac{J_c}{J} ds;$$

$$X_{B,1} = -\frac{a_{B,1}}{a_{1,1}}; \quad \bar{M}_{B,i} = M_{B,i} + X_{B,1} M_{1,i}.$$

*Wahl Zustand* $[X_1' = 1]$: Der Absolutwert über der Stütze $b$ wird mit 2 tm angenommen (Abb. VI A.2c). Damit wird mit $M_1' = 2M_1$:

$$a_{B,1}' = 2a_{B,1}; \quad a_{1,1}' = 4a_{1,1};$$

$$X_{B,1}' = -\frac{a_{B,1}'}{a_{1,1}'} = \frac{1}{2} X_{B,1}; \quad \bar{M}_{B,i} = M_{B,i} + X_{B,1}' M_{1,i}' = M_{B,i} + \frac{1}{2} X_{B,1} 2M_{1,i}$$

$$= M_{B,i} + X_{B,1} M_{1,i}.$$

Diese Feststellung ist für die Wahl von Belastungsgruppen wesentlich. Die symbolische Bezeichnung $[Y_i = 1]$ bezeichnet einen beliebigen Einheitszustand, der sich aus mehreren Einzelzuständen $[X_i = 1]$ zusammensetzen und an bestimmten Stellen beliebige Absolutwerte aufweisen kann.

Nach (III A.11) bzw. (III B.44) sind die inneren Arbeiten $^vA_i$, die sich aus der Wirkung eines gegebenen Verformungszustandes und eines virtuellen Belastungszustandes aus einer Einheitsbelastung ($P_i = 1$, $M_i = 1$, Doppelbelastungsgröße $X_i = 1$) ergeben, gleich der äußeren Arbeit $^vA_a$, die diese Einheitsbelastungen infolge der Verformungen aus dem gegebenen Belastungszustand leisten. Da sich für diese Arbeiten die Ausdrücke $1 v_{B,i}^*$, $1 \varphi_{B,i}^*$, $1 \Delta \varphi_{B,i}^*$ usw. ergeben, sind sie auch gleich den Verformungen an der Wirkungsstelle der virtuellen Belastung. Dies gilt nur, wenn der absolute Wert der virtuellen Belastung gleich 1 ist.

Für das zweifach statisch unbestimmte System nach Abb. VI A.3a mit den beiden Stützmomenten $X_1 = 1$ und $X_2 = 1$ (Abb. VI A.3b u. c) sind die Werte $a_{B,1}$, $a_{1,1}$, $a_{2,1}$ gegenseitige Drehungen $\Delta \varphi$ der Querschnitte über der Stütze $b$ am statisch bestimmten Grundsystem infolge der Belastungszustände $B$, $X_1 = 1$ und

$X_2 = 1$, somit an der Wirkungsstelle von $X_1 = 1$ (Abb. VI A.3a, e u. f). Sie stellen aber auch gleichzeitig Arbeiten dar, z. B. stellt $a_{B,1}$ die Arbeit dar, die die Unbekannte $X_1 = 1$ infolge der Verformung $\Delta\varphi_{B,1}$ leistet.

$$EJ_c \cdot 1 \, \Delta\varphi_{B,1} = a_{B,1}.$$

Wirkt die Belastungsgruppe „$Y_a = 1$" (Abb. VI A.3g), so ist der zugehörige Wert

$$a_{B,a} = \int M_B{}^v M_a \frac{J_c}{J} ds = \int M_B (M_1 + M_2) \frac{J_c}{J} ds = a_{B,1} + a_{B,2}$$

die Summe der Klaffungen infolge der Belastung $B$ an den Wirkungsstellen der Unbekannten $X_1 = 1$ und $X_2 = 1$. Es ist $a_{B,a}$ aber auch die Arbeit, die die Stützmomente $X_1 = 1$ und $X_2 = 1$ infolge der Verformungen $\Delta\varphi_{B,1}$ und $\Delta\varphi_{B,2}$ aus dem

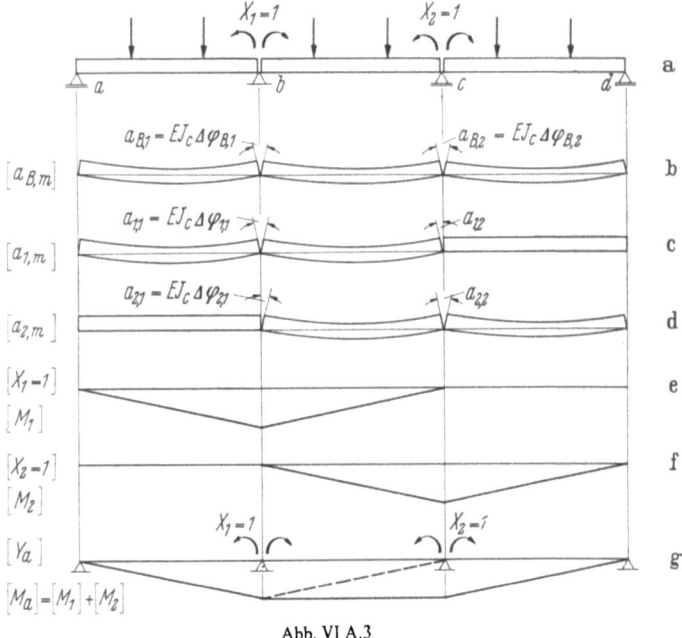

Abb. VI A.3

Belastungszustand $B$ an den Wirkungsstellen von $X_1 = 1$ und $X_2 = 1$ leisten. Die Deutung der $a_{B,i}$-Werte bzw. $a_{i,k}$-Werte als Superposition von Verformungen aus einem Belastungszustand an den Wirkungsstellen von Lastgruppen verliert ihren Sinn, vor allem wenn es sich um Schnittbelastungen verschiedener Dimensionen und verschiedener Absolutwerte an den Schnittstellen handelt. Sinnvoll ist es dann, diese Werte als Arbeiten zu betrachten.

Die nachfolgenden Erläuterungen des Verfahrens werden der Einfachheit halber für vollwandige Systeme gemacht, wobei nur der Momentenanteil angeschrieben wird. Selbstverständlich gelten alle Entwicklungen allgemein. Es sind nur die entsprechenden Ausdrücke einzusetzen. Von den virtuellen Arbeiten z. B.

$$\begin{aligned} a_{B,i} &= \int M_B{}^v M_i \frac{J_c}{J} ds + \int N_B{}^v N_i \frac{J_c}{F} ds + \\ &\quad + \frac{E}{G} \int k Q_B{}^v Q_i \frac{J_c}{F} ds + \sum S_B{}^v S_i \frac{J_c}{F} s; \\ a_{i,k} &= \int M_i{}^v M_k \frac{J_c}{J} ds + \int N_i{}^v N_k \frac{J_c}{F} ds + \\ &\quad + \frac{E}{G} \int k Q_i{}^v Q_k \frac{J_c}{F} ds + \sum S_i{}^v S_k \frac{J_c}{F} s \end{aligned} \quad \text{(VI A.1)}$$

werden entweder alle oder nur einzelne Anteile mitgenommen. Wenn nur einzelne Anteile berücksichtigt werden, dürfen natürlich in sämtlichen Arbeiten nur immer die gleichen (z. B. die Momente) erfaßt werden. Bei vollwandigen Systemen können in der Regel die Längskraft- und Querkraftanteile vernachlässigt werden. Bei über- und unterspannten Systemen und bei durch Bogen unterstützten Vollwandträgern müssen auf jeden Fall neben den Momenten der Vollwandträger die Stabkräfte in den Spanngliedern oder in den Bogenstäben berücksichtigt werden.

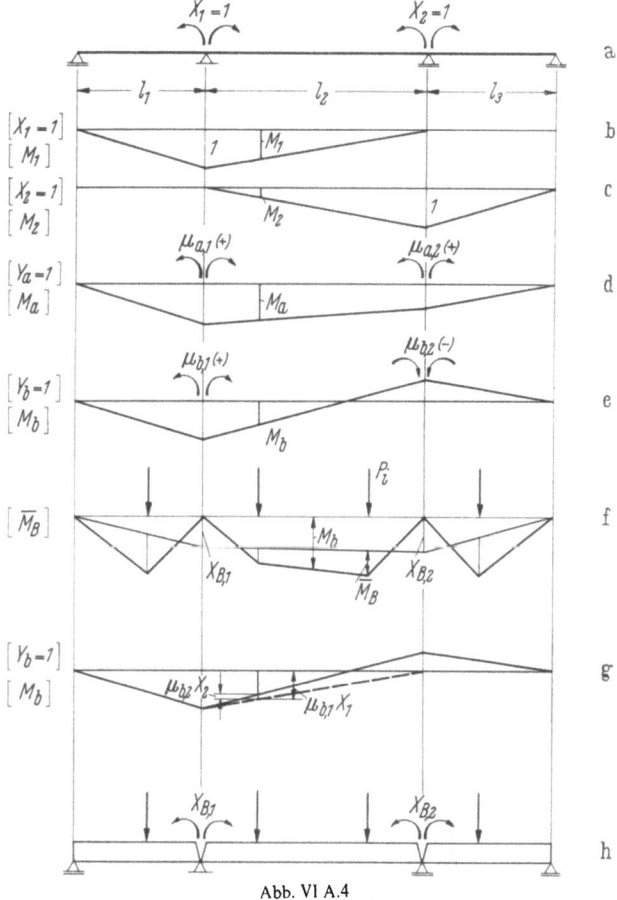

Abb. VI A.4

Ein Durchlaufträger über drei Felder (Abb. VI A.4a) wird nach Abschn. V zweckmäßig als zweifach statisch unbestimmtes System mit den Unbekannten $X_1 = 1$ tm und $X_2 = 1$ tm als Stützmomente (Abb. VI A.4b u. c) und der Balkenkette als statisch bestimmtes System berechnet. Für einen Belastungszustand $B$ (Lasten $P_i$) ergeben sich die Werte $X_{B,1}$ und $X_{B,2}$ und die Momente $\bar{M}_B$ (Abb. VI A.4f).

Wählt man die Lastgruppe $[Y_a = 1]$ als Unbekannte mit den beliebigen absoluten Werten $\mu_{a,1}$ und $\mu_{a,2}$ an den Wirkungsstellen der Unbekannten $X_1 = 1$ und $X_2 = 1$ (Abb. VI A.4d) und eine zweite Lastgruppe $[Y_b = 1]$ als Unbekannte mit den entsprechenden Werten $\mu_{b,1}$ und $\mu_{b,2}$ (Abb. VI A.4e), so müssen sich damit auf jeden Fall die gleichen Stützmomente des statisch unbestimmten Systems (Abb. VI A.4f) ergeben. Mit den Multiplikatoren $Y_{B,a}$ bzw. $Y_{B,b}$ der Zustände

$[Y_a = 1]$ bzw. $[Y_b = 1]$ muß gelten

$$X_{B,1} = \mu_{a,1} Y_{B,a} + \mu_{b,1} Y_{B,b};$$
$$X_{B,2} = \mu_{a,2} Y_{B,a} + \mu_{b,2} Y_{B,b}.$$
(VI A.2)

Führt man (VI A.2) in die bekannte Gleichung für die endgültigen Momente des statisch unbestimmten Systems ein, so erhält man

$$\begin{aligned}
\bar{M}_B &= M_B + X_{B,1} M_1 + X_{B,2} M_2 \\
&= M_B + (\mu_{a,1} Y_{B,a} + \mu_{b,1} Y_{B,b}) M_1 + (\mu_{a,2} Y_{B,a} + \mu_{b,2} Y_{B,b}) M_2 \\
&= M_B + Y_{B,a}(\mu_{a,1} M_1 + \mu_{a,2} M_2) + Y_{B,b}(\mu_{b,1} M_1 + \mu_{b,2} M_2) \\
&= M_B + Y_{B,a} M_a + Y_{B,b} M_b.
\end{aligned}$$
(VI A.3)

Allgemein setzen sich beliebige Schnittbelastungen für einen Belastungszustand des statisch unbestimmten Systems aus den Schnittbelastungen des statisch bestimmten Grundsystems und den mit $Y_{B,i}$ multiplizierten Schnittbelastungszuständen der Belastungsgruppen $[Y_i = 1]$ zusammen [S 17, S 19].

In dem allgemeinen Schema

|  | $Y_a$ | $Y_b$ | ... | $Y_n$ |  |
|---|---|---|---|---|---|
| $X_1$ | $\mu_{a,1}$ | $\mu_{b,1}$ | ... | $\mu_{n,1}$ |  |
| $X_2$ | $\mu_{a,2}$ | $\mu_{b,2}$ | ... | $\mu_{n,2}$ | → Absolutwerte |
| ⋮ | ⋮ | ⋮ | ⋮ | ⋮ |  |
| $X_n$ | $\mu_{a,n}$ | $\mu_{b,n}$ | ... | $\mu_{n,n}$ |  |

↓ Zustände

(VI A.4)

kennzeichnen die Zeilen Absolutwerte, z. B.

$$X_{B,2} = \mu_{a,2} Y_{B,a} + \mu_{b,2} Y_{B,b} + \cdots + \mu_{n,2} Y_{B,n} \quad \text{(VI A.5a)}$$

und die Spalten Zustände, z. B.

$$[Y_b = 1] = \mu_{b,1}[X_1 = 1] + \mu_{b,2}[X_2 = 1] + \cdots + \mu_{b,n}[X_n = 1]. \quad \text{(VI A.5b)}$$

Die Momente $M_b$ für den Zustand $[Y_b = 1]$ der Abb. VI A.4g setzen sich z. B. aus den $\mu_{b,1}$-fachen Momenten $M_1$ (Abb. VI A.4b) des Zustandes $[X_1 = 1]$ und den $\mu_{b,2}$-fachen Momenten $M_2$ (Abb. VI A.4c) des Zustandes $[X_2 = 1]$ zusammen.

Zur Aufstellung der Elastizitätsgleichungen, unter Zugrundelegung der Belastungsgruppen, kann man sich der Überlegungen bedienen, die zu (V C.35) geführt haben. Bringt man an den Wirkungsstellen der Unbekannten nach Durchführung der Trennschnitte — um ein statisch bestimmtes System zu erhalten — die dort tatsächlich wirkenden Schnittbelastungen des statisch unbestimmten Systems an (z. B. $X_{B,1}$ und $X_{B,2}$ in Abb. VI A.4h), so ergeben sich am Grundsystem die Schnittbelastungen $\bar{M}_B$ usw. des statisch unbestimmten Systems. Für diese können aber keine Klaffungen an den gedachten Schnittstellen eintreten. Bringt man an diesen Schnittstellen eine beliebige virtuelle Belastung an — z. B. die Belastungsgruppe $[Y_a = 1]$ —, so muß die äußere virtuelle Arbeit $^vA_a$ Null sein.

Mit $^vA_a = {}^vA_i$ und (V C.35) erhält man somit — wenn man nur die Momentenanteile berücksichtigt — unter Einführung von (VI A.3)

$$\int \bar{M}_B {}^vM_a \frac{J_c}{J} ds = \int M_B {}^vM_a \frac{J_c}{J} ds + Y_{B,a} \int M_a {}^vM_a \frac{J_c}{J} ds +$$
$$+ Y_{B,b} \int M_b {}^vM_a \frac{J_c}{J} ds = 0$$

bzw. allgemein

$$Y_{B,a} a_{a,a} + Y_{B,b} a_{b,a} + Y_{B,c} a_{c,a} + \cdots + a_{B,a} = 0;$$
$$Y_{B,a} a_{a,b} + Y_{B,b} a_{b,b} + Y_{B,c} a_{c,b} + \cdots + a_{B,b} = 0 \quad \text{usw.} \tag{VI A.6}$$

Hierbei gilt wieder $a_{i,k} = a_{k,i}$.

Vergleicht man das Gleichungssystem (VI A.6) mit dem von (V B.14a), so ist je eine Unbekannte $X_i$ durch eine Gruppenbelastung $Y_i$ ersetzt. Die Anzahl der zu berechnenden Unbekannten $X_{B,i}$ bzw. $Y_{B,i}$ bleibt gleich. Der Ersatz der einfachen Zustände $[X_i = 1]$ durch Lastgruppenzustände $[Y_i = 1]$ scheint daher in ganz allgemeiner Form nicht zweckmäßig.

Allgemein könnten in (VI A.4) alle $\mu_{i,m}$-Werte frei gewählt werden. Mit den Werten $a_{B,i}$ und $a_{i,k}$ nach (VI A.1), wobei die Werte $M_a$, $M_b$ usw. der Lastgruppen $[Y_a = 1]$, $[Y_b = 1]$ usw. einzuführen sind, erhält man nach Lösung des Gleichungssystems die $Y_{B,a}$-, $Y_{B,b}$-Werte usw. und die endgültigen Schnittlasten entsprechend (VI A.3).

Wählt man die Werte $\mu_{i,m}$ in (VI A.4) derart, daß alle $a_{i,k}$-Werte verschwinden und somit nur $a_{i,i}$-Werte auftreten, so kann man jeden Absolutwert von $Y_{B,i}$ aus einer einzigen Gleichung berechnen. Ein damit behandeltes System nennt man „vollkommen entflochten".

## 1. Vollständige Entflechtung

Bei einem $n$-gliedrigen Gleichungssystem gibt es $n(n-1)/2$ Werte $a_{i,k}$. Somit sind $n(n-1)/2$ Koeffizienten in (VI A.4) durch die Bedingungen $a_{i,k} = 0$ festgelegt. Die übrigen $n(n+1)/2$ Koeffizienten sind dagegen frei wählbar. In jeder Zeile von (VI A.4) kann man einen Wert — entsprechend den Überlegungen zu Abb. VI A.2 — frei wählen, zweckmäßig mit der Größe 1. Die anderen frei wählbaren Koeffizienten empfiehlt es sich in der Regel Null zu setzen. Damit erhält man statt (VI A.4) z. B. das Schema

|       | $Y_a$ | $Y_b$       | $Y_c$       | $Y_d$       | ... | $Y_n$       |
|-------|-------|-------------|-------------|-------------|-----|-------------|
| $X_1$ | 1     | $\mu_{b,1}$ | $\mu_{c,1}$ | $\mu_{d,1}$ | ... | $\mu_{n,1}$ |
| $X_2$ | 0     | 1           | $\mu_{c,2}$ | $\mu_{d,2}$ | ... | $\mu_{n,2}$ |
| $X_3$ | 0     | 0           | 1           | $\mu_{d,3}$ | ... | $\mu_{n,3}$ |
| ⋮     | ⋮     | ⋮           | ⋮           | ⋮           | ⋮   | ⋮           |
| $X_n$ | 0     | 0           | 0           | 0           | 0   | 1           |

→ Absolutwerte (VI A.7)

↓ Zustände

Die Spalten geben wieder an, wie sich die Lastgruppenzustände $[Y_i = 1]$ aus den $[X_i = 1]$-Zuständen zusammensetzen. Die $\mu_{i,k}$-Werte sind nunmehr aus den Beziehungen $a_{i,k} = 0$ zu bestimmen.

Für das Schema nach (VI A.7) ergibt sich aus den Spalten

$$[Y_a = 1] = (1)[X_1 = 1]; \quad \text{damit } M_a = M_1, \quad Q_a = Q_1 \text{ usw.}$$

$$[Y_b = 1] = \mu_{b,1}[X_1 = 1] + (1)[X_2 = 1]; \quad M_b = \mu_{b,1} M_1 + M_2 \text{ usw.}$$

$$a_{a,b} = a_{1,b} = \int M_a M_b \frac{J_c}{J} \, ds = \int M_1 (\mu_{b,1} M_1 + M_2) \frac{J_c}{J} \, ds = \mu_{b,1} a_{1,1} + a_{1,2} = 0.$$

Daraus ergibt sich: $\mu_{b,1} = -\dfrac{a_{1,2}}{a_{1,1}}$.

Damit ist aber der Belastungszustand $[Y_b = 1]$ eindeutig festgelegt und die zugehörigen Schnittbelastungen $M_b, Q_b$ usw.

$$a_{a,a} = \int M_a\, ^vM_a \frac{J_c}{J} ds = \int M_1 M_1 \frac{J_c}{J} ds = a_{1,1};$$

$$a_{b,b} = \int M_b\, ^vM_b \frac{J_c}{J} ds.$$

Man kann $a_{b,b}$ mit den bekannten Werten von $M_b$ direkt bestimmen oder noch weiter zerlegen

$$a_{b,b} = \int (\mu_{b,1} M_1 + M_2)(\mu_{b,1} M_1 + M_2) \frac{J_c}{J} ds = \mu_{b,1}^2 a_{1,1} + 2\mu_{b,1} a_{1,2} + a_{2,2}.$$

$$[Y_c = 1] = \mu_{c,1}[X_1 = 1] + \mu_{c,2}[X_2 = 1] + [X_3 = 1].$$

$$M_c = \mu_{c,1} M_1 + \mu_{c,2} M_2 + M_3;$$

$$a_{a,c} = \int M_a M_c \frac{J_c}{J} ds = \int M_1 M_c \frac{J_c}{J} ds = \mu_{c,1} a_{a,1} + \mu_{c,2} a_{a,2} + a_{a,3} = 0;$$

$$a_{b,c} = \int M_b M_c \frac{J_c}{J} ds = \mu_{c,1} a_{b,1} + \mu_{c,2} a_{b,2} + a_{b,3} = 0.$$

Mit $a_{a,b} = a_{1,b} = 0$ wird $\mu_{c,2} = -a_{b,3}/a_{b,2}$ und

$$\mu_{c,1} = -\frac{\mu_{c,2} a_{a,2} + a_{a,3}}{a_{a,1}}.$$

Damit liegt der Zustand $[Y_c = 1]$ und die zugehörigen Schnittbelastungen $M_c, Q_c$ usw. fest.

Schematisch können auf diese Weise alle $\mu_{i,k}$-Werte fortschreitend bestimmt werden. Weiter gilt

$$a_{B,a} = \int M_B\, ^vM_a \frac{J_c}{J} ds; \quad a_{B,b} = \int M_B\, ^vM_b \frac{J_c}{J} ds. \tag{VI A.8}$$

Als Lösung des Gleichungssystems (VI A.6), mit allen Werten $a_{i,k} = 0$, erhält man

$$Y_{B,a} = -\frac{a_{B,a}}{a_{a,a}}; \quad Y_{B,b} = -\frac{a_{B,b}}{a_{b,b}} \quad \text{usw.} \tag{VI A.9}$$

und die endgültigen Schnittbelastungen

$$\bar{M}_{B,i} = M_{B,i} + Y_{B,a} M_{a,i} + Y_{B,b} M_{b,i} + \cdots;$$
$$\bar{Q}_{B,i} = Q_{B,i} + Y_{B,a} Q_{a,i} + Y_{B,b} Q_{b,i} + \cdots \quad \text{usw.} \tag{VI A.10}$$

In vielen Fällen kann man aus der Anschauung bereits Lastgruppen — d. h. $\mu_{i,m}$-Werte — wählen, bei denen $a_{i,k}$-Werte von vornherein verschwinden. Dies ist besonders bei symmetrischen Systemen der Fall, für die die Berechnung dann besonders einfach wird. Wählt man z. B. für den Durchlaufträger nach Abb. VI A.5 das Schema

|       | $Y_a$ | $Y_b$ |
|-------|-------|-------|
| $X_1$ | $+1$  | $+1$  |
| $X_2$ | $+1$  | $-1$  |

(VI A.11)

so gilt für die einzelnen Zustände

$[Y_a = 1] = [X_1 = 1] + [X_2 = 1]; \quad M_a = M_1 + M_2$ (s. Abb. VI A.5b u. c);
$[Y_b = 1] = [X_1 = 1] - [X_2 = 1]; \quad M_b = M_1 - M_2$ (s. Abb. VI A.5d u. e).

Aus Abb. VI A.5c u. e erkennt man, daß $a_{a,b} = \int M_a M_b \frac{J_c}{J} ds = 0$ automatisch erfüllt ist. Mit $a_{a,a}$ und $a_{b,b}$ ergeben sich $Y_{B,a}$ und $Y_{B,b}$ nach (VI A.9) und die Schnittbelastungen nach (VI A.10).

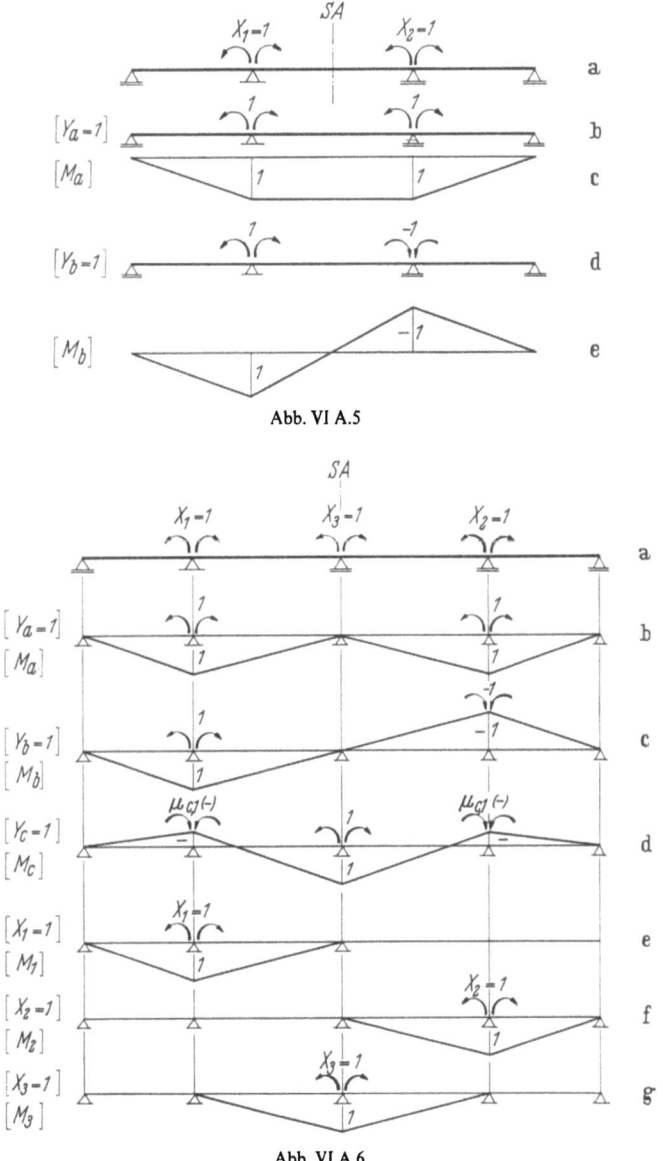

Abb. VI A.5

Abb. VI A.6

Für den symmetrischen Durchlaufträger nach Abb. VI A.6, der dreifach statisch unbestimmt ist, kann man durch geschickte Wahl der Lastgruppen zwei Werte $\mu_{l,m}$ von vornherein festlegen, so daß nur ein Wert zusätzlich zu bestimmen ist.

Wählt man das Schema

|       | $Y_a$ | $Y_b$ | $Y_c$ |
|-------|-------|-------|-------|
| $X_1$ | 1     | 1     | $\mu_{c,1}$ |
| $X_2$ | 1     | $-1$  | $\mu_{c,1}$ |
| $X_3$ | 0     | 0     | 1     |

(VI A.12)

so sind die Zustände $[Y_a = 1]$, $[Y_b = 1]$ und $[Y_c = 1]$ mit den zugehörigen Schnittbelastungen $M_a$, $M_b$ und $M_c$ in Abb. VI A.6b bis d festgelegt.

Man erkennt aus Abb. VI A.6b u. c, daß $a_{a,b} = 0$ ist, weiter aus Abb. VI A.6c u. d, daß $a_{b,c} = 0$ ist. Nun ist nur $\mu_{c,1}$ so zu wählen, daß $a_{a,c}$ zu Null wird. Mit $M_a = M_1 + M_2$ und $M_c = \mu_{c,1}(M_1 + M_2) + M_3$ ergibt sich

$$a_{a,c} = \int M_a M_c \frac{J_c}{J} ds = \mu_{c,1}(a_{a,1} + a_{a,2}) + a_{a,3} = 0$$

und

$$\mu_{c,1} = -\frac{a_{a,3}}{a_{a,1} + a_{a,2}}.$$

Mit den Zuständen $[X_1 = 1]$, $[X_2 = 1]$ und $[X_3 = 1]$ (Abb. VI A.6e bis g) erhält man

$$a_{a,1} = \int M_a M_1 \frac{J_c}{J} ds = a_{1,1} = a_{a,2}; \quad a_{a,3} = 2a_{1,3}$$

und

$$\mu_{c,1} = -\frac{a_{1,3}}{a_{1,1}}.$$

Mit $a_{a,a}$, $a_{b,b}$, $a_{c,c}$, $a_{B,a}$, $a_{B,b}$ und $a_{B,c}$ ergeben sich nach (VI A.9) die Werte $Y_{B,a}$, $Y_{B,b}$ und $Y_{B,c}$ und nach (VI A.10) die Schnittbelastungen.

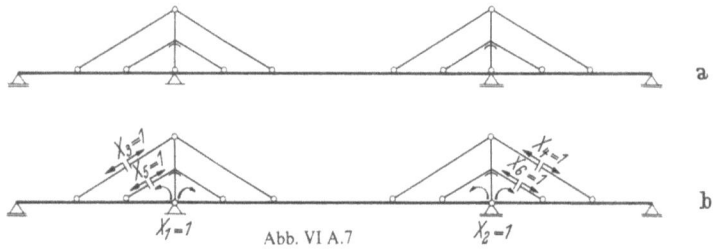

Abb. VI A.7

Bei dem sechsfach statisch unbestimmten, überspannten symmetrischen System nach Abb. VI A.7 kann jeweils durch Wahl von symmetrischen und antimetrischen Lastgruppen die Anzahl der zu berechnenden $\mu_{l,m}$-Werte von 15 auf 6 reduziert werden. Die Wirkung der Unbekannten $X_1$ bis $X_6$ auf die statisch bestimmte Balkenkette ist in Abb. VI A.7b angegeben. Man wählt das Schema

|       | $Y_a$ | $Y_b$ | $Y_c$ | $Y_d$ | $Y_e$ | $Y_f$ |
|-------|-------|-------|-------|-------|-------|-------|
| $X_1$ | $+1$  | $+1$  | $\mu_{c,1}$ | $\mu_{d,1}$ | $\mu_{e,1}$ | $\mu_{f,1}$ |
| $X_2$ | $+1$  | $-1$  | $\mu_{c,1}$ | $-\mu_{d,1}$ | $\mu_{e,1}$ | $-\mu_{f,1}$ |
| $X_3$ | 0     | 0     | $+1$  | $+1$  | $\mu_{e,3}$ | $\mu_{f,3}$ |
| $X_4$ | 0     | 0     | $+1$  | $-1$  | $\mu_{e,3}$ | $-\mu_{f,3}$ |
| $X_5$ | 0     | 0     | 0     | 0     | $+1$  | $+1$  |
| $X_6$ | 0     | 0     | 0     | 0     | $+1$  | $-1$  |

(VI A.13)

## A. Allgemeine Gesetze zur Bildung von Belastungsgruppen

Aus dem Aufbau des Schemas erkennt man, daß folgende Bedingungen erfüllt sind:

$$a_{a,b} = a_{c,d} = a_{e,f} = a_{a,d} = a_{a,f} = a_{b,c} = a_{b,e} = a_{c,f} = a_{d,e} = 0.$$

Die sechs zu bestimmenden $\mu_{i,m}$-Werte ergeben sich aus folgenden Bedingungen:

$$\mu_{c,1} \ldots a_{a,c} = 0;$$
$$\mu_{d,1} \ldots a_{b,d} = 0;$$
$$\mu_{e,1} \text{ und } \mu_{e,3} \ldots a_{a,e} = 0 \text{ und } a_{c,e} = 0;$$
$$\mu_{f,1} \text{ und } \mu_{f,3} \ldots a_{b,f} = 0 \text{ und } a_{d,f} = 0.$$

Mit diesen Werten werden die Unbekannten und Schnittbelastungen in bekannter Weise berechnet.

*Einflußlinien von Schnittbelastungen.* Für eine Last $P_m = 1$ t im Punkt $m$ eines statisch unbestimmten Systems (z. B. Durchlaufträger nach Abb. VI A.8a) ergibt sich z. B. für den Wert $a_{B,a}$

$$a_{P_m=1,a} = \int M_{P_m=1} {}^vM_a \frac{J_c}{J} \, ds = \int M_a {}^vM_{P_m=1} \frac{J_c}{J} \, ds = a_{a,m}.$$

Betrachtet man das zweite Integral, so kann man es wie folgt deuten: Wirkt auf ein statisch bestimmtes System die Belastungsgruppe $[Y_a = 1]$ (Abb. VI A.8a u. b)

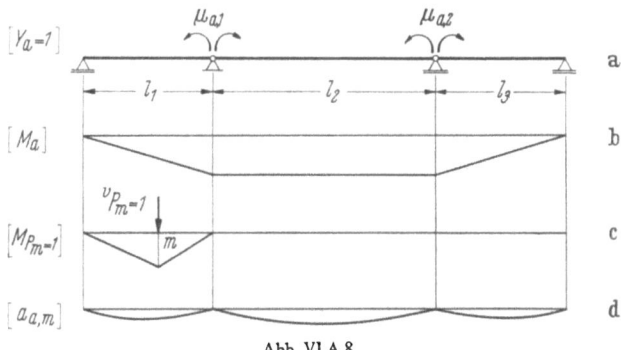

Abb. VI A.8

mit den Schnittbelastungen $M_a$ und bringt man im Punkt $m$ eine virtuelle Last $^vP_m = 1$ an (Abb. VI A.8c), so gibt das Integral die $EJ_c$-fache Durchbiegung $a_{a,m}$ des Systems an der Stelle $m$ an. Da

$$Y_{P_m=1,a} = -\frac{a_{m,a}}{a_{a,a}}$$

ist, $a_{m,a}$ aber auch der Biegelinie infolge des Zustands $[Y_a = 1]$ entspricht (Abb. VI A.8d), gilt für die Einflußlinien von „$Y_a$" usw.

$$\text{„}Y_a\text{"} = -\frac{a_{a,m}}{a_{a,a}}; \quad \text{„}Y_b\text{"} = -\frac{a_{b,m}}{a_{b,b}} \quad \text{usw.} \tag{VI A.14}$$

Für die Einflußlinien der Schnittbelastungen gilt entsprechend

$$\text{„}\bar{M}_i\text{"} = \text{„}M_i\text{"} + \text{„}Y_a\text{"} M_{a,i} + \text{„}Y_b\text{"} M_{b,i} + \cdots;$$
$$\text{„}\bar{Q}_i\text{"} = \text{„}Q_i\text{"} + \text{„}Y_a\text{"} Q_{a,i} + \text{„}Y_b\text{"} Q_{b,i} + \cdots \tag{VI A.15}$$

usw.
(Siehe Beispiele 35 bis 39.)

## 2. Teilweise Entflechtung

Wenn man im Schema für die $\mu_{i,k}$-Werte, z. B. in (VI A.7), von den $n(n-1)/2$ Koeffizienten, die bei voller Entflechtung durch die Bedingungen $a_{i,k} = 0$ festgelegt sind, einige $\mu_{i,m}$-Werte frei wählt, so sind die Gleichungen zur Bestimmung der $Y_{B,i}$-Werte nicht mehr voneinander unabhängig, und es gilt nicht mehr (VI A.9).

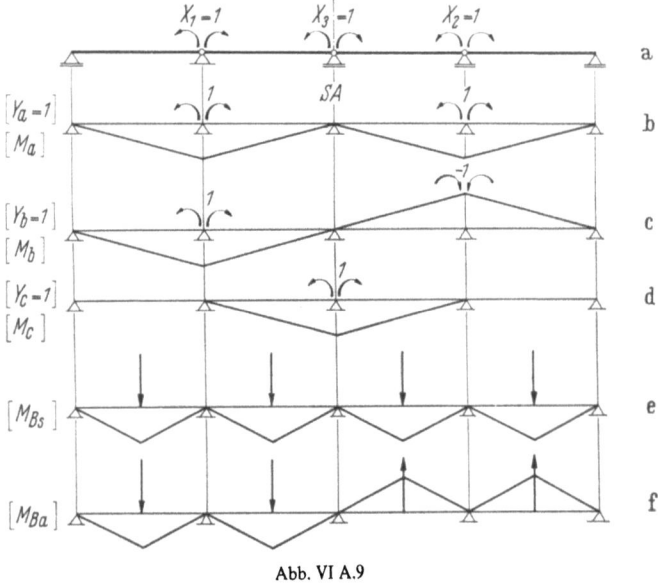

Abb. VI A.9

Unter Umständen kann es sich jedoch empfehlen, auch eine teilweise Entflechtung vorzunehmen.

Für das Beispiel nach Abb. VI A.6, für das bei vollständiger Entflechtung das Schema (VI A.12) gewählt wurde, wird z. B. folgendes Schema angenommen:

|       | $Y_a$ | $Y_b$ | $Y_c$ |
|-------|-------|-------|-------|
| $X_1$ | 1     | 1     | 0     |
| $X_2$ | 1     | $-1$  | 0     |
| $X_3$ | 0     | 0     | 1     |

(VI A.16)

Die Momente aus den Zuständen $[Y_a = 1]$, $[Y_b = 1]$ und $[Y_c = 1]$ sind in Abb. VI A.9b bis d dargestellt. Man erkennt, daß $a_{a,b} = a_{b,c} = 0$ sind, daß aber $a_{a,c} \neq 0$ ist. Damit lautet das Gleichungssystem für die $Y_{B,i}$-Werte statt (VI A.6) bzw. (VI A.9)

$$\left.\begin{array}{l} Y_{B,a}\, a_{a,a} + 0 \qquad\quad + Y_{B,c}\, a_{c,a} + a_{B,a} = 0; \\ 0 \qquad\quad + Y_{B,b}\, a_{b,b} + 0 \qquad\quad + a_{B,b} = 0; \\ Y_{B,a}\, a_{a,c} + 0 \qquad\quad + Y_{B,c}\, a_{c,c} + a_{B,c} = 0. \end{array}\right\} \quad \text{(VI A.17)}$$

Man sieht, daß wohl $Y_{B,b} = -a_{B,b}/a_{b,b}$ direkt aus einer Gleichung bestimmt werden kann, daß aber $Y_{B,a}$ und $Y_{B,c}$ aus zwei Gleichungen mit zwei Unbekannten berechnet werden müssen. Wenn es sich um eine symmetrische Belastung (Abb. VI A.9e) handelt, wird $a_{B,b} = 0$ und $Y_{B,b} = 0$; bei einer antimetrischen Belastung (Abb. VI A.9f) werden $a_{B,a} = a_{B,c} = 0$ und $Y_{B,a} = Y_{B,c} = 0$.

Für das Beispiel nach Abb. VI A.10a, ein dreifach statisch unbestimmtes System mit der Wahl der Unbekannten $X_1$, $X_2$ und $X_3$ nach Abb. VI A.10b,

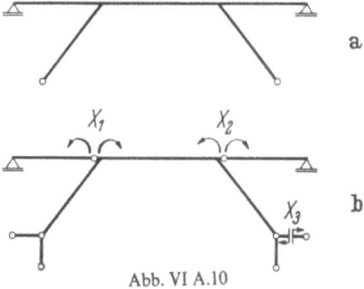

Abb. VI A.10

können bei teilweiser Entflechtung sowohl (VI A.16) wie (VI A.17) unverändert übernommen werden. Bei vollkommener Entflechtung kommt das Schema (VI A.12) in Betracht.

## B. Belastungsumordnung

Bei symmetrischen Systemen kann die Belastungsumordnung, im Schrifttum als „B-U-Verfahren" bekannt, Vorteile in der Berechnung bieten, vor allem bei der Anwendung von Lastgruppen [S 1, S 3].

Wenn man bei einem symmetrischen System einen einseitigen Belastungszustand $[B]$ (z. B. Abb. VI B.1a) in einen symmetrischen $[B_s]$ (Abb. VI B.1b) und

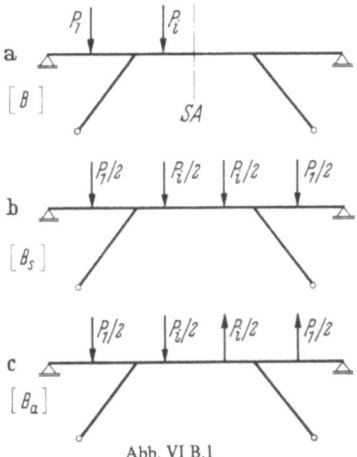

Abb. VI B.1

einen antimetrischen Belastungsanteil $[B_a]$ (Abb. VI B.1c) zerlegt, so können für jeden Anteil die Schnittbelastungen getrennt berechnet und durch Superposition der beiden Zustände

$$[B] = [B_s] + [B_a] \tag{VI B.1}$$

der Endzustand erhalten werden.

Wählt man die Lastgruppen nicht nach Schema (VI A.4) oder (VI A.7), sondern legt immer symmetrische und antimetrische Lastgruppen entsprechend (VI A.11), (VI A.12), (VI A.13), (VI A.16) u. ä. zugrunde — gleichgültig, ob es sich um vollkommene oder teilweise Entflechtung handelt —, so wird immer ein Teil der

Werte $Y_{B,i}$ zu Null. Außer der einfacheren Berechnung sind die Schnittbelastungen immer nur für das halbe System zu berechnen.

Das „B-U-Verfahren" wird nicht nur beim Lastgruppenverfahren, sondern auch bei vielen anderen Berechnungsverfahren der Statik mit Vorteil verwendet, gleichgültig ob es sich um Schnittbelastungs- oder Deformationsverfahren handelt.

Bei den Systemen nach Abb. VI B.2, VI B.3 und VI B.4 ist je eine einseitige Belastung (Abb. a) in eine symmetrische (Abb. b) und eine antimetrische (Abb. c) aufgeteilt. Je höher die statische Unbestimmtheit eines Systems ist, desto günstiger kann sich u. U. das „B-U-Verfahren" auswirken.

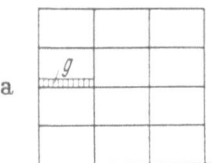

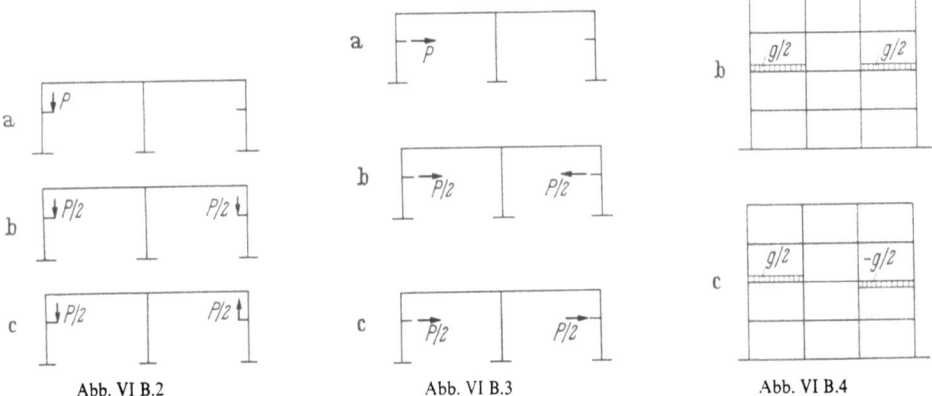

Abb. VI B.2     Abb. VI B.3     Abb. VI B.4

(Siehe Beispiele 32, 51 und 52.)

## C. Ideeller Schwerpunkt von eingespannten Rahmen und Bogen

Die Behandlung dieses Problems — im Schrifttum unter dem Namen „Elastischer Schwerpunkt" bzw. „Schwerpunkt der elastischen Gewichte" bekannt — geht bis auf WINKLER (1879) und KROHN (1880) zurück. Fast in jedem Buch über Statik findet man Ausführungen darüber [z. B. S 3, S 17, S 20, S 28].

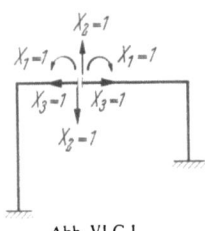

Abb. VI C.1

Besonders klar und umfassend sind die entsprechenden Ableitungen durch Transformation der Elastizitätsgleichungen von MELAN [S 23]. Nachfolgend wird gezeigt, wie die schematische Anwendung des Verfahrens der Gruppenlasten nach Abschn. VI A mit der fortschreitenden Ermittlung der $\mu_{i,m}$-Werte automatisch zum ideellen Schwerpunkt führt [2].

Werden an der Schnittstelle eines Rahmens oder Bogens (z. B. Abb. VI C.1) die Schnittbelastungen $X_{B,1}$, $X_{B,2}$ und $X_{B,3}$ als Unbekannte eingeführt, so sind diese für einen beliebigen Belastungszustand $B$ mittels der Elastizitätsgleichungen (V B.14a)

$$X_{B,1} a_{1,1} + X_{B,2} a_{2,1} + X_{B,3} a_{3,1} + a_{B,1} = 0;$$
$$X_{B,1} a_{1,2} + X_{B,2} a_{2,2} + X_{B,3} a_{3,2} + a_{B,2} = 0;$$
$$X_{B,1} a_{1,3} + X_{B,2} a_{2,3} + X_{B,3} a_{3,3} + a_{B,3} = 0$$

miteinander verflochten. Für $a_{B,i}$ und $a_{i,k}$ gilt (VI A.1).

Mit dem Schema entsprechend (VI A.7)

|       | $Y_a$ | $Y_b$     | $Y_c$     |
|-------|-------|-----------|-----------|
| $X_1$ | 1     | $\mu_{b,1}$ | $\mu_{c,1}$ |
| $X_2$ | 0     | 1         | $\mu_{c,2}$ |
| $X_3$ | 0     | 0         | 1         |

(VI C.1)

können Lastgruppenzustände $Y_{B,i}$ bzw. $\mu_{i,k}$-Werte so gefunden werden, daß das System vollkommen entflochten wird, d. h. die $a_{i,k}$-Werte in (VI A.6) zu Null werden, und (VI A.9) gilt.

### 1. Symmetrischer geschlossener Rahmen

Für den geschlossenen Rahmen nach Abb. VI C.2, mit der Schnittstelle in Mitte des oberen Riegels bei der Umwandlung in ein statisch bestimmtes Grundsystem, ergeben sich für die drei Unbekannten $X_1$, $X_2$ und $X_3$ die Belastungszustände nach Abb. VI C.3a bis c. Man erkennt aus diesen, daß bei Wahl von $\mu_{b,1} = \mu_{c,2} = 0$ in Schema (VI C.1)

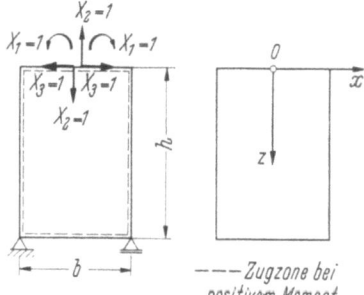

|       | $Y_a$ | $Y_b$ | $Y_c$     |
|-------|-------|-------|-----------|
| $X_1$ | 1     | 0     | $\mu_{c,1}$ |
| $X_2$ | 0     | 1     | 0         |
| $X_3$ | 0     | 0     | 1         |

(VI C.2)

die Werte $a_{a,b}$ und $a_{a,c}$ zu Null werden und nur $\mu_{c,1}$ aus der Bedingung $a_{a,c} = 0$ zu berechnen ist.

----Zugzone bei positivem Moment

Abb. VI C.2

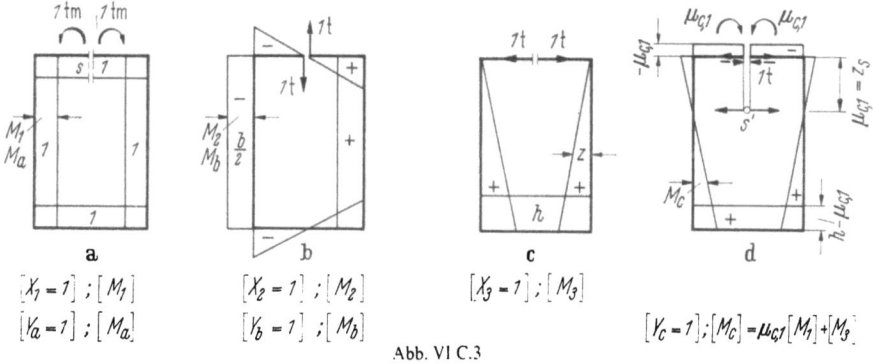

Abb. VI C.3

Mit $M_a = M_1$; $M_b = M_2$; $M_c = \mu_{c,1} M_1 + M_3$ und bei Vernachlässigung der Quer- und Längskräfte erhält man

$$a_{a,c} = 0 = \int M_a{}^v M_c \frac{J_c}{J} ds = \mu_{c,1} a_{1,1} + a_{1,3} = 0;$$

$$\mu_{c,1} = -\frac{a_{1,3}}{a_{1,1}}.$$

(VI C.3)

Mit $a_{a,a} = a_{1,1}$; $a_{b,b} = a_{2,2}$ und $\mu_{c,1}$ nach (VI C.3) wird

$$a_{c,c} = \mu_{c,1}^2 a_{1,1} + 2\mu_{c,1} a_{1,3} + a_{3,3} = a_{3,3} - \frac{a_{1,3}^2}{a_{1,1}}.$$

Die Werte $Y_{B,a}$, $Y_{B,b}$ und $Y_{B,c}$ ergeben sich dann aus (VI A.9), die Schnittbelastungen nach (VI A.10).

Mit dem Koordinatenursprung nach Abb. VI C.2 und den Momentenzuständen nach Abb. VI C.3a u. c ergibt sich

$$|\mu_{c,1}| = \frac{\int M_1 M_3 \frac{J_c}{J} ds}{\int M_1 M_1 \frac{J_c}{J} ds} = \frac{\int z \frac{J_c}{J} ds}{\int \frac{J_c}{J} ds} = z_s. \quad \text{(VI C.4)}$$

$z_s$ kennzeichnet somit den ideellen Schwerpunkt der mit der Masse $J_c/J$ belegten Rahmensystemlinie. Der Momentenzustand $M_c$ ist in Abb. VI C.3d dargestellt. Trägt man an der Schnittstelle s die Schnittbelastungen aus allen drei Zuständen $[Y_a = 1]$, $[Y_b = 1]$ und $[Y_c = 1]$ ein (Abb. VI C.4a), so können das Moment $\mu_{c,1}$ und die

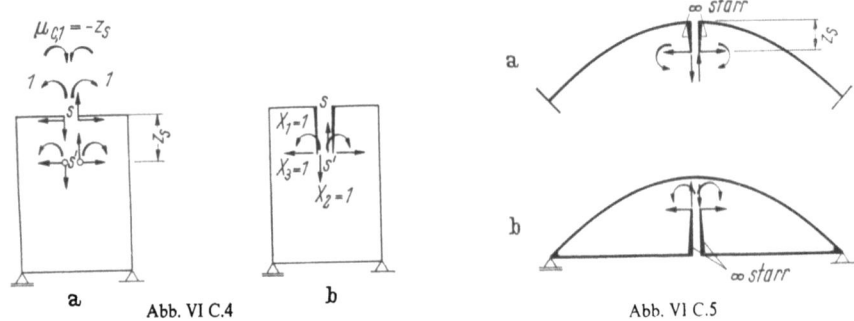

Abb. VI C.4    Abb. VI C.5

Horizontalkraft 1 durch die Horizontalkraft 1 in dem um $z_s$ verschobenen Punkt $s'$ ersetzt werden. Die Momente $M = +1$ und Querkräfte 1 können ohne irgendwelche Reduktionen ebenfalls in den Punkt $s'$ verschoben werden. Wenn man sich somit den Rahmen in $s$ aufgeschnitten denkt und sich den Punkt $s'$ mit unendlich starren Trägerstücken an $s$ angeschlossen denkt (Abb. VI C.4b), so kann man sich die drei Unbekannten $X_1$, $X_2$ und $X_3$ in diesem Punkt angreifend denken. Für diesen Sonderfall sind dann die $a_{i,k}$-Werte Null.

Verschiedentlich wird dieses Verfahren auch bei der Berechnung symmetrischer eingespannter Bogen oder Ringe verwendet, wobei man je nachdem, ob der Bogen elastisch oder starr eingespannt ist, sich das ideelle System nach Abb. VI C.5a oder b vorstellen kann.

## 2. Unsymmetrischer geschlossener Rahmen

Ein beliebiger Rahmen mit beliebiger Verteilung der $J_c/J$-Werte wird in einem beliebigen Punkt des Riegels, z. B. in $b/2$ (Abb. VI C.6), durchgeschnitten, und es werden in diesem Punkt die Unbekannten $X_1$, $X_2$ und $X_3$ angebracht. In diesem Fall gilt das Schema (VI C.1) uneingeschränkt, und es können die drei $\mu_{i,m}$-Werte automatisch bestimmt werden. Damit sind die $Y_{B,i}$-Werte oder Schnittbelastungen nach (VI A.9) und (VI A.10) festgelegt.

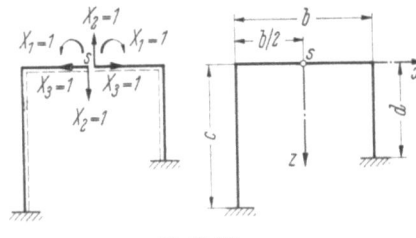

Abb. VI C.6

Nachfolgend werden aus Anschauungsgründen — um u. a. wieder den ideellen Schwerpunkt zu beweisen — unter Vernachlässigung der Quer- und Längskräfte die Werte $\mu_{i,k}$ weiter entwickelt.

Aus den Momentenzuständen für die Unbekannten $X_1$, $X_2$ und $X_3$ (Abb. VI C.7a bis c) ergeben sich mit dem Schema (VI C.1) die Momentenzustände $M_a$, $M_b$ und $M_c$ für die Belastungsgruppen $[Y_a = 1]$, $[Y_b = 1]$ und $[Y_c = 1]$.

Es gilt
$$M_a = M_1; \quad M_b = \mu_{b,1} M_1 + M_2;$$
$$M_c = \mu_{c,1} M_1 + \mu_{c,2} M_2 + M_3.$$

Aus $a_{a,b} = 0 = a_{1,b} = \mu_{b,1} a_{1,1} + a_{1,2}$ wird
$$\mu_{b,1} = -\frac{a_{1,2}}{a_{1,1}}$$

bzw.
$$\mu_{b,1} = -\frac{\int M_1 M_2 \frac{J_c}{J} ds}{\int M_1 M_1 \frac{J_c}{J} ds} = -\frac{\int x \frac{J_c}{J} ds}{\int \frac{J_c}{J} ds}. \tag{VI C.5}$$

$\mu_{b,1}$ gibt somit wieder den ideellen Schwerpunkt der mit $J_c/J$ belegten Systemlinie — nunmehr in $x$-Richtung — an. Man erkennt weiter aus Abb. VI C.7d,

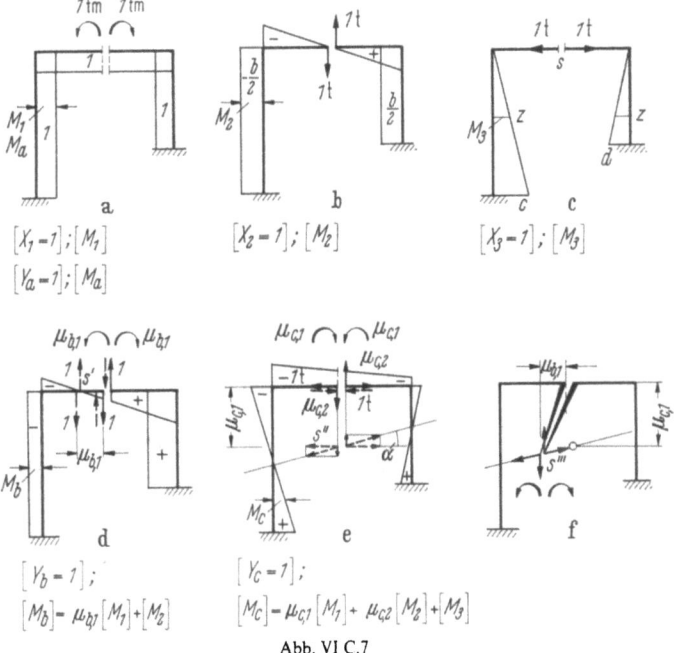

Abb. VI C.7

daß man sich die Schnittbelastung an der Stelle $s$ aus dem Zustand $[Y_b = 1]$, der aus der Querkraft 1 und dem Moment $\mu_{b,1}$ besteht, nur durch eine Querkraft 1 allein an der um $\mu_{b,1}$ verschobenen Stelle $s'$ ersetzt denken kann.

Aus den beiden Bedingungen $a_{a,c} = 0$ und $a_{b,c} = 0$ werden die beiden Werte $\mu_{c,1}$ und $\mu_{c,2}$ bestimmt.

$$a_{a,c} = \mu_{c,1} a_{a,1} + \mu_{c,2} a_{a,2} + a_{a,3} = \mu_{c,1} a_{1,1} + \mu_{c,2} a_{1,2} + a_{1,3} = 0;$$
$$a_{b,c} = \mu_{c,1} a_{b,1} + \mu_{c,2} a_{b,2} + a_{b,3} = \mu_{c,1} (\mu_{b,1} a_{1,1} + a_{1,2}) +$$
$$+ \mu_{c,2} (\mu_{b,1} a_{1,2} + a_{2,2}) + \mu_{b,1} a_{1,3} + a_{2,3} = 0.$$

Setzt man den obigen Wert von $\mu_{b,1}$ ein, so erhält man

$$\mu_{c,2} = \frac{a_{1,2}\,a_{1,3} - a_{1,1}\,a_{2,3}}{a_{1,1}\,a_{2,2} - a_{1,2}^2} = \tan\alpha$$

und

$$\mu_{c,1} = -\frac{a_{1,3}\,a_{2,2} - a_{1,2}\,a_{2,3}}{a_{1,1}\,a_{2,2} - a_{1,2}^2}.$$

Aus Abb. VI C.7e erkennt man, daß man sich die Schnittbelastungen aus dem Zustand $[Y_c = 1]$ an der Schnittstelle $s$, der aus einem Doppelmoment $\mu_{c,1}$ einer Doppelquerkraft $\mu_{c,2}$ und einer Doppellängskraft 1 besteht, durch eine Einzelkraft im Punkt $s''$ ersetzt denken kann. Das Moment $\mu_{c,1}$ bewirkt nämlich eine Verschiebung der Horizontalkraft 1 um $\mu_{c,1}$ in vertikaler Richtung bis $s''$; die beliebig in ihrer Richtung verschiebbare Querkraft ergibt aber in Zusammensetzung mit der Horizontalkraft 1 in $s''$ eine Resultierende unter dem Winkel $\alpha$.

Somit kann man sich drei unbekannte Doppelschnittbelastungen als Unbekannte im ideellen Schwerpunkt $s'''$ vorstellen, die voneinander unabhängig sind (Abb. VI.C 7f). Man wird jedoch zweckmäßig nicht mit diesen Unbekannten und diesem ideellen Schwerpunkt rechnen, sondern schematisch nach Schema (VI C.1) und Abschn. VI A vorgehen.

Für den vorliegenden Fall gilt noch allgemein mit den obigen $\mu_{l,k}$-Werten

$$a_{a,a} = a_{1,1}; \quad a_{b,b} = \mu_{b,1}^2 a_{1,1} + 2\mu_{b,1} a_{1,2} + a_{2,2} = \frac{a_{1,1}\,a_{2,2} - a_{1,2}^2}{a_{1,1}};$$

$$a_{c,c} = \mu_{c,1}^2 a_{1,1} + 2\mu_{c,1}\mu_{c,2} a_{1,2} + 2\mu_{c,1} a_{1,3} + \mu_{c,2}^2 a_{2,2} + 2\mu_{c,2} a_{2,3} + a_{3,3} =$$

$$= a_{3,3} - \frac{a_{1,1}\,a_{2,3}^2 - 2a_{1,2}\,a_{1,3}\,a_{2,3} + a_{1,3}^2\,a_{2,2}}{a_{1,1}\,a_{2,2} - a_{1,2}^2}.$$

Die Werte $a_{b,b}$, $a_{c,c}$ und $a_{B,l}$ können aber auch unmittelbar — bzw. sogar zweckmäßig — aus den Momentenzustandslinien $M_a$, $M_b$ und $M_B$ bestimmt werden.
Mit

$$Y_{B,l} = -\frac{a_{B,l}}{a_{l,l}}$$

ergeben sich dann wieder die endgültigen Schnittbelastungen nach (VI A.10). Für den Sonderfall des symmetrischen Rahmens erhält man aus obigen Formeln zur Kontrolle mit $a_{1,2} = 0$ den Wert $\mu_{b,1} = 0$ (keine seitliche Verschiebung), mit $a_{2,3} = 0$ den Wert $\mu_{c,2} = 0$ (keine Drehung um den Winkel $\alpha$), und die Werte

$$\mu_{c,1} = -\frac{a_{1,3}}{a_{1,1}} \quad \text{und} \quad a_{c,c} = a_{3,3} - \frac{a_{1,3}^2}{a_{1,1}}$$

wie früher.

Der Einfluß der Längs- und Querkräfte kann in der Regel vernachlässigt werden; bei der schematischen Anwendung des Schemas (VI C.1) bzw. (VI C.2) bestehen aber keine Schwierigkeiten, sie in der obigen Rechnung mit zu erfassen.

## D. Der Durchlaufträger auf starren Stützen

Eine besonders interessante Anwendung des Belastungsgruppenverfahrens wurde von Homberg [1] für Durchlaufträger auf starren Stützen entwickelt. Der Durchlaufträger mit $n$ Zwischenstützen (Abb. VI D.1a) sei im Punkt $v$ mit einer Einzellast $P_v = 1$ belastet. Denkt man sich die starren Stützstäbe 1 bis $n$ (Abb. VI D.1b) durchgeschnitten, so könnte nach der Schnittbelastungsmethode des Abschn. V jede Stützstabbelastung als statisch unbestimmte Größe $X_l$ gewählt

D. Der Durchlaufträger auf starren Stützen

werden. Nach der Lastgruppenmethode werden demgegenüber $n$ Lastgruppen eingeführt. Nach dem Schema (VI A.4) treten aus dem Belastungszustand $[Y_i = 1]$ in den einzelnen Stützstäben in den Punkten $k$ die Stabkräfte $\mu_{i,m}$ auf. Diese wirken

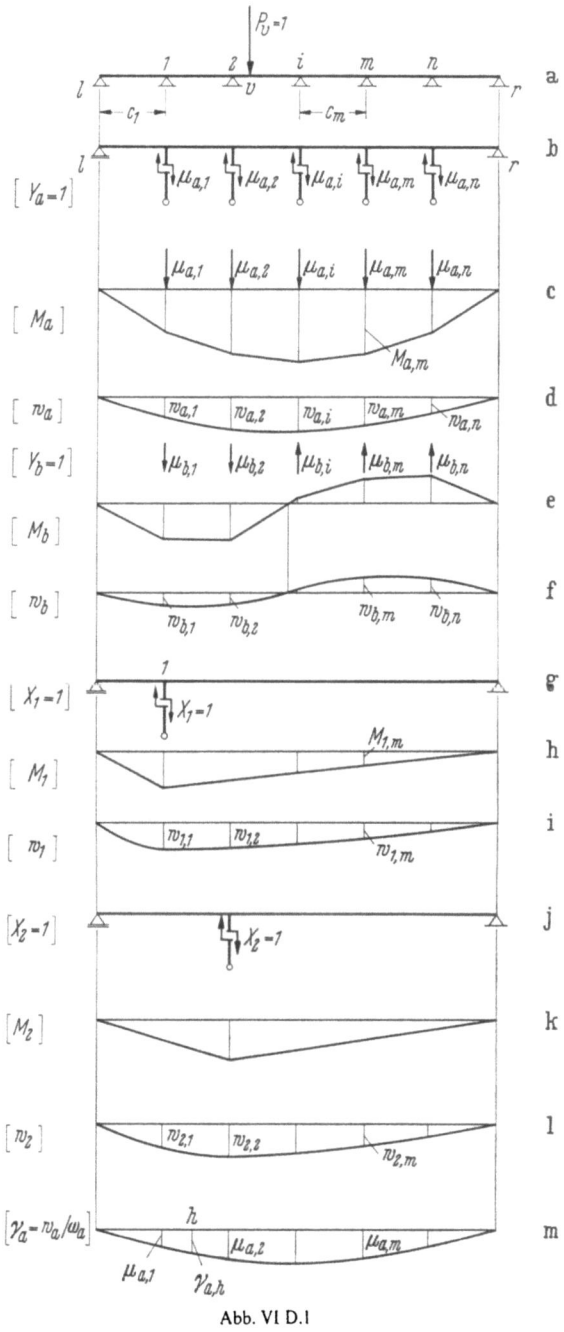

Abb. VI D.1

als Belastung auf das statisch bestimmte Grundsystem, den in den Punkten $l$ und $r$ gestützten Einfeldbalken. Für den Zustand $[Y_a = 1]$ ergeben sich aus der Belastung durch die Kräfte $\mu_{a,1}, \mu_{a,2}$ bis $\mu_{a,n}$ die Momente $M_a$ (Abb. VI D.1b u. c) und daraus die Biegelinie $w_{a,m}$ (Abb. VI D.1 d). Für den Zustand $[Y_b = 1]$, mit den $\mu_{b,k}$-Werten als Belastung, erhält man die Momente $M_b$ und die Biegelinie $w_{b,m}$ (Abb. VI D.1 e u. f) usw. Der Sinn des Verfahrens liegt nun wieder darin, eine solche Wahl für die $\mu_{l,m}$-Werte zu treffen, daß die $a_{a,b}$-, $a_{a,c}$- und $a_{l,k}$-Werte zu Null werden und die Gl. (VI A.9) gilt, wonach

$$Y_{B,l} = -\frac{a_{B,l}}{a_{l,l}} \qquad \text{(VI D.1)}$$

wird.

Als Bildungsgesetz für die $\mu_{l,m}$-Werte wird angenommen, daß die Durchbiegungen infolge der Belastung durch eine Lastgruppe $[Y_l = 1]$ proportional der Belastung, also proportional den $\mu_{l,m}$-Werten, sein sollen.

$$w_{l,m} = \omega_l \mu_{l,m}. \qquad \text{(VI D.2)}$$

Zum Beispiel gilt

für die Lastgruppe $[Y_a = 1]$

$$\left.\begin{array}{l} w_{a,1} = \omega_a \mu_{a,1}; \quad w_{a,2} = \omega_a \mu_{a,2}; \quad \cdots \quad w_{a,n} = \omega_a \mu_{a,n}; \\ \text{für die Lastgruppe } [Y_l = 1] \\ w_{l,1} = \omega_l \mu_{l,1}; \quad w_{l,2} = \omega_l \mu_{l,2}; \quad \cdots \quad w_{l,n} = \omega_l \mu_{l,n}. \end{array}\right\} \qquad \text{(VI D.2a)}$$

$\omega_a, \omega_b, \ldots, \omega_l$ sind hierbei absolute Zahlenwerte.

Für das statisch bestimmte Grundsystem ergeben sich für den Zustand $[X_1 = 1]$ die Momente $M_{1,m}$ und die Biegelinie $w_{1,m}$ (Abb. VI D.1g bis i), für den Zustand $[X_2 = 1]$ die Momente $M_{2,m}$ und die Biegelinie $w_{2,m}$ (Abb. VI D.1j bis l) usw. Damit kann die Durchbiegung an einer bestimmten Unterstützungsstelle $h$ infolge einer Lastgruppe $[Y_l = 1]$ wie folgt geschrieben werden:

$$w_{l,h} = w_{1,h}\mu_{l,1} + w_{2,h}\mu_{l,2} + \cdots + w_{n,h}\mu_{l,n} = \sum_{m=1}^{n} w_{m,h}\mu_{l,m}. \qquad \text{(VI D.3)}$$

Zum Beispiel ist

$$w_{a,3} = w_{1,3}\mu_{a,1} + w_{2,3}\mu_{a,2} + \cdots + w_{n,3}\mu_{a,n}.$$

Die $a_{l,k}$-Werte können als virtuelle äußere Arbeit der Belastung infolge des Zustandes $[Y_l = 1]$ – dies sind die Kräfte $\mu_{l,m}$ – unter Beachtung der zugehörigen Verformungen aus dem Zustand $[Y_k = 1]$ – dies sind die Durchbiegungen $w_{k,m}$ – angesehen werden. Somit ergibt sich mit (VI D.2)

$$a_{l,k} = a_{k,l} = \sum_{m=1}^{n} \mu_{l,m} w_{k,m} = \sum_{m=1}^{n} \mu_{k,m} w_{l,m} =$$

$$= \omega_k \sum_{m=1}^{n} \mu_{l,m} \mu_{k,m} = \omega_l \sum_{m=1}^{n} \mu_{k,m} \mu_{l,m}. \qquad \text{(VI D.4a)}$$

Da $\omega_l$ bzw. $\omega_k$ absolute Zahlenwerte sind, lauten die Bedingungen $a_{l,k} = 0$ zur Bestimmung der $\mu_{l,m}$-Werte, die Orthogonalitätsbedingungen,

$$\sum_{m=1}^{n} \mu_{l,m} \mu_{k,m} = 0. \qquad \text{(VI D.4b)}$$

In gleicher Weise erhält man

$$a_{l,l} = \sum_{m=1}^{n} \mu_{l,m} w_{l,m} = \omega_l \sum_{m=1}^{n} \mu_{l,m}^2 = \frac{\omega_l}{\alpha_l} \qquad \text{(VI D.5)}$$

mit

$$\alpha_l = \frac{1}{\sum_{m=1}^{n} \mu_{l,m}^2}. \qquad \text{(VI D.6)}$$

Nach (VI D.2) hat die durch $\omega_l$ geteilte Biegelinie $w_{l,m}$ in den Unterstützungspunkten $m$ die Werte $\mu_{l,m}$. Zwischenwerte für einen beliebigen Punkt $h$ werden

D. Der Durchlaufträger auf starren Stützen

mit $\gamma_{i,h}$ bezeichnet. Die $\gamma_i$-Linie ist somit die mit $1/\omega_i$ verzerrte Biegelinie des Zustandes $[Y_i = 1]$:

$$\gamma_{i,m} = \frac{w_{i,m}}{\omega_i}. \quad \text{(VI D.7)}$$

Zum Beispiel zeigt Abb. VI D.1m die $\gamma_a$-Linie für den Zustand $[Y_a = 1]$.

Für den Belastungszustand $P_v = 1$, die Last $P = 1$ im beliebigen Punkt $v$, ist $a_{B,i}$ gleich der äußeren Arbeit, die die Last $P_v = 1$ unter Beachtung der Durchbiegung infolge des Zustandes $[Y_i = 1]$ leistet. Es gilt somit

$$a_{B,i} = 1 w_{i,v} = \omega_i \gamma_{i,v}. \quad \text{(VI D.8)}$$

Mit (VI A.9) wird

$$Y_{P_v=1,i} = -\frac{w_{i,v}}{a_{i,i}} = -\frac{\omega_i \gamma_{i,v}}{\omega_i/\alpha_i} = -\alpha_i \gamma_{i,v}. \quad \text{(VI D.9a)}$$

Da (VI D.9) für jede beliebige Laststellung $P_v = 1$ gilt, erhält man die Einflußlinie von „$Y_i$" zu

$$\text{„}Y_i\text{"} = -\alpha_i \gamma_{i,v}. \quad \text{(VI D.9b)}$$

Sind die $\mu_{i,m}$-Werte bekannt, so sind damit auch die $\gamma_{i,v}$-Linie, der Wert $\alpha_i$ und die Einflußlinie von „$Y_i$" gegeben. Es handelt sich nun darum, die $\mu_{i,m}$-Werte zu bestimmen.

Mit (VI D.2) und (VI D.3) erhält man für eine Lastgruppe $[Y_i = 1]$ an der Unterstützungsstelle $h$ die Bedingung

$$w_{i,h} = \omega_i \mu_{i,h} = w_{1,h}\mu_{i,1} + w_{2,h}\mu_{i,2} + \cdots + w_{h,h}\mu_{i,h} + \cdots + w_{n,h}\mu_{i,n}.$$

Läßt man den Index $i$ weg, da diese Gleichung für jede Lastgruppe gilt, und schreibt diese Bedingungen für jeden Punkt von 1 bis $n$ auf, so ergibt sich das Gleichungssystem

|   | $\mu_1$ | $\mu_2$ | $\mu_3$ | ... | $\mu_n$ |   |
|---|---|---|---|---|---|---|
| 1 | $(w_{1,1} - \omega)$ | $w_{2,1}$ | $w_{3,1}$ | ... | $w_{n,1}$ | $= 0$ |
| 2 | $w_{1,2}$ | $(w_{2,2} - \omega)$ | $w_{3,2}$ | ... | $w_{n,2}$ | $= 0$ |
| ⋮ | ⋮ | ⋮ | ⋮ | ⋮ | ⋮ | ⋮ |
| $n$ | $w_{1,n}$ | $w_{2,n}$ | $w_{3,n}$ | ... | $(w_{n,n} - \omega)$ | $= 0$ |

(VI D.10)

Dieses homogene Gleichungssystem kann nur erfüllt sein, wenn die Nennerdeterminante des Systems gleich Null ist. Die Gleichung $n$-ter Ordnung für $\omega$ ergibt $n$ Wurzeln $\omega_1, \omega_2, \ldots, \omega_n$.

Wie im Abschn. VI A gezeigt wurde, kann ein $\mu_h$-Wert für jeden Belastungszustand $[Y_i = 1]$ beliebig gewählt werden. Für den Fall $[Y_i = 1]$, der der Wurzel $\omega_i$ entspricht, kann (VI D.10) wie folgt geschrieben werden:

|   | $\mu_{i,1} = \frac{\mu_1}{\mu_h}$ | $\mu_{i,2} = \frac{\mu_2}{\mu_h}$ | ... | $\mu_{i,h} = \frac{\mu_h}{\mu_h} = 1$ | $\mu_{i,n} = \frac{\mu_n}{\mu_h}$ |   |
|---|---|---|---|---|---|---|
| 1 | $(w_{1,1} - \omega_i)$ | $w_{2,1}$ | ... | $w_{h,1}$ | $w_{n,1}$ | $= 0$ |
| 2 | $w_{1,2}$ | $(w_{2,2} - \omega_i)$ | ... | $w_{h,2}$ | $w_{n,2}$ | $= 0$ |
| ⋮ | ⋮ | ⋮ | ⋮ | ⋮ | ⋮ | ⋮ |
| $n$ | $w_{1,n}$ | $w_{2,n}$ | ... | $w_{h,n}$ | $(w_{n,n} - \omega_i)$ | $= 0$ |

(VI D.11)

Es kann somit für jede Lastgruppe $[Y_i = 1]$ ein beliebiger Wert gleich 1 gesetzt werden. Damit sind aber die zugehörigen $\mu_{i,m}$-Werte aus (VI D.11) zu berechnen, weil die Spalte mit $\mu_{i,h} = 1$ Absolutwerte darstellt, die nun als Belastungsglieder auftreten. Da eine Gleichung zuviel ist, kann eine beliebige weggelassen werden bzw. zu Kontrollzwecken verwendet werden.

Für den Sonderfall konstanten Trägheitsmomentes und gleicher Stützabstände $c$ können die $\mu_{i,m}$-Werte unmittelbar angegeben werden. Die Sinus-Funktionen geben nämlich für diesen Fall bereits die $\mu_{i,m}$-Werte an. Es gilt allgemein

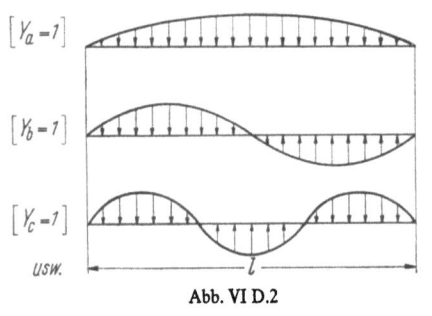

Abb. VI D.2

$$\mu_{i,m} = \sin \frac{i \pi x_m}{l}. \tag{VI D.12}$$

Zum Beispiel ist für die Lastgruppen $[Y_a = 1]$ (Abb. VI D.2a)

$$\mu_{a,m} = \sin \frac{\pi x}{l};$$

für die Lastgruppe $[Y_b = 1]$ (Abbildung VI D.2b)

$$\mu_{b,m} = \sin \frac{2 \pi x_m}{l}$$

usw.

Sind die Einflußlinien „$Y_i$" für die Lastgruppen bekannt, so können in bekannter Weise die Einflußlinien beliebiger Schnittbelastungen bestimmt werden.

Für den Auflagerdruck an der Stütze $h$ erhält man z. B. nach (VI A.15) die Beziehung

$$\begin{aligned} „\bar{A}_h" &= „A_h" + „Y_a" A_{a,h} + „Y_b" A_{b,h} + \cdots \\ &= 0 + (-\alpha_a \gamma_{a,v}) \mu_{a,h} + (-\alpha_b \gamma_{b,v}) \mu_{b,h} + \cdots \\ &= -\sum_{i=a}^{n} \alpha_i \mu_{i,h} \gamma_{i,v}. \end{aligned} \tag{VI D.13}$$

Die „$\bar{A}_h$"-Einflußlinie erhält man somit als Superposition der mit $\alpha_i \mu_{i,h}$ multiplizierten „$\gamma_i$-Linien".

Für das Moment an einer beliebigen Stelle $x$ gilt

$$\begin{aligned} „\bar{M}_x" &= „M_x" + „Y_a" M_{a,x} + „Y_b" M_{b,x} + \cdots \\ &= „M_x" - \sum_{i=1}^{n} \alpha_i M_{i,x} \gamma_{i,v}. \end{aligned} \tag{VI D.14}$$

Entsprechend erhält man für die Querkraft

$$„\bar{Q}_x" = „Q_x" - \sum_{i=1}^{n} \alpha_i Q_{i,x} \gamma_{i,v} \tag{VI D.15}$$

und für die Einflußlinie der Durchbiegung im Punkt $x$

$$„\bar{w}_x" = „w_x" - \sum_{i=1}^{n} \alpha_i w_{i,x} \gamma_{i,v}. \tag{VI D.16}$$

### Literatur zum Abschnitt VI

[1] HOMBERG, H.: Kreuzwerke. Statik der Trägerroste und Platten. Forschungshefte aus dem Gebiete des Stahlbaues, Heft 8. Deutscher Stahlbauverband, Köln 1951.
[2] SATTLER, K.: Betrachtungen zum ideellen Schwerpunkt von eingespannten Rahmen und Bogen. Bauing. 37 (1962) 469.

Siehe auch:
[S 1] ANDRÉE;          [S 17] HIRSCHFELD;     [S 23] MELAN;
[S 3] BEYER;           [S 19] KAUFMANN;       [S 28] MÜLLER-BRESLAU;
[S 11] GRÜNING;        [S 20] KIRCHHOFF;      [S 40] STÜSSI.

# VII. Statisch unbestimmte Systeme. Festpunktmethode

In vielen Fällen ist die Festpunktmethode ein wertvolles Hilfsmittel zur Ermittlung der Schnittbelastungen statisch unbestimmter Systeme. Vor allem bei Durchlaufträgern können unter vereinfachenden Annahmen — die für Vorberechnung oder Entwurfsbearbeitungen immer am Platze sind — ohne Lösung von Gleichungssystemen maximale Schnittbelastungen für einzelne Belastungszustände, aber auch Einflußlinien in kürzester Zeit ermittelt werden. Nachfolgend wird mittels theoretischer Unterlagen das graphische Verfahren bewiesen. Gerade letzteres stellt den besonderen Wert dieser Methode dar. Bei sorgfältiger Konstruktion kann die übliche Rechengenauigkeit damit eingehalten werden. Bei Vollwandträgern wird der Einfluß der Querkräfte bei dieser Methode in den Verformungsgrößen vernachlässigt, da er von untergeordneter Bedeutung ist.

## A. Durchlaufträger auf starren Stützen

### 1. Dreimomentensatz

Für einen Durchlaufträger auf starren Stützen (Abb. VII A.1a), bei dem die Stützmomente als Unbekannte $X_i = 1$ angenommen werden (Abb. VII A.1b), ergeben sich nach (V B.14b) Dreimomentengleichungen zur Bestimmung der Unbekannten $X_{B,i}$. Für die Stütze $k$ lautet die Bedingungsgleichung

$$X_{k-1} a_{k-1,k} + X_k (a'_{k,k} + a''_{k,k}) + X_{k+1} a_{k+1,k} + (a'_{B,k} + a''_{B,k}) + a_{W,k} + a_{T,k} = 0. \tag{VII A.1}$$

Nach (V C.7) erhält man

$$a_{k,k} = \int_{k-1}^{k} M_k \, {}^v M_k \frac{J_c}{J} ds + \int_{k}^{k+1} M_k \, {}^v M_k \frac{J_c}{J} ds = a'_{k,k} + a''_{k,k};$$

$$a_{k-1,k} = \int_{k-1}^{k} M_{k-1} \, {}^v M_k \frac{J_c}{J} ds; \qquad a_{k+1,k} = \int_{k}^{k+1} M_{k+1} \, {}^v M_k \frac{J_c}{J} ds; \tag{VII A.2}$$

$$a_{B,k} = \int_{k-1}^{k} M_B \, {}^v M_k \frac{J_c}{J} ds + \int_{k}^{k+1} M_B \, {}^v M_k \frac{J_c}{J} ds = a'_{B,k} + a''_{B,k}. \tag{VII A.3}$$

Aus Abb. VII A.1d bis h erkennt man, daß die Arbeitsbeträge $a'_{k,k}$, $a''_{k,k}$, $a_{k,k-1}$, $a_{k,k+1}$ die $EJ_c$-fachen Neigungen der Biegelinien an den Lagern infolge $M_k = 1$ am statisch bestimmten Grundsystem sind. Wird die Biegelinie mit $W$-Gewichten berechnet, so ist die Neigung gleich dem Auflagerdruck der $W$-Gewichte, wobei jedoch das Rand-$W$-Gewicht mit zu berücksichtigen ist.

$a_{k-1,k}$ ist die $EJ_c$-fache Neigung der Biegelinie infolge $M_{k-1}$ an der Stelle $k$ usw.
$a'_{B,k}$ und $a''_{B,k}$ sind $EJ_c$-fache Neigungen der Biegelinie infolge der Momente aus der gegebenen Belastung an der Stelle $k$.

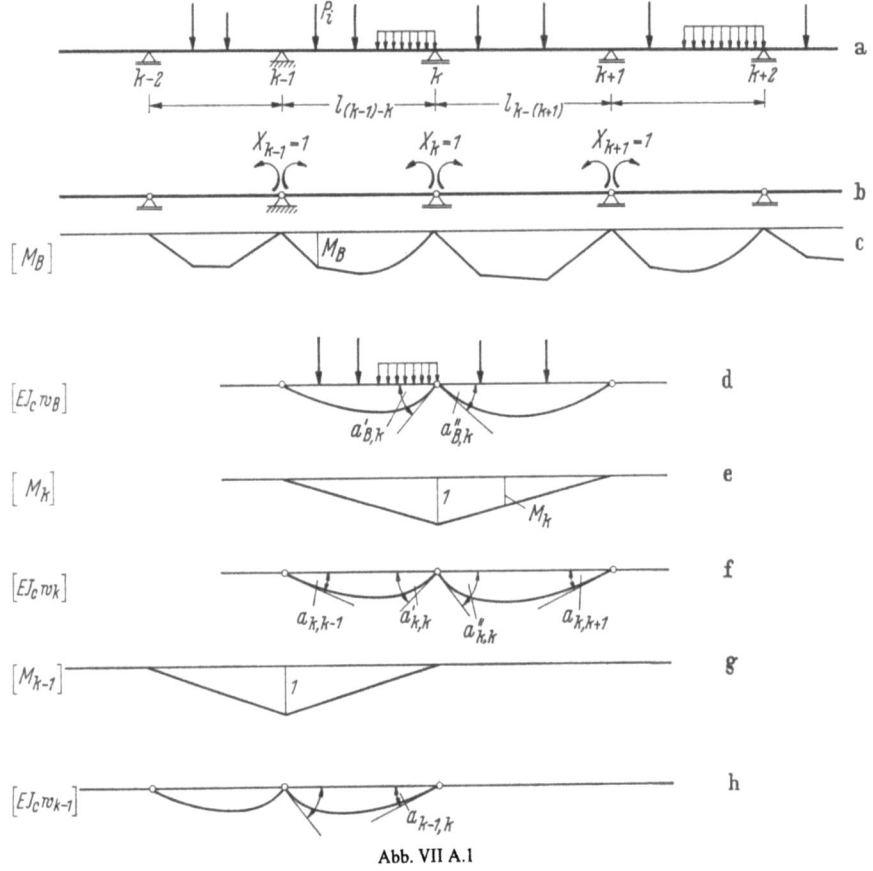

Abb. VII A.1

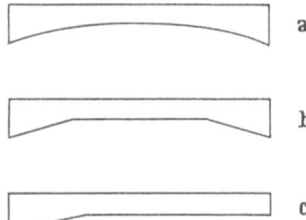

Abb. VII A.2

Die Werte $a'_{B,k}$, $a''_{B,k}$, $a'_{k,k}$, $a''_{k,k}$, $a_{k,k-1}$ sind im Schrifttum für die verschiedensten Annahmen über den Verlauf der Trägheitsmomente und für die verschiedensten Belastungen weitgehend tabuliert.

Neben konstantem Trägheitsmoment sind Träger mit einseitigen und doppelseitigen Vouten (z. B. Abb. VII A.2a bis c) mit verschiedenstem Verlauf der Trägheitsmomente in diesen Tabellen berücksichtigt [s. z. B. auch T 2, T 3, T 4, T 7, T 8, T 9, T 10].

Nach (V C.9) ist

$$a_{T,k} = EJ_c \alpha_t \int_{k-1}^{k+1} M_k \frac{\Delta t}{h}\,ds. \qquad \text{(VII A.4)}$$

Nach (V C.12b) ergibt sich

$$a_{W,k} = EJ_c \left[ \frac{1}{l_{(k-1)-k}}(w_{k-1} - w_k) + \frac{1}{l_{k-(k+1)}}(w_{k+1} - w_k) \right]. \qquad \text{(VII A.5)}$$

Hierbei sind Stützensenkungen mit positiven Werten einzusetzen.

Für feldweise konstantes Trägheitsmoment erhält man mit der Bezeichnung

$$l\frac{J_c}{J} = l' \qquad \text{(VII A.6)}$$

$$a_{k-1,k} = \frac{J_c}{J_{k-1,k}}\frac{l_{(k-1)-k}}{6} = \frac{l'_{(k-1)-k}}{6}; \qquad a_{k,k} = \frac{1}{3}(l'_{(k-1)-k} + l'_{k-(k+1)}). \qquad \text{(VII A.7)}$$

Damit ergibt sich aus (VII A.1)

$$X_{k-1} l'_{(k-1)-k} + 2X_k(l'_{(k-1)-k} + l'_{k-(k+1)}) + X_{k+1} l'_{k-(k+1)} +$$
$$+ 6(a'_{B,k} + a''_{B,k}) + 6a_{W,k} + 3EJ_c \alpha_t \frac{\Delta t}{h}(l_{(k-1)-k} + l_{k-(k+1)}) = 0. \quad \text{(VII A.8)}$$

Der Dreimomentensatz wurde erstmalig von BERTOT [1] 1855 veröffentlicht. Er wurde von CLAPEYRON [2] 1857 ebenfalls veröffentlicht und soll von diesem bereits 1849 entwickelt worden sein; im deutschen Sprachgebrauch wird er als „Clapeyronsche Gleichungen" bezeichnet. Über die Anwendung dieses Satzes in analytischer und graphischer Hinsicht liegt ein umfangreiches Schrifttum vor.

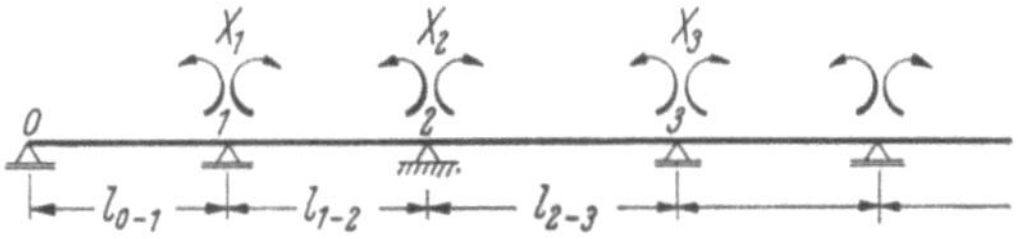

Die erste graphostatische Behandlung stammt von CULMANN [S 7]. Einflußlinien für Durchlaufträger wurden erstmalig 1868 gleichzeitig von MOHR [S 26] und WINKLER [6] behandelt. Auch der Einfluß von Stützenbewegungen wurde bereits von MOHR erfaßt [S 26, S 27].

Abb. VII A.3

Für einen Träger nach Abb. VII A.3 mit gelenkig gelagertem Ende im Punkt 0 lauten die Gleichungen

$$\left.\begin{aligned}
2X_1(l'_{0-1} + l'_{1-2}) + X_2 l'_{1-2} &\qquad\qquad\qquad\qquad + Z_1 = 0; \\
X_1 l'_{1-2} + 2X_2(l'_{1-2} + l'_{2-3}) + X_3 l'_{2-3} &\qquad\qquad + Z_2 = 0; \\
X_2 l'_{2-3} + 2X_3(l'_{2-3} + l'_{3-4}) + &\\
&+ X_4 l'_{3-4} + Z_3 = 0
\end{aligned}\right\} \quad \text{(VII A.9)}$$

usw.

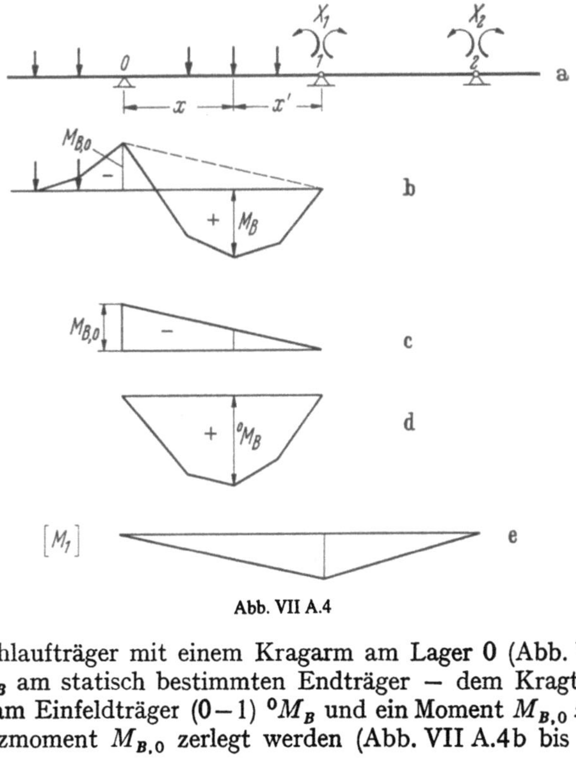

Abb. VII A.4

Für einen Durchlaufträger mit einem Kragarm am Lager 0 (Abb. VII A.4a) kann das Moment $M_B$ am statisch bestimmten Endträger — dem Kragträger (0−1) — in ein Moment am Einfeldträger (0−1) $^0M_B$ und ein Moment $M_{B,0} x'/l_{0-1}$ aus dem bekannten Stützmoment $M_{B,0}$ zerlegt werden (Abb. VII A.4b bis d).

Damit wird

$$a'_{B,1} = \int {}^{0}M_B \, {}^{v}M_1 \frac{J_c}{J} ds + \int M_{B,0} \frac{x'}{l'_{0-1}} \, {}^{v}M_1 \frac{J_c}{J} ds = {}^{0}a'_{B,1} + \frac{l'_0-1}{6} M_{B,0}. \quad \text{(VII A.10)}$$

$M_{B,0}$ ist entsprechend Abb. VII A.4b negativ einzuführen. Auf diese Weise können für ${}^{0}a'_{B,1}$ die tabulierten Werte Verwendung finden.

Ist das Trägerende des Durchlaufträgers starr eingespannt (Abb. VII A.5), so können die Gln. (VII A.8) in gleicher Weise angewendet werden. Man braucht

Abb. VII A.5

sich nur den Träger über den Lagerpunkt 0 hinaus um ein weiteres Feld verlängert denken, wobei das Trägheitsmoment $J$ dieses Teiles unendlich groß ist. Damit wird $J_c/J = 0$ und $l'_{e-0} = 0$.

Die Bedingungsgleichungen lauten damit

$$\left.\begin{aligned}
2X_0 \, l'_{0-1} + X_1 \, l'_{0-1} \phantom{+ 2X_2(l'_{1-2} + l'_{2-3})} &+ Z_0 = 0; \\
X_0 \, l'_{0-1} + 2X_1(l'_{0-1} + l'_{1-2}) + X_2 \, l'_{1-2} &+ Z_1 = 0; \\
X_1 \, l'_{1-2} + 2X_2(l'_{1-2} + l'_{2-3}) + \\
+ X_3 \, l'_{2-3} + Z_3 &= 0
\end{aligned}\right\} \quad \text{(VII A.11)}$$

usw.

Sind die Werte $X_{B+T+W,i}$ bestimmt, so erhält man die endgültigen Schnittbelastungen nach (V C.8) zu

$$\bar{M}_{B+T+W,i} = M_{B,i} + X_{B+T+W,1} M_{1,i} + X_{B+T+W,2} M_{2,i} + \cdots \quad \text{(VII A.12)}$$

usw.

Nachfolgend sollen die Gln. (VII A.8) verwendet werden, um die Größenordnung der Spannungen aus Temperaturänderungen und Widerlagerbewegungen festzustellen. Es werden dabei Grenzwerte betrachtet.

### a) Einfluß einer Temperaturänderung $\Delta t$

Betrachtet man als ersten Sonderfall den Durchlaufträger mit unendlich vielen Feldern, gleicher Feldlänge $l$ und von konstanter Höhe $h$ und konstantem Trägheits-

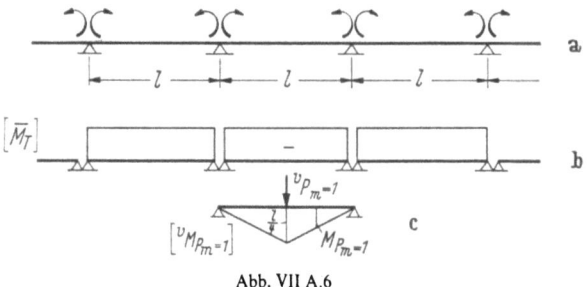

Abb. VII A.6

moment $J = J_c$ (Abb. VII A.6a), so liegt der Schluß nahe, daß alle Stützmomente im Mittelbereich gleich groß sein müssen.

Damit ergibt sich aus (VII A.8) mit $l = l'$

$$6X_{T,k} l + 6EJ_c \alpha_t \frac{\Delta t}{h} l = 0;$$

$$X_{T,k} = -EJ_c \alpha_t \frac{\Delta t}{h}$$

und

$$\bar{M}_{T,i} = \sum X_{T,k} M_k = X_{T,k} \quad \text{(Abb. VII A.6b)}.$$

Die Randspannung erhält man daraus zu

$$\max \sigma_T = \frac{\bar{M}_T h}{J_c \cdot 2} = \pm \frac{\alpha_t \Delta t E}{2}$$

und die Durchbiegung in Feldmitte nach (V C.37a) — unter Annahme einer virtuellen Last $^v P_m = 1$ nach Abb. VII A.6c — zu

$$EJ_c \bar{w}_{T,m} = \int \bar{M}_T {}^v M_{P_m=1} \frac{J_c}{J} ds + EJ_c \alpha_t \int \frac{\Delta t}{h} {}^v M_{P_m=1} ds$$

$$= -EJ_c \alpha_t \frac{\Delta t}{h} \frac{l^2}{8} + EJ_c \alpha_t \frac{\Delta t}{h} \frac{l^2}{8} = 0.$$

Man erkennt daraus, daß die Spannungen aus Temperatur in diesem Sonderfall unabhängig von der Stützweite $l$, dem Trägheitsmoment $J$ und der Trägerhöhe $h$ sind und daß der Träger keinerlei Durchbiegungen erleidet.

Setzt man $E = 2100 \text{ t/cm}^2$; $\Delta t = 10°$ und $\alpha_t = 12/10^6$ für Stahlträger ein, so wird

$$\max \sigma_T = \pm \frac{12 \cdot 10 \cdot 2100}{10^6 \cdot 2} = \pm 0{,}126 \text{ t/cm}^2.$$

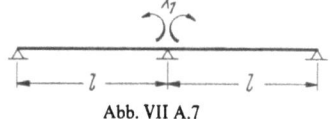

Abb. VII A.7

Betrachtet man unter den gleichen Voraussetzungen den Sonderfall eines Durchlaufträgers über zwei gleich langen Öffnungen (Abb. VII A.7), so erhält man nach (VII A.8)

$$4X_{T,1} + 6EJ_c \alpha_t \frac{\Delta t}{h} = 0;$$

$$X_{T,1} = -1{,}5 EJ_c \alpha_t \frac{\Delta t}{h};$$

$$\max \sigma_T = \pm 1{,}5 \cdot 0{,}126 = \pm 0{,}189 \text{ t/cm}^2.$$

Auch in diesem Fall sind die Spannungen unabhängig von $l$, $J$ und $h$. Aus diesen einfachen Betrachtungen kann man bereits die Größenordnung der auftretenden Spannungen infolge Temperaturänderungen in einem Durchlaufträger feststellen. Dies kann von Vorteil für Vorberechnungen sein, bzw. können u. U. genaue Berechnungen entfallen.

### b) Einfluß von Widerlagerbewegungen

Für den Sonderfall eines Durchlaufträgers mit unendlich vielen gleichen Feldern und $J = J_c$ wird die ungünstigste Annahme getroffen, daß sich immer eine Stütze nach unten und die nächste nach oben um den Wert $w$ verschieben (Abb. VII A.8).

Abb. VII A.8

Es ist einleuchtend, daß in diesem Fall die Stützmomente im Mittelbereich gleich groß sein müssen, daß sie aber ihr Vorzeichen ändern müssen.

Somit gilt mit $X_{W,k-1} = X_{W,k+1} = -X_{W,k}$ nach (VII A.8) und (VII A.5)

$$-X_{W,k} l + 4 X_{W,k} l - X_{W,k} l + 6 E J_c \frac{(-4w)}{l};$$

$$X_{W,k} = \frac{12 E J_c w}{l^2}.$$

Mit $\Delta w = 2w$ wird

$$X_{W,k} = + \frac{6 E J_c}{l^2} \Delta w.$$

Damit ergibt sich die maximale Spannung zu

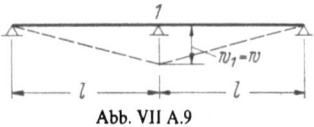

Abb. VII A.9

$$\max \sigma_W = \frac{X_{W,k} h}{J_c \cdot 2} = 3 \frac{E h \Delta w}{l^2}.$$

Für den Sonderfall eines Durchlaufträgers über zwei Felder (Abb. VII A.9), bei dem nur die Mittelstütze um $w_1 = w$ abgesenkt wird, erhält man unter den gleichen Voraussetzungen

$$4 X_{W,1} l + 6 E J_c \frac{(-2w)}{l} = 0;$$

$$X_{W,1} = + \frac{3 E J_c}{l^2} w;$$

$$\max \sigma = 1,5 \frac{E h w}{l^2}.$$

In diesem Fall ist die maximale Spannung unabhängig vom Trägheitsmoment, linear abhängig von der Trägerhöhe und verkehrt proportional dem Quadrat der Stützweite. Man erkennt daraus, daß bei kleinen Stützweiten bereits geringe Stützenbewegungen große Spannungen verursachen. Aus obigen Überlegungen sind wieder Grenzwerte bestimmbar.

## 2. Festpunkte

Ist nur ein Mittelfeld $(i-k)$ eines Durchlaufträgers (z. B. Feld 4—5 in Abb. VII A.10) belastet, so ergeben sich für diesen Belastungszustand $B$ die Bedingungsgleichungen zur Bestimmung der Stützmomente $X_{B,m}$ für den nicht belasteten Bereich des Durchlaufträgers links des belasteten Feldes nach (VII A.1)

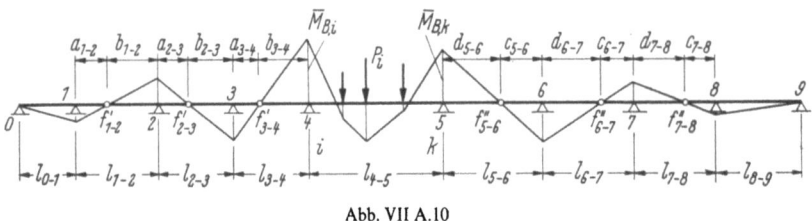

Abb. VII A.10

mit $a'_{B,k} = a''_{B,k} = 0$. Unter der Annahme, daß das Endlager im Punkt $O$ ein Gelenklager ist, erhält man:

Punkt 1:   $X_{B,1}(a'_{1,1} + a''_{1,1}) + X_{B,2} a_{2,1} = 0.$   (VII A.13a)

Damit ergibt sich das Verhältnis der Stützmomente unabhängig von der Intensität der Belastung des Feldes $(i-k)$ zu

$$\mu_{2-1} = - \frac{X_{B,1}}{X_{B,2}} = \frac{a_{2,1}}{a'_{1,1} + a''_{1,1}} = + \frac{a_{2,1}}{a_{1,1}}.$$

Punkt 2:   $X_{B,1} a_{1,2} + X_{B,2}(a'_{2,2} + a''_{2,2}) + X_{B,3} a_{3,2} = 0.$   (VII A.13b)

A. Durchlaufträger auf starren Stützen

Mit $\mu_{3-2} = -X_{B,2}/X_{B,3}$ und $\mu_{2-1} = -X_{B,1}/X_{B,2}$ erhält man aus

$$\frac{X_{B,1}}{X_{B,2}} a_{1,2} + a_{2,2} + \frac{X_{B,3}}{X_{B,2}} a_{3,2} = 0$$

$$\mu_{3-2} = + \frac{a_{3,2}}{a_{2,2} - \mu_{2-1} a_{1,2}}.$$

In gleicher Weise ergibt sich für Punkt 3:

$$X_{B,2} a_{2,3} + X_{B,3} a_{3,3} + X_{B,4} a_{4,3} = 0. \qquad \text{(VII A.13c)}$$

Mit $\mu_{4-3} = -X_{B,3}/X_{B,4}$ und $\mu_{3-2}$ wird aus

$$\frac{X_{B,2}}{X_{B,3}} a_{2,3} + a_{3,3} + \frac{X_{B,4}}{X_{B,3}} a_{4,3} = 0$$

$$\mu_{4-3} = \frac{a_{4,3}}{a_{3,3} - \mu_{3-2} a_{2,3}}.$$

In allgemeiner Form ergeben sich für ein Feld $(e-f)$ links vom belasteten Feld $(i-k)$ (Abb. VII A.11) für die Fortleitungszahlen $\mu_{f-e}$ die Beziehungen

$$\mu_{f-e} = \frac{a_{f,e}}{a_{e,e} - \mu_{e-d} a_{d,e}} = -\frac{X_{B,e}}{X_{B,f}}. \qquad \text{(VII A.14)}$$

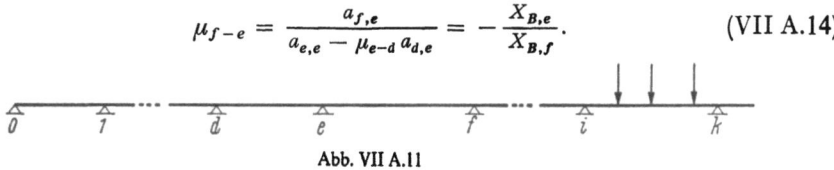

Abb. VII A.11

Ist der Endpunkt 0 des Durchlaufträgers starr eingespannt (Abb. VII A.12), so gilt für den Punkt $O$ nach (VII A.1)

$$X_{B,0} a''_{0,0} + X_{B,1} a_{1,0} = 0;$$

$$\mu_{1-0} = -\frac{X_{B,0}}{X_{B,1}} = \frac{a_{1,0}}{a''_{0,0}}. \qquad \text{(VII A.15)}$$

Für konstantes Trägheitsmoment $J = J_c$ ergibt sich mit (VII A.6) und (VII A.7)

$$a''_{0,0} = \frac{l'_{0-1}}{3}; \quad a_{1,0} = \frac{l'_{0-1}}{6}; \quad \mu_{1-0} = +\frac{1}{2}. \qquad \text{(VII A.16)}$$

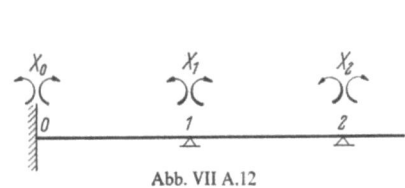

Abb. VII A.12

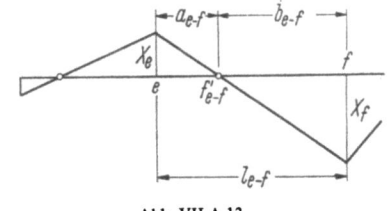

Abb. VII A.13

Entsprechend (VII A.14) erhält man weiter

$$\mu_{2-1} = \frac{a_{2,1}}{a_{1,1} - \mu_{1-0} a_{0,1}} \quad \text{usw.} \qquad \text{(VII A.17)}$$

Betrachtet man ein Feld $(e-f)$ links vom belasteten Feld $(i-k)$, so ergibt sich unter Beachtung von Abb. VII A.13

$$a_{e-f} + b_{e-f} = l_{e-f};$$

$$\frac{|X_e|}{|X_f|} = \frac{a_{e-f}}{b_{e-f}} = \frac{X_{B,e}}{-X_{B,f}} = \mu_{f-e}$$

und daraus

$$a_{e-f} = \frac{\mu_{f-e}}{1 + \mu_{f-e}} l_{e-f}; \quad b_{e-f} = \frac{1}{1 + \mu_{f-e}} l_{e-f}. \qquad \text{(VII A.18)}$$

Mit (VII A.14) wird

$$a_{e-f} = \frac{1}{\frac{1}{\mu_{f-e}} + 1} = \frac{a_{f,e}}{a_{e,e} - \mu_{e-d} a_{d,e} + a_{f,e}} l_{e-f}. \qquad \text{(VII A.19)}$$

Für das Feld $1-2$ wird bei gelenkig gelagertem Lager 0 mit $\mu_{1-0} = 0$

$$a_{1-2} = \frac{a_{1,2}}{a_{1,1} + a_{1,2}} l_{1-2}. \qquad \text{(VII A.19a)}$$

Die durch $a$ und $b$ festgelegten Momentennullpunkte $f'_{e-f}$ (Abb. VII A.13) sind somit unabhängig von der Belastung des Feldes $(i-k)$. Sind diese Festpunkte $f'$ bekannt, so kann bei Kenntnis des Wertes $\bar{M}_{B,i}$ des belasteten Feldes $(i-k)$ der gesamte Momentenzustand links des Punktes $i$ sofort nach Abb. VII A.10 gezeichnet werden.

Für die unbelasteten Felder rechts des belasteten Feldes $(i-k)$ gelten entsprechende Formeln: Ist das rechte Endlager gelenkig gelagert, so erhält man entsprechend (VII A.14), (VII A.18) und (VII A.19) für die Fortleitungszahlen $\mu_{m-n}$ und die Lage der Festpunkte $f''_{m-n}$ (Abb. VII A.14) die Werte

$$\mu_{m-n} = -\frac{X_{B,n}}{X_{B,m}} = \frac{a_{m,n}}{a_{n,n} - \mu_{n-o} a_{n,o}}; \qquad \text{(VII A.20)}$$

$$c_{m-n} = \frac{\mu_{m-n}}{1 + \mu_{m-n}} l_{m-n}; \qquad d_{m-n} = \frac{1}{1 + \mu_{m-n}} l_{m-n}; \qquad \text{(VII A.21)}$$

$$c_{m-n} = \frac{a_{m,n}}{a_{n,n} - \mu_{n-o} a_{n,o} + a_{m,n}} l_{m-n}. \qquad \text{(VII A.22)}$$

Ist das rechte Endlager $q$ starr eingespannt (Abb. VII A.15), so gilt entsprechend (VII A.15)

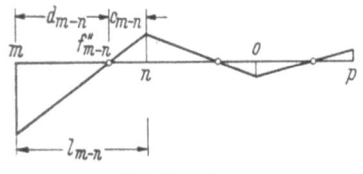

Abb. VII A.14

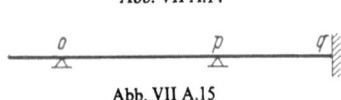

Abb. VII A.15

$$\mu_{p-q} = \frac{a_{p,q}}{a'_{q,q}} \qquad \text{(VII A.23)}$$

und

$$\mu_{o-p} = \frac{a_{o,p}}{a_{o,o} - \mu_{p-q} a_{p,q}} \qquad \text{(VII A.24)}$$

usw.

Mit den entwickelten Formeln können die Festpunkte berechnet werden und auch die Fortleitungszahlen. Die Formeln gelten ganz allgemein. Es können die $a_{i,k}$- und $a_{i,i}$-Werte für veränderliches Trägheitsmoment von Vollwandträgern — auch unter Berücksichtigung des Querkrafteinflusses — eingeführt werden, oder es können die entsprechenden Werte bei Fachwerkträgern ermittelt werden.

Bereits in den Arbeiten von MOHR wurden die Festpunkte behandelt. Ein ausführliches Schrifttum beweist die Wichtigkeit der damit in Zusammenhang stehenden Probleme [z. B. S 3, S 7, S 9, S 12, S 17, S 19, S 24, S 26, S 27, S 35, S 40].

Die obigen Formeln lassen sich auch graphisch deuten, und es liegt gerade ein bedeutender Vorteil der Festpunktmethode darin, die Festpunkte graphisch zu ermitteln.

Der Nachweis der Konstruktion der Festpunkte wird in Abb. VII A.16 und VII A.17 gezeigt.

Nach MOHR betrachtet man die Momentenzustandslinie $M_1$ aus der Unbekannten $X_1 = 1$ am statisch bestimmten Grundsystem — der Balkenkette — bzw. die mit $J_c/J$ verzerrte Momentenfläche $M_1 J_c/J$ als Belastung für den Einfeldträger $(0-1)$. Es sind z. B. die Auflagerdrücke $a_{0,1}$ und $a'_{1,1}$ aus dieser Belastung die $EJ_c$-fach verzerrten Neigungen der Biegelinie für dieselbe Belastung. Die gesamte Momentenbelastung im Feld $(0-1)$ hat somit den Betrag $a_{0,1} + a'_{1,1}$ und wirkt in der Schwerlinie $U'_1$ (Abb. VII A.16a u. b).

Die Abstände der Resultierenden dieser Belastung ergeben sich aus dem Hebelgesetz zu

$$u_1'(a_{0,1} + a_{1,1}') = a_{0,1} l_{0-1}$$

und

Entsprechend wird

$$\left.\begin{array}{l} u_1' = \dfrac{a_{0,1}}{a_{0,1} + a_{1,1}'} l_{0-1} \cdot \\[2mm] u_1'' = \dfrac{a_{1,2}}{a_{1,1}'' + a_{1,2}} l_{1-2} \cdot \end{array}\right\} \quad \text{(VII A.25 a)}$$

Betrachtet man die gesamte Belastung $M_1 J_c/J$ über die beiden Felder $(0-1)$ und $(1-2)$ (Abb. VII A.16a u. b), so weist ihre Resultierende die Größe

$$a_{0,1} + a_{1,1} + a_{1,2}$$

auf. Die Abstände der Resultierenden von den $U_1'$- und $U_1''$-Lotrechten ergeben sich wieder aus dem Hebelgesetz und damit die Lage der $V_1$-Lotrechten zu

$$\left.\begin{array}{l} v_1' = \dfrac{a_{1,1}'' + a_{1,2}}{a_{0,1} + a_{1,1} + a_{1,2}} (u_1' + u_1''); \\[2mm] v_1'' = \dfrac{a_{0,1} + a_{1,1}'}{a_{0,1} + a_{1,1} + a_{1,2}} (u_1' + u_1''). \end{array}\right\} \quad \text{(VII A.26 a)}$$

Mit den Belastungen $a_{0,1} + a_{1,1}'$ und $a_{1,1}'' + a_{1,2}$ in den $U_1'$- und $U_1''$-Lotrechten, der Gesamtbelastung in der $V_1$-Lotrechten und den Auflagerdrücken läßt sich das zugehörige Seileck zeichnen (Abb. VII A.16b).

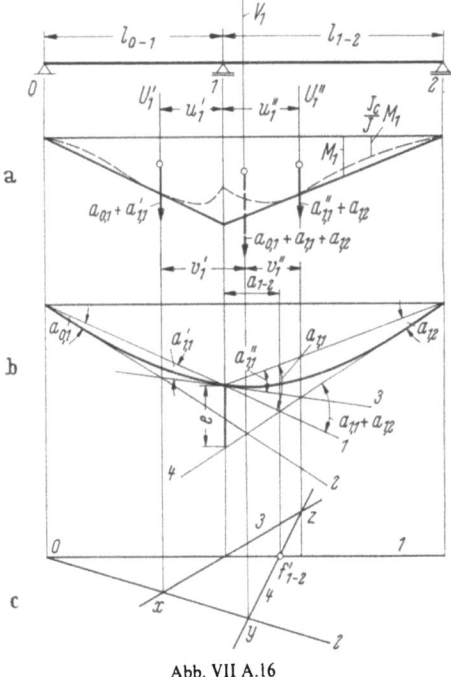

Abb. VII A.16

Bezeichnet man den Abstand des Schnittpunktes der Geraden 1 und 4 vom Lager 1 mit $a_{1-2}$ und den Abstand dieser Geraden in der Lotrechten durch das Lager 1 mit $e$, so ergeben sich folgende Bedingungen aus der Zeichnung ($\alpha \approx \tan\alpha \approx a_{i,k}$):

$$e = (a_{1,1} + a_{1,2}) a_{1-2} = l_{1-2} a_{1,2},$$

woraus sich ergibt

$$a_{1-2} = \frac{a_{1,2}}{a_{1,1} + a_{1,2}} l_{1-2}.$$

Nach (VII A.19a) ist $a_{1-2}$ aber der Abstand des Festpunktes $f''_{1-2}$ vom Lager 1. Mittels der Geraden 1 bis 4 kann somit die Lage des Festpunktes $f''_{1-2}$ bestimmt werden. An der Lage des Festpunktes ändert sich nichts, wenn man die Gerade 1 in die Horizontale legt (Abb. VII A.16c), die Gerade 2 beliebig annimmt und die Geraden 3 und 4 entsprechend einträgt, da das Ähnlichkeitsgesetz erhalten bleibt.

Nach Abb. VII A.16c kann somit die Konstruktion des ersten Festpunktes folgendermaßen erfolgen: Man zieht eine beliebige Gerade 2 durch den Lagerpunkt 0 und bringt sie mit den $U'_1$- und $V_1$-Geraden zum Schnitt. Der Schnittpunkt $x$ mit dem Lagerpunkt 1 verbunden, gibt als Schnittpunkt mit der $U''_1$-Geraden den Punkt $z$. Die Verbindungsgerade $(y-z)$ gibt als Schnittpunkt mit der Horizontalen den Festpunkt $f''_{1-2}$.

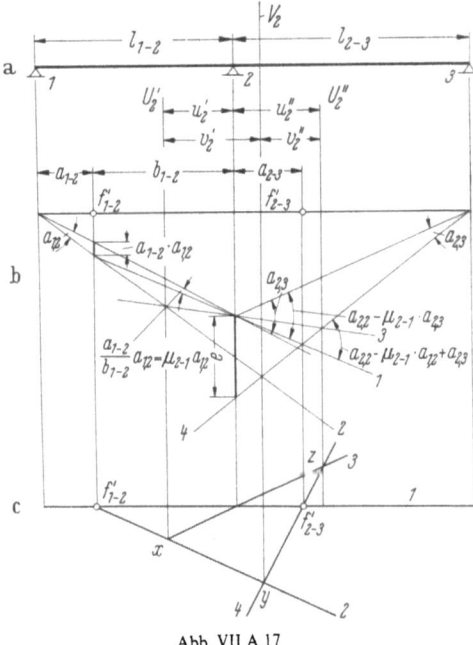

Abb. VII A.17

Für den Zustand $X_2 = 1$ können nach Abb. VII A.17 ähnliche Betrachtungen angestellt werden, wenn man die $M_2 J_c/J$-Fläche als Belastung ansieht. Für den Einfeldträger (1—2) ergeben sich daraus die Auflagerdrücke $a_{1,2}$, $a'_{2,2}$ und die Resultierende $a_{1,2} + a'_{2,2}$ im Abstand $u'_2$:

$$u'_2 = \frac{a_{1,2}}{a_{1,2} + a'_{1,1}} l_{1-2}. \qquad (VII\ A.25b)$$

Für das Feld (2—3) sind die entsprechenden Werte $a''_{2,2}$, $a_{2,3}$, $a''_{2,2} + a_{2,3}$ und

$$u''_2 = \frac{a_{2,3}}{a'_{2,2} + a_{2,3}} l_{2-3}. \qquad (VII\ A.25b)$$

Die Gesamtresultierende aus der Belastung beider Felder $a_{1,2} + a_{2,2} + a_{2,3}$ in der Wirkungslinie $V_2$ hat den Abstand $v'_2$ von der $U'_2$-Linie:

$$v'_2 = \frac{a''_{2,2} + a_{2,3}}{a_{1,2} + a_{2,2} + a_{2,3}} (u'_1 + u''_2). \qquad (VII\ A.26b)$$

Für die Belastungen in den Schwerpunkten der Felder (1–2) und (2–3) sowie für die gesamte Belastung von (1–3) sind in Abb. VII A.17b die zugehörigen Seilecke gezeichnet. Zeichnet man zusätzlich noch die Gerade 1 ein, so ergeben sich mit $a_{1-2}/b_{1-2} = \mu_{2-1}$ die Beziehungen

$$e = (a_{2,2} - \mu_{2-1} a_{1,2} + a_{2,3}) a_{2-3} = l_{2-3} a_{2,3}$$

bzw.

$$a_{2-3} = \frac{a_{2,3}}{a_{2,2} - \mu_{2-1} a_{1,2} + a_{2,3}} l_{2-3}.$$

Nach (VII A.19) ist dies der Abstand des Festpunktes $f'_{2-3}$ vom Lager 2. Die Konstruktion des Festpunktes kann somit in gleicher Weise wie im Feld (1–2) erfolgen, wobei nur der Ausgangspunkt der Festpunkt $f'_{1-2}$ ist. In gleicher Weise können fortlaufend mit Hilfe der $U$- und $V$-Geraden alle Festpunkte bestimmt werden

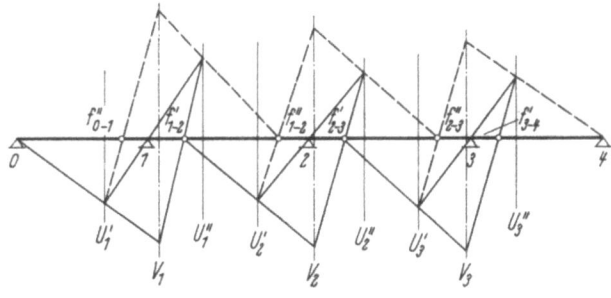

Abb. VII A.18

(Abb. VII A.18). Verwendet man die gleiche Konstruktion, vom rechten Ende des Durchlaufträgers beginnend nach links fortschreitend, so erhält man die Festpunkte $f''_{m-n}$ (Abb. VII A.18).

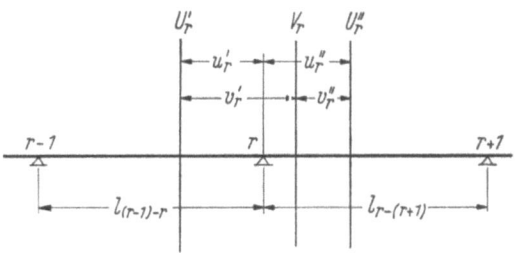

Abb. VII A.19

Allgemein gelten für die Lage der $U_r$- und $V_r$-Geraden, zugehörig zum Lager $r$ die Beziehungen (Abb. VII A.19)

$$u'_r = \frac{a_{r-1,r}}{a'_{r,r} + a_{r-1,r}} l_{(r-1)-r};$$

$$u''_r = \frac{a_{r+1,r}}{a''_{r,r} + a_{r+1,r}} l_{r-(r+1)};$$

(VII A.25)

$$v'_r = \frac{a''_{r,r} + a_{r+1,r}}{a_{r-1,r} + a_{r,r} + a_{r+1,r}} (u'_r + u''_r);$$

$$v''_r = \frac{a'_{r,r} + a_{r-1,r}}{a_{r-1,r} + a_{r,r} + a_{r+1,r}} (u'_r + u''_r).$$

(VII A.26)

Für den Sonderfall eines feldweise konstanten Trägheitsmomentes ergibt sich mit (VII A.6), (VII A.7) und (VII A.25) bzw. (VII A.26)

$$a_{r-1,r} = \frac{l'_{(r-1)-r}}{6}; \quad a'_{r,r} = \frac{l'_{(r-1)-r}}{3}; \quad a''_{r,r} = \frac{l'_{r-(r+1)}}{3}; \quad a_{r+1,r} = \frac{l'_{r-(r+1)}}{6};$$

$$u'_r = \frac{l_{(r-1)-r}}{3}; \quad u''_r = \frac{l_{r-(r+1)}}{3}; \tag{VII A.27}$$

$$v'_r = \frac{l'_{r-(r+1)}}{3} \cdot \frac{l_{(r-1)-r} + l_{r-(r+1)}}{l'_{(r-1)-r} + l'_{r-(r+1)}};$$

$$v''_r = \frac{l'_{(r-1)-r}}{3} \cdot \frac{l_{(r-1)-r} + l_{r-(r+1)}}{l'_{(r-1)-r} + l'_{r-(r+1)}}. \tag{VII A.28}$$

Bei feldweise konstantem Trägheitsmoment liegen somit die $U$-Geraden im Drittelpunkt der einzelnen Felder.

Für den Sonderfall gleichen Trägheitsmomentes in allen Feldern (Abb. VII A.20) wird $J_c/J = 1$ und $l' = l$ und

$$v'_r = \frac{l_{r-(r+1)}}{3};$$

$$v''_r = \frac{l_{(r-1)-r}}{3}. \tag{VII A.29}$$

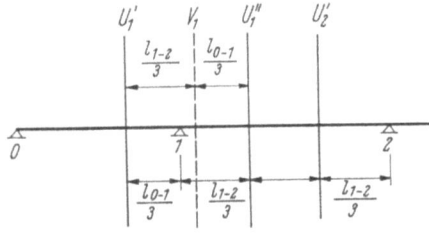

Abb. VII A.20

Damit ist die Lage der $U$- oder $V$-Geraden ohne jede Berechnung vorgegeben, und die Konstruktion der Festpunkte kann wieder nach Abb. VII A.18 erfolgen. Führt man in (VII A.19) $a_{e,e} = a'_{e,e} + a''_{e,e}$ ein, so erhält man

$$a_{e-f} = \frac{a_{f,e}}{a'_{e,e} + a_{e,f} + a''_{e,e} - \mu_{e-d} a_{d,e}} = \frac{a_{f,e}}{a''_{e,e} + a_{e,f} + e'_e}. \tag{VII A.30}$$

Die Bedeutung von $e'_e$ erkennt man aus Abb. VII A.21.

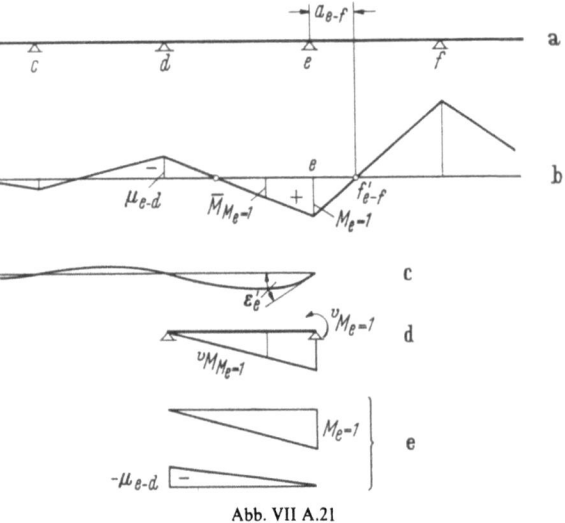

Abb. VII A.21

Tritt bei der Weiterleitung des Stützmomentes im Punkt $i$ nach links über die Festpunkte im Punkt $e$ z. B. das Moment $M_e = +1$ auf, so beträgt im Punkt $d$ das Moment $M_d = (-\mu_{e-d}) \cdot 1$ (Abb. VII A.21 b). Will man die Drehung $\varepsilon'_e$ der Stabachse links vom Lager $e$ (Abb. VII A.21 c) bestimmen, so ist nach (V C.32) ein virtuelles Moment in diesem Punkt anzubringen, und zwar unter Beachtung des Reduktionssatzes am statisch bestimmten Einfeldträger $(d-e)$, womit sich der zugehörige Momentenzustand nach Abb. VII A.21 d ergibt.

$$EJ_c \varphi'_e = EJ_c \varepsilon'_e = e'_e = \int \bar{M}_{M_e=1} \, {}^v M_{e=1} \frac{J_c}{J} \, ds. \qquad \text{(VII A.31)}$$

Zerlegt man das Moment $\bar{M}_e$ am statisch unbestimmten System im Integrationsbereich $(d-e)$ in zwei Dreiecke mit den Endwerten 1 bzw. $-\mu_{e-d}$ (Abb. VII A.21 e), so kann man schreiben

$$e'_e = a'_{e,e} - \mu_{e-d} \, a_{d,e}. \qquad \text{(VII A.32)}$$

$e'_e$ gibt somit die $EJ_c$-fache elastische Drehung — dies ist die elastische Nachgiebigkeit des gesamten Durchlaufträgers vom Punkt $e$ bis zum linken Ende 0 — an, die infolge eines Momentes $M_e = 1$ auftritt.

Die Formel (VII A.30) kann aber auch benützt werden, wenn der Punkt $e$ elastisch eingespannt ist (Abb. VII A.22a). Ist die Drehung $\varepsilon'_e$ der Stabachse infolge eines Momentes $M_e = 1$, bedingt durch die als Feder gedachte nachgiebige Einspannung, bekannt (Abb. VII A.22b) — z. B. durch Versuche bestimmt —, so kann der Festpunktabstand $a_{e-f}$ durch Einsetzen von $e'_e$ in (VIIA.30) berechnet werden.

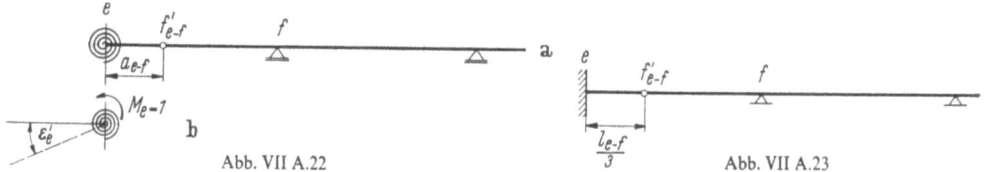

Abb. VII A.22    Abb. VII A.23

Für gelenkige Lagerung des Punktes $e$ wird $e'_e = \infty$ und

$$a_{e-f} = 0.$$

Bei starrer Einspannung ist $e'_e = 0$ und

$$a_{e-f} = \frac{a_{f,e}}{a''_{e,e} + a_{e,f}}. \qquad \text{(VII A.33)}$$

Für konstantes Trägheitsmoment im Feld $(e-f)$ ergibt sich daraus mit (VII A.6) und (VII A.7)

$$a_{e-f} = \frac{\frac{l'_{e-f}}{6}}{\frac{l'_{e-f}}{3} + \frac{l'_{e-f}}{6}} l_{e-f} = \frac{l_{e-f}}{3} \quad \text{(Abb. VII A.23)}. \qquad \text{(VII A.34)}$$

Bei elastischer Einspannung eines rechten Endes eines Durchlaufträgers im Punkt $n$ ergibt sich dementsprechend mit (VII A.22)

$$c_{m-n} = \frac{a_{m,n}}{a'_{n,n} + a_{m,n} + e''_n}; \qquad \text{(VII A.35)}$$

$$e''_n = a''_{n,n} - \mu_{n-o} \, a_{n,o}; \qquad \text{(VII A.36)}$$

$$e''_n = EJ_c \varepsilon''_n; \qquad \text{(VII A.37)}$$

wobei $\varepsilon''_n$ die elastische Nachgiebigkeit — Drehung der Stabachse — eines Widerlagers infolge eines Momentes 1 ist.
(Siehe Beispiel 40.)

### 3. Schnittbelastungen für vertikale Lasten

#### a) Beliebiger Trägheitsmomentenverlauf

Das Wesen der Festpunktmethode besteht darin, daß jeweils nur ein Feld $(i-k)$ belastet wird. Sind die Stützmomente $\bar{M}_{B,i}$ und $\bar{M}_{B,k}$ bestimmt, so können die Momente für alle übrigen Felder mit Hilfe der Festpunkte sofort gezeichnet werden (Abb. VII A.10). Bei Belastung mehrerer Felder sind die endgültigen Schnittbelastungen durch Superposition der Einzelzustände zu bestimmen. Nachfolgend werden die Entwicklungen bei Belastung nur des Feldes $(i-k)$ infolge lotrechter Lasten angegeben (Abb. VII A.24). Nach (VII A.14) und (VII A.20) ist

$$X_{B,h} = -\mu_{i-h} X_{B,i}; \quad X_{B,l} = -\mu_{k-l} X_{B,k}.$$

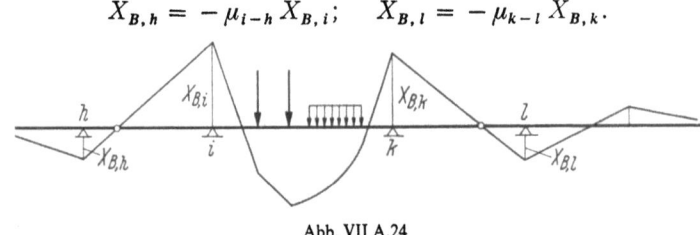

Abb. VII A.24

Mit (VII A.1) erhält man die beiden Bedingungsgleichungen zur Bestimmung der einzig unbekannten Werte $X_{B,i}$ und $X_{B,k}$ wie folgt:

Punkt $i$: $\quad X_{B,h} a_{h,i} + X_{B,i} a_{i,i} + X_{B,k} a_{k,i} + a''_{B,i} = 0;$

Punkt $k$: $\quad X_{B,i} a_{i,k} + X_{B,k} a_{k,k} + X_{B,l} a_{l,k} + a'_{B,k} = 0$

bzw.

$$X_{B,i}(a_{i,i} - \mu_{i-h} a_{h,i}) + X_{B,k} a_{k,i} + a''_{B,i} = 0;$$
$$X_{B,i} a_{i,k} + X_{B,k}(a_{k,k} - \mu_{k-l} a_{k,l}) + a'_{B,k} = 0.$$

Entsprechend (VII A.14) und (VII A.20) wird

$$\mu_{k-i} = \frac{a_{i,k}}{a_{i,i} - \mu_{i-h} a_{i,h}}; \quad \mu_{i-k} = \frac{a_{i,k}}{a_{k,k} - \mu_{k-l} a_{k,l}}$$

und

$$\frac{X_{B,i}}{\mu_{k-i}} + X_{B,k} + \frac{a''_{B,i}}{a_{i,k}} = 0;$$

$$X_{B,i} + \frac{X_{B,k}}{\mu_{i-k}} + \frac{a'_{B,k}}{a_{i,k}} = 0.$$

Führt man ein

$$k_i = \frac{a''_{B,i}}{a_{i,k}}; \quad k_k = \frac{a'_{B,k}}{a_{i,k}}; \tag{VII A.38}$$

so ergibt sich das Gleichungssystem

$$\frac{X_{B,i}}{\mu_{k-i}} + X_{B,k} + k_i = 0;$$
$$X_{B,i} + \frac{X_{B,k}}{\mu_{i-k}} + k_k = 0. \tag{VII A.39}$$

Nach (VII A.18) und (VII A.21) ist

$$a_{i-k} = \frac{\mu_{k-i}}{1 + \mu_{k-i}} l_{i-k}; \quad c_{i-k} = \frac{\mu_{i-k}}{1 + \mu_{i-k}} l_{i-k}.$$

Weiter ist

$$\mu_{k-i} = \frac{a_{i-k}}{l_{i-k} - a_{i-k}}; \quad \mu_{i-k} = \frac{c_{i-k}}{l_{i-k} - c_{i-k}}.$$

Damit erhält man als Lösung des Gleichungssystems (VII A.39)

$$X_{B,i} = -\frac{a_{i-k} c_{i-k}}{l_{i-k}(l_{i-k} - a_{i-k} - c_{i-k})} \left[k_i \frac{l_{i-k} - c_{i-k}}{c_{i-k}} - k_k\right];$$

$$X_{B,k} = -\frac{a_{i-k} c_{i-k}}{l_{i-k}(l_{i-k} - a_{i-k} - c_{i-k})} \left[k_k \frac{l_{i-k} - a_{i-k}}{a_{i-k}} - k_i\right].$$

(VII A.40)

Diese Werte kann man mittels einer einfachen Konstruktion nach Abb. VII A.25 auch graphisch erhalten.

Trägt man auf den Lotrechten durch $i$ bzw. $k$ die Werte $k_k$ bzw. $k_i$ auf und bringt die Kreuzlinien — Verbindungslinien der Ordinaten $k$ mit den gegenüberliegenden Lagern — mit den Lotrechten durch die Festpunkte zum Schnitt, so schneidet die dadurch gegebene Schlußlinie über den Lagern $i$ und $k$ die endgültigen Stützmomente $X_{B,i}$ und $X_{B,k}$ ab.

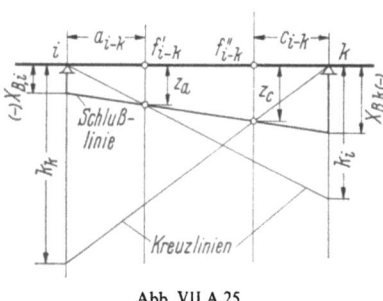

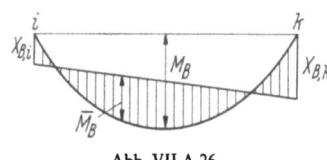

Abb. VII A.25      Abb. VII A.26

Aus der Zeichnung (Abb. VII A.25) kann man folgende Beziehungen entnehmen:

$$z_a = k_i \frac{a_{i-k}}{l_{i-k}}; \quad z_c = k_k \frac{c_{i-k}}{l_{i-k}};$$

$$X_{B,k} = z_c + \frac{z_c - z_a}{l_{i-k} - a_{i-k} - c_{i-k}} c_{i-k};$$

$$X_{B,i} = z_a - \frac{z_c - z_a}{l_{i-k} - a_{i-k} - c_{i-k}} a_{i-k}.$$

Führt man die Werte für $z_a$ und $z_c$ in die beiden letzten Gleichungen ein, so erhält man (VII A.40), womit die Konstruktion bewiesen ist.

Sind die Momente $M_B$ aus dem gegebenen Belastungszustand am Einfeldbalken bekannt, so erhält man nach Zeichnen der Schlußlinie (z. B. Abb. VII A.26) die endgültigen Momente $\bar{M}_B$ für das ganze Feld $(i-k)$.

### b) Feldweise konstantes Trägheitsmoment

Bei feldweise konstantem Trägheitsmoment vereinfacht sich die Ermittlung der Schlußlinie noch wesentlich.

**α) Konstante gleichförmig verteilte Belastung $p$.** Für den gleichförmig mit $p$ belasteten Einfeldbalken (Abb. VII A.27a) ist

$$M_B = \frac{p x}{2}(l - x)$$

und das maximale Moment

$$\max M_B = \frac{p l^2}{8} \quad \text{(Abb. VII A.27b).}$$

Mit $M_i$ für den Zustand $[X_i = 1]$ und $M_k$ für den Zustand $[X_k = 1]$ nach Abb. VII A.27c u. d wird

$$a''_{B,i} = a'_{B,k} = \frac{J_c}{J} \int M_B \, {}^vM_k \, dx = \frac{J_c}{J} \frac{p}{2} \int x(l-x) \frac{x}{l} \, dx = \frac{p l^3}{24} \frac{J_c}{J};$$

$$a_{i,k} = \frac{l}{6} \frac{J_c}{J}$$

und mit (VII A.38)
$$k_i = k_k = \frac{p l^3 \cdot 6}{24 l} = \frac{p l^2}{4}.\qquad \text{(VII A.41)}$$

Die Kreuzlinien, entsprechend Abb. VII A.25, gehen somit durch den Scheitel der Momentenparabel. Die Konstruktion der Schlußlinie kann daher nach Abb. VII A.27c derart erfolgen, daß man nur die Verbindungslinie vom Momentenscheitel $p l^2/8$ zu den Lagerpunkten $i$ und $k$ zieht, wodurch die Schlußlinie aus den Schnittpunkten mit den Lotrechten durch die Festpunkte festgelegt ist.
(Siehe Beispiel 40.)

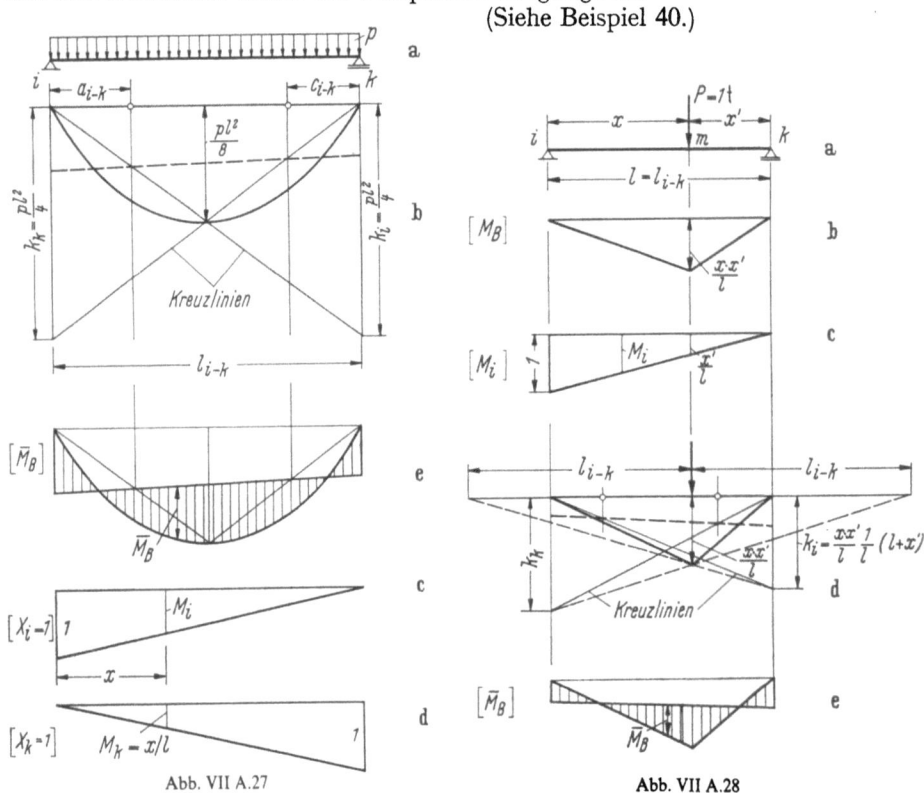

Abb. VII A.27    Abb. VII A.28

**β) Einzellast $P = 1$ t.** Für eine Einzellast an der Stelle $x$ (Abb. VII A.28a) ist die Momentenzustandslinie $M_B$ nach Abb. VII A.28b gegeben. Mit $M_i$ nach Abb. VII A.28c wird

$$a''_{B,i} = \frac{J_c}{J}\int M_B {}^v M_i \, dx = \frac{J_c}{J}\left[\frac{x}{6}\frac{xx'}{l}\left(2\frac{x'}{l}+1\right) + \frac{x'}{6}\frac{xx'}{l}\left(2\frac{x'}{l}+0\right)\right] =$$
$$= \frac{J_c}{J}\frac{xx'}{6l}(l+x');$$
$$a_{i,k} = \frac{J_c}{J}\frac{l}{6};$$
$$k_i = \frac{xx'}{l^2}(l+x') \quad \text{bzw.} \quad k_k = \frac{xx'}{l^2}(l+x).\qquad \text{(VII A.42)}$$

Trägt man in Abb. VII A.28d die Feldweite $l_{i-k}$ vom Lastangriffspunkt $m$ nach beiden Seiten auf und verbindet die Endpunkte dieser Strecken mit der Momentenspitze, so erhält man über den Lagern die Kreuzlinienabschnitte, wie man aus einfachen geometrischen Beziehungen erkennt.

## 4. Einflußlinien der Schnittbelastungen

Für die Belastung durch eine Einzellast im Punkt $m$ des Feldes $(i-k)$ ist entsprechend (V B.32)

$$EJ_c \alpha''_{B,i} = a''_{B,i} = \int M_B {}^v M_i \frac{J_c}{J} ds = \int M_i {}^v M_{P_m=1} \frac{J_c}{J} ds = EJ_c w''_{i,m} = a''_{i,m},$$

d. h., die $EJ_c$-fache Klaffung an der Wirkungsstelle von $X_i = 1$ infolge $P_m = 1$ ist gleich der $EJ_c$-fachen Durchbiegung an der Wirkungsstelle $P_m = 1$ infolge $[X_i = 1]$ (Abb. VII A.29a bis e).

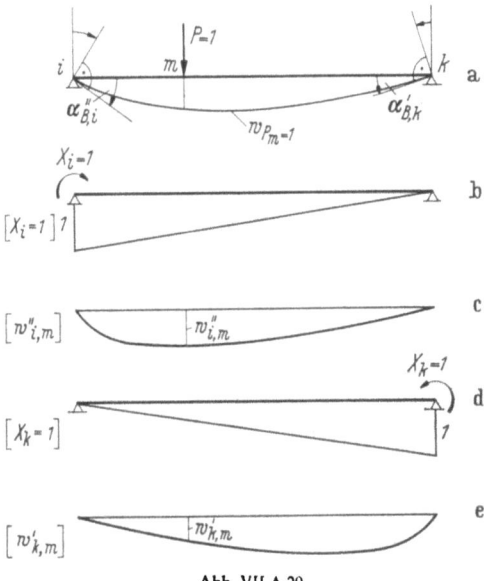

Abb. VII A.29

Somit ist $a''_{B,i} = a''_{i,m}$ und $a'_{B,k} = a'_{k,m}$ und

$$k_i = \frac{a''_{i,m}}{a_{i,k}}; \quad k_k = \frac{a'_{k,m}}{a_{i,k}}.$$

Nach (VII A.40) ergibt sich für die Einflußlinien von „$X_i$"

$$\text{„}X_i\text{"} = -\frac{a_{i-k} c_{i-k}}{l_{i-k}(l_{i-k} - a_{i-k} - c_{i-k})} \left[ \frac{a''_{i,m}}{a_{i,k}} \frac{l_{i-k} - c_{i-k}}{c_{i-k}} - \frac{a'_{k,m}}{a_{i,k}} \right]$$

$$= -\frac{a_{i-k}(l_{i-k} - c_{i-k})}{l_{i-k}(l_{i-k} - a_{i-k} - c_{i-k}) a_{i,k}} \left[ a''_{i,m} - \frac{c_{i-k}}{l_{i-k} - c_{i-k}} a'_{k,m} \right]. \quad \text{(VII A.43)}$$

Nach der Theorie der statisch unbestimmten Grundsysteme (Abschn. V C) kann eine Unbekannte $\tilde{X}_i$ eines $n$-fach statisch unbestimmten Systems unter Zugrundelegung eines $(n-1)$-fach unbestimmten Grundsystems aus einer einzigen Gleichung entsprechend (V C.19) bestimmt werden zu

$$\text{„}\tilde{X}_i\text{"} = -\frac{{}^{n-1}\tilde{a}_{i,m}}{{}^{n-1}\tilde{a}_{i,i}}. \quad \text{(VII A.44)}$$

${}^{n-1}\tilde{a}_{i,m}$ ist hierbei die Biegelinie infolge des Zustandes $[\tilde{X}_i = 1]$ am $(n-1)$-fach statisch unbestimmten Grundsystem. Nimmt man am Lager $i$ des Durchlaufträgers ein Gelenk an (Abb. VII A.30a) und bringt dort die Unbekannte $\tilde{X}_i = 1$ tm an, so erhält man die Momentenzustandslinie $^{n-1}\tilde{M}_i$ des $(n-1)$-fach statisch unbestimmten Grundsystems mittels der Festpunkte ohne irgendwelche Berechnung (Abb. VII A.30a). Aus der Konstruktion (Abb. VII A.30b) ergibt sich das Moment über der Stütze $k$ zu

$$^{n-1}\tilde{M}_{i,k} = -\frac{c_{i-k}}{l_{i-k} - c_{i-k}}.$$

Zerlegt man die $^{n-1}\tilde{M}_i$-Fläche des Feldes $(i-k)$ in zwei Dreiecke nach Abb. VII A.30c u. e, so erhält man die Biegelinie aus dieser Momentenfläche

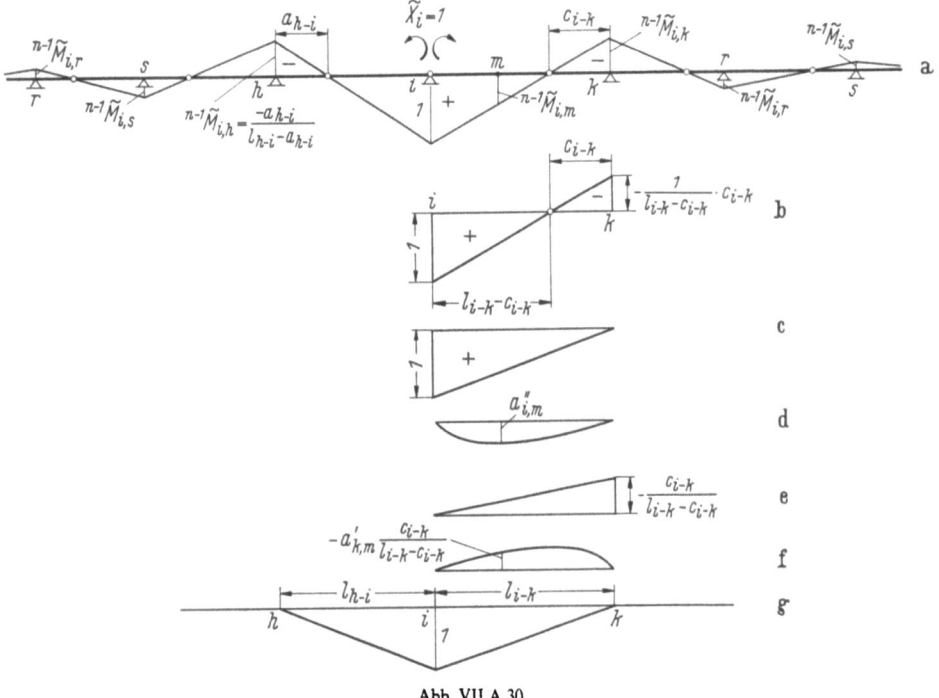

Abb. VII A.30

im Feld $(i-k)$ als Superposition der beiden Biegelinien des Zustandes nach Abb. VII A.30c mit $a''_{i,m}$ (Abb. VII A.30d) und des Zustandes nach Abb. VII A.30e mit $-a'_{k,m}\frac{c_{i-k}}{l_{i-k} - c_{i-k}}$ (Abb. VII A.30f) zu

$$^{n-1}\tilde{a}_{i,m} = a''_{i,m} - \frac{c_{i-k}}{l_{i-k} - c_{i-k}} a'_{k,m}.$$

Dieser Ausdruck entspricht gerade dem [ ]-Klammerwert von (VII A.43). Folglich muß für den Wert vor der Klammer gelten

$$^{n-1}\tilde{a}_{i,i} = \frac{l_{i-k}(l_{i-k} - a_{i-k} - c_{i-k})}{a_{i-k}(l_{i-k} - c_{i-k})} a_{i,k}. \qquad \text{(VII A.45a)}$$

In gleicher Weise gilt auch — wenn man das Feld $(h-i)$ betrachtet —

$$^{n-1}\tilde{a}_{i,i} = \frac{l_{h-i}(l_{h-i} - a_{h-i} - c_{h-i})}{c_{h-i}(l_{h-i} - a_{h-i})} a_{h,i}. \qquad \text{(VII A.45b)}$$

Zweckmäßig wird man den Wert $\tilde{a}_{i,i}$ direkt bestimmen.

Mit dem Reduktionssatz erhält man entsprechend (V C.25)

$$\tilde{a}_{i,i} = \int {}^{n-1}\tilde{M}_i \cdot {}^{n-1}\tilde{M}_i \frac{J_c}{J} ds = \int {}^{n-1}\tilde{M}_i {}^v M_i \frac{J_c}{J} ds.$$

${}^{n-1}\tilde{M}_i$ ist das Moment infolge $\tilde{X}_i = 1$ am $(n-1)$-fach statisch unbestimmten System (Abb. VII A.30a), ${}^v M_i$ das am statisch bestimmten System infolge ${}^v X_i = 1$ (Abb. VII A.30g). Somit ist mit (III B.42)

$$\begin{aligned}{}^{n-1}\tilde{a}_{i,i} &= \frac{l_{h-i}}{6} \frac{J_c}{J_{h,i}} \cdot 1{,}0 \left(2 \cdot 1{,}0 - \frac{a_{h-i}}{l_{h-i} - a_{h-i}}\right) + \frac{l_{i-k}}{6} \frac{J_c}{J_{i,k}} \cdot 1{,}0 \left(2 \cdot 1{,}0 - \frac{c_{i-k}}{l_{i-k} - c_{i-k}}\right) \\ &= \frac{l_{h-i}}{6} \frac{J_c}{J_{h,i}} (2{,}0 - {}^{n-1}\tilde{M}_{i,h}) + \frac{l_{i-k}}{6} \frac{J_c}{J_{i,k}} (2{,}0 - {}^{n-1}\tilde{M}_{i,k}). \end{aligned} \quad \text{(VII A.45c)}$$

Die Werte ${}^{n-1}\tilde{M}_{i,h}$ und ${}^{n-1}\tilde{M}_{i,k}$ kann man direkt aus Abb. VII A.30a abgreifen. (VII A.43) und (VII A.44) kann man auch schreiben

$$\text{„}\tilde{X}_i\text{"} = \frac{1}{{}^{n-1}\tilde{a}_{i,i}} ({}^{n-1}\tilde{M}_{i,i} a''_{i,m} - {}^{n-1}\tilde{M}_{i,k} a'_{k,m}),$$

wobei ${}^{n-1}\tilde{M}_{i,i} = 1$ ist und ${}^{n-1}\tilde{M}_{i,k}$ mit dem Absolutwert einzuführen ist. Für ein beliebiges Feld $(r-s)$ — gleichgültig, ob es rechts oder links vom Punkt $i$ liegt — gilt nach (VII A.44) allgemein

$$\text{„}\tilde{X}_i\text{"} = \frac{1}{{}^{n-1}\tilde{a}_{i,i}} ({}^{n-1}\tilde{M}_{i,r} a''_{r,m} + {}^{n-1}\tilde{M}_{i,s} a'_{s,m}). \quad \text{(VII A.46)}$$

${}^{n-1}\tilde{M}_{i,r}$ und ${}^{n-1}\tilde{M}_{i,s}$ sind die aus Abbildung VII A.30a für ein beliebiges Feld entnommenen Stützmomente, die vorzeichengemäß einzuführen sind (Abbildung VII A.31a), $a''_{r,m}$ ist die Biegelinie für den Momentenzustand $[M_r = 1]$ (Abb. VII A.31b u. c), $a'_{s,m}$ die für den Momentenzustand $[M_s = 1]$ (Abb. VII A.31d u. e). Für feldweise konstantes Trägheitsmoment können die Biegelinien $a''_{r,m}$ und $a'_{s,m}$ mittels der Dreieckszahlen $\omega$ nach (II C.24) und (II C.25) aus vorhandenen Tafeln entnommen werden, so daß die Ordinaten der Stützmomenteneinflußlinien für jeden beliebigen Punkt $m$ sofort angegeben werden können.

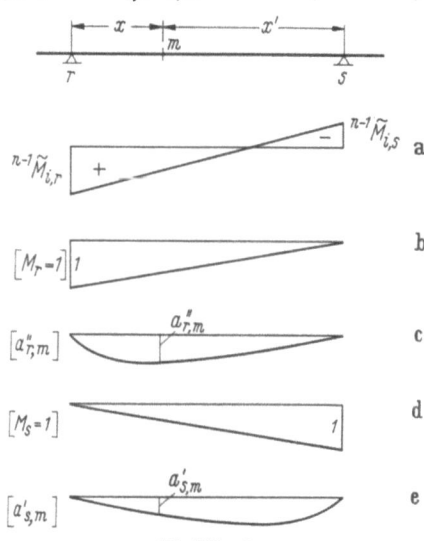

Abb. VII A.31

Mit $\xi = x/l_{r-s}$ bzw. $\xi' = x'/l_{r-s}$ (Abbildung VII A.31) wird

$$\begin{aligned} E J_c w_{r,m} &= a''_{r,m} = \frac{J_c}{J_{r,s}} \frac{l_{r-s}^2}{6} \xi'(1 - \xi'^2) = \frac{J_c}{J_{r,s}} \frac{l_{r-s}^2}{6} \omega'_D; \\ E J_c w_{s,m} &= a'_{s,m} = \frac{J_c}{J_{r,s}} \frac{l_{r-s}^2}{6} \xi(1 - \xi^2) = \frac{J_c}{J_{r,s}} \frac{l_{r-s}^2}{6} \omega_D. \end{aligned} \quad \text{(VII A.47)}$$

Sind die Einflußlinien „$X_n$" der Stützmomente bekannt, so können die Einflußlinien für alle Schnittbelastungen eines Feldes $(i-k)$ aus den Einflußlinien „$X_i$" und „$X_k$" bestimmt werden, und zwar über das statisch bestimmte Grundsystem, die Balkenkette. Es gilt für die Momenteneinflußlinie „$\bar{M}_m$" im Punkt $m$

$$\text{„}\bar{M}_m\text{"} = \text{„}M_m\text{"} + \text{„}X_i\text{"} M_{i,m} + \text{„}X_k\text{"} M_{k,m}. \quad \text{(VII A.48a)}$$

Mit den Werten der Abb. VII A.32b bis f erhält man für alle Punkte $m$ zwischen den Festpunkten (Abb. VII A.32a) die Einflußlinien „$\bar{M}_m$" nach Abb. VII A.32g, die innerhalb eines Feldes ihr Vorzeichen nicht ändern, für Punkte $n$ zwischen einem Lager und einem Festpunkt die Einflußlinien „$\bar{M}_n$", die innerhalb des Feldes, in dem der Punkt $n$ liegt, ihre Vorzeichen ändern (Abb. VII A.32h).

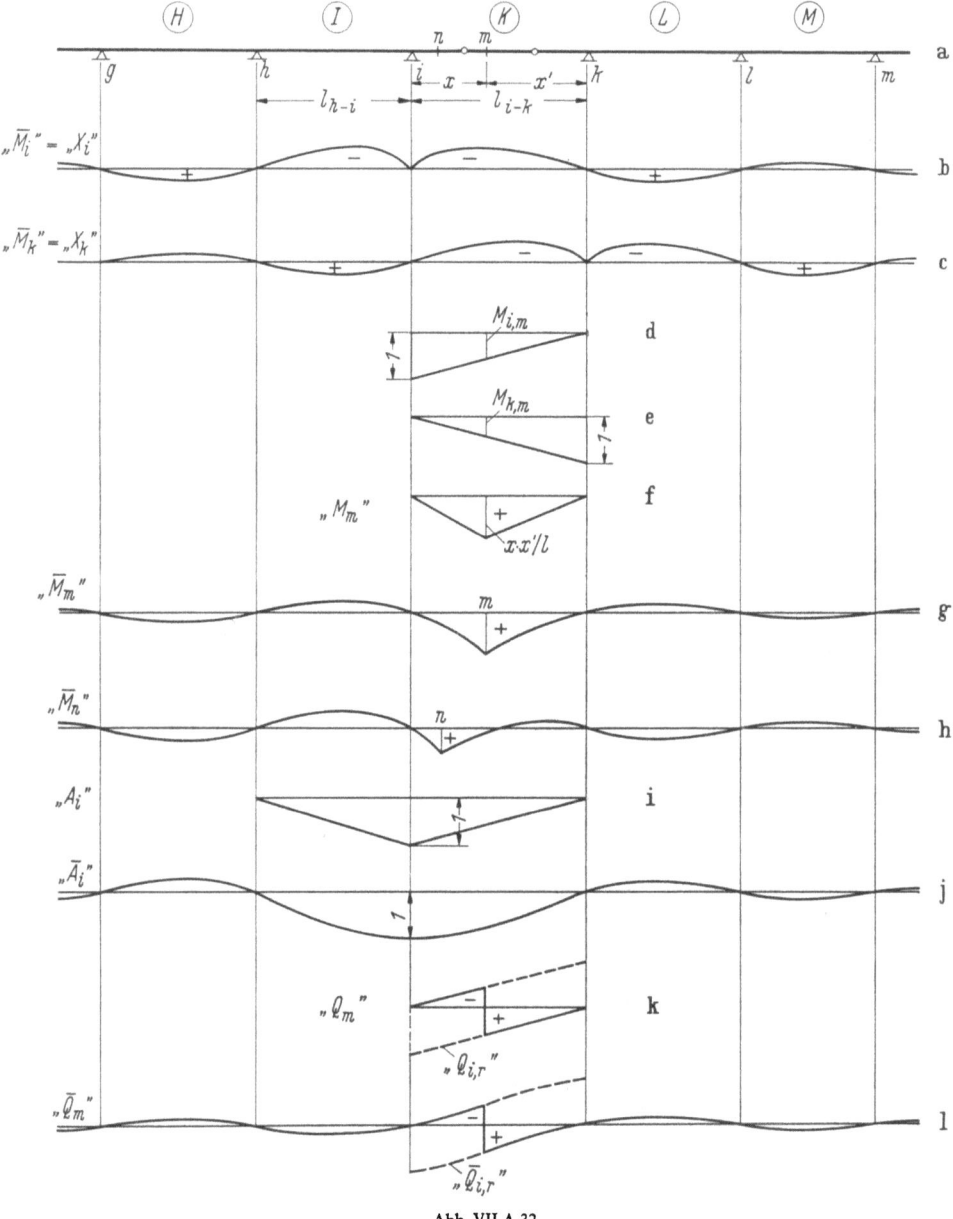

Abb. VII A.32

In gleicher Weise ergibt sich (Abb. VII A.32i u. j):

$$„\bar{A}_i" = „A_i" + „X_i" A_{i,i} + „X_h" A_{h,i} + „X_k" A_{k,i}$$
$$= „A_i" - \left(\frac{1}{l_{h-i}} + \frac{1}{l_{i-k}}\right) „X_i" + \frac{1}{l_{h-i}} „X_h" + \frac{1}{l_{i-k}} „X_k". \quad \text{(VII A.48b)}$$

Die Einflußlinie „$\bar{A}_i$" ändert innerhalb eines Feldes nicht ihr Vorzeichen.

Für die Querkräfte gilt (Abb. VII A.32 k u. l):

$$„\bar{Q}_m" = „Q_m" + „X_i" Q_{i,m} + „X_k" Q_{k,m}$$
$$= „Q_m" - \frac{1}{l_{i-k}} „X_i" + \frac{1}{l_{i-k}} „X_k". \qquad \text{(VII A.48c)}$$

Die Querkrafteinflußlinie „$\bar{Q}_m$" ändert nur im Feld, in dem sich der Punkt $m$ befindet, ihr Vorzeichen.

Wie später gezeigt wird, genügt es in vielen Fällen, nur die Formen der Einflußlinie zu kennen und nicht die Größen der Ordinaten, um die maximalen Schnittbelastungen zu bestimmen. Die Formen sind aber durch Abb. VII A.32 eindeutig festgelegt.

Die Einflußlinie einer Schnittbelastung kann aber auch direkt aus (VII A.40) unter Beachtung von (VII A.38), (VII A.43) und (VII A.45) berechnet werden. Wie im Abschn. II G nachgewiesen wurde, kann die Einflußlinie eines Momentes „$\bar{M}_m$" im Punkt $m$ in der Weise gefunden werden, daß man in diesem Punkt dem System eine gegenseitige Querschnittsdrehung $\varDelta\varphi_m = 1$ aufzwingt. Die zugehörige Biegelinie ist dann bereits die Einflußlinie des Momentes. Das gilt sowohl für statisch bestimmte als auch statisch unbestimmte Systeme. Auf diese Weise kann man auch versuchstechnisch Einflußlinien bestimmen. Wenn man z. B. entsprechend Abb. VII A.33a im idealisierten Versuchsträger (z. B. einem Rundstab) im Punkt $m$ vorübergehend ein Gelenk einschaltet und den Punkt $m$ bis auf $m'$ absenkt, so daß $\varDelta\varphi_m = 1$ entsteht, ist die sich einstellende Biegelinie bereits die „$\bar{M}_m$"-Einflußlinie.

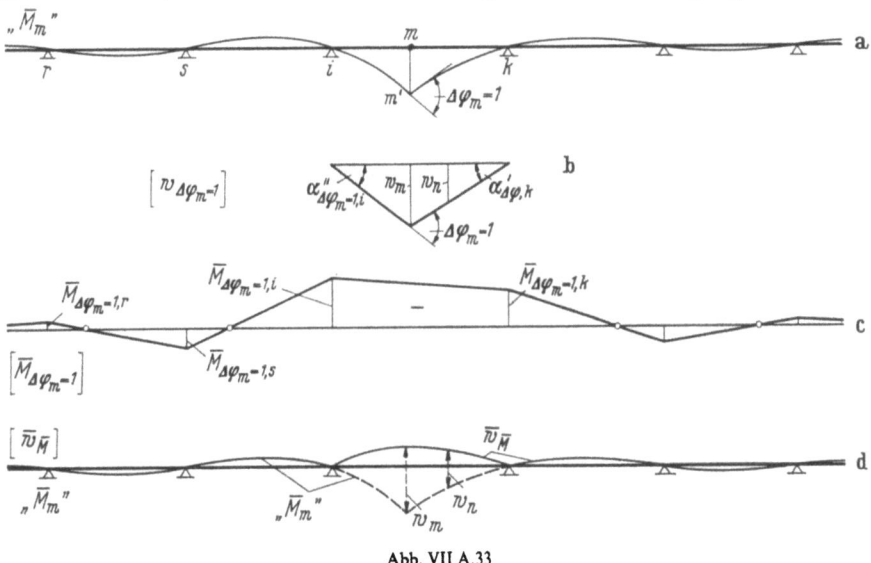

Abb. VII A.33

Die rechnerische Ermittlung erfolgt dementsprechend. Wird am statisch bestimmten Grundsystem (Abb. VII A.33b) ein Gelenk im Punkt $m$ eingeschaltet und eine gegenseitige Drehung um $\varDelta\varphi_m = 1$ vorgenommen, so ist nach (VII A.38) mit $w_{\varDelta\varphi,m} = x_m x'_m/l_{i-k}$

$$a''_{B,i} = EJ_c \alpha''_{\varDelta\varphi,i} = EJ_c \frac{x'_m}{l_{i-k}}; \qquad a'_{B,k} = EJ_c \alpha'_{\varDelta\varphi,k} = EJ_c \frac{x_m}{l_{i-k}}$$

und mit (VII A.40) und (VII A.43)

$$X_{\varDelta\varphi_m=1,i} = \frac{EJ_c}{n-1 \tilde{a}_{i,i} l_{i-k}} \left[ x'_m - x_m \frac{c_{i-k}}{l_{i-k} - c_{i-k}} \right] = \bar{M}_{\varDelta\varphi_m=1,i};$$
$$X_{\varDelta\varphi_m=1,k} = \frac{EJ_c}{n-1 \tilde{a}_{i,i} l_{i-k}} \left[ x_m - x'_m \frac{a_{i-k}}{l_{i-k} - a_{i-k}} \right] = \bar{M}_{\varDelta\varphi_m=1,k}. \qquad \text{(VII A.49)}$$

Sind die Stützmomente $\bar{M}_{\Delta\varphi_m=1,i}$ und $\bar{M}_{\Delta\varphi_m=1,k}$ bestimmt, so können mittels der Festpunkte (Abb. VII A.33c) alle anderen Stützmomente $\bar{M}_{\Delta\varphi_m=1,n}$ bestimmt werden. Damit ist der gesamte Momentenzustand $\bar{M}_{\Delta\varphi_m=1}$ bestimmt (Abb. VII A.33c), da am statisch bestimmten Grundsystem infolge der gegenseitigen Drehung $\Delta\varphi_m = 1$ keine Momente entstehen, wohl aber Durchbiegungen $w_{\Delta\varphi_m=1}$ (Abb. VII A.33b). Die Biegelinie $\bar{w}_{\bar{M}}$ — infolge der Momente $\bar{M}_{\Delta\varphi_m} = 1$ — ist nach (VII A.46) und (VII A.47) für ein beliebiges Feld $r-s$ gegeben durch

$$\bar{w}_{\bar{M},n} = \bar{M}_{\Delta\varphi_m=1,r}\, w_{r,n} + \bar{M}_{\Delta\varphi_m=1,s}\, w_{s,n}$$

$$= \frac{J_c}{J_{r,s}} \frac{l_{r-s}^2}{6} \left[ \frac{\bar{M}_{\Delta\varphi_m=1,r}}{EJ_c} \omega'_D + \frac{\bar{M}_{\Delta\varphi_m=1,s}}{EJ_c} \omega_D \right]. \qquad \text{(VII A.50)}$$

Fügt man zu der für alle Felder $r-s$ berechneten Biegelinie $\bar{w}_{\bar{M}}$ (Abb. VII A.33d) im Feld $(i-k)$ noch die Biegelinie $w_{\Delta\varphi,n}$ am statisch bestimmten Grundsystem nach Abb. VII A.33b dazu, so ergibt sich die endgültige Momenteneinflußlinie „$\bar{M}_m$".

In ähnlicher Weise erhält man die Querkrafteinflußlinie „$\bar{Q}_m$", wenn man an der Stelle $m$ einen vertikalen Sprung $\Delta w = 1$ vorsieht (Abb. VII A.34). Am statisch bestimmten System ist dann

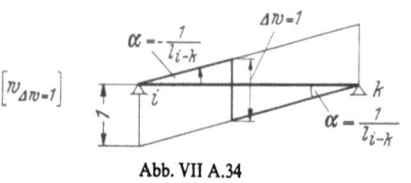

Abb. VII A.34

$$a''_{B,i} = EJ_c \alpha''_{\Delta w,i} = -\frac{EJ_c}{l_{i-k}};$$

$$a'_{B,k} = EJ_c \alpha'_{\Delta w,k} = +\frac{EJ_c}{l_{i-k}}.$$

Die weitere Berechnung erfolgt damit in gleicher Weise wie bei „$\bar{M}_m$".

## 5. Maximale Schnittbelastungen

Sind nach Abschn. IV die Belastungen je Hauptträger aus ständiger Last und Verkehrslast oder je Windverband aus der Windbelastung festgestellt, so eignet sich die Festpunktmethode in vielen Fällen in ausgezeichneter Weise dazu, die maximalen Schnittbelastungen zu ermitteln.

Besonders für Vorberechnungen, aber auch für die größenordnungsmäßige Überprüfung von elektronischen Berechnungen, kann sie mit Vorteil Verwendung finden. Zugrunde zu legen ist dabei zweckmäßig ein feldweise konstantes Trägheitsmoment, eine feldweise konstante ständige Last $g_{i-k}$, eine gleichförmig verteilte Verkehrslast $p$ und gegebenenfalls eine ideelle Einzellast $P$.

Tabelle VII A.1. *Stützmomente infolge feldweiser Belastung mit $p = 1$ t/m bzw. mit Vollbelastung*

| Belastung | Belastung im Feld | ... | $\bar{M}_h$ | $\bar{M}_i$ | $\bar{M}_k$ | ... |
|---|---|---|---|---|---|---|
| | ⋮ | | ⋮ | ⋮ | ⋮ | |
| | $r-s$ | | $\bar{M}_{r-s,h}$ | $\bar{M}_{r-s,i}$ | $\bar{M}_{r-s,k}$ | |
| $p = 1$ t/m | ⋮ | | ⋮ | ⋮ | ⋮ | |
| | $i-k$ | | $\bar{M}_{i-k,h}$ | $\bar{M}_{i-k,i}$ | $\bar{M}_{i-k,k}$ | |
| | ⋮ | | ⋮ | ⋮ | ⋮ | |
| | $m-n$ | | $\bar{M}_{m-n,h}$ | $\bar{M}_{m-n,i}$ | $\bar{M}_{m-n,k}$ | |
| $p = 1$ t/m | alle Felder | | $\bar{M}_{\Sigma p=1,h}$ | $\bar{M}_{\Sigma p=1,i}$ | $\bar{M}_{\Sigma p=1,k}$ | |
| $g$ [t/m] | alle Felder | | $\bar{M}_{g,h}$ | $\bar{M}_{g,i}$ | $\bar{M}_{g,k}$ | |

Wie diese Belastungen zu bestimmen sind, wurde in Abschn. IV beschrieben, wobei mehrere Einzellasten eines Schwerstfahrzeuges und gleichförmig verteilte Belastungen davor, dahinter und daneben ohne Einbuße der Rechengenauigkeit zu einer ideellen Einzellast $P$ und zu einer konstanten Belastung $p$ umgewandelt werden können.

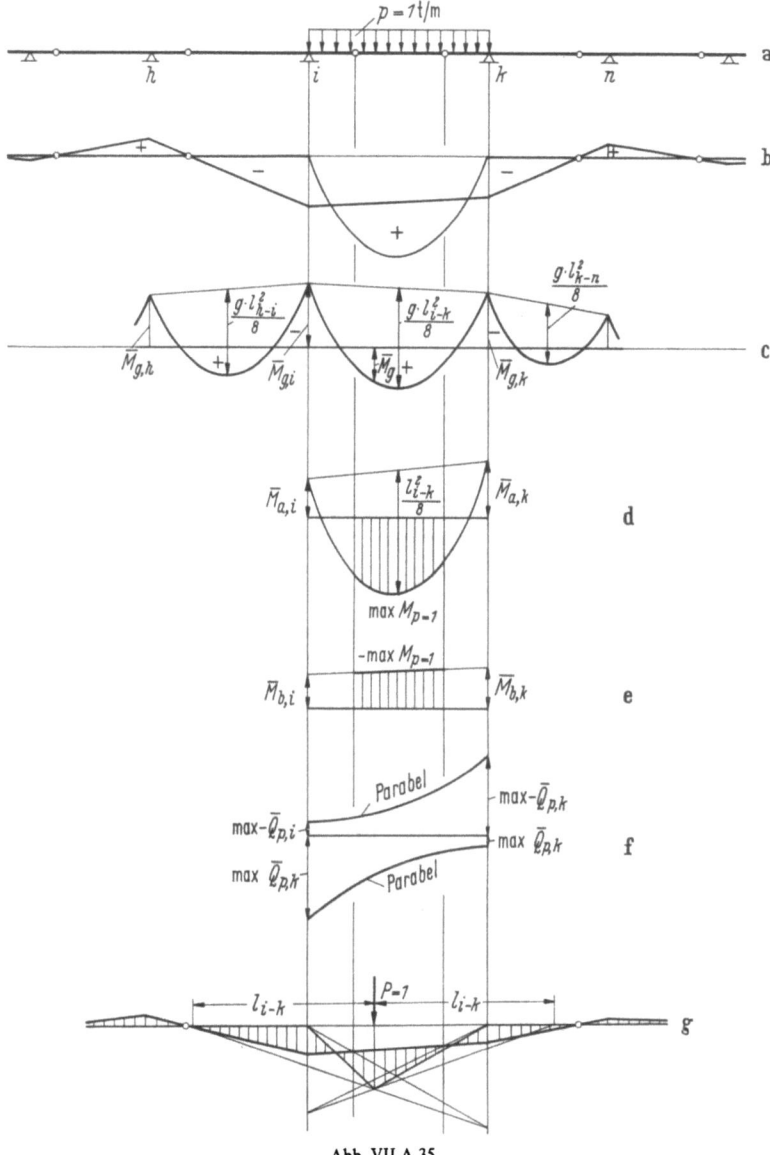

Abb. VII A.35

Sind die Festpunkte graphisch nach Abschn. VII A 2 bestimmt, so wird man entsprechend Abschn. VII A 3 für die Belastung $p = 1$ t/m eines jeden Feldes $(i-k)$ (Abb. VII A.35a) die Momente nach Abb. VII A.35b bestimmen und die Stützmomente vorzeichengerecht in einer Tabelle (Tab. VII A.1) eintragen. Ist die ständige Last $g$ für alle Felder konstant, so bildet man zuerst die Summe der Stützmomente $\sum \bar{M}_{p=1,n}$. Multipliziert man diese Werte mit $g$, so erhält man bereits die endgültigen Stützmomente aus ständiger Last. Die endgültigen Momente aus ständiger Last an beliebiger Stelle kann man dann nach Abb. VII A.35c graphisch ermitteln. Ist $g_{i-k}$ feldweise verschieden, so wird man in Erweiterung von Tab. VII A.1 die Momente jeder Zeile $(r-s)$ mit $g_{r-s}$ multiplizieren und dann die Summe $\bar{M}_{g,n}$ bilden. Sind die Stützmomente $\bar{M}_{g,n}$ bekannt, so sind auch die Momente $\bar{M}_{g,m}$ an jeder beliebigen Stelle $m$ nach Abb. VII A.35c und die Querkräfte $\bar{Q}_{g,m}$ an jeder Stelle $m$ festgelegt.

$$\bar{Q}_{g,m} = Q_{g,m} + \frac{1}{l_{i-k}}(\bar{M}_{g,k} - \bar{M}_{g,i}).$$

Die Stützmomente sind vorzeichengerecht einzuführen.

Zur Bestimmung der maximalen Momente aus einer gleichförmig verteilten Belastung $p$ werden die Formen der Einflußlinien entsprechend Abb. VII A.32 benützt. Die Durchführung der Berechnung wird für Feld $(i-k)$ erläutert.

*Maximales positives Moment zwischen den Festpunkten aus Verkehrslast* $p = 1$ t/m. Da sich nach Abschn. VII A 4 für keinen Punkt $m$ die Vorzeichen der Momenteneinflußlinien „$\bar{M}_m$" innerhalb eines Feldes ändern, ergeben sich die maximalen positiven Momente max $+M_p$ für die Belastung der Felder „$\ldots F + H + K + M + \cdots$". In Tab. VII A.2 sind dafür die Stützmomente, die sich durch Superposition (vorzeichengerecht) der entsprechenden Werte der Tab. VII A.1 für $p = 1$ ergeben, einzutragen. Trägt man die Stützmomente $\bar{M}_{a,n}$ auf (Abb. VII A.35d), und dazu die Parabel mit dem Stich $l^2/8$, so erhält man bereits für den ganzen Bereich zwischen den Festpunkten die maximalen positiven Momente aus $p = 1$ t/m.

Tabelle VII A.2. *Extreme Schnittbelastungen infolge* $p = 1$ t/m

| Maximale Schnitt- belastung | Belastung der Felder | Fall | Stützmomente [tm] | | | | |
|---|---|---|---|---|---|---|---|
| | | | $\ldots$ | $\bar{M}_h$ | $\bar{M}_i$ | $\bar{M}_k$ | $\ldots$ |
| | | | $\vdots$ | $\vdots$ | $\vdots$ | $\vdots$ | |
| $+\bar{M}_m$ | $\cdots+F+H+K+M+\cdots$ | a | | $\bar{M}_{a,h}$ | $\bar{M}_{a,i}$ | $\bar{M}_{a,k}$ | |
| $-\bar{M}_m$ | $\cdots+I+L+N+\cdots$ | b | | $\bar{M}_{b,h}$ | $\bar{M}_{b,i}$ | $\bar{M}_{b,k}$ | |
| | | | | $\vdots$ | $\vdots$ | $\vdots$ | |
| $+\bar{M}_i$ | $\cdots+H+L+N+\cdots$ | c | | $\bar{M}_{c,h}$ | $\bar{M}_{c,i}$ | $\bar{M}_{c,k}$ | |
| $-\bar{M}_i$ | $\cdots+G+I+K+M+\cdots$ | d | | $\bar{M}_{d,h}$ | $\bar{M}_{d,i}$ | $\bar{M}_{d,k}$ | |
| | | | | $\vdots$ | $\vdots$ | $\vdots$ | |
| $+\bar{Q}_{i,r}$ | $\cdots+G+I+K+M+\cdots$ | d | | $\bar{M}_{d,h}$ | $\bar{M}_{d,i}$ | $\bar{M}_{d,k}$ | |
| $-\bar{Q}_{i,r}$ | $\cdots+H+L+N+\cdots$ | c | | $\bar{M}_{c,h}$ | $\bar{M}_{c,i}$ | $\bar{M}_{c,k}$ | |
| | | | | $\vdots$ | $\vdots$ | $\vdots$ | |

*Maximales negatives Moment zwischen den Festpunkten aus Verkehrslast* $p = 1$ t/m. Aus Abb. VII A.32g erkennt man, daß in diesem Fall die Felder „$\ldots I + L + N + \cdots$" zu belasten sind, um „max $-M_p$" zu erhalten.

Die Superposition der entsprechenden Werte der Tab. VII A.1 wird in Tab. VII A.2 eingetragen. Damit sind die Stützmomente $\bar{M}_{b,n}$ gegeben. Da das Feld $(i-k)$ nicht belastet werden darf, gibt die Verbindungslinie zwischen den beiden Stützmomenten im Bereich der Festpunkte bereits die maximalen negativen Momente infolge $p = 1$ t/m (Abb. VII A.35e).

*Maximale Stützmomente aus Verkehrslast* $p = 1$ t/m. Diese werden für die Belastungen der entsprechenden Felder in gleicher Weise wie oben mittels Tab. VII A.1 ermittelt und in Tab. VII A.2 eingetragen.

*Maximale Momente im Bereich zwischen Stütze und Festpunkt infolge $p = 1$ t/m.*
Für den Bereich zwischen Festpunkt und Lager darf das Feld $(i-k)$ nicht voll belastet bzw. unbelastet bleiben. Die Konstruktion für $p = 1$ t/m bei Belastung eines ganzen Feldes kann somit nicht angewendet werden. Man kann sich aber aus den Zuständen für die maximalen negativen Momente die Tangenten konstruieren und dann die Momente ungefähr eintragen. Gerade im Bereich, wo die Momente infolge dieser Näherungskonstruktion Ungenauigkeiten aufweisen, sind sie in der Regel aber nicht maßgebend.

*Maximale Querkräfte infolge Verkehrslast $p = 1$ t/m.* Für die Querkräfte unmittelbar neben einer Stütze (z. B. $\bar{Q}_{i,r}$, rechts der Stütze $i$) sind die entsprechenden Felder (Abb. VII A.321) voll zu belasten (s. Tab. VII A.2). Sind dann die Stützmomente für den betreffenden Belastungszustand bekannt, so ergibt sich bei Belastung des Feldes $(i-k)$

$$\max + \bar{Q}_{d,i;r} = \frac{l_{i-k}}{2} + \frac{1}{l_{i-k}}(\bar{M}_{d,k} - \bar{M}_{d,i})$$

und bei unbelastetem Feld $(i-k)$

$$\max - \bar{Q}_{c,i;r} = + \frac{1}{l_{i-k}}(\bar{M}_{c,k} - \bar{M}_{c,i}).$$

Die Stützmomente sind vorzeichengerecht einzuführen.

Da für Zwischenpunkte $m$ nur Belastungen im Feld $(i-k)$ maßgebend sind, wird als Näherung für $\max + Q_{p=1}$ bzw. $\max - Q_{p=1}$ eine Parabel eingelegt (Abb. VII A.35f). Da den Querkräften in der Regel nicht die Bedeutung zukommt wie den Momenten, reicht diese einfache näherungsweise Ermittlung in vielen Fällen aus.

Sind die maximalen Schnittbelastungen infolge $p = 1$ t/m ermittelt, werden für alle Punkte die graphisch ermittelten Werte mit dem tatsächlich vorhandenen Wert $p$ multipliziert.

*Maximale Schnittbelastungen aus $P = 1$ t.* Ist neben einer gleichförmig verteilten Verkehrsbelastung noch eine Einzellast $P$ zu berücksichtigen, so wird für jeden Punkt die Konstruktion nach Abb. VII A.28d durchgeführt (Abbildung VII A.35g).

Man kann daraus für jeden Punkt ersehen, welche Laststellung das größte positive bzw. negative Moment ergibt und diese Werte in eine Tabelle eintragen. Nach Multiplikation mit $P$ erhält man die maximalen Werte, die bei den Gesamtmomenten zu berücksichtigen sind.

Bei den Querkräften infolge $P$ genügt es meistens, die Werte des Einfeldträgers in Näherung zu verwenden.

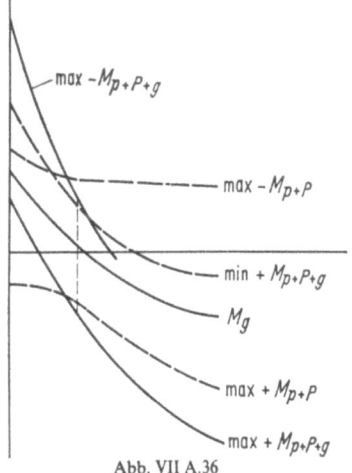

Abb. VII A.36

*Maximale und minimale Schnittbelastungen.*
Um die maximalen und minimalen Schnittbelastungen an einer bestimmten Stelle zu erhalten, werden die Schnittbelastungen aus ständiger Last mit den maximalen positiven bzw. negativen Schnittbelastungen aus Verkehrsbelastung vorzeichengerecht superponiert.

Für die Momente erhält man z. B. nach Abb. VII A.36:

über der Stütze:

$$\max - M_{g+p+P} = M_g + \max - M_{p+P}; \quad (-) + (-);$$
$$\min - M_{g+p+P} = M_g + \max + M_{p+P}; \quad (-) + (+);$$

im Feldmittelbereich:
$$\max + M_{g+p+P} = M_g + \max + M_{p+P}; \quad (+) + (+);$$
$$\min + M_{g+p+P} = M_g + \max - M_{p+P}; \quad (+) + (-);$$

im Bereich zwischen Lager und Festpunkten:
$$\max - M_{g+p+P} = M_g + \max - M_{p+P}; \quad (-) + (-);$$
$$\left.\begin{array}{r}\min - M_{g+p+P} \\ \text{bzw.} \max + M_{g+p+P}\end{array}\right\} = M_g + \max + M_{p+P}; \quad \left\{\begin{array}{l}(-) + (+) = (-); \\ (-) + (+) = (+);\end{array}\right.$$
$$\max + M_{g+p+P} = M_g + \max + M_{p+P}; \quad (+) + (+);$$
$$\left.\begin{array}{r}\min + M_{g+p+P} \\ \text{bzw.} \max - M_{g+p+P}\end{array}\right\} = M_g + \max - M_{p+P}; \quad \left\{\begin{array}{l}(+) + (-) = (+); \\ (+) + (-) = (-).\end{array}\right.$$

Mit diesen Werten können die Verhältnisse

bzw.
$$\varkappa = \frac{\max - M}{\min - M} \quad \text{bzw.} \quad \varkappa = \frac{\max - M}{\max + M}$$
$$\varkappa = \frac{\max + M}{\min + M} \quad \text{bzw.} \quad \varkappa = \frac{\max + M}{\max - M}$$

bestimmt werden, die für dauerbeanspruchte Konstruktionen mit Rücksicht auf Ermüdungserscheinungen von Bedeutung werden können.

In gleicher Weise sind die maximalen und minimalen Werte für andere Schnittbelastungen (z. B. Querkräfte, Stabkräfte usw.) zu ermitteln.

(Siehe Beispiel 40.)

## B. Rahmen

Die Berechnung von Rahmen mittels der Festpunktmethode wurde vor der Veröffentlichung der Methoden von CROSS und KANI vielfach angewendet. Es ist ein umfangreiches Schrifttum hierüber vorhanden [z. B. S 17, S 39, S 41]. Heute hat die Festpunktmethode ihre Bedeutung für die Berechnung von Rahmen fast vollständig verloren. Dies gilt vor allem für geschlossene und seitlich verschiebbare Rahmensysteme. Die nachfolgenden Ausführungen werden daher nur ganz kurz gehalten, und es wird bei den Entwicklungen auf die beiden klassischen Methoden, die Schnittbelastungsmethode und die Deformationsmethode, verwiesen.

Bei den nachfolgenden Betrachtungen wird der Einfluß der Quer- und Längskräfte bei der Ermittlung der Festpunkte und der Stützmomente als statisch unbestimmte Größen vernachlässigt, da er ohne Bedeutung ist.

### 1. Festpunkte

Bei einem Durchlaufträger konnte man den Festpunkt $a_{e-f}$ (Abb. VII B.1) nach (VII A.30) und Abb. VII A.21 durch die elastische Drehung $\varepsilon'_e$ im Punkt $e$ des links vom Punkt $e$ vorhandenen Durchlaufträgers infolge eines Momentes $M_e = 1$ ausdrücken, wobei der Momentenverlauf durch die Festpunkte festgelegt ist.

Mit $EJ_c \varepsilon'_e = e'_e$ nach (VII A.31) ergab sich der Festpunktabstand nach (VII A.30) zu
$$a_{e-f} = \frac{a_{f,e}}{a''_{e,e} + a_{e,f} + e'_e}.$$

Diese Entwicklung kann sinnentsprechend auf die Berechnung der Festpunkte in einem Stab $(i-k)$ eines offenen Rahmensystems (Abb. VII B.2a) angewendet werden. Es seien vorerst die links vom Knoten $i$ an diesen angeschlossenen Stabgruppen — ohne Stab $(i-k)$ — betrachtet, die sich beliebig verzweigen können

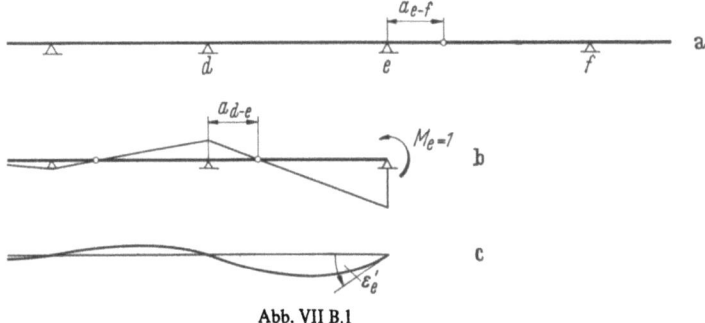

Abb. VII B.1

(Abb. VII B.2b) und an den Enden gelenkig gelagert oder elastisch bzw. starr eingespannt sein können und unbelastet sind. Bringt man ein Moment $M_i = 1$ im Knoten $i$ auf, so werden sich der Knoten $i$ und alle an diesen Knoten anschließenden Stäbe (Abb. VII B.2b) um den Winkel $\varepsilon_i$ drehen.

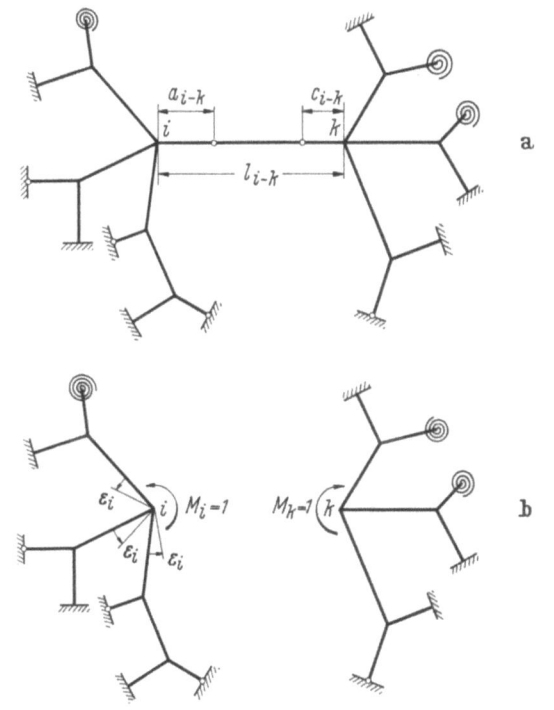

Abb. VII B.2

Nach den Entwicklungen des Abschn. VIII für die Deformationsmethode wird das Moment, das die elastische Drehung 1 des Knotens $i$ — ohne Stab $(i-k)$ — hervorruft, als Knotensteifigkeit $s_i$ bzw. Knotendrehsteifigkeit $f_{d,i}$ bezeichnet. Seine Berechnung kann — von den Stabgruppenenden beginnend — fortlaufend nach (VIII B.53) und (VIII B.54) durchgeführt werden und ist gleich der Summe der Steifigkeiten der einzelnen an den Knoten $i$ anschließenden Stäbe.

$$s_i = f_{d,i} = \sum s_{i,k} + \sum {}^0 s_{i,k} + \sum {}^e s_{i,k}. \tag{VII B.1}$$

Wenn $s_i$ das Moment darstellt, das die Knotendrehung 1 hervorruft, gilt für die Drehung infolge eines Momentes 1

$$\varepsilon_i = \frac{1}{s_i} \quad \text{und} \quad EJ_c \varepsilon_i = e_i.$$

In gleicher Weise gilt (VII B.2)

$$\varepsilon_k = \frac{1}{s_k} \quad \text{und} \quad EJ_c \varepsilon_k = e_k.$$

Mit Abb. VII B.3 wird

$$a_{i,i;i,k} = \int M_i \, {}^vM_i \frac{J_c}{J} \, ds; \quad a_{k,k;k,i} = \int M_k \, {}^vM_k \frac{J_c}{J} \, ds;$$

$$a_{i,k} = \int M_i \, {}^vM_k \frac{J_c}{J} \, ds;$$

(VII B.3)

und entsprechend (VII A.30) erhält man die Festpunktabstände

$$a_{i-k} = \frac{a_{i,k}}{a_{i,i;i,k} + a_{i,k} + e_i} \quad \text{und} \quad c_{i-k} = \frac{a_{i,k}}{a_{k,k;k,i} + a_{i,k} + e_k}. \quad \text{(VII B.4)}$$

Somit können für jeden Stab eines offenen Rahmensystems die beiden Festpunkte bestimmt werden.

Für geschlossene Rahmensysteme (z. B. Abb. VII B.4) können (VII B.1) bis (VII B.4) ebenfalls Anwendung finden, wenn man folgende Überlegungen beachtet.

Wie man bei der Berechnung von $\varepsilon_e'$ nach (VII A.31) feststellen kann, werden die Momente nach Abb. VII B.1b bei Weiterleitung über die Festpunkte in den folgenden Feldern schnell so klein, daß sie

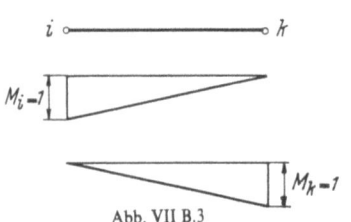

Abb. VII B.3

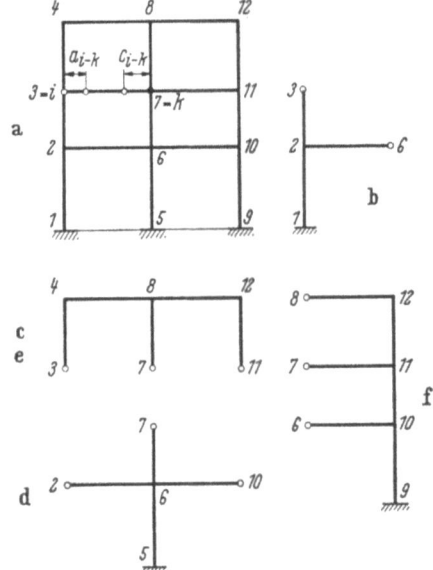

Abb. VII B.4

bedeutungslos für die Ermittlung von $\varepsilon_e'$ werden. Ebenfalls wird sich der Festpunktabstand $a_{d-e}$, der für die Berechnung von $\varepsilon_e'$ unter Beachtung des Reduktionssatzes der einzig maßgebende Faktor ist, kaum ändern, wenn man zu seiner Berechnung alle links von ihm vorhandenen Felder oder nur eines oder zwei berücksichtigt.

Diese Tatsache kann man bei der Berechnung geschlossener Rahmen mit Vorteil verwenden.

Sollen z. B. die Festpunkte des Rahmens nach Abb. VII B.4 für den Stab $(i-k) = (3-7)$ bestimmt werden, so ist zuerst die Steifigkeit $s_i = s_3$ zu bestimmen. Es ist

$$s_3 = s_{3,2} + s_{3,4}.$$

$s_{3,2}$ wird man entsprechend Abb. VII B.4b berechnen, wobei man in Näherung im Punkt 6 ein Gelenk annimmt und alle übrigen Stäbe rechts vom Knoten 6 in

Näherung entfallen läßt. In gleicher Weise kann $s_{3,4}$ nach dem System nach Abb. VII B.4c berechnet werden, wobei in 7 und 11 zunächst gelenkige Lagerungen vorgesehen werden.

Für die Steifigkeit
$$s_7 = s_{7,8} + s_{7,11} + s_{7,6}$$
kann entsprechend z. B. nach Abb. VII B.4d bis f vorgegangen werden. Mit $s_3$ und $s_7$ lassen sich $a_{i-k}$ und $c_{i-k}$ nach (VII B.4) berechnen. Man könnte folgende Variation der Berechnung von $s_3$ und $s_7$ vornehmen, indem man in der Abb. VII B.4b u. c die Enden 6, 7 und 11 starr einspannt statt gelenkig lagert. Bei der Berechnung von $s_7$ wären entsprechend in Abb. VII B.4d bis f die Enden 2, 10, 3, 11, 8 und 6 starr einzuspannen. Mit den geänderten Werten $s_3$ und $s_7$ ergeben sich nach (VII B.4) geänderte Werte $a_{i-k}$ und $c_{i-k}$. Man kann feststellen, daß die nach den beiden Grenzfällen — gelenkige Lagerung oder starre Einspannung — berechneten Werte $a_{i-k}$ und $c_{i-k}$, wenn man wenigstens je zwei Nachbarstäbe beachtet, sich so wenig ändern, daß die übliche Rechengenauigkeit eingehalten ist, gleichgültig welche Annahme man trifft.

## 2. Schnittbelastungen bei unverschieblichen Rahmen

Wie bei der Anwendung der Festpunktmethode beim Durchlaufträger wird jeweils nur ein Feld belastet betrachtet. Für die Belastung des Feldes $(i-k)$ mit beliebigen Lasten (z. B. Abb. VII B.5) gelten die Formeln (VII A.38) und (VII A.40) uneingeschränkt, wobei nur die Festpunktabstände $a_{i-k}$ und $c_{i-k}$ nach (VII B.4) einzuführen sind. Damit sind die Stützmomente $X_{B,i;i,k} = \bar{M}_{B,i;i,k}$ und $X_{B,k;k,i} = \bar{M}_{B,k;k,i}$ und die Schlußlinie für das Feld $(i-k)$ festgelegt (Abb. VII B.5)

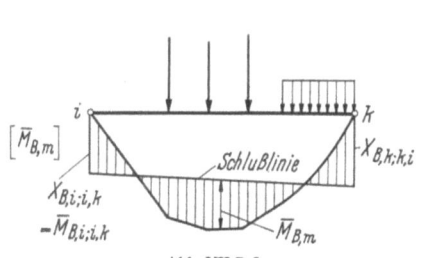

Abb. VII B.5

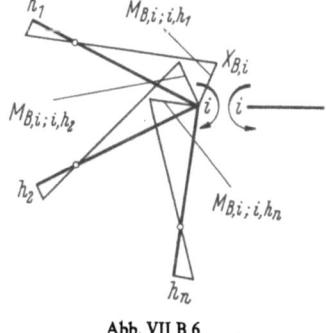

Abb. VII B.6

und damit auch die endgültigen Momente $\bar{M}_{B,m}$ in jedem Punkt $m$. Da im Knoten $i$ Gleichgewicht herrschen muß, ist die Summe der Momente $\bar{M}_{B,i;i,h}$, die auf die Stäbe $(i-h)$ wirken (Abb. VII B.6), gleich dem Moment $\bar{M}_{B,i;i,k}$. Dieses Moment verteilt sich im Verhältnis der Steifigkeiten $s_{i,h_n}$ der einzelnen Stäbe auf diese. Nach (VIII B.55) gilt

$$\bar{M}_{B,i;i,h_n} = \mu_{i,h_n} \bar{M}_{B,i;i,k}. \tag{VII B.5}$$

Diese Momente werden über die Festpunkte weitergeleitet, verteilen sich beim nächsten Knoten wieder usw.

Die Entwicklungen über die Verteilungszahlen $\mu_{i,k}$ und Fortleitungszahlen $\mu_{i-k}$ sind in Abschn. VIII B 2 und VIII B 4 ausführlich behandelt, so daß darauf verwiesen werden kann.

Wird diese Berechnung bzw. Konstruktion für jedes belastete Feld wiederholt, so erhält man die endgültigen Schnittbelastungen für einen gegebenen Belastungsfall durch entsprechende Superposition der Einzelzustände.

Wird dem Stab $(i-k)$ eine Sehnendrehung, z. B. durch Verschiebung des Punktes $i$ um den Wert $\varDelta$, eingeprägt (Abb. VII B.7), so ergibt sich mit

$$\alpha_i = -\frac{\varDelta}{l_{i-k}}; \quad \alpha_k = +\frac{\varDelta}{l_{i-k}} \quad \text{(VII B.6)}$$

Abb. VII B.7

nach (VII A.38)

$$a''_{B,i} = E J_c \alpha_i = -\frac{E J_c}{l_{i-k}} \varDelta;$$

$$a'_{B,k} = E J_c \alpha_k = +\frac{E J_c}{l_{i-k}} \varDelta$$

und nach (VII A.40)

$$X_{B,i} = \frac{E J_c \, a_{i-k}}{l_{i-k}(l_{i-k} - a_{i-k} - c_{i-k}) \, a_{i,k}} \varDelta;$$

$$X_{B,k} = \frac{E J_c \, c_{i-k}}{l_{i-k}(l_{i-k} - a_{i-k} - c_{i-k}) \, a_{i,k}} \varDelta.$$

(VII B.7)

Die weitere Berechnung der Schnittbelastungen erfolgt in gleicher Weise wie früher für eine gegebene Belastung, nur treten am statisch bestimmten System keine Momente auf.

### 3. Rahmen mit verschieblichen Knotenpunkten

Bei Vernachlässigung der Längskräfte bei der Berechnung von Verformungen — was bei Stockwerkrahmen u. a. m. am Platze ist — ist ein einstöckiger Rahmen (z. B. der in Abb. VII B.8a dargestellte einstöckige Rahmen) bei Vorhandensein einer seitlichen Stützung in Riegelhöhe durch einen Stab $V_1$ unverschieblich.

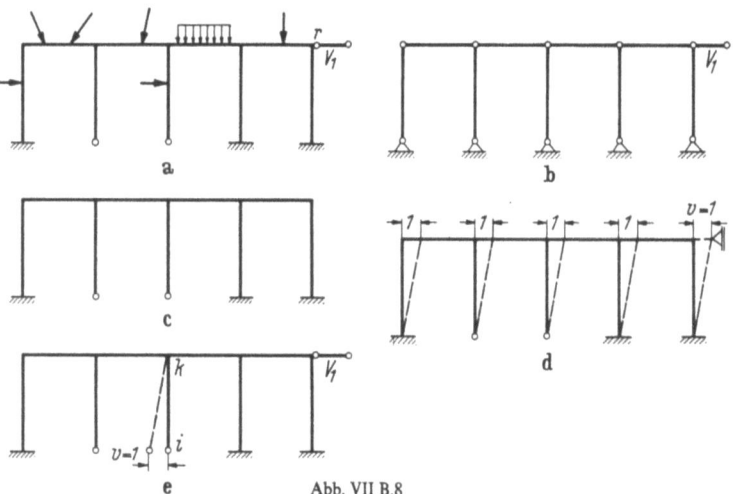

Abb. VII B.8

Für das stabilisierte, statisch bestimmte Grundsystem mit Gelenken an allen Knotenpunkten können für den gegebenen Belastungszustand für jedes Lager die vertikale und horizontale Komponente $A_{B,z}$ und $A_{B,x}$ der betreffenden Lagerbelastung $A$ und die Stabkraft im Stützstab $V_1$ bestimmt werden. Nunmehr können nach Abschn. VII B 2 für den unverschieblichen Rahmen alle Stützmomente $\bar{M}_{B,l;i,k}$ ermittelt werden. Dieses unverschiebliche System kann als statisch unbestimmtes Grundsystem aufgefaßt werden. Damit sind alle Schnittbelastungen $\bar{M}_{B,m}$ des statisch unbestimmten Grundsystems — des unverschieblichen Rahmens — festgelegt. Aus den Momenten $\bar{M}_{B,l;i,k}$ usw. an den Endpunkten jedes Stabes $(i-k)$ können die zusätzlichen Querkräfte und Längskräfte und damit die zusätzlichen Lagerbelastungen und die Zusatzkraft im Stützstab $V_1$ berechnet werden. Mit den

Werten aus dem stabilisierten Gelenksystem ergeben sich die Lagerbelastungen des unverschieblichen Rahmens $\tilde{A}_{B,z}$ und $\tilde{A}_{B,x}$.

Im Stützpunkt $r$ des Riegels (Abb. VII B.8a) ergibt sich auf diese Weise die Kraft $\tilde{V}_{B,1}$.

Bei einem seitlich verschieblichen Rahmen (Abb. VII B.8c) kann jedoch im endgültigen Zustand keine Stützkraft $V_{B,1}$ vorhanden sein. Wenn man den Riegel um $v_1 = 1$ seitlich verschiebt und dann wieder festhält, kann dieser Verschiebungszustand als eingeprägter Zustand mit starrer Stützung aufgefaßt werden (Abb. VII B.8d). Es kann nach Abb. VII B.8e der Reihe nach jeder Stiel für sich um $v_1 = 1$ verschoben werden. Für diesen Fall können die Stützmomente des betreffenden Stieles nach (VII B.7) berechnet werden und die Momente in den übrigen Stäben mit Verteilungs- und Fortleitungszahlen.

Superponiert man alle Einzelzustände, so erhält man wieder die Momente $\tilde{M}_{v_1, i; l, k}$ am statisch unbestimmten Grundsystem und die zugehörige Stabkraft im Stützstab $\tilde{V}_{v_1,1}$. Bei der tatsächlich auftretenden Verschiebung $v_{B,1}$ bei Wirkung des Belastungszustandes $B$ muß die Stützkraft $V_{B,1}$ zu Null werden. Da das Superpositionsgesetz gilt, erhält man für einen Rahmen ohne seitliche Stützung die Bedingungsgleichung für $v_{B,1}$ zu

$$\tilde{V}_{B,1} + v_{B,1} \tilde{V}_{v_1,1} = 0 \quad \text{und} \quad v_{B,1} = - \frac{\tilde{V}_{B,1}}{\tilde{V}_{v_1,1}}. \tag{VII B.8}$$

Die endgültigen Schnittbelastungen ergeben sich dann zu

$$\left. \begin{aligned} \bar{M}_{B,m} &= \tilde{M}_{B,m} + v_{B,1} \tilde{M}_{v_1,m}; \\ \bar{Q}_{B,m} &= \tilde{Q}_{B,m} + v_{B,1} \tilde{Q}_{v_1,m}; \\ \bar{A}_{B,n;x} &= \tilde{A}_{B,n;x} + v_{B,1} \tilde{A}_{v_1,n;x} \end{aligned} \right\} \tag{VII B.9}$$

usw.

Die verschiedenen Möglichkeiten der Berechnung bei mehreren Stützstäben, die zweckmäßige Berechnung der Stabkräfte in beliebig angeordneten Stützstäben mit Hilfe des Prinzips der virtuellen Arbeit u. a. m. wird im Abschn. VIII eingehend behandelt, so daß hier nicht mehr darauf eingegangen zu werden braucht. Wie schon eingangs dieses Abschnittes erwähnt wurde, wird man das Verfahren der Festpunkte kaum mehr zur Berechnung von Rahmensystemen verwenden. Immerhin gibt es interessante Einblicke in die Zusammenhänge verschiedener Verfahren und in die Wirkungsweise solcher Systeme.

## Literatur zum Abschnitt VII

[1] BERTOT: Drei Momentengleichungen. Comptes rendus de la Société des Ingénieurs civils (1855) 278.
[2] CLAPEYRON, B. P. E.: Calcul d'une poutre élastique reposant librement sur des appuis inégalement espacés. Comptes rendus (1857).
[3] MOHR, O.: Beiträge zur Theorie der Holz- und Eisenkonstruktionen. Z. d. Arch.- u. Ing.-Vereines Hannover (1860) 328, 1868.
[4] SCHLEICHER, F.: Taschenbuch für Bauingenieure, Bd. I, Berlin: Springer 1943.
[5] WEYRAUCH, J. J.: Allgemeine Theorie der kontinuierlichen und einfachen Träger, Leipzig 1873.
[6] WINKLER, E.: Beitrag zur Theorie der kontinuierlichen Brückenträger. Civiling. (1862).
[7] WINKLER, E.: Theorie der kontinuierlichen Träger. Mitt. d. Arch.- u. Ing.-Vereines in Böhmen (1872).

Siehe auch:

| | | |
|---|---|---|
| [S 3] BEYER; | [S 19] KAUFMANN; | [S 39] STRASSNER; |
| [S 7] CULMANN; | [S 24] MEHRTENS; | [S 40] STÜSSI; |
| [S 9] FÖPPL; | [S 26, S 27] MOHR; | [S 41] SUTER. |
| [S 12] GULDAN; | [S 28] MÜLLER-BRESLAU; | |
| [S 17] HIRSCHFELD; | [S 34, S 35] RITTER; | |

# VIII. Statisch unbestimmte Systeme. Deformationsmethode

## A. Allgemeines

### 1. Wesen der Deformationsmethode

Das Wesen der Deformationsmethode besteht darin, daß bei statisch unbestimmten Systemen Verformungsgrößen — Verschiebungen und Drehungen — als statisch unbestimmte Größen gewählt werden. Diese Art der Berechnung statisch unbestimmter Systeme findet man bereits bei MOHR [S 26, S 27] und MEHRTENS [S 24], wo sie bei der Ermittlung der Nebenspannungen von Fachwerken Verwendung findet. Ein umfassendes Schrifttum gibt heute Einblick in die vielen damit zusammenhängenden Fragen [z. B. S 3, S 17, S 19, S 22, S 33, S 40, S 44].

Diese Methode hat — in Verbindung mit den mit ihr zusammenhängenden Iterationsverfahren — eine besondere Bedeutung und wird für die Erfassung vieler Probleme der Statik mit Vorteil angewandt. Die Tatsache, daß die für den Statiker wichtigen Schnittbelastungen hierbei über die Verformungen berechnet werden müssen, stellt einen scheinbaren Mehraufwand gegenüber der Schnittbelastungsmethode dar, der aber nicht ins Gewicht fällt. Man wird die Deformationsmethode jedoch nur dann anwenden, wenn sie gegenüber der Schnittbelastungsmethode Vorteile bietet. Wann dies der Fall ist, kann man schon aus einfachen Überlegungen ersehen.

Der Rahmen der Abb. VIII A.1a ist dreifach statisch unbestimmt. Der Belastungszustand $B$ ist durch beliebige Lasten $P_i$ gegeben. Nach der Schnittlastenmethode werden dem System durch Schnitte Bewegungsmöglichkeiten geschaffen, bis es sich zwängungsfrei verformen kann. In Abb. VIII A.1b wird z. B. in einem beliebigen Punkt $s$ das System ganz durchgeschnitten, so daß sich zwei Kragträger als statisch bestimmtes Grundsystem ergeben. Unter dem Belastungszustand $B$ können sich diese Kragträger frei verformen, und es werden sich an der Schnittstelle Klaffungen der Größen $\Delta_{B,x}$, $\Delta_{B,z}$ und $\Delta\varphi_B$ ergeben (Abb. VIII A.1c). Bringt man die Doppelschnittbelastungen $X_1 = 1$, $X_2 = 1$ und $X_3 = 1$ an der Schnittstelle an, so werden sich für diese Zustände ebenfalls Klaffungen ergeben; für den Zustand $X_i = 1$ die Werte $\Delta_{i,x}$, $\Delta_{i,z}$ und $\Delta\varphi_i$ (Abb. VIII A.1d bis f).

Nach Abschn. V erhält man die Werte $X_{B,i}$ aus den Verträglichkeitsbedingungen, daß im endgültigen Zustand keine Klaffungen auftreten können. Nach (V B.14a) ergibt sich für den betrachteten Fall des Rahmens nach Abb. VIII A.1 das Gleichungssystem

$$\left.\begin{aligned} X_{B,1}\, a_{1,1} + X_{B,2}\, a_{2,1} + X_{B,3}\, a_{3,1} + a_{B,1} &= 0;\\ X_{B,1}\, a_{1,2} + X_{B,2}\, a_{2,2} + X_{B,3}\, a_{3,2} + a_{B,2} &= 0;\\ X_{B,1}\, a_{1,3} + X_{B,2}\, a_{2,3} + X_{B,3}\, a_{3,3} + a_{B,3} &= 0. \end{aligned}\right\} \quad \text{(VIII A.1)}$$

Hierbei ist z. B.

$$a_{1,1} = EJ_c\, \Delta\varphi_1; \quad a_{1,2} = EJ_c\, \Delta_{1,z}; \quad a_{B,1} = EJ_c\, \Delta\varphi_B \quad \text{usw.}$$

$X_{B,i}$ sind Schnittbelastungen, $a_{i,k}$ Verformungsgrößen.

# A. Allgemeines

Das Wesen der Schnittbelastungsmethode besteht somit darin, Verformungsbehinderungen so lange abzubauen, bis aus der gegebenen Belastung eine zwängungslose Verformung des gesamten statisch bestimmten Grundsystems möglich wird, wobei alle Werte $X_i = 0$ sind.

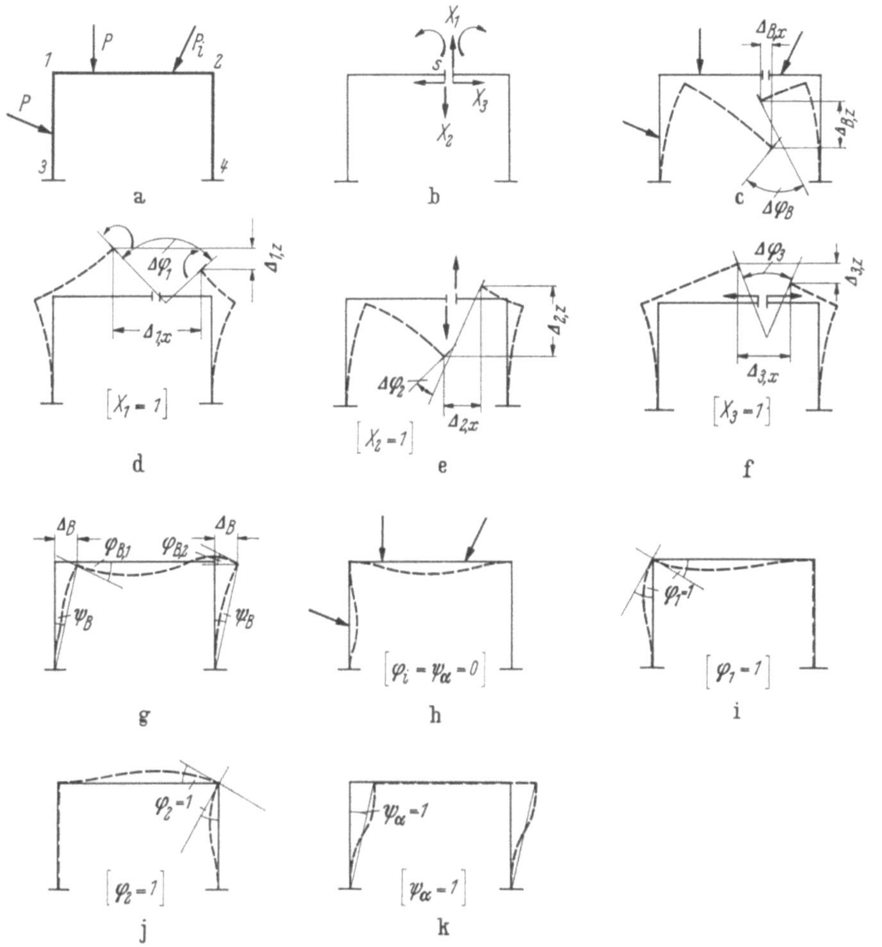

Abb. VIII A.1

Nach dem Satz von BETTI ist für zwei Belastungszustände $P_i = 1$ und $P_k = 1$ $v_{i,k} = v_{k,i}$ und damit $a_{i,k} = a_{k,i}$. Die Matrix von (VIII A.1) ist somit zur Diagonale symmetrisch.

Je weniger Verformungsbehinderungen vorhanden sind, desto zweckmäßiger ist somit die Schnittbelastungsmethode. Bei dem Zweigelenkrahmen nach Abb. VIII A.2

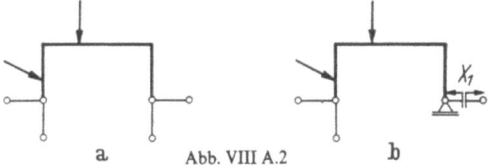

Abb. VIII A.2

ist somit nur eine Verformungsbehinderung vorhanden, daher nur ein Wert $X_{B,1}$ zu bestimmen. Legt man für den Rahmen nach Abb. VIII A.1a die Deformationsmethode zugrunde, so erkennt man aus Abb. VIII A.1g, daß sich die Knoten 1 und 2 jeweils um $\varphi_{B,1}$ bzw. $\varphi_{B,2}$ drehen können und daß — wenn längsstarre Stäbe vorausgesetzt werden — die Stiele auch noch eine Sehnendrehung $\psi_B$ ausführen werden. Es sind also ebenfalls drei Unbekannte vorhanden, $\varphi_{B,1}$, $\varphi_{B,2}$ und $\psi_B$.

Das Wesen der Deformationsmethode besteht — im Gegensatz zur Schnittbelastungsmethode — nun darin, daß man zuerst alle Verschiebungen und Drehungen der Knotenpunkte unmöglich macht.

Damit wird jeder Stab $i-k$ nach Abb. VIII A.1h an den Enden starr eingespannt — wenn nicht in Wirklichkeit ein Gelenk vorhanden ist — und unverschieblich festgehalten, und es ergeben sich Starreinspannmomente $\tilde{M}_{B,i;i,k}$ und $\tilde{M}_{B,k;k,i}$. Wenn man beim Zustand $\varphi_i = 1$ nur den Knoten $i$ und den Wert $\varphi_i = 1$ dreht (Abb. VIII A.1i) und alle anderen Knoten starr eingespannt läßt, so treten an den Stabenden $i$ und $k$ aller an den Knoten $i$ anschließenden Stäbe Momente ${}^i a_{i;i,k}$, ${}^k a_i$ auf; im Falle $\varphi_1 = 1$ somit die Momente ${}^1 a_{1;1,2}$, ${}^1 a_{1;1,3}$, ${}^3 a_1$ und ${}^2 a_1$. In ähnlicher Weise ergeben sich Momente bei der Drehung des Knotens $\varphi_2 = 1$ (Abb. VIII A.1j) und bei der Sehnendrehung $\psi_\alpha = 1$ (Abb. VIII A.1k).

Es werden nun diejenigen Werte $\varphi_{B,i}$ und $\psi_B$ auftreten, die bewirken, daß an den Knotenpunkten Momentengleichgewicht besteht und auch für die Querkräfte für einen beliebigen Schnitt — z. B. unterhalb der Punkte 1 und 2 durch die beiden Stiele — Gleichgewicht vorhanden ist.

Man erhält damit für den Rahmen der Abb. VIII A.1a ein Gleichungssystem von der Art

$$\begin{aligned}{}^1 a_1^* \varphi_{B,1} + {}^1 a_2 \varphi_{B,2} + {}^1 a_\alpha^* \psi_{B,\alpha} + a_{B,1}^* &= 0; \\ {}^2 a_1 \varphi_{B,1} + {}^2 a_2^* \varphi_{B,2} + {}^2 a_\alpha^* \psi_{B,\alpha} + a_{B,2}^* &= 0; \\ {}^\alpha a_1^* \varphi_{B,1} + {}^\alpha a_2^* \varphi_{B,2} + {}^\alpha a_\alpha^* \psi_{B,\alpha} + a_{B,\alpha}^* &= 0. \end{aligned} \qquad \text{(VIII A.2)}$$

Die Entwicklung dieser Gleichungen wird in den nachfolgenden Abschnitten gebracht.

Hierbei sind $\varphi_{B,i}$ und $\psi_{B,\alpha}$ Verformungen und die ${}^n a_m$-Werte Momente bzw. Momentensummen.

Es gilt auch der Satz von BETTI, daß für zwei Verformungszustände $\varphi_n = 1$ bzw. $\varphi_m = 1$ die Momente $M_{m,n} = N_{n,m}$ sind und daß somit ${}^n a_m = {}^m a_n$ sein muß.

Die Matrix von (VIII A.2) ist somit wieder symmetrisch zur Hauptdiagonale. Die beiden Gleichungssysteme (VIII A.1) und (VIII A.2) sind somit reziproke Systeme, wobei nur Verformungen und Schnittbelastungen vertauscht sind. Betrachtet man das System nach Abb. VIII A.2, so erkennt man, daß die Anzahl der Unbekannten nach der Deformationsmethode $n_d = 3$ ist, nach der Schnittbelastungsmethode nur $n_s = 1$. Hier ist somit die Schnittbelastungsmethode im Vorteil.

Beim System nach Abb. VIII A.3a ist bei Verwandlung in ein statisch bestimmtes Grundsystem nach Abb. VIII A.3b die Zahl der Unbekannten nach dem Schnittbelastungsverfahren $n_s = 15$, während bei längsstarren Stäben nach der Deformationsmethode nur $n_d = 5$ ist; es treten nur die fünf unbekannten Knotendrehwinkel $\varphi_2$ bis $\varphi_6$ auf. Man erkennt daraus, daß je höher der Grad der statischen Unbestimmtheit ist, desto günstiger die Deformationsmethode werden kann. Der Vorteil liegt darin begründet, daß die Starreinspannmomente vorweg an beiderseits starr eingespannten Trägern — also an statisch unbestimmten Grundsystemen — berechnet

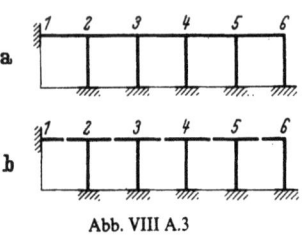

Abb. VIII A.3

werden und damit die Anzahl der Unbekannten verringert wird. Besonders günstig wirkt sich weiter aus, daß diese Starreinspannmomente für die verschiedensten Belastungsarten und Verhältnisse der Trägheitsmomente in bezug auf die Stablängen weitgehend tabuliert sind und die Berechnung schematisch durchgeführt werden kann.

Eine interessante Anwendung der Deformationsmethode ist die nach OSTENFELD [S 33] bei der Berechnung von Trägerrosten.

Denkt man sich bei dem Trägerrost nach Abb. VIII A.4a an den Kreuzungspunkten zwischen Querträgern und Hauptträgern starre Stäbe untergestellt, so tritt an einem bestimmten Stützstab $i$ aus der gegebenen Belastung auf den auf starren Stützen gelagerten, durchlaufenden Hauptträger (Abb. VIII A.4b) eine Lagerbelastung auf, die nach einer beliebigen Methode berechnet werden oder aus Tabellen entnommen werden kann. Ebenso tritt im gleichen Stützstab $i$ aus dem auf starren Stützen gelagerten, durchlaufenden Querträger (Abb. VIII A.4c) eine Lagerbelastung auf. Insgesamt ergibt sich die Stützenbelastung $\tilde{Z}_{B,i}$.

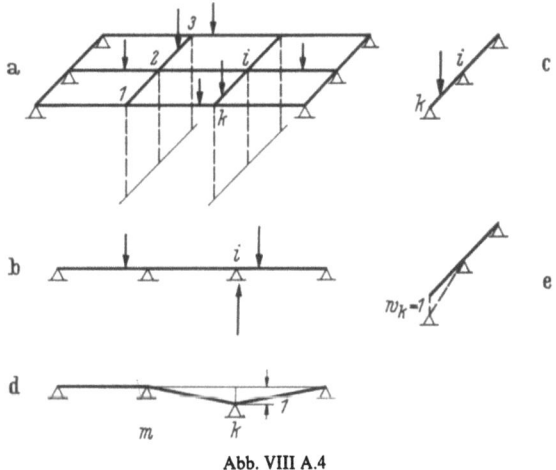

Abb. VIII A.4

Senkt man nun einen Kreuzungspunkt $k$ um $w_k = 1$ und läßt alle anderen Kreuzungspunkte unverändert, so ergeben sich daraus an allen Kreuzungspunkten des Hauptträgers Stützbelastungen in den Unterstützungsstäben. Diese werden als Stützbelastungen eines Durchlaufträgers auf starren Stützen infolge der eingeprägten Stützensenkung $w_k = 1$ berechnet (Abb. VIII A.4d). Das gleiche gilt für den Querträger durch $k$ (Abb. VIII A.4e). Man erhält damit Stützbelastungen $\tilde{Z}_{k,m}$, $\tilde{Z}_{k,i}$ usw. Nach dem Satz von BETTI muß $\tilde{Z}_{i,k} = \tilde{Z}_{k,i}$ sein. Diese Werte werden für die Senkung jedes Kreuzungspunktes $m$ um $w_m = 1$ berechnet.

In Wirklichkeit werden sich die Kreuzungspunkte um bestimmte Werte $w_{B,i}$ durchbiegen, und die endgültige Stabkraft in jedem Stützstab muß Null sein. Die Bedingungsgleichungen lauten somit

$$\tilde{Z}_{1,i} w_{B,1} + \tilde{Z}_{2,i} w_{B,2} + \cdots + \tilde{Z}_{i,i} w_{B,i} + \cdots + \tilde{Z}_{n,i} w_{B,n} + \tilde{Z}_{B,i} = 0;$$
$$\tilde{Z}_{1,k} w_{B,1} + \tilde{Z}_{2,k} w_{B,2} + \cdots + \tilde{Z}_{i,k} w_{B,i} + \cdots + \tilde{Z}_{n,k} w_{B,n} + \tilde{Z}_{B,k} = 0$$

(VIII A.3)

usw.

Die statisch unbestimmten Grundsysteme sind in diesem Fall die Durchlaufträger auf starren Stützen. Kann man die $\tilde{Z}_{i,k}$-Werte für bestimmte Trägheitsmomentenverhältnisse aus Tabellen entnehmen, so sinkt der Berechnungsaufwand wesentlich. Mit den Werten $w_{B,i}$ aus (VIII A.3) sind dann die endgültigen Schnittbelastungen zu ermitteln.

Die Verwendung von Stützstäben kann bei den verschiedensten Systemen von Vorteil für die Berechnung sein, wie z. B. in Abschn. IX für verschiebliche Rahmen gezeigt wird.

## 2. Zahl der unbekannten Verformungsgrößen

Ein beliebiges System wird sich unter der Annahme längselastischer Stäbe und starrer Knotenscheiben unter einem gegebenen Belastungszustand $B$ verformen (z. B. Abb. VIII A.5). Es werden sich dabei die einzelnen Knotenpunkte verschieben und drehen. Es gilt, die Anzahl der unabhängigen Verformungsgrößen festzustellen.

Jeder starre Knoten $i$ kann sich um $\varphi_i$ drehen. Somit entsprechen

$a$ starren Knoten $\quad a$ unbekannte Werte $\varphi$,

$b$ Gelenkknoten $\quad 0$ unbekannte Werte $\varphi$,

da der Gelenkknoten sich frei drehen kann und daher dort keine Zwängung auftritt.

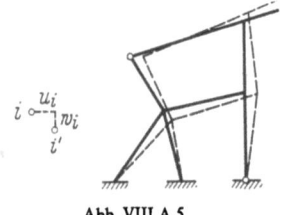

Abb. VIII A.5

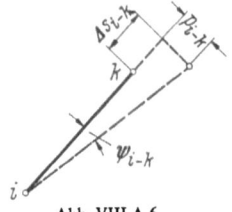

Abb. VIII A.6

Jeder Knoten, der nicht an die Erdscheibe anschließt, kann sich außerdem um $u$ und $w$ verschieben; somit entstehen weitere $2(a + b)$ unbekannte Verformungsgrößen $u$ und $w$. Insgesamt beträgt die Anzahl der Unbekannten somit

$$u_d = 3a + 2b. \tag{VIII A.4}$$

Ist die Lagerung eines Stabes an der Erdscheibe elastisch drehbar, so tritt eine weitere unbekannte Knotendrehung auf; ist sie elastisch verschiebbar, treten eine oder zwei zusätzliche unbekannte Knotenverschiebungen auf. Für einen steifen Rahmenknotenpunkt mit gelenkiger Lagerung an der Erdscheibe tritt eine weitere unbekannte Knotendrehung, für ein bewegliches Lager eine weitere unbekannte Verschiebungsgröße auf.

Statt der Knotenpunktverschiebungen $u$ und $w$ können auch die Stablängenänderungen $\Delta s_{i-k}$ oder die dazu senkrechten Verschiebungen $p_{i-k}$ betrachtet werden bzw. die Werte $\Delta s_{i-k}$ und die Stabsehnendrehungen $\psi_{i-k}$ (Abb. VIII A.6).

Betrachtet man einen Einfeldträger nach Abb. VIII A.7a, so ist das Gleichgewicht der Schnittbelastungen nicht gestört, wenn man sich im Punkt $m$ einen starren Knoten denkt, der mit Gelenken an die übrigen Stabteile angeschlossen ist, und wenn in diesen Gelenken Doppelmomente $M_m$ angebracht werden (Abb. VIII A.7b). Das gedachte Gelenksystem wird durch die Momente in den Gelenken stabilisiert. Man könnte die Momente des Einfeldbalkens auch nach der Deformationsmethode berechnen, wenn man sich im Punkt $m$ einen Knoten denkt, der starr an die Trägerteile angeschlossen ist, und wenn man die beiden unbekannten Größen $\varphi_m$ und $w_m$ in die Rechnung einführt (Abb. VIII A.7c). Nach Berechnung von $w_m$ und $\varphi_m$ muß sich wieder $M_m$ ergeben.

Ohne die stabilisierenden Momente in den Knotenpunkten ist das Gelenksystem beweglich. Um es geometrisch zu stabilisieren, müßte in diesem Fall der Knoten 1 mit einer ideellen drehstarren Knotendrehfessel $KD_1$ gegen Drehung und mit einer ideellen Stützung $V_1$ gegen Verschieben gesichert werden (Abb. VIII A.7d). Statt der Sicherung mittels des Stützstabs $V_1$ könnte auch ein Teilstab, z. B. $0-1$, durch eine Sehnendrehfessel $SD_1$ gegen Drehen gesichert werden (Abb. VIII A.7e). Im letzteren Fall wären die Unbekannten der Deformationstheorie die Knotendrehung $\varphi_i$ und die Sehnendrehung $^\alpha\psi_{0-1}$. Die Sehnendrehung $^\alpha\tilde{\psi}_{1-2}$ des Stabes $1-2$ ist keine Unbekannte, sondern durch $^\alpha\psi_{0-1}$ bereits festgelegt, somit davon abhängig.

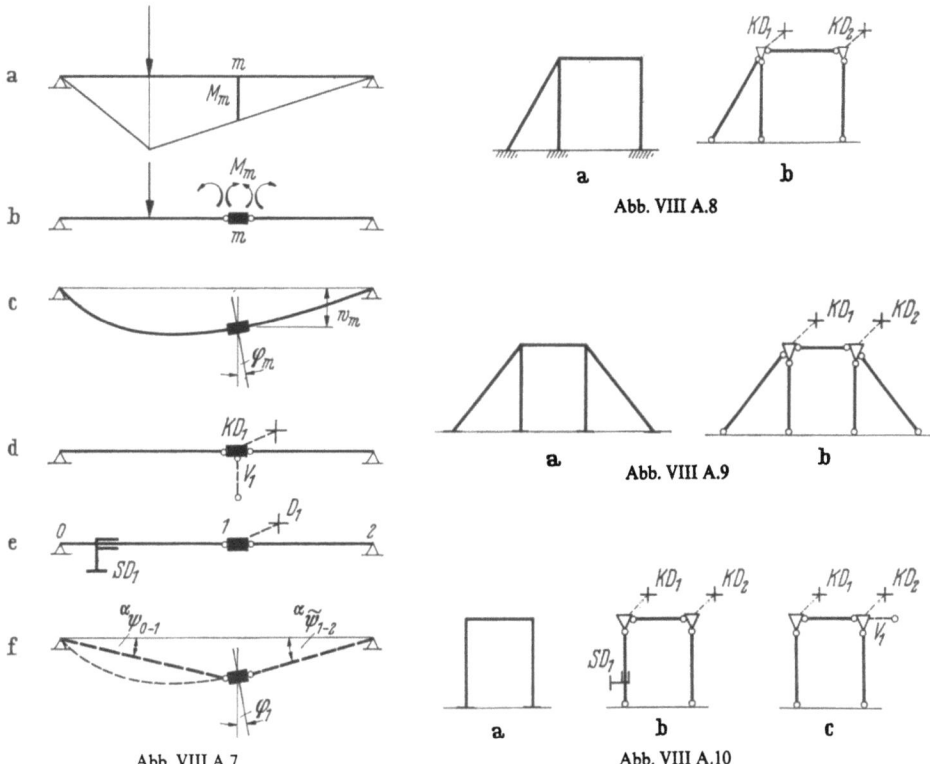

Abb. VIII A.7   Abb. VIII A.8   Abb. VIII A.9   Abb. VIII A.10

Für ein Stabsystem gelten ähnliche Überlegungen. Man wird zweckmäßig zuerst das stabilisierte Gelenksystem ohne die dazugehörigen Momente in den Gelenken zeichnen, wobei die starren Knotenscheiben unendlich klein gedacht werden. Bei dem Rahmen nach Abb. VIII A.8a erkennt man, daß das stabilisierte Gelenksystem nur mit Knotendrehfesseln KD und ohne Sehnendrehfesseln SD nach Abb. VIII A.8b geometrisch stabil ist. Von den $2(a+b)$ möglichen Verformungsgrößen $\Delta s_{i-k}$ und $\psi_{i-k}$ sind bei den $c=4$ Stäben 4 Werte $\Delta s_{i-k}$ möglich.

Beim System nach Abb. VIII A.9a ist im stabilisierten System (Abb. VIII A.9b) ein Stab zuviel. Das stabilisierte System ist in diesem Fall statisch unbestimmt, und $d$ Stäbe ($d=1$) sind überzählig. Es sind somit nur $c-d$ unbekannte Verformungsgrößen $\Delta s_{i-k}$ möglich. Beim System nach Abb. VIII A.10a ist dessen stabilisiertes System ohne Sehnendrehfessel $SD_1$ (Abb. VIII A.10b) oder ohne Stützstab $V_1$ (Abb. VIII A.10c) labil, es sind $c=3$ Verformungsgrößen $\Delta s_{i-k}$ möglich.

Somit gilt allgemein für die Anzahl der unabhängigen Sehnendrehungen die Beziehung

$$e = 2(a+b) - (c-d). \qquad \text{(VIII A.5)}$$

Hierbei sind $a$ und $b$ Knotenpunkte, die nicht an die Erdscheibe anschließen, und es sind besondere Lagerbedingungen zusätzlich zu beachten.

Im Fall Abb. VIII A.8 bzw. VIII A.9 bzw. VIII A.10 ergibt sich mit $a = 2$ und $b = 0$:

Abb. VIII A.8: $\quad e = 2(2 + 0) - (4 - 0) = 0;$

Abb. VIII A.9: $\quad e = 2(2 + 0) - (5 - 1) = 0;$

Abb. VIII A.10: $\quad e = 2(2 + 0) - (3 - 0) = 1.$

Man erkennt, daß nur im Fall Abb. VIII A.10 eine unbekannte Sehnendrehung zu berücksichtigen ist. Ein einfacheres Verfahren als das der Abzählbedingung nach (VIII A.5) ist dies, festzustellen, wie viele Sehnendrehfesseln SD oder zusätzliche Stützstäbe $V$ erforderlich sind, um das Gelenksystem geometrisch stabil zu halten. Die Zahl der Stützstäbe ist gleich der Anzahl der unbekannten Sehnendrehwinkel $\psi$. Bei Abb. VIII A.8b und VIII A.9b ist kein zusätzlicher Stützstab, bei Abb. VIII A.10b ein zusätzlicher Stützstab $V_1$ erforderlich, um das stabilisierte System im stabilen Gleichgewicht zu halten. Als Beispiel sei die Anzahl der unabhängigen Knotendrehungen $a$, der unabhängigen Sehnendrehungen $e$ und der unabhängigen Längenänderungen $(c-d)$ für Abb. VIII A.11 bis VIII A.14 angegeben:

Abb. VIII A.11: $\quad a = 4; \quad d = 0; \quad c - d = 6; \quad e = 2 \cdot 4 - 6 = 2.$

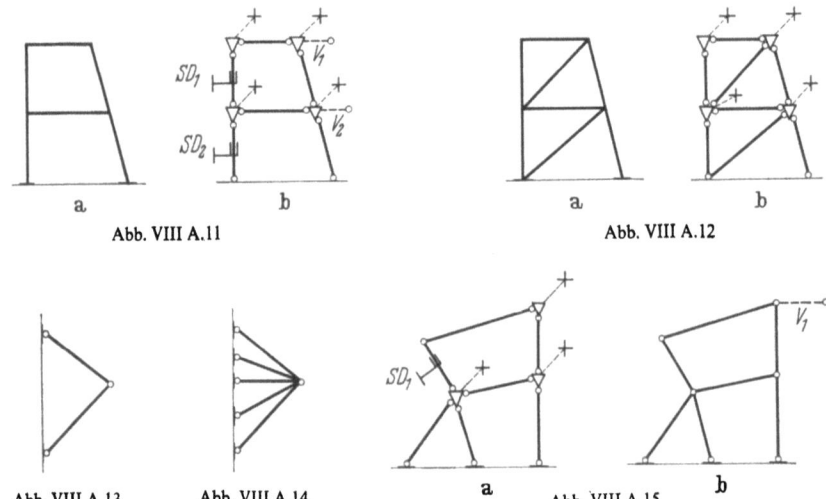

Abb. VIII A.11

Abb. VIII A.12

Abb. VIII A.13

Abb. VIII A.14

Abb. VIII A.15

Die Sehnendrehfesseln $SD_1$ und $SD_2$ könnten auch an anderen Stäben angebracht werden.

Abb. VIII A.12: $\quad a = 4; \quad d = 0; \quad c - d = 8; \quad e = 2 \cdot 4 - 8 = 0.$

Abb. VIII A.13: $\quad a = 0; \quad b = 1; \quad c - d = 2; \quad e = 2 \cdot 1 - 2 = 0.$

Abb. VIII A.14: $\quad a = 0; \quad b = 1; \quad d = 3; \quad c - d = 5 - 3 = 2;$

$\quad e = 2 \cdot 1 - 2 = 0.$

Für Abb. VIII A.5 ist:

$\quad a = 3; \quad b = 1; \quad d = 0; \quad c - d = 7 - 0 = 7;$

$\quad e = 2(3 + 1) - (7) = 1.$

Man erkennt ohne Abzählbedingung bereits aus Abb. VIII A.15a u. b, daß das stabilisierte Gelenksystem entweder durch eine Sehnendrehfessel $SD_1$ oder durch einen Stützstab $V_1$ zu sichern wäre, um ein stabiles Gelenksystem zu erhalten.

Werden die Längenänderungen der Stäbe bei Rahmensystemen vernachlässigt — was ohne Beeinträchtigung der Rechengenauigkeit bei diesen Systemen erfolgen kann —, so treten als unbekannte Verformungsgrößen nur die $a$ Knotendrehwinkel $\varphi$ und die $e$ Sehnendrehwinkel $\psi$ auf.

### 3. Vorzeichenfestlegung und Bezeichnungen

Bei einem Rahmensystem mit beliebig gerichteten Stäben (z. B. Abb. VIII A.16) ist es zweckmäßig, schematische Bezeichnungen und Vorzeichenfestlegungen zu treffen. Die schematische Darstellung der Lagermöglichkeiten ist aus Abb. VIII A.16 zu ersehen.

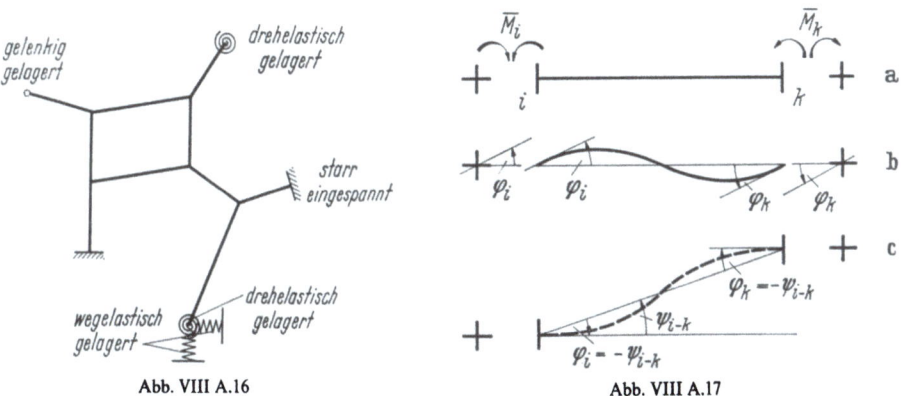

Abb. VIII A.16  Abb. VIII A.17

Denkt man sich einen Stab $(i-k)$ unmittelbar neben den Knotenpunkten getrennt und dafür die Doppelmomente $\bar{M}_i$ und $\bar{M}_k$ eingetragen, so werden auf den Knotenpunkt wirkende Momente im *Uhrzeigersinn* positiv gezählt. Positive Momente wirken dann auf den Stab in entgegengesetzter Richtung (Abb. VIII A.17a). Die auf den Stab in positiver Richtung wirkenden Momente haben positive Drehungen zur Folge. Daher werden Knotendrehungen $\varphi$ *entgegengesetzt dem Uhrzeigersinn* als positiv gezählt (Abb. VIII A.17b).

Bei Stabsehnendrehungen allein bleiben die Knoten starr eingespannt und können sich somit nicht drehen. Eine positive Drehung $\psi_{i-k}$ des Stabes $(i-k)$ wird entgegengesetzt dem Uhrzeigersinn gewählt. Da die Knotendrehungen $\varphi$ immer auf die Stabachse zu beziehen sind, entsprechen einer positiven Stabsehnendrehung $+\psi_{i-k}$ negative Knotendrehungen $\varphi_i = \varphi_k = -\psi_{i-k}$ (Abb. VIII A.17c).

Schnittbelastungen werden folgendermaßen bezeichnet:

$M, Q, A$ usw.: statisch bestimmtes Grundsystem, Einfeldbalken;

$\tilde{M}, \tilde{Q}, \tilde{A}$ usw.: statisch unbestimmtes Grundsystem; beidseitig eingespannter Träger;

$^0\tilde{M}, {^0\tilde{Q}}, {^0\tilde{A}}$ usw.: statisch unbestimmtes Grundsystem; einseitig eingespannter, einseitig gelenkig gelagerter Träger;

$\bar{M}, \bar{Q}, \bar{A}$ usw.: endgültig statisch unbestimmtes System.

Statt der endgültigen Knotendrehung $\bar{\varphi}$ und Sehnendrehungen $\bar{\psi}$ werden der Einfachheit halber die Bezeichnungen $\varphi$ und $\psi$ gewählt.

Bei der Berechnung der Verformungsgrößen werden in den nachfolgenden Abschnitten die Querkräfte — wegen ihres geringen Einflusses — vernachlässigt. Es bietet jedoch keine Schwierigkeiten, diesen Einfluß zu erfassen; es müssen dann nur die allgemeinen Formeln Verwendung finden, und es können keine Endformeln und Tabellenwerte benützt werden.

## B. Grundlagen. Der längsstarre Elementarstab im ebenen Stabwerk

### 1. Stabendmomente

In einem beiderseits gelenkig gelagerten Stab $(i-k)$ treten infolge eines beliebigen Belastungszustandes $B$ Momente $M_B$ auf (Abb. VIII B.1a).

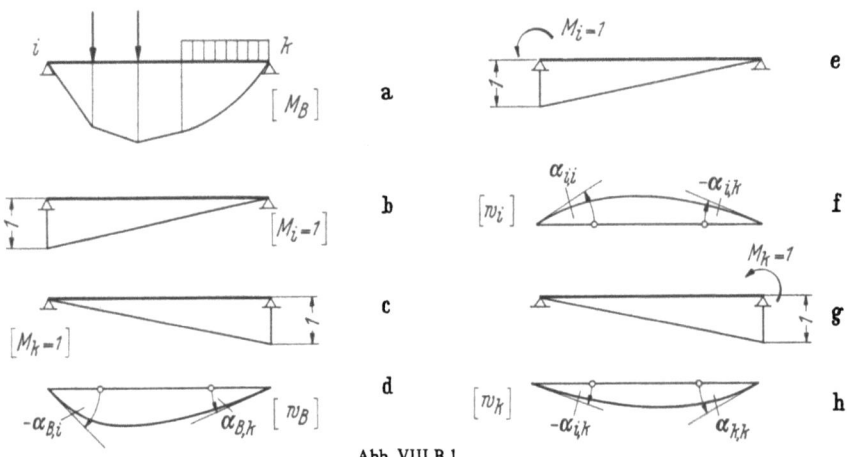

Abb. VIII B.1

Die Drehungswinkel der zugehörigen Biegelinie an den Lagerpunkten $i$ und $k$ können nach Abschn. III B 5 bzw. nach (VII A.2) und (VII A.3) mit Hilfe der virtuellen Momentenzustände $[M_i = 1]$ bzw. $[M_k = 1]$ (Abb. VIII B.1b u. c) gefunden werden. Die Vorzeichen sind entsprechend Abschn. VIII A in Abb. VIII B.1d eingetragen. Die Absolutwerte der Drehwinkel betragen

$$\alpha_{B,i} = \int \frac{M_B\,^v M_i}{EJ}\,\mathrm{d}s; \qquad \alpha_{B,k} = \int \frac{M_B\,^v M_k}{EJ}\,\mathrm{d}s. \qquad \text{(VIII B.1a)}$$

Bei ungleicher Temperaturverteilung zwischen Ober- und Untergurt — $\Delta t$ ist positiv, wenn der Untergurt wärmer als der Obergurt ist — wird

$$\alpha_{T,i} = \alpha_t \int {}^v M_i \frac{\Delta t}{h}\,\mathrm{d}s; \qquad \alpha_{T,k} = \alpha_t \int {}^v M_k \frac{\Delta t}{h}\,\mathrm{d}s. \qquad \text{(VIII B.1b)}$$

In gleicher Weise ergeben sich die Drehwinkel für die Zustände $[+M_i = 1]$ und $[+M_k = 1]$ — nach der Festlegung für die Wirkungsrichtung positiver Einspannmomente — vorzeichengerecht nach Abb. VIII B.1e bis h. Die absoluten Werte betragen

$$\alpha_{i,i} = \int \frac{M_i\,^v M_i}{EJ}\,\mathrm{d}s; \quad \alpha_{k,k} = \int \frac{M_k\,^v M_k}{EJ}\,\mathrm{d}s; \quad \alpha_{i,k} = \alpha_{k,i} = \int \frac{M_i\,^v M_k}{EJ}\,\mathrm{d}s. \quad \text{(VIII B.2)}$$

Die Stabendmomente werden nachfolgend für die einzelnen möglichen Fälle der Lagerung bzw. für Knotendrehungen und Sehnendrehungen bzw. deren Kombinationen getrennt angeführt, da sie die Grundlagen für die schematische Durchführung der Berechnung bilden.

Für den jeweils vorliegenden Fall stehen damit die zutreffenden Endformeln zur Verfügung.

*Beiderseits starre Lagerung, Belastung und nur Knotendrehungen.* Im endgültigen Zustand werden für den belasteten Stab $(i-k)$ in den Knoten $i$ und $k$ Einspannmomente $\bar{M}_{B,i}$ und $\bar{M}_{B,k}$ auftreten, und die Knoten des Systems werden sich um

$\varphi_i$ und $\varphi_k$ drehen (Abb. VIII B.2a u. b). Mit Rücksicht auf das Superpositionsgesetz können bei der Berechnung der Verformungen alle Einflüsse getrennt erfaßt werden.

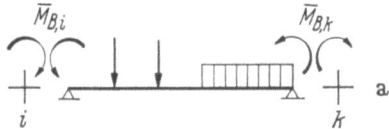

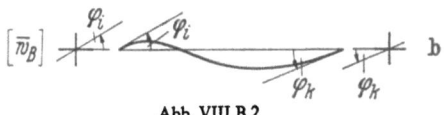

Abb. VIII B.2

Mit den Abb. VIII B.1 und VIII B.2 erhält man vorzeichengerecht

$$\bar{\varphi}_{B,i} = \varphi_{B,i} = +\bar{M}_{B,i}\alpha_{i,i} - \bar{M}_{B,k}\alpha_{i,k} - \alpha_{B,i};$$
$$\bar{\varphi}_{B,k} = \varphi_{B,k} = -\bar{M}_{B,i}\alpha_{i,k} + \bar{M}_{B,k}\alpha_{k,k} + \alpha_{B,k}.$$
(VIII B.3)

Die beiden unbekannten Stützmomente ergeben sich daraus in Abhängigkeit von $\varphi$ mit der Nennerdeterminante

$$D = \alpha_{i,i}\alpha_{k,k} - \alpha_{i,k}^2$$
(VIII B.4)

und

$${}^i a_i = \frac{\alpha_{k,k}}{D}; \quad {}^k a_k = \frac{\alpha_{i,i}}{D}; \quad {}^k a_i = {}^i a_k = \frac{\alpha_{i,k}}{D}$$

zu

$$\bar{M}_{B,i} = {}^i a_i (\varphi_i + \alpha_{B,i}) + {}^i a_k (\varphi_k - \alpha_{B,k});$$
$$\bar{M}_{B,k} = {}^k a_i (\varphi_i + \alpha_{B,i}) + {}^k a_k (\varphi_k - \alpha_{B,k}).$$
(VIII B.5)

Die Werte $\alpha_{i,i}$, $\alpha_{k,k}$ und $\alpha_{i,k}$ sind verschiedentlich tabuliert, und zwar in der Regel für eine bestimmte Voutenform und Rechteckquerschnitt [z. B. T 7, T 9]. Aus den Formeln von SCHRADER [T 11] kann man für den verschiedensten Verlauf der Trägheitsmomente diese Werte schnell ermitteln. In den Tafeln von GULDAN sind außerdem bei gegebener Voutenform mit

$${}^i a_i = a_1^* = \mathfrak{a}_1 \frac{E J_c}{s_{i-k}}; \quad {}^k a_k = a_2^* = \mathfrak{a}_2 \frac{E J_c}{s_{i-k}}; \quad {}^k a_i = b^* = \mathfrak{b} \frac{E J_c}{s_{i-k}}$$

bereits die Werte $\mathfrak{a}_1$, $\mathfrak{a}_2$ und $\mathfrak{b}$ tabuliert.

Für konstantes Trägheitsmoment $J_{i,k} = J_c$ werden nach (VIII B.2)

$$\alpha_{i,i} = \alpha_{k,k} = \frac{s_{i-k}}{3EJ_{i,k}}; \quad \alpha_{i,k} = \frac{s_{i-k}}{6EJ_{i,k}}$$

und
(VIII B.6)

$${}^i a_i = {}^k a_k = \frac{4EJ_{i,k}}{s_{i-k}}; \quad {}^k a_i = {}^i a_k = \frac{2EJ_{i,k}}{s_{i-k}}.$$

Die Werte ${}^i a_i$, ${}^k a_k$ und ${}^k a_i$ können mit Hilfe von (VIII B.5) gedeutet werden. Ist der Stab $(i-k)$ unbelastet und wird nur der Knoten $i$ um $\varphi_i = 1$ gedreht, so sind die Werte $\alpha_{B,i}$, $\alpha_{B,k}$ und $\varphi_k$ Null, und es ergibt sich

$$\bar{M}_{\varphi_i=1,i} = {}^i a_i.$$

${}^i a_i$ ist somit das Einspannmoment des Stabes $(i-k)$ in $i$, wenn sich der Knoten $i$ um $\varphi_i = 1$ dreht.

Betrachtet man den Zustand $[\varphi_i = 1]$ mit dem Einspannmoment $\bar{M}_{\varphi_i=1,i} = {}^i a_1$ und erteilt dem Knoten $i$ eine virtuelle Drehung ${}^v\varphi_i = 1$, so leistet das Einspannmoment die virtuelle Arbeit ${}^i a_i \cdot 1$.

$^i a_i$ ist somit auch die virtuelle Arbeit infolge eines Zustandes $[\varphi_i = 1]$ und einer virtuellen Drehung des Knotens $i$ um $^v\varphi_i = 1$.

Das Entsprechende gilt für $^k a_k$.

Setzt man $\varphi_i = 0$, $\alpha_{B,i} = \alpha_{B,k} = 0$, so ergibt sich aus (VIII B.5), daß $\tilde{M}_{\varphi_k=1,i} = {}^i a_k$ das Einspannmoment an der Stelle $i$ ist, wenn der Knoten $k$ um $\varphi_k = 1$ gedreht wird bzw. die virtuelle Arbeit des Momentes $\tilde{M}_{\varphi_k=1,i}$ infolge einer virtuellen Drehung $^v\varphi_i = 1$ darstellt.

Sind $\varphi_i = \varphi_k = 0$ und nur Werte $\alpha_{B,i}$ und $\alpha_{B,k}$ aus einer beliebigen Belastung vorhanden, so ergibt sich aus (VIII B.5)

$$\tilde{M}_{B,i} = {}^i a_i \alpha_{B,i} - {}^i a_k \alpha_{B,k};$$
$$\tilde{M}_{B,k} = {}^k a_i \alpha_{B,i} - {}^k a_k \alpha_{B,k}. \qquad \text{(VIII B.7)}$$

Die $\tilde{M}_B$-Werte sind die Einspannmomente für einen beiderseits starr eingespannten Träger, der als statisch unbestimmtes Grundsystem aufgefaßt werden kann. Sie sind verschiedentlich für verschiedene Belastungen und verschiedenen Trägheitsverlauf tabuliert.

Man kann (VIII B.5) somit zweckmäßig in der Form schreiben

$$\bar{M}_{B,i} = {}^i a_i \varphi_i + {}^i a_k \varphi_k + \tilde{M}_{B,i};$$
$$\bar{M}_{B,k} = {}^k a_i \varphi_i + {}^k a_k \varphi_k + \tilde{M}_{B,k}. \qquad \text{(VIII B.8)}$$

Für konstantes Trägheitsmoment $J_{i,k} = J_c$ wird mit (VIII B.6)

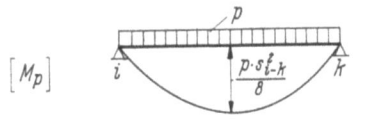

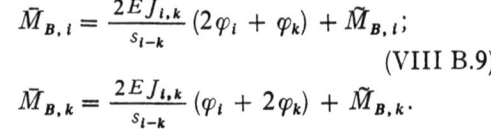

$$\bar{M}_{B,i} = \frac{2EJ_{i,k}}{s_{i-k}}(2\varphi_i + \varphi_k) + \tilde{M}_{B,i};$$

$$\bar{M}_{B,k} = \frac{2EJ_{i,k}}{s_{i-k}}(\varphi_i + 2\varphi_k) + \tilde{M}_{B,k}. \qquad \text{(VIII B.9)}$$

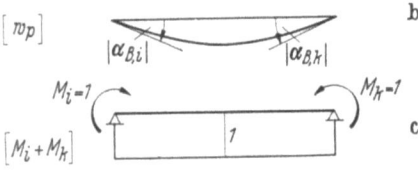

Zum Beispiel ergeben sich für die Vollbelastung eines Feldes mit einer gleichförmig verteilten Belastung $p$ bei konstantem $J_{i,k}$ nach Abb. VIII B.3a u. b die Werte $|\alpha_{B,i}| = |\alpha_{B,k}|$ einfach daraus, daß man beide Drehungen gleichzeitig berechnet. Bringt man $M_i = 1$ und $M_k = 1$ nach Abb. VIII B.3c auf, so beträgt die virtuelle Arbeit

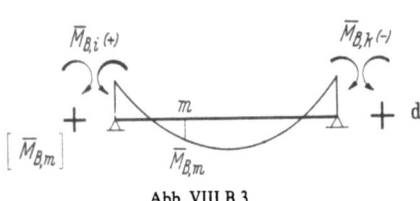

$$1(\alpha_{B,i} + \alpha_{B,k}) = 2\alpha_{B,i} = \int M_p \, {}^v M_{i+k} \frac{ds}{EJ}$$

$$= \frac{2}{3} \frac{p \, s_{i-k}^2}{8} \frac{s_{i-k}}{EJ_{i,k}}$$

und

$$\alpha_{B,i} = \frac{p \, s_{i-k}^3}{24 E J_{i,k}}.$$

Abb. VIII B.3

Mit (VIII B.6) und (VIII B.7) wird

$$\tilde{M}_{B,i} = \left[\frac{4EJ_{i,k}}{s_{i-k}} - \frac{2EJ_{i,k}}{s_{i-k}}\right] \frac{p \, s_{i-k}^3}{24 E J_{i,k}} = +\frac{p \, s_{i-k}^2}{12};$$

$$\tilde{M}_{B,k} = \left[\frac{2EJ_{i,k}}{s_{i-k}} - \frac{4EJ_{i,k}}{s_{i-k}}\right] \frac{p \, s_{i-k}^3}{24 E J_{i,k}} = -\frac{p \, s_{i-k}^2}{12}.$$

Obwohl durch die Stützmomente an beiden Stabenden $i$ und $k$ immer die obere Faser gezogen wird (Abb. VIII B.3d), ist der Rechnungswert für $\tilde{M}_{B,i}$ positiv, für $\tilde{M}_{B,k}$ negativ. Es ist hierauf besonders zu achten, wenn Stützmomente für beliebige Belastungsfälle aus Tabellen entnommen werden. Es empfiehlt sich, in einer kleinen Skizze die Wirkung der Endmomente auf den Träger einzutragen und entgegengesetzt diejenige auf die Knotenpunkte. Momente auf den Knoten im Uhrzeigersinn sind dann positiv in die Rechnung einzuführen.

Da in (VIII B.7) bereits die Vorzeichen nach Abb. VIII B.1d berücksichtigt sind, sind Werte $\alpha_{B,i}$ bzw. $\alpha_{B,k}$ nur dann negativ in (VIII B.7) einzuführen, wenn sie entgegengesetzt zu den Drehrichtungen der Abb. VIII B.1d sind. Zum Beispiel wären bei der Belastung nach Abb. VIII B.4a die Werte $\alpha_{B,i}$ und $\alpha_{B,k}$ negativ, bei der Belastung nach Abb. VIII B.4b der Wert $\alpha_{B,i}$ negativ und der von $\alpha_{B,k}$ positiv einzuführen. Da man bei einem Einfeldträger aber die Drehrichtung der Endtangenten für jede Belastung schon aus der Anschauung erkennt, sind keine Schwierigkeiten zu erwarten. Die Vorzeichenfestlegung scheint im ersten Augenblick unzweckmäßig, wenn man nur einen Stab $(i-k)$ im Auge hat, sie wirkt sich aber sehr vorteilhaft für die schematische Berechnung ganzer Systeme aus, da man in jedem Knoten alle von beliebigen Stäben ankommenden Momente vorzeichengerecht superponieren kann.

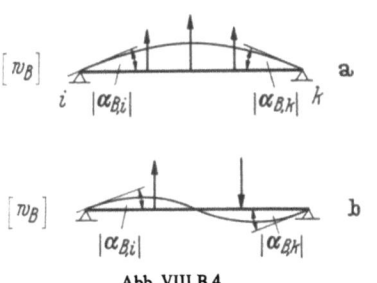

Abb. VIII B.4

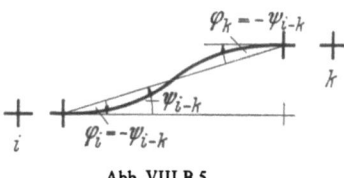

Abb. VIII B.5

*Beiderseits starre Lagerung, nur Sehnendrehung.* Tritt bei einem unbelasteten Stab $(i-k)$ nur eine positive Sehnendrehung $+\psi_{i-k}$ nach Abb. VIII B.5 auf, so sind $\varphi_i = \varphi_k = -\psi_{i-k}$.

Mit $\alpha_{B,i} = \alpha_{B,k} = 0$ ergibt sich aus (VIII B.5)

$$\bar{M}_{\psi,i} = -({}^i a_i + {}^i a_k)\,\psi_{i-k} = -{}^i a_{i-k}\,\psi_{i-k};$$
$$\bar{M}_{\psi,k} = -({}^k a_i + {}^k a_k)\,\psi_{i-k} = -{}^k a_{i-k}\,\psi_{i-k}. \quad \text{(VIII B.10)}$$

${}^i a_{i-k}$ ist das Moment im Punkt $i$ für eine Sehnendrehung $\psi_{i-k} = 1$ bei einem beiderseits starr eingespannten Träger oder auch die virtuelle Arbeit aus dem Belastungszustand $[\psi_{i-k} = 1]$ und einer virtuellen Drehung ${}^v\varphi_i = 1$ des Knotens $i$. ${}^k a_{i-k}$ ist der entgegengesetzte Wert für den Punkt $k$.

Für $J_{i,k} = J_c =$ const wird

$${}^i a_{i-k} = {}^k a_{i-k} = \frac{4EJ_{i,k}}{s_{i-k}} + \frac{2EJ_{i,k}}{s_{i-k}} = \frac{6EJ_{i,k}}{s_{i-k}}. \quad \text{(VIII B.11)}$$

*Beiderseits starre Lagerung, Belastung, Knoten- und Sehnendrehungen.* Nach (VIII B.8) und (VIII B.10) wird

$$\bar{M}_{B,i} = {}^i a_i\,\varphi_i + {}^i a_k\,\varphi_k - {}^i a_{i-k}\,\psi_{i-k} + \tilde{M}_{B,i};$$
$$\bar{M}_{B,k} = {}^k a_i\,\varphi_i + {}^k a_k\,\varphi_k - {}^k a_{i-k}\,\psi_{i-k} + \tilde{M}_{B,k} \quad \text{(VIII B.12)}$$

und für $J_{i,k} = J_c$

$$\bar{M}_{B,i} = \frac{2EJ_{i,k}}{s_{i-k}}(2\varphi_i + \varphi_k - 3\psi_{i-k}) + \tilde{M}_{B,i};$$
$$\bar{M}_{B,k} = \frac{2EJ_{i,k}}{s_{i-k}}(\varphi_i + 2\varphi_k - 3\psi_{i-k}) + \tilde{M}_{B,k}. \quad \text{(VIII B.13)}$$

*Einseitig starre, einseitig gelenkige Lagerung, Belastung und nur Knotendrehung.* Mit Abb. VIII B.6a bis d ergibt sich entsprechend (VIII B.3) — wobei nunmehr nur ein unbekanntes Stützmoment $\bar{M}_{B,i}$ auftritt und im Punkt $k$ keine aufgezwungene Knotendrehung vorhanden ist —

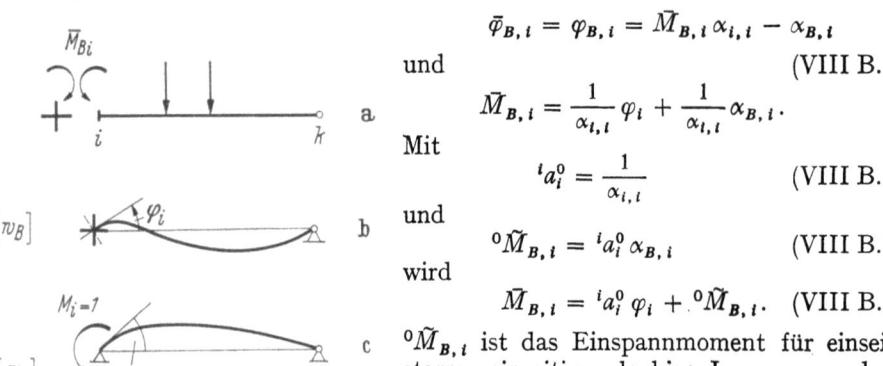

Abb. VIII B.6

$$\bar{\varphi}_{B,i} = \varphi_{B,i} = \bar{M}_{B,i}\alpha_{i,i} - \alpha_{B,i}$$

und (VIII B.14)

$$\bar{M}_{B,i} = \frac{1}{\alpha_{i,i}}\varphi_i + \frac{1}{\alpha_{i,i}}\alpha_{B,i}.$$

Mit

$${}^{i}a_i^0 = \frac{1}{\alpha_{i,i}} \qquad \text{(VIII B.15)}$$

und

$${}^{0}\tilde{M}_{B,i} = {}^{i}a_i^0\,\alpha_{B,i} \qquad \text{(VIII B.16)}$$

wird

$$\bar{M}_{B,i} = {}^{i}a_i^0\,\varphi_i + {}^{0}\tilde{M}_{B,i}. \qquad \text{(VIII B.17)}$$

${}^{0}\tilde{M}_{B,i}$ ist das Einspannmoment für einseitig starre, einseitig gelenkige Lagerung und für verschiedene Belastungen und verschiedenen Trägheitsmomentenverlauf und ist verschiedentlich tabuliert.

Für konstantes Trägheitsmoment $J_{i,k} = J_c$ wird

$${}^{i}a_i^0 = \frac{1}{\alpha_{i,i}} = \frac{3EJ_{i,k}}{s_{i-k}}. \qquad \text{(VIII B.18)}$$

*Einseitig starre, einseitig gelenkige Lagerung, nur Sehnendrehung.* Mit der Vorzeichenfestlegung nach Abb. VIII B.7 für eine positive Sehnendrehung $\psi_{i-k}$ wird $\varphi_i = -\psi_{i-k}$ und mit $\alpha_{B,i} = 0$ nach (VIII B.17)

$$\bar{M}_{\psi,i} = -{}^{i}a_i^0\,\psi_{i-k} = -{}^{i}a_{i-k}^0\,\psi_{i-k}$$

mit (VIII B.19)

$${}^{i}a_{i-k}^0 = {}^{i}a_i^0.$$

Abb. VIII B.7

Für $J_{i,k} = J_c$ wird

$${}^{i}a_{i-k}^0 = \frac{3EJ_{i,k}}{s_{i-k}}. \qquad \text{(VIII B.20)}$$

*Einseitig starre, einseitig gelenkige Lagerung, Belastung, Knoten- und Sehnendrehungen.* Nach (VIII B.17) und (VIII B.19) wird

$$\bar{M}_{B,i} = {}^{i}a_i^0(\varphi_i - \psi_{i-k}) + {}^{0}\tilde{M}_{B,i} \qquad \text{(VIII B.21)}$$

und für $J_{i,k} = J_c$

$$\bar{M}_{B,i} = \frac{3EJ_{i,k}}{s_{i-k}}(\varphi_i - \psi_{i-k}) + {}^{0}\tilde{M}_{B,i}. \qquad \text{(VIII B.22)}$$

*Beiderseits eingespannter, symmetrischer Stab mit symmetrischer Belastung und symmetrischen Knotendrehungen.* Bei symmetrischer Belastung und symmetrischem Trägheitsmomentenverlauf sind entsprechend Abb. VIII B.8

$$|\bar{M}_{B,i}| = |\bar{M}_{B,k}|; \qquad |\varphi_i| = |\varphi_k|; \qquad |\alpha_{B,i}| = |\alpha_{B,k}|.$$

Wirken die beiden Momente $M_i = 1$ und $M_k = 1$ nach Abb. VIII B.8c gleichzeitig, so ergibt sich im Punkt $i$ der Drehwinkel der Biegelinie mit Abb. VIII B.8c u. d zu

$${}^{s}\alpha_{i,i} = \int \frac{1 \cdot {}^{v}M_i}{EJ_{i,k}}\,ds \qquad \text{(VIII B.23)}$$

bzw. bei $J_{i,k} = J_c$ zu

$${}^{s}\alpha_{i,i} = \frac{s_{i-k}}{2EJ_{i,k}}. \qquad \text{(VIII B.24)}$$

Entsprechend (VIII B.3) erhält man mit Abb. VIII B.8

bzw.
$$\bar{\varphi}_i = \varphi_i = \tilde{M}_{B,i}\,{}^s\alpha_{i,i} - \alpha_{B,i}$$

Mit
$$\tilde{M}_{B,i} = \frac{1}{{}^s\alpha_{i,i}}\varphi_i + \frac{1}{{}^s\alpha_{i,i}}\alpha_{B,i}.$$

und
$${}^i a_i^s = \frac{1}{{}^s\alpha_{i,i}} \qquad \text{(VIII B.25)}$$

wird
$$\tilde{\tilde{M}}_{B,i} = {}^i a_i^s \alpha_{B,i} \qquad \text{(VIII B.26)}$$

$$\tilde{M}_{B,i} = {}^i a_i^s \varphi_i + \tilde{\tilde{M}}_{B,i}. \qquad \text{(VIII B.27)}$$

$\tilde{\tilde{M}}_{B,i}$ ist das Einspannmoment für symmetrische Belastung bei starrer Einspannung.

Für $J_{i,k} = J_c$ ist
$${}^i a_i^s = \frac{2 E J_{i,k}}{s_{i-k}}. \qquad \text{(VIII B.28)}$$

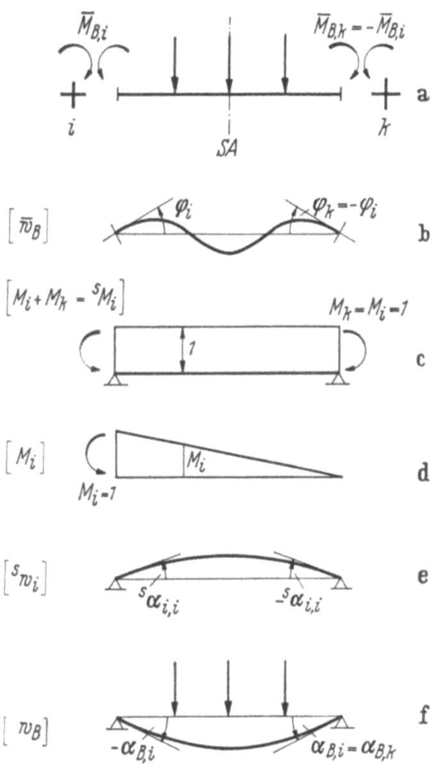

Abb. VIII B.8 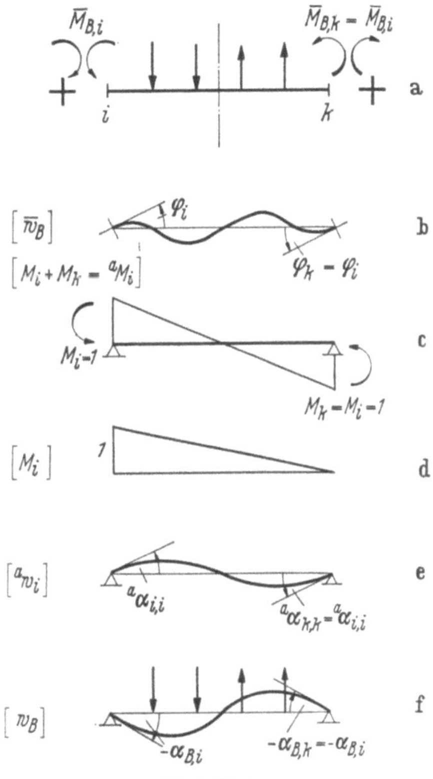        Abb. VIII B.9

**Beiderseits eingespannter symmetrischer Stab mit antimetrischer Belastung und antimetrischen Knotendrehungen.** Für eine antimetrische Belastung und symmetrischen Trägheitsmomentenverlauf sind entsprechend Abb. VIII B.9

$$\tilde{M}_{B,i} = \tilde{M}_{B,k}; \qquad \varphi_i = \varphi_k; \qquad \alpha_{B,i} = \alpha_{B,k}.$$

Wirken die beiden Momente $M_i = 1$ und $M_k = 1$ nach Abb. VIII B.9c gleichzeitig, so ergibt sich im Punkt $i$ der Drehwinkel der Biegelinie mit Abb. VIII B.9c bis e zu

$$^a\alpha_{i,i} = \int \frac{^aM_{i+k}\,^vM_i}{EJ_{i,k}}\,ds \qquad \text{(VIII B.29)}$$

bzw. bei $J_{i,k} = J_c$ zu

$$^a\alpha_{i,i} = \frac{s_{i-k}}{6EJ_{i,k}}. \qquad \text{(VIII B.30)}$$

Entsprechend (VIII B.3) erhält man mit Abb. VIII B.9

$$\bar{\varphi}_i = \varphi_i = \bar{M}_{B,i}\,{}^a\alpha_{i,i} - \alpha_{B,i}$$

bzw.

$$\bar{M}_{B,i} = \frac{1}{{}^a\alpha_{i,i}}\varphi_i + \frac{1}{{}^a\alpha_{i,i}}\alpha_{B,i}.$$

Mit

$$^ia^a_i = \frac{1}{{}^a\alpha_{i,i}} \qquad \text{(VIII B.31)}$$

und

$$\tilde{M}_{B,i} = {}^ia^a_i\,\alpha_{B,i} \qquad \text{(VIII B.32)}$$

wird

$$\bar{M}_{B,i} = {}^ia^a_i\,\varphi_i + \tilde{M}_{B,i}. \qquad \text{(VIII B.33)}$$

$\tilde{M}_{B,i}$ ist das Einspannmoment für antimetrische Belastung bei starrer Einspannung. Für $J_{i,k} = J_c$ ist

$$^ia^a_i = \frac{6EJ_{i,k}}{s_{i-k}}. \qquad \text{(VIII B.34)}$$

*Einseitig starre, einseitig elastische Lagerung, Belastung und nur Knotendrehungen.*
Bezeichnet man mit $f_d$ das auf eine Drehfeder (Abb. VIII B.10) wirkende Moment, das die Drehung $\varphi = 1$ hervorruft, so muß für ein beliebiges Moment gelten

$$|M| = f_d\,\varphi.$$

Denkt man sich z. B. im Punkt $k$ die Feder durch ein elastisches Rohr gebildet (Abb. VIII B.11), so wird bei der gewählten Vorzeichenregelung einem positiven

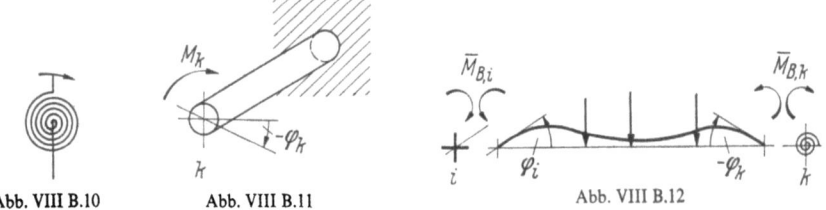

Abb. VIII B.10   Abb. VIII B.11   Abb. VIII B.12

Moment $\bar{M}_k$, auf den Knoten $k$ wirkend, ein negativer Wert $-\varphi_k$ der Knotendrehung entsprechen. Es gilt

$$\bar{\varphi}_k = \varphi_k = -\frac{\bar{M}_{B,k}}{f_{d,k}}. \qquad \text{(VIII B.35)}$$

$f_{d,k}$ ist die Federkonstante für den Knoten $k$.

Unter der Annahme positiver Momente $\bar{M}_{B,i}$ und $\bar{M}_{B,k}$ eines belasteten Stabes $(i-k)$ (Abb. VIII B.12) wird somit $\varphi_i$ positiv und $\varphi_k$ nach (VIII B.35) negativ sein; außerdem sind $\bar{M}_{B,k}$ und $\varphi_k$ zueinander proportional. Führt man (VIII B.35) in (VIII B.8) ein, so ergibt sich

$$\bar{M}_{B,i} = {}^ia_i\,\varphi_i - {}^ia_k\,\frac{\bar{M}_{B,k}}{f_{d,k}} + \tilde{M}_{B,i};$$

$$\bar{M}_{B,k} = {}^ka_i\,\varphi_i - {}^ka_k\,\frac{\bar{M}_{B,k}}{f_{d,k}} + \tilde{M}_{B,k}.$$

Daraus erhält man

$$\bar{M}_{B,k} = \frac{{}^k a_i \varphi_i + \tilde{M}_{B,k}}{1 + \frac{{}^k a_k}{f_{d,k}}} \qquad \text{(VIII B.36a)}$$

und

$$\bar{M}_{B,i} = \left({}^i a_i - \frac{{}^k a_i^2}{f_{d,k} + {}^k a_k}\right)\varphi_i + \left(\tilde{M}_{B,i} - \frac{{}^k a_i}{f_{d,k} + {}^k a_k}\tilde{M}_{B,k}\right) =$$

$$= {}^i a_i^e \varphi_i + \left(\tilde{M}_{B,i} - \frac{{}^k a_i}{f_{d,k} + {}^k a_k}\tilde{M}_{B,k}\right). \qquad \text{(VIII B.36b)}$$

$$ {}^i a_i^e = {}^i a_i - \frac{{}^k a_i^2}{f_{d,k} + {}^k a_k} \qquad \text{(VIII B.37)}$$

ist das Einspannmoment, das in einem unbelasteten Stab $(i-k)$, der in $i$ starr, in $k$ elastisch an den Knoten angeschlossen ist, infolge einer Drehung $\varphi_i = 1$ entsteht.

Für den Sonderfall, daß der Stab $(i-k)$ im Punkt $k$ ein Gelenk hat, wird $f_{d,k} = 0$ und mit (VIII B.4) ${}^i a_i^e = 1/\alpha_{i,i} = {}^i a_i^0$ [s. auch (VIII B.17)].

*Einseitig starre, einseitig elastische Lagerung, nur Sehnendrehung.* Mit der Vorzeichenfestlegung nach Abb. VIII B.5, nach (VIII B.8) und (VIII B.35) ergeben sich mit den Momenten $\bar{M}_{\psi,i}$ und $\bar{M}_{\psi,k}$ des unbelasteten Stabes

$$\varphi_i = -\psi_{i-k}; \qquad \varphi_k = -\psi_{i-k} - \frac{\bar{M}_{\psi,k}}{f_{d,k}}$$

und

$$\bar{M}_{\psi,i} = {}^i a_i(-\psi_{i-k}) - {}^i a_k\left(\psi_{i-k} + \frac{\bar{M}_{\psi,k}}{f_{d,k}}\right);$$

$$\bar{M}_{\psi,k} = {}^k a_i(-\psi_{i-k}) - {}^k a_k\left(\psi_{i-k} + \frac{\bar{M}_{\psi,k}}{f_{d,k}}\right).$$

Nach (VIII B.10) ergibt sich mit ${}^i a_i + {}^i a_k = {}^i a_{i-k}$, ${}^k a_i + {}^k a_k = {}^k a_{i-k}$

$$\bar{M}_{\psi,i} = -\left[{}^i a_{i-k} - \frac{{}^k a_i \, {}^k a_{i-k}}{f_{d,k} + {}^k a_k}\right]\psi_{i-k} = -{}^i a_{i-k}^e \psi_{i-k}. \qquad \text{(VIII B.38)}$$

Für den Sonderfall der gelenkigen Lagerung im Punkt $k$ wird mit $f_{d,k} = 0$

$$ {}^i a_{i-k}^e = {}^i a_{i-k} - \frac{{}^k a_i \, {}^k a_{i-k}}{{}^k a_k} = {}^i a_i - \frac{{}^k a_i^2}{{}^k a_k} = {}^i a_i^0.$$

(s. auch VIII B.19).

*Einseitig starre, einseitig elastische Lagerung, Belastung, Knoten- und Sehnendrehungen.* Nach (VIII B.36b) und (VIII B.38) wird

$$\bar{M}_{B,i} = {}^i a_i^e \varphi_i - {}^i a_{i-k}^e \psi_{i-k} + \left(\tilde{M}_{B,i} - \frac{{}^k a_i}{f_{d,k} + {}^k a_k}\tilde{M}_{B,k}\right). \qquad \text{(VIII B.39)}$$

## 2. Fortleitungszahlen für unbelastete Stäbe

Ist ein unbelasteter Stab $(i-k)$ im Punkt $k$ an einem Knoten drehstarr eingespannt ($\varphi_k = 0$) und wird er im Punkt $i$ um $\varphi_i$ gedreht (Abb. VIII B.13), so ergibt sich nach (VIII B.12) mit $\tilde{M}_{B,i} = \tilde{M}_{B,k} = 0$; $\varphi_k = \psi_{i,k} = 0$

$$\bar{M}_{\varphi_i,i} = {}^i a_i \varphi_i; \quad \bar{M}_{\varphi_i,k} = {}^k a_i \varphi_i; \quad \frac{\bar{M}_{\varphi_i,k}}{\bar{M}_{\varphi_i,i}} = \frac{{}^k a_i}{{}^i a_i}.$$

Mit der Fortleitungszahl

$$\mu_{i-k} = \frac{{}^k a_i}{{}^i a_i} \qquad \text{(VIII B.40a)}$$

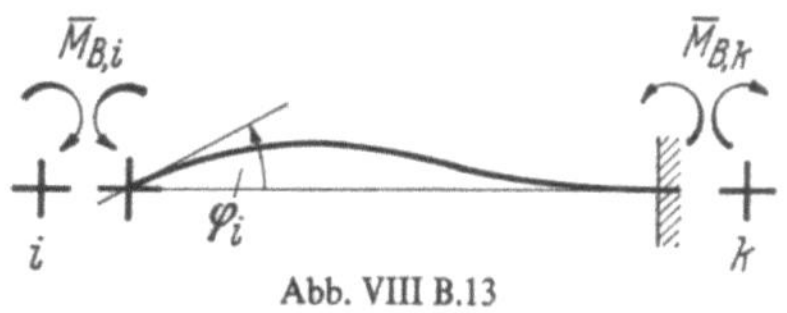

Abb. VIII B.13

wird
$$\bar{M}_{\varphi i,k} = \mu_{i-k} \bar{M}_{\varphi i,i} \quad \text{bzw.} \quad \bar{M}_{B,k} = \mu_{i-k} \bar{M}_{B,i}. \quad \text{(VIII B.41a)}$$

Für $J_{i,k} = J_c$ wird mit (VIII B.6)
$$\mu_{i-k} = \tfrac{1}{2}. \quad \text{(VIII B.42a)}$$

Entsprechend gilt für die Fortleitungszahl vom Knoten $k$ nach Knoten $i$

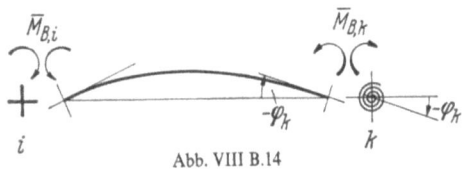

Abb. VIII B.14

$$\mu_{k-i} = \frac{^i a_k}{^k a_k} \quad \text{(VIII B.40b)}$$

und

$$\bar{M}_{B,i} = \mu_{k-i} \bar{M}_{B,k}. \quad \text{(VIII B.41b)}$$

Ist ein unbelasteter Stab $(i-k)$ im Punkt $k$ elastisch eingespannt und wird er im Punkt $i$ um $\varphi_i$ gedreht (Abb. VIII B.14), so gilt nach (VIII B.36) mit $\bar{M}_{B,i} = \bar{M}_{B,k} = 0$:

$$^e\mu_{i-k} = \frac{\bar{M}_{B,k}}{\bar{M}_{B,i}} = \frac{1 + \dfrac{^k a_i}{^k a_k}}{\dfrac{^i a_i^e}{f_{d,k}}}$$

bzw.

$$^e\mu_{i-k} = \frac{^k a_i f_{d,k}}{^i a_i f_{d,k} + {}^i a_i {}^k a_k - {}^k a_i^2} \quad \text{(VIII B.42b)}$$

und entsprechend

$$^e\mu_{k-i} = \frac{^k a_i f_{d,i}}{^k a_k f_{d,i} + {}^i a_i {}^k a_k - {}^k a_i^2}.$$

Für starre Einspannung im Punkt $k$ ergibt sich mit $f_{d,k} = \infty$

$$\mu_{i-k} = \frac{^k a_i}{^i a_i + \dfrac{^i a_i {}^k a_k - {}^k a_i^2}{f_{d,k}}} = \frac{^k a_i}{^i a_i}$$

wie nach (VIII B.40a).

Für gelenkige Lagerung im Punkt $k$ wird mit $f_{d,k} = 0$ der Wert $\mu_{i-k} = 0$.

## 3. Steifigkeiten

### a) Steifigkeit eines unbelasteten Stabes

Unter Steifigkeit $s_{i,k}$ eines Stabes $(i-k)$ an der Stelle $i$ versteht man das Moment, das an dieser Stelle wirken muß, um die Drehung $\varphi_i = 1$ zu bewirken. Sie ändert sich, je nachdem, ob das gegenüberliegende Ende $k$ starr, gelenkig oder elastisch gelagert ist bzw. ob dort ein gleich großes symmetrisches oder antimetrisches Moment wirkt. Diese Steifigkeiten können nach Abschn. 2 unmittelbar angegeben werden.

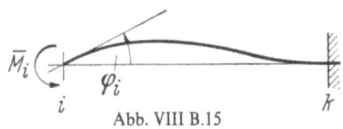

Abb. VIII B.15

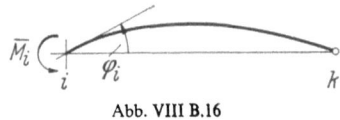

Abb. VIII B.16

*Lager in $k$ starr eingespannt.* Nach Abb. VIII B.15 und (VIII B.5) wird mit $\varphi_k = \alpha_{B,i} = \alpha_{B,k} = 0$

$$\bar{M}_{\varphi i=1, i} = s_{i,k} = {}^i a_i. \quad \text{(VIII B.43)}$$

Für $J_{i,k} = J_c$ wird mit (VIII B.6)

$$s_{i,k} = \frac{4 E J_{i,k}}{s_{i-k}}. \quad \text{(VIII B.44)}$$

*Lager in k gelenkig.* Nach Abb. VIII B.16 und (VIII B.17) ist

$${}^0s_{i,k} = {}^i a_i^0 \qquad \text{(VIII B.45)}$$

und für $J_{i,k} = J_c$

$${}^0s_{i,k} = \frac{3EJ_{i,k}}{s_{i-k}}. \qquad \text{(VIII B.46)}$$

*Gleichzeitig symmetrische Drehung in i und k für symmetrischen Stab.* Nach Abb. VIII B.17 und (VIII B.27) ist

$${}^s s_{i,k} = {}^i a_i^s \qquad \text{(VIII B.47)}$$

und für $J_{i,k} = J_c$

$${}^s s_{i,k} = \frac{2EJ_{i,k}}{s_{i-k}}. \qquad \text{(VIII B.48)}$$

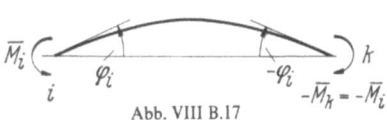

Abb. VIII B.17

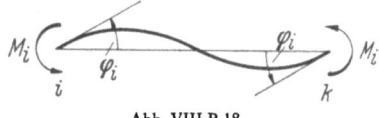

Abb. VIII B.18

*Gleichzeitig antimetrische Drehung in i und k für symmetrischen Stab.* Nach Abb. VIII B.18 und (VIII B.33) ist

$${}^a s_{i,k} = {}^i a_i^a \qquad \text{(VIII B.49)}$$

und für $J_{i,k} = J_c$

$${}^a s_{i,k} = \frac{6EJ_{i,k}}{s_{i-k}}. \qquad \text{(VIII B.50)}$$

*Lagerung in k elastisch.* Nach Abb. VIII B.19 und (VIII B.37) ist

$${}^e s_{i,k} = {}^i a_i^e = {}^i a_i - \frac{{}^k a_i^2}{f_{d,k} + {}^k a_k} \qquad \text{(VIII B.51)}$$

und für $J_{i,k} = J_c$

$${}^e s_{i,k} = \frac{4EJ_{i,k}}{s_{i-k}}\left(1 - \frac{1}{4 + \dfrac{f_{d,k}\, s_{i-k}}{EJ_{i,k}}}\right). \qquad \text{(VIII B.52)}$$

Abb. VIII B.19

### b) Steifigkeiten von unbelasteten Stabgruppen

*Steifigkeit eines Knotens.* Unter Steifigkeit eines Knotens $i$ (z. B. Knoten 2 in Abb. VIII B.20a) versteht man das Moment $M_i^*$, das die Knotendrehung $\varphi_i = 1$

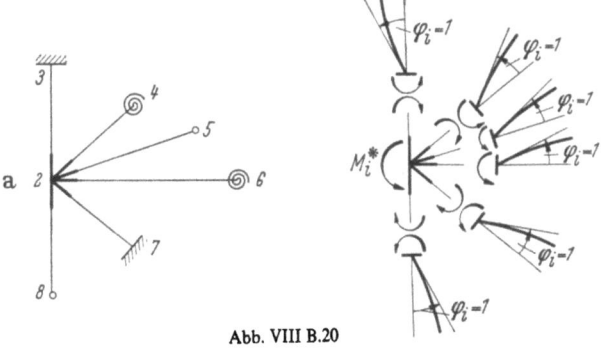

Abb. VIII B.20

hervorruft. Aus Abb. VIII B.20b erkennt man, daß das Moment $M_i^*$ mit den auf die einzelnen Stäbe entfallenden Momentenanteilen im Gleichgewicht stehen muß. Da bei einer starren Knotenpunktverbindung sich jeder Stab in $i$ um den gleichen

Winkel drehen muß, tritt in jedem Stab die Drehung $\varphi_i = 1$ auf. Für jeden Stab ist aber nach Abschn. a das Moment $s_{i,k}$ — gleich der Steifigkeit des Einzelstabs — erforderlich, um diesen im Punkt $i$ um $\varphi_i = 1$ zu drehen. Somit ist die Steifigkeit des Knotens, an dem mehrere Stäbe anschließen, gleich der Summe der Steifigkeiten der Einzelstäbe:

$$s_i = f_{d,i} = \sum s_{i,k} + \sum {}^0 s_{i,k} + \sum {}^e s_{i,k}. \qquad \text{(VIII B.53)}$$

Zum Beispiel ist nach Abb. VIII B.20

$$s_2 = f_{d,2} = s_{2,3} + s_{2,7} + {}^0 s_{2,5} + {}^0 s_{2,8} + {}^e s_{2,4} + {}^e s_{2,6}.$$

*Steifigkeit eines Stabes $(i-k)$, einschließlich einer in $k$ anschließenden Stabgruppe.*
Die Steifigkeit eines Stabes im Punkt $i$, der im Punkt $k$ elastisch durch dort an-

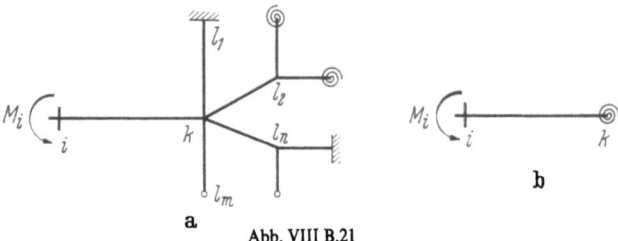

Abb. VIII B.21

greifende Stabgruppen gestützt ist (Abb. VIII B.21 a), kann nach (VIII B.51) berechnet werden (Abb. VIII B.21 b):

$$ {}^e s_{i,k} = {}^i a_i - \frac{{}^k a_i^2}{f_{d,k} + {}^k a_k}. \qquad \text{(VIII B.54)}$$

Nach (VIII B.53) ist dabei

$$f_{d,k} = \sum s_{k,l} + \sum {}^0 s_{k,l} + \sum {}^e s_{k,l},$$

d. h., es sind in $f_{d,k}$ alle Stäbe $(k-l_n)$, aber nicht der Stab $(k-i)$ zu berücksichtigen.

### 4. Momentenverteilungszahlen

Wirkt auf einen Knotenpunkt $i$, an dem mehrere Stäbe $(i-k_n)$ angreifen, ein beliebiges Moment $M_i^*$, so wird sich dieses auf die einzelnen Stäbe verteilen, so daß Momentengleichgewicht vorhanden ist.

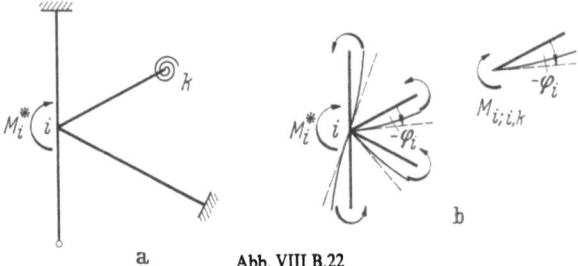

Abb. VIII B.22

Ist nach (VIII B.53) $f_{d,i}$ die Steifigkeit des Knotens, so ergibt sich für die Drehung des Knotens aus dem Moment $M_i^*$ (Abb. VIII B.22b)

$$\varphi_i = -\frac{M_i^*}{f_{d,i}}.$$

Wenn auf den Stab $(i-k_n)$ der Momentenanteil $M_{i;i,k}$ entfällt und seine Einzelsteifigkeit $s_{i,k}$ beträgt, alle Einzelstäbe sich aber ebenfalls um den Winkel $\varphi_i$ drehen müssen, so gilt auch

$$\varphi_i = \frac{M_{i;l,k}}{s_{l,k}} \quad \text{bzw.} \quad \frac{M_{l;i,k}}{^0s_{l,k}} \quad \text{bzw.} \quad \frac{M_{l;i,k}}{^es_{l,k}}.$$

Daraus ergibt sich

$$M_{i;l,k} = -\frac{s_{l,k}}{f_{d,i}} M_i^* = \mu_{l,k} M_i^* \qquad \text{(VIII B.55)}$$

mit

$$\mu_{i,k} = -\frac{s_{l,k}}{f_{d,i}} \quad \text{bzw.} \quad -\frac{^0s_{l,k}}{f_{d,i}} \quad \text{bzw.} \quad -\frac{^es_{l,k}}{f_{d,i}}, \qquad \text{(VIII B.56)}$$

wobei $f_{d,i}$ nach (VIII B.53) einzuführen ist.

Wirkt auf einen Stab $(h-i)$, der in $i$ elastisch durch Stäbe $(i-k_n)$ gestützt ist, im Punkt $h$ ein Moment $+M_h$ (Abb. VIII B.23), so wird dieses zuerst mit der Fortleitungszahl $\mu_{h-i}$ nach $i$ weitergeleitet und dort auf die Stäbe $(i-k)$ mit den Verteilungszahlen $\mu_{l,k}$ aufgeteilt. Ist $f_{d,i}$ die Steifigkeit des Knotens $i$ ohne den Stab $(i-h)$ nach (VIII B.53), so ergibt sich nach (VIII B.41) und (VIII B.42)

$$M_{i;i,h} = {}^e\mu_{h-i} M_h$$

mit

$$^e\mu_{h-i} = \frac{^ha_i f_{d,i}}{^ha_h f_{d,i} + {}^ha_h {}^i a_i - {}^ha_i^2}.$$

Damit erhält man weiter

$$M_{i;l,k} = \mu_{l,k} M_{i;l,h}.$$

Dieses Moment wird nun wieder mit den Fortleitungszahlen $\mu_{i-k}$ weitergeleitet usw.

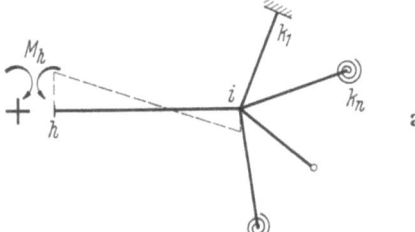
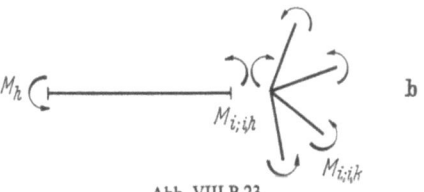

Abb. VIII B.23

## C. Stabwerke mit nur unbekannten Knotendrehwinkeln

### 1. Allgemeines

Für die nachfolgenden Untersuchungen gelten folgende Voraussetzungen: Die Knotenpunkte sind entweder unverschieblich, oder es sind eingeprägte bekannte Verschiebungen der Knotenpunkte gegeben. Daher treten keine unbekannten Sehnendrehungen $\psi_{i-k}$ auf. Die Stäbe werden längsstarr angenommen, so daß keine Längenänderungen der Stäbe auftreten bzw. diese vernachlässigt werden können und daher auch keine Unbekannten $\Delta s_{i-k}$ berücksichtigt zu werden brauchen.

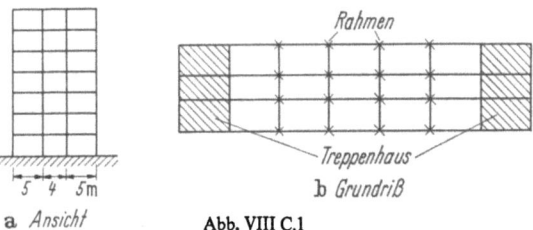

Abb. VIII C.1

Ein solcher Fall liegt z. B. oft bei Stockwerkbauten u. ä. vor. Bei dem Stockwerkrahmen nach Abb. VIII C.1a sind z. B. an den Enden des Gebäudeblocks massive Treppenhäuser angeordnet. Die massiven Decken von 14 m Breite wirken als Träger mit dieser Höhe für die Windlasten. Die Durchbiegung dieser Decken in horizontaler Richtung ist so verschwindend klein, daß man die Knotenpunkte der Rahmen seitlich unverschieblich ansehen kann.

Erhält ein System, das seitlich gestützt ist, gleichmäßige Temperaturänderungen von Stäben, wobei die Temperaturänderungen in den einzelnen Stäben auch verschieden sein können, so ist dabei zu unterscheiden, ob das stabilisierte Gelenksystem statisch bestimmt oder statisch unbestimmt ist.

Erhält z. B. der nach Abb. VIII C.2 seitlich im Punkt 3 gestützte Rahmen eine Temperaturerhöhung um $\Delta t°$ im Riegel, so ergibt sich für das stabilisierte Gelenksystem nach Abb. VIII C.2b die Längenänderung $\Delta s_{T,2-3} = \alpha \Delta t\, s_{2-3}$, und damit ist $\psi_{1-2}$ als eingeprägte Sehnendrehung — und nicht als Unbekannte — vorgegeben.

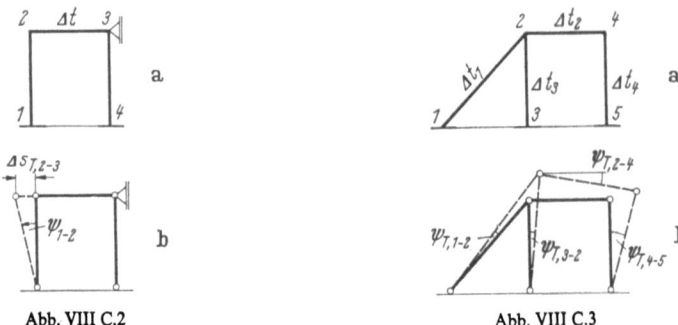

Abb. VIII C.2    Abb. VIII C.3

Auch beim System nach Abb. VIII C.3a, bei dem die einzelnen Stäbe verschiedene Temperaturänderungen $\Delta t_i$ erhalten sollen, kann ein Verschiebungsplan des statisch bestimmten, stabilisierten Gelenksystems gezeichnet werden (Abb. VIII C.3b). Damit sind aber wieder alle Sehnendrehungen $\psi_{T:i-k}$ als bekannte, eingeprägte Werte vorgegeben.

Anders liegen die Verhältnisse bei Systemen — z. B. Abb. VIII C.4a —, bei denen das stabilisierte Gelenksystem statisch unbestimmt ist (Abb. VIII C.4b).

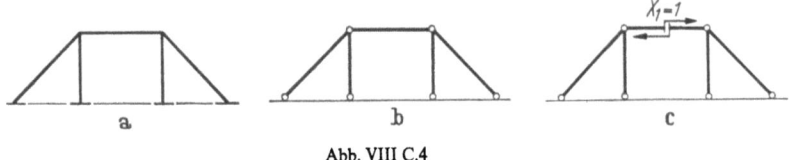

Abb. VIII C.4

Wenn in solchen Systemen Temperaturänderungen in Stäben auftreten, so muß dieses Gelenksystem nach Abschn. V als statisch unbestimmtes System behandelt werden. Es werden zuerst die Werte $X_{T,i} - X_{T,1}$ in Abb. VIII C.4c — berechnet und damit die Stabkräfte und Längenänderungen aus Temperatur und aus diesen Stabkräften. Nunmehr kann man wieder einen Verschiebungsplan zeichnen, der allen Verträglichkeitsbedingungen gerecht wird. Damit sind aber wieder die eingeprägten Sehnendrehungen bekannt und vorgegeben.

Den gleichen Weg kann man gehen, um den Einfluß der Längenänderungen aus den Längskräften iterativ für beliebige Belastungsfälle zu erfassen.

Sind aus dem Verfahren mit unverschieblichen Knotenpunkten die Schnittbelastungen — somit ohne Berücksichtigung der Längenänderungen der Stäbe — bestimmt, so können nachträglich aus den so ermittelten Längskräften Längenänderungen $\Delta s$ berechnet werden. Wird dazu ein Verschiebungsplan gezeichnet, so erhält man Sehnendrehungen $\psi_{i-k}$. Mit diesen bekannten Werten können die sich

## 2. Bedingungsgleichungen für die Knotendrehwinkel und Schnittbelastungen

Im allgemeinen sind die starren Knotenpunkte eines Stabwerks frei drehbar. In Sonderfällen können die Knotenpunkte drehelastisch gelagert sein. Denkt man sich z. B. die drehelastische Lagerung durch ein Rohr versinnbildlicht, das den Knoten mit der Erdscheibe verbindet und auf Torsion beansprucht wird, so erkennt man aus Abb. VIII C.5, daß bei einer positiven Drehung des Knotens $\varphi_i$ das Rohr ein rückhaltendes Drehmoment $M_{d,i}$ ausübt, das im positiven Sinn auf den Knoten wirkt. Auf die Erdscheibe wirkt es dann entgegengesetzt. Bei elastisch an der Erdscheibe gelagerten Stäben gilt das gleiche. Entsprechend (VIII B.35) ergibt sich mit der Federkonstanten $f_{d,i}$

$$M_{d,i} = +f_{d,i}\,\varphi_i. \qquad \text{(VIII C.1)}$$

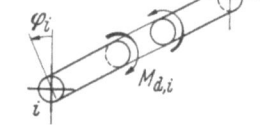

Abb. VIII C.5

Betrachtet man einen Knotenpunkt $i$ mit den stabilisierenden Momenten (Abb. VIII C.6) und erteilt nur dem Knoten $i$ des Gelenksystems eine virtuelle Drehung 1, so muß die Arbeit der auf den Knoten wirkenden Momente $(\sum \bar{M}) \cdot 1 = 0$ sein, da die Momentensumme aus Gleichgewichtsgründen Null ist. In Abb. VIII C.7 ist ein Teil des Gelenksystems gezeichnet. Bei einer Drehung des Knotens $i$ um $\varphi_i$ wird sich an der Trennstelle des gedachten Gelenks des Stabes $(i-k_1)$ im Punkt $i$ nur der linke Querschnitt drehen. Die strichlierte Linie für den Stab $(i-k_1)$, die die Lage dieses Stabes nach der Knotendrehung angeben soll, fällt entgegen

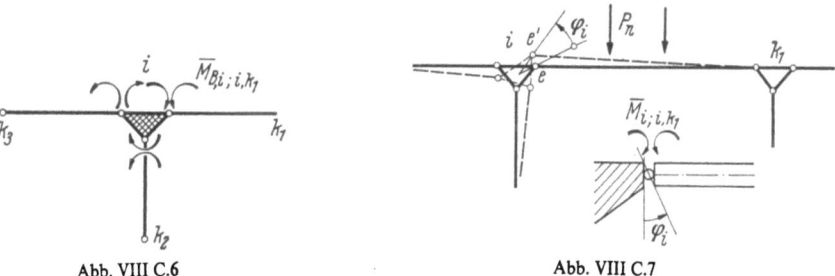

Abb. VIII C.6        Abb. VIII C.7

der Abbildung mit der ursprünglichen Lage des Stabes zusammen, da bei unendlich klein gedachten Knotenabmessungen bei einer Drehung des Knotens $i$ keine Hebung des Punktes $e$ eintritt und $e$ mit $e'$ zusammenfällt. Damit bleibt der rechte Querschnitt am Gelenk ungedreht, und von dem Doppelmoment $\bar{M}_{B,i;i,k}$ leistet nur das linke eine virtuelle Arbeit

$$^vA = -\bar{M}_{B,i;i,k} \cdot 1.$$

Da sich der Stab $(i-k)$ in seiner Lage nicht ändert, leisten auch auf diesem Stab angreifende Kräfte keine Arbeit. Lediglich direkt auf den Knoten $i$ wirkende äußere Momente $^aM_i$ leisten eine Arbeit $-^aM_i \cdot 1$. Die stabilisierenden Momente an den gedachten Gelenken der benachbarten Knoten $k$ leisten keine Arbeit, weil sich beide Querschnitte an der Trennstelle nicht drehen.

Zu diesen Überlegungen ist folgende Ergänzung angebracht, die an einem beidseitig an den Knoten starr angeschlossenen Stab erläutert sei (Abb. VIII C.8). Ist der Stab $(i-k)$ starr an die Knoten angeschlossen und sind diese starr festgehalten, so entstehen aus einem beliebigen Belastungszustand $B$ Starreinspannmomente $\bar{M}_{B,i}$ und $\bar{M}_{B,k}$ (Abb. VIII C.8a), und die Momentenverteilung über die Stablänge $\bar{M}_{B,m}$ ist in Abb. VIII C.8b dargestellt. In Abb. VIII C.8a sind die

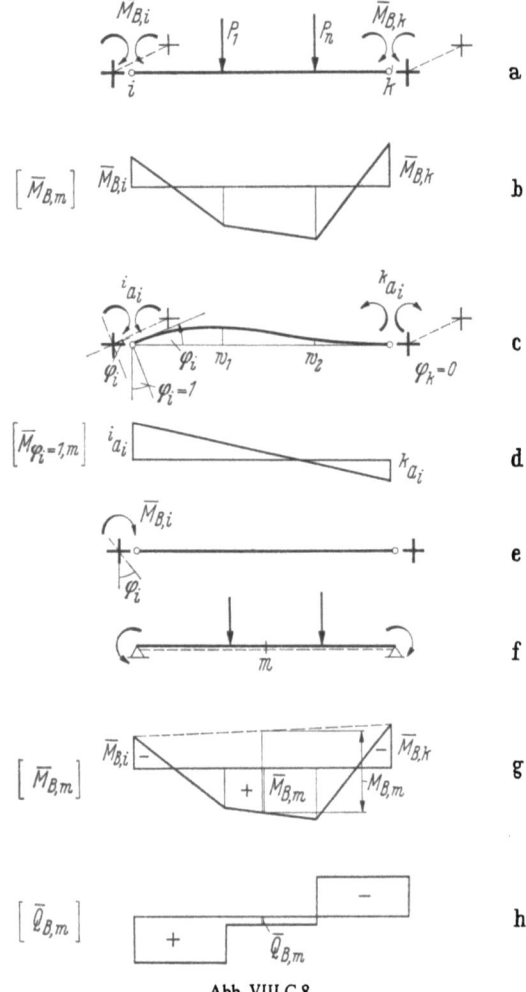

Abb. VIII C.8

Stützmomente im stabilisierten Gelenksystem eingetragen. Erteilt man nun dem Knoten $i$ eine eingeprägte Drehung $\varphi_i = 1$ (Abb. VIII C.8c), so ergeben sich nach (VIII B.8) mit $\bar{M}_{B,i} = 0$, $\varphi_i = 1$, $\varphi_k = 0$ die Stützmomente am eingespannten Träger zu $\bar{M}_{\varphi_i=1,i} = {}^i a_i$ und $\bar{M}_{\varphi_i=1,k} = {}^k a_i$. Aus der zugehörigen Momentenlinie $\bar{M}_{\varphi_i=1,m}$ (Abb. VIII C.8d) ergibt sich eine Biegelinie mit den Durchbiegungen $w_n$ an den Stellen unter den Lasten $P_n$ (Abb. VIII C.8c). Wird der Zustand $\varphi_i = 1$ als Verformungszustand und der Zustand $B$ als Belastungszustand aufgefaßt, so beträgt die äußere Arbeit für den Stab $(i-k)$

$$^v A_a = \bar{M}_{B,i} \cdot 1 + \sum P_n w_n$$

und die innere Arbeit

$$^v A_i = \int \bar{M}_{B,m}\, \bar{M}_{\varphi_i = 1, m}\, \frac{\mathrm{d}s}{EJ}.$$

Mit $^v A_a = {}^v A_i$ wird unter Anwendung des Reduktionssatzes nach (V B.44)

$$\bar{M}_{B,i} \cdot 1 + \sum P_n w_n - \int \bar{M}_{B,m}\, {}^v M_{\varphi_i = 1, m}\, \frac{\mathrm{d}s}{EJ} = 0.$$

Betrachtet man die Arbeiten, die vom gesamten System — einschließlich der auf die Knoten wirkenden Momente — infolge des virtuellen Verformungszustandes $\varphi_i = 1$ geleistet werden, so erhält man mit Abb. VIII C.8a bis d

$$\bar{M}_{B,i}(-1) + \bar{M}_{B,i}(+1) + \sum P_n w_n - \int \bar{M}_{B,n}\, M_{\varphi_i = 1}\, \frac{\mathrm{d}s}{EJ} = -\bar{M}_{B,i} \cdot 1.$$

Der gesamte Teil zwischen den gedrehten Gelenken kann somit wie ein starrer Stab behandelt werden, der mit zwei Gelenken an die Knoten angeschlossen wird — das stabilisierte Gelenksystem —, und es leisten nur die Knotenmomente an den Knotendrehungen Arbeiten.

Beachtet man (VIII B.12) usw. und (VIII C.1), so kann man für die Arbeit aller am Knoten $i$ angreifenden Momente — unter Berücksichtigung, daß für alle am Knoten $i$ ankommenden Stäbe $\varphi_i$ gleich, $\varphi_k$ aber verschieden ist — schreiben

$$-^v A = {}^i a_i^* \varphi_i + \sum ({}^i a_k \varphi_k) - \sum ({}^i a_{i-k}\,{}^a \psi_{i-k}) - \sum ({}^i a_{i-k}^0\,{}^a \psi_{i-k}) + a_{B,i}^* = 0.$$

Dabei sind
$$^i a_i^* = +\left(\sum {}^i a_i + \sum {}^i a_i^0 + f_{d,i}\right);$$
$$a_{B,i}^* = +\left(\sum \tilde{M}_{B,i;i,k} + \sum {}^0 \tilde{M}_{B,i;i,k} + {}^d M_i\right).$$
(VIII C.2)

$^a \psi_{i-k}$ sind hierbei äußere eingeprägte Sehnendrehungen, somit keine unbekannten Werte. Siehe auch (VIII D.8).

Die Gl. (VIII C.2), für jeden Knotenpunkt angeschrieben, gibt so viele Bestimmungsgleichungen, wie unbekannte Knotendrehungen $\varphi$ vorhanden sind.

Für Systeme mit stabweise konstantem Trägheitsmoment $J_{i,k} = J_c$ erhält man mit (VIII B.6), (VIII B.11) und (VIII B.18)

$$^i a_i = \frac{4 E J_{i,k}}{s_{i-k}}; \quad {}^k a_i = \frac{2 E J_{i,k}}{s_{i-k}}; \quad {}^i a_i^0 = \frac{3 E J_{i,k}}{s_{i-k}};$$
$$^i a_{i-k} = +\frac{6 E J_{i,k}}{s_{i-k}}; \quad {}^i a_{i-k}^0 = +\frac{3 E J_{i,k}}{s_{i-k}}.$$
(VIII C.3)

Aus (VIII C.2) ergibt sich bei Multiplikation aller Koeffizienten mit einem konstanten Wert

$$C = \frac{s_c}{E J_c} \qquad \text{(VIII C.4)}$$

und

$$\varkappa_{i-k} = \frac{s_c}{s_{i-k}} \frac{J_{i,k}}{J_c} \qquad \text{(VIII C.5)}$$

das neue Gleichungssystem

$$^i b_i^* \varphi_i + \sum ({}^i b_k \varphi_k) - \sum ({}^i b_{i-k}\,{}^a \psi_{i-k}) - \sum ({}^i b_{i-k}^0\,{}^a \psi_{i-k}) + b_{B,i}^* = 0 \quad \text{(VIII C.6)}$$

mit
$$^i b_i^* = 4 \sum_e \varkappa_{i-k} + 3 \sum_g \varkappa_{i-k} + f_{d,i}\, C;$$
$$^k b_i = 2 \sum_e \varkappa_{i-k};$$
$$^i b_{i-k} = 6 \sum_e \varkappa_{i-k}; \quad {}^i b_{i-k}^0 = 3 \sum_g \varkappa_{i-k};$$
$$^i b_{B,i}^* = C\, a_{B,i}^*.$$
(VIII C.7)

Ohne Vorhandensein einer drehfedernden Lagerung von Knotenpunkten lautet (VIII C.6)

$$\left(4\sum_e \varkappa_{i-k} + 3\sum_g \varkappa_{i-k}\right)\varphi_i + 2\sum_e (\varkappa_{i-k}\varphi_k) -$$
$$- 6\sum_e (\varkappa_{i-k}{}^a\psi_{i-k}) - 3\sum_g (\varkappa_{i-k}{}^a\psi_{i-k}) + C\,a^*_{B,i} = 0. \qquad \text{(VIII C.8)}$$

$\sum_e$ erstreckt sich über alle im Punkt $i$ anlaufenden, beiderseits starr an die Knoten angeschlossenen Stäbe, $\sum_g$ über alle Stäbe, die an den Knoten $k$ gelenkig und an den Knoten $i$ starr angeschlossen sind.

Löst man das Gleichungssystem zuerst für den Wert $C = 1$, so erhält man die Werte $\varphi^+$ und die endgültigen Werte der Knotendrehungen

$$\varphi = C\,\varphi^+. \qquad \text{(VIII C.9)}$$

Mit den $\varphi$-Werten können die endgültigen Schnittbelastungen berechnet werden. Zum Beispiel ergibt sich für den beiderseits starr angeschlossenen Stab, bei stabweise konstantem Trägheitsmoment $J_{i,k}$ nach (VIII B.13)

$$\bar{M}_{B,i;i,k} = \frac{2EJ_{i,k}}{s_{i-k}}(2\varphi_i + \varphi_k - 3{}^a\psi_{i-k}) + \widetilde{M}_{B,i;i,k};$$
$$\bar{M}_{B,k;k,i} = \frac{2EJ_{i,k}}{s_{i-k}}(\varphi_i + 2\varphi_k - 3{}^a\psi_{i-k}) + \widetilde{M}_{B,k;k,i}$$

bzw. bei Verwendung von (VIII C.8) und (VIII C.9)

$$\bar{M}_{B,i;i,k} = 2\varkappa_{i-k}\left(2\varphi_i^+ + \varphi_k^+ - 3\frac{EJ_c}{s_c}{}^a\psi_{i-k}\right) + \widetilde{M}_{B,i;i,k};$$
$$\bar{M}_{B,k;k,i} = 2\varkappa_{i-k}\left(\varphi_i^+ + 2\varphi_k^+ - 3\frac{EJ_c}{s_c}{}^a\psi_{i-k}\right) + \widetilde{M}_{B,k;k,i}. \qquad \text{(VIII C.10a)}$$

Für einen einseitig gelenkig, einseitig eingespannten Stab ergibt sich dementsprechend nach (VIII B.22)

$$\bar{M}_{B,i;i,k} = 2\varkappa_{i-k}\left(1{,}5\varphi_i^+ - 1{,}5\frac{EJ_c}{s_c}{}^a\psi_{i-k}\right) + {}^0\widetilde{M}_{B,i;i,k}. \qquad \text{(VIII C.10b)}$$

Für veränderliches Trägheitsmoment ist (VIII B.12) usw. zu verwenden.

Nachdem die Stabendmomente nach der Vorzeichenregelung der Deformationsmethode bestimmt sind (Abb. VIII C.8a), sind die Momente für den Stab selbst auf eine angenommene Zugfaser zu beziehen. Ein Moment, das in dieser Faser Zug erzeugt (Abb. VIII C.8f u. g), wird für den Stab zwischen den Punkten $i$ und $k$ als positives Moment festgelegt.

Ist $M_{B,m}$ das Moment im Punkt $m$ aus einer beliebigen Belastung des beiderseits gelenkig gelagerten Einfeldbalkens, so ergeben sich die endgültigen Schnittbelastungen nach Abb. VIII C.8g u. h — wobei die Werte $\bar{M}_{B,i;i,k}$ und $\bar{M}_{B,k;k,i}$ mit den Vorzeichen, wie sie sich nach der Deformationsmethode nach (VIII C.6) ergeben, einzuführen sind — zu

$$\bar{M}_{B,m} = M_{B,m} - \bar{M}_{B,i;i,k}\frac{x'}{s_{i-k}} + \bar{M}_{B,k;k,i}\frac{x}{s_{i-k}};$$
$$\bar{Q}_{B,m} = Q_{B,m} + \frac{1}{s_{i-k}}(\bar{M}_{B,i;i,k} + \bar{M}_{B,k;k,i}). \qquad \text{(VIII C.11)}$$

### 3. Anwendung

Nachfolgend wird die Behandlung der verschiedenen Belastungsfälle und verschiedenen Systembedingungen an schematischen Beispielen gezeigt. Bei Kombination mehrerer Belastungsfälle gilt das Superpositionsgesetz.

*a) Beliebiger Belastungsfall B; beliebiger Trägheitsmomentenverlauf.* Voraussetzung: Längenänderungen $\Delta s_{i-k}$ sind vernachlässigt; kein Temperatureinfluß; keine Widerlagerbewegungen. Damit sind alle Werte $\psi_{i-k}$ Null, bzw. treten auch keine eingeprägten Werte $^a\psi_{i-k}$ auf.

Am System nach Abb. VIII C.9a wird das Schema erläutert. Kragarme werden immer starr mit dem Knotenpunkt verbunden (Knoten 2 und 3). Das stabilisierte Gelenksystem ist in Abb. VIII C.9b dargestellt. Man erkennt daraus, daß letzteres

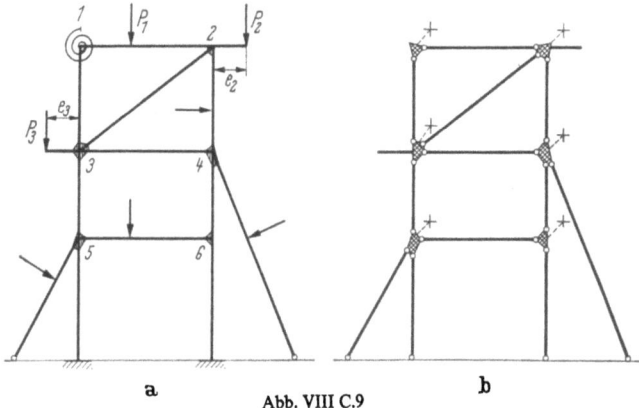

Abb. VIII C.9

unverschieblich ist und damit alle $\psi_{i-k}$-Werte Null sind. Lediglich die sechs Knotenpunkte 1 bis 6 des Gelenksystems sind durch Knotendrehfesseln zu sichern. Für die unbekannten Knotendrehungen $\varphi_1$ bis $\varphi_6$ gilt nach (VIII C.2) das Gleichungssystem:

| Knoten | $\varphi_1$ | $\varphi_2$ | $\varphi_3$ | $\varphi_4$ | $\varphi_5$ | $\varphi_6$ | Belastungsglied |
|---|---|---|---|---|---|---|---|
| 1 | $^1a_1^*$ | $^1a_2$ | $^1a_3$ | | | | $a_{B,1}^*$ |
| 2 | $^2a_1$ | $^2a_2^*$ | $^2a_3$ | $^2a_4$ | | | $a_{B,2}^*$ |
| 3 | $^3a_1$ | $^3a_2$ | $^3a_3^*$ | $^3a_4$ | $^3a_5$ | | $a_{B,3}^*$ |
| 4 | | $^4a_2$ | $^4a_3$ | $^4a_4^*$ | | $^4a_6$ | $a_{B,4}^*$ |
| 5 | | | $^5a_3$ | | $^5a_5^*$ | $^5a_6$ | $a_{B,5}^*$ |
| 6 | | | | $^6a_4$ | $^6a_5$ | $^6a_6^*$ | $a_{B,6}^*$ |

mit
$^1a_1^* = {}^1a_{1:1,2} + {}^1a_{1:1,3} + f_{d,1}; \quad ^1a_{B,1}^* = \tilde{M}_{B,1:1,2};$
$^2a_2^* = {}^2a_{2:2,1} + {}^2a_{2:2,3} + {}^2a_{2:2,4}; \quad a_{B,2}^* = \tilde{M}_{B,2:2,1} + \tilde{M}_{B,2:2,4} + P_2 e_2;$
$^4a_4^* = {}^4a_{4:4,2} + {}^4a_{4:4,3} + {}^4a_{4:4,6} + {}^4a_{4;4,10}^0; \quad a_{B,4}^* = \tilde{M}_{B,4:4,2} + {}^0\tilde{M}_{B,4:4,10}$

usw.

*b) Beliebiger Belastungsfall B; feldweise konstantes Trägheitsmoment.* Voraussetzungen: wie a).

Das System nach Abb. VIII C.10a hat als stabilisiertes Gelenksystem Abb. VIII C.10b. Mit den beiden Knotendrehfesseln in Knoten 2 und 3 ist es stabil. Obwohl es nach der Schnittlastenmethode siebenfach statisch unbestimmt ist, treten nach der Deformationsmethode nur die beiden Unbekannten $\varphi_2$ und $\varphi_3$ auf.

Alle $\psi_{i-k}$-Werte sind Null.

Für die Abzählbedingung nach (VIII A.5) ist:
Starre Knoten $a = 2$; Stäbe $c = 5$; Gelenkknoten $b = 0$; überzählige Stäbe $d = 1$; $e = 2(2 + 0) - (5 - 1) = 0$; $\psi_{i-k} = 0$.

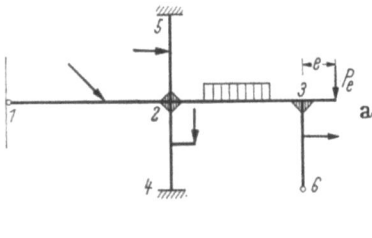

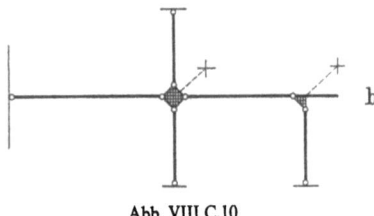

Abb. VIII C.10

Nach (VIII C.5) und (VIII C.7) ergeben sich die Bedingungsgleichungen:

Knoten 2: $[4(\varkappa_{2-4} + \varkappa_{2-5} + \varkappa_{2-3}) + 3\varkappa_{2-1}]\varphi_2 + 2\varkappa_{3-2}\varphi_3 + \dfrac{s_c}{EJ_c}a^*_{B,2} = 0$;

Knoten 3: $(4\varkappa_{3-2} + 3\varkappa_{3-6})\varphi_3 + 2\varkappa_{2-3}\varphi_2 \qquad\qquad + \dfrac{s_c}{EJ_c}a^*_{B,3} = 0$

mit
$$a^*_{B,2} = {}^0\tilde{M}_{B,2;2,1} + \tilde{M}_{B,2;2,4} + \tilde{M}_{B,2;2,5} + \tilde{M}_{B,2;2,3};$$
$$a^*_{B,3} = \tilde{M}_{B,3;3,2} + {}^0\tilde{M}_{B,3;3,6} + P_e e.$$

c) *Beliebiger Belastungsfall B; beliebiger Trägheitsmomentenverlauf; nur ein Feld belastet.* Voraussetzungen: wie a).

Mit Hilfe der elastischen Steifigkeit kann das in Abb. VIII C.11 dargestellte System auf die Berechnung der beiden unbekannten Knotendrehungen $\varphi_4$ und $\varphi_5$ reduziert werden.

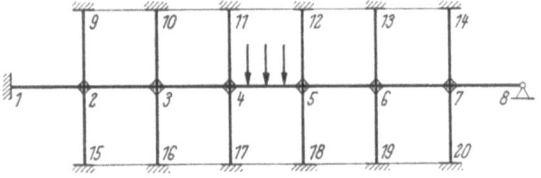

Abb. VIII C.11

Nach (VIII A.5) ist
$a = 6;\quad b = 0;\quad c = 19;\quad d = 7;\quad e = 2(6 + 0) - (19 - 7) = 0$.

Damit sind alle Werte $\psi_{i-k} = 0$.

Es werden zuerst die elastischen Steifigkeiten der Knoten 4 und 5 — ohne den Stab (4—5) — berechnet.

Nach (VIII B.53) ist
$$f_{d,2} = s_{2,1} + s_{2,9} + s_{2,15}.$$

Nach (VIII B.54) wird
$$^e s_{3,2} = {}^3 a_{3;3,2} - \dfrac{{}^2 a_3^2}{f_{d,2} + {}^2 a_{2;2,3}}.$$

Weiter wird
$$f_{d,3} = {}^e s_{3,2} + s_{3,10} + s_{3,16}$$
und
$$^4 a^e_{4;4,3} = {}^4 a_{4;4,3} - \frac{{}^3 a_4^2}{f_{d,3} + {}^3 a_{3;3,4}} = {}^e s_{4,3}.$$

In gleicher Weise kann, von Punkt 8 beginnend, ${}^5 a^e_{5;5,6}$ berechnet werden. Damit erhält man nach (VIII C.2) die Bedingungsgleichungen:

Knoten 4: $({}^4 a^e_{4;4,3} + {}^4 a_{4;4,11} + {}^4 a_{4;4,17} + {}^4 a_{4;4,5}) \varphi_4 + {}^4 a_5 \varphi_5 + \tilde{M}_{B,4;4,5} = 0;$

Knoten 5: $({}^5 a^e_{5;5,6} + {}^5 a_{5;5,18} + {}^5 a_{5;5,12} + {}^5 a_{5;5,4}) \varphi_5 + {}^5 a_4 \varphi_4 + \tilde{M}_{B,5;5,4} = 0.$

Sind mit $\varphi_4$ und $\varphi_5$ die endgültigen Momente $\tilde{M}_{B,4;4,5}$ und $\tilde{M}_{B,5;5,4}$ ermittelt, so können mit den Verteilungszahlen nach (VIII B.56) diese Momente auf die in 4 und 5 anschließenden Stäbe verteilt werden.

Das Moment $\tilde{M}_{B,4;4,3}$ wird dann mit der Fortleitungszahl nach (VIII B.40b) nach Punkt 3 weitergeleitet, wo nach (VIII B.41b) das Moment $\tilde{M}_{B,3;3,4}$ entsteht. Dies wird wieder auf die übrigen Stäbe verteilt usw. Das gleiche gilt für den Bereich rechts vom Knoten 5.

Damit können alle Schnittbelastungen des gesamten Systems gefunden werden.

*d) Symmetrischer Belastungsfall B; symmetrisches Stabwerk mit Knoten in der Symmetrieachse; beliebiger Trägheitsmomentenverlauf.* Voraussetzungen: wie a).

Beim System nach Abb. VIII C.12a erkennt man, daß sich der Knoten 2 bei symmetrischer Belastung nicht drehen kann. Man kann daher die Berechnung am

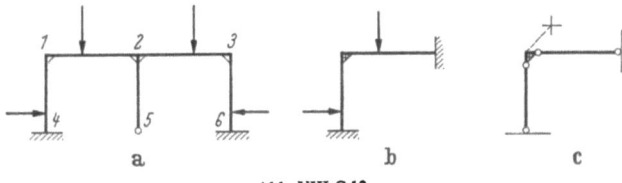

Abb. VIII C.12

System nach Abb. VIII C.12b durchführen, für das das stabilisierte Gelenksystem in Abb. VIII C.12c dargestellt ist. Als einzige Unbekannte tritt die Knotendrehung $\varphi_1$ auf. $\psi_{i-k} = 0$.

Nach (VIII C.2) ergibt sich
$$({}^1 a_{1;1,4} + {}^1 a_{1;1,2}) \varphi_1 + \tilde{M}_{B,1;1,2} + \tilde{M}_{B,1;1,4} = 0.$$

Beim System nach Abb. VIII C.13 sind dementsprechend nur drei Unbekannte $\varphi_1$ bis $\varphi_3$ zu berechnen.

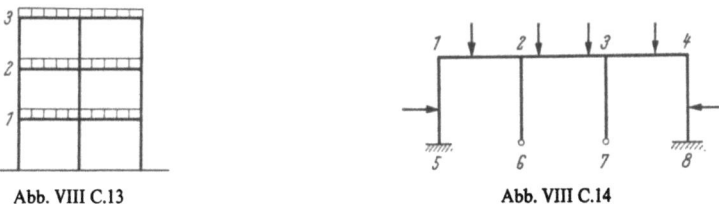

Abb. VIII C.13        Abb. VIII C.14

*e) Symmetrischer Belastungsfall B; symmetrisches Stabwerk ohne Knoten in Symmetrieachse; beliebiger Trägheitsmomentenverlauf.* Voraussetzungen: wie a).

Bei dem System nach Abb. VIII C.14 ist $\varphi_2 = -\varphi_3$, da sich das System symmetrisch verformt. Für den Stab (2—3) wird man daher die Steifigkeit ${}^s s_{i,k} = {}^s s_{2,3}$ nach (VIII B.47) berücksichtigen. $\psi_{i-k} = 0$.

Damit ergeben sich die Bedingungsgleichungen für die beiden unbekannten Knotendrehungen $\varphi_1$ und $\varphi_2$ nach (VIII C.2) zu:

Knoten 1: $({}^1a_{1;1,5} + {}^1a_{1;1,2})\,\varphi_1 + {}^1a_2\,\varphi_2 + a^*_{B,1} = 0;$

Knoten 2: $({}^2a_{2;2,1} + {}^2a^0_{2;2,6} + {}^2a^s_{2;2,3})\,\varphi_2 + {}^2a_1\,\varphi_1 + a^*_{B,2} = 0.$

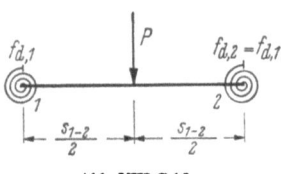

Abb. VIII C.15

Bei dem beidseitig elastisch eingespannten Träger nach Abb. VIII C.15 ist auf die gleiche Weise nur eine unbekannte Knotendrehung $\varphi_1$ zu berechnen.

Mit $J_{1,2} = J_c = $ const und $f_{d,1} = f_{d,2}$ wird

$${}^1a^*_1\,\varphi_1 + a^*_{B,1} = 0.$$

Es ist

$$\tilde{M}_{B,1;1,2} = +\frac{P\,s_{1-2}}{8};$$

$${}^1a^*_1 = {}^1a^s_{1;1,2} + f_{d,1} = \frac{2EJ_{1,2}}{s_{1-2}} + f_{d,1}; \qquad a^*_{B,1} = \tilde{M}_{B,1;1,2};$$

$$\varphi_1 = -\frac{a^*_{B,1}}{{}^1a^*_1} = -\frac{P\,s_{1-2}}{8\left(\dfrac{2EJ_{1,2}}{s_{1-2}} + f_{d,1}\right)}.$$

Nach (VIII B.27) wird

$$\bar{M}_{B,1;1,2} = \frac{2EJ_{1,2}}{s_{1-2}}\,\varphi_1 + \tilde{M}_{B,1;1,2}$$

$$= -\frac{P}{4}\,\frac{EJ_{1,2}}{\left(\dfrac{2EJ_{1,2}}{s_{1-2}} + f_{d,1}\right)} + \frac{P\,s_{1-2}}{8}.$$

Für starre Einspannung wird daraus mit $f_{d,1} = \infty$

$$\bar{M}_{B,1;1,2} = \frac{P\,s_{1-2}}{8}$$

und für gelenkige Lagerung mit $f_{d,1} = 0$

$$\bar{M}_{B,1;1,2} = 0.$$

*f) Antimetrischer Belastungsfall B; symmetrisches Stabwerk mit Knoten in Symmetrieachse; beliebiger Trägheitsmomentenverlauf. Voraussetzungen: wie a).*

Für das System nach Abb. VIII C.16, bei seitlicher Festhaltung, sind die Gleichungen nach (VIII C.2) für die Knoten 1 und 2 für $\varphi_1$ und $\varphi_2$ anzuschreiben. Es ist in der Gleichung für Knoten 2 zu beachten, daß $\varphi_3 = \varphi_1$ einzuführen ist.

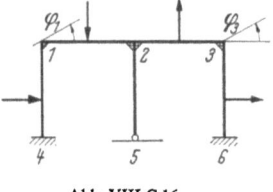

Abb. VIII C.16      Abb. VIII C.17

*g) Antimetrischer Belastungsfall B; symmetrisches Stabwerk ohne Knoten in Symmetrieachse; beliebiger Trägheitsmomentenverlauf. Voraussetzung: wie a).*

Bei dem seitlich festgehaltenen System nach Abb. VIII C.17 sind die Gleichungen für $\varphi_1$ und $\varphi_2$ in gleicher Weise wie bei e) anzuschreiben. Für die Knotenpunktgleichung 2 ist lediglich statt ${}^2a^s_{2;2,3}$ der Wert ${}^2a^a_{2;2,3}$ einzuführen und für Feld (2—3) das entsprechende Moment $\tilde{M}_{B,2;2,3}$ zu berechnen.

**h) *Temperatureinfluß; beliebiger Trägheitsmomentenverlauf.*** Voraussetzung: Längenänderung $\Delta s_{i-k}$ aus Stabkräften vernachlässigt; keine Widerlagerbewegung und keine Belastung $B$.

α) Gleichmäßige Temperaturänderung der Stäbe. Für das System nach Abb. VIII C.18a ist das stabilisierte Gelenksystem nach Abb. VIII C.18b gegeben.

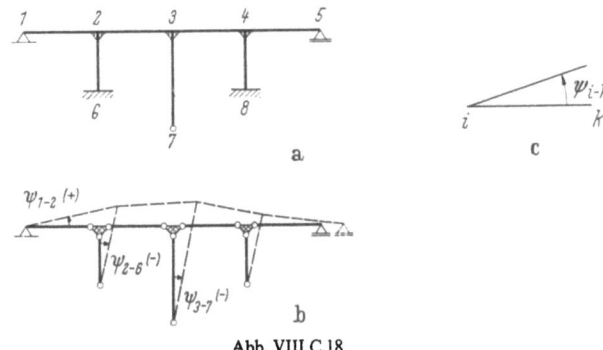

Abb. VIII C.18

Infolge gleichmäßiger Erwärmung um $t°$ aller Stäbe kann der Verschiebungsplan für die eingeprägten Längenänderungen $\alpha_t\, t\, s$ gezeichnet werden, und damit können alle eingeprägten Sehnendrehungen $^{\ddot{a}}\psi_{i-k}$ angegeben werden. Unter Beachtung der Vorzeichenregel für $+\psi_{i-k}$ nach Abb. VIII C.18c erhält man

$$^{\ddot{a}}\psi_{1-2} = +\frac{\alpha_t\, t\, s_{2-6}}{s_{1-2}}; \quad ^{\ddot{a}}\psi_{6-2} = -\frac{\alpha_t\, t\, s_{1-2}}{s_{2-6}};$$

$$^{\ddot{a}}\psi_{3-7} = -\frac{\alpha_t\, t\, (s_{1-2}+s_{2-3})}{s_{3-7}} \quad \text{usw.}$$

Damit ergeben sich nach (VIII C.2) die Bedingungsgleichungen für die drei unbekannten Knotendrehungen $\varphi_2$, $\varphi_3$ und $\varphi_4$ zu:

Knoten 2: $\quad ^2 a_2^*\, \varphi_2 + ^2 a_3\, \varphi_3 - (^2 a_{2-1}^0\, ^{\ddot{a}}\psi_{1-2} + ^2 a_{2-6}\, ^{\ddot{a}}\psi_{2-6} + ^2 a_{2-3}\, ^{\ddot{a}}\psi_{2-3}) = 0;$

Knoten 3: $\quad ^3 a_3^*\, \varphi_3 + ^3 a_2\, \varphi_2 + ^3 a_4\, \varphi_4 - (^3 a_{2-3}\, \psi_{2-3} + \cdots) = 0;$

Knoten 4: $\quad ^4 a_4^*\, \varphi_4 + \cdots$.

β) Ungleiche Temperaturänderung des Querschnittes der Stäbe. Bei ungleicher Erwärmung der Stäbe um $\Delta t°$ zwischen Ober- und Untergurt treten Starreinspannmomente $\widetilde{M}_{\Delta T, i}$ auf. Hierfür ergeben sich $a_{\Delta T, i}^*$-Werte; $\psi_{i-k}$-Werte treten nicht auf.

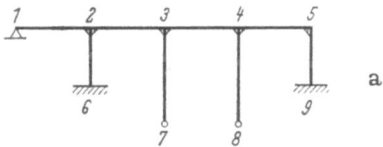

**i) *Nur Widerlagerbewegung; beliebiger Trägheitsmomentenverlauf.*** Voraussetzung: Längenänderung $\Delta s_{i-k}$ aus Stabkräften vernachlässigt; keine Belastung $B$; keine Temperatureinflüsse.

Erleidet z. B. das System nach Abb. VIII C.19a eine Stützensenkung des Punktes 8 um $w_8$, so ist der Verschiebungsplan für das stabilisierte Gelenksystem nach Abb. VIII C.19b zu zeichnen, und es sind die Sehnendrehungen $^{\ddot{a}}\psi_{i-k}$ festzustellen. Es sind: $^{\ddot{a}}\psi_{3-4} = -w_8/s_{3-4}$; $^{\ddot{a}}\psi_{4-5} = +w_8/s_{4-5}$; alle übrigen Werte $^{\ddot{a}}\psi_{i-k} = 0$.

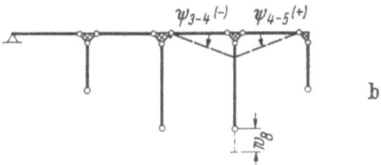

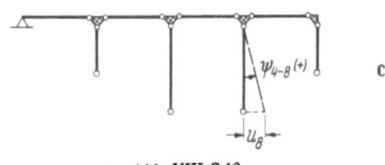

Abb. VIII C.19

Für eine horizontale Verschiebung des Punktes 8 um $u_8$ tritt nur die einzige Sehnendrehung $^a\psi_{4-8} = + u_8/s_{4-8}$ auf.

Die Berechnung wird in gleicher Weise wie bei h, nur mit den anderen $^a\psi_{i-k}$-Werten durchgeführt.

k) *Stabilisiertes Gelenksystem ist statisch unbestimmt.* Bei einer gleichmäßigen Temperaturänderung aller oder einzelner Stäbe im stabilisierten Gelenksystem (z. B. Abb. VIII C.20), sind die Unbekannten $X_{T,i}$ nach Abschn. V B 1 a β zu berechnen. Damit ergeben sich die Längskräfte $\bar{N} = \sum X_{T,i} N_i$ und die Längenänderungen

$$\Delta \bar{s}_{T;i-k} = \frac{\bar{N}_{T;i-k} s_{i-k}}{E F_{i,k}} + \alpha_t \, t \, s_{i-k}.$$

Mit den Werten $\Delta \bar{s}_{T;i-k}$ kann der Verschiebungsplan gezeichnet werden, und damit liegen die eingeprägten Sehnendrehungen $^a\psi_{T;i-k}$ fest; die weitere Berechnung erfolgt wie bei h).

Für das System nach Abb. VIII C.20, das einfach statisch unbestimmt ist, gilt nach (V B.22) bis (V B.24), wenn alle Stäbe gleichmäßig erwärmt werden,

$$X_{T,1} = -\frac{a_{T,1}}{a_{1,1}} = -\frac{E F_c \alpha_t t \sum {^v}N_1 s}{\sum N_1 \, {^v}N_1 s \dfrac{F_c}{F}}$$

und

$$\bar{N}_{T;i-k} = X_{T,1} N_{1;i-k}.$$

Bei Widerlagerbewegungen ist in ähnlicher Weise zu verfahren. Hierbei sind die Unbekannten $X_{W,i}$ des stabilisierten Gelenksystems nach Abschn. V B 1 a γ zu berechnen. Mit den Längskräften $\bar{N} = \sum X_{W,i} N_i$ erhält man die Längenänderungen

$$\Delta \bar{s}_{W;i-k} = \frac{\bar{N}_{W;i-k}}{E F_{i,k}} s_{i-k}$$

und damit mittels des Verschiebungsplans die eingeprägten Sehnendrehungen $^a\psi_{W;i-k}$. Die Berechnung ist wie bei h) durchzuführen.

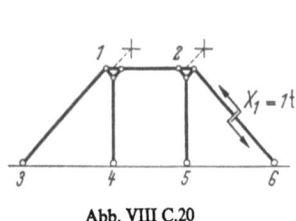

Abb. VIII C.20                Abb. VIII C.21

Für das Beispiel nach Abb. VIII C.21 ergibt sich bei einer Senkung des Lagerpunktes 5 um $w_5$ die Klaffung an der Schnittstelle der Unbekannten nach (V B.27) zu

$$\Delta_{W,1} = -\sum {^v}\mathfrak{A}_{1,m} \cdot \mathfrak{v}_1^* = +\frac{1}{\sqrt{2}} w_5; \quad a_{W,1} = E F_c \Delta_{W,1}; \quad X_{W,1} = -\frac{a_{W,1}}{a_{1,1}} \quad \text{usw.}$$

Bei einem beliebigen Belastungszustand $B$ — z. B. nach Abb. VIII C.22 — sind die auf die einzelnen Stäbe anfallenden Kräfte zuerst auf die Knotenpunkte nach dem Hebelgesetz zu verteilen und dann nach Abschn. V B 1 a α die Unbekannten $X_{B,i}$ nach (V B.10) bis (V B.14) zu berechnen. Mit den endgültigen Längskräften

$$\bar{N}_{B;i-k} = N_{B;i-k} + \sum X_{B,i} N_{i;i-k}$$

sind die Längenänderungen $\Delta \bar{s}_{B;i-k}$ und zugehörigen $^a\psi_{B;i-k}$-Werte zu ermitteln. Die Berechnung erfolgt wie bei h).

l) *Einflußlinien.* Voraussetzungen: Längenänderungen $\Delta s_{i-k}$ werden vernachlässigt; keine Sehnendrehwinkel $\psi_{i-k}$.

Wie im Abschn. II G nachgewiesen wurde, kann die Einflußlinie eines Momentes „$\tilde{M}_m$" im Punkt $m$ des Feldes $(i-k)$ in der Weise gefunden werden, daß man in diesem Punkt dem System eine gegenseitige Querschnittsdrehung $\Delta \varphi_m = 1$ aufzwingt. Die zugehörige Biegelinie des statisch unbestimmten Tragwerks ist dann bereits die Einflußlinie des Momentes.

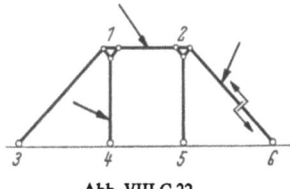
Abb. VIII C.22

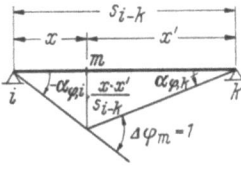
Abb. VIII C.23

Zwängt man dem in $i$ und $k$ gelenkig gelagerten Träger $(i-k)$ im Punkt $m$ eine gegenseitige Querschnittsdrehung $\Delta \varphi_m = 1$ auf (Abb. VIII C.23), so entstehen Drehungen der Biegelinie in den Punkten $i$ und $k$ vom absoluten Betrag

$$\alpha_{\varphi m=1,i} = \left|\frac{x'}{s_{i-k}}\right|; \quad \alpha_{\varphi m=1,k} = \left|\frac{x}{s_{i-k}}\right|.$$

Nach der Vorzeichenfestlegung der Deformationsmethode ist $\alpha_{\varphi m=1,i}$ negativ und $\alpha_{\varphi m=1,k}$ positiv. Die Vorzeichen stimmen mit denen von $\alpha_{B,i}$ und $\alpha_{B,k}$, die den Formeln für die Stabendmomente des Abschn. VIII B 1 zugrunde gelegt sind, überein. Somit sind in (VIII B.7) nur die obigen absoluten Werte einzuführen. Man erhält somit

$$\tilde{M}_{\varphi m=1,i} = \frac{1}{s_{i-k}}({}^i a_i\, x' - {}^i a_k\, x);$$

$$\tilde{M}_{\varphi m=1,k} = \frac{1}{s_{i-k}}({}^k a_i\, x' - {}^k a_k\, x).$$

Soll für das System nach Abb. VIII C.24 im Feld $(2-3)$ für den Punkt $m$ die Einflußlinie „$\tilde{M}_m$" berechnet werden, so gilt für dieses Feld

$$\tilde{M}_{\varphi m=1,2;2,3} = \frac{1}{s_{2-3}}({}^2 a_{2;2,3}\, x' - {}^2 a_3\, x);$$

$$\tilde{M}_{\varphi m=1,3;3,2} = \frac{1}{s_{2-3}}({}^3 a_2\, x' - {}^3 a_{3;3,2}\, x).$$

Entsprechend dem Fall c) können die elastischen Steifigkeiten für den Punkt 2 bzw. 3, $f_{d,2}$ und $f_{d,3}$, jeweils vom linken bzw. rechten Tragwerksende beginnend, bestimmt werden. Damit können die Knotengleichungen für Knoten 2 und 3 in gleicher Weise wie bei c) aufgestellt werden, wobei die obigen Werte zu berücksichtigen sind. Die gesamte Momentenverteilung ergibt sich mit Verteilungs- und Fortleitungszahlen wie bei c) (Abb. VIII C.24b). Berechnet man dazu die Biegelinie (Abb. VIII C.24c) und superponiert die eingeprägte Biegelinie des Einfeldbalkens (Abb. VIII C.24d), so erhält man die Einflußlinie „$\tilde{M}_m$" (Abb. VIII C.24c).

Bei der Ermittlung der Einflußlinie der Querkraft „$\tilde{Q}_m$" kann in ähnlicher Weise vorgegangen werden. Hier muß die vertikale gegenseitige Verschiebung 1 der Querschnittsenden im Punkt $m$ eingeprägt werden.

Damit wird nach Abb. VIII C.24e

$$\alpha_{\Delta m=1,i} = \left|+\frac{1}{s_{i-k}}\right|; \quad \alpha_{\Delta m=1,k} = \left|+\frac{1}{s_{i-k}}\right|.$$

Unter der Voraussetzung des Abschn. VIII B 1 ist in (VIII B.7) (Abb. VIII B.1 d) der Absolutwert von $\alpha_{\Delta m=1,i}$ negativ und der von $\alpha_{\Delta m=1,k}$ positiv einzuführen. Somit ist

$$\tilde{M}_{\Delta m=1,2;2,3} = -\frac{1}{s_{2-3}}(^2a_{2;2,3} + {}^2a_3)$$

und

$$\tilde{M}_{\Delta m=1,3;3,2} = -\frac{1}{s_{2-3}}(^3a_2 + {}^3a_{3;3,2}).$$

Die weitere Berechnung erfolgt wie früher, wobei zur Biegelinie aus den endgültigen Momenten $\bar{M}_{\Delta m=1}$ noch die Biegelinie nach Abb. VIII C.24e zu superponieren ist.

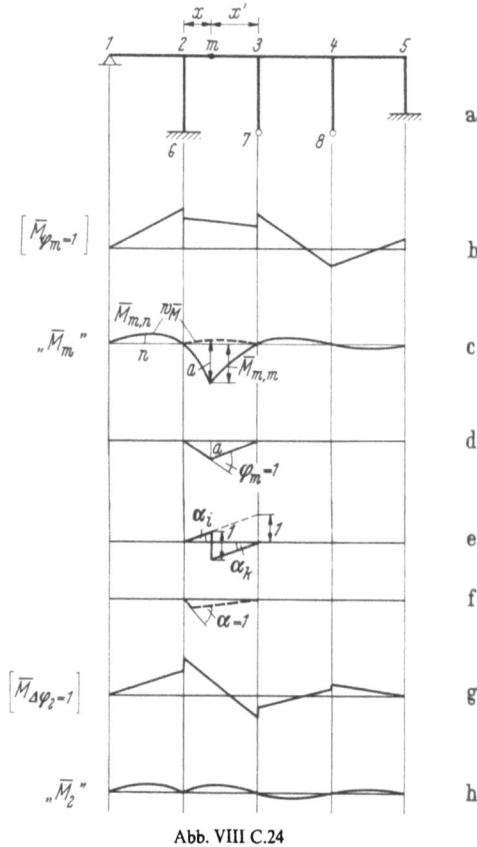

Abb. VIII C.24

Will man die Einflußlinie des Stützmomentes $\bar{M}_2$ bestimmen, so kann man sich den Punkt $m$ in Abb. VIII C.24a bis unmittelbar an den Punkt 2 herangerichtet denken (Abb. VIII C.24f). In diesem Fall wird mit $x = 0$; $x' = s_{2-3}$

$$\tilde{M}_{\varphi_2=1,2;2,3} = {}^2a_{2;2,3} \quad \text{und} \quad \tilde{M}_{\varphi_2=1,3;3,2} = {}^3a_2.$$

Je weiter $m$ nach 2. rückt, um so mehr nähert sich die Biegelinie infolge $\Delta \varphi_m = 1$ der Trägerachse, um für den Punkt unmittelbar neben 2 mit ihr zusammenzufallen. Die mit $\bar{M}_{\Delta \varphi_2=1}$ erhaltenen endgültigen Momente $\bar{M}_{\Delta \varphi_2=1}$ ergeben als Biegelinie bereits die Stützmomenteneinflußlinie „$\bar{M}_2$" (Abb. VIII C.24g u. h).

m) *Einfluß der Längskräfte.* Sind die endgültigen Schnittlasten für einen bestimmten Belastungs-, Temperatur- oder Widerlagerbewegungszustand bekannt, so können mit den Längskräften $N$ die Längenänderungen $\varDelta \bar{s}_{i-k}$ berechnet werden. Mit diesen Werten können Verschiebungspläne gezeichnet werden, die eingeprägte Sehnendrehungen $^a\psi_{i-k}$ ergeben. Es können auch zusätzliche Werte $^a\psi_{i-k}$ ermittelt werden, wenn in einem ersten Rechnungsgang schon $\varDelta \bar{s}_{i-k}$-Werte Berücksichtigung gefunden haben. Mit diesen Werten $^a\psi_{i-k}$ sind die Gleichungssysteme der Deformationsmethode wieder zu lösen, wobei sich neue Werte $\varphi_i$ ergeben. Die entsprechenden Momente $\bar{M}_\psi$ sind dann zusätzlich zu berücksichtigen. Durch diese iterative Berechnungsweise erzielt man, daß immer nur die Knotendrehungen allein als unbekannte Verformungsgrößen auftreten. In der Regel kann man die Längenänderungen aus Längskräften — nicht aus Temperaturänderungen — vernachlässigen, da sie meist von untergeordneter Bedeutung sind.

(Siehe Beispiele 41 bis 44, 52 und 53.)

## D. Stabwerke mit unbekannten Knotendrehwinkeln und Sehnendrehwinkeln

### 1. Allgemeines

Für die nachfolgenden Untersuchungen wird die Voraussetzung gemacht, daß die Einzelstäbe längsstarr sind, d. h., daß keine unbekannten Längenänderungen $\varDelta s_{i-k}$ auftreten. Die unbekannten Verformungen sind somit nur Knotendrehungen $\varphi_i$ und Sehnendrehungen $\psi_{i-k}$. Eingeprägte Sehnendrehungen — die vorgegebene bekannte Größen sind — können nach Abschn. VIII C behandelt werden. Sie bedingen entsprechend (VIII C.2) Zusätze zum Belastungsglied $a^*_{B,i}$ und werden im Rahmen der allgemeinen Entwicklungen hier nicht besonders angeschrieben. Die Zahl der unabhängigen Sehnendrehungen $\psi_{i-k}$ kann nach Abschn. VIII A 2 nach (VIII A.5) oder aus der Anschauung aus der Zahl der notwendigen Stützungen des stabilisierten Gelenksystems gegen Verschieben festgestellt werden. Mit jeder unabhängigen Sehnendrehung $\psi_\alpha = 1$ eines bestimmten Stabes können abhängige Sehnendrehungen $^\alpha\psi_{i-k}$ anderer Stäbe verbunden sein.

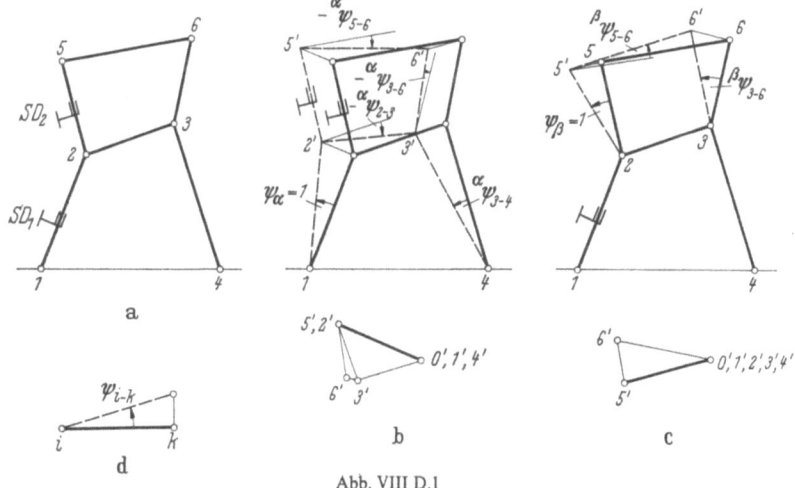

Abb. VIII D.1

Betrachtet man z. B. das stabilisierte Gelenksystem eines Tragwerks nach Abb. VIII D.1a, so erkennt man, daß zur Seitenstabilisierung zwei Sehnendrehfesseln $SD_1$ und $SD_2$ erforderlich sind. Es werden z. B. die Stäbe (1—2) und (2—5) damit festgelegt. Erteilt man nur dem Stab (1–2) eine Sehnendrehung $\psi_\alpha = 1$, so bleibt die Richtung des Stabes (2–5) bei dem Verschiebungszustand $[\psi_\alpha = 1]$ unverändert. In Abb. VIII D.1b ist der zugehörige Verschiebungsplan und die verschobene Lage des Systems gezeichnet. Aus dieser sind die von $\psi_\alpha = 1$ abhängigen Sehnendrehungen zu entnehmen. Folgende Sehnendrehungen treten somit auf:

$$\psi_\alpha = {}^\alpha\psi_{1-2} = +1;\quad -{}^\alpha\psi_{2-3};\ +{}^\alpha\psi_{3-4};\ -{}^\alpha\psi_{3-6};\ -{}^\alpha\psi_{5-6};\ {}^\alpha\psi_{2-5} = 0.$$

Für den Zustand $[\psi_\beta = 1]$ (Abb. VIII D.1c) treten nur die Sehnendrehungen $\psi_\beta = {}^\beta\psi_{2-5} = +1;\ +{}^\beta\psi_{3-6}$ und $(+{}^\beta\psi_{5-6})$ auf. Bei der Vorzeichenfestlegung ist auf Abb. VIII D.1d zu achten, da die positive Drehrichtung entgegengesetzt dem Uhrzeigersinn den Gleichungen des Abschn. VIII B 1 zugrunde gelegt ist.

## 2. Bedingungsgleichungen für die unbekannten Knotendrehwinkel und Sehnendrehwinkel und die Schnittbelastungen

Die Überlegungen des Abschn. VIII C 2 werden sinngemäß übernommen.

Erleidet ein beiderseits bzw. einseitig starr an die Knotenscheiben angeschlossener Stab $(i-k)$ eine von einem beliebigen Verformungszustand $\psi_\vartheta = 1$ herrührende Sehnendrehung ${}^\vartheta\psi_{i-k}$, so ergeben sich nach (VIII B.10) bzw. (VIII B.19) die Starreinspannmomente zu

bzw.
$$\bar{M}_{\vartheta,i} = -{}^i a_{i-k}\,{}^\vartheta\psi_{i-k} \quad \text{und} \quad \bar{M}_{\vartheta,k} = -{}^k a_{i-k}\,{}^\vartheta\psi_{i-k}$$
$$\bar{M}_{\vartheta,i} = -{}^i a^0_{i-k}\,{}^\vartheta\psi_{i-k} \quad \text{oder} \quad \bar{M}_{\vartheta,k} = -{}^k a^0_{i-k}\,{}^\vartheta\psi_{i-k}.$$
(VIII D.1)

Für den nur einseitig eingespannten Stab tritt das Moment nur an der jeweiligen Einspannstelle auf.

Der zum Stab $(i-k)$ zugehörige Teil des stabilisierten Systems ist in Abb. VIII D.2a dargestellt. Hierin sind auch die Richtungen positiver, stabilisierender Einspannmomente eingetragen. Die Knoten werden für den Zustand $\psi_\vartheta = 1$ drehstarr gehalten. Für positive Sehnendrehungen treten negative Momente $\bar{M}_\vartheta$ auf, wie sie einschließlich der tatsächlichen Verformungen des Stabes $(i-k)$ z. B. in Abb. VIII D.2b eingetragen sind.

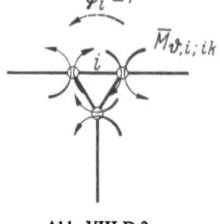

Abb. VIII D.2    Abb. VIII D.3

Wird dem Knoten $i$ eine virtuelle Drehung 1 erteilt, so kann die dabei geleistete virtuelle Arbeit entsprechend Abschn. VIII C 2 am stabilisierten Gelenksystem berechnet werden. Von den aus dem Zustand der Sehnendrehung $[\psi_\vartheta = 1]$ herrührenden, stabilisierenden Momenten $\bar{M}_\vartheta$ leisten bei einer virtuellen Drehung des Knotens $i$ um $\varphi_i = 1$ nur die auf den Knoten $i$ wirkenden Momente eine virtuelle Arbeit (Abb VIII D.3):

$${}^v A_\vartheta = -(\varphi_i = 1)\sum \bar{M}_{\vartheta,i;i,k} = +\left(\sum_e {}^i a_{i-k}\,{}^\vartheta\psi_{i-k} + \sum_g {}^i a^0_{i-k}\,{}^\vartheta\psi_{i-k}\right).$$

Mit Rücksicht auf (VIII C.2) wird $-{}^vA_\vartheta = {}^ia_\vartheta^*$ gewählt, und man erhält somit

$${}^ia_\vartheta^* = -\left(\sum_e {}^ia_{i-k}\,{}^\vartheta\psi_{i-k} + \sum_g {}^ia_{i-k}^0\,{}^\vartheta\psi_{i-k}\right). \tag{VIII D.2}$$

Die erste Summe bezieht sich auf beiderseits eingespannte, die zweite auf an den gegenüberliegenden Knoten gelenkig angeschlossene Stäbe.

Wird bei dem Belastungszustand aus der Sehnendrehung [$\psi_\vartheta = 1$] dem System ein virtueller Verschiebungszustand [${}^v\psi_\vartheta = 1$] erteilt, ist folgendes zu beachten: Aus dem Zustand [$\psi_\vartheta = 1$] werden — bei drehfest gehaltenen Knotenscheiben — in allen Stäben, die Sehnendrehungen ${}^\vartheta\psi_{i-k}$ erleiden, Momente $\bar M_\vartheta$ nach (VIII D.1) auftreten. Wenn man dem System einen virtuellen Verschiebungszustand [${}^v\psi_\vartheta = 1$] erteilt, so werden wieder in den gleichen Stäben die gleichen, nun virtuellen, Sehnendrehungen ${}^{v,\vartheta}\psi_{i-k}$ auftreten. Betrachtet man die stabilisierenden Momente $\bar M_\vartheta$ eines Stabes $(i-k)$ (Abb. VIII D.4a), der die virtuelle Sehnendrehung ${}^{v,\vartheta}\psi_{i-k}$ auf-

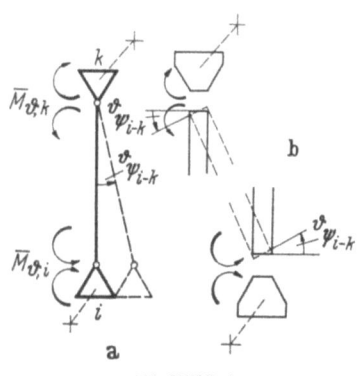

Abb. VIII D.4

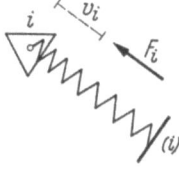

Abb. VIII D.5

gezwungen erhält, so erkennt man, daß nur die auf die beiden Stabenden wirkenden Momente $\bar M_\vartheta$ eine Arbeit leisten (Abb. VIII D.4b), während die auf die Knoten wirkenden Momente in diesem Fall keine Arbeit leisten.

Mit

$${}^vA = +\sum \bar M_v\,{}^\vartheta\psi_{i-k}$$

wird

$$-{}^vA = -\sum \bar M_\vartheta\,{}^\vartheta\psi_{i-k} = {}^\vartheta a_\vartheta^*$$

und mit (VIII D.1) wird

$${}^\vartheta a_\vartheta^* = +\sum_e ({}^ia_{i-k} + {}^ka_{i-k})\,{}^\vartheta\psi_{i-k}^2 + \sum_g ({}^ia_{i-k}^0 \text{ bzw. } {}^ka_{i-k}^0)\,{}^\vartheta\psi_{i-k}^2 + \sum f_{v,i}\,{}^\vartheta v_i^2. \tag{VIII D.3}$$

Das letzte Glied rührt von federnd gestützten Knotenpunkten her. Ist ein Knoten $i$ durch eine Feder gestützt (Abb. VIII D.5) und wird deren Länge um $v_i$ geändert, so wirkt bei der gegebenen Federkonstante $f_{v,i}$ — dies ist die Kraft, die die Verschiebung 1 hervorruft — eine Kraft

$$F_i = f_{v,i}\,v_i \tag{VIII D.4}$$

auf den Knoten, entgegengesetzt der Verschiebungsrichtung $v_i$.

Wenn aus dem Zustand [$\psi_\vartheta = 1$] eine Kraft $F_{\psi,i}$ in der Feder auftritt, so wird bei einem zusätzlichen virtuellen Verformungszustand [${}^v\psi_\vartheta = 1$] die virtuelle Arbeit

$${}^vA = (-f_{v,i}\,{}^\vartheta v_i)\,{}^\vartheta v_i = -f_{v,i}\,{}^\vartheta v_i^2$$

auftreten oder

$${}^\vartheta a_\vartheta^* = +\sum f_{v,i}\,{}^\vartheta v_i^2,$$

wie in (VIII D.3) angegeben. Die Summe erstreckt sich auf alle gestützten Knoten die nach dem Verschiebungsplan für [$\psi_\vartheta = 1$] eine Verschiebung ${}^\vartheta v_i$ erhalten.

Rührt der Momentenzustand aus $[\psi_\vartheta = 1]$ her und der virtuelle Zustand aus $[{}^v\psi_\beta = 1]$, so gilt sinngemäß

$${}^\beta a_\vartheta = + \sum_e ({}^l a_{i-k} + {}^k a_{k-i}) {}^\beta \psi_{i-k} {}^\vartheta \psi_{i-k} + \sum_g ({}^l a^0_{i-k} \text{ bzw. } {}^k a^0_{i-k}) {}^\beta \psi_{i-k} {}^\vartheta \psi_{i-k} + f_{v,i} {}^\beta v_i {}^\vartheta v_i.$$
(VIII D.5)

Rührt der Momentenzustand aus einem beliebigen Belastungszustand $B$ her und wird dem stabilisierten Gelenksystem ein virtueller Verschiebungszustand $[{}^v\psi_\vartheta = 1]$ aufgezwungen, so können die Arbeiten sinngemäß angeschrieben werden, wobei jedoch auch die äußeren Kräfte oder eingeprägten Momente Arbeit leisten können (Abb. VIII D.6a u. b). Kräfte, die auf Kragarme wirken, die biegesteif mit den

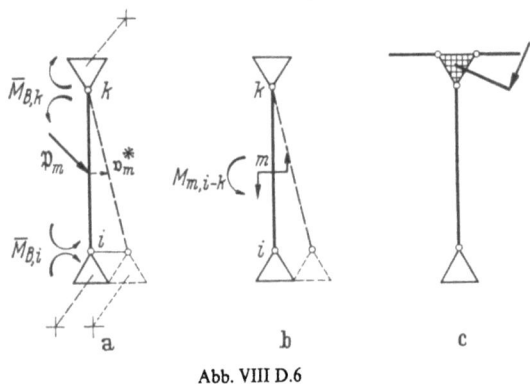

Abb. VIII D.6

Knoten verbunden sind (Abb. VIII D.6c), leisten beim Verformungszustand $[\psi_\vartheta = 1]$ keine Arbeit, da hierbei die Knoten drehstarr gehalten sind. Es ergibt sich somit die negative virtuelle Arbeit mit Rücksicht auf (VIII C.2):

$$-{}^vA = a^*_{B,\vartheta} = -\sum_e (\tilde{M}_{B,i;i,k} + \tilde{M}_{B,k;k,i}) {}^\vartheta \psi_{i-k} -$$

$$-\sum_g ({}^0\tilde{M}_{B,i;i,k} \text{ bzw. } {}^0\tilde{M}_{B,k;k,i}) {}^\vartheta \psi_{i-k} - \sum \mathfrak{P}_n \cdot {}^\vartheta v_n - \sum {}^a M_{n;i-k} {}^\vartheta \psi_{i-k}. \quad \text{(VIII D.6)}$$

Betrachtet man nun das Gesamtsystem, so werden im endgültigen Zustand für einen gegebenen Belastungszustand die Werte $\varphi_{B,1}, \varphi_{B,2}, \ldots, \psi_{B,\alpha}, \psi_{B,\vartheta}$ usw. auftreten.

Die endgültigen Schnittbelastungen sind dann nach den Gleichungen des Abschn. VIII B 1 gegeben. Zum Beispiel ist nach (VIII B.12) für den beiderseits starr an die Knoten angeschlossenen Stab $(i-k)$

$$\bar{M}_{B,i} = {}^l a_i \varphi_{B,i} + {}^l a_k \varphi_{B,k} - {}^l a_{i-k} \psi_{B;i-k} + \tilde{M}_{B,i} \quad \text{(VIII D.7)}$$

usw.

Wenn man einem endgültigen Schnittbelastungszustand einen virtuellen Verformungszustand — am stabilisierten Gelenksystem betrachtet — aufzwingt, so kann man nach dem Superpositionsgesetz die Zustände $[\varphi_1 = 1]$, $[\varphi_2 = 1]$, $\ldots, [\psi_\alpha = 1], \ldots, [\psi_\vartheta = 1]$ usw. getrennt betrachten, jeden mit dem zugehörigen Endwert $\varphi_{B,1}, \varphi_{B,2}, \ldots, \psi_{B,\alpha}, \ldots, \psi_{B,\vartheta}$ usw. multiplizieren, zusätzlich den Belastungszustand erfassen und dann die virtuellen Arbeiten als Summe berechnen. Die Arbeiten für die jeweiligen virtuellen Einheitverformungszustände sind aber bereits oben entwickelt worden.

Da die Gesamtarbeit des Systems für einen virtuellen aufgezwungenen Verformungszustand Null sein muß, erhält man so viele Gleichungen, wie unbekannte Verformungsgrößen auftreten.

D. Stabwerke mit unbekannten Knotendrehwinkeln und Sehnendrehwinkeln

Das Gleichungssystem lautet:

| Virtueller Verformungszustand | $\varphi_1$ | $\varphi_2$ | | $\varphi_i$ | $\varphi_k$ | | $\psi_\alpha$ | $\psi_\beta$ | | $\psi_\vartheta$ | Belastungsglied |
|---|---|---|---|---|---|---|---|---|---|---|---|
| $^v\varphi_1 = 1$ | $^1a_1^*$ | $^1a_2$ | ... | $^1a_i$ | $^1a_k$ | . | $^1a_\alpha^*$ | $^1a_\beta^*$ | ... | $^1a_\vartheta^*$ | $a_{B,1}^*$ |
| ⋮ | ⋮ | ⋮ | | ⋮ | ⋮ | | ⋮ | ⋮ | | ⋮ | |
| $^v\varphi_i = 1$ | $^ia_1$ | $^ia_2$ | ... | $^ia_i^*$ | $^ia_k$ | . | $^ia_\alpha^*$ | $^ia_\beta^*$ | ... | $^ia_\vartheta^*$ | $a_{B,i}^*$ |
| $^v\psi_\alpha = 1$ | $^\alpha a_1^*$ | $^\alpha a_2^*$ | ... | $^\alpha a_i^*$ | $^\alpha a_k^*$ | ... | $^\alpha a_\alpha^*$ | $^\alpha a_\beta^*$ | ... | $^\alpha a_\vartheta^*$ | $a_{B,\alpha}^*$ |
| ⋮ | ⋮ | ⋮ | | ⋮ | ⋮ | | ⋮ | ⋮ | | ⋮ | |
| $^v\psi_\vartheta = 1$ | $^\vartheta a_1^*$ | $^\vartheta a_2^*$ | ... | $^\vartheta a_i^*$ | $^\vartheta a_k^*$ | ... | $^\vartheta a_\alpha^*$ | $^\vartheta a_\beta^*$ | ... | $^\vartheta a_\vartheta^*$ | $a_{B,\vartheta}^*$ |

(VIII D.8)

Die $a^*$-Werte können sich aus mehreren Anteilen zusammensetzen, während $^k a_i$ nur immer ein Wert ist.

Der durch die strichlierte Linie abgegrenzte Teil von (VIII D.8) entspricht dem Gleichungssystem des Abschn. VIII C, und zwar (VIII C.2). Für feldweise konstantes Trägheitsmoment $J_{i,k} = J_c$ gilt für die Ermittlung der endgültigen Stützmomente Abschn. VIII B 1. Zum Beispiel ist nach (VIII B.13) für den beiderseits starr an die Knoten angeschlossenen Stab

$$\bar{M}_{B,i;i,k} = \frac{2EJ_{i,k}}{s_{i-k}}(2\varphi_{B,i} + \varphi_{B,k} - 3\psi_{B,i-k}) + \hat{M}_{B,i;i,k} \quad \text{usw.} \quad \text{(VIII D.9)}$$

Für die endgültigen Schnittbelastungen gilt sinngemäß Abschn. VIII C 2.

### 3. Anwendungen

Bei der Anwendung von (VIII D.8) kann sinngemäß wie bei Abschn. VIII C 3 vorgegangen werden.

*a) Beliebiger Belastungsfall; beliebiger Trägheitsmomentenverlauf.* Voraussetzungen: Längenänderungen $\Delta s_{i-k}$ sind vernachlässigt; keine Temperatureinflüsse, keine Widerlagerbewegungen.

Die Berechnung solcher Systeme erfolgt ohne Einschränkungen nach (VIII D.8).

Sind Systeme entsprechend Abb. VIII D.7 und deren Belastungen symmetrisch zur Systemachse, so sind sie wie unverschiebliche Systeme nach Abschn. VIII C zu behandeln, da alle $\psi_{i-k}$-Werte Null sind.

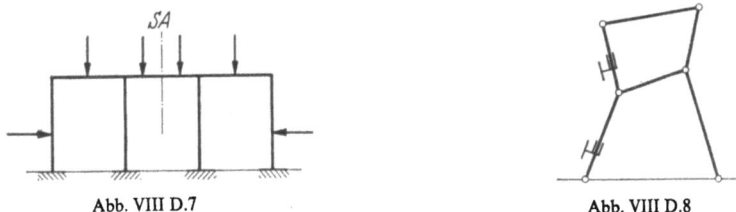

Abb. VIII D.7   Abb. VIII D.8

*b) Temperatureinfluß; keine Belastung; beliebiger Trägheitsmomentenverlauf.* Voraussetzungen: Längenänderungen $\Delta s_{i-k}$ aus den Stabkräften vernachlässigt; keine Widerlagerbewegungen.

α) Gleichmäßige Temperaturänderung der Stäbe. In gleicher Weise, wie im Abschn. VIII C 3h beschrieben, werden zuerst für die Längenänderungen $\alpha_t\, t\, s$ der einzelnen Stäbe — bei festgehaltenen Sehnendrehfesseln, so daß das stabilisierte

Gelenksystem (z. B. Abb. VIII D.8) unverschieblich ist — die eingeprägten, bekannten Sehnendrehungen $^d\psi_{T;i-k}$ berechnet. Damit werden nach den gleichen Formeln, die zur Bestimmung der $^i a_\alpha^*$-Werte bzw. $^\vartheta a_\beta^*$-Werte für die unbekannten $\psi_\vartheta$-Werte entwickelt wurden, die Ausdrücke unter Zugrundelegung des Momentenzustandes infolge der eingeprägten Sehnendrehungen $^d\psi_{T;i-k}$ berechnet. Sie treten als einzige Belastungsglieder auf.

An den anderen Werten $^i a_i^*$, $^k a_i$, $^\beta a_\alpha^*$ usw. wie an (VIII D.8) ändert sich nichts. Bei den endgültigen Schnittbelastungen sind die aus den eingeprägten Sehnendrehungen auftretenden Schnittlasten mit zu berücksichtigen.

Für symmetrische Systeme treten nur eingeprägte Sehnendrehungen auf. Es gilt Abschn. VIII C 3h.

$\beta$) *Ungleiche Temperaturänderung des Querschnittes der Stäbe.* Bei ungleicher Erwärmung der Stäbe um $\Delta t^\circ$ zwischen Ober- und Untergurt entstehen Starreinspannmomente $\bar{M}_{\Delta T,i}$. Damit treten $a^*_{\Delta T,i}$- bzw. $a^*_{\Delta T,\vartheta}$-Werte an Stelle der Werte $a^*_{B,i}$ bzw. $a^*_{B,\vartheta}$ in (VIII D.8) auf.

c) *Widerlagerbewegung; beliebiger Trägheitsmomentenverlauf.* Voraussetzung: Längenänderung $\Delta s_{i-k}$ aus den Stabkräften vernachlässigt; keine Belastung, keine Temperatureinflüsse.

Entsprechend Abschn. VIII C 3i werden, bei festgehaltenen Sehnendrehfesseln am stabilisierten Gelenksystem, die eingeprägten bekannten Sehnendrehungen berechnet. Die weitere Berechnung erfolgt wie bei b).

(Siehe Beispiele 52 bis 54.)

# E. Stabwerke mit unbekannten Knotendrehwinkeln und Sehnendrehwinkeln und unbekannten Stabdehnungen

## 1. Allgemeines

Dieser allgemeinste Fall der Deformationsmethode hat nach (VIII A.4) bei $a$ starren Knoten und $b$ Gelenkknoten $3a + 2b$ unbekannte Verformungsgrößen $\varphi$, $\psi$ und $\Delta s$ zur Folge. Damit wird bereits bei einfachen Systemen die Zahl der Unbekannten so groß, daß die Deformationsmethode in einem solchen Fall gegenüber anderen Methoden an Wert verliert bzw. überhaupt unzweckmäßig wird. Der einfache

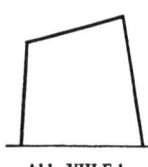

Abb. VIII E.1

Rahmen nach Abb. VIII E.1 hat danach bereits sechs unbekannte Verformungsgrößen. In der Regel können bei Rahmensystemen die Längenänderungen $\Delta s_{i-k}$ aus Längskräften ohne Beeinträchtigung der Genauigkeit der Berechnung der endgültigen Schnittbelastungen vernachlässigt werden, so daß auch in dieser Hinsicht der allgemeine Fall nicht in Frage kommt. Er wird daher im Rahmen dieses Abschnittes nur soweit behandelt, wie es aus allgemeinen Gründen zweckmäßig erscheint, um die sich dabei ergebenden Probleme aufzuzeigen. Zum Unterschied von den Abschn. VIII C und VIII D erhält man hierbei die endgültigen Schnittlasten, ohne noch irgendwelche Iterationen infolge der Längenänderung $\Delta s_{i-k}$ durchführen zu müssen.

## 2. Bedingungsgleichungen

Im Ausgangszustand sind alle Knotenpunkte und Sehnen $(i-k)$ undrehbar, und es können auch keine Verschiebungen der Knotenpunkte auftreten. Es sei wieder das stabilisierte Gelenksystem betrachtet.

E. Stabwerke mit unbekannten Knotendrehwinkeln und Stabdehnungen

Ist der Gelenkstab $(i-k)$ der Abb. VIII E.2 an starr gehaltenen Knotenpunkten $i$ und $k$ angeschlossen und wirkt auf ihn eine Belastung, die Längskräfte erzeugt, so ist die Längskraft am statisch unbestimmten Grundsystem nach Abschn. V B 1 a $\alpha$ zu berechnen.

Es gilt

$$X_{B,s} = -\frac{a_{B,1}}{a_{1,1}} \quad \text{mit} \quad a_{B,1} = \int N_B\, ^vN_1 \frac{F_c}{F}\, ds = \int N_B \frac{F_c}{F}\, ds;$$

$$a_{1,1} = \int N_1\, ^vN_1 \frac{F_c}{F}\, ds = \int \frac{F_c}{F}\, ds.$$

(VIII E.1)

Die Längskraft im Punkt $m$ ist damit

$$\tilde{N}_{B,m} = N_{B,m} + X_{B,s},$$

(VIII E.2)

bzw. es ergeben sich die auf die Knotenpunkte wirkenden Kräfte zu

$$\tilde{N}_{B,i;i-k} = N_{B,i;i-k} + X_{B,s}; \quad \tilde{N}_{B,k;k-i} = X_{B,s}.$$

(VIII E.3)

Der endgültigen Längenänderung $\Delta s_{i-k}$ eines Stabes entspricht eine Dehnung $\varepsilon_{i-k} = \Delta s_{i-k}/s_{i-k}$ und eine zusätzliche Längskraft $\tilde{N}_s$. Somit gilt

$$\Delta s_{i-k} = \varepsilon_{i-k}\, s_{i-k}. \quad \text{(VIII E.4)}$$

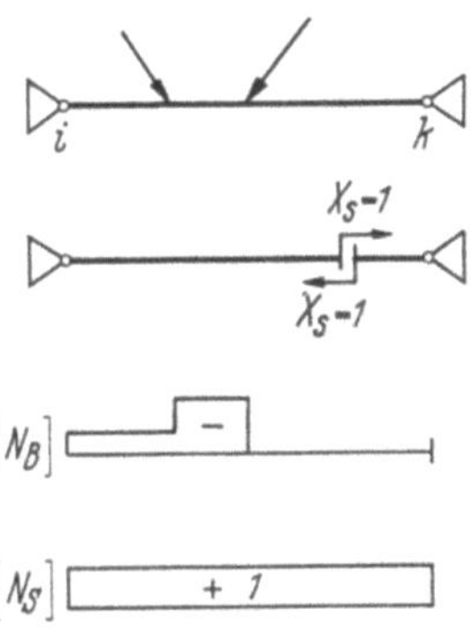

Abb. VIII E.2

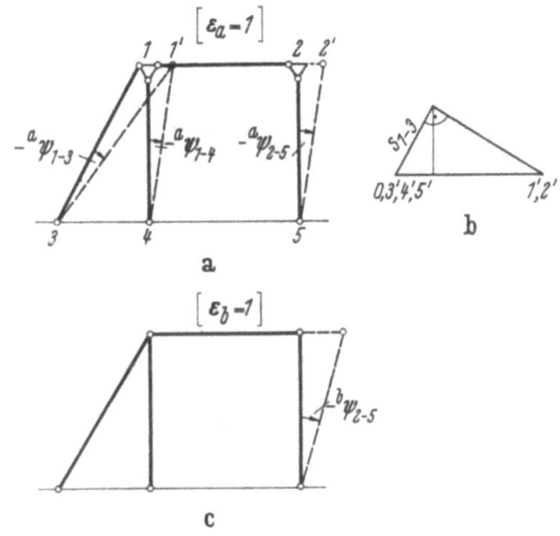

Abb. VIII E.3

Infolge einer Verlängerung $+\Delta s_{i-k}$ erhält man eine Zugkraft

$$\tilde{N}_{B,k;k-i} = \tilde{N}_{B,i;i-k} = \varepsilon_{i-k} E F_{i,k}.$$

(VIII E.5)

Für alle Stäbe, die längselastisch sind, treten die neuen unbekannten Verformungsgrößen $\varepsilon_a, \varepsilon_b \ldots$ usw. auf.

Die Schnittbelastungen für die einzelnen Verformungszustände $[\varphi_i = 1]$ bzw. $[\psi_\vartheta = 1]$ ändern sich nicht gegenüber den Abschn. VIII C und VIII D.

Für die Verformungszustände $[\varepsilon_n = 1]$ ist sinngemäß vorzugehen. Beim Beispiel nach Abb. VIII E.3 sind vier unabhängige Dehnungen $\varepsilon_a$ bis $\varepsilon_d$ vorhanden.

Für den Zustand $[\varepsilon_a = \varepsilon_{1-3} = 1]$ ergibt sich $\Delta s_{\varepsilon_a, 1-3} = 1\, s_{1-3}$.

Alle übrigen Stäbe haben für diesen Verformungszustand die Längenänderung $\Delta s_{i-k} = 0$. Mit dem Verschiebungsplan nach Abb. VIII E.3b ergeben sich die von $\varepsilon_a$ abhängigen Sehnendrehungen $^a\psi_{i-k}$ nach Abb. VIII E.3a, die somit keine unabhängigen Verformungsgrößen sind. Für den Zustand $[\varepsilon_b = \varepsilon_{1-2} = 1]$ ist das verformte stabilisierte Gelenksystem in Abb. VIII E.3c dargestellt.

Beim System nach Abb. VIII E.4a, das im Punkt 4 elastisch gelagert ist, ist von den sieben Stäben einer zur Stabilisierung des Gelenksystems (Abb. VIII E.4b) zuviel — es wird hierfür der Stab (2—5) angenommen —, außerdem ist noch eine Sehnendrehfessel — es wird der Stab (2—3) festgehalten — erforderlich.

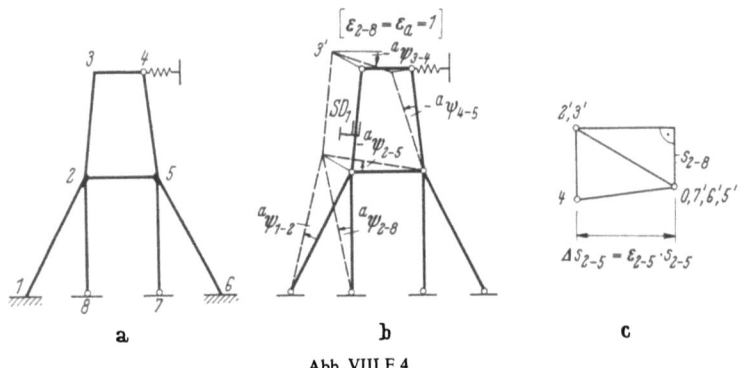

Abb. VIII E.4

Betrachtet man z. B. den Zustand $[\varepsilon_a = \varepsilon_{2-8} = 1]$, so erhält man mit (VIII E.5) $\Delta s_{2-8} = s_{2-8}$ und den Verschiebungsplan nach Abb. VIII E.4c sowie die abhängigen Sehnendrehungen ${}^a\psi_{i-k}$. Der Stab (2—3) erhält dabei keine Sehnendrehung, da er durch die Sehnendrehfessel $SD_1$ in seiner Richtung starr gehalten wird. Zu beachten ist hierbei, daß dem Stab (2—5) eine abhängige Längenänderung ${}^a\Delta s_{2-5} = {}^a\varepsilon_{2-5} s_{2-5}$ aufgezwungen wird:

$$ {}^a\varepsilon_{2-5} = \frac{{}^a\Delta s_{2-5}}{s_{2-5}}. $$

Nach dem Schema der Abb. VIII E.5 wirkt aus einem Verformungszustand mit positivem Wert ${}^a\varepsilon_{i-k}$ an der Schnittstelle eine Zugkraft ${}^aN = {}^a\varepsilon_{i-k} E F_{i,k}$. Entsteht aus einem zweiten virtuellen Verformungszustand eine Dehnung ${}^b\varepsilon_{i-k}$ und damit eine Längenänderung ${}^b\Delta s_{i-k} = {}^b\varepsilon_{i-k} s_{i-k}$, so wird von der Kraft $N$ die virtuelle Arbeit

$$ {}^vA = - E F_{i,k} {}^a\varepsilon_{i-k} {}^b\varepsilon_{i-k} s_{i-k} $$

Abb. VIII E.5

geleistet bzw.

$$ -{}^vA = {}^ba_a = E F_{i,k} {}^a\varepsilon_{i-k} {}^b\varepsilon_{i-k} s_{i-k}. \tag{VIII E.6} $$

Für einen unabhängigen Stab gibt es nur für den Zustand $\varepsilon_n = 1$ den Wert

$$ {}^na_n = E F_{i,k} s_{i-k}. \tag{VIII E.7} $$

Aus den Werten $\tilde{N}_B$ ergeben sich die Arbeiten

$$ {}^na_B = \tilde{N}_{B,i} {}^n\varepsilon_{i-k} s_{i-k}. \tag{VIII E.8} $$

Da sich aus den Zuständen $[\varepsilon_n = 1]$ auch Sehnendrehungen ergeben, erhält man entsprechend den Abschn. VIII C und VIII D die Ausdrücke

$$ {}^aa_a^* = E F_{i,k} s_{i-k} + \sum E F_{i,k} s_{i-k} {}^a\varepsilon_{i-k}^2 + \sum_e ({}^la_{i-k} + {}^ka_{i-k}) {}^a\psi_{i-k}^2 + $$
$$ + \sum_g ({}^la_{i-k}^0 \text{ bzw. } {}^ka_{i-k}^0) {}^a\psi_{i-k}^2 + \sum f_{v,i} {}^av_i^2. \tag{VIII E.9} $$

Das zweite Glied betrifft Stäbe mit von $\varepsilon_a$ abhängigen Dehnungen.
Entsprechend gilt für ${}^ba_a^*$

$$ {}^ba_a^* = \sum E F_{i,k} s_{i-k} {}^a\varepsilon_{i-k} {}^b\varepsilon_{i-k} + \sum_e ({}^la_{i-k} + {}^ka_{i-k}) {}^a\psi_{i-k} {}^b\psi_{i-k} + $$
$$ + \sum_g ({}^la_{i-k}^0 \text{ bzw. } {}^ka_{i-k}^0) {}^a\psi_{i-k} {}^b\psi_{i-k} + \sum f_{v,i} {}^av_i {}^bv_i. \tag{VIII E.10} $$

Für das Belastungsglied $a_{B,a}^*$ gilt, da sowohl die Längskräfte $\tilde{N}_B$ als auch die äußeren Belastungen infolge der Verschiebung des Systems Arbeit leisten,

$$a_{B,a}^* = - \sum_e (\tilde{M}_{B,i;i,k} + \tilde{M}_{B,k;k,i})\,{}^a\psi_{i-k} - \sum_g ({}^0\tilde{M}_{B,i;i,k} \text{ bzw. } {}^0\tilde{M}_{B,k;k,i})\,{}^a\psi_{i-k} -$$
$$- \sum \mathfrak{P}_n \cdot {}^a v_n^* - \sum {}^{\bar{a}} M_m \cdot {}^a\psi_{i-k} + \sum \tilde{N}_B\,{}^a\varepsilon_{i-k}\,s_{i-k} \qquad \text{(VIII E.11)}$$
usw.

Damit erhält man zur Bestimmung der unbekannten Werte $\varphi_{B,i}$, $\psi_{B,\vartheta}$, $\varepsilon_{B,n}$ usw. das Gleichungssystem:

| Virtueller Ver-formungszustand | $\varphi_1$ | | $\varphi_i$ | | $\psi_\beta$ | | $\varepsilon_a$ | | $\varepsilon_n$ | Belastungs-glied |
|---|---|---|---|---|---|---|---|---|---|---|
| $\varphi_1 = 1$ | ${}^1a_1^*$ | ... | ${}^1a_i^*$ | ... | ${}^1a_\beta^*$ | ... | ${}^1a_a^*$ | ... | ${}^1a_n^*$ | $a_{B,1}^*$ |
| $\vdots$ | $\vdots$ | | $\vdots$ | | $\vdots$ | | $\vdots$ | | $\vdots$ | |
| $\varphi_\iota = 1$ | ${}^\iota a_1^*$ | ... | ${}^\iota a_i^*$ | ... | ${}^\iota a_\beta^*$ | ... | ${}^\iota a_a^*$ | ... | ${}^\iota a_n^*$ | $a_{B,\iota}^*$ |
| $\vdots$ | $\vdots$ | | $\vdots$ | | $\vdots$ | | $\vdots$ | | $\vdots$ | |
| $\psi_\gamma = 1$ | ${}^\gamma a_1^*$ | ... | ${}^\gamma a_i^*$ | ... | ${}^\gamma a_\beta^*$ | ... | ${}^\gamma a_a^*$ | ... | ${}^\gamma a_n^*$ | $a_{B,\gamma}^*$ |
| $\vdots$ | $\vdots$ | | $\vdots$ | | $\vdots$ | | $\vdots$ | | $\vdots$ | |
| $\varepsilon_n = 1$ | ${}^n a_1^*$ | ... | ${}^n a_i^*$ | ... | ${}^n a_\beta^*$ | ... | ${}^n a_a^*$ | ... | ${}^n a_n^*$ | $a_{B,n}^*$ |

(VIII E.12)

Mit den Werten $\varphi_{B,i}$, $\psi_{B,\vartheta}$, $\varepsilon_{B,n}$ ... usw. können wie früher die endgültigen Schnittbelastungen berechnet werden.

Für Temperatureinflüsse und Widerlagerbewegungen gelten dieselben Betrachtungen wie früher.

## Literatur zum Abschnitt VIII

Siehe auch:

[S 3] BEYER;  
[S 6] CROSS/MARGON;  
[S 8] DARKOW/KUSNEZOW;  
[S 12, S 14] GULDAN;  
[S 17] HIRSCHFELD;  

[S 18] KANI;  
[S 19] KAUFMANN;  
[S 22] MANN;  
[S 24] MEHRTENS;  
[S 26, S 27] MOHR;  

[S 33] OSTENFELD;  
[S 40] STÜSSI;  
[S 44] TEICHMANN.

# IX. Statisch unbestimmte Systeme.
# Momentenausgleichsverfahren

## A. Allgemeines

In den Abschn. VII und VIII wurden auch Berechnungsverfahren gezeigt, in denen bei Belastung eines Feldes $(i-k)$ das Stützenmoment $\bar{M}_{B,i:i,k}$ bzw. $\bar{M}_{B,k:k,i}$ mit Verteilungszahlen $\mu_{i,k}$ auf die am Knoten $i$ bzw. $k$ angeschlossenen unbelasteten Stäbe verteilt wird und wonach die so entstandenen Momente mit Fortleitungszahlen $\mu_{m-n}$ zum nächsten Knoten weitergeleitet werden usw. Diese Verteilungs- bzw. Fortleitungszahlen werden mit Hilfe der Stab- bzw. Knotensteifigkeiten gefunden. Unter Steifigkeit ist dabei dasjenige Moment definiert, das die Drehung 1 des Stabendes eines Stabes $(i-k)$ — dessen gegenüberliegendes Ende verschiedenen Lagerbedingungen unterworfen sein kann — oder die Drehung eines ganzen Knotens zur Folge hat.

Bei diesen Verfahren mit unverschieblichen Knoten sind die Stützmomente $X_i$ und $X_k$ des belasteten Stabes $(i-k)$ bzw. die Knotendrehungen $\varphi_i$ und $\varphi_k$ die einzigen Unbekannten, möge das System auch noch so hochgradig statisch unbestimmt sein. Dies ist ein Vorteil. Ein großer Nachteil ist jedoch, daß jedes Feld getrennt untersucht werden muß und die Momentenverteilung sich jeweils über das gesamte System erstrecken muß. Man erhält aber mit jedem Rechnungsgang sofort genaue Schnittbelastungen.

Da diese Methoden aber für hochgradig statisch unbestimmte Systeme einen sehr großen Arbeitsaufwand für die Berechnung erfordern, suchte man nach einfacheren Methoden. Ein besonderes Anwendungsgebiet war in dieser Hinsicht die Berechnung der Nebenspannungen von Fachwerken mit biegungsfesten Knotenanschlüssen der Stäbe. Jede einfache Brücke hat schon außergewöhnlich viele Unbekannte — Schnittbelastungen oder Verformungen —, so daß die beiden konservativen klassischen Methoden, die Schnittbelastungsmethode bzw. die Deformationsmethode, nicht die geeigneten Lösungsmethoden darstellten. Diese Methoden wurden bereits von MOHR [S 26, S 27] und MEHRTENS [S 24] angewandt.

Es war als erster WADDEL [8], der 1916 eine neue Art der Berechnung der Nebenspannungen in Angriff nahm. CALIZEW [1] hat 1936 zu diesem Problem Stellung genommen.

ENGESSER, der sich verschiedentlich bereits seit 1879 mit Nebenspannungen von Fachwerken beschäftigte [4, 5], hat 1920 — auf der Deformationsmethode aufbauend — ein Momentenausgleichsverfahren ohne Berechnung von Unbekannten aus Gleichungssystemen für Stabwerke entwickelt [6], mit denen man sowohl für verschiebliche als auch unverschiebliche Systeme auf iterativem Weg in einfacher und schneller Weise zu den Schnittbelastungen von Rahmensystemen kommt.

Dieses Verfahren stimmt bis in alle Einzelheiten — nur die Schreibweise ist anders — mit dem Verfahren von KANI [S 18], das 1949 veröffentlicht wurde, überein. Prof. LEITZ [7], ein Schüler ENGESSERS, hat das Verfahren von ENGESSER an der Technischen Hochschule in Graz anschließend vorgetragen und das Verfahren angewendet. Leider ist mit dem frühen Ableben von Prof. LEITZ das Verfahren vollkommen in Vergessenheit geraten, bzw. es wurde von niemandem beachtet und 1949 von KANI neu erfunden. Es schmälert das uneingeschränkte Verdienst KANIS in keiner Weise, wenn im Rahmen dieses Werkes das Verfahren mit „Kani-Engesser" bezeichnet wird. Es werden nachfolgend die Gleichungen KANIS denen von ENGESSER gegenübergestellt. Vor KANI hat CROSS [2] sein Verfahren 1932 veröffentlicht, das stärkste Beachtung in der ganzen Welt gefunden hat und eine Reihe diesbezüglicher Veröffentlichungen zur Folge hatte [3, S 14] u. a. m.

Trotz der großen Vorteile des Cross-Verfahrens gegenüber den konservativen Methoden hat das Verfahren von KANI-ENGESSER in mancher Hinsicht wesentliche Vorteile gegenüber dem Cross-Verfahren gebracht.

Wesentlich für beide Verfahren ist die Einfachheit der Rechendurchführung für unverschiebliche Systeme. Bei verschieblichen Systemen ist das Verfahren von KANI-ENGESSER für Stockwerkrahmen gleicher Stielhöhen eines Stockwerks noch sehr einfach, bei unterschiedlichen Stielhöhen eines Stockwerks geht die Einfachheit verloren. Nicht zu empfehlen ist jedoch die Anwendung dieses Verfahrens bei verschieblichen Systemen mit Schrägstielen. In solchen Fällen ergibt sich in der Kombination mit dem Verfahren von OSTENFELD [S 33] wieder eine einfache, allgemein gültige Berechnungsart.

Wie bei der Deformationsmethode werden zweckmäßigerweise die Längenänderungen von Rahmenstäben $\Delta s_{i-k}$ auch bei den Momentenausgleichsverfahren nicht in den allgemeinen Gleichungen berücksichtigt. Sie können in ähnlicher Weise wie in den Abschn. VII und VIII in einfacher Weise iterativ berücksichtigt werden.

Besonders einfach wird das Momentenausgleichsverfahren für stabweise konstantes Trägheitsmoment. Daher wird dieser Fall — wegen der Häufigkeit seiner Anwendung — zuerst und getrennt vom Fall eines beliebigen Trägheitsmomentenverlaufes behandelt. Wie in den anderen Abschnitten werden Belastungszustand, Temperatureinflüsse und Widerlagerbewegungen getrennt behandelt, um die verschiedenartige Behandlungsweise besonders zu unterstreichen.

Verschiedentlich wird auf bereits in anderen Abschnitten durchgeführte Entwicklungen verwiesen.

Die Vorzeichenfestlegung bleibt wie bei der Deformationsmethode, d. h., daß Momente im Uhrzeigersinn auf den Knotenpunkt wirkend positiv und Knotendrehungen entgegengesetzt dazu positiv zu zählen sind.

## B. Verfahren Kani-Engesser

### 1. Rahmentragwerke mit stabweise konstantem Trägheitsmoment

Nach Abschn. VIII B 3 sind die Steifigkeiten eines Stabes $(i-k)$ abhängig von den Lagerungsbedingungen der Stabenden angegeben.

Die in diesem Abschnitt interessierenden Fälle sind in (IX B.4) angegeben; sie entsprechen Abbildung IX B.1a bis d. Wie bereits im Abschn. VIII B 4 über Momentenverteilungszahlen nachgewiesen wurde, kommt es dabei nur auf das Verhältnis der Steifigkeiten der an einen Knoten anschließenden Stäbe an. Zur Berechnung der Momentenverteilungszahlen können daher alle Einzelwerte mit $1/(4E)$ multipliziert werden, und man erhält dann die Werte

$$k'_{i,k} = \frac{1}{4E} s_{i,k}. \qquad \text{(IX B.1)}$$

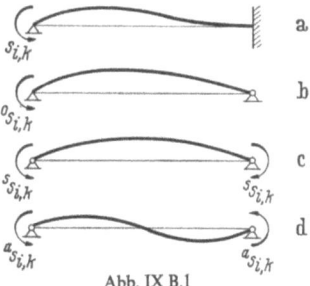

Abb. IX B.1

Mit $k_{i,k} = J_{i,k}/s_{i-k}$ wird
$$k'_{i,k} = m\, k_{i,k}. \qquad (IX\ B.2)$$

Es können auch alle Werte mit $s_c/J_c$ erweitert werden, womit sich die Werte

$$\bar{k}_{i,k} = k_{i,k}\frac{s_c}{J_c} \qquad (IX\ B.3)$$

Abb. IX B.2

ergeben. Für einen Träger mit gleichen Stützweiten $s_{i-k}$ (z. B. Abb. IX B.2) und konstantem Trägheitsmoment ergibt sich mit $s_{i-k} = s_c$ und $J_{i,k} = J_c$ der Wert $\bar{k}_{i,k} = 1$ für alle Felder.

Die Steifigkeiten $s_{i,k}$ und die Werte $k'_{i,k}$ und $m$ sind für die verschiedenen Lagerbedingungen bei konstantem Trägheitsmoment $J_{i,k}$ in (IX B.4) zusammengestellt:

| Abb. | Steifigkeit | | $k'_{i,k}$ | $m$ |
|---|---|---|---|---|
| IX B.1a | $s_{i,k}$ | $\dfrac{4EJ_{i,k}}{s_{i-k}}$ | $1{,}0\ \dfrac{J_{i,k}}{s_{i-k}}$ | $1{,}0$ |
| IX B.1b | $^o s_{i,k}$ | $\dfrac{3EJ_{i,k}}{s_{i-k}}$ | $\dfrac{3}{4}\ \dfrac{J_{i,k}}{s_{i-k}}$ | $\dfrac{3}{4}$ |
| IX B.1c | $^s s_{i,k}$ | $\dfrac{2EJ_{i,k}}{s_{i-k}}$ | $\dfrac{1}{2}\ \dfrac{J_{i,k}}{s_{i-k}}$ | $\dfrac{1}{2}$ |
| IX B.1d | $^a s_{i,k}$ | $\dfrac{6EJ_{i,k}}{s_{i-k}}$ | $1{,}5\ \dfrac{J_{i,k}}{s_{i-k}}$ | $1{,}5$ |

$$(IX\ B.4)$$

### a) Unverschiebliche Knotenpunkte

*Belastungszustand B.* Für einen Stab $(i-k)$, der beiderseits starr an die Knotenpunkte angeschlossen ist, gilt bei $J_{i,k} = J_c$ für die endgültigen Momente (VIII B.9):

$$\bar{M}_{B,i} = \frac{2EJ_{i,k}}{s_{i-k}}(2\varphi_i + \varphi_k) + \tilde{M}_{B,i};$$

$$\bar{M}_{B,k} = \frac{2EJ_{i,k}}{s_{i-k}}(\varphi_i + 2\varphi_k) + \tilde{M}_{B,k}.$$

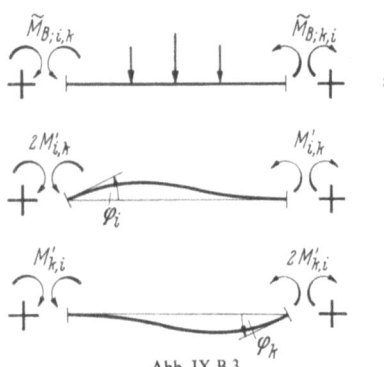

Abb. IX B.3

Betrachtet man die drei Belastungsfälle, Belastungsfall $B$ bei drehfest gelagerten Enden, Drehung nur um $\varphi_i$ und Drehung nur um $\varphi_k$, getrennt und würde man die Endwerte von $\varphi_i$ und $\varphi_k$ kennen, so würde die Superposition die endgültigen Knoteneinspannmomente ergeben. Man erkennt weiter aus (VIII B.9), daß für den Zustand $[\varphi_i]$ allein der Wert von $\bar{M}_{\varphi_i,i}$ doppelt so groß wie der von $\bar{M}_{\varphi_i,k}$ ist. Für den Zustand $[\varphi_k]$ ist es umgekehrt.

Bezeichnet man

$$\bar{M}_{\varphi_i,i} = 2M'_{i,k} \quad \text{und} \quad \bar{M}_{\varphi_i,k} = M'_{i,k}$$

bzw.

$$\bar{M}_{\varphi_k,i} = M'_{k,i} \quad \text{und} \quad \bar{M}_{\varphi_k,k} = 2M'_{k,i},$$

so sind die drei Belastungszustände durch Abb. IX B.3a bis c gekennzeichnet. Es gilt somit für den Punkt $i$

$$\bar{M}_{B,i} = \tilde{M}_{B,i} + 2M'_{i,k} + M'_{k,i}. \qquad (IX\ B.5)$$

Für einen im Punkt $k$ gelenkig gelagerten Stab $i-k$ ergibt sich nach (VIII B.22)

$$\bar{M}_{B,i} = \frac{3EJ_{i,k}}{s_{i-k}} \varphi_i + {}^0\tilde{M}_{B,i}$$

und entsprechend der obigen Bezeichnung und mit Abb. IX B.4a u. b

$$\bar{M}_{B,i} = 2M'_{i,k} + {}^0\tilde{M}_{B,i}. \qquad \text{(IX B.6)}$$

Die Werte $M'_{i,k}$ in (IX B.5) und (IX B.6) unterscheiden sich dabei, je nachdem, ob das Stabende $k$ starr oder gelenkig an den Knoten $k$ angeschlossen ist.

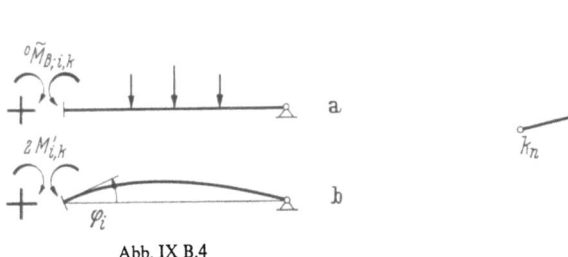
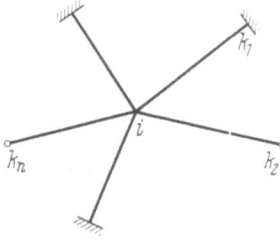

Abb. IX B.4    Abb. IX B.5

Außer einer Belastung der Stäbe kann auf den Knoten $i$ noch direkt ein äußeres Moment ${}^aM_i$ wirken.

Betrachtet man einen Knoten $i$, an dem mehrere Stäbe angeschlossen sind (Abb. IX B.5), so muß für den Knoten Momentengleichgewicht bestehen. Es muß somit gelten

$$\sum \bar{M}_{B;i,k} + {}^aM_i = \sum (\tilde{M}_{B;i,k} + {}^0\tilde{M}_{B;i,k}) + 2\sum_{e+g} M'_{i,k} + \sum_e M'_{k,i} + {}^aM_i = 0.$$

Mit $\sum(\tilde{M}_{B;i,k} + {}^0M_{B;i,k}) + {}^aM_i = \tilde{M}_i$ wird

$$\sum_{e+g} M'_{i,k} = -\tfrac{1}{2}\left[\tilde{M}_i + \sum_e M'_{k,i}\right].$$

Der Index $e$ bzw. $g$ bezieht sich auf Stäbe, die am Knoten $k$ eingespannt bzw. gelenkig gelagert sind.

Aus der Drehung aller Stäbe — und damit des Knotens $i$ — um $\varphi_i$ entstehen im Knoten $i$ die Momente $2 \sum M'_{i,k}$. Nach (VIII B.55) muß sich die Momentensumme proportional den Steifigkeiten der einzelnen Stäbe auf diese verteilen. Unter Zugrundelegung der Werte $k'_{i,k}$ nach (IX B.1), (IX B.2) und (IX B.4) kommt somit auf einen Stab der Anteil

$$\frac{m\,k_{i,k}}{\sum m\,k_{i,k}},$$

und somit wird

$$M'_{i,k} = -\frac{1}{2}\frac{m\,k_{i,k}}{\sum m\,k_{i,k}}\left[\tilde{M}_i + \sum_e M'_{k,i}\right].$$

Mit

$$\mu'_{i,k} = -\frac{1}{2}\frac{m\,k_{i,k}}{\sum m\,k_{i,k}} \qquad \text{(IX B.7)}$$

wird

$$M'_{i,k} = \mu'_{i,k}\left(\tilde{M}_i + \sum_e M'_{k,i}\right). \qquad \text{(IX B.8)}$$

Nach (IX B.7) wird

$$\sum \mu'_{i,k} = -0{,}5. \qquad \text{(IX B.7a)}$$

Die Berechnung erfolgt nun derart, daß man zuerst für jeden Knoten $i$ die Verteilungszahlen $\mu'_{i,n}$ berechnet und in der schematischen Zeichnung (Abb. IX B.6) einträgt.

Als nächstes werden die Starreinspannmomente $\tilde{M}_{B;i,k}$ bzw. $\tilde{M}_{B;k,i}$ ermittelt und an jedem Stabende vorzeichengerecht in eine [ ]-Klammer eingetragen. Die vorzeichengerechte Superposition der [ ]-Werte für jeden Knoten, gegebenenfalls einschließlich eines Momentes ${}^a M_i$, ergibt den Wert $\tilde{M}_i$:

$$\tilde{M}_i = \sum [\tilde{M}_{B;i,k}] + {}^a M_i. \quad \text{(IX B.9)}$$

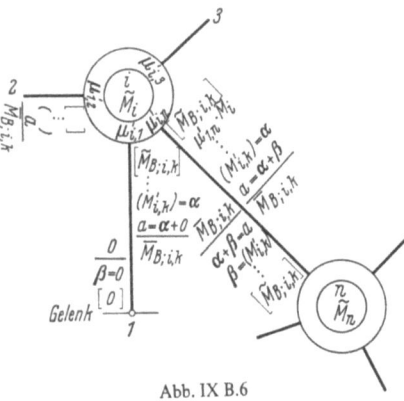

Abb. IX B.6

Als ersten Iterationsschritt wird man einen Knoten mit großem $\tilde{M}_i$-Wert wählen und die Werte $M'_{k,i}$ aus den Drehungen der gegenüberliegenden Knoten zu Null annehmen. Damit erhält man als erste Näherungswerte der $M'_{i,k}$-Werte im Knoten $i$ die Größen $\mu'_{i,k} \tilde{M}_i$. Geht man nun zu einem benachbarten Knoten über, so ist der $M'_{i,k}$-Wert des Knotens $i$ bereits der $M'_{k,i}$-Wert des Knotens $k$. Man hat somit bereits Werte $\sum_e M'_{k,i}$ und kann für den betrachteten Knoten den Ausdruck $(\tilde{M}_i + \sum M'_{k,i})$ berechnen. Man wird diese Berechnung so lange fortsetzen, bis sich die Werte von $M'_{i,k}$ nicht mehr ändern. Der letzte Wert wird für jeden Stab in eine ( )-Klammer gesetzt. Für einen gelenkig angeschlossenen Stab sind sowohl $M'_{i,k} = 0$ als auch $\tilde{M}_{B,i} = 0$.

Für einen beiderseits starr angeschlossenen Stab ergibt sich nach (IX B.5)

$$\bar{M}_{B;i,k} = \tilde{M}_{B;i,k} + M'_{i,k} + \underbrace{M'_{i,k} + M'_{k,i}}_{a}. \quad \text{(IX B.10)}$$

$a = M'_{i,k} + M'_{k,i}$ ist aber die Summe der beiden $(M'_{i,k})$-Werte eines Stabes für die beiden Enden. Wie bereits gesagt, ist der Wert $M'_{i,k}(\alpha)$ eines Endes der $M'_{k,i}$-Wert $(\beta)$ für das andere Ende. Daher sind alle Werte für jeden Knoten mit $M'_{i,k}$ bezeichnet.

In Abb. IX B.6 wird man somit unter die endgültigen ( )-Werte für $M'_{i,k}$ den Wert „$a$" auf beiden Seiten eintragen.

Die Summe der Werte

$$[\ ] + (\ ) + a = \bar{M}_{B;i,k}$$

gibt damit das endgültige Moment für ein Stabende an.

Für einen einseitig gelenkig angeschlossenen Stab gilt

$$\bar{M}_{B;i,k} = {}^0 \tilde{M}_{B;i,k} + \underbrace{M''_{i,k}}_{a} + M'_{i,k}, \quad \text{(IX B.11)}$$

und somit reduziert sich in diesem Fall $a$ zu $M'_{i,k}$.

Als Kontrolle muß die Gesamtsumme aller endgültigen, auf den Knoten wirkenden Momente Null ergeben.

Der große Vorteil dieses Verfahrens ist, daß man in der Berechnung nur die Endwerte $(M'_{i,k})$ anzugeben braucht. Man kann dann zur Kontrolle für jeden Knoten eine Kontrollrechnung nach (IX B.8) durchführen und muß wieder zu den gleichen Werten $(M'_{i,k})$ kommen. Man kann auch nach dem ersten oder zweiten Wert von $M'_{i,k}$ den nächsten schätzen und in das Schema eintragen. Jeder Fehler in der Annahme gleicht sich beim nächsten Rechnungsgang von selbst aus.

Hat das System eine Symmetrieachse und wird der Stab $(i-k)$ durch diese Achse hälftig geteilt (Abb. IX B.7), so werden sich bei einer symmetrischen Belastung die Knoten $i$ und $k$ gegensinnig um den gleichen Betrag drehen. Bei der

Ermittlung der Verteilungszahlen $\mu'_{i,k}$ ist hierbei der Wert $^s s_{i,k}$ nach (IX B.4) zu berücksichtigen. In $^s s_{i,k}$ ist bereits das gleichzeitige Drehen beider Knoten berücksichtigt. Das gleiche gilt für $M'_{i,k}$, so daß in diesem Fall gilt

$$\bar{M}_{B;i,k} = \tilde{M}_{B;i,k} + M'_{i,k} + M'_{l,k}. \qquad \text{(IX B.12)}$$

(IX B.12) hat nur für den Stab, der die Symmetrieachse schneidet, Gültigkeit; für die übrigen Stäbe gilt (IX B.10) bzw. (IX B.11). Der Momentenausgleich braucht in diesem Fall nur für das halbe System durchgeführt zu werden. Das gilt für beliebige Systeme, z. B. für den Stockwerkrahmen nach Abb. IX B.8.

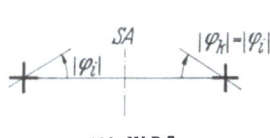

Abb. IX B.7

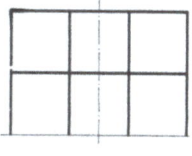

Abb. IX B.8

Liegt ein Knotenpunkt bei symmetrischen Systemen und symmetrischer Belastung in der Symmetrieachse (z. B. Abb. IX B.9), so kann er als starr eingespannt angesehen und die Berechnung für das halbe System (z. B. Abb. IX B.9 b) durchgeführt werden.

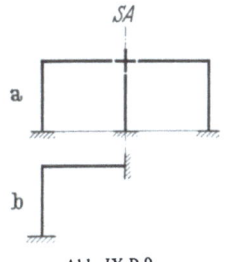

Abb. IX B.9

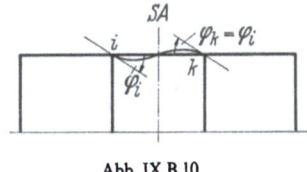

Abb. IX B.10

Bei einer antimetrischen Belastung und symmetrischem System (z. B. Abb. IX B.10) kann bei hälftiger Teilung des Stabes $(i-k)$ durch die Symmetrieachse die Berechnung in ähnlicher Weise wie bei symmetrischer Belastung durchgeführt werden, es ist lediglich statt $^s s_{i,k}$ die Steifigkeit $^a s_{i,k}$ nach (IX B.4) zu beachten. Für den Stab in der Symmetrieachse gilt wieder (IX B.12).

Liegt bei antimetrischer Belastung und symmetrischem System ein Knotenpunkt in der Symmetrieachse (z. B. Abb. IX B.11 a), so erkennt man, daß die Momente zur Symmetrieachse antimetrisch sein müssen. Wenn man sich das Stielmoment im mittleren Stiel in zwei Hälften geteilt denkt (Abb. IX B.11 c), so kommt man zum

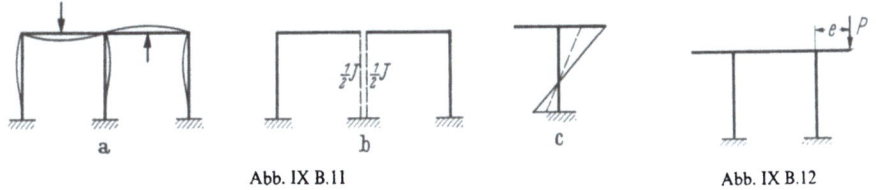

Abb. IX B.11

Abb. IX B.12

gleichen halben Moment bei einem Rahmen, der sich einseitig nur bis zur Symmetrieachse erstreckt und dessen Mittelstiel das halbe Trägheitsmoment $J_{\text{Stiel}}/2$ aufweist (Abb. IX B.11 b). Selbstverständlich sind im endgültigen Zustand die im Stiel erhaltenen Momente zu verdoppeln.

Bei dem Kragarm einer Rahmenecke (Abb. IX B.12) wird man das Moment $Pe$ als äußeres gegebenes Moment $^a M$ betrachten.

Beim Kragarm eines Durchlaufträgers (Abb. IX B.13) kann man auf zweierlei Weise vorgehen.

Der erste Weg besteht darin, den Kragträger $(i-k)$ zur Bestimmung der Starreinspannmomente im Punkt $i$ starr einzuspannen und im Punkt $k$ drehbeweglich zu lagern (Abb. IX B.13b). Für die Lasten zwischen den Lagern $i$ und $k$ erhält man das Starreinspannmoment $^0\tilde{M}_{B,i;i,k}$ in $i$ in bekannter Weise (Abb. IX B.13c). Für Belastungen am Kragarm ist das Moment $M_{B,k}$ bekannt (z. B. $Pe$), und das Moment $^0\tilde{M}_{B,i}$ ergibt sich hierfür zu $M_{B,k}/2$ (Abb. IX B.13d).

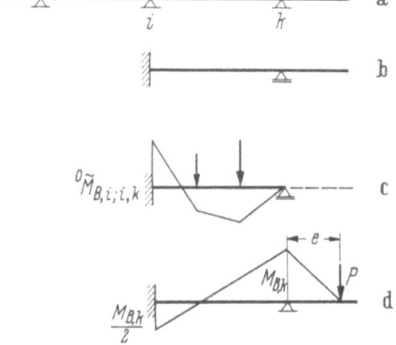

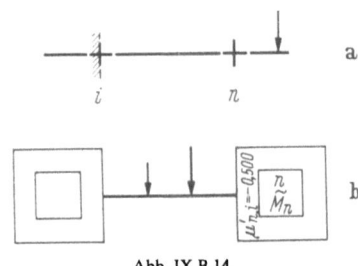

Abb. IX B.13  Abb. IX B.14

Damit sind durch Superposition das Starreinspannmoment in $i$ und das endgültige Moment in $k$ bekannt. Beim Ausgleich ist der Punkt $k$ als gelenkig gelagert zu berücksichtigen. Da das endgültige Moment in $k$ bereits gegeben ist, wird die Iteration der $M'_{i,k}$-Werte schnell konvergieren.

Der zweite Weg besteht darin, sich den Punkt $n$ als starr festgehaltenen Knoten vorzustellen (Abb. IX B.14a). Dann ist $^aM_n = Pe$ das äußere Knotenpunktmoment, und im Punkt $n$ muß $\mu'_{n,i} = -0{,}5$ sein, da ja nur ein Stab vorhanden ist (Abb. IX B.14b). Mit $\tilde{M}_n = {^aM_n} + \tilde{M}_{B,n;n,i}$, wobei der zweite Teil das Starreinspannmoment des Stabes $i-n$ infolge der gegebenen Belastung im Punkt $n$ ist, kann die Berechnung wie früher durchgeführt werden. Da bei der Durchführung der Rechnung der Wert $\tilde{M}_n$ auf $^aM_n$ abgebaut werden muß, sind eine Reihe von Iterationsschritten erforderlich.

Es könnte auch jede gelenkige Endlagerung eines Trägers oder Rahmenstabs in gleicher Weise behandelt werden. Dies hätte nur für eine elektronische Berechnung Sinn, da dann für die $\tilde{M}_B$-Werte immer der beiderseits eingespannte Stab in Frage kommt und außerdem bei der Berechnung der $\mu'_{i,k}$-Werte immer $m = 1$ ist.

*Temperatureinflüsse.* Ist eine Temperaturdifferenz $\Delta t$ zwischen Ober- und Untergurt eines Stabes $(i-k)$ vorhanden, so ist bei beidseitig starrem Stabanschluß an die Knoten nach (VIII B.6), (VIII B.7) und (VIII B.1b)

$$\tilde{M}_{\Delta T; i,k} = \tilde{M}_{\Delta T; k,i} = EJ_{i,k}\,\alpha_t \frac{\Delta t}{h}. \qquad \text{(IX B.13)}$$

Bei einseitig gelenkiger, einseitig eingespannter Lagerung wird mit (VIII B.16)

$$^0\tilde{M}_{\Delta T,i} = 1{,}5\,EJ_{i,k}\,\alpha_t \frac{\Delta t}{h}. \qquad \text{(IX B.14)}$$

Mit diesen Werten ist die Berechnung in gleicher Weise wie bei einem Belastungsfall B durchzuführen.

Tritt eine gleichmäßige Erwärmung einzelner oder aller Stäbe ein, so gelten die gleichen Überlegungen wie in Abschn. VIII C 3h. Für das stabilisierte Gelenksystem wird mit den Längenänderungen $\Delta s_{i-k} = \alpha_t t\, s_{i-k}$ der Verschiebungsplan gezeichnet, wodurch die eingeprägten Sehnendrehungen $^a\psi_{i-k}$ für jeden Stab gegeben sind. Damit werden bei beidseitig starrem Stabanschluß an den Knoten nach (VIII B.13) die Starreinspannmomente

$$\tilde{M}_{T;i,k} = \tilde{M}_{T;k,i} = -\frac{6EJ_{i,k}}{s_{i-k}} {}^a\psi_{i-k} \qquad \text{(IX B.15)}$$

bzw. bei einseitig starrem, einseitig gelenkigem Anschluß nach (VIII B.22) das Starreinspannmoment

$$\tilde{M}_{T;i,k} = -\frac{3EJ_{i,k}}{s_{i-k}} {}^a\psi_{i-k} \qquad \text{(IX B.16)}$$

berechnet.

Die weitere Berechnung erfolgt wie bei einem Belastungsfall $B$.

*Widerlagerbewegung.* Tritt eine Widerlagerbewegung ein, so kann entsprechend Abschn. VIII C 3i vorgegangen werden. Für das stabilisierte Gelenksystem wird der Verschiebungsplan gezeichnet, und damit werden die Sehnendrehungen $^a\psi_{i-k}$ und die Starreinspannmomente $\tilde{M}_{W;i,k}$ bzw. $^0\tilde{M}_{W;i,k}$ berechnet. Die Berechnung erfolgt in gleicher Weise wie bei gleichmäßiger Temperaturänderung einzelner Stäbe.

*Nebenspannungen von Fachwerken.* Fachwerke werden in erster Näherung als Gelenkfachwerke berechnet. Zeichnet man für einen bestimmten Belastungszustand $B$ den Verschiebungsplan, so erhält man für jeden Stab einen Sehnendrehwinkel $^a\psi_{i-k}$. Betrachtet man die Verschiebungen als eingeprägte Verformungen, nach deren Auftreten das System wieder unverschieblich ist, so sind auch die $^a\psi_{i-k}$-Werte eingeprägte Sehnendrehungen. Für die starr an die Knoten angeschlossen gedachten Stäbe ergeben sich nach (VIII B.13) die Starreinspannmomente

$$\tilde{M}_{\psi;i,k} = \tilde{M}_{\psi;k,i} = \frac{-6EJ_{i,k}}{s_{i-k}} {}^a\psi_{i-k}, \qquad \text{(IX B.15)}$$

für einseitig gelenkig, einseitig starr gelagerte Stäbe nach (VIII B.22) die Momente

$$^0\tilde{M}_{\psi;i,k} = -\frac{3EJ_{i,k}}{s_{i-k}} {}^a\psi_{i-k}. \qquad \text{(IX B.16)}$$

Der Momentenausgleich kann damit wie bei einem beliebigen Belastungsfall $B$ durchgeführt werden.

Will man die Genauigkeit der Rechnung erhöhen, so führt man eine zweite Näherungsberechnung durch. Aus den endgültigen Momenten $\bar{M}_{i,k}$ bzw. $\bar{M}_{k,i}$ des ersten Rechnungsganges werden für jeden Stab die auf den Knoten $i$ und Knoten $k$ wirkenden Querkräfte

$$\bar{Q}_{i-k} = \frac{\bar{M}_{i,k} + \bar{M}_{k,i}}{s_{i-k}}$$

berechnet (Abb. IX B.15). Damit ergibt sich für jeden Knoten eine Resultierende $R_i$ der Querkräfte aller anlaufenden Stäbe. Betrachtet man alle Kräfte $R_i$ auf alle Knoten $i$ als neue Belastung, so erhält man neue Stabkräfte und kann den nächsten Rechnungsgang entsprechend dem ersten

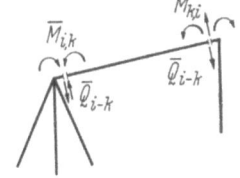

Abb. IX B.15

durchführen. Da alle Momente im Gleichgewicht sind, können aus dieser Belastung keine Auflagerdrücke entstehen. Im allgemeinen genügt der erste Rechnungsgang.

*Einflußlinien für Schnittbelastungen.* Entsprechend Abschn. VIII C 3 l wird bei der Ermittlung der Momenteneinflußlinien im Punkt $m$ eines Stabes $(i-k)$ dem statisch bestimmten Einfeldträger nach Abb. VIII C.23 ein Knick von der Größe $\Delta\varphi_m = 1$ erteilt. Damit sind die Winkel der Biegelinie $\alpha_{\varphi_m=1,i}$ und $\alpha_{\varphi_m=1,k}$ und damit die Starreinspannmomente $\tilde{M}_{\varphi_m=1,i}$ und $\tilde{M}_{\varphi_m=1,k}$ nach (VIII B.7) gegeben.

Mit diesen Starreinspannmomenten wird der Momentenausgleich durchgeführt. Sind die endgültigen Momente bekannt, so erhält man die zugehörige Biegelinie und entsprechend Abb. VIII C.24b u. c die Momenteneinflußlinie.

Für die Querkrafteinflußlinien kann sinngemäß unter Beachtung von Abschn. VIII C 3 1 vorgegangen werden.

(Siehe Beispiele 41 bis 52, 55 bis 59.)

### b) Verschiebliche Knotenpunkte bei Stockwerkrahmen

Wie bereits in Abschn. a festgestellt wurde, geht die Einfachheit des Verfahrens bei verschieblichen Knotenpunkten verloren, wenn Schrägstiele oder Stockwerkrahmen mit unterschiedlichen Stiellängen in den einzelnen Stockwerken vorhanden sind.

Im Rahmen dieses Abschnittes werden daher nur Stockwerkrahmen mit gleichen Stielhöhen und senkrechten Stielen behandelt. Für andere Systeme wird das Verfahren Kani-Ostenfeld des Abschn. IX D empfohlen.

Nachfolgend werden weitgehend die Ergebnisse des Abschn. a verwendet und die Einflüsse aus den Seitenverschiebungen zusätzlich berücksichtigt.

Wird ein beiderseits an die Knoten starr angeschlossener Stiel seitlich um einen Betrag $\varDelta$ nach rechts verschoben (Abb. IX B.16a) und werden dabei die Knoten drehsteif gehalten, so erhält man nach (VIII B.10) und (VIII B.11) die Einspannmomente aus der Sehnendrehung $\psi_{i-k} = -\varDelta/h$ zu

$$M''_{i,k} = -{}^i a_{i-k} \psi_{i-k} = +\frac{6EJ_{i,k}}{s_{i-k}} \frac{\varDelta}{h} = +6E k_{i,k} \frac{\varDelta}{h}. \qquad \text{(IX B.17)}$$

Es tritt somit im Punkt $i$ und Punkt $k$ das gleiche Moment $M''_{i,k}$ (Abb. IX B.16b) auf.

Ist das gegenüberliegende Ende des Stieles gelenkig gelagert (Abb. IX B.17a), so wird nach (VIII B.19) und (VIII B.20)

$$M''_{i,k} = -{}^i a^0_{i-k} \psi_{i-k} = +3E k_{i,k} \frac{\varDelta}{h}. \qquad \text{(IX B.18)}$$

Die zugehörige Momentenfigur ist in Abb. IX B.17b dargestellt.

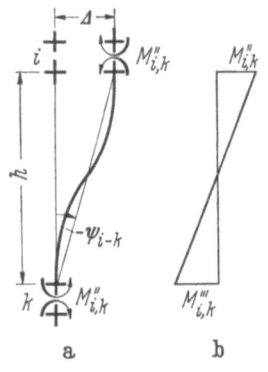

Abb. IX B.16

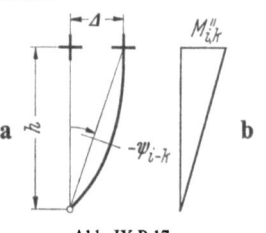

Abb. IX B.17

Abb. IX B.18

*Belastungszustand B.* Hierfür ergeben sich für einen beliebig belasteten Rahmen (z. B. Abb. IX B.18) unter Beachtung von (IX B.5) und (IX B.6) die Momente:

beiderseits starr an den Knoten angeschlossener Stab:

$$\left. \begin{array}{ll} \text{Riegel:} & \bar{M}_{B;i,k} = \tilde{M}_{B;i,k} + 2M'_{i,k} + M'_{k,i}; \\ \text{Stiel, Punkt } i\colon & \bar{M}_{B;i,k} = \tilde{M}_{B;i,k} + 2M'_{i,k} + M'_{k,i} + M''_{i,k}; \\ \text{Stiel, Punkt } k\colon & \bar{M}_{B;k,i} = \tilde{M}_{B;k,i} + M'_{i,k} + 2M'_{k,i} + M''_{i,k}; \end{array} \right\} \qquad \text{(IX B.19)}$$

einseitig gelenkig angeschlossener Stab:

$$\left. \begin{array}{ll} \text{Riegel:} & \bar{M}_{B;i,k} = {}^0\tilde{M}_{B;i,k} + 2M'_{i,k}; \\ \text{Stiel, Punkt } i\colon & \bar{M}_{B;i,k} = {}^0\tilde{M}_{B;i,k} + 2M'_{i,k} + M''_{i,k}; \\ \text{Stiel, Punkt } k\colon & \bar{M}_{B;k,i} = 0. \end{array} \right\} \qquad \text{(IX B.20)}$$

Aus der Bedingung, daß die Summe aller an einem Knoten $i$ angreifenden Momente gleich Null sein muß, erhält man ähnlich wie in Abschn. a die Momente $M'_{i,k}$.

Aus

$$\sum \bar{M}_{B;i,k} + {}^{a}M_i = \sum (\tilde{M}_{B;i,k} + {}^{0}\tilde{M}_{B;i,k}) +$$
$$+ 2 \sum_{e+g} M'_{i,k} + \sum_{e} M'_{k,i} + \sum_{e} M''_{i,k} + \sum_{g} M''_{i,k} + {}^{a}M_i = 0$$

ergibt sich mit (IX B.7)

$$M'_{i,k} = \mu'_{i,k}\left[\tilde{M}_i + \sum_{e}(M'_{k,i} + M''_{i,k}) + \sum_{g} M''_{i,k}\right]. \qquad \text{(IX B.21)}$$

$M''_{i,k}$-Werte treten dabei nur in den Stielen, $M'_{k,i}$-Werte in Stielen und Riegeln auf.

Für ein beliebiges Stockwerk eines Rahmens muß für einen beliebigen Horizontalschnitt die Summe aller Querkräfte gleich Null sein (z. B. Schnitt $a$–$a$ im ersten Stockwerk der Abb. IX B.18).

Mit den endgültigen Endmomenten eines Stabes $(i-k)$ und der Vorzeichenfestlegung für die Querkräfte nach Abb. IX B.19 erhält man bei beiderseits starren Knotenanschlüssen

$$\bar{Q}_{B;k,i} = Q_{B;k,i} + \frac{\bar{M}_{B;i,k} + \bar{M}_{B;k,i}}{h}$$

und bei einseitig gelenkigem Anschluß

$$\bar{Q}_{B;k,i} = Q_{B;k,i} + \frac{\bar{M}_{B;i,k}}{h}.$$

Aus der Bedingung

$$\sum \bar{Q}_{B;k,i} - \sum H = 0$$

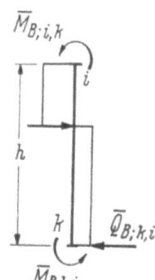

Abb. IX B.19

ergibt sich mit (IX B.19) und (IX B.20)

$$\sum_{e} 2M''_{i,k} + \sum_{g} M''_{i,k} = -\left\{\left[h(\sum Q_{B;k,i} - \sum H) + \sum_{e}(\tilde{M}_{B;i,k} + \bar{M}_{B;k,i}) + \sum_{g}{}^{0}\tilde{M}_{B;i,k}\right] + \right.$$
$$\left. + 3\sum_{e}(M'_{i,k} + M'_{k,i}) + 2\sum_{g} M'_{i,k}\right\}$$
$$= -\left\{M_r + 3\sum_{e}(M'_{i,k} + M'_{k,i}) + 2\sum_{g} M'_{i,k}\right\} = -\Phi,$$

woraus man erhält

$$M''_{i,k} = \nu'_{i,k}\left\{M_r + 3\sum_{e}(M'_{i,k} + M'_{k,i}) + 2\sum_{g} M'_{i,k}\right\}. \qquad \text{(IX B.22)}$$

Das Stockwerkmoment $M_r$ ist ein fester Wert, der sich aus den Querkräften der Einfeldträger und den Starreinspannmomenten für die gegebene Belastung der Stiele als Summe über alle Stiele eines Stockwerks ergibt:

$$M_r = h(\sum Q_{B;k,i} - \sum H) + \sum_{e}(\tilde{M}_{B;i,k} + \bar{M}_{B;k,i}) + \sum_{g}{}^{0}\tilde{M}_{B;i,k}. \qquad \text{(IX B.23)}$$

Abb. IX B.20

Für Stockwerkrahmen mit nur vertikaler Belastung ist $M_r = 0$. Zur Bestimmung der Verteilungszahl $\nu'_{i,k}$ der einzelnen Stiele dient folgende Überlegung: Für den Rahmen nach Abb. IX B.20 kann man mit (IX B.17) und (IX B.18) alle Momente $M''_{n,m}$ auf das Moment $M''_{i,k}$ eines Stieles $(i-k)$ beziehen.

Es gilt
$$M''_{1,2} = \frac{1}{2} \frac{k_{1,2}}{k_{i,k}} M''_{i,k};$$

$$M''_{3,4} = \frac{k_{3,4}}{k_{i,k}} M''_{i,k} \quad \text{usw.}$$

und allgemein unter Bezug auf einen beiderseits eingespannten Stiel

$$\sum_e 2 M''_{i,k} + \sum_g M''_{i,k} = M''_{i,k} \left( 2 \frac{\sum_e k_{i,k}}{k_{i,k}} + \frac{1}{2} \frac{\sum_g k_{i,k}}{k_{i,k}} \right) = - \Phi$$

bzw.
$$M''_{i,k} = v'_{i,k} \Phi$$
mit
$$^e v'_{i,k} = - \frac{k_{i,k}}{2 \sum_e k_{i,k} + 0{,}5 \sum_g k_{i,k}}. \quad \text{(IX B.24)}$$

$^e v'_{i,k}$ ist die Verteilungszahl, die auf einen beiderseits starr an die Knoten angeschlossenen Stiel entfällt.

In gleicher Weise ergibt sich für einen einseitig gelenkig angeschlossenen Stiel

$$^g v'_{i,k} = - \frac{0{,}5 k_{i,k}}{2 \sum_e k_{i,k} + 0{,}5 \sum_g k_{i,k}}. \quad \text{(IX B.25)}$$

Die Summe $\sum_e k_{i,k}$ bzw. $\sum_g k_{i,k}$ erstreckt sich auf alle Stiele eines Stockwerks, die beiderseits starr bzw. einseitig gelenkig an die Knoten angeschlossen sind. Zur Bestimmung von $\sum Q_{B;k,i}$ und $\sum H$ kann jeder beliebige Horizontalschnitt (z. B. $a-a$, $b-b$, $c-c$ in Abb. IX B.20) herangezogen werden; der Einfachheit halber wird man aber zweckmäßig einen Horizontalschnitt unmittelbar über dem unteren bzw. unter dem oberen Knoten wählen.

Der Rechnungsgang erfolgt ähnlich wie in Abschn. a.

Es werden zuerst die Werte $\tilde{M}_B$, $^0\tilde{M}_B$, $Q_B$, $\sum H$, $\tilde{M}_i$ und $M_r$ bestimmt sowie die Verteilungszahlen $\mu'_{i,k}$ und $v'_{i,k}$ und in das Schema (Abb. IX B.21) eingetragen.

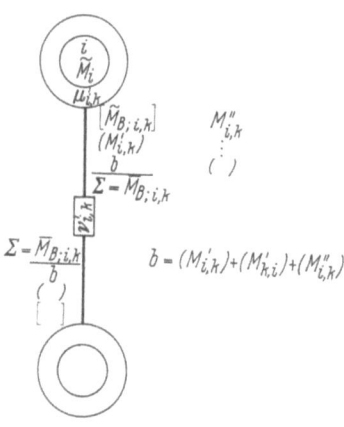

Abb. IX B.21

Man kann z. B. mit dem Ausgleich in einem Knoten beginnen, indem man in (IX B.21) alle Werte außer $\tilde{M}_i$ gleich Null setzt. Hat man z. B. für alle Stiele eines Stockwerks bereits $M'_{i,k}$- bzw. $M'_{k,i}$-Werte, so kann man erste Werte $M''_{i,k}$ aus (IX B.22) bestimmen. In der Summe $\sum_e (M'_{i,k} + M'_{k,i})$ ist zu beachten, daß die $M'_{k,i}$-Werte die $M'_{i,k}$-Werte für den unteren Knoten sind, d. h., es sind die $M'_{i,k}$-Werte für obere und untere Knoten über alle Stiele des Stockwerks zu summieren, wenn alle Stiele beiderseits eingespannt sind; sonst sind die Stäbe mit gelenkigem Anschluß noch zusätzlich zu erfassen. Die $M''_{i,k}$-Werte sind im Schema getrennt für jeden Stiel eingetragen. Ändert sich der $M''_{i,k}$-Wert bei weiteren Rechnungsgängen nicht mehr, so wird er in eine ( )-Klammer gesetzt.

Für einen beiderseits eingespannten Stiel gilt dann nach (IX B.19)

$$\bar{M}_{B;i,k} = \tilde{M}_{B;i,k} + M'_{i,k} + \underbrace{M'_{i,k} + M'_{k,i} + M''_{i,k}}_{b}. \quad \text{(IX B.26)}$$

Da der Wert $b$ für den oberen und unteren Knoten gleich ist, wird er im Schema (Abb. IX B.21) beiderseits bei jedem Knoten eingetragen, und es werden dann nach Superposition der Werte $[\ ] + (\ ) + b = \bar{M}_{B;i,k}$ die endgültigen Momente bestimmt.

Für einen einseitig gelenkig gelagerten Stiel gilt mit (IX B.20)

$$\bar{M}_{B;i,k} = {}^0\tilde{M}_{B;i,k} + M'_{i,k} + \underbrace{M'_{i,k} + M''_{i,k}}_{b} \qquad \text{(IX B.27)}$$

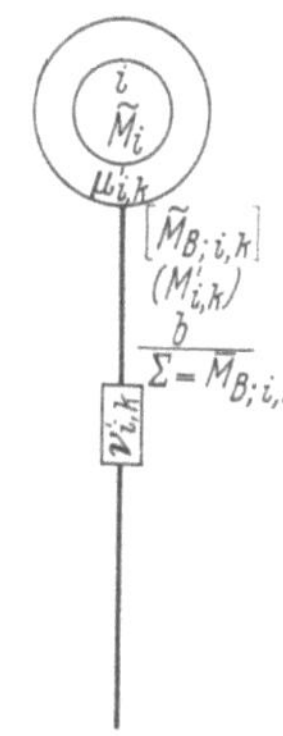

(s. Schema Abb. IX B.22).

Sind alle Stiele beiderseits eingespannt, so kann (IX B.22) auch auf die Form

$$M''_{i,k} = {}^e v'_{i,k} \left\{ \frac{M_r}{3} + \sum (M'_{i,k} + M'_{k,i}) \right\} \qquad \text{(IX B.28)}$$

gebracht werden, wobei gilt

$$M_r = h(\sum Q_{B;k,i} - \sum H) + \sum_e (\tilde{M}_{B;i,k} + \tilde{M}_{B;k,i}) \qquad \text{(IX B.29)}$$

und

$$^e v'_{i,k} = -\frac{3}{2} \frac{k_{i,k}}{\sum k_{i,k}}. \qquad \text{(IX B.30)}$$

Abb. IX B.22

Sind alle Stiele nur einseitig eingespannt und einseitig gelenkig gelagert, so ergibt sich statt (IX B.22)

$$M''_{i,k} = {}^g v'_{i,k} \left\{ \frac{M_r}{2} + \sum M'_{i,k} \right\} \qquad \text{(IX B.31)}$$

mit

$$M_r = h(\sum Q_{B;k,i} - \sum H) + \sum {}^0\tilde{M}_{B;i,k} \qquad \text{(IX B.32)}$$

und

$$^g v'_{i,k} = -2 \frac{k_{i,k}}{\sum k_{i,k}}. \qquad \text{(IX B.33)}$$

Ist $M''_{i,k}$ bekannt, so können nach (IX B.17) bzw. (IX B.18) auch die seitlichen Verschiebungen eines Rahmens berechnet werden.

Bei Systemen mit Symmetrie und symmetrischer Belastung kann keine Seitenverschiebung von Stockwerkrahmen auftreten. Ist ein symmetrisches System und eine antimetrische Belastung vorhanden, so gelten die Überlegungen des Abschn. a unter Beachtung der Zusatzwerte $M''_{i,k}$, wie dies oben gezeigt ist.

Meist kann nach Berechnung der ersten $M''_{i,k}$-Werte im Schema ein geschätzter Wert für $M''_{i,k}$ eingetragen werden. Ein Fehler wird beim nächsten Ausgleich verbessert. Man kann sich damit viele Iterationsschritte ersparen.

*Temperatureinflüsse.* Für ungleiche Temperaturzustände über einen Querschnitt hinweg, mit einem Temperaturunterschied $\Delta t$ zwischen Unter- und Obergurt gelten die Überlegungen des Abschn. a unter Beachtung der Zusatzwerte $M''_{i,k}$.

Bei einer gleichmäßigen Temperaturänderung eines Stockwerkrahmens (z. B. Abb. IX B.23) wird man einen Knoten festhalten und mit den Längenänderungen der Riegel Knotenverschiebungen berechnen. (Zum Beispiel ist in Abb. IX B.23 der Stiel 5—6 festgehalten, und es sind die Längenänderungen $\Delta s_2$, $\Delta s_4$ und $\Delta s_8$ berechnet worden.)

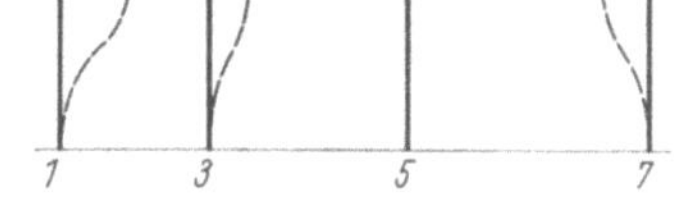

Abb. IX B.23

Damit ergeben sich bei beiderseits eingespannten bzw. einseitig gelenkig gelagerten Stielen eingeprägte Starreinspannmomente nach (IX B.17) bzw. (IX B.18) zu

$$\tilde{M}_{T;i,k} = \tilde{M}_{T;k,i} = 6E k_{i,k} \frac{\Delta}{h}$$

bzw.

$$^0\tilde{M}_{T;i,k} = 3E k_{i,k} \frac{\Delta}{h}. \qquad \text{(IX B.34)}$$

Weiter ist $Q_{k,i} = 0$ und $\sum H = 0$ und nach (IX B.23)

$$M_r = \sum_e (\tilde{M}_{T;i,k} + \tilde{M}_{T;k,i}) + \sum_g {}^0\tilde{M}_{T;i,k}. \qquad \text{(IX B.35)}$$

Die weitere Berechnung ist gleich wie für den Belastungszustand $B$.

*Widerlagerbewegung.* Die Berechnung wird entsprechend wie bei Temperaturänderung durchgeführt. Aus den eingeprägten Widerlagerbewegungen werden die Starreinspannmomente berechnet und dann der Momentenausgleich durchgeführt. (Siehe Beispiele 49 bis 52.)

## 2. Rahmentragwerke mit veränderlichem Trägheitsmoment innerhalb eines Stabes

Auf Grund der Entwicklungen des Abschn. VIII für die Deformationsmethode können auch bei veränderlichem Trägheitsmomentenverlauf im Bereich eines Stabes die Schnittbelastungen für beliebige Belastungszustände nach den in Abschn. 1 gezeigten Verfahren sinngemäß berechnet werden. Es wird daher entsprechend weitgehend auf Abschn. 1 Bezug genommen.

### a) Unverschiebliche Knotenpunkte

*Belastungszustand B.* Für einen Stab $(i-k)$, der beiderseits starr an die Knotenpunkte angeschlossen ist, gilt für die endgültigen Momente nach (VIII B.8)

$$\bar{M}_{B,i} = \tilde{M}_{B,i} + {}^i a_i \varphi_i + {}^i a_k \varphi_k;$$
$$\bar{M}_{B,k} = \tilde{M}_{B,k} + {}^k a_i \varphi_i + {}^k a_k \varphi_k.$$

Wird nur der Knoten $i$ um $\varphi_i$ gedreht, so ergibt sich

$$\bar{M}_{\varphi_i, i} = {}^i a_i \varphi_i \quad \text{und} \quad \bar{M}_{\varphi_i, k} = {}^k a_i \varphi_i.$$

Wird entsprechend Abschn. 1 $\bar{M}_{\varphi_i, k} = M'_{i,k} = {}^k a_i \varphi_i$ eingeführt, so ergibt sich (Abb. IX B.24a)

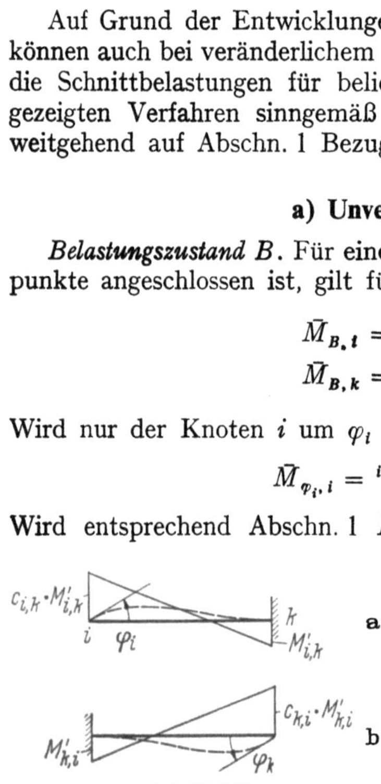

$$\bar{M}_{\varphi_i, i} = c_{i,k} M'_{i,k} = {}^i a_i \varphi_i$$

mit

$$c_{i,k} = \frac{{}^i a_i}{{}^k a_i}. \qquad \text{(IX B.36)}$$

Abb. IX B.24

Für den Fall konstanten Trägheitsmomentes wird

$$c_{i,k} = \frac{4 E J_{i,k}/s_{i-k}}{2 E J_{i,k}/s_{i-k}} = 2.$$

In gleicher Weise treten bei einer Drehung des Knotens $k$ um $\varphi_k$ nach Abb. IX B.24b die Momente

$$\bar{M}_{\varphi_k, i} = {}^i a_k \varphi_k = M'_{k,i} \quad \text{und} \quad \bar{M}_{\varphi_k, k} = {}^k a_k \varphi_k = c_{k,i} M'_{k,i}$$

auf mit

$$c_{k,i} = \frac{{}^k a_k}{{}^i a_k}. \qquad \text{(IX B.37)}$$

Aus (VIII B.8) erhält man somit die endgültigen Momente mit (IX B.36) und (IX B.37) in der Schreibweise

$$\bar{M}_{B;i,k} = \tilde{M}_{B;i,k} + c_{i,k} M'_{i,k} + M'_{k,i};$$
$$\bar{M}_{B;k,i} = \tilde{M}_{B;k,i} + M'_{i,k} + c_{k,i} M'_{k,i}. \qquad \text{(IX B.38)}$$

Für die Momentensumme am Knoten $i$ über alle dort angreifenden Stäbe ergibt sich

$$\sum \bar{M}_{B;i,k} + {}^aM_i = \sum \tilde{M}_{B;i,k} + {}^aM_i + \sum c_{i,k} M'_{i,k} + \sum M'_{k,i} = 0$$

und mit

$$\tilde{M}_i = \sum \tilde{M}_{B;i,k} + {}^aM_i, \qquad \text{(IX B.39)}$$

$$\sum c_{i,k} M'_{i,k} = -[\tilde{M}_i + \sum M'_{k,i}].$$

Mit $M'_{i,k} = {}^ka_i \varphi_i$ und (IX B.36) erhält man

$$\varphi_i \sum {}^ka_i \frac{{}^ia_i}{{}^ka_i} = \varphi_i \sum {}^ia_i$$

und

$$\varphi_i = -\frac{1}{\sum {}^ia_i}[\tilde{M}_i + \sum M'_{k,i}]$$

bzw.

$$M'_{i,k} = -\frac{{}^ka_i}{\sum {}^ia_i}[\tilde{M}_i + \sum M'_{k,i}] = \mu'_{i,k}[\tilde{M}_i + \sum M'_{k,i}] \qquad \text{(IX B.40)}$$

mit

$$\mu'_{i,k} = -\frac{{}^ka_i}{\sum {}^ia_i}. \qquad \text{(IX B.41)}$$

Für konstantes Trägheitsmoment wird mit ${}^ka_i = 2EJ_{i,k}/s_{i-k}$ und ${}^ia_i = 4EJ_{i,k}/s_{i-k}$

$$\mu'_{i,k} = -\frac{1}{2} \frac{k_{i,k}}{\sum k_{i,k}}.$$

Das Schema für die Berechnung der $M'_{i,k}$ Werte und der endgültigen Momente ist in Abb. IX B.25 dargestellt.

Die $M'_{i,k}$-Werte werden in gleicher Weise wie in Abschn. 1 nach (IX B.40) berechnet. Die endgültigen Momente werden dann mittels (IX B.38) schematisch ermittelt (Abb. IX B.25).

Schließen an einen Knoten $i$ auch Stäbe an, die am gegenüberliegenden Ende gelenkig gelagert sind, so gilt für diese nach (VIII B.17)

$$\bar{M}_{B;i,k} = {}^0\tilde{M}_{B;i,k} + {}^ia_i^0 \varphi_i.$$

Mit Rücksicht auf den gleichen Aufbau wie bei (IX B.38) wird

$${}^ia_i^0 \varphi_i = c_{i,k} M'_{i,k} \qquad \text{(IX B.42)}$$

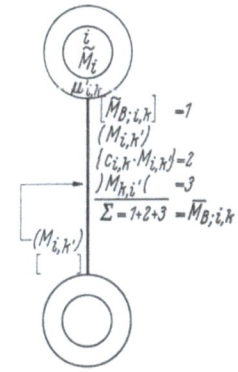

Abb. IX B.25

eingeführt und für $c_{i,k}$ die Gl. (IX B.36) beibehalten (Abb. IX B.26). Damit wird für den einseitig gelenkig gelagerten Stab

$$M'_{i,k} = \frac{{}^ia_i^0}{{}^ia_i} {}^ka_i \varphi_i$$

und

$$\bar{M}_{B;i,k} = {}^0\tilde{M}_{B;i,k} + c_{i,k} M'_{i,k}. \qquad \text{(IX B.43)}$$

Abb. IX B.26

Schließen an einen Knoten sowohl beiderseits starr eingespannte Stäbe als auch solche mit einseitiger Gelenklagerung an, so erhält man für die Momentensumme

$$\sum \bar{M}_{B;i,k} + {}^aM_i$$
$$= \sum (\tilde{M}_{B;i,k} + {}^0\tilde{M}_{B;i,k}) + {}^aM_i + \sum_e c_{i,k} M'_{i,k} + \sum_g c_{i,k} M'_{i,k} + \sum_e M'_{k,i} = 0$$

bzw. mit
$$\tilde{M}_i = \sum (\tilde{M}_{B;i,k} + {}^0\tilde{M}_{B;i,k}) + {}^a M_i \qquad \text{(IX B.44)}$$

bzw.
$$\sum_e c_{i,k} M'_{i,k} + \sum_g c_{i,k} M'_{i,k} = -\left[\tilde{M}_i + \sum_e M'_{k,i}\right]$$

$$\varphi_i \left[\sum_e {}^i a_i + \sum_g {}^i a_i^0\right] = -\left[\tilde{M}_i + \sum_e M'_{k,i}\right].$$

Mit
$$\varphi_i = -\frac{1}{\sum_e {}^i a_i + \sum_g {}^i a_i^0} \left[\tilde{M}_i + \sum_e M'_{k,i}\right]$$

wird für den beiderseits eingespannten Stab

$$^e M'_{i,k} = {}^k a_i \varphi_i = -\frac{{}^k a_i}{\sum_e {}^i a_i + \sum_g {}^i a_i^0} \left[\tilde{M}_i + \sum_e M'_{k,i}\right];$$

$$^e M'_{i,k} = {}^e \mu'_{i,k} \left[\tilde{M}_i + \sum_e M'_{k,i}\right] \qquad \text{(IX B.45)}$$

mit
$$^e \mu'_{i,k} = -\frac{{}^k a_i}{\sum_e {}^i a_i + \sum_g {}^i a_i^0}. \qquad \text{(IX B.46)}$$

Für konstantes Trägheitsmoment ergibt sich

$$^e \mu'_{i,k} = -\frac{2 k_{i,k}}{4 \sum_e k_{i,k} + 3 \sum_g k_{i,k}} = -\frac{1}{2} \frac{k_{i,k}}{\sum_e k_{i,k} + \sum_g m\, k_{i,k}}.$$

Für den einseitig gelenkig gelagerten Stab erhält man

$$^g M'_{i,k} = \frac{{}^i a_i^0}{{}^i a_i} {}^k a_i \varphi_i = -\frac{{}^i a_i^0\, {}^k a_i}{{}^i a_i \left(\sum_e {}^i a_i + \sum_g {}^i a_i^0\right)} \left[\tilde{M}_i + \sum_e M'_{k,i}\right]$$

bzw.
$$^g M'_{i,k} = {}^g \mu'_{i,k} \left[\tilde{M}_i + \sum_e M'_{k,i}\right] \qquad \text{(IX B.47)}$$

mit
$$^g \mu'_{i,k} = -\frac{{}^i a_i^0\, {}^k a_i}{{}^i a_i \left(\sum_e {}^i a_i + \sum_g {}^i a_i^0\right)}. \qquad \text{(IX B.48)}$$

Die Berechnung der Momente $M'_{i,k}$ erfolgt entsprechend dem früheren Rechnungsgang.

Für konstantes Trägheitsmoment ergibt sich aus (IX B.48)

$$^g \mu'_{i,k} = -\frac{1}{2} \frac{m\, k_{i,k}}{\sum_e k_{i,k} + \sum_g m\, k_{i,k}}.$$

Man erkennt, daß die Berechnung schon etwas umständlicher als bei konstantem Trägheitsmoment wird. Unter Umständen genügt es, nur für einen Belastungsfall den Einfluß veränderlichen Trägheitsmomentes zu berechnen. Sind die Abweichungen gegenüber konstantem Trägheitsmoment nicht groß, so kann man die weitere Berechnung mit einer dementsprechenden Wahl für stabweise konstantes Trägheitsmoment durchführen.

Der Einfluß von Temperaturänderungen und Widerlagerbewegungen kann entsprechend Abschn. 1 durchgeführt werden.

(Siehe Beispiele 53 und 60.)

## b) Verschiebliche Knotenpunkte bei Stockwerkrahmen

Man kann entsprechend Abschn. 1b wieder Formeln für die $\mu'_{i,k}$- und $\nu'_{i,k}$-Werte ermitteln. Diese werden aber für eine praktische Berechnung schon so umständlich, daß eine Anwendung nicht ratsam ist. Es wird daher empfohlen, in solchen Fällen das Verfahren Kani-Ostenfeld des Abschn. D zu verwenden.

## 3. Vergleich der entwickelten Formeln des Abschnittes 1 mit den Formeln von Engesser

In der Veröffentlichung „Die Berechnung der Stockwerkrahmen" von ENGESSER [6] wurden in gleicher Weise wie im Abschn. 1 bei stabweise konstantem Trägheitsmoment die Gleichungen der Deformationsmethode angeschrieben. Mit den in Abschn. 1 gewählten Bezeichnungen und der dortigen Vorzeichenregel lauten diese (Abb. IX B.27) für einen beiderseits starr an die Knoten anschließenden Stab

$$\bar{M}_{B,i} = 2E\, k_{i,k}(2\varphi_i + \varphi_k - 3\psi_{i-k}) + \tilde{M}_{B,i};$$
$$\bar{M}_{B,k} = 2E\, k_{i,k}(\varphi_i + 2\varphi_k - 3\psi_{i-k}) + \tilde{M}_{B,k}. \quad\text{(IX B.49)}$$

Sie sind identisch mit (VIII B.13).

Aus der Bedingung, daß die Momentensumme für den Knoten $i$ Null sein muß, erhält man

$$\sum \tilde{M}_{B,i} + {}^aM_i + 4E(\sum k_{i,k})\varphi_i + 2E\sum(k_{i,k}\varphi_k) - 6E\sum(k_{i,k}\psi_{i-k}) = 0$$

bzw.

$$\varphi_i = -\frac{\sum \tilde{M}_{B,i} + {}^aM_i}{4E(\sum k_{i,k})} - \frac{1}{2}\frac{\sum(k_{i,k}\varphi_k)}{\sum k_{i,k}} + \frac{3}{2}\frac{\sum(k_{i,k}\psi_{i-k})}{\sum k_{i,k}} \quad\text{(IX B.50)}$$

bzw.

$$\varphi_i = \varphi_i^0 + \varphi_i^I + \varphi_i^{II}. \quad\text{(IX B.51)}$$

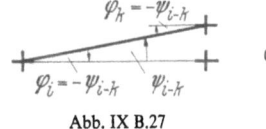

Abb. IX B.27

Aus (IX B.49) und mit den Bezeichnungen von Abschn. 1 wird

für $\varphi_k = \psi_{i-k} = 0$: $\bar{M}_{\varphi_i,i} = 4E\, k_{i,k}\varphi_i = 2M'_{i,k}$;

für $\varphi_i = \psi_{i-k} = 0$: $\bar{M}_{\varphi_k,i} = 2E\, k_{i,k}\varphi_k = M'_{k,i}$;

für $\varphi_i = \varphi_k = 0$: $\bar{M}_{\psi,i} = -6E\, k_{i,k}\psi_{i-k} = M''_{i,k}$.

Multipliziert man (IX B.50) mit dem Faktor $4E\, k_{i,k}$, so ergibt sich

$$4E\, k_{i,k}\varphi_i = -\frac{k_{i,k}}{\sum k_{i,k}}(\sum \tilde{M}_{B,i} + {}^aM_i) - \frac{2E\, k_{i,k}}{\sum k_{i,k}}\sum(k_{i,k}\varphi_k) + \frac{6E\, k_{i,k}}{\sum k_{i,k}}\sum(k_{i,k}\psi_{i-k})$$

bzw. mit den obigen Werten

$$2M'_{i,k} = -\frac{k_{i,k}}{\sum k_{i,k}}[(\sum \tilde{M}_{B,i} + {}^aM_i) + \sum M'_{k,i} + \sum M''_{i,k}].$$

Mit

$$\mu'_{i,k} = -\frac{1}{2}\frac{k_{i,k}}{\sum k_{i,k}}$$

wird

$$M'_{i,k} = \mu'_{i,k}[(\sum \tilde{M}_{B,i} + {}^aM_i) + \sum_e (M'_{k,i} + M''_{i,k})].$$

Diese Gleichung ist identisch mit (IX B.21).

Die Gl. (IX B.51) von ENGESSER unterscheidet sich somit nur durch den Multiplikator $4E\, k_{i,k}$ von der von KANI.

Aus der Bedingung, daß in einem Stockwerk bei einem Schnitt durch alle Stiele die Querkräfte mit der horizontalen Belastung im Gleichgewicht stehen müssen, ergibt sich die Bedingungsgleichung

$$\sum Q_{k,i} + \frac{\sum (\tilde{M}_{B,i} + \tilde{M}_{B,k})}{h} - \sum H = 0$$

und daraus mit (IX B.49)

$$h(\sum Q_{k,i} - \sum H) + \sum (\tilde{M}_{B,i} + \tilde{M}_{B,k}) + 6E \sum [k_{i,k}(\varphi_i + \varphi_k - 2\psi_{i-k})] = 0.$$

Damit ergibt sich

$$\psi_{i-k} = \frac{1}{12E(\sum k_{i,k})} \left[ h(\sum Q_{k,i} - \sum H) + \sum (\tilde{M}_{B,i} + \tilde{M}_{B,k}) + \frac{\sum [k_{i,k}(\varphi_i + \varphi_k)]}{2(\sum k_{i,k})} \right] \tag{IX B.52}$$

bzw.

$$\psi_{i-k} = \psi_{i-k}^0 + \psi_{i-k}^{\mathrm{I}}. \tag{IX B.53}$$

Multipliziert man (IX B.52) mit dem Faktor $(-6E\, k_{i,k})$, so erhält man

$$-6E\, k_{i,k}\, \psi_{i-k} = -\frac{3 k_{i,k}}{2(\sum k_{i,k})} \left[ +\frac{h}{3} (\sum Q_{k,i} - \sum H) + \sum (\tilde{M}_{B,i} + \tilde{M}_{B,k}) \right] -$$

$$-\frac{6E\, k_{i,k} \sum [k_{i,k}(\varphi_i + \varphi_k)]}{2(\sum k_{i,k})}$$

bzw. mit (IX B.29) und (IX B.30) und den obigen Bezeichnungen

$$M_{i,k}'' = {}^e v_{i,k}' \left[ \frac{M_r}{3} + \sum (M_{i,k}' + M_{k,i}') \right].$$

Diese Gleichung ist identisch mit (IX B.28).

Die Gl. (IX B.52) von ENGESSER unterscheidet sich somit nur durch den Multiplikator $(-6E\, k_{i,k})$ von der Gl. (IX B.28) nach KANI. Die Iteration beim Verfahren von ENGESSER erfolgt in völlig gleicher Weise wie die bei KANI. Zuerst werden die bekannten Werte $\varphi_i^0$ und $\psi_{i-k}^0$ berechnet und dann weiter iterativ die Werte $\varphi_i^{\mathrm{I}}$, $\varphi_i^{\mathrm{II}}$ und $\psi_{i-k}^{\mathrm{I}}$ mittels (IX B.50) und (IX B.52). Sobald sich diese Werte bei einer weiteren Iteration nicht mehr ändern, werden nach (IX B.49) die endgültigen Momente berechnet.

Mit obigen Entwicklungen ist nachgewiesen, daß das Verfahren von KANI bis in alle Einzelheiten bereits von ENGESSER drei Jahrzehnte vorher veröffentlicht wurde. Es ist dies ein ähnlicher Fall wie beim Knicken im plastischen Bereich, wo die völlig gleichen Entwicklungen ENGESSERs viel später von VON KARMAN neu abgeleitet wurden. Die Arbeiten ENGESSERs blieben unbeachtet, da seine Zeitgenossen deren Wichtigkeit nicht erkannten.

## C. Verfahren Cross

Da sowohl das Verfahren von CROSS als auch das von KANI auf den gleichen Grundlagen der Deformationsmethode beruhen, kann bei den nachfolgenden Angaben weitgehend auf Kap. VIII und die vorhergehenden Abschnitte dieses Kapitels verwiesen werden; s. auch [7, 8, S 14].

### 1. Unverschiebliche Knotenpunkte

Wirkt auf einen Knoten $i$ eines Rahmensystems (Abb. IX C.1) ein Moment $M_i^*$, so wird dieses mit den Momentenverteilungszahlen $\mu_{i,k}$ nach (VIII B.56)

$$\mu_{i,k} = -\frac{s_{i,k}}{f_{d,i}} \text{ bzw. } -\frac{{}^0 s_{i,k}}{f_{d,i}} \text{ bzw. } -\frac{{}^e s_{i,k}}{f_{d,i}} \text{ bzw. } -\frac{{}^s s_{i,k}}{f_{d,i}} \text{ bzw. } -\frac{{}^a s_{i,k}}{f_{d,i}} \tag{IX C.1}$$

auf die einzelnen Stäbe nach (VIII B.55) verteilt:
$$M_{i;i,k} = \mu_{i,k} M_i^*.$$
Hierbei gilt für die Steifigkeiten:
$$s_{i,k} = {}^i a_i; \quad {}^0 s_{i,k} = {}^i a_i^0; \quad {}^s s_{i,k} = {}^i a_i^s; \quad {}^a s_{i,k} = {}^i a_i^a$$
und bei stabweise konstantem Trägheitsmoment (IX B.4).

Mit $f_{d,i} = \sum s_{i,k} + \sum {}^0 s_{i,k} + \sum {}^e s_{i,k} + \sum {}^s s_{i,k} + \sum {}^a s_{i,k}$ ergibt sich allgemein nach (IX B.4)
$$\mu_{i,k} = -\frac{m\, k_{i,k}}{\sum m\, k_{i,k}}. \qquad (IX\ C.2)$$

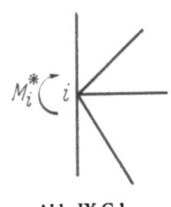

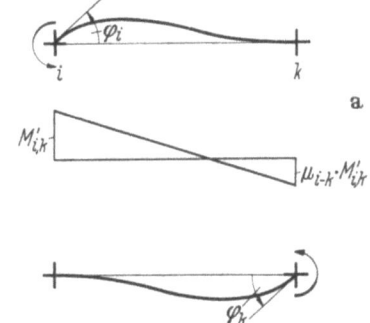

Abb. IX C.1

Der Unterschied gegenüber dem Verfahren Kani besteht nur darin, daß
$$\mu_{i,k} = 2\mu'_{i,k} \quad \text{und} \quad \sum \mu_{i,k} = -1 \quad (IX\ C.3)$$
ist.

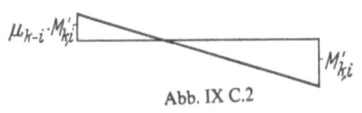

Abb. IX C.2

Wird ein unbelasteter Stab $(i-k)$ im Knoten $i$ um $\varphi_i$ gedreht und im Knoten $k$ starr festgehalten (Abb. IX C.2a), so tritt im Knoten $i$ das Moment
$$\bar{M}_{\varphi_i, i} = M'_{i,k} = {}^i a_i\, \varphi_i \qquad (IX\ C.4)$$
und im Knoten $k$ nach (VIII B.41) das Moment
$$\bar{M}_{\varphi_i, k} = \mu_{i-k} M'_{i,k} = {}^k a_i\, \varphi_i \qquad (IX\ C.5)$$
auf.

Wird der Knoten $k$ um $\varphi_k$ gedreht und der Knoten $i$ drehstarr festgehalten, so ergibt sich (Abb. IX C.2b)
$$\bar{M}_{\varphi_k, k} = M'_{k,i} = {}^k a_k\, \varphi_k; \qquad (IX\ C.6)$$
$$\bar{M}_{\varphi_k, i} = \mu_{k-i} M'_{k,i} = {}^i a_k\, \varphi_k. \qquad (IX\ C.7)$$

Nach (VIII B.40) ist
$$\mu_{i-k} = \frac{{}^k a_i}{{}^i a_i}; \quad \mu_{k-i} = \frac{{}^i a_k}{{}^k a_k} \qquad (IX\ C.8)$$
und bei stabweise konstantem Trägheitsmoment
$$\mu_{i-k} = \mu_{k-i} = \tfrac{1}{2}. \qquad (IX\ C.9)$$

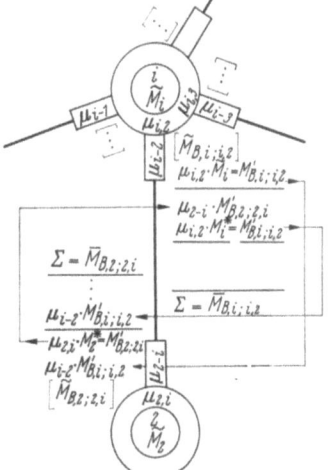

Abb. IX C.3

Beim Verfahren Cross wird nun folgender Rechnungsgang eingehalten:

Zuerst werden nach (IX C.1) bzw. (IX C.2) und (IX C.8) bzw. (IX C.9) die Momentenverteilungszahlen $\mu_{i,k}$ und Fortleitungszahlen $\mu_{i-k}$ berechnet und in das Schema (Abb. IX C.3) eingetragen. Ebenso werden die Starreinspannmomente $[\tilde{M}_{B,i}]$ und der Wert
$$\tilde{M}_i = \sum \tilde{M}_{B;i,k} + {}^a M_i \qquad (IX\ C.10)$$
in das Schema eingetragen.

Während beim Verfahren Kani-Engesser z. B. nach (IX B.8) bei einem Ausgleich des Knotens $i$ jeweils der Einfluß der Drehungen der Nachbarknoten durch die Werte $M'_{k,i}$ berücksichtigt wird und somit immer der zuletzt durchgeführte Ausgleich ein Gesamtausgleich ist — so daß die vorher ermittelten Werte $M'_{i,k}$ uninteressant sind und somit in einer einzureichenden Berechnung nur die Werte $M'_{i,k}$ in der ( )-Klammer des letzten Ausgleichs einzutragen sind —, wird beim Cross-Ausgleich ein stark beschränkter Ausgleich durchgeführt. Es wird jeweils nur bei einem Knoten ein Drehausgleich durchgeführt und die Nachbarknoten drehstarr gehalten. Wird ein Knoten $i$ als erster zum ersten Mal ausgeglichen, so ist

$$M_i^* = \tilde{M}_i. \qquad \text{(IX C.11 a)}$$

Damit erhält man die Ausgleichswerte nach (VIII B.55) zu

$$M'_{B;i,k} = \mu_{i,k} M_i^*. \qquad \text{(IX C.12 a)}$$

Nach Eintragung dieser Werte im Schema (Abb. IX C.3) ist der Knoten ausgeglichen, was durch einen Strich im Schema angedeutet ist. Die Werte $M'_{B;i,k}$ werden nach (IX C.5) zu den benachbarten Knoten $k$ weitergeleitet:

$$M_{B,k;k,i} = \mu_{i-k} M'_{B;i,k}. \qquad \text{(IX C.13 a)}$$

Wird ein Knoten $m$ zum ersten Mal, aber nicht als erster, ausgeglichen, so sind die von den Ausgleichen benachbarter Knoten herangeleiteten Momente zusätzlich in $M_m^*$ zu berücksichtigen.
Mit

$$M_m^* = \tilde{M}_m + \sum \mu_{k-m} M'_{B;k,m} \qquad \text{(IX C.11 b)}$$

ist der Ausgleich wie oben durchzuführen. Mit

$$M'_{B;m,k} = \mu_{m,k} M_m^* \qquad \text{(IX C.12 b)}$$

ist der Knoten wieder ausgeglichen, was im Schema durch den Strich gekennzeichnet ist. Diese Momente werden wieder nach den Nachbarknoten weitergeleitet:

$$M_{B;k,m} = \mu_{m-k} M'_{B;m,k}. \qquad \text{(IX C.13 b)}$$

Wird ein Knoten $i$ zum zweiten oder weiteren Mal ausgeglichen, so besteht das ausgleichende Moment nur aus der Summe der herangeleiteten und bis jetzt noch nicht ausgeglichenen Momente, die nach dem letzten Strich im Schema kommen:

$$M_i^* = \sum \mu_{k-i} M'_{B;k,i}. \qquad \text{(IX C.11 c)}$$

Es gilt

$$M'_{B;i,k} = \mu_{i,k} M_i^*. \qquad \text{(IX C.12 c)}$$

Diese Momente werden mit $\mu_{i-k}$ weitergeleitet usw.

Werden die Werte $\mu_{i-k} M'_{B;i,k}$ so klein, daß ihr Wert unter die geforderte Rechnungsgenauigkeit sinkt, so kann der Rechnungsgang abgebrochen werden. Nunmehr müssen sämtliche an einem Knoten angeschriebenen Werte eines Stabes $(i-k)$ addiert werden. Ist nur ein Wert davon unrichtig, so ist das ganze Ergebnis falsch. Für eine Rechenkontrolle müssen auch alle Werte aller Rechnungsgänge angeschrieben werden.

Man erkennt daraus, daß das Verfahren Cross wesentlich umständlicher, mühsamer und unübersichtlicher als das Verfahren Kani-Engesser ist.

Im übrigen sind alle Untersuchungen über beliebige Belastungsfälle, Temperatureinflüsse und Widerlagerbewegungen usw. entsprechend den Entwicklungen für das Verfahren Kani-Engesser durchzuführen.

(Siehe Beispiel 53.)

## 2. Verschiebliche Knotenpunkte bei Stockwerkrahmen

Die Berechnung wird gegenüber dem Verfahren Kani-Engesser so aufwendig, daß sie im Rahmen dieses Bereiches nicht aufgeführt wird. Wenn aber das Verfahren Cross Anwendung finden soll, dann zweckmäßig in Verbindung mit dem Verfahren Ostenfeld, das im Abschn. D gezeigt wird. Diese Methode kann dann auch für beliebige Systeme, mit Schrägstielen usw., Verwendung finden.

# D. Momentenausgleichsverfahren in Kombination mit dem Verfahren Ostenfeld

## 1. System mit längsstarren Stäben

Im Abschn. VIII A wurde der Grad der Verschieblichkeit eines stabilisierten Gelenksystems behandelt. Man kann entweder nach der Abzählbedingung (VIII A.5) die Zahl der unabhängigen Sehnendrehungen feststellen oder durch Einführen zusätzlicher starrer Stützstäbe $V$ das stabilisierte Gelenksystem geometrisch unverschieblich machen. Der letztere Weg wird nachstehend beschritten, wobei man sich zweckmäßig den gestützten Knoten mit einem beiderseits gelenkig angeschlossenen, unendlich langen Stützstab mit der Erdscheibe verbunden denkt. Die Annahme eines unendlich langen Stützstabs empfiehlt sich mit Rücksicht auf das Zeichnen von Verschiebungsplänen, wonach dann eine Knotenverschiebung — außer bei Klaffungen $\varDelta$, die dem Stützstab eingeprägt werden — nur senkrecht zum Stützstab erfolgen kann.

Bei den nachfolgenden Entwicklungen wird eine Zugkraft im Stützstab positiv eingeführt. Wird dem Stützstab eine Klaffung $\varDelta_n$ eingeprägt, so daß sich die Schnittstellen an einer bestimmten Stelle überschneiden (Abb. IX D.1a), so leistet die

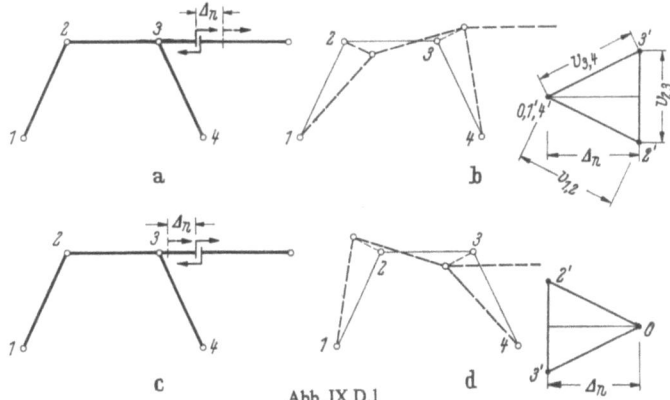

Abb. IX D.1

Stützstabkraft eine positive Arbeit $+V_n \varDelta_n$, bei einem Öffnen des Spaltes (Abb. IX D.1c) eine negative Arbeit $-V_n \varDelta_n$. Zu jeder eingeprägten Klaffung eines Stützstabes kann ein zugehöriger Verschiebungsplan für das Gelenksystem gezeichnet werden, so daß die Verschiebungen jedes beliebigen Punktes und die Sehnendrehungen jedes Stabes festgelegt sind (Abb. IX D.1b u. d). In Abb. IX D.2 ist z. B. ein zweifach verschiebliches System dargestellt, das durch die Stützstäbe $V_1$ und $V_2$ unverschieblich wird. Bei Kragarmen (z. B. Punkt 2 und 4) sind diese nur mit dem Knoten starr verbunden und letztere mit Gelenken mit den Stäben, um zum

450   IX. Statisch unbestimmte Systeme. Momentenausgleichsverfahren   [Lit. S. 460

stabilisierten Gelenksystem zu kommen (Abb. IX D.2b). Denkt man sich den Knoten auf unendlich kleine Abmessungen reduziert, so erhält man das stabilisierte Gelenksystem der Abb. IX D.2c. Da bei der Deformationsmethode Sehnendrehungen getrennt von Knotendrehungen behandelt werden, ergeben sich bei eingeprägten Klaffungen der Stützstäbe für die Kragarme wohl Parallelverschiebungen im verschobenen Zustand, aber keine Stabdrehungen (s. Abb. IX D.2d u. f). Hierauf ist besonders zu achten. Wird dem Stützstab $V_1$ eine Klaffung $\varDelta_1$ eingeprägt (Abb. IX D.2d),

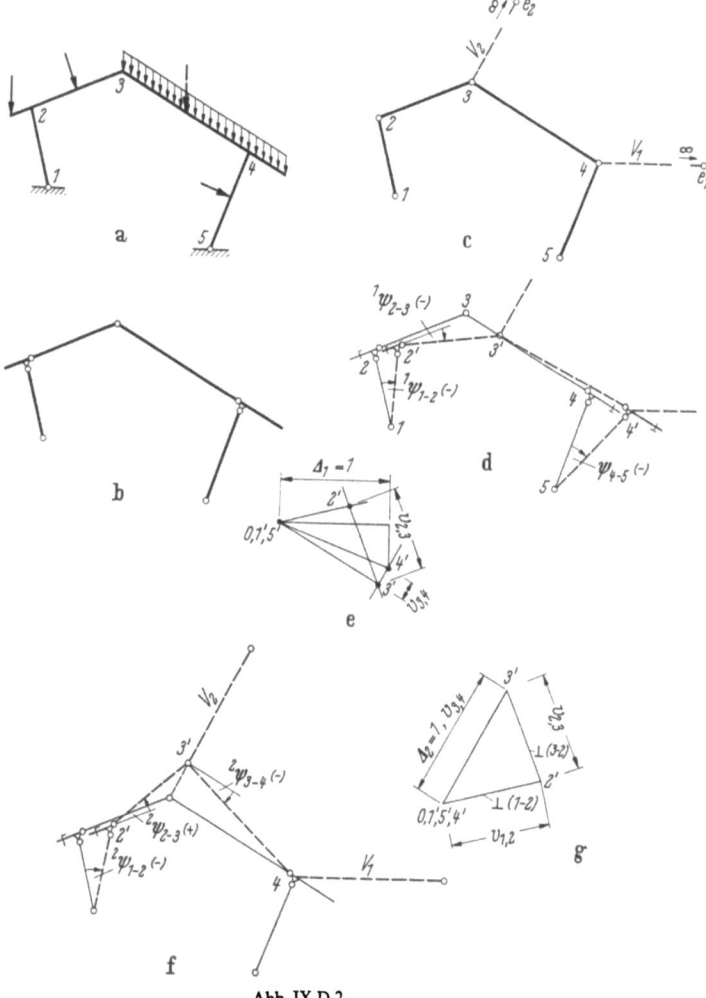

Abb. IX D.2

so ist beim Verschiebungsplan (Abb. IX D.2e) zu beachten, daß sich der Stützstab $V_2$ wohl um sein unendlich fernes Gelenk drehen kann, aber keine Längenänderung erfährt. Wird dem Stützstab $V_2$ eine Klaffung $\varDelta_2$ eingeprägt, so gilt das Entsprechende für den Stützstab $V_1$ (Abb. IX D.2f u. g).

Das Verfahren besteht nunmehr aus folgenden Rechnungsgängen und Annahmen:

Für einen gegebenen Belastungszustand $B$ ist bei Vorhandensein der Stützstäbe $V_n$ das System unverschieblich. Damit können nach Abschn. B oder C zuerst die Starreinspannmomente $\bar{M}_{B,i}$ und dann nach erfolgtem Momentenausgleich die endgültigen Momente $\bar{M}^*_{B,i}$ unter der Annahme unverschieblicher Knotenpunkte ermittelt werden. Sind alle Schnittbelastungen bestimmt, so können auch die Stabkräfte $V_{B,n}$ — aus Gleichgewichtsbetrachtungen oder besser mittels der virtuellen Arbeit — in den einzelnen Stützstäben bestimmt werden. Anschließend wird dem Stützstab $V_1$ eine Klaffung $\varDelta_1 = 1$ eingeprägt, so daß nach Aufbringung der Klaffung der Angriffsknotenpunkt des Stützstabes $V_1$ wieder festgehalten ist. Alle anderen Stützstäbe erhalten in diesem Fall keine Klaffungen.

Aus dem zugehörigen Verschiebungsplan — in dem die gegenseitige Verschiebung zweier Punkte $i$ und $k$ senkrecht zu ihrer Verbindungslinie $(i-k)$ mit $v_{i,k}$ bezeichnet wird — ergeben sich für diesen Verformungszustand $[\varDelta_1 = 1]$ Sehnendrehungen $^1\psi_{i-k} = {^1v_{i,k}}/s_{i-k}$ und mit (VIII B.10) Starreinspannmomente

$$\tilde{M}_{1;i} = -{^i a_{i-k}}\,{^1\psi_{i-k}} \quad \text{bzw.} \quad \tilde{M}_{1;k} = -{^k a_{i-k}}\,{^1\psi_{i-k}}. \tag{IX D.1a}$$

Führt man wieder den Ausgleich durch, so erhält man die endgültigen Momente $\tilde{M}^*_{1,i}$ unter der Annahme unverschieblicher Knotenpunkte und die Stabkräfte $V_{1,n}$ in den einzelnen Stützstäben.

Entsprechend ergeben sich für den Verformungszustand $[\varDelta_m = 1]$ die Starreinspannmomente

bzw.
$$\begin{aligned}\tilde{M}_{m;i} &= -{^i a_{i-k}}\,{^m\psi_{i-k}} \quad \text{bzw.} \quad \tilde{M}_{m;k} = -{^k a_{i-k}}\,{^m\psi_{i-k}}\\ {^0\tilde{M}_{m;i}} &= -{^i a^0_{i-k}}\,{^m\psi_{i-k}} \quad \text{bzw.} \quad {^0\tilde{M}_{m;k}} = -{^k a^0_{i-k}}\,{^m\psi_{i-k}}.\end{aligned} \tag{IX D.1b}$$

Nach dem Ausgleich ergeben sich die endgültigen Momente unter der Annahme unverschieblicher Knotenpunkte zu $\tilde{M}^*_{m;i}$ und die zugehörigen Stabkräfte in den Stützstäben zu $V_{m,n}$. Da im endgültigen Zustand keine Stabkräfte in den Stützstäben vorhanden sein können — es sind in Wirklichkeit keine Stützstäbe da —, so gilt mit den endgültigen Klaffungen $\varDelta_{B,m}$ unter Beachtung des Superpositionsgesetzes das Gleichungssystem:

$$\left.\begin{aligned}\text{Stab 1:} \quad \bar{V}_{B,1} &= V_{B,1} + V_{1,1}\varDelta_{B,1} + V_{2,1}\varDelta_{B,2} + \cdots + V_{n,1}\varDelta_{B,n} = 0;\\ \text{Stab 2:} \quad \bar{V}_{B,2} &= V_{B,2} + V_{1,2}\varDelta_{B,1} + V_{2,2}\varDelta_{B,2} + \cdots + V_{n,2}\varDelta_{B,n} = 0;\\ \vdots \quad \vdots \quad &\vdots \quad \vdots \quad \vdots \quad \vdots \quad \vdots\\ \text{Stab } n: \quad \bar{V}_{B,n} &= V_{B,n} + V_{1,n}\varDelta_{B,1} + V_{2,n}\varDelta_{B,2} + \cdots + V_{n,n}\varDelta_{B,n} = 0.\end{aligned}\right\} \tag{IX D.2}$$

Aus diesem Gleichungssystem können die unbekannten Knotenpunktverschiebungen $\varDelta_{B,m}$ für die Knoten, an denen gedachte Stützstäbe anschließen, in Richtung der Stützstäbe berechnet werden.

Nach dem Superpositionsgesetz ergeben sich die endgültigen Schnittbelastungen für einen gegebenen Belastungszustand $B$ zu

$$\left.\begin{aligned}\bar{M}_{B,i} &= \tilde{M}^*_{B,i} + \tilde{M}^*_{1,i}\,\varDelta_{B,1} + \tilde{M}^*_{2,i}\,\varDelta_{B,2} + \cdots;\\ \bar{Q}_{B,i} &= \tilde{Q}^*_{B,i} + \tilde{Q}^*_{1,i}\,\varDelta_{B,1} + \tilde{Q}^*_{2,i}\,\varDelta_{B,2} + \cdots;\\ \bar{N}_{B,i} &= \tilde{N}^*_{B,i} + \tilde{N}^*_{1,i}\,\varDelta_{B,1} + \tilde{N}^*_{2,i}\,\varDelta_{B,2} + \cdots.\end{aligned}\right\} \tag{IX D.3}$$

Im Gleichungssystem (IX D.2) sind die Stützstabkräfte $V_{B,m}$ und $V_{m,n}$ Zahlenwerte, die aus den Belastungszuständen $[B]$ bzw. den Verformungszuständen $[\varDelta_m = 1]$ am unverschieblichen System zu bestimmen sind.

Die Berechnung dieser Werte über Gleichgewichtsbetrachtungen ist mühsam, besonders wenn es sich um Systeme mit geneigten Stielen und Riegeln handelt. Die einfachere Methode ist, die Stützstabbelastungen mit Hilfe des Satzes von der virtuellen Arbeit zu bestimmen.

*Stützstabbelastungen $V_{B,m}$ und $V_{m,n}$.* Das den Verschiebungszuständen zugrunde gelegte Gelenksystem (z. B. Abb. IX D.3a) wird für den Belastungszustand $B$ unter der Annahme unverschieblicher, aber drehbarer Knotenpunkte durch die aus dem Ausgleich erhaltenen Momente $\tilde{M}^*_{B;i,k}$ stabilisiert, wenn diese in den gedachten Gelenken als Belastungen wirken und die Stützstäbe starr sind.

Unterwirft man dieses System einem virtuellen Verschiebungszustand, so muß die gesamte geleistete virtuelle Arbeit Null sein. Nach Abschn. VIII B besteht diese Arbeit aus der Arbeit der äußeren Belastung und der Arbeit der stabilisierenden Schnittbelastungen in den gedachten Gelenken des stabilisierten Gelenksystems.

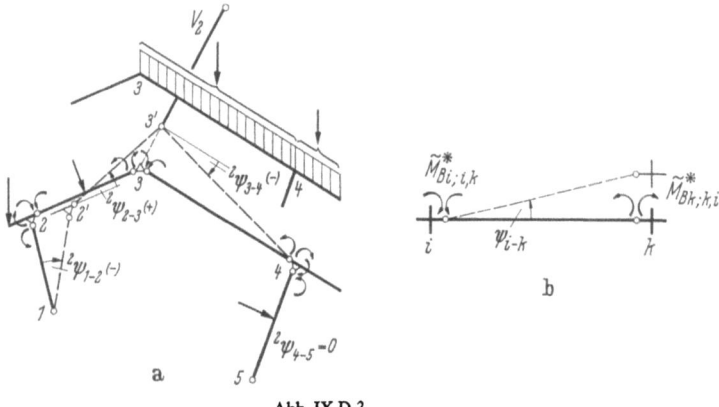

Abb. IX D.3

Wählt man für den virtuellen Verschiebungszustand den Zustand $[\varDelta_m = 1]$ (in Abb. IX D.3a den Zustand $[\varDelta_2 = 1]$), bei dem die Knotenpunkte drehstarr festgehalten werden, so ergeben sich für die einzelnen Stäbe die Sehnendrehungen ${}^m\psi_{i-k}$ (in Abb. IX D.3a ${}^2\psi_{i-k}$) und für jeden Lastangriffspunkt $r$ eine Verschiebung ${}^m v_r^*$. Hierbei ist die Belastung auf Kragarme von der auf Verbindungsstäbe getrennt zu behandeln, da Kragarme bei drehstarren Knoten keine Sehnendrehungen erfahren, wohl aber die Verbindungsstäbe. Zur Arbeit der äußeren Belastung und der stabilisierenden Momente kommt noch die Arbeit, die die Stützkraft $V_{B,m}$ an der eingeprägten Klaffung $\varDelta_m = 1$ leistet. Somit erhält man insgesamt die Bedingungsgleichung für die Stützstabbelastung $V_{B,m}$ zu

$$^v\!A = \sum(\tilde{M}^*_{B,i;i,k} + \tilde{M}^*_{B,k;k,i})\,{}^m\psi_{i-k} + \sum\mathfrak{P}_r \cdot {}^m v_r^* \pm V_{B,m} = 0. \qquad \text{(IX D.4)}$$

Das positive Vorzeichen bei $V_{B,m}$ gilt bei einem Überschneiden der Klaffung, das negative bei einem Öffnen der Klaffung im Stützstab infolge der eingeprägten Klaffung $\varDelta_m = 1$.

Bei der Bestimmung der $V_{m,n}$-Werte kann der Belastungszustand aus dem Zustand $[\varDelta_m = 1]$ bestehen und der virtuelle Verschiebungszustand aus dem Zustand $[\varDelta_n = 1]$ oder umgekehrt. Es gilt hierfür

$$^v\!A = \sum(\tilde{M}^*_{m,i;i,k} + \tilde{M}^*_{m,k;k,i})\,{}^n\psi_{i-k} \pm V_{m,n} = 0 \qquad \text{(IX D.5a)}$$

bzw.

$$^v\!A = \sum(\tilde{M}^*_{n,i;i,k} + \tilde{M}^*_{n,k;k,i})\,{}^m\psi_{i-k} \pm V_{n,m} = 0 \qquad \text{(IX D.5b)}$$

und

$$V_{m,n} = V_{n,m}. \qquad \text{(IX D.6)}$$

In gleicher Weise gilt

$$\sum(\tilde{M}^*_{m,i;i,k} + \tilde{M}^*_{m,k;k,i})\,{}^m\psi_{i-k} \pm V_{m,m} = 0. \qquad \text{(IX D.7)}$$

Die Werte $\tilde{M}^*_{B,i;i,k}$, $\tilde{M}^*_{B,k;k,i}$ usw. und $\psi_{i-k}$ sind hierbei vorzeichengerecht nach Abb. IX D.3b einzuführen.

Man erkennt aus (IX D.4) bis (IX D.7), daß man die $V_{B,m}$- und $V_{m,n}$-Werte rein schematisch berechnen kann.

(Siehe Beispiele 55 bis 57.)

## 2. Abgespannte Systeme

Ist ein Rahmensystem durch einen oder mehrere elastische Stäbe (z. B. Seile), die gelenkig an die Knoten angeschlossen sind, verspannt, so können solche Stäbe wie Federn behandelt werden. Während die Längenänderungen aus den Längskräften bei den Rahmenstäben im allgemeinen nicht berücksichtigt werden, müssen diese von sehr elastischen Stäben, wie z. B. von Abspannungen, beachtet werden. Die sinngemäße Anwendung der obigen Entwicklungen für einen solchen Fall sei an einem einfachen Beispiel erläutert.

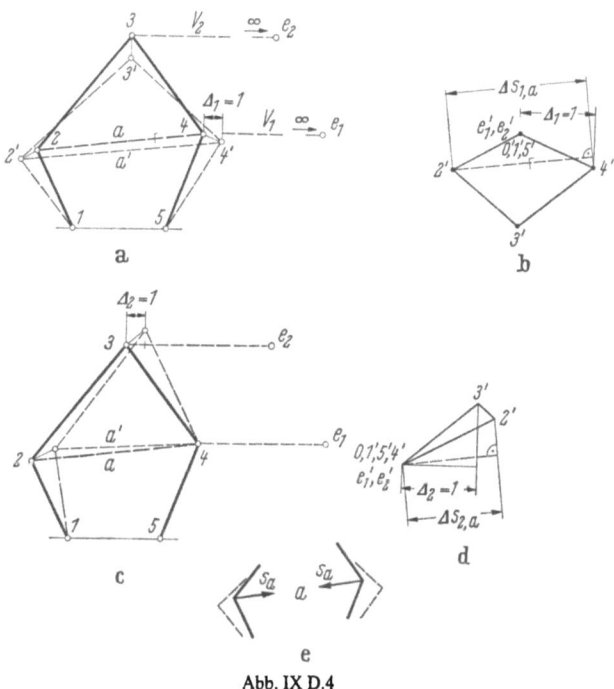

Abb. IX D.4

Das System nach Abb. IX D.4, das zweifach verschieblich ist, sei durch ein Seil $a$ mit der Fläche $F_a$, der Länge $s_a$ und dem Modul $E_a$ zwischen den Punkten 2 und 4 abgespannt.

Bei einer Stabkraft $\widetilde{S}_a$ entsteht im Seil eine Längenänderung

$$\Delta s_a = \frac{\widetilde{S}_a s_a}{E_a F_a},$$

bzw. es gilt

$$\widetilde{S}_a = \frac{\Delta s_a}{s_a} E_a F_a.$$

Bezeichnet man als Federkraft $f_a$ die Kraft, die eine Längenänderung $\Delta s_a = 1$ hervorruft, so ist

$$f_a = \frac{E_a F_a}{s_a}, \qquad \text{(IX D.8)}$$

welcher Wert berechnet oder experimentell gefunden werden kann. Damit ergibt sich für eine bestimmte Längenänderung $\Delta s_a$ die Seilkraft

$$\widetilde{S}_a = f_a \Delta s_a. \qquad \text{(IX D.9)}$$

Im stabilisierten Gelenksystem mit starren Stützstäben kann im Seil keine Stabkraft vorhanden sein (wenn nicht ein Vorspannungszustand vorliegt). Damit können die $V_{B,m}$-Werte wieder nach (IX D.4) berechnet werden, da für einen virtuellen Verschiebungszustand das spannungslose Seil keine Arbeit leistet.

Anders liegen die Verhältnisse bei der Ermittlung der $V_{m,n}$-Werte.

Infolge einer eingeprägten Klaffung $[\Delta_1 = 1]$ verschiebt sich das Gelenksystem (Abb. IX D.4a). Aus dem Verschiebungsplan (Abb. IX D.4b) kann die Längenänderung $\Delta s_{1,a}$ des Seiles entnommen werden (positiv bei Verlängerung). Damit ergibt sich eine Seilkraft $S_{1,a} = f_a \Delta s_{1,a}$ (positiv bei Verlängerung).

Wird dieser Belastungszustand einem virtuellen Verschiebungszustand $[\Delta_2 = 1]$ unterworfen, so erhält man aus dem betreffenden Verschiebungsplan die Seillängenänderung $\Delta_{2,a}$ (Abb. IX D.4c u. d).

Wie man aus Abb. IX D.4e erkennt, erhält man bei einer positiven Seilkraft $S_{1,a}$ und Verlängerung $\Delta s_{2,a}$ eine negative Arbeit $-S_{1,a} \Delta s_{2,a} = -f_a \Delta s_{1,a} \Delta s_{2,a}$. Somit gilt in einem solchen Fall allgemein

$$\sum (\tilde{M}^*_{m,i;l,k} + \tilde{M}^*_{m,k;l,i})\, {}^n\psi_{i-k} \pm V_{m,n} - f_a \Delta s_{m,a} \Delta s_{n,a} = 0 \qquad \text{(IX D.10)}$$

bzw. bei mehrfachen Abspannungen — auch gegen die Erdscheibe —

$$\sum (\tilde{M}^*_{m,i;l,k} + \tilde{M}^*_{m,k;l,i})\, {}^n\psi_{i-k} \pm V_{m,n} - \sum_a f_a \Delta s_{m,a} \Delta s_{n,a} = 0 \qquad \text{(IX D.11)}$$

und

$$\sum (\tilde{M}^*_{m,i;l,k} + \tilde{M}^*_{m,k;l,i})\, {}^m\psi_{i-k} \pm V_{m,m} - \sum_a f_a \Delta s^2_{m,a} = 0. \qquad \text{(IX D.12)}$$

(Siehe Beispiele 58 bis 60.)

## 3. Verschiebungsgruppen

Ähnlich dem Lastgruppenverfahren bei der Schnittbelastungsmethode kann man bei der Methode Ostenfeld auch mit Verschiebungsgruppen arbeiten. Solche Verschiebungsgruppen können unter Umständen zweckmäßig bei Stockwerkrahmen oder symmetrischen Systemen zur Anwendung kommen. Hierfür gilt allgemein folgendes Schema:

|     | $\Delta_a$ | $\Delta_\beta$ | $\Delta_c$ | ... |
|-----|------------|----------------|------------|-----|
| $\Delta_1$ | $\alpha_{a,1}$ | $\alpha_{b,1}$ | $\alpha_{c,1}$ | ... |
| $\Delta_2$ | $\alpha_{a,2}$ | $\alpha_{b,2}$ | $\alpha_{c,2}$ | ... |
| $\Delta_3$ | $\alpha_{a,3}$ | $\alpha_{b,3}$ | $\alpha_{c,3}$ | ... |
| ⋮   | ⋮          | ⋮              | ⋮          |     |

→ Absolutwerte           (IX D.13)

↓ Zustände

Dieses Schema soll zeigen, daß der Zustand $[\Delta_a = 1]$ darin besteht, daß der Stützstab 1 eine Klaffung um $\alpha_{a,1}$, der Stützstab 2 um $\alpha_{a,2}$ usw. erfährt. Die vertikalen Spalten geben somit Zustände an.

Wenn man den Zustand $[\Delta_a = 1]$ mit dem Wert $\Delta_{B,a}$, den Zustand $[\Delta_b = 1]$ mit dem Wert $\Delta_{B,b}$ usw. vervielfacht, müssen sich für einen gegebenen Belastungszustand die endgültigen Verschiebungen der Angriffspunkte der Stützstäbe in ihrer Wirkungsrichtung ergeben.

Somit muß gelten

$$\bar{v}_{B,1;1-1} = \alpha_{a,1} \Delta_{B,a} + \alpha_{b,1} \Delta_{B,b} + \cdots ;$$
$$\bar{v}_{B,2;2-2} = \alpha_{a,2} \Delta_{B,a} + \alpha_{b,2} \Delta_{B,b} + \cdots \quad \text{usw.} \qquad \text{(IX D.14)}$$

Die horizontalen Zeilen des Schemas (IX D.13) ergeben somit Absolutwerte der Verschiebungen der Angriffspunkte der gedachten Stützstäbe in Richtung der Stützstäbe.

Die Durchführung der Rechnung sei an zwei einfachen Beispielen erläutert. Das stabilisierte Gelenksystem des Stockwerkrahmens nach Abb. IX D.5 wird durch die drei Stützstäbe $V_1$, $V_2$ und $V_3$ unverschieblich gehalten. Die Verschiebungsgruppen werden nach folgendem Schema angenommen:

|       | $\Delta_a$ | $\Delta_b$ | $\Delta_c$ |
|-------|-----|-----|-----|
| $\Delta_1$ | 1 | 1 | 1 |
| $\Delta_2$ | 1 | 1 | 0 |
| $\Delta_3$ | 1 | 0 | 0 |

(IX D.15)

Zuerst werden für den gegebenen Belastungszustand $B$ die Starreinspannmomente $\widehat{M}_{B,i}$ und mittels des Momentenausgleichs bei unverschieblichen Knotenpunkten die Momente $\widehat{M}^*_{B,i}$ berechnet.

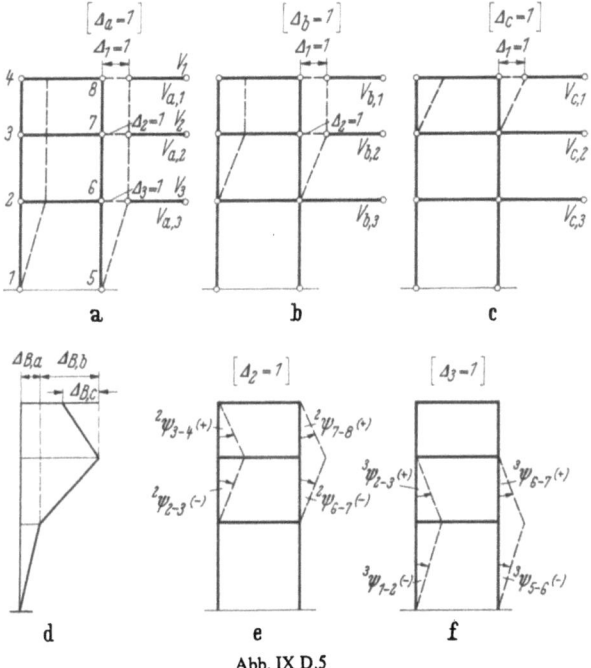

Abb. IX D.5

Nach dem Schema (IX D.15) ist der Zustand $[\Delta_a = 1]$ durch Abb. IX D.5a gekennzeichnet. Es erleiden nur die Stäbe (1—2) und (5—6) Sehnendrehungen $^a\psi_{1-2}$ und $^a\psi_{5-6}$. Mit den zugehörigen Starreinspannmomenten nach (IX D.1) ergeben sich nach dem Momentenausgleich für unverschiebliche Knotenpunkte die Momente $\widehat{M}^*_{a,i}$. Entsprechend erhält man mit Abb. IX D.5b u. c die Momente $\widehat{M}^*_{b,i}$ und $\widehat{M}^*_{c,i}$.

Mit den Momenten $\widehat{M}^*_{B,i}$ bzw. $\widehat{M}^*_{n,i}$ sind die Stützstabkräfte $V_{B,1}$, $V_{B,2}$, $V_{B,3}$ bzw. $V_{n,1}$, $V_{n,2}$, $V_{n,3}$ zu berechnen. Diese werden zweckmäßig nach (IX D.4) bis (IX D.7) ermittelt, indem einzelne virtuelle Verschiebungszustände $[\Delta_1 = 1]$, $[\Delta_2 = 1]$ und $[\Delta_3 = 1]$ für die Berechnung der virtuellen Arbeiten Verwendung finden.

Zum Beispiel ergibt sich die Bestimmungsgleichung für $V_{B,2}$ zu

$$\sum (\tilde{M}^*_{B,i;i,k} + \tilde{M}^*_{B,k;k,i})\,{}^2\psi_{i-k} + \sum \mathfrak{P}_r \cdot {}^2\mathfrak{v}_r + V_{B,2} = 0. \qquad \text{(IX D.16)}$$

Der zugehörige Verschiebungszustand $[\varDelta_2 = 1]$ ist in Abb. IX D.5e dargestellt. Die Bestimmungsgleichung für $V_{b,3}$ lautet

$$\sum (\tilde{M}^*_{b,i;i,k} + \tilde{M}^*_{b,k;k,i})\,{}^3\psi_{i-k} + V_{b,3} = 0. \qquad \text{(IX D.17)}$$

Der zugehörige Verschiebungszustand $[\varDelta_3 = 1]$ ist in Abb. IX D.5f dargestellt.

In gleicher Weise können alle Stützstabkräfte berechnet werden. Da die endgültigen Stützstabkräfte verschwinden müssen, gilt das Gleichungssystem

$$\left.\begin{aligned}
\bar{V}_{B,1} &= V_{B,1} + V_{a,1}\,\varDelta_{B,a} + V_{b,1}\,\varDelta_{B,b} + V_{c,1}\,\varDelta_{B,c} = 0;\\
\bar{V}_{B,2} &= V_{B,2} + V_{a,2}\,\varDelta_{B,a} + V_{b,2}\,\varDelta_{B,b} + V_{c,2}\,\varDelta_{B,c} = 0;\\
\bar{V}_{B,3} &= V_{B,3} + V_{a,3}\,\varDelta_{B,a} + V_{b,3}\,\varDelta_{B,b} + V_{c,3}\,\varDelta_{B,c} = 0.
\end{aligned}\right\} \qquad \text{(IX D.18)}$$

Als Lösung von (IX D.18) erhält man die Absolutwerte $\varDelta_{B,a}$, $\varDelta_{B,b}$ und $\varDelta_{B,c}$. Damit ergibt sich die endgültige Verschiebungsfigur nach Abb. IX D.5d. Die endgültigen Schnittbelastungen betragen

$$\bar{M}_{B,i;i,k} = \tilde{M}^*_{B,i;i,k} + \tilde{M}^*_{a,i;i,k}\,\varDelta_{B,a} + \tilde{M}^*_{b,i;i,k}\,\varDelta_{B,b} + \tilde{M}^*_{c,i;i,k}\,\varDelta_{B,c}. \qquad \text{(IX D.19)}$$

usw.

Nach dem Satz von BETTI (III A.6) ist die virtuelle Arbeit aus den Stützkräften des Zustandes $[\varDelta_a = 1]$ mit den Verschiebungen aus dem Zustand $[\varDelta_b = 1]$ gleich der Arbeit aus den Stützkräften des Zustandes $[\varDelta_b = 1]$ mit den Verschiebungen aus dem Zustand $[\varDelta_a = 1]$. Damit gewinnt man folgende Gleichungen zur Kontrolle der $V_{i,k}$-Werte:

Zustände $[\varDelta_a = 1]$ und $[\varDelta_b = 1]$:

$$\left.\begin{aligned}
V_{a,1}\cdot 1 + V_{a,2}\cdot 1 &= V_{b,1}\cdot 1 + V_{b,2}\cdot 1 + V_{b,3}\cdot 1;\\
\text{Zustände } [\varDelta_a = 1] \text{ und } [\varDelta_c = 1]:\\
V_{a,1}\cdot 1 &= V_{c,1}\cdot 1 + V_{c,2}\cdot 1 + V_{c,3}\cdot 1;\\
\text{Zustände } [\varDelta_b = 1] \text{ und } [\varDelta_c = 1]:\\
V_{b,1}\cdot 1 &= V_{c,1}\cdot 1 + V_{c,2}\cdot 1.
\end{aligned}\right\} \qquad \text{(IX D.20)}$$

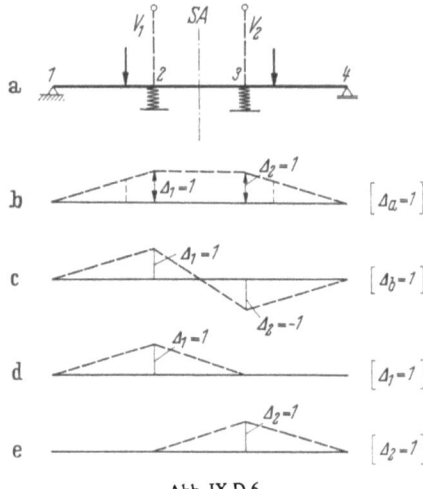

Abb. IX D.6

Für den in Abb. IX D.6a dargestellten Träger auf elastischen Stützen, der symmetrisch ausgebildet ist, kann folgendes Schema angenommen werden (Abb. IX D.6 b u. c):

|  | $\Delta_a$ | $\Delta_b$ |
|---|---|---|
| $\Delta_1$ | 1 | 1 |
| $\Delta_2$ | 1 | $-1$ |

→ Absolutwerte     (IX D.21)

↓ Zustände

Bei einer Verschiebung $w_2$ bzw. $w_3$ tritt eine Federkraft $w_2 f_{W,2}$ bzw. $w_3 f_{W,3}$ auf. Die Durchführung der Berechnung erfolgt in gleicher Weise wie früher. Lediglich bei den Arbeitsansätzen zur Ermittlung der $V$-Werte sind die Wirkungen der beiden Federn zusätzlich zu berücksichtigen.
Es gilt z. B. mit Abb. IX D.6d u. e

$$\sum (\tilde{M}^*_{B,i;i,k} + \tilde{M}^*_{B,k;k,i})\, {}^1\psi_{i-k} + \sum \mathfrak{P}_r \cdot {}^1v_r + V_{B,1} = 0. \quad \text{(IX D.22)}$$

Hierbei geben die Federn keinen Beitrag, da für den Belastungszustand $B$ mit unverschieblichen Knotenpunkten keine Federkräfte auftreten können.
Weiter ergibt sich z. B.

$$\sum (\tilde{M}^*_{a,i;i,k} + \tilde{M}^*_{a,k;k,i})\, {}^1\psi_{i-k} + V_{a,1} \cdot 1 - \underbrace{f_W (\Delta_a = 1)(\Delta_1 = 1)}_{-f_W} = 0 \quad \text{(IX D.23)}$$

usw.
Das Gleichungssystem zur Bestimmung der $\Delta_{B,a}$- und $\Delta_{B,b}$-Werte lautet

$$\begin{aligned}\bar{V}_{B,1} &= V_{B,1} + V_{a,1}\Delta_{B,a} + V_{b,1}\Delta_{B,b} = 0; \\ \bar{V}_{B,2} &= V_{B,2} + V_{a,2}\Delta_{B,a} + V_{b,2}\Delta_{B,b} = 0.\end{aligned} \quad \text{(IX D.24)}$$

Die Berechnung wird noch einfacher, wenn man nach dem Belastungsumordnungsverfahren (Abschn. VI B) die Belastung in einen symmetrischen und antimetrischen Anteil aufspaltet. In einem solchen Fall kann jede unbekannte Verschiebung ($\Delta_{B,a}$ und $\Delta_{B,b}$) aus einer einzigen Gleichung berechnet werden.

*Temperatureinflüsse und Widerlagerbewegungen.* Unter Beachtung der in Abschn. IX B gebrachten Entwicklungen können solche Einflüsse in gleicher Weise wie oben berücksichtigt werden. Es sind nur die entsprechenden Starreinspannmomente für den Grundzustand mit unverschieblichen Knotenpunkten zu berücksichtigen. Längenänderungen der Stäbe aus Temperatur bzw. Verschiebungen aus Widerlagerbewegungen sind hierbei als eingeprägte Verschiebungen, bei dann festgehaltenen Knotenpunkten, zu erfassen.

Das Verfahren Ostenfeld, in Kombination mit den Verfahren Kani-Engesser bzw. Cross, wird man — mit Ausnahme von Stockwerkrahmen mit parallelen, gleich hohen Stielen und stabweise konstantem Trägheitsmoment — für Systeme verwenden, deren stabilisiertes Gelenksystem verschieblich ist.

Meist genügen wenige Stützstäbe, um solche Systeme unverschieblich zu machen, wodurch die Anzahl der unbekannten Verschiebungsgrößen gering bleibt. Nachfolgend werden einige Beispiele angeführt. Für das System nach Abb. IX D.7a ist ein Stützstab erforderlich, wie man aus

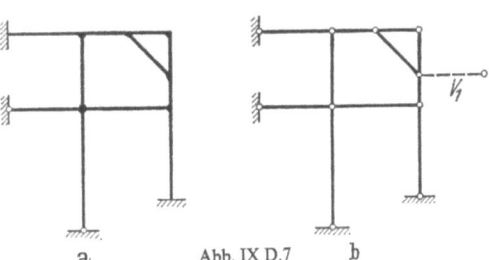

a     Abb. IX D.7     b

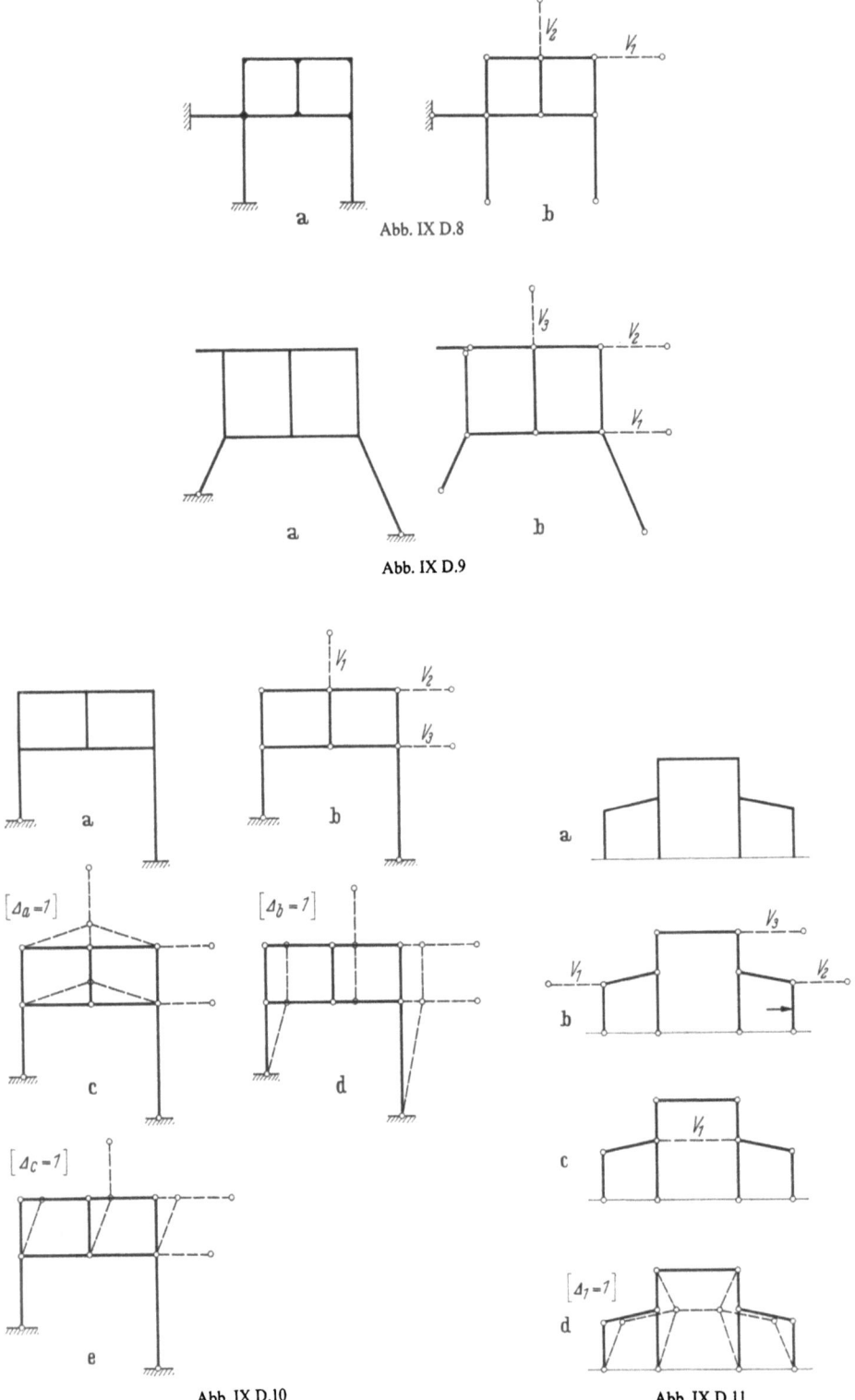

Abb. IX D.8

Abb. IX D.9

Abb. IX D.10

Abb. IX D.11

Abb. IX D.7b erkennt. Für das System nach Abb. IX D.8a u. b benützt man zwei Stützstäbe, für das nach Abb. IX D.9a u. b drei. Würde man das System nach Abb. IX D.10a mit Verschiebungsgruppen behandeln, so könnte z. B. entsprechend Abb. IX D.10c bis e folgendes Schema gewählt werden:

|       | $\Delta_a$ | $\Delta_b$ | $\Delta_c$ |
|-------|---|---|---|
| $\Delta_1$ | 1 | 0 | 0 |
| $\Delta_2$ | 0 | 1 | 1 |
| $\Delta_3$ | 0 | 1 | 0 |

Das System nach Abb. IX D.11a benötigt für einen beliebigen Belastungszustand $B$ drei Stützstäbe (Abb. IX D.11b), um das Gelenksystem unverschieblich zu machen. Ist der Belastungszustand $B$ symmetrisch, so wird nur ein Stützstab benötigt (Abb. IX D.11c u. d).

Der große Vorteil der Kombination des Momentenausgleichsverfahrens mit dem Verfahren Ostenfeld besteht in seiner Einfachheit. Es ist jeweils nur der einfachste Fall des Momentenausgleichsverfahrens — der mit unverschieblichen Knotenpunkten — anzuwenden. Es kann das Verfahren Kani-Engesser oder das Verfahren Cross mit konstantem oder veränderlichem Trägheitsmoment der einzelnen Stäbe Verwendung finden. Die gesamte Berechnung, Ermittlung der $\bar{M}_i^*$-Werte und der Stützstabkräfte $V$ erfolgt vollkommen schematisch, vor allem wenn man für die Berechnung der Stützstabkräfte das Prinzip der virtuellen Arbeit verwendet.

## 4. Gekrümmte Stäbe

Das Verfahren kann auch für Systeme mit gekrümmten Stäben Anwendung finden. Zu beachten ist dabei, daß sich die Knotenpunkte auch bei längsstarren Stäben schon aus der Wirkung der Momente allein verschieben können. Beim System nach Abb. IX D.12a wird für das Gelenksystem (Abb. IX D.12b) bereits

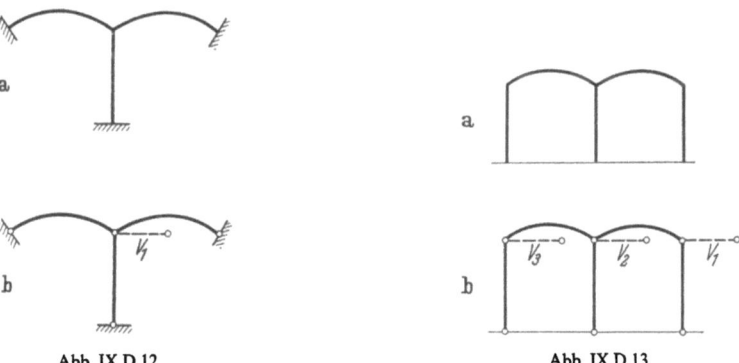

Abb. IX D.12    Abb. IX D.13

ein Stützstab benötigt. Beim System nach Abb. IX D.13a u. b werden drei Stützstäbe erforderlich. In allen diesen Fällen müssen zuerst für jedes Einzelelement die Starreinspannmomente für beliebige Belastungen und Verschiebungen und Steifigkeiten berechnet werden. Es würde im Rahmen dieses Buches zu weit führen, hierauf näher einzugehen. Jedoch können die entsprechenden Unterlagen sinngemäß nach den allgemeinen Entwicklungen dieses Kapitels erarbeitet werden.

## Literatur zum Abschnitt IX

[1] CALIZEW, K.: Die Methode der sukzessiven Annäherung bei der Berechnung von vielfach statisch unbestimmten Systemen. Abhandl. IVBH 4 (1936) 199.
[2] CROSS, H.: Analysis of Continuous Frames by Distributing Fixed-end Moments. Trans. Amer. Soc. civ. Engrs. 96 (1932) 1.
[3] DERNEDDE, W.: Näherungsweise Berechnung von Durchlaufträgern und Rahmen. Bauing. 21 (1938) 45.
[4] ENGESSER, F.: Nebenspannungen von Fachwerkträgern. Z. Baukunde (1879); Z. VDI (1888).
[5] ENGESSER, F.: Zusatzkräfte und Nebenspannungen, Berlin: Springer 1892.
[6] ENGESSER, F.: Die Berechnung der Stockwerkrahmen. Eisenbau 11 (1920) 81.
[7] LEITZ, H.: Beitrag zur Berechnung der Nebenspannungen. Eisenbau 8 (1917) 125.
[8] WADDEL, J. A. L.: Nebenspannungen von Fachwerkbrücken. Bridge Engng. (1916).

Siehe auch:
[S 13, S 14] GULDAN;     [S 17] HIRSCHFELD;     [S 18] KANI;     [S 19] KAUFMANN.

# Schrifttum zum Band I

*Wichtige Werke, auf die in diesem Band Bezug genommen wurde, in alphabetischer Reihenfolge:*

[S 1] ANDRÉE, L.: Das B-U-Verfahren, München/Berlin: Oldenbourg 1919.
[S 2] BELLUZZI, O.: Scienza delle Costruzioni, 4 Bände, Bologna: Zanchinelli 1955.
[S 3] BEYER, K.: Die Statik im Eisenbetonbau, 2. Aufl., 2 Bände, Berlin: Springer 1933/34 (1. Aufl. 1927).
[S 4] BLEICH, F.: Die Berechnung statisch unbestimmter Tragwerke nach der Methode des Viermomentensatzes, 2. Aufl., Berlin: Springer 1925.
[S 5] CHWALLA, F.: Einführung in die Baustatik, 2. Aufl., Köln: Stahlbau-Verlag 1954 (1. Aufl. 1914).
[S 6] CROSS/MARGON: Continuous Frames of Reinforced Concrete, New York: Wiley 1958.
[S 7] CULMANN, C.: Graphische Statik, 2. Aufl., Zürich 1875 (1. Aufl. 1866).
[S 8] DARKOW/KUSNEZOW: Baustatik, deutsche Ausgabe, Berlin: VEB Verlag Technik 1953.
[S 9] FÖPPL, A.: Vorlesungen über Technische Mechanik, 3. Aufl., Leipzig/Berlin: Teubner, Bd. I 1905, Bd. II 1912 (1. Aufl. Bd. I 1898, Bd. II 1900).
[S 10] FÖPPL, A. u. L.: Drang und Zwang, 2. Aufl., München/Berlin: Oldenbourg, Bd. I 1924, Bd. II 1928 (1. Aufl. Bd. I 1919, Bd. II 1920).
[S 11] GRÜNING, M.: Die Statik des ebenen Tragwerkes, Berlin: Springer 1925.
[S 12] GULDAN, R.: Rahmentragwerke und Durchlaufträger, 6. Aufl., Wien: Springer 1959.
[S 13] GULDAN, R.: Elementare Baustatik, Wien: Springer 1956.
[S 14] GULDAN, R.: Die Cross-Methode und ihre praktische Anwendung, Wien: Springer 1955.
[S 15] v. HALASZ, R.: Anschauliche Verfahren zur Berechnung von Durchlaufbalken und -rahmen, Berlin: Ernst & Sohn 1951.
[S 16] HENNEBERG, L.: Statik der starren Systeme, Leipzig/Berlin: Teubner 1886.
[S 17] HIRSCHFELD, K.: Baustatik, 2. Aufl., Berlin/Heidelberg/New York: Springer 1965 (1. Aufl. 1958).
[S 18] KANI, G.: Die Berechnung mehrstöckiger Rahmen, 2. Aufl., Stuttgart: Wittwer 1951.
[S 19] KAUFMANN, W.: Statik der Tragwerke, 4. Aufl., Berlin/Göttingen/Heidelberg: Springer 1957.
[S 20] KIRCHHOFF, R.: Statik der Bauwerke, Berlin: Ernst & Sohn, Bd. I 1921, Bd. II 1922.
[S 21] KLOUČEK, C.: Das Prinzip der fortgeleiteten Verformung, Berlin: Ernst & Sohn 1941.
[S 22] MANN, L.: Theorie der Rahmentragwerke, Berlin: Springer 1927.
[S 23] MELAN, E.: Einführung in die Baustatik, Wien: Springer 1950.
[S 24] MEHRTENS, G. CH.: Statik der Baukonstruktionen und Festigkeitslehre, Leipzig: Engelmann, Bd. I 1903, Bd. II/1 1904, Bd. II/2 1910, Bd. III/1 1912, Bd. III/2 1912.
[S 25] MOHR, O.: Technische Mechanik, Stuttgart: Wittwer 1878.
[S 26] MOHR, O.: Technische Mechanik, 2. Aufl., Berlin: Ernst & Sohn 1914 (1. Aufl. 1905).
[S 27] MOHR, O.: Abhandlungen aus dem Gebiet der Technischen Mechanik, Berlin: Ernst & Sohn 1906.
[S 28] MÜLLER-BRESLAU, H.: Graphische Statik der Baukonstruktionen, 2. Aufl., Leipzig: Baumgärtner, Bd. I 1887, Bd. II 1892 (1. Aufl. 1881).
[S 29] MÜLLER-BRESLAU, H.: Graphische Statik der Baukonstruktionen, 3. Aufl., Leipzig: Baumgärtner, Bd. I 1901, Bd. II/1 1903, Bd. II/2 1908.
[S 30] MÜLLER-BRESLAU, H.: Neuere Methoden der Festigkeitslehre, 4. Aufl., Leipzig: Kröner 1913 (1. Aufl. 1893).
[S 31] NAVIER, C. L. M. H.: Resumé des leçons données à l'école des ponts et chaussées sur l'application de la méchanique à l'établissement de constructions et des machines, 2. Aufl., 1833 (1. Aufl. 1826).
[S 32] OSTENFELD, A.: Technische Statik, deutsche Ausgabe, Leipzig: Teubner 1904 (1. Aufl. 1900).
[S 33] OSTENFELD, A.: Die Deformations-Methode, Berlin: Springer 1926.

[S 34] RITTER, W.: Die elastische Linie und ihre Anwendung auf den kontinuierlichen Balken, Zürich 1871.
[S 35] RITTER, W.: Graphische Statik, Zürich: Meyer & Zellner, Bd. I 1888, Bd. II 1890, Bd. III 1900, Bd. IV 1906.
[S 36] SATTLER, K.: Theorie der Verbundkonstruktionen, Berlin: Ernst & Sohn 1952.
[S 37] SATTLER, K.: Theorie der Verbundkonstruktionen. Spannbeton und Stahlträger in Verbund mit Beton, 2. Aufl., 2 Bände, Berlin: Ernst & Sohn 1959.
[S 38] STABILINI, L.: Tecnica delle Costruzioni, Milano: Tamburini 1956.
[S 39] STRASSNER, A.: Neuere Methoden der Statik der Rahmentragwerke und der elastischen Bogenträger, 4. Aufl., Berlin: Ernst & Sohn 1937.
[S 40] STÜSSI, F.: Vorlesungen über Baustatik, Basel: Birkhäuser, Bd. I 1946, Bd. II 1954.
[S 41] SUTER, E.: Methode der Festpunkte, 2. Aufl., Berlin: Springer 1932 (1. Aufl. 1921).
[S 42] SZABÓ, O.: Einführung in die Technische Mechanik, 6. Aufl., Berlin/Göttingen/Heidelberg: Springer 1963 (1. Aufl. 1954).
[S 43] SZABÓ, I.: Höhere Technische Mechanik, 4. Aufl., Berlin/Göttingen/Heidelberg: Springer 1964 (1. Aufl. 1956).
[S 44] TEICHMANN, A.: Statik der Baukonstruktionen (Sammlung Göschen Bd. 119, 120, 122), Berlin: de Gruyter, Bd. 119 1956, Bd. 120 1957, Bd. 122 1958.
[S 45] ZSCHETZKE, A. F.: Handbuch der Baustatik, Düsseldorf: Bagel 1912.

# Tabellenwerke zum Band I

[T 1] ANGER, G.: Zehnteilige Einflußlinien für Durchlaufträger, 2 Bände, Berlin: Ernst & Sohn 1958.
[T 2] BARTH, R.: Grundwerte für das Cross-Verfahren, Berlin: Ernst & Sohn 1964 (Besondere Belastungen, veränderliches Trägheitsmoment).
[T 3] Betonkalender 1966, Berlin: Ernst & Sohn (Einspannmomente für einseitig und zweiseitig eingespannte Träger für verschiedene Belastungen S. 300; Momente für Durchlaufträger für verschiedene Belastungen S. 306; Arbeitsintegrale „$\int F_1 F_2 \, ds$" für konstantes und veränderliches Trägheitsmoment).
[T 4] BEYER, K.: Die Statik im Eisenbetonbau, 2. Aufl., 2 Bände, Berlin: Springer 1933/34 (Arbeitsintegrale „$\int F_1 F_2 \, ds$" für konstantes und veränderliches Trägheitsmoment Bd. I, S. 102; Drehung der Endtangenten eines Balkens für verschiedene Belastungen Bd. I, S. 112; $\omega$-Zahlen Bd. I, S. 116; Einspannmomente für einseitig und zweiseitig eingespannte Träger für verschiedene Belastungen Bd. I, S. 323, Bd. II, S. 398).
[T 5] BOERNER, F.: Statische Tabellen, 12. Aufl., Berlin: Ernst & Sohn 1940.
[T 6] GRAUDENZ, H.: Momenteneinflußzahlen für Durchlaufträger mit beliebigen Stützweiten, Berlin/Göttingen/Heidelberg: Springer 1951.
[T 7] GULDAN, R.: Die Cross-Methode und ihre praktische Anwendung, Wien/New York: Springer 1965 (Einspannmomente für einseitig und zweiseitig eingespannte Träger für verschiedene Belastungen; Drehungen der Endtangenten eines Balkens für verschiedene Belastungen mit konstantem Trägheitsmoment S. 358).
[T 8] v. HALASZ, R.: Anschauliches Verfahren zur Berechnung von Durchlaufbalken und -Rahmen, Berlin: Ernst & Sohn 1951 (Einspannmomente des Balkens für verschiedene Belastungen und Voutenausbildungen S. 102).
[T 9] HIRSCHFELD, K.: Baustatik, 2. Aufl., Berlin/Heidelberg/New York: **Springer 1965** (Ausführliche Hilfstafeln für wesentliche Belastungs- und Verformungszustände der Schnittbelastungs- und Deformationsmethode für gelenkig gelagerte und eingespannte Balken, Durchlaufträger, Bogenträger bei konstantem und veränderlichem Trägheitsmoment).
[T 10] SCHLEICHER, F.: Taschenbuch für Bauingenieure, Bd. I, Berlin: Springer 1943 (Arbeitsintegrale „$\int M_1 M_2 \, ds$"; Einspannmomente und Drehung der Endtangenten von Balken unter verschiedenen Belastungen und Lagerungen S. 278; mit Vouten S. 1388).
[T 11] SCHRADER, H. J.: Vorberechnung der Verbundträger, Berlin: Ernst & Sohn 1955.
[T 12] Stahlbau-Handbuch, Bd. I, Köln: Stahlbau-Verlag 1956 ($\omega$-Zahlen S. 75; Arbeitsintegrale „$\int M_1 M_2 \, ds$" S. 84; Momente und Drehungen der Endtangenten von Balken unter verschiedenen Belastungen und Lagerungen).

# Sachverzeichnis

A-Polygon 266
Arbeit 189, 226, 327, 329, 331
Arbeitsintegrale 228
Auftrieb 32

BACH 63
Belastung 20
Belastungsfolge 248
Belastungsgröße 248
Belastungsumordnung 347
Belastungsverteilung 251
Belastungszug 250
BERNOULLI 217
BERTOT 359
BETTI 190, 227, 328, 390, 456
Biegeachse 59
BREDT 69

CASTIGLIANO 332
CECERLE 113
CHMELKA 23
COLIZEW 430
COULOMB 35
CREMONA 129
CROSS 431, 446, 457
CULMANN 53, 98, 131, 265, 359

Deformationsmethode 388
Drehpol 164
Dreieckszahlen 112
Dreigelenkbogen 95, 121, 154, 175
Dreimomentensatz 357
Drillruhepunkt 66, 72
Drillungswiderstand 76
Dyname 6
Dynamischer Beiwert 27

Einfeldträger 94, 107, 134, 137, 173
Einflußlinien, Freiträgerverfahren 113
— von Schnittbelastungen 102, 136, 171, 285, 310, 419
— von Verformungen 213, 245, 304, 325
Elastische Gewichte 197, 237, 299, 304, 321
ENGESSER 430, 445
Erdbebenkräfte 32
Erddruck 33
EULER 218

Fachwerke 128
Fachwerksaufbau 92

Federkonstante 402, 409, 453
Festpunkte 362, 382
Flächenmomente zweiter Ordnung 48
Formänderungsarbeit 329, 330
Fortleitungszahlen 364, 403

Gelenk- oder Gerberträger 94, 116, 134, 151, 174

Hauptachsen 51
Hauptlasten 268
Hauptträgheitsmomente 50
HENNEBERG 152
HOFFERBERTH 79
HOMBERG 352
HOOKE 218

Ideeller Schwerpunkt 348

JELINEK 32

KANI 430, 446
Kani-Engesser-Verfahren 431, 448, 457
Kani-Ostenfeld-Verfahren 438, 457
Kern 59, 61
Kernpunkteinflußlinie 128
Knotendrehfessel 393
Knotenschnitt 132
Knotensteifigkeit 382, 405
Konjugierte Achsen 52, 56
Kraft 19
Krafteck 3, 10, 13, 15, 17
Krafteinheit 19
Kraftkreuz 6
Kraftpaar 4
Kraftplan für Fachwerke 129
Kraftschraube 6
Kraftwirkung 1, 4, 5
Kraftzerlegung 9, 11
Kragträger 16, 93, 103, 134, 136, 174
Kreuzlinien 371
KRIWOSCHEIN 23
KROHN 348
Krümmungsradius 217

Lager 42
LAND 55
LEITZ 430

MAXWELL 129, 191, 226, 227, 328
MEHRTENS 388, 430

MELAN 348
MENABREA 332
MOHR 52, 55, 181, 226, 237, 328, 359, 364, 388, 431
Moment 1, 2, 4, 10, 12, 19
Momentenausgleich 432
Momenteneinheit 20
Momentenverteilungszahl 406
MÜLLER-BRESLAU 34, 112

Natürliche Drehachse 70
NAVIER 218
Nebenfachwerk 144
Nebenspannungen 430, 437
Nullinie 58

OSTENFELD 391, 431, 449, 454

PFLÜGER 65
Polares Trägheitsmoment 49
POSTUVANSCHITZ 113

Reduktionssatz 289, 291, 292, 316, 319
Reduzierte Querschnittswerte 279, 307
Reibungswiderstände 31, 260
Resultierende von Kräften 3, 11, 14
Reziproker Kraftplan 129
RITTER 98, 131, 132

Schiefe Biegung 59
Schnittbelastungsgruppen 336, 352
Schnittbelastungsmethode 389
Schnittbelastungsvertauschung 90, 152
SCHRADER 397
Schubfluß 68
Schubkonstante 221
Schubmittelpunkt 63, 65, 72
Schubspannung 63
Schwerpunkt 47
Schwingbeiwert 27
Seileck 10, 13, 15, 17
Silodruck 32
SIMPSON 22
Spannungsfunktionen 77, 79
Stabilisiertes Gelenksystem 393, 408, 418
Ständige Belastung 20, 248
Statisch bestimmtes Grundsystem 271, 305

Statische Bestimmtheit 85
Statisches Moment 47
Statisch unbestimmtes Grundsystem 276, 287, 311, 373
Staudruck 28
Steifigkeit 404, 432
STEINER 49
STEINMANN 262
Stützbelastung 39
Stützkraft 40
Stützlinie 15
Stützmoment 40
Stützung 38, 42, 96
Symbolischer Träger 205, 243

TERZAGHI 33
Trägheitsellipse 51
Trägheitskreis 55
Trägheitsmoment 48, 52
Trägheitsradius 51

Überhöhung von Systemen 214, 246
Überspanntes System 156
Unterspanntes System 150

Verschiebungsfigur 170
Verschiebungsgruppe 454
Verschiebungsplan 179, 181
Verteilungszahlen 385, 443, 446
Verwölbung 67, 69
Virtuelle Arbeit 189, 226
Virtuelle Verrückung 189, 226
Virtueller Verschiebungszustand 189

WADDEL 430
WANKE 23
Wasserdruck 31
Widerstandsmoment 58
WILLIOT 179
WINKLER 348, 359
Wölbwiderstand 81

Zentralellipse 52
Zentrifugalmoment 50, 54
ZIMMERMANN 103, 109
Zusatzlasten 268

MIX
Papier aus verantwortungsvollen Quellen
Paper from responsible sources
**FSC® C105338**

If you have any concerns about our products,
you can contact us on
**ProductSafety@springernature.com**

In case Publisher is established outside the EU,
the EU authorized representative is:
**Springer Nature Customer Service Center GmbH
Europaplatz 3, 69115 Heidelberg, Germany**

Printed by Libri Plureos GmbH
in Hamburg, Germany